AF850779

Der Felsbau, Band 1, Theoretischer Teil

Leopold Müller-Salzburg

Der Felsbau, Band 1, Theoretischer Teil

Felsbau über Tage 1. Teil

Springer Spektrum

Leopold Müller-Salzburg
Bodenmechanik und Felsmechanik
Karlsruhe Institute of Technology
Karlsruhe, Deutschland

ISBN 978-3-662-58195-7 ISBN 978-3-662-58196-4 (eBook)
https://doi.org/10.1007/978-3-662-58196-4

Die Deutsche Nationalbibliothek verzeichnet diese Publikation in der Deutschen Nationalbibliografie; detaillierte bibliografische Daten sind im Internet über http://dnb.d-nb.de abrufbar.

Springer Spektrum
© Springer-Verlag GmbH Deutschland, ein Teil von Springer Nature 1963, Unveränderter Nachdruck 2018
Das Werk einschließlich aller seiner Teile ist urheberrechtlich geschützt. Jede Verwertung, die nicht ausdrücklich vom Urheberrechtsgesetz zugelassen ist, bedarf der vorherigen Zustimmung des Verlags. Das gilt insbesondere für Vervielfältigungen, Bearbeitungen, Übersetzungen, Mikroverfilmungen und die Einspeicherung und Verarbeitung in elektronischen Systemen.
Die Wiedergabe von Gebrauchsnamen, Handelsnamen, Warenbezeichnungen usw. in diesem Werk berechtigt auch ohne besondere Kennzeichnung nicht zu der Annahme, dass solche Namen im Sinne der Warenzeichen- und Markenschutz-Gesetzgebung als frei zu betrachten wären und daher von jedermann benutzt werden dürften.
Der Verlag, die Autoren und die Herausgeber gehen davon aus, dass die Angaben und Informationen in diesem Werk zum Zeitpunkt der Veröffentlichung vollständig und korrekt sind. Weder der Verlag noch die Autoren oder die Herausgeber übernehmen, ausdrücklich oder implizit, Gewähr für den Inhalt des Werkes, etwaige Fehler oder Äußerungen. Der Verlag bleibt im Hinblick auf geografische Zuordnungen und Gebietsbezeichnungen in veröffentlichten Karten und Institutionsadressen neutral.

Verantwortlich im Verlag: Stephanie Preuß

Springer Spektrum ist ein Imprint der eingetragenen Gesellschaft Springer-Verlag GmbH, DE und ist ein Teil von Springer Nature
Die Anschrift der Gesellschaft ist: Heidelberger Platz 3, 14197 Berlin, Germany

MEINEN LEHRERN

HANS CLOOS — JOSEF STINI

Vorwort

Der Felsbau, eine bis vor kurzem fast ausschließlich den Praktikern überlassene Baukunst, ist auf dem Wege, eine wissenschaftliche Disziplin zu werden; er nimmt damit einen für viele technische Betätigungen charakteristischen Entwicklungsgang. In den letzten Jahrzehnten erwuchsen aus den großen Vorhaben der Energiewirtschaft, des Bergbaues und des Verkehrs so bedeutende Felsbauaufgaben, wie man sie vordem kaum kannte. Die Befassung mit diesen Aufgaben hat unsere Kenntnis des Werkstoffes Fels und seiner Eigenschaften vertieft; diese bessere Kenntnis wiederum ermöglichte ganz neue Bauweisen und forderte ein Umdenken der hergebrachten Auffassungen. Zugleich aber wuchs mit der Größe der Projekte auch die Verantwortung des Ingenieurs und des Baugeologen ganz bedeutend und zwang dazu, die bis dahin geübte gefühlsmäßige Behandlung dieser Aufgaben mehr und mehr zu verlassen und eine Theorie des Felsbaues zu erarbeiten. Von dieser erwartet die Praxis, daß sie das Verhalten von Felsbauteilen berechenbar mache und die Sicherheit von Felskonstruktionen anzugeben gestatte.

Die Bemühungen um eine solche Theorie haben vielfach mit den Erfordernissen der Praxis nicht Schritt gehalten, weil die Materie schwierig und komplex ist und weder von Bauwissenschaftlern oder Bergleuten allein noch von Fachgeologen allein bewältigt werden kann, sondern nur im Zusammenwirken aller.

Im Laufe von 16 Jahren eigener Bautätigkeit und 15 Jahren anschließender Geopraxis habe ich versucht, Anstoß zu geben zur Entwicklung einer theoretisch fundierten, aber praktisch ausgerichteten Felsmechanik, habe eigene Ansätze gewagt und Vorhandenes zusammengetragen. Das meiste dessen geht auf die „Statistische Kluftmessung" Stinis und auf Sanders Gefügekunde zurück. Das Maß, in welchem diese beiden von Österreich ausgegangenen Impulse sich als fruchtbar erwiesen haben und in vielen Teilen der Welt aufgegriffen worden sind, läßt es gerechtfertigt erscheinen, auch das aus ihnen hervorgegangene Konzept einer Felsmechanik, trotz der Unvollkommenheiten, die einem ersten Versuch anhaften müssen, der Öffentlichkeit zu übergeben. Zugleich ist dieses Buch die Ernte einer zwölfjährigen Gemeinschaftsarbeit in der ehemaligen Internationalen Arbeitsgemeinschaft für Geomechanik [1]).

Die Art der Felsmechanik, welche in dieser Vereinigung gepflegt wird und in gewissem Gegensatz zu anderen Ansätzen ihren Schwerpunkt in einer Mechanik der zerklüfteten Körper hat, wurde bisher noch nicht zusammenhängend dargestellt und ist vielleicht eben deshalb manchen Praktikern etwas schwer zugänglich. Ich hoffe, daß durch die Zusammenfassung in einer geschlossenen Veröffentlichung vieles deutlicher und verständlicher wird, als es in den bisher gegebenen kurzen, aus dem Zusammenhang gerissenen einzelnen Studien werden konnte.

Das Buch ist aus der Praxis des Bauingenieurs und Ingenieurgeologen geschrieben und für die Praxis des Entwurfes und der Baustelle gedacht. Wenn es trotzdem viel Theorie enthält, so deshalb, weil ohne diese meines Erachtens die praktischen Erfahrungen nicht gedeutet werden und so auch nicht zu einem Fortschritt führen können. Die Theorie ist der Extrakt praktischer Erfahrungen, gesammelt in dem Bedürfnis nach besserem Verständnis der Zusammenhänge, welches allein die Anwendung unserer Erfahrungen auf neue Aufgaben ermöglicht. Denn Erfahrungen werden erst dann zu Fähigkeiten, wenn man sie gedanklich verarbeitet hat; erst dann sind sie an anderer Stelle verwertbar.

Aus diesem Grunde wurde der Theoretische Teil (I) dem übrigen vorangestellt. Der Leser wäre im Vorteil, wenn er sich durch diese zugegebenermaßen spröde Materie durchbisse, ehe er zu den ihn mehr interessierenden Praktischen Teilen (II, III und IV) übergeht. Um bei der Lektüre das Nachschlagen von Gegenständen zu erleichtern, welche an anderer Stelle erörtert werden, wurden in den Text zahlreiche Hinweise auf die betreffenden Abschnitte durch Angabe der entsprechenden Ziffern der Inhaltsgliederung zwischen ( ) angebracht.

Das ursprünglich einbändig geplante Buch ist auf zwei Bände angewachsen. Man möge es nachsehen, daß der Schnitt zwischen beiden Bänden

[1]) 1962 umgewandelt in die Internationale Gesellschaft für Felsmechanik; zu den Gründern und eifrigsten Mitarbeitern der Internationalen Arbeitsgemeinschaft für Geomechanik zählten u. a. Clar, Föppl, Kahler (1960) [2]), Müller (1948 und 1951 b), Nadai, Roš, Sander, Stini (1952 e) und Torre.

[2]) Das im ersten Band benützte Schrifttum ist am Schluß desselben, nach Autoren geordnet, zusammengestellt. Auf dieses wird im Text durch Angabe des Erscheinungsjahres zwischen ( ) hingewiesen; mehrere im gleichen Jahre erschienene Arbeiten sind durch a, b, c usw. hinter der Jahreszahl unterschieden. Ziffern, welche durch ein Komma getrennt, hinter der Jahreszahl stehen, z. B. (1911 b, *17*), weisen auf eine bestimmte Textseite der genannten Veröffentlichung hin.

Ein ausführliches Schlagwortregister wird der 2. Band enthalten.

aus rein praktischen Gründen der Herausgabe mitten durch das Hauptstück „Felsbau übertage" (II) geht; er ist so geführt worden, daß jeder Band für sich abgeschlossene Inhalte bringt.

Viele der gegebenen Ableitungen und Darstellungen habe ich gemeinsam mit Dipl.-Ing. Franz PACHER erarbeitet, mit dem mich seit mehr als 10 Jahren eine so glückliche Arbeitsteilung verbindet, daß es nicht immer möglich ist, des einen und des anderen Leistung zu unterscheiden. Ich durfte mich deshalb damit begnügen, auf die Mitarbeit Dipl.-Ing. PACHERS nur dort besonders hinzuweisen, wo sein Anteil wesentlich überwiegt. Dieser Zusammenarbeit dankbar zu gedenken, ist mir ein ebensolches Bedürfnis wie der Dank an meine Mitarbeiter, unter denen vor allem Frau W. JUNGINGER, Frau G. HAAS, Fräulein H. PETRI, Fräulein R. RESCH, Herr Professor Dr. M. GEHMACHER, Herr H. FALLY, Herr G. DAVID und Herr D. KOECK die Arbeit an dem Buche förderten. Dem Verlag sage ich Dank für die reichbebilderte Ausstattung des Buches und sein Verständnis für alle Wünsche der Ausgestaltung.

Salzburg, im Winter 1962/63. LEOPOLD MÜLLER

Inhaltsverzeichnis

ERSTER BAND

II. Felsbau über Tage

ZWEITER BAND

II a Felsbau über Tage, 2. Teil

III. Felsbau unter Tage

Formelzeichen[1]

Kleine lateinische Buchstaben

(lineare Größen, Strecken- und Flächenlasten, Konstante, Koeffizienten, Faktoren, Verhältniszahlen, Gefügecharakteristika)

Zeichen	Dimension	Bedeutung
a	—	Auflockerungszahl; Anisotropiefaktor
a	cm, m	Länge
b	cm, m	Breite, Böschung
b	cm/sec^2	Beschleunigung
c	—	Sprödigkeitsziffer ($c = \beta_D/\beta_Z$)
c	cm/sec	Fließgeschwindigkeit
c	kg/cm^2, t/m^2	Festwert des Scherversuches (Geotechnische Kohäsion)
d	° (Grad)	durchschnittl. Abweichung oder Streuung statistischer Verteilungen
d	cm, m	Kluftabstand, Durchmesser
e	—	Basis des natürlichen Logarithmus
e	m	Erstreckung einer Kluft; Ausbißlänge
e	cm, m	Exzentrizität eines Lastangriffes
e	kg/cm^2, t/m^2	Erddruckspannungen
f	—	Fehler
f	mm, cm	Kluftöffnung
g	cm/sec^2	Fallbeschleunigung
g	kg/m, t/m	ständige Streckenlasten
g	kg/cm^2, t/m^2	ständige Flächenlasten
h	cm, m	Höhe
i	—	hydraulisches Gefälle
j	kg/cm^2, t/m^2	Aussickerungsdruck, Unterwasserdruck
k	m^{-1}	Kluftschardichte (Klüftigkeitsziffer nach Stini)
k	cm/sec	Durchlässigkeitsbeiwert nach Darcy
k	kg/cm^2	Bettungsziffer
l	cm, m	Länge, Stützweite
log	—	Briggscher Logarithmus
ln	—	natürlicher Logarithmus
m	—	Poisson-Zahl
n	—	Porenanteil
p	—	Wahrscheinlichkeit
p	kg/cm, t/m	Verkehrs-Streckenlasten
p	kg/cm^2, t/m^2	Verkehrs-Flächenlasten, Druck allgemein, auch Überlagerungsdruck
q	kg/cm, t/m	allgemeine Linien- und Streckenlasten, Gesamtlasten ($g + p = q$)
q	kg/cm^2, t/m^2	allgemeine Flächenlasten, Gesamtlasten ($g + p = q$)
r	cm, m	Radius

[1] In Anlehnung an Terzaghi-Jelinek (1954), an die Empfehlungen der Londoner Konferenz für die Referenten der Pariser Tagung der International Society of Soil Mechanics and Foundation Engineering (1961), an Talobre (1957), an die einschlägigen Empfehlungen der DIN und ÖNORM sowie an Föppl (1949) (Schwedische technische Nomenklaturzentralen) von F. Pacher zusammengestellt.

Zeichen	Dimension	Bedeutung
s	—	Sättigungsgrad
s	cm, m	Setzung, Stablänge, Weglänge
t	sec	Zeit
t	cm	Tiefe, Dicke
u	cm/sec	Geschwindigkeit
u	kg/cm^2, t/m^2	Porenwasserdruck
v	cm	Verschiebungsweg eines Punktes
v	cm/sec	Filtergeschwindigkeit, Geschwindigkeit
w	—	Wassergehalt (in Anteilen des Trockengewichtes); Widerstandsziffer
x	cm, m	horizontal } Längen in den Koordinatenrichtungen
y	cm, m	horizontal } Längen in den Koordinatenrichtungen
z	cm, m	vertikal } Längen in den Koordinatenrichtungen

Große lateinische Buchstaben

(Kräfte, Flächen, Rauminhalt, Momente, Energiegrößen und Moduln)

Zeichen	Dimension	Bedeutung
A	cm^2, m^2	Fläche, Querschnittfläche, Aufstandfläche (area)
B	kg, t	Widerstandsvermögen, Verbandwiderstand, resultierender Widerstand
C	—	Integrationskonstante, Konstante allgemein
C	kg, t (kg/cm, t/m)	resultierende Kohäsion
D	—	Dichte statistischer Verteilungen
D	m	Tiefe der festgelagerten Schicht
D	kg · cm, t · m	Lastendreh („Kräftepaar" der äußeren Kräfte)
E	kg, t	Erddruck, Erdwiderstand
E	kg/cm^2, t/m^2	Elastizitätsmodul
F	—	Sicherheitsfaktor, Funktion
F	kg, t	Last, Kraft
G	kg, t	Gewicht, ständige Einzellast
G	kg/cm^2, t/m^2	Schubmodul
H	—	Härtezahl, statistische Häufigkeit
H	kg, t	Horizontalkomponente, Kraftkomponente
I	cm^4	Flächenträgheitsmoment
K	—	Koeffizient, Modul der kubischen Dehnung
KS	—	Koordinatensystem
L	—	Grenze (limit)
M	kg · cm, t · m	Drehmoment
N	kg, t	Normal (-kraft), -komponente
N	kgm/sec	Leistung
O	—	Ursprung, Pol
P	kg, t	Einzellast (Linienlast)
P	kg/cm^2	Plastizitätsmodul (Pl — Plastizitätsgrenze, Pl = Plastizitätszahl)
Q	kg, t	Querlast, Gesamtlast (Q — C + P)
Q	m^3/sec	Durchflußmenge
Re	—	Reynoldsche Zahl
R	cm, m	Reichweite von Brunnen

Zeichen	Dimension	Bedeutung
R	kg, t	Resultierende, Reaktionskraft
R	kg/cm^2	Righeitsmodul
S	kg, t	Scherkraft, Stabkraft
Svc	kg/cm^2	Steifeziffer
T	° (Grad)	Temperatur
T	kg, t	Tangential (-kraft), -komponente
Tv	—	Zeitfaktor
U	—	Ungleichförmigkeitsgrad, Verfestigungsgrad
U	kg, t	Auftriebskraft
V	cm^3, m^3	Volumen
V	kg, t	Vertikal (-kraft), -komponente
V	kg/cm^2, t/m^2	Verformungsmodul
W	cm^3	Biegewiderstand
W	kg, t	Widerstand, Reibungswiderstand, Reibungskraft
W	kgm	Energie, Arbeit
X, Y, Z	kg, t	Kräfte, Kraftkomponenten in den Koordinatenrichtungen
Z	kg, t	Zugkraft, Ankerkraft

Kleine griechische Buchstaben

(Winkel, dimensionslose Größen, Spannungen, Festigkeiten, Verhältniszahlen, Einheitsgewichte, Beiwerte)

Zeichen	Dimension	Bedeutung
α	° (Grad)	Winkel, insbesondere Bruchwinkel, Richtung der Fallinie gegen Nord
α_t	1/° (Grad)	Ausdehnungszahl, Temperaturkoeffizient
β	° (Grad)	Winkel, insbesondere Böschungsneigung, Neigung der Fallinie
β	kg/cm^2, t/m^2	Festigkeit
γ	—	Schubverzerrung
γ	° (Grad)	Schubwinkel
γ	g/cm^3, t/m^3	Raumgewicht
δ	° (Grad)	Wandreibungswinkel, Flächenreibungswinkel
δ	cm	Längenänderung, Verschiebung
ε	—	relative Längenänderung, Porenziffer, Hohlraumziffer
ζ	cm	Verschiebungskomponente
η	g · sec/cm^2	dynamische Viskosität, Zähigkeit
ϑ	° (Grad)	Wandneigungswinkel, Böschungswinkel
$\varkappa$	—	Kluftflächenanteil
λ	—	Erddruckbeiwert, Schlankheitsgrad
λ	cm	Wellenlänge
μ	—	Querkontraktionszahl ($\mu = 1/m$); Reibungsbeiwert
ν	—	Sicherheitsfaktor, Konzentrationsfaktor
ν	cm^2/sec	Kinematische Zähigkeit
ξ	—	Verschiebungskomponente
π	—	Ludolfsche Zahl, Verdrückung
ϱ	—	Dichte
ϱ	° (Grad)	Winkel der Inneren Reibung
σ	kg/cm^2, t/m^2	Normalspannung } Schnittspannungen
τ	kg/cm^2, t/m^2	Schub-, Scherspannung } Schnittspannungen

Zeichen	Dimension	Bedeutung
φ		Dynamischer Beiwert
φ	° (Grad)	Winkel des Scherversuches
φ, ψ	° (Grad)	Transformationswinkel auf der Lagenkugel
φ, ψ, χ	° (Grad)	Winkel allgemein
ω	—	Formfaktor
ω	° (Grad)	Raumwinkel
ω	1/sec	Winkelgeschwindigkeit

Große griechische Buchstaben

(Summen, Differenzen, Endprodukte und Endgrößen)

Zeichen	Dimension	Bedeutung
Δ		Differenz, endliche Änderung
Π		Produkt
Σ		Summe
Φ	cm, m	Durchmesser

Kleine lateinische Buchstaben als Indices

a	aktiv, zulässig (allowable), Ausroll-, Auftriebs-
b	Bettungs-, Biegungs-
c	konsolidiert
d	trocken (dry), Verdrehungs-
dr	entwässert (drained)
e	effektiv, wahr, eben, Erdruck- (auch vorangestellt)
f	Fließ-, Widerstands-
g	vom Eigengewicht
h	horizontal
i	ideell, scheinbar (auch vorangestellt)
k	Kapillar-, Knick-
l	Langzeit-, Längs-
m	Mittel-
n	normal, natürlich, nutzbar (im Sinne von netto)
p	passiv, polar, pulsierend, von der Verkehrslast
q	quer-, von der Gesamtlast
r	radial-, räumlich, Rand-
s	Sohl-, spezifisch
t	tangential, Temperatur-, Zeit-
u	nicht entwässert (undrained), Ermüdungs-
v	vertikal
w	Wasser-, hydrostatisch
x	horizontal } in Koordinatenrichtung
y	horizontal } in Koordinatenrichtung
z	vertikal } in Koordinatenrichtung

Große lateinische Buchstaben als Indices

A	atmosphärisch
B	Beton-
Br	Bruch-
Bg	Biege-
Cr	Kriech- (creeping)
D	Druck-, Dichte
Dy	Dynamisch
El	Elastizitäts-, elastisch
F	Fels-, Gebirgs- (vorangestellt)
Fl	Fließ-
G	Gesteins- (vorangestellt)
GL	Gleichgewichts-
H	Haupt-, Haft-
I	unrückläufig (irreversible)
K	Kluft-
L	Grenz- (Limit)
M	Meß-
Pl	Plastizitäts-, plastisch
Pr	proportional
R	Reibungs-, rückläufig (irreversible)

Rs	Riß-	T	Temperatur-
S	Komplexe Scher-, Schub-	V	Verband-
Sh	reine Scher- (shear)	W	Porenwasser-
St	Streck-, statisch	Z	Zug-

Wortabkürzungen als Indices

anis	anisotrop	min	Kleinst- (auch vorangestellt)
erf	erforderlich	rel	relativ
krit	kritisch	rest	restlich
is	isotrop	vorh	vorhanden
lim	Grenz-, (limit)	zul	zulässig (auch vorangestellt)
max	Größt- (auch vorangestellt)		

Zahlen als Indices

0	Anfangs-, Ruhe-
1, 2, 3	fortlaufende Nummer, Hauptspannungen, fortlaufende Beobachtungen
I, II, III	nach Bedarf

Geologische Bezeichnungen

a, b, c	Gefügekoordinaten nach Sander	$KK_{a, b, c, d}$	Großkluftscharen
a, b, c	(als Indices) Kluftscharbezeichnungen	ks	Schieferungskleinkluft
		Ks	Schieferungsgroßkluft
α, β	Kugelkoordinaten der Fallinie geologischer Flächen	kst	Schichtkleinkluft
		Kst	Schichtgroßkluft
b	Achse $\perp$ Formungsebene $\overline{ac}$	L	Lineare
B	raumkonstante b-Achsen	R	Riesenkluft
β	Schnittgerade von s-Flächen	$RR_{a, b, c, d}$	Riesenkluftscharen
F	Störung (fault)	s	Schieferungsstellung
FF	Störungsbündel	S	Schieferungsfläche
k	Kleinkluft	st	Schichtstellung
$kk_{a, b, c, d}$	Kleinkluftscharen	St	Schichtfläche
K	Großkluft	Φ	Bruchflächen

Wenn Verwechslungen mit Formelzeichen zu befürchten sind, werden die geologischen Zeichen mit * versehen.

I. THEORETISCHER TEIL

1 Werkstoff Fels

Paracelsus, auf Grund seiner Bergbaupraxis und Alchimiestudien ein hervorragender Gesteinskenner, gebraucht in der „Signatura rerum" ein ansprechendes Bild von der inneren Gestalt der Gesteine: der Bildhauer hole aus dem Stein heraus, was in diesem schon als Möglichkeit, in nuce, enthalten sei. Ganz so, will mir scheinen, müssen Felsbauer und Felstheoretiker die Gesteine sehen lernen, ihre Gestalt erfassend, welche eine innere Gestalt ist (Sander 1948) und in welcher alle ihre äußeren Gestaltungen als Möglichkeiten vorgegeben, aber auch begrenzt sind.

Technische Kunstkörper in Gesteinen verschiedener innerer Gestalt müssen so verschieden ausfallen, wie Bildwerke sich gestalten würden, die ein Künstler aus ihnen herauszuholen versuchte. Formen, welche der eine Fels zu modellieren gestattet, wird der andere nicht ermöglichen. Je klarer ein Konstrukteur die im Fels beschlossenen Möglichkeiten (und Unmöglichkeiten) mit dem geistigen Auge schaut, desto werkstoffgerechter, funktionstüchtiger, haltbarer und ästhetisch befriedigender werden seine Felsschöpfungen sein. Wir lernen die innere Gestalt der Gesteine erkennen, wenn wir den Gesetzlichkeiten nachgehen, welche jedem Stoff in hohem Maße, zum Teil angeboren, zum Teil aufgeprägt, innewohnen. Dies tut der Künstler intuitiv, der Ingenieur und Forscher gedanklich und bewußter.

Fels ist für den Ingenieur, der im Inneren des Gebirges Hohlräume baut oder in seine Oberfläche Trassen einsprengt und Staumauern einbindet, ein Werkstoff. Ein Werkstoff, vielgestaltig und verschiedenartig wie andere Werkstoffe auch; in manchem aber merkwürdiger, rätselvoller und schwieriger zu verstehen und vor allem fast an jeder Stelle der Erde anders geartet.

Diesen Werkstoff Fels, das Felsgestein (Keil) oder Festgestein (Quervain 1944, 221) (— mit diesem Worte möchte man die geologischen, noch mehr aber die technischen und mechanischen Unterschiede zu den Böden oder Lockergesteinen hervorheben —) in seinem Zustande und seinem Verhalten zu beschreiben, ist die erste Aufgabe dessen, der seine Felsbauwerke

sicher anlegen,
zweckmäßig konstruieren,
schön gestalten und
wirtschaftlich ausführen möchte.

© Springer-Verlag GmbH Deutschland, ein Teil von Springer Nature 1963
L. Müller-Salzburg, *Der Felsbau, Band 1, Theoretischer Teil*,
https://doi.org/10.1007/978-3-662-58196-4_1

Eine rein geologische und petrologische Beschreibung der Bergarten kann ihm dabei so wenig genügen, wie etwa dem Stahlbauer eine nur chemische und metallurgische Beschreibung von Stahlsorten genügte, um aus ihnen ein Tragwerk zu konstruieren und herzustellen. Es genügt aber heute auch nicht mehr, eine gefühlsmäßig bewertende, theoretisch nicht begründete und oberflächliche Beschreibung der Bergarten etwa nach „standfestem, gebrächem, druckhaftem und rolligem Fels" zu geben, wie sie manche Praktiker noch vorziehen, obwohl sie längst nicht mehr als praktisch gelten kann. Es wäre leicht, Hunderte von Mißerfolgen und Unglücksfällen aufzuzählen, welche durch Mißachtung oder Unkenntnis der theoretischen Zusammenhänge entstanden sind. Jedem, der im Fels gebaut hat, sind sie unterlaufen, und an ihnen haben wir gelernt, unsere Erfahrungen bereichert und geordnet. Aus ihnen erwuchs aber auch die Verpflichtung, in die Zusammenhänge des Felsbaus und der Felsmechanik tiefer einzudringen, um derlei Mißerfolge in Hinkunft seltener werden zu lassen.

Ohne Zweifel darf heute vom Felsbau als einer eigenen Sparte bautechnischer Tätigkeit gesprochen werden, ähnlich wie man auch vom Erdbau spricht. Zu einer solchen hat sich der Felsbau in dem Maße herangebildet, als besondere Erfahrungen im Fels gesammelt, auf den Fels zugeschnittene Bauweisen und Verfahren entwickelt und Sondergeräte geschaffen wurden.

Grundvoraussetzung für das Konstruieren und Arbeiten setzt stets Materialkenntnis des Werkstoffes voraus. Diese muß auf Erfahrung (Praxis) und Erkenntnis (Theorie) gegründet sein. Immer eilt der Erkenntnis in den angewendeten Wissenschaften die Erfahrung voraus. Seit es aber eine Theorie des Felsbaues — wenigstens in Ansätzen — gibt, erwächst dem Felsbauer die Verpflichtung, sich mit ihr zu befassen. So wenig es vertretbar wäre, jemandem einen Felsbau zu überantworten, der nicht über die erforderliche praktische Erfahrung in diesem Zweige verfügt, ebenso wenig ist es richtig, heute ohne ausreichende theoretische Grundlagen an die Planung, Berechnung und Ausführung eines Felsbauwerkes zu gehen. Noch vor wenigen Jahrzehnten konnte man sich bei manchem Unglücksfalle darauf berufen, daß es im Felsbau keine Berechnungen gebe, daß das Verhalten des Gebirges lediglich Ermessenssache, ja oft sogar überhaupt nicht vorauszusehen sei. Darauf kann man sich heute nur noch in viel eingeschränkterem Maße und mit weniger Berechtigung berufen, wenngleich wir noch sehr weit davon entfernt sind, über Felskonstruktionen Aussagen von ähnlicher Sicherheit zu machen, wie sie im Stahlbau, Stahlbetonbau usw. selbstverständlich geworden sind.

1.1 Gesteinsbeschreibung

Eine einheitliche und allgemein gültige Beschreibung der Gesteine und Felsmassen nach einer den ganzen Gegenstand durchdringenden Systematik gibt es eigentlich nicht. Je nach ihrem besonderen Aufgabengebiet geben die verschiedenen Wissenschaften, welche sich mit Gesteinen befassen und welche man gegenwärtig unter dem Begriffe der Geowissenschaften zusammenfassen möchte, lediglich Teilbeschreibungen derjenigen Daten, auf welche es ihnen in ihrem Zusammenhange ankommt.

Die Stratigraphie, welcher die Aufgabe zufällt, Schichtfolgen und deren Verlauf zu beschreiben und nach Alter und fazieller Entwicklung (marin, terrestrisch, küstennah und -fern usw.) zu ordnen, und welche zu diesem Zwecke enge mit der Paläontologie und Paläogeographie zusammenarbeitet, beschreibt im allgemeinen nicht einzelne Gesteinsarten, sondern Gruppen und Serien von solchen. Sie faßt zusammen, was altersmäßig und faziell zusammengehört. Ihre Bezeichnungen sind deshalb allemal zeitlich und nicht gesteinsmäßig zu verstehen. Muschelkalk im stratigraphischen Sinn enthält nicht nur Muschelkalke, sondern auch Glaukonitkalke, Dolomite, Mergelkalke, Mergel und Tone, Konglomerate, Anhydrit, Gips und Salze; Hauptdolomit nicht nur Dolomite, sondern auch dolomitische Kalke, Fleckendolomite, Plattenkalke, Ton- und Mergellagen, manchmal sogar Öl- und Asphaltschiefer usw. Beachtet man dies nicht, so entstehen in der Praxis manchmal Mißverständnisse.

Wenig ist für den Felsbauer im allgemeinen mit der alleinigen Angabe von Zeitbestimmungen und stratigraphischen Einheiten gesagt, wenngleich Sammelbegriffe wie z. B. „Werfener Schichten" oder „Haselgebirge" ihn im allgemeinen mißtrauisch, Bezeichnungen wie „Kristallin", „Triaskalk" usw. im allgemeinen sorglos machen. Niemals aber sollte man solchen Sammelbewertungen trauen. Wichtig ist die stratigraphische Aussage für den Felsbauer dort, wo sie ihm hilft, Gesteinsgrenzen im Baubereich und dessen Umgebung zu verfolgen und über die Gesteine der Nachbarschaft Auskunft zu erhalten.

Petrographie (Gesteinskunde), beschreibt die mineralische Zusammenfassung der Gesteine, ihr Gefüge, ihren Aufbau aus Kristalliten, Körnern und (mitunter) Bindemitteln, Grundmassen usw. und geht auch ein wenig auf die Gesteinseigenschaften ein, die sich aus diesem Aufbaue, aus seinen mineralischen Komponenten, deuten und erklären lassen. Da die Petrographie nicht nur das gewordene Gestein beschreibt, sondern auch die Gesteinswerdung (Lithogenese) darstellt, nennt sie sich heute lieber Petrologie. Die Schicksale, welche das Gestein in seinem Werdegang durchlitt, beeinflussen auch seine technischen Eigenschaften weitestgehend; deshalb verdienen petrographische Aussagen die unbedingte Beachtung des Felstechnikers, insbesondere dort, wo sie über den Erhaltungszustand, die „Frische" oder den Verwitterungsgrad, die „Verderbtheit" (Diaphtorese im Sinne Stinis), wie beginnende Umwandlungs- oder Rückwandlungsprozesse (Diaphtorese im neueren Sinne) Auskunft geben.

Die petrographische Gesteinsbezeichnung allein, Granit, Gneis, Kalk, besagt für den Ingenieur noch wenig. Gneis, auch Granit, kann sehr verschiedenartig sein; je nachdem er der Verwitterung, Tiefenverwitterung und Diaphtorese ausgesetzt war, können in ihm unvermittelt nebeneinander, durch kaum sichtbare, noch weniger vorhersagbare Grenzen getrennt, härteste und standfesteste Bereiche neben grusigem und lehmigem Zerreibsel vorkommen. Zwei Gneise gleicher oder ähnlicher mineralogischer bzw. petrologischer Zusammensetzung können sich technisch weit verschiedener verhalten als Gneis und Kalkgestein. Erst wenn die petrographische Beschreibung in wünschenswerter Vollständigkeit auch über den Erhaltungs- und Verwitterungszustand und über chemische Umwandlungen im Gestein Auskunft gibt, ist sie für den Ingenieur bei der

Anlage von Felsbauten von Wert. Ohne solche Vollständigkeit der Darstellung unterliegt dieser nur allzu häufig der psychologischen Wirkung der Gesteinsbezeichnungen und denkt sich gerne Granit verläßlich, Gneis fest und beständig, Schiefer dagegen trügerisch, was alles nur sehr bedingt zutrifft.

Deshalb ist es nicht möglich, den Stoff dieser Abhandlungen nach Gesteinen und Gesteinsarten zu gliedern, wie mancher wohl erwarten möchte.

T e k t o n i k beschreibt den Bau und Aufbau der Gesteinsmassen, die Bahnen und den zeitlichen Ablauf stattgefundener Massenverlagerungen und liest aus Struktur und Bewegungszeugnissen die Geschichte von Gebirgen und deren Restbeständen ab. Struktur ist in ihrer Schau erstarrte Bewegung (Cloos); so bedient sie sich, wo sie exakt vorgeht, der Kinematik und Mechanik zur Deutung der Erscheinungen.

Für den Felsbauer liefert sie mit die wesentlichsten Aussagen, nach denen er über den Grad der Gesteinszerlegung und Zerklüftung, über den Verlauf der Störungen, Dislokationen und Zerrüttungsstreifen urteilen kann.

Eine eigene G e f ü g e k u n d e lehrt die zur sauberen Erfassung der tektonischen (und sonstigen) Strukturen unentbehrliche geometrisch-morphologische Beschreibung und kinematische Deutung der Gefügeelemente. Die Korngefüge, von deren Studium die Gefügekunde ihren Ausgang nahm, erlaubten einen Rückschluß auf die Art, Orientierung und den zeitlichen Ablauf von geologischen Formungsakten, welche solcherart aus mikroskopisch kleinen Gesteinsproben abgelesen werden können. Sie sind oft von sehr großer Bedeutung für das Verständnis der technischen Gesteinseigenschaften. Unter Korngefüge werden die statistisch erfaßbaren Regelungen optischer Eigenschaften der Kristallite sowie die Raumdaten der Körner, ihrer Formen und Anordnungen verstanden.

Das sogenannte Flächengefüge, worunter die Summe der geometrischen Daten aller flächigen Elemente in einem Gestein oder Gebirge verstanden wird, hilft dem Tektoniker Kraftäußerungen und Bewegungsvorgänge vergangener Zeiten aufdecken und klärt auch den Ingenieur darüber auf, wie er die Festigkeitseigenschaften, die Formänderungseigenschaften und die Wasserwegigkeit der Geisteinsmassen zu beurteilen habe. Die „Statistische Kluftmessung" ist seit ihrer Einführung in die Baugeologie durch Stini in den 20er Jahren ein unentbehrliches Hilfsmittel technischer Beschreibung von Gesteinsmassen geworden.

In der T e c h n i s c h e n G e s t e i n s k u n d e werden alle jene Eigenschaften der Gesteine beschrieben, welche für deren technische Verwertung als Bausteine, Ziersteine und Zuschlagstoffe oder auch als anstehendes Gestein Bedeutung haben. Neben den petrographischen Merkmalen gehören hierzu in erster Linie alle Festigkeits-, Formänderungs- und das Verhalten dem Wasser gegenüber charakterisierenden Gesteinseigenschaften. Stini, von Moos und Quervain haben ausgezeichnete und noch immer gültige technische Gesteinsbeschreibungen gegeben.

Einen besonderen Zweig der Technischen Gesteinskunde bildet die Verwitterungslehre, welche samt ihren technischen Auswirkungen insbesondere Kieslinger dargestellt hat.

Die Kenntnis wenigstens der wichtigsten Gesteine und Gesteinsarten und deren technisch bedeutendster Eigenschaften muß in diesem Buche vorausgesetzt werden. Ohne eine solche Kenntnis kann der Felsbauer ebenso wenig gut und richtig in Gestein bauen, wie etwa ein Betonbauer ohne Kenntnisse in der Betontechnologie planen oder praktisch arbeiten könnte. Eine gründliche Materialkenntnis ist in allen technischen Tätigkeiten unerläßlich.

Die B a u g e o l o g i e, welche ein Teil der allgemeineren Technischen Geologie ist und sprachlich nicht recht zutreffend auch als Ingenieurgeologie bezeichnet wird, bewertet die von den geologischen Grundwissenschaften dargestellten Faktoren in ihrer Auswirkung auf Bauwerke, deren Konstruktion und Herstellung. Aus einer rein angewandten Geologie hat sie sich durch spezifische Untersuchungsmethoden und insbesondere durch die Erarbeitung ihr eigentümlicher Fragestellungen zu einem eigenen Wissenszweig entwickelt. Zur Gesteinsbeschreibung verwendet sie die Termini der Technischen Gesteinskunde.

Der praktische und der theoretische Felsbau kann (ebenso wie der ihn eigentlich umfassende Grundbau) gewissermaßen als eine Fortsetzung der Baugeologie betrachtet werden. In die folgenden Darstellungen werden daher viele baugeologische Sätze und Erkenntnisse eingehen, ohne daß umgekehrt alles Baugeologische, das auf den Felsbau Bezug hat, dargestellt zu werden brauchte. Behandelt werden soll, was für die Planung, die Berechnung und Ausführung eines Bauwerkes an einem gegebenen Orte wichtig ist. Dagegen muß auf alle diejenigen baugeologischen Zusammenhänge verzichtet werden, welche im größeren Rahmen der geologischen Bauerkundung und Bauvorbereitung wie der Baudisposition zu beachten sind.

Geomechanik, ein kaum zehn Jahre alter Wissenszweig, der als ein Teil der viel allgemeiner begriffenen Geophysik aufgefaßt werden könnte, will das mechanische Verhalten des Gebirges gegenüber (tektonischen oder technischen) Krafteinwirkungen und Formungsakten untersuchen. Sie interessiert sich, im Gegensatz zur Geophysik als einer Physik des Erdballes, vornehmlich für die Erdkruste und will in gleicher Weise der Erklärung tektonischer Gebirgsarchitektur wie der Erkenntnis des Gebirgsverhaltens in menschlichen Bauwerken dienen. Zu diesem Zwecke muß sie in erster Linie Gebirgstechnologie treiben, welche das physikalisch-mechanische Verhalten der Gesteinsmassen zu beschreiben hat. Je nachdem der Einfluß der Zeit vernachlässigt oder berücksichtigt wird, könnte man das Gebiet der Geomechanik in Geostatik und Geodynamik [1]) unterteilen.

Fels- oder Gebirgsmechanik wird derjenige Teil der Geomechanik genannt, welcher sich vorzugsweise mit dem Verhalten der Gesteinsmassen im Bauwerk, im Tunnel, in den Fundamenten und bergbaulichen Hohlräumen befaßt. Die mechanisch-kinematische Erklärung der Gebirgsbaue hingegen und ihres Zustandekommens ist die Sache der Tektonik, der älteren Schwester der Gebirgsmechanik. Der Felsbau ist die praktisch-technische Anwendung der Felsmechanik, diese seine wissenschaftliche Grundlage.

Bodenmechanik erklärt und berechnet das mechanische und technische Verhalten der sogenannten Lockergesteine, Böden oder Schüttungen, welches grundsätzlich anders ist, als das der Festgesteine. Sie beschreibt ihre Gesteinswelt durch physikalische Größen, wie Innere Reibung, Kohäsion, Porenwasserdruck u. a., sowie durch Kennziffern der Kornverteilung, Raumerfüllung usw. Die Felsmechanik hat sich unabhängig von der

---

[1]) Siehe das ausgezeichnete Werk SCHEIDEGGERS, 1958.

Bodenmechanik und später als diese entwickelt. Sicherlich gibt es zwischen beiden Wissenszweigen viele und bedeutende Berührungsstellen, welche pflege- und ausbauwürdig sind (s. a. TALOBRE). Von einer unbedachten Verquickung und Verwechslung von Methoden und Erkenntnissen der Bodenmechanik und der Felsmechanik aber kann auf Grund zahlreicher praktischer negativer Erfahrungen nur dringend abgeraten werden.

Wie später zu zeigen sein wird, ist die Felsmechanik im wesentlichen von dem Umstande geprägt, daß der Fels kein Kontinuum, sondern ein (meist straff) geregeltes Diskontinuum ist. Felsmechanik ist Mechanik des Diskontinuums oder, um einen geläufigeren und treffenderen Ausdruck zu gebrauchen, Gefügemechanik[2]). Im Gegensatz dazu befaßt sich die Bodenmechanik, welche im gewissen Sinne auch mit einem Diskontinuum zu tun hat, mit einem meist nur wenig geregelten und daher wenig anisotropen Material. Wenn Schüttungen von Lockermassen unter mehrachsigem Druck stehen, werden ihre Eigenschaften denen der gepreßten Pulver ähnlich, welche wieder zu den Kontinua überleiten.

Gewiß gib es auch in Körnerhäufungen geregelte Gefüge; sie spielen jedoch in physikalisch-mechanischer Hinsicht eine nicht gleichbedeutende Rolle wie die Flächengefüge im Festgestein.

In diesem Zusammenhange wäre auch der Eismechanik zu gedenken, einer gleichfalls jungen Wissenschaft, welche sozusagen zwischen Felsmechanik und Bodenmechanik einzureihen sein wird, da sie mit beiden Arbeitsgebieten vieles gemeinsam hat; auch das Eis ist ja, geologisch gesprochen, ein Gestein. Es sind aber auf diesem Gebiet in der nächsten Zeit so grundlegende Bearbeitungen zu erwarten, daß hier auf das Gemeinsame zwischen Fels- und Eismechanik nur flüchtig eingegangen werden soll.

1.2 Gebirgstechnologie

Die Gesteinsbeschreibungen der Petrographie, Gefügekunde und Bodenmechanik, auch der technischen Gesteinskunde, genügen für den geomechanischen Gebrauch, für die Beschreibung der Felsmassen, in denen gebaut werden soll, noch nicht. Geomechanik und Gebirgsmechanik sind darauf angewiesen, sich für ihr Arbeitsgebiet eine erweiterte Gesteinsbeschreibung zurechtzulegen. Diese darf freilich mit der Systematik petrographischer, gefügekundlicher, allgemein geologischer oder bodenmechanischer Terminologien nicht in Widerspruch stehen, sondern muß auf ihnen gründen, sie erweitern und um neue, insbesondere materialtechnologische Gesichtspunkte vermehren. So wichtig erscheint mir eine solche zweckgerichtete Beschreibung der „Bergarten" — wie der Bergmann die verschiedenartigen Gebirge nennt, in denen er arbeitet —, daß dieser Beschreibung die Hälfte

[2]) Meines Wissens war es CLAR (1950, 165), welcher zum erstenmal eine Gefügemechanik gefordert hat.

dieses Buches gewidmet werden muß; und zwar die erste Hälfte, weil die zweite Hälfte, der praktische Teil des Felsbaues, ohne eine unmißverständliche Übereinkunft über die Eigenschaften der Bergarten, deren Definierung, Bestimmung und Wortgebrauch weder gründlich behandelt noch richtig verstanden werden kann.

Indem wir den Fels, in welchem wir bauen wollen, möglichst eingehend beschreiben, lernen wir ihn und seine Eigenschaften besser kennen; bei jeder Feldaufnahme machen wir diese Beobachtung. Aber wir werden ihn nicht nur zu beschreiben, sondern auch zu prüfen haben, so wie jeder Techniker seine Werkstoffe zu prüfen und nicht bloß zu beschreiben und einzuschätzen wünscht. So ist es in der Tat eine Gebirgstechnologie (Müller 1943, 96) welche wir treiben müssen; eine Gebirgstechnologie, welche das Gebirge im großen, nicht bloß im Handstück erfaßt und welche, wie noch ausführlich darzulegen sein wird *(8)*, eigene Wege gehen muß.

Raummangel verbietet, die Terminologien der Geologie, Tektonik, Petrologie, Bodenmechanik sowie mechanische Grundbegriffe zu wiederholen, so wertvoll eine solche Wiederholung angesichts mancher bestehender Unklarheiten und Mißverständnisse auch wäre. Über einige der wichtigsten Grundbegriffe mag das Stichwortverzeichnis unterrichten. Bei der Darstellung der Gesteinseigenschaften geht es leider nicht ohne trockene Systematik ab. Diese wird nicht um ihrer selbst willen gepflegt, sondern ist nötig, um die Materialprüfungen, welche sie nicht ersetzen kann und soll, zu deuten, vergleichbar zu machen und praxisgerecht auszulegen. Eine noch so gründliche und noch so gut durchdachte Systematik bleibt natürlich immer nur Gedankenkrücke und Denkhilfe. Die Natur ist immer und überall neu und läßt sich nur selten und nur schlecht in Schemata zwängen. Sie pflegt sich zu unserem stets neuen Mißvergnügen „nur selten an die Lehrbücher zu halten“, wie der Altmeister der Geologie, Professor Stini, oft zu sagen pflegte.

Ich weiß, daß die meisten Leser nur der zweite, praktische Teil des Buches interessiert. Wer von einem Buche über Felsbau im wesentlichen nur eine praktische Anleitung für Bauausführungen und Projektierung erwartet, der übersieht, daß man auf diesem Gebiete heute ohne einschlägige theoretische Kenntnisse ebensowenig zu planen, auszuführen oder zu kalkulieren imstande ist, wie etwa der Bau eines Erddammes heute wohl von niemandem mehr ohne bodenmechanische Kenntnisse unternommen werden könnte.

Gegen Ende der Arbeit am Manuskript erschien die erste geschlossene Arbeit über Felsmechanik, Talobres „Mechanique des Roches“. Mit diesem grundlegenden Werk sich eingehender zu befassen, wie es eigentlich erforderlich wäre, war zeitlich leider nicht mehr möglich, wenn die schon 1958 beabsichtigte Fertigstellung des Manuskriptes nicht noch weiter verzögert werden sollte. Die theoretischen Erörterungen dieses Buches wurden im übrigen durch dieses Werk nicht entbehrlich, weil ihr Schwerpunkt auf der gefügemechanischen Betrachtung des Gebirgsverhaltens liegt. Dem Leser wird die Lektüre des Talobre-Werkes wärmstens empfohlen.

2 Die bautechnisch wichtigsten Eigenschaften des Gebirges

2.1 Gestein und Gebirge

Die festen Gesteine der Erdkruste treten uns nur ganz selten unversehrt entgegen (gewisse Konglomerate, der Trapp Indiens z. B.); in aller Regel sind die festen Krustenteile durch und durch zerbrochen, nach Fugen und Spalten zerteilt, zerklüftet. Das hat man lange Zeit sehr wenig beachtet, ja übersehen. Auch heute noch besteht vielfach das Vorurteil, daß das Festgestein ein Ganzes, ein „Einkörper" sei und daß die Zerklüftung des Gesteins in der Regel nur wenige Meter tief unter die Felsoberfläche reiche, während das Gestein der tieferen Lagen meist durchaus „gesund" sei. Diese Vorstellung wird in der Natur fast nirgends bestätigt und ist grundsätzlich falsch.

Fels ist, mechanisch gesehen, ein „Vielkörper-System" (Müller)[3], „einem wohlgefügten Trockenmauerwerk nicht unähnlich" (Stini) und vergleichbar.

Auch die Lockergesteine[4]) sind Vielkörper-Systeme. Bei deren theoretischer Behandlung war es von Anbeginn klar, daß ihre Eigenschaften weit mehr von Kornaufbau, Kornverband, Kornform und dem Hinzutreten einer zweiten „Phase", des Wassers, bestimmt werden als durch die Festigkeit und sonstigen physikalischen Eigenschaften der Einzelkörner selbst.

Stark zerklüftete Festgesteine weisen als Vielkörper-Systeme gewiß einige Ähnlichkeit mit den Kornschüttungen auf; jedoch geht diese Ähnlichkeit nicht so weit, daß man Ergebnisse und Erfahrungen von Lockergesteinen einfach auf Festgesteine übertragen dürfte, wie sehr dies auch von manchen Seiten immer wieder versucht wird. Denn es besteht ein wesentlicher Unterschied zwischen den Schüttungen der Böden und den Vielkörpern der Festgesteine: die Teilkörper der Festgesteine sind weit straffer geordnet als die Körner der Lockermassen; sie grenzen mit mehr oder minder ebenen Flächen aneinander, weshalb man sie Schlichtungen vergleichen könnte. Zwar sind auch die Körnerschüttungen mehr geregelt, als dies die Bodenmechanik heute berücksichtigt, aber sie sind doch vorwiegend durch Punktberührung der Körner gekennzeichnet, welche relative Kornverdrehungen und -verschiebungen sowie Gefügeumlagerungen viel

---

[3]) Herrn Prof. Clar verdanke ich unter vielem anderen den Hinweis, daß es richtiger ist, die von mir ursprünglich gebrauchten Bezeichnungen „Einkörper", „Mehrkörper" und „Vielkörper" richtiger durch „Einkörper-System" usw. zu ersetzen.

[4]) Die Unterscheidung der Gesteine in Fest- und Lockergesteine (Fels und Böden) stammt wohl von Niggli (1938).

leichter zuläßt, als die Flächenberührung der Teilkörper festen, zerbrochenen Gesteins.

Nach den flächenhaften Fugen der Klüftung, Schichtung und Schieferung ist das Gestein in „Grundkörper" (STINI) zerlegt, auch „Scherkörper" (SANDER) oder „Kluftkörper" (MÜLLER) genannt, mit denen sich diese Darstellung noch oft und eingehend befassen wird. Ist die natürliche Ge-

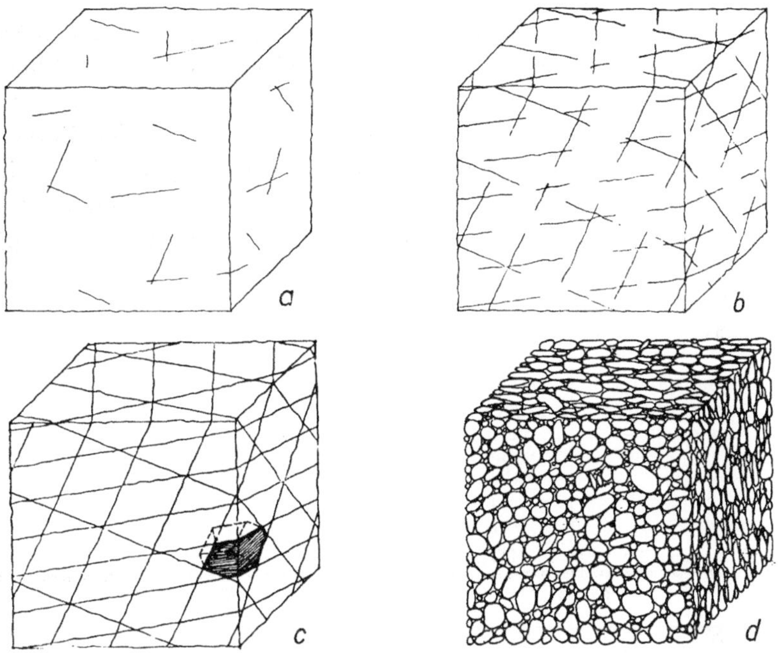

Abb. 2-1. a) Einkörper-, b) Mehrkörper-, c) Vielkörpersystem im Festgestein; d) Lockergestein-Vielkörpersystem

steinszerlegung *(fragmentation, fragmentation naturelle, fissurazione)* vollkommen und die Gesteinsmasse „durchklüftet", so liegen die einzelnen Kluftkörper völlig getrennt und nebeneinander wie die Steine in einem Steinbaukasten oder einem Mosaik, und die Gesteinsmasse kann mit Fug und Recht als Vielkörper-System bezeichnet werden. Sind die einzelnen Teilkörper aber nicht vollkommen voneinander getrennt, hängen sie entlang von „Materialbrücken" noch zusammen, dann könnte man die nur „angeklüftete", nicht völlig „durchgeklüftete" Gesteinsmasse, da sie sich in ihrem mechanischen Verhalten zwischen einem Einkörper- und einem Vielkörper-System einordnen läßt, als ein „Mehrkörper-System"[5]) bezeichnen und die Gesteinsmassen nach ihrer Zerklüftung gemäß Tafel 2–1 einteilen (Abb. 2–1).

[5]) LITWINISZYN (1958, 93) spricht von einer Makrotrümmerstätte.

Tafel 2–1. Festgestein — Zerlegungsgrad

Nr.	Bezeichnung	Merkmale	Betrachtung als	Zuständiges Fachgebiet
1	Unzerbrochenes Festgestein [1])	Fugenlose massige Ausbildung	**Einkörpersystem** (Kontinuum)	Kontinuumsmechanik, Rheologie
2	Aufgeklüftetes, angebrochenes Gestein	Mehr oder minder gleichmäßig verteilte, den Rauminhalt erfüllende Kleinklüfte. Verminderte Querschnitte	**Mehrkörpersystem** (Unstetiger Einkörper) (Diskontinuum)	Geomechanik, Gefügekunde
3	Grobstückig durchgebrochenes Gestein. Kleinstückig durchgebrochenes Gestein	Viele gänzlich durchtrennende Klüfte	**Vielkörpersystem** (Schlichtung)	Geomechanik, Gefügekunde
4	Griesige Trümmermassen Mylonite	Völlig zerdrücktes bis zermalenes Gestein	**Gekörnte Masse** (Tektonisches Lockergestein)	Bodenmechanik, Gefügekunde

[1]) 1 a: Als Übergang zwischen 1 und 3 kann Gestein angesehen werden, welches durch einzelne durchgehende Großklüfte in Schollen zerlegt, innerhalb der Zerteilung aber zusammenhängend geblieben ist.

und mechanisches Verhalten

Formänderungsverhalten	Festigkeitsverhalten	Anisotropie	Gefüge
B: bedingt durch			
F: Formänderung FM: Formänderungs-mechanismus CW: charakteristische Werte	Fest: Festigkeit GR: Grenzzustände CW: charakteristische Werte		
B: Kornaufbau		Nur strukturell veranlagte Anisotropie	$\varkappa = 0$
F: elastisch, plastisch FM: Brechen, Fließen CW: Wahrer E-Modul E Plastizitätsmodul P Schubmodul G Poissonsche Zahl m Zähigkeit η Relaxationszeit t_η	Fest: echte Zug-, Druck- und Scherfestigkeit GR: Bruchtheorien Hydr. Theorie fester Stoffe CW: Zugfestigkeit σ_z Druckfestigkeit σ_t Scherfestigkeit τ		
B: Übergänge von 1 nach 3		Durch Tektonik aufgeprägte Anisotropie	$\varkappa < 1$
F: elastisch und pseudoplastisch FM: Brechen, Bruchfließen CW: scheinb. E-Modul E_v Verformungsmodul V	Fest: Restfestigkeit GR: Theoret. Grundlagen erst zu erarbeiten CW: Restl. Zugfest. $\sigma_{z\,rest}$ „ Druckfest. $\sigma_{t\,rest}$ „ Scherfest. τ_{rest}		
B: Art und Grad der Zerklüftung, Kluftreibung, Kluftvolumen, Kluftfüllung		Durch Tektonik aufgeprägte Anisotropie	$\varkappa = 1$
Gleitreibung, Haftreibung F: vorw. pseudoplastisch FM: Bruchfließen CW: innere Gesteinsbeweglichkeit Verformungsmodul V	Haftung Fest: Verbandfestigkeit GR: Theoret. Grundlagen erst zu erarbeiten CW: scheinbare Zug- σ_{zv} Druck- und σ_{tv} Scherfestigkeit τ_v		
B: Kohäsion, Reibung, Gefüge, Porenvolumen usw.		unerforscht	
F: elastisch, plastisch FM: Kornverlagerung CW: Steifeziffer S_v Durchlässigkeit k Wassergehalt w Zähigkeit y	Fest: Scherfestigkeit GR: nach Coulomb usw. CW: innere Reibung ϱ Kohäsion c_c		

Während der Einkörper ein Kontinuum ist, der Kontinuumsmechanik gehorchend, sind Mehrkörper- und Vielkörper-Systeme Diskontinua, für welche eine Diskontinuumsmechanik geschaffen werden muß. Gestein in der Größenordnung der Kluftkörper besitzt ganz andere Eigenschaften als das Gestein im großen, das „G e b i r g e" im „Mehrkörper"-Größenbereich. Es wird sogar zu zeigen sein, daß die Eigenschaften des Gebirges, der Felsmasse, meist weit mehr von anderen Dingen abhängen als von den Eigenschaften des Gesteins, welche wir am Grundkörper feststellen. Es soll daher im folgenden — und auch in der Praxis! — streng unterschieden werden zwischen

S t e i n und G e s t e i n

— wie die Unterscheidung wegen des sprachlich einfachen Ausdruckes am besten lauten würde, aber nicht lauten kann, weil der Ausdruck „Gestein" bereits eindeutig als Gegensatz zu dem Wort „Mineral" festgelegt ist. Deshalb unterscheidet man besser nach

G e s t e i n und F e l s bzw. G e b i r g e,
(rock-sample — rock bzw. rock-mass; roche — rocher (montagne; lapido — roccia),
Gesteins- und Gebirgsfestigkeit [6]),
Gesteins- und Gebirgsmoduln usw.,

wobei „Gebirge" nicht die geographische oder tektonische Großeinheit meint, sondern dem Sprachgebrauch des Bergmannes und des Tunnel- und Felsbauers folgt, welcher das Gestein, in dem er arbeitet, als „Gebirge" usw. anspricht [7]).

Aus rein phonetischen Gründen sprechen wir nicht von Felsfestigkeit, sondern von Gebirgsfestigkeit. Der Fels ist das, was wir eigentlich meinen, weshalb dem Gesamtthema auch die Überschreibung „F e l s b a u" gegeben werden darf. Während man unter „Gebirgsbau" entweder den Bau der Gebirge oder das Bauen im Gebirge zu verstehen hätte, möge als Gegenstand des Felsbaues alle Bautätigkeit im Fels, also im Festgestein oder Felsgestein (Keil) verstanden werden, einerlei, ob sie sich in einem Areal vollzieht, welches wir geographisch als Gebirge bezeichnen oder nicht.

Folgerichtig sollten wir deshalb auch von Felsfestigkeiten sprechen, wenn wir den Gegensatz zu der im Laboratorium ermittelten Gesteinsfestigkeit meinen. Da sich aber Worte wie Felsdruckfestigkeit, Felsscherfestigkeit, weniger angenehm aussprechen und

---

[6]) Den Begriff Gebirgsfestigkeit prägte m. W. Stini.

[7]) Eine Verwechslung mit dem geographischen und dem geologischen Gebirgsbegriff kann wohl nicht entstehen. Minerale bauen das Gestein auf; dieses bildet das (geologische) Gebirge, dessen Aufragen über die Umgebung wir Gebirge im geographischen Sinne nennen. Einzelne Teile desselben werden, vornehmlich wenn sie frei stehen oder bloßgelegt sind, als Fels (*rock, pierres, roccia*) bezeichnet. Vom Fels werden durch die Natur oder von Menschenhand wieder Handstücke, Bausteine, Ausbruch- oder Schuttergut, mit einem Wort Steine, entnommen. Durch die natürlichen Transportmittel werden sie abgeschliffen, abgerundet und zu Körnern (Kies, Sand, Schluff, Kolloidton) und bilden Lockergesteine, wenn sie sedimentieren.

daher kaum einbürgern würden, soll in diesem Rahmen von Gebirgsdruckfestigkeit, Gebirgsscherfestigkeit usw. oder aber z. B. von der „Druckfestigkeit von Dioritfels“ oder „Scherfestigkeit von Gneisfels“ gesprochen werden, so daß „Fels“ und „Gebirge“ als synonym nebeneinander gebraucht werden und es dem Sprachgebrauch der Fachwelt überlassen bleibt, welcher von beiden Ausdrucksweisen schließlich der Vorzug gegeben wird.

„Gestein“ kennzeichnet also eine ganz bestimmte Art der Mineralvergesellschaftung, „Fels“ seine Erscheinungsform in der Natur. Beide unterscheiden sich zunächst nicht durch ihre Größenordnung, wie QUERVAIN (1957, 146) darlegt (Handstück und größerer Bereich), sondern „Granitgestein“ beispielsweise ist der übergeordnete, weitere, „Granitfels“ der untergeordnete und daher engere Begriff. Zwei Granite (Granitgesteine) können gesteinskundlich sehr ähnlich sein, und trotzdem können die aus den beiden Graniten aufgebauten Granitfelsen gänzlich verschieden aussehen, verschieden gestaltet und zerlegt sein, sich der Bearbeitung, Gewinnung und Verwitterung gegenüber gänzlich verschieden verhalten und technisch verschieden zu behandeln und zu bewerten sein, je nachdem ihre Klüftung enger oder weiter, regelmäßiger oder weniger regelhaft geschart, zur Hang- oder Talrichtung parallel oder winkelig streichend gestellt ist und je nachdem z. B. die Lockerung des Gesteins nach den Kluftsystemen mehr oder minder weit fortgeschritten ist [8]).

Gesteine denken wir uns immer petrographisch mehr oder minder einheitlich oder wenigstens von den gleichen Mineralgesellschaften aufgebaut; Fels bzw. Gebirge dagegen kann eine Vergesellschaftung, ein Schichtverband von mehreren Gesteinen, nebeneinander oder ineinander eingelagert, sein, eine Menge von petrographischen Inhomogenitäten und Faziesunterschieden einschließen.

Um Festgestein für die Zwecke der Bautechnik zu beschreiben, hat man auf seine Materialeigenschaften einzugehen, welche ebenso vielfältig sind wie die anderer Baumaterialien. Ihr Studium kann dem Felsbauer nicht erspart werden, da man mit allzu vereinfachenden Bezeichnungsweisen, wie „guter und schlechter Fels“, „standfestes“, „gebräches“ und „zerrüttetes Gebirge“ usw., nicht weit kommt und solche Ausdrücke oft mißverständlich und ohne genauere Abgrenzung gegeneinander gebraucht werden; vor allem aber auch deshalb, weil alle Gebirgseigenschaften nur sehr unvollkommen gefühlsmäßig abgegrenzt werden können. Freilich ist es weder möglich noch notwendig, hier alle feststellbaren Eigenschaften anzuführen; so z. B. sind die optischen Eigenschaften nur mittelbar von

---

[8]) Während in der Baugeologie STINI schon vor Jahrzehnten auf den Unterschied von Gesteins- und Gebirgsfestigkeit hingewiesen hat, wird im Bergbau diese Unterscheidung noch wenig gepflegt. Eine Ausnahme bildet u. a. DENKHAUS (1958, 21), welcher zwischen Stoffeigenschaften und Verbandeigenschaften unterscheidet.

Belang, indem die Farbe das Gestein bestimmen hilft und die Lichtbrechung die gefügekundliche Beschreibung erleichtert; aber diese Eigenschaften sind nicht für Bau und Projektierung unmittelbar wichtig. Die Grenze wird durch die Bedürfnisse der Praxis gezogen.

Viele Praktiker freilich, die sich der Mühe der Durcharbeitung eines solchen etwas trockenen Stoffes entheben möchten, pochen einseitig auf ihre praktische Erfahrung, die sie oft sehr gut in die Lage setzt, Gesteinsverhältnisse am Bau auch ohne theoretische Kenntnisse zu beurteilen. Daß man aber mit diesen in der Praxis erworbenen Gefühlsurteilen nicht zurecht kommt, beweist nicht nur die Summe von Enttäuschungen und Unglücksfällen, die sich immer wieder ereignen. Erfahrung ist nur übertragbar, wenn man den Einzelfall analysiert und aus den gewonnenen Einzelerkenntnissen jedesmal neue Schlüsse zieht. Denn die Natur ist immer wieder neu und überall individuell. Deshalb ist eine Besprechung wenigstens der wichtigsten Gebirgseigenschaften unerläßlich.

2.2 Grundsätzliches

Die meisten und wichtigsten technischen Eigenschaften des Gesteins, des frischen, unversehrten, im Handstück oder Probewürfel, bedürfen unter Ingenieuren, welche technologisch geschult sind, kaum einer Erörterung (wenngleich man auch hier noch auf viele Begriffsunklarheiten stößt und beispielsweise Verwechslungen von Härte und Festigkeit, Weichheit und Abnützbarkeit, Sprödigkeit und Härte an der Tagesordnung sind). Sie fallen begrifflich nahezu mit den Eigenschaften zusammen, die auch an anderen Werkstoffen, insbesondere an Beton, interessieren und geprüft werden. Hinsichtlich der verschiedenen Arten der Festigkeit, Zug-, Druck- und Scherfestigkeit, der Elastizität und Plastizität und ihrer Grenzen, der Querdehnung, Bruchdehnung, Zähigkeit, Sprödigkeit und Härte sowie des Arbeitsvermögens gibt es im geordneten technischen Sprachgebrauch kaum Mißverständnisse [9]). Im geologischen und petrologischen Fachschrifttum allerdings trifft man nur allzu häufig auf Bezeichnungen, welche nicht scharf genug definiert sind oder gar mit bestehenden Definitionen im Widerspruch stehen (z. B. Scherung und Scherfestigkeit). Es wird dort manchmal übersehen, daß für Festigkeitsbegriffe nun einmal ausschließlich Physik und Festigkeitslehre zuständig sind und daß deren festgelegte Termini nicht ungestraft in anderer Weise gebraucht werden dürften. In gleicher Weise verstößt es gegen die gute Sitte, Termini, welche in den Zuständigkeitsbereich der Kinematik fallen, in anderen Wissenschaften neu definieren zu wollen.

Die technischen Gesteinseigenschaften sind oft und gut beschrieben worden; für den Baugeologen und den Bauingenieur, der im Fels baut, wohl am besten in der leider schon seit langem vergriffenen, aber immer noch gültigen „Technischen Gesteinskunde" Stinis und dem gleichnamigen Buch von v. Moos-Quervain. Es wäre eine wertlose Wiederholung, auf sie näher einzugehen. Die Eigenschaften des Gebirges können ganz andere sein

[9]) S. die von L. Föppl übersetzte Festlegung der schwedischen Metallnormenzentrale (1949).

als die Eigenschaften des Gesteins, aus welchem das Gebirge besteht. Die Gebirgsfestigkeiten sind nicht nur abgeminderte Gesteinsfestigkeiten und können nicht etwa durch einen Abminderungsfaktor aus diesen ermittelt werden. Ein wasserundurchlässiges Gestein z. B. kann ein durchaus wasserdurchlässiges Gebirge aufbauen usw. Deshalb müssen die Gebirgseigenschaften, da sie von jenen Gesteinseigenschaften gänzlich abweichen und auch durch andere Faktoren bestimmt werden, von Grund auf neu definiert werden. Da dies m. W. zusammenfassend bisher noch nirgends geschehen ist, wird der Felsbeschreibung ein breiter Raum gewidmet. Denn hier bringt der noch nicht recht festgelegte Sprachgebrauch in der Praxis Mißverständnisse und Ungenauigkeiten mit sich, welche nicht selten Ursache baulicher oder wirtschaftlicher Mißerfolge und Gegenstand von Streitigkeiten sind. Ich denke dabei nicht nur an die endlosen Debatten über Boden- und Felsklassenvergütung, sondern noch mehr an Empfehlungen der Ausführung von Felsböschungen, Bermen und Sicherungen, welche nicht selten ganz anders gemeint sind, als sie vom ausführenden Ingenieur verstanden werden.

Wie bei Materialprüfungen im Laboratorium, besagen auch im Fels Angaben über Druck- oder Zugfestigkeit usw. wenig, wenn nicht stets auch eine Definition dieser Festigkeit gegeben wird, d. h., wenn nicht die Umstände angegeben werden, unter denen sie ermittelt wurde. Da die Festigkeiten in hohem Maße richtungsabhängig sind, besteht die mechanische Aufgabe zunächst und in erster Linie in der Beschreibung des geologischen Körpers.

Die meisten technischen Eigenschaften sind für das Gebirge im großen weit schwieriger zu definieren, noch schwieriger zu prüfen und anzugeben, als für das einzelne Stück Stein, etwa einen Probewürfel. So ist z. B. der statische Ursprungs-E-Modul eines Stückes Stein eindeutig zu definieren durch den Quotienten $E = \frac{d\sigma}{d\varepsilon}$ im einachsigen Druckversuch. Hingegen fehlt zur E-Modul-Bestimmung eines geologischen Körpers im Gebirge die Möglichkeit, einen großen Stab herauszuschneiden und abzudrücken; selbst wenn man es versuchte, würden die in verschiedener Richtung verlaufenden und stets vorhandenen Klüfte ein Drücken in der Längsrichtung unmöglich machen, da ohne seitlich aufgebrachte Rückstellkräfte seine einzelnen Kluftkörper ganz einfach ausscheren würden. Somit wäre es auch von sehr geringem Wert, die Definition des E-Moduls für den Stab auf den Gebirgskörper anzuwenden. Da man den E-Modul des Gebirges praktisch nur durch einen Triaxial- oder einen Druckkissenversuch u. dgl. oder auf indirekte Weise bestimmen kann, im zweiten Falle durch künstliche Schaffung und Auswertung komplizierter, weil inhomogener Beanspruchungszustände, muß er auch jeweils auf eine dem Versuch analoge Weise definiert werden. Aus Druckkissenversuchen gewonnene E-Moduln z. B.

Tafel 2-2. Die wichtigsten technischen

–	Eigenschaft	Definition	Erhöhende Einflüsse *)
1	2	3	4
A			Das Festigkeitsverhalten
a	Gebirgs-druck-festigkeit	Bruchspannung eines (gedachten) einachsig druckbelasteten und etwa prismatisch geformten Gebirgskörpers hinreichender Größe	Hohe Materialfestigkeit bei gleichzeitig geringem Durchtrennungsgrad
b	Gebirgs-zugfestig-keit	Bruchspannung eines (gedachten) einachsig zugbelasteten und etwa prismatisch geformten Gebirgskörpers hinreichender Größe	Hohe Materialfestigkeit bei gleichzeitig geringem Durchtrennungsgrad; Belastung quer zur Zugspannungsrichtung
c	Gebirgs-scher-festigkeit	Bruchspannung [1]) entlang sich ausbildender gefügebedingter Scherflächen oder gefügemäßig vorgegebener Trennflächensysteme eines hinreichend großen Gebirgskörpers	Belastung quer zu Großklüften und Hauptkluftscharen; hohe Materialfestigkeit bei gleichzeitig geringem Durchtrennungsgrad
d	Festigkeits-verhalten gegenüber räumlichen Spannungs-zuständen	Grenzzustände der Beanspruchung beim Bruch [2]) hinreichend großer Gebirgskörper unter verschiedenen Belastungen, zusammengefaßt in einer Grenzflächen- oder Grenzkurvendarstellung	Belastung quer zu den Bruchflächen
e	Gebirgs-zähigkeit	Eigenschaft der Gebirgsmasse, vor dem Bruch größere Formänderungen anzunehmen	Zähigkeit des Grundmaterials; ausgeglichene Spannungszustände; Engklüftigkeit
f	Sprödigkeit	Eigenschaft der Gebirgsmasse, zu brechen, ohne daß eine wesentliche Formänderung vorangeht	Materialsprödigkeit; geringer Durchtrennungsgrad; hohe Kluftreibung
B			Das Formänderungsverhalten
g	Gebirgs-elastizität	Eigenschaft eines Kluftkörperverbandes, seine ursprüngliche Form anzunehmen, wenn formändernde Kräfte zu wirken aufgehört haben [3])	Eigenspannungen; rasche Belastung
h	Quer-verformung	Eigenschaft eines Kluftkörperverbandes, sich unter dem Einfluß von inneren Kräften quer zu deren Richtung (elastisch oder teilweise elastisch) zu verformen [4])	Zerklüftung; hoher Durchtrennungsgrad; vorwiegend einachsige Spannungszustände; hohe Belastung; rasche Lastaufbringung; Durchfeuchtung
i	Gebirgs-Teilbeweg-lichkeit	Fähigkeit der Kluftkörper, sich in den Fugen ihres Verbandes zu verlagern	Auflockerung und Entspannung; hoher Durchtrennungsgrad; große Kluftdichte; große Kluftöffnungen; Kluftwasserdruck; Durchfeuchtung

*) s. a. Abschnitt 3

Eigenschaften der Felsmassen

Abmindernde Einflüsse *)	Zu ermitteln durch	Anmerkungen
5	6	7
charakterisierende Eigenschaften		
Große Kluftdichte; hoher Durchtrennungsgrad; chemische Materialentfestigung	Rückrechnung aus etwa einachsigen Spannungszuständen der Natur oder aus Triaxialversuchen in situ	Liegt fast immer weit unter der Gesteinsfestigkeit; richtungsabhängig
Große Kluftdichte; hoher Durchtrennungsgrad; chemische Materialentfestigung	Rückrechnung aus etwa einachsigen Spannungszuständen der Natur oder aus Triaxialversuchen in situ	Liegt stets sehr weit unter der Gesteinsfestigkeit; besonders stark richtungsabhängig
Großklüfte (oder große Kluftdichte) parallel zur Scherbeanspruchung; Schmierwirkung auf denselben; hydrostatischer Innendruck	Großscherversuch; Triaxialversuch; Rückrechnung aus Naturbefund	[1]) Soweit eine Formänderungszunahme ohne wesentliche Kraftsteigerung festzustellen ist; ansonsten durch verschieden definierte Fließgrenzen zu ersetzen
Große Kluftdichte; Regelmäßigkeit der Klüftung; hoher Durchtrennungsgrad; chemische Materialentfestigung	Triaxialversuch	[2]) Siehe Anmerkung unter c
Materialsprödigkeit; geringer Durchtrennungsgrad; hohe Kluftreibung	Triaxialversuch	
Zähigkeit des Grundmaterials; ausgeglichene Spannungszustände; Engklüftigkeit	Triaxialversuch	
charakterisierende Eigenschaften		
Klüftung; weiche Kluftfüllungen; weiche Zwischenlagen; chemische Entfestigung; Durchfeuchtung	Belastungs- und Entlastungsversuche; Triaxialversuche; Relativwerte auch aus seismischen Messungen	[3]) beschrieben im elastischen Bereich durch den statistischen E-Modul, im elastoplastischen Bereich durch den V-Modul; sehr richtungsabhängig
Allseitiger Druck; Materialentfestigung	Triaxialversuche in situ	[4]) auch Poisson-Effekt genannt, beschrieben durch die Querkontraktionszahl $\mu = 1/m$; zeitabhängig
Eigenspannungen und aufgebrachte Spannungen; hohe Kluftreibung; Unebenheit der Klüfte; Injektionen	Gefügeanalyse [5])	[5]) Quantitativ (aber nur relativ) zu erfassen durch die „Charakteristik der inneren Gesteinsbeweglichkeit"; Teilbeweglichkeit bezieht sich zum Unterschied von Fließfähigkeit sowohl auf rückläufige wie auf unrückläufige Deformationen

*) s. a. Abschnitt 3

(Fortsetzung Tafel 2-2)

—	Eigenschaft	Definition	Erhöhende Einflüsse
1	2	3	4
j	Fließfähigkeit	Eigenschaft geologischer Körper, unter länger andauernden Beanspruchungen unrückläufige und teilrückläufige Deformationen zu erleiden [6]; Änderungen des Fließverhaltens auf bestimmten Belastungsstufen werden als Fließgrenzen bezeichnet	Plastizität des Materials; langzeitliche Belastung; große Belastungsintensität; hoher Durchtrennungsgrad; große Kluftöffnungen; Engklüftigkeit; schmierende Zwischenmittel; Durchfeuchtung; Materialentfestigung
k	Zeitabhängige Fließfähigkeit	Eigenschaft geologischer Körper, wie unter j definiert, jedoch dem Grade nach deutlich von der Geschwindigkeit und Dauer der Beanspruchung abhängig [7]	Zeitabhängigkeit des Gesteinsmaterials, insbesondere der Zwischenmittel; Intensität der Beanspruchung
l	Kriechfähigkeit	Eigenschaft geologischer Körper, unter gleichbleibender Belastung mit der Zeit zunehmende, zum Teil unrückläufige Verformungen auszubilden	Lettenklüfte; Durchfeuchtung; zahlreiche Lastwechsel; hohe Belastungsintensität; hoher Durchtrennungsgrad; engständige Klüftung; Materialentfestigung
m	Neigung zu elastischen Nachwirkungen	Eigenschaft geologischer Körper, die der jeweiligen Laststufe der Be- und Entlastung entsprechenden rückläufigen Verformungen nicht zur Gänze gleichzeitig mit der Lastaufbringung, sondern mit zeitlicher Verzögerung auszubilden	Gleichsinnige Eigenschaft des Gesteinsmaterials; große Belastungsintensität; geringer Durchtrennungsgrad; weitständige Klüftung
n	Thixotropie	Eigenschaft von Kluftkörperverbänden, infolge (und während) einer Durchbewegung ihre Teilbeweglichkeit zu erhöhen, nach Aufhören der Durchbewegung aber wieder abzumindern [8]	Zahlreiche Lettenklüfte; thixotrope Zwischenmittel; starke Durchfeuchtung; sehr hoher Durchtrennungsgrad; niedere Schwingungsfrequenzen
C	Auf technische Arbeitsweisen		
o	Standfestigkeit [9]	Fähigkeit eines Gebirges, an freier Wand oder in Untertageräumen ohne künstliche Stützung vermöge eigener Festigkeit seinen Zusammenhalt zu bewahren	Geringe Zerklüftung; geringer Durchtrennungsgrad; hohe Materialfestigkeit
p	Nachbrüchigkeit	Eigenschaft eines Gebirges, Gesteinsablösungen von freier Wand (ober- und unter Tage) zu begünstigen	Starke Zerklüftung; hoher Durchtrennungsgrad; Auflockerung; Spannungsumlagerungen Erschütterungen; ungünstige Winkelbeziehungen zwischen Beanspruchungsrichtung und Richtungen größter Teilbeweglichkeit; Durchnässung

Abmindernde Einflüsse	Zu ermitteln durch	Anmerkungen
5	6	7
Hohe Kluftreibung; Injektionen	Naturbeobachtung; Großversuch	[6]) Die verschiedenen Arten der Fließfähigkeit sind Gegenstand der Rheologie
Hohe Kluftreibung; Injektionen	Großversuch	[7]) Die verschiedenen Arten der Zeitabhängigkeit sind Gegenstand der Rheologie. (Kriechen bezieht sich auf vornehmlich unrückläufige, Nachlängen und Nachkürzen auf vorwiegend rückläufige Deformationen)
Hohe Kluftreibung; Injektionen	Großversuch	
—	Großversuch	
Schon eine geringere Abminderung des Durchtrennungsgrades macht Thixotropie unmöglich	Naturbeobachtung	[8]) Bei unvollkommener Abminderung der Teilbeweglichkeit nach Aufhören der Durchbewegung spricht man von unvoll kommener Thixotropie
bezogene Gebirgseigenschaften		
Geringe Materialfestigkeit; Entfestigung; ungünstige Winkelbeziehungen zwischen Beanspruchung und dem „Weg der Kluftkörper ins Freie"; Lettenklüfte; glatte und ebene Klüfte; Durchfeuchtung; Kluftwasserdruck	Naturbeobachtung; praktischer Versuch	[9]) Besser: Standfähigkeit
Gebirgsverspannung; Gebirgszähigkeit	Naturbeobachtung	

(Fortsetzung Tafel 2-2)

—	Eigenschaft	Definition	Erhöhende Einflüsse
1	2	3	4
q	Druckhaftigkeit	Eigenschaft eines Gebirges, in Untertageräumen den auftretenden Beanspruchungen einen (relativ) geringen Formänderungswiderstand entgegenzusetzen und in den Hohlraum nachzudrängen [10])	Fließfähigkeit; Teilbeweglichkeit; Kriechfähigkeit; Thixotropie; bzw. deren bedingende Faktoren
r	Gewinnungsfestigkeit	Komplexe Eigenschaft eines Gebirges, der Lösungsarbeit einen Widerstand (Formänderungsenergie) entgegenzusetzen	Ungünstige Winkelbeziehungen des Flächengefüges zur Richtung des Lösungsangriffes; Gebirgszähigkeit
s	Erweichbarkeit	Eigenschaft des Gebirges, unter gewissen Einflüssen, insbesondere Durchfeuchtung und Erwärmung, an Festigkeit einzubüßen	Erweichbares Gestein (hoher Tongehalt); erweichbare Zwischenlagen oder Zwischenmittel
t	Maßhaltigkeit	Eigenschaft des Gebirges, einen Ausbruch ohne bedeutende Mehrausbrüche und Abweichungen von der plangemäßen Form zu begünstigen	Zähigkeit; Verworrenklüftigkeit; geeignete Bohrschemata; Schräm- und Fräsarbeit
u	Bohrbarkeit [11])	Eigenschaft des Gebirges, die Bohrarbeit zu begünstigen [11])	Mildes Gestein
v	Frost- und Wetterbeständigkeit	Fähigkeit des Gebirges, den auflockernden und abtragfördernden Einwirkungen des Frostes und des Eisschubes bzw. den chemischen und physikalischen Zerstörungswirkungen zu widerstehen	Frost- und Wetterbeständigkeit der Gesteinssubstanz
D	Eigenschaften, welche das Verhalten des Gebirges		
w	Wasseraufnahmefähigkeit	Fähigkeit des Gebirges, Wasser eindringen zu lassen [12])	Zerrüttungsstreifen; Störungen; geöffnete Klüfte; große Kluftdichte; Gefügelockerung
x	Gebirgsdurchlässigkeit	Eigenschaft des Gebirges, Strömung des Wassers in seinen Klüften zuzulassen [13])	Große Kluftdichte bei gleichzeitig hohem Durchtrennungsgrad; große Kluftöffnungen; Auflockerung; glatte Kluftwandungen
y	Wasserwegigkeit	Eigenschaft des Gebirges, in gewissen Richtungen eine besonders hohe Durchlässigkeit zu entwickeln bzw. dem Wasser konzentrierte, oft gebündelte Wege bereitzustellen	Anisotropie des Kluftnetzes; Zerrüttungsstreifen; Löslichkeit der Gesteinssubstanz; Öffnung einzelner Kluftscharen oder Großklüfte; Ausräumbarkeit von Kluftfüllungen; Weichheit des Wassers

Abmindernde Einflüsse	Zu ermitteln durch	Anmerkungen
5	6	7
Standfähigkeit; Gebirgsscherfestigkeit; Zähigkeit	Naturbeobachtung	[10]) Unklar definierter, aber in der Praxis häufig verwendeter Begriff
Verwitterung; Auflockerung; Materialentfestigung; Engklüftigkeit; hoher Durchtrennungsgrad; Lettenklüfte; rascher Lösungsangriff; Sprödigkeit	praktischer Versuch, Naturbeobachtung	
Erschwerte Wasserzufuhr (z. B. durch Injektionen)	Laborversuch	
Große Borlochvorgaben; starke Zerklüftung; hoher Durchtrennungsgrad; Grobklüftigkeit; Sprödigkeit	Gefügeanalyse	
Gesteinszähigkeit; Gesteinshärte; engständige Klüfte; spitze Winkel zwischen Bohrlochrichtung und Kluft- oder Schieferungsflächen; Quarzadern; Feldspatflocken	Versuch; Erfahrung	[11]) Gilt auch für Bearbeitbarkeit schlechthin, z. B. Schräm- und Fräsarbeit
Hoher Durchtrennungsgrad; Lettenklüfte; große Kluftdichte; Kapillarklüfte; große Wasseraufnahme; geringe Wärmeleitung; Quellvermögen des Gesteins	Teilweise durch Naturbeobachtung und Erfahrung, unterstützt durch Laborversuche	
gegenüber dem Bergwasser kennzeichnen		
Geringer Durchtrennungsgrad; dichte Kluftfüllungen	Gefügeanalyse; Wasserabpreß- und Großversuche	[12]) Von der Wasseraufnahme des Gesteins erheblich unterschieden und meist viel größer als diese
Verlehmte Klüfte; verlehmte Störungen; Mylonite; Injektionen; niedrige Wassertemperatur	Absitz- oder Pumpversuche in Schächten oder Stollen; Abpreßversuche in Bohrlöchern	[13]) Von der Gesteinsdurchlässigkeit grundsätzlich unterschieden und meist viel größer als diese
Kluftfüllungen; geringer Durchtrennungsgrad	Gefügeanalyse; Großversuch mit gefärbten Flüssigkeiten oder Gasen	

sind weder mit einachsig bestimmten Moduln noch untereinander ohne weiteres vergleichbar.

Ganz ähnlich verhält es sich mit der Druckfestigkeit, welche wir im Gebirge gleichfalls nicht einachsig prüfen können, und mit vielen anderen Eigenschaften.

Im wesentlichen sind es die in Tafel 2–2 aufgezählten Eigenschaften, auf welche der Techniker den Felsuntergrund unter einem Bauwerk oder bei der Schaffung von Hohlformen (Anschnitten, Einschnitten, Tunneln, Kavernen, Fundamentgruben) zu untersuchen hat.

2.21 Inhomogenität und Anisotropie

Die meisten dieser Eigenschaften sind nicht an allen Punkten eines Felskörpers gleich und außerdem an einem und demselben Punkte nicht nach allen Raumrichtungen hin gleich entwickelt bzw. verteilt. Wir sprechen deshalb von Inhomogenität und Anisotropie im Gebirgskörper. Da die Begriffspaare Homogenität/Inhomogenität und Isotropie/Anisotropie immer wieder verschiedentlich unrichtig gebraucht werden, für die Beschreibung des Gebirges aber von großer Wichtigkeit sind, sei einiges zur Klarstellung Nötige hier wiederholt.

H o m o g e n ist ein technischer oder geologischer Körper, wenn er in allen seinen Teilen gleichartig aufgebaut ist und folglich in jedem Punkt die gleichen physikalischen Eigenschaften besitzt. Im gegenteiligen Falle heißt er (stofflich) i n h o m o g e n [10]). Natürlich kann man auch von Homogenität in bezug auf einzelne Eigenschaften sprechen, und es kann ein Körper gleichzeitig in bezug auf eine Eigenschaft (z. B. Druckfestigkeit) inhomogen, in bezug auf eine andere aber (z. B. Wärmeleitung) homogen sein.

Da in der mineralischen Natur ein Gefügekorn oder Kristallit dem anderen so sehr und so wenig gleicht wie ein Ei dem anderen, ist es oft nur eine Frage der Beobachtungsgenauigkeit, was man noch als homogen und was man schon als inhomogen bezeichnet; deshalb sprechen Gefügekunde und Petrologie von „statistischer Homogenität“, die technische Praxis von „Quasi-Homogenität“.

I s o t r o p wird der Bereich eines Körpers genannt, wenn sein Material nach allen Richtungen des Raumes gleiche Eigenschaften in gleicher Intensität aufweist (wobei diese Eigenschaften durchaus von Punkt zu Punkt oder von Bereich zu Bereich wechseln können, wenn der Körper nicht zugleich homogen ist). Das kann allgemein ausgesprochen oder auf einzelne Eigenschaften beschränkt werden, z. B. auf Wärmeleitung, welche parallel zur Schieferung meist größer ist als quer dazu, auf die optischen

---

[10]) Sprachlich richtiger hätte es „anhomogen“ zu heißen.

Eigenschaften der Kristallite, auf Wasserdurchlässigkeit, Druckfestigkeit, Zug- und Scherfestigkeit usw.; besonders hinsichtlich der Scherfestigkeit sind manche Gesteine sehr anisotrop, vor allem gewisse Schiefer und Gesteine mit einer ausgeprägten Spaltbarkeit in bestimmter Richtung. Nur ganz selten finden sich in der Natur allgemein isotrope Körper; aber vergleichsweise häufig kann Isotropie in bezug auf einzelne Eigenschaften festgestellt werden, wenn die Grenzen in Ausrichtung auf bestimmte praktische Aufgaben nicht sehr scharf gezogen zu werden brauchen und man von statistischer Isotropie oder Quasi-Isotropie sprechen darf. Solches ist ja bei vielen technischen Werkstoffen der Fall. Homogenität und Inhomogenität, Isotropie und Anisotropie sind nicht Eigenschaften der Materialien schlechthin, sondern kennzeichnen die Verteilung und Richtungshäufigkeit von Eigenschaften und Merkmalen. Es ist das unbestreitbare Verdienst SANDERS, nicht nur die Gesteinskundler, sondern auch die Techniker immer wieder darauf verwiesen zu haben, wie häufig, ja geradezu vorherrschend, Anisotropie in der Natur sei und wie wichtig es sei, sie mehr als bisher zu beachten. Wo für den Geopraktiker die Grenzen zwischen zu vernachlässigender und zu beachtender Anisotropie zu ziehen sind, wird in dem Buch des öfteren zu erörtern sein. Homogene Körper oder Körperbereiche brauchen keineswegs auch isotrop zu sein; ja sie sind es sogar bei genauerem Zusehen selten. Inhomogene Körper dagegen sind praktisch fast nie isotrop, wenngleich denkmäßig auch ein solcher Fall vorgestellt werden kann. Es ist also falsch, wenn häufig in der Praxis die Begriffspaare Isotropie/Anisotropie („Tropie" bei SANDER) und Homogenität/Inhomogenität verwechselt oder gar einander gleichgestellt werden.

Es ist nicht nur eine Frage der statistischen Streuung und Variationsbreite der Korngrößen, Kornformen, des Kornverbandes, der Kornregelung usw., wenn man quasi-homogene Körper z. B. hinsichtlich ihrer mechanischen Eigenschaften so betrachten darf, als wären sie homogen; sondern die Grenzen zwischen homogen und inhomogen hängen auch von der Zielsetzung der technischen oder wissenschaftlichen Aufgabe ab.

2.22 Größenordnung und Bereich

Besonders aber entscheidet über die begriffliche Abgrenzung zwischen Homogenität und Inhomogenität die jeweils betrachtete Größenordnung oder der „Bereich" (im Sinne von SANDER; *zone; échelle; zona*). Ein Konglomerat z. B. wird nur in großen Würfeln von mindestens 20 bis 30 cm Seitenlänge auf Druckfestigkeit geprüft werden dürfen, weil sich erst in einem solchen Größenbereich die Inhomogenitäten seines Kornaufbaues einigermaßen statistisch ausgleichen, so daß es als quasi-homogen gelten mag. Ein kleinerer Probewürfel, welcher nur mehr einige Dutzend große Körner enthält, wäre gänzlich inhomogen, und Prüfungsergebnisse an solchen kleinen Würfeln würden unzulässig stark streuen. Nur noch die einzelnen Körner in ihnen wären je für sich homogen, und man spricht so von Homogenbereichen (Abb. 2-2). Stellt man aber Dünnschliffe von einem solchen Gestein her und betrachtet die einzelnen Körner unter dem Mikroskop, also in noch kleinerem Bereich, so kann es sein, daß man sich abermals vor die Entscheidung gestellt sieht, ob für das Einzelkorn

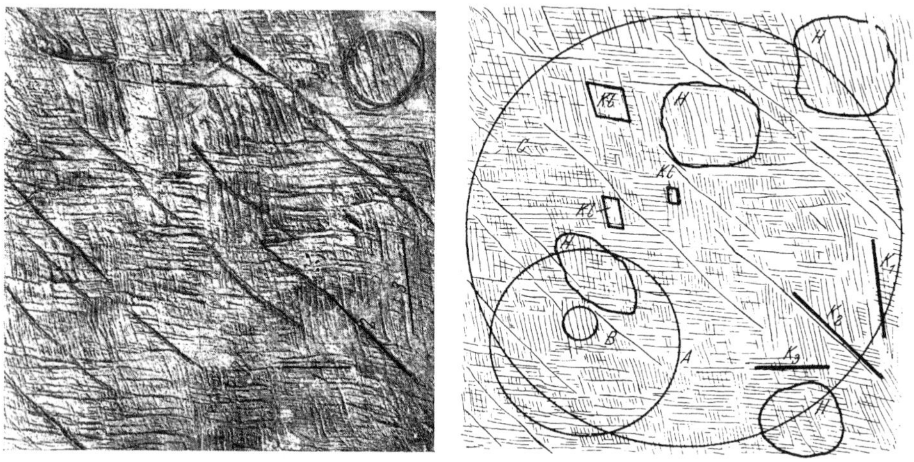

Abb. 2-2. Groß- und Kleinklüfte an einem Tonmodell von Hans Cloos, welches einer „einfachen Schiebung" unterworfen wurde. K_1, K_2, K_3 Streichrichtungen der Hauptkluftscharen; Kl Kluftkörper und Kluft-Großkörper; H Homogenbereiche; A Inhomogener Größenbereich; B und C Quasi-Homogenbereiche

Quasi-Homogenität anzuerkennen sei oder nicht. Also auch die Homogenbereiche werden je nach dem Untersuchungszweck einmal weiter, das andere Mal enger abzugrenzen sein.

Hier ist für den später zu besprechenden Analogiegebrauch im Bereich der Gebirgseigenschaften anzumerken, daß unterschieden werden kann zwischen einer Homogenität in bezug auf das Korngefüge und den Kornverband, einer solchen in bezug auf die Unterteilung in Schichttafeln, Schichtstöße usw. und einer solchen in bezug auf stärkere oder weniger starke Zerklüftung des Gesteins. Geschichtetes Gestein z. B. kann in bezug auf den Kornverband innerhalb einzelner Schichten homogen, von Schicht zu Schicht jedoch inhomogen sein. Im größeren Bereich aber betrachtet, können zwei verschiedene Zonen dieses Gesteins durchaus homogen genannt werden, wenn auch die einzelnen Schichten inhomogen sind, soferne nur die Verteilung der Inhomogenität allenthalben übereinstimmt.

2.23 Diskontinuitäten

„Das Gebirge charakterisiert außer der Inhomogenität und Anisotropie gleichfalls Diskontinuität der mechanischen Eigenschaften" (LITWINISZYN 1958, 93). Auch Diskontinuität will in bezug auf den Größenbereich verstanden werden. Betrachtet man einen kleinen Bereich eines Felsens, so bilden schon die Kleinklüfte Diskontinuitäten, welche zwischen sich die Homogenbereiche der Kluftkörper einschließen. Um diesen kleinen Bereich mechanisch zu beschreiben, hat man Art und Lage der Diskontinuitäten anzugeben und außerdem Aussagen über die Anisotropie und Homogenität jedes Homogenbereiches zu machen. Betrachtet man jedoch einen viel größeren, etwa tausendmal größeren Bereich des gleichen Felsens, und ist dieser einem — wenigstens generell betrachtet — einheitlichen Beanspruchungsplan unterworfen, so sinkt die Bedeutung der kleinen Diskontinuitäten der Kleinklüfte gegenüber etwa vorhandenen Großklüften und Störungen ab, und man wird größere Homogenbereiche zusammenfassen dürfen, welche durch Großklüfte und Störungen voneinander getrennt sind. Innerhalb derselben aber wird die Felsmasse trotz ihrer Zerteilung nach Kleinklüften als ein Quasi-Kontinuum angesehen werden dürfen, insofern man die Anisotropie und Inhomogenität, welche durch das Kleinklüftenetz geschaffen wird, berücksichtigt und beschreibt. Diese Anisotropie und Inhomogenität (erstere durch die verschiedene Teilbeweglichkeit der Kluftkörper in verschiedenen Richtungen des Kluftnetzes geschaffen, letztere durch verschieden stark zerklüftete Zonen und Bereiche) ist natürlich nur als statistische Anisotropie und statistische Inhomogenität zu verstehen.

Nicht nur Homogenität und Isotropie bzw. Inhomogenität und Anisotropie, sondern auch die Diskontinuitäten müssen also in Beziehung zum betrachteten Größenbereich verstanden und beschrieben werden.

2.3 Das Festigkeitsverhalten charakterisierende Eigenschaften

Im folgenden soll erörtert werden, inwieweit die gewohnten Begriffe der Druck-, Zug- und Scherfestigkeit auf das zerklüftete Gebirge anwendbar sind und unter welchen Bedingungen dreiachsige Grenzzustände, Homogenität und Isotropie sowie deren Gegensätze für das Diskontinuum in ähnlicher Weise formuliert werden können wie für das Kontinuum.

2.31 Gebirgsdruckfestigkeit

Um die Gebirgsdruckfestigkeit (*compressive mass-strength; resistance de compression du rocher; resistenza di compressione di roccia)* in Analogie zur einachsig verstandenen Gesteinsdruckfestigkeit [11]) zu beschreiben und zu prüfen, hätte man im Gebirge einen im wesentlichen einachsigen Spannungszustand herzustellen. Ein solcher tritt annähernd an Restpfeilern eines Pfeilerabbaues oder an Pfeilern zwischen benachbarten Unter-Tage-Räumen, inhomogen auch an Teilen des Umfanges von Felshohlräumen auf. Würde man einen solchen Spannungszustand bis zur Bruchgrenze steigern, dann hätte man annähernd eine einachsige Gebirgsdruckfestigkeit ermittelt. Sonst wird man diese Beanspruchungsart selten verwirklicht finden, weil die meist unregelmäßige und gedrungene Form von Felskörpern in der Regel nicht lineare, sondern räumliche Spannungszustände auftreten läßt *(2.34)*. Der Begriff der einachsig zu denkenden Gebirgsdruckfestigkeit kann aber — wie der der Gebirgszugfestigkeit — sehr wohl dazu dienen, sich über die Lage der Grenzflächen des Bruch- oder Fließverhaltens Vorstellungen zu machen.

Weil der Fels in aller Regel durch Klüfte zerlegt und oft in gewissen Spaltbarkeitsrichtungen geschwächt ist, liegt die Gebirgsdruckfestigkeit stets unter der Gesteinsdruckfestigkeit und beträgt oft nur einen Bruchteil dieser. Wie gering sie sein kann, zeigen z. B. die üblichen Abmessungen solcher Restpfeiler. In den prähistorischen Kalksteinbrüchen von Costozza wurden Beanspruchungen der Restpfeiler aus detridärem Eozän- bzw. Oligozänkalk bis 190 kg/cm^2 festgestellt; sie waren offensichtlich bis zur Grenze ihrer Tragfähigkeit beansprucht. Die Gebirgsfestigkeit dürfte dort nicht sehr weit unter der Gesteinsfestigkeit liegen. Solche relativ hohen Gebirgsfestigkeiten hat auch Buchheim (1958, 119) im Steinsalz (250 kg/cm^2) und im Hartsalz (230—360 kg/cm^2) mit der druckakustischen Methode nachgewiesen. In Kalisalzpfeilern wies Höfer (1958 a, 34) sogar Spannungen von 300—500 kg/cm^2 nach, die gleichfalls nahe an der Bruchfestigkeit liegen. Awerschin (1958, 43) berichtet von Pfeilerspannungen in der Größenordnung von 200 kg/cm^2 in einer Kohle mit einer Gesteinsfestigkeit von 300—600 kg/cm^2, in einem anderen Kohlenbergwerk dagegen seien bei Gesteinsfestigkeiten von 200—300 kg/cm^2 Gebirgsfestigkeiten von nur 35 kg/cm^2 festgestellt worden.

Im allgemeinen aber sind weit größere Festigkeitsunterschiede zwischen Gebirge und Gestein anzunehmen, und zwar um so größere, je spröder sich die Gesteine verhalten und je mehr sie beim Bruch aufklüften. Für

[11]) Im Bergbau ist es vielfach üblich, statt Festigkeit Härte zu sagen (z. B. Jacobi 1957, 1395). In Anlehnung an mechanische Nomenklaturen ist dies jedoch nicht statthaft.

Mergel nimmt RABCEWICZ eine Gebirgsdruckfestigkeit von nicht mehr als 20 kg/cm² an und TALOBRE (1957, 225) erwähnt eine Gebirgsfestigkeit von nur 5 kg/cm² an der Luzège-Sperre. Schätzungen an Tunnel- und Stollenbauten führen in spröden und festen Gesteinen zu Werten der Gebirgsdruckfestigkeit zwischen 50 und 300 kg/cm², gegenüber Gesteinsfestigkeiten zwischen 500 und 2000 kg/cm² [12]). Die Gebirgsdruckfestigkeit ist weit mehr richtungsabhängig als die Gesteinsdruckfestigkeit und kann nicht einfach durch einen Abminderungsfaktor beschrieben werden. [Über Möglichkeiten ihrer Einschätzung siehe *(4)* bis *(7)*; Faktoren, welche die Gebirgsdruckfestigkeit beeinflussen, siehe *(3)*.]

2.32 Gebirgszugfestigkeit

Ähnliches gilt von der Gebirgszugfestigkeit (*tensile strength of rockmass; resistance à la traction de montagne; resistenza a trazione della roccia*). Die Frage, ob zerklüftetes Gebirge überhaupt noch zugfest sein könne, wird oft verneint, zumindest als sehr problematisch empfunden. Diese Frage war u. a. Gegenstand grundlegender Untersuchungen von L. MÜLLER und F. PACHER [13]) im Rahmen der Forschungsgemeinschaft Neumühl. Denkt man an den einachsigen Beanspruchungszustand, so wird man freilich geneigt sein, Zugfestigkeit nur einem verhältnismäßig wenig geklüfteten Gebirge zuzusprechen, denn es scheint einleuchtend, daß Getrenntes nicht mehr aneinander hält. Aber schon die Tatsache, daß junge Zugrisse in zerklüfteten Gesteinen entstehen, setzt eine Zugspannung voraus, welche eine vorhandene Zugfestigkeit zu überwinden hat. Meist liegt allerdings in solchen Fällen gar kein einachsiger Spannungszustand vor, wie z. B. im Falle des Luxemburgischen Sandsteines oder des Basaltes und Basalttuffes der Kasseler Wilhelmshöhe; beide fließen auf söhliger, plastischer Unterlage (Ton) auseinander und spalten nach lotrechten, hangparallelen Zerrklüften auf [14]). Dort liegt ein zweiachsiger (ebener) Formänderungszustand vor, dessen lotrechte Spannungskomponente durch das Eigengewicht der Gesteinsmasse, dessen waagrechte Spannungskomponente durch Querdehnung und Reibung der Unterlage bedingt ist. Aber an der Gebirgsoberfläche (wenn sie flach liegt) muß die lotrechte Komponente

---

[12]) Ähnliche, aber größere Festigkeitsunterschiede bestehen zwischen dem mikroskopischen und größeren Bereichen: „the "molekular" fracture strength σ_m = 10 to 1000 times greater than that stress at which fracture actualy occurs" (SCHEIDEGGER 1958, 97).

[13]) Unveröffentlicht.

[14]) Die Kluftöffnung ist in allen solchen Fällen (siehe z. B. am Kehlstein bei Berchtesgaden) am größten in der Nähe des freien Hanges und erreicht dort oft 1 m, während sie meist schon 100 m weiter bergeinwärts bis auf wenige Zentimeter oder Millimeter abnimmt.

Null werden, so daß tatsächlich ein im wesentlichen einachsiger Spannungszustand (genauer: einachsige Formänderungszustand) übrigbleibt. Häufig wird durch Belastungen oder Spannungsumlagerungen dem Gebirge eine Dehnung aufgezwungen, ohne daß wirkliche Zugspannungen auftreten, nämlich dann, wenn seine Zugfestigkeit in der Streckungsrichtung nahezu Null ist. Obwohl in einem solchen Falle keine Festigkeit überwunden wird, können solche Aufdehnungen gefährlich werden, weil sie verbandlockernd und damit entfestigend wirken. PACHER schlägt deshalb vor, sie zur Anschätzung des jeweiligen Gefährdungsgrades durch Angabe der Größe $\varepsilon . E$ zu erfassen, welche die Dimension einer Spannung hat, ohne eine wirkliche Spannung sein zu müssen, da das Hooksche Gesetz hier nicht gilt. $\varepsilon . E$ ist jene gedachte Spannung, welche aufgebracht werden müßte, um eine solche Aufdehnung zu verhindern.

Unter zweiachsigem Spannungszustand oder Formänderungszustand stehendes Gebirge kann, wie später gezeigt werden wird, sehr beträchtliche Zugspannungen aufnehmen. Manche lotrechte, trotz einer gewissen Aufklüftung bestandsichere Felswand, in welcher man ja stets waagrechte Zugspannungen vorhanden zu denken hat, beweist dies. Unter zwei- und dreiachsigem Druck festigt sich der Gesteinsverband zwischen den einzelnen Kluftkörpern durch Reibung, Adhäsion und Kohäsion. Da in den meisten Gebirgen latent vorhandene Spannungen vorausgesetzt werden müssen, ist zugfestes Gebirge häufiger als man glaubt.

Ein aus dem Gebirge herausgeschnittener prismatischer Körper freilich, an welchem eine einachsige Zugfestigkeit geprüft werden könnte, wird wohl stets nur ein Gedankenmodell bleiben. Eine vorhandene Querbelastung, ein räumlicher Spannungszustand ist in stark zerklüftetem Gebirge die eigentliche Voraussetzung einer Gebirgszugfestigkeit; einachsige Zugfestigkeit wird am ehesten als Grenzfall bei vorhandener, aber bis zur Grenze abnehmender Querbelastung definiert werden können. Beträchtliche Zugfestigkeit gibt es in Bergarten, die wenig durchgeklüftet sind; aber auch die Kohäsion vorhandenen Kluftlettens oder Reibung auf unebenen und rauhen Kluftflächen bewirken einen Widerstand gegen Trennung. Man erkennt schon jetzt, daß Gebirgszugfestigkeit aus Reibungs- und Kohäsionsanteilen zusammengesetzt sein kann.

In der Praxis ist es höchst schwierig, Zahlen für die Gebirgszugfestigkeit anzugeben, doch werden auch roh geschätzte Ziffern willkommen sein, wenn man die Lage der Mohrschen Grenzflächen des Festigkeitsverhaltens einschätzen möchte. Ist schon die Zugfestigkeit der meisten Gesteine kleiner als $^1/_{10}$ bis $^1/_{20}$ ihrer Druckfestigkeit, so wird man für die Gebirgszugfestigkeit erst recht geringere Werte erwarten.

2.33 Scherfestigkeit

Der Scherfestigkeit *(shear strength; résistance de cisaillement; resistenza di taglio)* des Gebirges kommt große praktische Bedeutung zu, 1. weil man sie verhältnismäßig leicht, wenn auch nur in roher Annäherung experimentell bestimmen kann; und 2. weil man die Ergebnisse einer solchen Prüfung (wenn auch abermals nur näherungsweise) in eine einfache Analogie zu elementaren Rechenansätzen bringen kann und man solcherart rasch und leicht zu überschlägigen Angaben über die Standfestigkeit und Tragfähigkeit von Felsmassen gelangt.

Hinsichtlich der Scherfestigkeit ist zerklüfteter Fels noch stärker anisotrop als hinsichtlich seiner Druckfestigkeit. Besonders parallel zu weiträumig durchstreichenden Schicht- und Schieferungsfugen, aber auch zu Großkluftscharen kann die Gebirgsscherfestigkeit extrem niedrige Werte erreichen. Glätte der Kluftflächen, schmierende Zwischenmittel, wie Tonbestege (insbesondere bei Anwesenheit von Wasser), serizitische, glimmerige oder sogar thixotrope Zwischenmittel, mangelnde Querbelastung auf den Fugen oder Abminderung der Querbelastung durch hydrostatischen Druck, erniedrigen die Gebirgsscherfestigkeit besonders.

Wie die Druck- und Zugfestigkeit des Gebirges, so ist auch seine Scherfestigkeit eine komplexe Festigkeit, zusammengesetzt aus Anteilen echten Scherwiderstandes und aus Anteilen von Reibung und Kohäsion auf den Kluftflächen *(6)*. Einflüsse, welche in *(3)* besprochen werden, erniedrigen sie oft über alle Erwartung. So hat Wünsch (1956, 185) auf einer künstlich abgescherten Fläche von etwa 120 m² in einem geschieferten Gestein (vermutlich Gneis) eine mittlere Scherfestigkeit von nur 60 t/m² festgestellt. Breth (1960, 177) hat die Scherfestigkeit (geotechnische Kohäsion) eines „Flinzmergels" (tertiäre Molasse) parallel zur Schichtung in einem Großversuch mit 3,2 t/m² ermittelt, während die in einem großen Laborversuch festgestellte geotechnische Ursprungskohäsion quer zur Schichtung 25,5 t/m² betrug.

Demgegenüber müssen Scherfestigkeitsziffern, wie sie in vielen Büchern angegeben werden, aber sich unausgesprochen stets nur auf das Gestein, nicht aufs Gebirge beziehen, geradezu trügerisch hoch scheinen; man findet da Werte zwischen 300 t/m² (für weiche Schiefer) und 3000 t/m² (für feste, ungeschieferte Gesteine) und muß sich eigentlich darüber wundern, welche Mühe immer wieder von neuem auf die Bestimmung solcher Festigkeitswerte an Gesteinen verwendet wird, die ja doch nur auf Werkstücke, niemals auf Arbeiten im Gebirge anwendbar sind.

Exakt zu definieren ist Scherfestigkeit für das Gebirge freilich noch weniger als für die homogenen Körper des Laborversuches. Je plastischer sich ein Medium kurz vor dem Bruch verhält, desto leichter lassen sich Spannungszustände erzeugen, die zum reinen Gleitungsbruch führen, für den die Schubspannung (= die Differenz der größten Hauptnormalspannungen) bzw. nach TORRE (1946 a, 316; unter Verwendung der LEON-Parabel als Hüllkurve) gemäß der Hauptschubspannungs-Bruchtheorie (siehe Abb. 2–3) zur Bruchursache wird.

Für Schüttungen, welche in mancher Hinsicht ein Verhalten ähnlich dem plastischen zeigen, hat sich eine Definition der Scherfestigkeit auf Grund des Coulombschen Reibungsgesetzes eingebürgert, welche den boden-

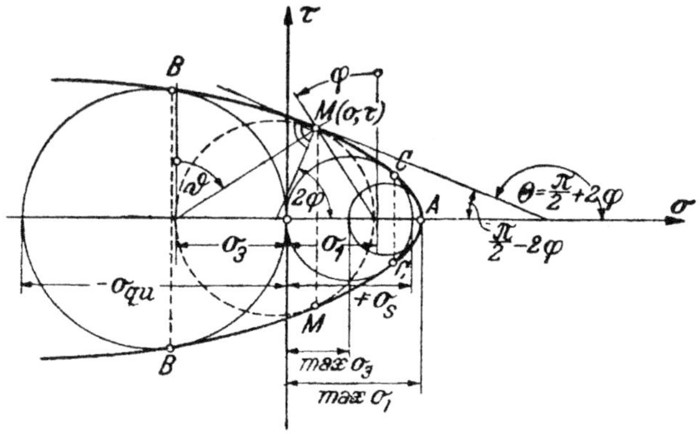

Abb. 2-3. Hauptschubspannungstheorie (nach TORRE 1946, 324)

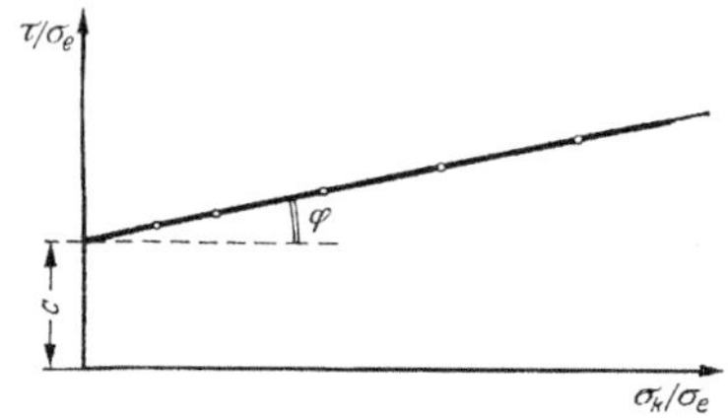

Abb. 2-4. σ_e = äquivalenter Verdichtungsdruck; σ_k = Normalspannung bei vollkommener Konsolidierung; τ = Scherspannung (= $c \cdot \sigma_e + \sigma_k \cdot \mathrm{tg}\, \varrho = c + \sigma \cdot \mathrm{tg}\, \varrho$; c = Festwert des Scherversuches; ϱ = Winkel des Scherversuchs) (nach KOLLBRUNNER 1946, 249)

mechanischen Scherversuch als Reibungsversuch deutet: Aus mehreren solcher Scherversuche wird eine etwas konvexe Kurve

$$\tau_n = \tau_n(\sigma_n) \qquad [2—1]$$

erhalten, welche in der Praxis durch eine Gerade

$$\tau_n = c + \sigma_n \,\mathrm{tg}\, \varphi \qquad [2—2]$$

ersetzt wird (Abb. 2–4) und zum Ausdruck bringt, daß die Scherfestigkeit von Schüttungen in hohem Maße vom Normaldruck auf der Scherfläche abhängt. Der Abschnitt c auf der τ-Achse wird als „Geotechnische Kohäsion“ bezeichnet, der Winkel φ als Winkel der Scherfestigkeit. Diesen Ansatz wird man in der Felsmechanik überall dort verwenden können, wo mit Schüttungen vergleichbare Verhältnisse vorliegen, z. B. bei mächtigen Myloniten und engklüftigen Zerrüttungsstreifen, aber auch bei vorgegebener, durchgehender Gleitfläche (Abb. 7–11), deren Scherwiderstand aus Reibungswiderständen resultiert und deshalb als Reibungsfestigkeit angesprochen wird.

Für alle anderen Fälle (zerklüfteten und unzerklüfteten Gesteins) kann die Scherfestigkeit eigentlich nicht nach der Coulombschen Geraden bestimmt werden, sondern muß entweder aus der Mohrschen Hüllkurve [Triaxialversuch (*2.34* u. *7.1*)] oder der faktischen Spannungsverteilung eines Schlitzscherversuches (*7.4*) gewonnen werden.

Beim Großscherversuch nach Wünsch hat man stets festzulegen, für welche Richtung der Scherbeanspruchung die ermittelten Werte gelten. Auch beim Scherversuch wächst die Scherfestigkeit mit der Aufbringungsgeschwindigkeit der Kraft, so daß diese stets mit den übrigen Versuchsbedingungen angeführt werden muß.

1. Wird die Scherfestigkeit als $\beta_S = \frac{S}{A}$ [2—3] definiert (Abb. 2–5), so wird das Ergebnis um so ungenauer sein, je größer die Scherfläche A ist, weil die Gleichung [2—3] (a) die ungleiche Verteilung der Scherspannungen auf der Fläche vernachlässigt und (b) der Tatsache des progressiven Bruches nicht gerecht wird, welcher von 1 (Abb. 2–5 a) seinen Ausgang nimmt und allmählich erst nach 3 fortschreitet. Auf einer kleinen Versuchsfläche aber verliert der Gebirgsscherversuch seinen Sinn, weil er dann den statistischen Voraussetzungen nicht entspricht *(4.5)*.

2. Kennt man (näherungsweise) die Verteilung der Schubspannungen auf der Bruchfläche Φ z. B. aus einem Modellversuch (Abb. 2–5 b), $\tau = \tau(\alpha)$ —— [2—4], so ist unter Annäherung der Bruchfläche durch einen Kreis

$$S = \int_0^{\alpha_1} \tau \, d\alpha, \qquad [2—5]$$

womit

$$\tau_{max} = f(\tau(\alpha), S) \qquad [2—6]$$

ermittelt werden kann.

Was in beiden Fällen 1. und 2. als Bruchlast S_{Br} anzusehen sei, bedarf der Übereinkunft. Als Wünsch (1956, 184) an einer Talsperre in Mähren 1955 den ersten Großversuch dieser Art unternahm, wurde „allgemein erwartet, daß der Felsblock ... — vielleicht auch mit einem erschütternden Knall — plötzlich abreißt und ... der Druck in den Pressen rasch auf Null sinken wird ... Gegen alle Erwartung aber war die Erreichung der Festigkeitsgrenze mit keinem Effekt verbunden; der Fels zersprang nicht, es fiel kein Gestein ... und so kam es auch zu keinem plötzlichen Nachlassen des Druckes in den Pressen. In einem bestimmten Versuchsstadium konnte bloß festgestellt werden, daß zu einer weiteren Spaltvergrößerung ... keine Erhöhung des Öldruckes mehr nötig war.“ Bei Nachlassen des Druckes

„verengte sich sogleich wieder der Spalt durch Rückwirkung des ‚zurückschnellenden' Felsens". Ein solches Verhalten muß nach heutigen Auffassungen als regulär gelten. Breth (1960, 177) stellte am Ende eines größeren Fließbereiches (mit Formänderungszunahme ohne wesentliche Kraftsteigerung) den Bruch fest (Abb. 7–6) und verwendete die erreichte Maximalkraft S_{max} zur Ermittlung der Scherfestigkeit.

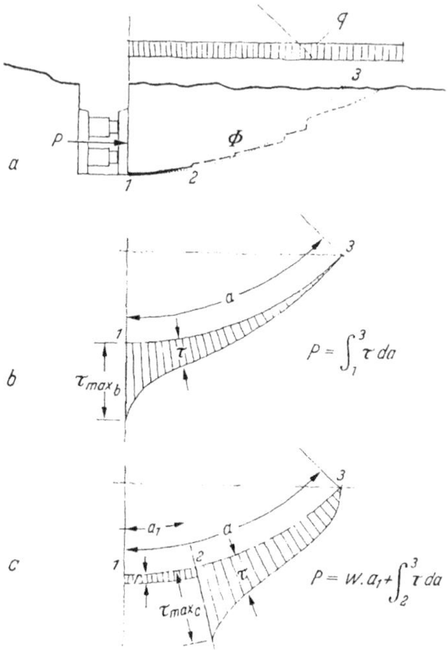

Abb. 2-5. Scherversuch in situ. a) Schema — progressiver Bruch; b) Spannungsverteilung vor dem Bruch; c) Spannungsverteilung nach Bruchbeginn

Da der Bruch bei hinreichender Größe der Versuchsanordnung stets als progressiver Bruch verlaufen dürfte und ein solcher auch für die Einschätzung der Tragfähigkeit von Felsmassen entscheidend sein wird, könnte man vielleicht strenger die Last bei Erreichung der ersten Risse (S_{Rs}) als Grenzbeanspruchung ansprechen. Da im Bauwerk ein langsames Fließen, das zu großen Setzungen, Widerlagernachgiebigkeiten usw. führen würde, vermieden werden soll, könnte man schließlich auch übereinkommen, jenen Punkt der Kurve, wo diese deutlich verflacht, bei welcher also das Fließen vorzuherrschen beginnt, als Fließgrenzlast zu bestimmen.

Daß bei einem solchen Scherversuch auch rückläufige Deformationen auftreten, ist nicht erstaunlich, weil auch die Scherbeanspruchung nur ein Spannungszustand wie jeder andere ist, mit Hauptnormalspannungen, denen gegenüber das Material im allgemeinen Falle stets elastisch und plastisch zugleich reagiert.

2.34 Festigkeitsverhalten unter räumlichen Spannungszuständen

Druck-, Zug- und Scherbeanspruchung sind nur Sonderfälle des viel allgemeineren räumlichen Beanspruchungszustandes. Das Festigkeitsverhalten des Gebirges unter räumlichen Spannungszuständen interessiert weit mehr als jene praktisch nur unvollkommen realisierbaren Sonderbeanspruchungen. Die Größe und Gedrungenheit geologischer Körper, das Fehlen geradliniger und ebenflächiger Begrenzungen u. a. bringen es mit sich, daß die einfachen Grundfälle der Materialbeanspruchung und homogene Verteilungen derselben selten sind. Deshalb können die vielfach formbezogenen Formulierungen der Technischen Mechanik in der Regel auf Geomechanik nicht angewendet werden (Müller 1948, 106). Der allgemeine Spannungszustand wird durch die drei Hauptnormalspannungskomponenten σ_1, σ_2, und σ_3 (Abb. 2–6), die Beanspruchungsverteilung im Raume durch die Richtungsangabe dieser Komponenten, z. B. durch die sogenannten Hauptspannungstrajektorien (Abb. 2–7), dargestellt. In Übereinstimmung mit den Gepflogenheiten der Werkstoffmechanik (s. Torre 1949, 2) schreiben wir

$$\sigma_1 > \sigma_2 > \sigma_3\,;\quad \sigma_2 \geqq \sigma_3\,,\quad \sigma_2 \leqq \sigma_1\,,\quad \sigma_1 > \sigma_3, \qquad [2—7]$$

wobei stets Zug positiv (+), Druck negativ (—) gelte. Die größte Druckspannung ist also in diesem Sinne die kleinste aller vorhandenen Spannun-

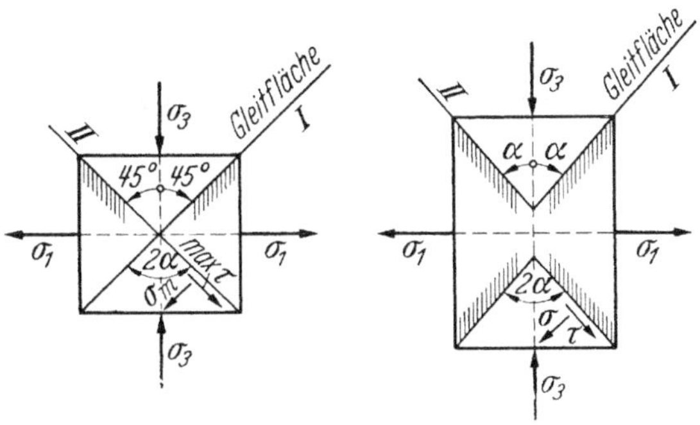

Abb. 2-6. Hauptnormalspannungs-Komponenten und Bruchwinkel 2 α (nach Torre 1950, 42)

gen und heiße stets σ_3. Vorausgesetzt werde ferner, daß alle die Spannungen nur statistische Mittelwerte der in der Natur wirklich auftretenden Spannungen sind; dieser bei Roš und Eichinger (1928; 1949) häufig zu findende Hinweis ist für die Geomechanik besonders wichtig. Zusätzlich ist in der Geomechanik zu fordern, daß das jeweils betrachtete Körpervolumen — also auch der sonst meist als sehr klein aufgefaßte Elementarkörper — groß genug sein muß, um den Gesetzen der Statistik und Wahrscheinlichkeitsrechnung zu entsprechen; um als Kollektiv gelten zu können, muß er nach allen Dimensionen mindestens 6—10mal weiter ausgedehnt sein als seine statistischen Einheiten (z. B. die Kluftkörper), die ihn zusammensetzen.

Die Prüfung des dreiachsigen Festigkeitsverhaltens im Gebirge ist nicht leicht, aber sie ist beinahe die einzige Möglichkeit, Gültiges zu erfahren; siehe *(7)*.

Mit hinreichender Genauigkeit kann man in der Geomechanik den Einfluß der mittleren Hauptnormalspannung σ_2 vernachlässigen und sich auf den ebenen Spannungszustand (σ_1, σ_3) beschränken. Der Einfluß von σ_2 auf

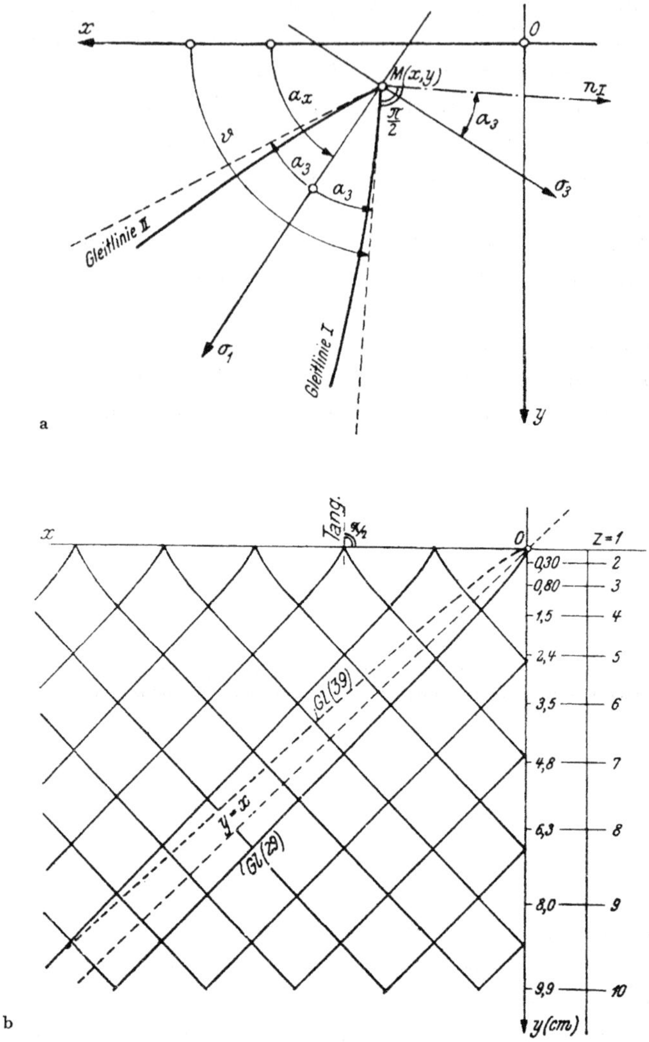

Abb. 2-7. Hauptspannungstrajektorien (Gleitlinienfeld) (nach Torre 1947, 587, 591), a) Ansatz; b) Ausbildung in einem schweren Sandkörper

das Festigkeitsverhalten, welcher von Mohr ursprünglich überhaupt verneint wurde, beträgt (nach Torre 1946 a, 317) höchstens 9—11 % und nur bei Stahl (Torre 1946 a, 318) 15 %[15]). Bei Modellversuchen allerdings haben wir dafür zu sorgen, daß in der σ_2-Richtung keine Ausweichmöglichkeit bestehe, weil sonst in dieser Richtung σ Null und damit kleinste

[15]) Ein großes σ_2 z. B. bewirkt bei Marmor Verfestigung, während es bei Zementmörtel zu vorzeitigem Bruch führt.

Hauptnormalspannung würde; es ist ein ebener Formänderungszustand sicherzustellen.

Zur Darstellung allgemeiner Spannungszustände wird am häufigsten das Koordinatensystem nach MOHR oder jenes nach HAIGH verwendet, seltener das von MISES.

1. Im Mohrschen Koordinatensystem KS (σ, τ), welches die Spannungskomponenten in der Gleit- (bzw. Bruch)fläche darstellt (s. Abb. 2–8), entspricht jedem ebenen Spannungszustand (σ_1, σ_3) ein Kreis und der Zusammenhang der Hauptnormalspannungen *(principal normal-stresses; contraintes principales normales; tensioni principali normali)* mit den Spannungen in der Gleitebene lautet (Abb. 2–6):

$$\sigma = \frac{\sigma_1 + \sigma_3 \operatorname{tg}^2\varphi}{1 + \operatorname{tg}^2\varphi}; \quad \tau = \pm \frac{\sigma_1 - \sigma_3}{1 + \operatorname{tg}^2\varphi} \operatorname{tg}\varphi. \qquad [2—8]$$

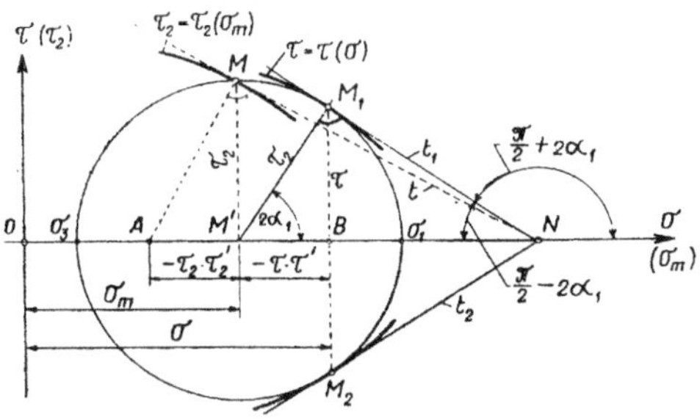

Abb. 2-8. Mohrsche Hüllkurve τ (σ) und Grenzkurve τ (σ_1, σ_3) (nach TORRE 1949, 7)

σ = Normalspannung auf der Gleitfläche (normal stress *on the sliding-surface;* contrainte normale *á la surface de glissement; tensione normale sulia superficie di scorrimente*); τ = Schubspannung auf der Gleitfläche (shear stress, contrainte de cisaillement, sollecitazione de taglio).

Die Grenzzustände des Fließens oder des Bruches kennzeichnet die Umhüllende *(intransic line* (MOHR's *envelope, failure line*); *courbe intrinsèque; inviluppo di* MOHR) $\tau_L = \tau_L(\sigma)$ [2—9] aller Kreise, welche Grenzzuständen entsprechen und deshalb Grenzspannungskreise *(circles of stress limit; circuls de contrainte limité; cerchii* (di MOHR) *limite delle tensioni)* heißen. Diese Hüllkurve muß, was schon MOHR (1900 und 1928) erkannte, konvex verlaufen. „Die Forderung $\sigma_1 > \sigma_3$ liefert im Scheitel der Hüllkurve immer einen Krümmungskreis" (TORRE 1946 a, 318).

LEON (1933, 421) nähert die nur empirisch zu ermittelnde Grenzhüllkurve durch eine Parabel an,

$$(\sigma_1 - \sigma_3)^2 + (c - 1)\,\sigma_s(\sigma_1 + \sigma_2 + \sigma_3) = c\,\sigma_s^2, \qquad [2—10]$$

wodurch die Aufstellung einer Reihe weiterer Beziehungen ermöglicht wird, welche TORRE gegeben hat, z. B. der Abhängigkeit des Bruchflächenwinkels vom Spannungszustand u. a. m. Dann wird (LEON 1933, TORRE 1951, 87)

$$\operatorname{tg} \alpha_L = 1 / \sqrt[4]{c+1}\,; \; (c = \beta_D / \beta_Z = \operatorname{ctg}^4 \alpha_D - 1)\,. \qquad [2\text{—}11]$$

In der Werkstoffmechanik kann man bei gewissen Stoffen Grenzzustände für das Fließen und für den Bruch unterscheiden und demgemäß verschiedene Hüllkurven zeichnen. In der Geomechanik haben wir es meist nur mit verschiedenen Stadien des sog. „Bruchfließens" *(2.44)* zu tun, während wir einen Bruch oft nur unsicher konstatieren, noch unsicherer definieren können. Demgemäß kann im allgemeinen nur eine Grenzbedingung angegeben werden.

Die echte, physikalische Kohäsion erscheint, worauf TALOBRE hinweist, als Abschnitt der Hüllkurve auf der positiven σ-Achse, wogegen der Abschnitt auf der τ-Achse des Koordinatensystems zu Unrecht als geotechnische Kohäsion bezeichnet wird. Aber auch diese Bezeichnung „wird nur aus Gründen der Überlieferung beibehalten und wird als Abkürzung für die richtigere Bezeichnung ‚scheinbare Kohäsion' verwendet ... Zwischen der scheinbaren und der wahren Kohäsion besteht außer der Gleichheit in der Bezeichnung keinerlei Beziehung" (TERZAGHI-JELINEK 1954, 11). Die Scherfestigkeit ist nicht identisch mit dem Abszissenabschnitt τ_0. Bei Tonschiefer ist sie nach WÜRKER (1956; 1959) größer, während bei JASPILIT die Zugspannung 5mal größer ist $\left(\operatorname{tg} \varphi = \frac{a}{b} = \frac{3}{4}\right)$.

Mit Recht weist WÜRKER (1959, 3) darauf hin, daß man die COULOMB-Gerade [2—2] [16]), welche ein Reibungsgesetz und keine Bruchgrenzbedingung darstellt, nicht ungestraft mit der MOHR'schen Hüllkurve $\tau_L = \tau_L(\sigma)$ [2—9] vertauschen dürfte [17]). Die Folgen einer solchen Vertauschung werden am deutlichsten, wenn man aus dem Diagramm der Spannungskreise die Gleitflächenwinkel errechnet; auf der Grundlage der geradlinigen „Bruchlinie" $\tau_n = c + \sigma_n \operatorname{tg}$ [2—2] ergäben sich konstante Bruchflächenwinkel, und „der Unterschied zwischen der tatsächlichen und der berechneten Gleitflächenrichtung, bezogen auf die Hauptspannungsebenen, ist ... ziemlich bedeutend" (TERZAGHI-JELINEK 1954, 25); „die konvexe Hüllkurve hingegen liefert Bruchflächenwinkel, welche der Natur sehr gut entspre-

[16]) Auch ϱ ist in dieser Gleichung bloß ein empirischer Koeffizient, zunächst ohne unmittelbare physikalische Bedeutung (TERZAGHI-JELINEK 1954, 11).

[17]) Andererseits gibt WÜRKER zu, daß man bis 600 m Teufe die Mohrsche Hüllkurve durch eine Gerade ersetzen könne (aber nicht durch die Coulombsche Gerade!). Das Bureau of Reclamation bestimmt die Gerade nach dem Verhältnis zwischen Druck- und Zugfestigkeit.

chen; sie sind im Grenzfalle c = 1 am größten, nämlich $2\alpha = 90°$; im anderen Grenzfalle $\sigma_1' = 0$ entspricht der Bruchflächenwinkel $2\alpha = 0$ dem reinen Trennbruch; dazwischen finden sich stetig alle Übergänge. Je weiter die Spannungsgrenzkreise von der Druckseite nach der Zugseite des Diagrammes rücken, desto spitzer werden in Übereinstimmung mit der Erfahrung die Gleitwinkel. Roš und Eichinger (1928) haben versuchsmäßig den Übergang vom Gleit- zum Trennbruch nachgewiesen, den Leon (1933, 421; 1935, 130) später theoretisch an Hand der Hüllparabel abgeleitet hat" (Torre 1946 a, 317).

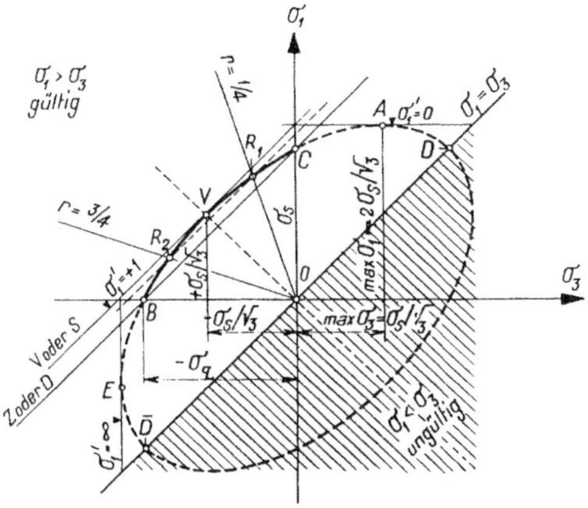

Abb. 2-9. Haighsches Koordinatensystem (nach Torre 1949, 11)

2. Im Haighschen (1920, 158) Koordinatensystem (KS σ_3, σ_1), welches auf den Koordinatenachsen die Hauptnormalspannungen σ_1 und σ_3 darstellt (Abb. 2–9), wird jeder Spannungszustand durch einen Punkt repäsentiert. Die einfachen Sonderfälle der Beanspruchung liegen auf einer stetigen Linie, der „Grenzlinie", im räumlichen System auf einer Grenzfläche S

$$(\sigma_3, \sigma_2, \sigma_1) = 0 \qquad [2\text{—}12]$$

im ebenen Koordinatensystem:

$$F\,(\sigma_3, \sigma_1, \alpha) = 0 \qquad [2\text{—}13]$$

wobei $0 \leqq \alpha \leqq +1$ ist (Torre 1946 a, 323). Man spricht deshalb auch von einer „Grenzflächenmechanik"[18]. Leon hat die Grenzfläche aus

[18]) Die Grenzfläche würde es im Gegensatz zur Mohrschen Hüllkurve gestatten, den Einfluß von σ_2 zu berücksichtigen, jedoch sind in der Praxis die Darstellungsschwierigkeiten sehr groß. Nadai (1927, 36) unterscheidet für dehnbare und spröde Stoffe eine „Fließgrenzfläche" und eine „Zerreißgrenzfläche", was Torre und Schleicher für überflüssig halten, weil Trennungs- und Gleitungsbruch bei einem und demselben Material nur vom Spannungszustand abhängen und je nach diesem ineinander übergehen können (Torre 1946 a, 319).

der Hüllparabel abgeleitet. HAIGH hat sie als Ellipsoid errechnet, SCHLEICHER aber als Rotationsfläche (Abb. 2-10) mit der Achse $\sigma_1 = \sigma_2 = \sigma_3$ gefordert.

Grenzfläche und Hüllkurve lassen sich mathematisch eindeutig einander zuordnen (s. TORRE 1946 a, 339).

Für die Beurteilung von Bruchsystemen erlangt die „Belastungscharakteristik" (Bezeichnung nach FRÖHLICHS Vorschlag) Bedeutung, durch welche das Verhältnis der 3 Hauptspannungen zueinander gekennzeichnet wird. TORRE 1946 a, 322, formuliert sie

$$\sigma_2 = \alpha\,\sigma_1 + \beta\sigma_3\,; \quad \alpha + \beta = 1\,; \quad \alpha = A/(A + C)\,; \quad \beta = C/(A + C). \qquad [2\text{—}14].$$

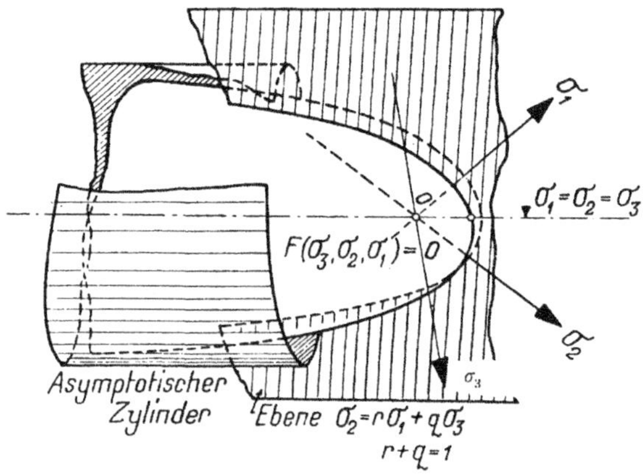

Abb. 2-10. Rotationsgrenzfläche (nach TORRE 1949, 3)

WÜRKER hat die Einflüsse der Belastungsart auf die Festigkeitseigenschaften von Fels untersucht und ist dabei zu sehr interessanten Ergebnissen gekommen (1959 und 1960).

Bis zur Definition von Grenzflächen und Hüllkurven des Festigkeitsverhaltens von zerklüftetem Gebirge ist noch ein weiter Weg; ein noch weiterer ist es bis zur technologischen Bestimmung dieser Grenzflächen im Gebirge selbst. Diese Bestimmungen aber müssen das Ziel sein, das man wissen muß, um den Weg zu haben. Insbesondere ist es die gefügebedingte Anisotropie, welche die Angabe von Hüllkurven besonders erschwert, da deren Lage ihr zufolge nicht nur für jede Schnittebene des Raumes verschieden ist, sondern wegen des Reibungseinflusses auf den Kluftflächen sogar unstetig verlaufen kann *(6.1)*.

Allgemein darf ausgesprochen werden, daß die Gebirgsfestigkeit des Gesteins gegenüber der gleichartigen Festigkeit des Grundkörpermaterials um so mehr (in gewissen Richtungen) abfallen wird, je stärker und regelhafter das Gestein zerklüftet ist und je mehr sich der betrachtete Beanspruchungszustand einem vorwiegend einachsigen Spannungszustand nähert.

2.35 Bruchflächenwinkel

Der Bruchflächenwinkel wird in der geologischen Literatur vielfach mit $2\alpha = 90°$ angegeben. Die Versuchserfahrungen lehren, daß ein solcher Winkel nur bei bildsamen Materialien möglich ist, deren Bruch der Hauptschubspannungs-Hypothese gehorcht, gemäß deren $\tau_{max} = \frac{\sigma_3 - \sigma_1}{2}$ ist. Diese Hypothese berücksichtigt die Normalspannung in der Gleitfläche nicht. Die Beobachtungen zeigen nun, daß die Gleitflächen bei spröden Stoffen spitzere Winkel mit σ_3 einschließen, woraus man auf eine Beteiligung auch der Normalspannungen in der Gleitfläche an der Grenzbeanspruchung schließen kann (TORRE 1950, 42). Unter Verwendung der LEON-Parabel als Hüllkurve gelang TORRE (1951, 88) die Aufstellung einer Beziehung zwischen σ_1, σ_3 und α, die sogenannte Gebirgsdruck-Gleichung:

$$\sigma_3 = \left[\frac{b}{2\,a} - \frac{a}{4\cos 2\,\alpha}\left(\frac{1}{2\cos 2\,\alpha} + 1\right)\right], \ \sigma_z\,; \qquad [2\text{—}15]$$

$$a = 2\,(\sqrt{c+1} - 1)^2;\ b = -(a - c)\,c;\ c = \sigma_D/\sigma_Z \geqq 3\,.$$

Die Kurvenschar der Abb. 2–11 vermittelt eine Anschauung, daß ein und derselbe Bruchflächenwinkel je nach vorhandenen Gesteinsfestigkeiten sehr verschiedenen Spannungszuständen zugehören kann.

EVERLING (1960, 188) hat gegen die werkstoffmechanische Gebirgsdrucktheorie geltend gemacht, daß sie völlige Isotropie voraussetze. Diese Voraussetzung trifft m. E. vor der stattgefundenen Bruchbildung näherungsweise zu. KASTNER (1953, 68) wendet ein, daß LEONS Beweis des Überganges vom Gleitbruch über den Verschiebungsbruch zum Trennbruch an Hand einer willkürlich gewählten Parabel als Hüllkurve geführt sei und nur für diese gelte. Dagegen ist zu sagen, daß sich dieser Beweis lediglich aus der Stetigkeit der Parabel ergibt, welche ja für jede andere Hüllkurve — nur nicht die des zerbrochenen Gebirges — auch vorausgesetzt werden darf.

Auch wenn man die numerischen Rechenergebnisse der Gebirgsdruckgleichung nicht wörtlich nimmt, unterrichten sie doch wenigstens grob über die einstigen Spannungszustände, welche zum Aufreißen der Klüfte geführt haben. Im übrigen bietet ja der sogenannte „Kaisereffekt" eine gute Kontrolle der tatsächlichen Größe des ehemals vorhandenen σ. Entnimmt man der TORRE-Gleichung das Verhältnis $\sigma_1 : \sigma_2 : \sigma_3$ (die Beanspruchsart), so kann auch σ_1 und σ_2 durch den Kaisereffekt korrigiert werden.

Der Kaisereffekt, über welchen FÖPPL (bei MÜLLER 1953 c, 91) berichtet, besteht darin, daß Gesteine, an welche Piezometer-Quarze gelegt werden,

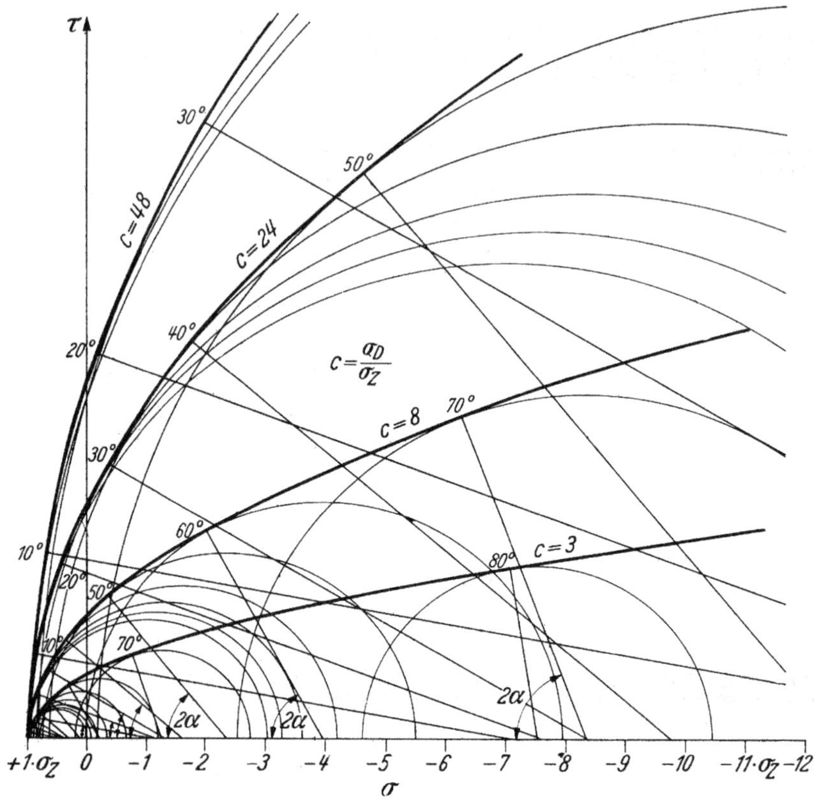

Abb. 2-11. LEON-Parabeln und Bruchwinkel 2α für verschiedene Festigkeitswerte

ein charakteristisches Prasseln im Lautsprecher vernehmen lassen, sobald der Druck in der Prüfmaschine jene Spannung σ_3 überschreitet, bis zu der sie in ihrer Vorgeschichte belastet waren.

2.36 Festigkeits-Inhomogenität

Die Festigkeits-Inhomogenität des Gebirges wurde von geologischer Seite lange Zeit überbewertet. Sehr gerne wurde argumentiert, daß man ihretwegen dem mechanischen Verhalten des Gebirges bei tektonischen Vorgängen rechnerisch überhaupt nicht beikommen könne. CLOOS, MÜLLER u. a. haben demgegenüber darauf hingewiesen, daß auch bei technischen Materialien stets eine gewisse Inhomogenität vorliege, was aber kein Hindernis der rechnerischen Behandlung sei. Diese bleibe aber statistisch gültig, wenn man nur immer hinreichend große Bereiche erfasse, innerhalb deren die Inhomogenitäten sich statistisch aufheben, wie die zufälligen Wirkungen sich im Kollektiv einer Wahrscheinlichkeitsbetrachtung aufheben, so daß das Gesetzmäßige in der Verteilung des Zufälligen sozusagen transparent wird.

Praktisch ist die Frage bedeutsam, was man im Rahmen geomechanischer Behandlung dann noch als Inhomogenitäten anzusprechen habe. Dreierlei:

a) Gesteinswechsel nur dann, wenn Gesteine sehr verschiedener Materialeigenschaften aneinander grenzen und wenn sie überdies wenig geklüftet oder sehr verschieden stark geklüftet sind. Bei stark zerklüftetem Gestein bestimmt die Klüftung — und nicht das Material — die mechanischen Eigenschaften, so daß es falsch wäre, für mechanische Gesichtspunkte die Materialunterschiede des Gesteins überzubewerten, wie dies bei Bauaufgaben nur zu leicht geschieht.

b) Einzelne weit durchstreichende Klüfte (sogenannte Großklüfte) und Störungen, aber nur bei sehr großer Mächtigkeit ihrer Zwischenmittel. Sie konnten zwar per definitionem ganz generell als mechanische Inhomogenitäten angesprochen werden, weil ihr Bereich aus etwas anderem als das Hauptgestein besteht, nämlich entweder aus Zerreibsel, Letten, einer Mineralfüllung oder dergleichen, oder schließlich leer ist. Dennoch möchten wir diesen Fall nicht regulär unter den Sammelbegriff der Inhomogenitäten einbegreifen, sondern von Diskontinuitäten sprechen. Dies deshalb, weil sie nicht durch ihre Materialunterschiedlichkeiten, sondern durch ihre geometrischen Daten mechanisch bedeutsam werden und somit in der rechnerischen Behandlung eine absolute Sonderstellung einnehmen.

c) Zonen verschiedenartiger Zerklüftung, insbesondere Zerrüttungszonen, Weichzonen, wie z. B. mächtige Mylonite und Vergrusungszonen, bilden entweder Grenzen der Homogenität oder Homogenitätsbereiche für sich, welche meist besondere technische Beachtung verdienen. Auch ein Wechsel der vorherrschenden Richtungen muß als Kriterium der Inhomogenität gelten. Sind solche Zonen klein und von regelmäßigen Formen, dann wird vorzugsweise von eingelagerten oder zwischengeschalteten Inhomogenitäten zu sprechen sein. Erfassen sie größere Bereiche, dann wird man sie als Homogenbereiche für sich ansprechen. Immer ist die Angabe wichtig, ob sich erklärte Inhomogenitäten auf das Kluftnetz, auf Besonderheiten desselben, auf die Materialart und -festigkeit, die Wasserwegigkeit oder was immer beziehen.

Es ist noch zu begründen, weshalb wir Diskontinuitäten in der Regel nicht als mechanische Inhomogenitäten ansprechen: Solche Diskontinuitäten zerteilen nämlich — viel mehr als eigentliche Inhomogenitäten — den Gebirgskörper in einer Weise, daß er auf Kräfte und Beanspruchungen nicht mehr als Kontinuum reagiert, so daß auf ihn die Gesetze der Kontinuierungsmechanik nicht mehr anzuwenden sind. Sie machen ihn zu einem Diskontinuum. Dies gilt auch von den Diskontinuitäten kleinerer

Ordnung, den Kleinklüften, jedoch, wie wir sehen werden *(6)*, nicht in gleichem Maße.

Ob und wann geologische Diskontinuitäten auch geomechanisch als solche zu werten sind, ist in jedem Einzelfall immer wieder eine Frage des Größenbereiches. Treten die Diskontinuitäten gegenüber der Größe des betrachteten Bereiches stark zurück und sind sie ihrer Raumstellung nach straff geregelt (= annähernd gleich gerichtet), wie z. B. engscharige Schieferungsfugen oder Schichtfugen plattiger Gesteine, dann darf man wieder von einem Quasikontinuum sprechen, welches aber nun mechanisch stark statistisch anisotrop ist (es wird z. B. parallel zu einer solchen Fugenschar einen sehr niederen Gleitmodul aufweisen). Ist hingegen der betrachtete Bereich relativ klein, so sind dieselben Diskontinuitäten auch mechanisch als solche zu werten.

Es ist notwendig, sich mit diesen Dingen eingehend auseinanderzusetzen, nicht nur weil hier viele Begriffsunklarheiten und Mißverständnisse herrschen, sondern auch deshalb, weil sie von großer Wichtigkeit für den praktischen Felsbauer sind. Sind doch z. B. Einzeldiskontinuitäten im Gebirge immer ganz anders zu bewerten als eine Diskontinuitätenschar, wenn es beispielsweise um die Sicherung gleitsüchtiger Felsteile oder um die Einbindung einer Talsperre geht. Auch die baulichen Mittel, welche im einen oder anderen Fall anzuwenden sind, sind ganz verschieden.

2.37 Anisotropie der Festigkeits- und Formänderungseigenschaften

Auf die eminente Bedeutung der Anisotropie der Festigkeits- und Formänderungseigenschaften wiesen schon Stini (1929), Sander (1930) und Clar (1950, 165) hin. Schon das Gestein weist oft erhebliche Anisotropie auf. Weit größer aber sind die Festigkeitsunterschiede des Gebirges. Seine Schichtung, Schieferung und Klüftung verleiht seinen Teilkörpern nach verschiedenen Raumrichtungen verschiedene Bewegungsfreiheit (Teilbeweglichkeit nach Sander), so daß von einschariger, zweischariger, drei- und mehrschariger (statistischer) Anisotropie gesprochen werden kann *(6)*.

Manchmal kann es dem Verständnis förderlich sein, anlagemäßige von erworbener Anisotropie zu unterscheiden; jene kann schon bei der Entstehung des Gesteins angelegt worden sein (z. B. durch die Gefügeregelung des Absatzvorganges eines Schichtgesteines), diese kann (z. B. gelegentlich tektonischer Zerlegung des Gebirges, welche die Schichtflächen zu Schichtfugen öffnete) erworben worden sein (Abb. 3–6). Indes ist oft zwischen Erworbenem und Anlagebedingtem schwer zu unterscheiden, und man wird z. B. schon bei Kristallisationsschieferung im Zweifel sein.

Schieferung setzt die Gleitfähigkeit in allen Richtungen herab, welche in der Schieferungsstellung enthalten sind. Oft ist sie gleichzeitig mit besonders geringer Zugfestigkeit quer zu dieser Stellung verbunden, während die Zusammendrückbarkeit nicht immer quer zur Schieferung größer ist als parallel. (Bei bratschigen Kalkglimmerschiefern z. B. kann es umgekehrt sein.)

Beim Druck quer zur Faser kann der Bruchwinkel 2α mit der Druckrichtung Winkel $> 90°$ einschließen, ganz ähnlich wie bei Druckversuchen mit Weichholz. Vieles, was über die Scherfestigkeit von Hölzern gesagt werden kann, gilt analog für geschieferte und geschichtete Bergarten (z. B. SIEBEL 1957, 45).

Schichtung bzw. Schichtklüfte schaffen eine andere Art von Anisotropie, eine gröbere sozusagen, welche nur innerhalb eines größeren Bereiches

Abb. 2-12. Schichtklüfte; Untersberg bei Salzburg (Foto Fally)

überhaupt als solche bezeichnet werden darf. Eine weitere Art von Anisotropie, verschieden von beiden, entsteht durch das komplizierte Netz der Kleinklüfte. Alle drei Einflüsse wirken zusammen und bewirken eine verschieden große „Teilbeweglichkeit" (SANDER) der Körperelemente *(3.7)*, die den geologischen Körper in manchen Richtungen sozusagen weicher macht.

Der Anisotropiebegriff, wie wir ihn nach gefügekundlichen Grundsätzen statistisch fassen müssen, bietet nicht selten gerade jenen Technikern Schwierigkeit, welche sich einen exakten Gebrauch des allgemeinen Anisotropiebegriffes angeeignet, diesen aber auf das Kontinuum beschränkt haben. Daß wir vergleichsweise große, dem bloßen Auge deutlich sichtbare Diskontinuitäten, z. B. Schichtklüfte (Abb. 2–12) oft nicht mehr als Diskontinuitäten, als Grenzflächen zwischen einzelnen Körpern, ansprechen, sondern als morphologische Anisotropieelemente, scheint manchem zunächst geradezu dem Begriff der Anisotropie entgegenzustehen. Mancher Ingenieur oder Festigkeitsforscher, der die morphologische oder die Festigkeitsanisotropie eines Stückes Tonschiefer (Abb. 2–13) nicht bestreitet, wird uns zunächst nicht folgen wollen, wenn wir z. B. eine Felsschulter aus gebanktem Schichtkalk (Abb. 2–12) gleichfalls als morphologisch und mechanisch anisotrop ansprechen. Bei näherem Zusehen erweist sich aber, daß auch die unbestrittene Anisotropie im Homogen des Glimmerschieferstückes durch kleine Unstetigkeiten, Schüppchen, Täfelchen und dazwischenliegende Diskontinuitäten bedingt ist, deren Zahl genau so groß und deren Gleitflächennatur ebenso deutlich ist wie die der Bankungsklüfte im Schichtkalkfelsen. Es erweist sich also lediglich als eine Frage der betrachteten Größenordnung, ob und wann wir von Einzeldiskontinuitäten bzw. von Scharen solcher zu sprechen haben, oder sie und ihre mechanischen Auswirkungen statistisch als Anisotropie-Elemente betrachten dürfen.

Abb. 2-13. Mergelschiefer vom Heuberg (Flysch) mit Schieferungsklüften (Sedimentationsschieferung); Photo David

Sicherlich wird Anisotropie im Homogen und im grobstatistisch betrachteten Quasihomogen im einzelnen morphologisch verschieden zu beschreiben und auch mechanisch verschieden zu werten sein. Sicherlich wird auch zwischen der Anisotropie etwa gleitfähiger Schichten (Abb. 2–12) und einer solchen mit Wechsellagerung härterer und weicherer Schichten (Abb. 3–1 c) sowohl morphologisch als auch mechanisch zu unterscheiden sein. Ich kann mich aber der Einteilung Jacobis (1957, 1393) nicht anschließen, welcher zwischen „Homogener Anisotropie (nur von der Richtung, nicht vom Ort abhängig), richtungs- und ortsabhängiger Anisotropie (harte Schichten und weiche Zwischenlagen)“ unterscheiden möchte.

Mathematisch kommt die Festigkeitsanisotropie in Einschnürungen oder Verzerrungen der Grenzflächen zum Ausdruck bzw. in unterschiedlichen Hüllkurven (Abb. 3–27) für die charakteristischen Hauptebenen der Anisotropie. Im Anisotrop fallen im übrigen die Hauptdehnungsrichtungen nicht mit den Richtungen der Hauptspannungen zusammen. Näheres in *(6)*.

Bei einiger Übung lassen sich oft schon ohne Konstruktion und Rechnung die Hauptrichtungen des Festigkeitsabfalles und der Fließbereitschaft einschätzen, welche für die Felsbaupraxis so ausschlaggebend sind. Felsgleitungen, Stollenverbrüche usw. entstehen ja in den seltensten Fällen durch zu geringe Allgemeinfestigkeit des Gebirges, sondern meist durch den anisotropiebedingten Festigkeitsabfall in gewisse Richtungen.

2.4 Das Formänderungsverhalten charakterisierende Eigenschaften

Mit dem Begriff der Spannungen sind wir eigentlich schon hinter den Schleier des Phänomenologischen (im Sinne Goethes) gedrungen und haben damit gegen den Grundsatz verstoßen, daß Erklären nichts anderes heißen sollte, als auf Bekanntes zurückführen. Mit dem Begriff der Spannungen führen wir nicht auf Bekanntes, sondern auf Gedachtes, auf Abstraktionen zurück. Sander u. a. haben wiederholt darauf hingewiesen, daß es im Physischen doch genügen müßte, im Bereich des Beobachtbaren, der Ereignisse und Abläufe zu bleiben, um deren Zusammenhänge darzustellen. Wie bedenklich solche Abstraktionen sein können, zeigt das Beispiel der Begriffskette Belastung — Spannung — Formänderung, welche doch nach ihrem Kausalzusammenhang eigentlich heißen müßte: Belastung — Formänderung — Spannung (s. Müller 1948).

Das, woran wir uns halten können, was wir beobachten, messen, im Experiment wirklich herbeiführen können, sind die Formänderungen (deformations, deformations, deformationi). Spannungen hat noch niemand gemessen. Lassen wir für eine Weile der Betrachtung den Begriff der Spannungen aus dem Spiele und denken uns Kraftübertragungen von Formänderungen bewirkt, welche ja den Stoff überhaupt erst zur Aufnahme von Kräften befähigen; Formänderungen, welche einander auslösen und sich damit durch den Stoff weiter fortpflanzen: so lernen wir ohne alle Denkumwege nicht nur die Anstrengung des Materiales und seine Bruchgefahr verstehen, sondern auch den Zeitablauf mit einbegreifen und mithin begreifen. Jenen Zeitablauf, von dem so viel gesprochen und geschrieben, aber so wenig Exaktes gesagt wird. Denn Formänderung ist Bewegung, und diese ist Ortsveränderung in der Zeit. Also liegt in jeder Weitergabe von Kräften innerhalb eines Geologischen Körpers durch Formänderungen schon der „Faktor Zeit" begriffen, auf den Rabcewicz (1944, 34) als erster hinwies. Zur mathematischen Behandlung der Formänderungen werden wir wieder des Spannungsbegriffes bedürfen, bei seiner Verwendung aber dessen eingedenk sein, daß er ein Abstraktum und kein reales Phänomen ist. Verschiedene Besonderheiten im Materialverhalten zerklüfteter Gebirgskörper legen die Aufstellung einer Bruchhypothese ohne den Umweg über die Spannungen nahe; dem stehen allerdings noch gewisse theoretische Schwierigkeiten im Wege.

Wie sich ein Stoff gegenüber Formänderungen verhält (nicht nur, welche Formänderungen er unter gewissen Krafteinwirkungen erleidet), interessiert uns in diesem Abschnitt wesentlich. Elastizität, Plastizität, Fließvermögen, elastische Nachwirkungen usw. sind strenggenommen nicht Formänderungseigenschaften des Materials, unabhängig von anderen Einflüssen gleichbleibende Züge, sondern Verhaltensweisen gegenüber aufgezwungenen Formänderungen. Ein und derselbe Stoff kann sich elastisch, plastisch, zäh und spröde verhalten, je nachdem, in welcher Weise, wie hoch und wie schnell er beansprucht wird. Ja, er kann sich z. B. zugleich elastisch und plastisch verhalten. Indem wir aus methodischen Gründen verschiedene dieser Einflußfaktoren (gedanklich oder experimentell) konstant setzen, gelingt uns eine mathematische Beschreibung der einzelnen Verhaltensweisen, und nur in diesem Sinne sprechen wir fiktiv von Materialeigenschaften wie auch von Materialkonstanten, welche ja in Wahrheit samt und sonders Veränderliche sind.

2.41 Elastizität

Die Eigenschaft eines Materials oder Körpers, seine ursprüngliche Form anzunehmen, wenn formändernde Kräfte zu wirken aufhören (d. h. Formänderungen federnd rückzubilden), kommt dem Gebirge im großen in einem geringeren Maße zu als dem Gesteinsmaterial, aus dem es aufgebaut ist. Nur selten verhält sich ein Gebirge so vollkommen elastisch, wie der von Jelinek (bei Balk 1955, 208) mittels Druckstempel geprüfte triadische Hauptdolomit vom Sylvenstein, welcher nach Belastungen bis zu 1600 t/m² wieder vollständig zurückfederte; andererseits aber gibt es wohl kaum ein Gebirge, welches sich nicht wenigstens teilweise elastisch verhielte.

Die Kenntnis des elastischen Verhaltens und insbesondere seiner Grenzen ist überall dort technisch wichtig, wo die Nachgiebigkeit des Untergrundes unter Belastungen eingeschätzt oder berechnet werden soll.

Talobre unterscheidet sehr brauchbar zwischen perfekter und praktischer Elastizität. Exakt betrachtet sind die Materialien nur bis zu einer gewissen Grenze linear-elastisch, welche deshalb Proportionalitätsgrenze heißt; ihre Volum- und Längenänderungen gehorchen bis zu dieser dem Hookschen Gesetz; praktisch aber weichen auch die darüber hinausgehenden Formänderungen bis zur Elastizitätsgrenze nicht weit vom Hookschen Gesetz ab. Die Elastizität eines Materials wird in der Regel durch den sogenannten Elastizitätsmodul *(modulus of elasticity; module d'élasticité longitudinale;*

modulo elastico) $E = \frac{\sigma}{\varepsilon}$ [2—16] für den einachsigen Spannungszustand definiert, wobei $\sigma < \sigma_{Pr}$ (Proportionalitätsgrenze) ist.

Wenn HOFFMANN (1958, 14) berichtet, daß „alle Messungen das elastische Verhalten von Sandsteinen bis weit über die Proportionalitätsgrenze hinaus... bestätigen", desgleichen dasjenige von Schiefertonen, so gilt das nach seiner eigenen Feststellung nur für die untersuchten Probekörper, nicht aber für das zerklüftete Gebirge im großen. Denn mit Annäherung an den Bruchzustand fällt (HOFFMANN) der Elastizitätsmodul, welcher zunächst mit steigender Last beständig zunimmt, um 20—40 % ab. Erst recht wird der E-Modul bei durchgreifender Zerbrechung des Körpers abgemindert, weshalb der E-Modul des Gebirges stets kleiner ist als der des Gesteins [19]). Durchbewegtes Gebirge ist weicher als ein wenig zerklüftetes (AWERSCHIN 1958, 48). Deshalb ist vom Wahren Elastizitätmodul, welcher dem Gestein zukommt, der Scheinbare Modul des Gebirges (MÜLLER 1950 a, 98) zu trennen, welcher Unterscheidung sich IMMHOFF, SPACKELER (1958, 162), STINI (1952 b, 165) u. a. angeschlossen haben. In dieser Begriffstrennung kommt zum Ausdruck, daß der Scheinbare Elastizitätsmodul E_i — ein gleiches gilt auch vom allgemeineren Verformungsmodul V_i — eine andere, komplexere Art elastischen Verhaltens kennzeichnet, in welcher mehrere Faktoren zusammenwirken [20]).

Da der Scheinbare Modul von Viel- und Mehrkörpern eine Eigenschaft des Verbandes, nicht (oder nur zum Teil) des Materials ist, kann zu seiner Bestimmung keine Abminderungsziffer errechnet oder auf Grund von Erfahrungswerten gegeben werden. Nur als roher Anhaltspunkt mag dienen, daß der Scheinbare Modul der meisten Bergarten nur $^1/_5$ bis $^1/_{15}$ des Wahren, oft noch weniger betrage. In dieser Größenordnung liegen Vergleichswerte vor (s. u. a. L. OBERT, 1957). Die Abminderung des E-Moduls durch die Zerklüftung ist nach verschiedenen Richtungen verschieden groß. Die morphologische Anisotropie schafft eine mechanische Anisotropie. In den Widerlagern der Talsperre Vajont z. B. (Abb. 2–14) wurden die E-Moduln in lotrechter Richtung (in welcher übrigens latente Spannungen angenommen werden müssen), größer befunden als in waagrechter Richtung, und parallel zur Oberfläche größer als quer zu ihr. (Parallel zur Schlucht ist das Gebirge durch Scharen geöffneter Großklüfte zerteilt). Genaugenommen ist der Ge-

---

[19]) Bei Piave di Cadore maß Prof. CALOI, wie er mir freundlicherweise mitteilte, am rechten Widerlager 1949 $E = 4{,}85 \cdot 10^5$ kg/cm²; 1952, 1953 und 1954 jedoch entlang derselben Meßstrecke Werte zwischen 3,1 und $3{,}3 \cdot 10^5$ kg/cm². Am linken Widerlager nahmen die Werte von 1954 bis 1960 von $E = 2{,}21 \cdot 10^5$ kg/cm² bis auf $1{,}50 \cdot 10^5$ kg/cm² ab, während der Talweg seinen hohen Wert von $8{,}1 \cdot 10^5$ kg/cm² bewahrt.

[20]) Ähnlich ist ja auch z. B. der E-Modul von Ziegelmauerwerk (10 000 bis 20 000 kg/cm²) nach LEUSSINK weit geringer als der von Ziegeln.

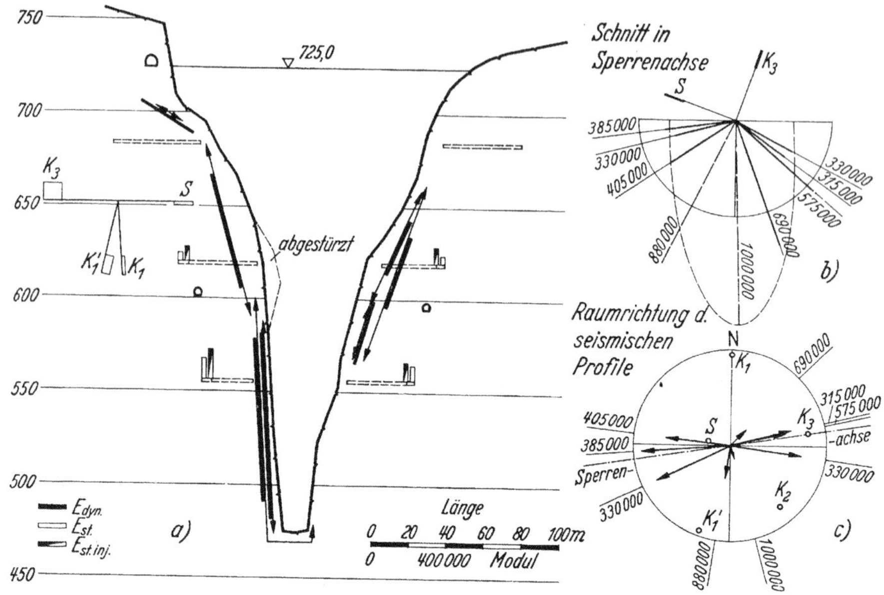

Abb. 2-14. Verteilung dynamisch und statisch ermittelter E-Moduln über den Talquerschnitt der Vajont-Schlucht (Jurakalke). a) Querschnitt durch die Schlucht; b) und c) Größe der dynamisch erhobenen E-Moduln in Abhängigkeit von der Richtung der Meßstrecke

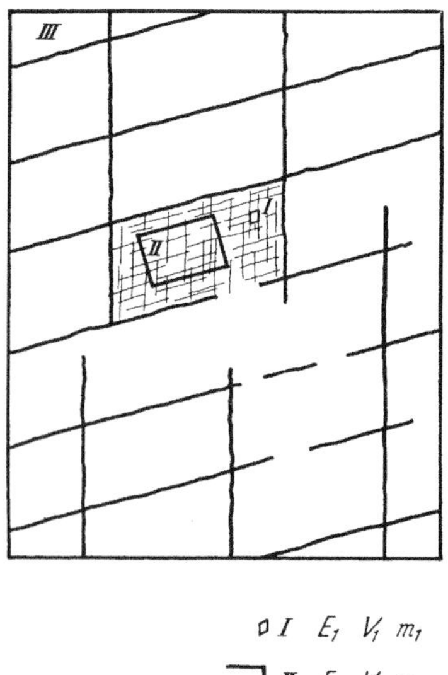

Abb. 2-15. Abhängigkeit der Verformungsziffern vom Größenbereich. I Kluftkörperbereich; II Großkluftkörperbereich; III Bereich tektonischer Untereinheiten

birgsmodul nicht dem jeweiligen Gebirge schlechthin zuzuordnen, sondern verschiedenen Größenbereichen des Gebirges kommen verschiedene Moduln E_s zu. Am Beispiel des Jurakalkes von Vajont sei dies erläutert. In diesem (Abb. 2–15) sind drei Größenordnungen zu unterscheiden:

I. Der Bereich der Klutkörper (Ausmaß 0,01 bis 1,0 m³) — für ihn gilt der wahre E-Modul E_1 (und die wahre Poissonziffer m_1) des Gesteins, welche im Laboratorium geprüft werden können;

II. der Bereich der Großluftkörper (Ausmaß 50 bis 5000 m^3) —, dessen E_2 und m_2 sind kleiner als E_1 und m_1 und könnten durch Triaxialgroßversuche geprüft werden;

III. der Bereich des Großkluftkörper-Mosaiks (Ausmaß 100 000 bis 5 000 000 m^3) — dessen Kennziffern E_3 und m_3 sind wahrscheinlich noch geringer und können nur aus Belastungen von Millionen Tonnen ermittelt werden, also nur durch die Belastung der Staumauer selbst.

Ähnlich wie Zerklüftung drückt chemische Entfestigung die Elastizität des Gebirges herab und macht dieses weicher und plastischer.

Bergwasser erniedrigt die Elastizität des Gebirges, wenn dessen Teilkörper eine hohe Relativ-Beweglichkeit besitzen und wenn seine Klüfte Zwischenmittel enthalten, welche bei Durchfeuchtung erweichen.

Vorhandene Spannungen beeinflussen den E-Modul (und dessen Ermittlung). Dieser Einfluß ist noch wenig bekannt und, da sich nicht nur die Größe der Spannungen, sondern auch die Belastungsart auf den Modul und seine Bestimmung auswirkt, noch wenig erforscht. Schon 1954 haben Potts und Jenkins die Abhängigkeit der Schallgeschwindigkeitsmessung (und damit der dynamischen E-Modul-Bestimmung s. *3.71*) von vorhandenen Spannungen ausgesprochen, welche ich erstmals bei den seismischen E-Modul-Bestimmungen für die Sylvenstein-Sperre durch Prof. Reich feststellen konnte; die dort im Dolomit erhaltenen Werte von 850 000 bis 1 100 000 kg/cm², welche höher als alle bekannten Werte selbst der dichtesten Gesteine liegen, waren nicht anders als durch vorhandene Spannungen zu erklären. Reich (bei Müller 1953 c, 89) hielt damals schon eine von mir gemutmaßte spannungsbedingte Erhöhung der rechnerischen E-Werte um etwa 100 % für möglich. Buchheim (1958, 119) teilt mit, daß die Abhängigkeit des E-Moduls vom dreiachsigen Spannungszustand bei Ultraschallmessungen größer sei als bei statischer Messung; Ultraschallmessung ergebe im Gegensatz zu statischer Messung keinen Modulabfall vor dem Bruch. Auch Würker (1959, 3) teilt mit, daß der dynamische E-Modul weit mehr von der Spannung abhänge als der statisch ermittelte. Ähnlich Uhlmann (1957), welcher einen erheblichen Einfluß des Spannungszustandes auf den E-Modul, dagegen nur einen geringen auf die Dichte und die Querdehnungszahl feststellte.

Für einachsigen Spannungszustand untersuchte W. Dietze (1958, 85) die Abhängigkeit des E-Moduls von der Druckspannung (Abb. 2–16). Nach diesen Versuchen wächst der E-Modul deutlich mit der statischen Last. Sie gelten zunächst nur für das Gestein; im Gebirge liegen die Verhältnisse komplizierter: bei kleinen Beanspruchungen, welche die Kluftkörper zunächst in nähere „Tuchfühlung" bringen, sind E und V klein (Abb. 2–17);

hierauf erfolgt ein Anstieg, in welchem die Elastizität des Gesteinsmaterials in erhöhtem Maße mitspricht. Beginnende Brüche im Gesteinsverband leiten den dritten Abschnitt abermals verminderter E- und V-Moduln ein (Müller 1951 a, 102). Deshalb haftet allen statischen E-Modul-Versuchen der Mangel an, daß man — soferne der herrschende Spannungszustand nicht ermittelt wurde — nicht weiß, wohin man bei der Auftragung der Arbeitslinie $\varepsilon = \varepsilon(\sigma)$ den Ursprung des Koordinatensystems legen soll. Die Abbildung veranschaulicht, daß ein ermittelter E- oder V-Modul verschie-

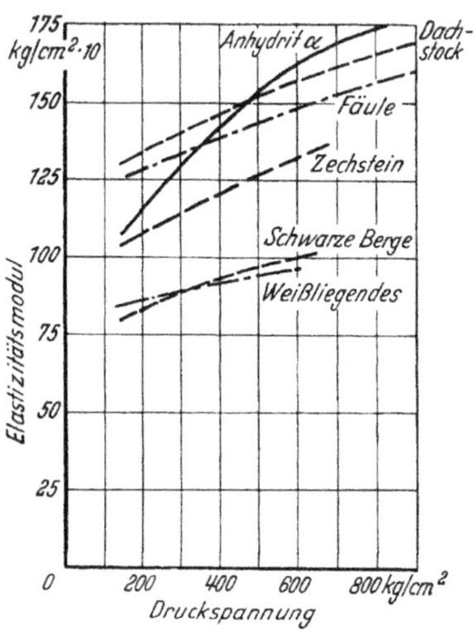

Abb. 2—16

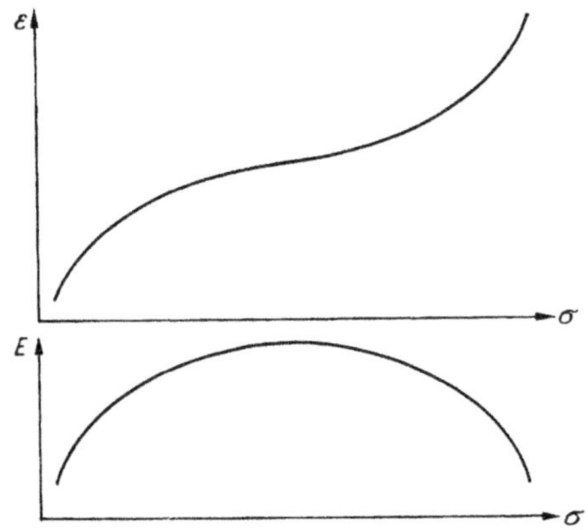

Abb. 2—17

Abb. 2-16. Verlauf des E-Moduls in Abhängigkeit von der Druckspannung im einachsigen Spannungszustand für verschiedene Gesteine (nach Dietz 1958)

Abb. 2-17. Formänderungen und E-Modul zerklüfteten Gebirges in Abhängigkeit der Beanspruchung

den zu werten sein wird, je nachdem der Versuch in einem Fels ohne Vorspannung (Koordinatensystem σ, ε in Abb. 2–18 oder in einem solchen [KS (σ', ε')] mit Vorspannung σ_0 und Vorverformung ε_0 vorgenommen wurde. In gewissen Grenzfällen könnte es sogar vorkommen, daß man, einer vorhandenen Spannung entgegenarbeitend, das Gebirge entlastet hat, wo man es zu belasten meinte. Dann befände man sich schon beim ersten Lastanstieg auf einer Linie, welche bei unbelastetem Gestein nur bei der Wiederholung eines Lastanstieges erreicht würde, so daß die Hysteresen besonders klein und die Arbeitslinie bemerkenswert geradlinig ausfallen würden (Abb. 2–19). Dies scheint mir im Dolomit vom Sylvenstein zugetroffen zu sein.

Bei allen solchen Beobachtungen hat man zwei Effekte zu unterscheiden: einmal beeinflussen Spannungen das Rechenergebnis z. B. durch ihren Einfluß auf Schallgeschwindigkeit und Laufzeit und verfälschen dieses bei Nichtbeachtung; zum anderen verändern sie den E-Modul tatsächlich. Besonders scheint die Belastungsart (Zug- oder Druckbelastungsart) den E-Modul wirklich zu verändern, wie man aus dem Versuch von WÜNSCH

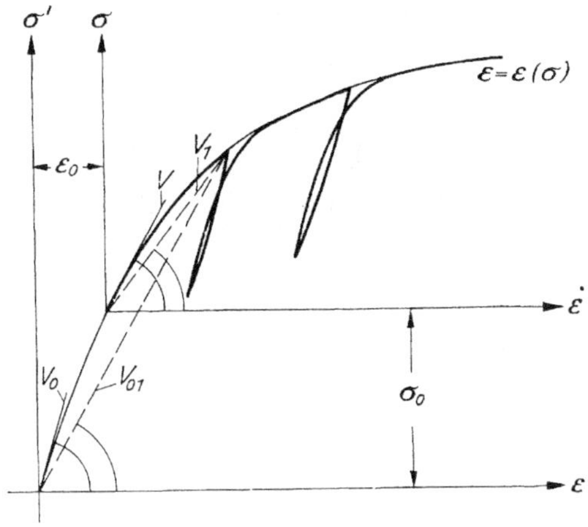

Abb. 2-18. Abhängigkeit des E-Modul-(V-Modul-) Versuches von der Vorspannung σ

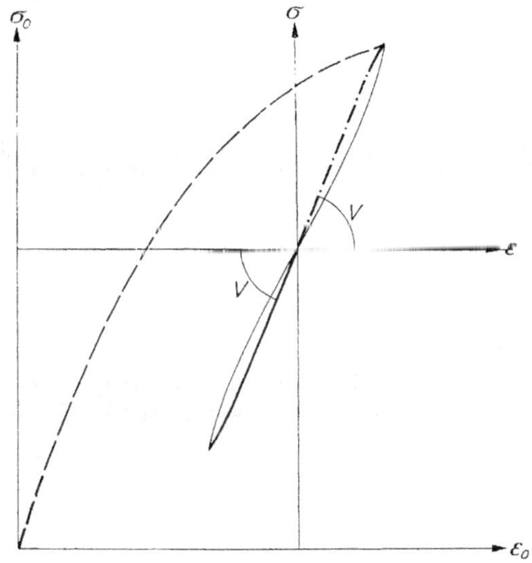

Abb. 2-19. Geradliniger Verlauf der Arbeitslinie bei scheinbarer Belastung (Entlastung)

(1956) schließen muß, welcher für einen harten Schiefer (vermutlich Gneis) bei statischer Prüfung einen Modul von nur 6800 kg/cm² erhielt. Bei diesem Versuch lag Zugbelastungsart *(2.34)* vor.

Die Abhängigkeit des Moduls von Belastungsdauer und Belastungsgeschwindigkeit ist bekannt und auch bei anderen Stoffen, z. B. Holz, festgestellt. Langsam aufgebrachte und lange an-

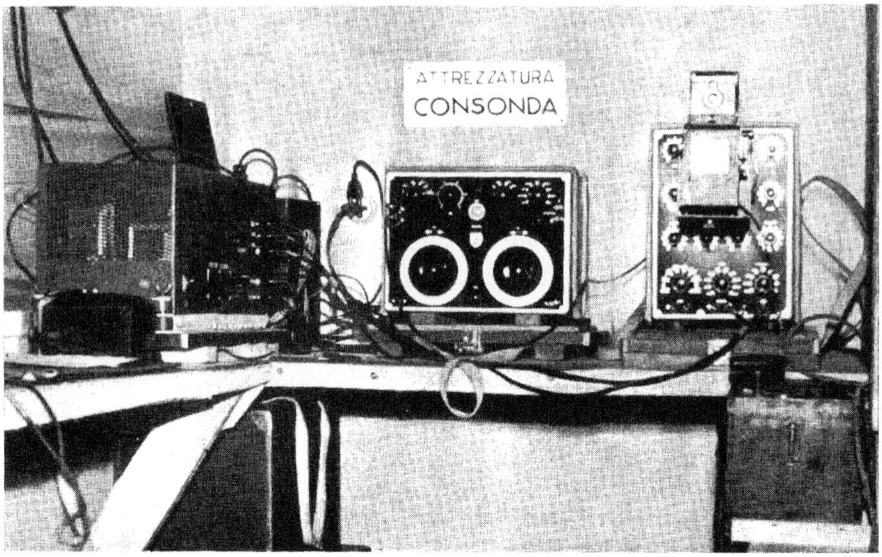

a

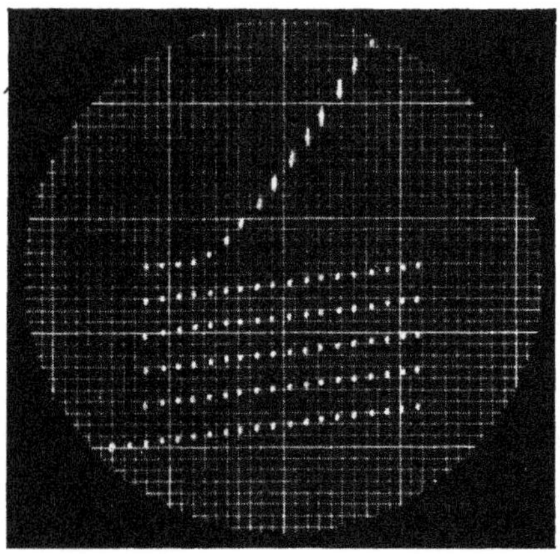

b

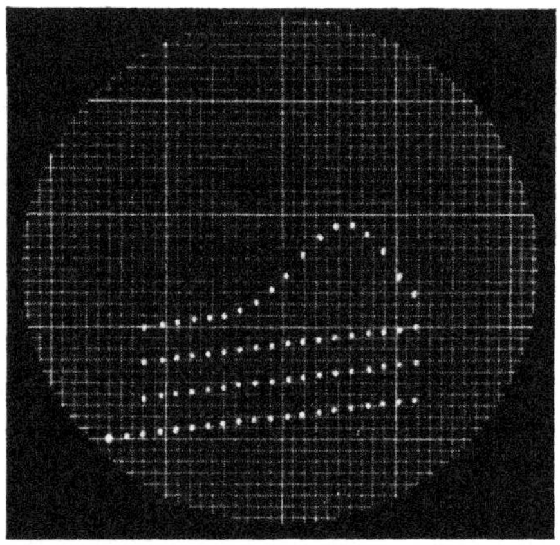

c

Abb. 2-20. Schallgeschwindigkeitsmessung in Bohrlöchern. a) Apparatur der Fa. Consonda, Milano, nach Dr. VIELMO; b) und c) Oszillogramme der Messung in einem Bohrloch vor und nach der Injektion des Gebirges (Wellengeschwindigkeit 2700 bzw. 4200 m/sec)

dauernde Belastung erniedrigen den Modul, rasche und kurze Belastung erhöhen ihn.

Unter den Methoden zur Bestimmung des Elastizitätsmoduls interessieren in unserem Zusammenhang nur diejenigen, welche den Modul des Gebirges, also den Scheinbaren Modul in situ, zu bestimmen gestatten. Die Ermittlungsmethoden mit statisch aufgebrachter Last hat LAUFFER (1960 a, 118) zusammengestellt und kritisch beleuchtet (Tafel 7-3 u. 7-4).

Die von ihm aufgezählten Methoden wären noch durch den Schlitzscherversuch nach WÜNSCH, den Laststreifen-Versuch nach FÖPPL und den von der Versuchsanstalt für Felsbau vorbereiteten Großtriaxialversuch in situ zu ergänzen *(7)*, welche bisher zur Modulbestimmung noch nicht verwendet wurden.

Unter den dynamischen Methoden ist die der Schallgeschwindigkeitsmessungen (Seismische Methode) am bekanntesten. Sie wird seit einiger Zeit auch über sehr kurze Strecken (z. B. innerhalb von Bohrlöchern) mit Erfolg angewandt (Abb. 2–20), wobei die Laufzeiten mit einer Genauigkeit von $^1/_{10\,000}$ Sek. gemessen werden (BOLLO 1961 und VIELMO 1961). Neu und noch wenig erprobt, aber vielversprechend sind Ultraschallmessungen. Die Abhängigkeit der Schallwellengeschwindigkeit vom herrschenden Spannungszustand verwendet die sog. „Druckakustische Methode" (BUCHHEIM 1953; RÖSLER 1955; UHLMANN 1957) einerseits zur Bestimmung vorhandener Spannungen, andererseits zur Bestimmung des Elastizitätsmoduls (Abb. 2–21).

Sowohl die statischen als auch die dynamischen (geophysikalischen) E-Modul-Bestimmungen stecken noch voller Probleme. Bei Anwendung der statischen Methoden gelingt es selten, das Gebirge unter einem einigermaßen homogenen Beanspruchungszustand zu prüfen. Da die Moduln selbst von Beanspruchungsgröße und Beanspruchungsart abhängig sind, beide aber innerhalb des geprüften Bereiches wechseln, werden nur Mischwerte erhalten, deren Rückführung auf echte Modulwerte praktisch fast unmöglich ist. Solche Mischwerte besitzen nur dann praktische Bedeutung, wenn der Beanspruchungszustand nach Art und Größenordnung im Versuchsbereich etwa der gleiche ist wie am Bauwerk. Dies ist z. B. bei den Methoden der Stollenaufweitung *(7)* der Fall (Abb. 7–20), wenn der ermittelte Modul zur Berechnung von Druckstollen und deren Auskleidung verwendet wird; nicht mehr jedoch, wenn er z. B. auf den ganz anders gearteten Beanspruchungszustand unter dem Widerlager einer Staumauer angewandt werden soll[21]). Auf diesen Fall scheint mir am besten ein aus einem Groß-Triaxialversuch *(7.4)* oder aus einem doppelten Druckkissenversuch *(7.4)* ermittelter Modul anwendbar zu sein (Abb. 7–8). Stempeldruckversuche liefern nur dann für Staumauereinbindungen vergleichbare Werte, wenn sie mit Druckstempeln in einer Breite von mindestens $^1/_4$ oder $^1/_5$ des Staumaueraufstandes ausgeführt werden, was praktisch fast undurchführbar ist.

Stempeldruckmessungen kleineren Maßstabes (0,5—2,0 m; Abb. 7–2) erreichen nur eine 1—3 m tiefe Zone und sollten überhaupt nur ausgeführt

---

[21]) Neuerdings hat SEEBER (1961, 152) einen Weg zur Umrechnung auf verschiedene Beanspruchungszustände gewiesen.

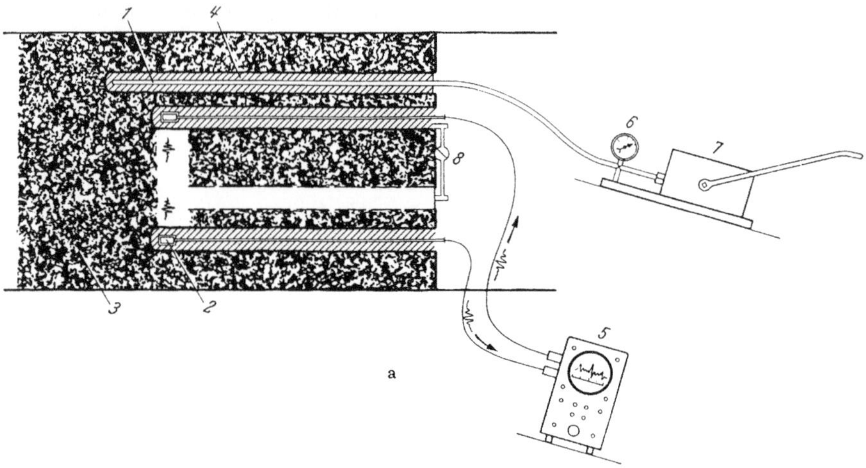

a

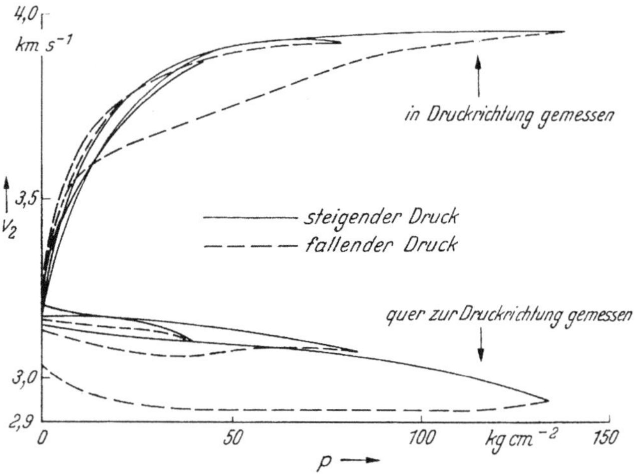

b

Abb. 2-21. Druckakustische Methode zur Bestimmung von Gebirgsspannung und -moduln (nach BUCHHEIM 1958). a) Schema, b) Diagramm

1. Hydraulisches Polster
2. Piezogeber
3. Kohleflöz
4. Zementverguß
5. Seismoskop
6. Manometer
7. Pumpe
8. Indikator

werden, wenn diese nicht durch Sprengungen aufgelockert wurde. Aber auch dann noch haftet ihnen der Nachteil an, daß sie kein im Sinne der Statistik hinreichend großes Kollektiv von Kluftkörpern erfassen, also keine Großversuche sind. Bestenfalls orientieren sie über die Größenordnung des Moduls.

Die Abb. 2-22 zeigt den typischen Verlauf einer Arbeitslinie $p = p(\varepsilon)$ und die Arten des Verformungsmoduls und des E-Moduls, welche aus einem Drückkissenversuch oder einem Stempeldruckversuch abgelesen werden können: der Modul des ersten Belastungsanstieges

$$E_o = \frac{\delta p}{\delta \varepsilon} / 0 \qquad [2—17]$$

wird Ursprungsmodul genannt. Er ist meist größer als jener Modul E_p, welcher bei einem neuerlichen Lastanstieg nach erfolgter Entlastung von p

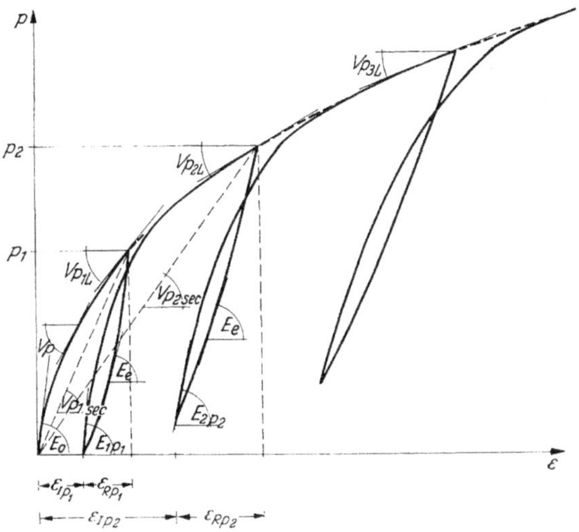

Abb. 2-22. Typischer Verlauf der Arbeitslinie $p = p(\varepsilon)$ eines Druckkissenversuches (nach BRETH).

- E_0 Ursprungsmodul
- E_{1p1} E-Modul bei neuerlichem Lastanstieg bis P_1
- E_{2p2} E-Modul bei neuerlichem Lastanstieg bis P_2
- V_{ip} irreversible Formänderung
- V_{Rp} reversible Formänderung
- E_e Entlastungsmodul
- V_p Verformungsmodul unter der Last p
- V_{psec} Sekantenmodul für den Lastanstieg auf p
- V_{pL} Verformungsmodul der Erstbelastung

auf null erhalten wird und welcher am besten das eigentliche elastische Verhalten nach Ausschaltung bzw. Vorwegnahme der unrückläufigen Formänderungen v_I kennzeichnet. In der Regel ist er bei großen Drücken etwas kleiner als bei kleinen Pressungen. Als Entlastungsmodul E_e wird jener bezeichnet, nach welchem die Rückfederung des Materials bei Entlastung stattfindet.

Als Verformungsmodul

$$V_p = \frac{\delta p}{\delta \varepsilon} /^{p_2}_{p_1} \text{ bzw. } V_{psec} = \frac{\delta p}{\delta \varepsilon} /^{p}_{0} \qquad [2—18]$$

— die Indices $/^{p}_{0}$ zeigen die Stufe der aufgebrachten Belastung und Entlastung an — wird jener Modul angesprochen, welcher dem jeweiligen Lastanstieg entspricht, während V_{pL} aus der Umhüllenden der Verformungslinien erhalten wird. Er kennzeichnet das Verhalten des Gebirges bei Erstbelastung und setzt sich — so wie auch V_{psec} — aus rückläufigen und unrückläufigen Deformationsanteilen ε_R und ε_i zusammen. Er ist für die Berechnung von Bauwerken maßgebend, bei denen darauf verzichtet wird, die plastischen Formänderungen durch eine künstliche Vorbelastung (z. B. Fugenvorspannung) vorwegzunehmen. Zur Berechnung wird aber in solchen Fällen manchmal anstatt seiner der Modul V_{psec} verwendet, welcher aus der Ursprungssekante zu einem bestimmten Punkt der Einhüllenden ermittelt wird.

Bezüglich der Auswertung von Felsverformungsmessungen herrscht wenig Einheitlichkeit, und LAUFFER (1960 a, 114) hat darauf hingewiesen, daß dieser Umstand den Vergleich verschiedener Modul-Bestimmungen unmöglich macht [22]).

Die in Tafel 2–3 zusammengestellten Modulwerte verdanke ich mit wenigen Ausnahmen Herrn Regierungsbaumeister H. LINK [23]), welcher die für eine eigene Veröffentlichung bestimmte Sammlung von E-Werten mit großer Freundlichkeit zur Verfügung stellte.

Die Zusammenhänge zwischen statisch und dynamisch ermittelten E-Moduln liegen noch im Dunkeln, und es ist nach dem heutigen Stand unseres Wissens nicht möglich, beide in Relation zu bringen. Fast hat es den Anschein, daß dies auch niemals möglich sein wird, wenngleich es nicht an Versuchen hiezu fehlt.

Wenn LESLIE (bei TALOBRE 1957, 81) eine lineare Beziehung zwischen dem dynamischen E-Modul und dem Koeffizienten der Verformung bei Beton herzustellen versucht, so gilt das wohl in erster Linie nur für vollelastische und unzerbrochene Körper, welche außerdem homogen und isotrop sind. Die Gebirgsdeformation setzt sich aus elastischen, plastischen Anteilen und Teilkörperbewegungen zusammen. Während der dynamisch ermittelten E-Modul wohl eigentlich nur auf die elastischen Eigenschaften des Gebirges bzw. des Gesteines bezogen werden kann, wird der statisch ermittelte Modul aus allen drei Deformationsanteilen gebildet.

Eine Transformation des einen Moduls in den anderen kann nach meiner Meinung, wenn überhaupt, demnach nur bei fast unzerklüftetem Gebirge mit besonders geringem Kluftraumvolumen oder in Gebirge unter hohem Druck Aussicht haben.

---

[22]) Dies ist zu beachten, wenn man E-Modul-Werte, die an verschiedenen Objekten erhalten wurden, zum Vergleich heranzieht. (Außerdem ist zu berücksichtigen, daß der Vergleich mechanischer Eigenschaften auch gleicher Bergarten von verschiedenen Stellen immer problematisch ist.)

[23]) Allgemeine Elektrizitätsgesellschaft, Frankfurt.

EVERLING (bei HOFFMANN) 1958, 15) hat erstmalig Laufzeitgeschwindigkeiten unter wachsendem Triaxialdruck gemessen. Ein Vergleich der aus Ultraschall-Messungen gewonnenen dynamischen Moduln mit den mechanisch ermittelten zeigte, daß schon bei geringem Drücken die dynamischen Moduln erheblich höher lagen. Während die statischen Moduln mit Annäherung an den Bruch abfielen, behielten die dynamischen Moduln die einmal erlangten hohen Werte konstant bei. Auch diese Beobachtungen sind aufschlußreich und gelten, obwohl sie nur an unzerklüfteten Gesteinsproben vorgenommen wurden, wegen ihrer Ausdehnung bis in den Bruchbereich hinein, auch für die Verhältnisse im Fels. Sie zeigen, daß mit dem Auftreten von Brüchen ein neuer Faktor beim statischen E-Modul hinzukommt, welcher den dynamischen nicht oder kaum berührt. Dem widerspricht die Beobachtungstatsache nicht, daß sich in seismischen Langstrekkenbeobachtungen Zerrüttungszonen und Störungen durch eine Abminderung des E-Moduls zu erkennen geben; dieser Effekt wird wohl weniger durch eine generelle Abbremsung der Wellengeschwindigkeit im Medium als vielmehr durch erzwungene Umwege und Reflexionen hervorgerufen.

Am besten scheint der Wesensunterschied zwischen dem dynamisch und dem statisch ermittelten E-Modul aus den Untersuchungen von NAKAMURA (1949) offenbar zu werden. Im visko-elastischen Medium nähert sich die Ausbreitung elastischer Wellen mit steigender Frequenz mehr und mehr dem ideal-elastischen Verhalten, während statische Beanspruchung eigentlich als Grenzwert besonders niedriger Frequenzen angesehen werden kann. Ein Medium, das sich bei höherer Frequenz vorwiegend elastisch verhält, kann sich nach NAKAMURAS Untersuchungen bei statischer Beanspruchung weitgehend visko-elastisch verhalten. Bei niedriger Frequenz erweist sich die Eindringtiefe der Wellen als begrenzt, bei hoher Frequenz dagegen als unbegrenzt.

Die Größenunterschiede zwischen statisch und dynamisch ermittelten E-Moduln sind beträchtlich. BENDEL (1948) überliefert für schiefrigen Gneis $E_{St} = 50\,000$, $E_{Dy} = 500\,000$; im Kalkglimmerschiefer der Limbergsperre maß FRÖHLICH $E_{St} = 30\,000$, PFEIFFER $E_{Dy} = 800\,000$. Im Biotitgranit der Kurobe-Talsperre in den Japanischen Alpen wurden seismisch E-Moduln zwischen 24 000 und 354 000 kg/cm^2 ermittelt. (In den großen Unterschieden drückt sich die Zerklüftung, Entfestigung und teilweise Mylonitisierung des Gesteins sowie seine Unterbrechung durch mylonitisierte Störungen aus.) Druckplattenversuche haben im Stollen des gleichen Gesteins E-Werte zwischen 11 000 und 40 000, Druckkammerversuche 18 000 bis 24 000 kg/cm^2 ergeben. Besonders hoch sind die Schwingungsfrequenzen, also auch die Moduln, bei Sprengungen.

TALOBRE ist der Ansicht, daß der E-Modul, welcher durch Schallmessungen ermittelt wird, dem Modul des eigentlichen Kristallmaterials nahe

Tafel 2–3. Versuchsmäßig bestimmte Elastizitätsmoduli

Nr.	Gestein		Ort und Bauwerk	Staat	Bestimmungsart
	Art	Struktur			
1	2	3	4	5	6
	I. Eruptivgesteine				
1	Granit	fest, gesund	Schwarzenbach Druckstollen	Deutschland	Druckkammer
2	Granit	fest, gesund	Innertkirchen Druckschacht	Schweiz	Druckkammer
3	Granit	—	Grimsel Gewölbemauer	Schweiz	Def. Mess. im Betrieb
4a 4b	Granit		Andermatt	Schweiz	Druckplatten
5	Granit		Cecita Gewölbemauer	Italien	Druckkammer
6	Granit	gesund	Cabril Staumauer	Portugal	Druckplatte
7	Granit	leicht verwittert	Canicada Staumauer	Portugal	Druckplatte
8	Granit	stärker verwittert	Salamonde Staumauer	Portugal	Druckplatte
9	Granit	verwittert	Salamonde Staumauer	Portugal	Druckkammer
10	Granit	verwittert, klüftig	Kurobe Staumauer	Japan	Druckkammer
11	Granit	kleinklüftig	Kurobe Staumauer	Japan	Druckplatte
12	Granit	gesund	Kurobe Staumauer	Japan	Druckplatte
13	Granit	verwittert	Kurobe Staumauer	Japan	Druckplatte
14a 14b	Granit	verwittert, 3 mm gefüllte Kluft	Kurobe Staumauer	Japan	Druckplatte
15a 15b	Granit	gesund, klüftig	Kurobe Staumauer	Japan	Druckplatte
16	Granit	verwittert, klüftig	Kurobe Staumauer	Japan	Triaxial-Großversuch
17	Granit	verwittert, stark klüftig	Kurobe Staumauer	Japan	Triaxial-Großversuch
18	Granit	gesund, schwach klüftig	Kurobe Staumauer	Japan	Triaxial-Großversuch
19	Granit	gesund, klüftig	Kurobe Staumauer	Japan	Triaxial-Großversuch
20	Granulit	gesund, klüftig	Marcillac Gewölbemauer	Frankreich	Akust. Dehn. Mess. im Betrieb
21	Quarzporphyr		S. Antonio Druckschacht	Italien	Druckkammer
22	Quarzporphyr		Forte Buso Gewölbemauer	Italien	Druckkammer

[1]) Ergänzt durch Angaben der Literatur

des Gebirges (aus einer noch unveröffentlichten Studie H. LINK) [1])

Belastung Spannung kg/cm²	Beanspr.-richtung	Verform. Modul m³ kg/cm²	Elastiz. Modul m³ kg/cm²	Bemerkungen	Nach Mitteilung von
7	8	9	10	11	12
5,8—6,5	—	264	375	Überlag. 36 m	
	—	—	200		
	—	—	~ 150		
60	∥ Bankung	—	400	plast. Verform.	
60	⊥ Bankung	—	250	minimal	
25	—	injiziert	30	kl. Überlag. 20 m	
30	—	—	115—230	148—300 } 11 Meßstellen nach Einpressen	
30	—	—	109—128	180—210 } 11 Meßstellen nach Einpressen	
30	—	—	6—30	11— 50 } 11 Meßstellen nach Einpressen	
6	—	—	300—400	230—280 } 11 Meßstellen nach Einpressen	
10	—	—	16—32	—	Kansai
—	vertikal	20—30	—	} mit Platten ∅ von 40 bis 20 cm	Kansai
—	vertikal	31—64	—	} mit Platten ∅ von 40 bis 20 cm	Kansai
—	vertikal	23—33	—	} mit Platten ∅ von 40 bis 20 cm	Kansai
—	vertikal	15—16	—	} mit Platten ∅ von 40 bis 20 cm	Kansai
—	horizontal	11—15	—	} mit Platten ∅ von 40 bis 20 cm	Kansai
—	vertikal	29—34	—	} mit Platten ∅ von 40 bis 20 cm	Kansai
—	horizontal	22—29	—	} mit Platten ∅ von 40 bis 20 cm	Kansai
820 1300	dreiachsig dreiachsig	13 11	44	3 Versuche	Interfels
1140 1530	dreiachsig dreiachsig	12 11	37	3 Versuche	Interfels
600 1570	dreiachsig dreiachsig	31 20	45	3 Versuche	Interfels
290 1430	dreiachsig dreiachsig	34 16	47	3 Versuche	Interfels
40 m Stau		5—6 V_{Beton} 10 V_{Beton}	wassers. lufts.	} Scheitelkons.	
—	—	—	400	f. Bem. 100 gewählt	
30	—	—	60		

(Forts. nächste Seite)

(Fortsetzung Tafel 2-3)

1	2	3	4	5	6
23	Diabas	klüftig	Zillierbach Gewichtmauer	Deutschland	Durchbiegung Mess. im Betrieb
	II. Sedimentgesteine				
24	Wetterstein-kalk	massig	Achensee Druckschacht	Österreich	Mess. i. fest. Schacht
25 a	Kalk	massig	Finodol Druckschacht	Jugoslawien	Druckkissen
25 b					Druckkammer
26 a	Kalk	klüftig	Kastelbell Druckschacht	Italien	Druckkammer
26 b					Mess. im Betrieb
27	Ladin. Kalk		Fedaia Pfeilermauer	Italien	
28	Hauptdolomit	sehr kompakt	Sylvenstein Sperrenstelle	Deutschland	Druckplatten
29	Hauptdolomit		Mae Gewölbemauer	Italien	Druckkammer
30	Dolom. Kalk		Val Gallina Kuppelmauer	Italien	Druckkammer
31 a 31 b	Raibler Dolomit	feinklüftig	Pieve di Cadore Gewölbem. Talgr.	Italien	Druckkammer
32	Sand.-ton. Kalkschiefer	gefältelt	Rothenbrunnen Druckschacht	Schweiz	Druckkammer (Panzerrohr)
33	Sandstein	feinkörnig	Waldshut Druckstollen	Deutschland	Druckpl. 0,50/0,50
34 a	Molasse-Sandstein	feinkörnig	Rossens Gewölbemauer	Schweiz	Druckplatten
34 b	Sand. Mergelsch.	feinkörnig			
35 a 35 b	Molasse-Sandstein	mittel- und grobkörnig	(Talflanken)		
36 a 36 b	Molasse-Sandstein	wie 33/34	Rossens Druckstollen	Schweiz	Druckkammer
37 a	Schluffstein u. Grauwacke (kambrisch)	feinkörnig	Ffestiniog Pumpspeicher-werk	England	Druckkammer
37 b					
38	Sandstein	hart, massig	Imfout Druckstollen	Marokko	Druckkammer
39 a 39 b	Quarzit	hart und klüftig	Imfout Druckstollen	Marokko	Druckplatte
40	Quarzit	klüftig	Tignes Gewölbemauer	Frankreich	—
41	Quarzit	kompakt	Zinnoun Stollen	Marokko	Druckplatte
42 a 42 b	Schwarz-schiefer	blättrig	Imfout Druckstollen	Marokko	Druckkammer
43	Tonschiefer	druckhaft	Tiefenkastel Druckstollen	Schweiz	Druckkammer

7	8	9	10	11	12
—	—	—	92		
			100—300	2 Querschn.	
9	—	—	223		
10	—	—	270	Wand verputzt	
4	—	—	160—200		
12	—	40—50	—	injiziert	
25	—	—	75	injiziert	
40—160	—	—	67—135 (115—320)	m = 10/3 angen. nach Dauerlast als Tangentenw. bis 544	
20	—	injiziert	65—85	links u. rechts	
15	—	injiziert	40	Überlag. 20 m	
12	—	injiziert	35	Überlag. 20 m	
12	—	—	52	m = 7 angen.	
29; 32	—	—	79; 113	2 Meßquerschn.	
24	—	—	30—195	4 Versuche a. 10 m	
0—30	‖ Schicht.	10—20 *)	18—36	*) bei 30 at	
	⊥ Schicht.	8—10	13—26		
0—30	‖ Schicht.	—	14—28		
	⊥ Schicht.	—	10—20		
0—15	‖ Schicht.	—	70—58	m. wachs. Druck abnehm.	
	⊥ Schicht.		42—38		
35	‖ Schicht.		210—530	in unausgekleideter Kammer	Chapman
	⊥ Schicht.		190		
7	⊥ Schicht.	305	360		
bis — 40	‖ Schicht.	78	380	{ m. Wasserdr. 310 ‖; 110 ⊥	
	⊥ Schicht.	163	280		
—	—	—	100		
50—100	—	—	400—450 380—400	im Zentrum an den Seiten	
7	‖ Schicht.	146	190		
	⊥ Schicht.	66	73		
2,5—7	—	92—168	—	durch Gebirgsdruck erhöht	

(Forts. nächste Seite)

(Fortsetzung Tafel 2-3)

1	2	3	4	5	6
44	Tonschiefer	gebändert, klüftig, oberfl.-nah	Rappbode Mauerfund.	Deutschland	m. Pressen
45	Mergel	kompakt	Afourer Stollen	Marokko	Druckplatte
46	Konglomerat	weiches Bindemittel gesund	Abda Donthnala Stollen	Marokko	Druckplatte
47a 47b	Unteres Bakhtiari Konglomerat		Dez Staumauer	Iran	Druckplatte
48a 48b	Unteres Bakhtiari	gesund	Dez Staumauer	Iran	Druckkammer
	III. Kristalline Schiefer				
49	Gneis		Bort Gewölbegewichtm.	Frankreich	Druckkammer
50	Gneis			Tschechosl.	Schlitzkeil
51	Fibbia-Gneis	massig, grobbaulig, Quarzzerfall	Lucendro Druckstollen	Schweiz	Druckkammer
52	Biotitgneis	komp., gesch.	Amsteg Druckstollen	Schweiz	Druckkammer
53	Paragneis	schiefr., dünnbankig	Lucendro Druckstollen	Schweiz	Druckkammer
54	Paragneis	angewittert	Teisnach Staumauer	Deutschland	Druckkissen
55	Paragneis	stark verwitt.	Teisnach Staumauer	Deutschland	Druckkissen
56	Granit-Gneis	gew. gesund	Lyse Druckschacht	Norwegen	Druckkammer
57	Orthogneis	sehr dicht, wenig klüftig	Telessio Staumauer	Italien	Druckkissen
58a 58b	Glimmerschiefer (Biotitsch.)		Andermatt	Schweiz	Druckplatten
59	Glimmerschiefer		Bort Staumauer	Frankreich	
60	Glimmerschiefer	gesund, klüftig	Luzège Gewölbem. Fund.	Frankreich	Ak. Dehn.mess
61a 61b	Glimmerschiefer	kristallin mylonit.	Beauregard Gewölbemauer	Italien	Druckkammer
62	Kalkglimmerschiefer	gesund, massig	Limberg Staumauerfund.	Österreich	Druckplatten
63	Kalkglimmerschiefer	oberflächennahe	Mauvoisin Staumauer	Schweiz	Druckplatte
64a 64b	Quarzglimmer- und Serizitschiefer	gesund, geschl. Klüfte / sehr klüftig m.z.T. off. Kl.	Lovero Stollen	Italien	Druckplatten 0,90/1,70
65	Serizitschiefer		Amsteg Druckstollen	Schweiz	Druckkammer

7	8	9	10	11	12
38—56 t horiz.	—	7—3	—	Gleitversuch	
—	—	40—50	60—75		
—	—	—	4—26		
—	horizontal vertikal	—	14—570 28—500	in 4 Richtungen	Dev. and Resources Co.
18	horizontal vertikal	— —	67—162 18—57		Dev. and Resources Co.
—	—	—	150—200		
— 10	— —	— 60—75	68 *) 63—79	*) 6 auf Zug Deform. ⊥ = 1,7 ‖	Wünsch
4	—	—	317	ohne Auskl.	
10	—	120	390	Deform. ⊥ = 2,1 ‖	
25—30	~‖ Schief.	69—85	130—134		Breth
30—40	~‖ Schief.	31—47	61—77		Breth
—	—	—	80—150		
40	3 Richtgn.	—	300—400	E wächst m. Druck	
60	‖ Schicht. ⊥ Schicht.	280 80	— —		
—	—	—	50		
30 m Stau	~⊥ Schicht.	6—8 V_{Beton} 10—13 V_{Beton}	wassers. lufts.	~ 30—40 t/cm² ~ 19—25 t/cm²	
30	—	—	180	Rechter Hang	
20	‖ Schicht. ⊥ Schicht.	} injiziert	70 40	Linker Hang Linker Hang	
6,5—26	Schräg z. Anisotropie		30—40 150	Überl. 30 u. 65 m Auflock. beseitigt	
90	versch.	40	280	5 Versuchsstellen	
3,5—6,9	—	30—25	53—41	Mit wachs. Druck abnehmend	
3,5—6,9	Mittel a. vert. u. hor.	15—13	33—26		
3,5—5	Mittel a. mehr Richt.	27	35—32		

(Forts. nächste Seite)

(Fortsetzung Tafel 2-3)

1	2	3	4	5	6
66	Quarzphyllit		Gerlos Druckschacht	Österreich	Mess. am fest. Schacht
67	Porphyr. Schiefer		Mulargia (Sard.) Gewölbemauer	Italien	
68	Werfener Schiefer		Jablanica Stollen	Jugoslawien	Druckkissen und -kammer
69	Schiefer		Neudaz Druckschacht	Schweiz	Druckkammer (Panzerrohr)
70	Tonschiefer	devonisch, stark gepreßt	Vianden Druckschacht	Luxemburg	Druckkissen und -kammer
71	Sandkalk	schiefrig (Bündnerschiefer)	Marmorera Stollen	Schweiz	Druckkammer
72	Kalkschiefer	gefältelt (Bündnerschiefer)	Rothenbrunnen Druckschacht	Schweiz	Druckmesser (Panzerrohr)
73 a	Kalkstein	komp., mergelig, geschiefert	Cancano Staumauer-	Italien	Druckkammer
73 b			flanken		
74	Kalkschiefer	stark geschiefert	Prutz Druckschacht	Österreich	Radialpresse

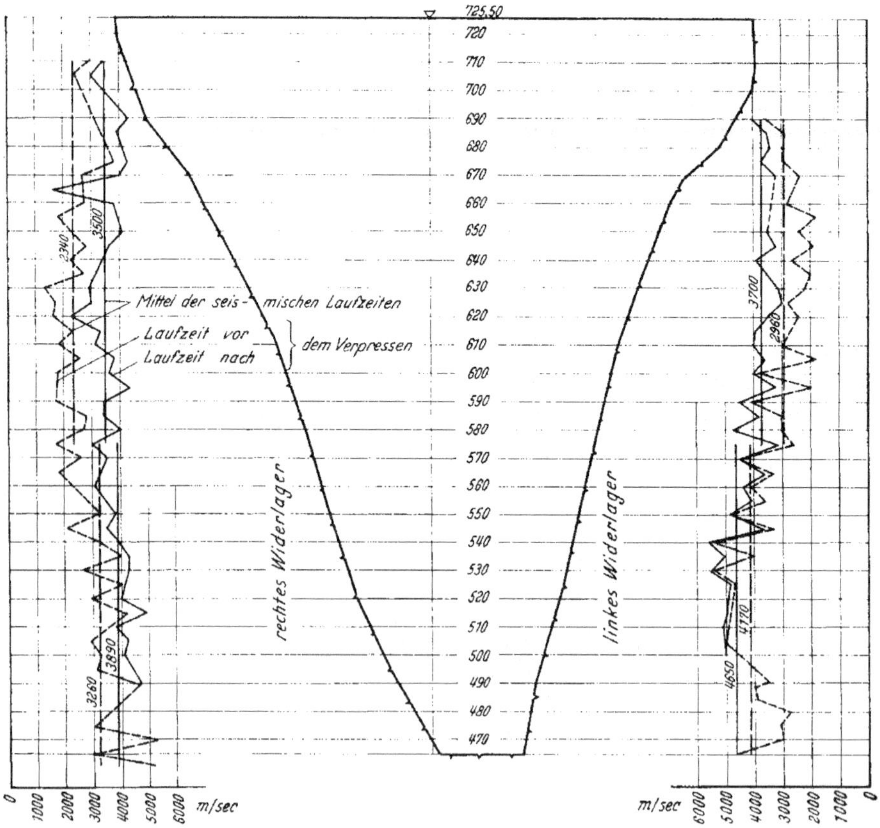

Abb. 2-23. Seismische Laufzeiten vor und nach Injektionen (Widerlager Talsperre Vajont)

7	8	9	10	11	12
—	—	—	35—50	Schacht injiziert	
12	—	—	45	Überlag. 20 m	
—	—	—	125		
120	—	—	51	97 nach Einpressen	
30	Parallel dazu normal	—	150—250 90		
10,8	—	215	310—344	3 Meßorte	
29 u. 32	—	—	79 u. 113	2 Querschnitte	
24	—	—	150—60 172—98	Rechter Hang Re. Hang injiziert	
29	—	—	324—181	Linker Hang	
50	—	60—69 80—110	103—125 133—140	2 Meßorte injiziert	

kommt. Auch der im Fels dynamisch gemessene Modul erreicht nach seiner Meinung trotz des Vorhandenseins von Klüften nahezu Höchstwerte.

Link (1956, 293) vertritt die Auffassung, daß das Verhältnis $E_{St} : E_{Dy}$ wegen der Druckabhängigkeit des statischen Moduls so stark schwanke (zwischen 2 und 10), daß aus der Verwertung dynamischer Modulbestimmungen „geradezu Fehlbeurteilungen entstehen können".

Auch ich bin der Meinung, daß dynamisch ermittelte E-Werte niemals zur Einschätzung statischen Formänderungsverhaltens des Gebirges verwendet werden dürfen. Dies mindert ihre Bedeutung, hebt diese indes nicht auf, weil sie vor allem darin besteht, daß die dynamischen Methoden das Aufsuchen von Schwächezonen und Fehlstellen im Fels sowie eine gewisse Vorklassifizierung der Gebirgsqualitäten in dem zu untersuchenden Bereich ermöglichen. Vortrefflich haben sich seismische Modulbestimmungen zum qualitativen Vergleich der durch Injektionen erreichten Felsvergütung *(20)* bewährt (Abb. 2–23), zu welchem Zwecke vor allem die Kurzstreckenmeßgeräte mit Vorteil verwendet werden. Vielmo [24]) hat hiervon bei der Untersuchung von Talsperren-Widerlagern, Bollo zur Feststellung des Ausmaßes der Auflockerungszone in der Nachbarschaft von Stollen weitgehenden Gebrauch gemacht.

2.42 Querverformung

Die Querverformung *(transverse extension; extension transversale; estensione trasversale)*, jene fast allen Stoffen gemeinsame Eigenschaft, sich

[24]) Unveröffentlichter Bericht über die Vergütung des Gebirges an der Vajontsperre.

unter dem Einfluß von Krafteinwirkungen nicht nur in der Richtung derselben, sondern auch quer dazu zu verformen, ist an Gesteinen erst wenig, am Gebirgskörper wohl noch kaum untersucht worden. Dies muß man um so mehr bedauern, als die Querverformung das Verhalten des Gebirges in der Umgebung unterirdischer Hohlräume sowie Hohlformen an der Oberfläche, aber auch die Erscheinungen des Talzuschubes, der Bergzerreißung und der Hangbewegungen im Bereich von Staubecken mitbestimmt. Dieser Einfluß wird am deutlichsten dort, wo Querdehnung (und Entspannung) bis zu einem gewissen Zeitpunkt verhindert war, dann aber plötzlich möglich wird (Abb. 3–27, 3–28 und Abb. 3–30).

Als Kontraktionszahl (oder Querdehnungszahl) $\mu = \frac{1}{m}$ wird bekanntlich das Verhältnis zwischen der linearen Kontraktion in der Querrichtung und der Dehnung in der Kraftrichtung (bei einem auf Zug beanspruchten Stab) für Spannungen unterhalb der Proportionalitätsgrenze bezeichnet. Ihr Reziprokwert m heißt Poisson-Zahl.

Stini, Dorstewitz u. a. geben, gestützt auf etliche Laborversuche, für die Gesteinsquerdehnung Ziffern zwischen m = 4 und m = 10 an.

Talobre (1957) nimmt für vorwiegend elastisches Verhalten m = 6—7, für Formänderung unter Bruch 3,3, für plastische Formänderung natürlich 2,0 an. Scheidegger (1958 a) nennt m = 4 einen guten Mittelwert. Hoffmann (1956, 16) setzt für Sandsteine und Tonschiefer aus Kurzzeitversuchen m = 4—8, für Kohle m = 3.

Diese Werte sind allerdings nur an Gesteinsproben bestimmt, ebenso wie die zahlreichen von Würker (1956, 1960) gesammelten und in Tafel 2–4 wiedergegebenen m-Werte, welche nach statischen Ermittlungen zwischen 6,2 (Andesit) und 25 (!-Tonschiefer) schwanken; die von ihm mitgeteilten dynamisch ermittelten Werte bewegen sich zwischen 2 (!-Kalk von Utah) und 25 (!-Sandstein), rechnerische Werte bis herab auf 1,06 (Mergel von Colorado) und bis hinauf auf 200 (Diorit) haben wohl keine physikalische Bedeutung und werden vom Bureau of Mines selbst skeptisch beurteilt.

Bei statischer Ermittlung werden die Poisson-Ziffern an Gesteinen durch unmittelbare Formänderungsmessung bestimmt; in gleicher Weise hätte es am Fels zu geschehen[24 a]). Aus Schallgeschwindigkeitsversuchen (dynamisch) bestimmt sich die Poisson-Zahl nach der Formel (Würker 1956, 6)

$$m = \frac{E}{2R} - 1, \qquad [2—19]$$

worin R der Righeits-Modul *(modulus of rigidity; module de rigidité)* ist.

[24 a]) In der Zwischenzeit wurden die ersten diesbezüglichen Messungen durch die Internationale Versuchsanstalt für Fels vorgenommen; sie haben in einem Falle stark zerklüfteten, spröden Gesteins überraschend niedrige m-Werte (auch solche unter 2,0) gebracht.

WÜRKER (1960, 6) teilt mit, daß bei gleicher Spannung die Querdehnung von Gesteinen mit steigender Belastungsgeschwindigkeit relativ stärker abnimmt als die Längsdehnung und daß dieser Effekt mit höheren Spannungen immer deutlicher wird.

AWERSCHIN (1958, 47, 48) berichtet, daß die Poisson-Zahl in dem Spannungsmaximum 2 m hinter dem Stoß eines Abbaues mit m = 3,0 bestimmt wurde und konstant blieb, während sie an einer anderen Stelle unter gleichen Bedingungen 4,0 betrug. SPACKELER (1958, 162) erkennt, daß in gleicher Weise wie beim E-Modul auch zwischen einer wahren Querdehnungsziffer des Gesteines und einer scheinbaren des Gebirges unterschieden werden sollte. TALOBRE nennt einen Wert von 6,7 für vorwiegend elastisches Verhalten und gibt im übrigen als Mittelwert 3,3 an. Für das Gebirge werden bei der Errechnung des Querdrucks (der „Ruhedruckziffer") unter einer gewissen Überlagerung meist gleich große Werte angenommen, wie sie für Gesteine ermittelt werden, obwohl aus Untersuchungen von REICH m-Werte zwischen 2 und 2,5 erhalten wurden. Diese betreffen allerdings nicht statische Versuche, sondern dynamische, und die erhaltenen Werte für die POISSONsche Konstante wurden aus dem Vergleich der Ausbreitungsgeschwindigkeiten von longitudinalen und transversalen Wellen gewonnen. CALOI (1954, 1957, 1958) erhielt [25]) bei der Bestimmung von Elastizitätsmoduln im Gebirge auf Grund von Vergleichen beider Wellenarten Poisson-Werte zwischen 2,9 und 5,0 [26]).

Nun muß man annehmen, daß dieser Faktor im Fels weit mehr zeitabhängig ist als im Gestein, und daß er für geologische Zeiträume kleiner ist als für menschliche. Wenn man sich die zahlreichen Beispiele plastisch bis fließend verformter Falten, Schichtschleppungen und bruchloser Flexuren in Gesteinen aller Art vor Augen hält, von denen wir heute wissen, daß sie keineswegs etwa nur in großer Tiefe oder unter besonders hohen Drucken ermöglicht wurde, so wird ein niedriger m-Wert, ja selbst ein solcher in der Nähe seiner unteren Grenze m = 2 für Langzeitbeanspruchungen doch sehr plausibel. Denn ein niedriger m-Wert kennzeichnet die Annäherung an plastische Zustände. Er ist, da die untersuchten Gebirge allemal genügend lange unter dem Einfluß ihrer Spannungen und ihres Überlagerungsgewichtes stehen, sowohl für die Gesteine an sich als auch für das daraus aufgebaute Gebirge mit den Untersuchungen von Prof. REICH und CLAR bestens in Einklang zu bringen. Man hat m. E. nicht un-

[25]) Nach freundlicher persönlicher Mitteilung.

[26]) Die kleinen Werte gelten nach CALOI für wenig kompaktes Gestein (z. B. Ambiesta-Tal, Glagno-Tal, Chiazò-ponte-foos-Tal, Toemezzo) sowie für Gestein, durch Sprengung gelockert; die größeren für besonders festes Gestein (Lumie, Karnia, Talgrund von Chiazò, Vajont usw.). PETERMANN (1953, 409) bedauert, daß die Querdehnungszahl aus Schallfortpflanzungsversuchen nur mit großer Unsicherheit erhoben werden kann.

Tafel 2–4. Versuchsmäßig bestimmte Poissonwerte an Kernproben nach WUERKER (1956)

Nr.	Gestein: Art	Gestein: Struktur	Ort und Bauwerk	Staat	Poissons Ratio $\mu = \frac{1}{m}$: statisch geprüft	Poissons Ratio $\mu = \frac{1}{m}$: akustisch geprüft	Anmerkung	Nr.
1	2		3	4	5		6	7[1])
1	Diorit			Colorado USA	0,11			P-5123
2	Diorit			N.Y. USA		— 0,005	Gneisgabbro	4.4 (a)
3	Diorit			N.Y. USA		0,165	Gneisgabbro	4.4 (b)
4	Diorit			UTAH USA		0,25	mit Augit	32.1 (a)
5	Diorit			UTAH USA		0,26	mit Augit umgewandelt	32.1 (b)
6	Diorit			UTAH USA		0,30	mit Augit umgewandelt	31.1 (c)
7	Diorit			UTAH USA		0,27	umgewandelt	32.2 (a)
8	Diorit			UTAH USA		0,22	Biotit, Porphyr umgewandelt	32.2 (b)
9	Quarzdiorit			Idaho USA	0,15	0,19		P-4823 B
10	Granit			Lith. Ga.		— 0,19	Gneis	47.1
11	Granit			Lith. Ga.		— 0,23	Gneis	47.2
12	Granit		Grand Coulee	Wash. USA	0,15			P-4885
13	Granit	grobkörnig		Colorado USA	0,12			P-5216
14	Granit		Grand Coulee	Wash. USA	0,20		etwas umgewandelt	P-4883
15	Granit		Grand Coulee	Wash. USA	0,24			P-4883
16	Granit		Thompson	Colorado USA	0,11		Pegmatit	P-5174
17	Diabase			N.Y. USA		0,281	umgewandelt	5.5
18	Basalt			Michigan USA		0,15		6.1
19	Basalt			Michigan USA		0,26		10.1 a
20	Basalt			Michigan USA		0,19		10.1 b
21	Basalt			Michigan USA		— 0,04	stark umgewandelt, zeolitisch	30.1
22	Basalt			Michigan USA		0,09	umgewandelt, epidotisiert sehr	30.2
23	Basalt			Michigan USA		0,15	umgewandelt, calcitisiert	30.3
24	Basalt		Medford	Oregon USA	0,22			P-4861
25	Diabas			N.Y. USA		0,281	umgewandelt	5.5
26	Diabas	grobkörnig		Michigan USA		0,282		10.3 (a)
27	Diabas	grobkörnig		Michigan USA		0,28		10.3 (b)
28	Diabas	feinkörnig		Michigan USA		0,275		10.4 (a)
29	Diabas	feinkörnig		Michigan USA		0,275		10.4 (b)
30	Diabas	feinkörnig		Michigan USA		0,298		10.4 (c)
31	Diabas	feinkörnig		Michigan USA		0,252		10.4 (d)
32	Diabas			Michigan USA		0,25	umgewandelt, calcitisiert	33.1

33	Diabas			Michigan USA		0,21	umgewandelt, calcitisiert	33.1
34	Diabas			Michigan USA		0,30	umgewandelt, calcitisiert	33.1
35	Andesit		Palisades Damm	USA	0,16		Hyperthen-	P-4802
36	Monzonit-porph.		Grand Coulee	Wash. USA	0,18	0,21	kleine Festigkeit	P-4880 A
37	Monzonit-porph.		Grand Coulee	Wash. USA	0,17			P-4880 A
38	Tuff			Oreg. USA	0,11			P-4860
39	Gneis			N.Y. USA		0,27	Augit, Hornblende	27.1
40	Gneis			N.Y. USA		0,24	Biotit, Hornblende	27.2
41	Grünstein		Pen Mar	Pa. USA		— 0,21		51.2
42	Phyllit			Wash. USA	0,06		graph.-quarzitisch	P-5616
43	Quarzit			Minn. USA		0,10	Magnetitführender Takonit	52.3 b
44	Tactit			UTAH USA		0,11	Epidot	31.3
45	Grauwacke	grobkörnig		Calif. USA	0,07	0,06		P-5620 A
46	Grauwacke	grobkörnig		Calif. USA	0,12	0,08		P-5624
47	Grauwacke	feinkörnig		Calif. USA	0,10	0,23		P-5620 C
48	Grauwacke	mittelkörnig		Calif. USA	0,09	0,19		P-5620 B
49	Grauwacke	mittelkörnig		Calif. USA	0,08	0,29	amyloididal	P-5621 B
50	Konglomerat			Ontario Can.		0,20		3.4
51	Sandstein			Wyom. USA.	0,17		kleine Festigkeit	P-5270
52	Sandstein			Va. USA		— 0,22		26.1 (a)
53	Sandstein			Va. USA		— 0,30		26.2 (a)
54	Sandstein			Va. USA		— 0,22		26.2 (b)
55	Sandstein			UTAH USA		— 0,01		28.1
56	Sandstein			UTAH USA		0,04		28.2
57	Sandstein			UTAH USA		0,04		28.3
58	Sandstein			UTAH USA		— 0,11		28.4
59	Sandstein			UTAH USA		— 0,07		28.5
60	Schiefer			Colorado USA	0,08	0,16	Biotit mit Pegmatit, kleine Festigkeit	P-5089
61	Schiefer			Colorado USA	0,20		sehr hohe Festigkeit	P-5086
62	Schiefer			Colorado USA	0,06		Biotit, Sillimanit	
63	Schiefer		Sly Park Dam	Colorado USA	0,12	0,44	Serizit, quarzig	P-5619
64	Schiefer		Marble Canyon Dam	Ariz. USA	— 0,04		kalkig	P-5510
65	Schiefer		Marble Canyon Dam	Ariz. USA	0,07		quarzig	P-5500
66	Schiefer		Murdock	Ill. USA	0,103			L.R. 12
67	Schiefer			UTAH USA		0,09	silifiziert	31.1 (a)
68	Schiefer			W. Va USA		0,12		26.3 (a)

1) Probenumerierung nach WÜHRER.

(Forts. nächste Seite)

(Fortsetzung Tafel 2-4)

Nr.	Gestein: Art	Gestein: Struktur	Ort und Bauwerk	Staat	Poissons Ratio $\mu = \frac{1}{m}$: statisch geprüft	Poissons Ratio $\mu = \frac{1}{m}$: akustisch geprüft	Anmerkung	Nr.
1	2		3	4	5		6	7
69	Schiefer			W. Va USA		0,92		26.4 (b)
70	Tonstein			Alab. USA		0,17		12.6
71	Tonstein		Monticell Dam	Calif. USA	0,12	0,08		P-5622
72	Dolomit			Tenn. USA		0,205		2.1
73	Kalkstein	feinkörnig	Canyon Damm	Ariz. USA	0,25	0,28	Marmor	P-5463
74	Kalkstein	mittelkörnig	Canyon Damm	Ariz. USA	0,23	0,31	Marmor	P-5468
75	Kalkstein	porös	Canyon Damm	Ariz. USA	0,22	0,20	Marmor	P-5465
76	Kalkstein		Canyon Damm	Ariz. USA	0,22	0,25	Marmor, chalzedonisch	P-5466
77	Kalkstein		Eniwetok	USA	0,16		Riffbreccie	P-5000
78	Kalkstein		Eniwetok	USA	0,13		Riffbreccie	P-5005
79	Kalkstein		Eniwetok	USA	0,23			P-5001
80	Kalkstein		Marble Canyon	Ariz. USA	0,19	0,27	stylotitisch	P-5469
81	Kalkstein			UTAH USA		— 0,12	stylotitisch	28.6 (a)
82	Kalkstein			UTAH USA		0,12	stylotitisch	28.6 (b)
83	Kalkstein			UTAH USA		0,17	stylotitisch	28.6 (c)
84	Kalkstein			UTAH USA		— 0,37	stylotitisch	28.6 (d)
85	Kalkstein			UTAH USA		0,22	stylotitisch	28.6 (e)
86	Kalkstein			UTAH USA		0,50	stylotitisch	28.6 (f)
87	Kalkstein			UTAH USA		0,20	stylotitisch	31.2
88	Kalkstein			W. Virg. USA		0,21		34.1
89	Kalkstein			UTAH USA		0,17	mineralisiert, Schiefer	31.4
90	Mergelstein			Colorado USA		0,11	calzitisch, dolomitisch	29.1
91	Mergelstein			Colorado USA		0,18		29.2
92	Mergelstein			Colorado USA		0,21	calzitisch, dolomitisch	29.3
93	Mergelstein			Colorado USA		0,02		29.4
94	Mergelstein			Colorado USA		0,25	calzitisch, dolomitisch	29.5
95	Mergelstein			Colorado USA		0,28	calzitisch, dolomitisch	29.6
96	Mergelstein			Colorado USA		0,58		29.7
97	Mergelstein			Colorado USA		0,94		29.8
98	Mergelstein			Colorado USA		0,45		29.9
99	Mergelstein			Colorado USA		0,09		41.4
100	Hämatit		Ispheming	USA		0,20 (a)		35.1

bedingt Ursache, aus solchen festgestellten niedrigen Werten auf besonders starke Zerrüttung oder Erweichung des Gesteins zu schließen.

Raschen technischen Eingriffen gegenüber wird sich das unzerbrochene Gestein in vieler Hinsicht ähnlich verhalten wie in der Prüfungsmaschine, so daß wir diesfalls Werte zwischen 4 und 6 für m einsetzen dürfen. Nach PHILLIPPS (1948) (bei WÜRKER 1953, 1110 und 1959) erniedrigte sich allerdings bei Beanspruchungen von 860 kg/cm² und einer Lastaufbringung innerhalb 10 Minuten (bei manchen Gesteinen) die Poisson-Ziffer von 5 auf 2,7, also um 46 %, während der E-Modul gleichzeitig um 25 % abnahm. Auf der Starrheitszunahme bei sehr rascher Beanspruchung beruht ja die Wirkung von Sprengungen, welche erstaunlich wenig Energie benötigen. Um so mehr werden die m-Werte für zerklüfteten Fels abzumindern sein, und zwar um so mehr, je mehr er zerklüftet, entfestigt oder plastifiziert ist und dadurch Ausweichbewegungen leichter vollführen kann. Richtlinien für die Abminderung im zerklüfteten Gebirge können heute freilich noch nicht gegeben werden [27]).

Aus der Praxis des Tunnelbaus weiß man, daß der Gebirgsdruck auf die Ausmauerung mancher Tunnelröhre schon in etwa 1 bis 2 Jahrzehnten auf größere Werte ansteigt, auch wenn er sich anfangs oft kaum in der erwarteten Höhe einzustellen schien. Auf Grund solcher Erfahrungen und Überlegungen muß man annehmen, daß die Poisson-Ziffer auch innerhalb solcher — geologisch gesehen — kurzer Zeiträume bereits erheblich abzusinken beginnt. Ältere Stollen, welche sich oft auch in festem Gebirge im Verlauf einiger Jahrhunderte augenscheinlich weitgehend geschlossen haben, beweisen sogar, daß man für Zeiträume von der Größenordnung eines oder mehrerer Jahrhunderte schon etwa mit gleichen mechanischen Bedingungen rechnen muß wie für geologische Zeiträume.

Daß sich die Querdehnungszahl auch mit der Temperatur und mit der Feuchtigkeit ändert, ist bekannt, doch liegen darüber keine Zahlenangaben vor.

2.43 Fließverhalten

Das Fließverhalten der Erdkruste bezeichnet SCHEIDEGGER (1958 a, 102) als das Problem der Geodynamik. Nur bedingt und eingeschränkt kann Fels als elastisches Medium betrachtet werden, und nur begrenzt gelten daher für ihn elastizitätstheoretische Ansätze. Der bedeutende Wert solcher Ansätze — z. B. mit Hilfe der Spannungsoptik — soll keineswegs unterschätzt werden; trotz ihrer vielfach idealisierten Bedingungen und der Ab-

---

[27]) Erst nach Abschluß des Manuskriptes erschienen von LINK (1961 a, 1961 b, 1962) 3 bedeutende Arbeiten, in welchen dargelegt wird, daß dem zerklüfteten Gebirge eine h ö h e r e Poisson-Ziffer zukomme als dem Gestein. Die Arbeit enthält zahlreiche Erfahrungswerte.

weichungen des wirklichen Materialverhaltens von denselben schaffen sie unentbehrliche Ausgangsstellungen für die weitere Bearbeitung und liefern meist auf einfache Weise die so wertvolle überschlägige erste Orientierung. Überall dort, wo a) das Material den elastischen Verhaltensbereich überschreitet, wo es plastisch wird oder „fließt", oder wo b) es sich zeitabhängig verhält, genügt die Betrachtung als elastisches Medium nicht mehr. Gebirge kann sich gleichzeitig elastisch und plastisch bzw. fließfähig verhalten.

Formänderungen werden vollkommen oder rein elastisch genannt, wenn sie nach Aufhören der Formänderungsursachen ganz zurückgehen, wenn der Stoff zurückfedert; man wird sie unelastisch nennen, wenn dies nicht der Fall ist. Dazwischen gibt es Übergänge. Freudenthal (1955) [und mit ihm viele andere, z. B. Höfer (1958 a, 29), Salustowicz (1958 a, b) u. a.] möchte jedes Materialverhalten und jede Formänderung, welche nicht vollkommen elastisch ist, als „inelastisch" bezeichnen. Diesem Sprachgebrauch kann ich mich nicht anschließen, weil die meisten dieser Verhaltensweisen doch zum Teil auch elastisch sind, also nicht als unelastisch bezeichnet zu werden verdienen. Die Gefügekunde (Sander) unterscheidet rückläufige und unrückläufige *(reversible — irreversible; réversible — irréversible; riversibile — irriversibile)* Deformationen. Diese Unterscheidungen werden wir für den geomechanischen Gebrauch erweitern und (gemäß Tafel 2–5) von a) (vollkommen) rückläufigen, b) (unvollkommen oder) teilweise rückläufigen (teilrückläufigen) und c) unrückläufigen Formänderungen sprechen, sobald wir nach dem Grade der Rückläufigkeit unterscheiden wollen.

Nach dem zeitlichen Ablauf aber, nach der Zeit, welche zwischen dem Einbringen der Formänderungsenergie und den dadurch verursachten Formänderungen vergeht, wollen wir zwischen d) spontan-rückläufigen, e) verzögert-rückläufigen und f) bleibenden Formänderungen unterscheiden; die ersten Formänderungen vollziehen sich gleichzeitig mit der Belastung und bilden sich (praktisch) im Augenblick der Entlastung zurück; die anderen tun beides (bzw. das eine oder das andere) mit gesetzmäßiger Verzögerung; die dritten bilden sich überhaupt nicht mehr zurück[28]). Die entsprechenden Materialien wollen wir als a) vollelastisch, b) teilelastisch und c) unelastisch bezeichnen, wenn der Grad der Elastizität ausgedrückt werden soll; dagegen als d) spontanelastisch, e) verzögert-elastisch und f) plastisch, wenn der Ablauf der Materialverformungen zum Ausdruck kommen soll (s. Tafel 2–5).

[28]) Im Schrifttum der Mechanik werden beide Gesichtspunkte der Einteilung, Grad und Zeit der Deformation, meist durcheinandergeworfen, weshalb auf diese Gliederung nicht eingegangen wird.

Tafel 2–5. Einteilung der Formänderungen und des Materialverhaltens nach Rückläufigkeit und zeitlichem Ablauf

		Formänderungen		
1	2	3	4	5
a	Nach dem Grade der Rückläufigkeit	(Vollkommen) rückläufig (SANDER)	Teilweise rückläufig (unvollkommen rückläufig oder teilrückläufig; MÜLLER)	Unrückläufig (SANDER)
b	Nach dem zeitlichen Ablauf der Formänderungen	Spontanrückläufig (MÜLLER)	Verzögert rückläufig (MÜLLER)	Dauernd (bleibend)
		Materialverhalten		
c	Nach dem Grade der Rückläufigkeit	Vollkommen elastisch	Teilweise elastisch (teilelastisch; MÜLLER)	Unelastisch
d	Nach dem zeitlichen Ablauf der Formänderungen	Spontan-elastisch (MÜLLER)	Zeitabhängig-elastisch (MÜLLER)	Plastisch

Die rückläufigen Formänderungen können in linearer Abhängigkeit des Volumens von der aufgebrachten Energie (dem HOOKEschen Gesetz

$$\varepsilon_1 = \frac{\sigma_1}{E} - \frac{1}{m}\,\frac{\sigma_2 + \sigma_3}{E}\ \text{usw.} \qquad [2\text{—}20]$$

gehorchend) oder nach anderen Gesetzen ablaufen. Die Gesetzlichkeiten der teilrückläufigen Formänderungen sind vielfältig und deshalb Gegenstand einer eigenen Wissenschaft, der Rheologie, geworden. Diese wird als Lehre vom Fließen und der Formänderung der Materialien bezeichnet. Sie befaßt sich also mit den Bewegungen der Teilchen eines Körpers zueinander.

Als Formänderung sehr großen Stiles und über lange Zeiträume hinweg (und mit sehr geringer Geschwindigkeit) ist ein solches Fließen in der Geologie schon seit langem bekannt und als „Sekularfließen“ oder „Tektonisches Strömen“ bezeichnet worden. An technischen Materialien dagegen hat man zuerst das rasche Fließen gewisser Stoffe, vor allem der Metalle, oberhalb einer bestimmten Beanspruchungsgrenze, der „Fließ- oder Streckgrenze“, kennengelernt und dieses Wissen erst allmählich um die Kenntnis langsamer oder schleichender Deformationen, wie des Nachsetzens, des Kriechens, der Relaxation und der elastischen Nachwirkungen vermehrt. Der Begriff Fließen *(flow; fluage; scorrimento)* wurde damit mehr und mehr auf alle unrückläufigen Deformationsanteile ausgedehnt.

Die verschiedenen Arten des Fließens werden am besten an Modelldarstellungen verständlich gemacht. Nachfolgend soll kurz vom plastischen, vom zähen Materialverhalten, vom Kelvin-Körper und den elastischen Nachwirkungen, von der Relaxation nach

MAXWELL und vom KELVIN-Kriechen, vom viskoplastischen und viskoelastischen Verhalten gesprochen werden, wobei wir weitgehend der ausgezeichneten Darstellung von SALUSTOWICZ (1958 a, 5) folgen. Anschließend werden zwei neuere Ansätze zum rheologischen Verhalten des Gebirges, nach SALUSTOWICZ und nach HARDY (1959) mitgeteilt werden; anhangweise wird auf das thixotrope Materialverhalten eingegangen, welches

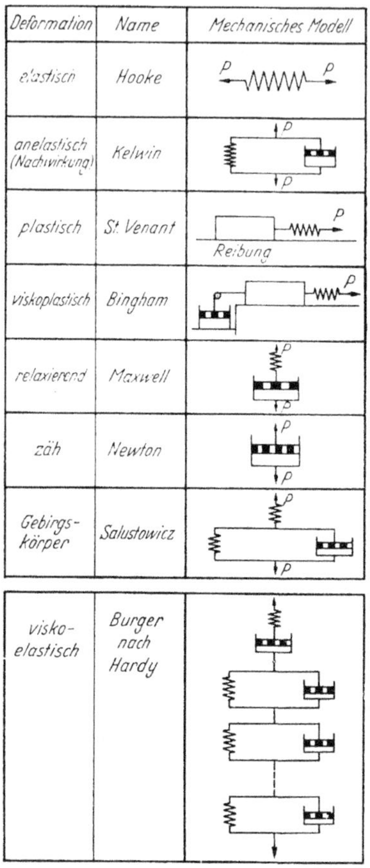

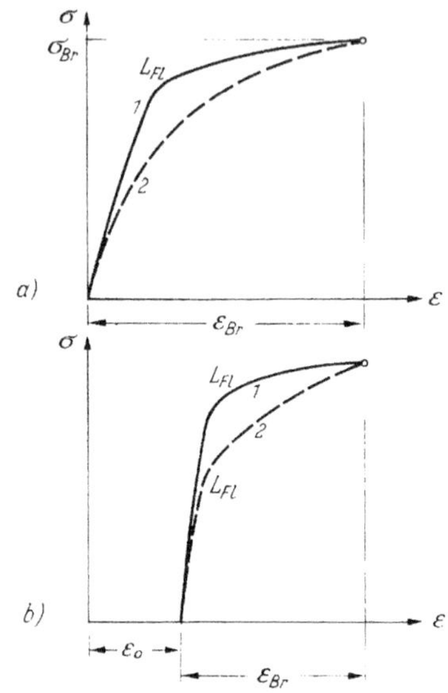

Abb. 2-25. Schematische Arbeitslinie für idealplastische und geologische Körper.
a) jungfräulich; b) mit Vorbelastung σ_0; 1 idealplastischer Körper; 2 geologischer Körper; L_{Fl} Fließgrenze

Abb. 2-24. Rheologische Körpermodelle (nach SALUSTOWICZ 1958 a, 5 und HARDY 1959)

eine Sonderstellung einnimmt. Auf die Wiedergabe der mathematischen Ansätze wird im allgemeinen verzichtet und auf die Originalquellen hingewiesen, aus denen diese vollständiger entnommen werden können (s. hiezu die Abb. 2–24).

2.431 Plastizität *(plasticity; plasticité; plasticità)* wird die Eigenschaft von Körpern oder Stoffen genannt, unter der Einwirkung von Kräften Formänderungen anzunehmen, welche dauern, auch nachdem die Kräfte zu wirken aufgehört haben. Die Formänderungsenergie, welche jeder Körper nach der Hypothese von HUBER nur bis zu einem gewissen Grenzmaß speichern kann, wird oberhalb dieser Grenze zur Überwindung von Gleit- und Reibungswiderständen im Körper verbraucht, welcher dann bleibende

Formänderungen erleidet. Mit diesen Formänderungen oberhalb der „Fließgrenze" befaßt sich die Plastizitätstheorie. Ein Körper, dessen Formänderungen dauernd sind, wird „St. Venant-Körper" genannt. Bis zur „Plastizitätsgrenze" verhält er sich ideal-elastisch und behält sein volles Rückfederungsvermögen auch während aller bleibenden Formänderungen bei. Deshalb sollte man eigentlich nie von plastischen, sondern genauer von elasto-plastischen Stoffen bzw. Verhalten sprechen.

„Als Modell eines St. Venant-Körpers kann ein Gewicht angesehen werden, das auf einer waagrechten Unterlage ruht und in Reihe mit einer Feder verbunden ist (Abb. 2–24). Bei eintretender Belastung deformiert sich zunächst nur die Feder, und erst wenn die Zugkraft den Reibungswiderstand des Gewichtes auf der Unterlage überschreitet, beginnt sich das Gewicht zu verschieben, was der bleibenden Deformation entspricht" (Salustowicz 1958 a, 5). Die plastische Formänderung erfolgt theoretisch bei konstantem Volumen. Die Fließgrenze ist, wie Nadai (1952, 8) ausgeführt hat, eine Funktion der Zeit: gleich große Formänderungen können durch kurze und hohe wie durch langandauernde und geringe Beanspruchungen erzeugt werden; ein Daumendruck durch 10 000 Jahre könnte (theoretisch) Stahl zum Fließen bringen; in geologischen Zeiträumen reagiert nach Nadai das Material in der Erdkruste bereits unter einer Beanspruchung in der Größenordnung von 5 kg/cm² plastisch (1952, 5).

Praktisch gehorchen die Gebirgsmaterialien den Gesetzen des idealplastischen Körpers ebensowenig wie denen des ideal-elastischen; ein Vergleich der Arbeitslinie eines ideal-plastischen Stoffes mit der der meisten Bergarten (Abb. 2–25 a) läßt wenig Anwendbarkeit erhoffen. Gemeinsam ist beiden aber doch ein sehr ähnliches Verhalten bei wiederholten Be- und Entlastungen. Denn nach erfolgter Vorbelastung ähneln die beiden Arbeitslinien einander schon bedeutend mehr (Abb. 2–25 b). Eine mehr oder minder deutliche Fließgrenze F wird dann erkennbar. Dies gilt auch für geologische Vorbelastungen, welche der Stoff in seinem „Gedächtnis" aufbewahrt.

Der Abfall der Fließgrenze mit zunehmender Belastungszeit wurde für viele Materialien festgestellt. Standdruckmessungen unter Grubenstempeln zeigten nach 100 min nur 55—81 % der bei 10 min Belastung erhaltenen Festigkeitswerte.

Gebirge verhält sich um so eher plastisch, (a) je plastischer sein Gesteinsmaterial als solches ist (gewisse Tongesteine, Weichschiefer, die meisten blähenden Gebirge) *(swelling rock);* (b) je mehr dieses chemisch entfestigt ist (Vergrusungszonen der Gneise und Granite); (c) je engständiger und durchgreifender es zerklüftet ist; (d) je mehr seine Klüfte geöffnet sind und (e) je mehr sie „geschmiert" sind. Hochplastisch können sich Mylonite und Ultramylonite verhalten. Natürlich wirkt hoher allseitiger

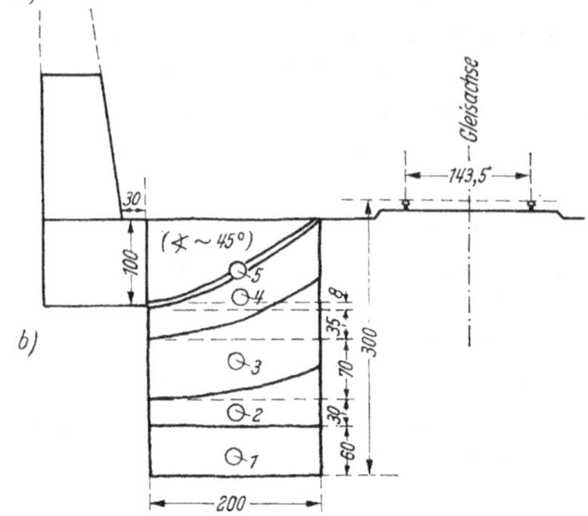

a

Abb. 2-26. Plastische Deformationen in den Sohlhebungen eines Eisenbahntunnels in Württemberg.
a) Querschnitt einer Probegrube am linken Tunnelulm. 1: 60 cm dunkelrote Mergel. Lagerung horizontal und ungestört. 2: 30 cm graue Mergelbank mit Gipsbändern. 3: 70 cm vorwiegend rote Mergel, von durchschnittlich guter Konsistenz. Klüfte mit Gips ausgefüllt. 4: 35 cm grünlichgraue Mergelbank, Schicht zerbrochen. 5: 8 cm Anhydritbank, dünn geschichtet mit geringmächtigen Mergelzwischenlagen.
b) Gesteinsdeformation an der Grenze zwischen Schicht 3 und 4 (nach Steinegger 1955)

b

Druck, wie er in großer Tiefe herrscht, plastifizierend, ebenso wie die Wärme. Steinegger (1955) gibt Beispiele (Abb. 2–26) für nahezu idealplastische Deformationen an Sohlenhebungen mehrerer Eisenbahntunnels in Württemberg.

Zur Anwendung der Plastizitätstheorie sagt Scheidegger (1958), alle rheologischen Theorien seien mehr oder minder unkomplett und heuristisch; die Erdkruste sei weder elastisch noch flüssig; die Plastizitätstheorie habe noch die meisten Anwendungsaussichten.

2.432 Das Modellbild der Viskosen (= zähflüssigen) Flüssigkeit *(viscous liquids; liquides visqueux; liquido viscoso)* kann auf das sekuläre tektonische Strömen über sehr lange Zeiträume, aber auch auf die Bewegungen der „Erdgletscher", Gekrieche und Gewälze angewendet werden, welche sich nicht nur in Lockermassen finden, sondern oft genug auch starkklüftigen Fels erfassen. Nach dem Newtonschen Gesetz sind in der viskosen Flüssigkeit die Scherspannungen dem durch äußere Beanspruchungen erzwungenen Schergeschwindigkeitsgefälle proportional (Abb. 2–27).

„Die Fließkurve, die die Beziehung zwischen Scherspannung und Schergeschwindigkeitsgefälle und damit zwischen den Kraftaufwand- und Bewegungsgrößen darstellt, wird in diesem Fall durch eine Gerade gebildet, die durch den Ursprung geht..." (JELINEK-JESSBERGER-KÖRNER 1958, 7). „Unter Viskosität (Zähigkeit) eines Körpers versteht man im allgemeinen das Maß seines Widerstandes gegen Scher- oder Winkeldeformationen, und man nennt sie den ‚Koeffizient der inneren Reibung'. Dabei ist belanglos, ob es sich um einen plastischen, elastischen oder flüssigen Körper

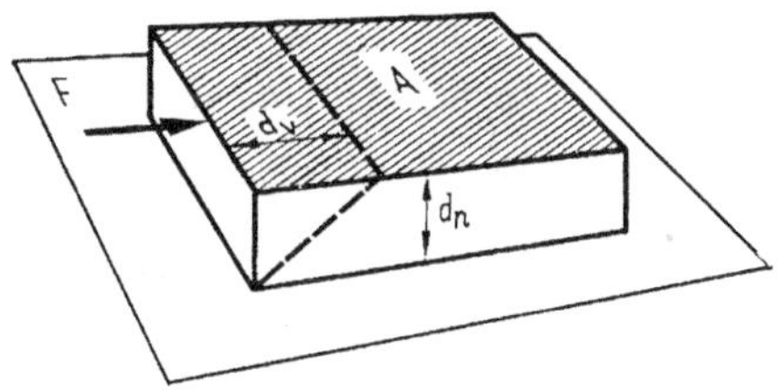

Abb. 2-27. Modell zum Fließgesetz von Newton. d_v = Geschwindigkeitsdifferenz, F/A = τ = Scherspannung, d_n = Abstand der beobachteten Schichten, d_v/d_n = D = Schergeschwindigkeit Gefälle (nach JELINEK-JESSBERGER-KÖRNER 1958)

handelt" (JELINEK-JESSBERGER 1959, 80) (nach REINER 1949). Die Viskosität kennzeichnet in gewisser Hinsicht ein Kriechverhalten unter konstantem Energiegefälle. „Als mechanisches Modell einer viskosen Flüssigkeit kann ein Kolben mit Öffnungen betrachtet werden (Abb. 2–24), welcher sich in einem Zylinder bewegt, der mit einer viskosen Flüssigkeit gefüllt ist" (SALUSTOWICZ 1958 a, 7). Alle Formänderungen sind unrückläufig, die Bewegung der zähen Flüssigkeit ist die einzige wirklich unelastische. Eine Fließgrenze gibt es nicht.

2.433 „Eine parallele Verbindung einer Feder und eines Kolbens ergibt das Modell (Abb. 2–24)... des Kelvin-Körpers" *(Kelvin-solid; modèle* à KELVIN; *corpo di* KELVIN).

„Ein derartiger Körper deformiert sich nicht sofort nach der Belastung, sondern erst allmählich im Verlaufe der Zeit, wobei die Spannung eine lineare Funktion sowohl der spezifischen Formänderung wie auch ihrer Geschwindigkeit ist. Dieses Modell... gibt im allgemeinen die Erscheinung der elastischen Nachwirkung[29]" *(elastic aftereffect, effect élastique ultérieur; effeto elastico sussequente)* „gut wieder" (SALUSTOWICZ 1958 a, 7).

$$\tau_{ik} = 2\,\mu_k\,\varepsilon_{ik} + 2\,\mu_k\,\varepsilon_{ik}\;(i \neq k) \qquad [2\text{—}21]$$

(aus SCHEIDEGGER 1958 a, 88 i μ_k = Starrheitsmaß; η_k = Viskosität)

[29]) Im Original nicht gesperrt.

Für $\eta_{K \to 0}$ geht der Kelvin-Körper in einen elastischen Körper, für $\mu_{K \to 0}$ in eine viskose Flüssigkeit über; er ist die Verquickung beider. Deshalb können wir uns SALUSTOWICZ nicht anschließen, wenn er ihn „anelastisch" nennt. Der Effekt der elastischen Nachwirkung kommt der Dämpfung freier Schwingungen gleich. Eine Fließgrenze gibt es auch beim Kelvin-Körper nicht; dieser Umstand und die Hysteresen, welche die elastischen Nachwirkungen der Arbeitslinie (Abb. 2–22) bei wiederholter Belastung verleihen, lassen den Kelvin-Körper zur Beschreibung des nachwirkend elastischen (verzögert rückläufigen) Verhaltens von Geologischen Körpern besonders geeignet erscheinen. Seine Formänderungen sind allerdings zur Gänze rückläufig; sie setzen sich aus zwei Komponenten zusammen: einer, welche mit der Belastung unmittelbar einhergeht, und einer, welche bei gleichbleibender Belastung allmählich zurückgeht, bis sie assymptotisch ihren Endwert erreicht hat. Eine ähnliche Erscheinung tritt bei Entlastung auf (für welche das Modell eigentlich nicht mehr zutrifft). Der Stoff besitzt „Gedächtnis", d. h. bei vorübergehender Entlastung und Wiederbelastung zeigt er eine ähnliche Verformungszunahme wie infolge der vorigen Belastung; — eine weitere wertvolle Übereinstimmung mit den Stoffen der Natur.

Die Relaxationszeit (d. h. die Zeit, in welcher die Formänderung auf den $\frac{1}{e}$ fachen Anfangswert abnimmt), liegt nach SCHEIDEGGER (1958 a, 110) für das Material der Erdkruste in der Größenordnung von 2 Tagen. Die Kelvin-Viskosität ist $\eta_K \doteq 3 \times 10^{17}$cgs, und das Starrheitsmaß $\mu_K \doteq 2 \times 10^{12}$cgs — Werte, die z. B. mit den von SUDOPLATOW und BARANOWSKI (1958, 143) berichteten Fließgeschwindigkeiten des Sohlengesteins im Donezbecken (20—40 cm pro Monat) oder den Werten, welche RABCEWICZ (1944) berichtet, gut übereinstimmen. Nach SCHEIDEGGER gilt das Modell des Kelvin-Körpers für Zeitintervalle von 4 Stunden bis 15 000 Jahre und ist unmittelbar auf die Auswertung von Erdbebenstößen, die Entstehung von Störungen und die Tiden der Erde anwendbar.

DENKHAUS (1958, 24) weist darauf hin, daß grundsätzlich „zwischen ‚elastischer Nachwirkung', d. h. umkehrbarer, zeitabhängiger Verformung, und der Zunahme an plastischer (bleibender) Verformung unter gleichbleibender Last, dem ‚Kriechen'", unterschieden werden muß. „Während die elastische Nachwirkung nach gewisser Zeit aufhört, setzt sich das Kriechen über lange Zeiträume fort und kann schließlich zum Bruch führen."

Von beiden ist wiederum das rückläufige Reagieren der geologischen Körper auf Formungsakte oder Beanspruchungen zu trennen, welches KIESLINGER (1958, 95) als Wirkung von Verspannung und Entspannung bezeichnet und welches wahrscheinlich auch als Ineinanderfügung zweier verschiedener

Formänderungsmechanismen von unterschiedlichem Energiespeichervermögen gedeutet werden kann.

2.434 SALUSTOWICZ (1958 a, 6), BURGER (1935) und HARDY (1959, 135) modifizierten das Modell des Kelvin-Körpers, um es dem Verhalten der Geologischen Körper besser anzugleichen. „Nach den Forschungen von PHILIPPS treten Deformationen von Gesteinsproben in zwei Etappen auf: Der erste Teil der Deformation tritt sofort nach der Belastung in Erscheinung, der zweite Teil allmählich bei gleichbleibender Belastung... Das einfachste Modell, das mit den Versuchen von PHILIPPS in Einklang steht, ist das Modell“ in Abb. 2–24. „Es besteht aus der Feder A, welche den sofort nach der Belastung auftretenden Deformationen entspricht, und dem Modell eines Kelvin-Körpers (Feder B und Kolben C) entsprechend den von der Zeit abhängigen Formänderungen“ (SALUSTOWICZ 1958 a, 7). Eine „auf Grund der Elastizitätstheorie erhaltene Lösung ... behält also ... Gültigkeit, es ist nur die Größe der Deformationen mit der Zeitfunktion zu multiplizieren, welche folgende Gestalt hat

$$\varepsilon = \varepsilon_s \left[1 - \left(1 - \frac{G}{G_0}\right) e^{-\frac{G}{\eta} \cdot t}\right] \text{“} \qquad [2\text{—}22]$$

(SALUSTOWICZ, S. 8). ε_s = Enddeformation auf Grund der Elastizitätstheorie. G_0 = Gleitmodul für die gleich nach der Belastung auftretenden Deformationen ($G < G_0$), G = Gleitmodul für die später eintretenden Deformationen, η = Viskositätskoeffizient, t = Zeit.

BURGERS Modell sowie das von HARDY modifizierte Burger-Modell veranschaulicht die Abb. 2–24.

$$s_D = s_B(P,t) = P\left[\frac{1}{E_0} + \frac{t}{\eta_0} + \frac{1}{E}\left(1 - e^{-\frac{t}{\tau}}\right)\right]. \qquad [2\text{—}23]$$

2.435 Kriechen (creeping; fluage; scorrere) ist eine Verformung unter gleichbleibender Last. Es kommt am besten in den Ansätzen der relaxierenden, elastischen Maxwellschen Flüssigkeit zum Ausdruck. Diese ist eine Verbindung der Newtonschen zähen Flüssigkeit mit dem elastischen Körper von HOOKE, weshalb sie durch Verbindung einer Feder und eines Kolbens in Reihe (Abb. 2–24) symbolisiert werden kann. Die mathematische Kombination beider Grundmodelle gibt nach REINER (1949 b)

$$s_M = s_M(P,t) = P\left(\frac{1}{E_0} + \frac{t}{\eta_0}\right). \qquad [2\text{—}24]$$

Das Charakteristikum der Maxwell-Flüssigkeit ist Spannungsrelaxation *(stress relaxation; relaxation des contraintes; rilassamento delle tensioni).* „Kriechen tritt auf, wenn in einem Körper eine gewisse kritische Schubspannung überschritten wird“ (HÖFER 1958 a, 29), welche mit der Elastizitätsgrenze gleichgesetzt werden kann. Die besondere Bedeutung des Kriechens in der Geomechanik beruht darauf, daß hier Dauerbelastungen die Regel sind. Die idealisierte Kriechkurve nach SPÄTH (1955, bei HÖFER) zeigt die Abb. 2–28: der Abschnitt A/B zeigt „den nicht von der Zeit abhängigen elastischen Bereich. Daran schließen sich die drei Kriechstadien an. Diese sind: das Übergangsfließen — Abschnitt B/C, das stationäre Fließen — Abschnitt C/D, das Bruchfließen, Abschnitt D/E. Das erste Kriechstadium des Übergangsfließens ist gekennzeichnet durch eine verhältnismäßig große Kriechgeschwindigkeit,

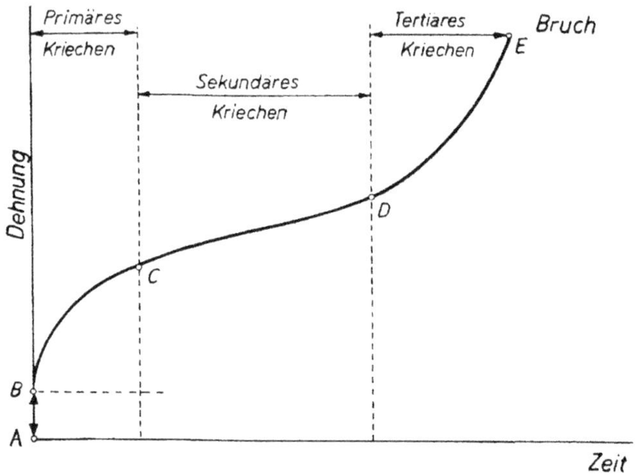

Abb. 2-28. Idealisierte Kriechkurve nach SPÄTH (bei HÖFER 1955, 107)

die aber logarithmisch mit der Zeit abnimmt ... Sie ist identisch mit dem von GRIGGS als ‚elastic-flow' oder von POMMEROY als ‚pseudoelastic-flow' bezeichneten Verformungsverhalten ... Ist ... die Spannung oder die Versuchstemperatur hoch, so verläuft die Verformung mit konstanter Geschwindigkeit weiter. Dies ist dann das zweite Kriechstadium ... Die Grenze, bei der dies auftritt, kann als wahre Fließgrenze bezeichnet werden. Es handelt sich jedoch nicht um ein rein viskoses Fließen ... An dieses Stadium schließt sich notwendig das dritte Stadium des Bruchfließens an. Das heißt, daß jeder Körper, der in den Bereich des stationären Fließens kommt, in Abhängigkeit von der Zeit bricht. Es ist also nur von der Größe der wirkenden Spannungen abhängig, wo das dritte Kriechstadium, das durch den Bruch abgeschlossen wird, früher oder später erreicht wird" (HÖFER 30). Auch SALUSTOWICZ (1958 b, 56) ist der Meinung, daß Kriechen immer zum Bruch führt, wenn es nur lange genug dauert. DENKHAUS (1958, 25) und TALOBRE (1957) sind im Gegensatz dazu der Ansicht, daß Kriechen nicht immer zum Bruch führe, sondern zu einer „Stabilisation der Deformation" führen kann, wenn die aufgebrachten Kräfte mäßig sind.

Über Kriechversuche an Gesteinen (leider nicht am Gebirge) berichten GRIGGS (1936) und HÖFER (1958 a, 32/34); dieser führte (wohl erstmalig) Kriechversuche dreiachsig durch. Das Kriechen verläuft bei solchen Versuchen genau wie beim einachsigen Zustand in 3 Stadien. Das Kriechen der polykristallinen Materialien unterliegt ganz denselben Gesetzen wie das der Metalle. Die plastischen Formänderungen erfolgen theoretisch bei konstantem Volumen.

Die Relaxations- und Starrheitskonstanten (nach SCHEIDEGGER besser als Maxwell-Konstante zu bezeichnen) liegen für die Materialien der Erdkruste durchschnittlich bei $\eta_M \doteq 10^{22}$ cgs, während μ_M vernachlässigt werden kann (SCHEIDEGGER). Die Kriechspannung $\sigma_{Kr} \doteq 4 \times 10^9$ cgs an der Oberfläche. Die Relaxationszeit gibt SCHEIDEGGER mit vermutlich 20 000 Jahren oder darüber an, so daß das Maxwell-Modell nach seiner Meinung nur auf Zeiträume von mehr als 15 000 Jahren brauchbar ist. Die Erfahrung muß lehren, ob es nicht doch auch für Kriecherscheinungen an der Erdoberfläche, insbesondere für Bergschlipfe, angewendet werden kann; erhöhen doch zahlreiche Klüfte, insbesondere, wenn sie offen und geschmiert sind, die Kriechfähigkeit des Gebirges außerordentlich gegenüber dem unzerklüfteten Gestein.

PETERMANN (1953, 410) teilt nach französischen Versuchen mit, daß sich in einem Kalkstein die Formänderungen aus Kriechen innerhalb von 16 bis 24 Stunden um 5—8 % erhöhten; eine Erhöhung von 4,5 % innerhalb 24 Stunden erhielt Roš für den Kalkglimmerschiefer von Kaprun-Drossensperre. Kalksteine neigen mehr als kristalline Schiefer zum Kriechen. Das Kriechen der Gebirgsmassen scheint innerhalb menschlicher Zeitmaßstäbe von der Mineralsubstanz aber nur wenig, dagegen erheblich vom Flächengefüge abzuhängen. Starkes Kriechen ist in Gestein mit Lettenklüften zu erwarten. Technisch kommt ihm überall dort eine Bedeutung zu, wo allmählich fortschreitende Nachsetzungen (Nachkürzen; EICHINGER) den Bauwerken abträglich sind, also ganz besonders bei der Einbindung von Bogenstaumauern (15.6) und in Druckstollen mit vorgespannter Auskleidung. Auf eine dauernde Mitwirkung der Gebirgsvorspannung kann man sich in kriechbereiten Bergarten nicht verlassen

Eine besondere Rolle spielt in geologischen Körpern das „Kriechen unter wiederholten L a s t w e c h s e l n“ (MÜLLER 1960 a, 218). Frost und Temperaturwechsel, Einstau und Leerung von Staubecken bringen in den Fels wechselnde Beanspruchungen von großer Intensität und Amplitude auf. Leichter als in homogenen Materialien können sie zu einem Ermüdungsbruch, zu einem rasch fortschreitenden Zusammenbruch der Verbandfestigkeit führen, welchem ein stufenweises Kriechen vorausgeht. Es hat den Anschein, daß bei hoher Grundbelastung auch schon wechselnde Zusatzlasten von geringer Amplitude zu einem solchen Lastwechselkriechen führen, besonders dort, wo die Verbandfestigkeiten vornehmlich auf Reibungsschlüssen beruhen. Unter den Schwankungen von Temperaturspannungen kriecht der Schnee von den Dächern und kriechen Steinplatten auf reibender Unterlage nach abwärts.

Es steht aus, nachzuprüfen, welcher der vorhandenen rheologischen Ansätze am besten geeignet ist, diese Erscheinung zu erfassen oder ob ein Reibungsansatz eher zum Ziele führt.

2.436 Vom visko-plastischen Körpermodell nach Bingham, welches durch eine Feder, ein Gewicht auf reibender Unterlage und einen dahinter geschalteten Kolben in einem Zylinder mit viskoser Flüssigkeit symbolisiert werden kann (Abb. 2–24), wurde bisher meines Wissens nur selten in der Gebirgsmechanik Gebrauch gemacht. „Die elastischen Deformationen sind in einem solchen Körper von der Zeit unabhängig, die plastischen Deformationen jedoch sind mit den Bewegungen des Kolbens verbunden und demnach eine Funktion der Zeit.“ Salustowicz (1958 a, 8) hat auf Grund dieses Modelles die Spannungen in der Umgebung eines kreisförmigen Stollens in Abhängigkeit von der Zeit errechnet, wobei sich eine sehr bemerkenswerte Übereinstimmung mit den Auffassungen einer Schutzzonenbildung nach Wismann, Rabcewicz u. a. (*16.3*) ergab.

2.437 Für den geomechanischen Gebrauch stellte Torre (1952 a, 417) auf meine Anregung eine „Hydromechanische Theorie fester Stoffe“ auf, welche das Gebirge als eine äußerst zähe, aber elastische Flüssigkeit auffaßt. Diese Theorie bezieht sich auf den Bereich zwischen der Elastizitätsgrenze und der Grenzbeanspruchung fester Stoffe, welcher mit Begriffen wie „zäh-fest“ — „elastisch-zäh“ (Maxwell) oder „firmoviskos“ (Jeffreys) beschrieben wird, und bezweckt die Berechnung der Spannungs-Geschwindigkeits-Beziehung, d. h. des Einflusses der Formänderungsgeschwindigkeit auf die Beanspruchung in einem schon beruhigten Gebirge. Sie gilt für klüftige bis zermahlene Gesteine, kohäsionslose und bindige Böden und geht von der Voraussetzung aus, daß die Spannungen in ihnen von einer „sehr ferne wirkenden Kraft“ erzeugt werden.

Die Theorie verwertet die hydromechanischen Grundgleichungen von Prandtl (1928, 85) und beweist, daß es „für die Größe einer Spannung“ in einem strömenden Medium gleichgültig ist, ob man mit großen Geschwindigkeiten und kleinen Zähigkeitskoeffizienten arbeitet oder umgekehrt. Die Theorie ergibt eine einseitige Druckwirkung auf unterirdische Hohlräume wie auf massive Gebirgskörper, „wie bei der Strömung einer Flüssigkeit“, was gut mit den Beobachtungen an Untertagebauten, der Abplattung von Stollen, dem Auftreten von Bergschlägen, Brüchen der Auskleidung wie auch der Lage des Haufwerkes nach der Sprengung (Druck- und Sogseite) übereinstimmt. Es gilt hier nicht mehr das Newtonsche Gesetz von der Wirkung und Gegenwirkung der Kräfte (Torre 1952 a, 423).

Die Spannung in einer strömenden Flüssigkeit ist

$$\sigma_x = \frac{v_x \eta}{a} \cdot F_x(\bar{x}, \bar{y}, z) , \qquad [2—25]$$

worin $\bar{x} = x/x_0 \ldots$ usw., v_x = die Geschwindigkeit in der x-Richtung, η = Zähigkeitskoeffizient, a = Körperabmessung quer zur Strömungsrichtung.

Die bezogene Spannung ist

$$\bar{\sigma}_x = \sigma_x / F_x = v_x \mu / a. \qquad [2\text{—}26]$$

Für die Geschwindigkeiten eines kriechenden Betonbalkens ($v_x = 10^{-9}$ cm/sec), eines heftig beanspruchten Gebirges ($v_x = 10^{-7}$ cm/sec) und eines Probekörpers im Labor ($v_x = 10^{-6}$ cm/sec) werden nach dieser Theorie rechnerisch Fließspannungen in der Größenordnung von 1, 100 bzw. 1000 kg/cm² — völlig in Übereinstimmung mit den Erfahrungen — erhalten.

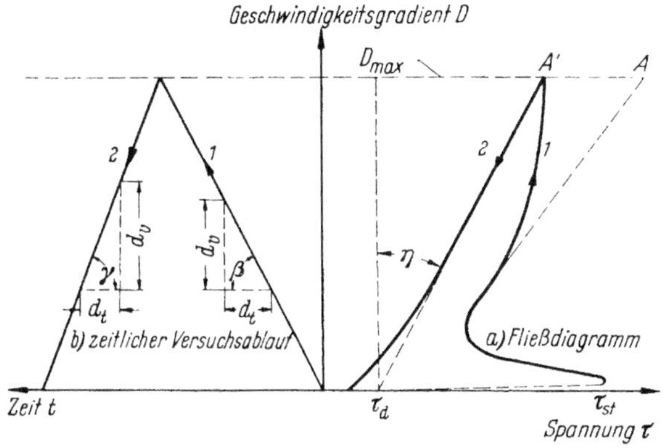

Abb. 2-29. Thixotropes Fließdiagramm, abhängig von der Versuchsdurchführung (nach Jelinek-Jessberger-Körner 1958)

Die Dicke der Grenzschicht der unendlich fernen Beanspruchung wird mit Hilfe der Reynoldschen Zahl

$$R_e = va/\nu \qquad [2\text{—}27]$$

geschätzt. Die kinematische Zähigkeit des Gebirges errechnet sich zu

$$\nu = \eta/\varrho. \qquad [2\text{—}28]$$

Für einen Rhätkalk z. B. wurde $\eta = 10^{17}$ cm²/sec erhalten, in guter Übereinstimmung mit Werten, welche Gutenberg für Gesteine und Prey gemäß Ledersteger für die Kontinentaltrift angeben (Scheidegger 1958 b).

Die Hydrodynamische Theorie fester Stoffe wurde erstmalig zur Berechnung der Ulmenverankerung in der Krafthauskaverne Braz (1948) angewendet. Sie verspricht brauchbare, naturnahe Rechenergebnisse für alle Arten strömender Bewegung von Erde und Fels, erfordert allerdings einen schwierigen Rechenaufwand.

2.438 Ein ganz besonderer Fall von Fließverhalten ist die Thixotropie (Abb. 2–29). Sie ist eigentlich keine bestimmte Verhaltensweise, sondern ein gesetzmäßiger Wechsel im Fließverhalten. Nach KÖRNER (1958, 8) wird „unter vollkommener Thixotropie“ ... die Verringerung des Scherwiderstandes eines Zweiphasensystems aus einer Flüssigkeit, in die feste Teilchen eingelagert sind ..., durch mechanische Beanspruchung allein dann verstanden, wenn nach Aufhören der Beanspruchung sich allmählich wieder der formbeständigere Beanspruchungszustand einstellt. Wird der Ausgangszustand nicht mehr ganz erreicht oder ist die Veränderbarkeit bei gleicher Beanspruchung nicht mehr in jedem Zeitpunkt dieselbe, dann wird von einem „zeitlichen Abbau der Thixotropie“ oder von „unvollkommener Thixotropie“ gesprochen. In dieser Fassung kommt dem Begriff der Thixotropie eine große geomechanische Bedeutung zu, weil gewisse Zwischenmittel in Klüften den Charakter von Pasten haben und sich bei Bewegung oder Erschütterung thixotrop verhalten, worauf schon STINI hinwies. In solchen Klüften, auch Myloniten, wird die Reibung durch Erschütterungen spontan herabgesetzt.

Ich möchte aber den Thixotropiebegriff für den Sprachgebrauch der Geomechanik auch auf teilbewegliche feste Stoffe, also auf Vielkörper-Systeme, erweitern. Es ist nämlich eine Erfahrung, daß sich nicht nur z. B. Lawinenschnee (MÜLLER 1953a, 167), sondern auch Felsmassen ohne flüssige Phase ganz ähnlich wie thixotrope Flüssigkeiten verhalten, wenn sie in gleitender oder stürzender Bewegung sind. Die bekannten Bocca di Brenta z. B., welche im Mai 1952 in einer Höhe von 400 m und einer Breite von 100 m zu Tal ging, bewegte sich nicht wie eine kollernde Masse von Felsblöcken, sondern wie ein Brei, der herabgegossen nach allen Seiten in Kaskaden auseinanderstob. Filmberichte von unterirdischen Atomgroßsprengungen (HIGGINS, JOHNSON und VIOLET 1958) zeigen, wie ganze Berge träge auseinanderfließen, dann aber als fest gepackte Masse liegenbleiben. Ähnliches beobachtet man bei Erdgleitungen, welche man (in aussichtslosem Beginnen) durch Pfähle zu verhindern suchte; diese Pfähle werden in der Regel von der Erdmasse umflossen, ohne zu brechen, manchmal sogar ohne sich schräg zu stellen, weil die innere Reibung während des Fließens vorübergehend abgemindert ist. Beim Bau des Mittertörltunnels (Großglocknerstraße) ereignete sich ein unerwarteter Verbruch eines ganzen nach österreichischer Bauweise gezimmerten Ringes in einem etwas grusigen, aber leidlich standfesten Glimmermarmor, als der langsam laufende Einzylindermotor einer erstmalig eingesetzten Grubenlokomotive beim Leerlauf die Umgebung in Schwingungen von etwa 4 Hertz versetzte.

Welchen Felsarten wir die Thixotropie in einem solch erweiterten Sinne des Begriffes zusprechen können, zeigt die Erfahrung: das Kriterium ist eine hohe Teilbeweglichkeit *(2.44)*, welche in erster Linie durch einen großen Durchtrennungsgrad des Kluftnetzes *(3.335)* geschaffen wird. Vorhandene Kluftletten erhöhen ihn. Offenbar verursacht der Übergang von der Haft- zur Gleitreibung bei Vielkörpern diesen thixotropieähnlichen Effekt.

„Der Scherwiderstand plastischer, fließbarer Stoffe wird erfaßt durch die Messung der Fließgrenze und der Viskosität, ähnlich der Aufteilung des Scherwiderstandes nicht flüssiger Stoffe in Kohäsion und Reibungswiderstand. Die mechanische Beanspruchung ist mit einem Bewegungsvorgang verbunden (Abscheren, Schütteln, Rühren, Schlagen usw.), zu dessen Erzeugung ein Kraftaufwand notwendig ist. Das Zurückgehen des der Ruhe überlassenen Systems auf den formbeständigeren Ausgangszustand ist eine Folge des inneren Energieausgleiches, im Verlaufe dessen die ‚ungebundene' Energie im System auf ein Minimum absinkt" (Körner 1958, 8).

„Der Kraftaufwand, um die Bewegung, d. h. die Verflüssigung, einzuleiten, wird ‚Erweichungspunkt' oder *statische Fließgrenze* genannt. Nach Überschreitung derselben ist die Meßgröße der Deformation nicht mehr die Formänderung, sondern die Formänderungsgeschwindigkeit bzw. der Geschwindigkeitsgradient D" (Abb. 2–29). „Ist der Anfangswiderstand gebrochen, dann sinkt der Widerstand gegen die Verformung zunächst rasch ab. Er setzt sich nunmehr aus 2 Teilen zusammen. Ein Teil der aufzuwendenden äußeren Kraft hält der noch vorhandenen Aufbaukraft des Systems das Gleichgewicht und kann deshalb nicht zum Fließen nutzbar gemacht werden. Diese immer vorhandene, dem thixotropen System innewohnende Aufbaukraft kann unter besonderen Versuchsbedingungen gemessen werden und wurde von Green (1949) *dynamische Fließgrenze* genannt. Der andere Teil überwindet die innere Reibung des Systems nach Maßgabe der vorgeschriebenen Fließgeschwindigkeit ... Der Scherwiderstand ist nicht proportional der Geschwindigkeitssteigerung" (Körner 1958, 9).

„Aus dem Gesagten ergibt sich, daß ein thixotropes System stets in 2 Richtungen untersucht werden muß, nämlich — von fest nach flüssig (thixotroper Bruch) — von flüssig nach fest (Erstarrungsvorgang)". Zu den Materialkonstanten vollkommener Thixotropie zählt Körner die Konstanten t_E oder α des zeitabhängigen Rückganges in den Ausgangszustand; die statische Fließgrenze $\tau_{st,\,L}$ (der Anfangswiderstand gegen Verflüssigung gelierender Systeme; die Gleichgewichtsbeschleunigung b_{GL}, bei deren Überschreitung ein erhöhter Kraftaufwand zur Verflüssigung notwendig ist; die Konstante δ des zeitlichen Zusammenbruches der thixotropen Struktur bis zur maximalen Verflüssigung; und die Koeffizienten $\tau_{d\,GL}$ und η_{GL} der Gleichgewichtskurve, die den maximal erreichbaren Verflüssigungszustand beschreiben.

2.44 Brechen und Fließen

Brechen und Fließen betrachten wir gewohnheitsmäßig als Gegensätze und ordnen das eine dem spröden Stoffverhalten, das andere dem bildsamen zu. Der Festigkeitsforscher schreitet gedanklich „vom Anstrengungszustand Null über die elastische und plastische Verformung bis zum Bruch" fort (Roš und Eichinger 1949, 5). Dabei „wird dem Begriff ‚Bruch' im allgemein gefaßten Sinn ein Unfähigwerden des Körpers, den einwirkenden äußeren Lasten zu widerstehen, beigelegt, und zwar entweder durch das Entzweigehen, Zusammenknicken oder Nachfließen. Im engeren Sinne soll jedoch unter ‚Bruch' das Entzweigehen, d. h. die Ausbildung von Bruchflächen verstanden werden" (Roš und Eichinger 1949, 69).

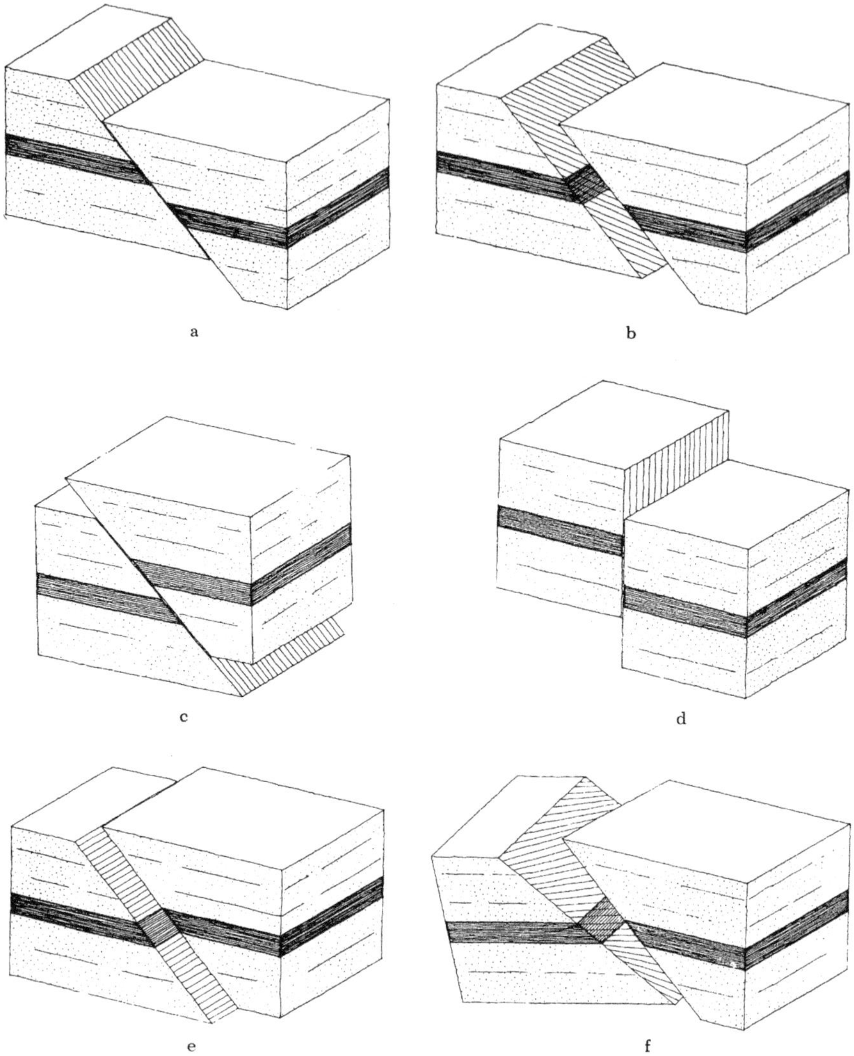

Abb. 2-30. Unterscheidung der geologischen Dislokationen (Störungen) nach der stattgefundenen Relativbewegung.

a) Einfache Abschiebung
b) Schräge Abschiebung
c) Einfache Aufschiebung
d) Seigere Verwerfung
e) Blattverschiebung
f) Drehende Verwerfung

Im geologischen Schrifttum wird Bruch *(fracture; amerik. failure; rupture; frazione (rottura)* meist gleichbedeutend mit „Bruchlinie" gebraucht und für eindeutig erkennbare, meist steil stehende Brüche verwendet, welche weithin durchstreichen [Verwerfungen, Blattverschiebungen, Auf- und Abschiebungen; Abb. 2–30 und *(3.5)*].

Bei der Verformung des geologischen Körpers kann Brechen und Fließen nicht immer im Sinne eines Entweder-Oder auseinandergehalten werden, denn die Gegensätze berühren einander [30]).

Wo z. B. das Gebirge am Umfang eines künstlichen Hohlraumes „plastische Zonen" (KASTNER 1951, 83) ausbildet, drängt es nicht in einer wirklich plastischen Zustandsform, sondern kleinstückig in Scherben, Schalen und Splitter zerteilt in den Hohlraum (Abb. 2–31). Ein und dasselbe Material kann bei einem Spannungszustand plastisches Fließen *(plastic flow; fluage plastique; liquidità plastica)*, bei einem anderen Sprödbruch *(brittle*

Abb. 2-31. Pseudoplastische Zone in der Firste eines Stollens in der Goldmine Witwatersrand in etwa 3300 m Teufe (aus DENKHAUS 1958)

fracture; rupture fragile; rottura per fragilità) zeigen. Der Übergang von dem einen Verhalten zum anderen verläuft allmählich. „Der Unterschied zwischen der Fläche des plastischen Fließens und der des Sprödbruches wird allein dadurch bestimmt, in welchem Maß das Material an der Gleitfläche widerstandsfähig gegen Zerreißen ist ... Es ist deshalb natürlich anzunehmen, daß eine einheitliche Grenzkurve für den Übergang des Materials aus dem elastischen in den plastischen Zustand oder in den der Zerstörung existiert. Dabei müssen die plastischen Gleitlinien dauernd in Gleitlinien des Sprödbruchs übergehen, was auch beobachtet wird" (PANOW und RUPPENEIT 1958, 54). ROŠ und EICHINGER (1949, 19) erwähnen,

[30]) Sie tun es auch bei den Prüfkörpern des Laboratoriums, werden aber dort wegen der Kleinheit der Körper, der Raschheit und geringeren Bedeutung der Vorgänge nicht beachtet.

„daß es einen rein elastischen oder rein plastischen Zustand nicht gibt. Ähnliches gilt für die Bruchharten, den Trennungsbruch und den Gleitungsbruch. Man darf den Trennungsbruch nicht als spröde bezeichnen, weil ihm sehr starke elastische Formänderungen und auch bleibende Verformung vorausgehen können. Demgegenüber kann die dem Gleitungsbruch vorausgehende plastische Verformung zwar relativ klein sein, sie kann aber erfahrungsgemäß im Falle des Gleitungsbruches nie ganz fehlen“ [31]).

Sander (1948, 101) definiert die Vorgänge des Brechens und des Fließens streng und zwingend: „Rupturen“ sind „von einer Umformung erzwungene Trennungsflächen, welche die gestaltliche und die mechanische Kontinuität unterbrochen, nicht lediglich modifiziert haben. Hierbei hat eine Überschreitung der Entfernung, in welcher Nahkräfte zwischen den Teilen wirken, stattgefunden. Nicht jede ‚Überwindung der Kohäsion‘ ist eine Ruptur. Denn bei genügendem Druck ⊥ zur Trennungsfläche ist eine Überwindung der Kohäsion durch Abschiebung lediglich mit einer Modifikation der Kontinuität verbunden. Rupturen können also überhaupt nur unterhalb eines bestimmten Wertes des Druckes ⊥ Fläche, als Reißflächen nur bei Zug ⊥ Fläche auftreten. Oberhalb dieses Wertes treten an Stelle der Rupturen, das heißt unter gleichen Bedingungen und in gleicher Lage, Flächen auf, in welchen die Kontinuität lediglich modifiziert ist; so z. B. an Stelle der rupturellen Abschiebung eine Schieferung durch Fließen, an Stelle eines Zugrisses genau wie Zugrisse angeordnete Flächen lokalen Fließens“. Wir erkennen in dieser Definition den Übergang von der Ruptur über die „Modifikation der Kontinuität“ (Schieferung zur bruchfreien Formänderung) [32]).

Fließen ist bei Sander (vielleicht strenger als sonstwo) definiert als „kontinuierliche geordnete Relativbewegung“, ausgeführt von (im Vergleich zum betrachteten Bereich) genügend kleinen Teilen, solange diese einander berühren, dabei Kräfte endlicher Größe übertragen und eine innere Reibung endlicher Größe bedingen. Das Fließen wird begrenzt: bei konstanter Außenkraft entweder gar nicht (reibende Flüssigkeit ohne Verfestigung) oder durch Verfestigung; bei wachsender Außenkraft entweder gar nicht

[31]) Im Gegensatz zu diesen Feststellungen hält die angelsächsische Literatur an der Unterscheidung zwischen Sprödbruch (brittle fracture), dem eine hohe Bruchgeschwindigkeit eigen ist, und dem zähen Bruch *(ductile fracture)*, welcher langsam fortschreitet, fest, was Scheidegger (1958 a) mit Recht ablehnt, weil manche Materialien unter gewissen Bedingungen sich spröde oder zäh verhalten können.

[32]) Die angelsächsische Festigkeitsforschung kennt den „hydro-fracture“, für den eine plastische Verformung in der Nachbarschaft des Bruches (Scheidegger 1958 a, 95) charakteristisch ist. Plastisches Verhalten an den Korngrenzen kennzeichnet den „Kriechbruch“ (creep fracture; Scheidegger 1958 a, 96).

(unbegrenzt schmeidiges Verhalten) oder durch Ruptur (1948, 101). Man erkennt, daß beide Definitionen nahtlos aneinander grenzen, da das Fließen bis zu seinem Übergang in den Bruch, das Brechen bis zu seinem Übergang in die Fließbewegung (Abb. 2–32) definiert wird. Diese Begriffsgebung ist in Anpassung an die geologischen Vorgänge weniger eng gefaßt als die technologische. Bemerkenswert ist ihre nicht auf vielkristalline Körper eingeschränkte aber sie doch miteinbeziehende allgemeine Gültigkeit für alle Größenordnungen. Es widerspricht diesem Begriff daher auch nicht, wenn Stini (1952 a, 32) „bewußt die ‚rolligen' Abwärtsbewegungen gewisser Lockermassen, wie Sand, Schotter usw. der bildsamen Umgestaltung" zuzählt. Die systematischen Einmessungen von Korngefügen, ihre statische Darstellung, ihre Zustandsbeschreibung und Bewegungsanalyse, welche die Gefügekunde gibt, ermöglichen eine Ausdeutung und Kenntnis der Fließbewegungen und geflossenen Materialien, welche die Werkstoffmechanik nicht in annähernd gleichem Maße aufzuweisen hat. Aus vergleichenden Gefügebetrachtungen der Geologie und Festigkeitsforschung könnte für beide Teile ein nicht abzusehender Nutzen erwachsen.

2.441 Da also Bruch- und Fließvorgänge begrifflich aneinandergrenzen und sich nur als zwei verschiedene Wege erweisen, aufgezwungene Formänderungen zu ermöglichen (Cloos), so ist es möglich, sie in einer „Formungslehre von teilbeweglichen Gefügen" (Sander) in einem Oberbegriff zusammenzufassen, nämlich dem der T e i l b e w e g l i c h k e i t. Ob im Zuge einer Fließbewegung Kluftkörper aneinander vorbeigleiten oder die Bewegung anstatt in Differenzen in Differentialverschiebungen zwischen den „Stromfäden" erfolgt — beide Male liegt Teilbeweglichkeit vor. Will man nicht, wie dies oft geschieht, vage vom sogenannten „plastischen" oder „fließenden" Charakter einer Deformation sprechen, sondern „die Ergebnisse der Strömungslehre von Flüssigkeiten und der Formungslehre von teilbeweglichen Gefügen füreinander nutzbar ... machen, ohne sich in oberflächliche oder unkritische Vergleiche zu verlieren, geht man davon aus, sowohl an den Flüssigkeiten als an den teilbeweglichen Gefügen n u r das Verhalten zu betrachten, welches sich aus der relativ raumstetigen Umformung kinematisch ergibt. Wir sehen also ab von allen Formulierungen, in welchen z. B. die Trägheit mitspielt oder innere Reibungslosigkeit angenommen ist." Die Berechtigung, überhaupt von plastischen oder Fließvorgängen zu sprechen, „liegt lediglich in der R a u m s t e t i g k e i t[33]) der Teilbewegung", und Kriterium für sie ist, „daß die Teile im Vergleich zum betrachteten geformten Bereich so klein sind, daß ein ... geometrisches Datum (Linie, Fläche, Kugel) zwar verzerrt und verlagert wird, aber zusammenhängend erkennbar (unzerrissen) bleibt. Man ist damit berechtigt, auch in einem geologischen Profil mit relativ zueinander bewegten Teilen

[33]) Im Original nicht gesperrt.

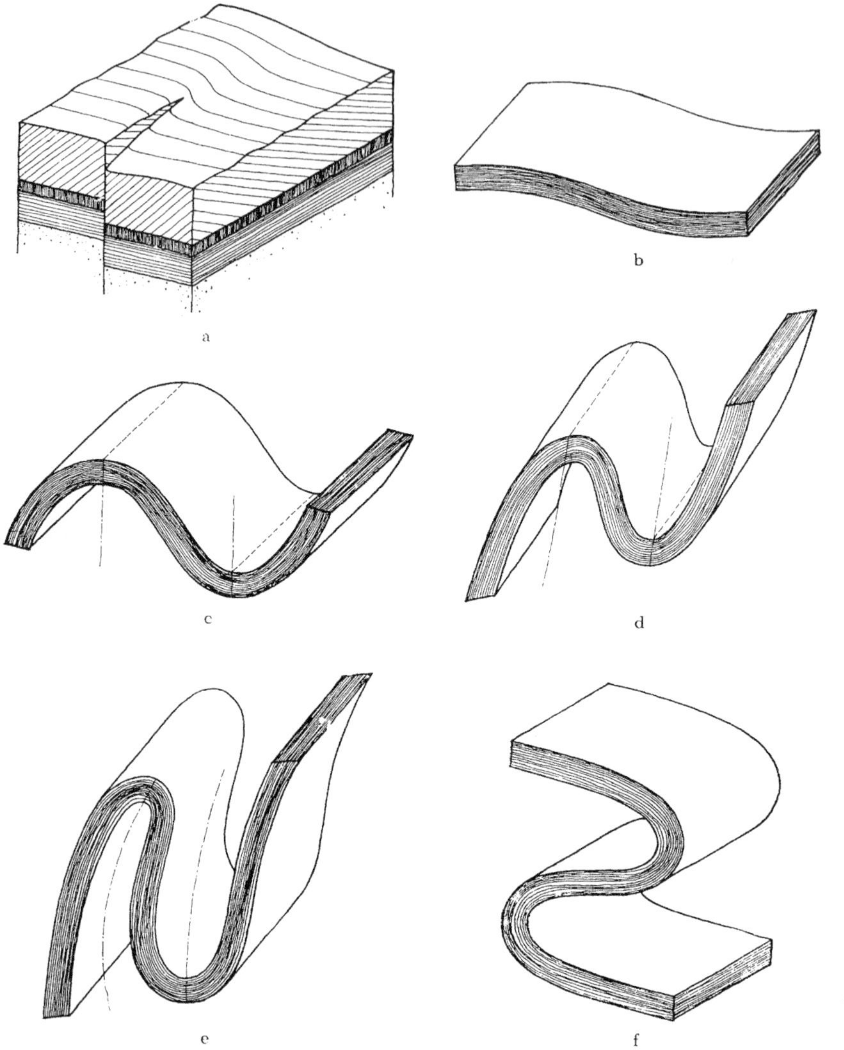

von ziemlicher Größe nicht nur gleichnisweise, sondern definiertermaßen von Fließen[33]) und Strömen[33]) zu sprechen, hat aber die Größe der bewegten Teile anzugeben" (SANDER 1948, 108)[34]).

JACOBI (1957, 1395) weist darauf hin, daß die Tatsache der Bereichabhängigkeit bei der Erfassung von Deformationen geologischer Körper es ermöglicht, Modelle zu bauen und von Modellen auf Naturvorgänge rückzuschließen.

[34]) Man könnte von quasi-stetiger Deformation sprechen. Es ist eine Frage der Beobachtungsgenauigkeit, ob wir einen Vorgang als stetig, quasi-stetig oder unstetig erkennen. Dies gilt auch für die plastische Deformation, welche ja auch aus unstetigen Gittergleitungen besteht.

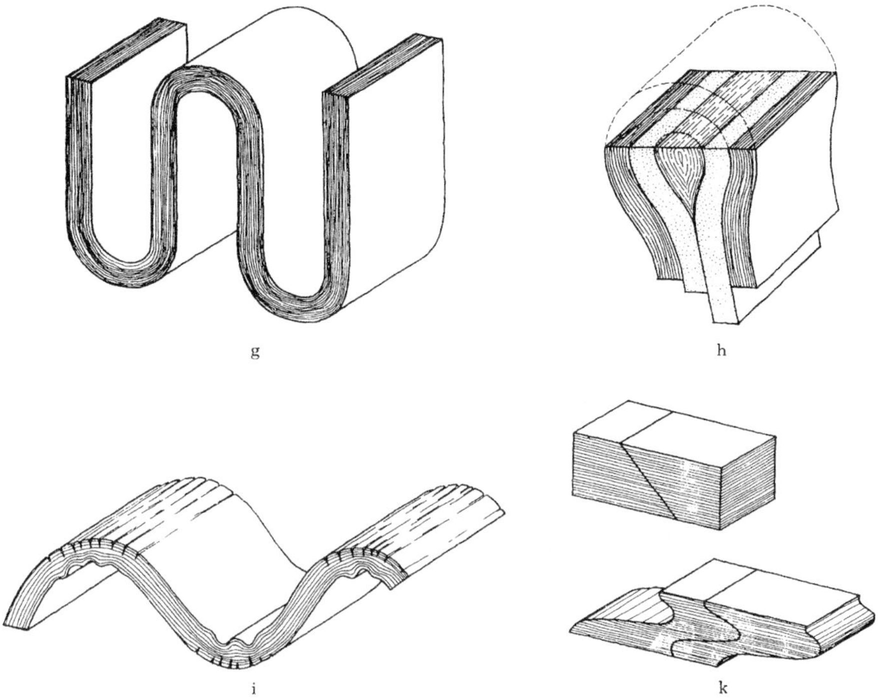

Abb. 2-32. Die wichtigsten Formen geologischer Falten.

a) Übergang von der seigeren Verwerfung zur Flexur
b) Flexur
c) aufrechte Falte
d) schiefe oder schräge Falte
e) überkippte Falte
f) liegende Falte
g) aufrechte Isoklinalfalte
h) aufrechte Fächerfalte
i) Einbeulung und Ausbeulung mit Stauchungen und Zerrungen
k) Scherfaltung (Zergleitung)

Die Teilbeweglichkeit — z. B. von Kluftkörpern — ist eine der technischen Mechanik völlig ungeläufige, für das Gebirge jedoch sehr charakteristische Eigenschaft. Sie ist es vor allem, welche die glatte Übernahme von Ergebnissen der Technischen Mechanik, ja selbst der klassischen Mechanik, in die Geomechanik unmöglich macht und zur Befassung mit dieser besonderen Disziplin zwingt.

Teilbeweglichkeit im Kluftkörperbereich setzt Verschiebungen (seltener Rotation) der Kluftkörper gegeneinander voraus. Sie wird um so größer sein, je größer der Durchtrennungsgrad *(3.335)* des Kluftnetzes und die Öffnung der Klüfte ist und je mehr gleitfähige Substanzen sich zwischen den Kluftkörpern befinden. Die Faktoren der Teilbeweglichkeit im Korngrößenbereich, im Kristallmosaik haben Vitovec und Slibar (1950, 76) beschrieben.

„Wie eingehende Versuche gezeigt haben, erfolgt die bleibende Verformung in vielkristallinen metallischen Werkstoffen durch Gleitung (Translation), Zwillingsbildung

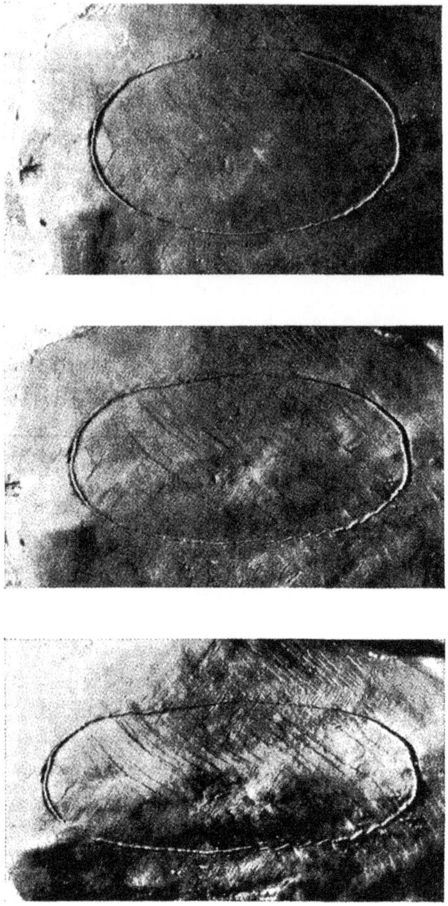

Abb. 2-33. Tonversuch einer „reinen Schiebung"; Übergang von bruchloser Deformation zum Bruchfließen (aus H. CLOOS 1936, 225)

(einfache Schiebung) und durch Platzwechselvorgänge. Den Platzwechselvorgängen dürfte bei der Durchführung des Zerreißversuches unter den üblichen Versuchsgeschwindigkeiten bei jenen Stoffen, deren Rekristallisationstemperatur beträchtlich über der Versuchstemperatur liegt, für die Plastizität keine wesentliche Rolle zufallen. Die Zwillingsbildung kann für unsere Betrachtungen als eine Sonderform der Gleitung angesehen werden. Die Translation besteht in einem Abgleiten von Kristallteilen längs dichtest besetzter Ebenen in Richtung dichtest besetzter Geraden. Daraus folgt, daß weder die Gleitrichtung noch die Gleitflächen mit der mechanisch bedingten Gleitrichtung (Richtung der Hauptschubspannung) zusammenfallen müssen." Daß darüber hinaus bei sehr langsamer Formänderung in geologischen Zeitmaßstäben auch noch Stoffaustausch zwischen den Kristallen, Differenzierungen usw. die bildsame Verformung fördern und ermöglichen, wissen wir aus der Petrographie.

2.442 Brechen und Fließen, rupturelle und stetige Deformation (continuous and discontinuous deformation bei SCHEIDEGGER 1958 a) stehen einander als Grenzfälle der Teilbewegung polar gegenüber. In der Natur aber sind Extremfälle selten und Übergänge die Regel. Der alte Meinungsstreit um die Möglichkeit bruchloser Verformung geologischer Massen ohne Verlust ihrer Kontinuität infolge „latenter Plastizität" (ROTPLETZ 1894) oder der Unmöglichkeit einer solchen und der Rückführung auf mikroskopisch kleine „Zerstückelungen" und Verkrümmungen (GÜMBEL 1880; BEYL 1954 und RUDZKI 1911, 254) ist längst gegenstandslos. Hans CLOOS (1928 a, 1929, 1930 a, 1930 b, 1931 a, 1931 b) war es, welcher der von ROSENBUSCH geahnten und heute beinahe unumstritten gültigen Anschauung vom gleichzeitigen N e b e n e i n a n d e r der Bruch- und Fließvorgänge in der Erdkruste durch überzeugende Darstellungen und Experimente (Abb. 2–33 und 2–34) zum Durchbruch verhalf. Nach ihm ist Brechen nur die Fortsetzung des Fließens mit anderen Mitteln unter Beibehaltung derselben

Kinematik. In diesem Sinne „sind auch die Erscheinungen der Bruchtektonik als Teilvorgänge einer plastischen Verformung zu betrachten, obgleich die Nahbeobachtung den diskontinuierlichen Charakter in den Vordergrund stellt" (CLOOS 1936, 292). „Jene kurzen plötzlichen Zerreißungen und Verlagerungen sind ... mit langen und langsamen Bewegungen verknüpft, welche nicht gesehen, sondern nur aus feinen Messungen berechnet werden" (S. 214). Auch STINI (1952 b, 175) und MÜLLER (1933, 27) spre-

Abb. 2-34. Synthetische (von links oben nach rechts unten) und antithetische Verwerfungen, in einem Tonexperiment nachgeahmt (aus H. CLOOS 1931 b)

chen deshalb praxisnahe von „brechender und bildsamer Verformung". Strenggenommen kann man wohl von einer bruchlosen Verformung, nicht aber von einer ausschließlich durch Brüche charakterisierten sprechen, weil dem Bruch stets bruchlose Formänderung vorangeht.

In der Werkstoffmechanik interessiert der Zustand „nach dem Bruch" im allgemeinen nicht mehr. „Auch nach der Ausbildung richtiger Bruchflächen kann ... im Falle, daß ein Seitendruck vorhanden ist, die totale äußere Kraft weiter zunehmen, wenn die Reibungskräfte der Bruchfläche infolge starker Aufrauhung derselben ausreichen, um ein Abrutschen zu verhindern." Solche Formänderungen nennen Roš und EICHINGER (1949, 56) „banale Verschiebung". ...„Sie sollte eigentlich", meinen Roš und EICHINGER, „aus unseren Betrachtungen ausgeschieden werden, da sie nicht mehr der Festigkeitsvorstellung des Stoffes entspricht."

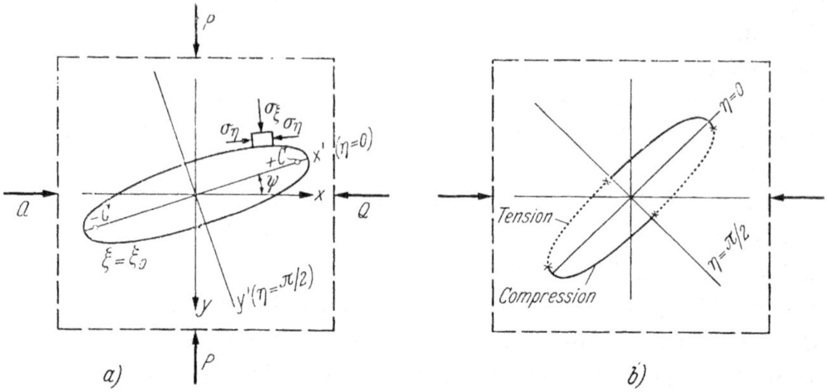

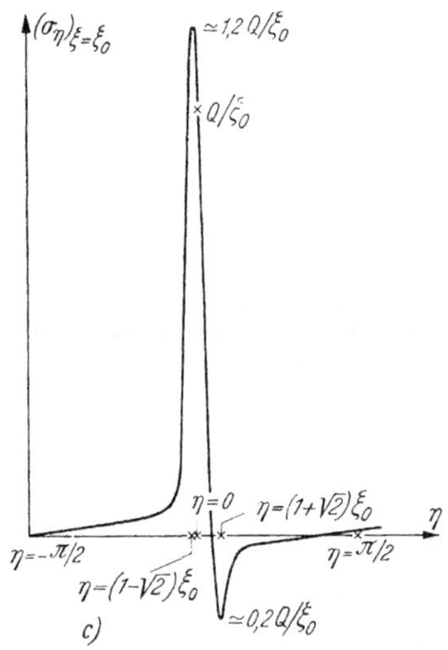

Abb. 2-35. Griffiths (1924) Bruchtheorie. a) Allgemeiner Ansatz. b) Verteilung von Druck- und Zugspannungen an einem unter 45° zur Hauptdruckrichtung geneigten Anriß von elliptischer Gestalt. c) Größe der Tangentialspannung $(\sigma_\eta)\ \xi = \xi_0$ am Umfange dieses Risses (aus Odé 1956)

Ganz anders in der Geomechanik. Hier überschreiten „viele tektonische Gefüge bildende Formungen ... die Bruchgrenze der Gesteine" (Sander 1948, 107). „Ein geologischer Körper stürzt nach Überschreitung seiner Fließgrenze, ja selbst nach Erreichung seiner Bruchfestigkeit nicht ein ... es springen ... benachbarte Zonen für die bereits überbeanspruchten ein und nehmen einen Teil der Lastwirkungen auf sich ... Er liegt ja immer auf einer Unterlage, die zwar nachgiebig ist, ihn aber nicht einstürzen läßt, auch wenn er in Trümmer geht. So kommt es, daß wir Großschollen, Tafeln und ganze Kontinente ... kreuz und quer zerbrochen und von einem Bruchflächenfeld erfüllt sehen ... Ein Spannungsausgleich größten Stiles ... liegt hier vor" (Müller 1948, 146). Sander nennt diesen Zustand eine „Formung nach Gleitflächen". Sie ist gemeint, wenn Cloos (1936) von „Bewegungen an gerichteten Scherflächen" spricht.

Nach dem Eintritt der ersten Brüche nimmt „die Dichte des Gleitflächennetzes zu, so daß sich gleiche Verschiebungsbeträge auf eine größere Zahl von Einzelflächen verteilen und die Umformung einen immer mehr kontinuierlichen Charakter erhält" (Cloos 1936, 292). Kienow (bei Cloos 1936, 290) stellt fest: „Die bleibenden Verformungen erfolgen meist in Form von Gleitbewegungen, ... so daß der Vorgang einen diskontinuierlichen Charakter annimmt". Wenn er folgert (S. 294): „daß auch plastische Umformungen auftreten, wissen wir aus der Unzahl von Scherflächen, die unsere Faltengebirge und Grabenzonen durchziehen", so ist damit das weiträumig, im Spannungsausgleich ein Feld rhythmisch verteilter Klüfte erzeugende Brechen geradezu dem bildsamen Zustand zugeordnet. Auch in der Festigkeitsforschung wird ja von einem Feld von Gleitlinien *(slip lines, lines of sliding; réseau de cisaillement; rete di linee di scorrimento)* gesprochen. Ich habe dieses gleichzeitige Brechen und Fließen des Materials (1948) als Bruchfließen bezeichnet[35]).

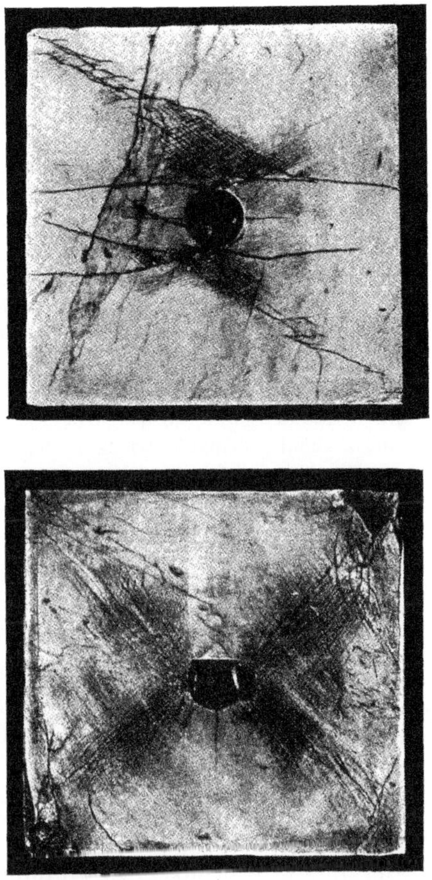

Abb. 2-36. Bruchfließen in einem einachsig gedrückten, gelochten Block aus Karrara-Marmor (aus Leon 1910)

Auch bei Talobre entsprechen die plastische Deformation und das Kriechen einer Störung durch relativ komplizierte Gleitungen, so daß er geradezu von Gleitungsdeformation spricht. Sie bringt einen ständig fortschreitenden Bruch mit sich und hängt vom lokalen Kriechen der überlasteten Bereiche ab. Nach Griffiths Bruchtheorie (Abb. 2–35) wird der Bruch „durch Bildung oder Weiterschreiten bereits im Material vorhandener feiner Risse" eingeleitet (Abb. 2-36). „An den Spitzen solcher Risse entstehen

[35]) Höfer (1958 a, 30) bezeichnet als Bruchfließen das dritte Stadium des Kriechens, welches ein Fließen ist, das mit dem Bruch endet. Diese Bezeichnung meint etwas ganz anderes als das Bruchfließen im obigen Sinne; da dieses geomechanisch von weltweiter Bedeutung ist, wäre es wünschenswert, für das dritte Kriechstadium eine andere Bezeichnung zu prägen.

Spannungserhöhungen, die ein Weiterreißen bis zur Beendigung des Bruchvorganges verursachen. Durch plastisches Fließen im Material werden die örtlichen Spannungsspitzen jedoch abgebaut, so daß der Reißvorgang aufgehalten oder verzögert wird" (DENKHAUS 1958, 22).

Es ist die Frage zur Diskussion zu stellen, wieweit die Begriffe des Fließlinienfeldes in der Werkstoffmechanik und des Bruchflächenfeldes in der Geomechanik identisch sind. Wenn wir TORRE (1949, 16) richtig verstanden haben, so schließen die Fließlinien im Gestein dieselben Winkel wie die Bruchflächen ein. Nachdem die Verschiebungsbrüche aus kleinen Trenn- und Gleitbrüchen zusammengesetzt sind, scheint es mir aussichtsreich, die Zusammenhänge zwischen Bruchflächenwinkel und Spannungszustand in ähnlicher Weise wahrscheinlichkeitstheoretisch zu begründen, wie VITOWEC und SLIBAR (1950) die Form der Einschnürung des Zugstabes berechnet haben. Denn Roš und EICHINGER haben durch Versuche, LEON theoretisch nachgewiesen, daß „bei einem und demselben Material der Übergang vom Gleit- zum Trennungsbruch vom Spannungszustand abhängt" (TORRE 1946 a, 339). Roš und EICHINGER (1949, 35) bezeichnen die „Fließfigurenbildung als heterogene, plastische Verformung", durch welche . . . „der ursprünglich quasi-homogene Spannungszustand im Körper völlig heterogen wird", — was übrigens auf Grund geologischer Beobachtungen sowie auf Grund von Modellversuchen bezweifelt werden muß.

Dieses Bruchfließen meint RABCEWICZ (1944, 34), wenn er von einer Zone der Zerstörung mit Gefügeauflockerung und plastischer Verformung, verursacht durch „Fließbewegungen" spricht; desgleichen SCHMID (1926, 84), der in der Umgebung eines künstlichen Hohlraumes (a) „eine Zone raschen Zerfalls", (b) eine „vordrängende Zone langsamen Zerfalles" und (c) „eine plastische, nachrückende Zone ohne Zerfall" unterscheidet und diese mit dem Stadium des Auftretens von Fließfiguren bei den Leonschen Versuchen (1910 und 1912, Abb. 2–36) vergleicht. Für diese „mehr oder minder bruchlose Umformung bei den pseudofesten Gesteinen" (Sandsteine mit tonigem Bindemittel, Tonschiefer, Schieferton, Mergel, Phyllitschiefer, Chloritschiefer, Glimmerschiefer) unter Gefügeauflockerung (RABCEWICZ 1944, 33) hat sich mehr und mehr der Ausdruck „pseudoplastisches Verhalten" (z. B. HÖFER 1958 a, 32; HOFFMANN 1956 und JACOBI 1956 a) eingebürgert [36]). BUCHHEIM (1958, 120) spricht von „Zonen pseudoplastischer Gesteinszerkleinerung" und erwähnt, daß diese im druckakustischen Effekt „mit einer Verschiebung des Frequenzschwerpunktes im Spektrum der Impulse zu langsameren Schwingungen hin verbunden ist".

In der Rheologie wird unter Pseudoplastizität allerdings etwas anderes verstanden, und der Begriff ist dort definitionsgemäß gegenüber dem Sprachgebrauch in der Gebirgsmechanik stark eingeengt: „Die pseudo-plastischen oder strukturviskosen Flüssigkeiten sind kurz als Nicht-Newtonsche Materialien zu beschreiben, die keinen Anlaßwert besitzen (Abb. 2–29). Sie sind besonders in heutiger Zeit interessant geworden, weil ihnen die kolloiden Lösungen fast sämtlicher Kunststoffe angehören. Die Viskosität η

---

[36]) Der Begriff der Pseudoplastizität geht auf GÜMBEL zurück; den Ausdruck selbst konnte ich jedoch nirgends entdecken.

bleibt hier nicht mehr konstant, sondern sie ist von dem Schergeschwindigkeitsgefälle abhängig und strebt schließlich dem Endwert $\eta = \infty$ zu" (JESSBERGER 1958, 7). Diese Festlegung des Begriffes in der Rheologie und andere Erwägungen sollten uns veranlassen, die Bezeichnung „pseudoplastisches Verhalten" fallenzulassen, zumal dieser Begriff gebirgsmechanisch noch gar nicht definiert wurde.

2.443 KIENOW (1949, 358) unterscheidet drei *Arten tektonischer Deformation*: tektonoklastische, tektonoplastische und tektonoblastische, von denen die erste (vorwiegend) unter Brüchen, die zweite bruchlos und die dritte unter Bruchfließen vor sich geht — Ausdrücke, welche leider durch Hörfehler leicht verwechselt werden können. JACOBI (1957) spricht von „elastischer, plastischer und klastischer Verformung". KASTNER (1952, 94) unterscheidet „die bildsame Verformung ... entlang von Gleitflächen im Inneren des Körpers" und „als *plastisch* im *engeren Sinne* ... jene Vorgänge ... bei denen die bleibende Verformung bruchlos ... erfolgt".

Ehe man sich entschließt, die Bezeichnungen festzulegen, sollte man daran denken, daß es außer den drei von KIENOW unterschiedenen Deformationsarten noch eine vierte gibt: nämlich die neuerliche Deformation eines weitgehend schon zerbrochenen Körpers durch eine andere Beanspruchung. Das wesentliche dieser Deformationsart am zerbrochenen Körper ist, daß sie schon im Ausgangszustand ein Diskontinuum vorfindet, dessen fremdgesetzliche Diskontinuitäten sie zur Verformung lediglich mitbenützt, während das echte Bruchfließen unter steter Vermehrung gleichgerichteter Brüche vor sich geht. Wir werden also zu unterscheiden haben: (1) *bruchlose Verformung*, (2) *Bruchfließen*, (3) *brechende Verformung* und (4) *Gleitverformung oder Teilkörperverschiebung*[37]).

Die Verformungsbeobachtungen an Clooschen Modellen, an Naturvorgängen sowie in Tunnels und Stollen lehren, daß alle vier Arten der Deformation ohne scharfe Grenze ineinander übergehen können — ein Grund mehr, sie begrifflich zu unterscheiden, um sie beschreiben und verstehen zu lernen.

Wann ein Körper (vorwiegend) bruchlos, wann unter Bruchfließen, wann brechend und wann nach Teilkörpergleitungen deformiert wird, hängt von der Materialveranlagung, von der Formänderungsgeschwindig-

[37]) JACOBIS Ausdruck „klastisch", der für eine Deformation nach (3) oder (4) verwendet werden könnte, kann allzuleicht zu Hörfehlern und zur Verwechslung mit „plastisch" Anlaß geben. Da es außerdem klastische Sedimente gibt und man meinen könnte, es wäre deren Deformation gemeint, scheint der Ausdruck klastisch überhaupt nicht zweckmäßig. Auch die Unterscheidung elastischer und plastischer Deformation scheint mir nicht geeignet, die Beziehungen zwischen Deformation und Bruchbildung zu beschreiben.

keit und vom Spannungszustand ab. Für alle diese Bedingungen können (theoretisch) Grenzbedingungen in Form der Mohrschen Hüllkurven oder der Haighschen Diagramme angegeben werden.

2.5 Auf technische Arbeitsweisen bezogene Gebirgseigenschaften

Die strenger definierbaren Eigenschaften des Gebirges, welche sein Festigkeits- und Fließverhalten charakterisieren, können nicht immer leicht eingeschätzt und oft nur mit großem Aufwand geprüft werden. Technologische Gebirgsprüfungen sind noch selten, deshalb stehen auch vorerst nur wenige Vergleichswerte zur Verfügung. Die Praxis aber kann nicht warten, bis Versuchsanstalten zur Felsprüfung eingerichtet sind *(7)*. Sie fordert zunächst wenigstens qualitative Angaben und Materialbeschreibungen, auf Grund deren sie Arbeitsweisen, Geräteeinsatz und Kosten disponiert.

Aus diesem Bedürfnis hat sich der Gebrauch verschiedener Eigenschaftsbezeichnungen ausgebildet, welche zwar begrifflich (und daher auch mathematisch) nicht recht scharf zu fassen, aber doch zur Verständigung geeignet sind, soferne man sie in einer gewissen logischen Ordnung und übereinkunftsgemäß gebraucht. Weil die Praxis dieser Forderung nicht immer entspricht, ist es notwendig, nachstehend einige von ihnen zu erörtern.

2.51 Standfestigkeit

Aussagen über die Standfestigkeit eines Gebirges sind dem Praktiker willkommen, weil sie unmittelbar das angeben, worauf es ihm ankommt: ob nämlich ein künstlich freigemachtes Gestein „von selbst steht" oder einer Hilfe, einer Stützung (Zimmerung oder Bolzung) bedarf. Angaben über die Standfestigkeit sind vage und schlecht vergleichbar, solange sie nur in der herkömmlichen Weise unscharf gefaßt werden. Sie können aber straffer formuliert werden und sind dann sehr wohl vergleichbar. Zwar hängt die Standfestigkeit von einer Reihe von Einflüssen (z. B. Spannungszuständen) ab, welche nicht leicht in einer Definition berücksichtigt werden können; man kann aber die jeweiligen statischen Bedingungen der Standfestigkeit mit einer den Erfordernissen der Praxis fürs erste genügenden Genauigkeit angeben. Man kann z. B. von Standfestigkeit an lotrechter Wand oder an 70° geböschter Wand, von bestimmter Höhe, oder aber von der Standfestigkeit in Stollen von bestimmter Form und Größe sprechen. Überdies schließt Standfestigkeit den F a k t o r Z e i t mit ein. Dies ist ein Vorteil, welcher gar nicht hoch genug veranschlagt werden kann.

Den Einfluß der Zeit auf die Standfestigkeit des Gebirges erstmalig klar aufgezeigt zu haben, ist das besondere Verdienst RABCEWICZ' (1944).

STINI, MÜLLER u. a. sprechen deshalb z. B. von vorübergehend standfestem Gebirge, von befristeter Standfestigkeit, oder empfehlen Angaben wie: „In lotrechter Wand von 10 m Höhe voraussichtlich durch Wochen bis Monate leidlich standfest."

LAUFFER (1958, 46) hat auf eine einfallreiche Art diese Abhängigkeit in ein System gebracht, welches die Abb. 3–43 veranschaulicht *(3.83)*.

Wenn man von Standfestigkeit spricht, darf nicht übersehen werden, daß diese nicht nur eine Funktion der Gebirgsbeschaffenheit, sondern auch des herrschenden Spannungszustandes ist. Im bisherigen Sprachgebrauch wurde nicht unterschieden zwischen einem Gebirge, das bei einem geringen Gebirgsdruck infolge seiner Schwäche nicht oder nur mangelhaft standfest ist, und einem Gebirge, das wegen hohen Gebirgsdruckes trotz großer Festigkeit das gleiche Verhalten zeigt. In diesem Buche soll Standfestigkeit als eine Eigenschaft des Gebirges an sich, unabhängig vom herrschenden Gebirgsdruck, welchem das Gebirge seine Standfestigkeit entgegensetzt, verstanden werden.

Diese Standfestigkeit wird in mannigfacher Weise von den beschriebenen Einflußfaktoren der Gebirgsbeschaffenheit *(3)* bedingt. Ein Vergleich der Abb. 3–43 und 4–1 zeigt, daß zwischen dem Lauffer-Diagramm und dem in *(4.1)* erläuterten Facies-Diagramm Beziehungen hergestellt werden können, welche einen Vergleich beider Diagramme erlauben. Daß Standfestigkeit kein der Bergart zukommender Absolutwert, sondern eine richtungsabhängige Größe ist, wird in den folgenden Untersuchungen *(10* und *16)* ersichtlich werden.

2.52 Nachbrüchigkeit

Unter Nachbrüchigkeit wird gewöhnlich die Auswirkung eines mangelhaften Gesteinszusammenhaltes im Gebirge verstanden, welche sich meist nur in einzelnen Ablösungen von freien Wänden, von der Firste und den Ulmen eines Untertageraumes kundtut, jedoch — im Gegensatz zu mangelnder oder geringer Standfestigkeit — nicht zum Niederbruch ganzer Wandteile oder zu Verbrüchen im Stollenquerschnitt führt. Starke Klüftigkeit und hoher Durchtrennungsgrad des Kluftnetzes sowie gewisse ungünstige Winkelbeziehungen zwischen diesem, der Schwerkraftrichtung und der freien Oberfläche fördern die Nachbrüchigkeit ebenso wie Erschütterungen, Spannungsumlagerungen, Durchnässungen oder dergleichen und führen zu örtlichen Verbandlockerungen, ohne den Einsturz der Wand oder Stollenleibung herbeizuführen. Zu starker Nachbrüchigkeit neigen insbesondere gefältelte oder blättrige Schiefer, Schiefer mit von S verschiedenen Spaltbarkeits- oder Großkluftflächen sowie vergruste Bergarten.

Gesteinsverspannung mindert die Nachbrüchigkeit im Stollen; besonders hohe Gesteinsspannung aber hat eine besondere Art von Nachbrüchen, nämlich Bergschläge (Knallgebirge) im Gefolge.

2.53 Druckhaftigkeit

Die Druckhaftigkeit charakterisiert auf eine gewisse Weise das Formänderungsverhalten des Gebirges unter Tage. Sie charakterisiert es jedoch nicht ausreichend, denn sie besagt, daß ein Gebirge unter Druck-Wirkungen steht und diesen nicht gewachsen ist, unterscheidet aber nicht, ob sein Nachgeben auf eine besondere Größe des Gebirgsdrucks oder auf geringe Festigkeit zurückgeht.

Vom Begriff der Standfestigkeit unterscheidet sich dieser Terminus zum Teil gradmäßig, zum Teil aber auch wesensmäßig. Besagt der Begriff der Standfestigkeit, ob unter gegebenen Verhältnissen ein Gestein auf Grund seines Gefüges unter dem Einfluß der Schwerkraft in Bewegung kommen kann oder nicht, so besagt Druckhaftigkeit, daß es Beanspruchungen einen unzureichenden Formänderungswiderstand entgegensetzt, daß das Gebirge unter gegebenen Bedingungen in den Zustand des Bruchfließens gelangt usw. Ungenügend standfestes Gebirge braucht nur gestützt zu werden, um nicht in den Hohlraum hereinzubrechen; druckhaftes hingegen drängt aktiv gegen den Ausbau eines Hohlraumes an. Trotzdem werden Standfestigkeit und Druckhaftigkeit in der Praxis (z. B. bei Bauausschreibungen) häufig in eine Skala gestellt, wobei nach standfestem, nachbrüchigem, gebrächem, stark gebrächem, druckhaftem, stark druckhaftem und rolligem Gebirge abgestuft wird. Diese Stufenleiter hat sich in der Praxis bis zu einem gewissen Grad bewährt, sie ist der begrifflichen Klärung in der Gebirgsdruckforschung hinderlich.

Viele Nurpraktiker fragen jedoch lediglich nach dem Grad des Druckes auf den Ausbau und wünschen bloß zu wissen, ob Verzimmerung oder Bölzung erforderlich sei und in welchem Ausmaße. Sie interessieren sich nicht dafür, ob die Belastung des Ausbaues durch Schwäche des Gebirges oder durch Stärke des Gebirgsdruckes zustande kommt. Mit einer solchen Einstellung wird es nie gelingen, Schwierigkeiten mit sicheren und damit wirtschaftlichen Methoden zu bekämpfen.

2.54 Gewinnungsfestigkeit

Von Gewinnbarkeit und Gewinnungsfestigkeit spricht man, um den Arbeitsaufwand zu kennzeichnen, der zum Lösen (und Laden) einer Bergart erforderlich ist. Beide Größen sind sozusagen reziprok und werden nicht in Zahlen, sondern durch das nach den Regeln der Technik zum Abbau erforderliche Gerät, Werkzeug, Sprengmittel usw. angegeben (Hackfels, leichter und schwerer Sprengfels, baggerfähiges Gebirge usw. oder einfach „leicht, mittelmäßig, schwer gewinnbarer Fels"). Derartige Angaben geben freilich nur sehr rohe Abgrenzungen und sind deshalb wenig zur Normung und noch weniger zu wissenschaftlicher Materialbeschreibung geeignet. In der Praxis aber liefern sie fast unentbehrlich gewordene Angaben in Leistungsbeschreibungen und Fachgutachten und wertvolle Hinweise für die Kalkulation.

Eine solche grobe, aber gute Einteilung nach dem Lösungswiderstand treffen z. B. manche Normen. Solche Abgrenzungen betreffen durchaus das Gebirge und nicht das Gestein *(2.1)*.

Die normgemäße Unterscheidung in leicht und schwer sprengbaren Fels ist an sich wenig glücklich. Sie wird durch die Angabe von Gesteinsbeispielen nur noch unklarer, da es in ausgesprochenen Hartgesteinen, wie Graniten, Gneisen usw., umfangreiche Zerrüttungsstreifen, Vergrusungszonen und Weichzonen gibt, welche nach ihrer Gewinnungsfestigkeit dem leicht sprengbaren Fels oder sogar dem Hackfels zugezählt werden müssen. Nur wenn man sich in jedem einzelnen Falle erinnert, wie diese Normabgrenzung g e m e i n t ist, wird man gerecht, wenn auch nicht immer scharf, entscheiden und abgrenzen können.

Durch Einsatz überschwerer Abbauhämmer, durch Großlochbohren und starke Felsbagger sind diese Grenzen freilich neuerdings in Fluß geraten. In der gegenwärtigen Praxis spielt die Abgrenzung zwischen jenen Bergarten eine große Rolle, welche 1. noch ohne Sprengstoffhilfe mit dem Bagger gelöst und gewonnen werden können, 2. jenen, bei denen eine Verlockerung am Ort durch Sprengen erforderlich ist und 3. schließlich jenen, bei denen ein durch Sprengung gelockertes Haufwerk bereitgelegt werden muß, welches erst als solches baggerfähig ist. Es wäre zu erwägen, im Sinne dieser neuen Arbeitsmethoden Ergänzungs- und Zwischenstufen einzuschalten. Denn diese geänderten Verhältnisse sind in den bestehenden Normen nicht berücksichtigt. Deshalb wird in der Praxis über die Einordnung der Gebirgsarten in die vorgesehenen Bodenklassen vielfach gestritten; bis zu einer Verbesserung der Normen muß man davon ausgehen, nicht die tatsächliche Verwendung des einen oder des anderen Lösungs- oder Gewinnungswerkzeuges als Grundlage der Abrechnungspraxis anzusehen, sondern das zur Zeit der Normung üblicherweise verwendete Werkzeug. Hackfels muß also auch dann noch nach Bodenklasse C abgerechnet werden, wenn die bauausführende Unternehmung eine Baggerung oder vielleicht eine Vorlockerung durch leichte Sprengungen vorzieht. Im Sinne der VOB soll zwar eine möglichst wirklichkeitsnahe Leistungsbeschreibung (z. B. durch Einteilung nach Bodenklassen) Auskunft darüber geben, mit welchen Mitteln ein Boden gewonnen werden k a n n ; sie enthält aber keine Vorschriften darüber, daß er gerade mit diesen Mitteln gewonnen werden m u ß , um nach der entsprechenden Klasse gerechnet zu werden. Eine solche Auffassung würde ja jede Unternehmerinitiative lähmen und die praktische Erfahrung und Geschicklichkeit des Ausführenden mißachten.

Die Gewinnungsfestigkeit hängt in erster Linie von der Frische oder Entfestigung des Gesteins und von der Art und dem Grade seiner Zerklüftung [Verbandfestigkeit *(6)*] ab. Besser als durch starre Normen ist der Felsbaupraxis deshalb mit einer naturnahen Gesteinsbeschreibung gedient, welche die einzelnen Einflußfaktoren des Gesteinsverhaltens (3) beschreibt. Jede Leistungsbeschreibung sollte über diese Faktoren Auskunft geben.

Das baugeologische Fachgutachten wird zwar nur in Ausnahmefällen konkrete Empfehlungen über bestimmte Gewinnungs- und Lösungsarten beinhalten, es sollte sich aber über die möglichen Lösungsarten aussprechen. Dies wird die geotechnische Gebirgsbeschreibung ergänzen und anschaulicher machen, ohne die Entscheidungsfreiheit des Ingenieurs hinsichtlich der Wahl der Abbauweisen einzuschränken. Solche genauen Beschreibungen erleichtern auch die Kalkulation und entlasten sie von unmoralisch hohen Risiken, welche nicht einkalkuliert, oft zu Sparsamkeit am falschen Platz verleiten und dadurch Mißerfolge und Unfälle verursachen. Sie helfen auch, Forderungen der einen oder anderen Seite klarstellen, welche dann erhoben werden, wenn der Baugruben- oder Stollenaufschluß andere als die vorher geschätzten Gebirgsverhältnisse freilegt. (Dies kann trotz noch so gründlicher geologischer Vorbereitung vorkommen, da die Kompliziertheit mancher Gesteinslagerungen ihren Verlauf oftmals nur mit einer begrenzten Sicherheit auszusagen gestattet.) Dann ist eine klare Gegenüberstellung zwischen den zu erwartenden, daher kalkulierten Verhältnissen und den angetroffenen auf unstrittige Weise möglich, und auf Grund dieser wird auch meist eine rasche Einigung über Nachforderungen oder Nachlässe zu erzielen sein. Spekulationen aber — sei es von seiten des Auftragnehmers oder, was auch vorkommt, des Auftraggebers — werden durch eine solche Handhabung des Ausschreibungswesens in wünschenswerter Weise erschwert oder sogar unterbunden.

Unter Ausräumbarkeit — der Gewinnbarkeit verwandt — werden jene Festigkeitseigenschaften des Gebirges (nicht des Gesteins!) zusammengefaßt, welche dem Schurf des Wassers und des Eises bei der Bildung von Tälern, Wannen und Karen sowie Höhlen Vorschub leisten. Der Begriff ist mit dem der Nachbrüchigkeit und der Gewinnbarkeit verwandt, bzw. sind alle diese Begriffe auf ähnliche Grundtatsachen zurückzuführen.

Leicht ausräumbar sind in erster Linie zerrüttete Gebirgsteile, vergruste und kleinklüftige Felsen und Ultramylonite; Mylonite nur dann, wenn sie nicht besonders stark tonig gebunden sind. Legt man solche Zonen größerer Ausräumbarkeit bloß, so hat man an ihre geringe Widerstandsfestigkeit gegen Wasserfracht zu denken. Ganz besonders gefährlich würde sich die Anwesenheit solchen Gebirges im Bereich von Kolksicherungen, Tosbecken und Energievernichtern auswirken.

2.55 Erweichbarkeit

Erweichbar sind gewisse Gesteine, wie z. B. Ton, Tonschiefer u. a., welche viel Wasser aufnehmen, besonders wenn sie dabei quellen. In einem gewissen, eingeschränkten Sinne sind die meisten Gesteine erweichbar, denn ihre Festigkeit ist in bergfeuchtem Zustand häufig geringer als in trockenem. Freilich liegen hier wahrscheinlich kompliziertere, mit Spannungsspeicherung und Entspannung verknüpfte Zusammenhänge vor.

Hohe Erweichbarkeit *(mollifiability; ramollissement; ramollimento)* von Gesteinen geht meist auf großen Gehalt von tonigem oder mergeligem Mineralstaub zurück (Ton besitzt 40—70 %, Staub 30—50 % Wasseraufnahmefähigkeit). Erweichbare Gesteine bauen erweichbares Gebirge auf; aber auch Gebirge aus nicht erweichbarem Gestein kann in seiner Masse erweichbar sein, wenn es in seinen Klüften erweichbare Substanzen enthält.

Ist Erweichbarkeit des Gebirges bei Wasserzutritt und als dessen Folge gegeben, so wird sie vor allem dann technisch bedeutsam werden, wenn in der Nachbarschaft Gebirge großer Durchlässigkeit das dem Erweichen förderliche Wasser rasch und in genügender Menge zuführt. Besitzt diese Nachbarschaft in größerer Zahl geöffnete Spalten, so kann aufgeweichtes Gestein nach dorthin ausweichen und zu Setzungen, Formänderungen und Gebirgsdruckerscheinungen Anlaß geben.

Als stark erweichbar gelten die meisten Kluftlehme und viele Mylonite.

2.56 Maßhaltigkeit

Maßhaltig (Stini) nennen wir Gebirge, in welchen man einen technischen Kunstkörper ohne große Abweichungen von der gewollten planmäßigen Form herstellen kann. Der Grad, in dem dies gelingt, hängt freilich auch von der Arbeitsweise und dem verwendeten Werkzeug ab (z. B. der richtigen Wahl des Sprengstoffes, der zweckmäßigen Anordnung der Bohrlöcher und der Nacharbeit mit dem Schrämhammer oder dem Abbauhammer). Je weicher und zäher aber das Gestein, je kluftärmer, kleinklüftiger und verworrenklüftiger das Gebirge ist, desto maßhaltiger wird dieses im allgemeinen ausgeformt werden können (gewisse Dolomite, z. B. der Hauptdolomit der Trias, Tone, ungeschichtete Tuffe, schwach geschichtete Tuffite, schwach gebankte Mergel, Konglomerate, Sandsteine u. a.). Der Stollenbauer pflegt dann gerne zu sagen, das Gebirge lasse sich wie Käse bearbeiten. Bankung, Grobklüftigkeit, straffe Regelung und hoher Durchtrennungsgrad *(3.335)* des Kluftnetzes, große Gesteinshärte und Sprödigkeit setzen seine Maßhaltigkeit stark herab und machen einen Mehrausbruch *(overbreak; surprofile; foori sezioni)* gegenüber dem planmäßigen Ausbruch unvermeidlich. Einzelne Kluftkörper ragen, wenn sie fest im Gebirgsverband stecken, häufig in den geplanten Ausbruchraum hinein und müssen „nachgenommen" werden; andere wieder, welche locker sitzen, fallen bereits beim Schießen mit heraus, auch wenn sie zu einem großen Teil außerhalb des Profiles liegen, oder lösen sich nach dem Schießen beim Absichern. Es leuchtet ein, daß die Profillinie um so mehr gezackt verläuft, je leichter sich die einzelnen Kluftkörper voneinander lösen, am meisten also bei durchgehenden Großklüften und Störungen, welche in der Nähe der Ausbruchlinie durchstreichen. Der Mehrausbruch ist in der Praxis Gegenstand vieler Erörterungen, weshalb auf ihn in *(16.6)* näher eingegangen wird.

2.57 Zähigkeit, Sprödigkeit, Härte

Zähigkeit, Sprödigkeit und Härte (bzw. Weichheit) sind Eigenschaften des Stoffes, welche begriffsgemäß eigentlich nur dem Gestein als solchem zukommen, nicht mehr dem durch Zerklüftung geprägten und umgestalteten Gebirge. Spricht man in der Praxis dennoch von Zähigkeit, Sprödigkeit, Härte und Weichheit des Gebirges, so geschieht dies unter der stillschweigenden Voraussetzung, daß das Gebirge sehr kompakt und geschlossenklüftig geblieben ist; denn dann gleichen seine mechanischen Eigenschaften weitgehend denen der Gesteinssubstanz.

Die Festigkeitsforschung versteht unter Zähigkeit die Eigenschaft eines Materials oder eines Körpers, dem Bruch wesentliche Formänderungen — unter Ausübung von Widerstand — vorhergehen zu lassen. Unter Sprödigkeit wird die Eigenschaft eines Materials oder Körpers verstanden, „zu brechen, ohne daß eine wesentliche Formänderung eintritt" (Föppl 1949). Als Härte wird diejenige Eigenschaft eines Materials oder eines Körpers angesprochen, „sich der mit dem Eindringen eines anderen Körpers zusammenhängenden Formänderung zu widersetzen" (Föppl 1949). Weichheit ist das Fehlen von Härte. Es leuchtet ein, daß auch diese Eigenschaft auf das zerklüftete Gebirge nur dann bezogen werden kann, wenn höhere Größenordnungen betrachtet werden, z. B. bei der Beanspruchung, welche tektonische Einheiten einander während eines Formungsaktes zufügen. Im kleineren Größenbereich ist ein hochgradiger Gesteinszusammenhalt zwischen den Kluftkörpern Voraussetzung dafür, daß große Formänderungen vor dem Brechen möglich sind, daß also Zähigkeit vorhanden ist.

Zähigkeit des Gesteins setzt die Nachbrüchigkeit des Gebirges stark herab, fördert die Maßhaltigkeit und erschwert Bohrbarkeit, Gewinnbarkeit und Bearbeitbarkeit. Sprödigkeit wirkt umgekehrt. Härte wirkt sich fast nur auf die Bohrbarkeit und Bearbeitbarkeit, z. B. mit Meißel oder Schrämhammer, aus. Sie setzt die Bohrleistung herab und steigert den Verbrauch an Bohrkronen und Schneiden.

2.58 Bohrbarkeit

Die Bohrbarkeit des Gebirges wird außer von den Gesteinseigenschaften der Härte und Zähigkeit (bzw. Weichheit und Sprödigkeit) durch die Zerklüftung stark beeinflußt. Engständige Klüfte verursachen, besonders wenn ihre Abstände kleiner sind als der Kronendurchmesser und wenn sie im spitzen Winkel zur Bohrrichtung stehen, Verklemmungen. Auch Quarzadern und -gänge sowie Felsspatflocken führen zu Verklemmungen, indem sie die Bohrkrone aus ihrer Arbeitsrichtung abdrehen; beim Schlagbohren stellen sich dann Gestängebrüche ein.

Ist ein klüftiges Gestein, welches stets zu Bohrverklemmungen neigt, außerdem hart, dann drehen sich die kleinen während der Bohrzeit aus dem Gesteinsverband gelösten Kluftkörperchen lange im Bohrloch herum, ehe sie zu Schmand zerstoßen oder zerrieben werden, und werden abgerundet, so daß die Bohrgeräte mahlen, anstatt zu bohren. KAHLER (1952, 137) und WUERKER (1953 a, 1111; 1956, 8) haben Beziehungen zwischen der Shore-Härte von Gesteinen und der Bohrbarkeit hergestellt (Abb. 2–37); diese können natürlich nicht die Gebirgsfaktoren der Klüftigkeit, Einlage-

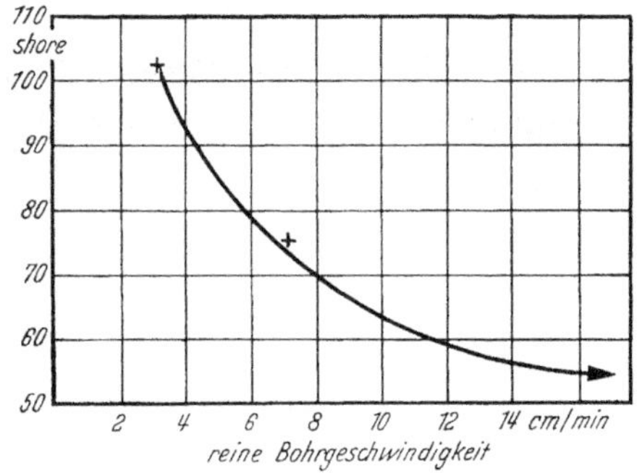

Abb. 2-37. Abhängigkeit des Bohrfortschrittes beim Schlagbohren von der Shore-Härte (nach KAHLER 1952)

rungen usw. berücksichtigen, geben aber für schwachklüftiges und homogenes Gebirge einen brauchbaren Maßstab ab (s. ZANOSKAR 1950, 12, 23). LOCKER (unveröffentlicht) nimmt die aufgewendete Zerkleinerungsarbeit je Zeiteinheit zum Maß der Bohrarbeit und erzielt dabei überraschend übereinstimmende Untersuchungsergebnisse für die verschiedenartigsten Bohrwerkzeuge.

2.59 Wetterbeständigkeit, Frostfestigkeit

Wetterbeständigkeit und Frostfestigkeit sind teilweise (aber nur teilweise) gesteinsbedingt. Ihre Abhängigkeit von den Gesteinseigenschaften ist in ausgezeichneten Darstellungen (z. B. STINI 1929, KIESLINGER 1951) so vollkommen beschrieben worden und dadurch hinlänglich bekannt, so daß hier der Hinweis auf diese Werke genügt. Wie stark aber die Wetterbeständigkeit des Gebirges daneben und darüber hinaus auch von der jeweiligen Überprüfung des Gesteins durch Klüftung, Schichtung, Schieferung und Spaltbarkeit abhängt, wird immer noch viel zu wenig beachtet. So mancher Talsperren- und Stollenbauer, der auf die wechselnde Wetterbeständigkeit und die häufige und starke Tiefenverwitterung, z. B. paläozoische Gneise, sowie auf den Einfluß von Kluft- und Zerrüttungszonen nicht im geologischen Gutachten aufmerksam gemacht wurde, hat dem Gutachter mit Recht einen schlechten Nachruf gewidmet.

Klüfte und Ebenen geringeren Zusammenhaltes leisten der Verwitterung und Frostlockerung Vorschub, und auf ihren Bahnen dringen diese rascher und tiefer ins Gebirge ein als entlang der Korngrenzen; auch bei geringer Wasseraufnahmefähigkeit des Gesteinsmaterials schaffen vorhandene Fugen eine große Wasseraufnahmefähigkeit des Gebirges, welche die Voraussetzung für den Lösungs- und Frostangriff ist.

Abb. 2-38. Verwitterungszeitmarken in Dolomit (Festung Hohensalzburg); Grenze zwischen Mauerwerk und Fels = Felslinie im Jahre 1660; Felslinie 1952 lag 2,10 m tiefer

Am triadischen Dolomit des Festungsberges in Salzburg habe ich einen mittleren jährlichen Verwitterungsschwund von 7 mm gemessen (Abb. 2-38); kleinklüftige Zwischenlagen wittern dort jährlich um 2—3 cm zurück.

Lettenklüfte setzen die Wetterbeständigkeit des Gebirges erheblich herab, da sie bei jedem Feuchtigkeitsrhythmus „arbeiten". Durch das Quellen und Schwinden ihrer Zwischenmittel wirken sie im Tiefenbereich dieses Feuchtigkeitsrhythmus, welcher viele Meter betragen kann, verbandslockernd und fördern so die Ablösung von Gesteinsteilen.

2.6 Die Einflüsse der Gebirgseigenschaften auf das Bergwasser

Die Anwesenheit von Wasser im Gebirge und die Strömungen desselben beeinflussen in sehr verschiedener Weise, oft hochgradig, die mechanischen Gebirgseigenschaften. In *(3.6)* werden einige dieser Einflüsse behandelt werden; hier soll umgekehrt von denjenigen Eigenschaften des Gebirges die Rede sein, die ihrerseits auf das Bergwasser und seine Bewegung Einfluß haben. Die Kenntnis dieser Eigenschaften ist wichtig. Sie entscheiden nicht nur über Um- und Unterläufigkeit von Talsperren, Sickerverluste von Druckstollen, Trockenhaltung unterirdischer Hohlräume usw., sondern ihre Kenntnis ermöglicht es, den Einfluß eines Stollenbaues auf vorhandene Quellen zu beurteilen, den Wasserzudrang beim Tunnelbau einzuschätzen und vieles andere (s. STINI 1958, 31). Besonders bestimmen Wasseraufnahmefähigkeit, Wasserwegigkeit und deren Raumverteilung (Inhomogenität und Anisotropie) im Gebirge die erst seit wenigen Jahren (STINI und PETZNY 1956 b, 141 und STINI 1956 a, 224) gewürdigte Grundbruchgefahr im Fels, welche entscheidend vom Gefälle des Bergwasserspiegels und damit indirekt von der Wasseraufnahmefähigkeit und Wasserlässigkeit des Gesteines abhängt *(3.6; 10.3; 15.6)*.

Das unterirdisch strömende, sickernde oder ruhende Wasser, welches in den Lockergesteinen Grundwasser heißt, wird im Felsgestein Bergwasser genannt. Den Felsbauer interessieren seine Menge, seine Wege, seine Geschwindigkeit, sein Druck und seine chemische Beschaffenheit.

In dreierlei Form kommt es im Gebirge vor *(3.6)*:

1. als Kluft- oder Spaltwasser nimmt es im Kluftnetz seinen Weg und Aufenthalt; 2. als Haftwasser oder Kluftporenwasser wird es von den feinstoffigen Füllungen der Klüfte festgehalten; 3. als Bergfeuchte (Gesteinsporenwasser) füllt es die Poren der Gesteinsmasse.

2.61 Wasseraufnahmefähigkeit

Die Wasseraufnahmefähigkeit des Gebirges *(2.61)* ist weit größer als die des Gesteins. Sie wird in erster Linie durch das bezogene Volumen der Klufträume, abzüglich deren Füllung mit fester Substanz, bedingt. Da dieses Volumen bis zu 40 % betragen kann, kann auch die Wasseraufnahmefähigkeit des Gebirges solche Größenordnungen erreichen, während die des Gesteins nur in den seltensten Fällen einige Prozent überschreitet, im allgemeinen sich aber in der Größe von ‰ hält.

Besonders groß ist die Wasseraufnahmefähigkeit infolgedessen in stark zerrütteten, noch nicht verlehmten Gebirgsteilen, z. B. in den sogenannten „Ruscheln". Nahe der Geländeoberfläche ist sie infolge der dortigen Auflockerung des Gefüges größer als in der Tiefe. Ist die Klüftigkeitsziffer des Gebirges [nach STINI; s. *(4.38)*] für beispielsweise 3 Kluftscharen

$$k_a = \frac{1}{d_a}\,;\; k_b = \frac{1}{d_b}\,;\; k_c = \frac{1}{d_c}\,, \qquad [2\text{—}29]$$

und sind die mittleren Öffnungsweiten der Klüfte in den einzelnen Scharen f_a, f_b, f_c, so ist das Kluftraumvolumen

$$V_k^{(cm^3/m^3)} = 1000\ [f_a \cdot k_a \cdot \varkappa_{ea} + f_b \cdot k_b \cdot \varkappa_{eb} + f_c \cdot k_c \cdot \varkappa_{ec}] = 1000 \cdot \Sigma f^{(mm)} \cdot k \cdot \varkappa_e \qquad [2—30]$$

oder in %:

$$V_k^{(\%)} = \frac{1}{10} \cdot \Sigma f^{(mm)} \cdot k \cdot \varkappa_e \qquad [2—31]$$

und demgemäß die Wasseraufnahmefähigkeit

$$V_{kw}^{(\%)} = \frac{n}{10} \cdot \Sigma f^{(mm)} \cdot k \cdot \varkappa_e \qquad [2—32]$$

wenn „n“ der Porenanteil vorhandener Kluftfüllungen ist. Die wirkliche Wasseraufnahme hängt natürlich nicht nur von der Wasseraufnahmefähigkeit, sondern von der Wasserbilanz des Gebirgskörpers, der Zufuhr von Wasser (Niederschlag, Schneeschmelze, Versickerung) und der Abfuhr ab *(2.63)*. Die Wasseraufnahme des Gebirges bestimmt — jedoch nicht allein — die Menge, nicht aber die Heftigkeit und Dauer von Wassereinbrüchen unter Tage. Sie bestimmt ferner zum Teil die Erweichung der Zwischenmittel (Kluftletten). Diese reichern sich meist nur langsam mit Porenwasser an, welches sie aus dem benachbarten Kluftwasser beziehen. Sie können sich also nur dann mit Porenwasser sättigen, wenn genügend Kluftwasser über eine ausreichende Zeitspanne vorhanden ist.

2.62 Durchlässigkeit des Gebirges

Die Durchlässigkeit des Gebirges *(permeability; perméabilité; permeabilità)* ist ganz etwas anderes als die Gesteinsdurchlässigkeit (Stini 1939, 355). Sie wächst mit dem räumlichen Kluftflächenanteil *(4.38)*, mit der freien Kluftöffnung *(3.336)*, mit der Glätte der Kluftwandungen (welche durch einen Koeffizienten ϱ ausgedrückt werden möge) und dem Durchtrennungsgrad des Kluftnetzes $\varkappa$ *(4.38)*.

Durch die Gesteinsdurchlässigkeit, welche in allen Fällen von geringerer Größenordnung ist, wird sie kaum beeinflußt. Nur wenn das Gestein in seinem Kornverband weitgehend gelockert oder entfestigt ist, wie z. B. in Vergrusungszonen von Gneisen und Graniten, kann die Gesteinsdurchlässigkeit einen wesentlichen Beitrag zur Gebirgsdurchlässigkeit leisten. Das Gestein „schwitzt“ in solchen Bereichen dann gelegentlich.

Die Gebirgsdurchlässigkeit ist in zerrüttetem Gebirge, wenn dieses nicht mylonitisiert ist, größer als in der Umgebung desselben. In Zerrüttungsstreifen sind die Klüfte dichter und weiter, weshalb diese im Gebirgskörper wie eine Drainage wirken. Störungen hingegen sind, je nachdem, ob sie von Gesteinszerrüttung oder -zermahlung (Mylonitisierung) begleitet sind, manchmal Wasserbringer, manchmal Wasserstauer — ein Umstand, der bei baugeologischen Beurteilungen häufig übersehen wird.

Solange das Gebirge kleinklüftig ist, gilt das Gesetz von DARCY

$$c = Q/A = k \cdot i \qquad [2\text{—}33]$$

wobei Q die in der Zeiteinheit durch die Fläche A des Festgesteines strömende Wassermenge, k die Durchlässigkeitsziffer, $i = h/l$, das Gefälle, h die Druckhöhe und l der vom Bergwasser zurückgelegte, dem Druckhöhenverlust h entsprechende Weg ist; c wird als ideelle Geschwindigkeit des Grundwassers bezeichnet. Für das Gefälle $i = 1$ wird die Durchlässig-

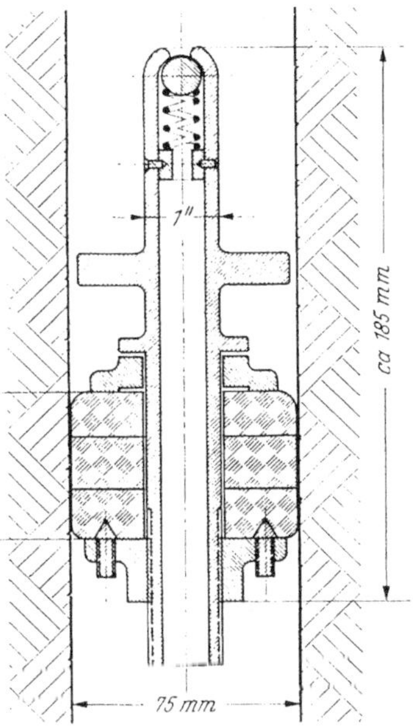

Abb. 2-39. Packer (Obturator) nach MÜLLER und STEINBICHLER

keit identisch mit der ideellen Geschwindigkeit des Grundwassers, das ist jene, bei welcher man sich die Strömung durch den vollen Querschnitt fließend denkt. Die der wirklichen Strömung in den Klüften entsprechende wahre Bergwassergeschwindigkeit ist

$$c_e = \frac{1000 \cdot c}{\sum f^{(mm)} \cdot k^x \cdot x_e}, \qquad [2\text{—}34]$$

wobei nur die Klüftigkeitsziffern k^x in den Raumkoordinaten quer zur Sickerströmung in Rechnung gestellt werden dürfen.

Die Gebirgsdurchlässigkeit wird nur selten durch Absitz- oder Pumpversuche, sondern meist durch Wasserabpressung in Bohrlöchern bestimmt, weil die einen sehr lange dauern würden, die anderen technische Schwierigkeiten bereiten. Es ist üblich, Bohrlochabschnitte zwischen 2 und 5 m Länge abzupressen, welche durch sogenannte Packer oder Obturatoren 1 (Abb. 2–39) abgesperrt werden. Dabei entstehen allerdings, je nach den vorherrschenden Kluftrichtungen und der durch sie bedingten Umläufigkeit, unterschiedlich große und schwer einzuschätzende Fehler. Vielfach ist es üblich, die (mit grober Näherung) auf 1 m Bohrlochlänge und 10 atü Einpreßdruck linear umgerechnete Verlustwassermenge als Maß der Gebirgsdurchlässigkeit anzunehmen, wobei als Einheit 1 l/m/10 atü angenommen und[38]) ein Lugeon benannt wird. Dabei ist der Einfluß des unberücksichtigten Bohrlochdurchmessers, wie TALOBRE nachweist, nicht sehr groß (etwa 10 %); groß muß dagegen der Einfluß der gleichfalls

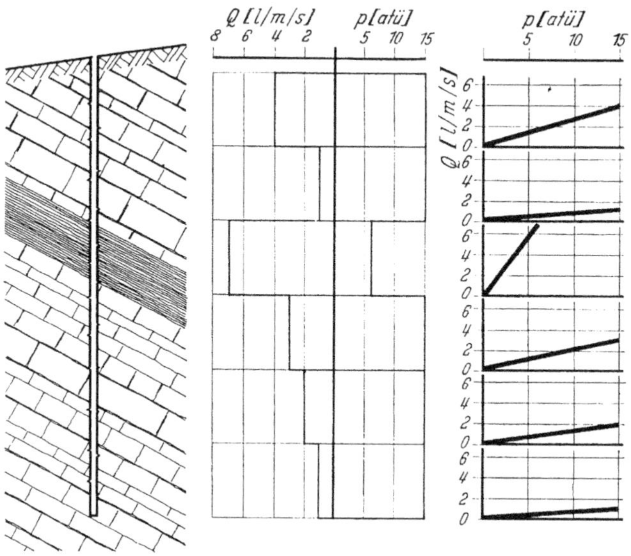

Abb. 2-40. Druck-Wasserverlust-Diagramm einer Wasserabpressung

unberücksichtigten Lage des Bergwasserspiegels sein, wie man nach den üblichen Brunnenformeln leicht abschätzen kann.

1 bis 2 Lugeon werden im allgemeinen als eine geringe Gesteinsdurchlässigkeit angesehen, die z. B. im Untergrunde von größeren Talsperren noch hingenommen werden kann; 6 Lugeon dürfen als mittlere, 10 bis 15 Lugeon als hohe Gebirgsdurchlässigkeit gelten.

Ein weiterer Fehler entsteht dadurch, daß sehr häufig durch zu hohen Einpreßdruck — oft sogar mit einer gewissen hintergründigen Absicht — die Klüfte des Gesteins geöffnet und eine größere als die wirklich vorhandene Gebirgsdurchlässigkeit vorgetäuscht wird. Den dadurch hervorgerufenen Täuschungen entgeht man dadurch, daß in dem Diagramm gemäß Abb. 2-40 stufenweise verschiedene Einpreßdrücke verwendet und die

---

[38]) Nach dem verdienten Ingenieurgeologen.

entsprechenden Verlustwassermengen im Diagramm aufgetragen werden. Die Steilheit der Abpreßlinien

$$\operatorname{tg} \chi = \frac{Q}{p} = C \cdot k \qquad [2\text{—}35]$$

gibt ein Maß der Durchlässigkeit, und die am wenigsten steilen Linien kommen den Verhältnissen im Ruhezustand am nächsten.

Der Ungenauigkeit dieser Ermittlung abzuhelfen, haben verschiedene Autoren (z. B. JACOBI 1946 und EDELMANN 1953; bei TALOBRE 1957, 157) genauere Ableitungen gegeben. Es sei jedoch dahingestellt, ob die Anwendung genauerer Rechenverfahren angesichts der Umläufigkeiten im Bohrloch Berechtigung hat.

Staubeckenfüllungen und die damit verbundenen Bergwasserspiegelhebungen und -schwankungen können die Gebirgsdurchlässigkeit erheblich verändern. In auslaugbaren oder ausräumbaren Gebirgsarten wird sie in der Regel im Laufe der Zeit größer werden, besonders dann, wenn größere Kluftöffnungen beträchtliche reelle Wassergeschwindigkeiten zulassen. Feinklüftiges, nicht auslaugbares und nicht ausräumbares Gebirge hingegen neigt zur Selbstdichtung; in einem solchen Gebirge setzen sich die Wasserwege im Laufe der Zeit und infolge des fast stets im Wasser mitgeführten Schwebs (z. B. Gletschertrübe) mehr oder minder dicht. In einem solchen Gebirge werden Dichtungsinjektionen dauernden Erfolg haben, während dieser in auslaugbarem Gebirge im Laufe der Zeit verschwindet. Gips und Anhydrit, welche 1000—10 000mal leichter löslich sind als Kalk, können praktisch durch Injektionen überhaupt nicht gedichtet werden, weil sich das Wasser mühelos neben den Injektionsfilmen wieder neue Wege schafft. Im Schanztunnel (Württemberg) nahm die Wassermenge des zusickernden Wassers im Laufe der Zeit zu (STEINEGGER 1955), was wahrscheinlich durch vorhandene Gips- und Anhydriteinlagerungen erklärt werden kann.

Was bezüglich der Injizierbarkeit und Dichtungsfähigkeit des Gebirges gesagt wurde, gilt vice versa für seine Drainbarkeit, welche immer dann von besonderer Bedeutung ist, wenn dem Bergwasserdruck *(3.6* und *10.3)* eine technische Rolle zukommt (z. B. bei Felsgleitungen).

2.63 Wasserwegigkeit

Als Wasserwegigkeit wird eine vorzugsweise gerichtete Durchlässigkeit bezeichnet. Da die Durchlässigkeit des Gebirges vornehmlich durch seine Klüfte bestimmt wird, das Kluftnetz aber morphologisch anisotrop ist, ist das Gebirge bezüglich seiner Durchlässigkeit oft besonders anisotrop: Es kann in einer Richtung nahezu undurchlässig, in einer anderen Richtung gleichzeitig stark durchlässig sein, was z. B. zur Folge haben kann, daß die geologische Wasserscheide auf einem Bergkamm von der geographischen erheblich abweicht.

Während man meinen könnte, daß nach allen Richtungen Wasserwege vorhanden seien und kurzen Weges ins Freie führen, zeigt die Erfahrung, daß es Richtungen besonderer Wasserwegigkeit gibt. Es ist die Regel, daß verschiedene Kluftscharen unterschiedliche Eigenschaften aufweisen: andere Öffnungsweiten, verschiedene Kluftbeläge, Durchtrennungsgrade — diese sind besonders wichtig. Häufig (aber durchaus nicht immer) sind es die Schichtklüfte, denen die größte Wasserwegigkeit eigen ist; ihr hoher Durchtrennungsgrad wirkt mit dem Umstand zusammen, daß in

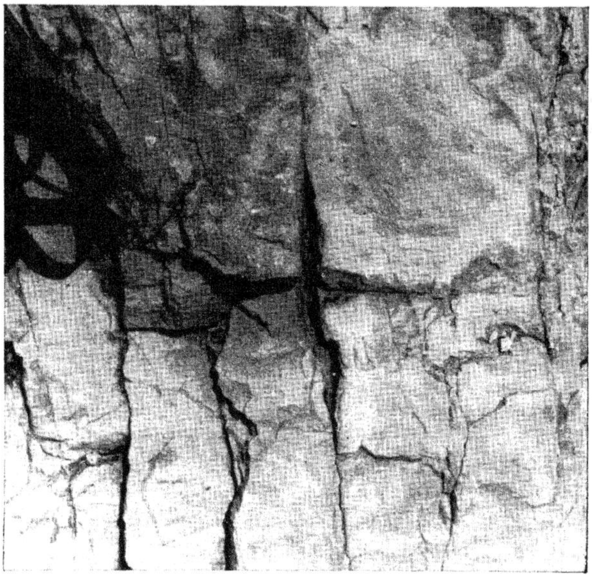

Abb. 2-41. Beginnende Karströhrenbildung im dalmatinischen Schichtkalk

ihnen häufig Kluftletten und Zerreibsel angetroffen werden, welche das Sickerwasser im Laufe der Zeit ausräumen kann. Diese Ausräumung geht am leichtesten an Verschneidungslinien von Schichtfugen mit anderen Klüften, insbesondere Großklüften, vor sich, weshalb solche Verschneidungsrichtungen stets als besonders wasserwegverdächtig anzusehen sind (s. z. B. Abb. 2–41). In wasserlöslichen Gesteinen (Gips, Anhydrit, Kalken, auch Konglomeraten mit wesentlichen Kalkanteilen) bilden sich Karströhren aus; sie bevorzugen die gleichen Schnittrichtungen.

Die Wasserlöslichkeit eines Gesteins hängt nicht nur vom Chemismus desselben und des Wassers (sowie von der Temperatur) ab, sondern auch von der Zerklüftung des Gebirges. Klüfte schaffen vermehrte Angriffsflächen der Lösung. Entlang der Verschneidung von Großklüften ist a) die Durchflußgeschwindigkeit des Wassers größer, wodurch mehr Sauerstoff und Kohlensäure zugeführt wird; b) der Lösungsangriff erfolgt an einem solchen Kluftkreuz (Abb. 2-41) an jeder Körperecke von zwei Seiten her, wodurch die typischen kantengerundeten Querschnitte der Karströhren entstehen; c) diese Ausrundungen ermöglichen abermals Beschleunigung der Wasserströmung, wodurch die Wirkung a) abermals vermehrt wird.

Stini weist darauf hin, daß das Auftreten von Karströhren durch Lage und Höhe der Vorflut bestimmt und begrenzt wird, wofür der sogenannte „Lochhorizont" im Weißjura ein bekanntes Beispiel ist. Ihre Gebundenheit an eine Vorflut läßt Karströhren meist eine ganz bestimmte Richtung bevorzugen; in anderen Richtungen können Karströhren nicht ausgebildet werden, wie ich in Zentralanatolien beobachten konnte. Treten nach erfolgter Karströhrenbildung spätere Schollenverbiegung oder Höhenverstellungen ein, so kann durch diese die Wasserwegigkeit unterbrochen werden (Kalweit 1958, 175).

Weiches Wasser ist lösungslustiger als hartes. Das Wasser der meisten Stauseen ist weich, so daß bei manchen von ihnen eine Vergrößerung der Sickermengen erwartet werden muß, wo vordem wegen der Härte des fließenden Wassers kaum nennenswerte Lösung stattfand.

Schafft die Anisotropie des Kluftnetzes eine Anisotropie der Wasserwegigkeit, so sind es die Inhomogenitäten des Gebirges und seiner Klüftung, welche einerseits in Ruscheln, Störungszonen und stärker zerklüfteten Gesteinsschichten eine Konzentration der Wasserströmung schaffen, andererseits dieser Strömung Mylonite, wasserstauende Schichten usw. als Hindernisse in den Weg legen. Beide zusammen, Anisotropie und Inhomogenität, bestimmen erst die Lage von Quellaustritten, aber auch den Verlauf des Bergwasserspiegels, welcher im Fels niemals so stetig verläuft wie in Lockergesteinen, sondern vielfach gestuft, unterbrochen, gestaut, umgelenkt und oft in Stockwerke aufgeteilt.

In Baugruben und in Tunnels hat man demgemäß erhöhten Wasserzudrang zu erwarten, wenn man a) von einem dichteren Liegenden — es muß nicht unbedingt ein dichtes sein — in ein durchlässigeres Hangendes fortschreitet *(16.4)* oder b) sich im durchlässigeren Hangenden einem wasserstauenden Liegenden entgegenbewegt.

Die Ermittlung der Fließgeschwindigkeit im klüftigen Fels, insbesondere in Zerrüttungszonen, geschieht am besten nach der von Neumaier (1958) beschriebenen Methode, der Isotopenmessungen von einem einzigen Bohrloch aus. Dies ist ein großer Vorteil gegenüber anderen Methoden (z. B. der Impfung mit Farbstoffen, Chemikalien oder Isotopen), zu deren Durchführung man entweder die Strömungsrichtung kennen oder mittels zahlreicher Bohrungen bestimmen muß, wozu mindestens 2 Bohrlöcher benötigt werden. In besonderen Fällen hat sich die Impfung des Kluftnetzes mit gefärbten Gasen bewährt, welche man besonders nach leichtem Schneefall deutlich austreten sieht, so daß man die bevorzugten Richtungen der offenen Wege verfolgen kann.

Im allgemeinen strömt das Wasser in Zerrüttungsstreifen, Störungen und offenen Großklüften 10—1000mal so rasch als im übrigen Kluftnetz des Gebirges.

Manchmal kann es wichtig sein, das Maß der vertikalen Durchlässigkeit von deren horizontaler Komponente zu unterscheiden. Zu diesem Zwecke kann man mit Sägeschnitten, die durch Bentonit abgedichtet werden, einen Gebirgskern von etwa 3 m mittlerer Stärke vom Nachbargebirge isolieren (Abb. 2–42) und durch diesen Wasser sickern lassen, dessen Sickergefälle

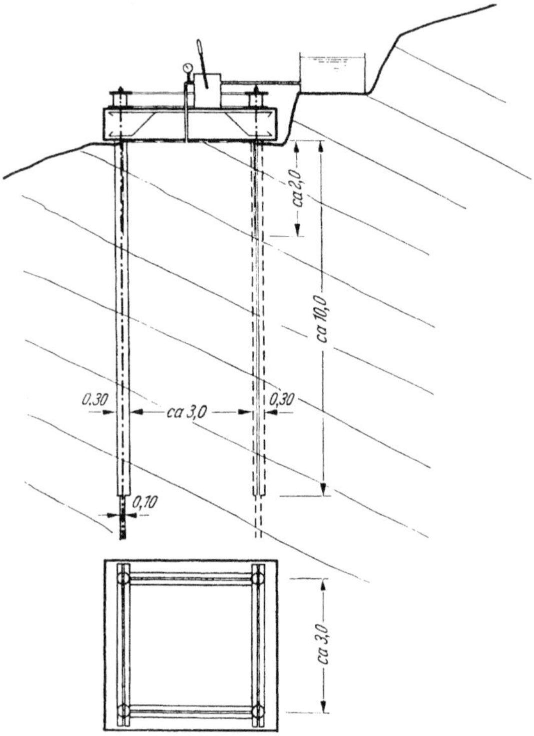

Abb. 2-42. Versuchsschacht zur Überprüfung der vertikalen Durchlässigkeitskomponente des Gebirges (nach MÜLLER)

noch durch eine aufgesetzte Dichtungskappe und Preßluft beliebig erhöht werden kann.

Die Beurteilung der Wasserwegigkeit nach dem Naturbefund erfordert viel Erfahrung. Die Kluftrichtungen allein besagen noch nicht alles; welche Scharen mit Letten gefüllt, welche frei sind; welche geöffnet oder gepreßt, muß mit ihrem Durchtrennungsgrad in Beziehung gesetzt werden (ein sorgfältiges Studium der tektonischen Ausformung hilft hier manchmal weiter). Dabei täuscht allerdings die Beobachtung an der Oberfläche, wo Verwitterung, Spannungsumlagerung und Talzuschub die Klüfte solcher Scharen öffnen, deren Klüfte in der Tiefe geschlossen sind. Die optische Bohrlochsondierung gibt hier genauere und oft vom Oberflächenbefund völlig abweichende Aufschlüsse *(8.6)*. Abscheidungen an Kluftflächen, Verwitterung und Oxydierung, welche von Klüften aus viele Zentimeter ins Gestein fortschreiten, geben Anhaltspunkte über stattgefundene Zufuhr von Sauerstoff und Kohlensäure durch strömendes (und oberflächennahes) Wasser.

2.64 Kluft- und Porenwasserdruck

Gebirgsdurchlässigkeit und Wasseraufnahme bestimmen den Kluft- und Porenwasserdruck, seinen örtlichen und zeitlichen Verlauf. Man kann sich die Verhältnisse an dem Gedankenmodell der Abb. 2–43 veranschaulichen.

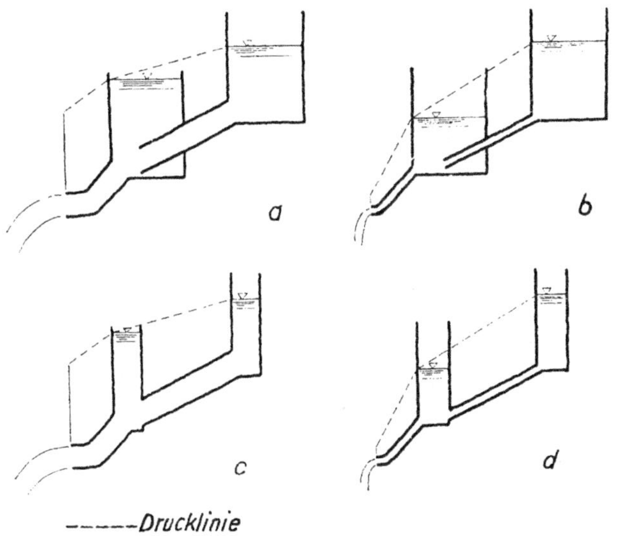

Abb. 2-43. Wasseraufnahme und Durchlässigkeit des Gebirges (Gedankenmodell). (Nach Österr. Wasserwirtsch. H. 8/9, 1960), — — — — Drucklinienverlauf

In dieser ist die Wasseraufnahme des Gebirges durch verschieden große Gefäße, die Durchlässigkeit durch verschieden enge Röhren symbolisiert. Sind Wasseraufnahme und Gebirgsdurchlässigkeit groß (Fall a), so wird sich meist ein flaches Druckliniengefälle bzw. ein flacher und wenig schwankender Bergwasserspiegel ausbilden. Der Ruhedruck wird klein, der Fließdruck oft sehr groß sein können. Quellen werden in einem solchen Gebirge stärkere Schwankungen aufweisen. Stößt man bei einem Tunnelvortrieb auf einen solchen Bereich, der bisher abgeschlossen war, so erfolgt ein heftiger, aber (bei mittlerer Größe des Wasserträgers) bald ausblutender Wassereinbruch. Man spricht von „wasserlässigem" Gebirge.

Bei großer Wasseraufnahme und geringer Durchlässigkeit [39]) des Gebir-

[39]) Daß auch schwach durchlässige und sogar fast „undurchlässige" Gesteine (Mergel, Mergeltone und Tone; Blätterschiefer) Wasser in ihren Klüften führen, hat Stini (1935) erkannt.

Abb. 2-44. HAGERMANS Gerät zur Bestimmung des Fließ- und Ruhedruckes im Kluftwasser. (Foto: Hagermans Konsultationsbüro, mit freundlicher Genehmigung desselben)

ges (Fall b) wird sich die Drucklinie (und der Bergwasserspiegel) steil einstellen müssen, um die große Reibung in den engen Wasserwegen zu überwinden. Die Drucklinie wird weniger und langsamer schwanken, der Ruhedruck höher, der Ausfließdruck geringer sein als im Falle a). Das Gebirge wird voll Druck sein, man nennt es „wasserhaltend". Quellen rinnen spärlicher, aber stetig; Wassereinbrüche beim Tunnelvortrieb spenden lange, aber nicht so heftig. Die hydrostatischen Wirkungen auf das Gleichgewicht der Gebirgsmasse *(3.6* und *10.3)* sind groß, und damit wird die Gefahr des Felsgrundbruches bedeutend. Bei Malpasset waren Hangquellen schon vor dem Bau bekannt und wurden auch nach der Katastrophe noch beobachtet, spendeten also gleichmäßig.

Trifft große Durchlässigkeit und geringer Wasservorrat zusammen (Fall c), dann wird die Drucklinie noch stärker schwanken als im Falle a);

Quellen werden nach einer kurzen Zeit starker Wasserspende meist ganz aussetzen, Wassereinbrüche in Untertageräumen werden von geringer Heftigkeit und sehr kurzer Dauer sein; eine Grundbruchgefahr ist nicht zu fürchten.

Bei geringer Durchlässigkeit und kleinem Wasserspeichervermögen (Fall d) werden die Dinge ähnlich wie im Falle b), nur nicht so gefährlich liegen. Die Quellen werden trotz geringer Wasserspende nicht gleichmäßig rinnen; Wassereinbrüche sind nicht zu erwarten, lediglich ein Rieseln oder Schwitzen von Wandungen; Grundbruchgefahr besteht im allgemeinen nicht, wohl aber Gleitbereitschaft ungünstig gefügter steiler Böschungen.

Das Ingenieurbüro Hagerman hat ein Gerät zur Ermittlung des Ruhedruckes und des Fließdruckes (besser: Ausfließdruckes) von Kluftwasser konstruiert, das zur Verwendung bestens empfohlen werden kann (Abb. 2–44).

Der Porenwasserdruck in den Füllstoffen der Klüfte paßt sich bei länger dauernden, stationären Zuständen dem Kluftwasserdruck durchaus an. Raschere Schwankungen desselben vermag er aber nicht mitzumachen. Dadurch entstehen Porenwasserüber- und -unterdrücke, welche ein (noch viel zu wenig beachteter und in seiner Bedeutung unterschätzter) Herd von Gefahren für die Standsicherheit von Böschungen, Staumauerwiderlagern und Untertageräumen sein können, besonders wenn Erschütterungen oder Stoßbelastungen auftreten.

3 Einflüsse auf die Gebirgseigenschaften

Die im vorigen aufgezählten Gebirgseigenschaften sind das Produkt des Zusammenwirkens zahlreicher Faktoren; sie sind vor allem bedingt durch

1. die Eigenschaften des Grundkörpermaterials;
2. Schichtung und Schieferung;
3. Zerklüftung in Teilkörper;
4. die Art, Orientierung, Öffnungsweite und Häufigkeit der Fugen (Klüfte), nach denen diese Zerteilung stattfand;
5. die Zwischenmittel in den Fugen;
6. Wasser; schließlich übt
7. der Spannungszustand des Gebirges einen nicht zu unterschätzenden Einfluß aus und nicht zuletzt
8. die Zeit.

Jeder dieser Faktoren kann nach Qualität und Intensität von Ort zu Ort variieren. So findet sich in der Natur eine unendliche Vielfalt der Gebirgseigenschaften, und jeder Fall stellt eine individuelle und ganz neue Aufgabe. Deshalb kann alles Schematisieren und Kategorisieren nur Denk- und Arbeitshilfe sein und ist nur so lange erlaubt, als man sich solcher Gewalttätigkeiten der Denkvereinfachung bewußt ist. Deshalb ist auch alles oberflächliche Vergleichen von Übel. Nur wenn man sich die Mühe nimmt, in jedem Einzelfall den einzelnen zusammenwirkenden Faktoren nachzugehen, sie abzuwägen und einzuschätzen, kommt man zu verwertbaren Erkenntnissen. „Erfahrung" allein, was der Nurpraktiker eben so nennt, d. h. Vertrautheit mit den Verhältnissen an einigen Orten ohne Einblick in die Zusammenhänge, sieht sich einer solchen Fülle und Vielfalt von Erscheinungen gegenüber, daß ihre Übertragung von einem auf den anderen Fall praktisch nahezu unmöglich ist.

Aber auch das wird klar, daß Analysieren und Zerdenken einer Vielfältigkeit nur dann einem wirklichen Verständnis dient, wenn diese Analyse Lehre und Vorbereitung zur Synthese ist; einer Synthese, bei deren Vollstreckung Klarheit darüber bestehen muß, daß die Gebirgseigenschaften nicht als Summe von Teileigenschaften, sondern nur als deren Produkt verstanden werden können. Gerade hierbei aber ist wissenschaftliche Bescheidenheit vonnöten. „Bestrebungen sind im Gange, die Bruchfestigkeit des Gesteins in Beziehung zu bringen mit Kennwerten, die mit geringerem Aufwand gemessen werden können, wie z. B. Dichte, Feuchtigkeitsabsorptionskoeffizient, petrographische Struktur und verschiedene Arten der Härte" (Denkhaus 1958, 27). Ich glaube, daß solche Erwartungen viel zu hoch gesteckt sind, als daß sie in etwas anderes als in eine Enttäuschung münden könnten. Die folgende Analyse der Einflußfaktoren soll uns zwar befähigen, Schlüsse auf das ganzheitliche Verhalten des Gebirgsmaterials zu ziehen; eine „Gebirgsgleichung", in welcher wir nur die Eingangswerte der Teilfaktoren einzusetzen hätten, um die Charakteristik des Festigkeits- oder des Formänderungsverhaltens o. dgl. zu erhalten, wird nie aufgestellt werden können.

Zur Schulung des Verständnisses aber kann das Studium der erwähnten Einzelfaktoren nicht genug empfohlen werden, denn die Synthese, welche der mathematische Sinn oft nicht zu bilden vermag, kann, wie die Erfahrung lehrt, sehr wohl anderen menschlichen Denkfähigkeiten gelingen. So wollen die nächsten Teilstücke (*3.1* bis *3.8*) aufgefaßt sein; denn „Dich im Unendlichen zu finden, mußt teilen Du und wieder verbinden" (Goethe). Dazu aber bedarf es einer guten Theorie und Praxis, nicht nur einer von beiden.

Die Einflüsse der meisten dieser Faktoren auf die Gebirgsfestigkeit sind fast alle von abmindernder Wirkung. Die obere Grenze der Gebirgsfestigkeit ist die Gesteinsfestigkeit. Durch Verwitterung usw. (chemical defects), Zerbrechung (mechanical defects), Kluftwasser, wird die Festigkeit herabgemindert. Lediglich die Spannungszustände können nach beiden Seiten, abmindernd und vermehrend wirken, während die Zeit, wenn sie größere Dimensionen annimmt, einer der wirksamsten Abminderungsfaktoren der Gebirgsfestigkeiten ist.

3.1 Eigenschaften des Grundkörpermaterials

Nur der Systematik halber nennen wir die Eigenschaften des Grundkörpermaterials an erster Stelle; der Einfluß dieses Faktors wird durch andere, z. B. Schichtung, Schieferung und Klüftung weit übertroffen [s. (*6*)]. Immerhin wird sich ein Gebirge, dessen Grundmaterial plastisch ist, auch als Ganzes plastisch verhalten, wogegen sich ein aus vorwiegend elastischem Stoff aufgebautes Gebirge elastisch oder semiplastisch verhalten kann, wenn sein Kluftnetz eine bestimmte Beschaffenheit aufweist. Ein Gebirge aus wasserdurchlässigem Gestein wird fast immer auch selbst wasserdurchlässig sein, hingegen wird ein solches aus wasserundurchlässigem Material nur unter gewissen Umständen selbst undurchlässig befunden werden.

Trotz ihrer untergeordneten Bedeutung für die Gebirgseigenschaften wurden die physikalischen Eigenschaften der Grundsubstanz in Tausenden von Versuchen getestet und werden immer von neuem beschrieben, während die Eigenschaften des Gebirges selbst fast noch nirgends geprüft, ja kaum ordentlich beschrieben wurden. So oft und so eingehend sind die Gesteinseigenschaften behandelt worden, daß wir uns hier darauf beschränken können, in der Tafel 3–1 eine kleine orientierende Übersicht über einige Grundeigenschaften zu geben, im übrigen aber auf das vorhandene Schrifttum zu verweisen (s. besonders Stini 1922 und v. Moos-Quervain 1948). Sehr viele Gesteinsfestigkeitsprüfungen wurden in Schweden (s. N. H. Magnusson 1957) und in den USA (Würker 1953 a, 1956, 1959, 1960) unternommen. Die in Literaturangaben häufig anzutreffenden Unterschiede der Festigkeitswerte für ein und dieselbe Gesteinsart sind oft, aber nicht ausschließlich petrographisch bedingt, sondern zum Teil auch durch verschiedene, meist unerwähnte Form und Größe der Prüfkörper, unterschiedliche Belastungsgeschwindigkeit, Verschiedenheit der Druckrichtung in bezug auf das Flächengefüge u. a. m.

Gesteinsprüfungen gelten selbstverständlich stets nur für den Homogenbereich, dem sie entnommen sind. Facieswechsel, z. B. intensive Schieferung, örtliche chemische Entfestigung usw. bringen es mit sich, daß das gleiche Gestein oft schon in nächster Nachbarschaft andere Festigkeiten aufweist.

Tafel 3-1. Die wichtigsten technischen Eigenschaften der Gesteine nach Stini [1])

	Eigenschaft	Klassifikation bzw. Formel
1	2	3
1	Körnung	a) bei gleichmäßig körnigen Eruptivgesteinen: dicht (mit freiem Auge nicht sichtbare Gemengteile), feinkörnig (bis 2 mm Durchmesser der Gemengteile), kleinkörnig (2—3 mm), mittelkörnig (3—5 mm), grobkörnig (5 bis 10 mm), großkörnig (10—15 mm), riesenkörnig (über 15 mm); b) bei Absatzgesteinen: dicht (mit freiem Auge nicht sichtbare Gemengteile), feinkörnig (bis 0,25 mm), kleinkörnig (0,25—0,75 mm), mittelkörnig (0,75 bis 1,25 mm), grobkörnig (1,25—2 mm), großkörnig (2—4 mm), riesenkörnig (über 4 mm); c) bei den porphyrartigen Gesteinen: kleinkörnig-porphyrartig [Korn-Quermaße (Qg) bis 3 mm, der Einsprenglinge (Qe) (bis 9 mm)], mittelkörnig-porphyrartig (5 mm > Qg > 3 mm bzw. 15 mm > Qe > 9 mm), grobkörnig-porphyrartig (Qg > 5 mm bzw. Qe > 15 mm); d) bei porphyrischen Gesteinen: kleinporphyrisch (3 mm > Qe), mittelporphyrisch (5 mm > Qe > 3 mm), grobporphyrisch (10 mm > Qe > 5mm), großporphyrisch (Qe > 10 mm).
2	Korngestalt	a) länglich oder kurzsäulig [Querdurchmesser (Qd) größer als die Hälfte der Längenausdehnung (L) des Mineralbestandteiles, aber merklich kleiner als L — (Qd < L < 2 Qd)], langsäulig (2 Qd < L < 3 Qd), stengelig (3 Qd < L < 6 Qd), nadelig (6 Qd < L < 12 Qd), faserig (L < 12 Qd); b) plattig [Dicke der Gemengteile (D) merklich kleiner als die mittlere Flächenausdehnung (Qd), aber größer als deren Fünftel (Qd > D > Qd/5)], schuppig (grobschuppig) (Qd/5 > D > Qd/10), blättrig (dünnschuppig, feinschuppig, blättchenförmig) (D < Qd/10); c) gleichmaßig bis annähernd gleichmaßig (rundlich-, würfelig-, kantig-gleichmaßig, zackig usw.).
3	Kornbindung . . .	a) unmittelbare: Bruchfestigkeit der Körner > Bruchfestigkeit des Bindemittels; < diese; gleich dieser; teilweise >, teilweise < Bruchfestigkeit des Bindemittels; b) mittelbare: Bruchfestigkeit der Körner > Bruchfestigkeit des Bindemittels; < diese.

1) Technische Gesteinskunde, Springer-Verlag 1929. Einige in felsmechanischen Zusammenhängen weniger bedeutende Eigenschaften wurden hier nicht übernommen, einiges andere ergänzt.

(Fortsetzung Tafel 3-1)

	Eigenschaft	Klassifikation bzw. Formel
1	2	3
4	Korngefüge	a) flächige und lineare Parallelgefüge: Feststellung über Gegenwart und Nicht-Gegenwart solcher; allenfalls in Beziehung zur Symmetrie der Formungsakte des Gefüges; b) statistische Anisotropie: Feststellung ihres Grades. Anisotropie infolge Regelung nach dem Korn-Innenbau; nach Anordnung mechanisch verschiedener Mineralgemengteile (raumrhythmische Gefüge; Schichtung, Bänderung usw.); c) Teilbewegungen: Größe, Relativsinn, tektonische Koordinaten; Kristallisation, Kornzerbrechungen und -verheilung, Rotationen, Fältelung; Feststellung über die zeitliche Gliederung der Teilbewegungen; d) Homogenität: Feststellung über Grad und Homogenität der Regelungen. Aus diesen Daten weitere Feststellungen über zeitliche Beziehungen und Genetik der Gefügebildungen (Anlagerungsgefüge, resedimentäre Gefüge, durch Überlagerung verschiedener geologischer Vorgänge geprägte Gefüge usw.).
5	Dichtheit	n (Porosität, Lückigkeit) $= \frac{\text{Porenraum} \times 100}{\text{Gesteinsraum}}$ [2]); sehr dicht gefügt ($n < 0{,}5$), dicht gefügt ($1{,}5 > L > 0{,}5$), mäßig dicht gefügt ($2{,}5 > L > 1{,}5$), mäßig porös ($5 > L > 2{,}5$), porös ($10 > L > 5$), sehr porös ($30 > L > 10$), durchlöchert ($L > 30$).
6	Tracht	a) klein-kugelig (graupig) (∅ der Kugeln unter 25 mm), mittelkugelig (100 mm > Kugel-∅ > 25 mm), großkugelig (Kugel-∅ > 100 mm); b) bänderschlierig (Putzen-, Eis-, Kugelschlieren), klein-, mittel-, großlinsig ($D \lesseqgtr$ 100 mm).
7	Kornverband . . .	Riesenkorn-, Perlsteinverband, glasiger, porphyrischer, porphyrartiger, verschränkter, schriftgranatischer, Trift- oder Fließverband.
8	Mineralbestand . .	Haupt- und Nebengemengteile.
9	Chemische Zusammensetzung .	Haupt- und Nebengemengteile.
10	Raumgewicht und Dichte	γ (Raumgewicht) $= \frac{\text{G (trocken Gewicht)}}{\text{V (Rauminhalt)}}$ d (Dichtigkeitsgrad) $= \frac{\gamma \text{ (Raumgewicht)}}{\varrho \text{ (Dichte der Masse)}}$
11	Wasserdurchlässigkeit	undurchlässig, schwach-durchlässig, durchlässig.

[2]) Nach HANISCH.

(Forts. nächste Seite)

(Fortsetzung Tafel 3-1)

	Eigenschaft	Klassifikation bzw. Formel
1	2	3
12	Kapillares Steigvermögen	Steighöhe in mm.
13	Wasseraufnehmevermögen	w (Aufnehmevermögen) in % $= \frac{100\,(Gw - G)}{G} = \frac{\text{(Gewichtszunahme in wassersattem Zustande)}}{\text{(Trockengewicht)}}$
14	Wärmedehnung	Ausdehnung in $^0/_{00}$ in $^\circ$C.
15	Schallfortpflanzung	Fortpflanzungsgeschwindigkeit und Dämpfung.
16	Elektrische Leitfähigkeit	Widerstandswerte in Ω.
17	Druckfestigkeit	$\beta_D = \frac{\text{P (äußere Kraft)}}{\text{A (Querschnitt)}}$ (Spannung im Augenblick des Bruches)
18	Zugfestigkeit	$\beta_Z = \frac{\text{P (äußere Zugkraft)}}{\text{A (Querschnitt)}}$ (Spannung im Augenblick des Zerreißens)
19	Biegungsfestigkeit	$\beta_{Bg} = \frac{D}{\Theta} \times e$ (D = Lastendreh; Θ = Trägheitsmoment des Querschnittes; e = Abstand der am weitesten von der Nullebene entfernten Faser)
20	Scherfestigkeit	$\beta_S = \frac{\text{S (Scherkraft)}}{\text{A (Querschnitt)}}$
21	Schlagfestigkeit	$\beta_{Sch} = \frac{\text{Wertziffer in cmkg/ccm}}{\text{Druckfestigkeit in kg/cm}}$ [3] Wertziffer $= \frac{\text{Schlagarbeit beim Zerstören eines Würfels mit Fallhammer}}{\text{Rauminhalt}}$
22	Abnützbarkeit	Bestimmung (Schleifverfahren; mit Sandstrahlgebläse; mit Trommelmühle)
23	Härte	Mohssche Härteskala; Eindruckhärte; Shorehärte
24	Bearbeitbarkeit	Hartgesteine, Weichgesteine
25	Bohrbarkeit	(Angabe des Werkzeuges, Betriebsdruckes und der Bohrgeschwindigkeit)
26	Teilbarkeit	allseitige, gerichtete usw.
27	Chemische Lösbarkeit	Lösungsmenge in der Zeiteinheit.
28	Bruchflächenbeschaffenheit	rauh, glatt, eben, uneben, wellig, höckerig

[3]) Nach Föppl.

(Fortsetzung Tafel 3-1)

	Eigenschaft	Klassifikation bzw. Formel
1	2	3
29	Erweichbarkeit . .	e (Erweichungsziffer) = $\frac{\beta_w \text{ (Festigkeit im wassersatten Zustand)}}{\beta_x \text{ (Festigkeit im trockenen Zustand)}}$
30	Wetter-beständigkeit . .	Verwitterungsgrad: $v = \frac{H - h}{H}$ [4]) (H — h = die Einbuße an Härte, welche das Gestein erlitten hat)

4) Nach Rosiwal.

Über das Verhältnis zwischen Druck- und Zugfestigkeit finden sich wertvolle Angaben z. B. bei Würker (1959). Hiramatsu und Oka (1958) geben es mit durchschnittlich $^1/_{15}$, Gimm (1958, 452) mit $^1/_{30}$ an. Andere Angaben liegen dazwischen. Das Verhältnis von Zug- und Scherfestigkeit geben Hiramatsu und Oka für Marmor mit 2,4, für Sandstein mit 2,1 an. Das Verhältnis von Scher- zu Druckfestigkeit bestimmte u. a. Stini (1922, 187) mit etwa $^1/_5$ bis $^1/_{21}$ (für Konglomerat $^1/_{10}$, Kalk $^1/_5$, Porphyr $^1/_{16}$, Granit und kristallinen Kalk $^1/_{10}$, Sandstein $^1/_{15}$). Die Scherfestigkeit von Schiefern ist parallel zur Faser meist äußerst gering.

Entfestigung *(deconsolidation; déconsolidation; smartellamento)* der Gesteinsmasse kann eintreten 1. durch eine stattgefundene tektonische Durchbewegung *(tectonic movement, mouvement tectonique, movimento tettonico)*; 2. durch Spannungsumlagerung *(stress relief, rearrangement des contraintes, rilassamento)*, welche z. B. Mergel aufblättern läßt, sobald sie einige Zeit „an der Luft" liegen; 3. durch Frostbeanspruchung; 4. durch sonstige Verwitterungseinflüsse *(alteration; altération; disgregazione meteorica)* sowie durch die vorwiegend chemischen Einflüsse 5. der Tiefenverwitterung *(decomposition; décomposition; decomposizione)*, 6. der hydrothermalen Durchblutung *(hydrothermal circulation; circulation hydrothermique; irrorazione termale)* und 7. gewisser Arten von Diaphthorese *(retrogressive metamorphism; diaphthorese; diaftoresi)*. In allen Fällen besteht sie in einer Lockerung oder Modifizierung des Kornverbandes *(desintegration; désintégration; disgregazione)*. Den festigkeitsmindernden Einfluß der Bergfeuchte, des Porenwassers, im Gestein, die der Steinbrucharbeiter bestens kennt und ausnützt, untersuchte auf höchst aufschlußreiche Weise Robinson (1959, 177). Danach wird die Bruchart der meisten Sedimentgesteine durch die Differenz zwischen Poren- und Umschlingungsdruck bestimmt. Die Scherfestigkeit nimmt mit dem Umschlingungsdruck nur wenig zu, wenn der Porendruck diesem ungefähr gleich ist. Nach Höfer (1958 a, 33) zeigen durchfeuchtete Gesteine vielfach eine weit stärkere Neigung zum Kriechen als trockene. Die Abhängigkeit der Gesteinsfestigkeit von der Belastungsgeschwindigkeit wurde bereits *(2.3)* gestreift. HOFFMANN (1958, 14) u. a. haben mitgeteilt, daß in den Gesteinen des Ruhrkarbons die Druckfestigkeiten schräg zur Richtung bedeutend geringer waren als quer zu dieser. Eine beträchtliche Anisotropie der Festigkeiten wird sonst meist nur bei Schiefern vorausgesetzt, — völlig zu Unrecht, da auch massige Gesteine Festigkeitsunterschiede in verschiedenen Richtungen zeigen.

Eine erhebliche Formänderungsanisotropie zeigte z. B. der graue Rhätkalk, in welchem die Krafthauskaverne Braz (Vorarlberg) liegt. Die an orientiert entnommenen Probekörpern ermittelten Elastizitätsmoduln dieses äußerlich völlig richtungslos anmutenden Gesteins, welches kaum eine Schichtung erkennen läßt, betrugen $E_1 = 250\,500$, $E_2 = 311\,700$, $E_3 = 666\,500$ kg/cm²; das Verhältnis des E-Moduls in drei verschiedenen Richtungen war demnach 1 : 1,22 : 2,69! SANDER hat wiederholt darauf hingewiesen, daß die mechanischen Anisotropien auf morphologische Anisotropien im Korngefüge zurückgehen. Leider liegen hierüber noch keine Untersuchungen vor. Höchst wertvoll für die Praxis wäre die Erforschung der Zusammenhänge 1. zwischen Korngefüge, Festigkeit und Festigkeitsanisotropie; 2. zwischen Korngefüge und Verformungseigenschaften und 3. ein Vergleich zwischen Festigkeiten, Gefügen und Vorgeschichte des Materials.

Korngefügeregelungen sind ja meist die Folge von Beanspruchungen bzw. Formänderungen; unrückläufige Formänderungen beruhen auf Gittergleitungen und Verschiebungen entlang von Korngrenzen, welche sich in Gefügeregelungen deutlich zu erkennen geben.

Die wichtigsten, weil deutlichsten Festigkeits- und Formänderungsanisotropien der Gesteinssubstanz sind durch Schichtung und Schieferung bedingt. Der großen Bedeutung wegen wird der Schichtung und Schieferung ein eigener Teilabschnitt *(3.2)* gewidmet, zumal beide eine ähnliche Art von Anisotropie bewirken wie die Klüfte *(3.3)*.

Spaltbarkeit (latente Klüftung; *potential fissuration; fragmentation potentielle; facilità di aprirsi)* ist eine besondere Art mechanischer Anisotropie, welche durch Gefügeregelung, plastische Deformationen oder Spannungen (KIESLINGER) bedingt ist und damit zur Schieferung überleitet. Sie besteht, festigkeitstheoretisch betrachtet, in einer Verminderung der Zug- und Schubfestigkeit nach einer oder mehreren Ebenen, die als Spaltungsebenen (in der Steinbruchsprache als „der Gang der Gesteine“) angesprochen werden. Parallel zur Schieferung ist stets Spaltbarkeit vorhanden, während Schichtung nicht immer und nicht durchgängig Spaltbarkeit erzeugt, sondern nur entlang von Flächen, welche durch Unterbrechung des Absatzvorganges oder durch Substanzänderungen usw. vorgezeichnet wurden. Besonders deutlich sind solche Flächen bei Mergeln, Mergelkalken und Tongesteinen sowie manchen Sandsteinen und Konglomeraten ausgebildet (Abb. 3-1 b), noch deutlicher in Absatzgesteinen mit Wechselschichtung, wie z. B. im Flysch (Abb. 3-1 c), in den Seewenschichten, Partnachschichten oder den Schrambachschichten Vorarlbergs, wogegen in kri-

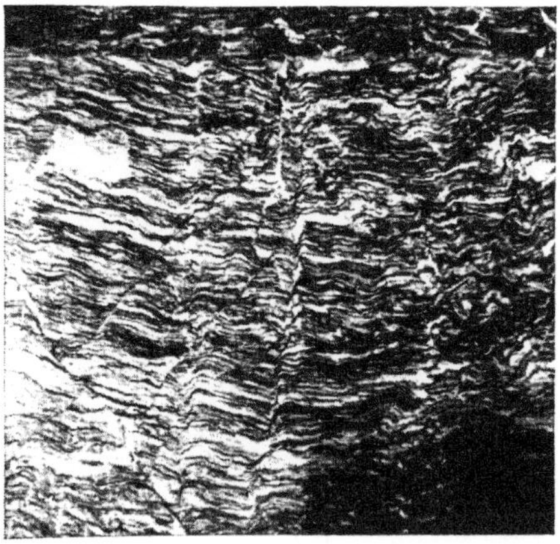

a

b

c

Abb. 3-1. Spielarten schichtiger Tracht. a) Bändertracht (japanischer Marmor); b) Lagentracht (Grauwacken-Sandstein, Rheinisches Schiefergebirge); c) Wechsellagerung mergeliger, toniger und Sandsteinschichten (Flysch, Heuberg bei Salzburg)

stallinen Gesteinen die (überprägte) Schichtung kaum noch durch erhöhte Spaltbarkeit ausgezeichnet ist.

An Gesteinen mit erhöhter Spaltbarkeit ist demnach (ähnlich wie bei Hölzern) stets zwischen Festigkeiten im „Zopf", wie der Mineur sagt (sozusagen in der Faser), und Festigkeiten quer zur Fläche größter Spaltbarkeit (quer zur Faser) zu unterscheiden.

Angesichts der großen Streuungen der Gesteinsfestigkeiten mag es häufig — sofern die Materialfestigkeit als solche überhaupt interessiert — genügen, von den vereinfachten Methoden zur Bestimmung der Gesteinsfestigkeit Gebrauch zu machen, welche Protodjakonoff (1960) mitgeteilt hat. In der UdSSR sind in Gebrauch:

1. die Stoßzerkleinerung mittels eines Fallgewichtes in einem röhrenförmigen Gefäß (Abb. 3-2 a). Bei einem Gewicht des Kolbens von

2,4 kg, einer Fallhöhe von 60 cm und einem Durchmesser des Volumenmessers von 23 mm ist die Gesteinsfestigkeit $f = 20 \frac{n}{l}$, worin n die Anzahl der Schläge pro Gesteinsmenge und l die Höhe der Staubsäule im Volumenmesser in mm ist, welche durch ein 0,5-mm-Sieb anfällt. Die Methode soll gute Ergebnisse für nicht sprödes Gestein liefern;

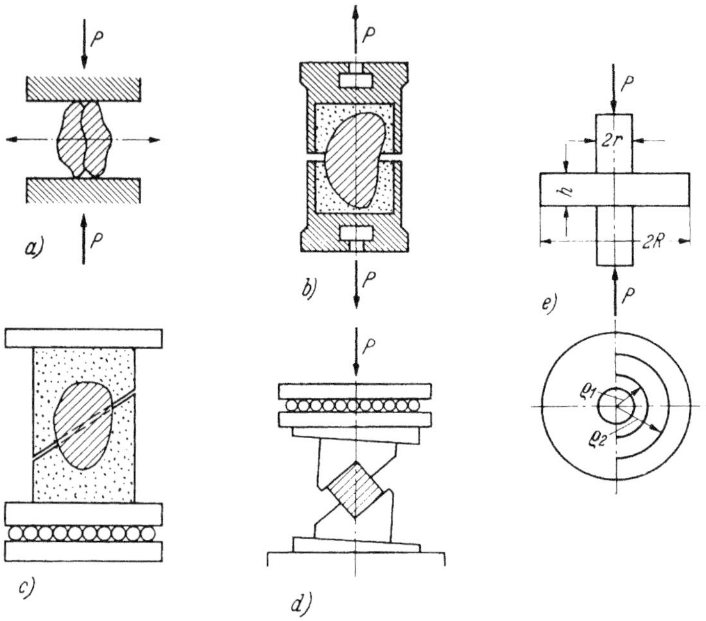

Abb. 3-2. In der UdSSR übliche Methoden zur Festigkeitsuntersuchung von Steinen.
a) und b) Zugfestigkeitsbestimmungen.
c) und d) Bestimmung der Scherfestigkeit unter Schub und Druck.
e) Beanspruchung zwischen koaxialen Druckstempeln (nach PROTODJAKONOV, 1961).

2. die dynamische Eindringmethode, bei welcher ein Gewicht von 2,5 kg längs eines Stabes 40 cm herabfällt und das 1 cm² messende Ende des Stabes in das Gestein treibt. Die Anzahl der Schläge, welche zu einer Eindringung von 10 cm erforderlich sind, ist ein Maß für die Festigkeit des Gesteines bei plastischen Gesteinsarten;
3. die statische Eindringmethode (Abb. 3-2 b), bei welcher eine dünne konische Nadel durch Schulterdruck in ein mildes Gestein (z. B. Kohle) eingedrückt wird. Die maximal erforderliche Druckkraft, welche ein Maß für die Festigkeit ist, wird an einer hydraulischen Meßdose abgelesen;
4. die Zerdrückung von Probekörpern unregelmäßiger Form mit einem Höhen-Dicken-Verhältnis von 1,5 bis 2 in einer handbetriebenen hydraulischen Kolbenpresse (Abb. 3-2 c) liefert die vergleichbare

Würfelfestigkeit $\sigma \doteq \frac{PA}{V^{2/3}}$ in kg/cm² [3—1], wobei P die aufgebrachte Bruchkraft, A der mittlere Querschnitt des Probekörpers und V das Volumen in cm³ ist, welches in einem Volumenmesser ermittelt wird. Zur Erreichung zuverlässiger Mittelwerte wird jedes Gestein 20mal geprüft.

3.2 Schichten und Schieferung

3.21 Schichtung

Schichtung *(stratification; stratification; stratificazione)*, das gemeine Merkmal der Absatzgesteine *(sediments, roches sedimentaires, sedimenti)*, die deshalb auch Schichtgesteine genannt werden, nennt man den Lagenaufbau derselben. „Dieser Aufbau aus gleich gerichteten Lagen und die dadurch bedingte Verschiedenheit des Aussehens der Bruchfläche senkrecht zur Schichtfläche (Querbruch) und gleichsinnig mit ihr (Hauptbruch) kennzeichnet die schichtige Tracht“ (Stini 1922, 513). Erkennbar wird die Schichtung um so deutlicher, je intensiver und schroffer Farbe, Kornaufbau oder Kornform und stoffliche Zusammensetzung einzelner Lagen wechseln [Bändertracht (Abb. 3–1 a), Lagentracht (Abb. 3–1 b), Wechsellagerung (Abb. 3–1 c)]. Verwitterung, welche die verschiedenen Lagen unterschiedlich angreift, erhöht die Deutlichkeit. Oft aber besteht die schichtige Tracht nur in einer parallelen Lagerung der Körner oder eines Teiles derselben, besonders wenn diese Blättchen- oder Schuppenform haben; sie ist dann mit dem bloßen Auge oft nur schwer oder gar nicht zu erkennen und leitet manchmal erscheinungsmäßig zur schiefrigen Tracht über, von der sie aber doch zu unterscheiden ist.

Spricht man im Deutschen von Schichten, so versteht man darunter meist stratigraphisch oder petrographisch unterscheidbare Schichtpakete *(strata; strate; strato)*; sind sie ganz dünn, so heißen sie Schnüre, etwas dicker Schmitzen; einzelne, sich von der Nachbarschaft abhebende, aber stratigraphisch oder petrographisch nicht wesentlich zu unterscheidende Gesteinslagen eines Schichtstoßes hingegen werden als Blättchen, Platten oder Bänke *(banks; bancs; bancchi)*, bei entsprechender Begrenzung auch als Linsen bezeichnet. Die Dicke aller solcher lagigen Elemente wird, normal zu den Schichtflächen *(planes of stratification; plans de stratification; piani di stratificazione)* gemessen (Abb. 3–3), Mächtigkeit *(thickness; puissance; potenza)* genannt; ihre Verschneidung mit der Oberfläche des Geländes oder einer künstlichen Oberfläche heißt „Ausbiß“ *(outcrop; escarpement; fuoruscita)*.

Schichtung entsteht durch den Vorgang der Absetzung *(sedimentation; sedimentation; sedimentazione)* selbst; schon die Absitzbewegungen der einzelnen Körner in ihrem Medium (Wasser oder Luft), welche für verschiedene Kornformen verschieden sind, schaffen gewisse Raumgefüge (Anlagerungsgefüge nach Sander). Noch mehr aber wirkt sich ein jeder Wechsel in der Korngröße normal zu den Absatzebenen aus, wie verursacht wird durch Schwankungen der Wasserführung, des Klimas, Mineralwechsel infolge von

Änderungen des Einzugsgebietes, Sedimentationspausen, zwischenzeitliche Konsolidierung des bereits Abgelagerten, Abwechslung küstennaher und küstenferner Absetzungen, Wasser verschiedenen Salzgehaltes usw.

Von besonderer technischer Bedeutung sind Absetzungsphasen, welche tonige und glimmerige Häute oder Zwischenlagen solcher Mineralien auf die Schichtflächen gelegt haben, welche in der nachfolgenden Zeit der Gesteinswerdung *(Lithogenese; lithogensis; lithogenese; litogenesi)* oder Gesteinsumprägung *(metamorphism of the rock; metamorphisme du rocher; punzonamento della roccia)* besonders gleitfähige Schichten und Fugenfüllungen ergeben (chloritische, serititische, weichschiefrige Mineralgesellschaften). Die fast stets vorhandene erhöhte Teilbarkeit bzw. Spalt-

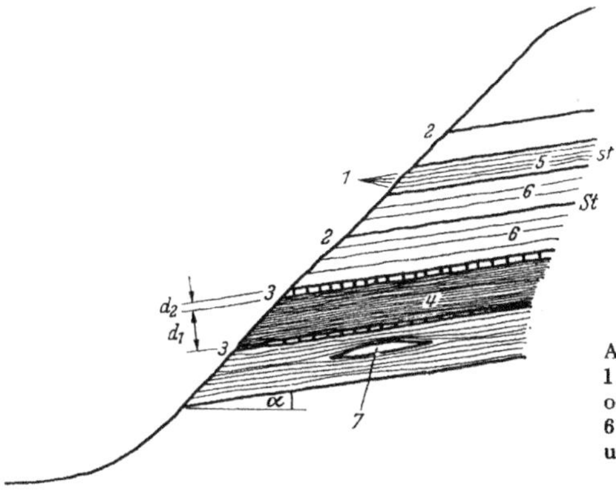

Abb. 3-3. Kennzeichnung von Schichtverbänden. 1 Schichtflächen St; 2 Schichtfugen Kst; 3 Schnüre oder Schmitzen; 4 Schichtblättchen; 5 Platten; 6 Bänke; 7 Linse; 1, 2, 3 Ausbisse von Schichten und Schmitzen; d_1, d_2 Mächtigkeit; α Schichtneigung

barkeit der Absatzgesteine nach den Sedimentflächen ist in solchen Zwischenlagen ganz besonders hoch. Die Scherfestigkeit ist parallel zu diesen Lagen gegenüber anderen Richtungen dermaßen abgemindert, daß eine deutliche mechanische Anisotropie [Schichtanisotropie *(6.3)*] die Regel ist.

Gemeine Lagenschichtung, Deltaschichtung und Kreuzschichtung unterscheiden sich durch Entstehung und Erscheinungsform. Lagenschichtung entsteht im allgemeinen durch Absetzung im tieferen Wasser oder durch seichte Überflutungen, während Deltaschichtung für unterseeische Bach- und Flußdeltaschüttungen charakteristisch ist. Kreuzschichtung ist ein örtlich-zeitlicher Wechsel von beiden. Über die Vorgänge der Sedimentation und deren Analyse aus dem Absatzergebnis unterrichtet vorzüglich das Buch von Shrock (1948).

3.22 Schichtfugen

Diese erhöhte Teilbarkeit und Anisotropie erklärt das häufige Aufreißen von Schichtfugen, welche begrifflich von den gemeinen Schichtflächen auseinanderzuhalten sind. Schichtflächen (St) und Spaltbarkeitsebenen sind flächige Raumelemente des Gesteines (Abb. 3–3), räumlich geordnete Inhomogenitäten in demselben; Schichtfugen (kst) sind [so wie die später zu besprechenden Schieferungsfugen (ks)] Diskontinuitäten, Raumelemente des Gebirges und nur in gewissen, mitunter regelmäßigen, meist unregelmäßigen Abständen, vorhanden. Bezeichnen wir (mit SANDER) als Fuge oder (mit STINI) als Kluft (k) eine jede Trennfläche im Gebirge, durch welche der mechanische Zusammenhalt der Gesteinsmasse unterbrochen ist, so dürfen wir auch von Schichtklüften *(strata joints; fissures de stratification; fessure di stratificazione)* sprechen. Streichen diese [als Großklüfte (3.3)] weiträumig durchs Gebirge, so sprechen wir von Bankungsklüften (Kst) und nennen die so entstehende Tracht je nach der Dicke der Gesteinstafeln (Bänke, Platten, Blätter) bankig, plattig oder blätterig. STINI unterscheidet treffend: dickbankige, dünnbankige usw. Gesteine.

Geringe Scher- und Zugfestigkeit entlang der Sedimentationsflächen nannten wir als Vorbedingung für das Aufreißen von Schichtflächen zu Schichtfugen; als Ursache dieses Aufreißens sind zu nennen: a) Schwindung und Setzungen bei der Austrocknung, b) Zusammendrückung bei der Verfestigung oder c) Relativbewegungen infolge tektonischer Vorgänge. In den Fällen a) und b) gehören sie zu jenen Diskontinuitäten, welche als (echte) Absonderungen bezeichnet werden; im Falle c) zu den gemeinen oder tektonischen Klüften. Ähnliche, meist horizontale Absonderungsklüfte kennen wir auch in magmatischen Gesteinen *(igneuous rocks; roches à la profondeur; roccia errativa)*; wo sie als Bankungs- oder als Lagerklüfte bezeichnet werden. In beiden Gesteinsarten gehen sie auf Volumänderung und deren Unstetigkeiten zurück.

3.23 Schieferung

Schieferung *(cleavage, foliation; schistosité; scistosità)* ist begrifflich weniger leicht zu fassen als Schichtung, nicht nur wegen ihrer verschiedenartigen Erscheinungsformen, sondern auch deshalb, weil es nicht leicht ist, phänomenologische und genetische Beschreibung sauber zu trennen. Manche z. B. sehen das Wesentliche der Schieferung in einer „ausgesprochen gerichteten (geregelten) Textur stengeliger und blätteriger Mineralien (Abb. 3–4 a); diese bevorzugen mit ihren Hauptrichtungen die Schieferungsfläche, betonen dieselbe und erhöhen ihre geometrische und mechanische Bedeutung (Kristallisationsschieferung)"; bei einer anderen Art der Schieferung wird das „Gestein in kurzen Abständen von einigermaßen parallelen Flächen durchzogen, die mechanisch wirksam sind, indem sich längs ihrer das Gestein ablösen oder verschieben kann" (CLOOS 1936, 326). Wir möchten aber hiervon mit STINI (1929) diejenigen Gesteine ausschließen, welche eine solche Eigenschaft schon durch die Sedimentation erworben haben („Sedimentationsschieferung") (Abb. 3–4 b); „solche Vorkommen hat man mit dem leicht irreführenden Namen Schiefer (Tonschiefer, Mergelschiefer, Kalkschiefer u. dgl.) bezeich-

a

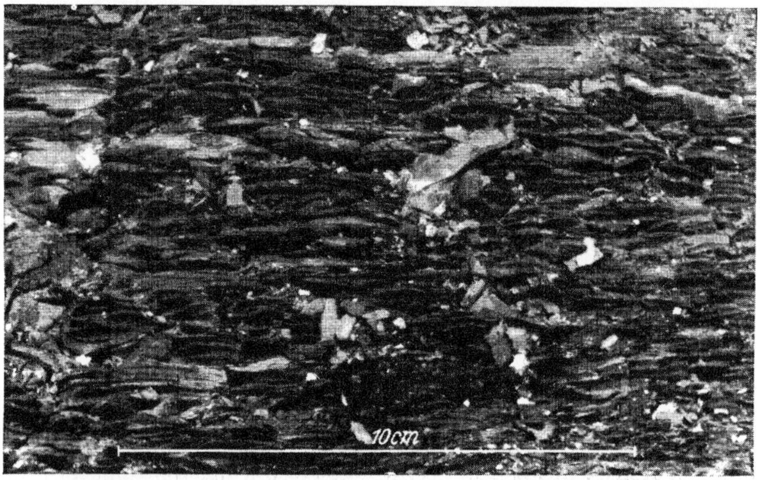

b

c

Abb. 3-4. Schieferungsformen (Einteilung nach Stini).
a) Kristallisationsschieferung (Gneis vom Mooserboden), b) Sedimentationsschieferung (Schieferton im Flysch des Heuberges) (siehe auch Abb. 2-13), c) Querschieferung (von links oben nach rechts unten) und Flexuren (von links unten nach rechts oben; Tonschiefer an der Straße Alflen—Müllenbach; Photo R. Hoeppener, 1956)

net, obwohl unzweifelhaft eine ursprüngliche Schichtung vorliegt, welche den Flächen kleinsten Zusammenhanges im Gestein entspricht und durch den Druck der überlasteten Massen bloß deutlicher ausgeprägt wurde. Besser wäre die Benennung Blätterton, Blättermergel, Blätterkalk usw. Schieferung im eigentlichen Sinne des Wortes ist dagegen eine leichtere Teilbarkeit des Gesteins in untereinander gleichlaufenden Richtungen, welche das Gestein erst nachträglich durch Druckwirkungen usw. erworben hat und welche nicht schon in der ursprünglichen Anordnung gleicher oder ungleicher Körner nach einer Fläche begründet ist. Freilich können sehr oft die Flächen einer späteren Schieferung zufällig mit den Ebenen der vorher bereits vorhandenen Schichtung zusammenfallen. Überall dort aber, wo in Gesteinsmassen seitlich wirkende Kräfte lebendig wurden, wie z. B. bei der Gebirgsbildung, schneidet die stets senkrecht auf die Druckrichtung eingestellte Schieferung die Flächen der ursprünglichen Schichtung oft unter mehr oder minder spitzen bis rechten Winkeln; diese Art der Schieferung wird Quer- (Transversal-), Schräg- oder Pressungsschieferung genannt (STINI 1929, 207; Abb. 3–4 c)[39a]).

Die Gefügekunde *(Science of structure; théorie de la structure; scienza delle strutture)*, bemüht um saubere Trennung von Beschreibung und Erklärung, unterscheidet rein beschreibend das Korngefüge schiefrigen Gesteines (von welchem sich ja die Ablagerungsgefüge als zum Sedimenttypus gehörig erkennen und ausscheiden lassen) vom Flächengefüge *(3.4)*, also den Raumdaten der (kleineren oder größeren, engscharig oder weitscharig stehenden) Schnittflächen, welche manche, aber nicht alle Schiefer durchziehen. Damit vermag sie auch, ohne auf die Genese einzugehen, die zwei großen Gruppen (sowie alle Zwischenarten) der kinematischen Kristallisationsschieferung (NIGGLI 1920, SANDER 1948) und der klastischen Schieferung zu erfassen. Die ersteren zeigen oft keine ausgesprochenen Schieferungsflächen *(cleavage planes* oder *foliation planes; plans de schistosité; piani di scistosità)*, aber stets eine Einregelung von Körnern und eine deutliche Anisotropie und Spaltbarkeitsrichtung, während die zweiten durch eine (manchmal auch zwei) Scharen von Trennflächen, feinen, oft kaum wahrnehmbaren Haarrissen, eigentlich Klüftchen, charakterisiert sind, deren Abstand Millimeter oder Zentimeter betragen kann. Die erste Art schieferiger Tracht zeigen neben den typisch schieferig aussehenden Glimmerschiefern, Serizit-Chlorit-Hornblendeschiefern, Phylliten usw. auch solche Gesteine, die der gesteinskundlich weniger Bewanderte auf den ersten Blick gar nicht als Schiefer erkennen würde, wie z. B. manche echte Gneise, Kalkglimmerschiefer, geschieferte Grüngesteine usw. Der

---

[39a]) Unter vielen neueren Studien zum Schieferungsproblem sei besonders auf die Arbeiten von HOEPPENER (1956, 1957, 1959) hingewiesen.

zweiten Art gehören vornehmlich die Tonschiefer, deren typischste die Dachschiefer sind, die Urtonschiefer, die Grauwackenschiefer usw. an.

Stini unterscheidet unter den Schiefern der zweiten Art vollkommen schieferige (bei glatter, ebener, stetiger Ausbildung der Spaltungsflächen), ebenschieferige, krummschieferige, welligschieferige, verworrenschieferige, deren Kennzeichnung sich von selbst versteht, ebenso wie die Bezeichnungen dünn- und dickschieferig, welche besser durch dünn- und dickblätterig zu ersetzen wären. Aber auch bei der ersten Art kann man den Grad der Durchschieferung bzw. der Körnereinregelung nach den sogenannten S-Flächen (Sander) gradmäßig oder in einer Skala erfassen und etwa von hochgradig, mittelmäßig und schwach geschieferten Gesteinen sprechen.

Ein und dasselbe Gestein kann also Schieferung und Schichtung zeigen, was oftmals gar nicht leicht zu unterscheiden ist. Je deutlicher das Gestein durch den Formungsakt der Schieferung überprägt wurde, desto mehr gehen oft die Merkmale der Schichtung verloren und sind zuletzt dann nur noch an leichten Farbunterschieden oder Einlagerungen nachzuweisen.

3.24 Schieferungsfugen

Genau wie bei den Schichtflächen und -fugen hat man auch hier begrifflich zwischen Schieferungsflächen *(foliation planes; plans de schistosité; piani di scistosità)* und Schieferungsfugen *(foliation joints* oder *cleavage joints; clivages schisteux; giunti di scistosità)* zu unterscheiden (Abb. 3 a). Während aber bei der Schichtung technisch fast ausschließlich die Schichtfugen von Bedeutung sind, kann die Schieferung, auch bei Abwesenheit von Schieferungsfugen, wegen der leichten Teilbarkeit nach S Bedeutung haben. In einem anderen Sinne als die Schichtung bewirkt sie dann eine Anisotropie im Gestein. Geschieferte Gesteine von erheblicher Anisotropie können sehr homogen sein, was Schichtgesteine selten sind. Auch ist die Anisotropie eines durch Schicht- oder Schieferungsfugen bankig oder plattig zerlegten Gesteins von anderer Art (nämlich nur mehr statistisch und im größeren Bereich zu verstehen) als die eines Gesteines ohne solche Diskontinuitäten.

Solange Schicht- und Schieferungsfugen ganz eng geschlossen sind, kommt ihnen mechanisch oft nur eine geringere Bedeutung zu. Die Reibung und auch die Adhäsion in ihnen ist oft erstaunlich groß, und selbst eine echte Kohäsion oder der Rest einer solchen ist ihnen oft nicht ganz abzusprechen. Wenn entlang ihrer jedoch der Zusammenhalt des Gesteins deutlich gelockert oder ganz gelöst ist wie in den meisten übrigen Klüften, dann spielen sie statisch dieselbe Rolle wie andere parallel gescharte Großklüfte. Stini zählt sie deshalb mit Recht zu den Klüften. Wir sind zu solcher Gleichsetzung berechtigt, wenn es darum geht, den geologischen Körper hinsichtlich seiner mechanischen Eigenschaften zu beschreiben, wenngleich die Schichtklüfte und die übrigen Klüfte geologisch etwas Verschiedenartiges sind.

3.25 Mechanische Bedeutung

Die mechanische Bedeutung der Schicht- und Schieferungsfugen ist oft nicht leicht einzuschätzen. Je nach der Korngröße und dem Kornaufbau, nach der Kornform, nach den elektrostatischen Vorgängen im Absatzschlamm, der Blasenbildung, den sich auf der Schlammoberfläche bildenden sogenannten fossilen Regentropfen (welche nichts anderes als Auswurf-

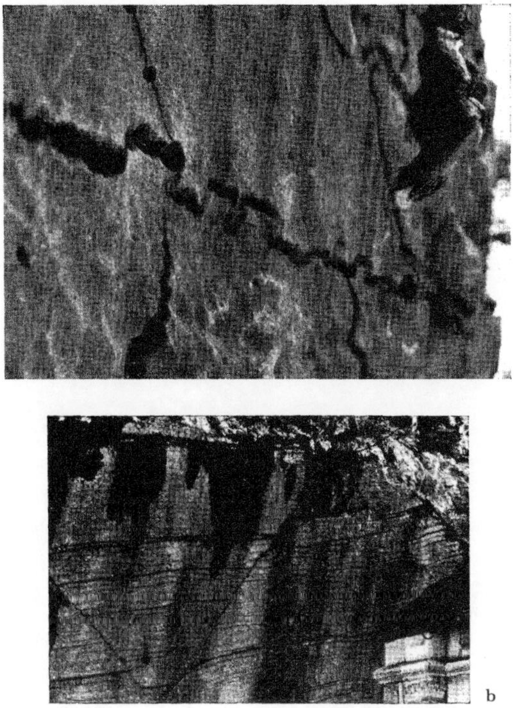

Abb. 3-5. Verzahnte (a) und versetzte (b) Schichtfuge

trichter von Wasserausspuckungen sind), entstehen auf Schichtflächen Strukturen geringerer oder größerer Rauhigkeit. Ungleichmäßigkeiten des Absetzungsvorganges, unterseeische Rutschungen und Setzungen, Schwindrisse und Synärese schaffen häufig weitere Unstetigkeiten in den Schichtfugen, welche mechanisch nicht selten einer feinen Verzahnung gleichkommen (Abb. 3–5 a) und bei der geologischen Aufnahme sehr beachtet werden müssen, weil sie die Schichtreibung bedeutend erhöhen können. Oft verlaufen Schichtfugen so uneben, daß die Reibung Gleitbewegungen außerordentlich erschwert, ja sogar unterbinden kann. Dies ist insbesondere dann der Fall, wenn quer zu den Schichtebenen stehende Kluftscharen die Schichtebenen „versetzen" (Abb. 3–5 b).

Solche Versetzungen können gleich einer Verdübelung wirken und Gleitungen entlang der Schichtfläche selbst bei sehr spitzen Winkeln zwischen der angreifenden Kraft und den Schichtflächen verhindern, aber nur in einem Bewegungssinn.

Durch großes Gewicht überlagernder Massen, durch Umkristallisation, Gebirgsdruck und Wärme ist der Schichtkontakt in vielen Fällen so ver-

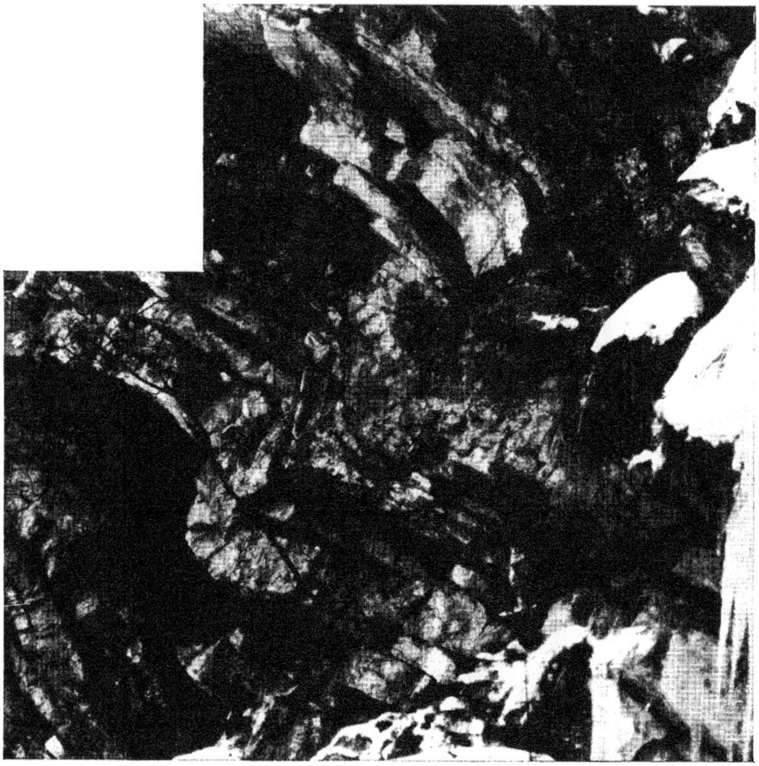

Abb. 3-6. Durch Faltung geöffnete Schichtfugen (Oberalmer Kalk)

innigt worden, daß eine „Kaltverschweißung" eingetreten ist und daß in manchen umgeprägten Gesteinen die ehemalige Schichtung oft nur noch als Zeichnung erkennbar ist; dann ist die einst vorhandene Spaltbarkeit auf ihrer Fläche aufgehoben und die Scherfestigkeit erhöht.

Bei großem Scherwiderstand in St kommt der Schichtung keine unmittelbare geomechanische Bedeutung zu, da sie kaum Schichtfugen bildet oder Gleitbewegungen zuläßt — es sei denn, daß spätere Formungsakte z. B. eine Schieferung mit der Schichtung gleichgehen lassen und Schieferungsfugen auf den Bahnen der alten Schichtung aufgetan werden. Wird ein Schichtstoß gefaltet (Abb. 3–6), so kommt es infolge seiner geringen Scherfestigkeit in S zu Gleitbewegungen, welche angesichts der meist nicht vollkommenen Ebenheit der S-Flächen fast stets auch Öffnungsbewegungen sind. Wenn gemäß Abb. 3–7 der obere Teilkörper entlang der unebenen Schichtfuge über den unteren hinweggleitet, so wird er infolge der Unebenheiten der Gleitbahn auch etwas abgehoben. Die Öffnungsbewegung wird allerdings dadurch etwas gemindert, daß die am meisten hervorstehenden Unebenheiten zerrieben und abgetragen werden; sie liefern dann einen Teil der Kluftfüllungen solcher Reibungsfugen.

Sind Schicht- und Schieferungsfugen glatt, dann bilden sie Gleitbahnen. Schematische Darstellungen, wie z. B. bei Stini, Rabcewicz (1944, dort Abb. 12) u. a., haben diese Wirkung dem Ingenieur nahe-

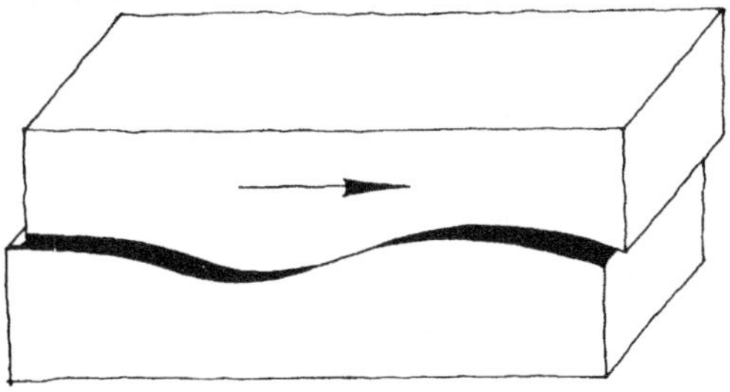

Abb. 3-7. Fugenöffnung durch Gleitung quer zu welligen Kluftflächen

gebracht, manchmal aber zu einer Überbewertung von Schicht- und Schieferungsfugen gegenüber den übrigen Klüften geführt, obwohl sie nicht so verstanden werden wollten. Viele Ingenieure fühlen sich jeder Sorge enthoben, wenn die Schichten in einem Straßenanschnitt bergeinwärts fallen, wenn die Widerlagerkräfte einer Staumauer unter günstigen Winkeln auf S und St auftreffen; und doch lehrt die Praxis ungezählter Beispiele, daß mit einer solchen Beobachtung erst ein Standsicherheitskriterium von vielen gegeben ist, deren Summe erst beruhigen dürfte. Bei der Einbindung der Vajont-Sperre (Abb. 2–14 a) z. B. verdiente die Schichtung trotz deutlicher Ausbildung kaum technische Beachtung, während den Hauptkluftscharen infolge ihrer Raumstellung höchste Bedeutung zukommt. Am Kraftwerk Sarobi (Afghanistan) beobachtete ich einen Talzuschub [Müller 1955 a, 149 *(13.28)*], welcher trotz bergeinfallender Schichtung und Schieferung um nichts harmloser war als Talzuschübe auf auswärtsfallenden Schichttafeln. Damit soll aber beileibe nicht ausgesprochen werden, daß man Schichtung und Schieferung unterbewerten soll. Man muß sie mit der Klüftung nach Stellung, Beschaffenheit und mechanischer Auswirkung in Vergleich setzen. Oft genug ist beides von Bedeutung.

3.3 Klüftung

Es ist das unvergängliche Verdienst STINIS, als erster die überragende Bedeutung der Gesteinklüfte und ihrer Aufnahme für fast alle Fragen der Baugeologie und Geomechanik erkannt und beschrieben zu haben. Es gibt wohl keinen Zweig des Felsbaues, für welchen STINI (1926 a, 1938 a, 1938 b, 1950 b, 1951 b) die Rolle der Gesteinsklüftung nicht gründlichst erforscht und meisterlich dargestellt hätte. Seine Einteilungen und Begriffsbestimmungen gelten heute noch unverändert und haben sich im deutschen Sprachraum allmählich durchgesetzt.

Gleichwohl bleibt es uns nicht erspart, uns mit historisch gewordenen Bezeichnungen und Einteilungen der Klüfte auseinanderzusetzen, weil diese gelegentlich noch in Gutachten, aber auch in der Fachliteratur zu finden sind und viele Mißverständnisse verursachen. So würde z. B. ein Ingenieur ganz falsche Schlüsse aus einem geologischen Gutachten ziehen, in welchem die Abwesenheit von Klüften ausgesprochen wird, wenn er nicht wüßte, daß es Autoren gibt, die unter „Klüften" nur eine ganz bestimmte Art von Trennflächen verstehen, während wir mit STINI alle Trennflächen Klüfte nennen.

3.31 Begriff und Einteilung der Klüfte

Begriff und Einteilung der Klüfte *(joints [fissures, cracks]; fissures [ruptures]; fessure [giunti])* gaben und geben zu vielen Mißverständnissen und Verwechslungen Anlaß. Insbesondere in der älteren Literatur, etwa bis 1940, werden beschreibende und genetische Bezeichnungen dermaßen durcheinandergeworfen, daß man eines Leitfadens der Terminologie bedarf, um sich zurechtzufinden [40]).

DAUBRÉE (1880) teilte nach dem Merkmal stattgefundener oder nicht feststellbarer Bewegungen die Klüfte, die er „Lithoklasen" nennt, in Paraklasen und Diaklasen ein, gibt aber zu, daß man Verschiebungen nicht immer feststellen könne, auch wenn sie stattgefunden haben. Nach dem gleichen Gesichtspunkte unterscheiden auch heute noch viele deutsche Geologen (z. B. HEITFELD 1960, 192) zwischen Störungen und Klüften. Auch BILLINGS (1942), JOLLINS u. a. nennen, abweichend vom sonstigen englischen Gebrauch Klüfte mit Bewegungen faults (unterteilt in Verwerfungen und Flexuren) und bezeichnen als joints nur Klüfte ohne Relativbewegungen der Ränder. TALOBRE (1957, 33) teilt die fractures de roches in failles, welche das eigentliche Kluftnetz bilden und auch fractures plastiques genannt werden, wenn sie nur kleine Risse (fissures) bilden, und in fractures fragiles, welche das Ergebnis einer Dekohäsion durch einfachen Zug sind bzw. im dreiachsigen Spannungszustand parallel zur größten Druckspannung σ_3 und quer zur kleinsten Spannung σ_1 verlaufen, und nennt diese diaclaces.

---

[40]) Ausführlich ist die Geschichte dieser Begriffsbildung dargestellt bei L. Müller, Salzburg (1933 und 1960 a).

Ob man an Klüften eine Bewegung feststellen kann oder nicht, ist letzten Endes nur eine Frage der Beobachtungsgenauigkeit; auch eine Öffnungsbewegung der Kluftufer ist eine Bewegung. Deshalb verließen SALOMON (1911) und seine Schule diese Einteilung nach der Relativbewegung und unterschieden in Übereinstimmung mit HOUGHTON (1858) lediglich Harnische und gemeine Klüfte, je nachdem sie Wandflächenglättung besaßen oder nicht. Die gemeinen Klüfte teilte er (genetisch) in Druckfugen, Strukturfugen und Verwitterungsfugen ein und hielt die Stellung der letzteren für rein zufällig. MÜLLERIED (1922) und J. VÖLKER (1928) bereicherten diese Einteilung noch um die sogenannten Oberflächenklüfte, die wieder in Absitz- und Gehängeklüfte geschieden wurden. Zahlreiche andere Bezeichnungen haben keine Verbreitung gefunden.

Die CLOOSsche Granittektonik unterschied nach Lagebeziehungen zu den „übrigen Elementen des Grobgefüges“ Längsklüfte (S), Querklüfte (Q), Diagonal- und Bankungsklüfte. Ähnlich unterschieden in den kristallinen Schiefern BECKE (1924) und HEIM (1912) Haupt-, Längs- und Querklüfte. Auch in Absatzgesteinen wird vielfach von Quer- und Längsklüften gesprochen, wenn die Hauptkluftscharen, welche dort häufig 80—90° mit der Schichtung einschließen, ungefähr im Streichen der Schichtung und quer dazu stehen.

ASCHER (1932, 113/15) — mit ihm kommen wir zum ingenieurgeologischen Sprachgebrauch — war 1932 noch mit dem Vorurteil behaftet, daß Kleinklüfte, „deren Bedeutung zunächst auf den engsten Umkreis ihres Vorkommens beschränkt ist ..., größtenteils aus Flächenelementen schwächeren Zusammenhangs oder erhöhter Spannung“ entstünden, „die sich durch die Erschütterung des Sprengens — oder bei freier Oberfläche durch Frostwirkung — öffnen, ohne daß an ihnen eine Verschiebung der benachbarten Felskörper stattgefunden hätte“. Zu einer anderen Gruppe von Klüften zählt er „alle als solche erkennbaren Verwerfer, Schmierlassen, Mylonitstreifen, Harnische, kurz alle Flächen, längs welcher unzweifelhaft eine Verschiebung stattgefunden hat“: Verschiebungsklüfte. Hier ist die Unterscheidung in Klüfte mit und ohne Verschiebung mit einer zweiten Einteilung nach der Ausdehnung zusammengeworfen.

STINI scheidet zunächst genetisch von den (selteneren) echten Absonderungsflächen, die ihre Bildung „der allmählichen Erstarrung eines Durchbruchgesteines oder der langsamen Austrocknung von Absatzgesteinen“ verdanken und die wir den Schwindrissen im Beton vergleichen können, die Bewegungsflächen oder Gemeinen Klüfte, die meist „auf Wirkungen gebirgsbildender Kräfte oder langsamer Hebungen und Senkungen der Erdrinde zurückzuführen“ sind und längs deren „stets eine Bewegung von 2 Schollen der Erdhaut“ stattgefunden hat, „mag nun die Strecke, über welche die beiden Stücke aneinander vorbei“ — ich ergänze: oder voneinander weg — „bewegt wurden, lang oder nur ganz kurz, ja kaum meßbar sein“ (1925a und 1929). Mit STINI bezeichnen wir in der Baugeologie und Geomechanik als Klüfte also alle Trennflächen (Diskontinuitäten; *discontinuities; discontinuités; discontinuità*) im Gestein, längs deren der Zusammenhalt der Substanz aufgehoben ist, ob sie nun klaffen oder nicht, sich viele Meterzehner oder nur wenige Zentimeter erstrecken, eben oder uneben gestaltet seien.

Nach der Bewegung an den Spaltenrändern scheidet Stini (1925 a und 1929) Gleitungs- und Zerrungsklüfte. Diese Unterscheidung werden wir entsprechend dem Sprachgebrauch der Technologie um die Verschiebungsklüfte erweitern.

Sander (1948, 101 ff.) verwendet als übergeordneten Begriff für alle Trennflächen „Fuge“ und nennt die durch mechanische Beanspruchung entstandenen Fugen „Rupturen“, welche nach den Randbewegungen wiederum in „Reiß- und Gleitfugen“ geschieden werden. Primär und sekundär bezeichnet er die Fugen, „wenn sie Anisotropie erzeugen“ bzw. „‚von gegebener Anisotropie bedingt‘, nur gelegentlich ausgelöst“ sind. Seine „gefügebedingten Klüfte“ entsprechen etwa den Absonderungsklüften Stinis, für die Gleitfuge wird auch oft der Name „Scherflächen“ gebraucht, wobei darauf hinzuweisen ist, daß gerade der Begriff der Scherung von der Mechanik verlassen wurde, weil er nicht eindeutig zu definieren ist. Von der Gefügekunde haben Geotechnik und Geomechanik die Bezeichnungen Fuge, Primär- und Sekundärfugen neben der Stinischen Terminologie.

Im englischen Sprachgebrauch versteht man heute für gewöhnlich unter joints systematische Klüfte in Sedimenten (einschließlich Schichtklüften), aber auch Absonderungsklüfte. Manche Geologen aber gebrauchen das Wort joints wieder nur dann, wenn die Klüfte eben sind. Unter cracks werden in der Regel Risse unregelmäßigen Verlaufes, z. B. an einem Haus, gelegentlich auch oberflächennahe Spalten im Fels verstanden. Fissures werden meist sehr feine Risse, Haarrisse und unregelmäßig verlaufende Risse genannt.

Im Italienischen unterscheidet man der Größenanordnung nach litoclasi (gemeine Klüfte), welche auch giunti (Fugen) heißen, von den fessure, welche etwa unseren Störungen (und Großklüften) entsprechen.

Eine Unterscheidung der Größenordnung nach erweist sich im geotechnischen Sprachgebrauch als höchst zweckmäßig und ist auch im Deutschen üblich, wo Klüfte von Störungen unterschieden werden, welche weiträumig über viele hundert Meter, sogar Kilometer, durchstreichen. [Weitere Unterteilungen *(3.334).*]

Neben den ausgeprägten Klüften ist des Begriffes der „latenten Klüftigkeit“ („fragmentation potentielle“ bei Talobre, 1957) zu gedenken, welcher eine Spaltbarkeit nach vorgegebenen, aber nicht immer freiäugig erkennbaren Flächen meint.

3.32 Entstehung der Klüfte

Für den Ingenieur ist die Zerklüftung des Gebirges eine unabänderliche Gegebenheit. So könnte man meinen, daß es genüge, sie zu beschreiben und daraus mechanisch-kinematische Folgerungen zu ziehen. Das genügt aber aus drei Gründen nicht: 1. Einmal hängt die Beweglichkeit, die in verschiedenen Richtungen sehr verschieden große Formänderungswilligkeit des Gebirgskörpers, innig mit der Entstehung der Klüfte zusammen und kann bei deren Kenntnis leichter beurteilt werden. Ferner 2. ist der Ingenieur und Ingenieurgeologe genötigt, sich aus Beobachtungen an einigen wenigen Aufschlußorten durch Interpolieren und Extrapolieren ein Bild über die Klüftungsverhältnisse im ganzen interessierenden Raum zu machen, was er aber nur kann, wenn er sich darüber Rechenschaft gibt, wie und unter welchen Einwirkungen die beobachteten Klüfte entstanden sind. Nicht zuletzt aber 3. läßt die Entstehung der Klüfte auf die Beschaffenheit einzelner Kluftscharen schließen, von denen nicht zufällig die einen rauh, die anderen glatt und gleitwillig, diese kurzläufig, jene zeiträumig gestaltet sind.

Die gemeinen Klüfte sind, wie schon J. Phillipps erkannt hat (Daubrée 1880), tektonischen Ursprungs, soferne man auch die in Oberflächennähe vor sich gehenden Formungsakte, welche nicht nur vorhandene Klüfte öffnen, sondern auch neue erzeugen, mit Sander u. a. zu den tektonischen Erscheinungen (Gehängetektonik) zählt. Im Bereich der Gehängetektonik (und insbesondere im Frost- und Auflockerungsbereich) sind die Klüfte meist weiter geöffnet, manchmal auch zahlreicher als in den tieferen, von der eigentlichen Tektonik beanspruchten Bereichen. Immer aber ist das Gestein auch in der Tiefe zerklüftet[41]).

Im Sinne der Werkstoffmechanik sind alle Klüfte Brüche *(fractures, fissures, fratture)*, Rupturen (Sander), Ergebnis einer Zerbrechung *(savantes, fragmentation à grande échelle)* bei Talobre, im Gegensatz zu *fragmentation à l'échelle cristalline* bei der Schieferung *(fratturazione)*, einerlei, ob sie sich nur als feine Risse oder Haarrisse *(fissures, fissures, fessure)* oder als große Spalten *(cracks, failles, fessure aperte)* zeigen. Sie unterbrechen die Kontinuität des Gesteins und sind deshalb als Gesteinsdiskontinuitäten (Müller), mit Scheidegger (1958) als Diskontinuitätsflächen anzusprechen. Terzaghi (1946) spricht deshalb von mechanical defects.

Ob Klüfte als A b s o n d e r u n g s k l ü f t e auf Volumänderungen zurückgehen wie die Erkaltungsklüfte der Laven (Abb. 3–8) und die Schwindrisse austrocknender Absetzungen (Abb. 3–9), oder wie die zahlenmäßig bei weitem überwiegenden „g e m e i n e n K l ü f t e“ auf tektonische Kräfte; ob vorwiegend auf Auswirkungen des Eigengewichtes, wie die Zerrspalten und „Absitzklüfte“ an Steilhängen — immer sind sie mechanisch-kinematische Phänomene, Brüche, längs deren die Festigkeit des Materials durch Überbeanspruchungen überwunden wurde. Sie treten nach denselben Gesetzlichkeiten wie in festen Körpern auch in plastischen Massen, z. B. Eis (Abb. 3–10) und Lockermassen (Abb. 3–11; Stini 1950 b; Müller 1952 b) auf.

[41]) Über die Physik der orogenetischen Zonen gibt Scheidegger (1958a, 1958 c) aufschlußreiche Überlegungen.

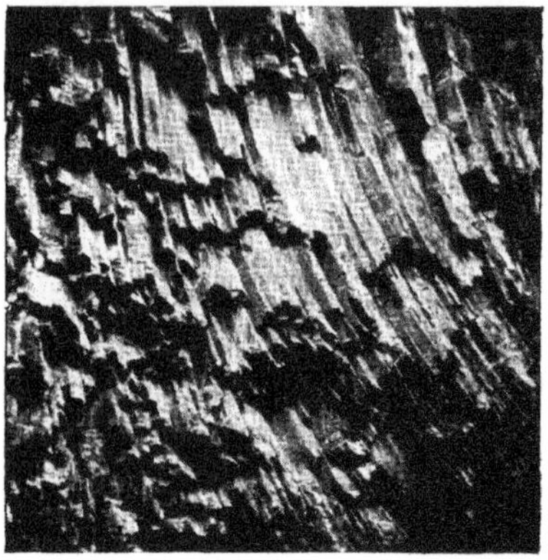
Abb. 3-8

Abb. 3-9

Abb. 3-8. Absonderungsklüfte im Basalt (Nantai-Vulkan, Japan)

Abb. 3-9. Schwindrisse auf einer Mergeloberfläche (Emschermergel bei Dortmund)

Abb. 3-10

Abb. 3-11

Abb. 3-10. Regelmäßige Klüftung im Eis (Gerald de Geer-Gletscher) (mit freundlicher Genehmigung des Spemann-Verlages)

Abb. 3-11. Klüfte in ungebundenem Schotter (Pliozänschotter am Lataband, Afghanistan)

Deshalb sind zur Benennung und Einteilung im geomechanischen Gebrauch die Bezeichnungen der mechanischen Technologie anwendbar.

In den Theorien der Bruchgefahr wird dem Begriff „Bruch" im allgemein gefaßten Sinn ein Unfähigwerden des Körpers, den einwirkenden äußeren Lasten zu widerstehen, beigelegt, und zwar entweder durch das Entzweigehen, Zusammenknicken oder Nachfließen. Im engeren Sinne soll jedoch unter „Bruch" das Entzweigehen, d. h. die Ausbildung von Bruchflächen verstanden werden. „In Fällen mit überwiegend ... Zugspannungen pflegt der ‚verformungslose' ... Trennungsbruch einzutreten. Im anderen Grenzfall überwiegender Druckspannungen dagegen treten die

Trennungen innerhalb der einzelnen Kristallite immer mehr zurück, so daß man den ausschließlich auf Gleitungen beruhenden sogenannten G l e i t u n g s b r u c h erhalten kann. Im Zwischenbereich vermischen sich Gleitungen in den kristallographisch bestimmten Gleitflächen der Kristallite mit Spaltungen entlang der Kristallflächen geringsten Reißwiderstandes, welche Art von uns der V e r s c h i e b u n g s b r u c h bezeichnet wurde" (Roš und Eichinger 1949, 52).

Im geologischen Schrifttum wird „Bruch" meist gleichbedeutend mit „Störung" oder „Bruchlinie" *(fault; faille; faglia)* gebraucht und für eindeutig erkennbare, meist steilstehende Bruchflächen verwendet, welche weithin durchstreichen und meist Verschiebungen erkennen lassen. Der größten eine ist wohl die „San-Andreas-Linie" in Californien, welche als normale, „nahezu schnurgerade Fuge ... alle vorhandenen Strukturen der Küstenkette fast 800 km weit" durchschneidet (Cloos, H., 1936, 251). Ihre Förderweite wird nach einer (von Bucher bezweifelten) Berechnung seit der tertiären Zeit mit 40 km angegeben. Zu den Brüchen in diesem Sinne gehören auch die Verwerfungen, Blattverschiebungen, Auf- und Abschiebungen und dergleichen, welche sich von den Klüften (in der Steinbruchsprache auch Lassen, Lose oder Schnitte genannt) eigentlich nur der Größenordnung nach unterscheiden *(3.3)*.

T r e n n b r ü c h e *(ruptures by separation)* entstehen, wenn die Scherfestigkeit des Materials vergleichsweise groß und seine Zugfestigkeit gering ist oder wenn die Formänderungsgeschwindigkeit so groß ist, daß sich das Material ihr gegenüber spröde verhält. Trennbrüche sind aber auch bei weniger spröden Stoffen an Probewürfeln unter einachsigem Druck nachgewiesen, wenn an den Druckflächen der Würfel deren Querdehnung (z. B. durch Schmierung der Flächen) nicht verhindert wurde [42]).

Trennbrüche stehen normal auf die kleinste Druck- (oder größte Zug-) Spannung. Ihre Oberfläche ist stets körnig-rauh, im großen eben, im kleinen uneben und oft zackig und ohne Abrieb (nur Jakobi 1959, 413, beschreibt den „Zugbruch" im Ruhrkohlenbergrevier als glatt). Sie sind in der Natur häufiger als im Experiment, treten aber meist in Gesellschaft von Gleitungsbrüchen auf. Bekannte Beispiele sind die durch ihre weiße Kalzitfüllung auffallenden Reißklüfte in verschiedenen Schiefern, welche große Formänderungen erlitten haben, wie z. B. der Schiefer der Abb. 3–12; im Cloosschen Experiment sind sie sehr deutlich darzustellen (Abb. 3–13). Aber auch als Großklüfte treten sie häufig auf, vornehmlich in spröden Gesteinen, die auf weicher, nachgiebiger Unterlage aufruhen (Dachsteinkalk vom Salzberg über Haselgebirge (Müller 1950 c, 11), Sandstein von Luxemburg über Tonmergel; Basalte und Tuffe der Wilhelmshöhe bei Kassel, die Schäden am Herkulesbauwerk verursachend, über tertiärem Ton).

Das andere Extrem, der reine G l e i t u n g s b r u c h *(rupture by sliding)* entsteht in Materialien, die sich unter der herrschenden Beanspruchung,

---

[42]) Jakobi (1957, 1402/3) nennt sie Scherflächen, was sie eigentlich nicht sind.

also z. B. bei sehr langsamer Formänderung, weitgehend plastisch verhalten und deren Scherfestigkeit vergleichsweise gering ist. Im Experiment sind sie leicht an Metallen, bei höheren dreiachsigen Drücken auch an Marmor, sehr leicht in Lehm nachzuweisen. In der Natur sind sie häufig; die größte Zahl aller sogenannten Harnische (Abb. 3–14), auch Spiegel genannt *(slickensides; miroirs de faille; lisci)*, möchte ich zu diesen zählen. Ihre Striemung tritt meist sofort im Entstehen der Kluft auf und wurde — entgegen der landläufigen Vorstellung — nicht erst später durch sekundäre Bewegungen eingekratzt. Zum Beispiel zeigte der Gleitungsbruch der Abb. 3–14 a, dessen Entstehen ich im grauen Grundmoränenlehm mit ein-

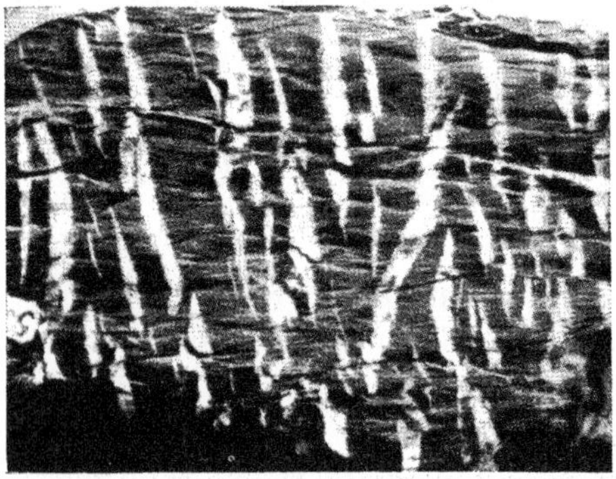

Abb. 3-12

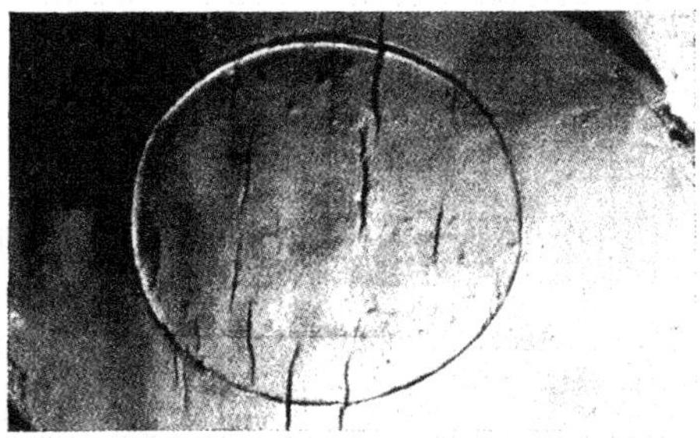

Abb. 3-13

Abb. 3-12. Reißklüfte, von Quarzadern erfüllt (aus H. Cloos, 1936, 228)

Abb. 3-13. Trennbrüche im Cloosschen Tonexperiment. Zugspannung im Bilde waagrecht, Druckspannung lotrecht; Verformung erfolgte als „reine Schiebung" (aus Cloos 1936, 227)

gelagerten Steinen während der Autobahnrutschung in Thalgau (Salzburg) innerhalb eines Tages an einer Aufschiebungsfläche beobachten konnte, vom ersten Augenblick an Striemen. Auch wenn die Oberfläche des Gleitungsbruches keine Harnischstriemen trägt (welche die Gleitrichtung verraten), ist sie glatt und oft erstaunlich eben.

Harnische finden sich in Größenordnungen von Metern bis vielen Meterzehner in fast allen Gesteinen; nur in besonders spröden, wie z. B. Quarziten, Sandsteinen sind sie selten. Die Gleitungsbrüche stehen immer so im Raum, daß sie die mittlere Spannungsachse σ_2 in sich enthalten und den rechten Winkel zwischen σ_3 und σ_1 hälften, wobei (Abb. 3–15; vgl. auch Abb. 2–6) der Winkel 2α etwa zwischen 80 und 90°, theoretisch beim reinen Gleitungsbruch 90° beträgt.

Der Verschiebungsbruch *(rupture by shearing)*, sozusagen ein Mittelding zwischen Trenn- und Gleitungsbruch mit $2\alpha = 70 \div 80°$, nicht selten aus kleinen bis winzigen Elementen beider gestaffelt, ist das typische Kennzeichen des Sprödbruches *(brittle fracture, fragmentation fragile* bei

a

b

Abb. 3-14. Gestriemter Harnisch a) an einer Rutschung im Moränenlehm bei Salzburg, b) im oberen Muschelkalk bei Auersmacher/Saar. (Photo Dr. Böcker, Saarbrücken.) (Aus Cloos 1936, 252)

Talobre; *rottura per fragilità*). Er ist die sowohl im Experiment wie auch im Naturbefund am häufigsten anzutreffende Bruchform und nur in ausgesprochen plastischen Massen selten. Seine Fläche verläuft meist eben, manchmal auch schaufelig gekrümmt; seine Oberfläche ist stets rauh und zeigt nicht selten Abrieb auf dem frischen Bruch. Niemals trägt er Harnische.

Entsprechend dem charakteristischen steileren Verlauf der Mohrschen Hüllkurve (Abb. 2-8) für sprödes Materialverhalten schließen die Bruchflächen mit σ_3 kleine Winkel ein, welche im Experiment bis $2\alpha = 70°$, in der Natur wahrscheinlich bis $2\alpha = 50$ oder $60°$ absinken können. Denn wie TORRE (1951) u. a. nachgewiesen haben, schließt der zum Berührungspunkt mit der Umhüllenden für das Bruchfließen gehörige Radius des Mohrschen Spannungskreises mit der Sigma-Achse einen Winkel 2α ein, welcher mit dem Bruchwinkel identisch ist. Bei zähen Materialien und bei plastischem Materialverhalten ist dieser Winkel für die meisten Spannungszustände entsprechend dem geringen Größenverhältnis von Druck- und Zugfestigkeit, $c = \beta_D : \beta_Z = 2$—4, groß (Abb. 2-11). Bei sprödem Materialverhalten hingegen ist c groß (5—10), wodurch 2α für die meisten Span-

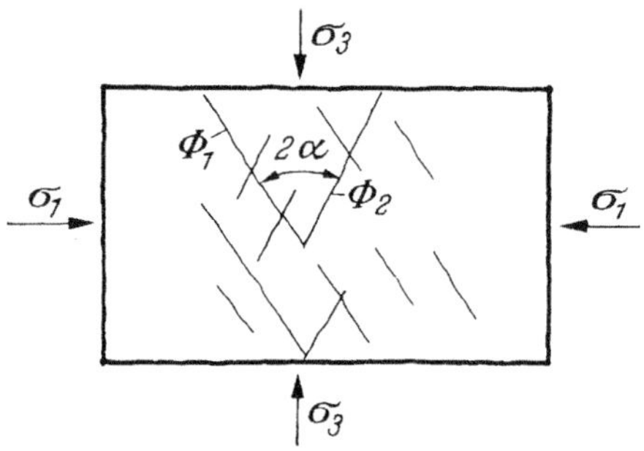

Abb. 3-15. Verschiebungsbrüche (Scherklüfte).
σ_1 kleinste, σ_3 größte Hauptnormalspannung; Φ_1, Φ_2 Hauptkluftscharen; 2α Bruchwinkel

nungszustände klein wird. Wegen der Symmetrie des Spannungstensors sind bruchanalytisch immer 2 spiegelbildlich zu σ_1 bzw. σ_3 liegende Scherflächen Φ_1 und Φ_2 möglich. In der Mechanik und von manchen Geologen werden sie als Mohrsche Flächen bezeichnet; CLOOS und STINI (1925 a) sprechen von Kluftflächenpaaren, MÜLLER (1933) nennt sie konjugierte Brüche, SANDER (1931) Scherflächenpaare, JAKOBI Keilrisse oder Spaltrisse [43]).

Der Streit über die Bezeichnung von Kluftflächenpaaren als „Mohrsche" oder „Lüdersche Flächen", womit an deren Entdecker in der Geologie erinnert wurde, oder Cloossche Flächen, womit parallel und anstehend normal auf die Spannungsrichtung stehende Flächen gemeint wurden, füllte Bibliotheken und wurde erst gegenstandslos, als die SANDER-

[43]) Über die Physik und Kinematik der Bruchflächenbildung im Zusammenhang mit den geologischen Formungsakten lese man die ausgezeichnete Darstellung bei CLOOS (1936, 212) und KIENOW, welche wegen ihrer Widerspruchsfreiheit zwischen geologischen und physikalischen Begriffen für die Techniker leichter lesbar ist als viele andere Lehrbücher der Geologie. Die Mechanik der orogenetischen Zonen behandelt sehr aufschlußreich u. a. SCHEIDEGGER (1960 a).

schen Gefügekoordinaten *(4.36)* eingeführt wurden, welche eine Beschreibung der Lagebeziehung sowie ein Kriterium für die Zugehörigkeit von Bruchflächen zu Formungsakten liefern *(4.36)*.

Ob beide Scherflächenscharen oder nur eine von beiden ausgebildet wird, hängt nach Torre (1949, 9) davon ab, ob Druck- oder Zugbeanspruchungsart *(2.34)* [2–14] vorliegt. W. Schmidt (1932) führt aus, daß vorzugsweise jene Scherflächen entwickelt werden, welche einen „Weg ins Freie" haben. Ich möchte meinen, daß es noch wesentlicher darauf ankommt, ob größere Verformungsbeträge, verbunden mit Internrotation (Sander), d. h. mit Relativverdrehung bestimmter Ebenen im Körperinneren, während des Formungsaktes auftreten oder nicht.

Abb. 3-16. Versetzung einer Kluft K_b durch eine andere (K_a)

Nach der Bruchhypothese von Mohr-Huber-Henky-v. Mises, deren Gültigkeit für geologische Materialien ziemlich allgemein angenommen wird und vor kurzem [44]) wieder überzeugend dargetan wurde, entsprechen einem bestimmten Beanspruchungszustand primär stets 2 Kluftflächenscharen, höchstens deren 3, wenn außer Gleitungs- und Verschiebungsbrüchen auch Trennbrüche auftreten. An ungezählten Beispielen der Natur aber registrieren wir jedoch in aller Regel 3 Scherflächenscharen, und auch im Clooschen Experiment (Abb. 2–2) kommen deren 3, mitunter 4 zustande. Wir haben also geologische Formungsakte nicht ohne weiteres mit Spannungszuständen gleichzusetzen; sie sind Vorgänge, nicht Zustände, von einem Ablauf sich ändernder Spannungszustände begleitet und meist durch größere Verformungsbeträge gekennzeichnet. Klüfte, Striemungen usw., welche einem bestimmten Formungsakt zuzuordnen sind, können von anderen, zu einem anderen Ablauf gehörigen, unterschieden werden. Kluftflächen usw., welche zu einem und demselben Formungsakt gehören, haben, mechanisch gesprochen, die σ_2-Achse, gefügekundlich ausgedrückt die b-Achse, kinematisch gesprochen die Verformungsebene (a—c, normal b) gemeinsam (Abb.

[44]) S. III. Symposium on Rock Mechanics, Golden 1959.

4–12). Oft kann aus der Tatsache von Kluftversetzungen (Abb. 3–16) auf das relative Alter von Klüften geschlossen werden. Zu Unrecht wird dann auch gleich immer von verschiedenen Formungsakten gesprochen. Zu Unrecht deshalb, weil der Altersunterschied keineswegs immer dem Zeitabstand geologischer Phasen entsprechen muß, sondern oft auch nur Sekunden betragen kann, wie im Experiment leicht zu veranschaulichen. Bei solchen Analysen des Zeitablaufes ist in Betracht zu ziehen, daß jüngere Bewegungen oft auch die bereits vorhandenen Bahnen alter Brüche benützen.

Dies gilt vor allem auch für junge Kluftbildungen, von welchen Hangabsitzungen, Felsgleitungen, Talzuschübe und Bergzerreißung begleitet werden, — Bewegungen, welche auch heute noch allenthalben stattfinden und welche man nur noch teilweise (z. B. die der Gehängetektonik) zu den tektonischen Bewegungen rechnet. Es gilt aber auch für technisch verursachte Bruchbildungen, wie z. B. Abbauklüfte unter Tage (Abb. 2–32).

3.33 Beschreibung der Klüfte

Folgende Merkmale sind zur Beschreibung der Klüfte (auch der Schicht- und Schieferungsklüfte) für technische Aufgaben wichtig: a) der Ort — b) die Raumstellung der Klüfte — c) die Dichte des Kluftnetzes — d) die räumliche Erstreckung der Klüfte — e) der Grad, in welchem sie das Gestein zerteilen — f) ihre Öffnungsweite und g) Füllung — h) der Habitus ihrer Wandungen.

3.331 Den Ort, d.h. die Lage zu beschreiben, ist technisch nur bei Großklüften erforderlich, weil diese meist bevorzugte Gleitbahnen und dergleichen bestimmen. Für das Kleinklüftenetz ist als Ortsangabe der Bereich festzuhalten, innerhalb dessen einzelne Kluftscharen bei sonst gleicher Anordnung und Beschaffenheit auftreten (Homogenbereich).

3.332 Von Kluftstellung — nicht Kluftrichtung — *(orientation; orientation; direzione delle fessure)* sprechen wir deshalb, weil nach dem Sprachgebrauch der (zuständigen) Geometrie einer Geraden Richtung, einer Ebene Stellung im Raum zukommt. In der Sprache der Geologen und Bergleute wird die Stellung geologischer Flächen durch ihr Streichen *(striking; direction; direzione)*, das ist die Himmelsrichtung ihrer horizontalen Hauptlinie, und Fallen *(dipping; plongement, immersione)*, das ist der Winkel ihrer Fallinie mit der Waagrechten, beschrieben (Abb. 3–17).

Die Klüfte durchziehen das Gestein nach einer rhythmischen Ordnung, welche allerdings erst dem geschulten Blick erkennbar wird, wenn sie nicht (wie z. B. bei sehr homogenem Gestein und Spannungszustand) besonders deutlich hervortritt. Die statistischen Gesetze der Bruchflächenbildung *(3.32)* machen diese Ordnung verständlich. Immer wieder herrschen gewisse Richtungen — Zielrichtungen — MÜLLER (1933) vor. Die einzelnen Kluftindividuen weichen — nach den strengen Gesetzen des Zufalls — von diesen Zielrichtungen ab, sie „streuen" nach der Gaußschen Fehlerkurve, bilden aber doch immer Scharen, welche STINI Hauptkluftscharen (englisch *sets of joints* oder *sheaps;* amerikanisch *systems of joints;* die beiden konjugierten Kluftflächenscharen heißen englisch *system of joints;* italienisch *famiglie delle fessure)* nennt. Wenn die Streuung innerhalb einer Schar gering ist, spricht die Gefügekunde *(3.4* und *8.3)* von einer straffen, anderenfalls von einer unstraffen oder lockeren Regelung. Besonders straff z. B. sind Schicht- und Schieferungsklüfte „geregelt", sie streuen oft nur um ganz wenige Grade. Streuen Schicht- oder Schieferungsflächen nach einer ganz bestimmten Richtung, während sie im übrigen gut geregelt sind, so liegt der Fall einer Falte *(fold; pli; piega)* vor. Pendelt die Stellung von Schieferungsflächen in einem ähnlichen Sinne, so wird von Fältelung *(foliation; plissement; pieghettatura)* im Zentimeter- bis Dezimeterbereich gesprochen.

Abb. 3-17. Streichen und Fallen geologischer Flächen

3.333 Kluftdichte kennzeichnet (neben dem Durchtrennungsgrad) den Grad der Gesteinszerlegung *(fragmentation; fragmentation* oder *tavantes; fratturazione).* Je größer sie ist, desto mehr werden im allgemeinen die Gebirgsfestigkeiten gegenüber den Gesteinsfestigkeiten abfallen. STINI unterscheidet weitständige, mittelständige und engständige Klüftung und Gesteinszerrüttung. (Die statistische Erfassung dieser Größen siehe *(8.3).* Er bezeichnet als Klüftigkeitsziffer die Zahl der verlängert gedachten Kluftschnitte pro Meter einer gedachten Meßstrecke. Als Schar-Kluftziffer (MÜLLER 1950 b, 57) kann man demgemäß die Zahl der Schnitte ansprechen, die zu einer bestimmten Kluftschar gehören. Nach Beobachtungen an geologischen Modellen (CLOOS

1936, 88) und unveröffentlichten eigenen Naturbeobachtungen im norwegischen Grundgebirge scheint die Kluftdichte eine Funktion der Dauer bzw. der Verformungsgröße der stattgefundenen tektonischen Durchbewegung zu sein. Sie nimmt mit wachsender Formänderung zu, indem in rhythmischer Verteilung immer wieder neue Klüfte, etwa in der Mitte zwischen den schon vorhandenen, aufgerissen werden. Wegen der großen Be-

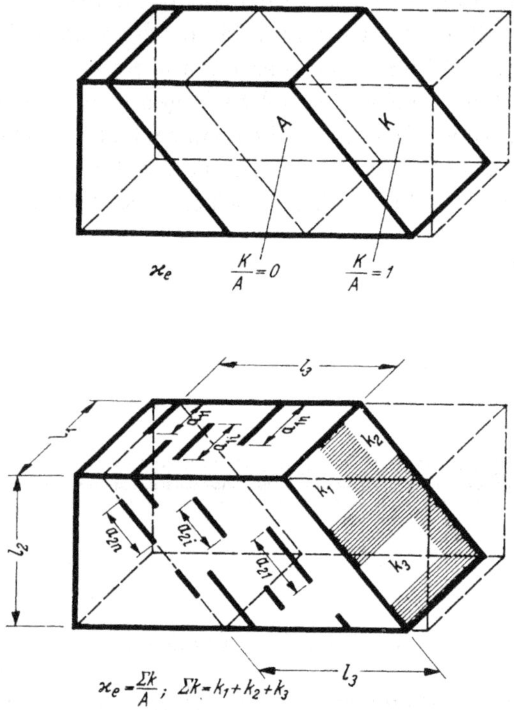

Abb. 3-18. Kluftscharen verschiedenen Durchtrennungsgrades

deutung der Zerklüftung und Zerrüttung für die Wasserwegigkeit und Ausräumbarkeit sowie für die Standfestigkeit des Gebirges hat man häufig [45]) Zerrüttungsbereiche mittels geophysikalischer Methoden zu orten versucht. Je stärker das Gebirge zerrüttet ist, um so geringer ist die Schallgeschwindigkeit und um so stärker die Dämpfung. In Südafrika (Denkhaus 1958, 26) sind beobachtenswerte Untersuchungen zur Ortung von Zerrüttungszonen durch Schall- und Ultraschallwellen über verhältnismäßig kurze Strecken im Gange. Die herkömmlichen seismischen Mutungen jedoch lassen sich selten zu einer Ortsbestimmung verschiedengradig geklüfteter Gesteinszonen auswerten. In den Felswiderlagern der Vajontsperre

[45]) Erstmalig meines Wissens beim Kraftwerkbau Kaprun.

(Abb. 2–14 b, c) zeigten seismische Messungen z. B. deutlich besonders hohe E-Modulwerte in vertikalen Meßrichtungen, niedrige dagegen in flacher Richtung; dort hemmten vertikale Großklüfte die Schallfortpflanzung in waagrechter Richtung.

3.334 Große räumliche Erstreckung der Klüfte einer Schar erhöht erfahrungs- wie überlegungsgemäß deren geomechanische Bedeutung (bei sonst gleichem Habitus). Ausgedehnte Klüfte begünstigen Gleitungen und Ausweichbewegungen, aber auch die Bildung von Quellröhren und Sickerwegen des Wassers usw. weit mehr, als viele Kluftindividuen der gleichen Schar von gleicher Gesamtfläche, zwischen denen „Materialbrükken" bestehenblieben (Abb. 3–18). Deshalb ist es wichtig, großklüftiges, mittel- und kleinklüftiges Gebirge zu unterscheiden, wobei man diese Begriffe, die sich auf die Größe der Klüfte beziehen, nicht mit den Begriffen eng-, mittel- und weitständig verwechseln darf, welche den Abstand der Klüfte meinen. Solche Angaben sind tunlichst für jede Kluftschar gesondert zu machen, denn die Klufterstreckung der einzelnen Kluftscharen ist oft sehr verschieden, und die technische Bedeutung dieser Verschiedenheit ist groß.

Viele Geologen sind gewohnt, der Größenordnung nach nur zwischen Klüften (klein) und Störungen (groß) zu unterscheiden. In der Baugeologie hat sich die Einteilung in 1. Kleinklüfte, 2. Großklüfte (Müller), 3. Riesenklüfte und 4. Störungen *(minor joints, major joints, gigant joints, faults; fissures petites, grandes et gigantigues, failles; piccoli, grossi e giganteschi giunti, faglie)* eingebürgert. Diese Größenbezeichnungen können absolut verwendet werden; dann meint man Klüfte von etwa 0,1—1 m (Kleinklüfte), 1—10 m (Großklüfte), 10—100 m (Riesenklüfte) und darüber (Störungen). Ist aber vom Homogenbereich oder vom Bereich bestimmter Bauwerke die Rede, z. B. von einer Tunnelröhre, einer Baugrubenböschung oder auch einem Gebirgsrücken (als tektonischem Bauwerk), also von verschiedenen Größenbereichen von der größten Erstreckung l, so verwendet man die gleiche Graduierung zweckmäßig relativ und grenzt ab zwischen l/50 (Kleinklüfte), l/5 (Großklüfte) und $> l$ (Riesenklüfte). Zu den Riesen- bzw. Großklüften zählen die Schicht- und Schieferungsklüfte.

Die Frage, weshalb hier Klein-, dort vornehmlich Großklüfte gebildet wurden, wird von der Tektonik kaum gestellt. Ihre Beantwortung wäre für die technische Vorhersage wichtig. Die Clooschen Experimente zeigen, daß bei Schiebung z. B. eine Klüfteschar weit durchstreicht, andere dagegen nicht; diese Versuche sind bei weitem noch nicht ausgeschöpft. Ljungners (1930) Studien am schwedischen Grundgebirge geben manchen Aufschluß. Jakobi (1957, 1401) meint, durchgehende Bruchflächen „bilden sich nur bei starken Bewegungen unter starken Scherkräften, die die Bruchstücke gegeneinander pressen", ohne diese Meinung zu begründen.

3.335 Der Durchtrennungsgrad des Kluftnetzes *(degree of separation; degré de séparation; grado di separazione)* wird später *(4.38)* noch eingehender zu erläutern und mathematisch zu fassen sein. Qualitativ gefaßt, meint dieser Begriff die Häufigkeit des Durchsetzens einer Kluft bis zum Auftreffen auf eine andere. Je häufiger nämlich die einzelnen Kluftindividuen sich bis zur Begegnung mit anderen Klüften erstrecken, je geschlossener also das Kluftnetz ist, desto mehr Bewegungsfreiheit besitzen die einzelnen Teilkörper, in welche das Kluftnetz die Gesteinsmasse zerteilt; ja, wir können überhaupt erst dann mit eigentlicher Berechtigung von Teilkörpern sprechen, wenn alle oder zumindest die meisten Klüfte einen

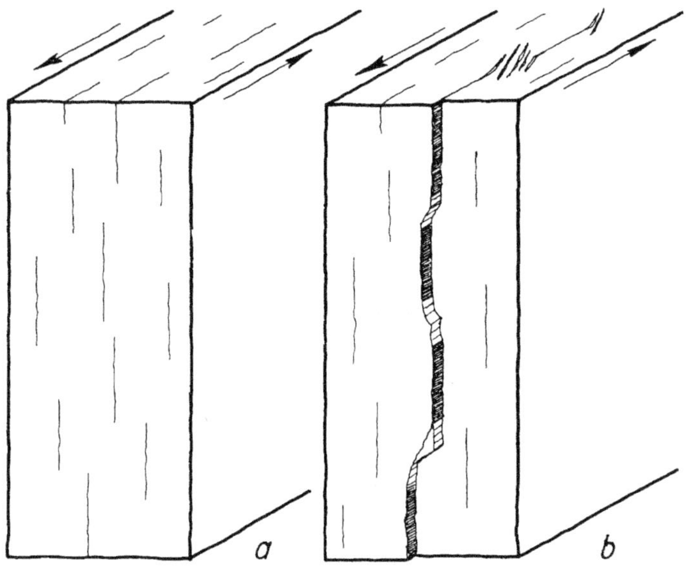

Abb. 3-19. Entstehung welliger Scherklüfte bei großem Deformationsausmaß infolge Durchreißens der Materialbrücken. a) Ausgangszustand, b) durchgerissener Zustand

hohen „Durchtrennungsgrad" aufweisen. Bleibt das Kluftnetz teilweise oder weitgehend offen, enden also viele Klüfte „blind" im Gestein, so bleibt ein weit besserer mechanischer Zusammenhalt in der Gesteinsmasse gewahrt.

Trennbrüche (Abb. 3–13) neigen dazu, in geringem Durchtrennungsgrad aufzutreten, weil sie schon bei ihrem ersten Anreißen das Nachbargestein entlasten; Gleitungs- und Verschiebungsbrüche hingegen (Abb. 3–15) fließen bei wachsender Verformungsgröße leicht ineinander und bilden dann wellige (aber trotzdem glatte) Flächen (in der Abbildung gestrichelt angedeutet), deren Erzeugende (gefügekundlich oft fälschlich als „Achsen" gedeutet) zur Striemung parallel laufen (Abb. 3–19).

3.336 Die Ö f f n u n g s w e i t e der verschiedenen Kluftarten ist unterschiedlich. Trennbrüche öffnen sich ihrer Natur gemäß schon bei ihrer ersten Anlage (verheilen allerdings später sehr oft wieder); Gleitungsbrüche bleiben meist zunächst eng geschlossen, während Verschiebungsbrüche infolge ihrer geringeren Ebenheit um so weiter geöffnet werden, je größer der Verformungsbetrag ist. Eine Registrierung der Öffnungsweiten und allenfalls feststellbarer Verschiebungsrichtungen und -beträge gibt also Aufschluß über die Natur der Klüfte und erlaubt damit Rückschlüsse auf die Lage der Hauptspannungsachsen im Gestein zur Zeit der Kluftentstehung.

Technisch sind die Öffnungsweiten der Klüfte wichtig, weil sie die Zusammendrückbarkeit und Verschieblichkeit des Gebirges bzw. seiner Teilkörper in verschiedenen Richtungen, aber auch seine Wasserwegigkeit ganz wesentlich bestimmen, zumal die Öffnung der verschiedenen Kluftscharen in der Regel verschieden groß ist. Nicht zuletzt geben sie ein Maß für die Auflockerung (welche das Gebirge durch Spannungsumlagerung, Frost und Verwitterung erfährt), die an der Oberfläche am größten ist und erst in mehreren Meterzehnern Tiefe (Müller 1951 a, 96) abklingt. Dieses Auflockerungsmaß spielt u. a. bei der Einschätzung des Auflockerungsdruckes im Tunnelvortrieb eine Rolle.

3.337 Bestege und Zwischenmittel *(fillings; remplissages; riempimenti)* heißen in der Geologie Wandbeläge und Füllungen von Klüften. Nicht oft sind geöffnete Klüfte „leer“, d. h. nur mit Luft (oder Gasen) gefüllt oder werden nur vom Wasser zum Aufenthalt oder Durchfluß benutzt. Meist sind ihre Wände mit einem „Besteg“ bekleidet. Dieser ist entweder Abrieb oder Produkt der Spaltenverwitterung (welche tiefer reicht als die Oberflächenverwitterung, da sie vom Sauerstoff- und Säuretransport der Luft und der Wässer gefördert wird) und des Mineralaustausches mit der Nachbarschaft (Lösungsabscheidungen); sehr häufig wird er durch Wassertransport und Nachfall vermehrt. Geschieht dies bis zur völligen Ausfüllung der Kluft, so spricht man von Zwischenmitteln. Wenn diese aus Körnern von Schluffgröße (seltener Tongröße) und sandigem Zerreibsel aufgebaut werden, nennt man sie Kluftletten und die von ihnen erfüllten Klüfte Lettenklüfte *(seams* [= Gang]; *fissures de glaise; fessure col limo)*. Siedeln sich Kristalle an den Wänden an, so wird von Drusenklüften gesprochen. Bei weiterem Wachstum schließen diese Kristalle die Kluft oft vollständig und verkitten ihre Salbänder innig miteinander, so daß wir sie verheilt nennen und ihnen technisch um so weniger Beachtung zu schenken haben, je größer die Haft- und Scherfestigkeit dieser Verkittung ist. Man hat also „freie“ und „erfüllte“ Kluftöffnungen zu unterscheiden.

Die Natur der Bestege und Zwischenmittel bestimmt die Beweglichkeit des Gebirges in den Klüften, die Teilbeweglichkeit (Sander) entscheidend *(part moveability; agilité en part; mobilità parziale)*. Die Reibung auf Kluftflächen wird um so mehr von der inneren Reibung der

Zwischenmittel abhängen, je mehr und je gleichmäßiger die Klüfte von diesen erfüllt sind. Besitzen die Zwischenmittel Kohäsion, so wird diese weitgehend die Scherkräfte bestimmen, welche auf den Kluftflächen übertragen werden können. Zeitabhängige Eigenschaften der Zwischenmittel werden das mechanische Verhalten der Kluftflächen beeinflussen. Die Reibung und erst recht die Kohäsion der Bestege und Zwischenmittel hängt — sehr zum Unterschied von der echten Wandreibung der Kluftflächen — in ganz besonderem Maß von der Durchfeuchtung ab, und ein Porenwasserdruck im Zwischenmittel wird sich ähnlich „unberechenbar" auswirken wie ein solcher in feinkörnigen Böden (MÜLLER 1960 b, 168). Die Eigenschaften und das Verhalten der Bestege und Zwischenmittel sind ja mit den Mitteln der Bodenmechanik, also mit Kohäsion, innerer Reibung und Porenwasserdruck zu beschreiben. ENDELL (1941) hat die Erforschung der Zusammenhänge zwischen Kolloid-Chemismus und den physikalischen Eigenschaften der Tonböden angeregt; dies spielt bei den Zwischenmitteln eine ganz besondere Rolle. Die ersten Studien in dieser Richtung sind angebahnt. Schon stellen sich aber auch die ersten Schwierigkeiten der Untersuchung in den Weg, da sowohl die ungestörte Probennahme im Zwischenmittel wie die Porenwasserdruckmessung noch nicht möglich ist.

Da sind von ganz besonderem Interesse die jüngsten Studien von JELINEK-JESSBERGER-KÖRNER (1958, 1959), welche die Begriffe der Tonschlämme und Tonpaste zu klären begannen. Die Tonpasten stehen den Schluffpasten, als welche die meisten „Kluftletten" angesprochen werden können, nahe. Auch diese sind ein „streichfähiges Gemisch von flüssiger und fester Phase, welche unter anderem Tonkörner" — und in unserem Falle Schluffkörner — „enthält", wenn auch oft nur sehr wenig. Von diesen Untersuchungen darf man sich für den Felsbau viel versprechen.

Die Viskosität von Tonschlämmen kann durch „Gelbildner" und „Verflüssiger" beeinflußt werden, wenn solche Zusätze die Reibung und Bindung zwischen den Teilchen in der Schlämme verstärken oder vermindern. STINI (1958, 34) wies darauf hin, daß sich manche Kluftletten „stoßflüssig" (thixotrop) verhalten, woraus die oft enorme Festigkeitsminderung des Gebirges unter Sprengerschütterungen verständlich wird.

Sind die Zwischenmittel nicht aus Lockermassen, sondern aus glimmerigen diaphthoritischen Gesteinen, z. B. bratschigem Glimmerschiefer, Serizit- oder Chloritschiefern aufgebaut [wie z. B. im Gestein der Daberklamm oder der Trossensperre (MÜLLER-PACHER 1957, 82)] oder auch aus gelartigen, noch nicht weitgehend verfestigten Kalk- und Quarzsinterungen, so wird man die Scherfestigkeit auf diesen Flächen (naß und trocken) sowie ihre Reibungswerte nach erfolgtem Scherbruch und ihre Zugfestigkeit quer zur Kluft zu prüfen suchen. Wegen möglicher Veränderungen an der Luft bzw. durch Verwitterung ist auch die mineralische Zusammensetzung solcher Zwischenlagen und Schnüre von Bedeutung, zumal sie auch Anhaltspunkte für die Einschätzung der Reibung ergibt.

3.338 Der Habitus der Kluftwandungen *(walls; épontes; parete)* selbst, deren Form, Ebenheit, Rauhigkeit, Glätte oder Striemung, und das gegenseitige Versetzen von Kluftschnitten sind natürliche Einflußfaktoren der Kluftreibung. Sie sind es um so mehr, je weniger die Bestege und Zwischenmittel hervortreten, welche die eigentlichen Kluftwände bekleiden.

3.4 Das Flächengefüge

Haben wir in den vorigen Abschnitten den Blick mehr und mehr auf die Einzelheiten der Erscheinungsformen des Gebirges gelenkt, eingeteilt und aufgegliedert — die Sicht verschärfend, das Gesichtsfeld aber einengend — so haben wir im gleichen Zuge wie wir Einblick gewannen, Überblick verloren. Der sozusagen mikroskopierenden Beobachtung muß eine makroskopierende Zusammenschau folgen, wenn wir nicht die Erscheinungen der Natur mit einem aus unserem Inneren hinausprojizierten Scheinbilde verwechseln wollen. Einer solchen Zusammenschau dient der Gefügebegriff, wie ihn Sander geprägt und weltweit ausgebaut hat.

Unter Gefüge *(structure* oder *space distribution; structure distribution spatiale; struttura spaziale)* versteht Sander (1948, 2) im weitesten Sinne die Summe aller geomechanischen Daten und deren räumliche Anordnung im Innern eines betrachteten Bereiches. Bei der Behandlung der Klüfte, der Schicht- und Schieferungsflächen, -fugen und ihrer Eigenschaften — flächiger Elemente also — gilt es, die Summe der Raumdaten solcher Flächenelemente, also ihre Orientierung, ihre Gruppierung zu Scharen, die Abstände der einzelnen Individuen innerhalb der Scharen, ihre Erstrekkung, Öffnungsweite usw. zu erfassen. Die Summe dieser Daten wird als Flächengefüge *(structure of planes; structure de surface; struttura dei piani)* bezeichnet.

Würde man das Flächengefüge einer Gebirgsmasse naturgetreu darstellen wie es ist, so würde diese Darstellung gedanklich einem Glasmodell gleichen, welches unter Weglassung der eigentlichen Gesteinssubstanz nur deren Fugen und bevorzugte Flächen (z. B. auch Spaltbarkeitsflächen) darstellen würde; es wäre verwirrend in seiner Fülle von Einzelheiten, wie die Natur selbst es oftmals ist. Die Arbeitsmethodik der Gefügekunde besteht nun darin, die Regelung, die der Verteilung aller Einzelheiten zugrunde liegt, die Regelung der Orientierungen also, der Abstände, der Öffnungsweiten usw. statistisch zu erfassen und damit überschaubar zu gestalten, ohne auf die Wiedergabe der Abweichungen von dieser Regel — welche selbst wieder Regel sind — zu verzichten. Die statistischen Mittelwerte geben die Regel, die meist graphischen Angaben der statistischen „Verteilungen" oder der „Streuungen" die Abweichungen wieder *(8.3)*. So wird an Stelle der Unzahl von Einzelerscheinungen die zu einer beschränkten Zahl statistischer „Kollektive" geordnete und daher leichter überschaubare Vielfalt der Gruppen von Ähnlichem oder Gleichem dargestellt. Es können z. B. in der graphischen Darstellung die Gruppen der Lettenklüfte und der hohlen Klüfte samt ihrer Raumorientierung und den sonstigen Gefügedaten herausgehoben und den geschlossenen Klüften gegenübergestellt werden; oder es können die glatten Klüfte, ihre Orientierung und Streuung, den rauhen gegenübergestellt werden usw. SANDER spricht in solchen Fällen von T e i l g e f ü g e n.

Die Bezeichnung „Gefüge" kann von Fügen oder von Fuge hergeleitet werden. Da wir vor allem an Flächengefüge denken, müssen wir ihn gedanklich von Fuge ableiten, denn das Gebirge ist nicht aus Teilkörpern gefügt, sondern nach Fugen zerbrochen, also entfügt, wo hingegen sein Material aus Körnern oder Kristalliten gefügt ist. Vielleicht wäre es strenger gewesen, Regelungskunde zu sagen. Ursprünglich stand die Regelung dessen zur Debatte, was Geologen und Mineralogen in den ersten Zeiten der Gefügekunde unter Gefüge verstanden, nämlich die Kornstruktur der Mineralien. Beim weiteren Ausbau der Gefügekunde wurde klar, daß dieselben Gesetzmäßigkeiten der Regelung nicht nur für Körner und optische Achsen derselben, sondern auch für Flächen, für lineare Strukturelemente, ja für jegliche zu beschreibende morphologische Kennzeichnung eines zusammengesetzten Raumsystems schlechthin Geltung beanspruchen können. Da wurde der Begriff des Gefüges bis zu kosmischer Gültigkeit erweitert und damit Art und Weise, Grad und Bezug, Raum- und Zeitordnung von Regelungen im allgemeinsten Sinne belegt. So ist die Gefügekunde zuletzt zu einer Ordnungslehre geworden. Denn nicht nur Anordnungen sondern auch alle anderen Ordnungen, Zuordnungen, Beiordnungen, Unter- und Überordnungen, auch Sozialordnungen, lassen sich von ihr erfassen.

„Die Gefügekunde ist ... in jedem Falle Beschreibung mit Mitteln der Geometrie ... Die kinematische Beschreibung und Erforschung der Gefüge stellt die rein geometrische Seite der Zustände und Vorgänge dar und befaßt sich mit deren Typisierung" (SANDER 1948, 11).

Die zugegebene Schwierigkeit der Gefügekunde ist darin begründet, daß sie nicht nur Raumdaten erfaßt, welche uns sozusagen zweieinhalbdimensionaldenkenden Menschen an sich schon schwerfallen, sondern überdies die räumliche Verteilung dieser Raumdaten anzugeben strebt, indem sie sie vergleicht und Lage- und Richtungsbeziehungen aufstellt. So kann z. B. aus der von Ort zu Ort wechselnden Änderung der Schichtflächenorientierung nicht nur die Richtung der Faltenachsen, die Stellung der Faltenschenkel usw. konstruktiv gewonnen werden, sondern es können auch alle kinematischen Zusammenhänge mit den Daten der gleichzeitig mit der Faltung erfolgten Zerklüftung des Gebirges aufgedeckt werden, ja, es können mehrere Faltungs- und Zerbrechungsakte voneinander und zeitlich geschieden und abgegrenzt werden. Dabei geht es nicht ohne zahlreiche Abstraktionen und neue Formulierungen von Begriffen ab. Man überwindet diese Schwierigkeiten nicht anders als durch eigene persönliche Arbeit auf diesem Gebiet. Entschließt man sich zu dieser, so findet sich der im Raumdenken Geschulte meist recht rasch auch in den Statistiken und Diagrammen der Gefügekunde zurecht.

Für den nicht von der Mineralogie her Kommenden schaffen erfahrungsgemäß die aus der Kristallkunde übernommenen Symmetriebegriffe besondere und eigentlich unnötige Schwierigkeiten. Wir werden versuchen, sie in diesem Buch durch andere Formulierungen zu ersetzen, nicht in der Hoffart, die Gefügekunde zu verbessern, sondern in der Hoffnung, daß die vielen, die sich wahrscheinlich nicht der Mühe unterziehen werden, tiefer in die Gefügekunde einzudringen, auf diese Weise leichter zum Mitgehen gebracht werden. Denn das ist nötig. Ohne die Hilfswissenschaft der Gefügekunde kann die Geomechanik, welche nach unserer Auffassung eine Gefügemechanik ist und sein muß, praktisch kaum betrieben werden. Der unschätzbare Wert der Gefügekunde beruht ja im wesentlichen darauf, daß sie in die Lage setzt, räumliche Erscheinungen und Zusammenhänge, wie es Bruch- und Bewegungsbilder sind, zu beschreiben, ohne in Erklärungen auszuarten, was ja meist viel zu früh und voreilig geschieht und eine Versuchung ist, der man so lange als möglich widerstehen sollte.

In *(8.3)* wird die statistische Auswertung von Gefügeaufnahmen besprochen und damit an konkreten Beispielen vieles leichter verständlich gemacht werden können. Auf den gefügekundlich wichtigen Begriff des Bereiches, insbesondere des Homogenbereiches, wurde in *(2.2)* eingegangen. Der Begriff der Teilbeweglichkeit *(2.4)* wird in *(5.5)* weiterbehandelt werden.

Als besonders wertvoll wird es der Ingenieur empfinden, daß gefügekundliche Darstellungen und Ermittlungen nachrechenbar sind; des weiteren, daß an Stelle der qualitativen Beschreibung quantitative Angaben treten. So ist die Gefügekunde als Zustandslehre z. B. in der Lage, die Phänomene in ihren teils einander überschneidenden, teils fließenden Übergängen rein beschreibend darzustellen, wo die nur logische Begriffgebung in starre und oft willkürlich aufgerichtete Grenzen zwängt. Am Beispiele der Kristallisationsschieferung, der Druckschieferung, der klastischen Schieferung und der Feinklüftung, zwischen denen alle Übergänge denkbar sind, wird dies ersichtlich. Als übergeordneten Begriff für alle Trennflächen verwendet SANDER „Fuge“ und nennt die durch mechanische Beanspruchung entstandenen Fugen „Rupturen“, welche nach den Randbewegungen wiederum in „Reiß- und Gleitfugen“ geschieden werden. Primär und sekundär bezeichnet er die Klüfte, wenn sie „Anisotropie erzeugend“ bzw. von gegebener Anisotropie bedingt, nur gelegentlich „ausgelöst“ sind. „Gefügebedingte Klüfte“ in diesem Sinne sind etwa die Absonderungsklüfte STINIS oder die Schicht- und Schieferungsklüfte [46]). SANDER definiert die Rupturen als „von einer Umformung erzwungene Trennungsflächen, welche die gestaltliche und mechanische Kontinuität unterbrochen, nicht lediglich modifiziert haben. Hierbei hat eine Überschreitung der Entfernung, in welcher Nahkräfte zwischen den Teilen wirken, stattgefunden. Nicht jede ‚Überwindung der Kohäsion' ist eine Ruptur. Denn bei genügendem Druck ⊥ zur Trennungsfläche ist eine Überwindung der Kohäsion durch Abschiebung lediglich mit einer M o d i f i k a t i o n d e r K o n t i n u i t ä t [47]) verbunden. Rupturen können also überhaupt nur unterhalb eines bestimmten Wertes des Druckes ⊥ Fläche, als Reißflächen nur bei Zug ⊥ Fläche auftreten. Oberhalb dieses Wertes treten an Stelle der Rupturen, das heißt unter gleichen Bedingungen und in gleicher Lage, Flächen auf, in welchen die Kontinuität lediglich modifiziert ist; so z. B. an Stelle der rupturellen Abschiebung eine Schieferung durch Fließen, an Stelle eines Zugrisses genau wie Zugrisse angeordnete Flächen lokalen Fließens" (SANDER 1948, 101). Nimmt man die Einregelungen der Korngrenzen im Korngefüge durch Gittergleitungen, Rotation und Umkristallisation hinzu, so erhält man mit den Mitteln gefügekundlicher Beschreibung eine tausendfach variierbare Darstellung all der vielen Schieferungs- und Klüftungsphänomene an Stelle der ewig unzureichenden Einteilungen.

3.5 Geologische Störungen

Als (geologische) Störungen *(faults; failles; faglie)* bezeichnen wir — der geologische Sprachgebrauch ist leider nicht einheitlich — Diskontinuitäten großer Erstreckung, längs deren meist Verschiebungen oder Höhenverstellungen ganzer Krustenteile (Schollen) um meßbare Beträge von Metern bis Kilometern stattgefunden haben, weshalb sie auch Dislokationen *(dislocations; dislocations; dislocazioni)* heißen. Wie die tektonischen Klüfte, so sind auch sie Bruchflächen bzw. -zonen *(mechanical defects; fractures* oder *failures; failles, fractures; fratture).* Infolgedessen gilt für sie grundsätzlich dasselbe, was von den Klüften *(3.3)* gesagt wurde. Verwitterung, Tiefenverwitterung, mitunter hydrothermale Durchblutung, verändern häufig das zerrüttete Gesteinsmaterial in ihnen und ihrer Nachbarschaft auch chemisch *(chemical defects)* so, daß es auch physikalische Besonderheiten aufweist.

---

[46]) Für Gleitfugen wird auch oft der Name „Scherflächen" gebraucht, wobei allerdings darauf hinzuweisen ist, daß gerade der Begriff der Scherung von der Mechanik verlassen wurde, weil er nicht eindeutig zu definieren ist.

[47]) Im Original nicht gesperrt.

3.51 Geologische Einteilung

Die geologische Einteilung der Störungen unterscheidet nach dem Sinn der stattgefundenen Relativbewegungen, nach denen man ihnen verschiedene Namen gegeben hat, deren gebräuchlichste in Abb. 2–30 zusammengestellt sind. Felsmechanisch interessieren weniger die stattgefundenen Bewegungen — falls nicht etwa eine Fortsetzung derselben in der Gegenwart zu erwarten ist —, sondern die Ausbildung der Bewegungszonen und die durch sie verursachte Beweglichkeit der Schollen entlang der Störungsflächen; diese ist durch die mechanischen Eigenschaften der oft sehr komplex aufgebauten Störungszonen oder -flächen bedingt. Im folgenden wird deshalb eine andere Einteilung der geologischen Störungen gegeben, welche vor allem nach mechanischen Eigenschaften der Störungszonen unterscheidet.

3.52 Einteilung nach mechanischen Gesichtspunkten

Eine Einteilung der geologischen Störungen nach mechanischen Gesichtspunkten kann davon ausgehen, daß die Störungen entweder aus großflächigen Elementen (Großklüften, Riesenklüften) oder aber aus dichtgescharten, kleinflächigen Elementen (Klüften, Teilschieferungen, Zerreibungsprodukten) bestehen; im ersten Falle haben wir Störungsflächen, im zweiten Störungszonen vor uns, zwischen denen es alle Übergänge gibt, welche die Abb. 3–20 zu ordnen versucht. Welche mechanisch-zeitlichen Bedingungen vornehmlich diese und welche jene Erscheinungsform der Störungen verursachen, ist geomechanisch noch wenig erforscht. Ich möchte annehmen, daß langsame Formung das Entstehen großflächiger Elemente begünstigt, rasche dagegen kleinflächige.

Riesenklüfte können einzeln oder in Bündeln *(bands; paquets; fasci)* auftreten (Abb. 3–21); im zweiten Falle herrscht häufig eine der Riesenklüfte so deutlich vor, daß man sie als Hauptstörung, die anderen als Begleitstörungen bezeichnet. Sehr oft finden sich in Riesen- (und Groß-) klüften Zerreibsel, Kluftletten und Mahlgestein (Mylonit). Diese entstehen vornehmlich durch häufig wiederholte, dabei gegenläufige Formungsakte, bei denen das angebrochene oder zerbrochene Gestein zwischen dem heilgebliebenen wie zwischen Mahlbacken zerdrückt, zerbrochen oder zermahlen wird. Je nachdem, wie weit dieser Zerkleinerungsvorgang gediehen ist, spricht man von Zerrüttungsstreifen *(fractured or shattered zones; zones de destruction; zone di demolizione)* mit Stückgrößen zwischen 100 und 10 mm, Grob- oder Ultramyloniten (W. J. Schmidt 1952) mit Korngrößen zwischen 1 und 0,02 mm (Abb. 3–22), bei dünnen Lagen der gleichen Korngröße von Zerreibsel und Kluftletten, und endlich von eigentlichen Myloniten (Mahl-

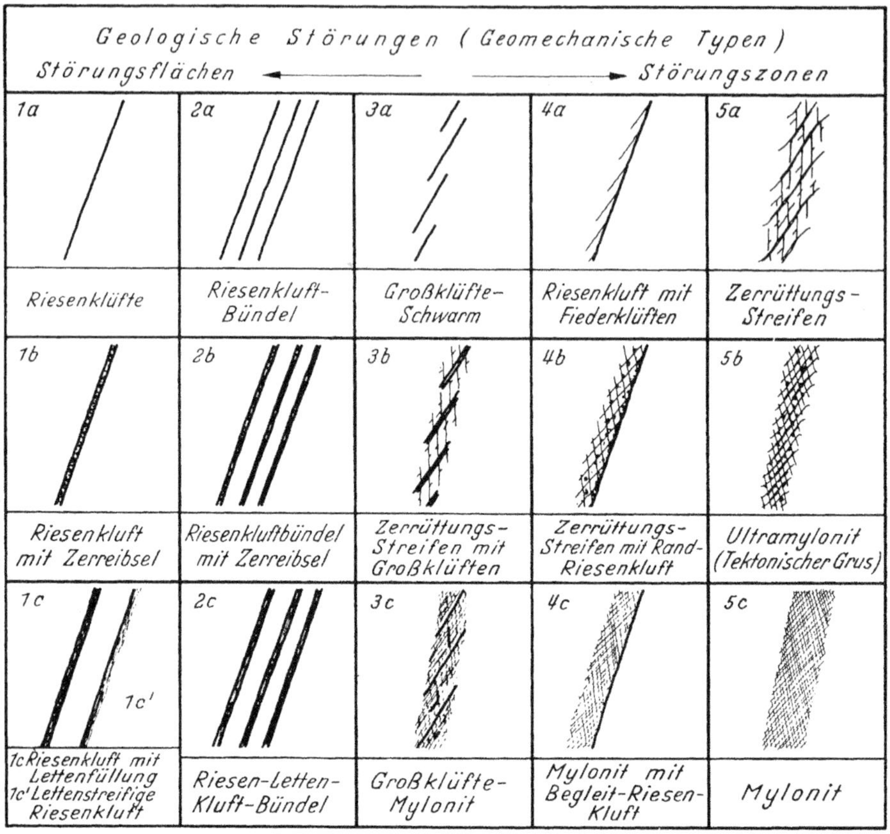

Abb. 3-20. Einteilung der Störungsflächen und -zonen nach mechanischen Gesichtspunkten

gesteinen) mit Körnern von 0,02 bis 0,002 mm und darunter, welche oft hochplastische, butterweiche, wasserstauende Kolloidmassen bilden. Je kleiner die Körnung, desto weiter ist meist die chemische Veränderung fortgeschritten. Herrschte die chemische Gesteinszersetzung vor der mechanischen vor, so entsteht ein mehr toniger Begleitstreifen, welcher meist nur an einer Seite von der Riesenkluft begrenzt wird, an der anderen mit unscharfer Grenze ins ungestörte (oder nur oxydierte) Gestein übergeht.

Ljungner (1930) hat am schwedischen Granit das Entstehen der Zerrüttungsstreifen und Mylonite gründlich studiert (Abb. 3–23) und in aufschlußreicher, dabei physikalisch widerspruchsfreier Weise dargestellt (siehe auch Müller 1933, 245). Solche Riesenklüfte können sich auf mehrere hundert Meter oder Kilometer erstrecken; oft aber scheint dies nur so, während sich bei genauer Beobachtung zeigt, daß eine regelmäßige Staffelung von Großklüften (3 a in Abb. 3–20) vorliegt, welche ich zur Unterscheidung von den Kluftbündeln als Kluftschwärme bezeichnen möchte. Solche

Abb. 3-21. Riesenkluftbündel Vajolettürme (käufliches Lichtbild)

Abb. 3-22. Ultramylonit in einer Störung Kalkglimmerschiefer Mooserboden (Werkphoto Argo Kraftwerk Kaprun)

Kluftschwärme sind auch unter Kleinklüften häufig. Bei oszillierender Bewegung beider Schnittufer entstehen aus ihnen Zerrüttungsstreifen, die dadurch gekennzeichnet sind, daß sie an einer Seite durch Großklüfte scharf begrenzt werden, während ihre andere Begrenzung unscharf ohne Grenzfläche ins Gestein übergeht (4 a, b, c in Abb. 3–20). Zerrüttungsstreifen

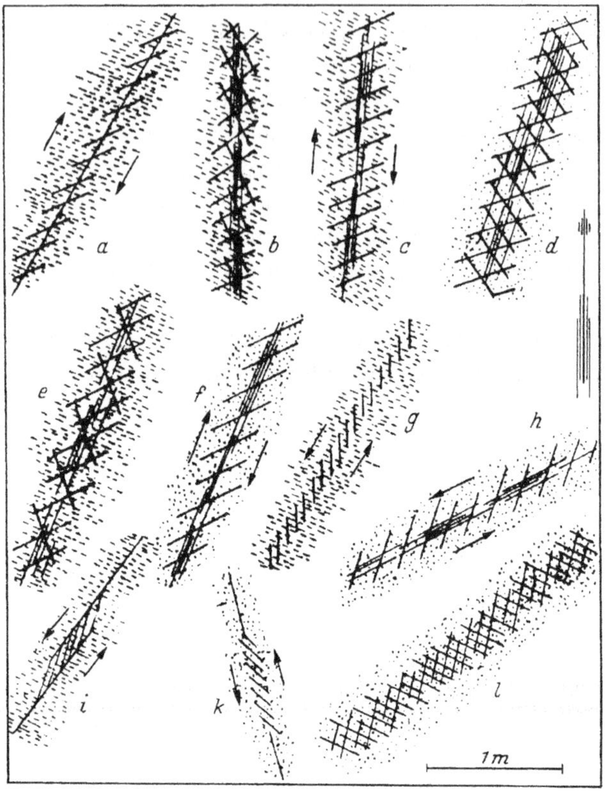

Abb. 3-23. Entstehungsstufen der Zerrüttungsstreifen und Mylonite (nach LJUNGNER 1930)

Abb. 3.24. Kluftgasse im Weißjura (Felssicherungen an der Umgehungsstraße Harburg/Schwaben)

können auch aus lauter Kleinklüften gebildet werden (5 a, b, c in Abb. 3–20), wie gleichfalls Ljungner nachgewiesen hat. Sie bilden Zonen geringer Gebirgsfestigkeit und meist großer Wasserwegigkeit. Da sie leichter ausräumbar sind als das umgebende Gestein, arbeitet die Verwitterung längs solcher Zonen nicht selten „Kluftgassen" (Stini, Abb. 3–24) heraus.

Die Winkel zwischen den Klüften von Zerrüttungsstreifen entsprechen zunächst den theoretischen Bruchwinkeln 2α (Abb. 3–15); durch „Internrotation" (Sander) werden sie in plastischen Medien vergrößert, durch Externrotation werden die einzelnen Teilkörper verdreht und dabei ihre Kanten gerundet. Diese Vergrößerung der Winkel in plastischen Medien bei fortschreitender Deformation hat zu Irrtümern geführt *(s. 3.74)*.

3.6 Das Bergwasser

Das Grundwasser — im Fels Bergwasser genannt — durchsetzt den Bergleib nicht gleichmäßig, sondern tritt zur festen Phase des Gesteins in dreifacher Art in Beziehung.

1. Als Porenwasser *(pore water; eau interstitielle; acqua di pori)* der festen Substanz erfüllt es die Lücken (Poren) derselben zu einem gewissen Hundertsatz, den wir den Sättigungsgrad oder relativen Wassergehalt nennen; dieser ist unterhalb des Bergwasserspiegels keineswegs immer 100 % (weil bei schwankendem Wasserspiegel die Luft oft nur sehr langsam dem Wasser Platz macht); er ist andererseits oberhalb des Bergwasserspiegels keineswegs null (weil im Bereich der Spiegelschwankungen die Adhäsion ein völliges Absickern oder Austrocknen verhindert, so daß stets ein Haftwasser im Gestein zurückbleibt).
2. Als Porenwasser der Kluftbestege und Zwischenmittel haftet es an deren Körnern oder erfüllt deren Poren ähnlich wie das Gesteinsporenwasser nach 1). Sein Einfluß auf die feste Phase ist aber von der des Porenwassers nach 1) grundverschieden, wie noch gezeigt werden wird. Kapillarer Aufstieg hebt es in beiden Fällen (1 und 2) über die Energielinie um Dezimeter- bis Meterbeträge empor.
3. Als Kluft- oder Spaltwasser *(joint water; eau provenant d'une fissure; acqua di fessure)* bezeichnen wir jenen Teil des Bergwassers, welcher — freier beweglich als die anderen beiden Teile — im wesentlichen die im übrigen leeren Klufträume füllt. Wir finden diesen Teil des Bergwassers zum Unterschied von den beiden anderen nur unterhalb des Bergwasserspiegels, der von ihm bestimmt wird.

Dieser Bergwasserspiegel ist Schwankungen unterworfen, deren Amplitude und Steig- bzw. Sinkgeschwindigkeit bei zu- und abströmendem Grundwasser von der Durchlässigkeit und der Wasseraufnahmefähigkeit des Gebirges abhängt. Diese beiden sind vornehmlich durch das Kluftvolumen und den Durchtrennungsgrad des Kluftnetzes bedingt. Die Einschätzung dieser Faktoren spielt bei der Beurteilung der Standsicherheit von Fels —, insbesondere von Uferböschungen bei schwankendem Seespiegel, sowie von Felswiderlagern an Talsperren eine große Rolle.

3.61 Porenwasser in der festen Substanz

Der Einfluß anwesenden Wassers auf die Gebirgseigenschaften ist für alle drei vorerwähnten Arten des Bergwassers verschieden.

Das Porenwasser (1) in der festen Substanz setzt erfahrungsgemäß, aber aus bisher noch nicht geklärten Gründen, die Bearbeitungs- und Gewinnungsfestigkeit der Gesteinssubstanz herab; unterirdische Steinbrüche, z. B. die Travertinbrüche in der Umgebung von Rom, machen davon Gebrauch. Diese Wirkung ist am deutlichsten bei Sedimenten, insbesondere Sandsteinen und Konglomeraten, weniger deutlich bei Tiefen- und noch weniger bei Ergußgesteinen. Neuere erdölgeologische Untersuchungen (M. K. Hubbert und W. W. Rubey 1959; A. Thomeer 1961), auf welche Clar (1960, 186) hinweist, wiesen in Gesteinsproben aus Tiefen mit sehr großer tektonischer Einspannung Porenwasserdrücke nach, welche 80—90 % des Eigengewichtsdruckes der vollen Gewichtsauflagerung ausmachten. Man hat sich vorzustellen, daß ein unter einem so hohen Porenwasserdruck, also unter Innendruck, stehendes Gestein ganz erheblich an Festigkeit verlieren kann, ja daß es in einem gewissen Sinne geradezu plastifiziert wird, wenn es Spannungsumlagerungen erleidet. Robinson (1959, 177) hat diesen Festigkeitsabfall in bemerkenswerten Versuchen nachgewiesen. Viele der großen stattgefundenen Gesteinsgleitungen (Haarmann 1930) auf erstaunlich flachgeneigter Basis werden auf solche Art verständlicher.

Es muß angenommen werden, daß das Porenwasser in der festen Phase, selbst wenn es nicht unter Druck steht, auch den Elastizitäts- und Verformungsmodul des Gesteines herabsetzt. Untersuchungen hierüber stehen noch aus. Lucas und Kilian haben die Schwellung von Gesteinen bei Wasseraufnahme untersucht.

3.62 Porenwasser in den Bestegen und Zwischenmitteln

Das Porenwasser in den Bestegen und Zwischenmitteln (2) wirkt auch ohne Druck erweichend, plastifizierend, mitunter auch quellend; es macht den Kluftletten zu einer Schluffpaste im Sinne von Jelinek-Jessberger-Körner (1958 und 1959). Das Quellen von Kluftletten kann mitunter ganz ansehnliche Drücke quer zu den Kluftflächen auslösen, nämlich dann, wenn die Lettenklüfte mehrere Zentimeter oder gar Meter mächtig sind oder wenn gar besonders quellfähige Tonmineralien, z. B. Montmorillonit, in ihnen enthalten sind. Ist das Material in der Tiefe des Berges an seitlichen Ausweichbewegungen gehindert, so wird dieser Quelldruck in Porenwasserdruck umgesetzt, welcher unter Stoßbelastungen (Erdbeben, Sprengungen usw.) plötzlichen Entlastungen durch Felsgleitungen oder durch Schwingungen, bei denen die Kraft sozusagen allein auf der flüssigen Phase steht, die innere Reibung des Zwischenmittels spontan herabsetzen kann. Da unter solchen Umständen auch die geotechnische Kohäsion der Zwischenmittel weitgehend aufgehoben ist, kann es zu einer regelrechten Nullreibung kommen. Die auftretende Schmierwirkung läßt dann die Felskörper entlang solcher Klüfte in Bewegung geraten, als wären sie auf einem Ölfilm gelagert.

Diese Wirkung des Porenwasserdruckes (MÜLLER 1960 b), welche bisher nicht beachtet wurde, ist gedanklich zu trennen von der plastifizierenden Wirkung, welche durch die bloße Wasseraufnahme im Zwischenmittel entsteht. Diese setzt die Kohäsion des Zwischenmittels herab und erniedrigt demgemäß den Scherwiderstand auf den Kluftflächen. Durch den Aufstau von Wasser hinter Talsperren und ihren Dichtungsschleiern, sowie an den Ufern von Stauseen können Kluftletten und Mylonite, die vorher nur bergfeucht waren, wassergesättigt werden (STINI 1958, 34). Ist man im konkreten Falle nicht sicher, ob eine Durchnässung der Zwischenmittel eintreten kann, so wird man gut daran tun, die Kohäsion [in Übereinstimmung mit den jüngst von BOROWICKA (1959, 40) geäußerten Ansichten über die Sicherheit von Erdbauwerken] überhaupt nicht in Rechnung zu setzen, sondern nur die innere Reibung.

3.63 Kluftwasser

Wiederum anders geartet ist der Einfluß des eigentlichen Kluftwassers *(3)*, des nicht an die Zwischenmittel gebundenen Wassers, welches den offenen Teil der Klüfte benützt, bei vorhandenem Druckgefälle in diesen zirkuliert und keine unmittelbare Beziehung mit der festen Phase der Gesteinssubstanz eingeht. Dieses „freie Kluftwasser" setzt die Kluftreibung im ruhenden, drucklosen Zustand, wenn keine Bestege und Zwischenmittel vorhanden sind, nicht durch eine erweichende oder Schmierwirkung herab, sondern entfestigt auf eine andere Art, durch Auftrieb und hydrostatischen Druck.

Der Auftrieb, welcher ja nichts anderes ist als die Integration aller auf die Oberfläche von Kluftkörpern wirkenden hydrostatischen Drucke, kommt einer Ermäßigung des Gewichtes der Kluftkörper gleich. Der hydrostatische Druck des Kluftwassers strebt außerdem, indem er auf alle durchgerissenen, wenn auch noch so wenig geöffneten Kluftflächen wirkt, die Kluftkörper (Teilkörper) entlang der Klüfte auseinanderzudrängen. Damit aber werden alle jene Normaldrücke ermäßigt, welche von Wand zu Wand in den Klüften weitergegeben werden und nach Maßgabe der vorhandenen Reibungskoeffizienten (der echten wie der inneren Reibung) die Reibung auf den Kluftflächen mobilisieren. Steht also ein Felskörper z. B. unter dem Einfluß des Gewichtes äußerer und tektonischer Kräfte, und wird beim Ansteigen des Bergwasserspiegels das Gewicht durch die Auftriebwirkung des Kluftwassers ermäßigt, gleichzeitig aber die Reibung durch den hydrostatischen Druck erniedrigt, so ändern sich Größen und Richtungen des Spannungszustandes und damit die Reibungskomponenten auf den Klüften, also wesentliche Faktoren der Gebirgsfestigkeit. Mit einem Wort, es gehen Spannungsumlagerungen vor sich, welche Festigkeitsminderungen im Gefolge haben.

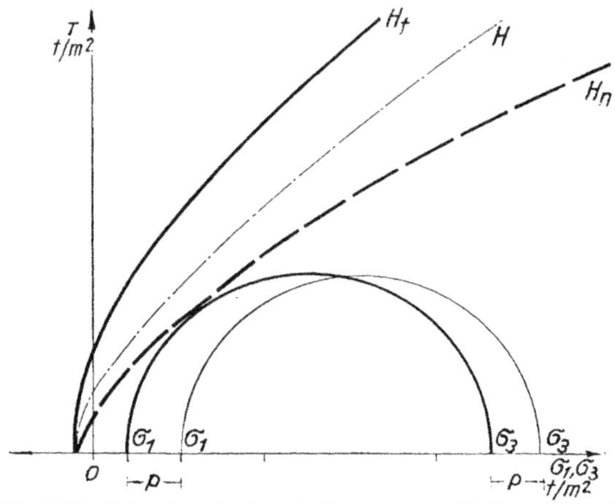

Abb. 3-25. Mohrscher Kreis bei überlagertem Kluftwasserdruck. (Die Abschnitte des stark ausgezogenen Kreises heißen σ_1', σ_3' [Fehler in der Zeichnung])

Diese Festigkeitseinbußen mag man sich gemäß Abb. 3–25 veranschaulichen. Der hydrostatische Druck kommt einer überlagerten Zugspannung im Gebirge gleich, welche die vorhandenen Druckspannungen abbaut. Ist der geologische Körper an einer Ausdehnung gehindert, so wird eine solche Zugspannung nicht zur Auswirkung kommen können (auch bei künstlicher Verhinderung gilt dies); in der Nähe der Oberfläche aber ist eine solche Verhinderung nicht gegeben. Dort wird der herrschende Spannungszustand (σ_1 σ_3) vom hydrostatischen Druck p gleichmäßig überlagert, so daß der Mohrsche Kreis in die Stellung (σ_1', σ_3') gerückt und der Berührung mit der Umhüllenden H, welche die Bruch- oder Fließgefahr kennzeichnet, genähert wird. Je mehr diese ihrerseits durch Erweichung der Kluftletten usw. von der Ausgangslage H_t für trockenes Gebirge in die Lage H_n (bei langdauernder Durchnässung) abgesenkt wurde, desto mehr wird der Spannungszustand einer Bruchgefahr nahekommen.

Auf die statischen Auswirkungen des Kluftwasserdruckes in Felsböschungen (hydrostatischer Felsgrundbruch) wird später eingegangen *(10.3)*.

Der hydrostatische Druck des Kluftwassers kommt nicht nur in weitgeöffneten Gesteinsspalten zur Auswirkung, sondern ganz ebenso in feinen

Rissen. Ja, bei strömendem Bergwasser ist er sogar in Feinklüften größer zu denken als in weitgeöffneten; denn in diesen wird die Strömung am raschesten vor sich gehen und örtlich stets von einer Senkung der Drucklinie begleitet sein, während das Wasser in den Feinklüften zufolge des großen Einflusses der Wandreibung nur sehr langsam strömen kann, weshalb sich in diesen im allgemeinen höhere Drücke aufstauen werden. Bei ruhendem Bergwasser entspricht der hydrostatische Druck in allen Klüften der Lage des Bergwasserspiegels. Bei strömendem Wasser ist er geringer, weil ein Teil desselben durch die Reibung an den Kluftwänden aufgezehrt wird. Bei strömendem Bergwasser haben wir für das Grobklüftenetz eine andere Drucklinie (bzw. Drucklinienfläche) vorauszusetzen als für das Netz der Feinklüfte und Haarrisse, wieder eine andere für Karströhren und Bohrlochdrainagen.

Stoßwirkungen, welche sich auf das Wasser in den Klüften übertragen, können in feinklüftigem Gestein, in welchem das Wasser diesen Stößen nicht rasch genug ausweichen kann, die Kluftreibung ähnlich herabsetzen, wie es das Porenwasser in den Zwischenmitteln tut, doch wird diese Wirkung nicht von der gleichen Größenordnung sein wie jene. Sie wird um so höher veranschlagt werden müssen, je feinklüftiger das Gestein, vor allem aber, je höher der herrschende Wasserdruck ist. Die auflockernde Wirkung von Gesteinssprengungen wird also in stark durchnäßtem Gestein und insbesondere in größerer Tiefe unter dem Bergwasserspiegel weit größer sein als in gegenteiligen Verhältnissen. Da diese Wirkung einer stoßweise vermehrten Zugspannung im Gebirge gleichkommt, dürfen wir erwarten, daß sie geeignet sein wird, gewisse in bevorzugter Lage befindliche Klüfte weiter aufzureißen und so den Durchtrennungsgrad des Kluftnetzes zu erhöhen. Insbesondere bei blind im Gestein endenden Klüften haben wir ja nach der Bruchtheorie von Griffith (1924) an eine äußerst hohe Spannungsspitze zu denken.

Strömungsdruck des Kluftwassers spielt im Gebirge eine grundsätzlich ähnliche Rolle wie der Staudruck ruhenden (oder normal zum Böschungsquerschnitt strömenden) Grundwassers. Die Strömung geht jedoch meist so langsam vor sich, daß es nur selten zu einem „Fließdruckgrundbruch (Strömungsdruckgrundbruch, Erosionsgrundbruch, dynamischer Grundbruch)“ (Stini 1956 a, 225) kommt.

3.64 Einfluß auf die Gebirgseigenschaften

Die Anwesenheit des Kluft- und Porenwassers im Gestein kann also die Gebirgseigenschaften in mancherlei Hinsicht beeinflussen: Die Gebirgsdruckfestigkeit kann (bei erweichbaren Gesteinen) in all jenen Fällen herabgesetzt werden, in denen die Gesteinsfestigkeit auf die Gebirgsfestigkeit Einfluß hat. Hydrostatischer Druck des Kluftwassers kommt einer Herabsetzung der Gebirgsfestigkeiten gleich, wie dies vorstehend am Mohrschen Spannungskreis erläutert wurde. Entscheidend wird insbesondere die Gebirgsscherfestigkeit entlang aller jener Klüfte, insbesondere Großklüfte, betroffen, welche Kluftletten oder Mylonite tragen. Das Festigkeitsverhalten gegenüber räumlichen Spannungszuständen wird durch den Einfluß des Auftriebes wesentlich beeinflußt. Alle diese Einflüsse betreffen auch das Querdehnungsverhalten, unter Umständen auch die Festigkeitsanisotropie, nämlich dann, wenn die einzelnen Kluftscharen hinsichtlich Wasserführung, Wasserwegigkeit und Zwischenmittel verschieden sind.

Auch das Formänderungsverhalten kann unter dem Einfluß von Bergwasser Änderungen erfahren: Die Elastizität der statistischen Masse kann abnehmen, die Plastizität zunehmen. Wasser, besonders wenn es unter Druck steht, erniedrigt sozusagen die Fließgrenzen des Gebirges, was bei Stoßwirkungen spontan geschehen kann. Es erhöht die Teilbeweglichkeit seiner Grundkörper und beeinflußt die Formänderungsanisotropie in ähnlicher Weise wie die Festigkeitsanisotropie. Ein Einfluß auf elastische Nachwirkungen ist anzunehmen.

Daß auch alle die technischen Arbeitsweisen betreffenden Gebirgseigenschaften von Wasser (zum Teil sogar erheblich) beeinflußt werden können, versteht sich nach dem vorigen von selbst. Weniger bekannt ist, daß die Anwesenheit von Wasser im Gebirge auch dessen Verhalten dem Wasser gegenüber verändert: Die Wasserwegigkeit kann in löslichen oder leicht ausräumbaren (schwachgebundenen) Gesteinen durch Ausspülung von Kluftröhren, insbesondere an Kluftkreuzen, im Lauf der Zeit erhöht werden; bei Vorhandensein quellfähiger, aber infolge ihrer Gebundenheit schwer ausräumbarer Zwischenmittel dagegen sinkt die Wasserwegigkeit ab, wenn ein durchfeuchtetes Gebirge unter den Einfluß stärkerer Durchfeuchtung gerät (Selbstdichtung). Daß die Wasserwegigkeit selbst erheblich von der mit der Wassertemperatur schwankenden kinematischen Zähigkeit des Wassers abhängt, hat Stini (1956 b, 165) dargetan. Die Zähigkeit von Wasser ist bei 10° um 30% größer als bei 20°.

Zu diesen unmittelbaren Wirkungen kommt als mittelbare die Einwirkung des Frostverschlusses der Oberfläche, welche das Bergwasser steigen und unter Druck geraten läßt (Stini 1956 a).

Der Einfluß des Wasserchemismus auf die Bauwerke und deren Konstruktion wurde oft und gut genug dargestellt, so daß er hier nicht noch einmal besprochen werden muß.

Auch die vielseitigen Zusammenhänge zwischen dem Wasserchemismus und den durchströmten Gesteinen (Neumeier 1932), die Kontrolle der Beeinflussung von Quellen, der Nachweis der Umläufigkeit von Talsperren u. a. gehören mehr in die allgemeine Baugeologie als in eine Abhandlung über Felsbau.

So haben wir uns nach dem Vorstehenden darauf einzustellen, auch das Gebirge als ein Zweiphasensystem[47a]) anzusehen, nicht unähnlich dem der Böden, aber anderen Gesetzen als diese gehorchend.

47a) Genauer genommen ist es natürlich ein Dreiphasensystem, da sich auch Luft (seltener andere Gase) in seinen Poren und Klüften aufhält. Diese kommt jedoch im allgemeinen nicht zu einer mechanischen Auswirkung und kann daher außer Betracht bleiben. Beim Injizieren allerdings ist zu beachten, daß der der flüssigen Phase vermittelte Innendruck in den Klüften ein Luftpolster vor sich herschieben und so Auflockerungen erzeugen kann, welche manchmal willkommen, meist unerwünscht sind.

3.7 Spannungszustände des Gebirges

Im Gebirgskörper vorhandene Spannungen beeinflussen seine Eigenschaften wesentlich. Schon der homogene Körper besitzt bekanntlich keine absoluten Festigkeitseigenschaften, sondern diese hängen u. a. von den Spannungszuständen ab, denen er unterworfen wird.

So erhält man z. B. für Scherfestigkeit, Druckfestigkeit usw. eines homogenen Materiales verschiedene Werte, je nachdem man sie an Würfeln verschiedener Größe, an Zylindern, Prismen usw. ermittelt, in denen verschiedenartige Spannungsverteilungen herrschen. Bekannt ist die Abhängigkeit der Scherfestigkeit von Sanden von der Normalspannung.

Die Festigkeiten des Gebirgskörpers sind in ganz besonderem Maße Abhängige des jeweiligen Spannungszustandes, weil sein mechanisches Verhalten vom Kräftespiel zwischen seinen Teilkörpern bestimmt wird. Unbewußt beachten wir diese Abhängigkeit schon lange. Wenn beispielsweise der Tunnelbauer Strecken mit besonders geringer Überlagerung scheut, so ahnt er, ohne sich freilich immer über die Zusammenhänge Rechenschaft zu geben, das rapide Absinken der Gebirgsfestigkeiten bei Wegfall eines ausreichenden, Zusammenhalt verbürgenden Umfassungsdruckes. An der Oberfläche, gelegentlich auch noch in tieferen Auflockerungsbereichen, wo die Teilkörper des Gebirges weniger „Tuchfühlung" miteinander nehmen, ist die Standfestigkeit des Gebirges stets gering, und jeder, der z. B. durch Sprengarbeiten gewaltsame Auflockerung verursacht, muß sich der Wichtigkeit schonender Arbeitsweisen (auch in offener Baugrube) bewußt sein. In zwei aufeinander normal stehenden Stollen in der norwegischen Schieferhülle war zu beobachten (Müller 1950 c, 16), daß sich unter sonst gleichen Bedingungen nicht nur die Bohr- und Vortriebsgeschwindigkeiten etwa wie 1 : 2,3 verhielten, sondern daß auch der Sprengstoffverbrauch annähernd im gleichen Verhältnis (1 : 2,5) stand. Genauere Untersuchungen ergaben, daß die Richtung des langsamen Vortriebes etwa mit der Richtung der größten, die des raschen Vortriebes etwa mit der kleinsten Gesteinsspannung zusammenfiel.

Obwohl leicht einzusehen ist, daß z. B. die Reibung auf Klüften, welche einen Teil des Zusammenhaltes im Gebirgskörper zu leisten hat, von dem Normaldruck auf diesen Klüften abhängen muß, wurde den im Gebirge herrschenden Spannungszuständen bisher viel zu wenig Beachtung und Beobachtung geschenkt. Denn an die Existenz wesentlicher Spannungen im Bergleib — ausgenommen Eigengewichtsspannungen — wollen die meisten einfach nicht glauben. Diese vorgefaßte, aber durchaus unbewiesene Meinung wurde „selbstverständlich", so daß man für sie gar keinen Beweis mehr nötig zu haben glaubte. In der Geschichte der Naturwissenschaften sind solche „Geglaubtheiten" (J. Grimm) nicht selten und verdienten, verfolgt zu werden. Viele Naturwissenschafter lehnen zwar in einer gesunden methodischen Einstellung Dinge zu glauben ab, welche ihnen nicht bewiesen wurden, meinen aber umgekehrt, unverständlicherweise die Existenz vieler Dinge leugnen zu dürfen, ja leugnen zu müssen, deren Nichtexistenz unbewiesen ist. Ein solcher unbewiesener Glaube ist die — vor allem unter Bergleuten, aber auch unter vielen Geologen — weitverbreitete und hartnäckig eingesessene Meinung, daß Spannungen in der Erdkruste (oder der Gebirgsdruck unter Tage) ausschließlich vom Gewicht der überlagernden Massen stammen. Ganze Gebirgsdrucktagungen wurden stillschweigend unter diesem Motto abgehalten. Gegen eine solche Meinung erhoben sich aber gewichtige Stimmen. Gewährsmänner, wie z. B. Burwell, Cloos (1936), Gheyselinck (1951), Rabcewicz (1944), Scheidegger (1958 a und 1958 b), Stini (1953 a). Talobre (1957), Tschernig (1958), Wagner (1929), Watznauer (1958) u. a., sind davon überzeugt, daß die Erdkruste allenthalben, an einem Ort mehr, am anderen weniger, unter Spannung steht, und manche (Müller 1950 a, Petraschek 1952 u. a.) glauben sogar, daß diese Spannungen sehr hoch sind.

3.71 Krustenspannungen

Die Existenz von Krustenspannungen *(original stresses; compression interne naturelle; sollecitazione della crosta terrestre)* ist für weite Gebiete der Erde mit großer Wahrscheinlichkeit anzunehmen. Alle Gebirge sind ja zerklüftet, geborsten, bereichsweise sogar völlig zerquetscht und zermahlen. Das beweist, daß sie zumindest in erdgeschichtlicher Zeit unter Spannungen gestanden haben, welche die Höhe ihrer Bruchfestigkeit erreichten; die jüngsten Klüftungen (z. B. sogar in nacheiszeitlichen Ablagerungen von Lockermassen; Stini 1950 b, Müller 1952 b) müssen sogar auf Formungsakte im Quartär zurückgeführt werden. Die Erdgeschichte ist eben nicht abgeschlossen. Wie die Menschheitsgeschichte, so mündet auch sie in die Gegenwart, und auch in der Geologie ist Gegenwart nur ein flüchtiger Augenblick in der Entwicklung des Planeten, nur ein Wendepunkt vom Vergangenen zum Künftigen.

Spannungen sind es auch oft, welche zerborstenes Gestein, ja nicht selten sogar Lockergesteine (wie z. B. das 1000 m mächtige Lataband-Gebirge Afghanistans, Abb. 3–11) zusammenhalten, daß sie sich ganzheitlich wie ein fester Körper verhalten.

Die Spannungen, welche die Gebirge zerbrachen, können nicht allein vom Eigengewicht der Massen herrührend gedacht werden. Damit ein noch unzerklüfteter, flach ausgebreiteter Granitkörper von vielleicht 10 000 t/m^2 Dauerfestigkeit unter Eigengewichtslast an seiner Unterseite zerklüftet würde, müßte er etwa 7000—10 000 m dick sein. Wir finden aber oft Gesteinsmassen sehr geringer Mächtigkeit durch und durch zerklüftet, und zwar bis zu ihrer Oberfläche hinauf, in deren Nähe die Eigengewichtsspannungen ja sehr gering sind. Eigengewichtsspannungen, deren Hauptachse lotrecht steht, könnten keine Klüfte erzeugen, welche flacher liegen als 50, äußerstenfalls 45°; flacher liegende Klüfte finden wir aber häufig genug (s. auch Talobre 1957). Zumindest eine große Anzahl von Brucherscheinungen muß also auf tektonische Formungsakte zurückgehen, welche im Gebirge Überbeanspruchungen erzeugt haben. Dann aber ist grundsätzlich mit dem Vorhandensein von Restspannungen (residual stresses; contraintes rémanentes; tensioni residue) zu rechnen; denn ein Körper, welcher unter Spannungen an der Bruchgrenze stand, wird auch bei weitgehender Entspannung und beim völligen Fortfall der formenden Kräfte nicht mehr ganz spannungslos; auch nicht durch Kriechen, „Erholung“ und Rekristallisation, welche ja auch nur unter dem Einfluß vorhandener Spannungen vor sich gehen (Clar 1960, 187) und deshalb noch vor dem völligen Abbau der ursächlichen Spannungen asymptotisch zum Erlahmen kommen müssen. Sehr überzeugend hat u. a. Watznauer (1958, 126) bezüglich des latenten Vorhandenseins einer tektonischen Komponente im Gebirgsdruck argumentiert: er weist 1. darauf hin, „daß der heutige tektonische Erdzustand erkennen läßt, daß wir in einer orogenen Zeit, d. h. in einer Zeit stärkster Gebirgsbildungsvorgänge leben. Dieser Hinweis ist richtig im Hinblick auf die pasadenischen Bewegungen in Amerika, deren Maximum kaum 300 000 Jahre zurückliegt, sowie auf die tektonischen Vorgänge in Japan und Indonesien, die kaum anders denn als Gebirgsbildungen im Status nascendi verstanden werden können.“ Ein weiteres Argument ist ihm 2. das Auftreten von Gebirgsschlägen, welche ein inneres Arbeitsvermögen infolge einer Querspannung voraussetzen. Schließlich zeigt er 3. „an Hand von vorliegenden geodätischen Angaben, ... daß sich die Erdkruste jetzt und in den für untertägige und übertägige Ingenieurbauten in Betracht kommenden Zeiträumen bewegt. Da Bewegungen zwar physikalisch nicht ganz exakt, aber für den Zweck durchaus zutreffend, nur das materielle Korrelat von Kräften sind, kann von der Beobachtung dieser auf das Vorhandensein jener mit Sicherheit geschlossen werden“ (S. 127). „In Europa ist eines der tektonisch lebhaftesten Gebiete der Bereich des Ägäischen Meeres, also ein Gebiet, das einem Geosynklinaltrog angehört, dem das junge Alpen-Karpaten-Kaukasus-Himalaja-System entstammt. In Griechenland und in der benachbarten Inselwelt sind Verschiebungen zwischen Land und Meer seit langem bekannt.“ Trikkalinos (1956) hat „in der letzten Zeit auf rezente, echte tektonische Bewegungen in der Ägäis aufmerksam gemacht, die mindestens zur Zeit den Schluß auf sehr rasche Bewegungen erlauben. So werden z. B. täglich meßbare Bodenbewegungen im Gebiete des Grabens von Korinth erwähnt“ und „so gibt T. Kobayashi (1955) den Verschiebungsbetrag bei Erdbeben mit 2—3 m, maximal sogar 8 m pro Beben an“. Während der letzten großen Beben im Himalaja-Gebiet sollen Gipfelhebungen von 40—60 m vorgekommen sein, und die Summe der Hebungen soll in den letzten 50 Jahren an manchen Gipfeln 100 m betragen haben. Die Zahl dieser Beispiele ließe sich zum Umfange einer erdrückenden Beweiskraft ergänzen [48]). Nach Cloos (1936, 178) „bestehen gute Gründe zu der Annahme, daß fast alle Teile der Erdkruste

[48]) S. Geologische Rundschau 1955, Bd. 43, H. 1.

sich in Bewegung befinden, nur, daß die Geschwindigkeit und der Charakter der Bewegung in weiten Grenzen schwankt" [49]). Solche Bewegungen sind naturnotwendig von großen Spannungen begleitet. Neuzeitliche Feinnivellements haben auch in jenen Gebieten der Erde, die, geologisch gesehen, als konsolidiert gelten müssen, eine erhebliche Bewegtheit der Erdkruste erwiesen. Zwischen Weißhaus im Lechtale und Klösterle wurde auf eine Entfernung von 100 km innerhalb eines Jahres durch ein solches Feinnivellement eine Höhendifferenz von 52 mm beobachtet. TSCHERNIG (1958, 141) bringt Beispiele für den Nachweis von Gebirgsbewegungen längs Störungen. WATZNAUER (1958, 128) stellt Nachweise für horizontale und für vertikale Verschiebungsbeobachtungen zusammen.

Von besonderer geomechanischer Bedeutung scheint uns WATZNAUERS (S. 129) Feststellung von der Konstanz der meisten Krustenbewegungen.. Wären schon bei phasenweise an- und abklingenden Bewegungen zwischenzeitliche spannungslose Zustände praktisch nicht denkbar, so beweist eine solche Konstanz natürlich erst recht das latente Vorhandensein von Spannungen im Gebirge. „Es wäre ein Zufall, wenn nur durch Feinstnivellements vermessene Rindenteile der Erde rezente Bewegungsspuren aufweisen würden. Tatsächlich ergibt eine Durchsicht der Literatur, daß es fast keinen Punkt der Erde gibt, der nicht zur Zeit in der uns zugänglichen Tiefe mehr oder weniger starke Bewegungen ausführt, daß also praktisch überall mit einer tektonischen Komponente gerechnet werden muß" (S. 130). Wenn TSCHERNIG (1958, 141) nachweist, daß rund 90% von 2500 im Bleierzbergbau Kärntens beobachteten und äußerst klug ausgewerteten Gebirgsschlägen an die tektonisch aktiven NO-Störungen örtlich gebunden sind, so erhellt auch daraus die Konstanz der Spannungszustände, wenigstens in der Umgebung von Störungen, während es gleichzeitig dafür spricht, daß sich die Spannungen nicht gleichmäßig über die Erdkruste verteilen, sondern entlang gewisser Störungslinien in besonderer Steigerung auftreten [50]). Damit stimmt bestens die von BUDRYK (1958, 136) mitgeteilte Tatsache überein, daß die Epizentren von Erdbebenerschütterungen in Polen auf parallelen Linien mit einem Azimut von 50° liegen. Nach SCHEIDEGGER (1958 a, 110) u. a. sind ja tektonische Erdbeben „a fracture type process", welcher sich daraus erklärt, daß „the Kelvin-type behavior subsists only up to a certain limit of stress".

WATZNAUER, der Bergmann ist, nennt diese Ergebnisse überraschend [51]). Der Ingenieurgeologe STINI hingegen rechnete immer schon mit jugend-

---

[49]) Im Original bis hierher gesperrt.

[50]) Auch im südafrikanischen Goldbergbau nehmen nach HILL (1954, 69) Spannungen und Bergschlaggefahr mit der Annäherung an Gänge und Verwerfungen zu, durchaus in Übereinstimmung mit der Bruchtheorie von GRIFFITH, welche am Rande von Klüften bedeutende Spannungserhöhungen nachweist.

[51]) Merkwürdigerweise findet ja gerade unter den Bergleuten die Vorstellung der latenten Existenz tektonischer Spannungen oder Restspannungen in der Kruste am schwersten Eingang, obwohl doch gerade die Bergleute die Auswirkungen solcher Spannungen am meisten und am häufigsten am eigenen Leibe zu spüren bekommen. Das Angelernte hindert aber oft den ungetrübten Blick und unvoreingenommene Beobachtung am meisten. So hat es ja auch Jahrzehnte gedauert, ehe man in Polen die allenthalben anerkannte Annahme, Erdbeben stammten von Gebirgsschlägen, durch die gegenteilige Auffassung wenigstens zu überprüfen wagte (BUDRYK 1958, 134).

lichen Krustbewegungen, wenigstens in gewissen Gebieten, und wies auf die Zusammenhänge solcher junger Gebirgsbildung mit dem Talsperrenbau (1953, 152) hin. Auch nach TALOBRE sind die Spannungen in einem Gebirge weit davon entfernt, geringfügig zu sein. Man solle dem natürlichen Gebirgsdruck eine größere Bedeutung beimessen als bisher. Die Betrachtungsweise der Bodenmechanik, welche lotrechte Spannungen ($\gamma \times H$) und lediglich den durch die verhinderte Querdehnung verursachten „Ruhedruck", wie ihn auch JAKOBI (1957, 1395)[51a]) in der Gebirgsmechanik als gültig annimmt, in horizontaler Richtung ansetzt, sei für die Gebirgsmechanik nicht annehmbar. Auf Grund zahlreicher Messungen möchte sich TALOBRE viel eher der alten Auffassung HEIMS (1878) anschließen, welcher in größeren Tiefen einen in allen Richtungen ziemlich gleich großen Druck, d. h. also: $\lambda = 1$, annimmt.

3.72 Spannungsumlagerungen

In Spannungsumlagerungen offenbaren sich die latenten Krustenspannungen am deutlichsten. Bergschläge, Bergzerreißung und Talzuschübe sind die bekanntesten Erscheinungen der Spannungsumlagerung.

„Bergzerreißung" nannte AMPFERER (1925) Brucherscheinungen großen Stiles, welche als Folge von Spannungsumlagerungen in der Nähe der Felsoberfläche auftreten; einerlei, ob man im Einzelfalle im Überlagerungsgewicht, in tektonischen Vorgängen oder in Gehängebewegungen die Quelle der vorhandenen Spannung zu suchen, Eigenspannungen oder bloße Restspannungen anzunehmen hat, stets hat man einen Körper vor sich, in welchem ein dreiachsiger Spannungszustand herrscht und dessen Verhalten im Aufschluß der Baugrube, der freien Felswand oder des Tunnels wesentlich durch diesen Spannungszustand bestimmt wird.

Dieser Tatsache kommt eine große technische Bedeutung zu, die dort am größten ist, wo im Gebirgskörper freie Oberflächen geschaffen werden, wie es technisch beim Ausbruch von Hohlformen, Einschnitten, großen Fundamentausbrüchen und Hohlraumbauten, oder von der Natur durch Abtragung infolge der Wirkung des Wassers, des Eises oder der Schwere geschieht.

Ist der Spannungszustand im Inneren des Gesteines im allgemeinen Fall durch die Mohrschen Kreise $K_{1,2}$, $K_{2,3}$ und $K_{1,3}$ (Abb. 3–26) nach den drei Hauptnormalspannungsebenen bestimmt, so verlagern sich diese Kreise bei der Neubildung freier Oberflächen, welche frei von Schub- und Normalspannungen sind. Mindestens eine Hauptnormalspannungsachse wird dabei in der Regel den Nullwert erreichen. Aber auch die Richtung des Span-

[51a]) S. a. DORSTEWITZ (1940).

nungstensors wird eine andere; die Lage der veränderten Spannungskreise ist mit $K'_{1,2}$, $K'_{2,3}$, $K'_{1,3}$ bezeichnet.

Das Festigkeitsverhalten des Gebirgskörpers sei durch die Grenzkurven $G_{x,y}$, $G_{x,z}$, $G_{y,z}$ der Mohrschen Kreise für die Bruch- oder Fließgrenze in drei Hauptebenen der Anisotropie charakterisiert. Dann werden für die Lage des Spannungstensors T drei andere Grenzkurven $G_{1,2}$, $G_{2,3}$, $G_{1,3}$ anzusetzen sein; für den veränderten Tensor T, welcher eine andere Richtung hat, abermals drei andere Grenzkurven $G'_{1,2}$, $G'_{2,3}$, $G'_{1,3}$.

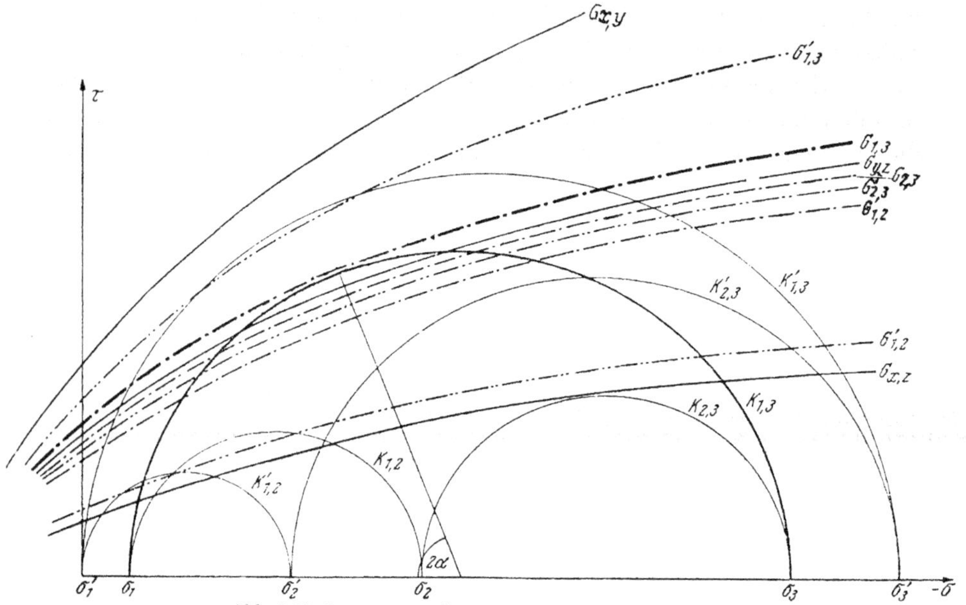

Abb. 3-26. Spannungsumlagerung in anisotropem Gestein

Berührte nun beispielsweise der Spannungskreis $K_{1,3}$ die Grenzkurve $G_{1,3}$, so begann in diesem Zustand das Bruchfließen, wobei sich Bruchwinkel 2α ausbildeten und die Schnittlinien der Bruchflächen sich parallel zu σ_2 einstellten. Nach der Schaffung einer freien Oberfläche kann z. B. der Spannungskreis $K'_{1,2}$ an Stelle des größeren Kreises $K'_{1,3}$ für das Bruchverhalten maßgeblich werden, wenn er die in seiner Ebene gültige Grenzkurve $G'_{1,2}$ früher berührt als der Kreis $K'_{1,3}$. Eine weitere Vergrößerung der Spannung σ_2' ist dann nicht möglich, weil bei dieser Größe bereits das Bruchfließen einsetzt und sich ein Spannungsausgleich bzw. eine Spannungsumlagerung vollzieht. Die Brüche dieses neuerlichen Bruch-Fließ-Vorganges, welchen der Spannungstensor T' auslöst, werden nur dann in der ihnen nach dem Spannungsdiagramm zukommenden Raumstellung und Größe des Bruchwinkels ausgebildet werden, wenn diese Brüche nicht sehr ähnlich liegen wie die bereits vorhandenen. Selbst in diesem Falle werden noch gewisse kleinere Ablenkungen durch die aus dem vorigen Bruchzustand verbliebene, erworbene Anisotropie und Diskontinuität verursacht werden. Im anderen Falle wird die Fließbewegung den Weg des geringsten Widerstandes unter Benutzung der bereits vorgebrochenen Bewegungsbahnen finden, wobei jedoch die Teilbewegungen auf diesen Bruchflächen andere Richtungen nehmen werden als beim ersten Bruch.

Nicht erst beim anisotropen Material bringen neugeschaffene freie Oberflächen neue Brüche oder neue Fließbewegungen. Dies kann genau so

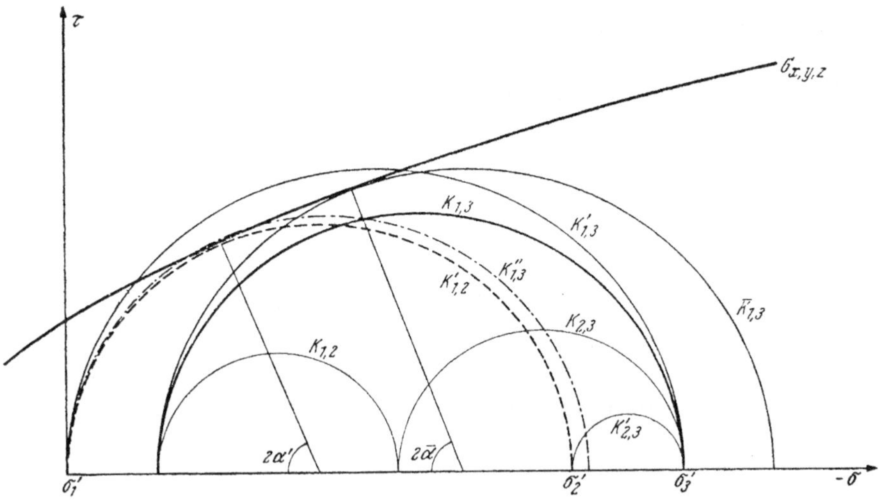

Abb. 3-27. Auftreten neuer Brüche durch Spannungsumlagerung nach Abklingen der tektonisch bedingten Spannungen

beim isotropen Material geschehen, welches durch eine einzige Grenzumhüllende $G_{x,y,z}$ gekennzeichnet ist. War in diesem Material z. B. einmal ein Spannungszustand $\overline{T}$ vorhanden, dessen größter Spannungskreis $\overline{K}_{1,3}$ zur Ausbildung der Brüche unter dem Winkel $2\bar{\alpha}$ geführt hätte, und ist dieser Spannungszustand beispielsweise bis zu der in der Abb. 3–27 gekennzeichneten Größe $K_{1,2}$ $K_{2,3}$ $K_{1,3}$ des Spannungstensors abgeklungen, so kann die Schaffung einer freien Oberfläche selbst dann, wenn die größte Spannung σ_3 hierdurch nicht vergrößert werden sollte, durch das Nullwerden der Spannung σ_1 neuerlich zur Überschreitung der Fließbedingung führen. Hierdurch würde für eine kurze Zeit sogar in der zweiten Spannungsebene σ'_1 σ'_2 der Kreis $K'_{1,2}$ die Grenzbedingung für das Fließen erreichen, was zu Brüchen in ganz neuen Richtungen Anlaß bieten könnte. Durch das Bruchfließen in diesem Zustand wird allerdings sofort eine Spannungsumlagerung eingeleitet werden, welche so lange andauern wird, bis der größte Spannungskreis $K''_{1,3}$ die Grenzbedingungen nicht mehr schneidet, sondern nur noch berührt. Dann erst wird der Fließvorgang seinem Ende entgegengehen.

Dieses Aufreißen ganz neuer Klüfte geschieht z. B. bei den bekannten Bergschlägen (Abb. 3-28) in Stollen, deren schalige Form sich aus der Spannungsverteilung um die Innenleibung des dickwandigen Rohres erklärt und aus der Gebirgsdruckgleichung von Torre bei Kenntnis der Materialkennziffern ableiten läßt. Die Schalenform solcher Bergschläge entspricht der aus der Theorie abzuleitenden Form der Bruchflächen um so besser, je kompakter und weitklüftiger das Gebirge ist.

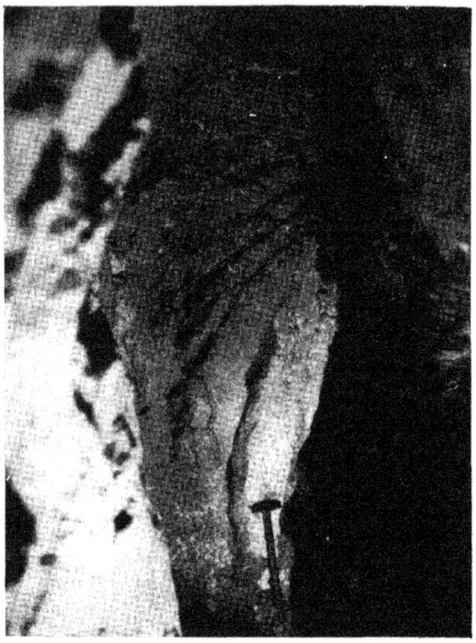

Abb. 3-28. Schalige Bergschlagablösungen im Möllstollen der Tauernkraftwerke (Foto Dr. Horninger mit dessen freundlicher Genehmigung)

Einerlei, ob bei der genannten Spannungsumlagerung durch neue, freie Oberflächen Brüche aufgerissen werden oder Bewegungen auf vorhandenen Bahnen stattfinden, immer erleidet das Gestein Deformationen und mehr oder minder starke Auflockerung [52]).

Die Wirkung des gleichen Vorganges an und in der Nähe der Gebirgsoberfläche ist unter dem Namen Bergzerreißung, ihre Folgen sind auch als „Talzuschub" (nach Stini) bekannt. Als Ursache der genannten Erscheinungen dagegen wird meist Frostsprengung und Verwitterung, gelegentlich noch die Gehängetektonik und das Talkriechen geschieferter und geschichteter Gesteine zur Erklärung herangezogen. Daß diese Erklärungen allein nicht ausreichen, sondern nur einen ähnlichen Vorgang in den obersten Metern der Gesteinsrinde zu deuten vermögen, wurde bereits ausgesprochen. Die Auflockerung, welche Frost und Verwitterung erzeugen, kann nicht tiefer reichen als diese Einflüsse selbst. An mehreren Beispielen, welche eine zahlenmäßige Erfassung des Auflockerungsmaßes gestatten (Müller 1951 a, 96) konnte ein Auflockerungsbereich von 50 bis 100 m unter Tag festgestellt werden. Der glatte und asymptotisch ausklingende Verlauf dieses Auflockerungsmaßes erwies in allen diesen Fällen recht deutlich die einheitliche und nur aus Spannungsumlagerung erklär-

[52]) Stollenausbruch aus der Tiefe des Möllstollens z. B. wurde in Gesteinsstücken zutage gefördert, welche nichts von ihrer großen Festigkeit eingebüßt zu haben scheinen; nahm man sie nach einem Vierteljahr von der Kippe wieder auf, so erwies sie sich, wie Herr Direktor Dipl.-Ing. Rotter mitteilt, als brüchiges, zerbrechliches Gestein.

liche Gesetzmäßigkeit. Natürlich finden Frost und Verwitterung in den vorhandenen Klüften und erst recht in den durch die Entlastung aufgelockerten Fugen eine gute Vorarbeit für erfolgreiche, rasche und weitere Auflockerung vor.

Die Bergschläge *(rock burst; éclatement; scoppio della roccia)*, auch „Knallgebirge" (= plötzliches Abstoßen von meist schalenförmigen Gesteinsplatten in Stollen und Tunneln) und Gebirgsschläge (= spontanes, meist mit weitgehender Gesteinszertrümmerung verbundenes Ausbrechen von Flözen im Streb), plötzliche Umsetzungen gespeicherter Formänderungsenergie, sind wohl schon immer als Auslösung von Spannungen angesehen worden; jedoch hielt man sie entsprechend dem Vorurteil von der alleinigen Existenz der Eigengewichtsspannungen erst in Teufen von mehr als 600 m für möglich. Dort treten sie allerdings erfahrungsgemäß häufiger auf, doch kann man sie bei hohen Spannungskonzentrationen schon wenige Meterzehner unter der Oberfläche, ja sogar an dieser selbst erleben, wie das Beispiel der Vajont-Schlucht (Müller 1961) und ähnliche Fälle beweisen. Für sie gilt grundsätzlich die gleiche Erklärung, welche vorstehend für die Bergzerreißung gegeben wurde; jedoch unterscheiden sich die Bergschläge von dieser durch das Moment ihrer plötzlichen Auslösung, welches meines Wissens nur in den Theorien von Kvapil (1958 a, 36, und 1960) eine Erklärung findet[53]).

Eine umfangreiche Literatur[54]) befaßt sich mit diesen Erscheinungen. Am klarsten haben wohl Tschernig (1958, 138) und Rabcewicz (1944) dargestellt; in aufschlußreichen Überlegungen über die mathematischen Bedingungen für das Auftreten von Bergschlägen hat Torre (1952 b, 247) in Übereinstimmung mit der Erfahrung nachgewiesen, daß sich Bergschläge stets dort am Stollenumfang ereignen, wo dieser von der Richtung der größten Druckspannung tangiert wird (Abb. 3–29). So kann umgekehrt aus der Beobachtung von Bergschlägen die Richtung der Spannungen erkannt werden.

Die Anlage oberflächenparalleler Klüfte (Abb. 3–30) ist ohne Zweifel gleichfalls eine Wirkung von Spannungsumlagerungen und steht damit der Bergzerreißung nahe. Kieslinger (1958, 108) ist ihrer Erscheinung in jahrzehntelanger Beobachtung nachgegangen und deutet sie offen-

[53]) Kvapil unterscheidet Zerstörung durch Zerklüftung, durch Plastischwerden und durch Zersplitterung. Letztere führe zum Gebirgsschlag, wenn akkumulierte Potentialenergie angesammelt sei, ohne daß es zu einer rechtzeitigen Verformung oder Zerstörung des Gesteins gekommen ist. Besonders gefährlich sei diese bei Änderung des Verformungscharakters, wenn z. B. ein auf Druck beanspruchter Körper plötzlich Scher- oder gar Zugbeanspruchungen erfahre; dann folge schlagartige Zersplitterung.

[54]) Ascher (1950), Hagen (1952), Kastner (1949, 1952, 1953), Kegel (1957), Kvapil (1958 a, 1958 b, 1960, 1961), Oelsner (1958), Rainer (1952), Schulze (1961), Schuppe (1961), Stini (1952 b, 1952 c), Tschernig (1950), Walker (1952), Znanski (1959).

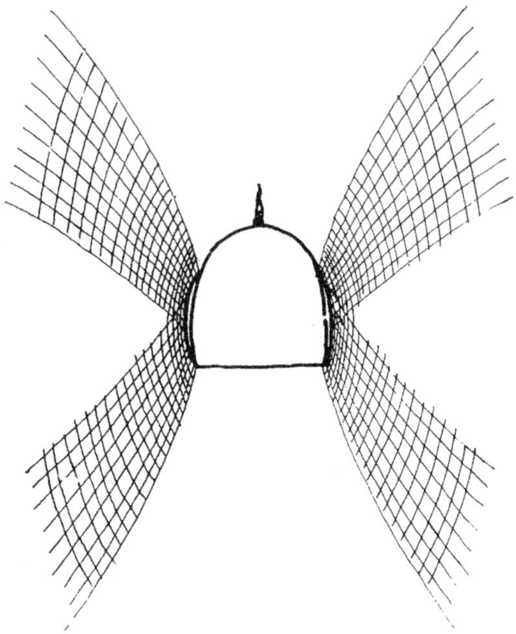

Abb. 3-29. Entstehung von plastischen Zonen oder Bergschlägen nach TORRE (1952, 247)

Abb. 3-30 a (Legende nebenstehend)

Abb. 3-30 b

Abb. 3-30. Oberflächenparallele Klüfte infolge Spannungsumlagerung. a) in feinklüftigem Grauwackenschiefer (an der Lahn), b) und c) in ungeklüftetem Konglomerat (Dez-Schlucht, Iran)

Abb. 3-30 c

bar mit Recht als ein Wechselspiel von „Verspannung und Entspannung". Diese Art von Klüften, welche nahe der Oberfläche (oder ehemaliger Geländeflächen) am deutlichsten geschart sind und in einigen Meterzehnern Tiefe (nach Müller 50—80 m) ausklingen, findet sich in Gesteinen aller Art, sogar Lockergesteinen. Billings (1942) nennt sie sheetings und erwägt

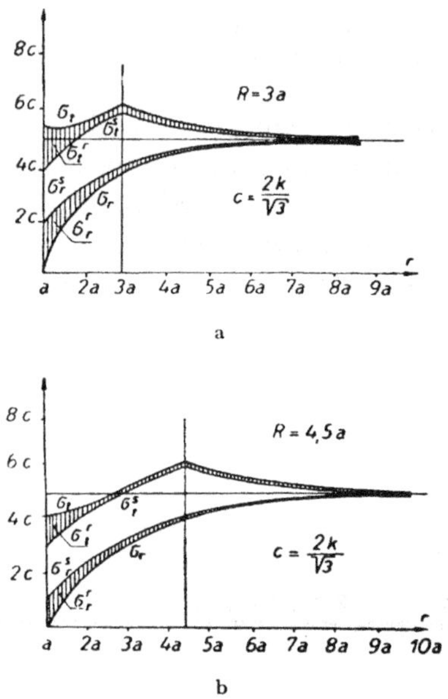

Abb. 3-31. Spannungsverteilung in der Umgebung eines künstlichen Hohlraumes im Gebirge nach dem Rechenansatz für ein visco-plastisches Gebirge. a) Anfangsstadium, b) späteres Stadium (nach A. Salustowicz)

Abb. 3-32. Zugspannungen und exzentrische Druckwirkung in den Randfasern steiler Felswände; Verformungen und Spannungsverteilung

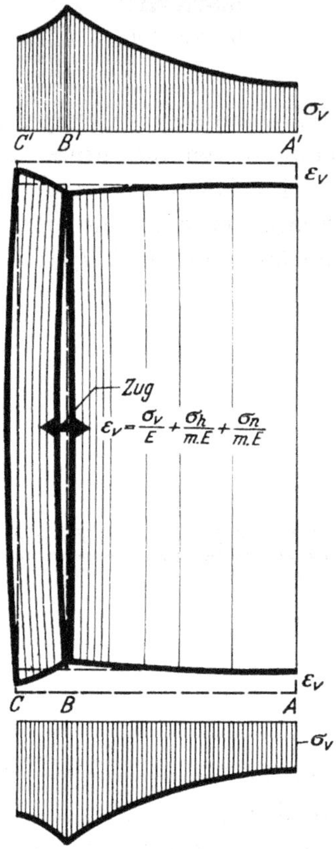

Abb. 3-32

dreierlei Erklärungen für diese weltweite Erscheinung: 1. Entstehung durch Auskühlung parallel zum Oberkontakt (wonach es also Absonderungsklüfte wären); diese Erklärung sei nicht haltbar, weil auf Absatzgesteine nicht anwendbar; 2. Spannungs- und Gewichtsabnahme während der Erosion; diese Ursache bezeichnet Billings als schwer vorstellbar; 3. Ausdehnung durch fortschreitenden Abtrag und ungehinderte Querdehnung, wobei nach seiner Meinung Scherflächen unter 30° zur Oberfläche und Trennbrüche parallel zu dieser entstehen. Ich konnte diese während des Felsaushubes am Grunde der Vajont-Schlucht deutlich im Entstehen beobachten, wo die Spannungen so hoch waren, daß sie das Gestein zum Klingen brachten.

Die Bildung von Schalenabrissen *(scaling)* durch Spannungsumlagerungen kann am besten in unzerklüfteten Gesteinen (Abb. 3–30 b/c) studiert und meines Erachtens folgendermaßen gedeutet werden (MÜLLER 1962): Den Verlauf der oberflächenparallelen und der oberflächennormalen Hauptnormalspannungen σ_t und σ_n in der Nähe der Oberfläche eines steilen Taleinschnittes, wie wir sie uns zu denken haben, wenn wir dem Gebirgsverhalten einen Modellkörper (Abb. 2–24) nach BURGER (1935) oder nach SALUSTOWICZ (1958 a) zugrunde legen, gibt Abb. 3–32 ungefähr wieder. In den oberflächenparallelen Schnitten A, B und C entstehen dabei Verkürzungen, deren elastischer Anteil näherungsweise

$$\varepsilon_{ta\ (b,\,c)} = \frac{\sigma_{ta\ (b,\,c)}}{E} - \frac{\sigma_{na\ (b,\,c)} + \sigma_{na\ (b,\,c)}}{m.\ E} \qquad [3\text{–}2]$$

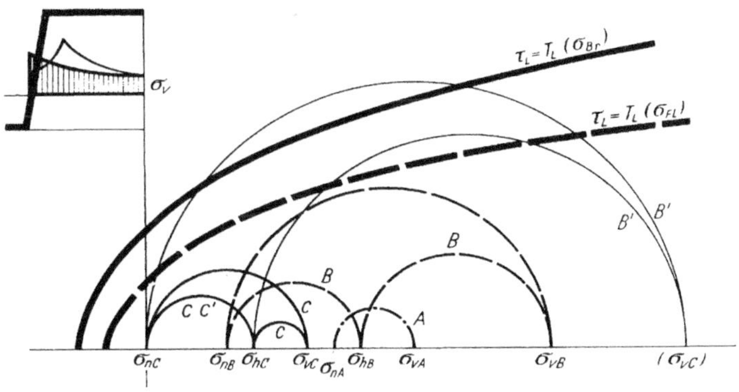

Abb. 3-33. Rückverlegung der Spannungsspitze in der Randfaser von Steilwänden bei Erreichung der Bruch- oder Fließbedingung

ist, wobei sich $\varepsilon_{ta} < \varepsilon_{tc} < \varepsilon_{tb}$ ergibt. Die randnahe Faser im Schnitt B ist am stärksten verkürzt, die äußerste Randfaser bei C am wenigsten (Abb. 3–32). Zwischen den Schnitten C—B und B—A herrscht exzentrischer Druck, welcher die äußeren Schalen C—B nach außen zu biegen strebt, den dahinterliegenden Bereich B—A nach innen drückt. Durch diese exzentrische Druckwirkung, welche erst mit dem Abbau der Spannungsspitze σ'_{tc} zu σ_{tc} entsteht, wird dem Verlauf der σ_n-Spannungen eine Zugspannung überlagert.

Im Schnitt B entstehen Zugrisse, sobald dort die Zugfestigkeit des Materials überschritten wird, oder, solange dies nicht der Fall ist, eine erhöhte Spaltbarkeit. Dies ist ja der Schnitt, bis zu welchem während der Spannungsumlagerungen die Materialentfestigung fortschreitet, welche gemäß Abb. 3–33 durch die Berührung des Spannungskreises σ_t, σ_n mit der Mohrschen Hüllkurve bedingt wird. Durch diese Entfestigung entsteht ja der Abfall der Spannungen σ_t zwischen C und B, welche ohne das Erreichen der Hüllkurve für das Bruchfließen bzw. Kriechen eine Spannungsspitze an der Oberfläche A behielten.

In unzerklüfteten oder schwachzerklüfteten Gebirgen mit geringer Zugfestigkeit wird das Abschalen in Form von oberflächenparallelen Zugrissen, in Gebirgen mit geringer Scherfestigkeit in der Form gekrümmter Schalenbrüche auftreten, welche theoretisch unter dem Winkel α (Abb. 2–11) ansetzen, aber selten zu beobachten sind. In stärker klüftigen Bergarten findet Auflockerung nach stellvertretenden Kluft- und Bruchstaffeln statt.

Ein hinzukommender, tausende Male wiederholter Temperaturwechsel, dessen — wenn auch geringe — Spannungen sich dem vorhandenen Spannungszustand überlagern, mag mit im Spiele sein; er beansprucht das Gestein schwingend.

Spannungszustände, welche das Gestein lange Zeit beanspruchten, zeigen besonders lange elastische Nachwirkungen. Kieslinger beschreibt Marmortafeln an Haltestellen der Wiener Stadtbahn, welche sich im Verlauf von 30 Jahren verbogen, und zwar ungleichsinnig, so daß Wärmespannungen, Sonnenbestrahlung usw. als Erklärung auszuschließen sind. Im Baubüro der ARGE Kaprun zersprang ein lotrecht und geschützt aufgestellter Bohrkern aus Kalkglimmerschiefer nach etlichen Wochen ungestörten Aufenthaltes eines Tages plötzlich ohne vorangegangene Berührung unter lautem Knall in zahlreiche Stücke. Ähnlich wie an den optisch wirksamen Modellmaterialien, welche zur spannungsoptischen Untersuchung dreidimensionaler Aufgaben verwendet werden, muß man in den geologischen Körpern so etwas wie eine „eingefrorene Spannung" (Föppl 1951, 105) annehmen, welche zur Spannungsumlagerung weit größere Zeiträume benötigt als die andere, vorwiegend elastische Komponente des Spannungszustandes *(3.8)*.

3.73 Nachweise vorhandener Spannungen

An exakten Nachweisen vorhandener Spannungen im Gebirge und der Größe ihrer Komponenten fehlt es nicht. Meßtechnische Feststellungen haben Spannungsgrößen bis zu 1000 kg/cm², rechnerische Überlegungen solche bis 1400 kg/cm² erbracht.

Zum Nachweis vorhandener Spannungen wurde in den letzten 15 Jahren aus Anfängen in den dreißiger Jahren eine ganze Reihe von Methoden entwickelt, welche leider viel zu selten angewendet werden, aus keinem anderen Grunde als in der schon erwähnten Voreingenommenheit, daß es Spannungen in der Erdrinde nicht gebe. Dies ist um so weniger verständlich, als sich vorhandene Spannungen auf die Standfestigkeit von Böschungen, Untertageräumen usw. im allgemeinen nur ungünstig, d. h. stabilitätsmindernd, auswirken können und man deshalb eigentlich verpflichtet wäre, ihre Abwesenheit nachzuweisen und nicht bloß anzunehmen.

Noch kennen wir zwar die Zusammenhänge zwischen der Stabilität von Felsböschungen und vorhandenen Spannungen nicht; daß solche aber bestehen, beweisen Talzuschub und Bergzerreißung. Die eminente Bedeutung der Kenntnis der Spannungszustände für Bergschläge und Tunnelbau (*16*) liegt auf der Hand.

In Anbetracht der großen Bedeutung, welche den Spannungsmessungen im Gebirge zukommt, sei in der Tafel 3–2 eine Übersicht über die bisher mitgeteilten Versuche und Erprobungen von Spannungsmeßgeräten gegeben. Für den praktischen Felsbau interessieren dabei nicht nur die zum Nachweis vorhandener Primärspannungen geeigneten Geräte, sondern auch jene Geräte, welche lediglich Spannungs v e r ä n d e r u n g e n infolge eines technischen Eingriffes anzeigen.

Oberti in Europa und das Bureau of Reclamation in Amerika waren die ersten Pioniere auf diesem Gebiet. Seither hat sich eine große Zahl von Forschern dieser wichtigen Sache angenommen.

Spannungen kann man nicht unmittelbar messen; man kann sie nur aus der Beeinflussung anderer meßbarer Größen, wie z. B. der Formänderungen oder der Schallausbreitungsgeschwindigkeit ablesen bzw. rückrechnen. Diese Rückrechnung setzt Kenntnis der Materialkennwerte (Elastizitäts-, Entspannungs- und Verformungsmoduln, Beziehungen zwischen Schallgeschwindigkeit und Spannungszustand usw.) voraus. Nur wenige Verfahren entheben den Beobachter dieser oft problematischen Ermittlung der Materialkonstanten, so z. B. das Verfahren von Mayer und einige andere, welche nach künstlicher Entspannung eines Gesteinsbereiches den vorher vorhandenen Spannungszustand wiederherstellen oder das Verfahren von Potts und Jenkins (1956) und ähnliche, auch jene von Suzuki (1960) sowie von Hiramatsu, Niwa und Oka (1957), Hast (1958) und Leeman (1958), welche eine weitestgehende Anpassung des Meßkörpers an das Gebirge anstreben.

Drei Gruppen von Spannungsmeßmethoden sind zu unterscheiden:

1. mechanische Methoden, welche Gesteinsdeformationen registrieren und in Spannungsangaben umzuwerten gestatten;
2. die druckakustischen (geophysikalischen) Methoden, welche Änderungen der Schall- oder Ultraschallausbreitungsgeschwindigkeit unter dem Einfluß von Spannungen bzw. Spannungsänderungen messen;
3. die spannungsoptische Methode.

3.731 Talobre (1957), welcher sich in sehr aufschlußreicher Weise mit den Vor- und Nachteilen der verschiedenen m e c h a n i s c h e n M e t h o d e n auseinandersetzt, von denen die meisten in Frankreich und viele unter seiner eigenen Initiative entwickelt wurden, gibt eine Einteilung der Methoden. Die Spannungsmessungen m i t t o t a l e r E n t s p a n n u n g des Gesteins (Entlastungsverfahren) sind meist einfach in der An-

Tafel 3–2. Geräte zur Messung von Spannungen im Fels

Anwendung	Konstrukteur (Gesellschaft)	Messung mit	Methode	Ort der Erstanwendung	Bergart	Eignung für	Literatur
1	2	3	4	5	6	7	8
1932 (?)	US Büro of Reclamation	Extensometer	Schlitzentspannung an der Wand	Boulder-Dam	Andesit	Primärspannungen bei bekanntem Entlastungsmodul	Talobre 1957
1936	Oberti, A. F. L. Falek	Extensometer	Schlitzentspannung an der Wand	Venina, später oberitalien. Tunnel		Primärspannungen bei bekanntem Entlastungsmodul	Talobre 1957
	Mc Henry USBR	Meßstreifen	Bohrlochentspannung an der Wand	Prospect-Mountain	Granit	Primärspannungen bei bekanntem Entlastungsmodul	McHenry u. Olsan
	Mc Henry USBR	Meßstreifen	Bohrlochentspannung an der Wand	Nisqually Nr. 2	Gneis	Primärspannungen bei bekanntem Entlastungsmodul	McHenry u. Olsan
1939	Obert, L. USB Mining		druckakustisch	Pfeilerabbau		Primärspannungen und technische Spannungen	Obert 1939/40
1945	Jones, R.	Ultraschall	druckakustisch				Jones, McHenry
1949	Talobre EdF	Extensometer	Schlitzentspannung an der Wand	Isère-Arc	Schiefer	Primärspannungen bei bekanntem Modul	Talobre 1957
1949	Berthier EdF	bewegliche Extensometer im fotografischen Stern	Bohrlochentspannung durch Überbohrung ⌀ 76 mm	Brévières	Schiefer	Primärspannungen bei bekanntem Entlastungsmodul	Berthier
1949	Capdecomme EdF		Schlitzentlastung an der Wand	Arrens	Schiefer	Primärspannungen bei bekanntem Entlastungsmodul	Capdecomme 1951

1949	Delarue EEM		Schlitzentlastung an der Wand	Afourer	Mergel	Primärspannungen bei bekanntem Entlastungsmodul	Delarue
1950	Talobre EdF	SEPH	teilweise Druckentlastung carottage central an der Wand ⌀ 56 mm	Montpézat	Granit	Primärspannungen in elastischem Hartgestein bei bekanntem Entlastungsmodul	Talobre
	Hast	elektr. Druckkörper	Bohrlochentspannung durch Überbohren	Grängesberg	Erz	Primärspannungen bei bekanntem Entlastungsmodul	Hast 1958
1951	Bellier Chervier	Extensometer	Schlitzentlastung	Talsperren			Bellier, Chervier 1951
1951	Mayer Tincelin	Schwingsaite	Schlitzentlastung und Wiederaufpressung	Mines de Lorraine		Primärspannungen und technische Spannungen ohne Kenntnis des Entlastungsmoduls	Tincelin 1952
1952	Carlson Pintz	Hochdruckspannungsmesser, Modulmeter	Spannungsangleichung an die Umgebung			Primärspannungen in Hartgestein von großer Teufe	Carlson, Pintz
1952	Talobre EdF	Meßdosen SEPH	teilweise Druckentlastung durch Bohrloch, carottage central	Le Carla	Schiefer	Primärspannungen in Hartgestein bei bekanntem Entlastungsmodul	Talobre
1952	Kilian EdF	Extensometer	Schlitzentlastung	Le Carla	Schiefer	Primärspannungen bei bekanntem Entlastungsmodul	Kilian
1952	Müller, L. IGB	Kondensatoren	Großversuch Stollenentlastung			Primärspannungen bei bekanntem Entlastungsmodul Bestimmung des Zeitverhaltens	L. Müller 1952
1952	Vidal	(s. Lit.)					Vidal 1952
1953	Buchheim	Ultraschall	druckakustisch		Salzgesteine	Primärspannungen und technische Spannungen bei bekanntem Entlastungsmodul	Buchheim

(Forts. nächste Seite)

(Fortsetzung Tafel 3-2)

Anwendung	Konstrukteur (Gesellschaft)	Messung mit	Methode	Ort der Erstanwendung	Bergart	Eignung für	Literatur
1	2	3	4	5	6	7	8
1953	Kilian	Extensometer	druckakustisch Schlitzentspannung an der Wand	Isère Arc	Gneis	Primärspannungen, Spannungsänderungen bei bekanntem Entlastungsmodul	Kilian
1953	Berthier	optischem Komplex	Bohrlochentspannung, Ø 250 mm und Nachbohrung	Isère Arc	Gneis	Primärspannungen und technische Spannungen bei bekanntem Entlastungsmodul	Berthier
1953	Cooling Ward	(s. Lit.)		London U-Bahn	Tone		Cooling u. Ward 1953
1953	Schwartz	(s. Lit.)					Schwartz 1953
1953	Jacquemin	(s. Lit.)					Jacquemin 1953
1953	Freyssinet	Druckdose	Schlitzentspannung	Eisengrube Ort	Eisenerz	Primärspannungen	
1954	Tincelin Habib Dowance	Ultraschall	druckakustisch	Mines de Fer Lothringen	Eisenerz	Primärspannungen und vorhandene Spannungen bei bekanntem Entlastungsmodul	Tincelin 1952
1954	Talobre		Bohrlochentspannung und Wiederaufpressen mit Druckblase, Ø 165 mm	Serre Poncon	Mergel Liaskalk	rasche Orientierung über Primär- und technische Spannungen bei bekanntem Entlastungsmodul	Talobre 1957
1954	Dantu	Extensometer	Schlitzentlastung				Dantu 1954
1955	Creuels Hermes	Membran-Druckkissen	unmittelbare Druckübertragung	Kohlengruben Niederlande	Kohle	Nachweis von Spannungsänderungen	Kuhn 1957
1955	Suzuki Tokio	Meßstreifen	Bohrlochentspannung durch Überbohren			Primärspannungen bei bekannt. Entlastungsmodul	Potts, Jenkins 1956

1955	Potts Durham	Stressmeter	Spannungsangleichung an die Umgebung			Messung von Spannungsänderungen	Potts, Jenkins 1956
1955	Potts	Ultraschall	druckakustisch		Kohle Hornblendeschiefer	Primärspannungen, Spannungsänderungen bei bekanntem Entlastungsmodul	Potts
1955	Tincelin	Volumeter	Bohrlochweitung durch Druckblase, $\varnothing$ 46 mm				Talobre 1957
1955	Gornicze						
1955	Neymann						
1955	Maihak	Schwingsaite	Abtastung der Bohrlochwand	Neumühl	Kohle	Nachweis von Spannungsänderungen	Jacobi
1956	Talobre		Bohrlochweitung durch Zylinderdruckgerät	Le Carla	Schiefer	rasche Orientierung über Primärspannungen	Talobre
1956	Talobre	kombiniert	carottage central an der Wand und Bohrlochweitung mit Zylinderdruckgerät	Panessière	Beton	Nachweis von Spannungsänderungen	Talobre
1957	Hiramatsu, Oka Univ. Osaka	Spannungsoptik	Deformationsmessung, zweiachsig im Bohrloch			rascher und genauer Nachweis von Spannungsänderungen	Hiramatsu, Oka 1958
1957	McHenry Olsan USBR		Strain relief method				McHenry, Olsan 1957
1957	Leeman South African Council	Dehnmeßstreifen-Zelle	Spannungsangleichung an die Umgebung	Goldminen Witwatersrand	Konglomerat	Messung von Spannungsänderungen	Leeman
1960	L. Müller	Deformationsindikatoren	Großversuch Stollendeformation mit Wiederaufpressung			Nachweis vorhandener Spannung und Zeitkonstanten des Gebirges	
1960 - (61?)	Mining Research Center-Bureau of Mines-U.S. Depart. of the Interior. Denver-Colorado	Electric resistence Strain gage rosettes. Portable Static Strain indicator	Strain relief	„Climax Molibdenum-Mines“ Climax-Colorado	Quarzmonzonite	– magnitude and direction principal stresses – – Location of principal stresses – Effect of mountainous Topografy upon the stresses distribution	Stefhen, Utter

wendung; ihr Nachteil ist aber, daß sie den Verformungskoeffizienten nicht liefern, sondern daß dieser auf andere Weise gewonnen oder angenommen werden muß.

Die Verfahren mit teilweiser Entspannung des Gesteins messen die Gesteinsformänderungen in der Nähe eines Bohrlochs oder Schlitzes, welche der Freimachung von Spannungen dienen, in einem Abstand, in welchem die Deformationen zwar klein aber dafür um so sicherer im elastischen Bereich bleiben. In diesem Falle darf mit Talobre erwartet werden, daß der zur Rückrechnung zu verwendende E-Modul dem am Probekörper zu bestimmenden wahren Elastizitätsmodul relativ nahe komme.

Verfahren mit Wiederherstellung der ursprünglichen Spannungen beseitigen weitgehend die Ungewißheiten, die stets bezüglich der Verwendung des richtigen Verformungsmoduls bestehen. Bei ihnen werden mit geeigneten Meßinstrumenten die während der künstlichen Entspannung des Gesteins auftretenden Formänderungen gemessen und durch Einbringung eines Seitendruckgerätes in das Entspannungsbohrloch oder eines Druckkissens in den Entspannungsschlitz wieder wettgemacht. Die Spannungen, welche hierzu aufgebracht werden müssen, sind — abgesehen vom Einfluß der Zeit, des Kriechens usw. — etwa identisch mit den ursprünglich im Gestein vorhandenen und bedürfen keiner Umrechnung. Die meisten dieser Verfahren arbeiten mit totaler Entspannung, doch gibt es auch einige, welche Wiederherstellung der ursprünglichen Spannungen mit nur teilweiser Entspannung kombinieren.

Petermann (1953, 410) weist darauf hin, daß bei der einfachen Schlitzmessung keine Kenntnis der Hauptspannungen sowie der tangentialen Vertikelspannung in der Schlitzebene, der Querdehnungszahl und des E-Moduls erworben wird. Erst bei der Verwendung zweier Druckmeßdosen im rechten Winkel zueinander wurden diese Spannungswerte (sogar mit 5% Genauigkeit) festgestellt. (Genauigkeit der übrigen Werte ± 10%. Zeitaufwand der Versuche: zwei geschickte Bergarbeiter brauchen 15 Stunden für Schlitze und Doseneinbau.)

Unter den Registrierapparaten, welche bei den verschiedenen Verfahren in ein Bohrloch eingebaut werden, darf man jenen am meisten vertrauen, die mit dem umgebenden Gesteinsmaterial am innigsten verbunden werden. Dies ist ohne Zweifel beim „Stressmeter“ von Potts der Fall, während der Bohrlochquergeber von Maihak, den die Forschungsgemeinschaft Neumühl zu Spannungsbeobachtungen in der Kohle verwendete, nur einen Tastknopf mit der Bohrlochwand in Berührung setzt. Dabei muß mit einer unkontrollierbaren Abhängigkeit vom Verhalten des zufällig benachbarten Kluftkörpers gerechnet werden.

Allen mechanischen Methoden (mit einigen noch zu besprechenden Ausnahmen) haftet der Nachteil an, daß sie lediglich eine Punktbeobachtung darstellen. Bei gutem Kluftkörperverband des Gebirges darf wohl angenommen werden, daß in den meisten Kluftkörpern ein Spannungszustand vorliege, welcher dem in der gesamten Gebirgsmasse herrschenden vergleichbar oder sogar ähnlich sei. Bei inhomogenen oder auch bei plastischeren Bergarten, ferner bei Bergarten, welche in ihrem mechanischen Verhalten stark zeitabhängig sind, muß man mit großen Abweichungen im Ergebnis der punktuellen Beobachtung von den Verhältnissen in der Gesamtmasse rechnen. In solchen Fällen würde ich es unbedingt vorziehen, an Stelle des Kleinversuches einen Großversuch nach der in Abb. 7–8 wiedergegebenen Anordnung vorzunehmen. In vier Bohrlöchern, welche vom vorläufigen Ende eines Stollenvortriebes leicht strahlig auseinanderweisen, werden Querverformungs-Meßinstrumente, sogenannte Deformations-Indikatoren eingebaut und in Nullstellung gebracht. Während des weiteren Stollenvortriebes machen die Bohrlöcher die Materialwanderung des umgebenden Gebirges mit, welche von den Gebern registriert wird. Diese Registrierung ist eine Deformationsmessung im großen, welche auch bis über den Vortrieb hinaus fortgesetzt werden kann und den zeitlichen Verlauf sowie die Zeitabhängigkeit der Deformationen anzeigt. Dieser Versuch — welcher im übrigen auch die Wirkung des Ausbauwiderstandes verschiedener Ausbautypen im gleichen Gebirge zu vergleichen gestattet und die Anisotropie der mechanischen Eigenschaften erkennen läßt — ist zunächst ein reiner Entlastungsversuch mit totaler Entspannung. Er kann sehr wohl zu einem Versuch mit Wiederherstellung der ursprünglichen Spannungen gestaltet werden, wenn man ihn mit einem Druckhammerversuch kombiniert, wie er üblicherweise zur Ermittlung der Elastizitäts- bzw. Verformungsmoduln ausgeführt wird.

3.732 Die „Druckakustische Methode" bezeichnet Buchheim (1958, 119) mit Recht als geophysikalische Spannungsdiagnose in situ. Ihre ersten Anfänge reichen in die dreißiger Jahre (Heinrich in Schlesien) zurück. In neuerer Zeit haben sich ihrer Habib und Gabin, Potts sowie Buchheim besonders angenommen [55]). Die Methode beruht darauf, 1) daß sich die seismisch-akustischen Eigenschaften der Gesteine bei einem Wechsel der Beanspruchungszustände ändern, und 2) daß bei der Zerstörung festen Gebirges durch Beanspruchungen seismisch-akustische Vorgänge entstehen (Buchheim 1958, 119).

Die Methode ist dem in (2.35) beschriebenen „Kaisereffekt" verwandt. „Nähert sich der Spannungszustand eines hinreichend spröden Gebirges der Scher- bzw. Trennbruchfestigkeit, so steigt die Zahl der Feinrißbildungen an. Diese Feinrisse sind makroskopisch zunächst kaum erkennbar, aber akustisch weitgehend wahrnehmbar. Ein jeder solcher Vorgang stellt im Gebirgsverband gewissermaßen ein winziges Erdbeben dar, das mit empfindlichen seismisch-akustischen Mitteln noch auf Entfernungen von vielen Metern nachgewiesen werden kann. Wie in der Seismologie können auch in der Gebirgsakustik verschiedene Formen von ‚Herdvorgängen' unterschieden werden: Gleitprozesse (Scherungsbrüche) und Trennprozesse (Trennungsbrüche)" (Buchheim 1958, 120). Beiden Bruchformen entsprechen verschiedenartige Oszillogrammformen (s. Abb. 2–34). Beim Gleitriß ist starke Dämpfung und große spektrale Bandbreite, beim Trennriß schwache Dämpfung bei wohldefinierter Frequenz und geringer Bandbreite festzustellen. Kurz vor Annäherung an die makroskopisch erkennbare Zerstörung erhöht sich die Impulsstärke, und das Frequenzspektrum verschiebt sich schwerpunktmäßig zu niedrigen Frequenzen hin. Damit ist uns ein Mittel an die Hand gegeben, sowohl im Großversuch als auch an der Felsbaustelle eine herannahende Bruchgefahr einzuschätzen.

---

[55]) Am Ausbau der Methode erwarben sich ferner Baldin und Goichmann in der UdSSR und Krebš und Obert in den USA Verdienste, später das geophysikalische Institut der Akademie der UdSSR sowie Rösler und Uhlmann in Freiberg.

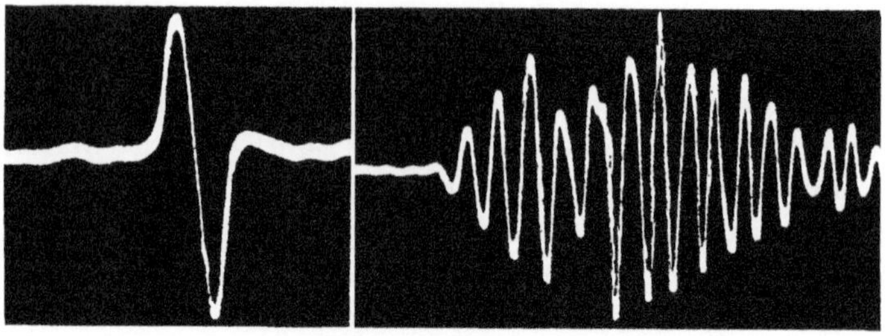

a b

Abb. 3-34. Unterscheidung von Gleitungsbrüchen (a) und Trennungsbrüchen (b) bei druckakustischen Spannungsmessungen. Aus BUCHHEIM (1958, 120)

a

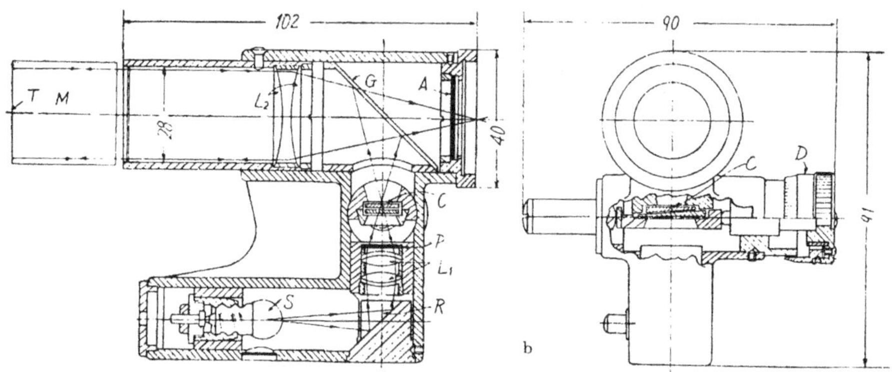

b

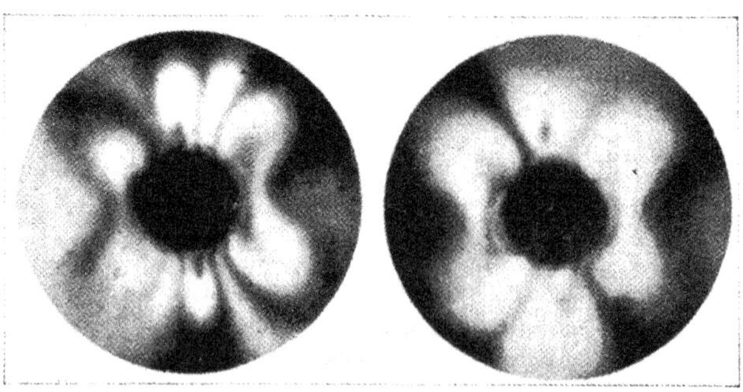

c

Abb. 3-35. Spannungsoptische Messungen am Grunde von Bohrlöchern, Apparatur nach HIRAMATSU, NIWA und OKA. a) Neueste Bautype, b) Schnitt (S Lichtquelle, R Prisma, P Polarisator, C Kompensator, G Halbspiegel, L Linsensätze, M spannungsoptisch-aktive Bohrlochfüllung, T Silberspiegel, A Analysator), c) Isochromatenbilder, photographiert durch die Apparatur

Die Abhängigkeit der Schallgeschwindigkeit vom Spannungszustand ist bei verschiedenen Gesteinen sehr verschieden groß, und die Anwendbarkeit der Methode, welche von ihr abhängt, bedarf jedesmal einer Vorprüfung. HABIB und DAWANCE (bei TALOBRE 1957, 70) teilen mit, daß sich die Schallgeschwindigkeit im Hornblendeschiefer lothringischer Erzgruben bis zum doppelten Wert erhöht.

3.733 Bei der spannungsoptischen Methode von HIRAMATSU, NIWA und OKA (1958) werden am Grunde eines Bohrloches ein Spiegel und eine Scheibe aus spannungsoptisch wirksamem Material so eingebaut, daß diese spätere Formänderungen der Bohrlochumgebung mitmacht. Durch eine pistolenförmige Apparatur wird ein gelber polarisierter Lichtstrahl zum Bohrlochgrund gesandt, nach Durchgang durch den Depolarisator zurückgeworfen und in der Pistole fotografiert. Aus dem Isochromatenbild (Abb. 3–35) kann nicht nur die Spannungsgröße, sondern sogar der ebene Spannungszustand am Bohrlochgrund abgelesen werden. Einen ähnlichen Vorschlag machte übrigens gleichzeitig F. PACHER.

Über die erste Anwendung von Spannungsmessungen im Staumauerbau berichtet OBERTI (1958). Im großen Stile wurden erstmalig an der 270 m hohen Kuppelstaumauer Vajont Vorrichtungen zur Registrierung der (geologischen) Primärspannungen sowie der (technischen) Spannungsänderungen eingebaut.

3.74 Schätzung und Vorausberechnung

Schätzung und Vorausberechnung von Spannungszuständen in der Natur sind, so erwünscht sie im Rahmen von Projektierungsarbeiten wären, noch problematisch und schwierig. Nur wo Bergzerreißung offensichtlich zu erkennen ist, wo sich oberflächenparallele Klüfte stärker öffnen oder wo jugendliche Krustenbewegungen nachzuweisen sind (Hebungsgebiete, Erosionsstufen!), wird man mit einiger Sicherheit auf das Vorhandensein größerer Krustenspannungen schließen können. Die Bewegungsgrößen sind in solchen Fällen (nach CLOOS) selten mit einigen cm/Jahr, meist nur mm/Jahr oder Bruchteilen davon, anzunehmen.

Die Spannungen werden bei rascher Bewegung nicht selten einige 100 kg/cm^2 erreichen. Je langsamer die Bewegungen, desto geringere Spannungen werden sie verursachen, da sie dem Material Zeit zum Kriechen und zur Relaxation lassen; niemals aber sind Bewegungen ohne Spannungserscheinungen zu denken. Daß sich die Spannungen auf die Nähe von Störungen usw. konzentrieren, wurde bereits erwähnt.

Nach TALOBRE sind die Spannungen „weit davon entfernt, das Gesetz des Überlagerungsgewichtes ($\gamma \times H$) zu erfüllen. Mit aller Gewißheit bewahren die Gebirgsmassive Spuren orogenetischer Drücke, welche später durch lokale Tektonik verwischt wurden.“

Als Summe zehnjähriger Meßerfahrungen sei zu buchen, daß die Spannungen selten vertikal gerichtet angetroffen wurden; wenn sie sich der Vertikalen näherten, blieben sie in ihrer Größe meist hinter der Erwartung zurück.

Im Tunnel von Sasketchevan (bei TALOBRE 1957, 53) wurden die waagrechten Drücke größer als die lotrechten und diese teilweise größer als das Überlagerungsgewicht befunden. Im allgemeinen aber neigt TALOBRE (1957, 55) wie auch AWERSCHIN (1958, 43) zu der Ansicht, daß mit HEIM ein Spannungszustand

$$\sigma_1 \doteq \sigma_2 \doteq \sigma_3 \doteq \gamma H \qquad [3\text{—}3]$$

anzunehmen sei. HIRAMATSU und OKA (1958) u. a. wiesen dagegen an horizontalen, geöffneten Zugrissen [55 a]) in Stollenulmen sowie durch spannungsoptische Teste eindeutig Spannungszustände nach, deren horizontale Komponenten größer waren als die vertikalen. Auch aus vielen anderen Teilen der Welt werden nennenswerte Horizontalspannungskomponenten berichtet. An Deformationen von Gesteinsstücken, welche durch Sprengung aus dem Verband ihrer Nachbarschaft gelöst worden waren, habe ich in der norwegischen Schieferhülle latente Spannungen festgestellt, welche an der Gesteinsoberfläche (!) nach überschlägiger Rechnung etwa 600 kg/cm^2 betragen haben müssen. Im Granitsteinbruch von Minnesota beobachtete FAIRHURST, daß wiederholt Bohrlochreihen, welche zum Abkeilen von Blökken bestimmt waren, von selbst durchrissen, jedoch nicht in der erwarteten Richtung des „Ganges", sondern entsprechend der Abb. 3–36 a. Es sei angemerkt, daß in diesem Steinbruch nur äußerst schonend gesprengt wurde. Auch dort müssen nennenswerte Horizontalspannungen vorgelegen haben, deren mutmaßliche Hauptrichtung in Abb. 3–36 b eingetragen ist.

Latente Spannungen rechnerisch vorauszubestimmen, würde voraussetzen, daß plausible Annahmen über deren U r s a c h e n getroffen werden könnten. Dies trifft leider selten zu, da die tektonische Forschung erst seit kurzem und nur schrittweise eine quantitative Auswertung ihrer Beobachtungen versucht. Noch müssen leider alle Annahmen über die Entstehung der Spannungen im Gebirge als reichlich hypothetisch gelten.

Grundsätzlich kann die Kruste durch zweierlei in Spannungen versetzt werden: 1. durch Formänderungen, insbesondere Gestaltänderungen, welche sie oder gewisse Teile von ihr passiv unter dem Einfluß von Rinden- oder Tiefenkräften (Polwanderung, Kontinentaltrift, Konvektionsströmungen und ähnlichem) erleidet; oder 2. durch Formänderungen, insbesondere Volumänderungen, welche der Planet oder gewisse Teile desselben infolge von Wärme, radioaktivem Stoffzerfall usw. selbst (aktiv) bewirkt und welche den Spannungszustand über den eigentlichen Herd dieser Erscheinung hinaus beeinflussen.

[55 a]) Horizontale Zugrisse von über 100 mm Öffnung konnte ich in einem Stollen, 7 m unter dem Talboden des Tajo-Tales, beobachten.

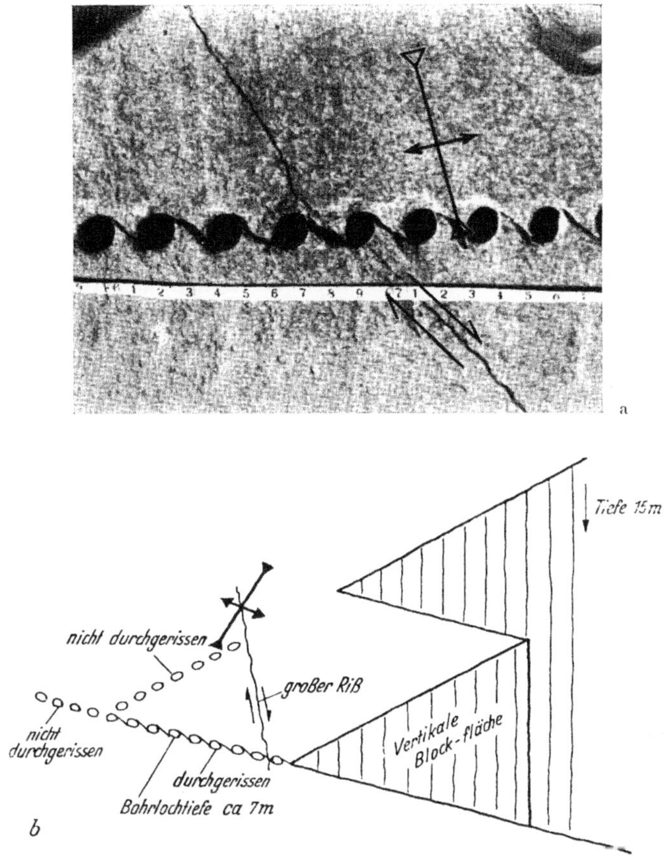

Ab. 3-36. Brüche in Bohrlochreihen durch Spannungskonzentration in einem amerikanischen Granitsteinbruch. (Photo Prof. FAIRHURST, mit dessen freundlicher Genehmigung veröffentlicht.)
a) Draufsicht, b) räumliches Schema

Insbesondere mit 1) hat sich SCHEIDEGGER (1958 a, 1960 b) kritisch auseinandergesetzt und dabei die geomechanischen Grundlagen verschiedener Annahmen und Theorien auch rechnerisch verfolgt. Hitze (2) spricht BEYL (1954) als eine der wesentlichen Ursachen des Gebirgsdruckes an und kommt zu dem Ergebnis, daß ein (nahezu) hydrostatischer, d. h. richtungsunabhängiger Druck auch in seichten Schichten der Erdrinde möglich sei.

Die Spannungszustände und ihre Verteilung in abgegrenzten Krustenbereichen aus Gefügeplänen abzulesen und so rückschließend die Statik und Kinematik tektonischer Architekturen zu analysieren, versuchte ich seit 1933. Aber erst 1951 mündeten diese Versuche in die Aufstellung einer „Gebirgsdrucktheorie auf werkstoffmechanischer Grundlage" (MÜLLER 1952 a, 283, und TORRE 1951, 85). Der Statiker ermittelt auf Grund eines bekannten Kräfteplanes die im Bauwerk auftretenden Spannungen und betrachtet auf dieser Grundlage Verformungen und Bruchgefahr. Den genau entgegengesetzten Weg hat der Tektoniker zu beschreiten, indem er aus (bleibenden) Formänderungen und dem Bruchzustand eines geologischen Körpers auf die Spannungen, die diese Erscheinungen verursachten, zurückschließt, und den Spannungszustand bzw. dessen Verteilung zur Aufdeckung des Kräftespiels heranzieht" (MÜLLER 1933).

Auf dem langen und mühevollen Weg zur mechanischen Deutung des Kluftnetzes fehlt es nicht an geistvollen tektonischen Versuchen, deren erste und bedeutendste von DAUBRÉE (1880) stammen. Die Ergebnisse technologischer Baustoffprüfungen führte RINNE (1903, 1907, 1909, 1928) in den Kreis der Betrachtung. Im allgemeinen aber erschöpften sich die Untersuchungen vorerst lange Zeit in der Beobachtung von Übereinstimmungen zwischen Kluftnetz, Geländeformen und benachbarten Bruchlinien. Was sonst aus dem Kluftnetz gedeutet wurde, entbehrte in der Regel der mechanischen Grundlagen. Häufig wurden schlechtweg Streichrichtung von Klüften und Kraftrichtungen gleichgesetzt, oder es wurde aus dem Gleichlaufen von Kluftscharen mit Gebirgszügen auf ursächliche und zeitliche Zusammenhänge geschlossen. Die Bedeutung der Harnische wurde überschätzt (SALOMONsche Schule). Man trennte Harnische und gemeine Klüfte in der Behandlung völlig, dabei übersehend, daß ihre Verteilungsmaxima oft kaum voneinander abweichen (RÖHRER, 1916). Später verwertete man die Bewegungsspuren (Rutschstreifen, Rillen, Stufen usw.) mit Recht kinematisch gesondert. Allerdings pflichte ich STINI (1925, 874) bei, daß auch die Bedeutung dieser Merkmale nicht überschätzt werden sollte. Wenn eine Scholle zerbrochen wird, sind in der Anlage der Bruchflächen sicherlich strengere Gesetzmäßigkeiten zu erwarten als in den Bewegungen der Bruchstücke. Denn da in jeder Ebene unendlich viele Richtungen enthalten sind, bieten sich ungezählte Möglichkeiten der Teilbewegungen. Zwar erfolgen diese gesetzmäßig, in der Richtung des geringsten Widerstandes und werden zunächst weitgehend mit der Bewegung der Massenteilchen vor dem Bruch übereinstimmen. Je größer aber die Bewegungen werden, desto mehr wird sich der Einfluß der unregelmäßigen Gestalt der Bruchstücke in Abweichungen von der anfänglichen Bewegung geltend machen, so daß nicht immer die wahre Bewegung der einzelnen Bruchstücke aus Bewegungsspuren abgelesen werden kann, sondern immer nur Relativverschiebungen, welche häufig den wirklichen Bewegungen widersinnig verlaufen können, wie aus CLOOSschen (1928 a; 1930 b, 363 und 365) Versuchen sehr anschaulich hervorgeht. SALOMON (1925, 11) beschreibt Harnische, bei denen „auf derselben Rutschfläche an verschiedenen Stellen, oben und unten, rechts und links", die Harnischstreifen „oft verschieden angeordnet sind". Hatte man frühzeitig das Augenmerk offenbar aus dem Grunde auf das Bewegungsbild gerichtet, weil dieses leichter vorzustellen ist als das Spannungsbild, so zeigt sich auf Grund der besprochenen Umstände, daß es in Wirklichkeit bedeutend schwerer zu erfassen ist als jenes. Es wird daher in vielen Fällen die Verfolgung des Spannungszustandes eher zum Ziele führen als die Erklärung der Bewegungszeugen, obwohl durch die inzwischen weiter ausgebaute Methodik der Gefügekunde die Deutung der Bewegungen, auch der Relativverschiebungen, exakter geworden ist.

Bruchflächen sind in erster Linie vom Spannungszustand bedingt, und es bestand daher Aussicht, aus ihrer Stellung Rückschlüsse auf diesen zu gewinnen. Dabei sind wir allerdings auf Bruchhypothesen angewiesen, deren Geltungsbereich wir nur teilweise kennen. Für Gesteine wird zur Zeit die Gültigkeit der Mohrschen Bruchhypothese angenommen, die die

Bildung von Bruchflächen damit erklärt, daß an diesen die Schubspannung einen von der Normalspannung und der Materialbeschaffenheit abhängigen Größtwert erreicht. Daneben steht zur Erklärung der Brucherscheinung noch die Normalspannungshypothese in Verwendung, nach welcher die größte Hauptnormalspannung zu einer Trennung des Zusammenhanges längs einer Fläche senkrecht zu dieser Spannung führt. Die Mohrsche Theorie erklärt die Entstehung der Verschiebungsbrüche, die andere die Herkunft der Trennbrüche [56]).

Beim Rückschluß von einem Bruchzustand auf den ursächlichen Spannungszustand ist das Wichtigste die Unterscheidung von Trennungs- und

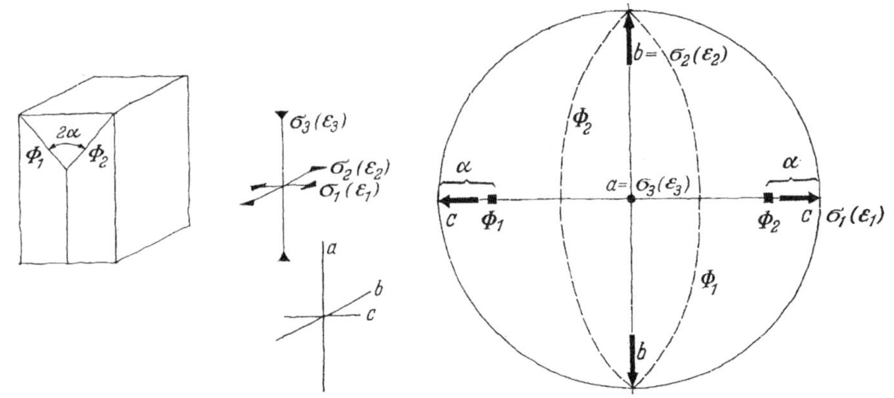

Abb. 3-37. Hauptverformungs- und Hauptbeanspruchungsebenen ε_1, ε_3 und Hauptspannungsrichtungen in Beziehung zu den Sanderschen Gefügekoordinaten a, b, c in Axonometrie und Lagenkugel

Verschiebungsbrüchen. Drei Kennzeichen liefern Anhaltspunkte für diese Unterscheidung: die Ausbildung der Bruchflächen, die von ihnen eingeschlossenen Winkel und schließlich eine Reihe sonstiger Lagebeziehungen zu anderen gerichteten Gesteinsmerkmalen oder solche, die aus der Betrachtung der Gesamterscheinung ersichtlich werden.

Torre (1951, 85) hat nachgewiesen, daß der Winkel 2α zwischen der σ-Achse (Abb. 2–8) und dem Radius eines Grenzkreises im Berührungspunkt mit der Fließ- oder Bruchgrenzkurve (Umhüllenden) jenem Winkel entspricht, welchen zwei einander zugeordnete (konjugierte) Bruchflächen des entsprechenden Grenzzustandes (z. B. bei einem Druckversuch; s. Abb. 3–37) miteinander einschließen. Diese theoretisch gewonnene Aussage läßt sich im Naturversuch bestätigen. Torre (1946 a) untersuchte auch die Abhängigkeit dieses Bruchwinkels von der Größe der mittleren Hauptnormalspannung σ_2 und fand diese unbedeutend. Kennt man nun (aus einer Zahl

[56]) Die quer zur Richtung des größten Druckes verlaufenden Bruchflächen, welche im geologischen Schrifttum häufig postuliert werden, sind sowohl ihrer Erklärung als ihrem Bestande nach umstritten.

von Versuchen) die Form der Hüllkurve, so läßt sich jedem Beanspruchungszustand (σ_1, σ_3), welcher zum Bruch bzw. Fließen führt, dessen Spannungskreis demnach die Hüllkurve H berühren muß, ein bestimmter Winkel $2\,\alpha$ zuordnen (Abb. 3–38); umgekehrt läßt sich aus dem Bruchwinkel bei Kenntnis der Hüllkurvenlage der Spannungszustand, welcher zum Bruch führte, angeben [57]).

Torre (1951, 88), den ich auf die geologische bzw. geomechanische Bedeutung dieser Zusammenhänge hinzuweisen Gelegenheit hatte, gelang in der sogenannten Gebirgsdruckgleichung [2—15] eine analytische Lösung, aus welcher bei Kenntnis der Zugfestigkeit β_Z und Druckfestigkeit β_D des Materiales σ_1 und σ_3 errechnet werden kann *(2.34)* (Müller 1952).

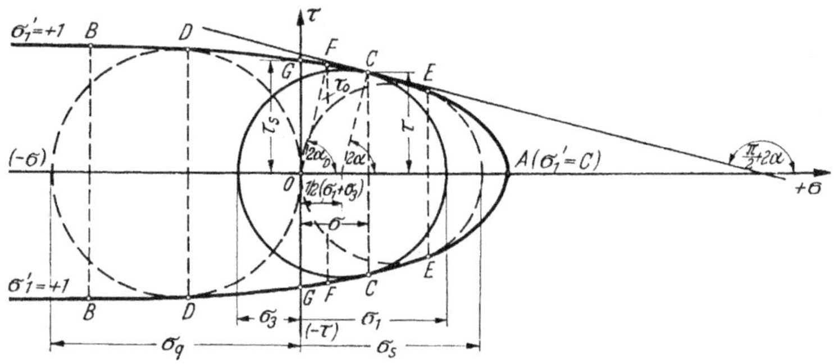

Abb. 3-38. Beziehung zwischen Bruchwinkel und Spannungszustand (nach Torre 1945)

Diese Gleichung ermöglichte, wenigstens unter gewissen Umständen, die so lange ersehnte Entschlüsselung der geheimnisvollen Schrift der Klüfte, in welcher die meisten und interessantesten Dokumente der Erdgeschichte geschrieben sind; es ist eine Keilschrift, denn die Gesteinskeile zwischen konjugierten Bruchflächen geben nicht nur die Größe der Spannungen, sondern auch die Richtungen der 3 Hauptachsen des Spannungstensors an (Abb. 3–38). Es erübrigt sich, darauf hinzuweisen (Sander 1952), daß zur Ermittlung des Winkels $2\,\alpha$ (als statisches Mittel) nur Bruchflächen herangezogen werden dürfen, welche nachgewiesenermaßen demselben geologischen Formungsakt zugehören.

Mit der Gleichung [2—15] lassen sich eine Reihe geomechanischer Aufgaben näherungsweise lösen. Ist z. B. in einem einfachen Prismendruckversuch nur die Druckfestigkeit, nicht aber die Zugfestigkeit ermittelt worden, so läßt sich aus den Bruchwinkeln der Probe das Verhältnis von Druck- und Zugfestigkeit rückrechnen (Torre (1951, 87):

$$\sigma_Z = \sigma_D \,/\, (\mathrm{ctg}^4 \alpha_D - 1) \qquad [3—4]$$

[57]) Diese Zusammenhänge weiter zu verfolgen, bestärkte mich ein lange geführter Schriftwechsel mit Prof. Roš und Dipl.-Ing. Eichinger, denen ich hierfür und für viele andere Förderung in großem Dank verbunden bin.

Das Verhältnis von Druck- und Zugfestigkeit kennzeichnet — nicht exakt, aber näherungsweise — die Sprödigkeit oder Schmeidigkeit eines Stoffes. Die Kurvenschar der Abb. 2–11 zeigt die Lage der Leon-Parabeln für verschiedene Verhältnisse c von Druck- und Zugfestigkeit. Ein und derselbe Bruchflächenwinkel von z. B. $2\alpha = 70°$ bzw. 80° bzw. 90° entspricht bei verschiedenen c-Werten sehr verschiedenen Spannungsverhältnissen. Für kleine c-Werte (hohe Zugfestigkeit oder relativ geringe Druckfestigkeit) werden gerechnete Spannungswerte wegen der geringen Krümmung der Hüllkurve ungenau.

Eine bemerkenswerte Diskrepanz ergibt sich zwischen der werkstoffmechanischen Gebirgsdrucktheorie und einer in der Gefügekunde gültigen

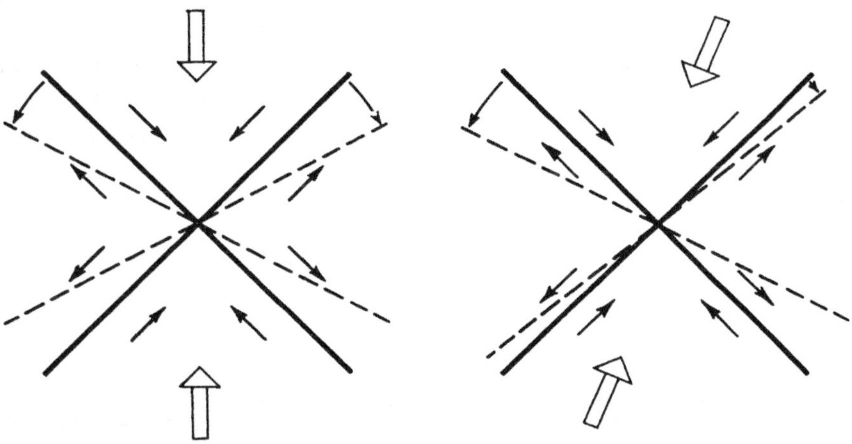

Abb. 3-39. Vergrößerung des Bruchwinkels 2α durch Internrotation (nach Sander 1948, 155)

Anschauung; Bei Stoffen mit hoher Plastizität, z. B. bei Metallen, auch Gesteinen, welche leicht umkristallisieren, wenn sie nur hinreichend langsam verformt werden, verläuft die Mohrsche Hüllkurve besonders flach; ja, im Falle gleicher Zug- und Druckfestigkeit ($c = 1$, manche Metalle) zerfällt die Leon-Parabel in zwei zur σ-Achse parallele Grenzgerade, wie sie die Schubspannungshypothese postuliert. In diesem Falle erreicht der Winkel 2α seinen Größtwert 90° und ist unabhängig vom Spannungszustand, was der Erfahrung entspricht, daß bei hochplastischen Materialien keine Verschiebungs-, sondern nur Gleitungsbrüche eintreten. In allen anderen Fällen ist aber dieser Winkel 2α kleiner als 90°, woraus sich die Regel ableitet, daß die Richtung von σ_3 immer den kleineren der beiden Bruchflächenwinkel (Abb. 3–38) hälftet. In der Gefügekunde hingegen gilt, daß die Richtung der größten Materialkürzung (Stauchung), welche mit der a-Richtung korrespondiert, vom g r ö ß e r e n Bruchflächenwinkel eingeschlossen wird. Sander (1948, 155) belegt diese Erscheinung mit Beispielen, von denen eines in Abb. 3–39 wiedergegeben ist. Der Widerspruch klärt sich auf, wenn man (mit SANDER) neu entstehende Brüche nicht als Verschiebungsbrüche, sondern stets als Gleitungsbrüche annimmt. Geht die Verformung nach dem Aufreißen der ersten Brüche weiter und erreicht größere Beträge, so werden Gleitungsbrüche, welche unter einem Anfangswinkel von 90° zueinander entstanden, durch den Vorgang der sogenannten „Internrotation" gemäß Abb. 3–39 gedreht. Die Richtung der größten Einengung ε_3 liegt dann in der Symmetrale der größeren Bruchflächenwinkel. Neue, in der Folge weiterer Verformung entstehende Gleitungsbrüche werden wiederum 90° miteinander einschließen, aber alsbald ver-

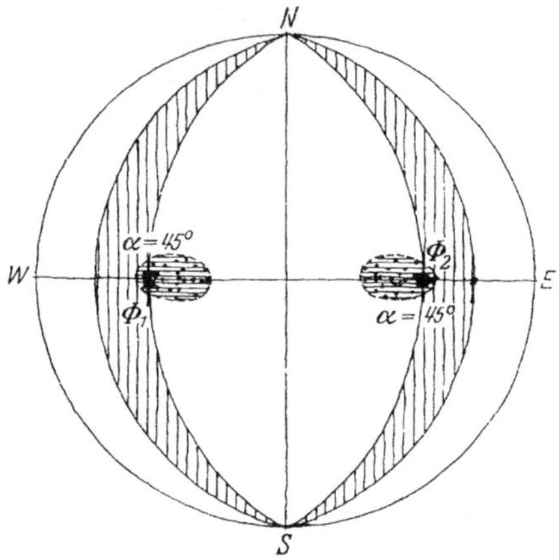

Abb. 3-40. Vergrößerung des Gleitflächenwinkels $2\alpha = 90°$ durch Internrotation

größert werden, so daß das entsprechende Gefüge dann etwa gemäß Abb. 3–40 orientiert sein muß.

Bei sprödem Materialverhalten, d. h. bei größerer Verformungs- und Beanspruchungsgeschwindigkeit, treffen die Voraussetzungen der SANDERschen Annahme nicht zu. In diesen Materialien bilden sich nicht Gleitungs-, sondern Verschiebungsbrüche, deren Bruchflächenwinkel 2α stets kleiner als 90° sind, und diese Winkel werden auch in der Regel nicht vergrößert, wenn nicht die weitere Verformung so langsam vor sich geht, daß sie bruchlos bleibt; vielmehr werden die Gesteinskeile gegeneinander unter Bildung von Zerreibungszonen und Kluftauflockerung, also unter Raumgewinn, gegeneinander gemäß Abb. 3–41 verschoben. Aus diesem weiteren Grunde wird deshalb die TORRE-Gleichung vornehmlich auf Stoffe und Bruchvorgänge beschränkt bleiben müssen, bei welchen sich das Material mehr oder minder spröd verhielt, während sie innerhalb des plastischen Bereiches nur anwendbar bleibt, wenn nach der Bruchbildung plastische Deformationen größeren Maßstabes nicht mehr eingetreten sind. Sind Materialversetzungen an Klufträndern festzustellen (Abb. 3–16), dann läßt sich auch im plastischen Bereich angeben, ob σ_3 bzw. ε_3 vom größeren oder vom kleineren Bruchflächenwinkel eingeschlossen wird.

Diese Umstände und nicht die Einwände EVERLINGS (1960) begrenzen meines Erachtens die Anwendbarkeit der TORRE-Gleichung. Daß eine Beziehung zwischen Bruchwinkel und Spannungszustand, wenn sie einmal gefunden ist, nur begrenzt anwendbar sein werde, wurde bereits 1933 ausgesprochen (s. a. STINI 1952 b, 187). Denn „diese Flächenwinkel" hängen „nicht nur vom Spannungszustande und dem Stoffe, sondern auch von

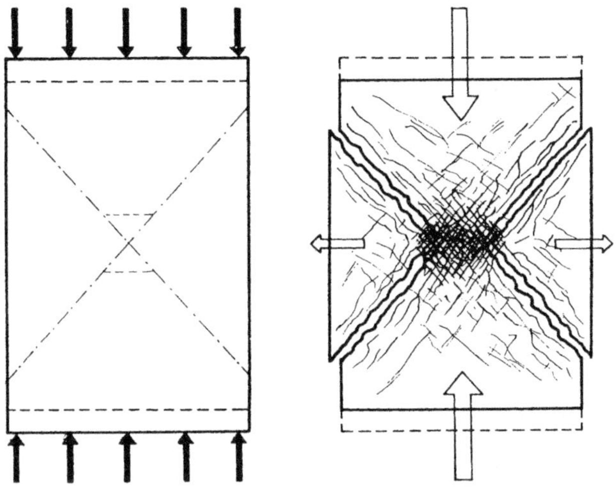

Abb. 3-41. Gesteinsauflockerung beim Bruchvorgang

anderen Umständen, der Zahl und Größe der Spannungswechsel, der Temperatur und vor allem auch von der Beanspruchungsgeschwindigkeit ab" (MÜLLER 1933, 243).

Auswertungen auf Grund der werkstoffmechanischen Gebirgsdrucktheorie ergaben in verschiedenen Fällen Spannungen bis zu 1550 kg/cm². Da die geologischen Formungsakte weit langsamer ablaufen als die Laboratoriumsprüfungen, ist mit beträchtlichen Abminderungen der ermittelten σ-Werte zu rechnen. Im allgemeinen darf wahrscheinlich erwartet werden, daß bei langzeitmechanischer Beanspruchung die Druckfestigkeiten stärker abfallen als die Zugfestigkeiten. Dann liegen die Hüllparabeln flacher, wodurch (bei gleichbleibenden Bruchflächenwinkeln $2\,\alpha$) abermals niedrigere Spannungswerte erhalten würden. Immerhin ist bemerkenswert, daß die Spannungen, welche auf diese Weise errechnet wurden, in derselben Größenordnung liegen wie die von PETRASCHEK (1950, 132) u. a. errechneten Werte.

3.75 Richtung der Hauptnormalspannungen

Von noch größerer Bedeutung als die Spannungswerte sind die Richtungen der Hauptnormalspannungen. Sie können, wenn über die genetische Zusammengehörigkeit von Bruchflächen Klarheit besteht, verläßlich festgestellt werden [sofern man von dem beim gröberen Flächengefüge seltenen Fall der „Externrotation“ (Sander 1948, 63) absieht].

In der Regel wird σ_3 nach der werkstoffmechanischen Gebirgsdrucktheorie flacher als 45° liegend befunden, selten dagegen horizontal oder flacher als 35°. Vertikale oder annähernd vertikale Spannungstensoren wiederum sind häufig anzutreffen. Wenn Budryk (1958, 135) erwähnt, daß bei Gebirgsschlägen in Polen oftmals das Liegende über die ganze Höhe der Strecke hochgepreßt wurde, so ist das ein deutlicher Beweis für die Existenz flach gerichteter σ_3-Spannungen. Durch noch so große vertikal oder steil gerichtete Spannungstensoren könnte eine solche Erscheinung ebensowenig erklärt werden wie das gewaltsame Hereinbrechen des Hangenden, über welches Budryk berichtet und welches sich auch in tiefergelegenen Abbausohlen des Ruhrgebietes häufig einstellt. Siehe auch Hiramatsu und Oka (1958) *(3.74)*.

Es liegt im Wesen der werkstoffmechanischen Gebirgsdrucktheorie nach Müller und Torre, daß sie nur jenen Spannungszustand einzuschätzen erlaubt, welcher in erdgeschichtlicher Zeit zum Aufreißen der Klüfte geführt hat. Ob dieser Spannungszustand auch heute noch herrscht, ob er durch einen anderen abgelöst wurde oder ob von ihm nur mehr gewisse geologische Restspannungen vorhanden sind (siehe über diese auch Denkhaus 1958, 24), darüber gibt die Theorie natürlich keine Auskunft. In je größerer Teufe man sich befindet, um so größer wird die Wahrscheinlichkeit sein, daß der sich aus den Klüften errechnende Spannungszustand oder ein ihm ähnlicher noch vorhanden sei. Der Tunnelbau erreicht selten Teufen von mehr als 1000—1500 m, während der Bergbau, insbesondere der Goldbergbau z. B. Südafrikas oder Indiens, in Teufen bis zu 3000 bis 4000 m umgeht. Über den Zusammenhang von Restspannungen mit dem ehemaligen Spannungszustand wissen wir herzlich wenig. Generell dürfte die Vorstellung eines „Gewichtsakkumulators“ (Müller 1948) zutreffen, welcher die bei der Gebirgsbildung aufgespeicherten und in Lageenergie umgesetzten Energiemengen durch Ausgleich der Höhenunterschiede, durch Zerfließen und allmähliches Wiederausbreiten zusammengeschoppter Gebirgsmassen wieder abzugeben in der Lage ist und dabei neue Spannungszustände erzeugt. Zu dieser Vorstellung passen die von Watznauer angesprochenen „passiven Ableitbewegungen“ ebenso wie die von Haarmanns (1930) „Oscillationstheorie“ postulierten Großgleitungen flacher Bewegungstendenzen.

3.8 Der Faktor Zeit

Die meisten der besprochenen Gebirgseigenschaften und deren Einflußfaktoren unterliegen einem Zeiteinfluß. Die einachsigen wie die dreiachsigen Festigkeiten sind in hohem Maße zeitabhängig. Bei sehr bedeutender Lastdauer können einige von ihnen bis auf 40 % absinken (TALOBRE 1957, 89). Elastizitätsmodul und Querdehnungsziffer hängen, wie wir hörten, von der Belastungsgeschwindigkeit ab. Im besonderen ist das Fließverhalten der Gesteine und Bergarten in allen seinen Formen *(2.43)* auch eine Funktion der Zeit. Der Faktor Zeit beeinflußt die Eigenschaften des Grundkörpermaterials, er tritt überall dort verstärkt in Erscheinung, wo das Bergwasser die Eigenschaften des Gebirges beeinflußt und wo das Gebirge unter hohen Spannungen steht. Felsgleitungen z. B. bereiten sich lange Zeit vor, sie durchlaufen in ihrer Entwicklung mehrere Stadien (MÜLLER 1960 d, 203). Verbrüche in Tunneln erfolgen meist nicht sofort nach dem Abschlag, sondern erst nach beendeter Schutterung oder oft erst nach Tagen. Die Verschiebungen des Hangenden wachsen bei gleicher Verhiebgeschwindigkeit eines Flözabbaues mit der Teufe (PANOW und RUPPENEIT 1958, 58), bei gleicher Teufe nehmen sie mit der Verhiebgeschwindigkeit ab und sind eine Funktion der Zeit. Die Schwierigkeit der mathematischen Behandlung werkstoffmechanischer Probleme ist es, welche uns zwingt, den ominösen Faktor Zeit (HÖFER 1958 a, 34) gesondert zu betrachten. Auch ist das Zeitverhalten und der Zeitmaßstab in der Festigkeitsmaschine anders als in der Natur (SANDER 1948, 25). Carnalitt z. B. wurde von verschiedenen Autoren als ein sprödes Material bezeichnet. Bei den Versuchen mit den im Laboratorium üblichen Belastungsgeschwindigkeiten verformte sich dieses Gestein nur sehr wenig und brach dann plötzlich mit heftigem Knall. „Die Pfeilerquerdehnungsmessungen in der Grube hingegen ergaben viel größere Verformungen, die mit diesem Verhalten in keinerlei Übereinstimmung standen“ (HÖFER 1958 a, 30).

SCHEIDEGGERS „Principals of Geodynamics“ vermitteln einen starken Eindruck dessen, wieviel bei der Erfassung der geologischen Erscheinungen von der richtigen Abschätzung der Geschwindigkeit und des Zeitmaßstabes abhängt. Und „in den meisten Fällen ist das Gegebene, wie z. B. das Gefüge, nur geschichtlich verständlich“ (SANDER 1948, 2), also wiederum als Funktion der Zeit.

3.81 Geomechanische Behandlung

Die Behandlung des Zeitfaktors im Rahmen geomechanischer Überlegungen ist je nach geologischer oder technischer Fragestellung verschieden.

a) Bei der Beurteilung des geologischen Befundes wird man nur dann zu einer richtigen Einschätzung des Materialverhaltens kommen, wenn man sich darüber Rechenschaft gibt, wie lange der jetzt zu beobachtende Zustand schon dauert. In alten Gebirgseinheiten wird z. B. die Poisson-Ziffer m = 2 nur etwa halb so groß oder noch geringer einzuschätzen sein, als wenn ein Zustand vorliegt, der vielleicht erst Jahrzehnte oder Jahrhunderte alt ist. Rechnet man aus den Formen eines solchen Gebirges die Festigkeiten zurück, so wird man weit höhere Werte erhalten, als aus gleichgestalteten, aber sehr jugendlichen Formen.

b) Bei technisch geschaffenen Formen hat man sich die Frage nach der voraussichtlichen Dauer des neuen Zustandes vorzulegen; ob dieser provisorischen Charakter haben soll, oder ob er Jahre oder Jahrzehnte bestehen soll. Was wird in dem künstlichen Bauwerk in den Jahren oder Jahrzehnten nach seiner Fertigstellung vor sich gehen? Wie lange werden Spannungsumlagerungen dauern und wie werden sie sich zuletzt auswirken? Wann wird eine Tunnelröhre den vollen Gebirgsdruck ihrer Umgebung aufzunehmen haben und wie werden sich Böschungen, die man nur für kurze Zeit übersteilt anlegen konnte, nach dieser Zeit verhalten?

Je nach der Beantwortung dieser Fragen wird man die Eigenschaften des Felsmaterials einzuschätzen haben (Denkhaus 1958, 24). Wo immer es möglich ist, werden wir versuchen, den Faktor Zeit nicht nur einzuschätzen, sondern ihn genauer zu beschreiben, indem wir etwa sein Formänderungsverhalten *(2.4)* unter Einschluß des Zeitfaktors prüfen und charakterisieren. Besonders die elastischen Nachwirkungen dürften, sobald erst einmal Großversuche gebräuchlicher geworden sind, mit brauchbarer Näherung zu beschreiben sein.

Im Kalibergbau war man auf Grund der Kenntnisse von Kriecheigenschaften in der Lage, „ein Schema zur Dimensionierung der Pfeiler zu entwickeln, das mit der Praxis in guter Übereinstimmung steht. Einen Nachteil haben diese Berechnungen allerdings. Sie erlauben nämlich nur eine Dimensionierung ‚auf Zeit', d. h. wir können sagen, wann unter den gegebenen Verhältnissen der Bruch der Pfeiler in Form einer sichtbaren Zerklüftung und Abschalung eintritt. Eine absolute Dimensionierung ist nur für den elastischen Bereich und für den Bereich des Übergangsfließens möglich ... Für den Kohlenbergbau und manchmal auch für den Erzbergbau haben wir durch das Wissen um das Kriechen ein gutes Mittel, um z. B. die bruchfreie Standzeit von Strecken u. ä. abschätzen zu können. Nötig hierzu ist, daß man die den verschiedenen Spannungen zuzuordnenden Kriechgeschwindigkeiten und das ungefähre Maß der bruchfrei möglichen Verformungen für die verschiedenen Gesteine kennt. Hierzu reichen meist weder die im Laboratorium ermittelten Werte noch die in der Grube gemessenen allein aus. Beide zusammen können jedoch zumindest Anhaltspunkte für eine Abschätzung geben" (Höfer 1958 a, 34).

Besondere Bedeutung erlangt der Zeitfaktor bei häufig wiederholten (geologischen und technischen) Belastungen bzw. Spannungswechseln, z. B. beim „Kriechen unter schwingender Belastung" *(2.435)*. Experimentelle Prüfung der Scherfestigkeit, Schichtreibung u. dgl. wird dies zu berücksichtigen haben *(7.2)*.

3.82 Zeiteinfluß bei Spannungsumlagerungen

Auf eine zweifache Art äußert sich der Zeiteinfluß bei Spannungsumlagerungen.

a) Einmal gehen die Umlagerungen unter elastischen Nachwirkungen vor sich, zum anderen

b) bleibt häufig in der Gebirgsmasse noch so etwas wie ein „eingefrorener Spannungsanteil" zurück, der erst nach Monaten oder Jahren, auch Jahrzehnten, umgelagert wird *(3.72)*.

Heim hat diesen Zeitfaktor in den Spannungsumlagerungen schon richtig erkannt, während ihn Wiesmann (1909 und 1917) verneinte, „obwohl die Erfahrungen Brandaus beim Simplontunnel ergaben, daß in ‚scheinbar völlig standfestem Gebirge erst nach einiger Zeit starker Druck auftrat' ... Die Schutzhüllenbildung benötigt ... in ungünstigen Fällen Zeiträume, die weit über die Bauzeit einer Tunnelstrecke hinausgehen." Rabcewicz (1944, 27), der dieses schrieb, gebührt das unvergängliche Verdienst, die wichtige Rolle des „Faktors Zeit" nicht nur erkannt, sondern in einer ebenso elementaren wie anschaulichen Weise dargestellt und der heutigen Generation von Tunnelbauern eingeprägt zu haben. Systematisch maß er nicht nur plastische und Fließbewegungen im Umkreis bergmännischer Hohlräume, sondern beobachtete dabei stets die Formänderungsgeschwindigkeit (S. 76) in Abhängigkeit von den Gebirgsarten, der Überlagerung und den Gebirgsdruckkräften. Bereits 1944 verwies er auf die Notwendigkeit, Gebirgsversuche als Dauerversuche anzustellen und wies darauf hin, daß das Maß der Gefügeauflockerung eine Funktion des Dauerdruckes und die Abnahme der Kohäsion eine Funktion der Formänderungsgeschwindigkeit und der Auflockerung sind.

3.83 Standfestigkeit eine Funktion der Zeit

Rabcewicz' (1957 b) Erkenntnis, daß „Standfestigkeit" eine Funktion der Zeit sei, hat dazu geführt, die Zeit, welche das Tunnelgewölbe nach einem Abschlag ohne Stützung steht, als Kennwert für die „Gebirgsbeschaffenheit" einzuführen (Rabcewicz 1957, Tab. 2). Ich halte es deshalb für angebracht, von „Rabcewicz-Standzeit" zu sprechen. Lauffer (1958, 49) hat als zweiten ergänzenden Kennwert der Standfestigkeit die freie Stützweite eines ungesicherten Stollenabschnittes vorgeschlagen. An freier Oberfläche kann als ebensolcher analog die freie Höhe einer Felswand bestimmter Neigung verwendet werden, wobei auf Vertikalneigung nach der Terzaghi-Formel [4—28] für die Scherspannung am Fuße der Wand *(4.5)* umgerechnet werden kann. „Falls die Sicherung dem Vortrieb erst in größerem Abstand folgt, spannt sich die ungesicherte Felsdecke von Ulm zu Ulm, und die Stützweite ist daher gleich der Lichtweite des Ausbruchprofiles. Bei weniger standfestem Gebirge, wenn Sicherungsmaßnahmen sofort nach dem Ausbruch notwendig sind, muß die Stollendecke den Abstand von der Stollenbrust bis zur bereits wirksamen und tragfähigen Sicherung überspannen. Wenn schließlich bei sehr ungünstigen Gebirgsverhältnissen nur mehr ein kleiner Bruchteil des Querschnittes auf einmal ausgebrochen werden kann, ist sinngemäß die wirksame Stützweite des vorübergehend ungesicherten Teiles einzusetzen. In einem doppelt logarithmischen Diagramm" (Abb. 3-42) „kann der normal vorkommende Bereich der beiden Kennwerte Stehzeit t (in h) und Stützweite l* (in m) sehr übersichtlich dargestellt werden. Die als Abszisse aufgetragene

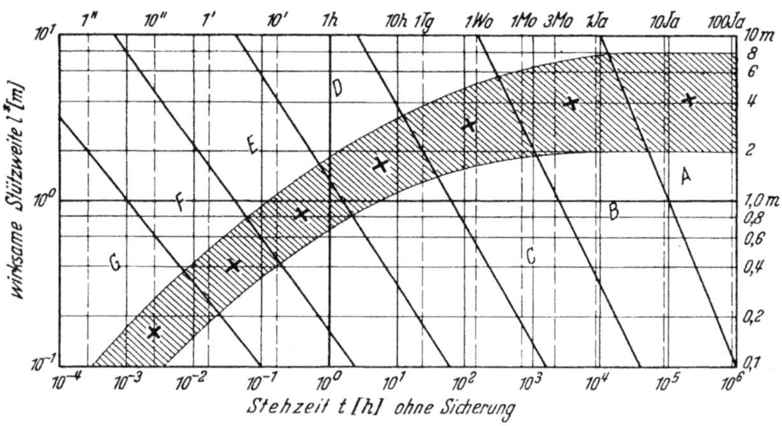

Abb. 3-42. Gebirgsstandfestigkeit beim Stollenvortrieb in Abhängigkeit von der Stehzeit t [h] eines ungesicherten Stollenabschnittes mit der freien Spannweite l*[m]; typische Beispiele für die Gebirgsklassen A÷G

Zeit umfaßt 10 Zehnerpotenzen, die von 1 Sekunde bis 100 Jahre reichen und somit den üblichen Erfahrungsbereich sicher einschließen, während als Ordinate die Stützweite von 0,1—10 m gewählt wurde. Im Diagramm nimmt die Standfestigkeit ganz allgemein von rechts oben nach links unten ab. Jeder Erfahrungsfall wird durch einen Punkt dargestellt. Die bei unseren Stollenbauten am häufigsten vorkommenden Werte liegen in dem schraffierten Bereich... Für ein bestimmtes, völlig gleichbleibendes Gebirge dürften zusammengehörige Wertepaare t und l* eine Linie ergeben, die zur Vereinfachung als Gerade angenommen wurde... Die Neigung dieser Linien ist ein Maßstab für den Einfluß der Hohlraumgröße auf die stollenbautechnischen Eigenschaften eines bestimmten Gebirges, wobei vorausgesetzt ist, daß alle anderen Faktoren, wie die Richtung der Stollenachse gegenüber den Schicht- und Kluftflächen, das Arbeitsverfahren, die Bergwasserverhältnisse usf., unverändert bleiben. Entsprechend der bekannten Erfahrung, daß mit abnehmender Standfestigkeit die Empfindlichkeit des Gebirges gegenüber einer Vergrößerung des Hohlraumes zunimmt, müssen diese Linien für ungünstige Gebirgsverhältnisse flacher verlaufen." Aus dem Diagramm ergibt sich zwanglos eine Unterteilung nach Gebirgsklassen, „typische Wertepaare für die einzelnen Gebirgsklassen sowie die Gleichungen der eingetragenen Grenzlinien" stellt LAUFFER (1958, 49—51) in Tabellen zusammen.

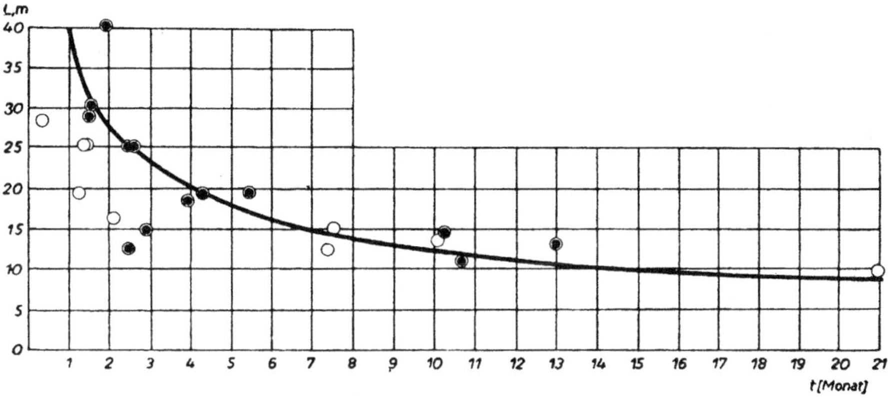

Abb. 3-43. Standdauer von Schweben gleicher Mächtigkeit in Abhängigkeit von ihrer Breite L (nach ARSENTEW, bei HÖFER 1950, 33)

„ARSENTEV (1955, 243, Hinweis bei HÖFER 1958 a, 35) beobachtete" — in völliger Übereinstimmung mit dem vorigen —, „daß der Verbruch von Erzschweben aus Martit und Hämatit in Abhängigkeit von ihrer Breite direkt von der Zeit abhängt, und bemerkt, daß der Prozeß der Verformung einer Erzschwebe unter der Einwirkung des Eigengewichts der Schwebe und des Gewichts verbrochener Massen in seinem Charakter dem Fließen des Materials unter einer ständigen Auflast analog ist." In Abb. 3-43 „ist auf der Ordinate die Breite der Schweben in m und auf der Abszisse die Zeit in Monaten aufgetragen ... Die Kurve zeigt, daß die Standdauer der Schweben etwa gleicher Mächtigkeit direkt von der Breite der Schweben abhängt, und somit kann man auf eine Abhängigkeit der Verformungsgeschwindigkeit von der Spannung schließen, wie sie auch bei unseren Pfeilerquerdehnungsmessungen gefunden wurde" (HÖFER 1958a, 33).

4 Bestimmung der technischen Gebirgseigenschaften

Wir haben die Einflußfaktoren der Gebirgseigenschaften mit dem Ziel betrachtet, aus ihnen Aussagen über diese Eigenschaften abzuleiten. Davon sind wir freilich noch weit entfernt und in dem Maße auf die gefühlsmäßige Bewertung dieser Materialien angewiesen, als wir im Bemühen um rechnerische Zusammenhänge und versuchsmäßige Werkstoffprüfungen zurückgeblieben sind. Immerhin sind auf dem Wege einer quantitativen Gebirgsbeschreibung, dessen unermüdlicher Pionier STINI war, die ersten mühsamen Stationen erreicht. Wie er weiter zu verfolgen sei, wird in den nächsten Abschnitten vorgeschlagen werden.

4.1 Überlagerung der Einflußfaktoren

In dem Bestreben, sich von gefühlsmäßigen Bewertungen freizumachen, hat man, sozusagen als Übergang zur quantitativen Beschreibung, gradmäßige Abstufungen der Einflußfaktoren vorgenommen. Sie schärfen das Schätzungsvermögen.

Die beiden für die Gebirgsfestigkeit entscheidendsten Faktoren, die Gesteinszerlegung *(mechanical defects; décomposition mécanique; decomposizione della roccia)* und die Gesteinsentfestigung *(disintegration* oder *chemical defects; désintégration chimique; smartellamento della roccia)*, lassen sich recht gut zu Angaben quantitativen Charakters überlagern. Die Einflüsse beider Faktoren können in der Form eines Nomogrammes (Abb. 4–1) dargestellt werden, in welchem die Standfestigkeit z. B. durch Grenzlinien graduiert werden kann, welche wiederum auf das LAUFFERsche Diagramm *(3.83)* bezogen werden können. Umgekehrt können im LAUFFER-Diagramm die Auswirkungen einzelner Faktoren auf die Standfestigkeit eingetragen werden (Abb. 4–2).

4.2 Gefühlsmäßige Bewertung

Das Verhalten des geologischen Materials ist komplex, und die Einflüsse überlagern einander vielfältig. Nicht so sehr das Erkennen dieser Einflüsse ist schwierig, sondern die Schwierigkeit liegt im Abwägen derselben sowie in der großen Zahl von Veränderlichen. Angesichts der Viel-

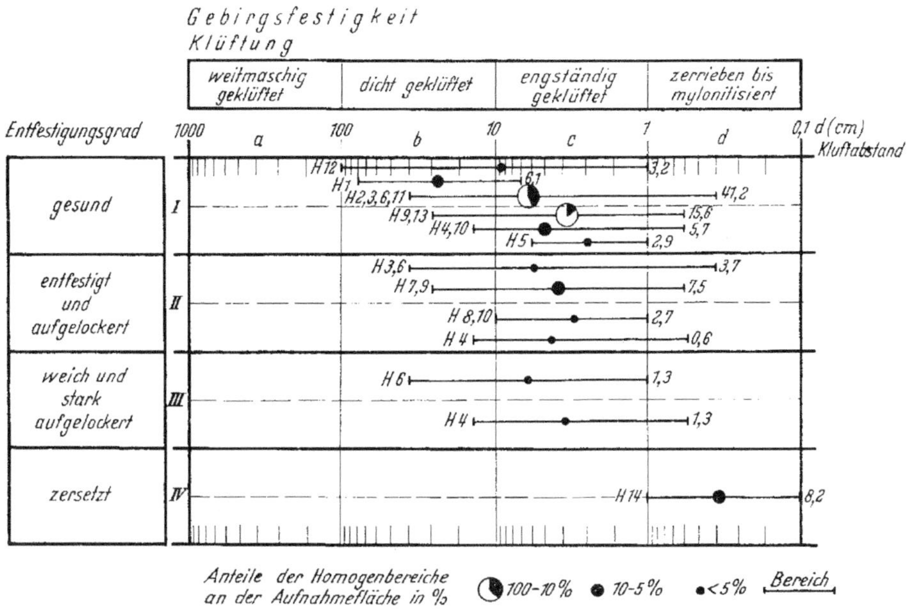

Abb. 4-1. Gebirgsklassifizierung nach Klüftung und Entfestigung (nach Müller und Pacher)

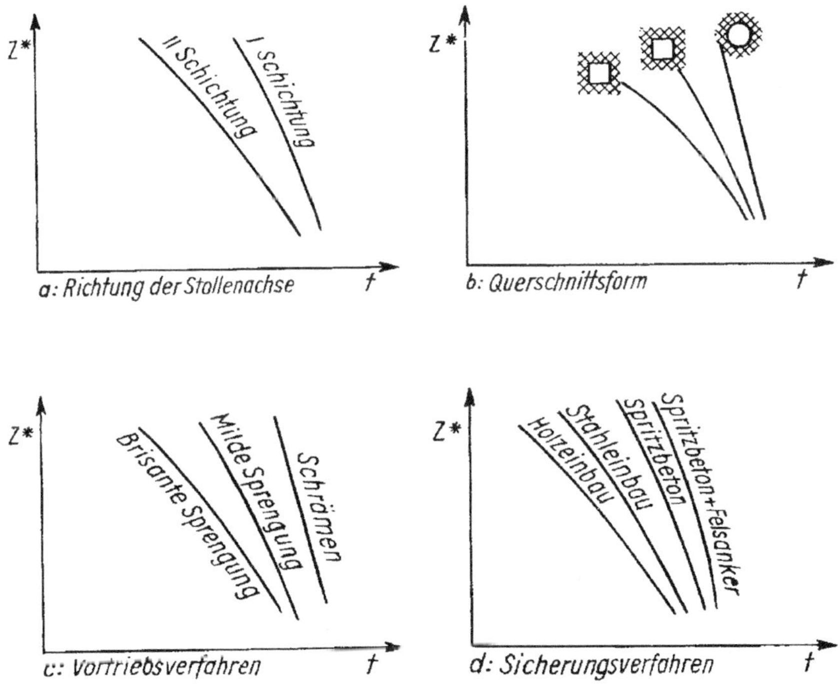

Abb. 4-2. Einflüsse verschiedener Faktoren auf die Gebirgsstandfestigkeit beim Stollenvortrieb (schematisch). (Aus Lauffer 1958, 50)

falt geologischer Erscheinungen kapitulieren die einen und beschränken sich auf eine gefühlsmäßige Bewertung der Faktoren oder sogar pauschale Erfassung der Eigenschaften des Gebirges, während die anderen nicht müde werden, deren rechnerische Erfassung vorzubereiten.

Aber auch wenn ein Rechenansatz gelingt, hat man sich klarzumachen, daß eine Rechnung einem Gedankenautomaten ähnelt (wir verstehen dies noch besser, seit es elektronische Rechenmaschinen gibt), welcher unbekümmert gültige oder ungültige Ergebnisse auswirft, je nachdem, ob man zutreffende oder unzutreffende Eingangswerte „eingeworfen" hat. Die Entscheidung über zutreffend oder unzutreffend aber wird uns, auch im Zeitalter der Automation, niemals ganz abgenommen werden. Rechnen kann die Maschine, bewerten muß der Mensch, der allein es wissen kann, daß Wert immer auf etwas bezogen werden muß.

Die B e w e r t u n g der geologischen Daten ist daher die vornehmlichste, aber auch schwierigste Aufgabe des Baugeologen. Denn sie erfordert wenigstens teilweise Vertrautheit mit ingenieurmäßigem Denken, welche erst in langen und mühseligen Erfahrungen erworben wird. Standfestigkeit z. B. kann nicht leicht ohne ein statisches Gefühl beurteilt werden, und die Bewertung der Wasserhaltigkeit oder -lässigkeit von Gebirgsteilen wird demjenigen leichter fallen, welcher die Gesetze der Sickerströmungen kennt. Höchst zweckmäßig erweist sich stets das Zusammenwirken von Ingenieuren, Fach- und Baugeologen, wenn alle drei sich bemühen, sich über die Auswirkungen geologischer Faktoren Rechenschaft zu geben.

Die Fähigkeit, zu bewerten, erwirbt man im Vergleichen. Man muß viel gesehen, viel erfahren haben, um vergleichen zu können und aus Vergleichen Maßstäbe für die Bewertung zu gewinnen. Erst dann wird man z. B. einem Gesteinsverband seine Wasserwegigkeit und ihre bevorzugten Richtungen ansehen, welche nur unvollkommen aus Wasserabpreßversuchen beurteilt werden können.

Durchaus nicht immer sind die geologisch bemerkenswertesten Tatbestände auch die technisch bedeutendsten. Größere Störungen z. B., deren Vorhandensein immer aufhorchen läßt, können in einem Falle von großer, ein andermal von geringer technischer Bedeutung sein, je nachdem sie z. B. Schollenverstellungen erwarten lassen oder nicht, den Grundriß einer Bogenstaumauer stumpfwinkelig oder schleifend schneiden (Stini 1953, 159) usw.; sie werden als wasserwegig oder wasserstauend gelten, je nachdem sie von Zerrüttungsstreifen begleitet oder von Myloniten gedichtet sind usw. Wenn wir von gefühlsmäßiger Bewertung sprechen, denken wir einmal an ein Urteilen, welches im wesentlichen den im Unterbewußtsein verarbeiteten Erfahrungen entspringt; das andere Mal an Intuition, welche einer inneren Verbindung des Menschen mit der Natur entstammt. Intuition ist wenigen geschenkt; man kann sie üben, aber kaum erwerben. Solche Bewertung wird oft gering geschätzt, nicht ganz zu Unrecht, da sie nur dann gute Früchte zeitigt, wenn die entsprechende Begabung mit einem guten Beobachtungsvermögen und einer gehörigen Portion Selbstkritik verbunden ist. Wegen der Gefahren, die sie birgt, versuche man, sie durch Messung, Prüfung und Rechnung zu kontrollieren.

Die quantitative Beschreibung dient bestens der Verständigung und der Übermittlung von Erfahrungen, während die auf keine quantitative Aussage gestützte Intuition unübertragbares Eigentum des Einzelnen bleibt. Beide Wege, der quantitativ-rechnerische und der intuitive, sind heute im Extrem gar nicht denkbar. Intuition allein genügt nicht mehr, weil wir sie nicht mehr im gleichen Maße besitzen, wie unsere Vorfahren sie hatten, welche mit unübertrefflichem Spürsinn die bestgeeigneten Plätze zur Anlage von Steinbrüchen und Erzgruben wählten und ihre Burgen stets auf dem standfestesten Teil einer Bergkuppe errichteten. Der quantitativ-rechnerische Weg aber ist noch nicht ausgebaut. Wir befinden uns in einem Übergang, der uns immer weiter von der Intuition weg- und zur Rechnung hinzuführen scheint. Vielleicht aber sind wir schon an einem Wendepunkt angelangt und die Zeit, in der wissenschaftliches Arbeiten zum einseitig rationalistischen Wissenschaftsbetrieb wurde, scheint — wenn man den Anzeichen glauben darf — zu Ende zu gehen. „Wenn unsere Berechnungen, unsere Modelle, unsere wirtschaftlichen Untersuchungen Automaten wären und es genügte, die Daten der gegebenen Probleme einzuwerfen, um eine sichere und erschöpfende Antwort zu erhalten, dann würde die Kunst des Entwurfsingenieurs und Baumeisters auf einen Betrieb einer Art Lager für Lösungen zusammenschrumpfen. Es ist jedoch nicht so: Die Berechnungen, die Modelle, die Versuche sind nichts als Mittel — hervorragend wie auch immer —, aber nur Mittel. Die ‚Formeln sind nur Werkzeuge', sagte Dupuit. Es wäre gefährlich, das Gegenteil zu glauben" (Semenza 1958, 63).

Freilich wäre es auch falsch, sich auf Intuition allein zu verlassen. Es widerspricht ihrem Wesen keineswegs, sie durch Versuche und Berechnungen zu stützen. Keine Rezepte können freilich für die rechnerische Behandlung verschrieben werden, sondern man kann nur Wege vorschlagen, auf denen man zur besseren Erfassung der Gebirgseigenschaften kommt. Diese muß man gehen und pflegen.

Der gefühlsmäßigen Bewertung sind verschiedene geologische Daten in sehr unterschiedlichem Grade zugänglich; die technischen Eigenschaften des Felsmaterials sind leichter zu beurteilen als die physikalisch-mechanischen, die statischen leichter als die Fließeigenschaften usw. Leider wird auch in der Geomechanik nicht anders als anderswo, zuerst stets das berechnet und erforscht, was leichter zu erforschen ist, das Schwierigere wird zurückgestellt.

4.3 Quantitative Erfassung der Einflußfaktoren

Die Eigenschaften des Gesteinsmaterials, das Korn und das Flächengefüge, das Druckverhalten des Bergwassers und die Spannungen im Gestein u. a. können heute schon recht exakt erfaßt werden. Weniger genau gelingt oftmals die Beschreibung von Störungen und Störungszonen sowie die Erfassung des Zeitfaktors.

Die Gesteinseigenschaften werden, seit sie Gegenstand des Materialprüfungswesens geworden sind, mit großer Exaktheit beschrieben; auf diesem Gebiete gibt es kaum Neues zu berichten, das auf die Gebirgseigenschaften Bezug hätte.

4.31 Schichtung

Zu einer exakten Beschreibung der Schichtung sind die petrographischen Merkmale und Unterschiede einzelner Lagen oder Bänke des Schichtverbandes nach Art, Mächtigkeit, gegenseitiger Anordnung und Variationsrhythmus anzugeben. Dies ist insbesondere bei Wechsellagerung wichtig.

Die Beschreibung der Schichtklüfte geschieht analog jener der gemeinen Klüfte *(4.32)*.

4.32 Klüftung

Die komplizierten Erscheinungsformen der Gesteinsklüftung exakt beschreibbar gemacht zu haben, ist das Verdienst STINIS (1925 a, 1925 b und 1925 c), welcher die „Statistische Kluftmessung" entwickelt und verbreitet hat, SANDER (1930 und 1948, 105), welcher die Klüfte dem Begriff des „Flächengefüges" eingeordnet, und W. SCHMIDT (1917 und 1925), welcher die statistische Erfassung in räumlicher Darstellung (zunächst für das Korngefüge) erarbeitet hat. Der Autor (MÜLLER 1933, 185) hat die Grundlagen der auf das Flächengefüge angewandten statistischen Behandlung eingehend untersucht; PACHER (1959, 223) konnte zusätzlich eine Reihe von Kennziffern des Flächengefüges formulieren.

Zur Beschreibung einer Kluft ist es erforderlich, deren Raumstellung und Ausdehnung, den Habitus ihrer Wandungen, den Betrag ihrer Öffnung, allenfalls auch Verschiebung der Klufträänder und die Erfüllung der Kluft mit Wasser, Kluftletten, Zerreibsel, Mineralausheilungen und Abscheidungen u. dgl. „Zwischenmittel" anzugeben. Um das „Kluftnetz" zu charakterisieren, worunter wir die Gesamtheit der Klüfte in einem Homogenbereich verstehen, sind außerdem die statistische Streuung der Raumstellungen, die Dichte des Netzes und gewisser noch zu besprechender Teilelemente desselben, und der Durchtrennungsgrad der Kluftscharen anzugeben.

Statt von Kluftstellung sprechen viele von Kluftrichtung; dies widerspricht aber dem Sprachgebrauch der (hier zuständigen) Geometrie, nach welchem Ebenen eine Stellung und eine Lage im Raum zukommt, während man nur bei Geraden von einer Richtung (und Lage) spricht; (Punkte besitzen nur mehr Lage).

Im geologischen Schrifttum ist es üblich, Kluftstellungen durch das Streichen und Fallen (Abb. 3–17 und 4–3) ihre Ebene anzugeben, womit die Richtung ihrer Hauptlinien (Spurparallelen) oder Spuren und der Fallwinkel verstanden werden, den ihre Fallinie mit der Horizontalen einnimmt. Aus dem Sprachgebrauch, dem auch der Vorgang der Messung vielfach folgt — wir folgen nun CLAR (1954, 202) — „ergibt sich eine Anschreibung der Messung etwa nach folgendem Beispiel: Streichen 310° (oder 310—130° oder N 50° W), Einfallen 35° gegen NE (oder 35° gegen N 40° E oder 35° gegen 40°). Die Richtung des Einfallens wird dabei, weil genau 90° von der gemessenen Streichrichtung abweichend, meist nicht eigens gemessen; sondern sie wird entweder aus der subjektiven Geländeorientierung des Beobachters nur dem Quadranten nach angeschrieben (‚NE' im obigen Beispiel), oder sie wird durch Ab- bzw. Zuzählen von 90° im Kopf errechnet. In beiden Fällen kann der Irrtum unterlaufen, daß man statt der Fallrichtung die Gegenrichtung angibt, und bei längeren Meßreihen sind solche Fehler kaum verläßlich zu vermeiden.

Die Anschreibung wird wesentlich einfacher, wenn man nur die Winkel von Richtung und Neigung des Einfallens notiert, durch welche die räumliche Stellung der Fläche ja ebenfalls schon eindeutig festgelegt ist. Zweckmäßigerweise wird dabei die Richtung des Einfallens nicht durch Umrechnung aus dem Streichen gewonnen, sondern direkt gemessen, indem

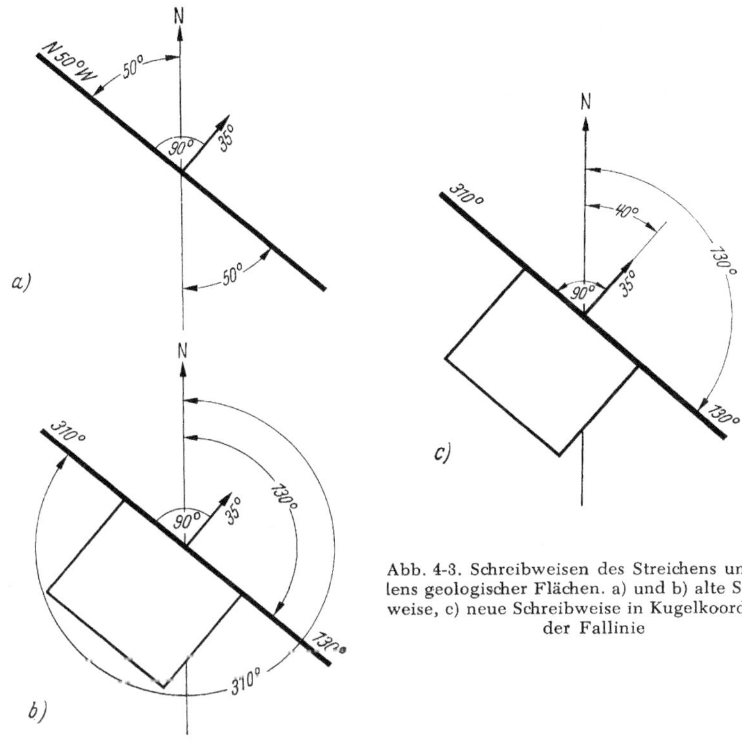

Abb. 4-3. Schreibweisen des Streichens und Fallens geologischer Flächen. a) und b) alte Schreibweise, c) neue Schreibweise in Kugelkoordinaten der Fallinie

man den Kompaß nicht mit der N-S-, sondern mit der E-W-Kante so anlegt, daß die N-Richtung in das Einfallen weist (Abb. 4–4 a u. b). Diese viel einfachere Art der Messung und Anschreibung hat besonders Stini (1951 b, 65) schon seit Jahren empfohlen. Freilich ist dafür Voraussetzung eine E-W-Anlegekante am Kompaß, die leider manchen neueren Serienmodellen, im Gegensatz zum bewährten alten Bergmannskompaß, fehlt.

Die Anschreibung einer solchen Messung sieht dann z. B. so aus: Einfallen 65° gegen 140°, oder mit Stini gekürzt 65/140. Man gewöhnt sich nach kurzer Übung unschwer daran, die dieser Anschreibung entsprechende Streichrichtung (50° 230°) im Kopf zu errechnen oder an der Kompaßteilung abzulesen oder ohne solche Hilfen sich vorzustellen. Irrtümer, wie beim Schluß vom Streichen auf die Einfallsrichtung, sind dabei ausgeschlossen.

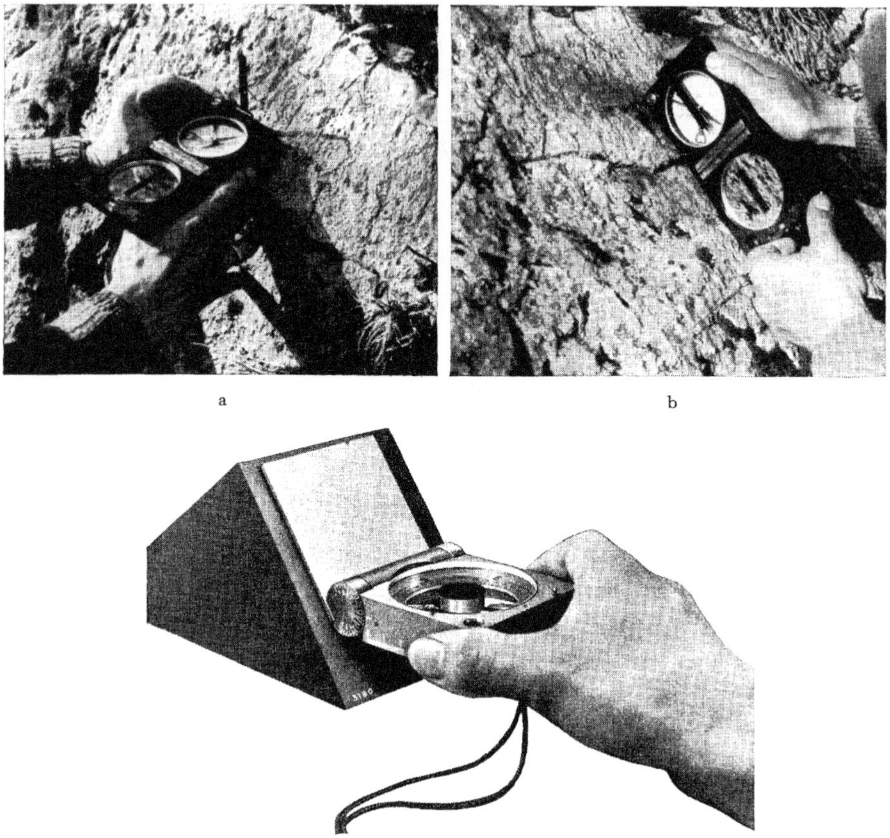

a b

c

Abb. 4-4. Anlegen des Geologen-Kompasses. a) und b) alter Bauart, nach der Bergmannsregel „Nord voran“, c) neuer Bauart nach CLAR (Photo BREITHAUPT, Kassel)

Die kurze Anschreibung der Fallinienstellung mit 2 Zahlen (wie oben 65/140) ist eindeutig, wenn der Richtungswinkel darin dreistellig ist, die zweistellige Zahl kann dann nur den Neigungswinkel bezeichnen. Im vorhergehenden Beispiel, das 35/40 zu schreiben wäre, ist diese kurze Anschreibung nicht eindeutig. Manche Geologen, besonders L. MÜLLER (1933) oder G. HIESSLEITNER, schreiben in solcher Kurzform anders als STINI den Richtungswinkel des Einfallens vor, den Neigungswinkel nach dem Strich, also in den obigen Beispielen 140/65 bzw. 40/35.

Es wäre sehr erwünscht, hierin einen einheitlichen Gebrauch anzuwenden. Die Schreibweise von STINI, nämlich Neigungswinkel/Richtungswinkel entspricht besser dem Sprachgebrauche „Einfallen mit ... Graden (Neigung) gegen ... Grade (Richtung)“. Verfasser ist selbst bisher dieser Schreibweise gefolgt, möchte sich nun jedoch den von Kollegen L. MÜLLER brieflich geäußerten Argumenten beugen, daß die Schreibweise Richtungswinkel/Neigungswinkel besser dem Gebrauche anderer Fächer entspricht, bei Kugelkoordinaten zuerst die Ablesung im Horizontalkreis, dann die im Vertikalkreis anzugeben. Praktisch pflegt man ja auch am Geologenkompaß meist zuerst an der Bussolennadel und dann erst am Senkel abzulesen. Verfasser möchte also hier entgegen seinem eigenen bisherigen Gebrauche für die Zukunft die Schreibweise von L. MÜLLER, nämlich Richtung/Neigung, empfehlen.

Ein weiterer Vorschlag, um Irrtümer bei solcher Kurzanschreibung der Flächenstellung auszuschließen, ist der, unabhängig von der Reihenfolge der beiden Ziffern den Richtungswinkel grundsätzlich dreistellig anzuschreiben; also im NE-Quadranten von 000 bis 090° usw. Dann ist im obigen Beispiele die Schreibweise 35/040 (STINI) ebenso sicher und eindeutig wie 040/35 (MÜLLER).

Die Festlegung der räumlichen Stellung geologischer Flächen lediglich durch die Einmessung der Einfallslinie und Kurzanschreibung in Kugelkoordinaten ist so viel einfacher und handlicher als die getrennte Messung und Anschreibung von Streichen und Fallen, daß sie sich besonders für Reihenmessungen und statistische Auswertung zunehmend verbreiten wird."

Die Größe, d. h. die räumliche Erstreckung einer Kluft, kann entweder als sichtbare Erstreckung ihres „Ausbisses" (= Verschneidung mit der Oberfläche), oder als Erstreckung in 2 bzw. 3 von Fall zu Fall festzulegenden Raumkoordinaten angegeben (oder geschätzt) werden (Abb. 3–18).

Der Habitus der Kluftwandungen, welcher Rückschlüsse auf die Entstehung und spätere Bewegungen der Kluft zuläßt, kann nur qualitativ angegeben werden: Klüfte können eben, uneben, wellig, buckelig, glatt oder rauh, schließlich auch gestriemt sein, wobei es meist zweckdienlich ist, die Raumrichtung der Striemen anzugeben. (Solche Lineare werden durch Azimut und Altazimut auf der Lagenkugel angegeben; eine Kontrolle ergibt sich dadurch, daß ihr Durchstoßpunkt mit der Kugel auf dem Großkreis der entsprechenden Kluftfläche liegen muß (Abb. 4–8 c), welche ja der geometrische Ort aller in ihrer Ebene enthaltenen Richtungen ist (*4.34*).)

Die Öffnungsweite einer Kluft kann als Mittelwert oder durch Grenzwerte angegeben werden.

Die Art der Zwischenmittel und Kluftfüllungen („Bestege") wird gewöhnlich durch beigefügte Großbuchstaben angegeben (T = Ton, L = Letten, Z = Zerreibsel, K = Kalzit, Q = Quarz, M = Mylonit usw.).

Diese Art der Kluftbeschreibung, welche bei der Feldaufnahme *(8.3)* durch eine Tabelle gemäß Abb. 4–5 erleichtert wird, eignet sich in gleicher Weise für Kleinklüfte, Großklüfte und Störungen.

4.33 Flächengefüge

Das Flächengefüge, das ist die Summe aller Raumdaten eines Netzes von Kluft-, Schicht- und Schieferungsflächen, ist nicht anders als statistisch zu fassen, und zwar in einer „geordneten Beschreibung typisierter Raumdaten mit Bezugnahme auf den betrachteten Bereich" (SANDER 1948, 2); diese können gerichtet (vektoriell) oder nicht gerichtet (skalar) sein. Bei

					Beschaffenheit						Harnisch Lineare usw.												
					Gesamt			Detail															
Homogenbereich	Laufende Nummer	Kleinkluft, Großkluft Schar s	Fallrichtung α°	Fallwinkel β°	Eben	Uneben	Wellig, versetzt	Glatt	Rauh	Wellig, buckelig	Bezeichnung	Fallrichtung α°	Fallwinkel β°	Öffnung mm	Füllung	Ausbißlänge [m]	Zahl der Ausbisse/m	$\varkappa_r = m^2/m^3$	Mittlerer Normalabstand der Klüfte dm in [cm]	d min, d max [cm]	Gesteinsklasse	Kluftkörpergrößen	Andere Beobachtungen
1	2	3	4	5	6	7	8	9	10	11	12	13	14	15	16	17	18	19	20	21	22	23	24
H 1	1	KK	104	24		/			/	B					Fe	2+2	7	7	14	3 20	I	10·25·40	SW
H 1	2	KK	144	13	/			/						1-2	Fe Kaol.	2+2	6	6	15	1 30	I		SW
H 1	3	kk	042	64		/			/					1	Fe Kaol.	0,8+1	6	4,8	15	3 25	I		SW
H 1	4	kk	282	75	/				/					1-2	Cr.M.Chl.	1+1	12	12	8	0,5 15	I		SW
H 1	5	K	003	65		/				W	H	095	12		Cr.M.Chl.	1+1					I	0,5·10·40	SW
H 2	6	KK	083	50		/			/	W				0-1	Fe	2+1	9	9	11	1,5 30	I		SW
H 2	7	kk	216	50		/			/						Fe	0,1+0,15	20	0,3	5	1 10	I	8·10·10	SW—6·12·15
H 2	8	k	299	70		/			/	B						0,25+0,4	30	3	3	1 10	I		SW
H 2	9	k	015	31	/				/							0,7+0,5	3	1,1	30	30 80	I		SW
H 2	10	K	346	79		/				B					Chl.	2+2					I		SW

Abb. 4-5. Formblatt zur Beschreibung des Flächengefüges

oberflächlicher Betrachtung erscheint das Kluftnetz dem ungeübten Auge zunächst sehr verworren. Je mehr man sich aber mit seiner statistischen Darstellung befaßt, desto deutlicher treten bevorzugte Richtungen in Erscheinung, eine „R e g e l u n g" wird erkennbar. Die Klüfte lassen sich nach verschieden orientierten „K l u f t s c h a r e n". Als Kluftschar wird eine Anzahl von Kluftebenen verstanden, welche im großen und ganzen dieselbe (oder eine ähnliche) Stellung im Raume aufweisen (Teilgefüge im Sinne SANDERS). Die Erfahrung lehrt, was die Theorie fordert; daß es unter mehreren Kluftscharen meist 2 oder 3 gibt, die durch die Häufigkeit ihrer Individuen besonders hervortreten und sich in der Statistik meist recht deutlich gegen andere Kluftscharen oder Einzelklüfte abheben. Man spricht von H a u p t k l u f t s c h a r e n.

Die Statistiken werden heute in aller Regel graphisch geführt. Die graphische Statistik ist besser geeignet, Verhältnisse der Wirklichkeit entsprechend darzustellen, als die arithmetische, die sich dem wirklichen Verlauf eines Vorganges oder eines Zusammenhanges nur näherungsweise anschmiegen kann. Wo es sich um die Beschreibung wirklicher Vorgänge und Erscheinungen handelt, verdient die graphische Behandlung stets den Vorzug. Denn sie allein ist rein beschreibend, während letzten Endes jedem arithmetischen Ausdruck schon eine genetische Anschauung anhaftet. Als man die Gesteinsklüfte zu beachten begann, wandte man ihnen zunächst dort Augenmerk zu, wo sie in großer Regelmäßigkeit auftraten. Als man später erkannte, daß auch dort, wo die Regelmäßigkeit weniger augenscheinlich war, unverkennbar Gesetzmäßigkeit herrscht, glaubte man lange Zeit einfach die Mittellagen der im Aufschluß vorherrschenden Klüfte abschätzen zu können [58]).

Morphologische und tektonische Betrachtungen weckten bald den Wunsch nach einem Vergleich der Kluftstellungen in verschiedenen Bereichen eines Gebietes, demzuliebe man Kartierungsdarstellungen und Statistiken entwarf. Man behandelte dabei aber statistisch nicht die Kluftmessung, wie wir es heute gewohnt sind, sondern nur die Zusammenfassung der Messungen. Erst „wenn auf beschränktem Raum — z. B. in einem Steinbruche, auf einer Felswand — tunlichst viele Klüfte gemessen werden" (STINI 1925 b, 873), ist die Messung selbst auf statistische Grundlagen gestellt. Daß es notwendig ist, diesen allerdings mühsamen, aber genaueren Weg einzuschlagen, hat man nunmehr bereits eingesehen. „Die menschlichen Sinne sind viel zu wenig scharf, um die Auswahl der Hauptkluftrichtungen nach dem Gefühl an Ort und Stelle zu gestatten" (STINI 1925 b, 873). Nur wo die natürliche Ordnung der Kluftsysteme sehr straff und der Beobachter ausreichend geübt ist, wird heute mehr auf die statistische Kluftmessung verzichtet und eine gefühlsmäßige Auswahl der charakteristischen Kluftstellungen getroffen.

4.34 Darstellung der Flächengefüge

Zur Darstellung der Flächengefüge benützen ältere Arbeiten teils ein rechtwinkeliges Netz (z. B. STINI 1925 c), teils „K l u f t r o s e n" oder „Kluftsterne" (Abb. 4–6 a), das sind Darstellungen in Polarkoordinaten, KS (r, φ), wobei in φ die Streichrichtungen, in r die Zahl der entsprechen-

[58]) Ausführliche Darstellung der Entwicklung der Kluftmessung siehe L. MÜLLER 1933, 191.

den Klüfte bzw. ihre relativen Häufigkeiten („Richtungshäufigkeiten") aufgetragen werden.

Vielleicht der bedeutendste Schritt in der Entwicklung war die Einführung der „Lagenkugel" (*sphere-diagram; diagramme de sphère; sfera di orientazione;* Abb. 4–6 b, c, d und 4–7) und ihrer ebenen Abbildung (Abb. 4–8 a). Es ist einleuchtend, daß eine wirklich vollkommene Wiedergabe räumlicher Lageverhältnisse nur wieder in einem räumlichen Gebilde möglich ist, während in der Kluftrosendarstellung nur die Streichrichtung, nicht aber die Neigung der Kluftflächen zum Ausdruck kam, so daß 2 Kluftsysteme gleicher oder ähnlicher Streichrichtung gar nicht unterschieden werden konnten. Obwohl man die Kluftrose auch heute immer noch antrifft, ist sie für geomechanische Zwecke zu verbannen.

Die Lagenkugel, in der Mineralogie seit Blaas (1896 a, 1896 b, 1903) und Becke (1913) verwendet, wurde in die Bergbaugeologie durch Seitz (1914, 1917) eingeführt. Auf Seitz geht auch die Anwendung des „Wulffschen Netzes" zurück, welche eine unmittelbare graphische Auftragung der Meßdaten an Stelle der früher verwendeten rechnerischen Ermittlung der Kluftpunkte ermöglicht. Es ist nichts anderes als die jahrtausendealte stereographische Projektion der Halbkugel.

Die nach heutigem Ermessen letztgültige Form der Kugelstatistik geht auf W. Schmidt (1925) zurück. Während dieses Verfahren zur Darstellung und statistischen Auswertung gerichteter Gesteinsmerkmale in der Korngefügekunde rasch aufgegriffen wurde (Sander 1926, 37), wurde es erst 1928 durch Rüger zur Darstellung von Kluftmessungen verwendet, obwohl bereits Schmidt (1926, 409) darauf hinweist, daß dieses Verfahren „überall dort sich empfiehlt, wo es auf solche statistische Erfassung von Richtungshäufigkeiten ankommt, z. B. zur Darstellung von Kluftsystemen usw.".

Schmidt stellt die Lagenkugel nicht in winkeltreuer, sondern in der flächentreuen azimutalen Projektion (Abb. 4–8) dar[59]).

„Die Wahl der flächentreuen Projektion war durch den Zweck der Darstellung geboten. Die Bevorzugung einer gewissen Lage ... spricht sich dadurch aus, daß auf der Lagenkugel die betreffende Stelle mehr Achsenpunkte auf der Flächeneinheit enthält. Die statistische Behandlung hat daher die Dichte der Achsenpunkte auf der Fläche der Lagenkugel festzustellen. Die flächentreue Projektion stellt nun gerade das, worauf es hier ankommt, die Flächeninhalte auf der Kugel, auch auf dem Plan richtig dar, so daß man das Auszählen auf der Ebene genau so vornehmen kann wie sonst auf der Kugel. In der stereographischen Projektion wäre dies nicht möglich" (W. Schmidt 1925). In der Azimutalprojektion entstünde gegenüber der flächentreuen am Rande ein Darstellungsfehler im Verhältnis 1 : 4 (Müller 1933, 198).

---

[59]) Das Abbildungsgesetz der flächentreuen Abbildung („Lambertschen Projektion") lautet $m = 2r \sin \delta/2$, das der winkeltreuen Abbildung $m = 2r \operatorname{tg} \delta/2$ [3—5].

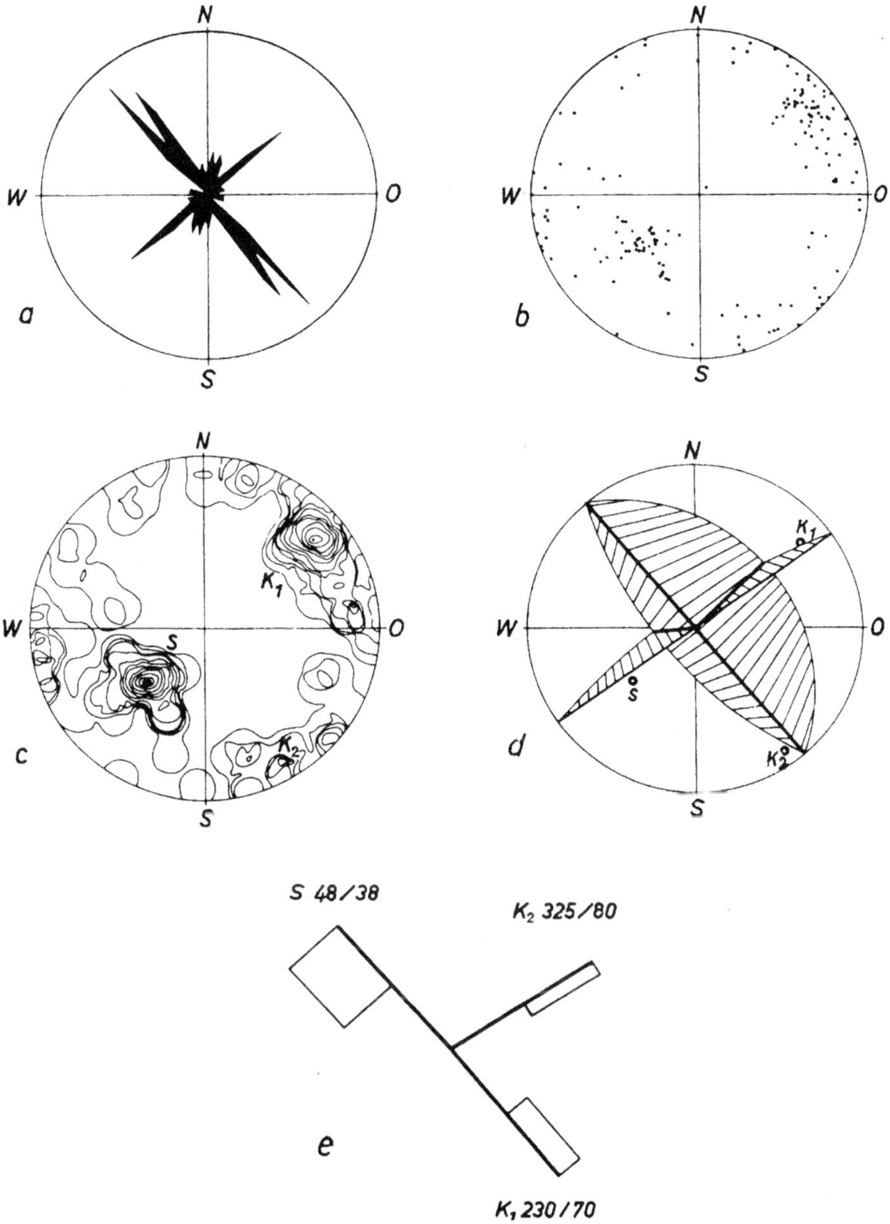

Abb. 4-6. Darstellungsweisen des Flächengefüges. a) Kluftrose, b) Lagenkugel nach Walter SCHMIDT, c) Lagenkugel — Dichteplan, d) Lagenkugel — Großkreise, e) Einheitsquadrate nach MÜLLER

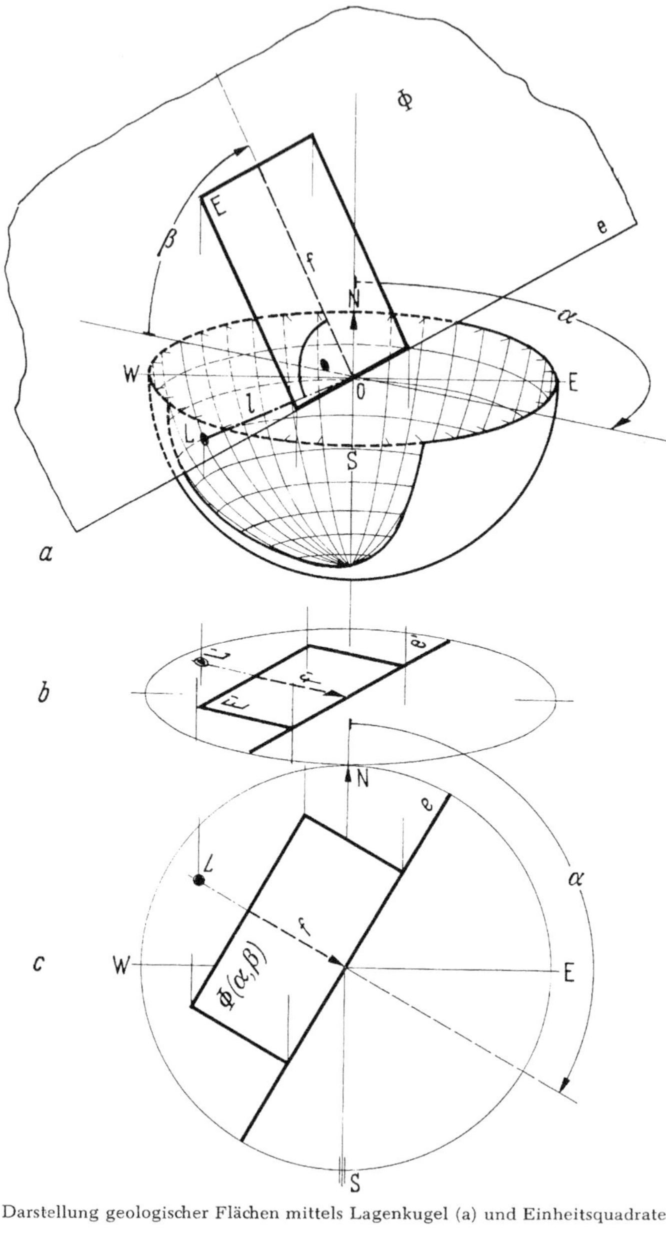

Abb. 4-7. Darstellung geologischer Flächen mittels Lagenkugel (a) und Einheitsquadraten (b und c)

Da die Kugelabbildung nur das Bild der Halbkugel wiedergibt, ist festzulegen, ob man diese als untere Hälfte einer Hohlkugel oder als obere Hälfte einer Vollkugel betrachten soll. SCHMIDT entscheidet sich für das erste, da „die stereographische Projektion ihrer Entwicklung nach die Innenansicht einer Hohlkugel" ist.

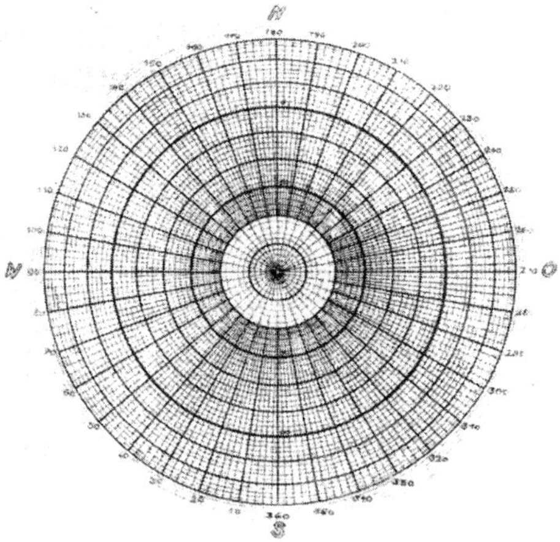

a

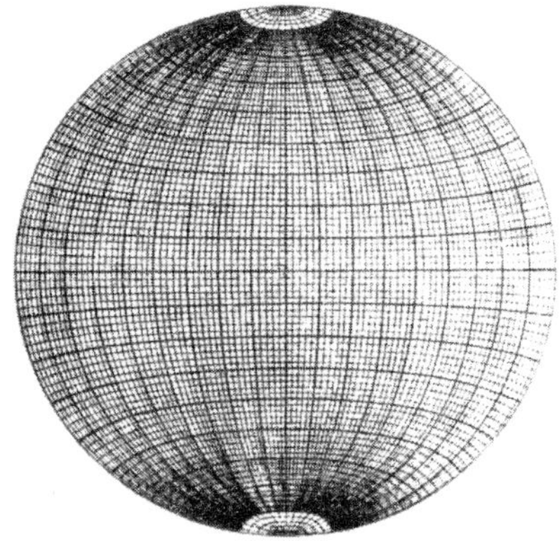

b

Abb. 4-8. Lambertsche Kugelprojektion (flächentreue Kugelabbildung). a) Pollage zur Auftragung von Lotpunkten, b) Querlage zur Messung von Raumwinkeln (transversales Netz), c) Arbeitsschema; die Lineare l (z. B. Harnischstriemung) liegt in der Ebene E, wenn ihr Richtungspunkt auf dem Großkreis E der Ebene E liegt

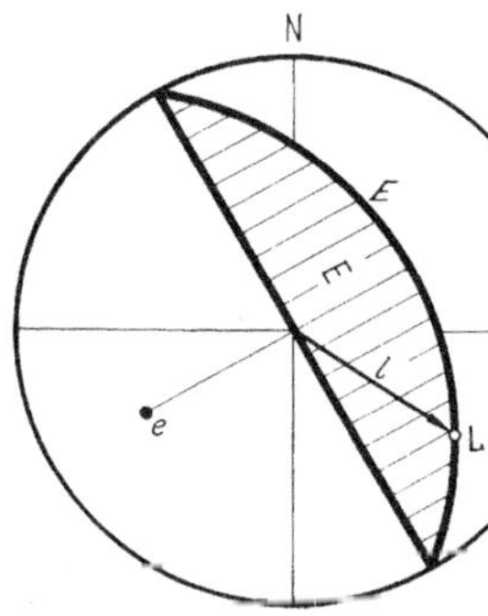

c

Sander (1930), Rüger (1928) und die folgenden schließen sich dieser Festsetzung an. Eine allgemeine Übereinkunft hierüber ist deshalb von Wichtigkeit, weil sich bei Vergleichen verschiedener Untersuchungen Mißverständnisse ergeben können. Liefert doch die eine Betrachtungsweise das um 180° verdrehte Bild der anderen!

In Anlehnung an das von Seitz verwendete „Wulffsche Netz" benützt Schmidt — und benützen nach ihm auch Sander, Rüger und alle, die ihre Arbeiten auf deren Grundlagen stützen (mit Ausnahme Schucks und Stinis) — für die Darstellung das „transversale Gradnetz" (Abb. 4-8 b) zur Auftragung der Richtungspunkte. Darüber wird ein durchsichtiges Papier gelegt, das bei der Auftragung mittig verdreht wird. Am Rand der Pause wird der betreffende Azimut angemerkt; dann wird dieser Punkt in die Nullstellung des Netzes gedreht und hierauf auf dem E-W-Balken der Betrag des Fallens abgetragen. Bedeutend einfacher ist, es mit Fischer (1930), Schuck (1927) und Stini (1930 a) zur Auftragung der Kluftpunkte anstatt des Quernetzes die „normale Projektion“ (Abb. 4–8 a) der Lagenkugel zu verwenden. Dabei ist ein Drehen der Pause über dem Netz nicht nötig, denn die Horizontalkreise dieses Netzes sind ja die geometrischen Orte aller Kluftpunkte gleichen Fallbetrages.

Die Bezifferung des Arbeitsnetzes (Abb. 4–8 a): S ... 360°, W ... 90°, N ... 180°, E ... 270°, erklärt sich daraus, daß ich in der Natur Fallinien messe, in der Abbildung aber Flächenlote auftrage und daß in der Abbildung wie in der Natur das Lot entgegengesetzt der Fallinie verläuft. Die Bezifferung der mittigen Kreise beginnt für die Darstellung von Lotpunkten im Mittelpunkt mit Null; der Großkreis erhält die Ziffer 90°. Umgekehrt bei Darstellung von Fallinien.

In der eben beschriebenen Darstellungsart könnte jede Kluft in eindeutiger Weise durch ihre Fallinie wie durch ihr Lot vertreten werden. Die Frage, welche der beiden Darstellungen vorzuziehen sei, ist meist in dem Sinne entschieden worden, daß bei Überwiegen steiler Klüfte die Darstellung der Lote, bei zahlreichen Flachklüften die der Fallinie vorzuziehen sei. Beide Male kommt dann die Mehrzahl der Punkte gegen den Rand des Planes zu liegen, wo die Richtungsunterschiede deutlicher hervortreten und mehr Platz zur Eintragung ist. Seitz bevorzugt die Falliniendarstellung, weil diese die Eintragung der Harnischsymbole erleichtert.

Abgesehen jedoch davon, daß die Darstellung von Loten in der Mineralogie allgemein üblich ist und meines Erachtens der räumlichen Vorstellung besser entgegenkommt, hat mich folgende Überlegung bewogen, ausschließlich Lotpunkte darzustellen: Bei der Falliniendarstellung wird das Augenmerk viel mehr dem Richtungsunterschied der außen abgebildeten Flachklüfte zugewendet als dem der steileren Flächen. Bei saiger stehenden Flächen ist deren Streichrichtung überhaupt nicht mehr zu entnehmen! Gerade das Streichen der Steilklüfte ist aber von ungleich größerer Bedeutung als das der flachen. Es ist von untergeordnetem Belange, ob eine sehr flach liegende Kluft in dieser oder jener Richtung verflächt, da die Kluftlagen ohnedies um ihre Mittellage in ziemlich weiten Grenzen streuen und die Fallrichtung flacher Ebenen auch bei genauer Messung nur ungenau zu bestimmen ist *(8.35)*.

Die Lotdarstellung vermeidet alle diese Mängel. Bei ihr springt der Richtungsunterschied der Klüfte um so mehr ins Auge, je steiler deren Stellung ist; im Mittelpunkt des Planes bilden sich vollkommen schwebende Flächen ab, die unendlich viele Streichrichtungen besitzen.

Anhangsweise sei noch eine Art der Betrachtung von Lotpunktbildern empfohlen, die sehr rasch auch den Neuling zu einer räumlichen Vorstellung von der wirklichen Stellung der Kluftflächen im Raume führt. Bei der Erklärung des Begriffes der Lagenkugel wird gewöhnlich die darzustellende Ebene in den Kugelmittelpunkt verschoben gedacht, in diesem das Lot der Ebene errichtet und dessen Durchstoßpunkt mit der Kugelfläche aufgesucht. Einfacher und anschaulicher gelangt man zu demselben Lotpunkt, wenn man der Kugel die Ebene (oder umgekehrt) nur bis zur Berührung nähert. Dann ist der Berührungspunkt schon der besprochene Lotpunkt. Man betrachte also das Lotbild niemals als ebenes Bild, sondern mache sich möglichst bald die Vorstellung zu eigen, daß dieses Bild der Einblick in eine hohle Halbkugel ist. Es fällt dann bald sehr leicht, sich die Stellung der Berührungsebenen im Raume zu versinnbildlichen.

4.35 Gefügestatistik

Die Gefügestatistik Walter SCHMIDTS ist ein unentbehrliches Hilfsmittel der Geomechanik geworden, welche wesentlich eine Gefügemechanik ist. Es ist deshalb nötig, sich mit den Methoden dieser Statistik eingehend zu befassen.

Die Lotpunktebilder seien kurz als L o t b i l d e r bezeichnet. Sie stellen das graphische Seitenstück zur „Urliste" der mathematischen Statistik dar.

Da die flächentreue Kugelabbildung Teilflächen an beliebigen Orten der Kugel zwar verzerrt, aber stets in Naturgröße abbildet, gibt diese Kugelprojektion eine ungetrübte Anschauung über die Verteilung der Belegdichte der Kugel mit Lotpunkten.

Die Belegdichte einer Fläche ist gleich: Häufigkeit/Flächeneinheit. Um das Gefühlsmäßige, das jeder unmittelbaren Beobachtung anhaftet, auszuschalten, gebraucht SCHMIDT als eindeutiges Maß der Belegdichte jene Anzahl von Punkten, die in den Bereich einer Kreisfläche von 1 % des Flächeninhaltes der Halbkugel, mittig um den betrachteten Punkt ausgelegt, fallen. Auf die Halbkugel wird deshalb bezogen, weil sich ja jede Richtung auf der Kugel durch 2 Durchstoßpunkte darstellt. Die Belegdichte wird nun für eine große Anzahl von Punkten des Kugelbildes bestimmt. Werden die erhaltenen Zahlen auf einer eigenen Pause vermerkt, so ist es leicht, Orte gleicher Belegdichte durch Linien zu verbinden, so daß das Endergebnis dieser Auswertung ein „D i c h t e p l a n" (SCHMIDT) ist, der anschaulicher als das Punktebild ist und alles Gefühlsmäßige bei der Betrachtung ausschließt (Abb. 4–6 c).

Wird die Dichte nicht an sich, sondern bezogen auf die Gesamtzahl der Punkte dieser Abbildung angegeben, so erhält man mit dieser b e z o g e n e n B e l e g d i c h t e („Verhältnismäßige Belegungsdichte" bei SCHMIDT) Größen, die für verschiedene Messungen vergleichbar sind. Das Maß dieser bezogenen Dichte kann in ‰ (SCHMIDT) oder % (SANDER) angegeben werden, was besagt: An dem betrachteten Punkt entfallen x % der Gesamtpunktezahl auf die Kreisfläche von einem Flächenhundertstel. Da diese Bezeichnung eigentlich heißen müßte: x %/%, erscheint es mir richtiger, bloß von der Dichte „1", „2" usw. oder von „einfach, doppelt und mehrfach belegten Gebieten" zu sprechen [60]).

[60]) Von einer „Belegungszahl 1, 2 ..." ist übrigens schon in der im Schrifttum leider gänzlich unbeachtet gebliebenen Abhandlung von FISCHER (1930) die Rede.

Statistisch betrachtet, stellt der so gewonnene Häufigkeitsplan etwas ähnliches dar wie die „Häufigkeits-" oder „Korrelationsfläche" im Sinne CZUBERS, doch darf nicht übersehen werden, daß zwischen beiden immerhin Unterschiede bestehen. CZUBER (1921, 120) gelangt zum Begriff der Häufigkeitsfläche auf dem Wege über die Zusammenfassung der Kollektivglieder in Klassen.

„Beim Schmidtschen Schaubild entfällt zunächst die Zusammenziehung der Glieder zu Klassen. Es ist vielleicht einer der größten Vorteile der graphischen Lösung statistischer Aufgaben, daß sie das Hilfsmittel der Klassenbildung, das die arithmetische Behandlung nicht entbehren kann, samt ihren offenkundigen Nachteilen vermeidet" (MÜLLER 1933, 199).

Viele Gefügekundler heben bei der Schichtenliniendarstellung der Häufigkeitsfläche in der Lagenkugel die verschieden dicht besetzten Gebiete durch verschiedene Schraffung hervor, die gegen die dichtest besetzten Gebiete zunehmend dunkler wird. Ich halte dies für überflüssig, da doch die Schichtenliniendarstellung längst etwas jedermann völlig Geläufiges geworden ist. Für alle Bilder verwende ich gleiche Schichtenabstände von 1%, auch dort, wo dadurch die Schichtenlinien sehr nahe zusammenrücken, weil dann beim Vergleich zweier „Geländeformen" die Belegdichte auf den ersten Blick deutlich zum Ausdruck kommt. (Zwischenschichtenlinien sind durch dünn gestrichelte Zeichnung zu unterscheiden.)

Die Auszählung der Gefügestatistik kann auf mannigfaltige Art erfolgen. Soll die graphische Statistik genügend Einblick in Einzelheiten, bei deutlicher Wiedergabe der allgemeinen Züge geben, so erhält man die besten Bilder, wenn die Größe des Auszählkreises während der Auszählung gewechselt und so gewählt wird, daß nach Möglichkeit nicht mehr als 6 und nicht weniger als 3 Punkte in den Kreis zu liegen kommen. Diese aus einer sorgfältigen Untersuchung gewonnene Regel (MÜLLER 1933, 204) schaltet das Gefühl des Auszählenden weitgehend aus und verbürgt daher einigermaßen die Vergleichbarkeit verschiedener Dichtepläne. Sie erfordert Abstufungen des Zählkreises im Stufenverhältnis 1 : 2 der Flächen. Wo es auf eine genaue Darstellung ankommt, empfehle ich Zählkreise, welche konzentrisch auf einem Plexiglasstreifen (Abb. 4–9) aufgetragen sind und deren Flächen $^1/_4$, $^1/_2$, 1, 2 und 4% der Kugeldiagrammfläche entsprechen.

Auf die Rand- (oder Ufer-) Gebiete läßt sich diese Zählregel allerdings nicht anwenden, da am Rand nicht zu vermeiden ist, daß weniger Punkte in die Kreisfläche fallen. Es bleibt jedoch ohne Zwang kein anderer Weg offen, als im Randgebiet mit demselben Kreis auszuzählen wie in der Nachbarschaft.

Die Verwendung verschieden großer Zählkreise macht sich bei der Nullinie in einer unerwünscht starken Weise geltend, indem je nach Wahl des Kreises die Leergebiete (‚Meere') sehr bedeutend in ihrem Ausmaß schwanken. Um diese Unstimmigkeit zu umgehen, möchte ich als bevorzugte Linie, als Begrenzung der Inseln und einzelnen Gebiete, nicht die Linie Null betrachten, sondern die Linie 1 . . . In der Darstellung soll aus diesen Gründen die Linie 1 durch größere Strichstärke hervorgehoben werden . . .

Bei der Auszählung von Randgebieten liegt der Glasstreifen so, daß die Kreise einander gegenüberliegen; dadurch wird ein Umsetzen des Zählkreises unnötig. Die Auszählung mit nur einem Kreissatz ist, wenn die Kreisfläche zum Teil über den Rand hinausragt, sehr mühsam.

Wie die Schichtenlinien beim Überschreiten des Grundkreises verlaufen müssen, sei nur kurz beschrieben, da dies bei RÜGER (1928) eingehend dargestellt ist. Wird die Ebene durch die saigere Lage gedreht, so nähert sich ihr Lotpunkt dem Grundkreis; sobald er diesen erreicht hat, ist auch der (nicht abgebildete) Durchstoßpunkt der oberen Kugelhälfte in den Grundkreis gerückt. Eine saigere Ebene kann also durch 2 einander gegenüberliegende Punkte abgebildet werden (zur Darstellung kommt selbstverständlich immer nur einer dieser beiden). In der gleichen Weise muß auch jede Schichtenlinie, die am Grundkreis endet, auf dessen gegenüberliegender Stelle ihre Fortsetzung finden. Im Grenzübertrittspunkt werden den Schichtlinien nach Abb. 4–10 a oft parallele Berührende gegeben. Man braucht sich indessen nur die Drehbewegung der Lotgeraden im Raume vor Augen zu führen, um ohne weiteres einzusehen, daß

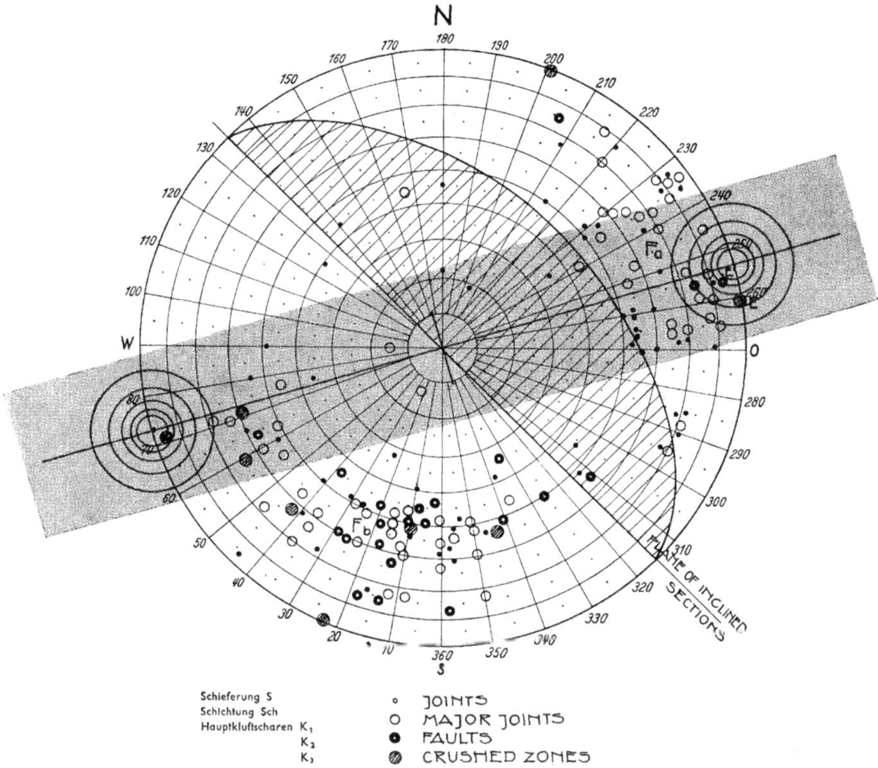

Abb. 4-9. Zählstreifen zum Auszählen der Lotbilder

die Berührenden im Übertrittspunkte nicht gleichlaufend, sondern vielmehr spiegelbildlich zueinander liegen müssen (Abb. 4–10 b) [61]).

Der Dichteplan, eine graphisch gegebene „Verteilungsfunktion", zeigt die Verteilung der Richtungshäufigkeiten im Raume. Sie kommt durch „zufällige" Abweichungen von einem angestrebten Mittelwert zustande. Ausführliche Untersuchungen (MÜLLER 1933)

---

[61]) In der Annahme, daß es für einen Voranschlag der Arbeitszeit von Wert sein kann, einige Zeitangaben zu besitzen, gebe ich die nachfolgenden Erfahrungswerte: Die Auftragung eines Lotbildes erfordert ungefähr 85 min/100 Punkte, die Überprüfung, die sich als notwendig erweist, 30 min/100 Punkte; die Auszählung eines Lotbildes erfordert bei einiger Übung im Durchschnitt 135, die Zeichnung der Schichtenlinien 65 und die Ausfertigung in Tusche 30 min. Zusammen je nach Punktezahl etwa 290 bis 360 min.

ergaben, daß der „Zielwert" (Idealwert) der statistischen Häufungen auf dem Kugeldiagramm (= jener Wert, der ohne Ursachen der Streuung, wie Inhomogenität und Anisotropie zustande gekommen wäre) nicht der in der Statistik gerne verwendete Mittelwert, also der Schwerpunkt der Häufung, sondern der „Scheitelwert" (MEISSNER 1919, 30), das ist der „häufigste Wert" der Verteilung, der „Gipfelwert" (CZUBER 1921, 69) ist [62]).

Man kann also die am dichtesten belegten Richtungen als die von der Natur angestrebten Zielwerte ansehen. Wünscht man allerdings ausgezählte Diagramme zu überlagern, so ist es zweckmäßig, auf die Schwerpunktwerte zurückzugreifen.

Die Ermittlung des Schwerpunktes aus dem Lotbild erfolgt am einfachsten zeichnerisch in der Art, daß in der Mitte zweier benachbarter Punkte (auf einer Pause) deren Teilschwerpunkt angemerkt wird, in der Mitte zwischen 2 Teilschwerpunkten wieder solche 2. Grades und so fort; der letzte Schritt gibt dann, wenn nicht zufällig

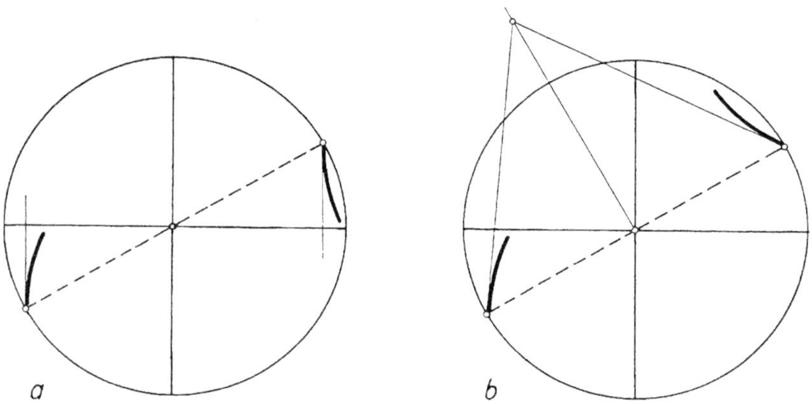

Abb. 4-10. Randtangenten der Linien gleicher Belegungsdichte

die Anzahl der Punkte eine Potenz von 2 ist, 2 Teilschwerpunkte, die nicht aus gleich vielen Punkten gebildet sind; ihr gemeinsamer Schwerpunkt fällt natürlich dann nicht in die Mitte ihrer Verbindungsstrecke, sondern diese ist im umgekehrten Verhältnis der Punktzahlen (Gewichte) zu teilen. Die Verbindungsstrecke zweier Punkte ist in unserer Darstellung eigentlich keine Gerade und deren Mitte nicht genau in der Hälfte, doch sind die Abweichungen von der Geraden und von der Mitte sehr unbedeutend. Nur für die Teilschwerpunkte letzten und vorletzten Grades, die gewöhnlich weiter auseinander liegen, wird es notwendig, mit Hilfe des Kugelnetzes in Querlage die Krümmung der Verbindungsstrecken zu berücksichtigen.

Bei der Herstellung von Sammelschaubildern in flächentreuer Kugelabbildung durch Überlagerung werden meist die Punkte der einzelnen zu überlagernden Teilbilder in eine neue Pause übertragen und diese neu ausgezählt.

Dieser Weg ist so lange brauchbar, als die Zahl der Punkte nicht zu groß wird. Bei großen Punktzahlen gehen auf diese Weise viele verloren. In diesem Falle ist es besser,

[62]) Nach den Gesetzen der Wahrscheinlichkeitslehre kommt diesem Scheitelwert die Bedeutung eines „wahrscheinlichsten Wertes" zu (gemeint ist hier die Wahrscheinlichkeit a posteriori, während die Wahrscheinlichkeit a priori dem sogenannten Zentralwert zukommt, welcher die Eigenschaft hat, den ganzen Sammelgegenstand in 2 Hälften zu teilen).

nach dem Vorschlage REITHOFERS (1932, 294) die Lotbilder nicht, wie RÜGER (1928, 12) empfiehlt, unmittelbar nach Prozenten auszuzählen, sondern auf den Zählblättern nur die unbezogenen Punktezahlen des 1%-Zählkreises zu verzeichnen und die bezogenen Dichtewerte erst beim Ziehen der Schichtenlinien zu ermitteln. Der Arbeitsaufwand ist der gleiche, und diese Auszählung bietet die Möglichkeit, die Messungen in beliebigen Zusammenstellungen zu überlagern, was durch einfaches Zusammenzählen der Punktezahlen geschieht. Dabei müssen aber die Zählkreise z. B. mittels Zählraster immer an denselben Punkten ausgelegt werden.

Die Überlagerung einer größeren Zahl von Messungen ist mühsam und zeitraubend; zudem ist ihr Wert für gewöhnlich gering. Deshalb begnügt man sich oftmals mit Übersichtsschaubildern, in denen nur die Gipfellagen der einzelnen Bilder eingezeichnet sind (L. KORN 1933, 10/11 und REITHOFER 1932, 298). Bei Bildung von Schwerpunkten besteht die Möglichkeit, diese unter Berücksichtigung ihrer Punktezahl, besser aber unter Berücksichtigung der ihnen zukommenden bezogenen Besetzungsstärke, über die gesprochen werden wird, zu überlagern. Denn der Schwerpunkt eines Punkthaufens ist mit dem Schwerpunkt seiner Teilschwerpunkte identisch. Scheitelwerte können selbstverständlich nicht überlagert werden.

Die statistische Behandlung fußt auf dem „Gesetz der großen Zahl". Je größer die Zahl der Beobachtungen, desto mehr treten die zufälligen Besetzungsschwankungen gegenüber den gesetzmäßigen zurück. Mit der Zahl von Messungen wächst die Gültigkeit einer Statistik, leider aber auch die Arbeit.

Der Forderung nach Wirtschaftlichkeit des Arbeitsaufwandes kommt der Rat SANDERS (1930, 131) entgegen: „in allen in ihren Gesetzmäßigkeiten noch unbekannten, erstmalig zu untersuchenden" Fällen zahlreiche Messungen anzustreben, unter bereits bekannten Umständen sich durch eine geringere Zahl von der Übereinstimmung zu unterrichten. Ferner fordert SANDER (1926, 357, und 1930, 130/31) eine Überprüfung und Beobachtung des Besetzungsvorganges durch Teilschaubilder oder auch durch Verwendung verschiedener Farben und Zeichen zur Eintragung. Der Gefügekundler ist dabei in der Lage, den Besetzungsvorgang während der Messung zu überwachen und danach die Zahl seiner Beobachtungen einzurichten. „Man füllt das Diagramm so lange, bis man es — zu verstehen glaubt oder noch länger." Mit 200 Messungen erreicht man im allgemeinen erfahrungsgemäß „glatte" Statistiken.

Die Streuung von Häufigkeitsgipfeln, welche die Straffheit oder Weitläufigkeit einer statistischen Regelung kennzeichnet und ein mittelbares Maß für vorhandene Inhomogenitäten im Gestein gibt, bestimmt man zweckmäßig mittels einer Kurvenschar (Oleate) gemäß Abb. 4–11.

„Die geometrischen Orte aller Punkte gleicher Abweichung sind Kreise, die in der flächentreuen Abbildung verzerrt erscheinen; statt nun für jeden Punkt mit Hilfe des Quernetzes der Kugeldarstellung dessen Winkelabstand vom Schwerpunkt zu ermitteln, zeichnet man sich ein für allemal eine Schar von Kreisen mit Halbmessern von 5 zu 5 Grad auf durchsichtiges Papier und braucht dann nur mehr abzuzählen, wieviel Punkte in jede Gruppe fallen. Allerdings ist das Verzerrungsmaß nicht auf allen Breitekreisen das gleiche; deshalb ist es nötig, eine solche Schar von Kreisen für mehrere Lagen zu zeichnen, also etwa von 10 zu 10 Grad ... Für Zwischenlagen kann man ... ohne nennenswerten Fehler die nächstliegende Kreisschar verwenden. Die Auswertung dieser Zählung erfolgt dann am besten in einem Vordruck, der die Vielfachen der Klassenmittel enthält und sowohl das Anschreiben als auch die Bildung der Produkte ($z\varepsilon$) erspart. Man hat dann bloß mit den Klassenhäufigkeiten und Klassengrößen in

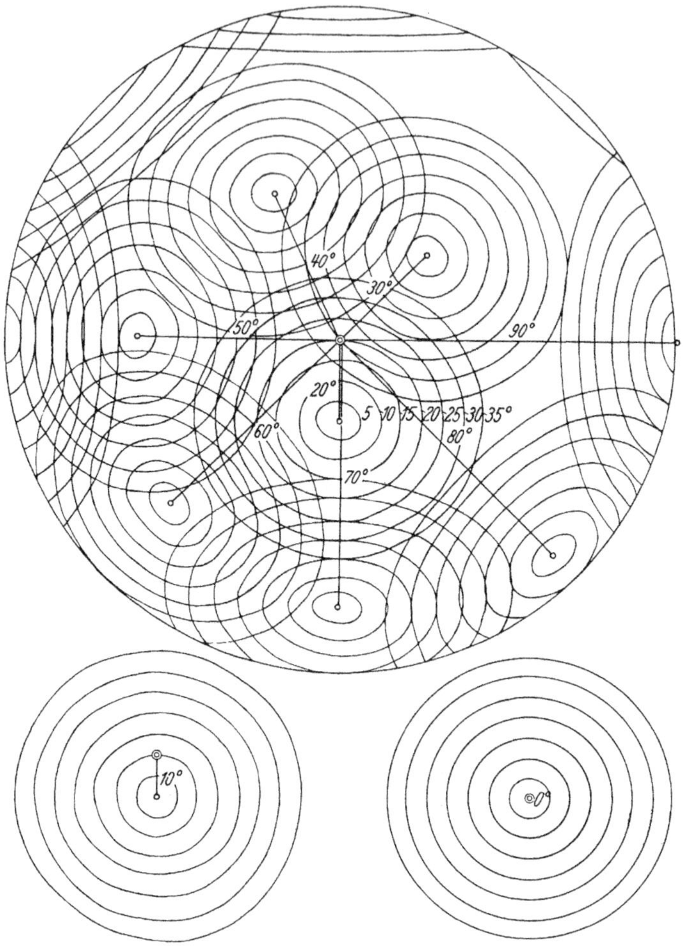

Abb. 4-11. Kurvenschar zur Ermittlung der statistischen Streuung von Richtungsverteilungen

die Tafel zu gehen, die entsprechenden Felder (etwa durch Unterstreichen) zu kennzeichnen, die Summe der angezeichneten Zahlen zu bilden und durch die Zahlen der Glieder zu teilen. Will man auch die quadratische Abweichung ermitteln, kann das in einem Zuge" mittels einer Tafel der Vielfachen der Quadrate der Klassenmittel geschehen (Müller 1933, 220). (Die gleichen Streuungskreise können übrigens auch als Reibungskreise (5.6) verwendet werden, d. h. als geometrische Orte gleicher Reibungswinkel in bezug auf eine gegebene Richtung.)

Die Straffheit oder Lockerkeit der Regelung äußert sich — ob diese dem Binomialgesetz oder einer anderen Regel gehorcht — in einem steileren oder flacheren Verlauf der Verteilung. Dieser wird einerseits durch die Breite der Verteilung, die in den Streuungsmaßen zum Ausdruck kommt, andererseits durch die „Höhe" ihres Gipfels bedingt. Setzt man beide in Vergleich, am einfachsten indem man die Quotienten: Gipfeldichte/durchschnittliche Abweichung bildet, so kann dieser Wert als Vergleichsmaß für den Grad der Regelung dienen (MÜLLER 1933, 221). Die Besetzungsdichte der Gipfel allein gibt also nicht unmittelbar ein vergleichbares Maß für die Regelungsstraffheit der einzelnen Maxima, sondern man erhält ein solches, wenn man die (auf eine Häufung) bezogene Regelung

$$r = (D/d) \cdot g \qquad [4\text{—}1]$$

anschreibt, wobei g die Zahl der Gipfel des betreffenden Schaubildes ist. Das (bezogene) Besetzungsmaß

$$b = (n/N) \cdot g, \qquad [4\text{—}2]$$

wobei n die Zahl der in den Bereich des betrachteten Hügels fallenden Punkte, N die Gesamtpunktzahl des Schaubildes und g wiederum die Gipfelzahl bedeutet. Dieses Besetzungsmaß kann zur Konstruktion des Kluftkörpers *(5.2)* verwendet werden. Was in ihm zum Ausdruck kommt, ergibt sich aus folgender Überlegung: Die Regelung ist das Maß dafür, in welchem Grade die von einem Hauptbildungsgesetz angestrebten Zielwerte erreicht wurden. In der Streuung sprechen sich die „störenden" Einflüsse (Ungleichartigkeit des Gesteins und Eigenart des Spannungszustandes) aus; das Besetzungsmaß bringt die Bevorzugung oder Verkümmerung einer Kluftstellung gegenüber den anderen zum Ausdruck. Bei gleicher Besetzung aller Häufungen (nicht bei gleicher Gipfeldichte) ist das Besetzungsmaß 1, die Häufung ist voll entwickelt; sinkt das Maß unter 1, kann man die Häufung als verkümmert bezeichnen; steigt es über 1, wird man von einer Überentwicklung sprechen. Die Ursachen dieser ungleichen Entwicklung können in der Beanspruchungsart (3.32) wie im Bildsamkeitszustand (Plastizitätszustand), in Zähigkeit oder Sprödigkeit, oder aber auch in Ungleichartigkeiten des Gesteins im Großen zu suchen sein. Welcher von diesen Gründen im einzelnen Falle vorliegt, darüber kann die Statistik keine Auskunft geben.

4.36 SANDERsche Gefügekoordinaten

Die Sanderschen Gefügekoordinaten ermöglichen einen Bezug der verschiedenen Daten des Gefügeraumes (Kluftflächen, Schicht- und Schieferungsebenen, optischen Achsen der Kristalle usw.) untereinander sowie auf die Hauptrichtungen der kinematischen Vorgänge eines tektonischen Formungsaktes (also z. B. des Verformungsellipsoides im homogenen Körper und damit auch des Spannungsellipsoides).

Das Wesentliche des Sanderschen KS (ε_1, ε_2, ε_3) besteht darin, daß es kein festes Koordinatensystem ist, sondern daß es als bewegliches (Kartesisches oder im allgemeinen Falle schiefwinkeliges) Koordinatensystem in jedem

Punkte des Raumes nach den Hauptrichtungen des dort herrschenden Verformungszustandes ausgerichtet ist. SANDER hat diese Ausrichtung in der Weise festgelegt, daß gemäß Abb. 4–12 (s. a. 3–38) die 3 Achsrichtungen a, b, c mit den Richtungen der größten Einengung ε_3 (a-Achse), der (verhinderten oder unverhinderten) Querdehnung ε_2 (im mechanischen Sinne dieses Wortes; b-Achse) und der kleinsten aktiven Deformation (c-Achse) übereinstimmt. Die b-Achse steht normal auf (a, c), also auf jener Ebene, welche in der Kinematik Hauptverformungsebene (ε_1, ε_3) und in der Mechanik Kraftebene (σ_1, σ_3) heißt, und charakterisiert diese. Dies ist ihre wesentliche Bedeutung.

Damit können alle Richtungskorrelationen des Gefüges sowohl bei bruchloser (Abb. 4–12 a) wie bei brechender (Abb. 4–12 b) Verformung in mathematisch ausdrückbarer und daher nachprüfbarer Form lage- und raumgetreu erfaßt und beschrieben werden. Durch Verbindung mit einem beliebigen System von Raumkoordinaten kann dann der Bezug zwischen solchen Angaben der Raumorientierung und Angaben über die Raumlage hergestellt werden, während die Transformation des Sanderschen Koordinatensystems auf die Kugelkoordinaten der „Lagenkugel", welche in der Regel sehr einfach durch „Wälzungen" des Koordinatennetzes geschieht, den Bezug zwischen den beweglichen Sander-Kordinaten und den festen geographischen Richtungskoordinaten herstellt.

Es kann z. B. als (notwendige aber nicht hinreichende) Bedingung dafür, daß Bruchflächen zu einem bestimmten Formungsakt gehören, formuliert werden: ihnen muß die b-Achse desselben gemeinsam sein, denn nur dann entspricht die Kraftebene σ_1, σ_3) des Bruchvorganges der Verformungsebene (a, c), einerlei, ob ein ebener Spannungszustand (σ_1, σ_3) oder ein ebener Formänderungszustand (σ_1, σ_2, σ_3; $\varepsilon_2 = 0$) vorliegt [63]).

Die Praxis der Gefügeaufnahmen macht von diesen Möglichkeiten Gebrauch, wobei sich als wichtigstes Datum die Richtung der b-Achse erweist. Während z. B. das Streichen und Fallen von Schichtflächen in Faltungszonen von Ort zu Ort wechseln kann und die Raumstellungen der Hauptkluftscharen nur innerhalb gewisser Homogenbereiche einigermaßen konstant sind, weisen die Achsrichtungen von Falten und Fältelungen und die Schnitt-

---

[63]) Die Gewohnheit der meisten Tektoniker, Begriffe wie Kraft, Spannung, Biegung, Schiebung, Stauchung, Dehnung, Verdrehung usw. nicht in Übereinstimmung mit der (doch hierfür einzig zuständigen) Kinematik und Mechanik zu gebrauchen, sondern sie sich nach eigenem (stilistischen oder geologischen) Bedürfnis selbst zurechtzulegen, hat alle Klarstellung auf diesem Gebiete lange Zeit erschwert und hinausgeschoben. Auch heute noch herrscht lange nicht restlose Klarheit, da z. B. „Scherung" in der Gefügekunde und Geologie in einem anderen Sinne gebraucht wird als in der Mechanik. Zur Klärung dieser Begriffe in der Geomechanik wird noch manches getan werden müssen. Bis dahin halten wir uns, um Mißverständnisse zu vermeiden, an den Sprachgebrauch der Mechanik.

linien einander genetisch entsprechender Klüfte erfahrungs- und überlegungsgemäß eine bemerkenswert große Konstanz über oftmals weite Bereiche auf. Man spricht dann von Homogenität des tektonischen Gefüges in bezug auf die b-Achsen und bezeichnet solche raumkonstante b-Achsen mit B. Mit β werden b-Achsen bezeichnet, welche sich in der Struktur des Gesteins durch Lineare (z. B. Feinfältelungen, stängelige „Auswalzungen", Schnittgerade von s-Flächen u. ä.) zu erkennen geben.

Nach solchen B-Achsen und nur in ihrer Richtung darf man tektonische Daten (Störungen usw.) und deren Folgeerscheinungen (hydrothermale Durchblutungen und Gesteinsumwandlung, Aufstiege von Erlösungen, Gangfüllungen u. dgl.) auf geologische Schnitte projizieren, inter- und extra-

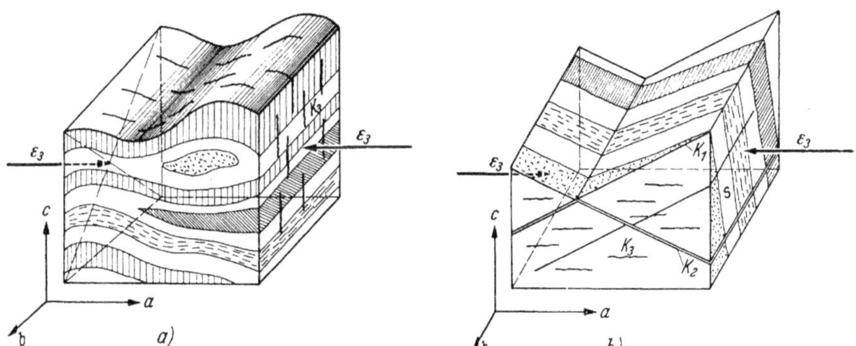

Abb. 4-12. Gefügekoordinaten nach SANDER. a) an einem fließend geformten Tektonit, b) an einem brechend geformten Tektonit. a, b, c: SANDER-Koordinaten; ε_3: Richtung der größten Einengung; K_1, K_2: Verschiebungsklüfte; K_3: Reißklüfte

polieren, während petrographische Daten (Schichtfolgen, Sedimentationswechsel u. ä.) nur parallel zur Schichtstellung, schieferungsgebundene Daten nur parallel zu Schieferungsebenen projiziert, inter- und extrapoliert werden dürfen.

Die SANDER-Schule bezeichnet die Stellung von Schicht- und Schieferungsflächen mit s; für den geomechanischen Gebrauch empfiehlt es sich, mit MÜLLER und PACHER zwischen Schieferungsstellung s, Schieferungsflächen S und Schieferungsklüften S′ sowie Schichtflächen st und Schichtfugen St zu unterscheiden.

Ein Vergleich mit den Erfahrungen der Labor-Technologie sowie den Bruchtheorien zeigt unmittelbar, daß Gleitungsbrüche (Mohrsche Flächen) und Verschiebungsbrüche stets b enthalten müssen (Abb. 3–38) und daß ihre Schnittlinie stets // b verlaufen muß; Zerrklüfte hingegen liegen bei brechender Verformung in a—b, bei plastischer Verformung in a—c, weshalb SANDER die letzteren als a—c-Klüfte bezeichnet.

In einer der Kristallographie entlehnten Weise spricht SANDER im Falle von Gleitungs- und Verschiebungsbrüchen von h-O-l-Klüften, doch hat dieser Gebrauch, ebenso wie der Gebrauch des kristallographischen Begriffes der Achsensymmetrie, gemäß welchem von monokliner, trikliner usw. Verformung gesprochen werden kann, in die Geomechanik bisher nicht Eingang gefunden. In der Tafel 4–1 stellt ADLER vergleichend gefügekundliche Bezeichnungen tektonischer Diskontinuitäten den im Bergbau und der Geologie gebräuchlichen gegenüber.

Tafel 4–1. Vergleich geologischer und bergmännischer

bergmännisch	beschreibend geolo-
Trennrisse	Klüfte und Bewegungsflächen im allgemeinen
Schichtlösen (Ruhrgebiet)	Schichtflächen
Lösen	schichtparallele Trennflächen (primär durch Schichtung begünstigt
Querklüfte (Bankungsklüfte)	Querklüfte, Q-Klüfte
Längsklüfte (Bankungsklüfte)	Längsklüfte, L-Klüfte, S-Klüfte (Cloos)
Diagonalklüfte (Bankungsklüfte)	Diagonalklüfte (D-Klüfte)
Wechsel (Störungsfläche) Aufschiebungen (Vorgang)	Aufschiebungen (Einfallswinkel 45°) Überschiebungen (Einfallswinkel 45°)
Deckelklüfte Kauber Walzen Verflachungen, Flachen	Überschiebungen (sehr flacher Einfallswinkel)
Sprünge (Störungsfläche) Abschiebung (Vorgang)	Abschiebungen Verwerfungen, Brüche z. T. auch Schrägabschiebungen
Blätter (Störungsfläche) Verschiebung (Vorgang)	Blattverschiebungen Diagonalseitenverschiebungen
1. Schieferung	engständige Schieferung, flow, axialplain, cleavage weitständige oder Bruchschieferung, fracture, slip, cleavage
2. Schieferung	Schubklüftung
Knitterung	Knitterung
bankrechte Schlechten (G. Seidel 1951) (Hauptschlechten, Ende 1929) (Dehnungsschlechten, Bärtling 1929) (a-Schlechten, Schleier 1931) (Hauptsystem I, Oberste-Brink 1934) (Spaltungsschlechten, Pilger 1951)	Tektonische Trenn- Klüfte in der Kohle Q-Klüfte, L-Klüfte (Diagonalklüfte)
bankschräge Schlechten (G. Seidel 1951) (Nebenschlechten, Ende 1929) (b-Schlechten und c-Schlechten, Schleier 1931) (Hauptsystem II, III, IV, Oberste-Brink 1934) (t-Schlechten, Kukuk 1938) (Störungsschlechten, Pilger 1951)	Störungen in der Kohle Aufschiebungen, Abschiebungen Blattverschiebungen

(Aus Adler 1959, 62)

Bezeichnungen für tektonische Trennflächen

gisch genetisch-physikalisch	geometrisch (nach dem Beanspruchungswürfel)
Tektonische Trennflächen Fugen und Rupturen	s-Flächen = Flächen allgemeiner Lage
sedimentäre Diskontinuität (Sedimentationswechsel)	ss-Flächen (sedimentär)
Fugen (ohne Bewegung auf der Trennfläche) Zugklüfte Klüfte (geschlossen) Zerrklüfte Spalten (geöffnet) Reißklüfte Dehnungsklüfte, Diaklasen	(00l-Flächen) ab-Flächen (0k0-Flächen) ac-Flächen (h00-Flächen) bc-Flächen
Scherklüfte	hk0-Flächen
Rupturen (mit Bewegung auf der Trennfläche) Verschiebungen Störungen (Dislokationen) Scherflächen Mohrsche Flächen Paraklasen (Verwerfungsklüfte)	**h0l-Flächen** (0kl-Flächen) (hkl-Flächen) **h0l-Flächen** (0kl-Flächen) (hkl-Flächen) **0kl-Flächen** (h0l-Flächen) (hkl-Flächen) **hk0-Flächen** (hkl-Flächen)
Scherflächen	h0l Flächen
Scherflächen	h0l-Flächen
potentielle Scherflächen	oft h0l-Flächen
flächen in der Kohle Fugen in der Kohle Dehnungsbrüche (Scherklüfte)	ac-Flächen (0k0-Flächen) bc-Flächen (h00-Flächen) (hk0-Flächen)
Rupturen in der Kohle Scherflächen	h0l-Flächen 0kl-Flächen hk0-Flächen (hkl-Flächen)

4.37 Klüftigkeit

Die Klüftigkeit des Gebirges (Kluftdichte) ist von eminenter technischer Bedeutung; sie entscheidet über die durchschnittlich gewinnbare Werkstückgröße in einem Steinbruch ebenso wie über den Grad der Wasserdurchlässigkeit des Gebirges oder seine Teilbeweglichkeit. „Als kurze Kennzeichnung des Grades der Zerklüftung von Gesteinen bzw. der Eng- bzw. Weitständigkeit von Kluftscharen verwendet STINI die Zahl der Klüfte oder Lassen im Laufendmeter des Gesteinsaufschlusses. Das heißt, es wird dabei ein Mittelwert der Kluftabstände ... erhoben" (CLAR 1939, 1). Ist n die Zahl der Kluftschnitte längs einer Meßgeraden von 1 m Länge, so ist

$$n/l = k \qquad [4\text{—}3]$$

die (durchschnittliche) Klüftigkeitsziffer nach STINI.

Man kann aber auch jeder einzelnen Hauptkluftschar eine Klüftigkeitsziffer zuordnen und diese erheben, indem man die Zählgeraden zu den

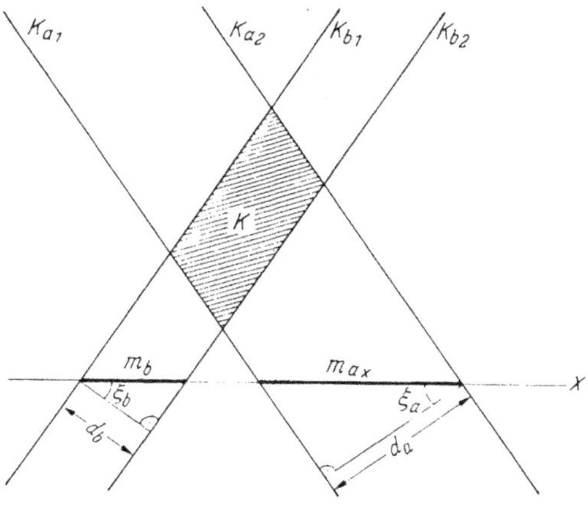

Abb. 4-13. Anteile der Hauptkluftscharen an der durchschnittlichen Klüftigkeitsziffer

einzelnen Hauptkluftscharen normal orientiert und nur die zur betreffenden Kluftschar gehörigen Individuen zählt. Das ist aber meist nur theoretisch möglich, da die Zählgeraden dann nicht mehr an der Oberfläche des Gesteins ausgelegt werden können, sondern in dessen Innerem gedacht werden müssen. Man kann aber zu den Klüftigkeitsziffern der einzelnen Hauptkluftscharen rechnerisch gelangen: die Hauptkluftebenen K_{a1}, K_{a2} und K_{b1}, K_{b2} sind in der Abb. 4–13 projizierend dargestellt. Diese 4 Ebenen stellen sich also als Gerade dar. Die übrigen Hauptkluftebenen sind nicht dargestellt. Die räumlichen Kluftabstände der einzelnen Kluftscharen, das sind die Normalabstände der Ebenen, seien d_a, d_b bis $d_n \cdot d_a$, d_b usw., stellen sich in der Abbildung in wahrer Größe dar.

„Auf einer beliebig gelegten Meßgeraden X schneiden je 2 Parallelflächen zwischen sich die Abschnitte m_{ax}, m_{bx} bis m_{nx} ab. Werden die räumlichen Winkel zwischen den Loten der Ebenen-Scharen kk_a, kk_b bis kk_n und der Meßgeraden X mit ξ_a bis ξ_n bezeichnet, so ist

$$m_{ax} = \frac{d_a}{\cos \xi_a}\,;\; m_{bx} = \frac{d_b}{\cos \xi_b} \ldots m_{nx} = \frac{d_n}{\cos \xi_n} \qquad [4—4]$$

Die Abschnitte m_{ax}, m_{bx} bis m_{nx} sind so wie die mittleren Kluftabstände d_a bis d_n nicht einmeßbar. Sie liegen zwar auf der zugänglichen Meßgeraden, sind jedoch statistische Mittelwerte, welche höchstens durch die Einmessung einer größeren Zahl von Schnittpunkten einer Kluftschar auf der Meßgeraden erhoben werden könnten; doch steht dem in der Praxis im Wege, daß man im Fels nicht immer ohne weiteres erkennt, wieviel Hauptkluftscharen vorhanden sind und zu welcher Hauptkluftschar das einzelne Kluftindividuum gehört. Dies zeigt erst die ausgewertete Statistik. Wohl meßbar ist aber die Gesamtzahl der Kluftabschnitte aller Kluftscharen auf der Meßgeraden; von dieser können wir zurückrechnen.

Ist k die Zahl der Kluftabschnitte auf einer Meßgeraden von der Länge 1, so enthält sie Beiträge von allen vorhandenen Hauptkluftscharen.

$$k = k_a + k_b + \ldots + k_n\,. \qquad [4—5]$$

k ist die Klüftigkeitsziffer nach Stini; k_a bis k_n sind ihre Teilbeträge, welche von den einzelnen Kluftscharen herrühren.

Die Teilklüftigkeitsziffern sind reziprok den mittleren Kluftabschnitten m_{ax} bis m_{nx} auf der Meßgeraden X.

$$k_a = \frac{1}{m_{ax}}\,;\; k_b = \frac{1}{m_{bx}}\,; \ldots k_n = \frac{1}{m_{nx}}\,; \qquad [4—6]$$

also ist

$$k = \frac{1}{m_{ax}} + \frac{1}{m_{bx}} + \frac{1}{m_{nx}}\,, \qquad [4—7]$$

oder unter Verwendung der Gl. [4—4]

$$k = \frac{\cos \xi_a}{d_a} + \frac{\cos \xi_b}{d_b} + \ldots + \frac{\cos \xi_n}{d_n} \qquad [4—8]$$

Wenn auch die mittleren Kluftabstände d_a bis d_n unbekannt sind, so kann doch ihr gegenseitiges Größenverhältnis aus der Kluftstatistik abgelesen werden, denn auch für die einzelnen mittleren Kluftabstände d_a bis d_n gilt die Aussage, daß sie verkehrt proportional der Häufigkeit der Kluftscharen sind. Je mehr Klüfte im Einheitsvolumen eines Gesteinskörpers zu einer bestimmten Kluftschar gehören, desto kleiner müssen die mittleren Kluftabstände dieser Schar sein. Mathematisch geschrieben:

$$H_a : H_b : \ldots : H_n = \frac{1}{d} : \frac{1}{d_b} : \ldots \frac{1}{d_n}, \qquad [4—9]$$

oder anders gefaßt:

$$d_b = d_a \cdot \frac{H_a}{H_b} \ldots d_n = d_a \cdot \frac{H_a}{H_n} \qquad [4—10].$$

Setzt man die Gl. [4—10] in [4—8] ein, so erhält man:

$$k = \frac{\cos \xi_a}{d_a} + \frac{H_b}{H_a} \cdot \frac{\cos \xi}{\alpha_a} + \ldots + \frac{H_n}{H_a} \cdot \frac{\cos \xi_n}{d_a} \qquad [4—11].$$

Die Häufigkeitswerte H_a bis H_n und die Winkel ξ_a bis ξ_n werden den Dichteplänen der Kugelstatistik entnommen; die Klüftigkeitsziffer k wurde in der Natur gemessen; somit ist in Gl. [4—11] nur mehr d_a unbekannt und kann errechnet werden:

$$d_a = \frac{\cos \xi_a}{k} + \frac{H_b}{H_a} \cdot \frac{\cos \xi_b}{k} + \ldots + \frac{H_n}{H_a} \frac{\cos \xi_n}{k} \qquad [4—12].$$

Man erhält also aus der statistischen Kugeldarstellung der Kluftäufigkeiten und der Messung der Klüftigkeitsziffer entlang einer einzigen, beliebig gelegten Meßgeraden die mittleren Kluftabstände aller vorhandenen Hauptkluftscharen und ist damit in der Lage, die Kluftkörper *(5.2)* zu zeichnen“ (Müller 1950 b, 56/57).

4.38 Durchtrennungsgrad und Kluftflächenanteile

Durchtrennungsgrad und Kluftflächenanteile, wie sie Pacher (1959, 223) gefaßt hat, vermögen die morphologische Anisotropie des Kluftnetzes, seine Verschiedenheit in den verschiedenen Raumrichtungen, welche schon in dem vorstehenden Diagramm von Clar zum Ausdruck kommt, noch deutlicher zu machen (geben andererseits aber nicht die Verteilungen der Kluftkörpergrößen an). Diese morphologische Anisotropie wirkt sich ja auch in einer mechanischen Anisotropie aus, welche „maßgeblich die zu erwartende Ausbruchform, das Überprofil, die anfallende Gesteinsgröße, das Festigkeitsverhalten, die innere Gesteinsbeweglichkeit und anderes mehr“ zum Ausdruck bringt. „So wird z. B. bei der Abschätzung des Widerstandes gegen Verschiebung oder Trennung in einem Gesteinskörper die Gesteinsdurchtrennung entlang der Bruchlinie ausschlaggebend sein.

Betrachten wir eine solche Schnittfläche A[64]), so ist diese, wie im Fall B der Abb. 3–18 dargestellt, von einer Reihe von Kleinkluftflächen, welche ein und derselben Kluftschar angehören, erfüllt. In der Restfläche ist das Gestein intakt geblieben. Das Verhältnis von K zu A wollen wir den ebenen Kluftflächenanteil nennen.

[64]) Formelzeichen im Zitat geändert.

$$X_e = \frac{\Sigma K^{64)}}{L} \quad \ldots \qquad [4\text{—}13].$$

Fall A: $\varkappa_e = 1$ heißt, daß die ganze Fläche A von der Kluft K eingenommen wird, also vollständig durchgerissen ist; $\varkappa_e \doteq 0$ besagt, „daß sich in diesem Abschnitt keine Kluft befindet.

In der Auswirkung bedeutet ein großer Kluftflächenanteil in einem Schnitt parallel zur Kluftschar einen geringen Verschiebungswiderstand gegen Gleitungen parallel zu dieser Flächenschar oder gegen Trennbruch normal zu ihr; denn der Widerstand wird im Falle des Verschiebungsbruches vorwiegend durch Reibung auf den Kluftflächen und nur zu einem kleinen Teil durch Scherfestigkeit im verbliebenen Restverband gewährleistet sein. Im Falle des Trennbruches bieten überhaupt nur mehr die restlichen, nicht durchklüfteten Querschnittsflächenanteile A-K einen Widerstand. Umgekehrt ist bei kleinen Kluftflächenanteilen die unversehrte Querschnittsfläche des Gesteins im Verhältnis zu den Kluftflächen groß, so daß auch der Gesteinswiderstand sowohl gegen Gleitbruch wie gegen Trennbruch erheblich ist.

Mit dem ebenen Kluftflächenanteil allein findet man aber nicht das Auslangen, sondern es müssen noch die Kluftdichte k und der räumliche Kluftflächenanteil $\varkappa_r$, bezogen auf das Volumen, festgestellt werden. Für jede Schar stehen diese 3 Größen in folgender Beziehung:

$$\varkappa_e \cdot k = \varkappa_r \qquad [4\text{—}14].$$

In Worten ausgedrückt: Der Zerlegungsgrad eines Gesteinskörpers hängt von der Dichte und von der Erstreckung der Klüfte ab. Um die ebenen und räumlichen Flächenanteile aus der Einmessung der Gesteinsklüfte zu ermitteln, darf man statistisch vorgehen und von Mittelwerten Gebrauch machen, weil alle kinematischen und festigkeitstheoretischen Überlegungen ohnedies das Vorhandensein eines Homogenbereiches mit einigermaßen gleicher Beanspruchung und gleichverteilten Kluftdaten im Raum voraussetzen, in welchem die Einzelwerte von den Mittelwerten nicht allzusehr abweichen. Will man den ebenen Kluftflächenanteil . . . für einen Schnitt bestimmen, mißt man an zwei zueinander normal stehenden Gesteinswänden (etwa im Steinbruch oder an Ulmen und Firsten eines Stollens) sowohl die Zahl der Kluftausbisse a_1 bzw a_2 als auch die Gesamtlänge der Kluftanschnitte Σ_{e1} bzw. Σ_{e2}. Aus

$$\frac{\Sigma_{e_1} \cdot \Sigma_{e_2}}{a_1 \cdot a_2} = e_{m1} \cdot e_{m2} = K_m \qquad [4\text{—}15]$$

folgt die mittlere Kluftflächengröße K_m." Die Anzahl der Kluftflächen ist

$$\frac{a_1 \cdot a_2}{g} = a \qquad [4\text{—}16],$$

wenn g die Anzahl der gemeinsamen Ausbisse an der Schnittkante ist.

Die Kluftflächensumme im „betrachteten Bereich von den Abmessungen $l_1 \cdot l_2 \cdot l_3$ (l_3 senkrecht auf die Kluft angenommen) ergibt sich damit zu

$$\Sigma\Sigma K = a \cdot K_m \qquad [4—17].$$

Dividiert man die so erhaltene Zahl durch das Volumen, so erhält man den räumlichen Kluftflächenanteil einer Kluft

$$\varkappa_r = \frac{\Sigma\Sigma K}{V} \qquad [4—18].$$

Um den ebenen Kluftflächenanteil $\varkappa_e$ zu bestimmen, bedarf es jedoch noch der Festlegung des mittleren Kluftabstandes d bzw. seines Reziprokwertes, der Kluftdichte k. Diese erhält man durch Division der Anzahl der Kluftschnitte s durch die Meßlänge l_3.

$$k = \frac{s}{l_3} \qquad [4—19]$$

Für die Festlegung dieser Schnitte ist entscheidend, welche und wie viele Klüfte noch in gemeinsame Trennflächen fallen können. Die Ermittlung dieser Zahl macht die meisten Schwierigkeiten.

Aus eingangs erwähnter Grundbeziehung [4—14] folgt

$$\varkappa = \frac{\varkappa_r}{k} \qquad [4—20].$$

Die Ableitungsformeln lassen sich vereinfachen, wenn der Kluftabstand

$$d = \frac{1}{k} = \frac{l_3}{a_1} \text{ bzw. } \frac{l_3}{a_2} \qquad [4—21]$$

gesetzt werden kann, was in manchen Fällen zulässig ist...

Die Tafel 4–2 „bringt eine Übersicht über alle Möglichkeiten der Zerlegung vom Kontinuum bis zum Vielkörper. Trägt man die ermittelten $\varkappa_e$- und k-Werte dort ein, so kann man die Homogenbereiche leichter abgrenzen...

Für einigermaßen regelmäßige Kluftflächenlagen eignet sich auch nachstehende Darstellung“ (Abb. 4–14). „Man trägt auf den Flächen des vollständig oder unvollständig ausgebildeten Kluftkörpers in der Fläche den Kluftflächenanteil $\varkappa_e$ auf und auf der senkrecht dazu stehenden Karte die Kluftabstände bzw. Klüftigkeitsziffer k; so erhält man ein anschauliches Bild vom Gefüge.“ Die Tafel 4–3 zeigt eine kleine Kenntafel, auch andere Kennwerte enthaltend, wie sie MÜLLER und PACHER verwenden. „Aus dieser Tafel lassen sich... noch weitere Kennzahlen entnehmen.

1. Die Summe der ebenen Kluftflächenanteile gibt Auskunft, wie vollkommen oder unvollkommen die Durchtrennung in bestimmten Schnitten

Tafel 4–2. Gesteinszerlegung in Abhängigkeit von Klüftigkeit und Durchtrennungsgrad. Anm.: St, K_1, K_2 usw. bezieht sich auf die einzelnen Kluftscharen des Gebirgsverbandes

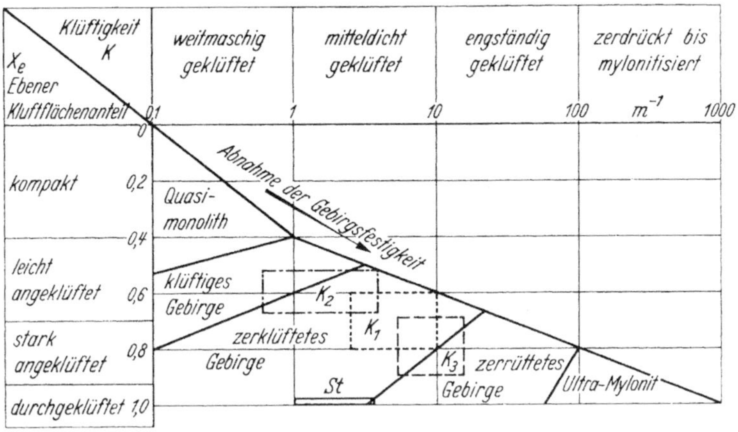

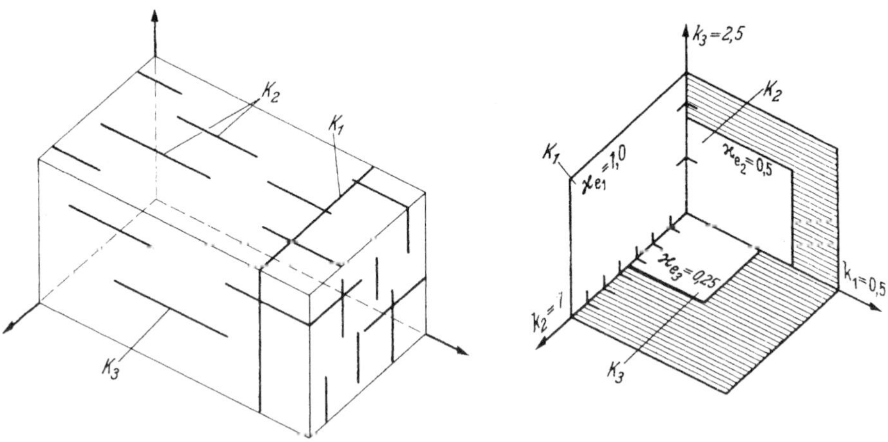

Abb. 4-14. Schematische Darstellung der Kluftflächenanteile

oder im gesamten Gesteinsverband ausgebildet ist (ebener bzw. räumlicher Durchtrennungsgrad).

2. Aus der Summe der 3 räumlichen Kluftanteile

$$\Sigma \varkappa_r = \varkappa_{r1} + \varkappa_{r2} + \varkappa_{r3} \qquad [4-22]$$

— dem Gesamt-Kluftflächenanteil — hingegen kann auf Auflockerung, Hohlraumgehalt, Durchlässigkeit usw. geschlossen werden.

Tafel 4–3. Kennzeichnung des Gefügeraumes durch Kennziffern der einzelnen Kluftscharen (nach PACHER 1959, 227)

Kluft	Raumstellung		Dichte k $[m^{-1}]$	ebener Anteil	räumlicher Anteil	Reibung	Öffnung Füllung	Bemerkungen
	α	β		$\varkappa_e$	$\varkappa_r$ $[m^2/m^3]$	$\mu = \operatorname{tg} \varrho$		
K_1	0	10	4—5	1,0	4,5	1,0	nicht mit Kohleschmitzen belegt	Bankung
K_2	35	80	4	1,0	4	0,84	geschlossen	vorherrschende Kluftschar
K_3	120	80	0,2	$< 0,25$	0,05		—	unbedeutend

Gesamt-Kluftflächenanteil: $\sum \varkappa_r = 8,55\ m^2/m^3$

Durchtrennungsgrade:

$$\text{ebener} \begin{cases} \dfrac{\varkappa_{e_1} + \varkappa_{e_2}}{2} = 1 \\[2ex] \dfrac{\varkappa_{e_1} + \varkappa_{e_3}}{2} = 0,62 \\[2ex] \dfrac{\varkappa_{e_2} + \varkappa_{e_3}}{2} = 0,61 \end{cases}$$

$$\text{räumlicher}\ \frac{\varkappa_{e_1} + \varkappa_{e_2} + \varkappa_{e_3}}{3} = 0,72$$

Kluftkörpervolumen:

$$V_k = \frac{1}{k_1} \cdot \frac{1}{k_2} \cdot \frac{1}{k_3} = 0,22 \cdot 0,25 \cdot 5 \cong 0,27\ m^3$$

Verhältnis der Kluftdichten:

$k_1 : k_2 : k_3 = 4,5 : 4 : 0,2$

3. Das Produkt aus den Werten

$$\frac{1}{k_1} \cdot \frac{1}{k_2} \cdot \frac{1}{k_3} = d_1 \cdot d_2 \cdot d_3 = V_k \qquad [4—23]$$

gibt ein Maß der zu erwartenden mittleren Kluftkörpergröße.

4. Eine weitere Hilfe ist die Beurteilung der Körperform durch die Gegenüberstellung von $k_1 : k_2 : k_3$. Sind die k-Werte einigermaßen gleich groß, dann sind auch die Kluftabstände in den einzelnen Scharen gleich. Die Körperformen werden würfelig-blockig anfallen. Ist ein Wert bedeutend kleiner als die anderen beiden, so bedeutet dies eine säulig bis stengelige Facies; umgekehrt sind zwei Werte klein gegenüber dem dritten, so wird ein plattiger bis blättriger Körper entstehen" (PACHER 1959, 223 bis 227).

4.39 Auflockerungsgrad

Der Auflockerungsgrad des Gebirges, welcher vornehmlich durch die Kluftöffnungen bedingt ist, kann leicht erfaßt werden, indem man entlang einer Meßgeraden auf einfache, aber doch einigermaßen genaue Art die Öffnungsbeträge der Klüfte zählt. Ausgedrückt in Prozenten der Länge gibt die erhaltene Ziffer ein lineares Vergleichsmaß der Gesteinsauflockerung in der betreffenden Richtung. Ähnlich lassen sich lineare Auflockerungsmaße für jede Hauptkluftschar angeben.

Eine räumliche **A u f l o c k e r u n g s z i f f e r**, welche das anteilmäßige Volumen der Hohlräume des Gesteinskörpers wiedergibt, erhält man, wenn man dasselbe Maß in drei zueinander normalen Richtungen erhebt und summiert. Denn solange die drei linearen Auflockerungsmaße

$$a_a = \frac{\Sigma f_a}{l_a} \cdot \varkappa_e \, ; \; a_b = \ldots \text{usw.} \qquad [4\text{—}24]$$

klein gegen 1 sind, ist

$$(1 - a_a) \cdot (1 - a_b) \cdot (1 - a_c) = 1 - (a_a + a_b + a_c)\,. \qquad [4\text{—}25]$$

$$V_k = a_a + a_b + a_c\,; \qquad [4\text{—}26]$$

es ist das Kluftraumvolumen und gibt den anteilmäßigen Hohlraum der Klüfte im Gesteinskörper an (s. a. *2.61*).

Läßt sich durch Schätzung oder Versuch erweisen, daß a_a, a_b und a_c etwa gleich groß sein mögen, dann genügt es, nur eine von den 3 Größen festzustellen und anzunehmen

$$V_k = 3\,a\,. \qquad [4\text{—}27]$$

Man staunt bisweilen über die Größe der Auflockerungsmaße, welche sich solcherart ergeben. So wurde z. B. die Auflockerungsziffer

in einem Plattenkalk nahe der Gesteinsoberfläche mit 18 %,
in einem Rhätkalk 60 m unter der Gesteinsoberfläche mit 1,5 %,
in einem Liaskalk 90 m unter der Gesteinsoberfläche mit 0,3 %,
in einem Schiefergneis an der Gesteinsoberfläche etwa 40 %,
in einem Truggneis 140 m unter der Gesteinsoberfläche mit 5 %

festgestellt.

Starke Gesteinsauflockerung geht nicht immer auf Oberflächeneinflüsse zurück, wie gerne angenommen wird. Die eingewurzelte Vorstellung, daß die Gesteine nach der Tiefe zu immer „gesünder" würden, hat schon viele technische Fehldispositionen verursacht, und es ist hoch an der Zeit, sie zu verbessern. Sie besteht wohl zu Recht für zwei Tiefenbereiche:

a) Von der Felsoberfläche bis etwa 40 oder 60 m unter Tag macht sich eine Gesteinsauflockerung in aller Regel bemerkbar, welche in der Wirkung des „Talzuschubes" (Stini) oder der Gehängetektonik ihre Ursache hat. Es handelt sich dabei, wie im Beispiel der Abb. 13–4 im wesentlichen um die auflockernde, versprödende und daher zusätzliche Brüche schaffende mechanische Wirkung der nahen Oberfläche. Der dreiachsige (allgemeine) Spannungszustand des Berginneren wird gegen die Oberfläche zu in allmählichem Übergang von einem mehr und mehr zweiachsigen Spannungszustand, ja oft sogar von einem vorwiegend einachsigen abgelöst. Der Einfluß auf die Materialversprödung dürfte erheblich sein *(3.72)*.

b) Aufgestellt wurde die Regel von der größeren Unversehrtheit der Gesteine nach der Tiefe zu an Hand von Beispielen eines sehr großen Teufenunterschiedes von 1000 m und mehr. In dieser Größenordnung gilt sie. In großer Tiefe halten die 3 Hauptnormalspannungen einander weit mehr die Waage als in Oberflächennähe. Daß man aber für kleinere Teufen eine stetig nach der Tiefe zu wechselnde Unversehrtheit des Gesteins nicht grundsätzlich voraussetzen darf, wurde an anderer Stelle gezeigt (Müller 1951 a).

Der Frost, genauer gesagt der Frostwechsel, welchen man so gerne zur Erklärung heranzieht, übt dem Grade nach einen sehr starken Einfluß auf die Gesteinsauflockerung, sie reicht jedoch nur wenig in die Tiefe. Ihre Grenze ist die Tiefengrenze der Frostwechsel.

Die Bildung von Brüchen bedeutet in allen Fällen eine Volumsvermehrung und Auflockerung. Denn selbst, wenn sich nur eine einzige Schar parallel gestellter Verschiebungsbrüche auftut, so ist zwischen den Salbändern derselben die Innigkeit der Berührung nicht mehr die gleiche wie die des vordem vorhandenen molekularen Zusammenhaltes. Meist tun sich aber — insbesondere bei Zugbelastungsart — zwei Scharen von Verschiebungsklüften auf, und dann kommt es unvermeidlich zur Bildung wirklicher Hohlräume, zum Abheben der Kluftränder voneinander und zum wirklichen Klaffen der Klüfte (Abb. 3–42).

Die Grundkörper zerbrochenen Gesteines passen wegen der stattgefundenen Teilverschiebungen entlang nicht ganz ebener Flächen sowie wegen des Eindringens von zermahlenem Gestein in die Klüfte, ferner wegen der nach der Zerbrechung ermöglichten Entspannung der Grundkörper, nicht mehr lückenlos aneinander. Bei vorwiegend bildsamer Verformung finden Schleppungen und Verbiegungen einzelner Teilkörper statt, welche gleichfalls eine Raumweitung bedingen.

Wenn durch späteren Materialtransport in Lösungen usw. die Klüfte wieder ausgefüllt werden, verheilen, so ändert das zwar die technologischen Eigenschaften des Gesteinskörpers, aber nicht die Tatsache der stattgefundenen Auflockerungen.

Mit zunehmendem Verformungsmaß wächst die Auflockerung des Gesteins, einmal durch das Aufreißen beständig neuer Klüfte, dann aber auch wegen des zunehmend schlechteren Aneinanderpassens der zerbrochenen Untereinheiten.

Trennungsbrüche schaffen von Haus aus einen Hohlraum zwischen den Kluftwänden. Da sie in der Regel sehr uneben sind, wird ihr Klaffen oft nur noch vergrößert, wenn ihnen z. B. anläßlich späterer Beanspruchungen noch Verschiebungen aufgezwungen werden.

Wird ein Gestein nacheinander von mehreren Beanspruchungen heimgesucht, so reißt die jeweils jüngere Beanspruchung nicht immer neue Brüche auf, sondern die Verformung des Gesteins geht zu einem Teil auch auf den bereits vorhandenen Bewegungsbahnen älterer Kluftflächen vor sich. Dies ereignet sich zwar viel weniger oft, als allgemein angenommen wird, doch kommt es oft genug vor. Da sind besonders die weit durchgreifenden Verschiebungsflächen, welche Harnische tragen, oft großwellig angelegt, und zwar so, daß ihre fast gradlinig und parallel verlaufenden Bewegungsbahnen die Erzeugenden dieser Flächen bilden. Benützt eine spätere Verformung andere Bewegungsbahnen, dann entstehen jene oft gefundenen, leicht S-förmigen Klufträume, welche zur Gesteinsauflockerung einen erheblichen Beitrag leisten (Abb. 3–19 und 3–7).

4.4 Gebirgstechnologische Versuche

Aus den statistischen Gefügedaten lassen sich eine ganze Reihe weiterer Hilfsbegriffe und Rechenansätze ableiten, von welchen auf Eigenschaften, Zustände und das Verhalten des Gebirgskörpers geschlossen werden kann. Diese werden in (5 und 6) behandelt werden. Zunächst sind noch zwei Wege zu besprechen, auf denen wir direkt, ohne Umwege über die Einzelfaktoren, zu einer Kenntnis des Materialverhaltens kommen können: der Großversuch und die Auswertung von Naturbefunden.

In allen anderen Zweigen der Technik gilt es seit jeher als selbstverständlich, daß eine gründliche Materialkenntnis nur durch ein wohlausgebautes Versuchswesen erworben wird, und dementsprechend verfährt man auch. Prüfanstalten überwachen die Güte aller, auch der nebensächlichsten Baustoffe, und Normenausschüsse beschäftigen sich jahrelang mit der Festlegung zulässiger Mindestanforderungen, welche an die Materialien zu stellen sind; sie tragen Sorge für die Entwicklung theoretisch einwandfreier und praktischer Prüfverfahren in der Versuchsanstalt und an der Baustelle. Daß man beim Baustoff Fels nicht in gleicher Weise denkt und vorgeht, nicht das Gebirge, sondern bestenfalls Gesteinsproben prüft, hat viele, aber keine guten Gründe:

a) Die wesentlichen Unterschiede zwischen Gestein und Gebirge sind noch viel zu wenig bekannt; man prüft das Gestein oder schätzt seine Festigkeiten ein und überträgt die ermittelten Werte gedankenlos auf den Fels. Wüßte man, um wieviel geringer oftmals die Gebirgsfestigkeiten sind, dann würde man manches Bauwerk überhaupt vielleicht nicht wagen. Unkenntnis der Naturgesetze schützt aber nicht vor Gefahr. Daß es so und so oft gut gegangen ist, ist kein Argument. Kein verantwortungsbewußter Techniker anderer Konstruktionszweige würde sich lediglich auf Schätzungen verlassen. Wer die Vorstellung vom Fels seiner Klettertouren, als etwas Festem, Ewigem auf Bauwerke anwenden zu dürfen meint, der muß sich belehren lassen, daß der Fels, in welchem er klettert, nur die Auslese des besten Materials ist, welches stehenblieb, indes alles Minderwertige längst zu Tal gefrachtet wurde. Es ist notwendig, sich auch mit solchen

Argumenten auseinanderzusetzen, denn die Praxis lehrt, daß gerade die banalsten Argumente dem Fortschritt am wirksamsten im Wege stehen.

b) Vielfach auch scheut man sich vor dem großen wissenschaftlichen Aufwand, den man erwartet, denkt mit Unbehagen an das komplexe Materialverhalten und resigniert davor; man „sieht nicht durch".

c) Ein weiterer Grund ist der, daß Gebirgsprüfung nicht im Laboratorium durchgeführt werden kann, sondern nur als Großversuch in der Natur; auf der Baustelle aber „stört" sie, man hat keine Zeit dafür oder glaubt sie nicht zu haben, vergessend, daß eine solche Vogel-Strauß-Taktik sehr viel mehr Zeit kostet, als man zu ersparen meint. Denn sie zieht Unsicherheit nach sich und wirkt sich allemal entweder in Gefahren oder aber in Mehraufwand, Überbemessungen u. dgl. aus.

d) Schließlich fürchtet man die Kosten, welche gewiß sehr hoch sind, solange man nur improvisiert und in jedem Einzelfalle neuen Aufwand treibt, die aber tragbar werden, sobald Materialprüfungen im Gebirge systematisch organisiert werden.

In Wahrheit sind alle diese Argumente gar nicht stichhaltig. Beweis: Großversuche zur Bestimmung von Gebirgsmoduln; sobald man deren Notwendigkeit einsah, wurden sie sehr bald zur stetigen Praktik.

4.41 Großversuche

Genau so selbstverständlich werden sehr bald auch andere Großversuche üblich werden, wenn erst einmal die notwendige Aufklärungsarbeit geleistet ist. Auch sie erfordern nicht mehr Aufwand als die Modulversuche, wie die bereits geleisteten Vorarbeiten zeigen. Die ersten technologischen Großversuche im Sinne des folgenden sind bereits abgeschlossen (Vajont, Wetzawinkel, Kurobe).

Solange wir auf Schätzungen der Festigkeiten und gefühlsmäßige Bewertung des Felsverhaltens angewiesen sind, bleibt nichts anderes übrig, als die Festigkeiten niedrig einzuschätzen, d. h., die rechnerischen Sicherheiten hoch zu wählen. Dies ist eine unvermeidliche Konsequenz, die überdies hohe Baukosten mit sich bringt. Unbehaglich bleibt dabei dennoch, daß man nicht weiß, w i e hoch die Sicherheit de facto ist.

Erst wenn wir in Großversuchen festgestellt haben werden, welche Beanspruchungen dem Fels zugemutet werden können, werden wir uns mit geringeren rechnerischen Sicherheitsfaktoren begnügen und trotzdem sicher fühlen dürfen. Heute, da solche Möglichkeiten gegeben sind, übernimmt jemand, der ein größeres Felsbauwerk errichtet, ohne sich über die zulässigen Inanspruchnahmen des Gebirges Rechenschaft zu geben, eine doppelte Verantwortung: diejenige für die Gefährdung, der er Menschen und Bauwerk aussetzt, weil er sich über den Grad der vorhandenen Sicherheit keine Gewißheit verschafft hat; zum zweiten die Verantwortung für einen höchst unwirtschaftlichen Einsatz der Baumittel in Form von Mehrausbrüchen bei Flacherlegen einer Felsböschung, von Mehrausbruch und überstark bemessenem Tunnelmauerwerk, zusätzlichen Felsverankerungen u. dgl. Alle Unsicherheit führt beim Konstruieren zu Überbemessungen.

Kein Zweifel, daß ein solch unwirtschaftliches Vorgehen weit teurer kommt als die großzügigsten Großversuche. Die Kosten von Großversuchen, von einer Zentralstelle aus vorbereitet, organisiert und durchgeführt, mit einem Personal, welches mit der Materie vertraut ist, stehen stets in einem annehmbaren Verhältnis zu den Baukosten und in einem äußerst günstigen Zahlenverhältnis zu den erzielbaren Einsparungen gar nicht zu reden von dem Gewinn an Sicherheit, welcher mehr wiegt als alles andere. Um z. B. den ohnehin schon hochgezüchteten Beton von Talsperren noch um einige Prozente zu verbessern, werden an jeder Großbaustelle Millionen für Betonversuche ausgegeben, obwohl wir heute recht genau wissen, daß eine weitere Erhöhung der Betongüte die Gesamtsicherheit des Bauwerkes nicht mehr erhöht. Es ist unlogisch und unkonsequent, der Untersuchung des Gebirges nicht wenigstens dieselbe Sorgfalt zuzuwenden.

Im Brücken-, Beton- und Stahlbau wären Fortschritte ohne ein gründliches Versuchswesen nicht möglich gewesen. In gleicher Weise ist der Fortschritt im Felsbau an eine bessere Kenntnis des Baustoffes Fels gebunden. Deshalb geht es auch hier nicht ohne Versuchswesen. In diesem Sinne sind Stini (1952 b, 196) und Müller (1950 a) nicht müde geworden, auf die Wichtigkeit von Großversuchen hinzuweisen und alle Materialbeschreibungen in einer möglichst quantitativen Art zu geben. Daß über die Einführung eines solchen Versuchswesens hinaus Materialforschung in großem Stil notwendig ist, hat Lohmeier bekannt. Daß wir aber in Laborversuchen über die Gebirgseigenschaften so gut wie nichts erfahren können (s. a. Denkhaus 1958, 26), dafür dürften wohl die vorangegangenen Erörterungen eine einzige Kette von Beweisen sein. Nicht weil die Gesteine inhomogen sind und das Kriechen und die plastischen Deformationen im Labor nicht genügend berücksichtigt werden können, wie Petermann (1953, 409) meint, sondern weil die mechanischen Gesetze nur statistische Gesetze sind, welche nur im „statistischen Raum“ oder „statistischen Bereich“ gelten und gefunden werden können.

4.42 Versuche in situ

Gebirgteste müssen Versuche in situ (Am-Ort-Versuche) sein. Daß wir Probekörper von der erforderlichen Größe, also etwa in den Abmessungen von 2—10 m, nicht ins Laboratorium bringen können, ist klar. Selbst wenn wir es könnten, würden wir es nicht tun, denn „es darf nicht außer acht gelassen werden, daß die plastische Verformbarkeit von der Vorgeschichte des Gesteins" — ich möchte ergänzen: und des Gebirges — „abhängt. Eine Probe, die unter Tage entnommen wurde, hat bereits unter Spannung gestanden und wurde mithin bereits verformt. Der elastische Anteil dieser Vorverformung verschwindet bei der Entnahme, der plastische Anteil jedoch bleibt, und kann im nachfolgenden Laboratoriumsversuch nicht mehr entdeckt werden" (DENKHAUS 1958, 23). Deshalb müssen technologische Gebirgsversuche nicht nur Großversuche, sondern Versuche in situ sein.

Dies gilt auch für Versuche zur Spannungsermittlung, bezüglich deren PETERMANN (1953, 409) nicht mit Unrecht darauf hinweist, daß wir uns nicht sicher fühlen dürfen, wenn wir Spannungsprüfungen nur in einem einzelnen Kluftkörper ausführen, ohne zu wissen, was in dessen anisotroper und inhomogener Nachbarschaft vor sich geht. Wie inhomogen z. B. die Spannungen in einem geschichteten Material verteilt sein können, haben uns spannungsoptische Untersuchungen von FÖPPL (1956, 63; 1957 a und b) gelehrt, desgleichen SONNTAGS (1960) Studien. Diese zeigen deutlich, daß es nicht gleichgültig sein kann, ob wir eine im Kleinversuch ausgeführte Spannungsmessung unmittelbar neben einer Kluft oder weiter ab von dieser ausführen.

Drittens müssen gebirgstechnologische Versuche fast stets als Dauerversuche veranstaltet werden, d. h. als Langzeitversuche bei langsam gesteigerter oder gleichbleibender Belastung; denn nur solche versprechen, die Zeitgebundenheit der Materialeigenschaften zu offenbaren, „die bei relativ hoher Belastungsgeschwindigkeit verschleiert werden" (HÖFER 1958 a, 29).

Um Enttäuschungen vorzubeugen, wird man sich klarzumachen haben, daß auch die besten Großversuche nur grobgültige, streuende Werte geben können; mehr von ihnen zu erwarten, hieße übersehen, daß Anisotropie und Inhomogenität im Gebirge weit größer sind als im Gestein. Aber wenn die Genauigkeit dieser Werte auch weniger groß sein wird, dann wird man doch mit sachlich zutreffenden Werten und nicht mehr mit Hausnummern rechnen.

4.5 Deutung und Auswertung von Naturbefunden

STINI (1953 b; s. a. 1940, 26) hat darauf hingewiesen, daß die Natur allenthalben in größtem Stil experimentiert und Großversuche zu unserem Studium teils vorbereitet, teils ausführt, teils im Ergebnis bereitstellt. Wir haben uns nur zu bemühen, die Versuchsbedingungen zu erforschen und zu rekonstruieren und die Versuchsergebnisse systematisch auszuwerten.

Oft tun wir das ja unbewußt, wenn wir z. B. zulässige Böschungswinkel künstlicher Anschnitte nach dem natürlichen Böschungswinkel der Umgebung schätzen. Bewußt machen von solchen Überlegungen Müller und Pacher (1957, 41) Gebrauch, wenn sie bei der Berechnung von Schutzmaßnahmen gegen Felsgleitungen die Grenze des stabilen Gleichgewichts im Gestein aufzufinden trachten, für welche der Sicherheitsfaktor 1,0 ist. Es zeigt sich in der Praxis, daß solche Sicherheitsgrenzen viel leichter einzuschätzen sind *(9.21)* als z. B. Reibungs- und Festigkeitswerte [Beispiele in *(10* und *13)*]. Die Sicherheiten natürlicher Felsböschungen sind meistens nicht sehr groß. „Die Natur kann sich keine großen Sicherheiten erlauben", sagt Fröhlich, sonst bliebe ihr Gangwerk stehen.

Viele Materialkennziffern wären aus dem Studium der natürlichen Böschungswinkel im Zusammenhang mit den Gefügedaten zu sammeln. Zum Beispiel wissen wir, daß künstliche Böschungen, insbesondere kurzfristige, in der Regel steiler angelegt werden können als natürliche. Diese Zeitabhängigkeit (welche keineswegs nur von den Verwitterungskräften bedingt ist, wie man häufig glaubt) gilt es zu beobachten. So zeigte das Studium der Sicherungsmöglichkeiten eines Talsperrenaushubes mit talwärts fallenden Gleitschichten (Müller und Pacher 1957, 82), daß der linke Hang der Daberklamm *(15)* durchschnittlich 55° geneigt ist, während die für die Standfestigkeit der Böschung maßgebenden Verschneidungen der Großklüfte, deren Reibung offensichtlich nicht zur Verhinderung des Abgleitens von Schichtpaketen ausreichte, unter 50° geneigt sind.

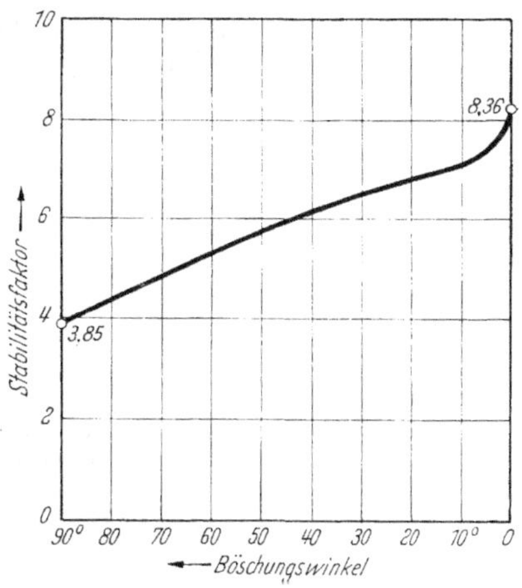

Abb. 4-15. Stabilitätsfaktor für verschiedene Böschungsneigungen (nach Terzaghi 1943)

Höchst lehrreich ist es immer, an abgegangenen Felsgleitungen die Grenze des Stehengebliebenen und des Abgegangenen, also die Hauptbruchfläche in ihrem gefügebedingten Verlauf zu untersuchen. Rückrechnend erhält man so Reibungs- und Scherfestigkeitswerte. Natürlich ist es wichtig, bei solchen Untersuchungen in keinen Schematismus zu verfallen und etwa aus einer unzulänglichen Zahl von Veränderlichen, z. B. Gesteinsart und Hangneigung od. dgl., durch statistische Gegenüberstellung Korrelationen aufstellen zu wollen. Den Naturbefund richtig zu werten, erfordert viel Erfahrung. In jedem Einzelfalle muß entschieden werden, welche Einflußfaktoren die Standfestigkeit der Böschungen in erster Linie bestimmen *(10)*.

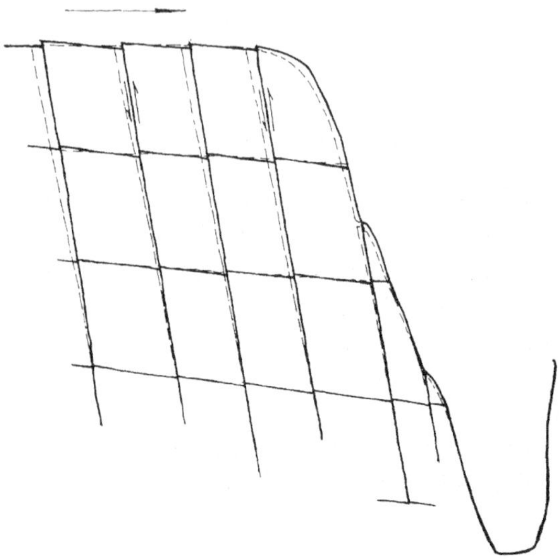

a

Abb. 4-16. „Zuwachsen" von Klammen durch Talzuschub. a) Externrotation der Großkluftkörper unter der Wirkung von Sapnnungsumlagerungen und Öffnung steiler Spalten durch Zugspannungen, b) Gruppe aus dem Weckelsdorfer Felsen, Sudeten. (Aufnahme Gottfried Wurbs-Bavaria)

b

Zur Rückrechnung der Scherfestigkeit aus Höhe und Neigung von Felsböschungen gibt TERZAGHI (bei SCHEIDEGGER 1958 a, 112) die Formel

$$H = \frac{\beta_s}{\varrho g} \cdot N \qquad [4\text{—}28]$$

und läßt den Wert N dem Diagramm Abb. 4–15 entnehmen. Auch diese Formel wird man zur Rückrechnung von Festigkeitswerten aus dem Naturbefund mit Vorteil verwenden, aber beachten, daß längst nicht alle Felsböschungen durch die Scherfestigkeit ihres Fußes bestimmt werden.

Enge Klammen liefern nicht selten Anhaltspunkte zur Einschätzung der Zeitabhängigkeit bzw. des Fließverhaltens verschiedener Bergarten. Häufig findet man Querschnitte, welche oben enger sind als unten, ein Zustand, der wohl meist durch langsam entfaltete Querdehnung bei erfolgter Entlastung durch die Klammbildung bedingt wird (Abb. 4–16).

Im Gebirge gemessene Spannungswerte sollten systematisch gesammelt und mit kalkulierten Werten verglichen werden. Dabei werden z. B. Werte, welche nach der werkstoffmechanischen Gebirgsdrucktheorie von MÜLLER und TORRE *(2.35* und *3.74)* erhalten wurden, in der Regel höher liegen als die gemessenen Spannungswerte. Bei jugendlichen Krustenzerbrechungen würde man aus einem solchen Vergleich schließen können, wie groß einachsige Druck- und Zugfestigkeit langzeitmechanisch einzuschätzen sind. Auch aus der schaufelförmigen Krümmung von Verwerfungen lassen sich bei Annahme des ehemaligen Beanspruchungszustandes die Materialkonstanten (unter Einschluß des Zeitfaktors) zurückrechnen (MÜLLER 1960 d, 212).

Ein ausgezeichnetes Beispiel für die Auswertung von Naturbeobachtungen auf Grund statistischer Methoden haben SCHWARTZ, BUISSON und DUBOIS (1958, 74) gegeben und aus dem Vergleich von Konvergenz- und Stempelmessungen Festigkeitswerte für das Gestein der Sohle erhalten. Diese Methoden seien überall dort bestens empfohlen, wo Einflüsse einer größeren Zahl von Veränderlichen getrennt werden müssen.

Der Vorschlag STINIS kann und sollte auch auf den Untergrund ausgeführter Bauwerke ausgedehnt werden; solcher, welcher ihren Belastungen standgehalten haben, und solcher, welche Schäden aufweisen. In einigen wenigen Fällen ist dies auch geschehen, doch hat man leider nirgends gefügemechanische Betrachtungen zur Auswertung herangezogen.

5 Hilfsbegriffe zur quantitativen geomechanischen Gebirgsbeschreibung

Die Schwierigkeiten, Gefügeverhältnisse anschaulich zu machen, sind groß. Die kartierte Darstellung einer großen Zahl von Einzelheiten verwirrt und erschwert den Überblick; ihre statistische Zusammenfassung aber liefert abstrakte Charakteristika, denen beinahe jede Anschaulichkeit mangelt. Hier schaffen Hilfsbegriffe und Modellvorstellungen Abhilfe, in erster Linie der sogenannte „Kluftkörper", die „technische Gesteinsfazies", die sogenannte „Charakteristik der Gesteinsbeweglichkeit" und vor allem der „Restverband". Auf dem Wege zu einer exakteren gefügemechanischen Gebirgsbeschreibung *(6)* werden sich diese Hilfsbegriffe als brauchbar erweisen.

5.1 Technische Gebirgsklassifizierung

Zunächst kann man zu einer sehr brauchbaren technischen Gebirgsklassifizierung gelangen, wenn man Klüftigkeit und Materialentfestigung *(mechanical defects* und *chemical defects)* in Abwandlung des Diagramms (Abb. 4–1) zu einer Tabelle (Abb. 5–1) vereinigt. Wird in diesem in der einen Richtung die Festigkeitsabminderung gegenüber gesundem Gestein aufgetragen, so taugt es sehr gut zum Vergleich der Festigkeits- und Formänderungseigenschaften in ein und demselben Gestein. Trägt man statt dessen absolute oder relative Festigkeitswerte, z. B. Druckfestigkeiten,

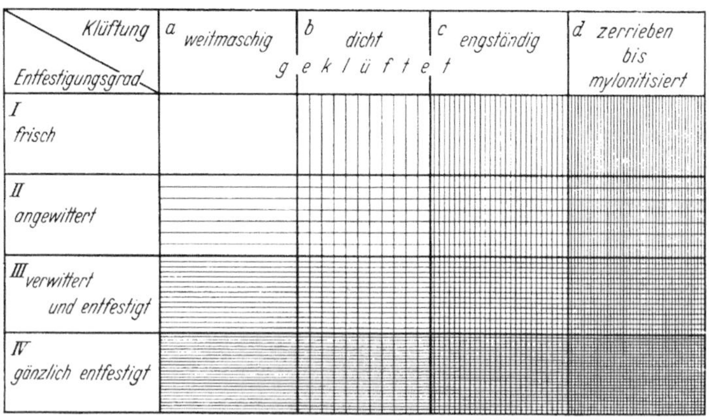

Abb. 5-1. Gebirgsklassifizierung nach Klüftungs- und Entfestigungsstufen

Scherfestigkeiten od. dgl., auf, so lassen sich in beiden Darstellungen verschiedenartige Bergarten auf recht brauchbare und überzeugende Art miteinander vergleichen.

5.2 Kluftkörper

Der Kluftkörper charakterisiert das durch seine statistischen Mittelwerte repräsentierte Flächengefüge des Gebirges. STINI vergleicht zerklüftetes Gebirge hinsichtlich seines Festigkeitsverhaltens sehr zutreffend mit „einem wohlgefügten Trockenmauerwerk", dessen Steinschnitt vorgegeben ist. Es

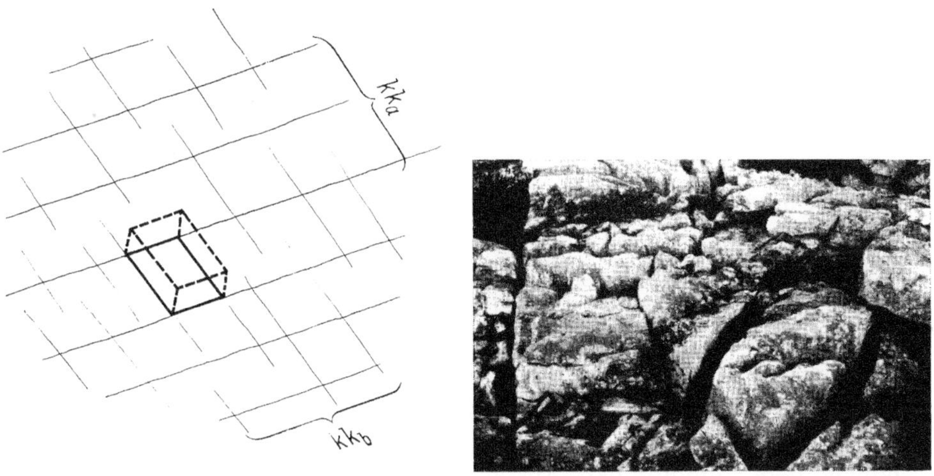

a b

Abb. 5-2. Kluftkörper. a) Begriffsschema; b) Kluftkörper im Dachsteinkalk, vom Frost aus dem Verbande gelöst (Foto FALLY)

weist allerdings meist einen so hervorragenden Verband auf, wie wir ihn am Mauerwerk gar nicht erreichen. Die „Mauersteine" dieses Verbandes (Abb. 5–2) bezeichnen wir als Grundkörper (STINI), Scherkörper (SANDER) oder Kluftkörper (MÜLLER).

Als Kluftkörper *(rock fragment* oder *joint-bordered rock body; corps des fissures; frammento della roccia)* definiert nun STINI (1930 a) jenen gedachten parallelflächigen Körper, welcher begrenzt ist von Flächenpaaren, deren Flächen die den betreffenden Hauptkluftscharen eigentümliche Stellung im Raume einnehmen und voneinander in dem mittleren räumlichen Kluftabstand entfernt sind, welcher den einzelnen Kluftscharen zukommt.

Dieser Begriff des Kluftkörpers ist zunächst eine heuristische Fiktion. Da unter allen streuenden Kluftstellungen der Hauptkluftscharen die mittlere Kluftstellung am häufigsten vorkommt und ebenso der mittlere Kluftabstand nach den mit statistischer Strenge gültigen Gesetzen des Zufalls zugleich der am häufigsten vorkommende Kluftabstand ist, darf der Kluftkörper mit ebenso mathematisch wie logisch nachweisbarer Berechtigung als jenes Grundbauelement eines zerbrochenen Gebirgskörpers angesehen werden, welchem nicht nur die größte Wahrscheinlichkeit a priori, sondern auch die größte Häufigkeit des tatsächlichen Auftretens zukommt. Zerteilt man das Gestein nach seinen bereits vorhandenen Kluftflächen, so erhält man Stücke, von denen tatsächlich die meisten in Form und Größe dem beschriebenen Regelkluftkörper nahekommen. Dies hat Fill (1950) an einem Beispiel tatsächlich demonstriert, wobei er die Auswahl beliebiger Gesteinsstücke aus der Baugrube einem sicherlich wissenschaftlich unvoreingenommenen Bauhilfsarbeiter überließ.

Die Größe des Kluftkörpers gibt zunächst Auskunft über den Grad der tektonischen Beanspruchung des Gebirges und seiner Aufteilung durch Bruchflächen. Größe und Form des Kluftkörpers geben Aussagen über die Werkstücke, welche aus dem Gestein zu gewinnen sind. Der Kluftkörper ermöglicht somit einen Vergleich verschiedener Bergarten hinsichtlich ihrer Eignung zur Anlage von Steinbrüchen.

Aber auch zur Beurteilung der Standfestigkeit eines Gesteines in der Baugrube oder an der Felswand leistet der Kluftkörper vorzügliche Dienste, wobei besonders die Stellung seiner Flächen zur Form des Bauwerkes oder des Kunstkörpers zu beachten ist. Man hat dabei den Fels nur als eine Art Mauerwerk mit vorgegebenem Steinschnitt zu betrachten.

Die am Kluftkörper besonders deutlich hervortretenden Winkelbeziehungen geben unmittelbare Aussagen über die Fähigkeit des Gesteins zur Aufnahme von Auflagerreaktionen unter Talsperren, Brückenwiderlagern u. dgl., aber auch zur Aufnahme und Weiterleitung von Spannungen im Gebirge, z. B. in der Umgebung künstlicher Hohlräume.

Der Regelkluftkörper läßt sich mathematisch darstellen. Die Stellung der Hauptkluftflächen und die Winkelbeziehungen zwischen diesen können der graphischen Statistik entnommen werden. Die mittleren, den einzelnen Hauptkluftscharen zukommenden Kluftabstände jedoch können nicht unmittelbar gemessen werden, sondern sind auf mittelbarem Wege *(4.37)* rechnerisch zu bestimmen. Das Volumen des Kluftkörpers kann mit den so erhaltenen Kluftnormalabständen der Hauptkluftscharen gerechnet werden. Es ergibt sich auch nach Pacher (1959, 227) aus Gleichung

$$\frac{1}{k_a} \cdot \frac{1}{k_b} \cdot \frac{1}{k_c} = d_a \cdot d_b \cdot d_c = V_k \,. \qquad [4\text{—}29]$$

Zur zeichnerischen Darstellung des Kluftkörpers aus den Gefügediagrammen hat Pacher (1954, 89) eine Anleitung gegeben, welche hier auszugsweise wiederholt sei.

„Der Gang der Konstruktion soll an Hand des in Abb. 5–3 dargestellten Beispieles erläutert werden.

Gegeben: Die Kluftflächen Φ_a (α_a, β_a), Φ_b (α_b, β_b), Φ_c (α_c, β_c), bzw. ihre Lotpunkte L_a, L_b, L_c“ in einer Parallelprojektion der Lagenkugel, „die dazugehörigen Kluftabstände d_a, d_b, d_c.

Gang der Konstruktion: Die Kluftebenen gehen durch den Mittelpunkt der zu diesem Zweck in Parallelprojektion dargestellten Halbkugel und werden im Grundriß durch ihre Großkreise g_a, g_b, g_c und ihre Spuren in Π (f_a, f_b, f_c) begrenzt.

Die Verschneidungen der Kluftebenen ergeben die Kanten des Kluftkörpers (s_{ab}, s_{ac}, s_{bc}) (hier: Verbindung der Schnittpunkte von g_a mit g_b, g_a mit g_c usf. mit dem Kugelursprung). Wird größere Genauigkeit verlangt, müssen die Spuren in einer Parallelebene zu Π zum Schnitt gebracht werden. Die Durchstoßpunkte der Kanten werden in den Aufriß übertragen und die Kanten ausgezogen.

Die Kluftabstände finden über einen Kreuzriß Eingang in die Konstruktion. Der Einfachheit halber wird hierzu der Aufriß verwendet.

Abb. 5–4 zeigt eine Kluftebene Φ und ihren Lotpunkt L im Kreuzriß.

Die gesuchte Parallelfläche $\overline{\Phi}$ schneidet auf dem Lot den Abstand 1 ab und erzeugt in der Bildebene Π die Spur $\overline{f}$. Die beiden Spuren f und $\overline{f}$ der parallelen Ebenen Φ und $\overline{\Phi}$ haben in Π den Abstand $\overline{1}$.

Die Spur $\overline{f}$ (z. B. $\overline{f_a}$) wird in den Grundriß übertragen und schneidet dort die anderen Spuren (z. B. f_b und f_c).

Diese Schnittpunkte sind die in Π liegenden Durchstoßpunkte der gesuchten Kanten $\overline{s}_{ac}$ und $\overline{s}_{ab}$ und können von diesem Punkt aus parallel s_{ac} und s_{ab} gezogen werden.

Die so gewonnenen Kantenlängen werden in den Aufriß übertragen.

In gleicher Weise werden die übrigen Parallelflächen konstruiert, durch welche der Kluftkörper begrenzt ist.

Bei mehr als 3 Kluftflächen erfolgt die Konstruktion mit halben Kluftabständen. Der sich so ergebende Achtelkörper wird durch diametrales Übertragen der gewonnenen Kantenlängen zum vollen Kluftkörper ergänzt.“

„Noch aufschlußreicher“ als die Darstellung des mittleren Kluftkörpers allein, wäre „für praktische Zwecke ... jedoch“ (Clar 1939) „ohne Zweifel eine Darstellung, die auch durch die Abweichungen der Kluftkörpergrößen von diesem Mittelwert zum Ausdruck bringt, welche Stückgrößen und in welchem Hundertsatze diese in einem Aufschlusse sichtbar sind. Das bei der Gewinnung anfallende Gestein wird sich in seiner Stückgröße natürlich noch mehr oder weniger, je nach der Gewinnungsart, von

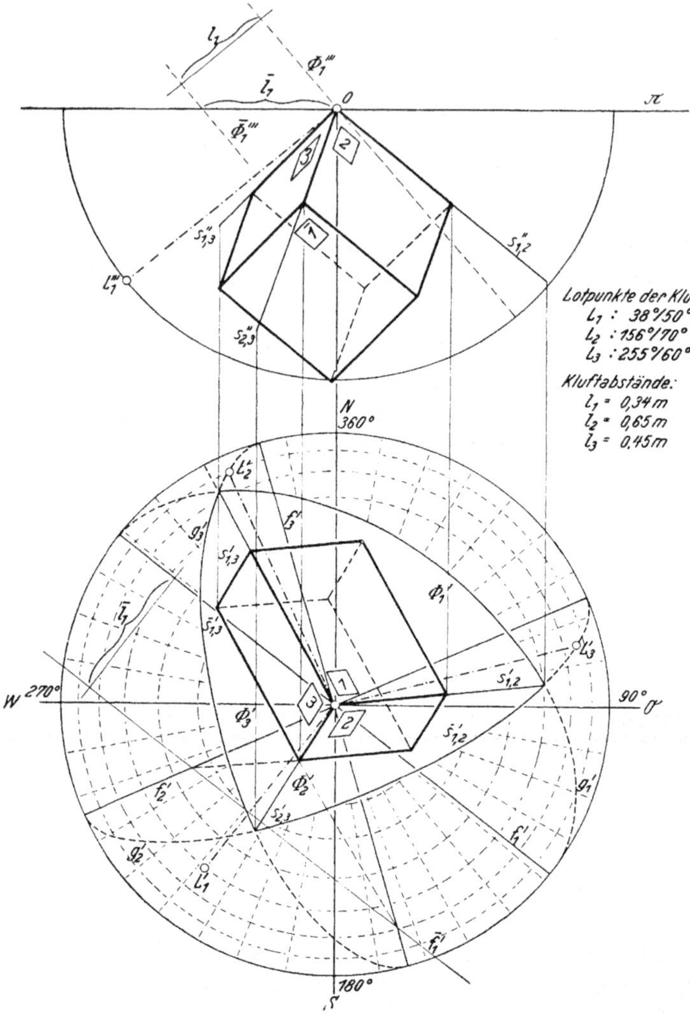

Abb. 5-3. Konstruktion des Kluftkörpers aus den Elementen der Lagenkugel (nach F. PACHER, 1954)

einem solchen Bild der Kluftkörpergrößen unterscheiden, indem einerseits bei der Gewinnung zusätzliche Zerkleinerung eintritt, andererseits Gesteinsschnitte, die im Verwitterungsbereiche sichtbar sind, bei manchen Gesteinen weiter innen mechanisch unwirksam werden können.

Da es sich auch bei den Kluftkörpern sozusagen um die Darstellung einer Mengung verschiedener Korngrößen handelt, wird es zweckmäßig sein, ähnlich wie bei losen Haufwerken und Böden Verteilungslinien für die Größe der Kluftabstände — und damit gleichzeitig für die Abmessungen der Kluftkörper — anzuwenden. Das ist entweder ohne Berücksichtigung der Kluftrichtungen oder getrennt nach den einzelnen Kluftscharen durchführbar. Letzteres wird besonders dann zweckmäßig sein, wenn es sich um gut unterscheidbare Kluftscharen — etwa 3 ungefähr rechtwinklig zueinander stehende — oder lagerhaftes Gestein handelt."

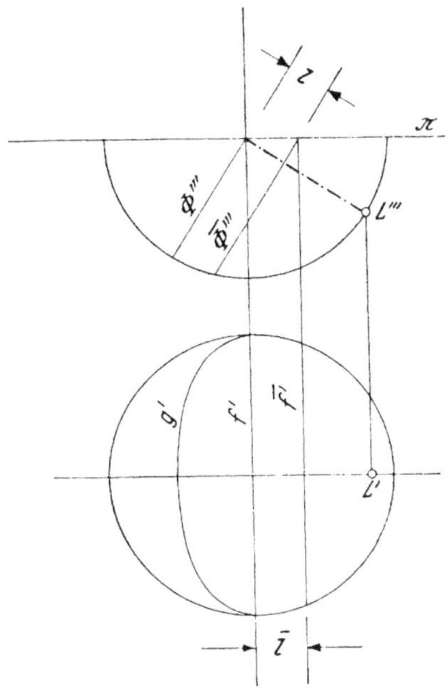

Abb. 5-4. Kreuzrißdarstellung zu Abb. 5-3

Die Abb. 5-5 „zeigt 2 Versuchsbeispiele solcher Darstellungsart von Kluftabständen. Es handelt sich um benachbarte Aufschlüsse von Amphiboliten, die sich gesteinskundlich ein wenig unterscheiden. Beide Vorkommen sind von drei, etwa rechtwinkelig zueinander stehenden, deutlich ausgeprägten Scharen von Ablösungsflächen, die sich auch in der Richtung entsprechen, zerschnitten (Lagerflächen, Längs- und Querklüfte)... Man entnimmt aus dem Schaubild zunächst, in welchem Hundertsatz die Abmessungen rißfreier Kluftkörper etwa senkrecht zu den einzelnen Kluftscharen (bzw. zum Lager) irgendeine gewählte Größe über- oder unterschreiten sowie die beobachteten Größtabmessungen; die Steilheit der Linie gibt ein Maß für die Gleichmäßigkeit der Kluftabstände bzw. der Kluftkörpergrößen. Ferner ist aus verschiedenem Verlauf der zu einem Aufschluß gehörenden Linien auch die Art des Bruches ablesbar. Bei plattigem Bruch würde die Linie der Messungen senkrecht zu der Lagerfläche je nach der Regelmäßigkeit der Plattendicke steiler oder flacher, aber jedenfalls deutlich abgesondert links oberhalb der anderen Linien verlaufen. Bei wurfeligem Bruch, wie im Vorkommen des Schaubildes" (Abb. 5-5 a), „müssen die Linien nahe beisammen liegen. Aus dem Schaubild" (Abb. 5-5 b) „ist u. a. abzulesen, daß die Kluftschar I (Querkluft) in erster Linie die Blockgröße bestimmt, daß also das Vorkommen zu — im Sinne der Streckung — kurzen, aber breiten und hohen Blöcken neigt, die etwa im Mauerwerk zu fehlerhafter, nicht lagerhafter Versetzung verleiten" (Clar 1939, 1).

Abb. 5-5. Darstellung der Kluftkörpergrößen durch die Abstände in drei aufeinander annähernd normal stehenden Hauptscharen von Ablösungsflächen (nach Clar 1939), a) in engklüftigem, annähernd würfelig brechendem Amphibolit; b) in annähernd quaderförmig brechendem, grobblockigem Gabbroamphibolit

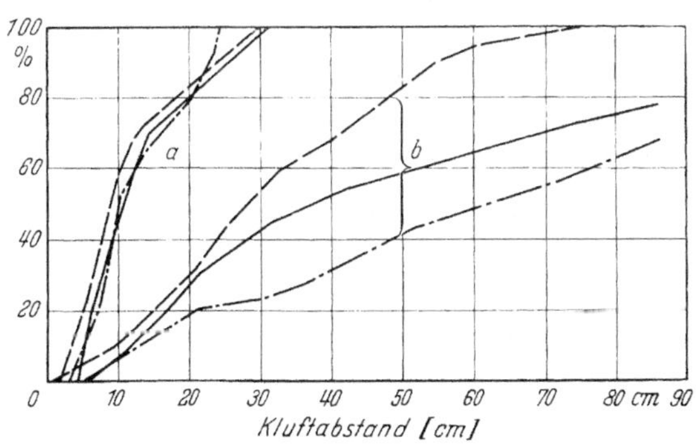

5.3 Kluftkörperverband

Die Art und Innigkeit des Kluftkörperverbandes hängt von Bindung und Verbindung der Grundkörper ab.

Dem Kluftkörperbegriff kommt um so mehr Realität zu, je höher der Durchtrennungsgrad des Gesteins ist, d. h., je mehr die einzelnen Kluftkörper rundum von ihrer Umgebung abgetrennt sind. Bei geringerem Durchtrennungsgrad verbleiben „Materialbrücken", manchmal auch als „Kluftbrücken" bezeichnet. Der Verband des Gebirges gleicht dann nicht

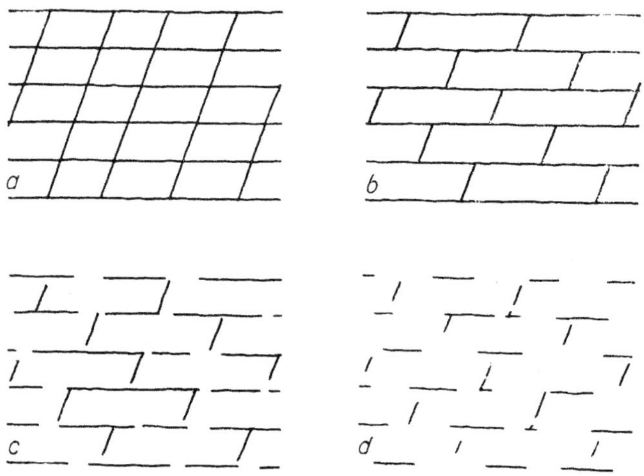

Abb. 5-6. Typen von Kluftkörperverbänden. a) Steinbaukastenverband; b) Mauerwerksverband; c) verschränkter Verband; d) zusammenhängender Verband

mehr einem Trockenmauerwerk, sondern teilweise trocken, teilweise mit sehr festem Mörtel verkittetem Mauerwerk, und der Kluftkörperbegriff wird mehr und mehr zur Fiktion, je zahlreichere und festere Materialbrücken vorhanden sind.

Nur im Falle vollständig durch Klüfte voneinander getrennter Grundkörper liegt ein „Vielkörpersystem" im Sinne von *(2.1)* vor, und man kann von einem „Steinbaukastenverband" oder „Vielkörperverband" sprechen. Je geringer der Durchtrennungsgrad des Kluftnetzes, je mehr Materialbrücken vorhanden sind, desto mehr geht das Vielkörpersystem in ein Mehrkörpersystem über, und man kann von einem „Mauerwerksverband", einem „verschränkten" Verband, „Schmatzenverband" oder zuletzt etwa gar von einem „zusammenhängenden" Verband sprechen (Abb. 5-6).

5.4 Technische Gebirgsfazies

Der Begriff der technischen Gebirgsfazies wurde von F. Karl und L. Müller gebildet und von Karl (1954, 69) mitgeteilt. Je nach der Form der Kluftkörper kann das „Trockenmauerwerk" des zerklüfteten Gebirges würfelig, quaderig, plattig, blätterig usw. genannt und durch die Größe der Kluftkörper noch weiter charakterisiert werden. Die Tabelle (Abb. 5–7)

Festgestein – Technische Gesteinsfacies

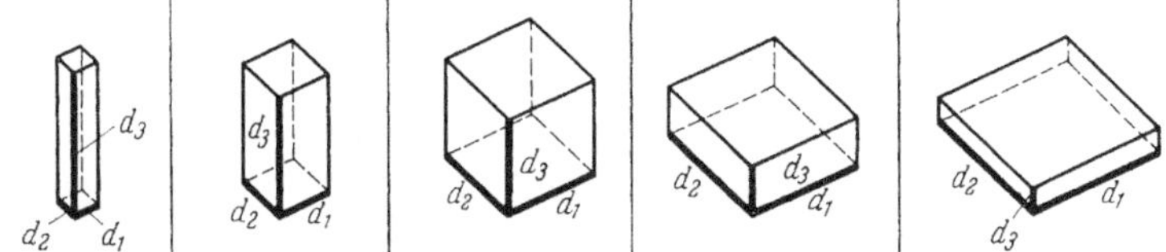

Form der Kluftkörper / Kluftabstand d [cm]					
Verhältnis $\frac{d_1}{d_3}; \frac{d_2}{d_3}$	< 1 : 5	1 : 2 bis 1 : 5	~ 1 : 1	2 : 1 bis 5 : 1	> 5 : 1
d_{max} > 100	großsäulig	großblockig	großwürfelig	quaderig-bankig	großplattig
100 > d_{max} > 10	kleinsäulig	kleinblockig	kleinwürfelig	kleintäfelig	schiefrig
d_{max} < 10	stängelig-faserig	kubisch-ruschelig	kubisch-ruschelig	splitterig	blätterig-kleinschuppig

Abb. 5-7. Klassifizierung der technischen Gebirgsfazies nach Kluftkörperform und -größe

a

Abb. 5-8. Beispiele technischer Gesteinsfazies. a) Großsäulig (Kalk-Glimmerschiefer im Aushub der Trossensperre); b) kleinsäulig (Basalt vom Nantai-Vulkan, Japan); c) stengelig (Schiefermarmor); d) großblockig (Dachsteinkalk vom Wilden Kaiser), käufliche Postkarte; e) kubisch-ruschelig (Dolomit vom Untersberg), Foto David; f) kleinwürfelig (Granit-Aplit von Omachi, Japan), Foto K. John; g) quadrig-bankig (Kalk-Glimmerschiefer vom Mooserboden, Kaprun); h) kleintäfelig (Weißjura-Schichtkalk an der Umgehungsstraße Harburg), Foto Tremel; i) großplattig (Triaskalk vom Kaisergebirge), käufliche Postkarte; j) dünnplattig (Grauwackenschiefer an der Lahn); k) blättrig (Plattenkalk Braz), Foto Dr. Brandecker

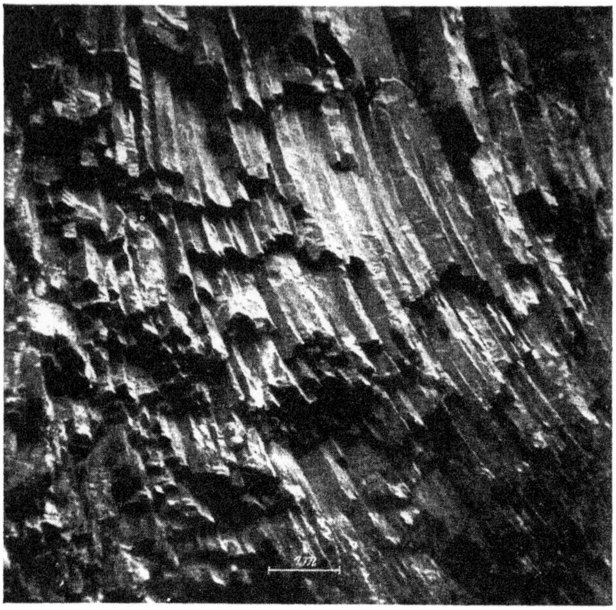

Abb. 5-8 b

Abb. 5-8 c

Abb. 5-8 d

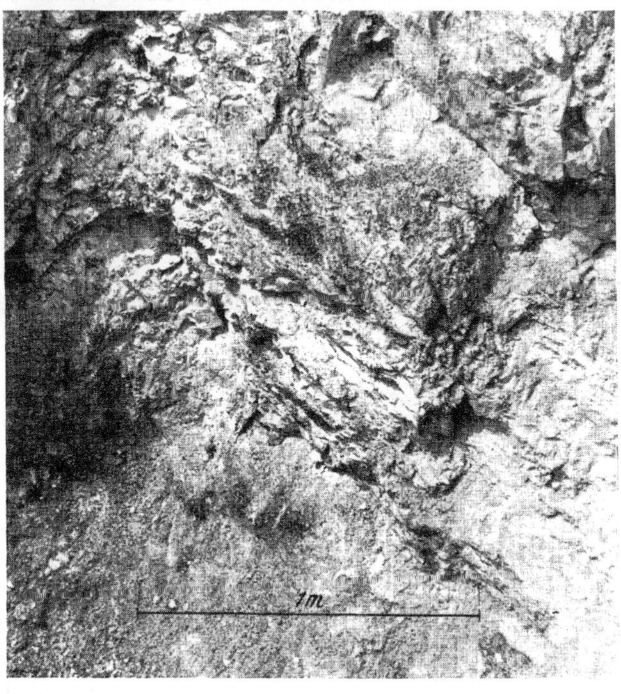

Abb. 5-8 e

Abb. 5-8 f

Abb. 5-8 g

Abb. 5-8 h

Abb. 5-8 i

Abb. 5-8 j

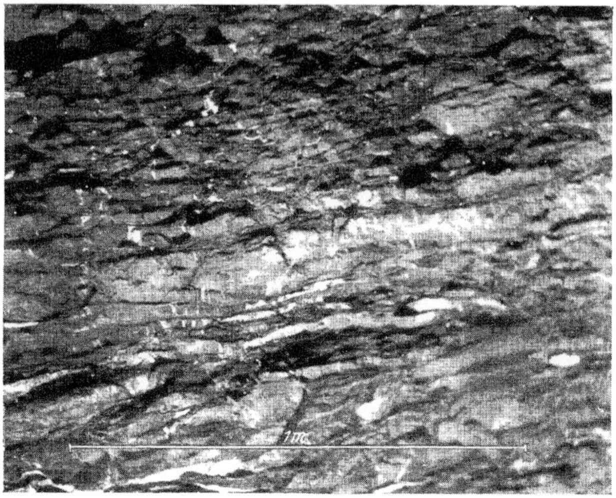

Abb. 5-8 k

gibt einen Überblick über die von MÜLLER und PACHER vorgeschlagenen Bezeichnungen der Gebirgsfazies. Sie wollen in erster Linie der raschen und einfachen Verständigung über den strukturellen Aufbau des zerklüfteten Gebirges dienen, welchen SANDER so treffend als die „innere Gestalt" des Gebirges anspricht. Die Abb. 5–8 a—k veranschaulichen an einigen Beispielen, wie die Begriffe der technischen Gesteinsfazies verstanden sein wollen.

5.5 Die Charakteristik der Gebirgsbeweglichkeit

Das Modell des Kluftkörpers ist in hervorragendem Maß geeignet, die Richtungen maximaler und minimaler Gebirgsbeweglichkeit zu beschreiben. SANDER spricht als Richtungen bevorzugter Teilbeweglichkeit die Verschneidungen der Hauptkluftscharflächen, also die Richtungen der Kluftkörperkanten an. Man erhält sie im Kugeldiagramm (Abb. 5–9) als Verschneidungen der zu den Lotpunkten L_a, L_b und L_c gehörenden Großkreise, welche man mittels des Transversalnetzes (Abb. 4–8 b) konstruiert. Es ergeben sich die Kantenrichtungen s_{ab}, s_{bc} und s_{ac}. Diese Konstruktion kann gut als erste Orientierung dienen. Sie trifft für völlig abgetrennte Kluftkörper, d. h. für Bausteinkastenverband, zu; in erster Linie also für besonders regelhafte geklüftete und durchgeklüftete Gesteine und für Zerrüttungszonen. Sie berücksichtigt aber nicht die oft sehr verschiedene Reibung auf den einzelnen Kluftscharen sowie die unterschiedlichen Durchtrennungsgrade, welche sehr ausschlaggebend sein können; auch dann, wenn eine Kluftschar die andere versetzt (Abb. 3–16) und damit Bewegungen quer zu den Versetzungssprüngen in einem Richtungssinn verriegelt, im gegenläufigen Sinn aber freigibt, sind die Verschneidungskanten nicht mehr eindeutig bevorzugte Bewegungsbahnen. Auch ist die Teilbeweglichkeit parallel zu einer Kluftschar um so größer, je mehr Klüfte dieser Schar zugehören.

Um nun zu einer Charakteristik der Gebirgsbeweglichkeit zu gelangen, wurden (Müller 1950 b, 55) die für die Kluftflächenreibung maßgebenden Tangenswerte mit dem Besetzungsmaß der einzelnen Klufthäufungen multipliziert, also mit dem Relativmaß der Kluft-häufigkeit, welches der Kugelstatistik *(4.34)* entnommen werden kann (s. Spalte 8 und 9 der Tafel 5–1).

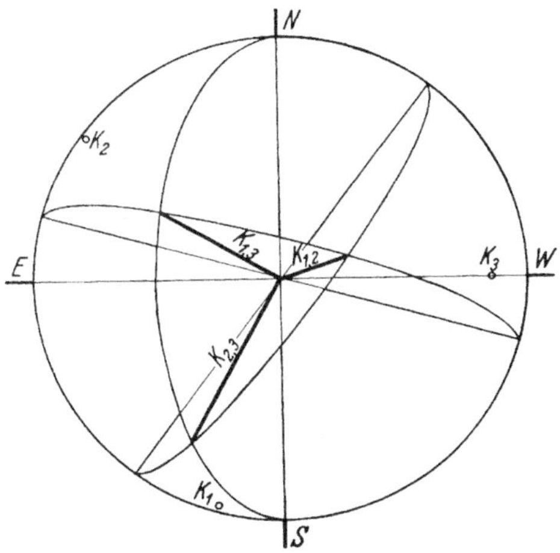

Abb. 5-9. Konstruktion der Verschneidung dreier geologischer Ebenen in der Lagenkugel

Die Reibung auf den einzelnen Kluftflächen ist kein Absolutwert, sondern wird — bis zu ihrem maximalen Grenzwert — nur in dem Maß mobilisiert, als Normalspannungen auf der Kluftebene wirken. Diese Reibung ist

$$\tau_R \simeq \sigma_n \cdot \operatorname{tg} \varphi ; \quad [5—1]$$

ihre Berücksichtigung setzt also die Kenntnis des Spannungszustandes im Fels voraus. In der Tafel 5–1 ist eine Spannungsverteilung um einen Stollen gemäß den spannungsoptischen Versuchen von Dorstewitz (1940) vorausgesetzt. Für die 3 meist charakteristischen Punkte dieser Spannungsverteilung a, b und c ist in Spalte 3, 4 und 5 der Tafel der Verschneidungswinkel der Hauptnormalspannungen mit den einzelnen Kluftscharen ermittelt; der weiteren Rechnung wird der jeweils größte Winkel (Spalte 6) zugrunde gelegt.

Des weiteren werden den einzelnen Kluftflächen bei der Beurteilung der Gebirgsverschieblichkeit ein unterschiedliches Gewicht zugemessen, je nachdem die Klüfte einer Schar vorwiegend glatt, eben, uneben oder rauh ausgebildet sind [65]).

[65]) Diese Methode gilt nur für hohe Durchtrennungsgrade des Kluftnetzes, bei denen die Teilbeweglichkeit vorwiegend von den Reibungswerten bestimmt wird. In der Praxis werden die Reibungswerte nur roh geschätzt; dies genügt aber für die Zwecke überschlägigen Vergleiches durchaus, der nur Relativwerte, nicht wirkliche Reibungsgrößen liefern soll. Das Verfahren bezweckt ja nur eine Angabe der Anisotropie-Richtungen, nicht ihrer Größen.

Tafel 5–1. Charakteristik der Gesteinsbeweglichkeit

Messung Nr.	Häufung Nr.	∢ der Kluftscharen mit den Spannungslinien a 90°	b 76°	c 65°	Maßgebender Wert α	tg α	Besetzungs-Maß	tg α × Bes. Maß	Reibungsbeiwert für verschiedene Kluftausbildungen (Tangens-Werte) a 0,10	b 0,20	c 0,30	d 0,40	e 0,50	f 0,60	g 0,30	h 0,40	i 0,50	j 0,60	k 0,35	mittl. R.-Beiw. $= \frac{\sum 10}{\sum 9}$	Charakteristik
18/5	1	**67**	54	46	67	2,360	0,65	1,535	12	7	9	1	—	—	—	—	—	—	—	$\frac{5{,}7}{29} = 0{,}20$	1,535 : 0,20 = **7,68**
	2	**37**	23	12	37	0,754	0,50	0,376	4	4	4	1	—	—	1	1	—	—	5	$\frac{5{,}25}{20} = 0{,}26$	0,376 : 0,26 = 1,45
	3 4	19 2	27 16	**38** **27**	i.M. 33	0,650	1,88	1,220	2	—	15	15	—	1	—	6	3	—	33	$\frac{26{,}75}{76} = 0{,}35$	1,220 : 0,35 = **3,49**
	5 6	25 15	29 16	**31** **17**	i.M. 24	0,445	0,55	0,245	2	2	—	—	—	—	—	—	—	—	18	$\frac{6{,}9}{22} = 0{,}31$	0,245 : 0,31 = 0,79
18/6	1 2	**55** **35**	42 25	30 16	i.M. 45	1,000	0,78	0,780	12	12	9	1	—	—	—	2	—	—	16	$\frac{13{,}1}{52} = 0{,}25$	0,780 : 0,25 : **3,12**
	3 4 5 6	17 13 28 18	30 27 42 32	**38** **38** **53** **42**	i.M. 43	0,933	1,08	1,010	2	2	5	8	1	1	—	15	1	—	37	$\frac{25{,}95}{72} = 0{,}35$	1,010 : 0,35 = 2,89
	7 8	22 18	33 19	**40** **20**	i.M. 30	0,576	0,31	0,179	—	3	4	4	—	—	—	9	1	—	—	$\frac{7{,}5}{21} = 0{,}36$	0,179 : 0,36 = 0,59
18/7	1 2	**41** **53**	30 40	21 30	i.M. 47	1,071	0,50	0,535	2	3	5	—	—	1	1	—	—	—	27	$\frac{11{,}25}{35} = 0{,}32$	0,535 : 0,32 = 1,67
	3	23	37	**46**	46	1,035	1,72	1,780	1	3	8	1	1	2	1	3	1	1	64	$\frac{30{,}2}{86} = 0{,}35$	1,780 : 0,35 = **5,08**
	4	25	36	**44**	44	0,966	0,56	0,541	2	3	5	1	—	—	—	—	1	—	16	$\frac{8{,}8}{28} = 0{,}31$	0,541 : 0,31 = 1,75
	5	**36**	35	33	36	0,728	0,60	0,436	4	2	5	2	—	—	—	1	1	—	15	$\frac{9{,}25}{30} = 0{,}31$	0,436 : 0,31 = 1,41

a glatt; b sehr eben; c eben; d uneben; e sehr uneben; f wellig; g sehr eben und rauh; h eben und rauh; i uneben und rauh; j sehr uneben und rauh; k ohne Charakteristik

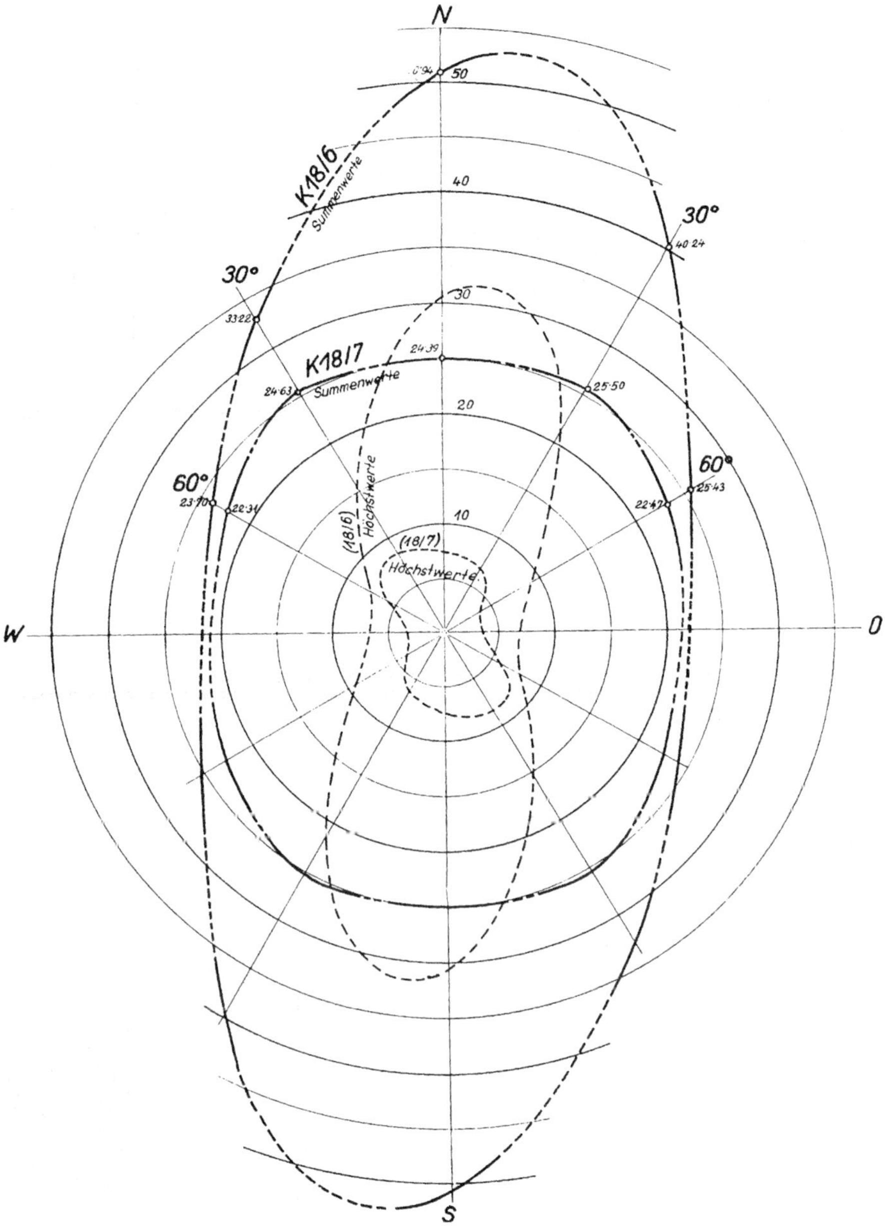

Abb. 5-10. Charakteristik der inneren Gesteinsbeweglichkeit für verschiedene Hohlgang-Achsrichtungen unter Berücksichtigung der Freiflächigkeit für zwei verschiedene Homogenbereiche K 18/6 und K 18/7 im Amphybolit

Bildet man (Spalte 10 und 11) die mittleren Reibungswerte für jede Hauptkluftschar und dividiert den Wert der Spalte 9 durch diesen mittleren Reibungsbeiwert, so erhält man in Spalte 12 die gesuchte Charakteristik.

Diese gestattet es, verschiedene Lagen oder Achsrichtungen eines Bauwerkes miteinander zu vergleichen. Für verschiedene Richtungen einer Kaverne z. B. werden bei ein und demselben Flächengefüge sehr verschiedene Charakteristikziffern erhalten. Trägt man diese Ziffern in diesen Richtungen auf, so kann man aus ihnen, obwohl sie nur Relativwerte sind, mit einer sehr hohen Wahrscheinlichkeit ablesen, für welche Richtungen des Hohlganges die Teilbeweglichkeit des Gefüges am größten, für welche sie am kleinsten sein wird. Man wird diese Ermittlung mit Vorteil benützen, um die Achsen unterirdischer Hohlräume nach der Richtung des geringsten Ausbauwiderstandes auszurichten.

Die solchermaßen charakterisierte Gebirgsverschieblichkeit bezieht sich zunächst auf einen Bereich im Inneren des Gebirges. Wie sich diese virtuelle Verschieblichkeit an der freien Wand einer Baugrube oder am Profilumfang eines Felshohlraumes als wirklich freie Beweglichkeit und als Hang zur Ablösung von Gesteinsteilen auswirkt, kann sehr gut nach dem Vorschlag von NEUHAUSER eingeschätzt werden. Dieser Vorschlag geht von der Überlegung aus, daß sich diese Gebirgsbeweglichkeit nur dann voll als Neigung zur Gesteinsablösung oder als Druck auf Zimmerung, Auskleidung oder Futtermauern auswirken kann, wenn der Bewegungssinn derselben gegen eine freie Oberfläche gerichtet ist. Dies ist dann der Fall, wenn die durch eine Hauptspannungsrichtung auf eine Kluftschar gelegte Normalebene auf eine freie Gesteinsoberfläche normal steht. Dagegen kann sich die Verschieblichkeit praktisch nicht oder nur wenig — nämlich nur innerhalb des Gesteinsverbandes — auswirken, wenn diese Normalebene, die die Gleitbahn enthält, parallel zur freien Oberfläche liegt. Es kann also der Sinus des Winkels dieser Normalebene mit der (nächstgelegenen) freien Oberfläche mit guter Berechtigung als Maß der Freiflächigkeit in bezug auf die betreffende Kraftrichtung verwendet werden.

Trägt man diese Maße der Freiflächigkeit für verschiedene Hohlgang-Achsrichtungen auf (Abb. 5–10), so erhält man ein Relativverhältnis der günstigsten und ungünstigsten Richtungen für diesen Hohlgang, d. h. jener, bei welcher der Ausbauwiderstand am größten und am geringsten sein wird.

5.6 Die Reibungskegel nach Talobre

Eine Mittelstellung zwischen diesen beiden Richtungsangaben der Teilbeweglichkeit nach SANDER und nach MÜLLER nimmt die Methode der Reibungskegel von TALOBRE (1957, 42) ein. Auch sie berücksichtigt nicht den verschiedenen Durchtrennungsgrad und die Klufthäufigkeit der einzelnen Scharen, hat aber den Vorzug großer Einfachheit und Anschaulichkeit des Arbeitsganges und ist deshalb oft mit Erfolg anzuwenden. Freilich gilt auch sie nur für eine dem Bausteinverband nahekommende Kluftkörperanordnung.

Wir folgen TALOBRES Darstellung. Ist δ_a der einer Kluftschar kk_a zukommende Reibungswinkel[66]), so können Kräfte, welche mit der Flächennormalen einen Winkel kleiner als δ_a einschließen, keine Gleitungen provozieren (Abb. 5–11). Der geometrische Ort aller solcher Kraftrichtungen ist ein Kegel, dessen Achse normal zur Kluftfläche steht und dessen Zentriwinkel $2\delta_a$ beträgt. Sie stellen sich auf dem Kugeldiagramm als Punkte dar, die innerhalb des Verschneidungskreises von Kegel und Kugel liegen. In der Verzerrung der stereographischen Projektion[67]) erscheinen diese Kreise in der Form der in *(4.35)* besprochenen Streuungskreise.

Für Kraftrichtungen, welche innerhalb aller Reibungskreise ihren Durchstoßpunkt haben, ist eine Gleitung ausgeschlossen. TALOBRE betrachtet 2 Grundfälle:

a) Es gibt einen solchen gemeinsamen Bereich der Reibungskreise — dann besteht für das Gestein bei dem betreffenden Spannungszustand keine Gleitgefahr;

b) es gibt keinen solchen gemeinsamen Bereich — und das ist der Normalfall; nur für p Kreise gibt es einen solchen Bereich (wobei p kleiner als n ist): dann kann man einen gemeinsamen Bereich für alle Kreise erhalten, wenn man den Durchmesser der n -p-Kreise vergrößert. Unter dem Spannungszustand σ_3, σ_1 ist Gleichgewicht ohne Gleitung vorhanden, wenn die folgende Gleichung erfüllt ist:

$$\sigma_3 \cos\beta \sin(\delta_a - \beta) + \sigma_1 \sin\beta \cos(\delta_a - \beta) + c \cos\delta_a \geqq 0\,, \quad [5-2]$$

wobei c die problematische Kohäsion des Gesteins ist und β der Winkel, um den die Reibungskreise vergrößert werden mußten. — Die Konstruktion gilt nur für vertikales σ_3; — dann ist die Neigung der

[66]) Bei TALOBRE: der dem Gestein eigene Gleitwinkel.

[67]) TALOBRE verwendet an Stelle dieser das Wulffsche Netz, also die winkeltreue Projektion, welche wir aus Gründen der graphischen Statistik verlassen haben *(4.34)*.

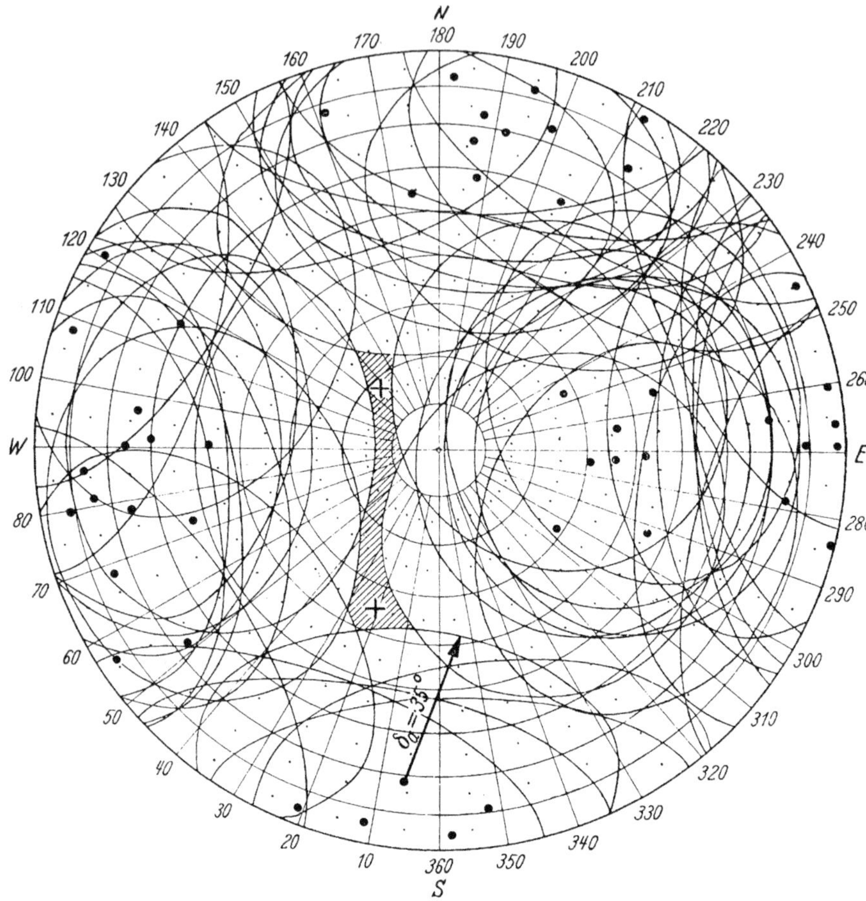

Abb. 5-11. Reibungskegel nach TALOBRE (modifiziert für das LAMBERTsche Kugelnetz)

Bruchflächen $\leqq \beta$, wobei $\beta > \delta_a$ ist. Dann ist die Gleichgewichtsbedingung für Flächen der Neigung β gültig.

Die Richtungen maximaler Verformbarkeit des Gebirges können nach TALOBRE bestimmt werden, wenn man um jeden Kluftlotpunkt einen Kreis mit dem Zentriwinkel 90° zieht und die Zone, in der die Kreise am dichtesten zusammentreten sowie die Zonen außerhalb der Kreise aufsucht. Die Richtung der größten Verformbarkeit [68]) fällt mit der Richtung der größten Gleitgefahr zusammen. Die Schwäche der Methode liegt darin, daß es bei den üblichen Verteilungen der Kluftlote im Diagramm kaum jemals einen Punkt gibt, welcher innerhalb sämtlicher Kreise liegt. Das würde also besagen, daß kein Gestein einen einachsigen Spannungszustand ertrüge, was mit der praktischen Erfahrung in Widerspruch steht. Immerhin kann man nach der Methode die Richtung ermitteln, in welcher die Gleitgefahr in etwa ein Minimum wird.

---

[68]) Diese Auffassung trifft wohl nur für die größte Gleitverformbarkeit, nicht für die größte Zusammendrückbarkeit zu.

5.7 Der Restverband

Das Gebirge, wie es als Gegebenheit vor uns liegt, ist das Endergebnis vielfältiger Schicksale. In seinen Fließ- und Bruchstrukturen hat es das Gedächtnis an diese Schicksale bewahrt. Je rascher die ihm aufgezwungenen Formänderungen stattfanden, desto mehr herrscht das Bruchgefüge gegenüber dem Fließgefüge vor, und je länger die Bewegungen angedauert haben, desto engständiger sind die Klüfte (Cloos 1936, 88). Durch die tektonische Beanspruchung, Verwitterung usw. hat die Gesteinsmasse einen erheblichen Teil ihrer einstigen Festigkeit — der Gesteinsfestigkeit — eingebüßt und nur noch eine Restfestigkeit, eben die Gebirgsfestigkeit, bewahrt. Diese Festigkeitseinbuße kommt — abgesehen von entfestigenden chemischen Einflüssen — in erster Linie dadurch zustande, daß das Gebirge bei seiner tektonischen Verformung meist nicht bis zum völligen Auseinanderreißen nach Großklüften, Hauptstörungsflächen usw. zerbrochen wurde, sondern nur bis zur Anlage eines im ganzen Bereich meist recht rhythmisch verteilten Kluftnetzes. Weil nämlich beim Bruchfließen ein Spannungsausgleich größten Stiles eintritt (Müller 1948, 146), welcher die größten Spannungsspitzen abbaut und anfangs weniger beanspruchte Bereiche allmählich immer mehr zur Reserveleistung mit heranzieht, erfaßt dieses Bruchfließen *(2.443)*, diese rupturelle Durchbewegung, das Gestein meist durch und durch.

Die Restfestigkeit zerklüfteten Gesteins ist eine komplexe Eigenschaft, zusammengesetzt einerseits aus echten Festigkeitsanteilen, andererseits aus Reibungsanteilen an den vorhandenen Kluftflächen. Sie ist weitgehend bestimmt durch den Verband dieses Trockenmauerwerks, und zwar um so mehr, je durchgreifender die Zerklüftung ist. Ich möchte deshalb von einer Verbandfestigkeit sprechen.

Der Verband ist es, welcher die Gesamtheit der Teilkörper eines geologischen Körpers noch ganzheitlich fungieren läßt, den man in Entsprechung zu den „Schüttungen“ der Böden auch als „Schlichtung“ bezeichnen könnte — als ein freilich nicht mehr homogenes und auch nicht mehr kontinuierliches Ganzes —, ähnlich wie auch eine Schüttung von losen Körnern, wenn sie unter dreiachsiger Beanspruchung steht, als Einkörper (Müller 1958 a, 12) fungieren kann. Wir haben dieses aus zahlreichen Kluftkörpern zusammengesetzte Diskontinuum ein Vielkörper- bzw. Mehrkörpersystem genannt *(2.1)* und wollen seinen Verband als Restverband bezeichnen.

Je mehr Klüfte aufgerissen und je weiter dieselben bis zur Verschneidung mit den Nachbarklüften durchgerissen sind, also je höher der Durchtrennungsgrad des Kluftnetzes ist, desto geringerwertig wird der Restverband sein.

Diesen Restverband haben wir zu beschreiben, wenn wir die Gebirgsfestigkeit als Verbandfestigkeit verstehen wollen, „Die Verbandeigenschaften des zerrütteten Gebirges beruhen ... auf anderen Grundlagen als ‚die Festigkeitseigenschaften' bei kontinuierlichen Körpern. Dennoch lassen sich gewisse Parallelen zeigen. Ähnlich wie die Plastizität und Viskosität eines festen Metalls auf Gleiterscheinungen in den Kristallen und Korngrenzen zurückzuführen sind, beruht die Plastizität eines Haufwerkes auf Vorgängen, die sich an den Berührungsflächen der einzelnen Blöcke abspielen. Im Grunde besteht auch der Verband der Zerrüttungszone aus ‚Körnern' wie ein fester kristalliner Körper, die Körner des Verbandes sind jedoch loser gefügt und haben Abmessungen in der Größenordnung von Zentimetern oder gar Metern" (Denkhaus 1958, 26).

Das, was den Gebirgskörper vom Gesteinskörper unterscheidet, wird gewöhnlich als Inhomogenität angesprochen. Sicherlich i s t es in gewissem Sinne ein Materialunterschied als Inhomogenität, wenn festes Gestein z. B. durch einen Kluftletten unterbrochen wird; im Sinne der Gefügekunde aber müssen wir einen zerklüfteten Körper, wenn er einigermaßen gleichmäßig zerklüftet ist, als morphologisch homogen ansprechen (sofern wir nur einen genügend großen Bereich betrachten), denn auch die Kluftinhomogenitäten, wenn wir sie im Sinne des Vorigen so bezeichnen wollten, sind über den Bereich homogen verteilt. D i s k o n t i n u i t ä t, nicht Inhomogenität, ist das Wesen des geologischen Körpers, des Gebirges. So ist der geologische Körper, mechanisch gesehen, ein D i s k o n t i n u u m, für welches die Gesetze der Kontinuumsmechanik nicht mehr ohne weiteres gelten, jedenfalls nicht in den üblichen Größenbereichen, welche im Verhältnis zu den Kluftkörpern nicht als unendlich groß gelten dürfen. Der geologische Körper ist ferner fast stets ein A n i s o t r o p (Anisotropicum), seltener hingegen ein I n h o m o g e n (Inhomogenicum).

Um seinen Kluftkörperverband (*rock-bonding; jonction du rocher; legami fra gli corpi)* zu beschreiben, bilden Kluftkörper, Faziesbegriff und Kennziffern des Gesteinsverbandes *(4.38)* gute Ausgangspunkte. Im folgenden *(6)* sollen einige weitere Hilfsbegriffe und Rechenansätze vorgeschlagen werden, welche geeignet erscheinen, die mechanischen Eigenschaften des Restverbandes, insbesondere sein Festigkeits- und Formänderungsverhalten, zu beschreiben und womöglich aus den Gefügedaten zu bestimmen, insbesondere auch die Anisotropie dieser mechanischen Eigenschaften.

6 Die Eigenschaften des Restverbandes

Panow und Ruppeneit (1958, 53) und mit ihnen viele Bergleute sind der Meinung, daß der Versuch, das Gebirge als eine Gesamtheit von Einzelteilen zu beschreiben, zum Scheitern verurteilt sei. Man müsse zumindest im voraus die Aufgabe für das Kontinuum lösen. Die Zahl der Bedingungen reiche im Diskontinuum für eine eindeutige Lösung einfach nicht aus. Demgegenüber haben Clar (1950, 165), Stini (1949 b, 150), Müller (1933, 235), Tremmel u. a. frühzeitig eine Gebirgsmechanik, welche speziell die Gefügediskontinuitäten berücksichtige, eine Gefügemechanik (*structural mechanic; mécanique de structure; meccanica strutturale*) also, als Möglichkeit bejaht und als Ziel gefordert. Bereits auf dem I. Colloquium der Internationalen Arbeitsgemeinschaft für Geomechanik (Müller 1951 b) wurde ein Weg nach diesem Ziele abgesteckt, auf welchem in der Zwischenzeit bereits etliche Stationen erreicht wurden.

Im folgenden sollen einige Kennwerte — die Widerstandsziffern des Kluftkörperverbandes, das Kriterium der Fließbereitschaft für verschiedene Arten der Kluftanisotropie — einige mathematische Rechenansätze und ein Vorschlag zur experimentellen Bestimmung besprochen werden, welche zwar vielleicht noch keine exakten Lösungen, aber immerhin brauchbare Annäherungen darstellen. Es läßt sich nicht leugnen, daß den folgenden Gedankengängen noch etwas Spekulatives anhaftet; aber solange es Großversuche im Sinne einer statistischen Gefügemechanik noch nicht gab, waren wir ausschließlich auf Gedankenexperimente angewiesen.

6.1 Widerstandsziffern des Kluftkörperverbandes

Es gilt, ein kinematisch-mechanisches Strukturmodell für ein Gebirgsgefüge zu geben. Zur Vereinfachung der rechnerischen Überlegungen soll dieses einen mehr oder minder ebenen Gefügezustand darstellen. Von einem solchen kann gesprochen werden, wenn die Bewegungsflächen des Kluftkörperverbandes mit der Kraft- (= Bewegungs- = Darstellungs-) Ebene so stumpfe Winkel einschließen (70—90°), daß diese Bewegungsflächen durch projizierende Ebenen angenähert werden dürfen, ohne daß das mechanische System wesentlich verändert wird.

Die folgenden Darlegungen (*6.1* und *6.2*) geben in gekürzter Form die bisher nur auszugsweise mitgeteilten Ansätze (Müller 1958 a, 11; 1958 b,

89; 1959, 247) wieder, welche MÜLLER und PACHER zu den Studien der Forschungsgemeinschaft Neumühl beigetragen haben.

Das betrachtete mechanische System ist ein statistisch homogenes, aber anisotropes Diskontinuum. In diesem seien die Festigkeitswerte β_Z = Zugfestigkeit (Reißwiderstand) und β_S = Schubfestigkeit (Scherwiderstand) des Gesteinsmaterials gegeben und entweder durch die Mohrsche Hüllkurve

$$\tau_L = \tau_L(\sigma) \qquad [2—9]$$

oder im Haighschen Koordinatensystem KS (σ_1, σ_3) beschrieben. Die festigkeitsmindernden Einflüsse des Flächengefüges seien gegeben durch

$kk_a(\alpha, \beta)$, $kk_b(\alpha, \beta) \ldots kk_n(\alpha, \beta) \ldots$ die Raumstellung der Hauptkluftscharen,

k_a, $k_b \ldots k_n \ldots$ die Kluftdichte der Hauptkluftscharen,

$\varkappa_{ea}$, $\varkappa_{eb} \ldots \varkappa_{en} \ldots$ die ebenen Kluftflächenanteile,

$\varkappa_{ra}$, $\varkappa_{rb} \ldots \varkappa_{rn} \ldots$ die räumlichen Kluftflächenanteile,

μ_a, $\mu_b \ldots \mu_n \ldots$ die Rauhigkeit der Klüfte,

wobei in diesem Faktor auch die Reibungswerte der Kluftfüllungen und, soweit es möglich ist, auch die Öffnungsbeträge (f_a, $f_b \ldots f_n$) der Klüfte berücksichtigt sein mögen [69]).

Ferner werde die Kenntnis des herrschenden Spannungszustandes (σ_1, σ_2, σ_3) vorausgesetzt, aus welchem sich für jeden gedachten oder wirklichen Schnitt die Schnittspannungen σ, τ im homogen und isotrop gedachten Material errechnen lassen. σ_{anis}, τ_{anis} seien die effektiven Schnittspannungen im anisotropen Material.

Kennt man auf irgendwelchen gedachten Schnittflächen (welche nicht mit vorhandenen Gefügeflächen zusammenfallen müssen) die Beanspruchung eines Gebirgskörpers, dargestellt durch Normal- und Schubspannungskomponente (N und T) und die Größe B des V e r b a n d w i d e r s t a n d e s, welchen das Gebirge im betrachteten Schnitt einer Trennung (durch Abscheren oder Gleiten) entgegenzusetzen vermag, und untersucht man in einer größeren Zahl von Schnitten die gefügebedingt möglichen Bruchformen [s. *(6.11)*], so kann man (Abb. 6-1)

$$B/T = w_V \qquad [6—1]$$

die W i d e r s t a n d s z i f f e r des Gesteinsverbandes an diesen Schnitten nennen. Sie gibt das Verhältnis zwischen Beanspruchung und Widerstandsfähigkeit in allen möglichen Schnitten wieder, allerdings nur für den jeweils betrachteten Spannungszustand, da sie von diesem abhängt. Man

[69]) Meist wird die Rechnung nur mit geschätzten Eingangswerten geführt werden können; da sie aber nur Verhältniszahlen, keine Absolutwerte, anstrebt, entsteht daraus kein bedeutender Nachteil, denn die Fehler der Eingangswerte wirken sich bei allen Vergleichsrechnungen im allgemeinen gleichsinnig aus.

kann sie für das quasi-isotrope Material ohne Klüfte für eine Kluftflächenschar, für deren 2 usw. ermitteln und so den mechanischen Einfluß der einzelnen Kluftflächenscharen erkennen. Nähert sich die Widerstandsziffer w_V dem Wert 1, so bedeutet dies das Erreichen der Bruch- bzw. Fließgrenze und der Ausbildung der Bruchflächen Φ_1 und Φ_2, welche mit der Hauptspannung σ_3 die Winkel α_1 und α_2 einschließen. Diese Winkel müssen (im Gegensatz zum isotropen Material) nun nicht mehr einander gleich sein, weil nicht mehr die bruchtheoretisch angezielten Bruchflächen Φ_1' und Φ_2' realisiert werden, sondern diese wegen der (mit geringem Widerstand verbundenen) Benützung vorhandener Gleitbahnen aus ihrer angezielten Richtung abgelenkt werden.

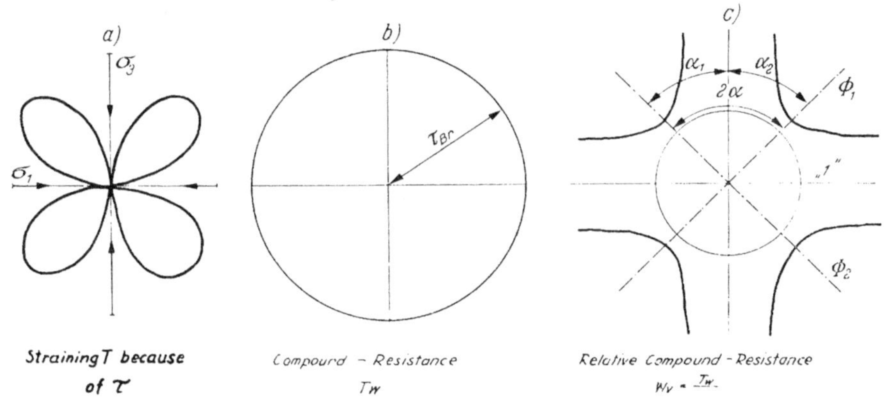

Abb. 6-1. w_V-Diagramm für quasi-isotropes Material. a) Schubspannungsdiagramm (τ), b) Verbandwiderstand τ_{Br}, c) w_V-Diagramm

6.11 Rechenansätze für verschiedene Brucharten

Rechenansätze fallen für verschiedene Brucharten naturgemäß verschieden aus.

Wie bricht zerbrochener Fels? Welche Möglichkeit hat zerklüftetes Gestein, ein dem jeweiligen Beanspruchungszustand entsprechendes Gleitlinienfeld (genauer: Fließflächenfeld) auszubilden? Es kann (Abb. 6–2)

Fall A heil gebliebenes Gestein in der angezielten Bruchrichtung (entsprechend den Grenzzuständen des Bruchfließens) durchtrennt werden;

Fall B eine vorhandene Kluftfläche ähnlicher Raumstellung benutzt, oder

Fall C die angestrebte Raumstellung von Bruch- bzw. Gleitflächen aus kleinen Elementen latent vorhandener Spaltbarkeit in Richtung bereits ausgeprägter Kluftscharen zusammengesetzt werden; wir wollen sie „Vertretungsklüfte" (Abb. 6–3) heißen; oder schließlich können

Fall D Kluftstaffeln ausgebildet werden, indem vorhandene Klüfte anderer Raumstellung benützt werden; bzw.

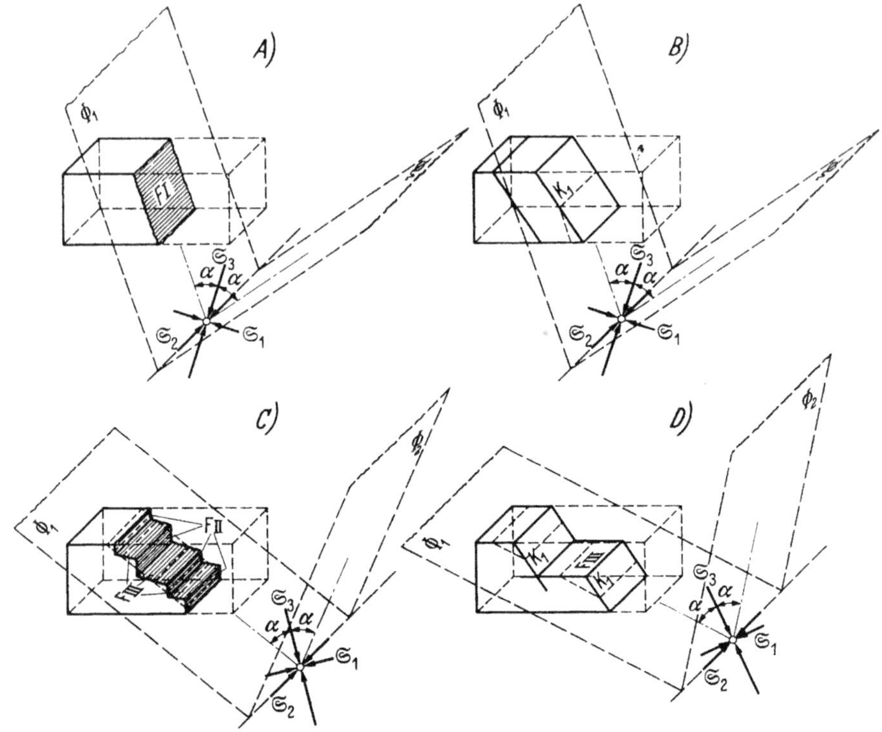

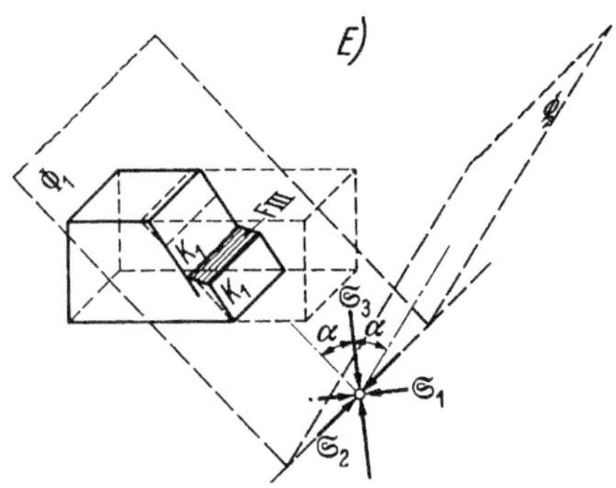

Widerstandskräfte gegen Scherflächenbildg.			
	B = Verbandwiderstand	T = Beanspruchung	w_V = Widerstandsziffer
Fall A Neue Bruchfläche	$B = F_I \tau_B$	$T = F_I \tau$	$w_V = \frac{B}{T} = \frac{\tau_B}{\tau}$
Fall B Vorhandene Kluftfläche	$B = K_I \sigma \mu_I$	$T = K_I \tau$	$w_V = \frac{\sigma \mu_I}{\tau} = tg\,\vartheta \mu_I$
Fall C Vertretungskluft	$B = \Sigma F_{III} \tau_B + \Sigma F_{II} \sigma_Z$		$w_V = \frac{B}{T} = \frac{\cdots}{\cdots}$
Fall D Kluftstaffel	$B = \Phi \varrho \sin(\gamma + \vartheta) \mu_{II}$	$T = \Phi_1 \varrho \cos(\gamma + \vartheta)$	$w_V = tg(\gamma + \vartheta) \mu_{II}$
Fall E Bruchstaffel	$B = \Sigma F_{III} \tau_B$		$w_V = \frac{B}{T} = \frac{\cdots}{\cdots}$

Abb. 6-2. Bruchformen zerklüfteten Gesteins.

σ_1, σ_2, σ_3 absolut größte, mittlere und kleinste Hauptnormalspannung des bruchverursachenden Spannungszustandes; Φ_1, Φ_2 vom Spannungszustand (σ_1, σ_3) angestrebte Bruchflächen; Winkel α = Bruchflächenwinkel = Winkel zwischen σ_3 und Φ_1, Φ_2; K_I, K_{II} im Gebirge vorhandene Kluftflächen, in denen nur Reibungskräfte übertragen werden; $\mu_I = tg\,\varrho_I$, $\mu_{II} = tg\,\varrho_{II}$ = Reibungsziffern auf diesen Flächen; F_I, F_{II}, F_{III} = Flächen, in denen beim Bruch das Gestein auf Abscheren oder Trennung beansprucht wird; τ_B = Scherfestigkeit in diesen Flächen, σ_Z = Zugfestigkeit in diesen Flächen; τ, σ = innere Spannungen aus σ_3, σ_1; $\varrho = \sqrt{\sigma^2 + \tau^2}$; $\frac{\sigma}{\varepsilon} = tg\,\vartheta$

Abb. 6-3. Vertretungsklüfte

Fall E können in dem zwischen den Kluftlagen gewahrt gebliebenen Gesteinsverband Materialbrücken[70]) in Richtung der geringsten Widerstände durchtrennt werden; diese Erscheinung darf man als Bruchstaffeln bezeichnen.

Der Fall C gab den Anstoß zu all diesen Untersuchungen. Auf ihn hat mich Prof. STINI vor Jahren in der Gasteiner Klamm gewiesen. Das Beispiel der Abb. 6–3 zeigt im Devonischen Schiefer des Lahntales eine solche Vertretungskluft; K_a und K_b sind Stellungen latenter Spaltbarkeit, K_c ist eine für den Bruch charakteristische, großflächig durchstreichende Kluft. Im unteren Teil der Abbildung ist sie ebenflächig, als selbständiges Gefügeelement ausgebildet, im oberen Teil wird sie durch Ablösungen nach K_a und K_b vertreten. Die einzelnen so entstandenen Kleinflächen stehen recht genau parallel zu selbständigen Kluftscharen der Umgebung.

Ähnlich haben Roš und EICHINGER (1949, 55) den Verschiebungsbruch eines Kristallites als Kombination kleiner Gleitungs- und Trennungsbrüche

[70]) JACOBI (1957, 1401) spricht von „Rißbrücken".

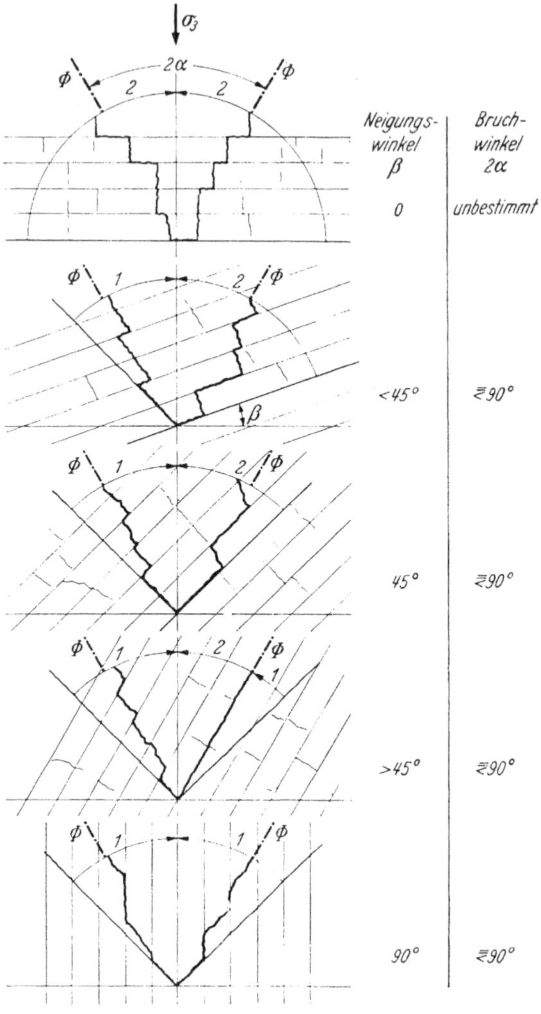

Abb. 6-4. Mögliche Formen des komplexen Verschiebungsbruches; 1. scherbedingte, 2. reibungsbedingte Formen

erkannt. Was damit im Kleinen festgestellt wurde, gilt analog für das Vielkörpersystem im Großen. Es wäre ein sicherlich aussichtsreicher Versuch, auch für das quasi-homogene und quasi-isotrope Material wahrscheinlichkeitstheoretisch aus Gleitungs- und Trennbrüchen den Verschiebungsbruch zusammenzusetzen und den Bruchwinkel zu errechnen.

Den Fall D sehe ich mechanisch und kinematisch ganz ähnlich an wie den der Vertretungsklüfte C, jedoch erfolgt hier die Kluftbildung meist in einer höheren Größenordnung und fast durchwegs unter Benutzung bereits vorhandener durchgerissener Kluftbahnen, weniger unter Ausnutzung vorhandener Spaltbarkeiten. Technisch verursachte Bruchflächen gehören besonders häufig zu dieser Gattung. Beim Nachweis der Sicherheit einer Talsperre gegen Gleitungen im Felsuntergrund oder der Standsicherheit eines felsigen Steilanschnittes gegen Ausbildung eines Felsschlipfes o. dgl. kommt dieser Erscheinung große Bedeutung zu.

Grobe Rechenansätze für die verschiedenen Arten solcher komplexer Brüche, welche zum Teil vorhandene Bahnen benützen, sind in Abb. 6–2 gleichfalls zusammengestellt. Es versteht sich, daß die Ansätze für jede Bruchart verschieden lauten und nur als sehr grobe Näherung betrachtet werden dürfen, weil es in exakter Weise kaum möglich sein wird, eine komplexe Festigkeit, welche sich zum Teil aus Reibungsanteilen, zum Teil aus echten Scherfestigkeitsanteilen zusammensetzt, in physikalisch exakter Weise zu definieren.

Die Bruchart wird entscheidend durch die vorhandene Anisotropie bestimmt (s. a. Roš und Eichinger 1949, dort Abb. 79—83). Je nachdem, ob B ein Scher- oder ein Gleitwiderstand und die mögliche Bewegungsbahn eine Scher- oder eine Gleitfläche ist, wird von einem

1) scherbedingten Verschiebungsbruch oder
2) reibungsbedingten Verschiebungsbruch

gesprochen werden müssen.

Für eine vorherrschende Kluftschar kk ist die mögliche Ausbildung von komplexen Verschiebungsbrüchen für die Winkel $\beta = 0$ bis $\beta = 90^\circ$ in Abb. 6–4 zusammengestellt. Bei mehreren Kluftscharen und verschieden großen Kluftflächenanteilen ergibt sich der Kleinstwert von B aus der ungünstigsten Schnittführung, welche durch Probieren ermittelt werden muß. Die in diesem Falle gegenüberzustellenden Größen von $\overline{T}$ und $\overline{B}$ müssen über den Umweg der Projektion für die angestrebte bzw. versuchte Bewegungsrichtung ermittelt werden. Die Projektion $\overline{T}$ muß denselben Richtungssinn besitzen wie T (s. Abb. 6–1).

6.12 Berechnung der w_V-Linien

Die Berechnung der w_V-Linien für verschiedene Schnittrichtungen wird am besten graphisch geführt. Die Abb. 6–5 zeigt den Einfluß einer Kluftschar KK_a bei verschiedenen Richtungen derselben und konstant gehaltener Hauptspannungsrichtung σ_3. Die Werte für T, B und w_V sind jeweils im betrachteten Schnitt aufgetragen. Aus den Diagrammen für B und w_V gehen mit großer Deutlichkeit die ungünstigsten Schnittlagen hervor, d. h. jene komplexen Bruchflächen, in denen Bruchfließen zu erwarten ist; damit erhält man die Bruchwinkel α_1 und α_2.

In der Abb. 6–6 wird der Einfluß einer Kluftschar KK_a untersucht, wenn diese ihre Richtung beibehält, die Hauptspannungsrichtung σ_3 aber (rotierend) alle möglichen Richtungen einnimmt. Die im Kluftschnitt entstehenden Kräfte T, B bzw. ihr Verhältnis w_V sind hier unter der jeweiligen Stellung von σ_3 aufgetragen. Aus einer solchen Untersuchung geht für gegebene Gefügeverhältnisse die ungünstigste Laststellung hervor.

Die Abb. 6–7 b und 6–7 c zeigen die theoretischen Verhältnisse für zwei Kluftscharen KK_a und KK_b und angenommene Spannungszustände σ_1, σ_3 (σ_3 lotrecht), wie sie für einen konkreten Fall auf der Zeche Neumühl untersucht wurden. Man erkennt die Wirkung der Kluftanisotropie aus den Abminderungen gegenüber dem mit Null bezeichneten Vollkreis, welcher den Verbandwiderstand im homogen und isotrop gedachten Körper darstellen

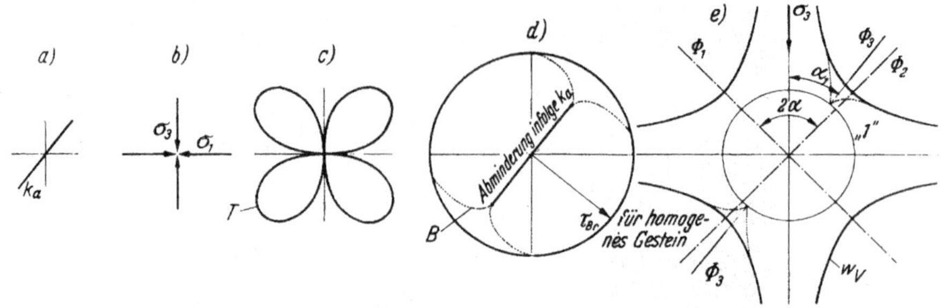

Abb. 6-5. Ermittlung des w_V-Diagrammes für eine Hauptkluftschar kk_a. a) Kluftstellung, b) Spannungszustand, c) Schubspannungsdiagramm (T infolge τ). d) Verbandwiderstand B für eine Kluftschar, e) w_V-Diagramm. Φ_1, Φ_2 gefährdete Schnitte für homogenes Material, Φ_3 **gefährdeter Schnitt** bei Kluftschar kk_a

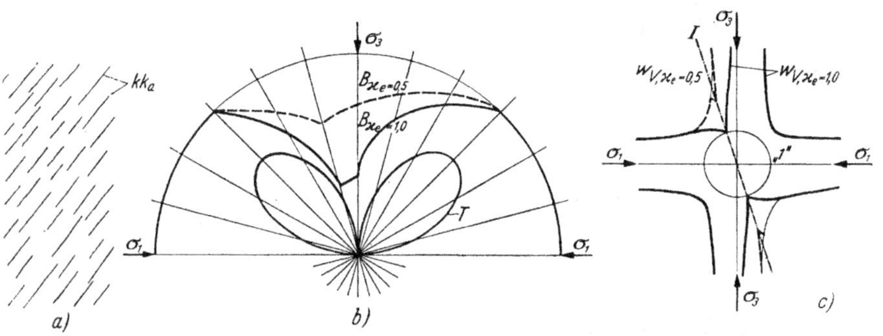

Abb. 6-6. Ermittlung der ungünstigsten Beanspruchungsrichtungen I—I und II—II für eine Hauptkluftschar kk_a. a) Schema der Hauptkluftschar bei etwa 50proz. Durchtrennungsgrad; b) Diagramme der Schubbeanspruchung T (im Homogen) und des komplexen Scherwiderstandes B für den Durchtrennungsgrad $\varkappa_e$ = 0,5 bzw. 1,0 und eine Beanspruchung von σ_3 = — 10 000 t/m² lotrecht und — 2000 t/m² waagrecht; c) Diagramm der Widerstandsziffern w_V für die gleichen Voraussetzungen; d) Diagramm der w_V-Minima für alle möglichen Richtungen von σ_3 und σ_1

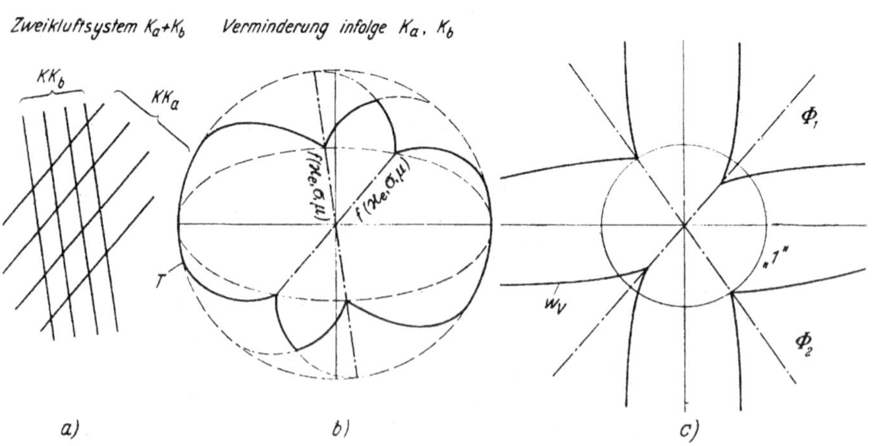

Abb. 6-7. Verbandwiderstand B (b) und w_V-Diagramm (c) für 2 **Hauptkluftscharen** kk_a und kk_b (a)

würde. Man erkennt ferner den teilweise sprunghaften Verlauf des Verbandwiderstandes und die großen Unterschiede in verschiedenen Richtungen, welche das Absinken der Festigkeiten auf die Restfestigkeiten zum Ausdruck bringen.

Den Einfluß einer Kluftflächenschar von großem Durchtrennungsgrad ($\varkappa_e = 1{,}0$) zeigt deutlich die Abb. 6–8. SANDER (1948, 38) spricht in einem solchen Fall von „Gleitscheiben“. Bei Kluftscharen mit

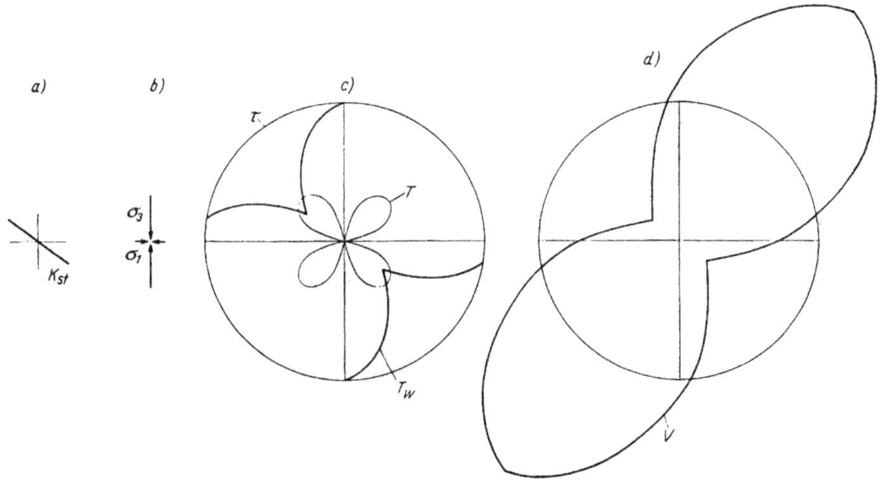

Abb. 6-8. Schichtanisotropie — Schematische Darstellung: a) Schicht- oder Schieferungsfugen K_{st} eines schichtigen Körpers; b) Spannungszustand; c) Diagramm des Verbandwiderstandes für den Spannungszustand $\sigma_{1,3}$; T Schubwiderstand auf den Schnittflächen im homogenen Körper; T_w Schubwiderstand im schichtig anisotropen Körper; V Verformungsmodul (schematisch)

kleinem Kluftflächenanteil ($\varkappa_e < 1$) kommt in der Restfläche der Scherwiderstand bzw. Reißwiderstand des Gesteins zur Wirkung und vergrößert dementsprechend den Verbandwiderstand; bei Großklüften ist dies nicht der Fall. Sie bewirken allemal entscheidende und große Abminderungen der Gebirgsfestigkeit, insbesondere der Scherfestigkeit (s. a. MÜLLER und PACHER 1957, 82; MÜLLER 1958 b, 82).

Es ist möglich und zweckmäßig, bei schichtiger Fazies, säuliger und blockiger Fazies von einschariger, zwei- und mehrschariger Anisotropie zu sprechen.

Die Diagramme (Abb. 6–9) zeigen eine für drei Kluftscharen geführte Untersuchung.

Den Einfluß der Schichtreibung zeigt ein Vergleich der Diagramme Abb. 6–10. Die Linien Sk und S unterscheiden sich lediglich durch verschiedene Annahmen des Reibungswertes ($\varrho \cong 15^\circ$ gegenüber 45°).

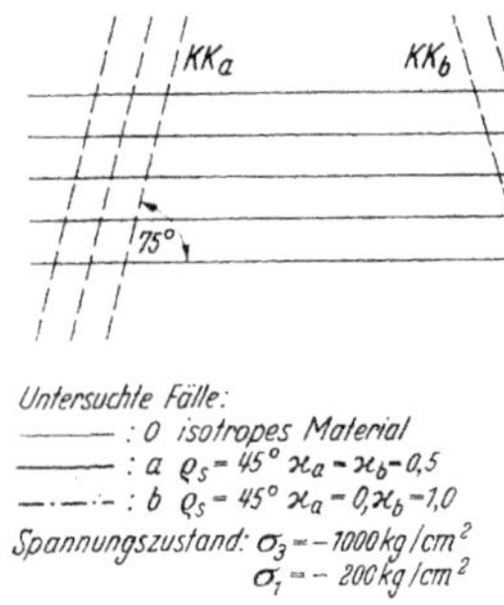

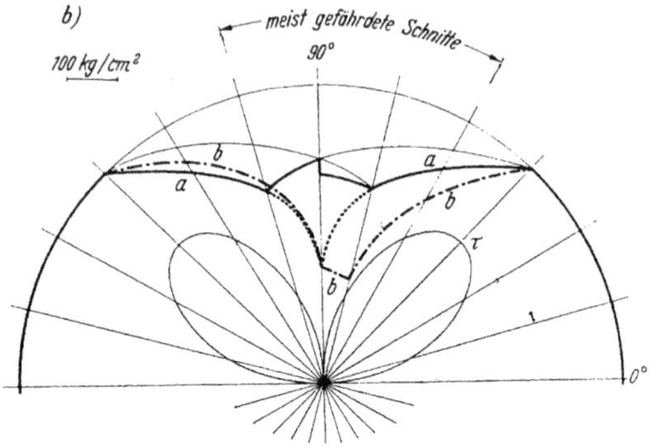

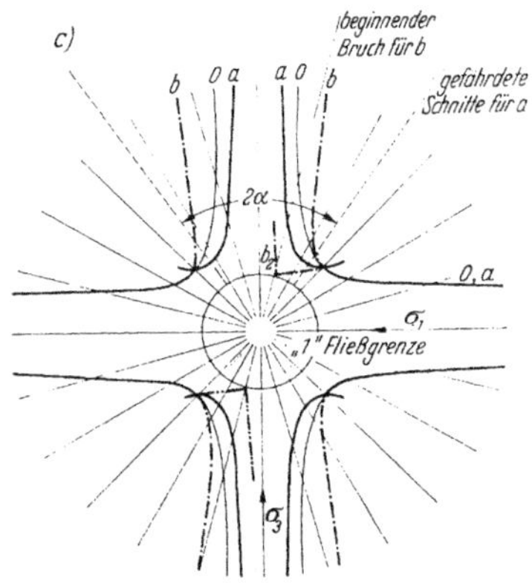

Abb. 6-9. Beispiel eines w_V-Diagrammes für 3 Hauptkluftscharen; a) generelle Lage der Schichtung K_{st} und der Hauptkluftscharen kk_a und kk_b; b) Verbandwiderstand B, a: bedingt durch Kluftschar kk_a, b: bedingt durch Kluftschar kk_b; c) Widerstandsziffer-Diagramm, angenommene Scherfestigkeit $\tau_b = 600$ kg/cm²

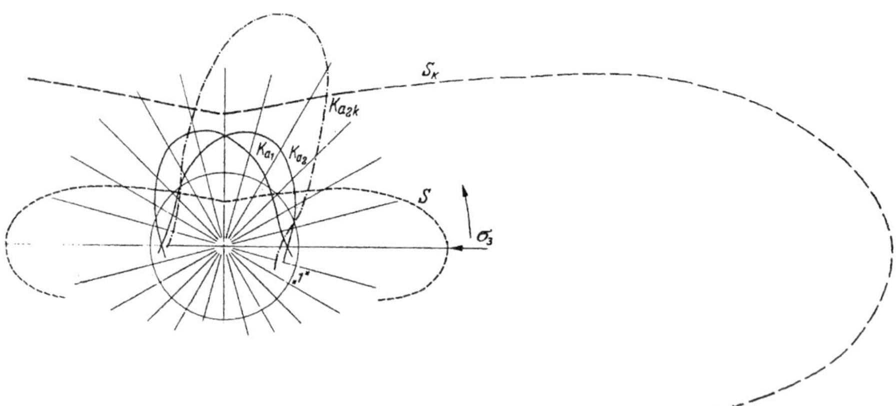

Abb. 6-10. Diagramme der Verformungswilligkeit des Gebirges für die Kluftscharen SS, kk_a und kk_b. Hauptnormalspannungen (durch 180° rotierend). $\sigma_3 = -1000$ kg/cm², $\sigma_1 = -200$ kg/cm². Das Relativmaß der Verformungswilligkeit ist in der Richtung des jeweiligen σ_3 aufgetragen

6.13 Anwendungsbereich der wγ-Linien

Der Anwendungsbereich der wγ-Linien ist begrenzt, gestattet aber doch schon, wenigstens näherungsweise, die Beantwortung einer ganzen Reihe praktischer Fragen.

In welcher Richtung vermag der Fels in den Flanken einer Talsperre den meisten Widerstand zu leisten, in welchen Richtungen ist dieser Widerstand unzureichend?

Wo läge die gefährliche Bruchfläche, z. B. bei einer Felssicherung? Und wie wäre sie beschaffen?

Mit welchen Ablösungen haben wir in Hohlräumen unter Gebirgsdruck zu rechnen; wo, in welcher Form und Größe sind sie zu erwarten bzw. zu verhindern?

Die Widerstandsziffern klären darüber auf, was geschieht, wenn (in der Nähe der Randfasern einer Gebirgsoberfläche oder eines Tunnelausbruches) der räumliche Spannungszustand in einen mehr oder minder einachsigen übergeht ($\sigma_1 \rightarrow 0$, $\sigma_2 = m \cdot \sigma_3$, σ_3). Es fallen dann die Auswirkungen der Querbelastung weg, welche aus den Diagrammen sehr gut abgelesen werden können. Die Annäherung an den einachsigen Spannungszustand läßt proportional die Reibungswiderstände der Verbandfestigkeit und somit die Zugfestigkeit quer zur freien Oberfläche erheblich abnehmen.

Das Aufklüften der Ulmen von Stollen ist nach diesem Strukturmodell gut zu verstehen. Erforderlich ist dazu allerdings eine wenigstens globale Kenntnis der Spannungsverteilung um den Hohlraum.

Nicht aus den Widerstandsziffern ableitbar sind allerdings absolute Größenangaben der abgeminderten Festigkeiten. Nur Relativwerte können erhalten werden; diese aber ermöglichen den Vergleich verschiedener Spannungszustände, Belastungsrichtungen, Gefügetypen usw.

Deutlich erkennt man auch, daß Verband- und Materialfestigkeit keineswegs in einem einfachen Abminderungsverhältnis stehen. Die Abminderung der Gesteinsfestigkeit verläuft unstetig und richtungsbedingt und hängt überdies von Art und Größe der Beanspruchung ab. Nur in wenig zerklüftetem Gebirge (Kluftnetz mit geringem Durchtrennungsgrad), in Bergarten äußerst geringer Materialfestigkeit oder in Gebirge mit sehr innig geschlossenen Klüften (z. B. im Dolomit, dessen Klüfte einen innigen Kohäsionsschluß besitzen) sind die Eigenschaften des Grundkörpermaterials für die Gebirgseigenschaften bestimmend. Ansonsten ist Gebirgsfestigkeit im wesentlichen gefügebedingt.

„Das unzerrüttete Gebirge kann in erster Annäherung als ein kontinuierlicher elastischer Körper angesehen werden und die Spannungsverteilung in demselben auf Grund der Elastizitätstheorie zumindest angenähert ermittelt werden" (DENKHAUS 1958, 20). Dies gilt insbesondere für Bergbaue in sehr großer Teufe (z. B. 3000 m in Südafrika, 4000—5000 m in Indien). Auch CLAR (1960, 188) weist darauf hin, „daß voraussichtlich mit zunehmender Belastung in größerer Tiefe sich der bedeutende Unterschied zwischen dem Gebirgs- und dem Gesteinsverhalten vermindert und allmählich verschwindet". Ähnlich gilt dies für Eis, dessen Kluftreibung gering, dessen Kohäsionsschluß auf den Klüften aber groß ist. Die Teufe, in welcher die Kluftreibung infolge der Querbelastung so groß wird, daß sie das Maß der Scherfestigkeit erreicht oder überschreitet (zumal diese dort wegen der höheren Wärme geringer ist), läßt sich etwa nach der Gleichung

$$h_L \frac{\beta_{SG}}{0{,}8 \cdot \gamma \cdot \mathrm{tg}\,\delta} \qquad [6\text{—}2]$$

errechnen, wobei wir mit TALOBRE $\sigma_1 \geqq 0{,}6\ \sigma_3$, $\sigma_m = 0{,}8\,\gamma \cdot h_L$ annehmen; dann ist die Kluftreibung ihrer Größenordnung nach

$$\tau_R = \sigma_m \cdot \mathrm{tg}\,\delta \doteq 0{,}8\,\gamma\, h_L \cdot \mathrm{tg}\delta \qquad [6\text{—}3]$$

Für Gesteins-Scherfestigkeiten von 500/1000/2000 t/m^2 ergibt sich daraus eine Grenztiefe von $h_L \doteq$ 250/500/1000 m.

6.14 Zugfestigkeit

Die oft gestellte Frage, ob ein zerklüfteter Gesteinsverband Zugfestigkeit besitzen könne, ist aus den Diagrammen zu beantworten: eine solche ist nur in bestimmten Richtungen vorhanden und auch in diesen meist kleiner als die Gesteinszugfestigkeit. Quer zu Großklüften ist fast keine Zugfestigkeit vorhanden (es sei denn, die Adhäsion auf den Kluftflächen und Zwischenmitteln bewirke eine solche). Die Klüfte K_a und K_b mindern die Zugfestigkeit gegenüber einer horizontalen Zugbeanspruchung in einem breiten Richtungssektor ab, wie die Abb. 6–11 für den Spannungszustand des Beispiels deutlich macht. Dem Aufblättern nach Schichtfugen setzt das Gestein praktisch keinen Zugwiderstand entgegen; in anderen Richtungen allerdings kann eine gewisse Verzahnung, ähnlich wie in einem Mauerwerkverband (Abb. 5–6), in Kraft treten, welche reibungsabhängig ist. Je größer die Querbelastung, je geringer der Durchtrennungsgrad der maßgebenden Kluftscharen und je spitzer der Winkel zwischen den Kluftscharen und dem Zugvektor des Spannungstensors, desto größer ist die Verbandfestigkeit des Gebirges. Auch sie ist also vom Spannungszustand abhängig.

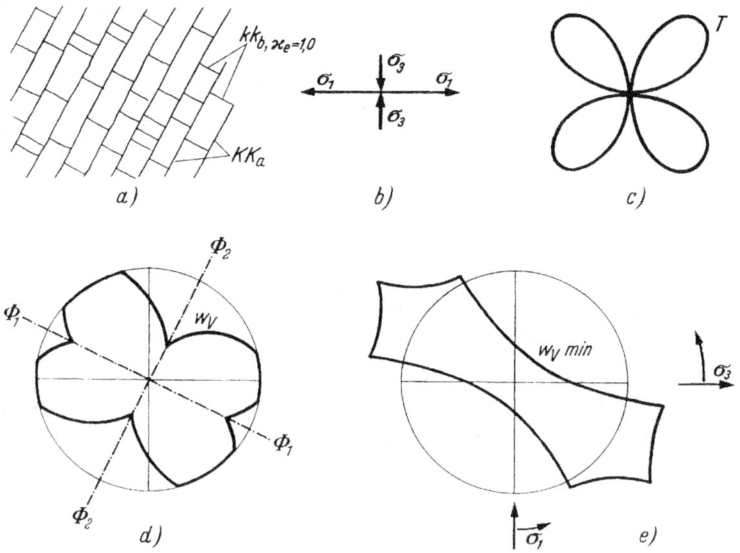

Abb. 6-11. Widerstand gegen Zugbeanspruchung in einem Mauerwerksverband. a) Kluftschema; Großklüfte KK_a und Kleinklüfte kk_b, beide vom Durchtrennungsgrad $\varkappa_e = 1{,}0$; b) Spannungszustand σ_3 (Druck), σ_1 (Zug); c) Verteilung der Schubkräfte T; d) w_V-Diagramm für die Beanspruchungsrichtung nach b; Φ_1 und Φ_2 Richtungen geringsten Scherwiderstandes; e) w_V-Minima für den Spannungszustand b, rotierend gedacht

6.15 Anisotropie des Flächengefüges

Den Einfluß der Anisotropie des Flächengefüges veranschaulicht am deutlichsten ein Vergleich der w_V-Linien für die Fälle a und b (Abb. 6–8) gegenüber der w_V-Linie für (unzerklüftetes Gebirge) 0 und man könnte etwa den Quotienten

$$w_{V_a}/w_{V_o} = a \qquad [6\text{—}4]$$

der w_V-Werte dieser Linien als Maßstab der Gesteinsanisotropie in den verschiedenen Schnittrichtungen verwenden. Dabei ist es bemerkenswert, daß in einigen Richtungssektoren die w_V-Linien für a und b und 0 mitunter auch gleichlaufen, was besagt, daß in diesen Schnittrichtungen die Klüfte praktisch keine Anisotropie erzeugen und der Körper sich verhält, als wäre er isotrop.

Auch die mechanische Anisotropie ist also vom jeweiligen Spannungszustand abhängig, während die morphologische Gefügeanisotropie, wie Sander sie charakterisiert, unabhängig vom Spannungszustand für sich besteht. Die morphologische Anisotropie kommt um so mehr in mechanischer Anisotropie zur Auswirkung, je mehr sich der vorhandene Spannungszustand dem einachsigen nähert. Umgekehrt wird die

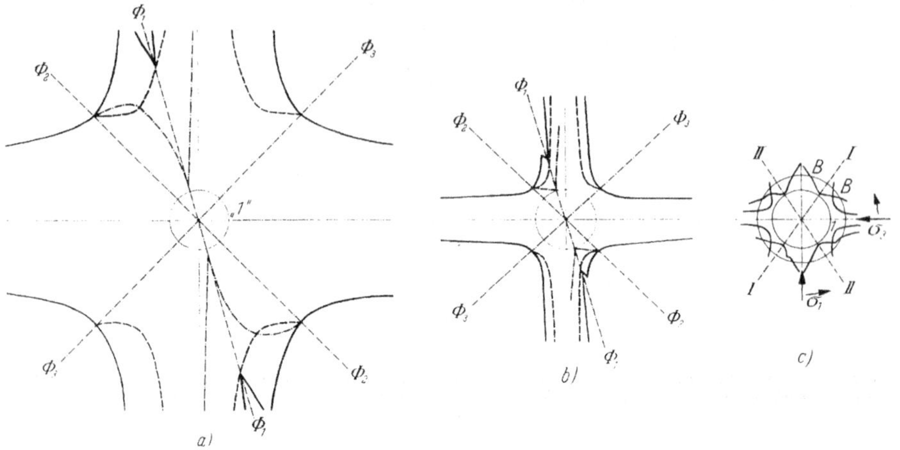

Abb. 6-12. Einfluß verschiedener Spannungszustände auf die Festigkeit des Gebirgsverbandes A, A_1, A_2, B und C: w_V-Diagramme für gefügemäßig verschiedene Homogenbereiche; a) für den Spannungszustand σ_3 (vertikal) = — 10 000 t/m²; σ_1 (horizontal) = — 20 000 t/m²; b) w_V-Diagramme für die gleichen Homogenbereiche, jedoch für den Spannungszustand σ_3 (vertikal) = — 2000 t/m²; σ_1 (horizontal) = — 400 t/m²; c) w_V-Minima für den gleichen Spannungszustand in verschiedenen Richtungen

mechanische Anisotropie bei allseitig gleichem Druck praktisch verschwinden. Ein Vergleich der Abb. 6–12, a und b, macht den Einfluß verschiedener Spannungszustände auf die Verbandsfestigkeit deutlich.

6.2 Die Fließbereitschaft des Gebirges

Die *Widerstandsziffer* w_V, auf der rechten Seite der Abb. 6–6 und 6–7 dargestellt, zeigt, wo sie größer als 1 ist, gewissermaßen die *Sicherheit* des Gesteinsverbandes gegen Ausbildung von Bruchflächen (Gleitflächen, Trennflächen, Vertretungsklüften, Kluftstaffeln usw.) an. Das Maß 1 ist in den Figuren als zentrischer Kreis eingeschrieben. Man erkennt, daß die Sicherheit bei ein und demselben Flächengefüge für verschiedene Richtungen und Größen der Hauptbeanspruchungen verschieden groß ist. Wo die Widerstandsziffer kleiner als 1 wird, bedeutet das, daß bei dem angenommenen Spannungszustand entlang der betreffenden Kluftschar bereits Verschiebungsbrüche eintreten, d. h. die *Grenzbedingungen* für das *Bruchfließen* sind überschritten. Das Maß, in welchem der Wert 1,0 unterschritten wird, gibt einen Anhaltspunkt dafür, wie groß die *Fließbereitschaft* bzw. „*Verformungswilligkeit*" des Materials bei diesem Spannungszustand sein mag und in welcher Richtung das Fließen stattfinden wird. Es gibt an, nach welchen Kluftscharen sich das Gebirge z. B. in „plastischen Zonen" (KASTNER) deformieren wird und ob dabei vorhandene Klüfte benützt oder neue Brüche (= „technische Klüfte") aufgerissen werden.

w_V-Werte unter 1,0 haben eigentlich keine physikalische Bedeutung mehr, weil die Beanspruchung tatsächlich niemals größer sein kann als der jeweilige Verbandwiderstand, sondern durch Spannungsausgleich im Augenblick des Bruchfließens abgebaut wird. Trotzdem darf man die rechnerischen Werte $w_V < 1{,}0$ als Maßstab dafür nehmen, wieweit sich das Material bei dem betreffenden Spannungszustand bereits im Bereich des Bruchfließens befindet.

6.21 Maß der Fließbereitschaft

Als Maß der Fließbereitschaft bzw. inneren Gesteinsbeweglichkeit kann der Reziprokwert $T/B = 1/w_V = a_{Fl}$ gelten. Es ist auf die jeweilige Beanspruchung bezogen zu verstehen. Fallweise kann auch von dem Begriff $a_{Fl0} = B_0/B$ Gebrauch gemacht werden, welcher die relative Beweglichkeit, bezogen auf 1 oder auf die Festigkeit des unzerklüfteten Gesteins, kennzeichnet. Nach der Größe von B bzw. w_V, also sozusagen nach der Annäherung an die Fließgrenze, kann die Steifigkeit des Gebirges in verschiedenen Richtungen beurteilt werden. Freilich gibt der Wert $\frac{1}{w_V}$ nur einen ersten Anhaltspunkt für das Formänderungsverhalten des Gebirges und stellt nicht etwa einen Formänderungsmodul dar.

6.22 Einfluß der Kluftreibung

Der Einfluß der Kluftreibung auf die Verformungswilligkeit macht sich um so mehr geltend, je mehr sich die angestrebten Gleitflächen Φ 1 und Φ 2 der Lage der vorhandenen Kluftstellungen nähern. Das Gesteinsfließen ist dann von den Richtungen des Spannungszustandes in höherem Maße abhängig als von dessen Absolutgrößen. Dies kann in der Umgebung von unterirdischen Hohlräumen bedeutungsvoll werden, in denen sich nicht nur die Spannungsgrößen, sondern auch die Richtung der Hauptnormalspannungen ändern. Je größer die $\varkappa$-Werte werden, desto mehr wird die Teilbeweglichkeit und Verformungswilligkeit allein von den Reibungswerten auf den Klüften bedingt sein. Beim völlig nach allen Richtungen durchgeklüfteten Vielkörper wird die Elastizität und Festigkeit des Gesteins als solchen praktisch bedeutungslos, und seine Kinematik wird lediglich vom Flächengefüge her bestimmt — ein Umstand, welcher in der Ingenieurgeologie seit einem Jahrzehnt wachsend gewürdigt wird. Beim Mehrkörper hingegen, dem nur angeklüfteten Geologischen Körper, wird die Festigkeit und Gesteinsbeweglichkeit je nach der Größe der $\varkappa$-Werte auf den verschiedenen Kluftscharen im einen Fall mehr von den Eigenschaften des unzerbrochenen Gesteins, im anderen Fall mehr vom Flächengefüge und seinen Reibungswerten bestimmt. Der reibungsmindernde Einfluß des Kluft- und Kluftporenwassers wurde *(3.6)* gewürdigt.

Als Reibungswert gilt der Wert der Haftreibung; nach deren Zusammenbruch, wenn das Bruchfließen begonnen hat, nurmehr der kleinere Wert der Gleitreibung. Am Beginn des Bruchfließens ist also der Gesteinswiderstand am größten und muß generell im Verlauf des Fließens abnehmen bzw. auf einen kleineren Wert zurücksinken. Je nachdem die Gebirgsfestigkeit mehr von Materialbrücken oder von Reibungsflächen bestimmt wird, erfolgt der Bruch einmal mehr fließend, ein andermal mehr plötzlich, wobei auch die Art des Spannungszustandes und dessen Lagebeziehung zu den Kluftscharen mitspielen. Wenn die Restfestigkeiten, ganz besonders die Restzugfestigkeiten des Kluftkörperverbandes (bei geringer Verbandinnigkeit) durch Haftreibung an vorhandenen Bruchflächen erzeugt werden, müßte ein gedachtes Spannungs-Dehnungs-Diagramm also sozusagen eine obere und untere Fließgrenze zeigen. Dem Zusammenbruch der Haftreibung, welcher in Bruchteilen von Sekunden erfolgt (Föppl 1955 b, 146), entspricht also ein plötzlicher Zusammenbruch der Zugfestigkeit, und es kann so zu spontanen Fließbewegungen kommen.

Auf der Zeche Neumühl wurden ganz bedeutende Längenänderungen der Fließbewegung in der Umgebung des Flözabbaues gemessen, deren Spitzenbeträge bis zu 16 cm/10 m = 1,6% (!) betrugen. Formänderungen von solchem Ausmaß sind selbst bei Stahl nicht mehr zur Gänze rückläufig. Rechnet man von den Längenänderungen auf die Spannungen zurück, so erhält man bei Annahme eines Verformungsmoduls von 500 000 t/m² für das angebrochene Gestein eine Zugspannung von etwa 8000 t/m², und selbst bei einem (immer noch möglichen) Verformungsmodul von 6000 t/m² ergäben sich noch 2000 t/m² Zugspannung. Man erkennt, daß sich das Gestein längst im Fließbereich befand.

In Übereinstimmung mit dieser hypothetisch geführten Analyse wurden bei den Neumühler Untersuchungen (Jacobi 1957, 1393) Kluftverschiebungen beobachtet und gemessen, bei denen bald der Kluftöffnungs-, bald der Verschiebungsbetrag überwog. Nach den vorstehenden Überlegungen über die Mechanik der Brüche kann dies nicht wundernehmen; denn die Relativbewegungen der Teilflächen eines zusammengesetzten Bruches müssen uneinheitlich sein.

6.23 Einfluß von Gefügeauflockerungen

Aus den $1/w\gamma$-Diagrammen werden auch der überragende Einfluß von Gefügeauflockerungen und Kluftöffnungen auf den Verbandwiderstand und die Fließbereitschaft des Gebirges deutlicher. Offene Klüfte schalten die Reibung und Querbelastung aus, setzen den Verbandwiderstand bedeutend herab und erhöhen die Fließbereitschaft. So bereiten z. B. die vor Beginn einer Felsgleitung zu beobachtenden Spaltöffnungen und Gefügelockerungen die Gleitung durch Herabsetzung der Verbandfestigkeiten vor. Ob Querbelastung (σ_1) vorhanden ist oder fehlt, macht im Diskontinuum einen weit größeren Unterschied im Bezug auf das Festigkeits- und Formänderungsverhalten aus als im Kontinuum. Der Unterschied zwischen den Festigkeiten, aber auch zwischen den Verformungsmoduln, bei einachsiger und dreiachsiger Beanspruchung ist erwartungsgemäß im Diskontinuum weit größer als im Kontinuum.

In einem ganz neuen Licht erscheint daher die Rolle der Spannungsumlagerungen in bezug auf Fließbereitschaft und Verformungsmöglichkeit von zerklüftetem Gebirge. Es wird deutlich, daß Spannungsumlagerungen die Fließbereitschaft erhöhen. Sie bewirken und fördern also nicht nur dadurch die Bergzerreißung und den Talzuschub sowie die Massenwanderungen aller Art, daß sie den Spannungskreis (Abb. 3–27) durch die Verkleinerung von σ_1 in eine der Mohrschen Hüllkurve nähere Lage bringen, sondern, wie man jetzt sieht, auch dadurch, daß sie eine Fließbereitschaft im Material unter Umständen in ganz neuen, zuvor nicht fließbereiten Richtungen schaffen. Der Wegfall einer Querbelastung, z. B. durch eine waagrecht gerichtete Spannung im Gebirge, vermindert auch — und das ist der entscheidende Unterschied gegenüber der Betrachtung am Mohrschen Kreis und an der Hüllkurve — die Gebirgsfestigkeit in lotrechter Richtung! So wird ein Spannungsabbau erzwungen, welcher von der Gebirgsoberfläche mehrere Meterzehner ins Gebirge hineinreichen kann.

6.3 Mathematische Lösungen

Die Schwierigkeiten, die der mathematischen Behandlung des Diskontinuums entgegenstehen, sind außerordentlich groß; sind doch schon zur Beschreibung des kontinuierlichen Anisotrops 21 Unbekannte einzuführen. Nur Tremmel (1957 und 1960 a), der hierin von Anfang an optimistisch war, und Litwiniszyn (1958) haben meines Wissens bisher Lösungen versucht.

6.31 Orthotropie

Für den Fall der Orthotropie, den einfachsten Fall der Anisotropie, bei welchem die Elastizitätsmoduln des Kontinuums in 2 aufeinander normalen Richtungen verschieden, aber konstant sind, hat Wolf (1935, bei Talobre 1957, 216) die Ausbreitung einer Kraft in Halbebene und Halbraum berechnet. Westergaard (bei Talobre 1957, 216) hat 1938 horizontale, biegsame, aber unausdehnbare Blättermassen untersucht. Den Fall eines mit der Tiefe zunehmenden Moduls untersuchten Buisman und Hraban (beide bei Talobre). Eine „allgemeine Theorie“ der Spannungen und Formänderungen in lagigen Bodenschichten gab Burmister (1945).

6.32 Schichtiges Gebirge

Tremmel (1957, 68) untersucht ein von einer Großkluftschar durchzogenes, also schichtiges Gebirge und seinen Einfluß auf die Beanspruchung von Druckschachtpanzerungen; diese Untersuchung sei als Beispiel für einen elastizitätstheoretischen Ansatz etwas genauer wiedergegeben. Er setzt den E-Modul parallel und quer zur Bankung sowie die Poisson-

Zahl μ [71]) der Kluftebene als bekannt voraus. Darin „liegt... bereits die stillschweigende Voraussetzung, daß alle in ‚der Kluftebene' enthaltenen Richtungen elastisch gleichwertig, die Kluftebenen demnach also isotrop anzusehen sind. Der Einfluß sekundärer Kluftscharen... bleibt also unberücksichtigt. ... Diese Näherungsannahme" führt „auf einen Sonderfall, die sog. Querisotropie... Aus der elastischen Gleichwertigkeit aller der Kluftebene angehörenden Richtungen folgt notwendig auch die elastische Gleichwertigkeit ihrer Normalebenen". Ähnliches hat CLAR (1950, 165), ohne mathematische Ansätze zu geben, auf Grund gefügekundlicher Überlegungen für Stollen allgemeiner Art ausgesagt und daraus geschlossen, daß „nach bestimmten Richtungen oder Flächen der Fließzustand früher erreicht wird als nach anderen".

„Das Elastizitätsgesetz, das die lineare Beziehung zwischen den Spannungen und den ... Verzerrungen, genauer gesagt, zwischen Spannungs- und Verzerrungstensor vermittelt, läßt sich mathematisch mit Hilfe eines Tensors 4. Stufe, des Elastizitätstensors, darstellen" (BUSEMANN und FÖPPL 1952). „Im allgemeinsten Fall hat dieser Tensor 21 mit der Lage des Bezugssystems veränderliche Komponenten [72]); von den $3^4 = 81$ Komponenten des Tensors 4. Stufe sind hier zufolge bestimmter durch die Sym-

Tafel 6–1. Deformationszustand eines elastischen Körpers (rechtwinkeliges kartesisches Bezugssystem)

Verschiebungen	$u_i = f_i\,(x_1, x_2, x_3)$	$i = 1, 2, 3$
Verzerrungen	$\varepsilon_{ik} = \frac{1}{2}\left(\frac{\delta_{ui}}{\delta_{xk}} + \frac{\delta_{uk}}{\delta_{xi}}\right)$	$i, k = 1, 2, 3$

$i = k$ spez. Längenänderung
$i \neq k$ Änderung des rechten Winkels (Gleitung)

Linearer Zusammenhang zwischen Verzerrungen und Spannungen

Isotropie	Anisotropie
gegeben durch	
Hookesches Gesetz $\varepsilon_{ii} = \frac{1}{E}\left[\sigma_{ii} - \nu^{73)}\left(\sigma_{jj} + \sigma_{kk}\right)\right]$ $\varepsilon_{ik} = \frac{1}{2\,G}\,\sigma_{ik}\;(\sigma_{ik} = \tau_{ik})$ $G = \frac{E}{2\,(1+\nu)}$ 2 Elastizitätskonstanten $E\nu$ (oder $G\lambda$) unabhängig	s_{ik}^{lm}-Komponenten ($l = 3$; $m = 3$; $\varepsilon_{ik} = \Sigma\Sigma\, s_{ik}^{lm}\,\sigma_{lm}$; $l = 1$; $m = 1$) des Elastizitätstensors (Tensor 4. Stufe); aus der Symmetrie von ε_{ik} und σ_{lm} (je 6 voneinander unabhängige Komponenten) sowie aus energetischen Gründen folgen Symmetrieeigenschaften des Elastizitätstensors; im allgemeinsten Fall: 21 Elastizitätskonstanten abhängig

von der Lage des Bezugssystems

[71]) bei TREMMEL.

[72]) Entsprechend den aus der Kristallphysik bekannten $\frac{6 \cdot 7}{2} = 21$ Voigtschen Konstanten s_{ik} (bzw. c_{ik}) des asymmetrischen triklinen Systems (SOMMERFELD 1947).

[73]) ν Querdehnungszahl.

metrie des Spannungs- und Verzerrungstensors bedingter sowie weiterer aus Energiebetrachtungen folgender Symmetrieeigenschaften nur 21 voneinander unabhängig.

Der Zusammenhang zwischen den Komponenten der auf ein kartesisches Koordinatensystem (x_1, x_2, x_3) bezogenen Verzerrungs- und Spannungstensoren ist also im allgemeinen anisotropen Stoff durch die Tensorbeziehung

$$\varepsilon_{ik} = \sum^{l}\sum^{m} s^{lm}_{ik}\,\sigma_{lm}$$

mit

$$\left.\begin{matrix} i, k \\ l, m \end{matrix}\right\} = 1, 2, 3 \qquad [6\text{—}5]$$

gegeben; die Dimension der Tensorkomponenten s^{lm}_{ik} ist hierbei reziprok zu der der Spannungen.

Wegen $\varepsilon_{ik} = \varepsilon_{ki}$ sowie $\sigma_{lm} = \sigma_{ml}$ gilt $s^{lm}_{ik} = s^{lm}_{ki} = s^{ml}_{ik} = s^{ml}_{ki}$; [6—6]

aus den erwähnten energetischen Beziehungen folgt ferner

$$s^{lm}_{ik} = s^{ik}_{lm}. \qquad [6\text{—}7]$$

Nach Ausführung der Summation kann [6—5] unter Beachtung von [6—6] in der Form

$$\varepsilon_{ik} = s^{11}_{ik}\,\sigma_{11} + s^{22}_{ik}\,\sigma_{22} + s^{33}_{ik}\,\sigma_{33} + 2\,s^{12}_{ik}\,\sigma_{12} + 2\,s^{13}_{ik}\,\sigma_{13} + 2\,s^{23}_{ik}\,\sigma_{23} \qquad [6\text{—}8]$$

angeschrieben werden, und wir sehen, daß im allgemeinsten Fall jede Verzerrungskomponente von sämtlichen Spannungskomponenten abhängt" (Tremmel, *5.69*).

Führt man zur Vereinfachung an Stelle der Tensorkomponenten verallgemeinerte Elastizitätskonstanten ein, die den Konstanten im Hookeschen Gesetz entsprechen, so „kann für die den Zusammenhang zwischen Schubspannungen und Gleitungen vermittelnden Komponenten s^{lm}_{ik} mit $l = i = \alpha \neq m = k = \beta, \ldots$ aus der Analogie zum Hookeschen Gesetz

$$\varepsilon_{\alpha\beta} = \frac{1}{2\,G}\,\tau_{\alpha\beta} = 2\,s^{\alpha\beta}_{\alpha\beta}\,\sigma_{\alpha\beta} \qquad [6\text{—}9]$$

auf

$$s^{\alpha\beta}_{\alpha\beta} = \frac{1}{4\,G_{\alpha\beta}} \qquad [6\text{—}10]$$

geschlossen, $G_{\alpha\beta}$ demnach als der den Schubspannungen

$$\sigma_{\alpha\beta} = \tau_{\alpha\beta}\ (\alpha \neq \beta) \qquad [6\text{—}11]$$

zugeordnete Schubmodul betrachtet werden. Zwischen den Schubmoduln $G_{\alpha\beta}$, den Elastizitätsmoduln E_α, E_β und den Querzahlen $\mu_{\alpha\beta}$, $\mu_{\beta\alpha}$ besteht jedoch im allgemeinen keine Beziehung" (*5.70*).

Auch aus den wγ-Diagrammen (*6.1*) wird deutlich, daß zwischen Schubmoduln und Elastizitätsmoduln sowie zwischen diesen und der Querdehnungszahl keine unmittelbare Korrelation möglich ist.

Aus Symmetriegründen fallen sämtliche Komponenten der Form

$$s_{\alpha\alpha}^{\beta\gamma} \text{ und } s_{\alpha\gamma}^{\alpha\beta} \text{ mit } \left.\begin{matrix}\alpha\\ \beta\\ \gamma\end{matrix}\right\} = 1, 2, 3 \text{ und } \beta \neq \gamma$$

fort. „Damit kann das Elastizitätsgesetz in einer dem Hookeschen Gesetz ähnlichen Form angeschrieben werden; wie bei diesem sind die spezifischen Längenänderungen

$$\varepsilon_{\alpha\alpha} = \frac{1}{E_\alpha}\sigma_{\alpha\alpha} - \frac{\nu_{\alpha\beta}}{E_\beta}\sigma_{\beta\beta} - \frac{\nu_{\alpha\gamma}}{E_\gamma}\sigma_{\gamma\gamma} \qquad [6—12]$$

nur mit Normalspannungen und die Gleitungen

$$\varepsilon_{\alpha\beta} = \frac{1}{2\,G_{\alpha\beta}}\tau_{\alpha\beta}\,(\alpha \neq \beta) \qquad [6—13]$$

nur mit Schubspannungen verknüpft. Unter Berücksichtigung der Symmetriebedingungen [6—7] wäre hier der Elastizitätstensor bereits durch 9 Konstanten, und zwar je 3 Elastizitätsmoduln E_α, 3 Schubmoduln $G_{\alpha\beta}$, und 3 Querziffern $\nu_{\alpha\beta}$ (mit $\left.\begin{matrix}\alpha\\ \beta\\ \gamma\end{matrix}\right\} = 1, 2, 3$ und $\alpha \neq \beta$) bestimmt (allgemeine Orthotropie).

Zufolge der vorausgesetzten Isotropie der Kluftebene (yz-Ebene) bestehen in unserem Sonderfall aber noch gewisse Beziehungen zwischen den einzelnen Tensorkomponenten. Da in dieser Ebene keine Richtung ausgezeichnet ist, muß gelten:

$$E_y = E_z \text{ sowie } \nu_{xy} = \nu_{xz} \text{ und } G_{xy} = G_{xz}; \qquad [6—14]$$

schließlich läßt sich der Schubmodul G_{yz} ... durch E-Modul und Querziffer ausdrücken:

$$G_{yz} = \frac{E_y}{2\,(1 + \nu_{zy})} = \frac{E_z}{2\,(1 + \nu_{yz})}. \qquad [6—15]$$

Im Hinblick auf diese 4 Gleichungen verringert sich die Anzahl der Bestimmungsstücke des E-Tensors im Falle der Querisotropie demnach auf 9 — 4 = 5 Konstanten (Hexagonales System) ...

Für die Beziehung zwischen Gleitungen und Schubspannungen gilt unverändert:

$$\varepsilon_{xy} = \frac{1}{2\,G_{xy}}\tau_{xy}. \qquad [6—16]$$

Damit ist das gesamte Elastizitätsgesetz festgelegt.

Mit den aus den Messungen erhaltenen Elastizitätsmoduln:
in Richtung der Kluftnormalen: mit

$$E_x = \varkappa E;\ \varkappa = \frac{E_x}{E} < 1 \qquad [6—17]$$

und in der Kluftebene:

$$E_y = E_z = E \qquad [6—18]$$

sowie den Poissonschen Querziffern: senkrecht zur Kluftebene

$$\nu_{xy} = \nu_{xz} = \bar{\mu}\nu \qquad [6—19]$$

und in der Kluftebene

$$\nu_{yz} = \nu_{zy} = \nu \qquad [6—20]$$

(wobei der dimensionslose Verhältniswert $\bar{\mu}$ zur Vereinfachung der nachstehenden Formeln eingeführt wird) folgt...

$$\frac{1 - \nu_{xz}\,\nu_{zx}}{E_x} = \frac{1 - \varkappa\bar{\mu}^2\,\nu^2}{\varkappa E}, \qquad [6—21]$$

$$\frac{1 - \nu_{yz}\,\nu_{zy}}{E_y} = \frac{1 - \nu^2}{E} \qquad [6—22]$$

und schließlich

$$\frac{\nu_{xy} + \nu_{zx}\,\nu_{zy}}{E_y} = \frac{\nu_{yz} + \nu_{yz}\,\nu_{zx}}{E_x} = \frac{\bar{\mu}\nu\,(1 + \mu)}{E}. \qquad [6—23]$$

Hinsichtlich des durch Messungen kaum zu bestimmenden Schubmoduls $G_{xy} = G_{xz}$ treffen wir die Annahme, daß dieser Schubmodul mit den zugehörigen Elastizitätskonstanten in ähnlicher Weise verknüpft ist wie im isotropen Fall und erhalten durch Mittelbildung

$$\frac{1}{G_{xy}} = \frac{1}{G_{xz}} = \frac{1}{2}\left[\frac{2\,(1 + \nu_{xy})}{E_y} + \frac{2\,(1 + \nu_{yx})}{E_x}\right] \qquad [6—24]$$

mit den für die rechtsstehenden Konstanten angegebenen Werten

$$\frac{1}{G_{xy}} = \frac{1}{G_{xz}} = \frac{1 + \varkappa\,(1 + 2\,\bar{\mu}\bar{\nu})}{\varkappa E}.\text{“} \qquad [6—25]$$

Gleitungen parallel zu den Bankungsklüften werden in diesem Ansatz nicht als diskontinuierliche sondern als stetige Verschiebungen behandelt, so daß der Schubmodul mit den zugehörigen Elastizitätskonstanten in ähnlicher Weise verknüpft ist wie im isotropen Fall, also nur von den beiden Elastizitätsmoduln abhängt. In Wirklichkeit wird er viel größer sein können als im isotropen Fall, denn wir können uns wohl Schichtpakete denken, welche zwar hinsichtlich beider Elastizitätsmoduln gleich sind, jedoch in ihrer Verschieblichkeit in den Kluftflächen sehr verschieden sein können. Tremmel begründet diese Annahme damit, daß der Schubmodul $T_{xy} = G_{xz}$ in der Natur kaum zu bestimmen sein dürfte. Großversuche werden lehren müssen, ob eine solche Bestimmung nicht doch erhalten werden kann.

6.33 Gleittafel-Diskontinuum

Einen Ansatz für das Gleittafel-Diskontinuum gibt Litwiniszyn (1958, 93) unter Verwendung statistischer Verfahren, wobei der Einfluß der Zeit auf das Gebirgsverhalten mitberücksichtigt wird. Er erfaßte (neben Denkhaus) als einer der ersten Bergleute das Wesen des Gebirges richtig, nämlich als „Makro-Trümmerlagerstätte“. ... „Ein derartiges Medium bewahrt bei Bewegungen keinesfalls die Bedingung der Kontinuität der Transformierungen, die diese Bewegung beschreiben. Im Zusammenhang damit hegen manche Forscher Zweifel, ob man die Erscheinungen der Gebirgsbewegungen mit Hilfe von Differentialgleichungen beschreiben kann. Eine solche Einschätzung der Sachlage erscheint jedoch zu pessimistisch. Die Mängel der Theorie der Gebirgsmechanik, welche auf Modellen der Mechanik kontinuierlicher Medien aufgebaut ist, sind nicht dadurch verursacht, daß diese Theorie mittels Differentialgleichungen formuliert wird, sondern durch die Tatsache, daß die gewählten Modelle in ungenügendem Maße der Wirklichkeit entsprechen. ... Die riesig große Anzahl der Elemente, welche an der Erscheinung der Bewegung einer Gesteinstrümmerstätte teilnehmen, sowie die große Zahl der Vorgänge, die unter diesen Elementen eintreten, bringt andererseits den Gedanken nahe, zur Beschreibung gewisser Eigenschaften der Bewegung einer solchen Trümmerstätte statistische Methoden anzuwenden. Die Umstände, die die Lösung dieses Problems mittels der Methoden der klassischen Mechanik erschweren, erleichtern auf diese Weise, das Problem auf anderem Wege zu lösen. Die ungeheuer große Zahl der Freiheitsgrade des Systems, welches eine Makrotrümmerstätte bildet, ist der Grund, daß gewisse Gesetzmäßigkeiten, die in der Bewegung einer solchen Trümmerstätte auftreten, nur in geringem Maße von den Eigenschaften der Elemente dieser Trümmersammlung abhängig sind. Die Kenntnis dieser Gesetzmäßigkeiten kann für die Vorausbestimmung der Bewegung des Gebirges unter dem Einfluß von Abbau unter Tage nutzbringend sein.

Erwägungen, die auf ziemlich allgemeinen Forderungen von den Erscheinungen der Verschiebungen im Gebirge basieren, führen zu einer Differentialgleichung, mit deren Hilfe man die Größe dieser Verschiebungen bestimmen kann, wenn die Randbedingungen, die vom Abbau bestimmt werden, gegeben sind. Die erhaltene Gleichung ist der Gleichung der sog. stochastischen Prozesse ähnlich. Deshalb nennen wir Medien, in denen Dislokationen übereinstimmend mit dieser Gleichung vor sich gehen, stochastische Medien.

Im Falle von räumlichen Problemen stochastischer Medien enthält die erhaltene Gleichung 6 Funktionskoeffizienten. Durch Annahme verschiedener Gruppen von Symmetrieelementen des stochastischen Mediums kann man einige dieser Koeffizienten spezifizieren. Im einfachsten Falle eines horizontal geschichteten Mediums reduziert sich die Anzahl der Koeffizienten auf einen. In diesem Falle nimmt die Gleichung eine der Gleichung der Wärmeleitung analoge Gestalt an. Im allgemeinen Fall ist die erhaltene Gleichung der Gleichung der stochastischen Prozesse analog. Wir werden deshalb Medien, deren Bewegungserscheinungen von dieser Gleichung bestimmt werden, stochastische Medien nennen.

Litwiniszyn gibt Rechenbeispiele für Absenkungsmulden unter dem Einfluß bergmännischer Hohlräume für horizontale und geneigte Gleitschichten. Der Rechengang ist äußerst schwierig.

„... Der Vorgang der Dislokation des Mediums spielt sich ... in Zeit und Raum ab." Litwiniszyn betrachtet „einen dreidimensionalen Zustand in Zeit und Raum (x, z, t), wo t die Zeitkoordinate darstellt. Das Problem kann selbstverständlich für einen vierdimensionalen Zustand in Zeit und Raum verallgemeinert werden." Die Ableitung setzt voraus, daß der Bildungsvorgang der Dislokation in Zeit und Raum Gesetzen der Superposition folge; so kann die gesuchte Funktion als Verteilungsdichte angenommen werden, welche die Wahrscheinlichkeit des Auftretens der Erscheinung in der Nachbarschaft eines zeiträumlichen Punktes $\bar{x}, z_z, \bar{t}$ bestimmt, wenn die Erscheinung im Punkte x, z, t aufgetreten ist. Dabei können Medien berücksichtigt werden, die sowohl in der Zeit als im Raum nicht homogen sind. Litwiniszyn beschränkt sich auf eine Inhomogenität, welche von der Teufe abhängig ist. Maczyński (1956) hat mit Hilfe stochastischer Gleichungen die Verschiebungen berechnet, welche beim Abbau von Schachtsicherheitspfeilern entstehen.

Die Grundbegriffe der Verschiebung und Geschwindigkeit werden bei diesem Verfahren durch Begriffe der Wahrscheinlichkeit von Ursache und Fernwirkung ersetzt. Modellversuche haben gute Übereinstimmungen mit den Ergebnissen der Berechnung gezeigt.

6.34 Unvollkommene Zugspannungsübertragung

Zur Abschätzung des Einflusses der unvollkommenen Zugspannungsübertragung im zerklüfteten Gebirge hat Tremmel (1960 b, 232) — zunächst im Hinblick auf die Beanspruchung von Druckschachtpanzerungen — den Umstand, daß das Diskontinuum (in manchen Fällen) Zugspannungen nicht übertragen kann, dadurch berücksichtigt, „daß der bekannten Richtung der größten Hauptspannungen ein verminderter Elastizitätsmodul zugeordnet und damit die elastizitätstheoretische Behandlung des Problems ermöglicht wird". Es „könnten auch allgemeinere ebene Probleme, allerdings unter erheblichem mathematischem Aufwand, in dieser Art gelöst werden". Durch diese Annahme wird das Problem der Zugspannungsfreiheit auf eine Orthotropie zurückgeführt [74]), welche den Verhältnissen in der Natur — sofern man einen hinreichend großen Bereich erfaßt — besser gerecht wird als ein Ansatz ohne jegliche Zugspannung. Denn wie bereits in (*6.1*) nachgewiesen wurde und auch aus Naturbeob-

---

[74]) Im Falle der Berechnung von Druckschächten verwendet Tremmel Zylinderorthotropie.

achtungen bekannt ist, besitzt das Gebirge im allgemeinen Zugfestigkeit, wenngleich in bescheidenem Maße.

„Es muß dabei festgehalten werden, daß es sich hier nur um eine Analogie handelt, die die mathematische Formulierung des Problems ermöglicht; mit der wahren Anisotropie des Gebirges, d. h. seinem durch Klüftung und Schichtung bedingten richtungsabhängigen elastischen Verhalten, darf sie nicht verwechselt werden“ (Tremmel 1960 b, 229).

Unter völliger Ausschaltung der Zugfestigkeit innerhalb einer gewissen Zone haben Sulser und Hutter (bei Tremmel 1960b, 229) die Spannungsverteilung im zylindrischen Raum um einen Druckschacht gegeben (s. a. Seeber 1961).

Diese Ableitungen haben aber im Grunde nichts mit der richtungsbedingten Anisotropie des Gebirges und mit richtungsvorgegebenen Diskontinuitäten zu tun.

6.4 Technologische Modellversuche

Je mehr wir uns bemühen, die Anisotropiebedingungen und die oft vielgestaltigen Diskontinuitäten des Geologischen Körpers, seine „innere Form“ (Clar) oder „innere Gestalt“ (Sander) zu berücksichtigen, desto größer wird der mathematische Aufwand, sofern wir nach strengen Lösungen trachten. Er kann nur verringert werden, indem wir vereinfachende Rechnungsannahmen einführen. Sie tragen die Gefahr in sich, daß sie mit der Zeit aus dem Bewußtsein verschwinden, so daß solche Rechengänge häufig auch dort angewendet werden, wo diese Vereinfachungen nicht mehr statthaft sind.

Die Entwicklung der geomechanischen Forschung hat bewiesen, daß durch Modellversuche aller Art nicht nur komplizierte geomechanische Situationen, sondern auch Elementarprobleme weitgehend geklärt werden können. Daß auf Grund von Modellversuchen oft auch exakte mathematische Formulierungen gewonnen werden können, dafür gibt es, insbesondere in der Spannungsoptik, gute Beispiele.

Zur Lösung gebirgstechnologischer Grundaufgaben kommen 2 Arten von Modellstudien in Betracht: 1. Spannungsoptische Modellversuche und 2. technologische Modellversuche.

6.41 Spannungsoptische Modellversuche

Die Untersuchung Sonntags (1957, 19) über die Beanspruchung des Gebirges in der Umgebung einer Kluft in Abhängigkeit ihrer Richtung zur größten Hauptspannung, welche bemerkenswerte Abhängigkeiten der Kerbspannungen (Abb. 6–13) am Grunde der Kluft von der Richtung illustrierte, ist als Anfang einer (leider seitdem nicht weitergeführten) Untersuchungsreihe gedacht, welche über den Mechanismus der Entstehung und die Weiterbildung einzelner Klüfte aufklären soll.

Abb. 6-13. Beanspruchung des Gebirges in der Umgebung einer Kluft in Abhängigkeit ihrer Richtung zur (lotrechten) Hauptspannung σ_3. Aus SONNTAG (1957 c)

Nach der Bruchtheorie von GRIFFITH (1920 und 1924; s. a. bei SCHEIDEGGER 1958 a, 98) schreitet ein Scherungsbruch durch Zugspannungen quer zum Bruch fort. Unter der Annahme einer schmalelliptischen Form der Bruchspalte kann nach der Lösung von INGLIS (1913) aus der Verformungsenergie die Spannung am Grund der Kluftkerbe zu

$$\sigma = \sqrt{\frac{2\,E\,S}{\pi\,c}} \qquad [6\text{—}26]$$

errechnet werden. Dies ist der Spannungsbetrag, welcher erreicht werden muß, damit die Kluftbildung fortschreitet.

GRIFFITHS allgemeine Bruchbedingung lautet:

$$\left.\begin{array}{ll} & 3\,\sigma_1 + \sigma_3 > 0, \text{ wenn } \sigma_1 = \beta_z \\ \text{oder} & 3\,\sigma_1 + \sigma_3 < 0, \text{ wenn } (\sigma_1 - \sigma_3)^2 + 8\,\beta_z\,(\sigma_1 + \sigma_3) = 0 \end{array}\right\} \qquad [6\text{—}27]$$

An Körpern mit ebenen Schnitten, welche also in plattigem, bankigem und schichtigem Gebirge ihre Naturentsprechung haben, stellte FÖPPL auf Grund spannungsoptischer Studien (1957b, 9) fest, „daß der elastische Spannungszustand ... bei gegebener äußerer Belastung nicht eindeutig ist, im Gegensatz zu nichtgeschnittenen Körpern. Dies ist an und für sich nicht überraschend, da in den Schnitten Normal- und Schubspannungsverteilungen" (Abb. 6–14) „der verschiedensten Art auftreten können, die für sich im Gleichgewicht stehen. Bemerkenswert ist aber, daß es fast immer gelingt, durch geeignetes, nicht zu starkes Klopfen am belasteten Modell zu einem eindeutigen reproduzierbaren Spannungszustand zu gelangen. Bei Übertragung dieses Ergebnisses auf den geschichteten Gebirgsaufbau kommt man zu der Folgerung, daß sich infolge der durch Fernbeben oder andere Ursachen hervorgerufenen leichten Erschütterungen des Gebirges ein bestimmter Spannungszustand ... einstellt, der durch weitere Erschütterungen dieser Art im allgemeinen nicht mehr geändert wird. Dagegen wird er durch Eingriffe in den Gebirgsaufbau bei Stollen- und Kavernen-

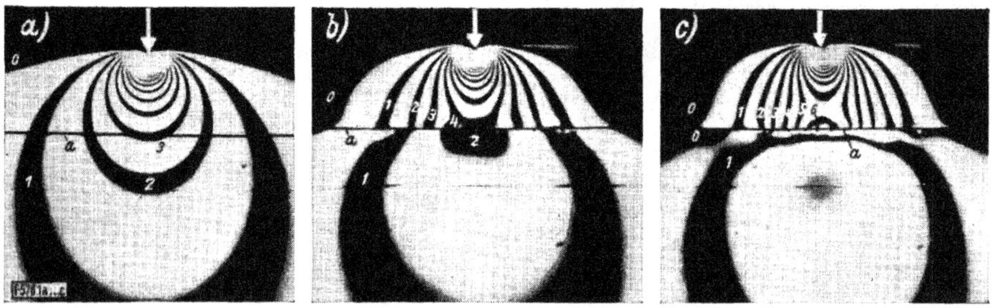

Abb. 6-14. Spannungsverteilung in Körpern mit ebenen Schnitten. a) Ohne Schnitt; b) mit Schnitt ($\tau \neq 0$ im Schnitt); c) mit Schnitt ($\tau = 0$ im Schnitt). Aus Föppl (1957 b, 10)

bauten und die damit zusammenhängenden Sprengungen unter Umständen erheblich geändert, und es wird sich erst wieder im Laufe der Zeit unter der Wirkung leichter Erschütterungen ... allmählich ein neuer Endzustand einstellen."

„In Abb. 6–14 a ist das Isochromatenbild für die nicht geschnittene, durch eine Einzelkraft beanspruchte unendliche Halbscheibe wiedergegeben ... Wie bekannt, sind die Isochromaten Kreise, die alle durch den Angriffspunkt der Last laufen. ... Nachdem die Scheibe parallel zum Rand geschnitten worden war, wurde sie gleich stark wie vorher belastet ... (Abb. 6–14 b). Der Vergleich der Abb. 6–14 a und b zeigt deutlich die starken Änderungen des Spannungszustandes infolge des Schnittes. Aus Abb. 6–14 b entstand Abb. 6–14 c durch leichtes Klopfen am Modell bei konstanter Last. Die Auswertung der 3 Bilder von Abb. 6–14 für die in die Lastrichtung fallende Symmetrieachse ist aus Abb. 6–15 zu entnehmen, in der die aus den Isochromatenbildern sich ergebenden Hauptschubspannungen τ_H dimensionslos dargestellt sind."

„Besonders bemerkenswert ist die Feststellung, daß der Schnitt den Spannungszustand gegenüber dem nicht geschnittenen Körper in dem Sinn verändert, daß die Spannungen in der Schnittflanke des schmalen Streifens vergrößert und in der Schnittflanke der darunter liegenden Halbscheibe verkleinert werden. Dasselbe wurde auch an einer gedrückten, durch beliebig gelegene, gerade Schnitte unterteilten Kreisscheibe beobachtet. Es läßt sich hieraus das Bestreben der Natur ablesen, in geschnittenen Körpern die Beanspruchung von den stärkeren Schichten auf die wenig starken abzuwälzen" (Föppl 1957 b, 11). Diese Tatsache kann man bei einiger Aufmerksamkeit in der Natur wiederholt beobachten.

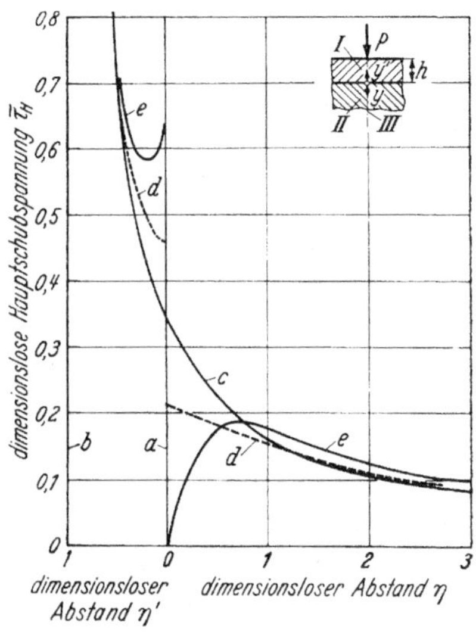

Abb. 6-15. Verlauf der dimensionslosen Hauptschubspannung τ_H längs der Lastlinie III im Streifen I und darunter liegender Halbscheibe II. P Einzellast je Einheit der Scheibendicke, senkrecht zur Zeichenebene, h Streifenhöhe, y und y' Koordinate in der Halbscheibe bzw. im Streifen (von der Schnittfläche aus gerechnet), $\bar{\tau}_H = h\tau_H/P$ (mit τ_H als Hauptschubspannung), $\eta = y/h$, $\eta' = y'/h$; a Schnittfläche, b Rand, c Verlauf ohne Schnitt, d Verlauf mit Schnitt vor dem Klopfen, e Verlauf mit Schnitt nach dem Klopfen. Aus Föppl (1956)

Über den Übergang von der Haftreibung zur Gleitreibung haben spannungsoptische Elementarversuche neues Licht auf manche geomechanische Frage geworfen. Spielt doch die Reibung in vielen Ansätzen eine wichtige Rolle. Das Coulombsche Reibungsgesetz $R = \mu \cdot N$ [6—28] spricht eine Unabhängigkeit des Reibungsbeiwertes von der Größe der Gleitfläche und der Gleitgeschwindigkeit aus und stellt nur eine grobe Annäherung an die Wirklichkeit dar. In einer Versuchsanordnung, welche für Materialien aller Art, auch solche ohne spannungsoptischen Effekt, verwendbar ist, wies Föppl (1955 b, 145) nach, daß der Zusammenbruch der Haftreibung plötzlich, in einem Zeitintervall $< 1/_{1000}$ sec erfolgt und daß auch bei augenblicklicher Wiederherstellung der Normalkraft ein beträchtlicher Rutschweg kaum zu vermeiden ist.

Die Abb. 2-2, 2-34, 3-13 und 3-15 zeigen Elementarversuche der einfachen Schiebung. An diesen Versuchen von H. Cloos (1939) ist bemerkenswert, daß sich, entgegen allem, was aus technologischen Laborversuchen bisher bekanntgeworden ist, auch bei solchen einfachen Elementarvorgängen, wenn sie auf größere Deformationen ausgedehnt werden, nicht nur die bekannten Mohrschen Bruchflächenpaare, sondern noch ein drittes Bruchflächensystem einstellt, über welches wir geomechanisch noch wenig wissen. Gerade die Möglichkeit, die Versuche bis zu sehr großen Verformungsbeträgen auszudehnen, unterscheidet sie wesentlich von allen technologischen Laboratoriumsversuchen. Die kinematische Rolle und gefügemäßige Zuordnung von Verwerfungen, antithetischen Verwerfungstreppen (Cloos 1928b, 246) mit ihren Begleitklüften und Sekundärgefügen haben wir nicht früher in ihrem mechanisch-kinematischen Zusammenhang erkannt, ehe sie die Cloosschen Grabenexperimente (Abb. 2–35) in einer höchst instruktiven Weise deutlich machten und quantitativ zu untersuchen gestatteten. Das Besondere an diesen Versuchen, das zum Erlebnis werden kann, besteht in der Möglichkeit, die Bildung der Strukturen in all ihren Stadien zu verfolgen und sie in zahlreichen Versuchsvarianten abzuwandeln. Die Mechanik und Kinematik der Zerrüttungszonen sowie die für die Prognose von Störungen äußerst bedeutungsvolle Erscheinung der Fiederklüfte (Ljungner 1930; Abb. 3–23) wären auf gleiche Art methodisch zu untersuchen.

6.42 Statistische Modellversuche

Statistische Modellversuche könnte man eine Gruppe von Versuchen nennen, welche die Internationale Versuchsanstalt für Fels in Salzburg betreibt. Der Grundgedanke ist folgender: Um das Gebirge in situ auf seine mechanischen Eigenschaften hin zu prüfen, möchte man am liebsten sehr große Bohrkerne von vielen Metern Durchmesser einem Triaxialversuch unterwerfen. Da man dies in so großen Maßstäben nicht tun kann, sondern zu Kompromissen gezwungen ist, kann man sich den Umstand zunutze machen, daß die Festigkeitseigenschaften in erster Linie — wenigstens bei den meisten Gefügen — von der Anordnung der vorhandenen Kluftflächen in bezug auf die Hauptspannungsrichtungen abhängen. So kann man dieses Gefüge an einem Modellkörper etwas verkleinert nachbilden und diesen den verschiedensten dreiachsigen Beanspruchungen unterwerfen. Die so zu ermittelnde Verbandfestigkeit wird in erster Linie die Anisotropien des Modellkörpers aufzeigen; sie wird dies genauer tun als die in (*6.1*) aufgezeigten Rechenweisen, und das Ergebnis wird um so besser auf den natürlichen Geologischen Körper übertragen werden können, je weniger die Materialbrücken beim Entstehen neuer Brüche eine Rolle spielen. Um dies zu überprüfen, ist beabsichtigt, die primären Klüfte im Modell zu färben, um sie von neu entstehenden Brüchen zu unterscheiden.

Die Versuche können auch in der Weise abgewandelt werden, daß ein homogener Versuchskörper durch einen genau definierten Beanspruchungszustand zerbrochen und nach Einfärben der entstandenen Bruchflächen einem neuen anderen Beanspruchungszustand ausgesetzt wird. Dabei wird die grundsätzlich wichtige Frage geklärt werden können, bis zu welchen Grenzbedingungen vorhandene Bewegungsbahnen unter geänderten Formänderungsbedingungen mitbenützt werden.

Auch diese technologischen Modellversuche sind gefügegetreue Versuche. Man könnte sie auch statistische Modellversuche nennen.

7 Technologische Gebirgsprüfung

In (*4.4*) wurde auseinandergesetzt, daß und warum die mechanischen Eigenschaften des Gebirges nur in Großversuchen geprüft werden können.

Zur Bestimmung des Verformungsmoduls werden bereits seit etlichen Jahren Großversuche unternommen. Sie sind in der Literatur beschrieben. Im folgenden Überblick über die heute möglichen, zweckmäßigen und zum Teil schon in die Wege geleiteten technologischen Großversuche werden daher diese bereits bekannten Methoden weniger eingehend behandelt.

Genau genommen sind auch die meisten geophysikalischen Untersuchungen Großversuche, sofern sie sich, Mittelwerte bildend, über größere Felsbereiche erstrecken. Sie seien jedoch lediglich der Vollständigkeit halber mit aufgezählt, da sie (mit Ausnahme der Spannungsmessungen) keine auf statische Probleme anwendbaren Werte liefern.

7.1 Übersicht

Die Tafel 7-1 gibt einen Überblick über die heute verfügbaren Methoden. Sie ordnet lediglich nach den Vorbereitungen, welche im Gebirge zu treffen sind: Schlitze, Bohrlöcher, Stollen usw. Denn eine Einteilung nach dem Zweck würde sich vielfach überschneiden, da z. B. Versuche, welche in erster Linie der Ermittlung der Scherfestigkeit dienen, gleichzeitig auch den Elastizitäts- und Verformungsmodul des Gebirges zu ermitteln gestatten; Druckkissen- und Stollenversuche ermöglichen, wie gezeigt werden wird, gleichzeitig Untersuchungen über vorhandene Spannungen usw.

Von solchen Möglichkeiten der Kombination wird heute praktisch noch nicht Gebrauch gemacht. Gerade das aber kann man sich von einem geordneten Versuchswesen versprechen, daß es, rationell und ergiebig, alle Möglichkeiten eines Versuches ausschöpft. So sind fast alle Großversuche geeig-

Tafel 7–1. Materialprüfung

Nr.	Versuchsart	Vorgeschlagen [1]) von	Jahr	Erstmalig ausgeführt [1]) Jahr	Ort
a	b	c	d	e	f
1	Lastplattenversuch	?	?	?	?
2	Stollendruckversuch	Föppl	1958	—	—
3	Gleitversuch	Müller-Pacher	1957	1960	Kurobe
4	Klassischer Scherversuch	Leussink	?	1930	Staumauer in Italien
5	Schlitzentlastungsversuch	US-Bureau of Reclamation	1932?	1932?	Boulder-Dam
6	Schlitzweitungsversuch	Oberti	1949	1952?	Eisenerzgruben Ost, Frankreich
7	Schlitzkeilversuch (Freier Scherversuch)	Wünsch	1955	1955	Mähren
8	Bohrlochentlastungsversuch	McHenry USBR ?	1936?	1936	Prospect-Mountain
9	Bohrlochweitungsversuch	Casagrande, Föppl, Müller	1952	?	?
10	Stollenentlastungsversuch	Müller	1952	1961	Wetzawinkel
11	Druckkammerversuch ..	Schrafl C.F.F.S.	1921	1921	Klosterkublis
12	Mechanischer Stollenweitungsversuch	Lazarevic Tiwag	1955 1957	1958	Jugoslawien Kaunertal
13	Kubischer Triaxialversuch	Müller-Pacher	1957	1960	Kurobe
14	Triaxialversuch im Großbohrloch	Müller-Rinagl	1959	—	—
15	Seismische Modulbestimmung	Zisman, W. A.	1933	?	?
16	Druckakustische Methode	Obert, L. USB Mining	?	1939	?

1) Soweit aus Literatur und Umfrage festgestellt werden konnte. 2) E_m = mittlerer E-Modul. 3) F = Feuchkammern noch nicht wasserdicht hergestellt. 7) Nur dynamischer Modul. 8) Nur qualitative Rückschlüsse.

System	ober Tag	unter Tag	Geeignet zur Ermittlung von E	$E_m^{2)}$	σ	β_s	σ_1/σ_3	ϱ	F[3])	t[4])	Geeignet für folgende Bergarten
g	h	i	j	k	l	m	n	o	p	q	r
Stempelpressen, Meßuhren	—	—		—			5)		—		Kompaktes und engständig geklüftetes Gebirge
Stempelpressen, Biegeplatten und Meßuhren	—	—		—					—		Alle Bergarten
Stempelpressen in ein oder zwei Richtungen und Meßuhren	—	—						—	—		Schicht- und Kluftflächen, Störungen
Scherbüchse und Pressen in zwei Richtungen; Meßuhren	—	—				—		—	—		Homogenes, weiches oder sehr engklüftiges Gebirge
Stempelpressen in Schlitzen	—	—			—						Kompaktes und engständig bis mitteldicht geklüftetes Gebirge
Druckkissen in Schlitzen	—	—		—	—	—			—	—	Kompaktes und engständig geklüftetes Gebirge
Pressen zwischen Stahlbetonkeilen in gepanzerten Schlitzen	—			—		—		—	—		Jegliches Gebirge
Deformeter im Bohrlochumkreis	—	—		—	—						Kluftabstand d < 5 Bohrlochdurchmesser oder kompaktes Gebirge
Druckblase im Bohrloch; Deformeter im Umkreis		—		—	—						Detto
Querversetzungsanzeiger in Bohrlöchern im Stollenumkreis		—	—	—	—					—	Jegliches Gebirge
Wasserdichte [6]) Druckkammer mit radialen Deformetern		—		—					—	—	Jegliches Gebirge
Druckkissen-Polygon im Stollen; Radialdeformeter (TIWAG = mit starrer Meßachse)		—		—					—	—	Jegliches Gebirge
Stempelpressen und Druckkissen; Deformeter und Querversetzungsmeßgeräte	—	—	—	—		—	—		—	—	Jegliches Gebirge
Druckkissen-Polygon um Großbohrlochkern; Querversetzungsmeßgeräte	—		—	—		—	—		—	—	Kompaktes, mitteldicht bis engständig geklüftetes Gebirge
Impulsgeber und Seismographen	—	—	7)		8)						Jegliches Gebirge
Schall- und Ultraschallimpulsgeber und Geophone	—	—	7)		—				—		Nur in Gestein mit deutlichem druckakustischem Effekt

tigkeitseinfluß. 4) t = Zeiteinfluß. 5) Noch ungeklärt. 6) Bei den ersten Ausführungen wurden die Drucknet, nebenbei auch über vorhandene Gesteinsspannungen aufzuklären. In der Tafel 7–1 sind deshalb neben dem jeweiligen Hauptzweck jene Größen angeschrieben, welche zusätzlich ermittelt werden können.

Nach methodischen Erwägungen sind grundsätzlich 2 Arten solcher Großversuche möglich: 1. der Belastungsversuch, in welchem künstlich zusätzliche, bekannte Spannungen aufgebracht und den schon vorhandenen überlagert werden; 2. der Entlastungsversuch, welcher lediglich freie Flächen schafft, wodurch sich vorhandene Spannungen in meßbaren Formänderungen auswirken können.

7.2 Grundsätzliches

Im Gegensatz zu den Laborversuchen, die stets mit Belastungen auf freigemachten Flächen beginnen, sollten die Gebirgsversuche tunlichst v o r der Herstellung freier Flächen einsetzen. Denn selbst wenn diese nicht durch Sprengung, sondern durch Schrämen oder Sägeschnitt geschaffen werden oder durch die Natur in einer langsamen und daher schonenden Anarbeitung der Gebirgsoberfläche entstanden, sind sie mit Spannungsumlagerungen verbunden und haben das Gefüge des Gebirgskörpers aufgelockert. Es wurde deshalb schon vor langem vorgeschlagen (Müller 1951 b), wo es irgend geht, den technologischen Versuch mit Entlastung beginnen zu lassen, d. h. mit den Verformungsmessungen einzusetzen, e h e Schlitze, Bohrlöcher usw. angelegt werden.

Bei den meisten Felsbauwerken erwachsen uns statische Aufgaben nicht aus der Belastung, welche wir dem Fels zumuten, sondern aus Entlastungsbewegungen, welche sich als Gebirgsdruck auf Tunnelröhren, als Felsdruck auf Stützmauern, als Talzuschub, als Beanspruchung von Böschungsfüßen usw. auswirken. Nur wo sehr große künstliche Belastungen aufgebracht werden, im wesentlichen eigentlich nur im Talsperrenbau, gesellen sich zu den vorerwähnten Entlastungswirkungen aktive Lasten, denen gegenüber der Fels ein Verhalten an den Tag legt, wie wir es in B e l a s t u n g s - versuchen kennenlernen können.

7.21 Entlastungsversuche

Entlastungsversuche wurden bisher nur zur Spannungsmessung, und zwar im wesentlichen nur im Kluftkörperbereich, also das Gestein, nicht das Gebirge prüfend, ausgeführt. Dehnt man sie auf das Gebirge aus, was ohne großen Aufwand möglich ist (*7.4; 7.5; 7.6*), dann sollen nicht nur die B e t r ä g e der Formänderung, sondern auch ihr z e i t l i c h e r V e r l a u f beobachtet werden. Er sagt über das Fließverhalten des Gebirges, insbesondere über das „N a c h k ü r z e n“ (Eichinger 1955, 718) aus und zeigt praxisnahe Beziehungen zum Entspannungsverhalten der Gesteine in Hohlräumen usw. auf.

7.22 Belastungsversuche

Belastungsversuche müssen meist als Dauerversuche veranstaltet werden, d. h. als Langzeitversuche bei langsam gesteigerter oder gleichbleibender Belastung; denn nur solche versprechen, die Zeitgebundenheit der Materialeigenschaften zu offenbaren, „die bei relativ hoher Belastungsgeschwindigkeit verschleiert werden" (Höfer 1958). Sie werden auch die Möglichkeit des „Lastwechsel-Kriechens" (2.435) zu berücksichtigen haben. Hierzu ist es notwendig, anstatt der üblichen stufenweise gesteigerten Belastungsphasen auf jeder Laststufe zahlreiche — je nach der Gebirgsart 10 bis 50 — Lastwechsel vorzunehmen. Abb. 7-1 a zeigt eines der üblichen

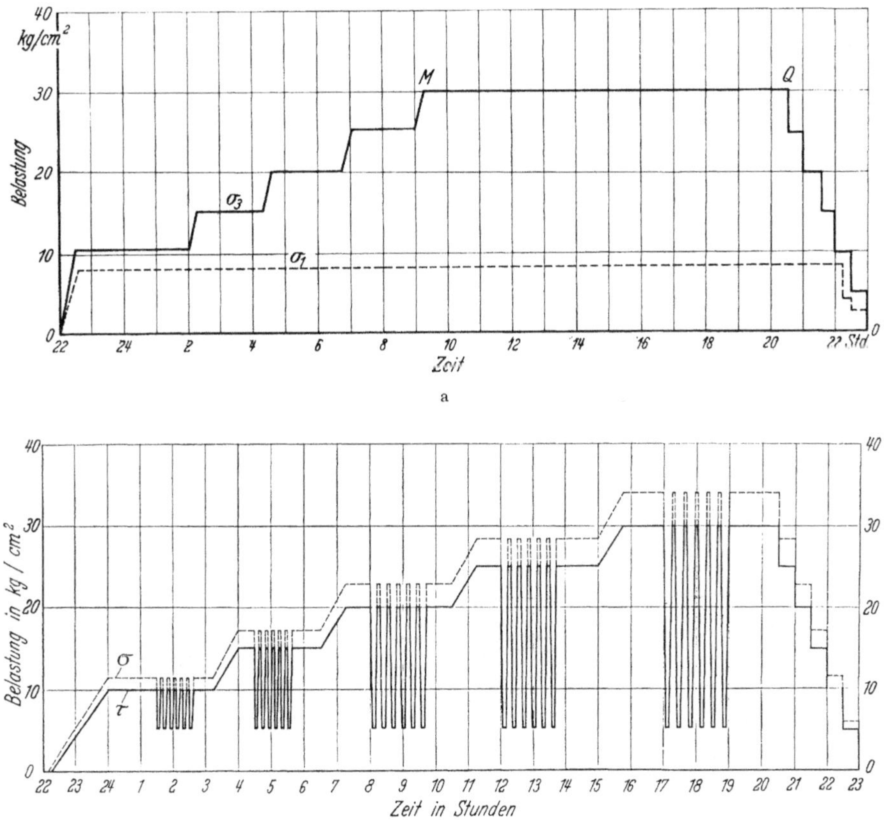

a

b

Abb. 7-1. Lastaufbringungsprogramm eines Groß-Scherversuches. (Versuchsreihe Kurobe IV/Japan der „Interfels" und I.G.B. Salzburg.) a) Mit stufenweise gesteigerter Last und b) mit wiederholten Lastwechseln

Lastaufbringungsprogramme eines Belastungsversuches, bei welchem die Last in jeder Phase gesteigert wird, so daß sich aus der Umhüllung der Last-Verformungs-Linien die Funktion V = V (p) ergibt, während die Äste der Entlastung und Wiederbelastung (*2.41*) den mittleren E-Wert liefern. Aus einem Versuch nach einem Lastaufbringungsprogramm etwa gemäß Abb. 7–1 b kann hingegen eine Funktion V = V (p, t) erhalten werden, welche das Lastwechselkriechen berücksichtigt. Interessiert hingegen das normale Kriechen ohne Lastwechseleinfluß, so genügt es, die letzte Versuchslaststufe auf längere Zeit auszudehnen. Im Diagramm (Abb. 7–1 a) liegt zwischen den Zeitpunkten M und Q ein Intervall von 10 Stunden. Man wird es bei manchen Gesteinen auf viele Wochen ausdehnen müssen.

7.23 Abmessungen der Versuchskörper

Die Abmessungen der Versuchskörper müssen der Klüftigkeit des Gebirges angepaßt werden. Damit eine aus Kluftkörpern gefügte Einheit einer Gebirgsmasse statistischen Gesetzen gehorche, muß die Zahl der Kluftkörperschnitte in den Hauptverformungsebenen oder der zu erwartenden Bruchfläche mindestens 100, besser 200 sein. Die Versuchskörper sind daher so zu bemessen, daß ihre Dimensionen mindestens gleich dem Zehnfachen des mittleren Kluftabstandes sind. Nur dann ist die Zahl der Einzeleinflüsse, welche die zu testenden Verbandeigenschaften beeinflussen, groß genug, daß sich die gesetzmäßigen Wirkungen gegenüber den vom Gesetz des Beanspruchungs-Formänderungs-Vorganges ablenkenden, streuenden, örtlichen, mit einem Wort, zufälligen Wirkungen durchsetzen. Nur dann leuchtet in den Diagrammen und Ziffern der vorgenommenen Gebirgsprüfung die Materialgesetzlichkeit durch. Diese Größenregel der Materialprüfung befolgen wir ja auch bei allen anderen Prüfkörpern in der Festigkeitsforschung, ohne ihrer immer bewußt zu sein. Niemand würde z. B. Betone an Würfeln prüfen, deren Seitenlänge kleiner wäre als das Drei- bis Fünffache des größten Korndurchmessers oder das Zehnfache des mittleren Korndurchmessers. Deshalb müssen Festigkeits- und Formänderungsversuche im Fels Großversuche sein. Diese Forderung liegt in der Natur der Sache. Weil sie Großversuche sein müssen, müssen sie Versuche in situ (Am-Ort-Versuche) sein. Daß wir Probekörper von der erforderlichen Größe, also etwa in den Abmessungen von 2—10 m nicht ins Laboratorium bringen können, ist klar. Aber selbst wenn wir es könnten, würden wir es nicht tun, denn „es darf nicht außer Acht gelassen werden, daß die plastische Verformbarkeit von der Vorgeschichte des Gesteins“ — ich möchte ergänzen: und des Gebirges — „abhängt“ (DENKHAUS 1958). Auch aus diesem Grunde müssen technologische Gebirgsversuche Versuche in situ sein.

Dies gilt auch für Versuche zur Spannungsermittlung, bezüglich deren Petermann nicht mit Unrecht darauf hinweist, daß wir uns nicht sicher fühlen dürfen, wenn wir Spannungsprüfungen nur in einem einzelnen Kluftkörper ausführen, ohne zu wissen, was in dessen anisotroper und inhomogener Nachbarschaft vor sich geht. Wie inhomogen z. B. die Spannungen in einem geschichteten Material verteilt sein können, haben uns spannungsoptische Untersuchungen von Föppl (1956) gelehrt. Diese zeigen deutlich, daß es nicht gleichgültig sein kann, ob wir eine im Kleinversuch ausgeführte Spannungsmessung unmittelbar neben einer Kluft oder weiter ab von dieser ausführen.

7.24 Berücksichtigung geologischer Gegebenheiten

Gebirgstechnologische Versuche sind Versuche am geologischen Körper. Es ist deshalb gänzlich verfehlt, sie ohne Beiziehung eines Geologen, Baugeologen oder Geomechanikers auszuführen. Dieser hat vor allem einen Platz auszuwählen, an welchem das Gebirge hinsichtlich seines Gefüges und mechanischen Verhaltens als repräsentativ für den betreffenden Homogenbereich gelten kann. Der Geologe wird den Versuchsbereich, selbstverständlich einschließlich aller Gefügedaten, vor und nach dem Versuch genau zu beschreiben haben. Es hat den Wert etlicher bereits durchgeführter Großversuche entscheidend gemindert, daß das Gefüge nicht oder nur durch Ausrichtung nach Schichtung und Schieferung berücksichtigt wurde. Nur bei genauer Gefügedeutung erlaubt ein Großversuch Schlüsse auf die Nachbarschaft oder geänderte Verhältnisse in der Umgebung. Solche Schlüsse sind nur dann erlaubt, wenn sie sich auf Vergleiche der bevorzugten Richtungen der morphologischen Anisotropie stützen, welche die Widerstandsziffern und Kennziffern der Fließbereitschaft erkennen lassen. Wo es um die Beobachtung von Spannungen geht, wird man die Versuche nicht nach der Gebirgsanisotropie, sondern nach den vermutlichen Richtungen der Hauptnormalspannungen orientieren.

7.25 Möglichkeit vorhandener Spannungen

Die Möglichkeit vorhandener Spannungen sollte man stets in Betracht ziehen. Tut man es nicht, so weiß man bei der Aufzeichnung einer Arbeitslinie (Abb. 2–19) eines vorgenommenen Gebirgsversuches eigentlich gar nicht, wo der Ursprung des Koordinatensystems anzusetzen sei. Da die zu prüfenden Materialeigenschaften selbst wieder vom Spannungszustand abhängen, kann man zu Trugschlüssen gelangen, wenn man den Beginn der künstlichen Lastaufbringung und Formänderung gleichzeitig als Ursprungspunkt der Koordinatensysteme annimmt, besonders wenn man nur Belastungsversuche ausführt (Müller 1951 b, 247).

7.26 Versuchsprogramm

Ein sorgfältig überlegtes Versuchsprogramm bestimmt die Auswahl der Versuchsorte nach geologischen und geomechanischen Gesichtspunkten. Es muß die erwähnten Kombinations- und Erweiterungsmöglichkeiten der Versuche ebenso wie die Problemstellung des Statikers berücksichtigen.

E-Modul, V-Modul, Fließ- und Zeitverhalten des Gebirges hängen in der Regel in erheblichem Grade von der Belastungsart und -größe im Bauwerk ab. Deshalb soll ein technologischer Gebirgsversuch in der Größe der Belastung den Verhältnissen im späteren Bauwerk entsprechen oder zumindest vergleichbar sein, in der Belastungsart ihm möglichst nahe kommen, der Forderung von Roš entsprechend, daß ein technologischer Versuch grundsätzlich entweder möglichst elementar oder möglichst naturähnlich sein solle.

Erst nach Abschluß solcher Überlegungen sollte man über die zu wählenden Versuchsmethoden entscheiden und Versuchsreihen planen. Dabei ist es immer wertvoll, wenn Teste verschiedener Art einander ergänzen und kontrollieren. Demgegenüber bieten Versuche der gleichen Art den Vorteil, daß sie die S t r e u u n g der Versuchsergebnisse erkennen lassen, welche die Güte und die Ungleichmäßigkeit des Gebirges beurteilen lassen. Deshalb hat man für jeden Homogenbereich, dessen mechanische Eigenschaften zu prüfen sind, m e h r e r e Teste vorzusehen. „Einmal ist keinmal!“ Als Versuchsergebnis sind meines Erachtens, im Gegensatz zu den Gebräuchen der Laboratorien, nicht die Mittelwerte, sondern die K l e i n s t w e r t e der Teste anzusehen, oder noch besser theoretische Mindestwerte, welche sich aus der Gaußschen Fehlerkurve ableiten lassen. Dies hat seinen Grund darin, daß für das Verhalten des Gebirges die Fehlstellen entscheidender sind als der Materialdurchschnitt.

7.3 Versuche an freier Oberfläche

An freier, geebneter Gebirgsoberfläche (Geländefläche, Ausbruchfläche oder Stollenleibung) wurden bisher nur Stempeldruckversuche vorgenommen. Neben diesen soll ein Schwellendruckversuch angeregt werden, welchen Föppl vorgeschlagen hat und der für die Geopraxis Bedeutung erlangen dürfte.

Oberflächenversuche sind in gewissem Sinne „oberflächliche“ Versuche. Sie prüfen nur das der Oberfläche unmittelbar benachbarte Material und haben geringe Tiefenwirkung, welche das ein- bis zweifache der Stempel- oder Laststreifenbreite beträgt. Das ist meist nicht mehr als ein halber Meter und kann im Höchstfalle auf 2—3 m gesteigert werden. Wenn die Eigenschaften eben dieser stets aufgelockerten Oberflächenzone zu untersuchen sind, dann sind Versuche dieser Art am Platz. Will man dagegen das Gestein unterhalb dieser Zone prüfen, muß man andere Verfahren verwenden.

7.31 Stempeldruckversuche

Stempeldruckversuche, auch Lastplattenversuche genannt, werden meist (Abb. 7–2) in Stollen ausgeführt, wo die Firste oder die gegenüberliegende Wand auf vorteilhafte Weise die Reaktion der aufzubringenden Kräfte leisten. Mit hydraulischen Kolbenpressen (*hydraulic jacks; verins hydrau-*

Abb. 7-2. Im Stollen fahrbare Stempelpresse der S.A.D.E.; nach K. Hetzel, 1957

liques; martinetti idraulici) von 100—300 t Druckkraft werden (quadratische oder runde) Druckplatten von 20—40 cm ∅ gegen den Fels gedrückt und aus der Arbeitslinie (Last-Weg-Diagramm) werden E und V-Modul ermittelt. Mit den heute erhältlichen stärksten Pressen von 1000 t Schub könnte man zwar doppelt so große Lastplatten andrücken und dabei eine doppelt so dicke Felsschicht prüfen; aber auch diese würde noch nicht über die Auflockerungszone hinausreichen.

Die Größenordnung des Prüfungsdruckes soll den Beanspruchungen unter dem Bauwerk entsprechen. Da die Spannungsverteilung unter der Lastplatte inhomogen ist und der Bereich, welcher einen wesentlichen Anteil zu der zu messenden Platteneindrückung liefert, nach Terzaghi durchschnittlich mit etwa dem halben Sohldruck beansprucht ist, muß folglich unter der Lastplatte ein etwa zweimal größerer spezifischer Druck herrschen als unter dem Bauwerk. Da der Gesamtdruck durch die Pressenkraft praktisch begrenzt ist, wird die erreichbare Tiefenwirkung gemäß dem Diagramm der Abb. 7–3 um so geringer sein, je größer die spezifische Belastung unter dem Bauwerk ist.

Durch Verwendung verschieden großer Lastplatten kann die Abnahme der Auflockerung (die Zunahme des Verformungsmoduls) nach der Tiefe ermittelt und so der Modul des nicht gelockerten Gebirges eingeschätzt werden.

Jelinek hat darauf hingewiesen, daß man die Formänderungen bei rechteckigen Lastplatten nicht an der Platte sondern am Fels messen muß, weil die Deformationen auch starker Platten Fehler in die Messung bringen.

Nach Talobres Auffassung (1957, 191) kann man aus Stempeldruckversuchen, welche immer nur Belastungs-, nicht Entlastungsversuche sein können, außer der Arbeitslinie, welche E und V liefert, auch eine angenäherte Hüllkurve (allerdings nur für die Grenze elastischen und plastischen Verhaltens) und schließlich auch bescheidene Auskünfte über Kriechen und Nachkürzen erhalten. Da der Versuch im Stollen leicht in verschiedenen Richtungen anzusetzen ist, gibt er einige Auskunft auch über die Anisotropie dieser Eigenschaften; aber die Unterschiede der Gebirgsauflockerung zwischen Sohle, Firste und Ulmen werden diesen Einfluß in der Regel so überlagern, daß man ihn nicht zu werten weiß. Stempelbelastung in der Sohle kann sehr leicht abwechselnd in bergfeuchtem und wassergesättigtem Gebirge vorgenommen werden, wenn man einen Teil der Sohle unter Wasser setzt. Man erhält dann einen recht brauchbaren Vergleich.

Alle Bestimmungen dieser Methode sind roh, ungenau und nur informatorisch. Stempelversuche zur Bestimmung des Elastizitätsmoduls heranzuziehen, bezeichnet Breth (1952, 251) mit Recht als eine Notlösung. Es lohnt sich deshalb nicht, auf die Auswertungsformeln einzugehen, deren gebräuchlichste die von Boussinesque, Borowicka und Habel sind.

Ermittlungen der Druckfestigkeit durch Stempelbelastungen, welche Talobre (1957) nach der in der Bodenmechanik verwendeten Formel

$$p_{krit} = \gamma \cdot h_1 \cdot \alpha + c\,(\alpha - 1)\,\mathrm{ctg}\,\varphi; \quad \alpha = \mathrm{tg}^2\left(\frac{\pi}{4} + \frac{\varphi}{2}\right) e^{\pi\,\mathrm{tg}\,\varphi} \qquad [7\text{—}1]$$

von Prandtl-Caquot auswertet, sind dadurch beeinträchtigt, daß das Gebirge nur in Ausnahmefällen äußerst geringer Materialfestigkeit oder Zerrüttung ähnliche Bruchfiguren zeigt, wie sie diesen eigentlich im plastischen Bereich gültigen Formeln zugrunde liegen. Talobre selbst bezeichnet die Resultate als unbefriedigend.

Die Talobresche Konstruktion einer Hüllkurve aus dem Last-Weg-Diagramm (Abb. 7–4) geht von dem Gedanken aus, daß die Abbiegungen dieser Kurven bei

2, 4, 6, 7 usw. durch Gleitvorgänge im Gebirge entstehen, so daß man die entsprechenden Beanspruchungen als charakteristische Grenzspannungen von Bruchkreisen in der Mohrschen Darstellung betrachten könne, welche die Lage der Hüllkurve angeben. Dabei bleibt zunächst allerdings offen, inwieweit die Spannungen unter der Lastplatte mit den Belastungen in tiefer gelegenen Teilen des Gebirgsgefüges, wo die Verschiebungen der Kluftkörper vor sich gehen, identifiziert werden dürfen, zumal der Laststempel nur einen oder nur einige wenige Kluftkörper drückt, so daß der gedrückte Bereich weit unter jener Größenordnung liegt, welche zur Ermittlung statistisch gültiger Festigkeitswerte erforderlich wäre. Wenn in einem so inhomogen beanspruchten Bereich

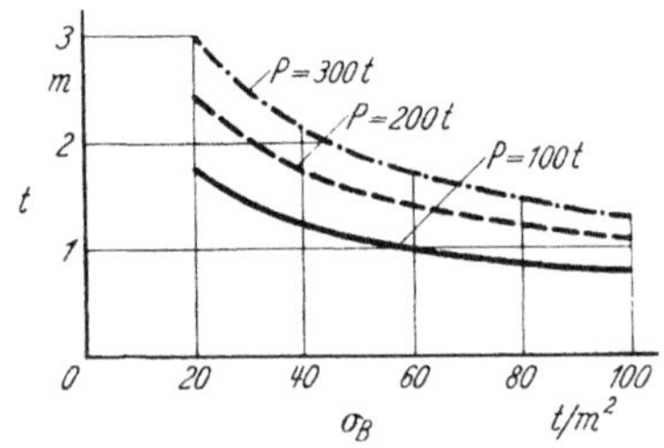

Abb. 7-3. Tiefenwirkung von Lastplatten bei gegebener Pressenlast. t = Tiefe der wesentlichen Plattenwirkung (t ≃ 1,5 b; b = Plattendurchmesser); σ_B = Baugrund-Beanspruchung unter dem Bauwerk (≃ mittlere Beanspruchung im geprüften Gesteinsraum)

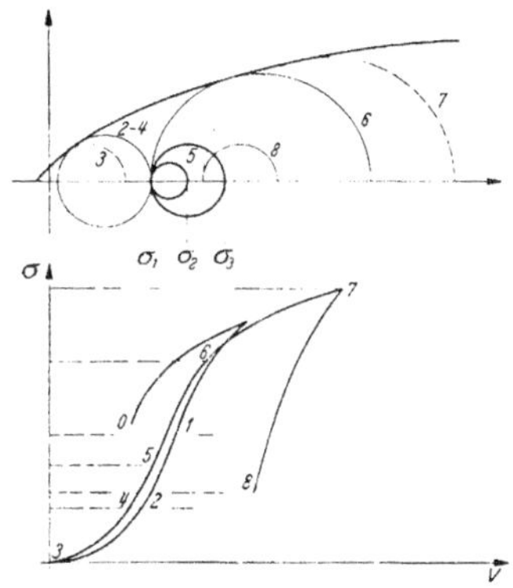

Abb. 7-4. Konstruktion der Mohrschen Hüllkurve aus dem Last-Weg-Diagramm eines Stempeldruckversuches nach Talobre (1957, 193)

wie jenem der Druckzwiebel überhaupt Grenzbeanspruchungen als Funktion der Gesamtlast definiert werden können, dann dürfen die gemeinten Abbiegungen der Arbeitslinie nur als Grenzangaben zwischen den Bereichen unmittelbar rückläufiger und zeitabhängig rückläufiger Deformationen gewertet werden; die daraus konstruierte Hüllkurve charakterisiert demnach nicht den Grenzzustand des Bruchfließens, sondern jenen des unmittelbar rückläufigen Materialverhaltens.

7.32 Schwellendruckversuch

Der Schwellendruckversuch nach Föppl (1958) liefert auf verblüffend einfache Weise schon bei Anwendung geringer Druckkräfte, welche gar nicht gemessen zu werden brauchen, den Ursprungsmodul E_0. Föppl hat nachgewiesen, „daß die Berührungsstrecke 2 a zwischen“ einem elastischen „Stab und“ einer elastischen „Unterlage unabhängig von der Größe der in der Stabmitte angreifenden Last ist“ (Abb. 7–5).

Kennt man die Höhe H des Stabes vom rechteckigen Querschnitt und seinen E-Modul E_1 und sein Trägheitsmoment I, so kann E_2, der E-Modul der Unterlage, errechnet werden, wenn man die Länge 2 a der Berührungsstrecke zwischen Stab und Unterlage mißt. Die Gleichung

$$a = 1{,}27\,h \cdot \sqrt[3]{\frac{E_1}{E_2}} \qquad [7—2]$$

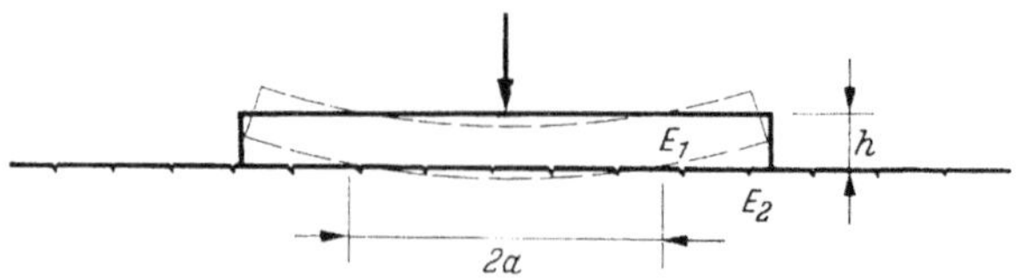

Abb. 7-5. Schwellendruckversuch nach FÖPPL (1958)

gilt nur, solange das E-Modul-Verhältnis groß genug, mindestens 5—10, ist. Die Punkte, an denen sich der Stab abhebt, können mit hinreichender Genauigkeit durch Einschieben eines sog. Spions von etwa $^{1}/_{100}$ mm Stärke zwischen Stab und Unterlage ermittelt werden. Genauer kann man die Länge 2 a durch Messung der Biegelinie mittels Dehnungsmeßstreifen bestimmen, da die Biegelinie außerhalb der Berührungspunkte eine Gerade ist. Durch Aufbringung von P in verschiedenen Laststufen (welche dann allerdings gemessen werden müssen) kann die Abhängigkeit des E von P festgestellt werden, so daß also außer E_0 verschiedene andere E- und V-Werte bestimmt werden können.

7.4 Großversuche zwischen Gesteinsschlitzen

Großversuche zwischen Gesteinsschlitzen wurden bisher meist nur zur Bestimmung der Verformungsmoduln unternommen; nur zweimal wurden Felskörper in wirklich großem Ausmaß abgeschert (s. Abb. 7–9).

1961 wurden durch die Internationale Versuchsanstalt für Fels zahlreiche Groß-Triaxialversuche zwischen Felsschlitzen in Japan durchgeführt (s. Abb. 7–6).

7.41 Schlitzentlastungsversuche

Als Schlitzentlastungsversuche kann man jene bezeichnen, bei welchen während der Herstellung eines Schlitzes im Gestein die Deformationen im Nachbargestein beobachtet werden. Man sollte die Gelegenheit zu solchen Versuchen vor allem dann nicht versäumen, wenn für anderweitige Großversuche ohnedies Schlitze hergestellt werden müssen. Da Schlitzentlastungsversuche in kleinem Maßstab aber auch wiederholt (z. B. nach OBERTI) für sich allein zur Ermittlung von Spannungen im Gestein verwendet wurden, seien sie hier gesondert aufgeführt.

Im Gegensatz zu den Kleinversuchen, bei denen man nie weiß, ob die im Kluftkörper ermittelten Spannungen mit den Gebirgsspannungen in der Umgebung identisch sind, verspricht ein Versuch im großen Maßstab, hierüber bessere Auskunft zu geben, vor allem dann, wenn Spannungen in verschiedenen Richtungen bestimmt werden sollen.

Abb. 7-6. Großversuche im Granitwiderlager der Talsperre Kurobe IV, Japan; Versuchsblöcke zwischen Schlitzen im Stollen. (Photo Kansai Power Co. Inc.)

Besonders wichtig wird daher beim Groß-Schlitzentlastungsversuch die Orientierung des Versuches (a) entweder nach den zu mutmaßenden Hauptspannungsrichtungen oder (b) nach den gefügebedingten Richtungen größter und kleinster Verformbarkeit (wV-Ziffern), selten (c) lediglich nach Schichtung oder Schieferung sein.

Die Länge des Schlitzes muß etwa das 15—25fache des mittleren Kluftabstandes in dieser Richtung betragen. Die Tiefe sollte ungefähr von gleicher Größe sein. Dem Sinn des Großversuches entsprechend sind die Deformationen gleichfalls nicht an einem Kluftkörper, sondern über größere Strecken hinweg zu beobachten. Da ein solcher Versuch weit mehr über das Zeitverhalten des Gesteins zu offenbaren verspricht als ein Kleinversuch, sind die Messungen auf Langzeitbeobachtungen abzustellen. Es kann sinnvoll sein, den Versuch nicht nur in bergfeuchtem Gestein anzustellen, sondern auch in künstlich durchnäßtem zu wiederholen, da die zeitabhängigen Gebirgseigenschaften sich mit der Wasseraufnahme des Gebirges ändern.

Der Versuch kann bei bekannten Gebirgsmoduln über die Spannungen Auskunft geben; zweckmäßig wird er durch einen Wiederbelastungsversuch mittels Druckkissen (*7.42*) ergänzt, wobei σ ohne Kenntnis der Gebirgsmoduln gewonnen wird, diese aber aus dem Versuch (bei bekanntem m- und t-Einfluß) erhalten werden.

7.42 Druckkissenversuch

Der Druckkissenversuch wurde wiederholt, aber stets nur zur Bestimmung der Elastizitäts- und Verformungsmoduln, ausgeführt (Breth 1952; Oberti 1949; Talobre 1957, 96). In der Regel werden (kreisrunde) Druckkissen (*flat jacks; verins plats; martinetti piatti*) von 1—2 m Fläche verwendet. Das Wesen dieser Methode besteht darin, daß Druckdosen bzw. Druckkissen — geschweißte Metalltaschen mit Wulsträndern, welche eine Dehnung von 2 oder 3 cm gestatten — in einem Schlitz des Gebirges eingemörtelt und aufgepreßt werden (Abb. 7–7). Breth (1952, 251) verwendet mit Vorliebe die von Hörnlimann entwickelten Druckkissen, während in Frankreich dem System Freyssinet der Vorzug gegeben wird. Beim Aufpressen des Druckkissens mit Wasserdruck werden die Dehnwege an mehreren Stellen gemessen, woraus ein Belastungsdiagramm erhalten wird. Aus dieser Arbeitslinie werden die Verformungs- und Elastizitätsmoduln bestimmt (*2.41*).

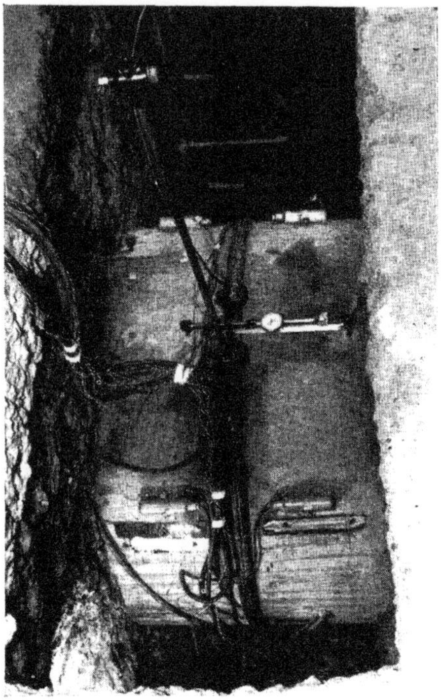

Abb. 7-7. Druckkissen im Felsschlitz; im Druckschacht des Innkraftwerkes Prutz-Imst der TIWAG (nach Breth, 1952)

Als Vorteil der Druckkissenmethode erwähnt Breth (S. 254), welcher die Methode im übrigen als einen rohen Behelf bezeichnet, daß die erwünschte Tiefenwirkung durch die Druckkissengröße geregelt werden kann. Dabei geht man allerdings selten über einen Durchmesser von 1,5 m hinaus, womit man praktisch nur einen Tiefenbereich von etwa 2 m erfaßt. Um einen doppelt so großen Tiefenbereich zu prüfen — an Talsperrenwiderlagern z. B. möchte man ja gerne einen Bereich von 10 bis 20 m erfassen —, schlägt Breth vor, 4 Kissen in quadratischer Anordnung in den Schlitz einzulegen. Statt dessen habe ich vorgeschlagen, gemäß Abb. 7–8 2 Kissen in 2 getrennten Schlitzen einander gegenüberzustellen, wobei sich die Druckzwiebeln überschneiden und in ihrer mittleren Zone einen etwas homgeneren Spannungszustand entstehen lassen.

Die Zeitabhängigkeit der Materialeigenschaften wird durch Vergleich langsamer und rascher Belastungen festgestellt. Von besonderer Wichtigkeit sind Dauerstandversuche (von 2—10 Wochen) und der Vergleich bergfeuchten und durchnäßten Gebirges. (Dies gilt auch für alle anderen Gebirgsprüfungen.)

Aus (*6.2*) geht die Notwendigkeit hervor, die Versuche mitunter nicht einfach quer und senkrecht zur Schichtung, sondern in die Richtungen der größten und kleinsten Gesteinsbeweglichkeiten zu legen.

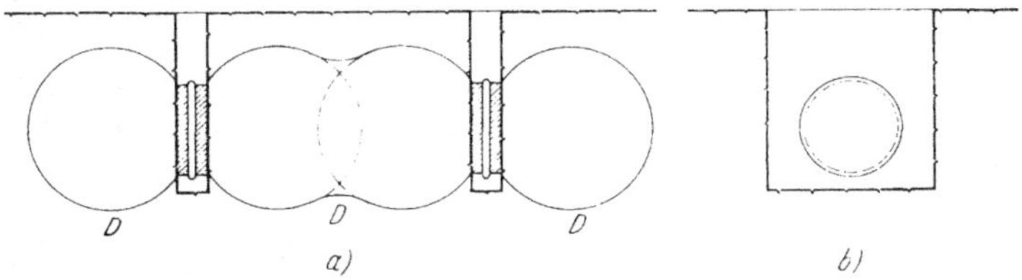

Abb. 7-8. Doppelter Druckkissenversuch nach MÜLLER. a) Querschnitt, b) Längsschnitt durch die Schlitze. D Lastausbreitungsgrenze für 0,5 p

Der Elastizitätsmodul des Füllbetons beeinflußt die rechnerische Ermittlung des Gebirgsmoduls beim Druckkissenverfahren nicht unbedeutend, wie BRETH an einem konkreten Beispiel (Tafel 7–2) nachgewiesen hat.

Tafel 7–2. Fehlereinflüsse bei Druckkissenversuchen

a) Einfluß des m-Wertes auf die Berechnung des Elastizitätsmoduls des Felsens: Differenz der E-Werte bei Annahme von m = 6, für Abweichungen von dieser Annahme;

wenn m =	2	4	6	8	10,
ist Δ E (%) =	—23	—3	±0	+1	+3.

b) Beispiel für den Einfluß des Elastizitätsmoduls von Beton auf die Berechnung von Elastizitätsmoduln des Felsens:

Werte von E_{Fels}, auf Grund der Annahme von E_{Beton} = 200 000 kg/cm² errechnet:

E_{Fels} (kg/cm²) =	29 700	36 600	42 800	51 200	69 500	134 000
Δ E_{Fels} (%), wenn de facto E_{Beton} = 250 000 kg/cm² =	—4	—5	—6	—7	—10	—15
Δ E_{Fels} (%), wenn de facto E_{Beton} = 300 000 kg/cm² =	—6	—8	—9	—11	—15	—22

7.43 Spreizversuch

Den Spreizversuch (Schlitzkeilversuch) nach WÜNSCH (1956, 181) halte ich für besonders wichtig und empfehlenswert, weil er zur Zeit der einzige Versuch ist, welcher eine Festigkeitsbestimmung im großen mit verhältnismäßig einfachen Mitteln zuläßt. Er besteht darin, daß in einem Schlitz (Abb. 7–9) das Gestein mittels hydraulischer Pressen, Druckkissenbatterien oder durch Betonkeile (Abb. 7–10) auseinandergedrückt und zum Abgleiten oder Abscheren gebracht wird. Bei dem ersten Versuch dieser Art in Mähren verwendete WÜNSCH Stahlbetonkeile und Rollenlager, welche es ermöglichten, die Schubkräfte der hydraulischen Pressen zu verzehnfachen und somit Kräfte bis zu 10 000 t aufzubringen. Der Reibungswiderstand der Rollenlager kann bestimmt werden (S. 235) und überschritt beim ersten Versuch nicht den Wert von 0,01 P.

Führt man den Spreizversuch als Gleitversuch, also zur Bestimmung der Haft- und Gleitreibung auf geologisch vorgegebener Gleitfläche

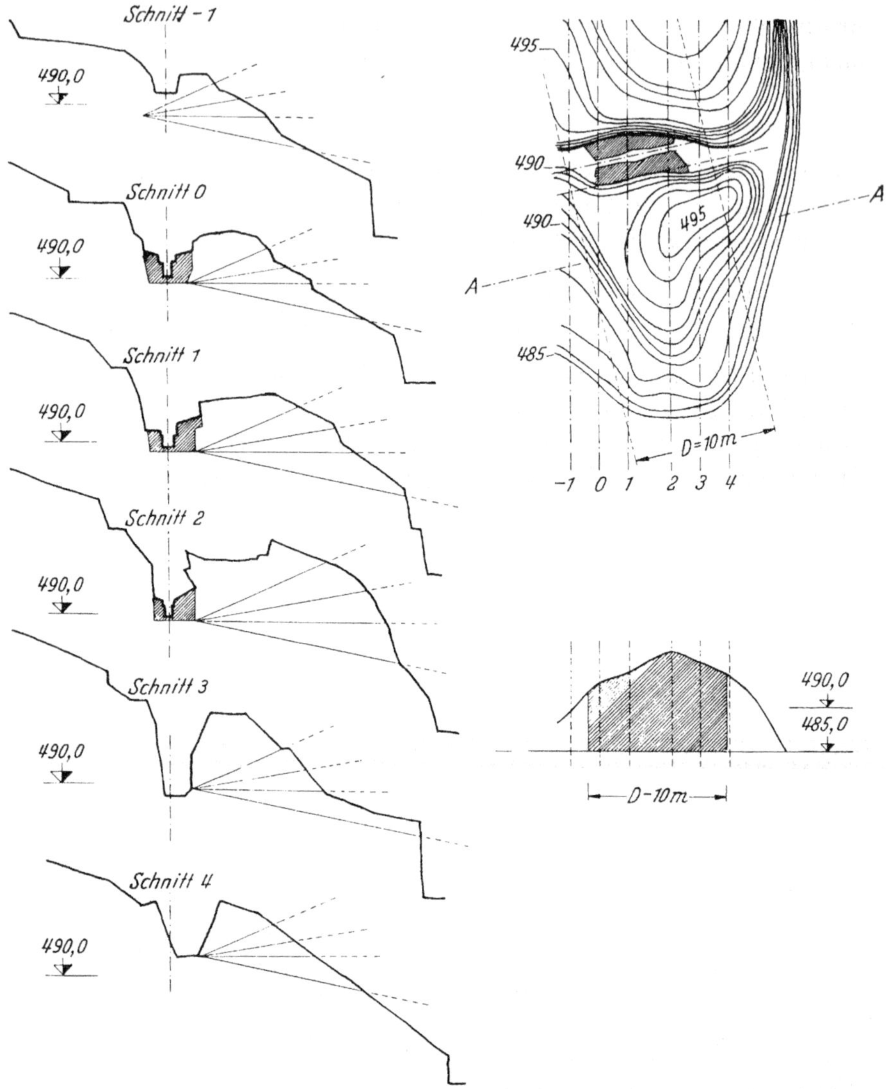

Abb. 7-9. Schlitzkeilversuch nach Wünsch (1956)

aus, so muß man quer zu dieser eine Normalkraft in regulierbarer Größe aufbringen. Wenn nicht zufällig sehr hohe und daher schwere Felskörper durch Versuch zum Gleiten gebracht werden können, so muß diese Normalkraft durch Felsanker, etwa gemäß Abb. 7–11, aufgebracht werden.

Ist die Reibung auf steilgestellten Großklüften zu bestimmen, was bei Talsperrenwiderlagern häufig erforderlich ist (Vajont), so kann man mit einer einzigen, dann aber schräggestellten Schubwindenreihe gemäß

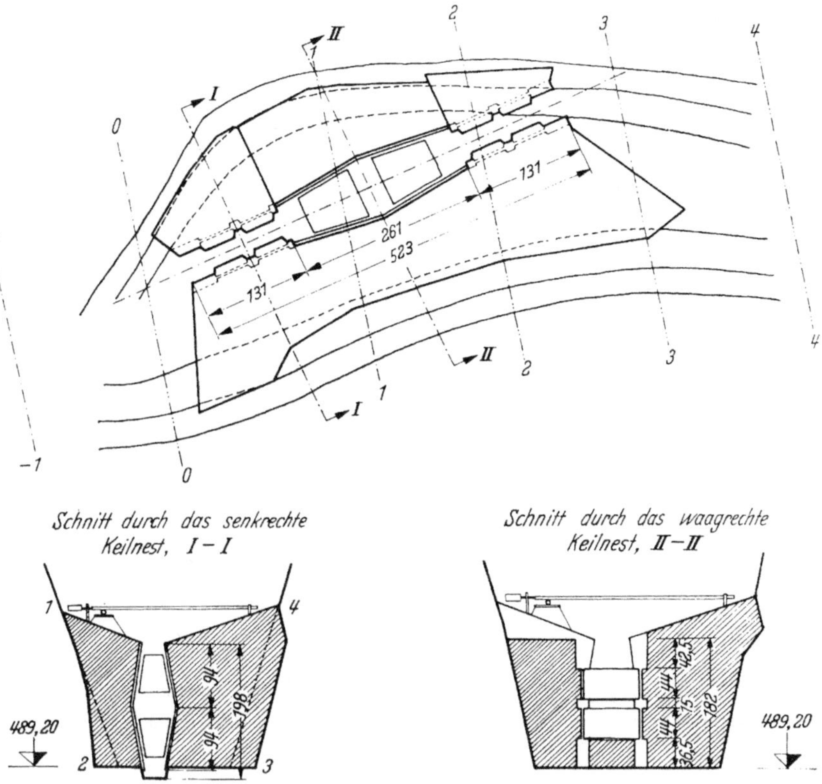

Abb. 7-10. Stahlbetonkeile zum Schlitzkeilversuch nach WÜNSCH (1956)

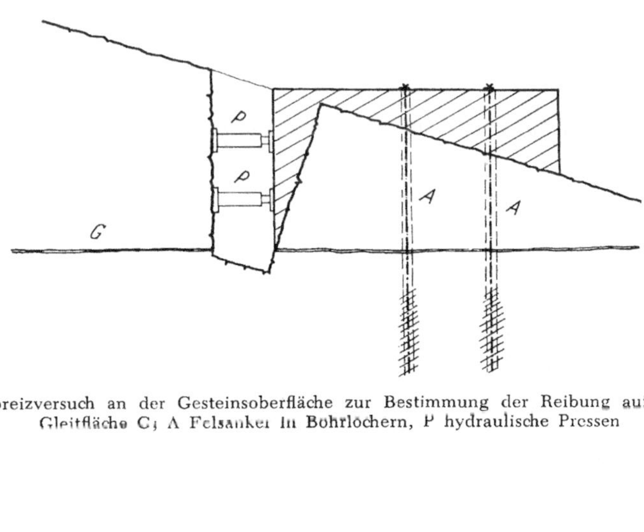

Abb. 7-11. Spreizversuch an der Gesteinsoberfläche zur Bestimmung der Reibung auf vorgegebener Gleitfläche G; A Felsanker in Bohrlöchern, P hydraulische Pressen

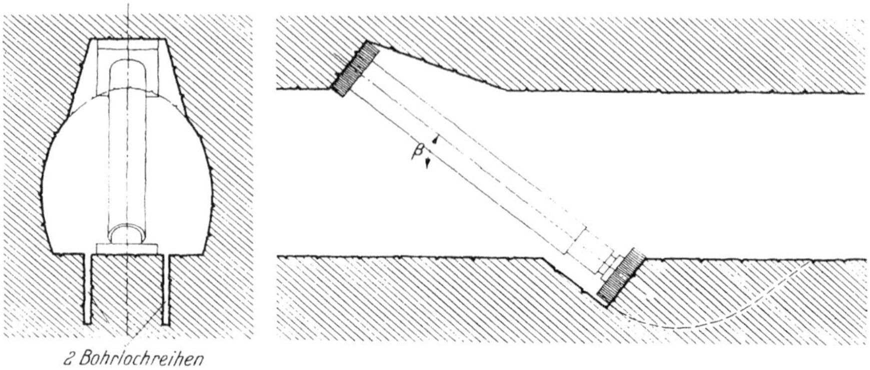

Abb. 7-12. Scherversuch ohne zusätzliche Normalkraft mittels schräggestellter Schubwinden

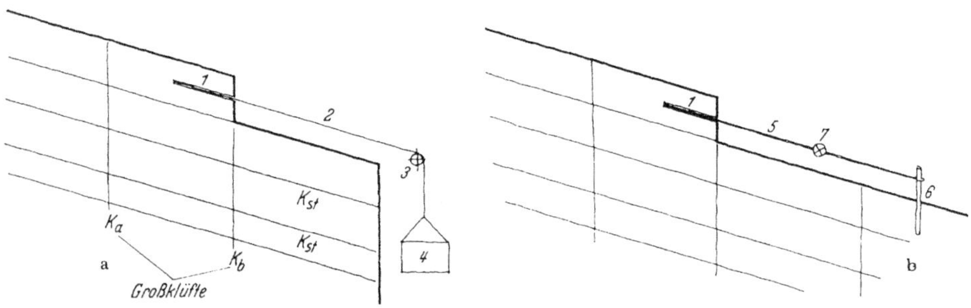

Abb. 7-13. Seilzugversuch zur Reibungsermittlung, a) an einer Geländestufe, b) auf ebener Fläche. 1 Bohrloch, 2 Seil, in 1 verankert, 3 Rolle, 4 Korb für Belastungsgewichte, 5 Doppelseil, in 1 verankert, 6 Verankerung, 7 Vorrichtung zum Spreizen von 5 mittels Dynamometer, K_{st} Schichtklüfte, K_a, K_b Großklüfte

Abb. 7–12 auskommen. Da bei einer solchen das Verhältnis von Normal- und Schubkomponente immer gleich bleibt (tgβ in Abb. 7–12), so muß bei Laststeigerung ein kritischer Punkt A erreicht werden, bei welchem Gleiten eintritt. Ein zweiter Versuch mit andersgestellter Schubwinde, dem ein anderes Verhältnis S/N entspricht, liefert den Punkt B und damit die Lage der Reibungslinie. In gewissen Fällen kann es genügen, nur den Reibungswinkel näherungsweise einzuschätzen und auf die Kenntnis der Kohäsion zu verzichten, insbesondere dann, wenn diese gering ist. Dann kann zur angenäherten Bestimmung ein einfacher Seilzug gemäß Abb. 7–13 a oder gemäß Abb. 7–13 b verwendet werden.

Die Z a h l der Versuche sollte man nicht zu klein wählen. Nur theoretisch genügen 2 Punkte zur Bestimmung der Coulombschen Geraden. In praxi braucht man mindestens 4 Werte. Entspricht die durchschnittliche Streuung der Versuche mit der tatsächlichen, aber unbekannten Versuchslinie C—D etwa dem schraffierten Bereich in Diagramm Abb. 7–14, so könnten z. B. 2 streuende Werte A_2, B_2 eine zu hohe Kohäsion, 2 nach verschiedener Richtung streuende Werte A_1, B_2 einen viel zu großen Reibungs-

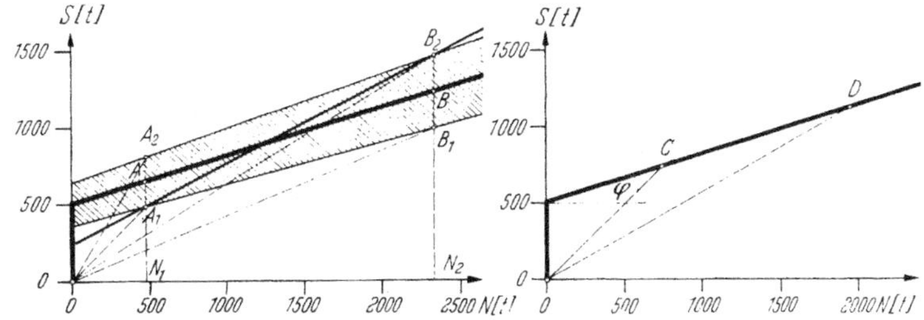

Abb. 7-14. Schematisches Diagramm einer Reibungsversuchsreihe

winkel vortäuschen. Selbst bei 4 Werten hat man noch kein ausreichendes Bild über die Streuung, da diese Werte ja nicht gerade Extremwerte sein werden, aber man wird die Gerade A—B schon mit einer größeren Wahrscheinlichkeit ziehen können. Wenn es nicht auf Genauigkeit ankommt, kann der Reibungsversuch mehrmals am gleichen Versuchskörper wiederholt werden. Ist die Kluft freilich mit Kluftletten gefüllt und dieser unter der Gebirgslast konsolidiert, dann wird der erste Versuch in bezug auf den Kluftletten kein Reibungs-, sondern eigentlich ein Scherversuch sein und höhere Werte liefern als die folgenden Versuche. Die Ergebnisse liegen dann immerhin auf der sicheren Seite.

Um den Augenblick des Überganges von der Haft- zur Gleitreibung angeben zu können, muß die Bewegung der Gleitkörper nicht nur beobachtet, sondern genau, nach Möglichkeit sogar mit selbstschreibenden Geräten, gemessen werden. Bei Entlastung federt der Körper, auch nach Überwindung der Haftreibung, zurück.

In der Regel wird, besonders bei vorhandenen Kluftfüllungen, der Reibungswiderstand bei Anwesenheit von Wasser in der Kluft geringer sein als im trockenen Zustand.

Die Größe der Reibungsfläche ist nach der Gleichmäßigkeit ihrer Ausbildung zu wählen. Bei sehr ebenen Gleitflächen mag eine Prüffläche von 1—2 m^2 genügen, bei unregelmäßiger Ausbildung dagegen wird man Flächen von 6—10 m^2 prüfen müssen.

Führt man den Spreizversuch als freien Scherversuch aus, d. h. so, daß sich eine gefügebedingte Scherfläche ausbilden kann, dann kann für gewisse Fragen (z. B. zur Beurteilung der Gleitsicherheit einer Schwergewichtsmauer) der Versuch ohne Querbelastung ausgeführt werden (Abb. 7-11) [75]. Da Ausbildung und Richtung der Scherfläche in Abhängigkeit von

[75]) Die Abbildungen der verschiedenen Anordnungen für die Großversuche geben natürlich nur das Wesentliche schematisch wieder. Bei der praktischen Durchführung von Versuchen werden diese Anordnungen durch die Notwendigkeit der Parallelführung der Pressenfronten, der Konstanz des Verhältnisses zwischen Schub- und Querbelastung sowie der Vermeidung unerwünschter Kippmomente usw. kompliziert.

vorhandener Querbelastung erheblich variieren, wird im allgemeinen auf eine Querbelastung (Abb. 7-15) nicht verzichtet werden können.

Wenngleich bei einem solchen Versuch eine Spannungsverteilung vorliegt, die alles andere als homogen ist, so gibt er doch ungefähr die Beanspruchungsverhältnisse wieder, wie sie bei Scherbruchgefahr im Großen, z. B. an der Gründungsfuge einer Talsperre, vorliegen. Er entspricht damit der Forderung von Roš, nach welcher ein Versuch zur Materialprüfung

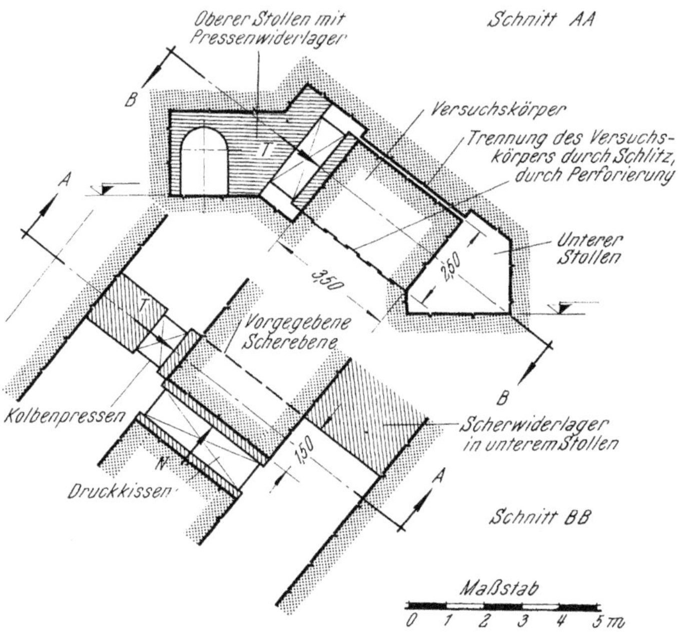

Abb. 7-15. Scherversuch im Stollen mit Querbelastung. Anordnung der Versuchsreihe Kurobe IV, Interfels und IGB. (Nach John, 1961)

entweder klassisch einfach oder dem praktischen Parallelfall möglichst ähnlich sein soll.

Die Scherfläche wird im allgemeinen Abmessungen haben müssen, welche etwa das 100—200fache des durchschnittlichen Kluftkörperquerschnittes betragen. Daraus ergeben sich allerdings erforderliche Schubkräfte in der Größenordnung zwischen 100 und 5000 t.

Bei Scherversuchen erheischt das Flächengefüge ganz besondere Beachtung sowohl bei der Auswertung als auch schon bei ihrer grundsätzlichen Anordnung. Man wird vorher mittels der wγ-Ziffern die vermutbaren Richtungen geringsten Scherwiderstandes bestimmen und in dieser Richtung oder aber in der Richtung der später im Bauwerk vorhandenen größten Scherbeanspruchung prüfen.

Eine beachtliche Leistung war (Wünsch, 1956) die Kombination des Scherversuches mit einer Bestimmung des Elastizitätsmoduls, und zwar einer der besten, welche jemals vorgenommen wurden. Sie erfolgte rein statisch und betraf den (sonst meines Wissens noch nirgends geprüften) Zugbereich des Felsens. Dementsprechend war der E-Modul besonders niedrig. Kombiniert man diesen Versuch außerdem mit einem Entlastungsversuch bei der Herstellung des Schlitzes, so erhält man auch ein Bild über die vorhandenen Spannungen und hat mit einem Versuch drei Werte ermittelt!

7.44 Klassischer Scherversuch

Für den klassischen Scherversuch mit anordnungsmäßig erzwungener Scherfläche eignet sich die Anordnung, welche Leussink für homogene Gesteine vorgeschlagen hat (s. Breth 1960, 178). Bei regelmäßig zerklüftetem Gebirge besitzt dieser Versuch seine Problematik: Das Gebirge kann möglicherweise im Ernstfalle eine ganz andere Bruchrichtung wählen, für welche andere, vielleicht niedrigere Festigkeitswerte gelten. Deshalb wird bei komplizierteren Gefügeverhältnissen die Bestimmung der Scherfestigkeit gemäß (7.43) vorzuziehen sein. Der klassische Scherversuch eignet sich 1. für Bergarten mit nicht zu großer Anisotropie; 2. für Bergarten, deren Gebirgsfestigkeit mehr von der Materialfestigkeit als vom Flächengefüge abhängt, also insbesondere für sog. milde und wenig feste Gesteine. Abb. 7–16 zeigt typische Kurven eines Scherversuches im Flinzmergel Oberbayerns.

Es besteht übrigens die Möglichkeit, einen einfachen klassischen Scherversuch auch zu einer rohen Bestimmung des Elastizitätsmoduls zu verwenden. Wenngleich auf diesem Wege nur ein dem Ursprungsmodul vergleichbarer Wert erhalten werden kann, so ist ein solcher, auf einer statischen Belastung ermittelter Wert doch weit brauchbarer als alle geophysikalisch (dynamisch) bestimmten E-Modul-Werte. Wenn der Scherkörper groß genug ist, ergeben sich deutlich meßbare Verzerrungen im elastischen Bereich, welche auf Grund spannungsoptischer oder sonstiger Modellversuche ausgewertet werden können, ähnlich wie dies in (7.43) gezeigt wurde. Derartige Möglichkeiten sollte man sich nicht entgehen lassen.

Über die Problematik der Auswertung von Scherversuchen wurde in (2.33) gesprochen. Es sei noch einmal daran erinnert, daß das Neigungsmaß der Coulombschen Geraden den „Winkel des Scherversuches“ und nicht, wie gemeinhin unterstellt wird, den „Winkel der inneren Reibung“ liefert.

Da die Scherfestigkeit wahrscheinlich mehr als andere Festigkeitswerte von der Belastungsgeschwindigkeit und von der Belastungsdauer abhängt, sollten Langzeitversuche zur Regel gemacht werden. Schnelle Abscherung täuscht hohe Scherfestigkeitswerte vor, welche den langfristigen Belastungen im Bauwerk nicht entsprechen.

Da die Scherfestigkeit bei Durchnässung des Materials in aller Regel abnimmt, sind Scherversuche entweder mit durchnäßten Probekörpern oder als Parallelversuche trocken/naß auszuführen.

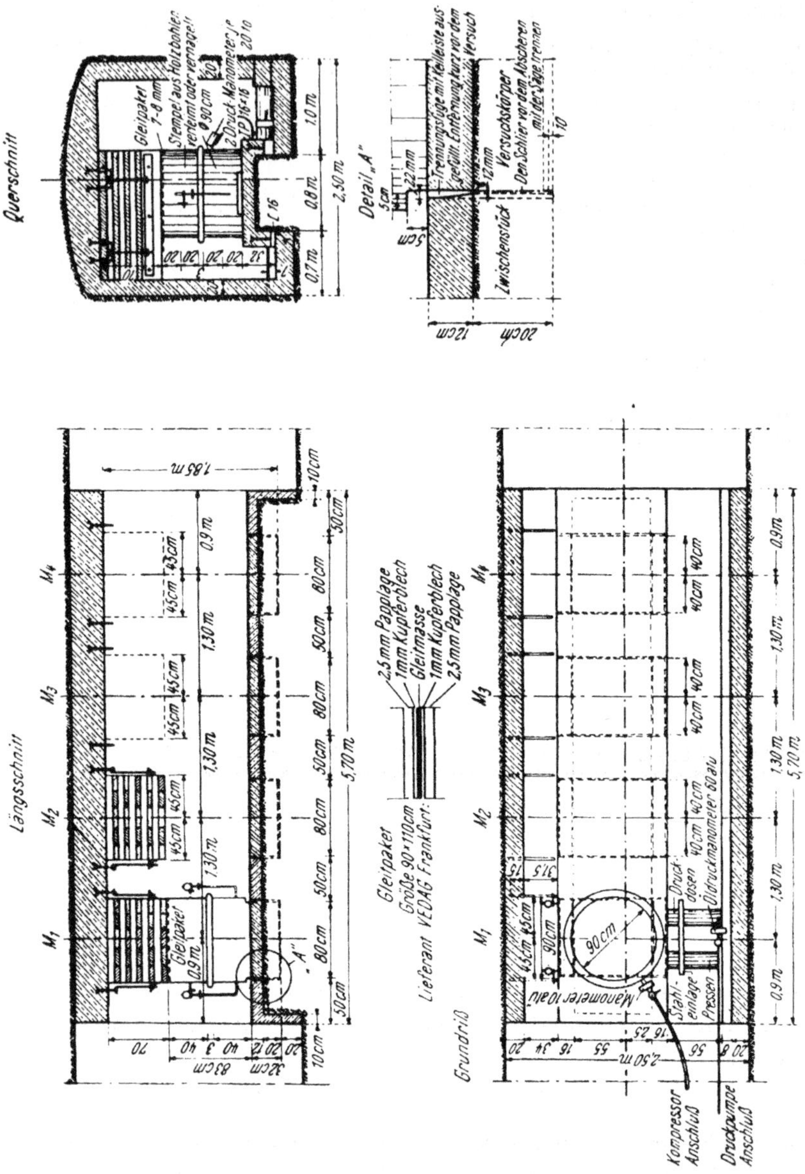

7.45 Kubischer Triaxialversuch

Ein kubischer Triaxialversuch großen Maßstabes (*large scale triaxial test; essai triaxial cubique; prova triassiale cubica*) kann zwischen künstlichen Felsschlitzen ohne übermäßige Schwierigkeiten ausgeführt werden. Wenn die Herstellung der Schlitze einmal eingespielt ist, erfordert ein solcher Versuch bei vorhandenen Apparaturen nicht erheblich größere Vorbereitungen bzw. Kosten als die übrigen Großversuche.

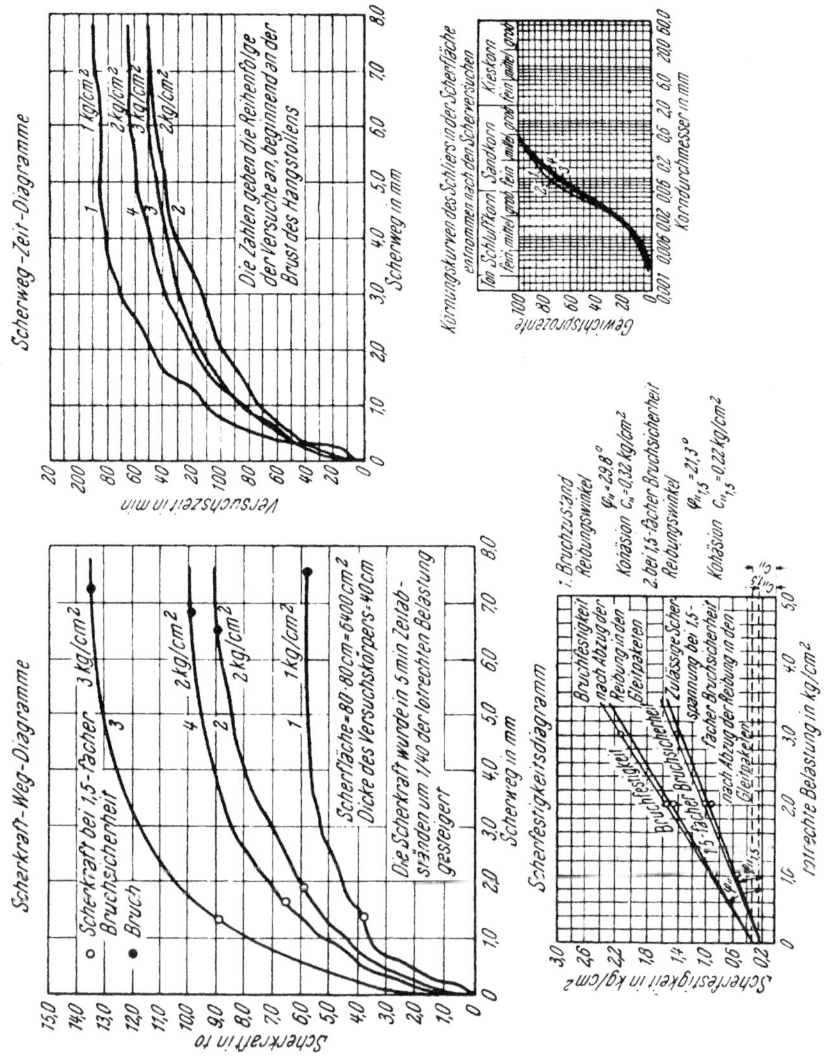

Abb. 7-16. Groß-Scherversuch im Schliermergel; Schema und Scherdiagramme. (Aus BRETH 1960, 183.)

Dabei genügt es, Druckpressen oder Druckkissen in 2 Raumrichtungen wirken zu lassen und die mittlere Hauptnormalspannung angesichts ihrer geringen mechanischen Bedeutung lediglich nach Deformationsmessungen einzuschätzen. Gegebenenfalls muß die Umgebung, gegen welche sich die Pressen spreizen, bei 1,1 usw. durch einige Kurzanker niedergehalten werden, um das Ausscheren dieser Felspartien zu vermeiden. Die gegen den Hang normal gerichtete Druckkraft muß durch Anker ihre Reaktion erhalten.

Ein solcher Versuch liefert in erster Linie Festigkeitswerte, in zweiter Linie Formänderungsziffern. Auch über die Poisson-Ziffer können Aussagen erhalten werden.

Es gibt noch eine andere Möglichkeit, die Triaxialprüfung vorzunehmen, sozusagen von der oberen Lastgrenze her (Abb. 7-18). Eine solche Belastungscharakteristik wird gewissen Bedingungen in der Natur manchmal besser entsprechen, bei denen Entlastung eine größere Rolle spielt als Belastung (z. B. bei allen Untertagebauten).

Wilson (Kennecott Copper Co.) hat darauf hingewiesen, daß sich die meisten Gesteinsmaterialien bei stufenweise aufgebrachter Belastung ganz anders verhalten, d. h. geringere Festigkeitswerte zeigen als bei stetiger Laststeigerung. Er verwendet deshalb Programmsteuergeräte für die Belastung, über welche das gewünschte Lastverhältnis in den 3 Spannungsachsen vorgeschrieben werden kann. Das gleiche ist auch bei Großversuchen in der Natur anzustreben.

Die Größe der Belastungsflächen sollte je nach der Zerteilung des Gesteins in ein statistisches Kollektiv von Teilkörpern, mindestens 2, besser 5—10 m^2 betragen. Demnach sind Pressenkräfte in der Größenordnung zwischen 500 und 20 000 t erforderlich, welche heute im Bereich der Möglichkeit liegen.

7.5 Versuche in Stollen und Schächten

Sehr häufig kommt es darauf an, das Gebirge gerade an solchen Stellen zu testen, an welchen später ein Bauwerk aufruhen oder den Untergrund entscheidend beanspruchen wird. Da solche Stellen häufig in beträchtlicher Tiefe unter der natürlichen Felsoberfläche liegen, die Testergebnisse aber schon während der Projektierung benötigt werden, versucht man, zu diesen Örtlichkeiten durch Bohrlöcher, Stollen und Schächte vorzudringen.

Stollen und Schächte sind den Bohrlöchern als Versuchsbasis darin überlegen, daß sie in jeglicher Richtung (was bei Großbohrlöchern nicht der Fall ist), Querschnittform und -größe getrieben werden können. Unterlegen sind sie dagegen darin, daß die Umgebung von Stollen in aller Regel aufgelockert, und zwar unregelmäßig aufgelockert ist, in festen Bergarten durch Sprengung, in rolligen in noch höherem Grade durch Nachbrüche usw.

Auch im Stollen können wieder Entlastungsversuche, Belastungs- bzw. Stollendruck oder Stollenweitungsversuche und Triaxialversuche ausgeführt werden. Außerdem sind alle in (*7.4*) erörterten Formen von Oberflächenversuchen möglich. Bisher wurden allerdings nur Stollenweitungsversuche und auch diese fast nur zur Bestimmung der Gebirgsmoduln unternommen.

7.51 Stollenentlastungsversuch

Der Stollenentlastungsversuch [76]) verfolgt den gleichen Gedanken, der den Entlastungsversuchen an Kleinbohrlöchern (z. B. Talobre 1957, 61) zugrunde liegt. Die großen Abmessungen eines Stollens aber erlauben es, die Formänderungen dreidimensional zu verfolgen und (sozusagen als vierte Koordinate) auch den Zeitfaktor in einer aufschlußreichen Weise mit

[76]) 1950 vorgeschlagen (Müller 1952 d, 151, und 1953 c), 1960 erstmalig ausgeführt.

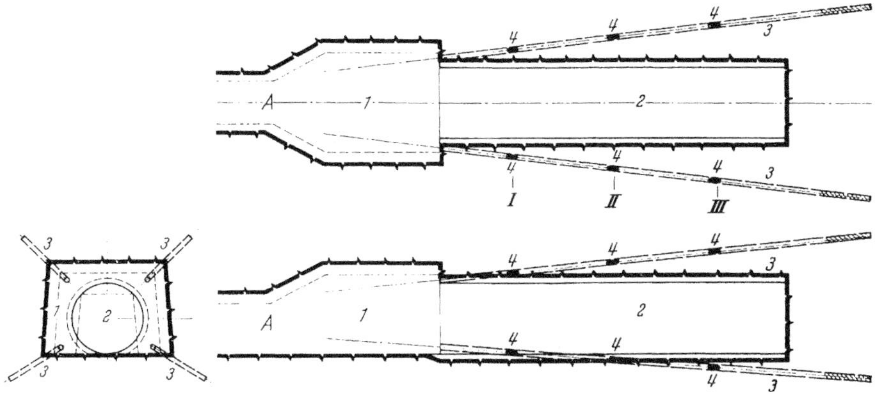

Abb. 7-17. Stollenentlastungsversuch nach MÜLLER (1952 d). 1 Beobachtungskammer, 2 Versuchsstollen, 3 Bohrlöcher zur Aufnahme der Meßkörper 4; I, II, III Meßquerschnitte

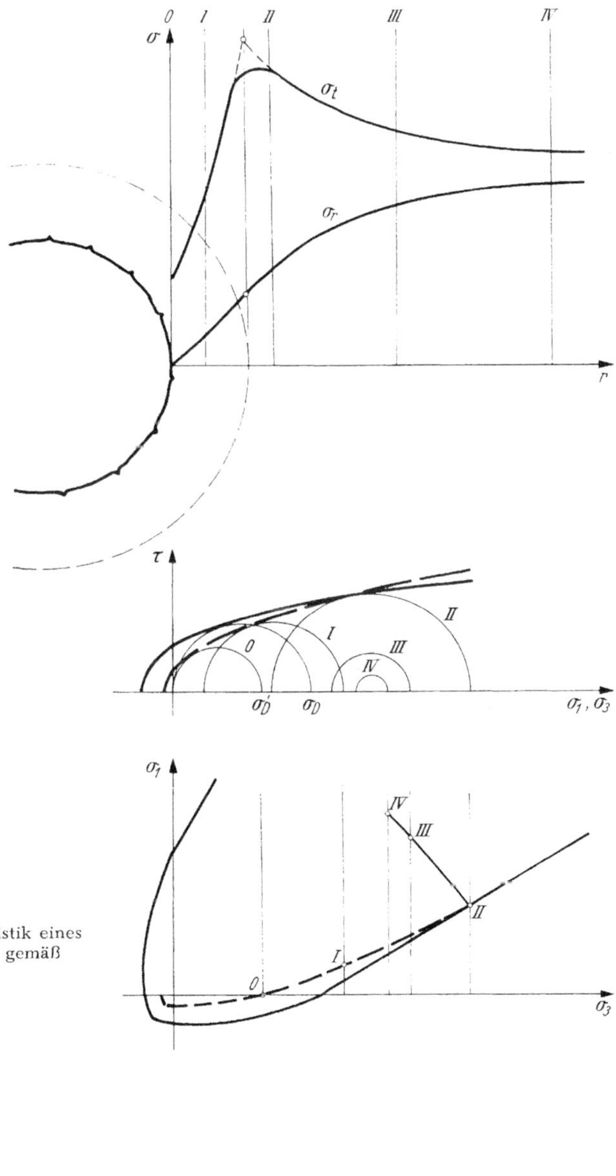

Abb. 7-18. Belastungscharakteristik eines Stollenentlastungsversuches gemäß Abb. 7-17

einzubeziehen. Die Abb. 7–17 zeigt das Grundsätzliche der Anordnung: Ein Stollen wird zunächst bis zum Punkt A vorgetrieben und dann zu einer Kammer 1 erweitert. Dann wird der Stollenvortrieb unterbrochen und von der Kammer aus werden radial (mindestens) 4 Bohrlöcher, 3 divergierend, vorgetrieben, in welche Querversetzungs-Meßeinrichtungen 4, sog. „Elektrische Meßketten", eingeführt werden, welche Verschiebungen des Bohrloches (bzw. seiner Umgebung) in allen Raumrichtungen registrieren

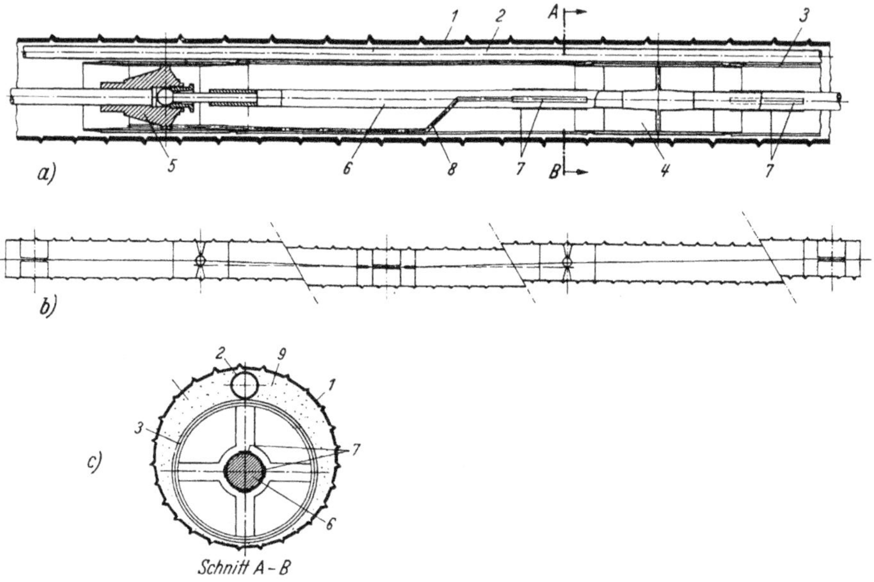

Abb. 7-19. Querversetzungsanzeiger für Verschiebungsmessungen in Bohrlöchern („Deformationsindikator"), Ausführung C der INTERFELS Ges.m.b.H., Salzburg. a) Längsschnitt; b) Schema; c) Querschnitt A—A. 1 Bohrlochwandung; 2 Injektionsrohr; 3 PVC-Rohr; 4 Einspannglied; 5 Gelenkglied; 6 Stahlrohr; 7 Geber; 8 Meßkabel; 9 verpreßter Bohrlochraum. (Nach Pancini, 1961, „Geologie und Bauwesen" 26/3)

und elektrisch fernmelden. Abb. 7–19 zeigt eine der möglichen Ausführungen einer solchen Elektrischen Meßkette [77]).

Nach deren Einbau und Eichung wird der Vortrieb fortgesetzt, und zwar am besten als Rundstollen.

Projiziert man die Deformationen in einzelnen Meßquerschnitten I, II und III, deren Bohrlochachsen verschiedene Entfernung von der Tunnelmitte haben, in einem Querschnitt, so erhält man eine zweidimensionale Verteilung der Deformationen, also das Fließbild eines Querschnittes. Dabei hat man darauf zu achten, zu diesem Fließbild nicht gleichzeitig er-

[77]) Eine andere Ausführungsart besteht in der Anwendung von Kondensatoren, welche insbesondere die Querverschiebungen in einer sehr feinfühligen Weise registrieren und dabei doch einen hinreichend großen Beobachtungsspielraum von mehreren Zentimetern gestatten.

hobene Deformationswerte zu verwenden, sondern nur diejenigen, welche einem gleichen Zeitintervall zwischen der Durchgangszeit des Vortriebes und der Beobachtung entsprechen. Eine parallel zur Stollenachse angesetzte Beobachtungsreihe liefert die dritte Raumkoordinate, die Beobachtung eines und desselben Querschnittes zu verschiedenen Zeiten die Zeitkoordinate des Deformationsvorganges.

Aus diesem Versuch, welcher ein reiner Entlastungsversuch ist, können in erster Linie der Spannungszustand um die Tunnelröhre und die Zeitkonstanten des Fließverhaltens ermittelt werden. Kombiniert man ihn mit einem Stollendruckversuch gemäß (7.52), so werden überdies die ursprünglich im Gebirge vorhandenen Spannungen ersichtlich, und es können die Verformungsmoduln bestimmt werden, deren Kenntnis man andernfalls auf Umwegen zu erwerben hätte.

7.52 Druckkammerversuche

Die ältesten Druckkammerversuche (Stollenweitungsversuche) (*hydraulic chamber tests; essais en caverne; prove con cunicoli in pressione*) gehen anscheinend auf M. FERRAND (Electricité de France) zurück, welcher sie 1951 in der Versuchsstation La Bathie zur Bestimmung des Gebirgsmoduls verwendete. Seither wurden solche Versuche in der verschiedenartigsten Form vielfach durchgeführt; LAUFFER (1960 a, 119) gibt einen ausgezeichneten und kritisch bewertenden Überblick über die bekannten Arten dieser Versuche, deren modernste Ausführung wohl diejenige der TIWAG (Abb. 7–20) ist (s. Tafel 7–3 und 7–4).

Die Länge der Druckkammern wird gewöhnlich gleich dem 4—5fachen Stollendurchmesser gewählt. BRETH (1952, 251) verweist auf den Vorteil, daß man die Druckkammern auf ähnliche Art wie das spätere Bauwerk auskleiden kann und so — unter Elimination einer Reihe sonst unvermeidlicher Fehler — mit großer Sicherheit aus dem Versuch auf das Verhalten des späteren Bauwerkes schließen kann (Abb. 7–21). LAUFFER (1960 a, 127) gibt ein Nomogramm zur unmittelbaren Bemessung von Druckschachtauskleidungen auf Grund von Druckkammerversuchen; diese kann ohne Kenntnis des V-Moduls geschehen, ist also von den Fehlern und der Problematik seiner Ermittlung frei.

Mit Recht haben BRETH und OBERTI bei Druckkammerversuchen für eine wasserdichte Auskleidung der ausbetonierten Kammer gesorgt. Allein eine solche verbürgt die Möglichkeit einer versuchsgerechten Auswertung der Messungen, wie SEEBER (1961) mathematisch nachgewiesen hat. TALOBRE (1957, 103) ist zwar der Meinung, daß Druckversuche auch in unverkleideten Kammern ausgeführt werden können, wenn der Fels nicht zu stark zerklüftet sei. Diesen Standpunkt haben auch viele andere, insbesondere

Tafel 7–3. Meßverfahren zur Ermittlung der Felsnachgiebigkeit (nach Lauffer 1960 a)

Nr.	Meßverfahren (Literaturhinweise)	Art der Belastung	Lastfläche Form	Lastfläche übl. Abmessungen m	Übliche Belastung kg/cm	Messung der Verformung
1	Druckversuch mit Felsstücken (5, 15, 16, 32)	Druckpresse (Prüfanstalt)	Abhängig von Pressengröße und Gewinnungsmöglichkeit der Prüfkörper		—	Übliche Dehnungsmesser
2	Bohrlochaufweitung (10, 16, 19, 20)	Druckblase	Zylinder	∅ = 0,17 bis 0,20 L = 0,80 bis 1,20	bis 150	Elektr. Fernmessung der Durchmesservergrößerung in 1 Richtung
3 a	Im Stollen eingebaute Druckstempel (23, 30, 32)	Druckkissen oder hydr. Presse	Kreis Rechteck Quadrat	∅ = 0,25 bis 1,50 } 0,25 bis 2,50 m^2	bis 60	Direkte Messung der Eindrückung oder der Aufweitung mit Meßuhren
3 b	Im Stollen fahrbare Druckstempel (9, 27)	Hydr. Presse	Kreis	∅ = 0,2 bis 0,8	bis 150	
4	Druckkissen im Felsschlitz (2, 15, 16, 30)	Druckkissen	Kreis	∅ = 1,0 bis 2,0	bis 30	Messung der mittleren Aufweitung im Bereich der Lastfläche aus der eingepreßten Wassermenge
5 a	Radialpresse nach Lazarevic (15, 16)	Am Umfang verteilte Druckkissen, mit Holzringen abgesteift	Zylinder	∅ = 2,66 L = 1,85	bis 12	Direkte Messung der Durchmesservergrößerungen mit Meßuhren
5 b	Verbesserte Radialpresse der TIWAG	Am Umfang verteilte Druckkissen, mit Stahlringen abgesteift	Zylinder	∅ = 2,2 L = 1,9	bis 90	Direkte Messung der Radialverschiebungen mit Meßuhren
6 a	Druckkammer ohne Dichthaut (4, 5, 15, 16, 26, 33)	Wasserdruck	Zylinder	∅ = 2,0 bis 5,0 L = 6,0 bis 20,0	bis 100	Elektr. oder hydr. Fernmessung der Durchmesser und Umfangsvergrößerungen, Fernmessung der örtlichen Dehnungen
6 b	Druckkammer mit Dichthaut (14, 22, 27, 31)		Kugel	∅ = 3,0		
7a	Druckversuche mit fertigen Druckstollen und -schächten (6, 12, 24, 26)	Wasserdruck	Zylinder	entsprechend den Druckstollen- und Druckschachtabmessungen	entsprechend dem Betriebsdruck	wie bei 6
7 b	Laufende Überwachung von Druckstollen und -schächten (8, 24)					Fernmessung der Umfangsvergrößerungen und der örtlichen Dehnungen

(Die eingeklammerten Zahlen bedeuten Literaturhinweise bei Lauffer*)*

Tafel 7–4. Eignung der in Tafel 7–3 angeführten Meßverfahren für die Bemessung und Nachprüfung von Druckstollen und Druckschächten (nach LAUFFER 1960 a)

Bewertung für:
● gut geeignet
○ beschränkt geeignet
• ungeeignet

	Meßverfahren:	Dem Innendruck entsprechende Art der Belastung	Dem Innendruck entsprechende Größe der Belastung	Ermittlung des Auflockerungsbereiches	Erfassung der Anisotropie	Erfassung der Auswirkung von Injektionen	Verwendbar für schlechten Fels	Verwendbar in Sondierstollen und Sondierbohrungen	Verwendbar während der Bauausführung	Verwendbar zur Überprüfung der fertigen Ausführung
1	Druckversuche mit Felsstücken	•	●	•	○	•	•	●	●	•
2	Bohrlochaufweitung (Janod-Mermin)	○	○	○	○	•	•	●	●	•
3 a	Druckstempel stabil eingebaut	•	○	○	•	•	○	●	•	•
3 b	Druckstempel fahrbar (SADE)	•	○	○	○	•	○	●	●	•
4	Druckkissen im Felsschlitz (BRETH)	•	○	•	○	○	○	●	○	•
5 a	Radialpresse (LAZAREVIC)	●	○	●	●	○	●	●	○	○
5 b	Verbesserte Radialpresse (TIWAG)	●	●	●	●	●	●	●	○	●
6 a	Druckkammer ohne Dichthaut	●	○	●	●	○	●	●	•	•
6 b	Druckkammer mit Dichthaut	●	●	○	●	○	●	●	•	•
7 a	Druckversuch mit der fertigen Ausführung	●	●	•	●	○	●	•	•	●
7 b	Laufende Überwachung der fertigen Ausführung	●	●	•	●	○	●	•	•	●

Schweizer Ingenieure, eingenommen, welche Druckkammerversuche in nicht ausgekleideten Stollen unternahmen. Es wurde bereits vor Jahren darauf hingewiesen (MÜLLER 1952 d), daß solche Versuche praktisch wertlos seien, weil der Wasserdruck in den Klüften des Gesteins dessen Spannungszustand dermaßen beeinflusse, in der Auswertung aber nur als Innendruck auf die Leibung eines dickwandigen Rohres angenommen werde, so daß die Berechnung zu fehlerhaften Ergebnissen führe.

Des öfteren ist die Frage angeschnitten worden, inwieweit die aus Druckkammerversuchen gewonnenen Moduln physikalisch gültig oder aber nur rechnerische Ziffernwerte mit beschränkter Anwendungsmöglichkeit seien. Erst SEEBERS Untersuchung (1961) über den Einfluß der gerissenen Zone in der Umgebung der Druckkammer auf die Ermittlung des E-Moduls sowie dessen Abhängigkeit von Radius und Druck gibt hierüber eine klare Antwort: „Bei Veränderung des Radius bleibt der für einen be-

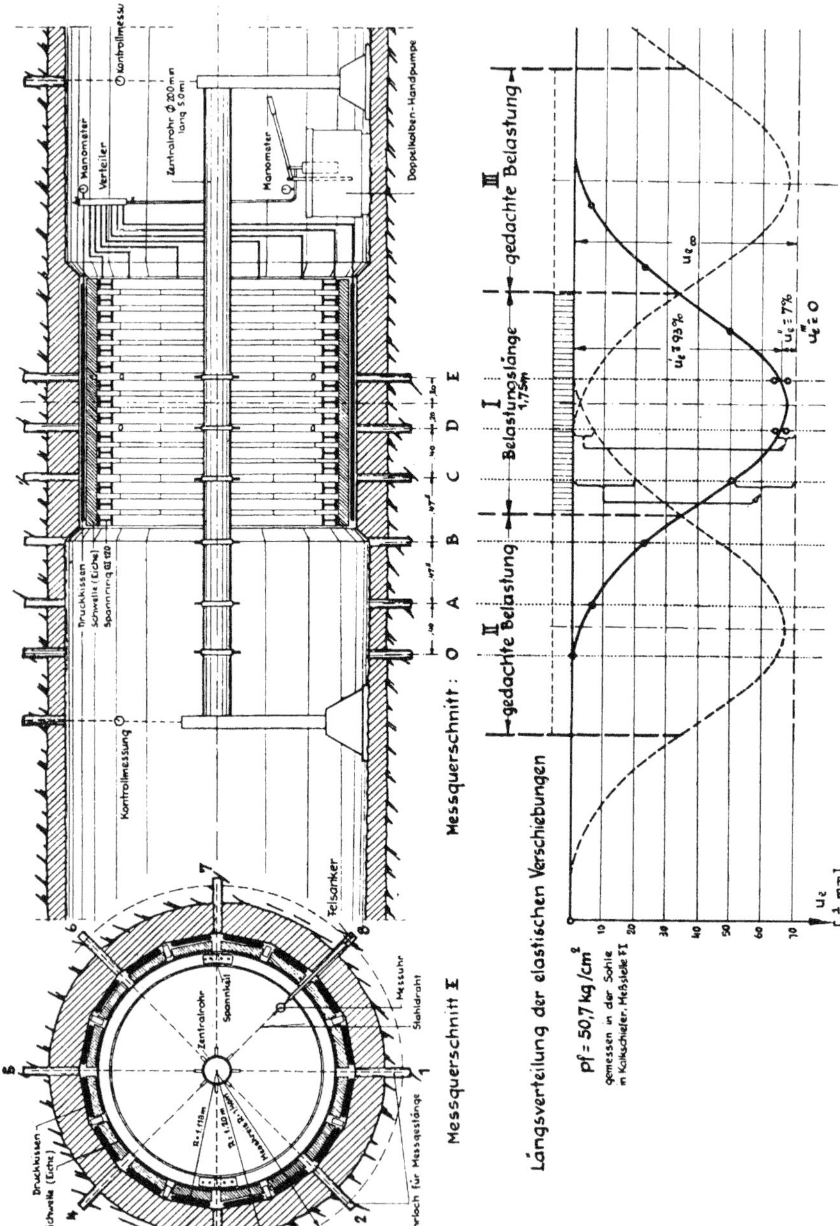

Abb. 7-20. TIWAG-Gerät für Stollenweitungsversuche (aus SEEBER, 1961. Geologie und Bauwesen Jg. 26, H. 3)

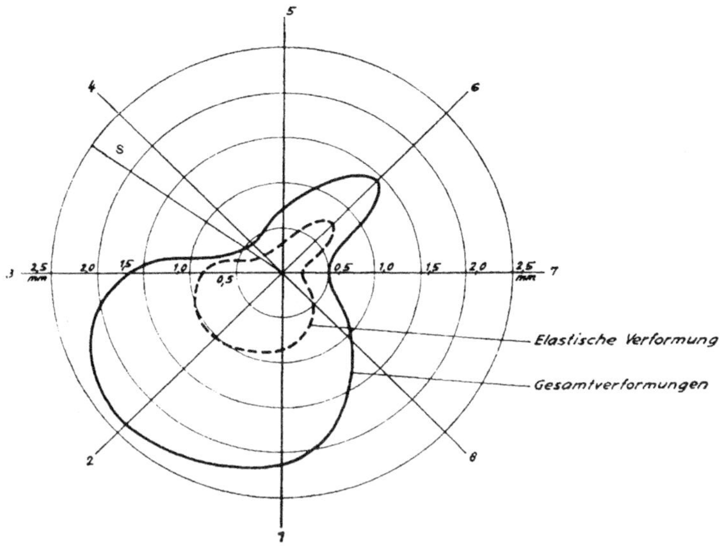

Abb. 7-21. Verteilung der Radialverschiebungen im nicht injizierten Phyllit; Druckstollen Kaunertal; p_f = 12,7 kg/cm² (aus SEEBER, 1961, Geologie und Bauwesen Jg. 26, H. 3)

stimmten Erddruck ermittelte scheinbare E- bzw. V-Modul konstant. Das heißt, der in einer Versuchsstrecke kleineren Durchmessers ermittelte scheinbare E- bzw. V-Modul kann auf Hohlräume größeren Durchmessers — natürlich im selben Gestein — übertragen werden. Dies gilt jedoch für Versuche mit sehr kleinem Durchmesser (z. B. in Bohrlöchern) nur beschränkt, da hier der Kraftwirkungsbereich im Verhältnis zu den Inhomogenitäten (Abstand der Klüfte oder verschieden fester Gesteinsschichten) zu klein ist.

Bei Veränderung des Druckes bleibt der E-Modul nur in seltenen Fällen konstant. In elastischem Gebirge haben wir bei Kenntnis der Zugfestigkeit des Gebirges und des Überlagerungsdruckes die Möglichkeit, die richtigen Verschiebungen zu berechnen. In plastischem Gebirge ist die Extrapolation auf höhere Drücke bereits unsicher" (SEEBER 1961, 175).

Die Tiefe der gerissenen Zone beeinflußt das Rechenergebnis der Versuchsauswertung ganz bedeutend (Abb. 7–22). Berücksichtigt man die gerissenen Zonen nicht, so kann der E-Modul unter Umständen um 45% zu klein, der V-Modul um 80% und darüber zu groß ausfallen. Verhindert der Überlagerungsdruck das Öffnen der Klüfte, so kann der Einfluß der gerissenen Zone abgemindert und die Abminderung rechnerisch erfaßt werden. Unterschiede der Poisson-Zahl m können den E-Wert bis zu 20% verfälschen (S. 162).

E-Moduln, welche aus Druckkammerversuchen bestimmt wurden, bei denen eine Zugzone aufriß, können nicht ohne weiteres „der Berechnung der Nachgiebigkeit der Gründungsfuge einer Staumauer" zugrunde gelegt werden, „bei der ja eine andere Spannungsverteilung herrscht" (SEEBER 1961, 162). Wohl aber gäben SEEBERS Auswertungsformeln für verschiedene Gebirgszustände eine gewisse Möglichkeit der Umrechnung.

Höchst bedauerlich ist, daß bisher kein einziger Druckkammerversuch hinsichtlich der Gefügeanisotropie ausgewertet wurde. Immerhin hat man Ergebnisse erhalten, welche

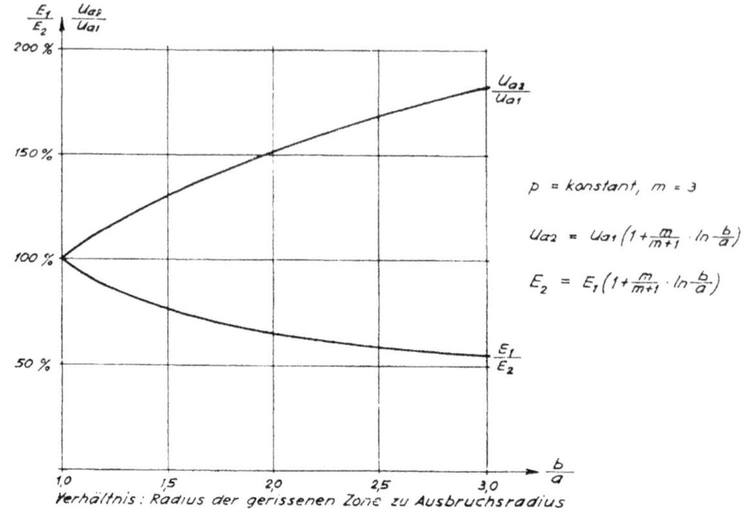

Abb. 7-22. Abhängigkeit des E-Moduls von der Größe der gerissenen Zone am Umfang eines durch künstliche Ausweitung geprüften Stollenabschnittes. (Aus SEEBER, 1961, Geologie und Bauwesen, Jg. 26, H. 3)

die Anisotropie des Gebirges aufzeigen und generell gut mit den rein theoretisch abgeleiteten Werten der „Charakteristik der inneren Gesteinsbeweglichkeit" (MÜLLER und PACHER) übereinstimmen. Diese Charakteristik darf also dazu verwendet werden, aus Druckkammerversuchen, welche auf die Messung der Deformationen in verschiedenen Richtungen verzichten und nur allgemeine Mittelwerte geben, die Größe und Richtung maximaler und minimaler Deformation einzuschätzen. Sie kann ferner dazu dienen, die aus einem Druckkammerversuch erhaltenen Werte auf andere, ähnliche, aber nicht genau übereinstimmende Homogenbereiche des Gefüges umzurechnen.

Den Druckkammerversuch als Langzeitversuch auszuführen, wäre dann besonders wichtig, wenn auf die Mitwirkung des Gebirges bei der Aufnahme eines Innendruckes (Druckstollen) Wert gelegt wird oder gar eine Vorspannung auf das Gebirge übertragen wird, mit deren Dauerhaftigkeit man rechnet.

7.53 Schlitzversuche in Stollen und Schächten

Selbstverständlich können alle in (*7.4*) behandelten Schlitzversuche auch in Stollen und Schächten ausgeführt werden, sofern dort die Anlage von Schlitzen ermöglicht wird. Schlitzdehnungs- und Druckkissenversuche erfahren dabei keine Abänderung. Beim Spreizversuch (Reibungsversuch und freien Scherversuch), beim klassischen Scherversuch und beim Triaxialversuch ist in Stollen und Schächten (z. B. Abb. 7–23 und 7–24) die Aufbringung der Querbelastung durch hydraulische Pressen oder Druckkissen erheblich erleichtert, da diese gegen die Firste oder Ulme abgestützt werden können. Dabei sind allerdings Rollenlager zwischenzuschalten, damit die Querbelastung richtungskonstant bleibt. Die Rollenreibung läßt sich ermitteln und in Rechnung stellen.

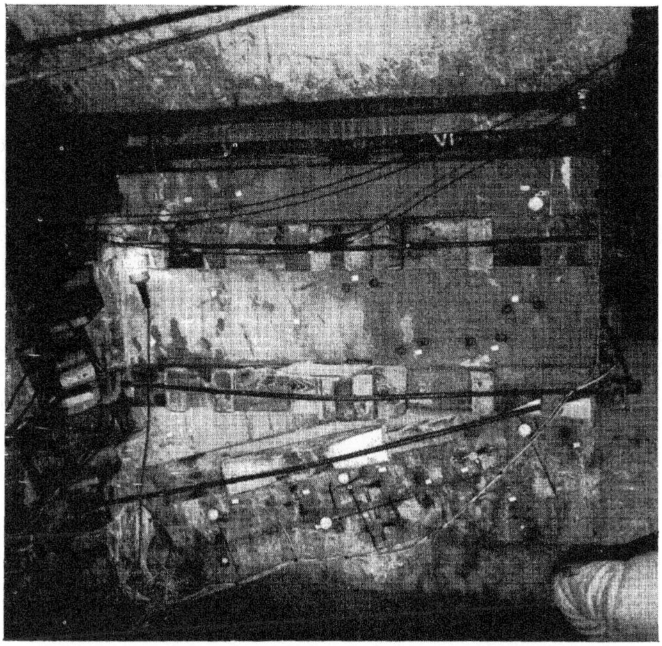

a

Abb. 7-23. Schichtreibungsversuch im massigen Jurakalk (Vajont 1960, SADE-IGB). a) Ansicht des Versuchsblockes; unten, von links nach rechts aufsteigende Schichtkluft; links Arbeitsschlitz mit Zylinderpressen; V—VI Flachpressen zwischen Walzenlagern; b) Verformungsmeßgeräte entlang der Schichtfuge

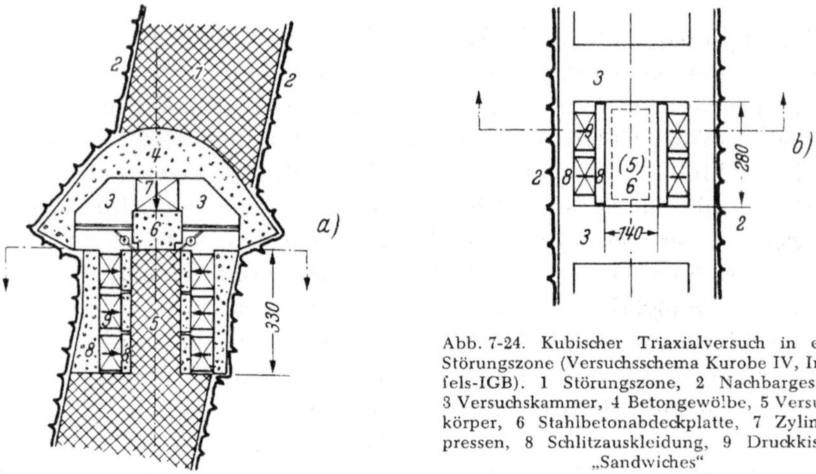

Abb. 7-24. Kubischer Triaxialversuch in einer Störungszone (Versuchsschema Kurobe IV, Interfels-IGB). 1 Störungszone, 2 Nachbargestein, 3 Versuchskammer, 4 Betongewölbe, 5 Versuchskörper, 6 Stahlbetonabdeckplatte, 7 Zylinderpressen, 8 Schlitzauskleidung, 9 Druckkissen-„Sandwiches“

7.6 Versuche in Bohrlöchern

Der Umstand, daß Bohrlöcher weit einfacher und billiger herzustellen sind als Schlitze oder Stollen, ließ frühzeitig die Absicht aufkommen, das Gebirge von Bohrlöchern aus zu prüfen. Sicherlich bietet sich auch in Bohrlöchern die Möglichkeit, Entlastungsversuche, Weitungsversuche und Triaxialteste auszuführen.

7.61 Bohrloch-Entlastungsversuche

Bohrloch-Entlastungsversuche, d. h. Versuche, bei denen die Gesteinsdeformationen in der Umgebung eines Bohrloches bei der Anlage desselben gemessen werden, wurden bisher meines Wissens nur als Kleinversuche ausgeführt und beschrieben. Es wurde bereits auseinandergesetzt, daß wir uns nicht sicher fühlen dürfen, ob solche Kleinkaliberversuche tatsächlich die Spannungen im Gebirgskörper — zu deren Messung Bohrlochversuche heute in der Regel allein verwendet werden — kund tun. Zur grundsätzlichen Klärung dieser Frage müßten zumindest einmal an ein und derselben Gebirgsstelle gleichartige Bohrlochentspannungsversuche in kleinen und in (1—2 m) großen Bohrlochkalibern ausgeführt werden. Zur routinemäßigen Spannungsbestimmung wird die Ausführung von Großbohrlöchern wohl zu teuer kommen.

7.62 Bohrloch-Weitungsversuch

Einen Bohrloch-Weitungsversuch in Bohrlöchern üblicher Kaliber (zwischen 100 und 250 mm) auszuführen, etwa durch Aufpressen einer Druckblase, wie dies nach Casagrande zur Testung von Böden getan wird, wurde von Föppl, Müller (1952 d und 1953 c) u. a. vorgeschlagen. Dabei hoffte man, das Mißverhältnis zwischen den erreichbaren Bohrlochdurchmessern und den Abmessungen der Kluftkörper werde sich dadurch ausgleichen, daß bei genügender Länge der Druckblase entlang derselben eine hinreichend große Anzahl von Kluftkörpern, welche die verschiedensten Lagen zum Bohrloch einnähmen, gedrückt würde.

In der Tat wurden Druckblasen von 200 mm ∅, jedoch nur 1 m Länge, als Dilatometer bezeichnet, von M. Ferrand bei Versuchen für die Electricité de France verwendet.

Eingehende Überlegungen über das statistische Zusammenwirken der Kluftkörper im Gesteinsverband (vgl. *6*) scheinen mir zu zeigen, daß diese Erwartungen nicht erfüllt werden können. In völliger Konsequenz dessen verwendete Oberti bei einem Versuch in der Nähe von Brixen einen Bohrlochdurchmesser von 800 mm, welcher wohl als Mindestdurchmesser für derartige Versuche gelten kann. Aber selbst bei einem solchen Durchmesser würde man nur über die vorhandenen Spannungen (im Falle des Entlastungsversuches) und die Moduln des Gebirges, allenfalls noch über sein Zeitverhalten, Auskunft bekommen, nicht aber über Festigkeitseigenschaften.

7.63 Triaxialversuch

Allein der Triaxialversuch in Großbohrlöchern, wie ihn Rinagl und Müller (Abb. 7–25) vorschlagen, dürfte den großen Aufwand eines Großbohrloches rechtfertigen. Er bietet 2 wertvolle Möglichkeiten:

1. Einmal kann er durch geschickte Unterteilung der Druckkissensektoren 1, 2, 3 und 4 zu einem wirklichen d r e i achsigen Versuch gestaltet werden, in welchem alle 3 Hauptspannungen verschiedene Größe haben;

2. dann aber ermöglicht er die Ausführung von Parallelversuchen an statistischen Modellkörpern gemäß *(6.42)*, welche übrigens auch beim

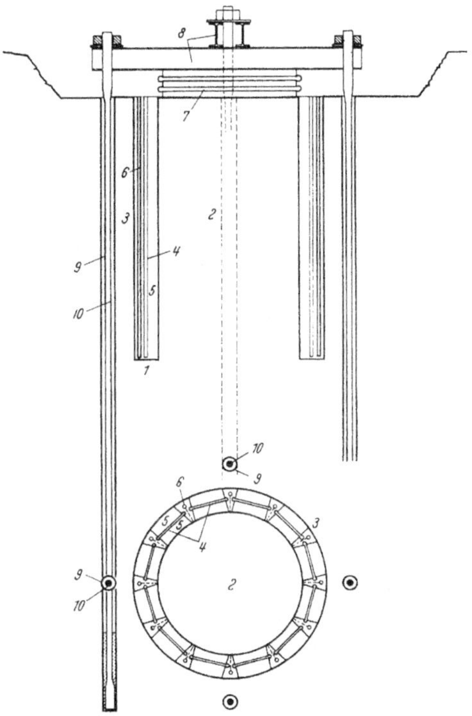

Abb. 7-25. Triaxialversuch am runden Kern eines Großbohrloches. Versuchsanordnung nach Rinagl und Müller. 1 Bohrlochtiefstes, 2 Bohrkern, 3 äußere Bohrlochwandung, 4 Druckkissen zum Aufbringen des Seitendruckes, 5 Betonfutter, 6 Meßvorrichtung zur Erfassung der Querdehnung, 7 Druckkissenbatterie zum Aufbringen des Normaldruckes, 8 druckverteilender Rahmen, 9 Ankerbohrlöcher, 10 Zuganker

kubischen Triaxialversuch zwischen Schlitzen *(7.45)* nicht versäumt werden sollte.

Über die Größe des Versuchskörpers, welcher als Bohrlochkern im Bohrloch stehenbleibt, sowie die aufzuwendenden Kräfte gilt etwa das in (*7.23*) Gesagte, mit der Einschränkung, daß Durchmesser > 2 m technisch nicht erreicht werden können.

Die Richtung des Bohrloches und der Druckkissensegmente möchte man so anordnen, daß sie den Kraftrichtungen im späteren Bauwerk u. dgl. oder den Richtungen größter und kleinster Fließbereitschaft entspricht. Da Großbohrlöcher aber nur lotrecht angelegt werden können, wird dies nicht möglich sein. Dies ist ein gewisser Nachteil, welcher jedoch dadurch zum Teil wettgemacht werden kann, daß ein Parallelversuch am statistischen Modell gemäß (*6.42*) eine Umrechnung der erhaltenen Versuchswerte ermöglicht.

7.7 Vergleich von Versuchsergebnissen

Wiederholt wurde in letzter Zeit auf Grund methodischer Untersuchungen festgestellt, daß zur Beschreibung von Gesteinseigenschaften, insbesondere von Grenzzuständen, die Schubspannungshypothese von MOHR in ihren Modifizierungen von HUBER, HENKY und MISES als Bruchtheorie geeignet sei (HIRAMATSU und OKA 1958; WUERKER 1959, 3; ROBINSON 1959, 177, u. v. a.). PANOW und RUPPENEIT (1958, 53) fordern lediglich eine Modifizierung der Hüllkurve bezüglich des Überganges vom plastischen zum Sprödbruch, welche auf die Konstruktion einer Hüllfläche hinausläuft, wie sie TORRE bereits gegeben hat. Nach den wenigen Erfahrungen an Großversuchen im Gebirge, über welche wir bisher verfügen, hat es den Anschein, daß auch zur Beschreibung der komplexeren Gebirgseigenschaften in erster Linie die Theorie und die Hüllkurve von MOHR und neben ihr das Haighsche Koordinatensystem mit seinen Grenzlinien geeignet sein wird. Lediglich wenn es um die Erfassung der Verhältnisse beim progressiven Bruch geht, wie z. B. beim Großscherversuch, wird trotz dieser vielen Feststellungen zu untersuchen sein, ob nicht die Bruchtheorie von GRIFFITH (1920, 163; 1924, 55) vielleicht einen besseren Ansatz bietet.

CLAUSING (1959, 285) hat einen sehr aufschlußreichen Vergleich über beide Theorien angestellt. Auf Grund von Experimentalergebnissen kommt er zu dem Schluß, daß auch die Bruchkriterien nach der Theorie von GRIFFITH durch die Mohrsche Hüllkurve ausgedrückt und daß alle mathematischen Beziehungen beider Theorien gültig aufeinander bezogen werden können. Genau genommen aber würden GRIFFITHS Theorie und Experiment die Mohrsche Bruchtheorie widerlegen.

CLAUSING ist der Meinung, daß noch viel Grundlagenforschung betrieben werden müsse, bevor ein grundlegendes Konzept einer Bruchhypothese für das inhomogene, unlinear-elastische, anisotrope und komplizierte Verhalten der Bergarten in einer für die Ingenieurpraxis brauchbaren Form festgelegt werden könne (S. 295).

Eine N o r m u n g zulässiger Gebirgsbelastungen, Fundamentpressungen usw. wird es niemals geben können. Normen aber kann man — nur nicht zu engherzig! — die Arten der Materialprüfung im Fels und deren Auswertung, um ihre Ergebnisse vergleichbar zu machen. Wenn diese Vergleichbarkeit auch niemals die Übertragung von Prüfungsergebnissen von einer Stelle auf andere, ähnlich scheinende Verhältnisse ermöglichen wird, so ist eine Vergleichbarkeit der Prüfungsergebnisse dennoch von besonderem Wert. Ein exakter Vergleich von Felseigenschaften wird es allein ermöglichen, die Zweckmäßigkeit von Bauweisen und statischen Systemen zu beurteilen; er wird nicht zuletzt das Gefühl für die Materialbeurteilung von Fels dort schärfen, wo diese nach wie vor ohne Testung erfolgen muß.

Über den Vergleich dynamischer und statischer E-Werte siehe (*2.41*). Eine interessante Gegenüberstellung von Elastizitätsmoduln, welche nach der Schallmeßmethode, durch mechanische Pressung am Ort nach der sog. Deformationsmethode und der Frequenzmessung gewonnen wurden, führt Petermann (1953, 409) durch. Die kleinsten Werte liefert sowohl für den Elastizitätsmodul als auch für die Querdehnungsziffer die Deformationsmethode. Die Unsicherheit in der Bestimmung der Werte ist nach Petermann mit einem wahrscheinlichen Fehler von etwa 50% behaftet. Es bleibt zu hoffen, daß die erweiterte Anwendung von Großversuchen, insbesondere solchen zur Festigkeitsbestimmung, diesen Unsicherheitsfaktor herabmindern werde.

Nochmals sei an die Wichtigkeit der Kenntnis vorhandener latenter Spannung bei der Auswertung von Versuchen gemäß (*7.25*) erinnert.

8 Die Erhebung und Darstellung geologischer Daten

Die verschiedenartigen und komplexen Einflüsse der vielfältigen geologischen Daten auf die Gebirgseigenschaften wurden dargestellt. Alle diese Daten zu erfassen, ist Aufgabe der geologischen Feldaufnahme. Dabei stehen je nach der Art der bautechnischen Aufgabe und des Gebirges jedesmal andere Dinge im Vordergrunde. Worauf es jeweils ankommt, ist im Einzelfall oft nicht leicht zu entscheiden und wird am vorteilhaftesten im Zusammenwirken von Geomechaniker, Fachgeologen und Ingenieur erarbeitet. Die Erfahrung lehrt, daß Fachgeologe und Ingenieur allein auch in noch so enger Zusammenarbeit die geomechanischen Gesichtspunkte der Aufnahmetechnik nicht hinreichend klarzustellen vermögen. Der Geomechaniker allein kann nur dann, wenn er geologisch und gefügekundlich geschult und zugleich in baustatischen Problemen erfahren ist, die Auswahl des Aufzunehmenden treffen und die Aufnahme selbst besorgen. Vom Fachgeologen allein kann diese Auswahl unmöglich erwartet werden; andererseits wäre es ein Unding, durch ihn alles nur mögliche ohne Ausscheidung des Unwesentlichen aufnehmen zu lassen. Da für die Festigkeitseigenschaften des Gebirges (auf welche es meist in erster Linie ankommt) maßgeblich festigkeitsmindernde Faktoren entscheidend sind, läuft die Aufnahmetechnik vornehmlich auf die Erfassung von „Fehlern“, auf die Wiedergabe der „Mechanical“ und „Chemical Defects“ Terzaghis

(1946) hinaus. Nachdem das Flächengefüge beinahe wichtiger ist als die Gesteinsart, die Lockerung des Korn- und Kluftverbandes beinahe bedeutungsvoller als die Mineralien und Schichtfolgen, besteht die Aufgabe — cum grano salis dargestellt — darin, sozusagen ein Negativmodell der Fehlstellen und „Mängel" herauszupräparieren. Der Aufnahmsgeologe muß vor seinem geistigen Auge ein Netz von Klüften, Störungen, Schwächezonen, Mürbstreifen usw. aufbauen, das den ganzen zu beschreibenden Raum mit allen technisch wesentlichen Details erfüllt, in welchem aber alles Unwesentliche fortgelassen ist.

8.1 Die Aufschlüsse

Man unterscheidet für gewöhnlich 1) natürliche und 2) künstliche Aufschlüsse und zählt zu jenen Felspartien (Wände, Rippen usw.) und bloßgelegte Bereiche (z. B. in Bachrunsen), zu diesen die Röschen, Probegruben, Bohrungen, Sondierschächte und -stollen; von 3) indirekten Aufschluß- oder Erschließungsmethoden spricht man beim Einsatz geophysikalischer, physikalischer oder chemischer Verfahren.

Alle diese Aufschlußarten und -methoden können hier nur soweit gestreift werden, als sie felsmechanisch oder felsbaulich wichtige Angaben liefern; über ihre Durchführung findet man alles Nötige in Büchern der Ingenieurgeologie und des Grundbaues. Im wesentlichen wird deshalb nachfolgend nur davon die Rede sein, was man von den einzelnen Aufschlußarten erwarten darf und was bei ihrer Anwendung im Rahmen geomechanischer Fragen zu beachten ist, gegebenenfalls auch einiges über ihre Disposition.

Künstliche Aufschlüsse sollten weder vom Aufnahmsgeologen noch vom Projektanten allein, sondern in wiederholter Fühlungnahme beider angesetzt werden. Nur so werden alle baugeologischen und felsmechanischen Fragen erkannt und beantwortet. Das gleiche gilt für die Disposition geophysikalischer Methoden, welche niemals der Geophysiker allein treffen sollte. Bei der Ausschreibung und Einweisung (direkter oder indirekter) Aufschlußarbeiten sollte eingehend auf den Zweck derselben hingewiesen werden, desgleichen auf erforderliche Unterbrechungen zwecks Aufnahme, Beratung und weiterer Disposition; ohne solche Hinweise betrachten Bohr- und sonstige Unternehmungen allzuhäufig ihre Aufgabe als gelöst, wenn ein Loch gebohrt oder ein Stollen geschlagen ist, und zeigen oft wenig Verständnis für nachträglich geäußerte Anforderungen.

8.11 Natürliche Aufschlüsse

Natürliche Aufschlüsse wird man stets benützen, weil sie keine Kosten verursachen; man wird aber daran denken, daß sie durch Auslese (Verwitterung und Abtrag des Schwächeren) entstanden sind. Bachrunsen entstehen häufig durch Ausräumung von Schwächezonen, während natürliche Sohlschwellen in Wassergerinnen sowie herausragende Felsbuckel („Balfen“) oft Härtlinge, manchmal aber gar nicht „gewachsener“, d. h. anstehender Fels, sondern nur Einzelblöcke („Findlinge“) sind, worüber ein Gefügevergleich mit der Umgebung entscheidet. Auch größere Felspartien sind durch Auslese des Standfesteren stehengeblieben bzw. ausgewittert und repräsentieren nicht immer die durchschnittliche Beschaffenheit des Gebirges; sehr oft ist dieses schon wenige Meter hinter einer freien Wand überraschend weniger fest. Andererseits zeigt offen zutage liegender Fels nur seine Verwitterungshülle, und die Klüfte sind in seinem Inneren meist enger geschlossen und weniger weit ausgeräumt als außen. Niemals aber darf man annehmen, daß die Dichte des Kluftnetzes im Inneren des Felsens geringer sei. Tiefenverwitterung kann 30—40 m tief und tiefer reichen, aber selten reicht sie unter das Niveau zirkulierender Wässer, also benachbarter Talsohlen. Alle diese Umstände gegeneinander abzuwägen, bedarf es vieler Erfahrung. Teilschlüsse über anstehenden Fels wird der Geübte sogar aus Ablagerungen von Bergschutt (*talus deposit; debris; detrito di falda*) und aus Blockhalden ziehen können.

8.12 Grabungen

Röschen, Probegruben und Felsfreilegungen (Abb. 8–1) ordnet man (im Rahmen von Felsbauaufgaben) meist an, um die Grenze von Fels und Überlagerung, die sog. Felslinie (*rock contour line; profil rocheux; profilo roccioso*), festzustellen. In ehemals vergletscherten Gebieten erschließen sie den Fels meist in seiner wahren Beschaffenheit, in anderen legen sie nur seine Witterschwarte und seine Auflockerungszone frei, aus deren Befund man nur mit Vorsicht auf den Zustand des tieferen Felsens schließen darf. Deshalb sollten solche Grabungen mindestens unter die Auflockerungszone reichen. Ganz besonders bewährt sich die völlige Freilegung großer Felsflächen. Sie kostet weniger und zeigt mehr als die meisten anderen Aufschlußarten.

8.13 Bohrungen

Auch Bohrungen, welche die Felslinie abzutasten haben, müssen die Auflockerungszone durchstoßen. Schon um festzustellen, ob man wirklich den Fels, nicht etwa nur Einzelblöcke angetroffen hat, muß man mindestens 2—5 m im erreichten Fels (drehend) weiterbohren.

Obwohl Bohrungen oft so wenige Auskünfte geben, daß ihr hoher Preis kaum gerechtfertigt ist, sind sie merkwürdig beliebt. Das beruhigende Bewußtsein, zur Klärung einer komplizierten Situation irgend etwas getan zu haben, mag viel öfter den Entschluß zum Bohren bestimmen als klare Überlegungen über die erzielbare Erkenntnisausbeute. Denn gerade das, worauf es vielfach ankommt, die Fehlstellen, Zerrüttungszonen, Mylonite, Hohlklüfte, die Orientierung des Flächengefüges usw. zeigen sie

Abb. 8-1. Vorbildliche Felsfreilegung zur geologischen Erkundung eines Talsperrenprojektes. Die horizontalen Linien entsprechen Höhenschichtenlinien im Abstand von 5 m

ja nicht, auch wenn mit doppeltem Kernrohr gebohrt oder eine orientierte Kernentnahme versucht wird. Erst in Verbindung mit optischer Sondierung (8.6), welche zur Abhilfe dieses Übelstandes entwickelt wurde, sind sie ein wertvolles Auskunftsmittel geworden. Einiges offenbaren ja auch die Wasserabpreßversuche in Bohrlöchern, auf welche man nicht verzichten sollte, sofern sie ordentlich, am besten mit schreibender Druck- und Mengenregistrierung, ausgeführt werden (was selten ist).

Bei der Wahl des Bohrkalibers wird oft am falschen Platz gespart. Nur in wenig spaltbaren und schwach zerklüfteten Bergarten geben Kernbohrungen mit einer 44-mm- bis 64-mm-Krone (Lochdurchmesser 47 bzw. 67 mm) repräsentative Kerne; in mürben, geschieferten und tektonisch stark beanspruchten Bergarten hingegen überwindet die Umfangskraft der Bohrkerne die Scherfestigkeit der Bohrkerne, und die Bohrung fördert nur Grus und kleinstückiges Bohrgut zutage, wo mit einem Bohrkaliber von 100 mm oder darüber vielleicht gute Kerne erhalten worden wären.

Eine unzweckmäßige wenngleich häufige Übung ist es, die räumliche Anordnung von Bohrungen nach Bauwerksachsen oder nach einem schematischen Netz auszurichten, wie es in der Neuen Welt üblich ist. Nach geologischen Schlüsselpunkten und Leitlinien, b-Achsen, Horizonten usw. ist das Bohrschema zu wählen, das den geologischen Bau aufklären soll.

Zum Beispiel deckte ein quadratisches 50-m-Netz von 38 Bohrungen in einem Baggerfeld an keiner einzigen Stelle Moorboden auf, während die nachfolgende Baggerung an mehreren Plätzen durch große Torflinsen beeinträchtigt wurde.

Erfolgreicher ist es, das Bohrprogramm auf Grund einer Arbeitshypothese vom geologischen Bau zu entwerfen, aber während der Arbeit elastisch zu variieren. Wer allzu ängstlich an einem einmal aufgestellten Bohr- und Aufschlußprogramm festhält, gleicht einem Detektiv, der nach einem vorgefaßten Schema auf die Suche geht, anstatt Spuren aufzunehmen und zu verfolgen.

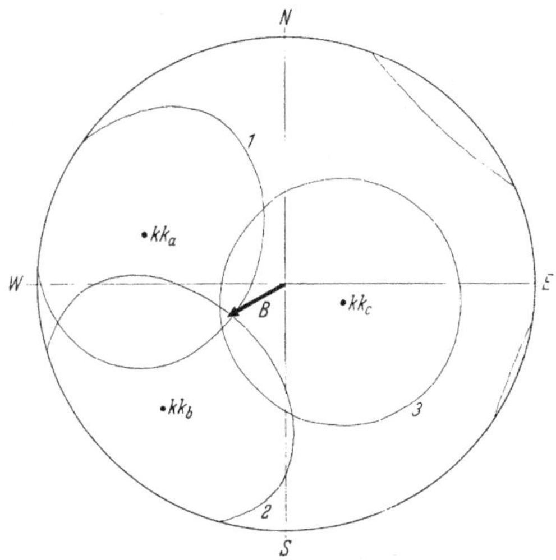

Abb. 8-2. Günstigste Bohrlochrichtung B zur Aufklärung des Flächengefüges; kk_a, kk_b, kk_c = Hauptkluftscharen, 1, 2, 3 = Kreise gleicher Streuung

Sondierbohrlöcher ordnet man vorteilhafterweise tunlichst so an, daß etliche von ihnen später gleich als Ankerlöcher und dergleichen verwendet werden können. Bei den Sicherungsarbeiten auf Hohensalzburg wurde dieser Idealfall an sämtlichen Bohrungen erreicht.

Die Richtung und Neigung der Bohrlöcher wähle man normal auf Schicht- oder Schieferungsebenen, wenn man Horizonte verfolgt, normal auf b-Achsen, wenn man tektonische Ausformungen aufklären will; so kommt man mit relativ geringen Längen aus. Haben die Bohrungen das Flächengefüge aufzuklären, so gibt man ihnen gemäß Abb. 8–2 jene Richtung, welche mit allen Kluftscharen möglichst stumpfe Winkel einschließt.

Viel zu selten wird horizontal oder flach gebohrt, obwohl solche Bohrungen über viele hundert Meter (sogar in Lockermassen über 100 m; Beispiel Harburg/Schwaben) ohne weiteres möglich sind und nicht nur „Nadelstiche" im Gelände darstellen, sondern stetige zusammenhängende Aufklärungslinien.

8.14 Sondierschächte und -stollen

Sondierschächte und -stollen — die einen im Flachgelände, die anderen im steileren bevorzugt — geben meist eine viel umfassendere Auskunft als eine Vielzahl von Bohrungen; dabei kosten sie pro lfm. nur das 2—3fache von jenen. Sie geben einen räumlichen Aufschluß, können befahren und in beliebiger Genauigkeit aufgenommen werden und gewähren eine unmittelbare Anschauung vom Gebirge. Überdies können sie oftmals später baulich verwendet werden. Auch sie sollte man nicht nach Bauwerksachsen, sondern nach den zu untersuchenden geologischen Daten orientieren.

Von einem Stollen oder Schachtvortrieb sollten, genau wie von Bohrungen, Gesteinsproben entnommen und aufbewahrt werden. Die tägliche Kartierung durch einen Hilfsgeologen (Studenten) lohnt sich stets, besonders wenn Zimmerung oder Torkretierung die Stollenleibung später dem Blick entziehen. Vor allem erfordern die Bergwasserverhältnisse, welche sich bald nach dem Vortrieb sowie im Laufe der Jahreszeiten ändern, eine Sofortaufnahme (Stini 1958). Bohrungen, Stollen und Schächte kosten so viel, daß sie nur dann gerechtfertigt sind, wenn sie bis zur größtmöglichen Erkenntnisausbeute ausgeschöpft werden. Es ist ein Mißverhältnis zwischen Aufwand und Ergebnis, wenn Stollen oft nur einer einzigen Begehung dienen.

8.15 Indirekte Aufschlußmethoden

Die indirekten Aufschlußmethoden werden oft, in Verkennung ihrer Aufgabe, unabhängig vom übrigen Sondier- oder Aufschlußprogramm, sozusagen zur wechselseitigen Kontrolle der Leistungsfähigkeit, angesetzt; man ist neugierig, „ob sie dasselbe herausbringen“ wie die unmittelbaren Aufschlüsse. Auf solche Weise nützt man sie nur schlecht aus, da sie weit mehr leisten, wenn sie an vorhandene Bohrungen, Schächte usw. „anbinden“ können. Denn da die indirekten Methoden ja nicht Gesteinsunterschiede, Gesteinszerrüttungen usw. selbst feststellen können, sondern nur deren Auswirkungen auf die elektrische Leitfähigkeit, die Schallfortleitung o. ä., so bedürfen sie des Vergleiches, und ihre eigentliche Aufgabe ist es (abgesehen von Elastizitätsbestimmungen), Grenzlinien, Schwächezonen usw. zwischen bereits bekannten Anknüpfungspunkten zu verfolgen. Näheres in (*8.7*).

8.16 Kombinierte Aufschlußmethoden

Die größten Erfolge erzielt man mit kombinierten Aufschlußmethoden. Die Verquickung geophysikalischer Methoden mit Durchlässigkeitsbestimmungen, besonders auch mit chemischen und physikalischen Untersuchungen der Wasserwege, werden Aussagen über die Wasserträger und Wasserstauer, deren Verlauf und Lagebeziehungen erhalten (Seelmeier 1950, 9). Bei solchen Kombinationen, welche freilich Phantasie erfordern, untersucht man das jeweilige Problem sozusagen in verschiedenen Projektionen. Die einzelnen Methoden ergänzen und überprüfen einander und summieren die Ergebnisse nicht bloß, sondern vervielfachen sie. Bohrungen allein hingegen bringen oft enttäuschend wenig Aufschluß über den geologischen Bau (s. a. ASCHER 1952; BÖHMER 1948; SCHNEIDER 1948; WÜNSCH 1956; ZEINDER 1958).

8.2 Schemata zur praktischen Gebirgsbeschreibung

Die in den Abschnitten (5 und 6) erörterte technische Gebirgsbeschreibung folgt vornehmlich technologisch-theoretischen Gesichtspunkten. Nachstehend werden einige Anleitungen zur Gebirgsbeschreibung gegeben, welche der Praxis der Felsaufnahme entstammen. Als Leitsatz diene dabei, sowohl in der Beobachtung wie in der Darstellung und Dokumentation, stets sauber Beobachtetes und zu Vermutendes, Sichtbares oder Gesehenes und dessen wahrscheinliche Fortsetzung auseinanderzuhalten. Im Feldprotokoll geschieht dies durch Anmerkungen, in den Plänen durch Strich- oder Farbunterschiede.

8.21 Grundsätzliches

Zunächst rufe man sich die Gesichtspunkte ins Gedächtnis, nach denen aufzunehmen ist. Sie hängen in erster Linie von der Art der technischen Aufgabe ab. Für Fragen der Standfestigkeit an freier Wand sind andere Daten entscheidend als zur Beurteilung der Standfestigkeit von Untertageräumen; zur Einschätzung der Wasserwegigkeit andere als zur Beurteilung der Reibungsverhältnisse.

Aber auch je nach den Unterschieden der technischen Gesteinsfazies und der Verbandinnigkeit wird sich die geologische Aufnahme auf verschiedenes, bald mehr auf die Großklüfte, bald auf die Kleinklüfte, hier auf den Durchtrennungsgrad, dort auf die Materialentfestigung u. a. m. konzentrieren. Nicht zuletzt wird der Größenbereich der Kleinkluftkörper und der „Großkluftkörper“ und deren Größenbeziehungen zu den Bauwerksabmessungen eine Rolle spielen. Welcher Art diese Rolle ist, haben geostatische Erwägungen zu entscheiden.

8.22 Gebirgsbeschreibung

Zur Gebirgsbeschreibung selbst verwenden manche (z. B. BENDEL und KEIL) mit Vorteil Selbstbefragung und Schemata. Nicht nur dem Ungeübten tun sie gute Dienste, sondern geben auch dem Routinierten Gewähr, daß nichts übersehen wurde. Ihre Benützung darf nur nicht zum Schematismus führen.

Zum Überblick und zur Stützung des Gedächtnisses verwende ich oft das Formblatt Tafel 8–1, während man sich bei der Beschreibung der Ge-

Tafel 8–1. Technische Kurzbeschreibung der im Aufschluß anstehenden Festgesteine

Bauvorhaben:		Bergarten	
....	....	....	....
1	2	3	4
1	Farbe		
2	Tracht		
3	Korn- und Mineralaufbau		
4	Kornbindung und Verband		
5	Schichtung		
6	Schieferung		
7	Klüftung		
8	Kluftlockerung		
9	Wasserwegigkeit		
10	Injizierbarkeit		
11	Durchtrennungsgrad		
12	Teilbeweglichkeit		
13	Technische Fazies		
14	Restverband		
15	Verbandfestigkeit		
16	Elastisches Kriech- und Fließverhalten ..		
17	Gewinnungsfestigkeit		
18	Bohrhärte		
19	Teilbarkeit		
20	Chemische Eigenschaften		
21	Erweichbar- und Löslichkeit		
22	Wetterbeständigkeit		
23	....		
24	....		
25	....		

steine z. B. an STINIS Einteilung der Gesteinseigenschaften (Tafel 3–1), halten mag.

Verschiedene Gebirgsfazies bzw. Kluftkörperformen lassen sich gut in Diagrammen gemäß Abb. 4–1, 4–14, 5–5 und 5–7 gegenüberstellen, während sich für Stollenaufnahmen manchmal eine Signaturendarstellung eignet, wie sie z. B. bei der Dokumentation des Harburgtunnels verwendet wurde (Abb. 8–17).

Eine billige Klassifizierung nach „gutem“ und „schlechtem“ Gebirge haben wir abgelehnt. Eine Einteilung jedoch nach Güteklassen, welche für jedes Projekt neu festgelegt, exakt beschrieben und abgegrenzt werden, kommt den Bedürfnissen der Praxis sehr entgegen und dient der raschen Verständigung bestens. So unterschieden an der Teisnach-Sperre Schmidt-Thomé und Kraus Gneis I, Gneis II und Gneis III, je nachdem (I, frischer Gneis) Kornmineralien frisch, die Kornbindung fest, die Festigkeiten hoch und die Spaltbarkeit gering; bzw. (II, schwach entfestigter Gneis) Mineralien ein wenig umgewandelt, die Kornbindung gering, Schiebungsflächen gelegentlich aufgeblättert, die Druckfestigkeit parallel zur Schieferung gering, quer dazu mittelgroß und die Scherfestigkeit parallel zur Schieferung gering war; bzw. (III, entfestigter oder entsetzter Gneis) Feldspate weitgehend serizitisiert und kaolinisiert, Biotite hellverglimmert, fast ohne Kornbindung, Schieferungsflächen weitgehend aufgeblättert, Festigkeiten äußerst gering.

Vorzüglich bewährte sich die von Müller (1960 c, 209) und Pacher erstmalig am Kraftwerk Kariba verwendete Einteilung des Gebirges nach Entfestigung und Zerlegungsgrad, welche in (*5.1*) erläutert wurde (Abb. 5–1).

8.3 Statistische Kluftmessung

Den Grund für eine technische Behandlung und Verwertung der Daten des Flächengefüges hat Stini (1925 b; 1925 c; 1926 a; 1926 b) gelegt. Wer sich selbst mit „statistischer Kluftmessung“ (Stini) befaßt, für den ist die Kenntnis seiner wichtigsten Arbeiten auch heute noch unentbehrlich. In eingehenden „Untersuchungen über statistische Kluftmessung“ (1933) habe ich manches erweiternd beitragen können, das hier nur gestreift werden kann. Nachstehend sei auf einige praktische Fragen eingegangen, welche oft gestellt werden, weil sie eigentlich nirgends geschlossen behandelt sind: Wie, was und wieviel ist einzumessen?

8.31 Einmessung geologischer Flächen

Die Einmessung geologischer Flächen mit dem Geologenkompaß (Abb. 4–4 a und b) geschieht zweckmäßig in der Weise, daß die mit S (Süd) bezeichnete Gehäusekante an die Streichrichtung der geologischen Ebene (Kluft, Schichtfläche, Schieferungsfläche oder Fuge) angelegt wird und die Nordrichtung des Gehäuses in die Richtung des Einfallens weist. Dann gibt die „Bergnadel“ (s. a. Stini 1922, 509) unmittelbar die Nordabweichung der Fallinie (im Drehsinn von N über E gezählt) an. Die Bergnadel ist entgegen der Bezifferung gewöhnlicher Marschkompasse gegen den Uhrzeigersinn beziffert (E = 90° links, W = 270° rechts von N) [78]), so daß

[78]) Die umgekehrte Bezifferung ist aus dem Grunde gewählt, weil bei Rechtsdrehung des Gehäuses aus der Nordrichtung die Nordspitze der Nadel links von N zu liegen kommt.

die Ablesung der Nordnadelspitze über der von 0 bis 360° durchlaufenden Bezifferung bereits den Azimut (= die Nordabweichung) angibt. Bei der späteren Auftragung der Lotpunkte im Kugeldiagramm (Abb. 4–6, 4–7, 4–8) hat man, wenn eine genaue Messung verlangt wird, die jeweilige magnetische Deklination des Ortes zu berücksichtigen, sofern nicht schon im Kompaß selbst eine Korrektur der Deklination vorgenommen werden kann, wobei westliche Deklinationsbeträge abzuziehen, östliche zuzuzählen sind. Bei überhängenden Gesteinsflächen ist zur Einhaltung der alten Bergmannsregel „Nord voran!" die Nordkante des Gehäuses an die Ebene anzulegen. Hierauf wird der Fallwinkel der Fläche (= die Neigung der Fallinie) mit der im Gehäuse eingebauten Bergwaage als Richtungsunterschied gegen die Horizontale gemessen.

Bei beiden Messungen genügt es meist, eine Ablesegenauigkeit von ± 5° einzuhalten, insbesondere wenn statistisch ausgewertet wird, wobei sich die Fehler nach dem Gesetz der großen Zahl ausgleichen.

8.32 Geologenkompaß nach Clar

Die Gefügemessung mit dem Geologenkompaß nach Clar (Abb. 4–4 c) ermöglicht ein viel rascheres Arbeiten und vermeidet die häufigsten Fehler, welche beim gewöhnlichen Geologenkompaß durch verkehrtes Anlegen des Gehäuses oder durch Verwechslung von Nord- und Südspitze der Nadel entstehen. Sie erübrigt das zweimalige Anlegen zum Ablesen des Horizontal- und Vertikalwinkels, da beide Maße mit einem Griff genommen werden. „Die Messung ... wird ... wesentlich vereinfacht", weil „das Instrument von vornherein zweikreisig ausgestattet ist; nämlich mit horizontalem Richtungs-Teilkreis (Bussole) und normal darauf stehendem Neigungs-Teilkreis. ... Das Gelenk des Gehäusedeckels" ist „zu einem zweiten, auf der Bussolenebene normal stehenden Neigungs-Meßkreis ausgestaltet" (Clar 1954, 204) [79].

Der Kompaß kann mit einer Hand geöffnet, bedient und wieder versorgt, die Korrektur der Deklination durch Verdrehung der Teilkreisscheibe vorgenommen werden.

Zur gleichzeitigen Einmessung von Neigung und Richtung des Einfallens ist „ohne jede Gefahr eines Irrtums ... in einer einzigen Anlegestellung des Kompasses abzulesen. ... Man hält den Kompaß geöffnet mit angenähert horizontal stehendem Bussolenteil so an die zu messende Fläche, daß der Deckel des Gehäuses mit seinen beiden metallenen Anlegeleisten dieser Fläche möglichst satt anliegt" (Abb. 8–3) „und dreht dann noch ein wenig, bis die Dosenlibelle neben der Bussole genau einspielt.

[79]) Vor dem Erscheinen der Konstruktion von Clar habe ich gleichfalls einen zweikreisigen Kompaß mit einer flüssigkeitsgedämpften Magnetnadelscheibe, die in einem durchsichtigen Glaswürfel kardanisch aufgehängt war, verwendet, ziehe aber nun den Kompaß von Clar vor.

Abb. 8-3. Messung von geologischen Flächen und Linearen mit dem zweikreisigen Kompaß nach CLAR (aus CLAR 1954, 213)

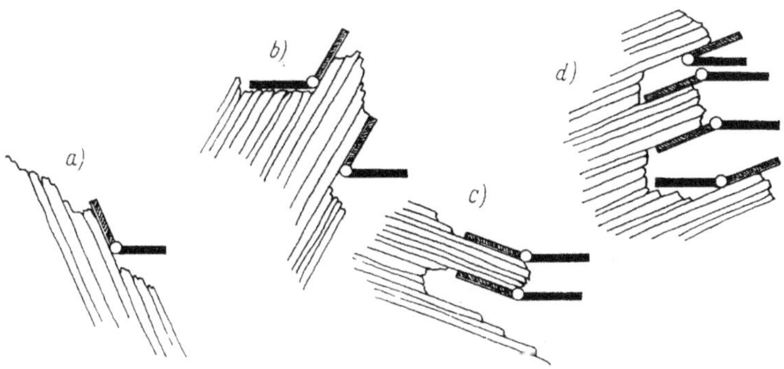

Abb. 8-4. a—d: Anlegestellungen des Kompasses zur gleichzeitigen Messung von Richtung und Neigung des Einfallens von Flächen bei verschiedener Lagerungsart; schwarz: Unterteil mit Bussole, schraffiert: Gehäusedeckel mit Metallanlegeleisten (nach CLAR 1954, 209)

Dann ist die Neigung des Einfallens am vertikalen Gelenk-Teilkreis, die ihr streng zugeordnete Richtung des Einfallens an der Bussole abzulesen. Die Quadranten des Gelenk-Teilkreises haben verschiedene Farben, ebenso die beiden Spitzen der Kompaßnadel". Beide korrespondieren jeweils farbentsprechend. „Der Deckel" ist „noch über die 180°- bzw. 0°-Stellung hinaus zu öffnen und dort" ist „eine weitere Teilung von 20° angebracht. ... Man kann also je nach der Entblößung der Fläche so oder so anlegen. Die Skizzen der Abb. 8-4 kennzeichnen einige Musterfälle" (CLAR 1954, 210).

Viele Klüfte bieten keine deutliche, eine zu kleine oder gar keine Anlegefläche für den Kompaß; mit Hilfe eines Stückes Aluminium- oder Messingblech (Abb. 8-5) kann man die Anlegefläche verdeutlichen, vor allem aber können zahlreiche Klüfte, die mehr oder minder senkrecht zur Gesteinsoberfläche stehen, sobald sie nur ein wenig klaffen, was in Oberflächennähe durch die Wirkung der Verwitterung oft genug der Fall ist, vermessen werden, während diese oberflächensenkrechten Spalten sonst meist nur sehr untergeordnet zum Ausdruck kommen. Auch viele freie Flächen werden oft durch ihre für das Anlegen des Meßgerätes ungünstige Lage, z. B. wenn sie nach außen zu fallend überhängen, der Messung entzogen, können aber mit Hilfe des Bleches berücksichtigt werden.

Ein solcher Blechstreifen erleichtert auch das Anzielen unzugänglicher Flächen, die auf mittelbare Art gemessen werden müssen. Wenn die Gesteinsflächen vom Wasser überrieselt sind, gestattet er ein trockenes Anlegen des Gerätes. Vor allem kann durch dieses einfache Hilfsmittel die Zahl der Messungen an einem eingeschränkten Ort vergrößert werden. Wo überhaupt nur wenig Gestein aufgeschlossen oder entblößt ist,

Abb. 8-5. Einmessen schwer zugänglicher Klüfte mit Hilfe eines Aluminiumbleches

bedeutet dies eine sehr erwünschte Vermehrung der überhaupt möglichen Messungen; in einem größeren Aufschluß beschränkt es die Messungen auf einen kleineren Bereich. Die Aufnahmen, bei denen ich davon Gebrauch machte, enthalten im Durchschnitt nahezu zu zwei Fünfteln (37%) Klüfte, die ohne Verwendung des Messingbleches nicht hätten vermessen werden können. In manchen Aufschlüssen erreicht dieses Verhältnis sogar 75 v. H.! Das bedeutet, daß die Messung ohne die Hilfe des Bleches auf den vierfachen Bereich hätte ausgedehnt werden müssen.

8.33 Einmessung von linearen Gefügedaten

Die Einmessung von linearen Gefügedaten (z. B. Falten- oder „Streckungs"-Achsen, B-Achsen, Harnisch-Striemen usw.) geschieht gleichfalls durch die Angabe von Neigung und Richtung ihres Einfallens. „Durch Anlegen ... einer normalen Geologenbussole" ist sie „nur dann möglich, wenn das Instrument ... ein rechtwinkelig-vierseitiges Gehäuse mit Klappdeckel hat. ... Man bedient sich zumeist eigener Hilfskonstruktionen oder Hilfsinstrumente. ...

a) Mit der e i n k r e i s i g e n , mit Neigungssenkel ausgestatteten Bussole kann man auf folgende Art vorgehen:

α) Man visiert aus freier Hand das sog. Streichen der Lineare an, genauer das Streichen der durch die Lineare gelegten Vertikalebene, bestimmt die Neigung der Linearen gegenüber der Horizontalen durch Anlegen des Kompasses... und fügt die ungefähre Himmelsrichtung des Einfallens auf Grund der eigenen Raumorientierung hinzu. ... Dieses Einvisieren ist erträglich genau, wenn die Lineare flach einfällt und in einer wenig geneigten Fläche liegt. Bei größeren Neigungen der Lineare selbst oder auch der Fläche, in der die Lineare auftritt, sind große Fehler häufig."

β) Oder aber „man mißt die Fläche, in der sich die Lineare befindet (meist ein ‚s'), mit Streichen und Fallen in üblicher Art, bezeichnet auf ihr die Richtung des Streichens mit einer Linie oder einem Ritz und bestimmt nun mit einem gewöhnlichen Winkelmesser (Transporteur) oder einem Anlegegoniometer den in dieser Fläche liegenden Winkel ξ, den die Lineare mit der bezeichneten Streichrichtung einschließt, und den Richtungssinn dieser Abweichung vom Streichen" (Clar 1954, S. 212).

b) Mit dem Geologenkompaß von Clar ist die direkte Einmessung von Linearen grundsätzlich vollkommen gleichartig vorzunehmen wie die des Einfallens von Flächen.

„Man legt nun nicht die Deckelfläche, sondern nur eine der beiden ... Anlegeleisten des Deckels an die zu messende Lineare an und hält dabei den Bussolenteil des Kompasses unter Kontrolle durch die Dosenlibelle horizontal. In dieser Stellung wird die Neigung am vertikalen Teilkreis des Deckelgelenkes abgelesen, die Richtung des Einfallens an der Bussole" (Clar, S. 214).

8.34 Zeitbedarf

Bei Aufnahmearbeiten in der Natur ist es oft sehr wertvoll, einen Anhaltspunkt über den Zeitverbrauch zu besitzen, um vor Beginn der Arbeit deren Dauer einschätzen zu können. Deshalb seien hier einige Erfahrungswerte mitgeteilt. Wenn man allein arbeitet und die Beobachtungen selbst eintragen muß, braucht man im Durchschnitt unter mittleren Verhältnissen 2 Minuten zur Messung einer Kluftfläche (also etwa die 2—4fache Zeit, die für Gefügemessungen angegeben wird). Unter erleichternden Umständen und bei guter Übung sinkt diese Zeit auf etwa 1,6 min/Kluft. Wird man von einem Helfer durch die Abnahme der Schreibarbeit unterstützt, so vermindert sich diese Zeit wieder auf 1,3—1,1 min und sinkt bei bequemer Zugänglichkeit der Klüfte und großer Arbeitseile sogar bis auf 0,75 min. Auf die Annehmlichkeiten des Arbeitens zu zweien hat Stini (1925 b) hingewiesen. Beim Kompaß nach Clar spart man etwa die Hälfte dieser Zeiten.

An Stelle eines Schreibers verwende ich häufig mit sehr beträchtlicher Zeitersparnis ein Taschenmagnetophon, in welches, ohne den Kompaß aus der Hand zu legen, auch eine gute Beschreibung einzelner Klüfte gesprochen werden kann. Für sehr große Kluftkollektive von mehreren tausend Messungen macht sich die Anschaffung des automatischen Kluftschreibers nach MÜLLER bezahlt, bei welchem der Handkompaß nur angelegt, nicht abgelesen zu werden braucht, da die Ablesung durch Druckknopfsteuerung über ein Bedienungskabel unmittelbar auf das zentral aufgestellte Gerät als Lotpunkt im Diagramm übertragen wird.

8.35 Genauigkeit der Kompaßmessungen

Die Genauigkeit der Kompaßmessungen genügt für den Verwendungszweck vollauf. Nur wenn es auf größere Genauigkeit ankommt, z. B. bei Flächen großer Erstreckung, muß die Genauigkeit des Kompasses ausgenützt werden, indem man völlige Beruhigung der Nadel abwartet und möglichst genau abliest. Bei Flächen von mehr als 20° Neigung liegt dann der wahrscheinliche mittlere Ablesefehler bei 1—4°, der des Pendels bei 2° [80]).

Bei flacheren Klüften kann die Genauigkeit der Richtungsablesung (s. Diagramm Abb. 8-6), welche unterhalb 20° zu wünschen übrig läßt, entgegen häufig vertretener Meinung wegen der Ungenauigkeit der Pendelablesung nicht dadurch erhöht werden, daß zuerst durch Anhalten des Pendels die Streichrichtung bestimmt und dann erst das Gehäuse angelegt wird; sondern nur dadurch, daß mehrmals angelegt, abgelesen und das Mittel aus den Lesungen gebildet wird.

Bezüglich der zufälligen Fehler, mit denen jede, auch die beste Messung behaftet ist, ist die Ansicht sehr verbreitet, daß bei den statistischen Ergebnissen mit demselben Fehlerspielraum zu rechnen sei wie bei der Einzelmessung. Diese unrichtige Auffassung ist deshalb sehr bedenklich, weil in ihr unscharfe und dehnbare Aussagen einen Rückhalt finden. Wenn man statistisch mißt, d. h. viele Fälle gleicher oder fast gleicher Art beobachtet, so darf man ebenso wie bei vielen Beobachtungen zur Messung einer Größe annehmen, daß die zufälligen Fehler der einzelnen Messungen verschieden gerichtet sein werden. Wenn wir bei der statistischen Verarbeitung unter Beteiligung einer größeren Zahl von Messungen Mittelwerte bilden, ermitteln wir damit auch gleichzeitig — ebenso wie bei der Ausgleichung unmittelbarer Beobachtungen — das Mittel aus den Fehlern. Wir können daher die statistischen Mittelwerte in demselben Maß als fehlerfrei ansehen, wie wir eine einzige Kluft werten würden, die entsprechend oft gemessen wurde. Nicht ganz in gleichem Maß gilt dies für die Scheitelwerte, da an deren Bildung nicht alle gemessenen Stellungen beteiligt sind. Immerhin aber ist auch die Lage dieser Werte durch eine große Zahl von Gliedern beeinflußt, welche die häufigsten der ganzen Meßreihe sind.

Würden wir die Zuverlässigkeit der ermittelten Werte in Betracht ziehen (ausgedrückt durch ihre Fehler), so hätten wir zu dieser Angabe nicht etwa noch die Meßfehler dazuzuschlagen; denn diese sind schon in der Berechnung aller Werte — auch der Streuungsangaben — enthalten. Da die statistische Behandlung von Massenerscheinungen auf der Verschiedenheit des Hervortretens gesetzmäßiger und zufälliger Erscheinungen beruht, dürfen wir uns den zufälligen Fehlern gegenüber so verhalten, als wären sie nicht durch unsere Messung verursacht, sondern als wären sie den Klüften selbst eigen. Anders die unzufälligen Fehler, denn diese stellen Gesetzmäßigkeiten dar.

---

[80]) Über die Genauigkeit der Messungen in Abhängigkeit von der Flächenneigung s. MÜLLER 1933, 229.

Auf die Tatsache, daß sich die Fehler der einzelnen Beobachtungen durch ihr Zusammenwirken aufheben, haben schon Seitz (1914/1917, 576) und Börger (1928, 818) hingewiesen, allerdings nur ganz flüchtig, so daß es im Schrifttum unbeachtet blieb.

Mit dem Vorstehenden soll allerdings nicht der Anschein erweckt werden, als wären statistische Werte als wirklich fehlerfrei anzusehen. Alle diese Überlegungen haben Wahrscheinlichkeitsbetrachtungen zur Grundlage, die niemals völlige Sicherheit verbürgen. Gewiß können auch die Mittelwerte mit Fehlern behaftet sein; dies ist sogar wahrscheinlich. Aber abgesehen davon, daß diese sicherlich bedeutend kleiner sind als die Einzelfehler, ist es nicht angängig, andere Werte als die Mittelwerte, die zwar durchaus möglich, aber unwahrscheinlich sind, zur Grundlage einer Deutung zu machen.

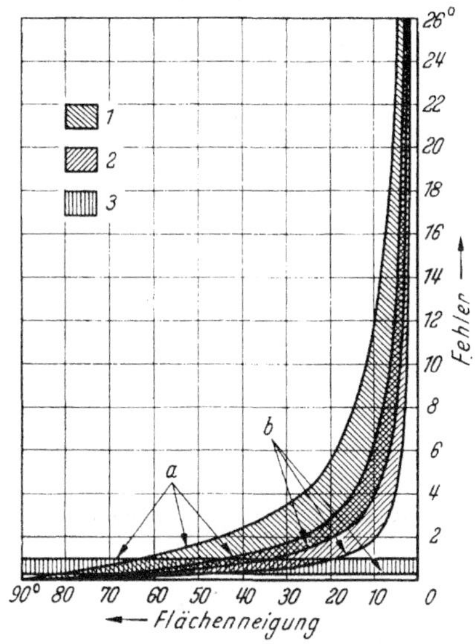

Abb. 8-6. Genauigkeit der Kompaßmessung. 1 Richtungsfehler bei schätzungsweisem Anlegen, 2 Richtungsfehler bei genauem Anlegen, 3 Neigungsfehler; a) Fehler mit der Wahrscheinlichkeit 0,96, b) Fehler mit der Wahrscheinlichkeit 0,50

Die natürlichen Fehler zufälliger Art gehen darauf zurück, daß die Klüfte keine vollkommenen Ebenen sind. Bei großen Flächen können die so entstehenden Fehler durch Mittelbildung aus mehreren Messungen wettgemacht werden. Der Einfluß der Unebenflächigkeit wird schwer verläßlich zu ermitteln sein.

Viel zu wenig Beachtung finden meist die Eigenfehler. Und doch können gerade sie das Ergebnis oft in hohem Maße beeinflussen, da sie zu einem großen Teil unzufällig sind. Die Fehler, die durch zunehmende Ermüdung u. dgl. entstehen, sind nur teilweise zufälligen Wesens, denn sie äußern sich nicht selten darin, daß die Ablesungen abgerundet werden. Auch grobe Fehler sind eine häufige Folge von Ermüdung (verkehrtes Anlegen des Nordweisers, Irrtum in der Einerangabe der Lotwinkel, Verwechslung ähnlicher Ziffern des Teilkreises u. ä.). Grobe Fehler geraten leicht beim Ansagen in die Messung; besonders Fehlangaben in der Hunderterstelle treten gern auf. Noch häufiger pflegen diese Erscheinungen beim Auftragen der Lotpunkte aufzutreten; es hat sich als notwendig erwiesen, alle Lotbilder zu überprüfen.

Schwieriger als diese Fehler, die zumeist in Ermüdung oder Täuschungen der Sinneswerkzeuge ihre Ursache haben, sind solche rein seelischer (psychologischer) Herkunft zu vermeiden. Dabei ist ihre Erscheinung so verbreitet und häufig, daß sich wohl eine ganze Abhandlung darüber schreiben ließe. Der meist unbewußten Täuschung, Vorurteile gewöhnlich bestätigt zu finden, wurde schon an anderer Stelle Erwähnung getan. Es ist darauf hinzuweisen, daß die seinerzeit empfohlene Arbeitsweise, den Besetzungsvorgang während der Messung selbst durch Auftragung eines Lotbildes zu verfolgen, eine neue derartige Fehlerquelle eröffnet. Der Verführung, sich in der Wahl der Klüfte durch den Besetzungsvorgang beeinflussen zu lassen, ist nicht leicht ganz zu widerstehen, um so mehr, als diese Beeinflussung unabhängig von unserem Bewußtsein vor sich geht und wir keine sicheren Anhaltspunkte über die Art, in der dies geschieht, haben. Fischer (1926, 98) spricht von der seelischen „Anziehungskraft eines immer mehr wachsenden Maximums", ist also der Ansicht, daß man — selbstverständlich ohne es zu wollen — gleichgerichtete Messungen bevorzugt, im Gegensatz zu TEICHERT (1927, 244), der der Meinung ist, „daß man es ganz natürlicherweise unterläßt, auf die Dauer immer wieder dieselben absolut parallelen Richtungen einzumessen, während die Aufmerksamkeit leichter auf abweichende Richtungen gezogen wird". Diese gegensätzlichen Ansichten dürfen nicht zu der Auffassung verleiten, daß es sich dabei nur um einen unbedeutenden Einfluß handeln könne oder daß vielleicht beide Ansichten nebeneinander zu Recht bestünden und die Erscheinungen einander aufheben. Ich möchte eher zu der Ansicht neigen, daß sich, je nach der Wesensveranlagung des Beobachters, der eine oder andere Einfluß geltend macht. Der Wirkung solcher Fehlerquellen ist nur dadurch zu begegnen, daß man bei der Messung selbst sich bemüht, alle Gedanken auszuschalten und möglichst „blind" zu messen. In der Gefügekunde ist dies leichter möglich als bei der Messung von Gesteinsklüften.

Ablesefehler, welche die häufigsten Fehler sind, vermeidet man dadurch, daß man vor der Ablesung die Fallrichtung nach dem eigenen Orientierungssinn schätzt, was bei längerer Übung mit einer Genauigkeit von 10—20° möglich ist.

8.36 Auswahl der Beobachtungen

Was zu messen ist, hängt 1. von der Gebirgssituation und 2. von der gestellten Aufgabe ab. Bei einer vollständigen Kluftmessung müssen auf möglichst eng begrenztem Raume alle nur erreichbaren Klüfte eingemessen werden; für bestimmte Aufgaben aber interessiert oft nur eine gewisse Auswahl des Flächengefüges; z. B. werden diejenigen Klüfte, welche durch Mineralabscheidungen wieder „verheilt" wurden, technisch meist uninteressant, für tektonische Aufgaben dagegen oft sehr interessant sein.

„Teilgefüge" nennt SANDER solche „Scharen von Gefügeelementen, welche gegenüber den Elementen anderer Scharen etwas Unterscheidendes gemeinsam haben" (1948, 5). Schicht- und Schieferungsklüfte z. B. bilden solche Teilgefüge, und manchmal kann es erwünscht sein, sie auch in der Darstellung (Abb. 8–7) zu sondern.

Zunächst beachtet der Ungeübte die Klüfte fast gar nicht — auch die Geologen haben sie jahrzehntelang fast ignoriert (DAUBRÉE 1880). Später wollte man lange ihre Regelung nicht sehen, und so ergeht es dem Ungeübten auch heute noch. Ein Gefühl für die technische Bewertung von Klüften und Kluftscharen stellt sich beim Beobachter erst nach langer Übung ein. Der Aufnahmegeologe, welcher für die technische Praxis arbeitet, muß sich auf die Erfassung des Kluftnetzes besonders einarbeiten. Der Bauingenieur muß das Gefüge in der Baugrube so weit sehen lernen, daß er nach der Einweisung durch ein baugeologisches Gutachten die mechanische Rolle der Hauptkluftscharen zu verstehen imstande ist. Denn das Gutachten kann nur generelle Voraussagen geben und bedarf in Anpassung an die örtlich variierende Natur stets erneuter Auslegung. Nur durch eine solche vertiefte Einsicht bewahrt sich der Bauingenieur vor Fehlschlägen und verhindert Unglücksfälle und Menschenopfer.

Die meisten Klüfte sind mehr oder minder eben (Fastebenen), und durch diese Eigenschaft (nicht selten nur durch diese) am besten erkennbar. Durch statistische Untersuchungen (MÜLLER 1933) ist erwiesen, daß man nur selten und unbedeutende Einzelfehler begeht, wenn man alle ebenen Flächen in die Statistik einbezieht, ob sie sich als Fugen ins Gestein fortsetzen oder nur als Teile der Oberfläche zu erkennen geben. Auch Bruchflächen, welche sichtlich erst beim Ausbruch oder einer Sprengung entstanden sind, erweisen sich fast immer als scharentreu, da parallel zu vorhandenen Kluftscharen meist eine latente Spaltbarkeit im Gestein vorhanden ist[81]).

Völlig unregelmäßig oder stark gekrümmt verlaufen meist nur Ab-

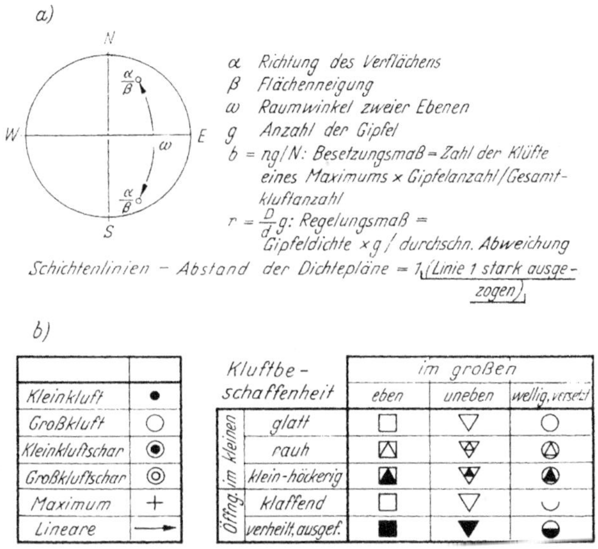

Abb. 8-7. a) Erläuterung zu den Dichteplänen und b) Darstellung von Teilgefügen und Kluftmerkmalen auf der Lagenkugel

sonderungsfugen, Schrumpfrisse usw., welche selten und meist von geringer technischer Bedeutung sind. Schalig gekrümmte Klüfte erweisen sich fast stets als Einlenkungen von einer Kluftschar in die andere während des Bruchvorganges. Ist die Schalenform von technischer Bedeutung, so wird sie in den Diagrammen entsprechend dargestellt.

Die Wertigkeit verschieden großer Kluftflächen ist vom Standpunkt der Statistik gleich, wie sich (MÜLLER 1933, 224) ergeben hat. Man braucht also statistisch zwischen großen und kleinen Klüften nicht zu unterscheiden. Mechanisch ist jedoch die Wertigkeit verschieden großer Klüfte oft ungleich, da eine größere Erstreckung meist die Teilbeweglichkeit erhöht. Bei der Kluftmessung sollen deshalb nicht nur Fallwinkel und Nei-

[81]) Wo der Durchtrennungsgrad der Klüfte eine Rolle spielt, sind solche technisch entstandenen bzw. bedingten Kluftflächen als Teilgefüge in der Statistik auszusondern.

gung der geologischen Flächen aufgenommen werden, sondern auch deren (sichtbare oder vermutbare) Erstreckung, ihre Öffnungsweite, ihre Füllung, der Habitus der Kluftwandungen (*4.32*), ihre vermutliche Zuordnung zu Gruppen der Trennungs-, Gleitungs- oder Verschiebungsbrüche; ferner sollen die Anwesenheit von Wasser, Versetzungsbeträge usw. festgehalten werden. Mit Vorteil bedient man sich eines Aufnahmerasters, in welchem der Grad der Eigenschaften einfach durch verschiedene Stricharten angemerkt wird.

Es empfiehlt sich, die Messungen zu beziffern, weil man damit jederzeit den Besetzungsvorgang zu überprüfen in der Lage ist. Über die Zahl der Messungen an einem Ort wurde schon in den vorigen Absätzen gesprochen. Für besonders wichtige, also etwa für technisch-geologische Zwecke gemachte Aufnahmen sei der Vorschlag REITHOFERS empfohlen, die vermessenen Flächen mit Signalrot zu marken; dies beugt Doppelmessungen sicher vor und bietet die unter Umständen wertvolle Möglichkeit, eine abgeschlossene Messung später zu erweitern.

8.37 Schnitteffekt

Der sog. Schnitteffekt besteht darin, daß durch die Lage der Beobachtungsfläche infolge der besseren Sichtbarkeit gewisser Elemente deren Orientierungsdaten in der Statistik überbetont, andere dagegen unterdrückt werden. Bei Korngefügen bewirkt dieser Schnitteffekt eine Überbetonung der im Diagramm randnahen, d. h. flach gerichteten optischen Achsen (Linearen) bis zu 400 %, welche nach SANDER, KASTLER und LADURNER (1954) mathematisch korrigiert werden kann. Für Flächengefüge ergeben sich nach statistischen Untersuchungen gleichfalls beachtliche Unterschiede, deren theoretische Erfassung noch aussteht.

8.38 Darstellungsmethoden

Unter den Darstellungsmethoden der statistischen Kluftmessung (über die Darstellung einzelner Flächenelemente [siehe (*8.42*)] übertrifft die Lagenkugel (*4.34*) alle anderen Darstellungsweisen an Anschaulichkeit und Genauigkeit. Sie allein erfaßt die Verhältnisse im Raum wirklich dreidimensional, während die K l u f t r o s e (Abb. 4–6 a) nur das Streichen der Klüfte darstellt und gleichstreichende, aber verschieden einfallende Klüfte nicht unterscheiden läßt.

Vielleicht ist die Kluftrosendarstellung den Lotpunktdiagrammen in der Betonung der einzelnen Maxima, d. h. im Vergleich der Richtungshäufigkeiten, überlegen. Man kann aber das Lotpunktdiagramm (Abb. 4–6 b) diesbezüglich modifizieren, indem man die Besetzungsstärke durch verschieden große Kreise zum Ausdruck bringt. Für den genau Arbeitenden bleibt immer der Dichteplan (Abb. 4–6 c) das wertvollste Darstellungsmittel, da er gleichzeitig die Stellungen der häufigsten Besetzungen, die Besetzungsmaße der Kluftscharen und überdies deren Streuungen (*4.35*) sichtbar macht.

In der S t r e u u n g der Kleinklüftestatistik drückt sich Inhomogenität des Materials oder des Spannungszustandes aus. Je straffer die Gefügeflächen geregelt sind, desto leichter sind die häufigsten Kluftstellungen in der Natur mit freiem Auge zu erkennen, desto eher darf auf eine statistische Messung und Auswertung verzichtet werden.

Schichtungs- und Schieferungsfugen zeigen auch in heterogenem Material sehr geringe Streuung, wenn keine Faltung oder Schoppung stattgefunden hat. Faltung zeigt eine besondere Art von Streuung, die man „gerichtete Streuung" nennen könnte. Die Lotpunkte von Schicht- oder Schieferungsflächen in Faltungsbereichen besetzen nämlich „G ü r t e l" (*foliation pattern* bzw. *stratification pattern; ceinture de ...; fascia [cintura] di ...*) im Diagramm Großkreise, deren Pole die b-Achsen der Faltung angeben.

Selbstverständlich lassen sich auch alle anderen Flächengefügedaten, wie z. B. der Durchtrennungsgrad, die Kluftdichte oder das Auflockerungsmaß statistisch darstellen.

8.39 Zahl der Messungen

Wie viele Klüfte einzumessen sind, hängt von der Straffheit der Regelung und der Geübtheit des Beobachters ab. Nach dem mechanischen Bildungsgesetz werden stets die gleichen Kluftstellungen („Zielwerte") von der Natur angestrebt. In der Streuung um diese Zielwerte kommen die Zufälligkeiten der Kluftbildung, Richtungsabweichungen infolge örtlicher Inhomogenitäten (und Messungsfehler) zum Ausdruck. Die Zahl der einzumessenden Individuen ist stets so groß zu halten, daß die Statistik „glatt" wird, d. h. daß die Zufälligkeiten von dem Gesetz der großen Zahl überdeckt werden. Bei straffer Regelung genügen oft schon 40—60 Klüfte, im gegenteiligen Fall müssen es 300 sein. Im allgemeinen wird 200 als repräsentative Kollektivzahl angesehen.

Diese Klüfte sind grundsätzlich auf möglichst engem Raum einzumessen, was nicht schwierig ist, da das geübte Auge sehr bald meist auf jedem Quadratmeter freiliegender Felsfläche ein halbes Dutzend und mehr Flächen (wenigstens anlagemäßig) erkennt, wo der Uneingeführte freilich nur wenige entdeckt.

Sehr zu Unrecht haben Außenstehende und wenig Eingedrungene der Gefügekunde vorgeworfen, daß sie Gefügedaten ganzer Gebirgszüge in einen statistischen Topf werfe. Solche Vorwürfe können vielleicht gegenüber einigen Gefügekundlern erhoben werden, nicht aber gegen die Gefügekunde selbst und ihre Systematik. Deren berufene Vertreter weisen stets auf die notwendige Trennung der Homogenbereiche hin, über deren Grenzen hinaus Gefügedaten nur sehr bedingt zu einer Statistik zusammengeworfen werden dürfen.

Daß sich Statistiken aller Art a u c h mißbrauchen lassen, ist hinlänglich bekannt. Diese Möglichkeit ist allen Wissenschaften gemeinsam. Ein solcher Mißbrauch besagt jedoch nichts gegen die Methoden, sondern kennzeichnet nur manche ihrer Anwender.

8.4 Die geologische Detailkartierung

Die statistische Messung ordnet die ungezählten Einzelheiten der Natur zu überschaubaren Kollektiven. Sie ist in erster Linie auf das Netz der Kleinklüfte anzuwenden, jedoch für jeden Homogenbereich gesondert. Die Großklüfte und Störungen müssen — sofern sie nicht gleichfalls geschart auftreten, wie z. B. die Bankungsklüfte — im Gegensatz zu den Kleinklüften ihrer Lage nach aufgenommen werden, weil sie den Fels in größere Einheiten von vermehrter Teilbeweglichkeit zerlegen und ihnen deshalb meistens eine erhöhte technische Bedeutung zukommt. Dies geschieht in der Detailkartierung, welche sich nicht nur auf Gesteinsunterschiede und -klassifizierungen beschränken darf, sondern auch das tektonische Detail — dies vor allem — erfassen muß. Man spricht gelegentlich auch von „kleintektonischer" Kartierung. Wo die Natur dem Aufnehmenden nur ein mehr oder minder zweidimensionales Beobachtungsfeld bietet, müssen mit Sorgfalt alle jene (erkennbaren oder vermutbaren) Daten gesammelt werden, welche die Fortsetzung der sichtbaren Gefügeelemente in der dritten (verborgenen) Dimension aufzeigen. Im besonderen sind die Erstreckungen von Großklüften, Störungsflächen, Gesteinsgrenzen, Qualitätsgrenzen usw. festzuhalten, wobei es zweckmäßig ist, in den Darstellungen Beobachtetes und Vermutetes zu unterscheiden.

Die geologische Detailkartierung dient (vor der Ausführung eines Baues) der Projektierung, (während desselben) der besseren Anpassung an die örtlichen Gegebenheiten und (nach Bauende) der Dokumentation. Über Wert und Zweckmäßigkeit geologischer Baudokumentation wird im Abschnitt Tunnelbau (*16.9*) etliches zu sagen sein, was vice versa auch für andere Bauten gilt.

Die geologische Detailkartierung ist um so höherwertig, je vollständiger und anschaulicher sie das Wesentliche und nur dieses wiedergibt.

8.41 Planliche Darstellung

Zur planlichen Darstellung im Grundriß kommt man schon bei stark verkleinernden Maßstäben (über 1 : 5000) im Rahmen einer geotechnischen Kartierung nicht mehr mit den Signaturen der geologischen Karten aus. Für größere Maßstäbe (1 : 1000 bis 1 : 100), welche zur Erfassung des so wichtigen Details stets vorzuziehen sind, genügen sie noch weniger. Graupner (1958, 246) hat deshalb zur geotechnischen Erfassung faziell verschiedener Felsböden über größere Räume eine vielseitig modifizierbare petrographisch-baugeologische Darstellungsart entworfen, welche teilweise auch auf Plandarstellungen angewendet werden könnte.

Da außer den Gesteinsarten auch deren Erhaltungs- oder Verwitterungszustand dargestellt werden soll, verwendet z. B. MAKOVEC zweierlei Farbskalen [82]) auf Zwillingsplänen, deren eine sich tunlich an die konventionellen stratigraphischen Farbtöne anlehnt. Noch anschaulicher wird diese Zwillingsdarstellung, wenn der Zustandsplan als transparentes Deckblatt über den Gesteineplan gelegt wird, wobei dann statt Farben auch Schraffuren angewendet werden können. Bei Darstellung auf einem gemeinsamen Plan verwenden MÜLLER und PACHER auch eingetragene Buchstabensymbole ihrer Gesteinsklassifikation gemäß (*5.1*).

8.42 Darstellung der Gefügedaten in geotechnischen Plänen

Auch die üblichen geologischen Fallzeichen genügen zur Darstellung der Gefügedaten in geotechnischen Plänen nicht mehr. Man hilft sich, indem man in die Schichtenpläne die Ausbisse von Großklüften und Störungsflächen sowie deren Spur auf der Vergleichsebene (Abb. 8–8) einträgt oder aber nach GIUDICI eine schrägverzerrte kotierte Projektion mit eingezeichneten Verschneidungslinien und Spuren in jeder Schichtebene gibt. Zur

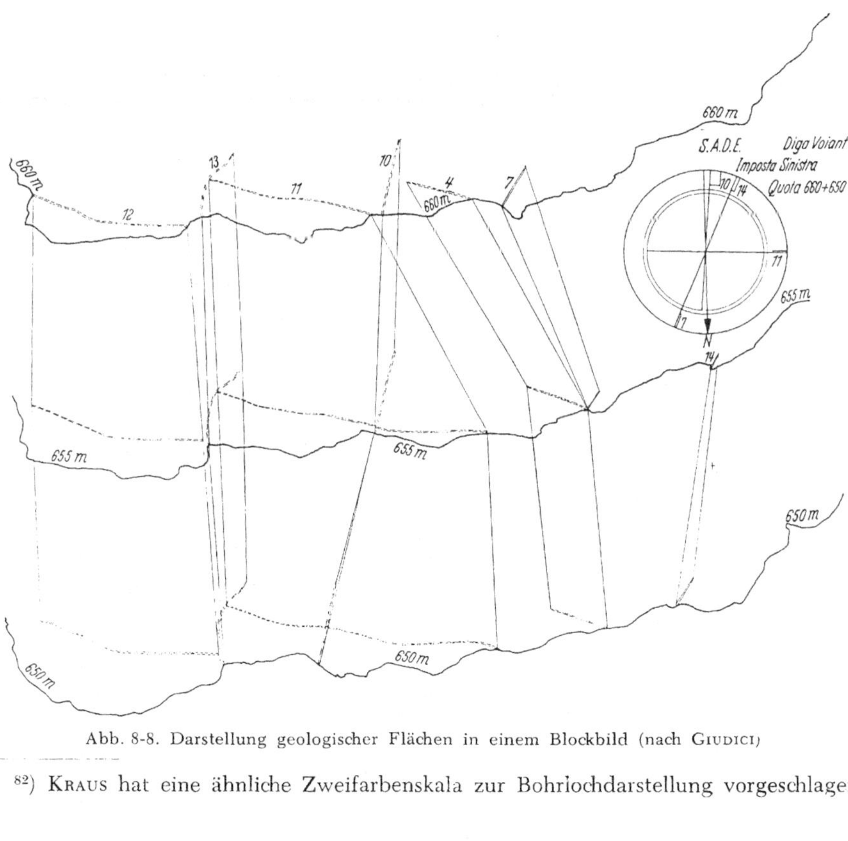

Abb. 8-8. Darstellung geologischer Flächen in einem Blockbild (nach GIUDICI)

[82]) KRAUS hat eine ähnliche Zweifarbenskala zur Bohrlochdarstellung vorgeschlagen.

Darstellung des Kleinflächengefüges werden verkleinerte Kugeldiagramme eingefügt (Abb. 8-9).

Gerade die Lagenkugel ist aber dem Bauingenieur nicht geläufig. So wichtig das Flächengefüge der geologischen Körper für ihn auch ist, so wenig ist er leider im allgemeinen geneigt, sich mit der Gefügekunde vertraut zu machen. Ich verwende daher auf technischen Plänen eine andere Art der Darstellung geologischer Flächen, die von Ingenieuren ohne weitere Erläuterung verstanden wird. Ihr besonderer Vorteil, den sie mit

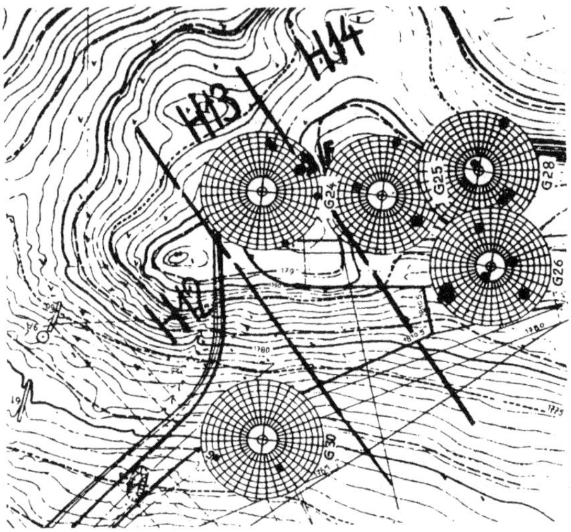

Abb. 8-9. Darstellung der Verteilung von Homogenbereichen des Flächengefüges durch Eintragung von Kugeldiagrammen in einem Schichtenplan

keiner anderen Darstellungsart teilt, ist, daß sie auch auf nichthorizontalen Bildebenen, auf Schräg- und Kreuzrissen, verwendet werden kann.

Die Stellung einer Ebene Φ im Raume kann auf einem Riß $\overline{\mathrm{B}}$ sehr anschaulich durch deren Spur e (= Schnittlinie mit der Bildebene) dargestellt werden, welcher man ein Symbol beifügt, das den Winkel φ zwischen Bild- und dargestellter Ebene anschaulich macht. Nach Abb. 4-6e und 4-7 wird hierzu mit Vorteil ein Einheitsquadrat E verwendet, dessen mehr oder minder starke Verzerrung auf den ersten Blick den Anstellwinkel erkennen läßt. Schreibt man diesen Winkel überdies noch an und setzt zur Spur der Ebene noch deren Bezeichnung und Stellungskoordinate bei (α = Azimut, β = Altazimut der Fallinie), so hat man eine übersichtliche, leicht faßliche und genaue Darstellung.

Hat man Flächen darzustellen, die dem Orte nach eingemessen wurden, so wird man durch volle und gestrichelte Linien unterscheiden, was tatsächlich beobachtet wurde und was (z. B. durch Extrapolation) vermutet

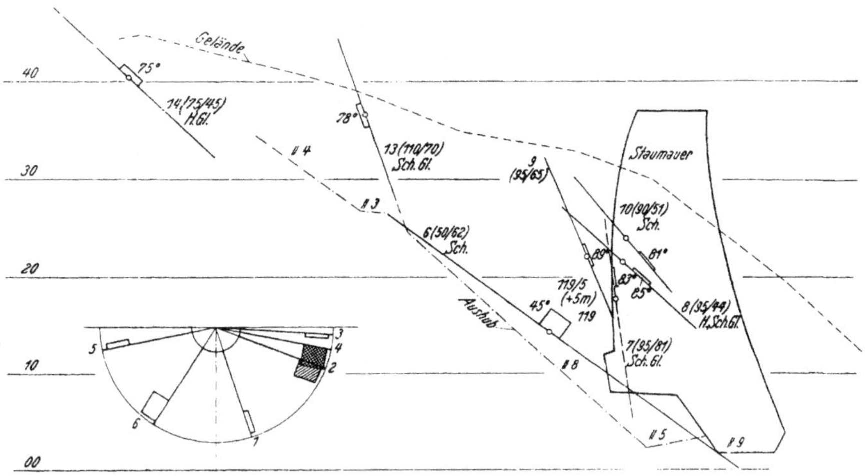

Abb. 8-10. Darstellung geologischer Flächen in einem Vertikalschnitt; rechts und oben Großklüfte, links unten Rosette der Kleinkluftstellungen

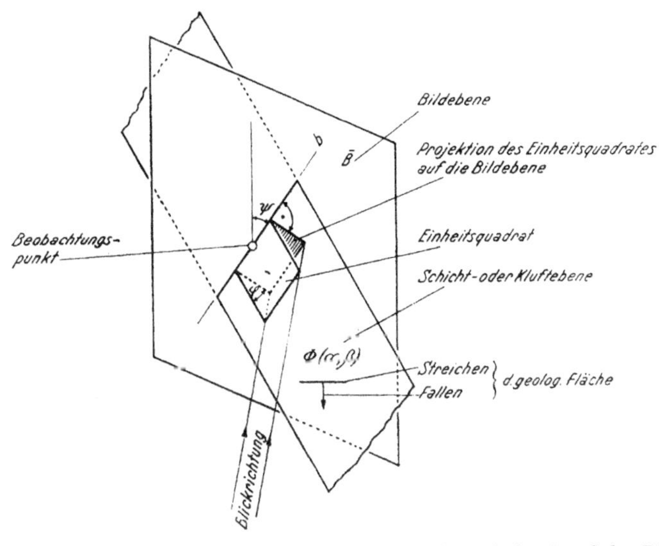

Abb. 8-11. Abbildung des Einheitsquadrates einer geologischen Fläche Φ auf der Bildebene $\overline{B}$

wird. (In Lageplänen (Abb. 8–16 a) trägt man *(8.43)* zweckmäßig die Spuren derjenigen Horizontalebenen ein, in deren Höhe die geologische Fläche eingemessen wurde, und schreibt diese Höhe dazu.) Will man dagegen Scharen von Kleinklüften darstellen, so bündelt man die Einheitsquadrate zweckmäßig zu einer Rosette (Abb. 8–10, links unten). Durch verschiedene Färbung können die einzelnen Kluftscharen (Längs- und Querklüfte, Schieferungsklüfte usw.) unterschieden werden.

Die Darstellungselemente φ und ψ (Abb. 8–11) sind aus der Lagenkugel auf sehr einfache Art zu gewinnen:

1. Darstellung auf lotrechter Bildebene (Querschnitte)

In Abb. 8–12 stellt NESW in der Draufsicht den „Äquator" einer Lagenkugel dar, deren untere (hohle) Hälfte gezeigt ist. b ist die Spur der lotrechten Bildebene $\bar{B}$, B deren Lotpunkt auf der Kugel. BO ist die Blickrichtung der Abbildung auf B. Eine geologische Fläche Φ in allgemeiner Lage kann zu sich selbst parallel bis in den Kugelmittelpunkt verschoben, auf der Kugel entweder durch ihren Schnitt mit dieser dargestellt werden (Großkreis f), einfacher aber durch den Lotpunkt F, den man erhält, wenn

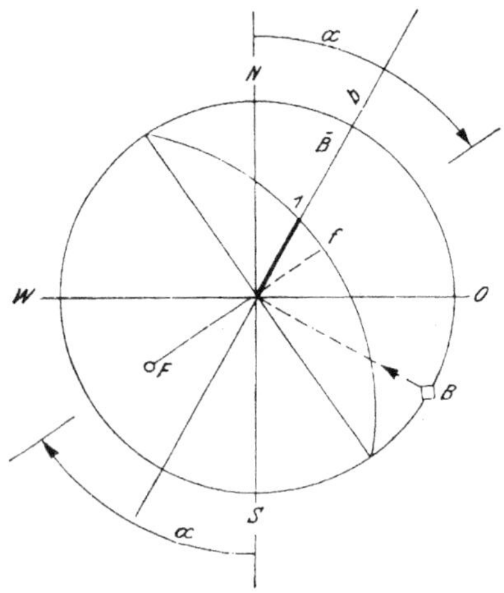

Abb. 8-12

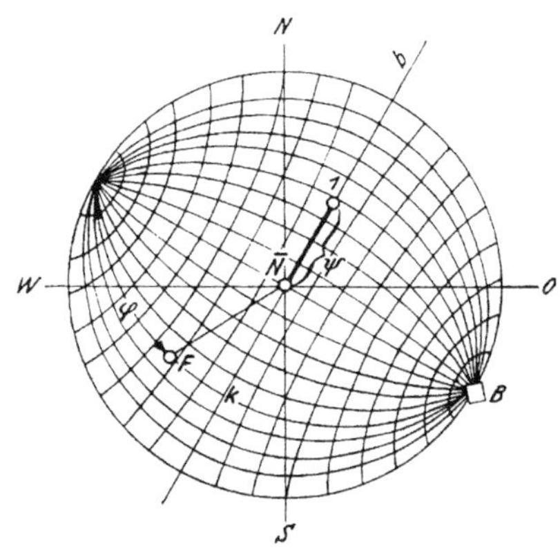

Abb. 8-13

Abb. 8-12. Konstruktion des Schnittwinkels α zwischen einer Fläche Φ und einer vertikalen Bildebene $\bar{B}$

Abb. 8-13. Konstruktion der Winkel φ und ψ zur Darstellung von Einheitsquadraten auf technischen Schnitten

man im Kugelmittelpunkt ein Lot auf Φ errichtet und seinen Durchstoß mit der Kugel sucht. (Man erhält F bekanntlich auch als Berührungspunkt einer Parallelebene zu Φ mit der Kugel.)

Punkt 1 ist b und f, somit B und Φ gemeinsam, daher ein Punkt der Schnittlinie beider Ebenen, also der Spur b. Das gleiche gilt vom Kugelmittelpunkt $\overline{0}$. $\overline{01}$ ist daher die gesuchte Spur; zu ihrer Darstellung auf $\bar{B}$ hat man nur noch die Bestimmungselemente φ und ψ gemäß Abb. 8–11 zu ermitteln. Dies könnte konstruktiv erfolgen (durch Übergang auf eine Kugeldarstellung in Parallelprojektion), geschieht aber kürzer und praktischer durch Ermittlung dieser Winkel auf dem Lambertschen Koordinatennetz in Querlage (Abb. 4–8 b). Dreht man die Oleate mit dem Transversalnetz zu diesem Zweck mit ihrem Pol nach B (Abb. 8–13), so kann der Winkel ψ zwischen b und der Vertikalen am Gradnetz zwischen 1 und dem Nadir N unmittelbar abgezählt werden, wobei zu merken ist, ob 1, aus B gesehen, links oder rechts von $\overline{N}$ gelegen ist.

Der Winkel φ zwischen dargestellter und Darstellungsebene ist gleich dem Winkel zwischen deren Loten (Gegenwinkel). Um ihn zu messen, hat man nur durch diese einen Großkreis (k in Abb. 8–13) zu legen. Bei der besprochenen Oleatenlage mit Pol B ist dies schon der Fall, so daß man

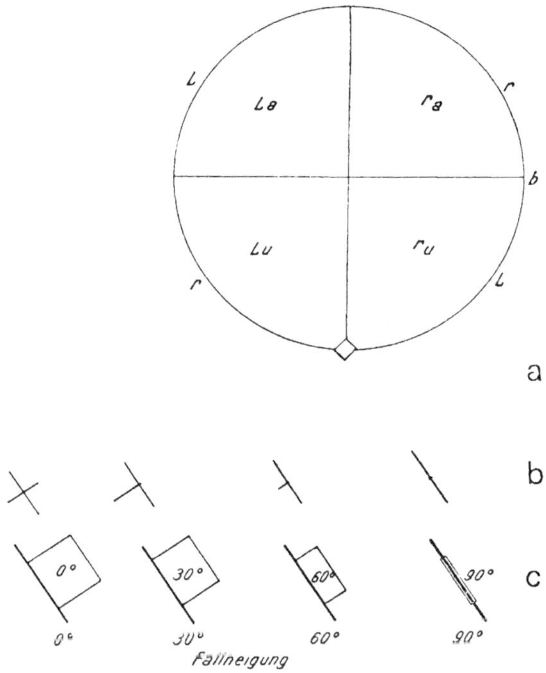

Abb. 8-14. a) Schema zur Bestimmung von Auf- bzw. Untersicht der Einheitsquadrate in Schnitten; b) Angabe der Fallneigung durch geologische Fallwinkelzeichen; c) durch Einheitsquadrate

nur die Grade auf dem Netz zu zählen hat (φ). Damit ist auch die Verkürzung der von der Bildebene abstehenden Quadratseite leicht (entweder auf dem Rechenschieber oder graphisch) zu ermitteln. Bleibt noch zu bestimmen, ob das Einheitsquadrat vor oder hinter der Bildebene liegend dargestellt werden soll und ob es bei der Projektion auf $\overline{B}$ von oben oder von unten erblickt wird. Hier sei ein für allemal die (willkürliche) Festsetzung getroffen, daß das Quadrat, welches den Winkel zwischen geologischer Ebene und Bildebene veranschaulicht, von der Bildebene weg dem Betrachter entgegensteht. Um festzustellen, ob man es von unten oder von oben (bzw. von rechts oder von links) erblickt, hat man wieder die Oleate mit ihrem Pol in den Blickpunkt B zu drehen. Liegt dann F vor ihrer Äquatorebene (welche in dieser Lage identisch mit b ist), so erblickt man das Quadrat in der Untersicht, andernfalls in Aufsicht.

Es ergibt sich also das Schema der Abb. 8–14. Wenn F im Umfangkreis liegt, dann steht Φ lotrecht im Raum; es gibt dann für das Einheitsquadrat keine Aufsicht oder Untersicht, sondern nur eine Sicht von rechts oder links, und zwar steht es nach rechts ab (Sicht auf seine linke Fläche), wenn F am Umfang des ersten oder dritten Quadranten liegt, nach links (Sicht auf seine rechte Fläche), wenn F am Umfang des zweiten oder vierten Quadranten liegt.

2. Darstellung im Grundriß

Auch in der Grundrißdarstellung erhöht die Methode der Einheitsquadrate die Genauigkeit und Anschaulichkeit gegenüber dem geologischen Fallzeichen. Sie hat überdies den Vorzug, mit der Darstellung auf den Querschnitten übereinzustimmen. Die Winkel ψ und φ sind dann sinngemäß durch α und β zu ersetzen, wobei α von N über E, S und W bis 360° durchgezählt wird.

3. Rißebene in allgemeiner Lage

Für eine Rißebene in allgemeiner Lage gelten alle angestellten Überlegungen ebenso, und alle Winkel können unmittelbar dem Kugelnetz in Querlage entnommen werden (Abb. 8–15). Allerdings entspricht dann der Pol des Netzes nicht mehr dem Blickpunkt der Projektion, und die Sichtverhältnisse des Einheitsquadrates sind dann etwas schwieriger zu beurteilen; deshalb empfiehlt es sich, die Darstellung durch (graphische) Transformation der Koordination so zu „wälzen", daß die Abbildungsebene wieder in eine bevorzugte Lage kommt.

Abb. 8–10 zeigt, wie mittels der „Kluftfähnchen" auf einfache Art auch die Streuung der Kluftstellungen dargestellt werden kann.

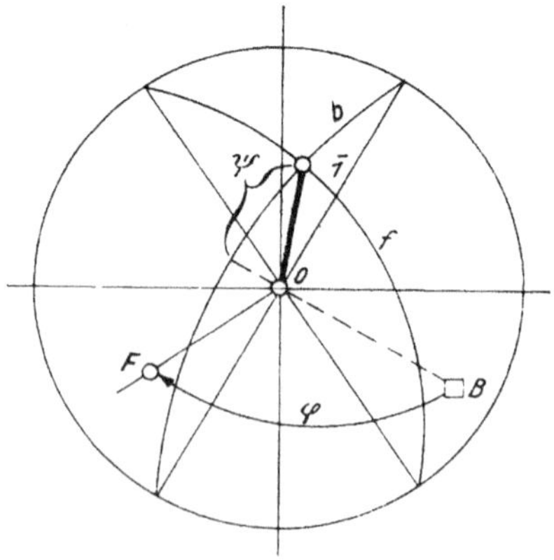

Abb. 8-15. Ermittlung der Winkel φ und ψ zur Darstellung von Einheitsquadraten auf Rißebenen allgemeiner Lage

8.43 Geologisch-topographische Aufnahmemethode

Eine kombinierte geologisch-topographische Aufnahmemethode (Abb. 8–16), welche die rasche Erfassung vieler Details mit erhöhter Lagegenauigkeit gestattet, habe ich bei gefügemechanischen Aufnahmen im Untergrunde der Trossensperre (Kaprun) angewendet und gemeinsam mit F. Pacher bei den Aufnahmen zur Daberklamm-Sperre weiter ausgebaut. Bis dahin war es üblich, zuerst die topographischen Aufnahmeunterlagen, vornehmlich Schichtenpläne, herzustellen und in diese die Aufnahmedaten einzutragen. Dieses Verfahren hat 3 große Nachteile: a) die gewünschten Schichtenpläne großer Genauigkeit sind oft nicht vorhanden und ihre Herstellung erfordert sehr viel Zeit; b) während der Arbeit in Baugruben ist es fast nicht möglich, jedenfalls nicht lohnend, mehrere Zwischenstadien in Schichtenpläne aufzunehmen; c) drittens ist es schwer, nach Schichtenplänen den eigenen Standpunkt genau einzupeilen.

Die neue Aufnahmetechnik, welche diese Nachteile vermeidet, besteht in folgenden Schritten:

1. Übersichtsbegehung nach baugeologischen Gesichtspunkten;
2. geologische Detailbeobachtung aller Daten (Gesteins- und Qualitätsgrenzen, Großklüfte, Kleinklüfte, b-Achsen, sonstige Richtungsdaten, insbesondere aber Grenzen der Homogenbereiche; dabei empfiehlt es sich, die einzelnen Großklüfte gemäß Abb. 4–5 zu beschreiben und zu benennen bzw. zu numerieren. Auch die Homogenbereiche und einzelnen topographischen Bereiche (Baugrubenwände u. dgl.) sollen möglichst klar und deutlich in ihrer Lagebeziehung zu den gewählten Aufnahmehauptpunkten abgegrenzt werden;
3. gleichzeitige Vermarkung aller kennzeichnenden Details oder Aufnahmebezugspunkte (z. B. Ziffern mit Ölfarbe auf dem Stein; Farben verwenden, welche auch auf Photographien gut erkennbar sind und mit den üblichen Vermessungsmarken nicht verwechselt werden können!);
4. Herstellung von charakteristischen Fotos, am besten Stereofotos, von wichtigen Details oder größeren Bereicheinheiten, unterstützt durch Strichskizzen.
5. Wahlweise können mehrere Details durch einfache Angaben im Protokoll (z. B. „5 m östlich Punkt 67" oder „3,5 m von Punkt 82 in Richtung 85 und 2,5 m höher") auf Sammelpunkte bezogen werden, doch empfiehlt es sich, mit Aufnahmeziffern nicht zu sparen, da deren Lageeinmessung nur unwesentliche Mehrarbeit erfordert, die Auftragung auf den Plan jedoch erleichtert und von Irrtümern befreit;

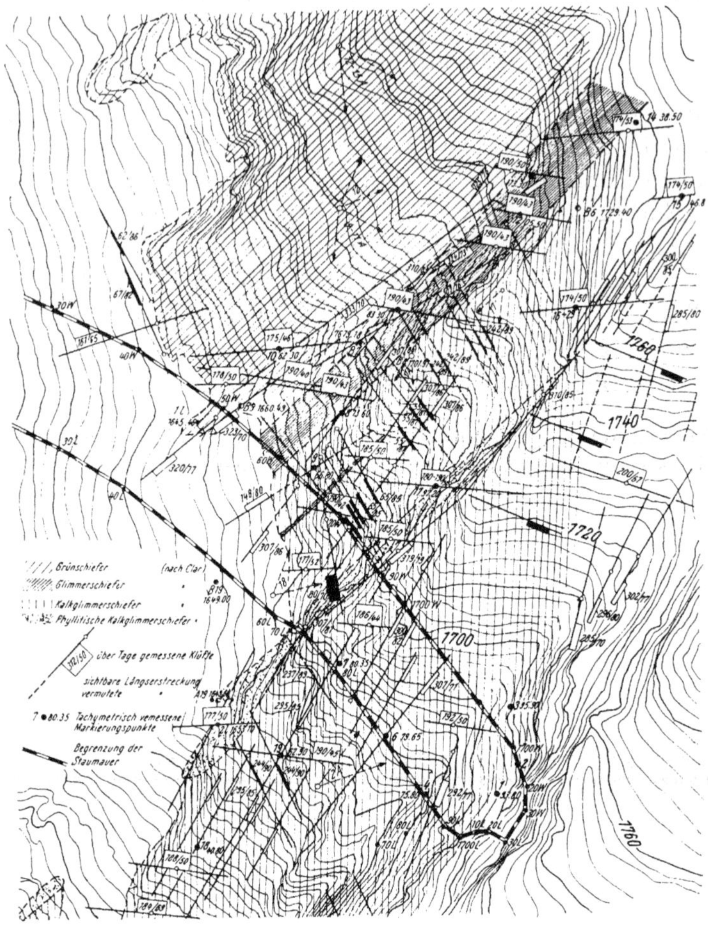

Abb. 8-16 a

6. tachymetrische Einmessung dieser Aufnahmebezugspunkte, erforderlichenfalls zugleich mit den anderweitig nötigen Tachymeterpunkten.

Diese Methode hat große Vorteile:

a) Der Geologe kann mit der Feldaufnahme, die Wetterlage ausnützend, beginnen, ohne die Fertigstellung der topographischen Unterlagen abzuwarten.

b) Die tachymetrische Aufnahme kann erforderlichenfalls gleichzeitig mit der geologischen geschehen.

c) Die geologischen Aufnahmepunkte können für sich allein aufgetragen werden, ohne daß die Herstellung des Schichtenplanes abgewartet werden muß.

d) Die Aufnahme kann in jedem beliebigen Zwischenstadium eines Baugrubenaushubes Ergänzungen erfahren, so daß ein räumlicher Überblick über Achsenverteilung, Kluftlagen und Schichtgrenzen gewonnen wird.

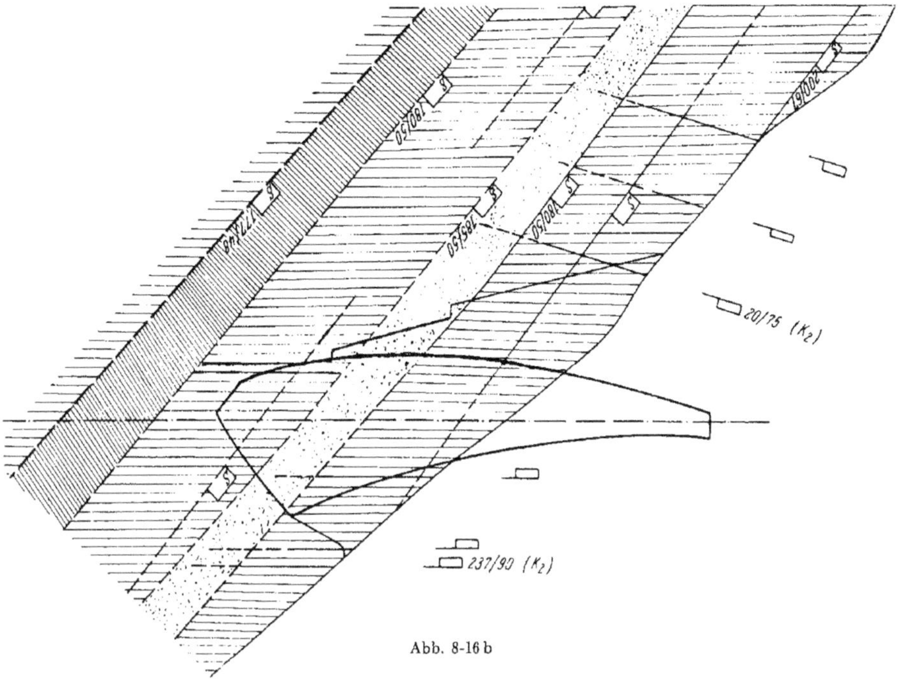

Abb. 8-16 b

Abb. 8-16. Darstellung des Großkluftgefüges auf Grund geologisch-topographischer Aufnahmen. Daberklammsperre, Osttirol. a) Lageplan, b) Vertikalschnitt durch Talsperre und Sperrenaushub (aus MÜLLER und PACHER 1957)

e) Nicht nur Raumstellungen, sondern auch die Lage geologischer Details werden mit beliebiger Genauigkeit erfaßt, wobei dem Geologen die Erfassung der örtlichen Verteilung abgenommen ist; daher

f) große Zeit- und Kostenersparnis.

Bei der erstmaligen Anwendung dieser Aufnahmemethode wurden 880 Klüfte von 24 Punkten aus in 3 Tagen in schwierigstem Hochgebirgsgelände, zum Teil am Seil, eingemessen und gebrauchsfertig dargestellt. Diese Aufnahmetechnik wurde bei der Projektierung der Umgehungsstraße Harburg auch in weniger felsigem Gelände verwendet und wird seither in wachsendem Maße verbreitet. Bei besonders schwierigen Aufnahmen in der Daberklamm (Osttirol) wurden die Aufnahmefestpunkte nicht tachymetrisch sondern photogrammetrisch aufgenommen, was den großen Vorteil ergibt, jederzeit eine erstklassige Erinnerungsstütze in räumlicher Bildbetrachtung zu bieten. Außerdem wurde dort eine zusätzliche Aufnahmehilfe versucht: Markierung von Höhenlinien im Steilgelände durch Ölfarbenstriche auf dem Fels; sie lohnt sich nur bei sehr unübersichtlichem Gelände und dient mehr der Selbstorientierung als der eigentlichen lagegenauen Aufnahme.

8.44 Photogrammetrische Gefügeaufnahme

Eine photogrammetrische Gefügeaufnahme haben LINKWITZ und MÜLLER entwickelt, bei welcher aus den üblichen photogrammetrischen Doppelbildern eine Orientierung von Kluftflächen und deren Geländeausbißlinien gewonnen wird. Sie kann in der Weise durchgeführt werden, daß während der Eintragung des Aufnahmegeologen im Gelände und deren Beschreibung ein zweiter Beobachter den jeweiligen Standort des Aufnahmegeologen im Stereobild markiert. Insbesondere können auch Qualitäts- und Gesteinsgrenzen auf diese Art rasch und mit größerer Genauigkeit als im Schichtenplan verfolgt und aufgenommen werden. Der besondere Vorteil der Methode liegt in der Erfassung unzugänglicher Geländeteile; die Betrachtung der Stereobilder stützt bei der späteren geomechanischen Auswertung Gedächtnis und Anschauung vortrefflich.

8.45 Kartierung aus der Luft

Kartierung aus der Luft und auf Grund von Luftbildern bewährt sich für geotechnische Zwecke ausgezeichnet. Sie gewährt nicht nur Einblick, sondern, aus der Luft gesehen, insbesondere vom Hubschrauber aus, erscheinen die Strukturen der Erdkruste in einer ganz hervorragenden Deutlichkeit, quasi transparent. Keine noch so gut durchgeführte Begehung ermöglicht eine gleich gute räumliche Vorstellung, insbesondere der Gefügedaten. Wer von einer solchen Gelegenheit einmal Gebrauch machen konnte, wird sie sich in allen wichtigen Fällen wieder wünschen.

8.5 Die Aufnahme von Stollen und Schächten

Den Vorteil der Sondiergruben, -schächte und -stollen, einen dreidimensionalen Aufschluß zu bieten, muß der Aufnahmegeologe nutzen. Er tut es am besten, indem er im Stollen Firste und beide Ulme, im Schacht alle 4 Wände aufnimmt und die Daten räumlich auswertet. Am deutlichsten werden die räumlichen Lagebeziehungen von Gesteinsgrenzen, Störungen usw., wenn man schon während des Vortriebes täglich die Stollenbrust aufnimmt. Die Abb. 8–17 gibt ein Beispiel einer solchen Aufnahme, bei welcher die Stollenbrust genau, die Ulmen etwas mehr generalisiert aufgenommen wurden.

Die Abbildung gibt eine Aufnahme wieder, welche in erster Linie den Zweck verfolgte, die Gesteinszerlegung und Verlehmung als Grundlage für die Dränierung des Gebirges hinter der Tunnellaibung festzuhalten. Sie ist deshalb etwas mehr detailliert.

Als Vorbild einer sehr sorgfältig in Abständen von wenigen Tagen stets neu ergänzten Stollendokumentation während des laufenden Vortriebes mag die Aufnahme des Kaunertal-Kraftwerkes (Abb. 8–18) dienen.

Über die Disposition von Stollenaufnahmen und ihre Ausrichtung auf den jeweiligen Zweck s. *(16.9)*.

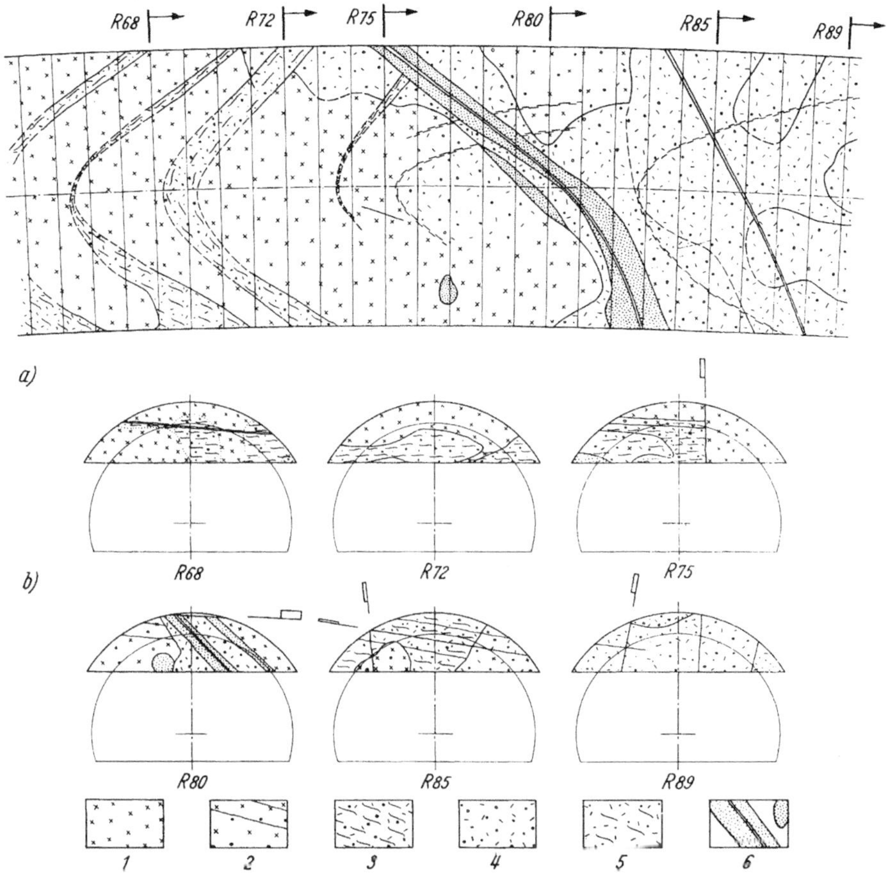

Abb. 8-17 Tunneldokumentation Harburg/Schwaben. a) Abwicklung der Kalotte, b) Aufnahmen der Stollenbrust. 1. Standfester Massenkalk, KG > 20 cm; 2. Massenkalk, KG 10—20 cm; 3. schichtiger Kalk, KG 5—15 cm; 4. aufgelockerter Massenkalk, KG 2—10 cm; 5. stark aufgelockerter Schichtkalk, KG 1—3 cm; 6. Mylonit, kantengerundet, KG < 1 cm. (KG = Kluftkörpergröße)

8.6 Die geologische Aufnahme von Bohrungen

Die relativ größte Ausbeute an geotechnischen Daten erhält man aus Sondierbohrungen, wenn man nicht nur die Bohrkerne betrachtet, sondern auch die Bohrarbeit analysiert und die Bohrlochwandungen untersucht. Ja, der Gewinn der letztgenannten Untersuchungen kann so groß sein, daß man sogar auf Bohrkerne verzichten und mit dem Bohrschmand einer Vollbohrung hinreichende Ergebnisse erzielen kann.

8.61 Bohrarbeit

Die Bohrarbeit wird in mannigfacher Weise durch die Bohrhärte des Gesteins, den Zerlegungsgrad des Gebirges (Verklemmungen, Zermahlungen)

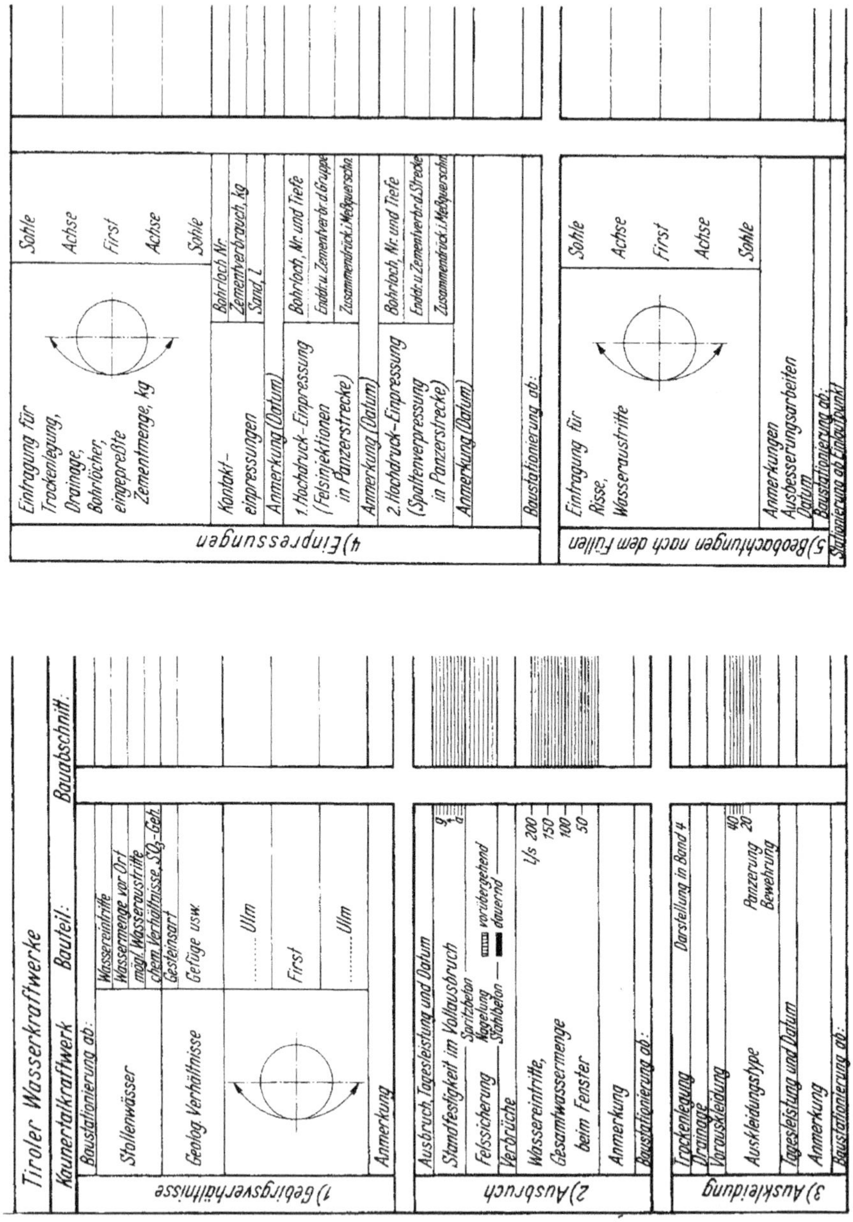

Abb. 8-18. Formblatt der Tiroler Wasserkraftwerke A.G. zur baugeologischen Stollendokumentation (Kaunertal-Kraftwerk) (mit freundlicher Genehmigung der TIWAC)

die vorherrschenden Gefügestellungen und anderes beeinflußt. So kann man aus einer Analyse der Nettobohrgeschwindigkeiten, der Bohraufenthalte, der Spülwasserverluste, des Bohrschmandes (Zerriebes) und des Bohrkronenverschleißes auf diese Einflüsse — wenn auch nicht eindeutig — zurückschließen.

Leider sind alle diese Daten meist nicht oder nur verfälscht erhältlich, weil sich die Bohrmannschaften nicht allzu genau auf die Finger und die Bohrunternehmungen sich nicht in die Karten sehen lassen möchten. So erhält man über den Bohrfortschritt nur Bruttoangaben, ohne die Arbeitsaufenthalte und ihre Ursachen zu kennen, und der Kronenverschleiß wird streng geheim gehalten. Aber selbst die Teufenangaben der Schichtgrenzen, Weichzonen usw. weichen — auch bei sehr guten Firmen und Bohrmeistern — meist um 1—3 m von der Wahrheit ab [83]).

Trotzdem lohnen sich Analysen der Bohrarbeit und bringen manches geologische Detail an den Tag, wenn man sich nur vor der Arbeitsvergabe ausbedingt, was in den Bohrberichten zu melden ist, oder, noch besser, einen bohrtechnisch eingeschulten Hilfsgeologen mitarbeiten und Bericht führen läßt.

8.62 Bohrkerne

Aus den Bohrkernen sind nicht nur die petrographischen Daten der Schichten, Gesteinswechsel, technisch wichtige Beimengungen (z. B. Pyrit, Gips) abzulesen, sondern es sollten stets auch Angaben über Oxydation und Verwitterungsgrad der Gesteinsmasse sowie der Kluftränder, über die Frische oder Verderbtheit des Gesteines nach Klassifikationsstufen gemacht werden.

Die Beobachtung des Schnittwinkels der Bohrkernachse mit Schicht- und Schieferungsflächen kann Anhaltspunkte über Falten und Fältelungen geben, allerdings nicht über die Richtung der Faltenachsen (es sei denn bei orientierter Kernentnahme, welche aber wegen ihrer Umständlichkeit praktisch nie durchgeführt wird). Allerdings können die Schnittwinkel auch trügen, wenn ihre Änderungen nicht durch Schichtbeugungen, sondern durch Krümmungen der Bohrlochachse verursacht sind. Bohrlöcher, besonders schräge oder schräg zu harten Gesteinslagen gebohrte Löcher sind ja fast nie gerade. Heitfeld (1957, 312) hat darauf hingewiesen, wie wichtig es ist, Neigung und Richtung längerer Bohrungen (über 20 m) zu überprüfen (Abb. 8–19). Dies geschieht am besten mit dem Singleshot- (Leutert) oder dem Multishot-Gerät von Eastman (1957) (Abb. 8–20), welches Neigung und Richtung mit einer Genauigkeit von $^1/_4$ bzw. 1° photographisch auf einem Mikrofilm festhält. Andere Verfahren, welche mit Ätzung von Glasrohren mittels Flußsäure oder dergleichen arbeiten, sind umständlicher, insbesondere dann, wenn ein Bohrloch in kurzen Abständen vermessen werden soll. Derartige Kontrollen haben nicht selten Abweichungen bis zu 20 oder mehr Meter auf 100 m Länge ergeben. Die Abb. 8–21 veranschaulicht, wie sehr diese die Erhebung eines Schichtverlaufes oder ähnlicher Grenzflächen verfälschen können.

[83]) Unter den Bohrmeistern ist es, ähnlich wie bei Baggermeistern, üblich, sich eine Reserve von einigen Metern im Rapportbuch aufzubewahren, welche eingesetzt wird, um auffällige Stillstandzeiten der Arbeit zu überbrücken.

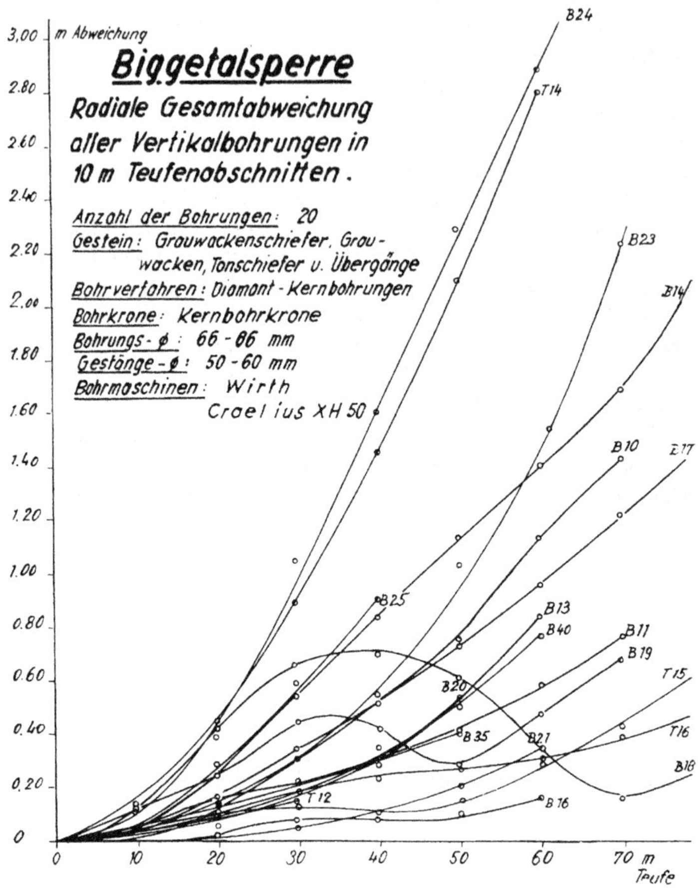

Abb. 8-19. Abweichungen von Vertikalbohrungen (aus HEITFELD 1960)

Aus dem Kernverlust, dem meist in Prozenten angegebenen Komplement der Kernausbeute, schließt man auf die Lage von Störungen, Zerrüttungszonen u. ä. Der Kernverlust ist nur bei Erhalt sauberer Bohrkernstücke leicht einzumessen; bei zerriebenen und stark zerbrochenen Bohrkernen ist er nur schwierig zu schätzen und müßte eigentlich durch Volumenbestimmung gemessen werden. Angaben des Kernverlustes bei Bohrungen mit einfachem und solchen mit doppeltem Kernrohr sind gänzlich verschieden zu werten und kaum vergleichbar; stets werden bei doppeltem Kernrohr weit kleinere Kernverluste erhalten, da bei dieser Bohrmethode auch kleinstückiges Bohrgut erhalten bleibt, welches bei einfachen Kernrohren zum großen Teil zerrieben wird.

Genauer als aus den Kernverlusten erhält man Angaben über den Zerklüftungs- und Zerrüttungsgrad des Gesteines durch eine Auszählung der Kernstücke oder durch Angabe der Kernstücklängen bzw. der

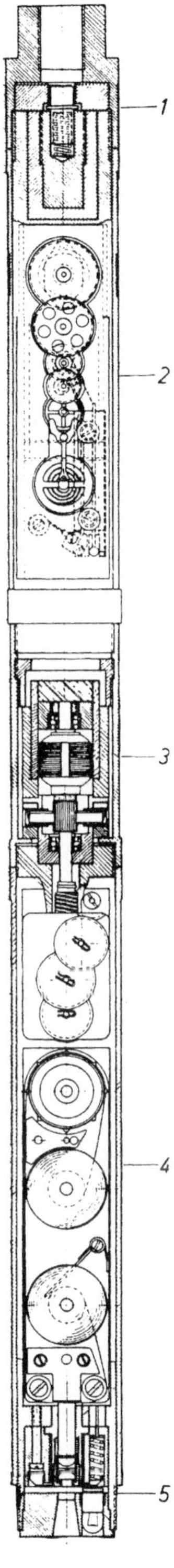

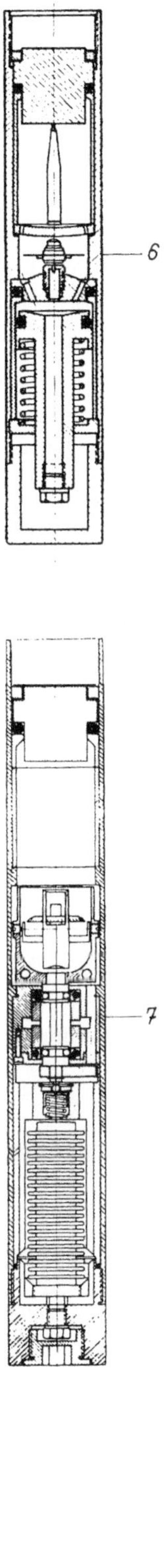

Abb. 8-20. Multishot-Gerät von EASTMAN (1961, 6 und 7). 1 Batterieanschluß; 2 Belichtungsuhrwerk; 3 elektrischer Antrieb; 4 Filmspulen; 5 Linse und Beleuchtung; 6 Schmalwinkelmeßgerät (0 bis 12°), an 5 angesetzt; 7 Weitwinkelmeßgerät mit Druck-Temperatur-Ausgleich (5—90°), wahlweise an 5 angesetzt; 8 und 9 Ablesung der Abweichung auf dem Film

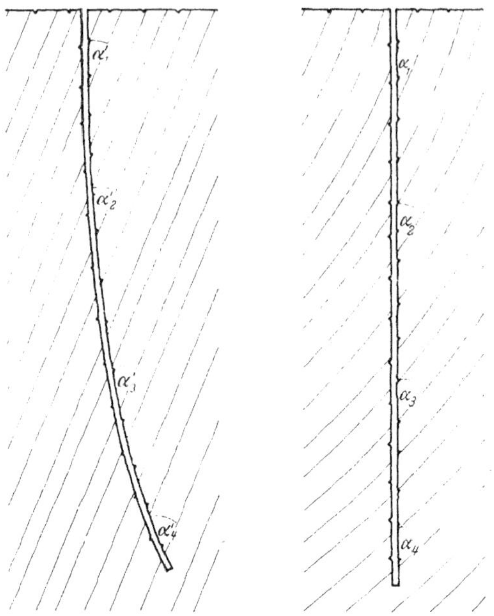

Abb. 8-21. Mißdeutung einer Bohrung bei unbekannter Achsabweichung; links: Wirklichkeit, rechts: Konstruktion einer nicht vorhandenen Falte auf Grund angenommener Geradeführung des Bohrloches

charakteristischen Stückgrößen des Bohrgutes. Trägt man diese nach einem logarithmischen Maßstab auf (Abb. 8–25 links), so hilft dies, Gesteinszerrüttungen und Störungen zu lokalisieren. Bei einer solchen Auszählung sind stets der Bohrlochdurchmesser sowie die Art der Bohrkrone (Diamant oder Hartmetall) mit anzugeben, weil die erhaltenen Stückgrößen von beiden abhängen. Nur bei torsionsfesten Gesteinen stellen ja die Bohrkerne „ungestörte" Gesteinsproben dar.

Ob und wieweit kleinstückiges Bohrgut dem Zustand des Gesteins in der Tiefe entspricht oder aber erst durch den Bohrvorgang entstand, ist meist sehr schwer zu beurteilen. Manchmal gibt der Bohrschmand darüber Auskunft.

8.63 Bohrlochwandungen

Die Bohrlochwandungen bzw. die nähere Umgebung der Bohrlöcher, welche bei Ölbohrungen Gegenstand zahlreicher elektrischer und geophysikalischer Untersuchungen sind, werden bei bautechnischen Sondierbohrungen im allgemeinen nur mittels W a s s e r a b p r e s s u n g untersucht; diese *(2.62)* liefern gewisse Angaben über die Wasseraufnahmefähigkeit und Durchlässigkeit des Gebirges, jedoch nur, wenn sie mit ganz besonderer Sorgfalt ausgeführt werden. Immer aber ist ihr Ergebnis mehrdeutig und läßt nur mittelbar Rückschlüsse auf die Gebirgsbeschaffenheit zu. Eine unmittelbare Untersuchung der Bohrlochwandungen ermöglicht allein die optische Sondierung.

8.64 Optische Sondierung

Ihre Entwicklung entsprang der notwendigen Konsequenz, die Bohrsondierungen in jenem Punkte zu ergänzen, in dem sie absolut versagen: diese bringen gerade dort nur spärliche, oft gar keine Ergebnisse, wo die Herde der meisten geotechnischen Schwierigkeiten liegen (vgl. Abb. 8–22): Gesteine geringer Festigkeit oder starker Durchschieferung, wie z. B. vergruste Gneise und Granite, weiche Tonschiefer, Phyllite, aber auch spröde Quarzitschiefer, Weißschiefer, Olivinschiefer u. dgl. werden von der Bohrkrone meist völlig aufgebohrt und in Grus oder schuppenförmige Körperchen zerlegt, so daß man das Bohrergebnis nicht mit Sicherheit von dem einer Zerrüttungszone oder eines durch Verwitterung entfestigten Bereiches unterscheiden kann.

Durch unrichtige Deutung von Bohrergebnissen wurden z. B. die Ultramylonite des zweiten Semmering-Tunnels nicht rechtzeitig erkannt, was den Bau erheblich verteuerte, während bei der Erweiterung des Kraftwerkes Kitzlochklamm (Salzburg) durchbohrtes Phyllitgerölle nicht von anstehendem Phyllit unterschieden werden konnte, wodurch Schwierigkeiten beim Rammen und Dichthalten der Baugruben entstanden.

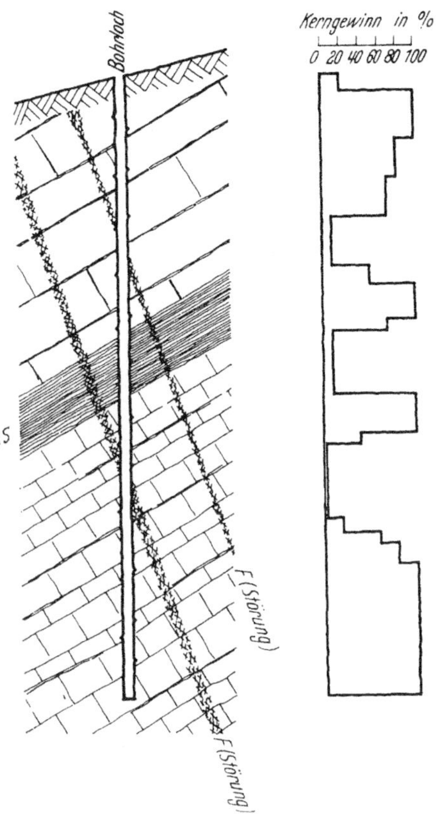

Abb. 8-22. Kernbohrungen besagen wenig über die Ursache von Kernverlusten. Mürbgestein (BS = Blätterschiefer) und Störungen (F) können im Kerngewinndiagramm kaum unterschieden werden

Das Gestein von Störungszonen und Mylonitstreifen wird beim Bohren meist zerrieben und fortgespült, so daß diese selbst bei Anwendung des doppelten Kernrohres entweder der Beobachtung entgehen oder von offenen Spalten nicht unterschieden werden können. Jedenfalls geben Bohrungen keinen Aufschluß über die mechanischen Eigenschaften solcher Störungen und deren Mächtigkeit, noch weniger über ihre Stellung im Raume; gerade dies aber wäre z. B. zur Beurteilung der Gleitmöglichkeit von Teilkörpern entscheidend.

Bei einem Flußkraftwerk z. B. sackte ein Felskeil samt der darauf gegründeten Baugrubenumschließung entlang einer vorher nicht bekannten, weil in den Bohrungen nicht erkennbaren Störungsfläche in die ausgehobene Baugrube. Hätte man von dieser Störungsfläche Kenntnis gehabt, so hätte man entweder den Fangedamm hinter die Störung gelegt oder den Gleitkeil durch eine provisorische Felsbewehrung am Absacken hindern können.

Die optische Sondierung ermöglicht nicht nur eine B e o b a c h t u n g der Bohrlochwände, ihrer Rauhigkeit, ihrer Ausbrüche und der Arbeitsspuren des Bohrwerkzeuges, wodurch wesentliche Erkenntnisse über die Festigkeitseigenschaften des Gesteinsmaterials gewonnen werden können, sondern auch eine sehr genaue E i n m e s s u n g der Schicht-, Schieferungs-

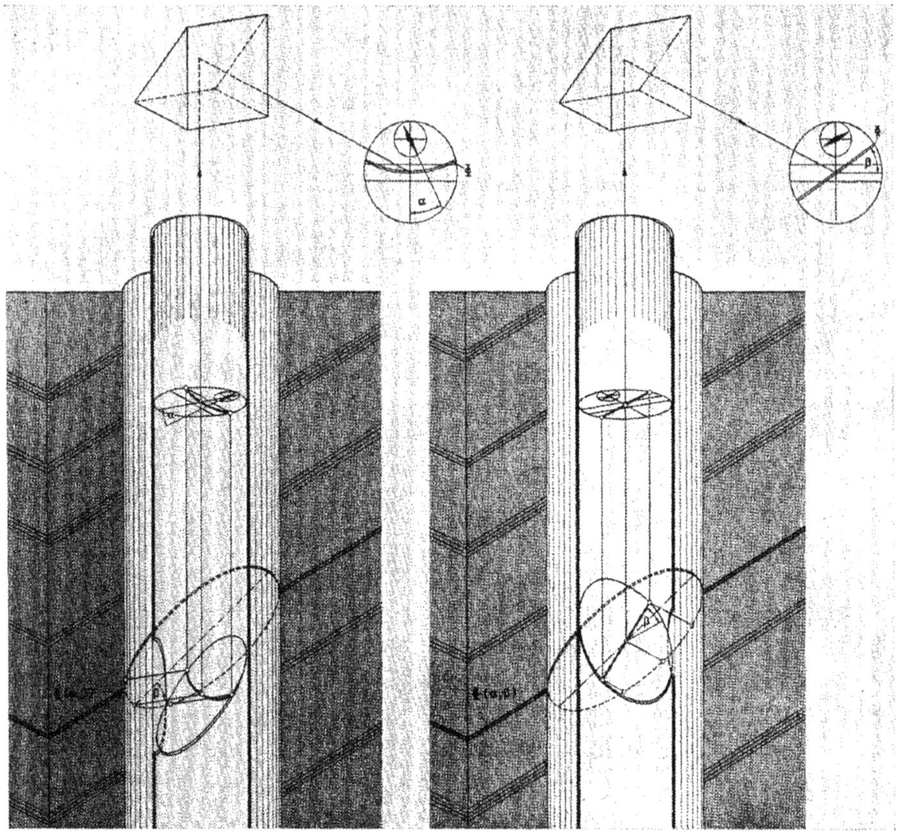

a b

Abb. 8-23. Schema der optischen Flächeneinmessung in Bohrlöchern (aus MÜLLER 1957). a) Ausblick in Fallrichtung; b) in Streichrichtung einer geologischen Fläche

und Kluftflächen nach ihrer Raumstellung, also des Flächengefüges. SANDER hat deshalb die Sonden B 25 und FB 400 geradezu als „Gefügesonden" bezeichnet.

Dadurch sind Bohrlöcher nun sozusagen dreidimensionale Aufschlüsse geworden. Wenn es z. B. zur Bestimmung einer Gesteinsgrenzfläche früher dreier benachbarter Bohrlöcher bedurfte, so kann dies nun in einem einzigen Bohrloch geschehen. Die Ersparnis an Zeit und Kosten liegt auf der Hand.

Die Abb. 8–23 erläutert das Schema der optischen Flächeneinmessung in Bohrlöchern. Geologische Flächen ergeben mit der zylindrischen Bohrlochwandung elliptische Schnitte. Dreht man den Ausblick des Objektivspiegels in die Richtung des (oberen oder unteren) Ellipsenscheitels (Abb. 8–23 a), dabei die Ausblickrichtung an dem im Gesichtsfeld sichtbaren Kompaß oder bei flachgeneigten Bohrlöchern an der mit diesem Kompaß vereinigten Libelle ablesend, so ist diese Richtung im Falle eines vertikalen

Bohrloches bereits die Richtung des „Einfallens" oder „Verflächens" der geologischen Ebene; bei geneigten oder horizontalen Bohrlöchern ist eine Transformation vorzunehmen, welche am besten graphisch in Kugelkoordinaten geschieht. Der Fallwinkel der geologischen Ebene wird erhalten, wenn man das Objektiv des Bohrlochperiskops um 90° dreht (Abb. 8–23 b), so daß in der Blickrichtung der elliptische Schnitt als Gerade erscheint.

Es gibt drei Arten der optischen Sondierung:

1. die rein optischen Verfahren, die verschiedene Arten von Innensehrohren (Periskopen) verwenden. In den USA wurde 1941 ein einfaches Fernrohr mit Schrägspiegel verwendet [84]). Ein ähnliches Rohr verwendete Prof. TÖLKE [85]) etwas später zu Betonuntersuchungen am Kraftwerk Höllenstein. Das Ingenieurbüro HAGERMAN in Stockholm (bei MÜLLER 1958 c, 72) hat jüngst eine sehr leichte und handliche Sonde dieser Art gebaut, die in Bohrlöchern von verschiedenen Durchmessern verwendbar ist. Diese Instrumente arbeiten nur im Trockenen. Die optische Bergsonde B 25, die der Verfasser 1952 zusammen mit Dr. W. PETRI baute (1955 b, 1188), arbeitet auch unter Wasser und hat eine von der Teufe unabhängige Bildvergrößerung, eine Kompaßorientierung und liefert auch in leicht gekrümmten Bohrlöchern ein nur wenig geschmälertes Bildfeld (Abb. 8–24). Sie besteht aus einer Reihe aneinandergesetzter Fernrohre von 2 m Länge und arbeitet bis 30 m Teufe. Abb. 8–25 gibt ein Beispiel einer Sondierungsauswertung.

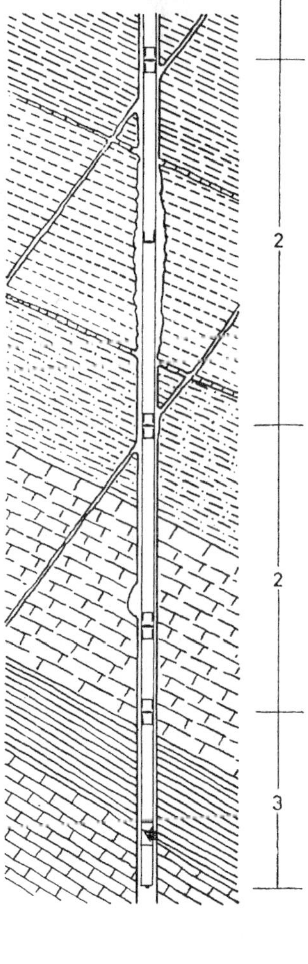

[84]) s. Proceedings, Americ. Soc. of Civ. Eng., Vol. 67, No. 8, Part 2, Page 690, Oct. 1941.

[85]) Nach mündlicher Mitteilung von Herrn Dr. Ing. SCHÖNHUBER, Straubing.

Abb. 8-24. Optische Bohrlochsonde B 25 nach L. MÜLLER und W. PETRI

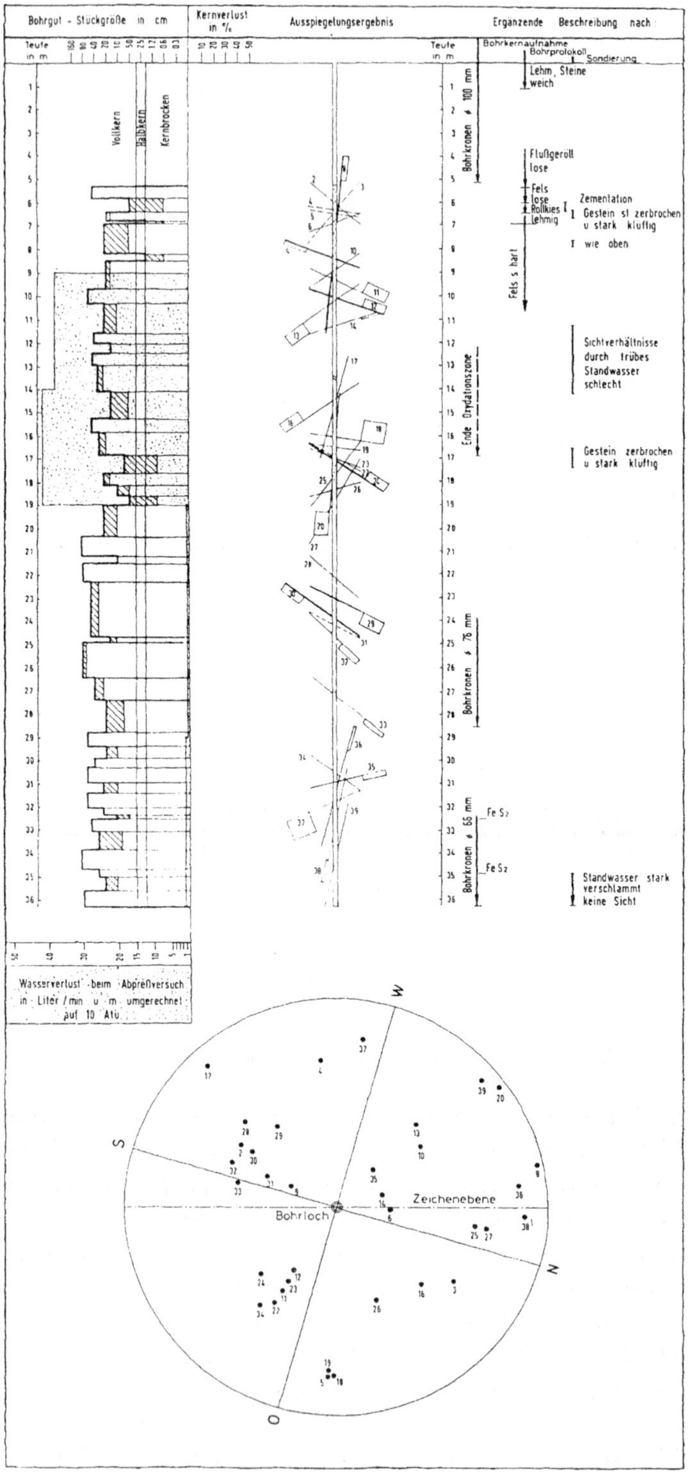

Abb. 8-25. Graphische Dokumentation einer optischen Sondierung

Abb. 8-26. Optisch-photographische Sonde nach BURWELL und NESBITT. (Foto NESBITT, mit dessen freundlicher Genehmigung)

2. die optisch-photographische Sonde von BURWELL und NESBITT (1954) ist etwa 1952 für das amerikanische Corps of Engineers entwickelt worden (Abb. 8–26). Eine Filmkamera nimmt über einen Prismenring die Bohrlochwandungen verzerrt auf. Nach der Entwicklung wird der Film in einem Entzerrungsgerät auf einem gläsernen Bohrkern von etwa 2 cm Höhe betrachtet. Auch hier wird eine Kompaßnadel mit abgebildet.
3. die Optische Sonde mit Fernsehübertragung (Abb. 8–27), nämlich die „Optische Bohrlochsonde nach Dr. L. MÜLLER mit Grundig-Fernauge" (1958 c, 73). Das Bild der Bohrlochwandung wird über einen drehbaren Schrägspiegel durch eine Miniatur-Fernsehkamera — die kleinste der Welt — zugleich mit dem Bild des Kompasses und einer Libelle aufgenommen und kann auf dem Fernsehschirm betrachtet oder auch photographiert werden. Bei einem neueren Modell wird seit 1957 der bewährte Kompaß-Pendel-Teil des Eastman-Gerätes *(8.62)* (Abb. 8–20) eingebaut, der die Richtungsgenauigkeit auf ± 1° und die der Neigungsmessung auf $^1/_4$°

steigert und zugleich mit der optischen Sondierung eine genaue Bohrlochortung ermöglicht. Eine mit dem Spiegel umlaufende auswechselbare Beleuchtung ermöglicht durch verschiedene Licht- und Schattenverteilung Angaben darüber, ob Klüfte im Gestein geschlossen oder geöffnet, leer oder gefüllt sind (Abb. 8–28).

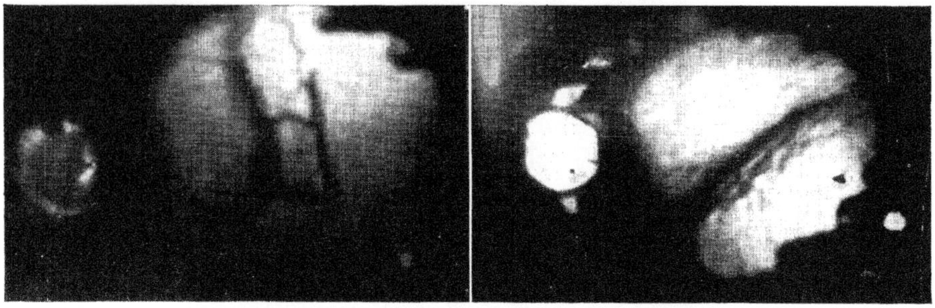

a b

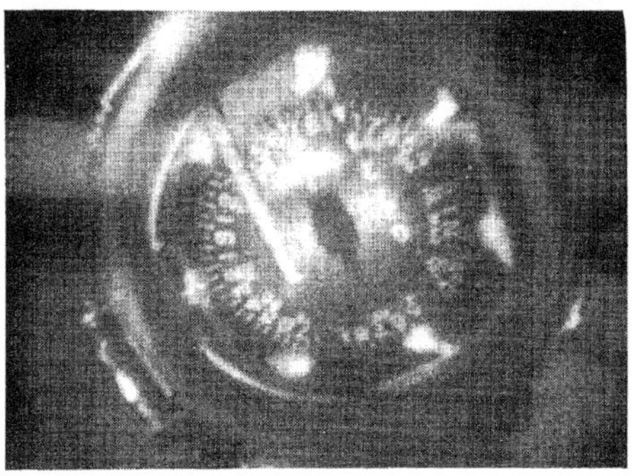

c

Abb. 8-28. Optische Bohrlochsonde nach L. MÜLLER. a), b) Bohrlochausblick in eine Kluft, c) Eastman-Orientierungskompaß auf dem TV-Schirm

Vor- und Nachteile der 3 Verfahren:

1. Die rein optischen Verfahren bieten große Vorteile: unmittelbaren Einblick ins Gestein und sofortige Auskunft; beliebiges Verweilen an interessierenden Einzelheiten und gegebenenfalls Photographieren solcher Stellen; farbiges Bild; Kleinstdurchmesser des Bohrlochs etwa 40 mm; Schnelligkeit und Billigkeit.
   Dem steht eigentlich nur ein einziger Nachteil gegenüber: die geringe Reichweite (etwa 30 m).
2. das optisch-photographische Verfahren bietet die Vorteile der farbigen Darstellung, der vollständigen Wiedergabe im Bild sowie Unabhängigkeit von der Geradführung der Bohrlöcher, daher praktisch unbegrenzte Reichweite; ferner bleibende Dokumentation.
   Als Nachteil werden empfunden der unvermeidliche Zeitverlust (etwa 14 Tage) zwischen Aufnahme und Auswertung, die erforderliche Größe der Bohrlochdurch-

messer (etwa 150 mm) sowie die hohen Kosten der Einrichtung und der Entzerrungsgeräte.

3. die Vorteile der optischen Sondierung mit Fernsehübertragung sind:
unmittelbare Anschauung und sofortige Auskunft, beliebig eingehendes Studium interessierender Einzelheiten, photographische Wiedergabe einzelner Stellen, Unabhängigkeit von der Geradführung der Bohrlöcher, daher große Reichweite (gegenwärtig 400—800 m), Kleinstdurchmesser der Bohrlöcher zur Zeit 64 mm (noch kleinere Sonden sind in Entwicklung).
Als Nachteile müssen gelten:
Beschränkung auf Schwarzweiß-Darstellung (wenigstens zunächst), teures Gerät.

Die Vorteile der optischen Sondierung gegenüber anderen Verfahren sind:

Die optische Sondierung will die vorhandenen Sondierverfahren nicht verdrängen oder ersetzen, sondern ergänzen. Eine Gegenüberstellung der Vor- und Nachteile der verschiedenen Verfahren müßte schon deshalb irreführen, weil die Bewertung immer nur für die jeweils gestellte Aufgabe gelten kann. Nur darauf sei hingewiesen, daß sich überall dort, wo auf Bohrkerne verzichtet werden kann, eine bedeutende Zeitersparnis erzielen läßt. Zum Beispiel wurde durch die optische Sondierung bei der Verankerung der Sylvensteinkaverne (Müller 1958 a, 21) jüngst gegenüber den herkömmlichen Arbeitsweisen ein Zeitgewinn von etwa 60% erzielt.

8.7 Indirekte Aufschlußmethoden

Unter den indirekten Aufschlußmethoden nehmen die physikalischen und hydraulischen neben den seismischen, den geoelektrischen und druckakustischen Methoden einen nur geringen Raum ein.

8.71 Bergwasserbeobachtungen

Bergwasserbeobachtungen[86]), insbesondere die Verfolgung von Wasserwegen bzw. Zonen der Wasserwegigkeit, sind im Felsgestein schwieriger als in Lockermassen und deshalb seltener angewendet. Die Färbung von Flüssigkeiten und deren Verfolgung bilden wegen der lettigen und tonigen Kluftbeläge, welche die meisten Farbstoffe absorbieren, ein wenig zuverlässiges Beobachtungsmittel. Eine Impfung des Bergwassers mit Isotopen aber bringt nur selten Erfolg, weil diese nur bis zur Tiefe von 5—7 m verfolgt werden können. Der Verfolgung offener Kluftwege durch gefärbte Gase wurde bereits gedacht (2.63).

Lohnender ist der Rückschluß vom Wasser-Chemismus auf Wasserwege, welchen Neumaier (1932 und 1959) in ein noch viel zu wenig beachtetes System gebracht hat.

[86]) Über Wasserabpreßversuche, welche auch zu den indirekten Methoden gezählt werden könnten, siehe (2.62).

8.72 Seismik

Die seismischen Methoden, welche die Ausbreitungsbedingungen von Schallwellen beobachten, dienen der Feststellung von Gesteinswechseln, Störungszonen u. ä., vor allem aber der dynamischen Messung des Elastizitätsmoduls und der Querverformungsziffer. Über die Problematik der Deutung solcher Messungen wurde gesprochen (*2.41*).

Oelsner (1958, 137), welcher eine ungemein reichhaltige Literaturzusammenstellung über praktische Seismik gibt, erwähnt, daß an der Grenze Glimmerschiefer/Gneis in einem bestimmten Fall eine stark ausgeprägte Störungszone in der Laufzeitkurve überhaupt nicht bemerkbar war. In diesem Falle waren Störungszonen und Nebengestein gleich stark hydrothermal zersetzt. Dagegen zeigte eine andere, mit Letten gefüllte Störung im Glimmerschiefer deutliche Sprünge in den Laufzeitkurven. Derlei Beispiele und Gegenüberstellungen ließen sich in großer Zahl anführen. Sie zeigen, daß das Auftreten von Laufzeitunstetigkeiten wohl immer auf geologische Besonderheiten und Diskontinuitäten hinweist, daß aber umgekehrt aus dem Fehlen solcher Sprünge nicht mit Sicherheit auf die Abwesenheit großer Diskontinuitäten geschlossen werden darf.

In der Formel $$E = \varrho \cdot v_l^2 \cdot \frac{(m+1)(m-2)}{m(m-1)} = 2\,G\,\frac{m+1}{m} = 2\,\varrho\, v_t^2\, \frac{m+1}{m}, \qquad [8\text{—}1]$$

welche zur Bestimmung des Elastizitätsmoduls aus der longitudinalen und transversalen Wellengeschwindigkeit verwendet wird, ist E eine Funktion der Dichte, des Quadrates der Geschwindigkeit und der Querdehnungsziffer. Die letzte wird gewöhnlich mit 4—5 angenommen, während sie doch in stark zerbrochenen oder plastischeren Gesteinen zwischen 2,5 und 3 liegen müßte. Dadurch wird ein rechnerischer Unterschied bedingt, welcher nicht unwesentlich ist. Rechnet man mit 2,5 anstatt mit 5,5, so wird ein um 50% größerer E-Modul erhalten.

Allgemein darf gesagt werden, daß die Seismik für die geotechnische Sondierung zwar unentbehrlich ist, daß sie aber weniger zur Feststellung von Absolutwerten des Moduls als von Unterschieden desselben verwendet werden sollte. Gesteinsvergütung durch Injektionen, welche sich in einer Erhöhung der Laufzeit ausdrückt, Richtungsunterschiede, welche die Anisotropie der elastischen Eigenschaften kundtun, und Qualitätsunterschiede des Gebirges, verursacht durch chemische und mechanische Entfestigung, zeigen sich oft in sehr brauchbarer Weise an. (Siehe Nachweis der Gesteinsvergütung in Vajont durch Vielmo (1961) (*2.41*).

8.73 Geoelektrik

Die geoelektrischen Sondiermethoden, welche sich in den Lockermassen mancherorts großer Beliebtheit erfreuen, werden im Fels nach meinen Erfahrungen selten mit Erfolg angewendet. Die Ausbreitung elektrischer Wellen in anisotropen Medien beschreibt Oelsner (1958). Der Anisotropiefaktor

$$a = \frac{\text{Geschwindigkeit parallel zur Schieferung}}{\text{Geschwindigkeit senkrecht zur Schieferung}} = \frac{v\,\|}{v\perp} \qquad [8\text{—}2]$$

wurde von ULRIK und FAMELLE mit 1,17 bis 1,40, in der Tiefe von 2 bis 2,5 km klassischer Sedimente nur mehr mit 1,10 bis 1,19 ermittelt. SCHOLET bestimmte in der Sahara in 1 250 m Tiefe den Anisotropiefaktor mit 1,09, KLEYN in Südsumatra mit 1,15.

8.74 Druckakustische Methode

Die druckakustische Methode, bei welcher Schallgeschwindigkeitsmessungen zur Ermittlung des E-Moduls und zur gleichzeitigen Spannungsdiagnose des Gebirges herangezogen werden, wurde bereits (*3.732*) erwähnt. Sie dürfte Zukunft haben.

8.8 Die Darstellung der Aufnahmedaten

Eine gründliche und gute geotechnische Bestandaufnahme erhält ihren vollen Wert erst durch eine ebensolche Darstellung in Worten, Plänen und Modellen. Je übersichtlicher diese ist, je besser sie das Wesentliche bei hinreichender, aber nicht überladener Wiedergabe von Details erkennen läßt, desto wertvoller ist sie.

Wie bei allen geologischen Arbeiten, so ist auch hier das schwierigste, aber wichtigste die dreidimensionale Erfassung des Raumes. Lageplandarstellungen, ergänzt durch Schnitte, Schichtschnittmodelle, Glasplatten- und Drahtmodelle stehen für den Zweck zur Verfügung und können durch Blockbilder und Strukturmodelle ergänzt werden.

8.81 Lageplan-Darstellungen

Die üblichen Lageplan-Darstellungen sind im wesentlichen zweidimensional; auch wenn sie als Schichtenpläne Höhenangaben enthalten, so stellen sie doch nur eine Fläche, nämlich die Geländefläche, dar. In den Plan eingeklebte kleine Lagenkugeldarstellungen (Abb. 8–9) beziehen die dritte Dimension wenigstens der statistischen Gefügedaten mit ein. Die Darstellung der Einheitsquadrate (*8.42*) erweitert die dreidimensionale Anschauung, indem sie durch Hauptlinien und „Fähnchen" den räumlichen Verlauf der wichtigsten Großgefügeflächen (Abb. 8–16, s. a. 4–6) wiedergibt. Geologische Schnitte, gleichfalls durch Spurlinien und Einheitsquadrate die dritte Dimension mit einbeziehend (Abb. 8–10), vermögen schon recht gut den Raum zu veranschaulichen, besonders dann, wenn die Schnitte so geführt werden, daß sich eine Bankung, Schichtung oder Tafelung auf ihnen projizierend abbildet.

8.82 Schichtschnittmodelle

Schichtschnittmodelle entstehen, indem man mehrere solcher Schnittdarstellungen, ihrem räumlichen Abstand entsprechend, hintereinander aufstellt (Abb. 8–29). In solchen Modellen läßt sich verhältnismäßig viel Detail unterbringen. Auch hier wird man Gewußtes von Vermutetem unterscheiden.

Man scheue sich nicht, die Schnitte in Richtungen zu führen, welche von der Lotrechten abweichen, z. B normal zu einer Bankung oder parallel zu Richtungen der größten Gleitgefahr.

In solchen Modellen lassen sich nach Belieben jederzeit weitere Einzelheiten, deren Kenntnis z. B. während des Aushubes, späterer Bohrungen u. dgl. erworben werden, nachtragen.

Abb. 8-29. Schichtschnittmodell eines Talsperrenwiderlagers

8.83 Glasplattenmodelle

Glasplattenmodelle sind im wesentlichen den Schichtschnittmodellen ähnlich. Sie lassen den dargestellten Raum als Gesamtheit überschauen.

Diese Art der Darstellung sollte sich keineswegs nur auf Horizontalschnitte beschränken, sondern eignet sich auch vortrefflich für Schnitte allgemeiner Lage. Durch verschiedene Farben können verschiedenartiges geologisches Detail oder aber verschiedene Reibungskoeffizienten von Gleitflächen u. dgl. wiedergegeben werden.

Mit den Schichtschnittmodellen hat das Glasmodell den Vorteil späterer Ergänzungsmöglichkeit gemeinsam. Es ist ganz hervorragend geeignet zur Interpolation und Extrapolation von Gefügedaten, welche sich in ihm, von außen nach innen, von Bekanntem zu Unbekanntem fortschreitend, mit wachsender Sicherheit gleich einem Netz rekonstruieren und zusammenziehen lassen.

8.84 Drahtschichtenmodell

Das geologische Drahtschichtenmodell (erstmalig angewandt 1950) nach Fuchs (1958, 118) sucht bei gleich guter räumlicher Transparenz der Darstellung, die es mit dem Glasmodell teilt, die Nachteile des Glas- und des Schichtschnittmodelles zu vermeiden, welche in der Schwierigkeit bestehen, Bohrlöcher, Schächte, Stollen u. dgl. lineare Elemente darzustellen. Es be-

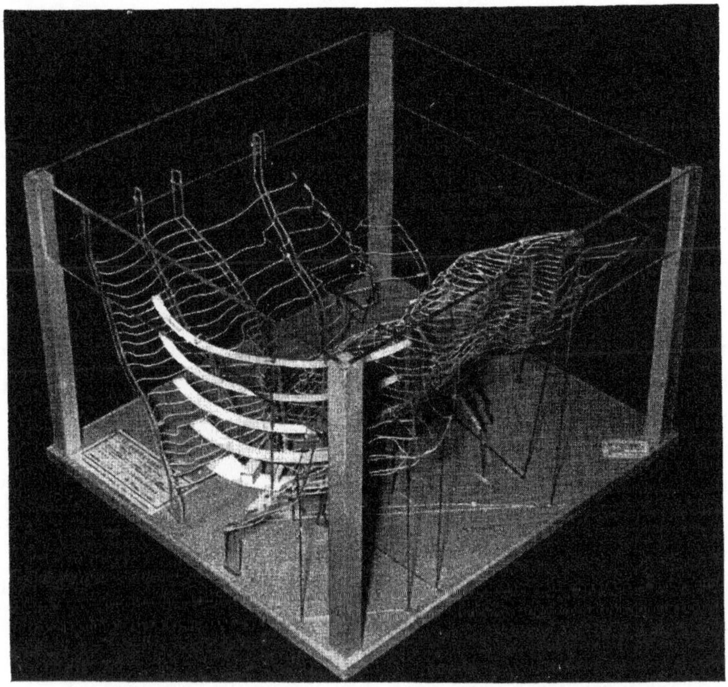

Abb. 8-30. Geologisches Drahtschichtenmodell mit eingetragenen Bohrungen und Gesteinsgrenzen nach Fuchs (1958)

steht (Abb. 8-30) im wesentlichen aus Drähten, welche nach den Höhen-Schichten-Linien gebogen und den Höhen entsprechend montiert sind. „So ergibt sich ein luftiges, korbähnliches Gebilde, welches den Einbau baulicher und geologischer Signale ober und unter Tag erlaubt." Als Profilträger können Plexiglas oder Drahtprofile verwendet werden. „Flächige Gefügeelemente ... werden durch Fäden angedeutet, welche man an die Drähte klebt und auch in die Tiefe führt ... Eine Kluft an der Oberfläche ... wird durch einen längs ihres Umfanges verlaufenden Faden dargestellt. ... Gesteinsgrenzen können in analoger Weise dargestellt werden. Faltenzüge werden in Schnitten senkrecht zu ihrer Achse in Form gebogener Drähte angedeutet" (Fuchs 1958, 120).

8.85 Blockbilder und Strukturmodelle

Blockbilder und Strukturmodelle dienen als Ergänzung der vorgenannten Darstellungen, insbesondere zur Veranschaulichung der Lagebeziehungen zwischen Schichtung, Schieferung und Klüftung oder der technischen Gesteinsfazies, welche am besten durch einen modellierten Kluftkörper dargestellt werden. Solche Kluftkörper eignen sich vortrefflich dazu, einem in der Gefügekunde weniger eingeweihten Personenkreis die Anschauung der statistischen Raumdaten und der Lagebeziehungen zu vermitteln.

8.9 Grundsätze und Erfahrungsregeln

Das Ziel der geomechanischen Feldaufnahme ist eine „Beschreibung und Erklärung der Formen und des Innenbaues Geologischer Körper“ (Clar 1960, 186). Je nach der Art der bautechnischen Aufgabe, dem Stadium des Baues oder Entwurfes, der Gunst des Geländes und nicht zuletzt nach den Arbeitsgewohnheiten des Geotechnikers kann es auf verschiedenen Wegen erreicht werden. Strenge Vorschreibungen wären sinnlos; nicht Verschreibungen, sondern nur Erfahrungsregeln können gegeben und einige Grundsätze aufgestellt werden. Auch Normungen sollten sich nur auf Darstellung und Bezeichnung, nicht auf die Aufnahmearbeit erstrecken, welche eigengesetzlich aus den Erkenntnisvorgängen in der Persönlichkeit des Aufnehmenden fließen muß. Nur aphoristisch seien nachstehend einige Empfehlungen aneinandergereiht.

Stini empfahl auf Begehungen stets den Grundsatz, bei der Geländeaufnahme vom Großen ins Kleine fortzuschreiten; bei aller Wichtigkeit der Details sind diese und die Zusammenhänge zwischen ihnen stets nur im Rahmen größerer Einheiten und deren Genetik tiefer zu begreifen. Für den Fachgeologen bedeutet Stinis Rat: nicht beim generellen Überblick stehenzubleiben; für den Geotechniker: sich den geologischen Bauplan nötigenfalls vom Tektoniker und Fachgeologen umreißen zu lassen.

Wo natürliche Aufschlüsse spärlich sind, setze man die künstlichen so an, daß sie in erster Linie den Bauplan klären helfen, ein geologisches Profil abtasten oder eine Verformungshauptebene (a-c-Ebene) erschließen.

Viel verrät die Morphologie: Schwächezonen, Gesteinsgrenzen, Härtlingszüge, vor allem aber die Hauptrichtungen des Flächengefüges. In stark überdeckten Landformen lassen sich oft nur Indizien zusammentragen. Die beste Schule zu ihrer Verwertung sind Aufnahmen in der Felswüste, welche lehren, daß man sich allzugerne die Dinge einfacher vorstellt, als sie wirklich sind.

Man scheue sich nicht, intuitive Eingebungen zu Wort kommen zu lassen; man prüfe sie aber unvoreingenommen an strengen Kriterien.

Nur kein Schema! Anpassung an die Aufgabe und Arbeitslage sind mehr wert als eine noch so gut eingespielte Methodik.

Bei gutem Wetter sieht man mehr; am meisten aber nach schlechtem Wetter oder zartem Neuschnee.

Man sollte alles zweimal ansehen. Beim zweiten Mal entdeckt man häufig Neues.

Sparsamkeit am falschen Platz kommt oft sehr teuer zu stehen. Jede Steigerung der Genauigkeit und Sorgfalt bei der geologischen Aufklärungsarbeit wird durch Kosteneinsparungen beim Bau belohnt.

Die Entscheidung über den notwendigen Umfang der geologischen Aufklärung liegt beim Techniker und Geologen. Juristen und Finanzleute haben hier kein sachliches Mitbestimmungsrecht. Die Natur richtet sich nicht danach, ob für die geologische Vorerkundung oder für geologisch bedingte Maßnahmen genügend Geld und Einsicht vorhanden ist oder nicht. Wenn sich der Geologe zu weitgehend nach noch so begreiflichen Wünschen kaufmännisch Denkender richtet, überschreitet er die Grenzen seiner Verantwortungsfähigkeit.

Photos, insbesondere Stereoaufnahmen, sowohl von der Gesamtsituation wie von Details, lohnen sich immer. Sie stützen das Gedächtnis bei der Ausarbeitung der Feldaufnahmen im Arbeitsraum, ergänzen mitunter die Beobachtungen und helfen Fehler aufklären und vermeiden. Besonders aber erleichtern sie die Einweisung von Mitarbeitern, welche die Arbeitsstelle nicht aus eigener Anschauung kennen. Schließlich vermögen sie den baugeologischen oder geotechnischen Bericht zu erläutern und für dessen Benützer anschaulicher zu machen. Bei guter Kenntnis der örtlichen Verhältnisse erlauben sie sogar mitunter Fernbeurteilungen fortgeschrittener Erschließungs- oder Baustadien.

Von Fernbeurteilungen auf Grund noch so guter photographischer Aufnahmen allein sollte man jedoch grundsätzlich Abstand nehmen. Nur an Hand des Berichtes eines ähnlich ausgerichteten Fachgenossen, mit welchem man öfter zusammengearbeitet hat, sind sie unter gewissen Voraussetzungen möglich.

Grundsätzlich sollen alle Aufnahmedaten nachprüfbar verzeichnet und dargestellt werden, so daß sie durch (eigene oder fremde) Vergleichsaufnahmen kontrolliert und nötigenfalls ergänzt werden können.

Wie sehr die Feldaufnahme ins Detail gehen muß, kann weder nach Grundsätzen noch durch Studien allein, sondern nur durch reiche Erfahrung selbstausgewerteter Aufnahmen entschieden werden. Allein am Vergleiche vieler verschiedenartiger Situationen bildet sich die Fähigkeit, zu schätzen und zu bewerten. Wo man im Zweifel ist, nehme man lieber zuviel als zuwenig Details auf, ansonsten aber erhöht Beschränkung auf das aufschlußreichste Detail Anschaulichkeit und Überblick.

Stets sind Bergwasser und Wasserwegigkeit mit darzustellen (s. Stini 1958!).

Nicht immer sind die geologisch wichtigsten Daten auch die technisch bedeutendsten; und oft zeigt erst die Auswertung einer Aufnahme, worauf es ankommt. Meist stellt sich aber während der Aufnahme ein Gefühl für die Auswahl des Wesentlichen ein.

Man achte auf alles und halte das Wesentliche fest. Über alles Beobachtete gebe man sich Rechenschaft.

Die Natur ist unser aller Lehrmeisterin. Derjenige ist ein Narr, der sich witziger dünkt denn die Natur.
(PARACELSUS)

II. FELSBAU ÜBER TAGE[1)]

Wer einen Gegenstand übersichtlich darstellen will, kommt nicht daran vorbei, ihn zu schematisieren, ihm durch Unterteilungen und Einteilungen Zwang anzutun und Trennungen zu vollziehen, die in Wahrheit nicht bestehen. Darum sollte, wer das Dargestellte anwendet, dessen eingedenk sich der Zusammenschau befleißigen und immer die Natur vor Augen haben, deren Wesen Ganzheit ist.

Die gewählte Gliederung des Stoffes erhebt nicht Anspruch, nach einem besonders wichtigen Einteilungsgrund zu ordnen. Sie wurde gewählt, weil sie vom einfacheren zum komplizierteren methodisch fortzuschreiten erlaubt. Nach dem Gesichtspunkt baulicher Vorkehrungen (Hochgebirgs- und Flachlandbau, Über- oder Untertagebau usw.), geostatischer Systeme (Formungs-, Standsicherheits- und Gebirgsdruckfragen) oder des Zweckes (Felsarbeiten des Straßen-, Wasserbaues usw.) könnte auf verschiedene Weise eingeteilt werden.

Nicht behandelt wird, was aus der allgemeinen Ingenieurgeologie als bekannt vorausgesetzt werden darf; so z. B. Besonderheiten des Bauens in geologisch jungen und in alten Formationen, Erfordernisse in Gips- und Anhydritgebieten, bei Auftreten aggressiver Gewässer u. dgl. m.

9 Planung und Berechnung von Felsbauwerken

Konstruktionen in Fels sind im wesentlichen dadurch charakterisiert, daß sie aus dem Vollen, Anstehenden geformt werden. Fast immer sind sie Hohlformen, geschlossene (Tunnel, Kavernen, Stollen und Schächte) oder offene (Tagebaue, Ein- und Anschnitte, Fundamentgruben und Staumauer-

[1)] Um den Umfang der beiden Buchbände auszugleichen, wird über die praktische Felsarbeit erst am Schluß des zweiten Bandes (*19*) gesprochen werden und im folgenden Hauptabschnitt (9) lediglich die geostatische und konstruktive Behandlung der Felskonstruktionen berührt, welche in gleicher Weise auf Über- und Untertagebau Bezug hat. Erfahrungshinweise über Ausschreibung und Abrechnung von Felsarbeiten werden gleichfalls in (*19*) gesammelt.

© Springer-Verlag GmbH Deutschland, ein Teil von Springer Nature 1963
L. Müller-Salzburg, *Der Felsbau, Band 1, Theoretischer Teil*,
https://doi.org/10.1007/978-3-662-58196-4_2

einbindungen). Auch Hilfskonstruktionen, wie Stützungen, Sicherungen, Abdichtungen und Entwässerungen werden am Anstehenden, nicht an hingestellten Bauteilen angebracht. Deshalb ist man beim Planen und Bauen im Fels in besonderem Grade von den Gegebenheiten abhängig; von den Gegebenheiten des Ortes und des Materiales, zwischen denen man bestenfalls wählen, die man aber nicht beeinflussen kann. Die Eigenschaften von Beton kann man beeinflussen, Stahl- oder Bausteinsorten wählen, Erdbaustoffe kombinieren und veredeln; im Fels aber, sofern die Örtlichkeit für ein Bauwerk bestimmt ist, muß man Konstruktion, Bauweise und Gestaltung den Gegebenheiten anpassen. Anpassungsfähigkeit, Einfühlungsvermögen, Findigkeit, konstruktive Phantasie und logische Konsequenz sind demnach die Tugenden, welche den erfolgreichen Felsbauer auszeichnen.

Die Anpassung an das Gegebene ist leichter, solange Richtung und Lage der Bauwerke noch nicht festgelegt sind. Der gute Felskonstrukteur projiziert deshalb nicht vorgefaßte Raumordnungen in den Fels hinein, sondern bemüht sich, die Möglichkeiten der Gestaltung, welche der Fels in sich trägt, zu erfühlen, noch besser zu erkennen. Je mehr ihm das gelingt, desto sicherer, schöner, dauerhafter und billiger baut er.

Fast alle baulichen Schwierigkeiten, Gefahren, Unfälle und wirtschaftlichen Enttäuschungen, die ich im Felsbau sah, waren durch Unkenntnis oder ungenügende Kenntnis des Materialverhaltens verursacht. Gefährlich, übermäßig schwierig und unerwartet teuer wird ein Bauwerk im Fels nur dann, wenn man sich von den Gegebenheiten überraschen läßt. Man wäre auch im übrigen Bauwesen vor Überraschungen nicht sicher, wenn man es unterließe, die Festigkeits- und Gefügeeigenschaften der Baustoffe mit der Statik der Konstruktionen in Einklang zu bringen. Ebenso ist heute für den Felsbauer ein gründliches Befassen mit der Theorie unerläßlich.

Bisher war die Sicherheit von Felsbauwerken Ermessenssache, und im Falle eines Unglückes oder technischen Mißlingens wurde nur selten von einer Schuld der Verantwortlichen gesprochen. Je mehr aber Gefügemechanik und Theorie des Felsbaues fortschreiten, desto klarer wird auch in Fragen der Verantwortlichkeit zwischen Voraussehbarem und Unberechenbarem unterschieden werden. Der Felsbauer kann nicht ungestraft der Natur entgegen-, sondern nur mit ihr arbeiten. Das Gebirge kümmert sich weder um vorhandene oder nicht vorhandene Einsicht noch um die Menge der verfügbaren Geldmittel. Nicht die billige Redensart, Schwierigkeiten wären dazu da, überwunden zu werden, darf Richtschnur sein, sondern das weise Wort Wurmbs: „Nicht im Überwinden, sondern im Vermeiden von Schwierigkeiten zeigt sich die Kunst des Ingenieurs."

Aus diesen Gründen schien es mir wichtig, das Interesse des Lesers auf die Materialeigenschaften des Werkstoffes Fels und die theoretischen Zusammenhänge zwischen diesen und den geologisch-petrologischen Daten in breiter und verständlicher Form zu lenken. Zwar werden wahrscheinlich viele den zugegebenermaßen trockenen theoretischen Teil I des Buches zu übergehen versuchen; sie werden aber bei der Lektüre des praktischen Teiles II bis IV bald feststellen müssen, daß dieser nur auf der Grundlage des theoretischen Teiles wirklich verstanden werden kann.

9.1 Allgemeine Empfehlungen

Auf keinem Gebiete des Bauwesens wird so wenig in den Entwurf gelegt und so viel der praktischen Ausführung überlassen wie im Felsbau. Läßt doch der Entwurf oft das wichtigste offen: Gründungstiefen, Böschungsneigungen, Mehrausbruch usw., ja selbst die Entscheidung, ob Böschungen zu verkleiden sind. Derlei schon bei der Projektierung festzulegen, ist freilich auch viel schwieriger als die Berechnung von Konstruktionen, in welchen alles nach freier Entscheidung wählbar ist: Pfeilerstärken, Bogenformen und alle Materialien dieser Konstruktionen.

Der Projektant eines Felsbaues steht zunächst vor Wald und Wiesen oder Felswänden und muß mit dem geistigen Auge die technischen Kunstkörper so in die Landformen hineindenken, daß sie nicht nur kunstgerecht, sondern auch naturgerecht ausfallen. Bei dieser Aufgabe mag er vielleicht einerseits von der scheinbaren Fülle der Gestaltungsmöglichkeiten beeindruckt sein, andererseits von den einengenden Bedingungen der Geländeformen und des Felsgefüges. Je deutlicher er aber die Gegebenheiten des Gebirgsgefüges, die „Innere Gestalt" (*1*) des Werkstoffes Fels erkennt, ihre einengenden Bedingungen anerkennt und diesen schon im ersten Entwurf gerecht wird, desto mehr wird er zwar um funktionelle Gestaltung ringen müssen, desto natürlicher, organischer, weniger schematisch aber wird sein Bauwerk in der Landschaft stehen und desto mehr wird seine Leistung technisch, ästhetisch und wirtschaftlich befriedigen.

In der tausendfältigen Verschiedenartigkeit des Werkstoffes Fels liegt alle Schwierigkeit der Felsbauplanung begründet: Es gibt für sie keine Rezepte, nur Empfehlungen; keine Tabellen zum „Herausgreifen" günstiger Werte, sondern nur mühsame Ermittlungsverfahren; kaum Vorschriften von Behörden, dafür aber um so strengere Vorschreibungen von seiten des Materiales. Zwar haben einige Ämter für ihren Gebrauch Normalien aufgestellt, aber durch diese sollte man sich nicht der Verpflichtung des eigenen Denkens und Urteilens enthoben fühlen und auch sie nur als stilgebende Richtlinien betrachten. Stilgefühl, Charakter und Baugesinnung manifestieren sich in der Gestaltung von Tiefbauten als einer Auseinandersetzung mit der Natur und dem Material besonders deutlich. Selbst statische Berechnungen, soweit wir über solche im Felsbau schon verfügen, sollten bei der Aufstellung des Ansatzes und der Prämissen niemals der Intuition entbehren. Sie sollten mehr zur Überprüfung des eigenen Urteils als zum bürokratischen Sicherheitsnachweis verwendet werden.

9.11 Vorbereitende Arbeiten

Weil die Planungsarbeiten auf unabänderlichen Gegebenheiten aufbauen müssen, fällt den vorbereitenden Arbeiten, insbesondere den geologischen und gefügekundlichen Erhebungen im Felsbau, eine noch entscheidendere Rolle zu als bei anderen Entwürfen. Sie müssen vorrangig, zeitlich vorgängig und ausführlich betrieben werden. 2—8 % der Baukosten müssen für sie mindestens zur Verfügung stehen, wenn nicht besonders leicht durchschaubare Verhältnisse vorliegen. Schon manches Projekt ist in Schwierigkeiten gekommen, weil man an der baugeologischen Vorbereitung sparen zu können glaubte.

Auf die Erfordernisse der baugeologischen Aufnahme wird im folgenden bei der Besprechung der einzelnen Felsbautypen hingewiesen werden. Für felsmechanische Aufgaben braucht die baugeologische Aufnahme keineswegs vollständig (im geologischen Sinne) zu sein, sondern darf sich auf die technisch wesentlichen Merkmale beschränken (8). Der Fachgeologe kann freilich nicht immer wissen, worauf es dem Techniker ankommt, weil der Techniker die Aufgabe des geologischen Sachbearbeiters nicht immer richtig formuliert. Wo aber falsch gefragt wird, kann keine richtige Antwort erwartet werden, und es zeigt sich, daß nach einer alten buddhistischen Weisheit die rechten Fragen meist schwieriger zu finden sind als die Antworten. Nur der baufachlich geschulte Geologe oder ausgesprochene Baugeologe weiß die wesentlichen Fragen selbst zu finden und so als Mittler zwischen beiden Fachgebieten zu fungieren.

Der Geologe sollte immer den Grad der Wahrscheinlichkeit seiner Aussagen angeben. Der Bauingenieur aber sollte darüber hinaus nichts Unmögliches von ihm erwarten, sondern bedenken, wie gering die Einblicke sind, die er ihm durch spärliche Sondiermaßnahmen ermöglicht. Beide sollten bedenken, daß die Natur sich häufig nicht nach den Lehrbüchern richtet.

9.12 Bauwerkslage und Bautypen

Die Wahl der Bauwerkslage und der Bautypen setzt bereits wesentliche Kenntnisse der örtlichen geologischen Bedingungen voraus. Denn verschiedene Bergarten erfordern verschiedenartige bauliche Behandlung und Konstruktionstypen.

Deshalb sollte man grundsätzlich v o r der Planung geologisch bedingter Objekte 1) überlegen, auf welche geologischen Besonderheiten es bei einem Bauwerk der beabsichtigten Art ankommt und dann 2) nach diesen Gesichtspunkten die günstigsten Orte und Bergarten aufnehmen, dann erst 3) unter diesen wählen. Oft ist dies wegen der schon gegebenen oder einer besonders gewünschten Lage des Bauwerkes leider nicht mehr möglich;

wo aber die Wahl der Örtlichkeit besteht, empfiehlt es sich immer, die Planung in dieser Reihenfolge schrittweise voranzutreiben. Der Entwurf 4) macht den Aufnahmegeologen mit der Art und den Abmessungen des Bauwerkes vertraut. Er soll für Verschiebungen und Verschwenkungen des Bauwerks reichlich Spielraum offen halten. Deshalb muß auch die nachfolgende eingehende geologische Aufnahme 5) über die Grenzen des eigentlichen Bauwerks hinausreichen. Auf dieser Arbeitsstufe wird mit Vorteil der ortskundige Fachgeologe herangezogen, der mit den Besonderheiten der Gesteinsspezies, der örtlichen Tektonik usw. meist besser vertraut ist.

Erst auf Grund einer solchen geologischen Detailaufnahme sollte 6) der ausführliche Entwurf erstellt werden. Er wird Einzelheiten, wie Böschungsmaß, zulässige Belastungen, Verkleidungs- und Auskleidungsstärken, Ausbruchgrenzen, Abrechnungstoleranzen usw. entsprechend genau beschreiben können, so daß auf dieser Grundlage ein Leistungsverzeichnis mit ausreichend vielen Wahlpositionen und eine Leistungsbeschreibung mit genügenden Angaben für eine gerechte Preiskalkulation erstellt werden können. Der Konstrukteur sollte dabei niemals bestimmte Bauformen im Kopfe haben und diese der Natur aufzwingen wollen, sondern ihr ablauschen, was sie willig zu leisten oder zu dulden vermag. Er wird sich dann, ähnlich wie ein guter Arzt, die Natur nicht zum Feind, sondern zum Verbündeten seiner Planungen machen. Naturnahe Planung ist durchaus nicht nur als ästhetische, sondern auch als technische Forderung zu verstehen. Deshalb sollten nur Leute mit umfangreicher und vielseitiger Praxis im Felsbau und mit tragfähigen theoretischen Kenntnissen an die Planung und Ausführung von Felsbauwerken gesetzt werden. Zu wenig durchdachte, unverständig geplante und ungenügend ausgereifte Projekte bringen — im Felsbau mehr noch als bei anderen Bauten — für gewöhnlich während der Ausführung Gefahren, Änderungen und wesentliche Mehrkosten mit sich.

9.2 Allgemeines über geostatische Berechnungen

Bei der Lösung geostatischer Aufgaben können wir nur in beschränktem Umfang auf Ansätze der allgemeinen technischen Mechanik zurückgreifen, weil deren Voraussetzungen (z. B. einfache, vorwiegend stab-, platten- oder scheibenförmige Körperformen, geringe Größenordnung, daher auch geringer Einfluß der Massenkräfte auf die Spannungsverteilungen, Ebenbleiben der Querschnitte usw.), wie ich andernorts gezeigt habe (Müller 1948), im Fels kaum zutreffen. Manche Ansätze können sich wohl an vorhandene Theorien, z. B. des dickwandigen Rohres, der Spannungsverteilung im Halbraum, an die Fachwerkstheorie des Stahlbetons, an die Gleitungsberechnungen der Bodenmechanik u. a., anlehnen. Immer jedoch müssen sie sinnvoll modifiziert werden; billige Analogien, welche die wesentlichen Unterschiede der Körperformen, des Gefüges und des Materialverhaltens ignorieren, haben stets in Sackgassen geführt (z. B. die Plattentheorie, zum Teil auch die Gewölbetheorie des Bergbaues, die von der Tektonik vielfach mißverständlich übernommenen Vorstellungen von Scherung usw.).

Geomechanische Aufgaben sind im allgemeinen vorwiegend dreidimensionale Probleme. Darin liegt ihre besondere Schwierigkeit. Zwar lassen sie sich recht und schlecht auf zweidimensionale Probleme zurückführen, aber die Hauptverformungsebenen, in welchen diese vornehmlich ablaufen, sind keineswegs mit den jeweiligen Querschnittebenen der Bauwerke, Böschungen usw. identisch, sondern nehmen im allgemeinen Fall allgemeine Raumstellungen ein, welche gefügebedingt sind und auch durch kinematische Überlegungen ermittelt werden müssen. Diese Hauptverformungsebenen kann man im statischen Ansatz wohl als Kraftebenen ansehen; dabei genügt es aber keineswegs, etwa nur die Projektionen aller Kräfte auf diese Ebene zu betrachten, sondern es müssen z. B. Reibungswiderstände auf Gefügeflächen außerhalb dieser Ebenen in den wirklich auftretenden Richtungen betrachtet und berücksichtigt werden.

Am Beginn einer geostatischen Berechnung wird man sich deshalb immer eine Vorstellung darüber zu bilden haben, wie die Felsmassen einer Böschung, unter Staumauern u. dgl. im Ernstfalle brechen oder in Bewegung geraten würden. Die angestellten technologischen Überlegungen, z. B. die Charakteristik der Gesteinsbeweglichkeit (*5.5*) und die Theorie der Widerstandsziffern (*6.1*) ermöglichen es, diese Vorstellung rechnerisch zu stützen.

Alle statischen Überlegungen laufen stets auf einen Festigkeitsvergleich oder eine Gleichgewichtsbetrachtung hinaus: entweder werden 1) tatsächlich auftretende (maximale) Beanspruchungen mit zulässigen Inanspruchnahmen des Materials verglichen, wobei der Quotient zwischen diesen und tatsächlichen (bzw. prüftechnisch ermittelten) Festigkeitswerten als Sicherheitsfaktor gilt; oder es werden 2) wie bei den Gleitungsberechnungen der Bodenmechanik bewegungsfördernde und rückhaltende Kräfte (einschließlich deren Reserven) ins Gleichgewicht gesetzt, wobei die Sicherheit vielfach als deren Quotient definiert wird.

9.21 Eingangswerte

Schwierigkeiten bereiten in jedem Falle die Eingangswerte der Berechnungen, insbesondere die Reibungs- und Festigkeitswerte. Auf viererlei Wegen kann man sie sich verschaffen:

1. durch technologische Großversuche;
2. durch Rückrechnung aus stattgefundenen Bewegungen, Felsgleitungen u. dgl. (von Stini empfohlene Methode);

3. durch Einschätzung vorhandener Sicherheiten an gleichartigen oder vergleichbaren Naturobjekten und Rückrechnung der Reibungs- und Festigkeitswerte;
4. durch Schätzung auf Grund von Vergleichen.

Die Materialprüfung in situ (1.) liefert die verläßlichsten Angaben, ist aber noch kostspielig und erst in Einführung begriffen; sie wird zunächst nur für größere Bauvorhaben in Betracht kommen (*4.4*). Ist Materialprüfung nicht möglich, so sind Richtwerte aus einer Rückrechnnug (2.) zu erhalten, da für den Augenblick des Beginnes einer Felsbewegung ein vorhandener Sicherheitsgrad $\nu = 1$, also Gleichgewicht zwischen abschiebenden und rückhaltenden Kräften vorausgesetzt werden darf. Überlegungen nach 3. sind schärfer als reine Schätzungen nach 4., weil die Erfahrung lehrt, daß Sicherheitsgrade bei einiger Übung leichter zu schätzen sind als Festigkeitswerte. Die von außen nach innen abnehmende Auflockerung und Teilbeweglichkeit von Felsmassen erlaubt sehr häufig Bereiche verschiedenen Sicherheitsgrades abzuschätzen; ein Beispiel wird in *(13.27)* gegeben.

Mit Rücksicht auf die geringe Genauigkeit sowohl der Eingangswerte als auch der Ansätze für die vereinfachten dreidimensionalen Aufgaben haben verfeinerte Rechenweisen zunächst keine Berechtigung. Solche einzuführen wäre Selbsttäuschung. Es muß hingenommen werden, daß die Genauigkeit geostatischer Berechnungen (wahrscheinlich auch in der Zukunft) nicht denen der Bodenmechanik oder gar der Statik von Bauwerken gleichkommt. Diese beschränkte Genauigkeit im Ergebnis schließt jedoch nicht die grundsätzliche Verläßlichkeit so errechneter Aussagen aus und erhöht somit die Sicherheit im Felsbau gegenüber der bis vor kurzem zwangsläufig allein geübten gefühlsmäßigen Beurteilung geostatischer Probleme.

9.22 Sicherheitsgrad

Welchen Sicherheitsgrad wir in unsere geostatischen Berechnungen einzuführen haben, kann nicht einheitlich festgelegt werden, sondern hängt von vielen Überlegungen ab, welche jedesmal neu anzustellen sind. Da die Unsicherheit bei komplizierten Bauwerken größer ist als bei einfachen, bei beweglichen Lasten größer als bei ruhenden, bei Beton größer als bei Metallen usw., werden bekanntlich die Sicherheitskoeffizienten *(safety ratio; facteur de sécurité; fattore di sicurezza)* für verschiedene Gruppen von Baugliedern, Belastungen und Baustoffen verschieden hoch festgesetzt. Der Sinn von Sicherheitskoeffizienten, die wir in Berechnungen einführen, ist: vorhandene Unsicherheiten, d. h. Ungewißheiten hinsichtlich der Größe und des Vorzeichens der in die Rechnung eingegangenen (absoluten oder relativen) Fehler (f_a bzw. f), zu kompensieren. Im Felsbau sind es vor allem

1. Fehler f_s in der Berechnung bzw. ihren Ansätzen, in der stets mit vergröberten Annahmen verbundenen Wahl des statischen Vergleichssystems usw.;
2. Fehler f_m in der Annahme der Materialkennwerte für das Gebirge;
3. Fehler f_g, welche in einer möglichen Unkenntnis vielleicht vorhandener, aber nicht bekanntgewordener geologischer Strukturen, Schwächezonen usw. beruhen.

Sie bedingen Fehler f' des Rechenergebnisses, denen gewisse Wahrscheinlichkeiten zukommen, welche es einzuschätzen gilt (Abb. 9–1). Völlige Gewißheit, d. h. Wahrscheinlichkeit $p = 1{,}0$, daß der absolute Fehler f'_a

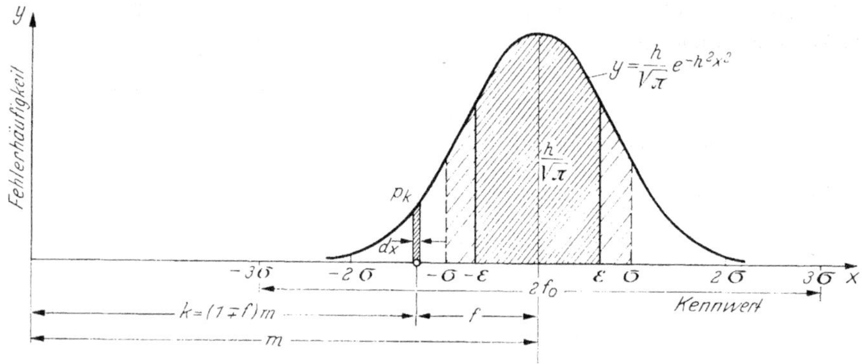

Abb. 9-1. Fehlerverteilung nach GAUSS. m Mittelwert des (n-mal gemessenen) Kennwertes x; k fehlerhafter Eingangswert; f Abweichung des k vom Mittelwert als dem wahrscheinlichsten Wert; $p_k \cdot dx$ Wahrscheinlichkeit, daß der Wert innerhalb k und $k + dx$ liegt; ε mittlerer Fehler mit der Wahrscheinlichkeit $p_{-\varepsilon,\varepsilon} = 0{,}500$ (eng schraffierte Fläche); $\sigma = \sqrt{\varepsilon f/n}$ mittlere quadratische Abweichung mit der Wahrscheinlichkeit $p_{-\sigma,\sigma} = 0{,}683$; $\sigma = 1{,}48\,\varepsilon$; $p_{-2\sigma,2\sigma} = 0{,}954$; $p_{-3\sigma,3\sigma} = 0{,}997$; $2\,f_0 = 6\,\sigma$ praktisch angenommene Fehlerbreite

oder der relative Fehler $f' = f'_a/m$ des Rechenergebnisses m unter einer gewissen Grenze bleibe, gibt es wahrscheinlichkeitstheoretisch nicht, nur eine mit der Größe des Fehlers wachsende Wahrscheinlichkeit $p < 1{,}0$. Theoretisch ist — nach der immer noch gültigen Gaußschen Fehlerrechnung — die Fehlerbreite unendlich. Praktisch setzt man ihre Grenzen $2\,f_0$ dem 6fachen Maß des „mittleren quadratischen Fehlers" von $-3\,\sigma$ bis $+\,3\,\sigma$ fest, für welches die rechnerische Wahrscheinlichkeit, daß die zu erwartenden Fehler innerhalb dieser Grenzen liegen, $p_0 = 99{,}7\,\%$, also praktisch 1 ist. Oft begnügt man sich auch mit einer praktischen Wahrscheinlichkeitsgrenze von $p_e = 0{,}98$.

Fehler f_m in der Einschätzung von Eingangswerten der Berechnung wirken sich nur dann in einem gleichgroßen relativen Fehler f' des Rechenergebnissen aus, wenn der betreffende Eingangswert zu demselben in linearer Beziehung steht. Allgemein ist der Fehler im Rechenergebnis f', welcher aus einem fehlerhaften Eingangswert

$$k_m = (1 \pm f_m) \cdot m_m \qquad [9-1]$$

entsteht, eine Funktion des Eingangswert-Fehlers $f' = F(f_m, m)$, deren Bau von der funktionalen Beziehung des Eingangswertes selbst zum Rechenergebnis abhängt. Die Fehlerbreite $2\,f'_0$ des Rechenergebnisses kann wesentlich größer oder kleiner sein als die des betreffenden Eingangswertes; $2\,f'_0 \gtrless 2\,f_0$.

Dürfte man ein einfaches Überlagerungsgesetz für die Fehlerauswirkungen voraussetzen, so wären die Unsicherheiten in der Materialkenntnis kompensiert, wenn die relativen Fehlerbreiten $2\,f_0$ richtig eingeschätzt, daraus die Sicherheitsteilfaktoren

$$\nu_s = 1 \mp f_{os};\ \nu_m\ 1, 2 \ldots n = 1 \mp f_{om}\ 1, 2 \ldots n;\ \nu_g = 1 \mp f_{og} \qquad [9-2]$$

abgeleitet und ihr Produkt

$$\nu = \nu_s \cdot \nu_{m1} \cdot \nu_{m2} \ldots \nu_{mn} \cdot \nu_g \qquad [9-3]$$

gebildet würde. Dann wäre im ungünstigsten Falle, daß alle Fehler in den Annahmen usw. sich nach der gleichen Seite auswirken, trotz einer rechnerischen Gesamtsicherheit $\nu_r \gg 1$ wenigstens noch eine praktische Gesamtsicherheit (kompensierte Sicherheit) von $\nu_e = 1$ mit einer Wahrscheinlichkeit von 99,7 % bzw. 98 % vorhanden. Da dies aber nicht ganz befriedigt, würde man das Produkt der Teilsicherheiten, „um ganz sicher zu gehen", noch

4. mit einem allgemeinen Sicherheitsfaktor ν_a vervielfachen, so daß rechnerisch

$$\nu_r = \nu_a \cdot \nu_s \cdot \nu_{m1} \cdot \nu_{m2} \ldots \cdot \nu_g, \gg 1 \qquad [9-4]$$

wäre, damit praktisch $\nu_e = \nu_a$ wenigstens um etliches, nämlich um $(\nu_a - 1)$ wirklich über 1 liege.

Tatsächlich aber gilt ein Überlagerungsgesetz für die Fehlerauswirkungen keineswegs, und bei seiner Annahme würde man diese Auswirkungen, soferne man sie nicht fehlertheoretisch erfaßt, teilweise erheblich unterschätzen, teilweise wiederum überschätzen. Da die Auswirkungen vom jeweiligen Rechenansatz abhängen, somit nicht auf ein Vergleichsmaß gebracht werden können, gibt es einen einzigen Weg, welcher befriedigen kann: indem man lediglich die Sicherheitsfaktoren ν_a und ν_s in den Gesamtsicherheitsfaktor

$$\nu = \nu_a \cdot \nu_s \qquad [9-5]$$

einbezieht, die Unsicherheiten in den Materialeingangswerten (und den geologischen Annahmen) aber dadurch kompensiert, daß man nicht mit mittleren Eingangswerten der Materialeigenschaften rechnet, sondern die anzunehmenden halben Fehlerbreiten f_{om} und f_{og} dieser Eingangswerte

Tafel 9–1. Richtwerte zur Bestimmung der Sicherheitsfaktoren geostatischer Berechnungen
$\nu = \nu_s \cdot \nu_m \cdot \nu_a$ bzw. $\nu_s \cdot \nu_a$ (9.22)

Sicherheitsfaktor	Zur Kompensation von Unsicherheiten der	Schwierigkeitsklasse I einfach z. B.	Schwierigkeitsklasse II mittel z. B.	Schwierigkeitsklasse III schwierig z. B.	Anmerkungen
1	2	3	4	5	6
ν_s . . .	geostatische Berechnung	Felsgleitungen auf erkennbarer Gleitfläche; niedrige Böschungen oder mittelhohe mit einfachem Gefüge und klaren Kluftwasserverhältnissen	Böschungen in kompliziertem Gefüge u. undurchsichtigen Bergwasserverhältnissen bei vorhandenen Eigenspannungen	Staumauereinbindungen; besonders hohe Böschungen; krasse Inhomogenitäten	Die Werte in ( ) gelten für Berechnungen einschließlich Erdbebenwirkungen auf den Fels
	Sicherheit gegen **Bruch**				
	a) in Überschlagsrechnungen	4,0 (2,6)	5,0 (2,8)	6,0 (3,0)	
	b) in einfachen Berechnungen	3,3 (2,1)	4,2 (2,3)	5,0 (2,5)	
	c) in mehrfachen Vergleichsrechnungen (auch für Teilbereiche) ·	2,7 (1,8)	3,3 (1,9)	4,0 (2,0)	
	d) wie vor, zusätzlich Modellversuche	2,0 (1,3)	2,5 (1,4)	3,0 (1,5)	
	Sicherheit gegen **Gleiten, Fließen** und **große Formänderungen**				
	a) in Überschlagsrechnungen	2,2 (2,0)	2,4 (2,0)	2,4 (2,0)	
	b) in einfachen Berechnungen	1,9 (1,6)	2,0 (1,6)	2,0 (1,6)	
	c) in mehrfachen Vergleichsrechnungen (auch für Teilbereiche)	1,5 (1,3)	1,6 (1,3)	1,6 (1,3)	

	d) wie vor, zusätzlich Modellversuche	1,1 (1,0)	1,2 (1,0)	1,2 (1,0)	
	Mindestbruchsicherheit in Teilbereichen (bei c und d)	—	1,7	2,0	Falls $\nu_a > 1{,}2$,
	Mindestfließsicherheit in Teilbereichen (bei c und d)	—	1,0	1,0	sonst $\nu_s = 1{,}2$
ν_{ma} . .	Materialinhomogenität	sehr homogenes Gebirge	undeutliche Homogenbereichtrennung; verschiedener Verwitterungsgrad	von Störungen und Zerrüttungen durchzogenes, verschieden stark verwittertes Gebirge	$\nu_m = \nu_{ma} \cdot \nu_{mb}$
		1,0	2,0	3,0	
ν_{mb} . .	Ungenauigkeit der Feststellung	Gebirgsprüfung durch Großversuche in situ	unvollkommen ausgeführte Großversuche; Rückrechnung aus Naturbefunden	Schätzung und Vergleich	
	bei 50 Versuchen bzw. Ermittlungen	1,1	—	—	Im Verhältnis dieser Faktoren $\frac{1}{\nu}$
	bei 12 Versuchen bzw. Ermittlungen	1,3	1,8	2,5	sind die erhobenen Mindestfestigkeitswerte
	bei 3 Versuchen bzw. Ermittlungen	1,6	2,5	4,0	zu verkleinern
ν_a . . .	nicht vorauszusehenden Ereignisse und Ausnahmefälle (Wahrscheinlichkeit 0,98 ≙ Gewißheit)	Bauwerke geringer Bedeutung, geringen Wertes, bei deren Bruch kein Menschenleben und nur geringe Sachwerte zerstört werden	mittlere Größe des zu befürchtenden Schadens im Katastrophenfalle	Bauwerke besonderer Bedeutung und sehr großen Wertes, bei deren Zerstörung sehr erheblicher Schaden entsteht und zahlreiche Menschen gefährdet sind	
		1,2—1,3	1,4—1,6	1,7—2,0	

denselben gleich beim Ansatz zuzählt oder abschlägt, und zwar so, daß sich die verwendeten Eingangswerte jeweils auf der sicheren Seite halten.

$$k_{m1} = (1 \mp f_{om1}) \cdot m_1 \, ; \; k_{m2} = \ldots k_{mn} = \qquad [9\text{—}6]$$

Die Materialunsicherheiten setzen sich immer aus 2 Beträgen zusammen: a) aus der Streuung der objektiven Kennwerte infolge der Inhomogenität der Materialien, ihrer Unterschiedlichkeit von Ort zu Ort, und b) aus der Ungenauigkeit ihrer Feststellung. Beide Werte überlagern sich, so daß

$$\nu_m = \nu_{ma} \cdot \nu_{mb} = (1 + f_{oa}) \cdot (1 + f_{ob}) = 1 + f_{oa} + f_{ob} \ldots$$
$$(+ f_{oa} \cdot f_{ob}) \ldots \text{ oder } \nu_m = (1 + f_{oa}) \cdot \nu_{mb} \ldots \qquad [9\text{—}7]$$

geschrieben werden kann, wobei die Werte ν_{ma} und ν_{mb} aus Erfahrungen abzuleiten sind oder der Tafel 9-1 entnommen werden können.

Wurden die Materialkennwerte durch Großversuche bestimmt, so wird man je nach der Zahl der Versuche die tatsächlich erhobenen Fehlerbreiten um einen Faktor $\nu_{mb} = 1 + \frac{1}{\sqrt{n}}$ vergrößern, da der mittlere quadratische Fehler des Mittels den $\frac{1}{\sqrt{n}}$-ten Teil der mittleren quadratischen Abweichung beträgt; mit kleinen Versuchszahlen n wächst er rasch an.

Sind die Materialkennziffern durch Rückrechnung aus geologischen Ereignissen am gleichen Objekt (*9.21*—(2.)), durch Einschätzung vorhandener Sicherungen an gleichwertigen Objekten (*9.21*—(3.)) oder durch bloße Schätzung und Erfahrungsvergleich (*9.21*—(4.)) ermittelt worden, so kann man ν_{ma} und ν_{mb} der Abb. 9-1 entnehmen.

Zur Entscheidung über die Höhe der Teilsicherheitsfaktoren ν_s und ν_a können nur Richtlinien gegeben werden.

1) Um die statische Unsicherheit zu kompensieren, empfiehlt es sich, in einfachen und statisch vergleichsweise klaren Fällen ν_s bei Berechnung der Sicherheit gegen Fließen, Gleiten oder große Formänderungen nicht unter 1,2 bei undurchsichtigen Verhältnissen $\nu_s \cong 2{,}0$ anzunehmen. Für Sicherheit gegen Bruch müssen etwa doppelt so hohe Werte gelten. Die Unsicherheiten in der statischen Berechnung und der Wahl des Systemes ist im Felsbau weit größer als bei irgendwelchen anderen Bauwerken, nicht nur, weil die gedrungene Form der Felskörper jegliche Berechnung sehr erschwert, sondern weil wir darin Anfänger sind.

Werden genaue Ansätze für den Kluftwasserschub und Auftrieb versucht und mehrere Berechnungsverfahren zum Vergleich herangezogen und nicht nur Gesamtsicherheiten ermittelt, sondern auch Teilbereiche untersucht, so darf man sich (s. Tafel 9-1) mit geringeren Sicherheitskompensationen begnügen als bei rohen oder gar überschlägigen Berechnungen. Bei Berücksichtigung von Erdbebenbeschleunigungen auf die Felskörper dürfen die entsprechenden Werte von ν_s um 25—50 % erniedrigt werden, weil die Wahrscheinlichkeit äußerst gering ist, daß solche Ereignisse mit allen anderen Lastannahmen in ungünstigster Kombination zeitlich zusammentreffen.

Hinsichtlich der Sicherheit in Teilbereichen dürfen Zugeständnisse gemacht werden, jedoch darf man örtlich die Mindestsicherheit von etwa 1,2 nirgends unterschreiten, weil solche Bereiche sonst zu Herden des progressiven Bruches werden könnten.

2) Für die Höhe des allgemeinen Sicherheitsteilfaktors ν_a ist die Wichtigkeit und Größe des Bauwerkes und der Grad der Gefährdung von Menschen und Sachwerten entscheidend. Man wird ihn gemäß Tafel 9-1 zwischen 1,2 und 2,0 einstufen.

Die geologische Unsicherheit kann überhaupt nicht durch einen Sicherheitsfaktor, sondern nur durch pessimistische Annahme der Strukturdetails in der Berechnung eingeschätzt und kompensiert werden. Dabei sind natürlich nur solche Strukturen anzunehmen, welche nach der generellen Gefügesituation möglich, jedoch noch bis zu einem gewissen Grade wahrscheinlich sind. Dann gilt der gelegentlich erhobene Einwand, man könne sich trotz noch so gründlicher Gefügeuntersuchung niemals vor Überraschungen sicher fühlen, nicht mehr. Denn die Gefügeanalyse eines Homogenbereiches ermöglicht die exakte Feststellung, mit welcher Art (und Richtung) von Kluftflächen, Störungen usw. in dem nicht durch und durch untersuchten Gefügeteilraum zu rechnen ist und welche auszuschließen sind.

Unter Außerachtlassung des geologisch bedingten Teilfaktors, welcher nicht in Zahlen angegeben, sondern nur im Rechnungsgang berücksichtigt werden kann, gelangt man, wenn lineare Auswirkungen auf das Ergebnis vorausgesetzt werden dürfen, dann zu totalen Sicherheitsfaktoren zwischen $\nu = \nu_s \cdot \nu_m \cdot \nu_a = 1{,}5$ (im günstigsten Falle) und $\nu = 120$ (im allerungünstigsten theoretischen Falle). Der ungünstigste Fall wird selbstverständlich nicht zu realisieren sein; d. h. ein hochwichtiges Bauwerk (z. B. eine hohe Talsperre) wird man eben nicht auf geschätzte Festigkeitswerte allein und ungesicherte Berechnungsannahmen gründen dürfen. Wenn man es zu tun für richtig hielte, würde man die entsprechenden Sicherheitsfaktoren anzuwenden, d. h. die Festigkeiten äußerst vorsichtig zu schätzen haben, was große Unwirtschaftlichkeit der Ausführung oder Nichtausführbarkeit bedeuten kann.

Es darf nicht außer Acht gelassen werden, daß im Felsbau die Definition der Sicherheiten nach dem heutigen Stande der Dinge noch mit mancher Problematik behaftet ist.

9.3 Modellversuche

Vielfach sind die statischen Verhältnisse im Gefügeraum, ja selbst schon in den fiktiven Kraftebenen, so kompliziert, daß man ihnen mit einfachen Rechenansätzen, welche meist eine Unsumme einschränkender Voraussetzungen enthalten, nicht mehr gerecht wird; vor allem bereiten die Randbedingungen oft unüberwindliche Schwierigkeiten. Da ist es denn, anstatt die mathematische Behandlung durch Einführung weiterer, oft fragwürdiger, einschränkender Annahmen zu ermöglichen, richtiger, Modellversuche anzusetzen. Diese erlauben, gerade die Randbedingungen sehr befriedigend zu realisieren, sie liefern somit strengere Lösungen als die unter herbeigeholten Fiktionen erzwungenen sog. „strengen Lösungen" in mathematischer Form. Vielfach gelingt dann nachträglich noch ein mathematischer Ansatz [Beispiel Tunnelstatik Harburg (*16*)] auf Grund vorangegangener Modellversuche.

Über die Nützlichkeit anschauungsfördernder Darstellungsmodelle wurde bereits (*8.82* bis *8.85*) gesprochen. Solche Modelle verhelfen bestens zum Verständnis des Kräftespiels in den gedrungenen, kompliziert gefügten Felskörpern, lassen die räumlichen Beziehungen zwischen Kraftrichtungen und Gefügeelementen erkennen und erleichtern die Feststellung der Hauptverformungsebenen.

An statischen Modellen werden entweder Formänderungen des Geologischen Körpers (mechanische Modelle) oder Beanspruchungen (spannungsoptische Modelle) oder beides studiert und zur Übertragung auf das Naturobjekt ausgewertet.

Vier Gruppen solcher Modellversuche finden verbreitete Anwendung:

a) an spannungsoptischen Modellen, erstmalig von Dorstewicz (1940), Föppl (1951) und Müller (1953 c, 92) in der Geomechanik verwendet;

b) an raumstatischen Großmodellen aus verschieden elastischen Betonen oder ähnlichen Stoffen mit Verformungsmessungen, erstmalig wohl in den berühmt gewordenen Versuchen der Ismes von Oberti (1953) verwirklicht; daneben finden Verformungsmessungen an Stahl- oder Gummiplatten (z. B. Wünsch 1956) eine mehr untergeordnete Anwendung zur Lösung ebener Probleme;

c) an Strukturmodellen, als „Äquivalente Modelle"[2]) mit schematisiertem Gefüge und Spannungsmessungen von Kusnezow

[2]) Als äquivalente Modellstoffe werden nach Panow und Ruppeneit (1958, 58) solche bezeichnet, deren „mechanische Eigenschaften zu den Gesteinseigenschaften in einem bestimmten Verhältnis stehen, das vom Maßstab des Modells abhängt", wobei in erster Linie an die Festigkeitsbedingungen, aber auch an schematisiert wiedergegebene Strukturarten erster Ordnung (z. B. Schichtung) gedacht ist.

bei AWERSCHIN (1958, 49, s. a. MÜLLER, 1960 c, 208), als strukturgetreue Modelle mit Verformungsmessungen auf meine Anregung von OBERTI (1960, 108) und SEMENZA erstmalig in die Tat umgesetzt.

d) an tektonischen Modellen, welche hohe Materialäquivalenz selbst bei sehr großen Maßstabverkleinerungen gestatten (CLOSsche Modelle).

Über die Berechtigung all solcher Modellversuche, welche sich meistens auf Vergleiche an elastischen Medien beschränken, während die Natur den elastischen Bereich sehr oft und häufig sehr bald überschreitet, ist viel diskutiert worden; auf Grund der zahlreichen und stets positiven Erfahrungen, welche so oft schon Theorie und Praxis um ein großes Stück weitergebracht haben, muß man sie gutheißen, da sie zumindest den Ausgangszustand einer Belastung oder Verformung trefflich beschreiben; dieser kann dann stufenweise zur Untersuchung elastischer Formänderungen höherer Größenordnung (FÖPPL 1953) oder als Ausgangszustand für Überlegungen am plastischen Medium benutzt werden.

9.31 Spannungsoptische Modellversuche

Spannungsoptische Modellversuche (a) hat als erster FÖPPL in die Geomechanik eingeführt, als 1949 gelegentlich des Baues der Trossensperre der Einfluß von Gleitschichten auf die Gründung von Talsperren [Abb. in (*15*)] zu untersuchen war (bei MÜLLER 1953 c, 91). Vorher wurden lediglich Spannungsverteilungen um unterirdische Hohlräume untersucht (DORSTEWICZ 1940), wobei jedoch stets das Gebirge als elastisches Kontinuum angesehen wurde.

Diese Untersuchungen zeigen sehr instruktiv und ziffernmäßig auswertbar die Unterschiede zwischen dem Verhalten des Kontinuums und des Diskontinuums [Näheres in (*15.2*)]. Ähnliche Untersuchungen führten FÖPPL und SONNTAG (SONNTAG 1957 a, 99) für Fundamentkräfte mit exzentrischer Belastung auf Gleitschichten. Näheres in (*14.6*)[3]).

Den Einfluß größerer Inhomogenitäten im Schichtverband um eine Tunnelröhre auf die Biegemomente in derselben untersuchten gleichfalls FÖPPL und SONNTAG (SONNTAG 1957 b, 79). Diese Studie wurde anschließend von SONNTAG (1958, 287) elastizitätstheoretisch weitergeführt.

Mit dem Einfluß von Diskontinuitäten auf die Spannungsverteilung in der Umgebung unterirdischer Hohlräume befaßte sich SONNTAG (1957 c) (Abb. 6–13) in einer Studie, welche bereits zu Elementaruntersuchungen überleitet [s. a. FÖPPLS (1957 a) Untersuchungen in (*16*)].

---

[3]) Mit diesen Untersuchungen stimmt die Beobachtung SUDOPLATOWS und BARANOWSKIS (1958, 144) überein, daß die Winkel zwischen Schicht- und Kluftflächen „bei gleichen Festigkeitseigenschaften des überlagernden Gesteins gleiche Größe haben. Mit anderen Worten, das Einfallen der Flöze übt keinen Einfluß auf die Bruchwinkel aus." Dies ist eine auch im rein geologischen Bereich häufig beobachtete Tatsache, die damit zusammenhängen dürfte, daß entlang von Schichtflächen eine Kraftzerlegung normal und parallel zur Schichtfläche stattfindet, wie dies der SONNTAG-Versuch deutlich macht. Besonders in Absatzgesteinen ist festzustellen, daß die Klüfte mit der Schichtung selten flachere Winkel als 75—90° einschließen.

Auch das Kontinuum stellte Probleme, welche mathematisch nicht ohne weiteres zu lösen gewesen wären; hier haben spannungsoptische Versuche schon manch brauchbare Lösung gebracht, so z. B. die Spannungsverteilung hinter einer verankerten Stützmauer [Sonntag 1957 d, 12; s. a. (*12.33*)] und anderes. Bekannt sind die zahlreichen Untersuchungen über den Formeinfluß unterirdischer Hohlräume auf die Spannungsverteilung (sehr interessant Hiramatsu und Oka 1958).

Eine besondere Bedeutung für die Aufgaben des Felsbaues erlangte die Spannungsoptik durch die Einführung optisch wirksamer Modellmaterialien mit besonders geringem Elastizitätsmodul durch Föppl und Sonntag, welche unter Eigengewicht, ohne Aufbringung äußerer Lasten, auswertbare Isochromatenbilder liefern. Damit können die immer noch dunklen Spannungsverhältnisse am Fuße von Felsböschungen verschiedenen Gefüges sowie die gefürchteten Zugspannungszonen am Kopf solcher Böschungen untersucht werden.

9.32 Raumstatische Modelle

Die raumstatischen Modelle gestatten nicht nur eine Auswertung des Verformungszustandes zu Angaben über die Materialbeanspruchung und die Nachbildung von Felsarten verschiedener Struktur und Elastizitätsgrade, sondern sie sind auch deshalb besonders wertvoll, weil Verformungsmessungen, wie sie neuerdings am Felskörper der Natur selbst (*15,9*) vorgenommen werden, unmittelbare Vergleiche von Gefügebewegungen, also Teilkörperverschiebungen, und somit eine Deutung derselben sowie eine Einschätzung des Gefahrengrades solcher Bewegungen (z. B. an Talsperren) erlauben. Sie wurden bisher in der Felsbaupraxis zur Klärung der geomechanischen Randbedingungen von Bogensperren in der Weise herangezogen, daß in ihnen die Form der Felswiderlager nachgebildet und das E-Modul-Verhältnis von Beton und Fels nachgeahmt wurde.

9.33 Äquivalente Modelle

Äquivalente Modelle bzw. Modelle aus äquivalenten Materialien nennt Kusnezow (bei Awerschin 1958) solche, bei denen Materialien verwendet werden, deren mechanische Eigenschaften zu den Gesteinseigenschaften in einem bestimmten Verhältnis stehen, das vom Maßstab des Modells abhängt (Panow und Ruppeneit 1958, 59). „Die im WUGI zur Zeit verwendeten äquivalenten Materialien gewährleisten eine Ähnlichkeit folgender Kennziffern: des Proportionalitätsmoduls, der Spannungen und Verformungen, der Bruchfestigkeit für Druck, Zug und Scherung (bei verschiedenen Normalspannungen auf der Scherfläche), d. h. mit anderen Worten, eine Ähnlichkeit des Verlaufes der Mohrschen Kurven. Für die Nachbildung von Sandstein, Sand- und Tonschiefer werden Mischungen aus Gips und Sand,

a

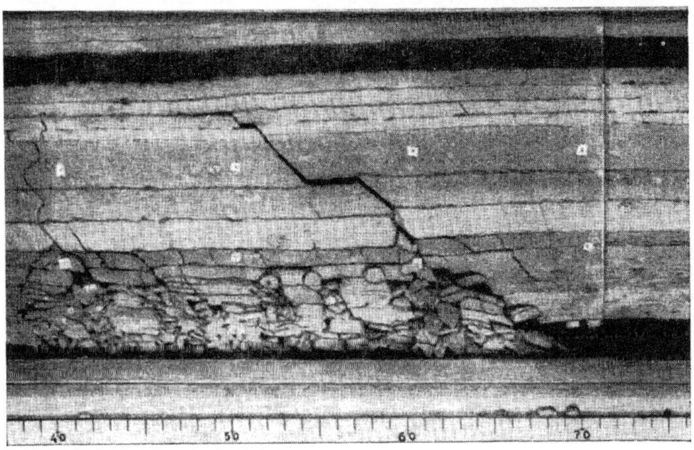

b

Abb. 9-2. „Äquivalente Modelle" vom fortschreitenden Abbau eines söhligen Kohlenflözes unter geschichtetem Gebirge a) unter dem Anisotropieeinfluß der Schichtung allein, b) unter dem Einfluß von Schichtung und einer Hauptkluftschar. (Photo: KUSNEZOW, veröffentlicht mit dessen freundlicher Genehmigung)

für die von Tonen und Letten Mischungen von Sand und Paraffin verwendet. Der Ausbau wird in den Modellen durch besondere, hauptsächlich auf der Anwendung von Hebeln beruhende Meßvorrichtung dargestellt, deren Nachgiebigkeit ebenfalls unter Berücksichtigung des Modellmaßstabes festgesetzt wird."

Die Ähnlichkeit der MOHRschen Kurven ist wohl nicht allzu wörtlich zu verstehen, da wir von der Lage dieser Hüllkurven für das Gebirgsmaterial noch höchst wenig wissen. Die Modelle werden in Größen von 5—10 m in Maßstäben von 1 : 10 bis 20 gebaut. Die Abb. 9-2 gibt ein charakteristisches Beispiel dieser Modellversuche; ich verdanke sie der Freundlichkeit Prof. KUSNEZOWS.

Diskontinuitäten werden in diesen Modellen durch Einstreuen von gemahlenem Biotit hergestellt. Zur Messung der Spannungen im Modell werden 2 dünne Kohleblättchen verwendet, zwischen denen ein Kupferblättchen liegt. Der Druck ändert den elektrischen Durchgangswiderstand der Blättchen und wird auf Grund von Eichkurven gemessen.

Entsprechend unserer Erkenntnis, daß die mechanischen Eigenschaften zerklüfteten Gebirges nur zum geringsten Teil vom Material, im wesentlichen vom Gefüge bedingt sind, sehe ich die große Bedeutung dieser äquivalenten Modelle weniger in der Möglichkeit, eine Maßstabähnlichkeit in den Festigkeiten und damit eine mechanische Äquivalenz in den Materialien herzustellen, als vielmehr darin, daß in diesen Modellen das Gefüge nachgeahmt werden kann, wenngleich dies bisher nur in einigen sehr einfachen Grundfällen und mit sehr grober Nährung (Durchtrennungsgrad 1, Bausteinkastenverband oder Schichtverband) geschehen ist. Die entscheidende Rolle des Flächengefüges im Zusammenspiel der mechanischen Faktoren verbürgt Modellähnlichkeit auch dann noch, wenn die Materialäquivalenz nur sehr näherungsweise eingehalten wird. Solche Modelle könnte man g e f ü g e t r e u e M o d e l l e nennen. Statische Versuche mit solchen gefügetreuen Modellen werden seit 1958 auch (unabhängig von den russischen Versuchen) von der ISMES im Bergamo im Rahmen von Talsperrenaufgaben durchgeführt. Die Auswertung von Gefügeaufnahmen an der Vajont-Sperre (Italien) und der Kurobe-IV-Talsperre (Japanische Alpen; Müller 1958 b u. 1961; Semenza 1958) hat die eminente statische Bedeutung einzelner Strukturmerkmale (Störungen, Großkluftscharen) aufgezeigt und den Wunsch laut werden lassen, diesen Einfluß modellmäßig zu erfassen (Abb. 9–3).

Bei der Herstellung solcher Modelle ist es nicht unbedingt nötig, das Gefüge maßstabgenau nachzubilden. Man darf es getrost in gröberen Maßstäben nachahmen, wenn diese nur immer im Vergleich zu dem Größenbereich, innerhalb dessen im Modell Einzelheiten abgelesen werden sollen, klein genug sind. Jacobi (1957, 1395), welcher mit der Errichtung einer Anstalt für äquivalente Modelle in Deutschland befaßt ist, weist darauf hin, daß die Tatsache der Bereichabhängigkeit in der Erfassung pseudoplastischer Deformationen es erst ermöglicht, Modelle zu bauen und von Modellen auf Naturvorgänge zurückzuschließen.

Auch grobe Schematisierungen, wie sie Kusnezow und Takano (1960 u. 1961, 114), vorgenommen haben, liefern noch sehr instruktive, wenn auch nicht mehr quantitativ lesbare Ergebnisse. Will man solche haben, so müssen neben der Stellung der Kluftscharen und Störungen auch wenigstens einigermaßen deren räumliche Erstreckung und die Verschiedenheiten des Durchtrennungsgrades berücksichtigt werden, wie dies erstmalig bei einem großen Modell für die Vajont-Sperre *(15.6)* geschehen ist.

Abb. 9-3. Gefügegetreues Modell der Felswiderlager einer Talsperre (Vajont), ausgeführt von der ISMES Bergamo (mit freundlicher Genehmigung derselben veröffentlicht)

9.34 Tektonische Modelle

Tektonische Modelle haben vor CLOOS schon DAUBREE (1880), REYER, PAULKE (1912) u. a. ausgeführt. In einer physikalisch einwandfreien und kinematisch exakten Weise jedoch hat erst CLOOS (1928 a; 1929; 1930 a, b, c; 1931 a, b) an Modellen (Abb. 9–4) experimentiert und eine Systematik geschaffen, von welcher viel zu wenig Gebrauch gemacht wird. In der Tat ist sie höchst geeignet, das Nebeneinander von Brechen und Fließen nicht nur zu demonstrieren, sondern die Bildung und Veränderung von Klüften, die Abhängigkeit des Bruchflächenwinkels von verschiedenen Bedingungen sowie dessen Änderungen im Zuge anhaltender Deformationen zu untersuchen. Unter welchen Bedingungen große, unter welchen kleine Klüfte erscheinen, wann sie dicht und wann sie weitmaschig geschart sind, vor allem aber die Gesetze ihrer rhythmischen Verteilung (MÜLLER, 1933; CLAR 1950; 1951) können an diesen Modellen in wirklich exakter Weise

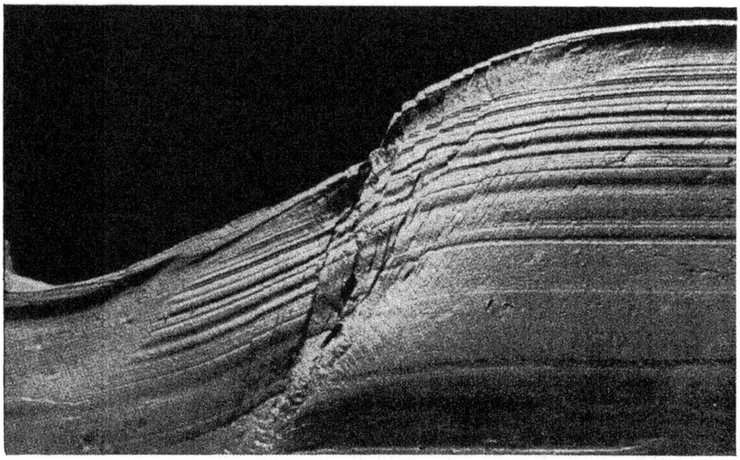

Abb. 9-4. Ein System synthetischer Verwerfungen, im Tonmodell künstlich erzeugt (aus „Die Naturwissenschaften", 18. Jg., H. 34, Springer-Verlag)

studiert werden. KIENOW (1951) hat Ähnlichkeitsgesetze für diese Modellversuche aufgestellt.

Da die Versuche die Massenkraft der Schwere, die Materialzähigkeit und die Zeit zu variieren gestatten und kinematisch deutbare Strukturen liefern sowie deren zeitliche Entwicklung verfolgen lassen, eignen sie sich vor allem zum Studium des Bruchfließens. Sie leisten besonders bei der Rückdeutung tektonischer Strukturen, welche „erstarrte Bewegung" (CLOOS) sind, wertvolle Dienste.

10. Die freie Felsböschung

Wir beginnen die Erörterung der Felsböschungen mit der Behandlung der Freien Böschungen, worunter solche verstanden werden sollen, welche ohne künstliche Hilfsmittel standsicher sind. Ihre Besprechung wird später als Ausgangspunkt für die Behandlung der Verkleideten *(11)*, der Gestützten *(12)* und der (anderweitig) Gesicherten *(13)* Felsböschungen dienen. Die letzte Gruppe wird üblicherweise unter dem Begriff der Felssicherungen zusammengefaßt.

Offene Felsböschungen werden ausgeführt: 1) als Anschnitte oder Einschnitte von Verkehrswegen; 2) als Wände von offenen Baugruben; 3) zur Entlastung und Sicherung übersteilter Felshänge.

Meist strebt man an, Böschungen so steil wie möglich zu halten, um Arbeit, Platz, Grundeinlösungskosten usw. zu sparen. Da künstliche Felsböschungen heute außerdem bereits Höhen von 300 m und darüber erreichen, ist es ein dringendes Gebot, die Bedingungen ihrer Standsicherheit rechnerisch zu erfassen [4]).

Soweit dies gelingt, ergibt sich dann auch die Möglichkeit, den Grad der Sicherheit dem jeweiligen Erfordernis anzupassen; er wird z. B. bei Provisorien und entlegenen Bauten geringer angesetzt werden dürfen als für Definitivbauten in bewohnten Gebieten usw. Nach denselben Kriterien, welche für künstliche Böschungen gelten, wird auch die Standsicherheit der natürlichen beurteilt werden können.

Das Ziel der geostatischen Berechnung von Felsböschungen muß sein, deren Standsicherheit in Abhängigkeit vom Böschungswinkel (bzw. umgekehrt) anzugeben.

Die Normen mancher Länder sehen Böschungsmaße für die Bauabrechnung in Abhängigkeit von der Fels-„Güte“ oder Bodenklasse vor. Es wird ersichtlich werden, daß eine solche Übung der sachlichen Berechtigung entbehrt. Der Böschungswinkel hängt im Fels nicht von der Gewinnungsfestigkeit, der Härte oder Materialfestigkeit (nach welchen die Bodenklassen meist definiert werden) ab, sondern vornehmlich vom Flächengefüge des Gebirges.

Im folgenden (*10.2*) wird ein erster Versuch zur Aufstellung quantitativer, praktisch verwertbarer Beziehungen zwischen Gefügedaten, Böschungsneigungen und der Sicherheit von Felsböschungen gemacht. Er möge als solcher gewertet werden.

10.1 Übersicht und Einteilung

Zur eindeutigen Verständigung werden im folgenden unterschieden:

a) nach der zweckbedingten Anlageform (Abb. 10–1 a):

a 1) Anschnitte; — sie reißen den Hang an, meist um für Verkehrswege Platz zu schaffen; je nachdem das Profil ganz oder teilweise im Anschnitt liegt, unterscheidet man Voll- und Teilanschnitte;

a 2) Einschnitte; — sie durchstoßen Geländerücken und -nasen; durch Ausschlitzung können sie zu Anschnitten werden;

a 3) Nischen; — meist für Gebäude, Parkplätze, Fundierungen usw. angelegt;

a 4) Gruben; — im allgemeinen in ebenem bis flachem Gelände ausgehoben, um zur Fundierung oder zum Abbau geeignete Gesteinsschichten bloßzulegen.

---

[4]) Bei Bergtagebauen, welche zur Zeit schon Tiefen bis zu 300 m erreichen, in Kürze ein Vielfaches dessen erreichen werden, spielt eine Bestimmung der zulässigen Böschungsneigung eine überragende wirtschaftliche Rolle, da bei einer zu groß gewählten Sicherheit die Mehrmengen oft Millionen von Kubikmetern betragen, bei zu klein gewählter Sicherheit aber die Gefahren für die Beschäftigten ins Ungemessene steigen.

b) Nach der Neigung mögen Böschungen angesprochen werden als

b1) Flachböschungen — unter 40°;

b2) Steilböschungen — von 40—90°;

b3) Überhänge — über 90°.

Die Grenze zwischen b 2) und b 3) ist bereits sprachlich gegeben, während jene zwischen b 1) und b 2) der Übereinkunft bedarf. Man könnte daran

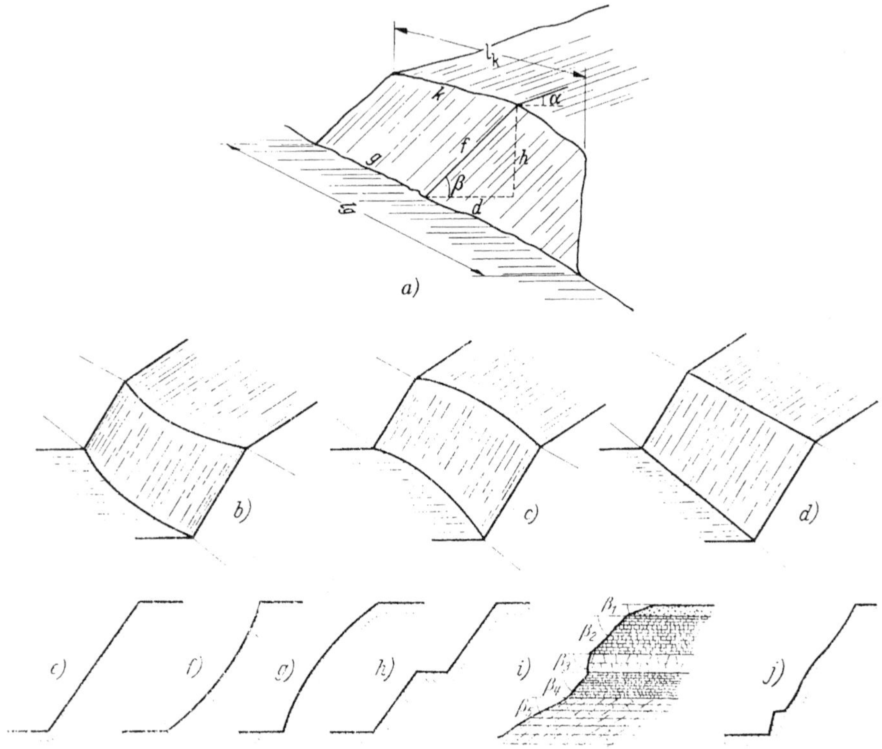

Abb. 10-1. Böschungsformen. a) Die geometrischen Elemente einer Böschung: g Grundlinie oder Fuß, f Fallinie, k Krone, h Böschungshöhe, l_g Fußlänge, l_k Kronenlänge $h : d = \operatorname{tg} \beta$ Böschungsmaß, β Böschungswinkel, α Geländeneigung, b) konkave, c) konvexe, d) gestreckte, e) ebene, f) durchhängende, g) bauchige, h) gestaffelte, i) geologisch bedingte und j) unregelmäßige Böschung

denken, sie je nach der Fähigkeit der Gesteine zur Ausbildung steilerer Böschungen gesteinsweise festzulegen; da jedoch die Standsicherheit der Felsböschungen nur wenig von der Gesteinsart, aber sehr vom Flächengefüge abhängt, welches von Vorkommen zu Vorkommen wechselt, ist eine nicht auf Gesteinsgruppen bezogene Festlegung vorzuziehen. Für den technischen Gebrauch scheint es mir zweckmäßig, unter einer Neigung von 40° von Flachböschungen, darüber von Steilböschungen zu sprechen, weil 40° jene Neigung ist, bis zu welcher man sich nicht nur im allgemeinen noch ohne Seil- oder Leiterhilfe bzw. ohne zu klettern fortbewegen kann, sondern bis zu welcher die meisten Felsböschungen auch keine gefügebedingten Anlageschwierigkeiten bringen.

Hohe Böschungen sind in der Natur selten steiler als 45—60°. Überhänge sind selten höher als 20 m.

c) Nach ihrem Verlauf im Grundriß können gemäß Abb. 10-1 b—d unterschieden werden:
   c1) Konkavböschungen,
   c2) gestreckte Böschungen und
   c3) Konvexböschungen;

d) nach ihrem Verlauf im Querschnitt gemäß Abb. 10-1 e—j:
   d1) ebene,
   d2) durchhängende,
   d3) ausgebauchte oder bauchige Böschungen,
   d4) gestaffelte (wobei die Absätze B Bermen genannt werden),
   d5) geologisch bedingte oder individuelle und
   d6) unregelmäßige Böschungen.

e) Nach der Höhe lassen sich die Böschungen schwerlich ohne Zwang einteilen. Nachdem aber Höhen über 20 m in der Anlage schon gewisse Vorkehrungen erfordern und auch durch Steinschlag gefährlicher sind als niedrige Böschungen, könnte man unter 20 m Höhe von
   e1) niedrigen Böschungen, darüber von
   e2) hohen Böschungen und über 80 m von
   e3) besonders hohen Böschungen sprechen.

Die Natur kennt Steilabstürze von über 2000 m und darüber. Die größten künstlichen Felsböschungen werden als Einbindungsschluchten von Staumauern (Vajont 270 m) oder als Berg-Tagebaue angelegt.

f) Nach der Standzeit der Böschungen, welche sich in ihrer Standsicherheit auswirkt (*2,51* u. *3.83*), kann man von
   f1) provisorischen,
   f2) kurzzeitigen und
   f3) langzeitigen Böschungen

   sprechen, wenn sie auf etwa ein halbes Jahr, ein halbes Jahrzehnt oder ein halbes Jahrhundert und darüber sicher stehen sollen.

10.2 Die Standsicherheit freier Felsböschungen

Schneidet man in eine söhlige homogene Lockergesteinsschicht mit horizontalem Grundwasserspiegel Böschungen verschiedener Richtung, um z. B. eine Baugrube anzulegen, so müssen diese dasselbe Böschungsmaß erhalten, um gleich standsicher zu sein; ihre Standsicherheit ist bestimmt durch den Verlauf der Böschungslinie, durch die Scherfestigkeit des Bodens (bzw. ihre Komponenten Kohäsion und innere Reibung), dessen Eigengewicht durch den Auftrieb und den Strömungsdruck des Grundwassers. Stellt man eine solche Grube im sogenannten Englischen Einschnittbetrieb, also durch Abschutterung in einem Schacht, her, so nimmt sie von selbst die Form eines geraden Kegels mit Böschungen der Sicherheit $\nu = 1$ an. Unternimmt man jedoch beides in einem Fels, so wird die Baugrube im allgemeinen Fall völlig unsymmetrisch und der Schuttertrichter schief ausfallen und unregelmäßig begrenzt sein. Die Standsicherheit von Felsböschungen hängt zwar schlechthin von den gleichen Faktoren ab wie die der Lockergesteinsböschungen, aber die Art der Abhängigkeit ist recht verschieden von der dortigen. Vor allem aber ist der Fels hinsichtlich seiner Scherfestigkeit hochgradig anisotrop, und der Freiheitsgrad seiner Kluftkörper-Teilbewegungen wird durch die Lagebeziehungen der Gefügeanisotropie zur Böschungsrichtung bestimmt. Aber auch der hydrostatische Schub des Grund-

Abb. 10-2. Gefügebedingte Asymmetrie von Felsformen (Berggipfel im Hindukusch)

wassers (3.63), dieser dem „Strömungsdruck" der Bodenmechanik vergleichbare Faktor, greift an Gefügeflächen verschiedener Richtung und verschiedenen Durchtrennungsgrades an und ist daher gleichfalls erheblich richtungsabhängig.

Das sind auch die wesentlichen Gründe, weshalb der natürliche Felsabtrag so viele Täler und Berggipfel unsymmetrisch gestaltet hat (Abb. 10–2). (Manchmal kommt als weitere Ursache die Wirkung gerichteter Spannungen im Gestein hinzu, welche sich bei der Schaffung neuer Oberflächen umlagern und Gesteinslockerungen [Talzuschub] bewirken.)

Bei der Betrachtung des Gleichgewichtes in niedrigen Felsböschungen können wir im Grundsätzlichen den in der Bodenmechanik üblichen Überlegungen von Fellenius (1939) folgen, haben aber die wesentlich andere Art der Gleitflächen zu berücksichtigen. Ähnlich wie dort versuchen wir, die wahrscheinlichste Bruchfläche oder Gleitbahn G zu ermitteln und am Gleitkörper die abschiebenden Kräfte T (bzw. Momente D_T) mit den rückhaltenden Widerständen B (bzw. D_B) ins Gleichgewicht zu setzen. Ein vorhandener Überschuß der möglichen Widerstandsentfaltung $B_{max.} - T$ (bzw. seiner Momente $D_{B max.} - D_T$) bestimmt die Sicherheit ν gegen Abgleiten

$$\nu = \frac{B_{max}}{T} \text{ bzw. } \nu = \frac{D_{B\,max}}{D_T}. \qquad [10—1]$$

Die Gleichgewichtsbedingungen in hohen und besonders hohen Böschungen (*10.45*) sind, wie die Naturbeobachtung zeigt, andere. Während nach FELLENIUS gedanklich die abschiebenden Kräfte und Widerstände an ein und demselben Ort, nämlich über die ganze Bruch- oder Gleitfläche verteilt gedacht werden, läßt sich in hohen Böschungen, ehe sie zu Bruch gehen, ganz deutlich eine a b s c h i e b e n d e (aktive) und eine W i d e r s t a n d l e i s t e n d e (passive) Z o n e beobachten (s. Abb. 10–3). In jener wird vor dem Bruche Widerstand abgebaut, in dieser mobilisiert (Abb. 10–3 a). Diesen Beobachtungen Rechnung tragend, muß man in solchen Fällen die Sicherheit anders definieren, nämlich als den Quotienten der maximal möglichen Widerstände B_u in der „Auflaufzone" und der von der „Ablösungszone" her auf diese übertragenen Kraftwirkungen bzw. des dort herrschenden Mankos an Widerstand:

$$\nu = \frac{B_{u\,max}}{T_1 - B_0} = \frac{B_{u\,max}}{F\,(T_1 - B_0)} \qquad [10—2]$$

Diese Definition verwendete PACHER (bei MÜLLER 1958) gelegentlich, wenn er das mit dem Sicherheitsfaktor vervielfachte Manko eines Abbruchkeiles durch Anker, Stützpfeiler usw. deckte.

$$\nu\,(B - T) = F\,(A) \qquad [10—3]$$

Sie entspricht der von BOROWICKA (1959) in die Berechnung der Erdgleitungen eingeführten Definition. Wahrscheinlich wird es nicht möglich sein, diese ihrem Wesen nach mit dem Sicherheitsbegriff von Stützmauern und Gründungen wohl zu vereinbarende Begriffsfestlegung auf alle Felsgleitungen auszudehnen; bei Gleitungen auf vorgegebener Gleitfläche (*10.24*) stößt ihre Anwendung auf Schwierigkeiten. Die Grenzen fließen im übrigen, denn wir werden sehen, daß es in der Natur Typen von Gleitvorgängen gibt, bei denen die Ablösungszone u n t e r h a l b der Widerstandszone liegt.

Führt man eine solche Ermittlung für verschiedene Gleit- oder Bruchflächen durch, so findet man die mit der geringsten Sicherheit behaftete, also maßgebende Gleitfläche.

Im Fels sind solche Gleitflächen G manchmal von der Natur aus erkennbar vorgezeichnet — Fall A (Abb. 10–3 c). Wo nicht, bilden sich neue Bruchflächen B, welche nur teilweise vorhandenen Kluftbahnen nachgehen

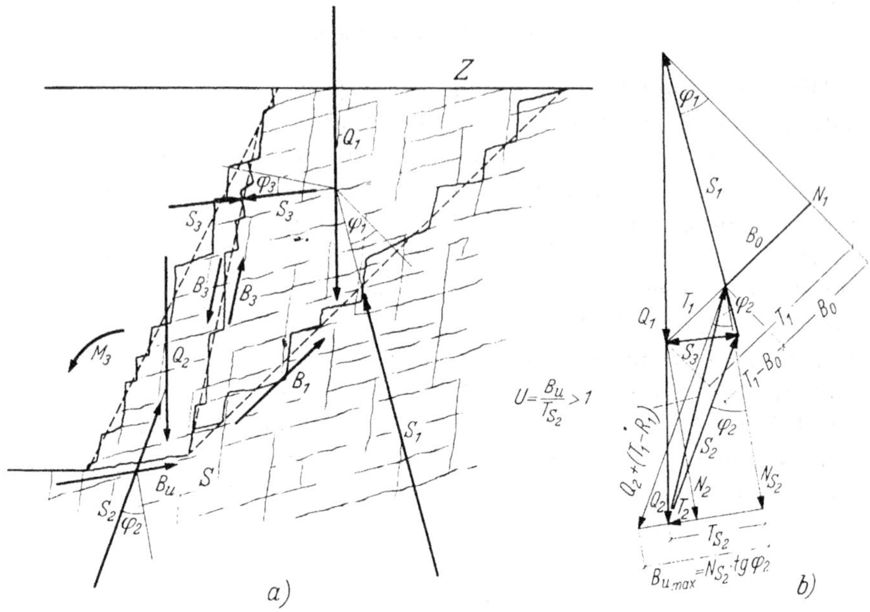

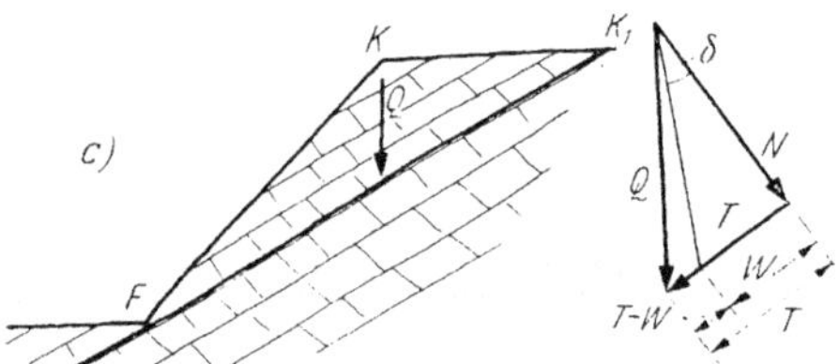

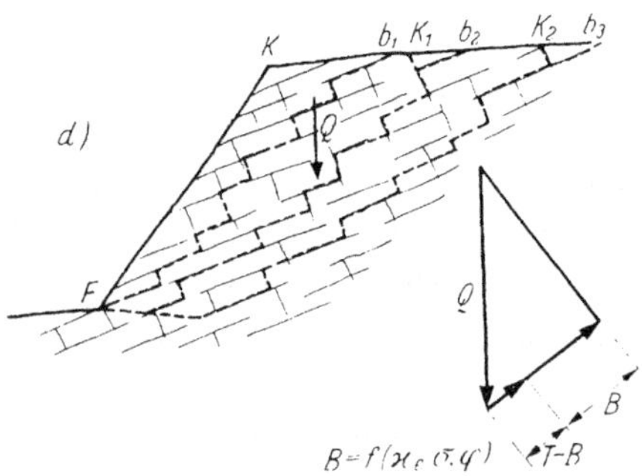

Abb. 10-3. Statische Grundtypen von Felsböschungen. a) Abschiebende (aktive) und widerständige (passive) Zone einer Felsgleitung; Z Zone erhöhter Zugbeanspruchung, S Zone größter Scherbeanspruchung; b) Krafteck hierzu; c) Felsböschung mit vorgegebener Gleitfläche; d) mit gefügebedingter Bruchfläche b_1 bzw. b_2, b_3

und deshalb meist nicht einfache, analytisch beschreibbare Formen haben, sondern nur aus Gefügeüberlegungen und Erfahrung (*6.11*) erschlossen werden können — Fall B (Abb. 10-3 d). Beide Fälle sind verschieden zu behandeln, je nachdem der Reibungswiderstand (im Falle A) und der Scherwiderstand (im Falle B) bekannt oder unbekannt sind. [Ausgangswerte s. (*4*); Umrechnung auf andere Böschungsneigungen, anders gerichtete Böschungen usw. s. *6.13*).]

Der Verlauf der Böschungslinie im Querschnitt spielt, wie ersichtlich werden wird, in vielen Gefügen keine — und nur selten eine ausschlaggebende Rolle. Deshalb mögen die verschiedenen Querschnittformen d 1) bis d 5) zunächst gemeinsam behandelt werden. Ausschlaggebend ist aber stets die innere Gestalt, die technische Fazies des Gebirges. Dementsprechend werden im folgenden, ehe auf den Einfluß der Böschungsform eingegangen wird (*10.4*), nacheinander zunächst die Grundfälle der gestreckten Felsböschungen behandelt, und zwar

1) in quasi-isotropem Gebirge (*10.21*),
2) in Gebirge mit vorgezeichneter Gleitfläche (*10.22*),
3) in Gebirge mit einer Gleitflächenschar (*10.23*),
4) in Gebirge mit 2 Gleitflächenscharen (*10.24*) und
5) in Gebirge mit mehreren Gleitflächenscharen bzw. mit mehreren Kluftscharen unterschiedlichen Durchtrennungsgrades (*10.25*).

10.21 Die gestreckte Felsböschung in quasi-isotropem Gebirge

Als quasi-isotrop sind im Sinne des Folgenden alle jene Bergarten anzusprechen, welche

(Fall a) entweder so geringe Gesteinsfestigkeiten aufweisen, daß diese und nicht das Flächengefüge die Gebirgsfestigkeiten (*5.4*) bestimmen (schwachgebundener Sandstein, Löß, gewisse tertiäre Letten und Mergel, Flins, Schlier, viele Molasseablagerungen, Aschen, gewisse Tuffe und Tuffite, weichere Tongesteine, Mylonite, aber auch weitgehend entfestigte Granite und Gneise alter Massen (Zersatz von solchen) und kleinstückig zerhacktes, völlig zerrüttetes und nicht wieder verheiltes Gebirge); oder solche Bergarten, welche

(Fall b) bedeutende Gesteinsfestigkeiten aufweisen, aber von Großklüften ganz verschont und vom Netz der Kleinklüfte nur wenig durchgetrennt sind (Nagelfluhen [Konglomerate], der indische Trapp, manche Buntsandsteine, der Red-grit Indiens und Afghanistans, welche oft auf 100 oder mehr Meter nicht eine einzige Kluft aufweisen; aber auch viele schwach geklüftete Granite, vielfach z. B. der schwedische Grundgranit, Diorite, Syenite, massige Riffkalke, soferne sie in tektonisch ruhigen Gebieten der allgemeinen gewaltsamen Durchformung und den gebirgsbildenden Kräften entgangen sind).

Böschungen in quasi-isotropen Weichgesteinen[5]) (Fall a) können nach den Regeln der Bodenmechanik berechnet werden. Jedoch nur, wenn sie sehr homogen und zugleich wenig geklüftet sind, kann man mit physikalischen Kennwerten rechnen, welche im Labor bestimmt wurden.

[5]) Leider ist der Ausdruck Weich- und Hartgestein allgemein eingebürgert, welcher eigentlich nachgiebige und feste Gesteine meint.

Auch für Böschungen in quasi-isotropen Hartgesteinen [6]) (Fall b) genügen die bodenmechanischen Ansätze fürs erste, solange diese kluftarm und frei von latenten Spannungen sind. Für hohe Böschungen können die Scherspannungen am Böschungsfuß nach TERZAGHIS (1943) Formel [4—28] (*4.5*) eingeschätzt werden. Sie können aber auch, ebenso wie die Zugspannungen hinter der Böschungskrone, einer Berechnung als elastische Scheiben (oder besser in spannungsoptischen Modellversuchen unter Berücksichtigung des Eigengewichtes) entnommen werden, da kluftarmes Gebirge ein Quasi-Kontinuum ist. Die Zug- und Druckbeanspruchungen an den beiden maßgebenden Punkten F und K_1 (Abb. 10–3 d) sind (woran die seitlich verhinderte Querdehnung des ebenen Formänderungszustandes praktisch nicht viel ändert) im wesentlichen einachsige Spannungszustände, auch wenn vom Inneren des Gebirgskörpers her eine etwa waagrecht wirkende Kraft P angenommen wird.

Bei weniger hohen Böschungen wird Standsicherheit im Falle b immer als gegeben betrachtet werden können; diese Bergarten sind es ja, welche lotrechte Wände von oft mehr als einigen Meterzehnern, ja sogar Überhänge ermöglichen.

10.22 Die gestreckte Felsböschung in einem Gebirge mit vorgezeichneter Gleitfläche

Großklüfte, besonders wenn sie eben und glatt oder überdies noch mit Letten oder reibungsmindernden Tonmineralien, Serezit, Chlorit, glimmerreichen Substanzen usw. belegt sind, ferner größere Störungsflächen und Weichzonen, können ausgesprochene Gleitbahnen im Gebirge bilden; dies besonders dann, wenn Durchnässung die Reibung auf den schmierenden Schichten herabsetzt. Meist verlaufen solche Gleitbahnen ebenflächig, doch kommen auch schaufelförmig gekrümmte Flächen vor. [Auch Schicht- und Schieferungsfugen und Bankungsklüfte sind manchmal vorgezeichnete Gleitbahnen, doch spielen diese wegen ihrer parallelen Scharung eine besondere mechanische Rolle, welche in (*10.23*) besprochen wird.]

Fällt eine Einzelgleitfläche hangauswärts (im Sinne der anzulegenden Böschung und der Abb. 10–4) und streicht sie mit dem Böschungsfuß (annähernd) parallel (F a l l I), so sind die mechanischen Beziehungen elementar einfach. Der Tangentialkomponente T des Eigengewichtes G der Felsmasse AKG_1 leistet eine entgegengesetzt gerichtete Reibungskraft

$$W = T = G \sin \alpha \qquad [10\text{—}4]$$

Widerstand, deren möglicher Größtwert

$$W_{max} = N \cdot \mathrm{tg}\, \delta \qquad [10\text{—}5]$$

[6]) s. Fußnote 5.

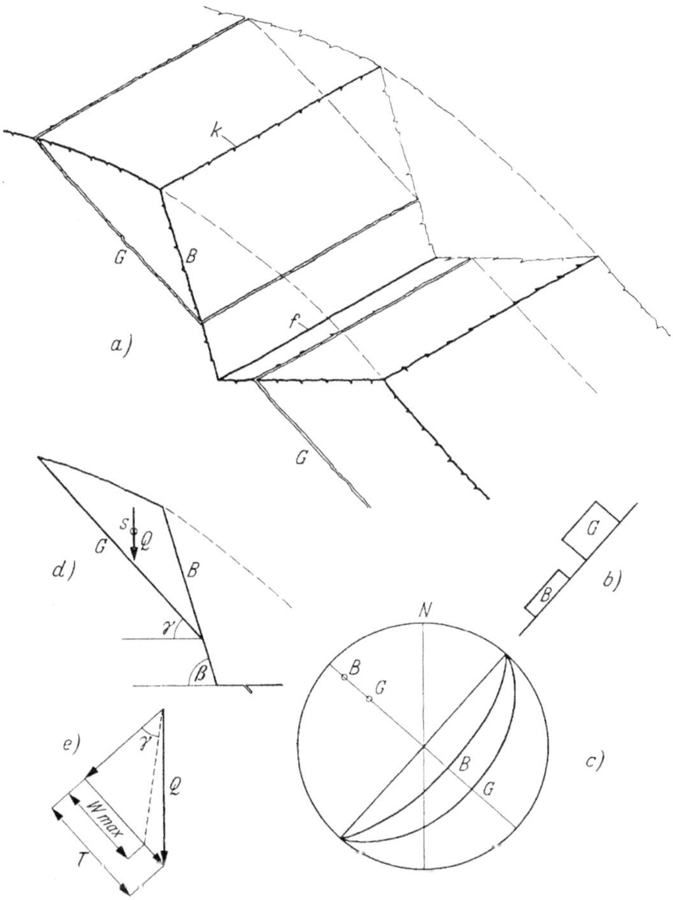

Abb. 10-4. Felsböschung mit vorgegebener, parallel zum Böschungsfuß streichender, in der Böschung ausbeißender Gleitfläche G. a) Blockbild, b) und c) Gefügedarstellung, d) Querschnitt, e) Krafteck

ist, wobei δ der Reibungswinkel der Ruhe, also der Haftreibung, ist. W kann nicht größer sein als T, wohl aber kleiner; in diesem Falle geht dann der Felsblock ab oder muß künstlich gehalten werden

$$T = N \cdot \operatorname{tg} \beta . \qquad [10—6]$$

Im Grenzfalle $T = N \operatorname{tg} \beta = W_{max} = N \operatorname{tg} \delta$ ist also $\operatorname{tg} \beta = \operatorname{tg} \delta$ oder $\beta = \delta$; in diesem Falle herrscht labiles Gleichgewicht. Es besteht weder ein Manko noch eine Reserve an Reibungskraft. Ist $\beta > \delta$, so ist $W_{max} - T < 0$ das Reibungsmanko, welches den Block nach abwärts schiebt. Ist $\beta < \delta$, so besteht ein Reibungsüberschuß $W_{max} - T > 0$. Es herrscht eine Sicherheit (im Sinne von Fellenius)

$$\nu = W_{max}/T = \operatorname{tg} \delta / \operatorname{tg} \beta > 1 \qquad [10—7]$$

im System (s. Pacher 1957, 43).

T und W bilden ein Kräftepaar (einen Lastendreh) welches eine ungleiche Verteilung der Reibung auf die Gleitfläche G erzeugt. Solange aber Proportionalität zwischen Reibungskraft und Normalkraft herrscht, (eine bei Flächenberührung leidlich gut erfüllte Bedingung), hängt die Gleitsicherheit des Systems nicht von der Verteilung der Reibunskraft über die Gleitfläche und somit nicht von der Form des Lastblockes oberhalb der Gleitfläche ab. Ist die Sicherheit in der Gleitfuge ausreichend, so kann die Böschung theoretisch beliebig steil gehalten werden; andernfalls muß nach dem Linienzug FG_1 geböscht werden, sofern nicht künstliche Stützung (*12* u. *13*) erfolgt.

Die Ansätze Gl. [10—5] und [10—7] gelten für kohäsionslose Reibung auf der Gleitfläche. Bei gewissen Zwischenmitteln (Myloniten, Schluffpasten u. a.) erfüllt der Gleitwiderstand nicht das Reibungsgesetz $W = N \cdot \operatorname{tg} \delta$, sondern das Coulombsche Reibungsgesetz

$$W = c \cdot A + N \cdot \operatorname{tg} \varrho \,, \qquad [10\text{—}8]$$

worin A die Berührungsfläche ist. In diesem Falle ist

$$\nu = \frac{W_{max}}{T} = \frac{c \cdot A + Q \cos\beta \operatorname{tg} \bar{\varrho}}{Q \sin\beta} = \frac{c \cdot A}{Q \sin\beta} + \frac{\operatorname{tg} \varrho}{\operatorname{tg} \beta} = \nu_1 + \nu_2, \qquad [10\text{—}9]$$

wobei ϱ jetzt die I n n e r e Reibung des Zwischenmittels ist. Während in dieser Gleichung das zweite Glied unabhängig von Gewicht und Berührungsfläche ist, vermindert sich der im ersten Glied ausgedrückte Sicherheitsanteil mit wachsendem Gewicht Q und abnehmender Fläche A, d. h. mit zunehmender durchschnittlicher Mächtigkeit des Gleitkörpers. In einem solchen Falle kann dann durch Abminderung dieser Mächtigkeit

$$m = \frac{Q}{A \cdot \gamma} \,, \qquad [10\text{—}10]$$

also durch Gesteinsabtragung an der Oberfläche, die Sicherheit erhöht werden, — eine Möglichkeit, von der meines Wissens noch nicht Gebrauch gemacht wurde.

Der formabhängige Teil des Sicherheitsfaktors kann auch geschrieben werden:

$$\nu_1 = \frac{h \cdot c}{Q \sin^2 \beta} \,, \qquad [10\text{—}11]$$

da für die Form der Abb. 10–4 d $Q_1 = \frac{b_1 \cdot h}{2} \cdot \gamma$ und $b_1 = \frac{\sin(\beta_0 - \beta)}{\sin\beta \sin\beta_0}$, kann weitergeschrieben werden

$$\nu_1 = \frac{2c}{\gamma} \frac{\sin\beta_0}{\sin\beta \sin(\beta_0 - \beta)} \,. \qquad [10-12]$$

ν nimmt also mit der Böschungshöhe und mit wachsendem β_0 rasch ab.

Solange die Teilkörper eines Gleitblockes (Abb. 10–5) noch ihren ursprünglichen Zusammenhalt haben, wird die Verteilung der Normaldrücke σ

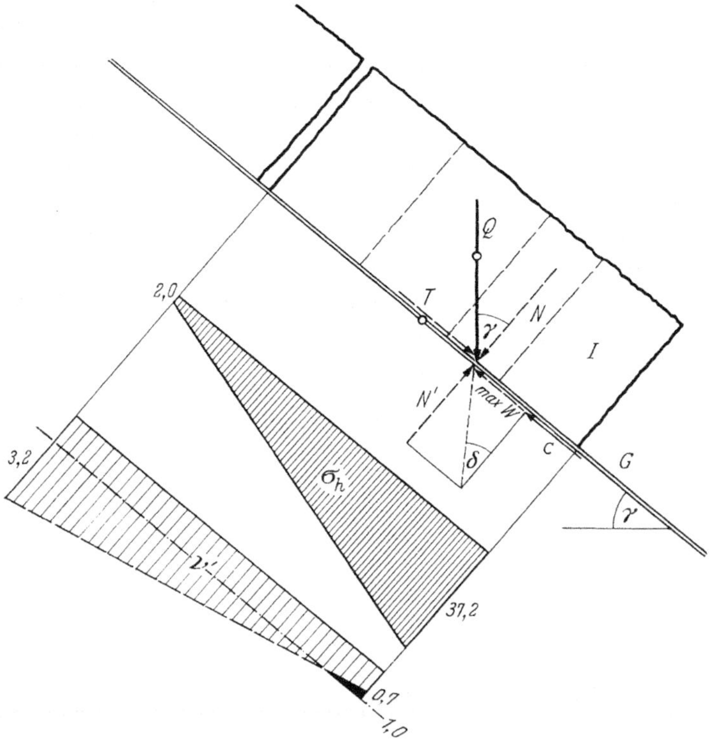

Abb. 10-5. „Kopflastige" Gleitmasse. Verteilung der Teilsicherheiten ν' entlang der Gleitfläche G unter Annahme einer linearen Verteilung der Normaldicke σ_n. Die eingetragenen Zahlen gelten für ein Beispiel $\gamma = 40°$, $\delta = 35°$, $c = 5\ t/m^2$. In diesem Fall besteht Sicherheitsmanko am unteren Teil und somit für den untersten Teilkörper I

in der Gleitfuge C näherungsweise der eines einheitlichen Blockes entsprechen, also trapezförmig sein. Auch die Schubspannungen τ werden in dieser Weise verteilt sein; nicht jedoch die Sicherheiten ν. Schreibt man die FELLENIUS-Sicherheit für verschiedene Punkte der Gleitfläche unter der Voraussetzung kohärenten Zwischenmittels an, so ist

$$\frac{\beta_s}{\tau} = \nu' = \frac{c \cdot 1 + \sigma \operatorname{tg} \bar{\varrho}}{\sigma \operatorname{tg} \beta} = \frac{c}{\sigma \operatorname{tg} \beta} + \frac{\operatorname{tg} \bar{\varrho}}{\operatorname{tg} \beta} = \nu_1' + \nu_2' . \quad [10\text{—}13]$$

Die untersten („kopflastigen") Bereiche an der Stirn der Gleitmasse mit größerer Normalspannung ruhen weniger sicher auf und eilen deshalb, wenn die Sicherheit erschöpft ist oder die Kohäsion durch Wasserzutritt vermindert wird, vor, so daß offene Zerrspalten (den typischen Spalten der Bergzerreißung ähnlich; „trockene Klammen" usw.) entstehen. Nach deren Abgehen wiederholt sich das gleiche Spiel im nächsten Bereich. In diesem Falle läßt sich die Sicherheit nicht gemäß BOROWICKA definieren.

Die meisten der tonigen und schluffigen Zwischenmittel auf solchen Flächen sind, wie bereits STINI hervorhob, thixotrop. Durch Erschütterun-

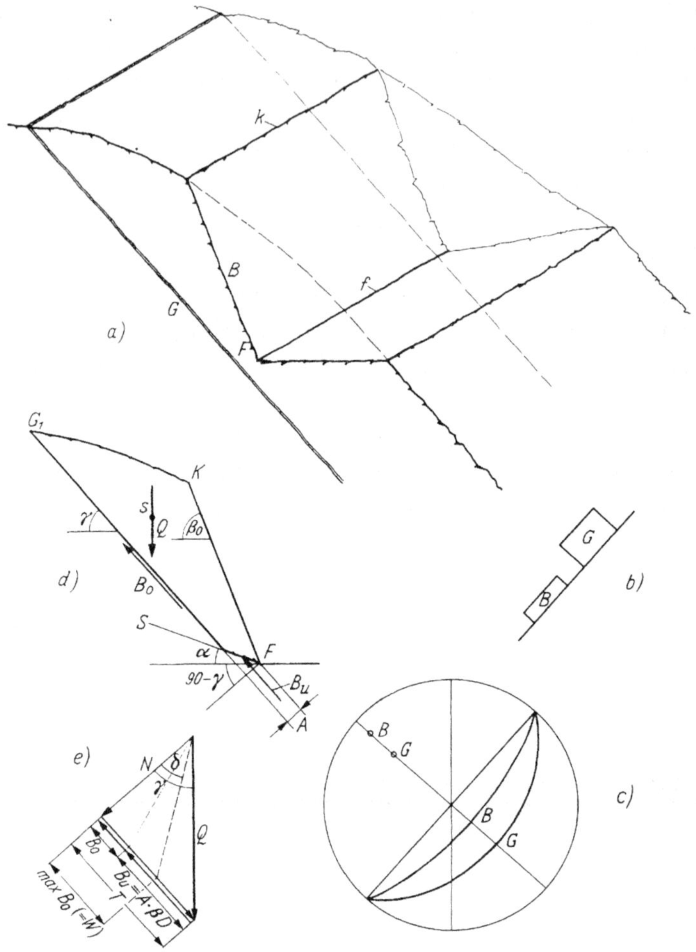

Abb. 10-6. Felsböschung mit vorgegebener, parallel zum Böschungsfuß unter demselben durchstreichender Gleitfläche G. a) Blockbild, b) Kluftschema, c) Kugeldiagramm, d) Querschnitt, e) Kräftespiel ohne Berücksichtigung des Kriechens auf G; $\nu_{FEL} = \frac{W + B}{T}$; $\nu_{BOR}^{*} = \frac{B}{T - W} > \nu_{FEL}$

gen wird daher die Reibung auf der Großkluftfläche herabgesetzt. Aber auch die Reibung der nichttonigen Zwischenmittel, ja selbst der festen Kluftbeläge, nimmt bei Erschütterungen ab, wie Föppl (1955 a und 1957 b) gezeigt hat. Beide Umstände hat man — nötigenfalls durch Laboruntersuchungen, anderenfalls durch vorsichtige Abschläge von den ruhend ermittelten Reibungswerten — zu berücksichtigen.

Von großer Bedeutung ist der Fall II, daß die Gleitfläche G nicht in der geplanten Böschung FK ausbeißt, sondern unterhalb von F durchstreicht, wo ihr Vorhandensein vielleicht zunächst gar nicht bemerkt wird (Abb. 10–6). Wird man von einem solchen Falle überrascht, so kommt es zu oft sehr unliebsamen Zwischenfällen. Denn wenn der Gesteinsquerschnitt des Keiles bei F zu schwach wird, kommt die unzureichend gestützte Gesteinsmasse unweigerlich zum Absturz, wie man es oft erlebt hat. Zumal wenn G steil steht, gewährt die Reibung zufolge der sehr kleinen Normalkomponente (Abb. 10–6 d) keinen nennenswerten Gleitwiderstand, und der Rest derselben wurde in der Regel noch durch die Sprengarbeit „herausgeklopft"; deshalb sollte man, wenn $\beta > 70^\circ$ ist, diesfalls mit der vollen, durch keine Reibungskomponente verminderten Tangentialkraft T als Belastung des Felsfußes rechnen. Bei der Beurteilung der Standfestigkeit ist natürlich nicht die Gesteinsfestigkeit, sondern nur die Gebirgsfestigkeit in F maßgebend, welche einachsig bei ungünstigen Kluftstellungen sehr gering sein kann.

Für diesen Fall läßt sich die Sicherheit zwanglos im Sinne von BOROWICKA definieren. Für $\delta < \beta$ bzw. $B_{o\,max} < T$ ist

$$\nu_{BOR} = \frac{B_u}{T - B_o\,max} \qquad [10\text{—}14]$$

wobei $B_u = f \cdot \beta_D$ oder $f \cdot \beta_S / \cos(90 + \alpha - \beta)$.

Für $\delta > \beta$ bzw. $B_{o\,max} > T$ würde die so definierte Sicherheit allerdings negativ. Nach der Sicherheitsdefinition von FELLENIUS ist diesfalls

$$\nu_{FEL} = \frac{B_u + B_o\,max}{T} \qquad [10\text{—}15]$$

Wenn die Gleitfläche G nicht parallel zum Böschungsfuß streicht (Fall III; Abb. 10–7), dann schneidet ihre Ausbißlinie a die Böschungsfläche B schräg; ihre Richtung ergibt sich auf der Lagenkugel aus dem Schnittpunkt der Großkreise b und g (Abb. 10–7 c). Wäre der Felskeil oberhalb G aus einem Stück, so würde er durch die Reibung auf G unterstützt und, soferne diese Unterstützung nicht ausreicht, durch seine Biegefestigkeit gehalten. Das ist aber praktisch selten der Fall, weil meist Kluftscharen oder eine Großkluft vorhanden sind, welche einen Teil des Keiles von seinem festen Ende abtrennen.

Ist z. B. eine Großkluft in der Lage H vorhanden, deren Ausbißlinie h die Linie a in der Böschung schneidet, so ist s die Schnittlinie der beiden Gleitflächen, deren Richtung wieder aus dem Kugeldiagramm gefunden wird. In der Abb. 10–7 liegt sie so, daß der Felskeil zwischen G und H (wenn er gleitet) nicht nach der Fallinie s der Gleitfläche G abgleiten kann, sondern von der Fläche H so geführt wird, daß er // s gleitet. Dabei erfährt er Reibung auf beiden Gleitflächen, und alle Reibungskräfte sind parallel s gerichtet. Dies könnte zu der Ansicht verleiten, daß man eine Vertikalebene durch s als Kraftebene ansehen und in dieser die Projektionen der Reibungskräfte und der Schwerkraft ansetzen dürfe.

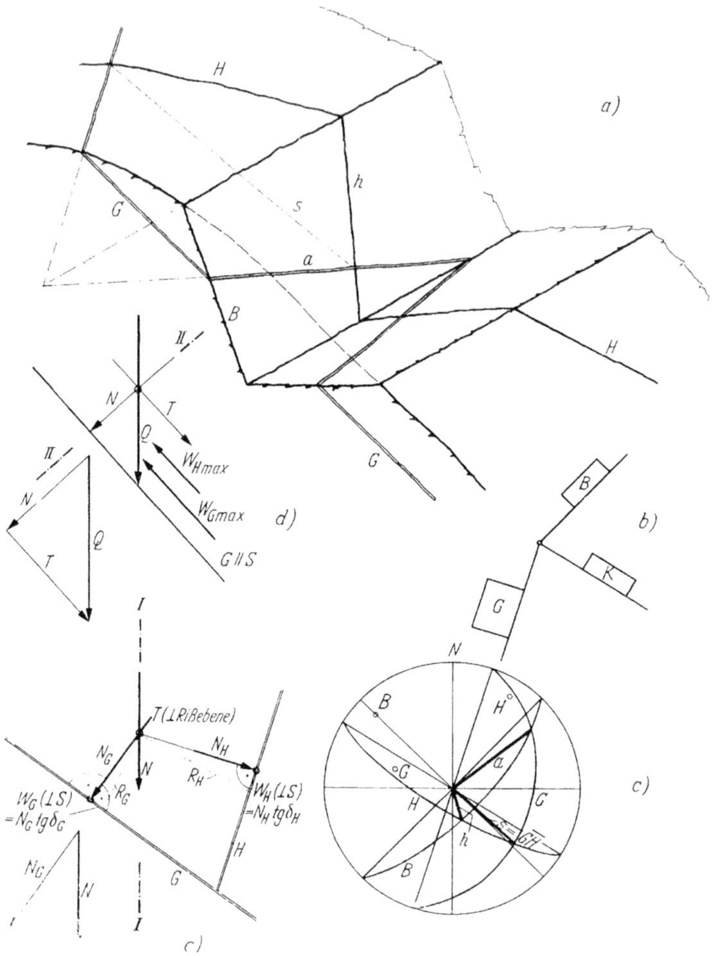

Abb. 10-7. Felsböschung mit vorgegebener Gleitfläche G in allgemeiner Lage zur Böschungsfläche B. a) Blockbild, b) Kluftschema, c) Großklüfte G und H und Böschungsebene B im Kugeldiagramm; a, h, s Verschneidungen dieser Ebenen, d) Schnitt I—I in Kraftebene durch den Keilschwerpunkt, // s = $\overline{GH}$, e) Schnitt II—II g (= ⊥ s). N_G und N_H stehen ⊥ G bzw. H, weil sich Reibung in der Rißebene mangels der Möglichkeit von Setzungsbewegungen nicht entfalten kann. $W_{Gmax} + W_{Hmax}$ ist größer, als W auf einer gedachten Gleitfläche // s wäre

Das wäre eine erwünschte Vereinfachung der Rechnung (Abb. 10–7 d), welche bei kleineren Abmessungen und weniger wichtigen Objekten auch erlaubt sein mag. Richtiger ist, gemäß (*10.24*) (2 Gleitflächen bzw. -scharen) zu verfahren.

Die Reibungskräfte W_g und W_h und die Gewichtskomponente T bilden Kräftepaare, welche bei gewissen Lagebeziehungen ein Ablösen des Felskeiles von der Fläche H bewirken, so daß sich die Kluft H öffnen und die Reibung W_h ausgeschaltet werden kann. Dies trifft zu, wenn ΣT (von H aus gesehen) außerhalb der Summenkraft ΣW liegt. Dann dreht der Keil seitlich ab, wobei die Drehung zunächst etwa um den Ausbiß von f erfolgen wird.

Ist keine zweite Gleitfläche H, sondern ein System von Kleinklüften vorhanden, so hat man auf Grund dieser die Richtungen geringsten Scherwiderstandes im Felskeil nach *(6.1)* zu ermitteln und in dieser Richtung an Stelle der Reibung W_h in Abb. 10–7 e einen geschätzten (oder errechneten) Scherwiderstand anzusetzen.

10.23 Die gestreckte Felsböschung in tafeligem Gebirge (Fels mit einer Großklüfteschar)

In diesem Abschnitt haben wir nur Gebirge mit vorhandenen Schicht- und Schieferungsklüften oder aber — ihnen mechanisch gleichwertig — mit parallel gescharten Großklüften (Pseudobankung) zu betrachten. Geschichtete und geschieferte Bergarten ohne Schicht- und Schieferungsfugen besitzen zwar zufolge der geringeren Scherfestigkeit in der S-Richtung einscharige Anisotropie, jedoch ist diese nicht so erheblich, daß

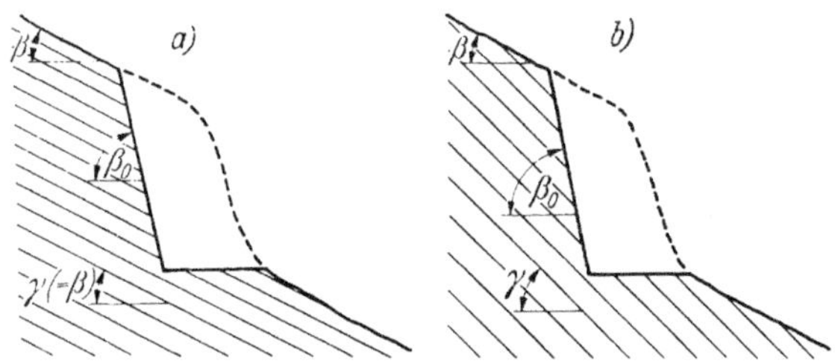

Abb. 10-8. Felsböschung in schichtigem oder bankigem Gebirge, a) bei hangparalleler und b) bei allgemein streichender Großklüfteschar

sie bei Berechnung der Böschungsstabilität ins Gewicht fiele. Denn die Teilbeweglichkeit nach den Klüften des Gebirges ist erfahrungsgemäß weit größer als diejenige nach den noch nicht geöffneten S-Flächen. Freilich werden bei der Bildung neuer Anbrüche im Gestein Kluftbrücken besonders gern in der Richtung größerer Spaltbarkeit, also vornehmlich in der Schieferungsstellung durchreißen, aber in solchen Fällen werden sich nicht Großklüfte, sondern Kluftstaffeln bilden *(6.11)*, welche Gegenstand des Abschnittes *(10.25)* sein werden.

Fall IV: Hangauswärtsfallende Gleitschichten, kann an Fall I *(10.21)* anknüpfen. Es treten aber auch einige neue, besondere Fragen auf:

1) Ist in allen Fugen eines bankigen (tafeligen oder plattigen) Gebirges, dessen Tafeln nach Abb. 10–8 der Fuß durch einen Anschnitt entzogen wird, die Gleitgefahr gleich groß?
2) Wenn nein, welche Schichtfuge ist zur Gleitfuge prädestiniert?
3) Wie groß ist der Einfluß der Böschungsneigung?

Die weiteren Fragen: wodurch Gleitungen zu verhindern, wie groß die dabei anzubringenden Kräfte seien; ob Abräumung oder Sicherung oder ein Kompromiß von beiden wirtschaftlicher sei, werden in *(13)* behandelt werden.

Zu 1) und 2): Da die Gl.

$$\nu = \frac{\operatorname{tg}\delta}{\operatorname{tg}\beta} \qquad [10\text{—}7]$$

(*10.22*) unabhängig von der Form und vom Gefüge des Gleitkeiles sowie von der Tiefenlage der Gleitfuge gilt, ist die Gleitgefahr in allen parallelen Fugen theoretisch gleich groß anzunehmen, solange das Reibungsgesetz

$$W_{max} = N \cdot tg\,\delta \qquad [10\text{—}5]$$

gilt. Herrscht dagegen das Reibungsgesetz

$$W = c \cdot A + N\,tg\,\overline{\varrho}\,, \qquad [10\text{—}8]$$

dann wird die Sicherheit um so geringer, je größer h ist. Im Falle vorhandener „Kohäsion“ ist also die Gleitsicherheit der jeweils tiefsten angeschnittenen Parallelfuge am geringsten.

Die Abhängigkeit der Sicherheit des Gleitkeiles von β_0 ist nur bei steilen Gleitfugen (bei großem γ) von Bedeutung, bei geringeren Neigungen unbedeutend. Dagegen ist die Abhängigkeit von β_0 sehr groß. Für den Fall lotrechter Böschung ($\beta_0 = 90°$) wird der durch Kohäsion bedingte Sicherheitsanteil

$$\nu_1 = \frac{c}{\overline{\gamma}\,h \sin 2\beta} \qquad [10\text{—}16]$$

Für kleine Werte von β wächst er sehr rasch zu beträchtlicher Größe. Für kleine und sehr große Winkel ist also die Sicherheit bei kohäsivem Zwischenmittel bedeutend größer als bei nur reibendem. Für $\beta = 45°$ erreicht sie ihren kleinsten Wert $\frac{c}{\overline{\gamma}\,h}$. Ist das Zwischenmittel auf der Gleitfläche nicht reibend, sondern plastisch, so wird ν_2 praktisch 0, und die eben betrachtete Rolle der Kohäsion steht im Vordergrund. Ein ganz deutlicher Grenzwert des Gleichgewichtes ist festzustellen. Ist das Zwischenmittel relaxierend (Maxwell) (*2.435*) oder zäh (Newton) (*2.432*), so gibt es einen solchen Grenzwert nicht, sondern es tritt (theoretisch) schon bei sehr kleinen Neigungen eine kriechende Gleitbewegung ein und die Kriechgeschwindigkeit ergibt sich aus dem Scherspannungsgefälle. Praktisch ist immer ein Grenzzustand vorhanden, woraus ersichtlich ist, daß die Zwischenmittel der Natur in der Regel als weitgehend plastisch anzusprechen sind.

Zu 3): Der Einfluß des Böschungswinkels: Ist eine hinreichende Gleitsicherheit auf den Großklüften der Schar G gegeben, so ist, da der Einfluß des Böschungswinkels auf die Gleitsicherheit selbst als gering erkannt wurde, dieser Böschungswinkel β_0 nach den Kleinklüften der einzelnen Tafeln zu bestimmen. Sind diese nur sehr wenig geklüftet und ist der Restverband ihrer Kluftkörper bedeutend, dann kann auch ein Überhang gewagt werden, welcher nach der Zugfestigkeit des Gesteinsgrundmaterials einzuschätzen ist. Wegen der Abhängigkeit des Widerstandsmomentes der Gesteinstafeln von der 3. Potenz ihrer statischen Höhe wird der Überhang bei dicken Bänken größer sein dürfen als bei dünnen.

Liegt ein tafeliges Gebirge mit (annähernd) söhligen (= horizontalen) Bänken vor, so stehen in ihm die Kleinklüfte erfahrungsgemäß in der Regel steil, meist steiler als 80°. Dies könnte dazu verleiten, die Felsböschung gleichfalls steil, etwa 70—75°, anzulegen. Solche Steilböschungen sind aber nur in Gebirge mit starkem Restverband zulässig. Bei schwachem Restverband, d. h. hohem Durchtrennungsgrad, ist zu bedenken, daß die Kluftkörper zwischen den meist ebenen und häufig glatten oder gar geschmierten Schichtfugen bzw. Großkluftflächen einer Bewegung parallel zu diesen Flächen nur einen geringen Reibungswiderstand entgegensetzen. Dieser wird vom Frostschub, aber auch von den tausende Male wiederholt aufgebrachten Kräften, welche der Temperatur- und Feuchtigkeitsrhythmus mit sich bringt, leicht, wenn auch nur allmählich, überwunden. Ist die horizontale Erstreckung, auf welche diese Kräfte wirken, f_1, so ist für Langzeitböschungen das Böschungsmaß so flach zu wählen, daß der Böschungskopf um das Maß f_1 weiter bergeinwärts liegt, als es einem normalen Treppenbruch in unaufgelockertem Fels entsprechen würde. Die Böschung muß also auch in einem solchen Falle der Linie des wahrscheinlichsten Klufttreppenbruches im aufgelockerten Gestein entsprechen. Dieses Böschungsmaß kann erhöht werden, wenn entweder die Frostwirkung (z. B. durch Trockenhaltung oder Oberflächenverschluß mit Fugentorkret) gebannt oder für ständige Abräumung der Lockerteile gesorgt wird.

Fall V: Hangeinwärtsfallende Gleitschichten werden heute noch in den meisten Lehrbüchern der Ingenieurgeologie wie auch von den meisten Praktikern und vielen Geologen als unbedenklich angesprochen. Sie sind es aber keineswegs immer, sondern nur

a) wenn nicht zugleich Großklüfte in gleitungsfördernder Lage vorhanden sind,

b) wenn der Durchtrennungsgrad der Kleinklüfte geringer ist als etwa 0,6 und

c) wenn zugleich die Frostwirkung gering oder künstlich gemindert ist, oder

d) wenn der Durchtrennungsgrad zwar größer als 0,6 ist, aber die Klüfte eine solche Stellung besitzen, daß die Bildung ungünstiger Treppenbrüche ausgeschlossen ist. Nach solchen Treppen bestimmt sich ähnlich wie im Fall IV die Böschungsneigung; gegenüber dem allgemeinsten anisotropen Zustand ist dieser wegen der vorhandenen Großklüfte ungünstiger als ungebankter Fels.

Das gleiche gilt auch für den Fall VI: Bankung in allgemeiner Lage gegenüber der Böschungsstellung. Er ist jedesmal individuell zu beurteilen, wobei Fall III (*10.22*) als Leitlinie dienen kann. Immer ist der Restverband im Gestein und mit ihm die Böschungsstabilität geringer als bei ungebanktem Gestein. Dies ist besonders zu beachten bei Bänken, welche mehr oder minder lotrecht stehen und quer zum Böschungsfuß streichen. Diesfalls treten die Bankungslinien im Querschnitt gar nicht in

Erscheinung, sondern nur die Kleinklüfte. Die Kluftkörper sind aber gegenüber den Nachbarquerschnitten der Böschung weit weniger verkeilt und verriegelt, als dies bei gleicher Stellung von Kleinklüften ohne Bankungs-(Groß-)Klüfte der Fall wäre.

10.24 Die gestreckte Felsböschung im Gebirge mit zwei Gleitflächenscharen (großsäuliger Fazies)

Das Gebirge mit 2 Gleitflächenscharen ist am besten durch die Richtung der Schnittlinie der beiden Gleitflächenstellungen St und K (Abb. 10–9) und ihre Lagebeziehung zu den geplanten Böschungen zu charakterisieren. In dieser Richtung ist seine Scherfestigkeit am geringsten.

Streichen diese Schnittlinien etwa parallel zum Böschungsfuß (Fall VII), so wird höchstens eine der beiden Großkluftscharen hangauswärts fallen (Abb. 10–9 a, c, d), weil beide Scharen zumeist Winkel von 65—85°, am häufigsten solche von 70—80° miteinander einschließen. Die Standsicherheit ist dann so zu untersuchen, wie bei einer einzigen hangauswärts fallenden Gleitflächenschar (Fall IV); jedoch ist darauf Bedacht zu nehmen, daß die andere vorhandene Schar den Restverband zu einem reinen Reibungsverband (Steinbaukastenverband) erniedrigt, was die Frostlockerung und die Einwirkung von Kluftwasser erhöht.

Im Falle der Abb. 10–9 c darf man sich das Spiel der Kräfte, welche von Kluftkörper zu Kluftkörper weitergegeben werden, vorwiegend aus Normalkräften aufgebaut denken. Bei einem solchen Gefüge können diese Normalkräfte nach beiden Begrenzungsflächen durch Keilwirkung zwar ein Lockern des Gesteinsverbandes einleiten, wobei Reibungskomponenten entlang beider Flächenscharen entstehen; aber da Reibung nur in dem Maße geweckt werden kann, in welchem die Kluftkörper eine gewisse Setzungsbewegung vollführen, diese aber begrenzt ist, so kann die Reibung nur wenig zur Entfaltung kommen und darf vernachlässigt werden. Diese Vernachlässigung wirkt sich nach der sicheren Seite aus. Man darf das Kräftespiel von Kluftkörper zu Kluftkörper praktisch allein mit Normalkomponenten ansetzen.

Verläuft die Schnittlinie der Gleitflächenscharen etwa quer zum Böschungsfuß (Fall VIII), so liegen (Abb. 10–10) Keile mit Reibung in einer Ixe. Aus den vorgenannten Gründen dürfen die Reibungskomponenten W_g und W_h näherungsweise in den Ebenen N_1 und N_2 der Normalkomponenten N_g und N_h angesetzt werden. (Dies ist vor allem deshalb zulässig, weil die Teilbeweglichkeit // i größer ist als i.) W_g und W_h müssen der Tangentialkomponente T das Gleichgewicht halten. Es ist leicht zu sehen, daß diesfalls die Reibungskräfte größer sind, als sie im Falle einer parallel i geneigten einzigen Gleitflächenschar wären. Denn die reibungserzeugende algebraische $\Sigma N \operatorname{tg} \bar{\varrho}$ ist fast immer größer als $Q \cdot \operatorname{tg} \beta$.

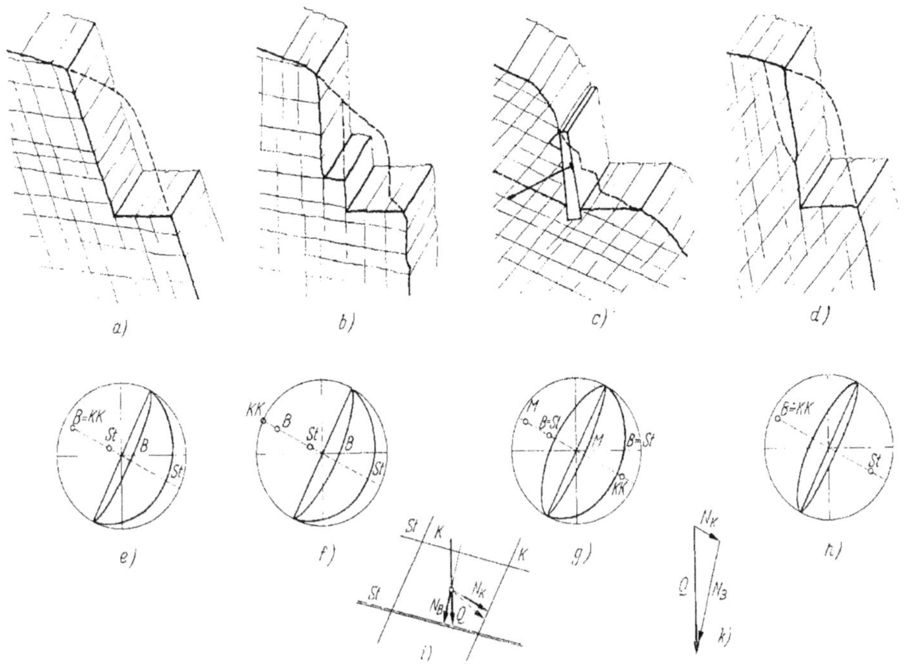

Abb. 10-9. Felsböschung in großsäuligem Gebirge mit annähernd parallel zum Böschungsfuß streichenden Kluftverschneidungen. a) bis d) Schemata verschiedener Großkluftlagen; e) bis h) schematische Kluftdiagramme; i) und k) Kräftespiel zu c). Kraftzerlegung erfolgt praktisch ⊥ St bzw. K, weil die Tangentialreibung sich nur nach Maßgabe der Setzungsbewegungen entwickeln kann, im Laufe der Zeit aber durch Kriechen wieder abgebaut wird. Die Verlängerung von N_K findet somit keinen Reibungswiderstand auf St und schiebt die Blöcke talwärts

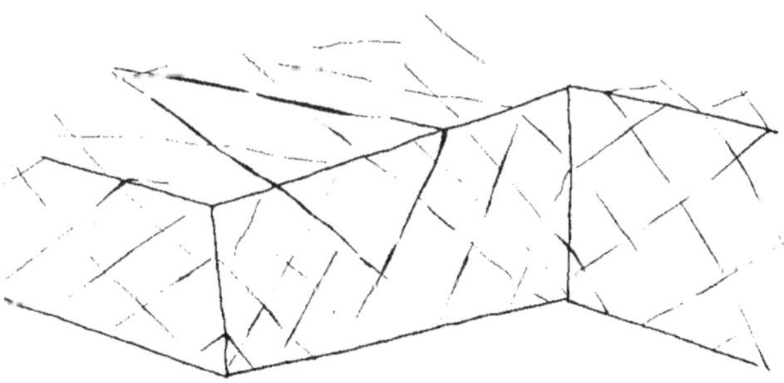

Abb. 10-10. Felsböschung in großsäuligem Gebirge mit talauswärts streichenden Kluftverschneidungen

Selbst wenn $\beta > \bar{\varrho}$, kann noch Gleitsicherheit vorhanden sein. Die japanischen Maurer nützen diese Tatsache, indem sie die Quadern ihrer Mörtel- und Trockenmauern (Abb. 10–11) auf die Spitze stellen.

Wiederum entstehen Kräftepaare W und T, deren Moment dadurch kompensiert wird, daß die unteren Enden der Keile mit zusätzlichen Normalkräften belastet, die oberen Enden entlastet werden. Bei kohärenten

Abb. 10-11. Japanisches Trockenmauerwerk

und plastischen Zwischenmitteln (Fall VII) bewirkt dies wieder ein voreilendes Abgehen der böschungsnächsten Gesteinsbereiche.

Der Fall der allgemeinsten Lage (IX) ist rechnerisch ähnlich wie Fall III zu behandeln.

10.25 Die gestreckte, ebene Felsböschung im Gebirge mit Kleinklüften

Meist sind im Gebirge 3 oder mehrere Kleinkluftscharen kk_a, kk_b, kk_c anzutreffen. Bei Abwesenheit von Großklüften sind Gleitbahnen, auf denen ein Bruch der Böschung stattfinden könnte, nicht ohne weiteres zu erkennen, auch nicht als stetige Linienzüge analytisch zu geben; sondern sie müssen in Annäherungsverfahren ermittelt werden, indem verschiedene mögliche Bruchflächen hinsichtlich ihrer Gleitsicherheit verglichen werden. Zeichnet man sich das statistisch ermittelte Flächengefüge eines Homogenbereiches im Böschungsquerschnitt schematisch auf, so lassen sich nach *(6.1)* für dieses Gefüge die Richtungen der größten und kleinsten Scherfestigkeit (Abb. 10–12) angeben. Meist sind mindestens 2 solcher Richtungen vorhanden. Aus ihnen können etliche wahrscheinliche Bruchnischen zusammengesetzt werden, wovon Abb. 10–13 ein Beispiel gibt. (Sohl-Aufhebungen nach Art der Erdgleitungen kommen in Fels, ausgenommen in ganz weichem, bodenartigem, nicht vor.) Solche Bruchnischen sind das Analogon der verschiedenen Gleitkreise, welche man bei einer Standsicherheitsuntersuchung von Erdböschungen vergleicht. Allerdings ist die Scherfestigkeit auf den zu untersuchenden Bruchflächen hier zunächst unbekannt, doch lassen sich die Scherfestigkeiten (und ihre Zeitabhängigkeit) einschätzen: Baggerungen an einer Probeböschung, Sprengversuche und natürliche Böschungsanbrüche zeigen den Verlauf kurzlebiger Böschungen mit der Sicherheit 1,0 (kurzfristige Standsicherheit). Ältere, flacher verlaufende natürliche Böschungen (im gleichen Homogenbereich!) zeigen das Böschungsmaß, welches einer sehr langlebigen Böschung von der

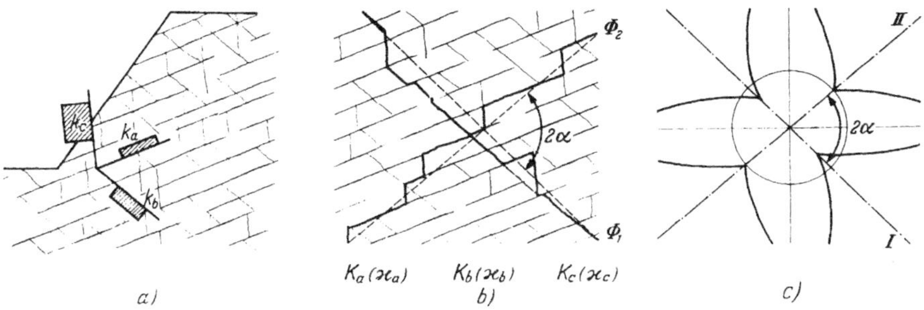

Abb. 10-12. Ermittlung der mechanischen Anisotropie zur Standuntersuchung von Felsböschungen; a) schematisierte Darstellung des Gefügeraumes im Böschungsquerschnitt; b) Φ_1 und Φ_2 Bruch- und Kluftstaffeln; c) Richtungen geringster Scherfestigkeit I und II im Gefügeraum einer Felsböschung mit 3 Hauptkluftscharen kk_a, kk_b, kk_c

Sicherheit 1,0 zukommt. Verfügt man über solche Vergleichsobjekte nicht, so ist ein Großversuch am Platz. Dieser muß wohl im gleichen Homogenbereich, nicht aber an der gleichen Stelle und in der gleichen Neigung der späteren Böschung stattfinden. Nach (*6.1*) können Versuchswerte, die für eine bestimmte Richtung gelten, für andere Richtungen näherungsweise umgerechnet werden.

Nehmen wir an, daß in dem Gebirge, in welchem eine Böschung mit geforderter Sicherheit angelegt werden soll, die Klüfte statistisch eingemessen, ihre durchschnittliche Entfernung in den einzelnen Scharen sowie deren Durchtrennungsgrad gemessen und ausgewertet wurden (*3.3, 3.4* u. *4.3*), so können nach (*8.3* u. *8.4*) alle diese Daten in einem schematisierten Gefügeschnitt durch die Böschung dargestellt werden, welcher die Lage und den Abstand der einzelnen Klüfte berücksichtigt (Abb. 10–12 b u. 10–3 a). Dieser Gefügeschnitt symbolisiert als kinematisch-mechanisches Strukturmodell den Gefügeraum. Der Gang der Rechnung ist dann folgender:

1) Aus Überlegungen der Scheibenstatik, aus photoelastischen Versuchen oder aus trivialen Ausnahmen gemäß (*10.45*) werden jene Spannungszustände näherungsweise ermittelt, welche in dem maßgeblich zu betrachtenden Bereich am Böschungsfuß herrschen würden, wenn dieser Bereich isotrop wäre. Wenn dieser Spannungszustand auch nur sehr näherungsweise gültig sein wird, so genügt seine Kenntnis durchaus, weil er nicht zur Berechnung der Böschungsstabilität als solcher, sondern nur zur Ermittlung der Widerstandsziffern des Kluftkörperverbandes (*6.1*) verwendet wird, welche Relativziffern und als solche mit einem geringeren Fehler behaftet sind als die zu ihrer Ermittlung verwendeten Eingangswerte.

2) Unter den getroffenen Voraussetzungen werden nach (*6.1*) die Richtungen geringsten Scherwiderstandes Φ_1 und Φ_2 im Böschungsquerschnitt ermittelt. Diesen Richtungen des schwächsten Verbandwiderstandes folgt der Bruch des Böschungskeiles im Ernstfalle. Abb. 10–13 zeigt ein Beispiel

für 2 maßgebliche Kluftscharen; es ist zu erkennen, daß die Richtungen Φ_1 und Φ_2 nicht mit den Richtungen der beiden Scharen identisch sein müssen. Da die wv-Ziffern zunächst nur auf Grund geschätzter Werte ermittelt werden können, sagt das wv-Diagramm nichts darüber aus, ob in der Richtung der beiden Minima die Grenze des Bruchfließens erreicht ist, ob Fließen eintritt oder nicht; sondern es ist damit gesagt, wenn Bruchfließen eintritt, dann tritt es zuerst und stärker in der Richtung Φ_1 und dann erst und schwächer in der Richtung Φ_2 ein.

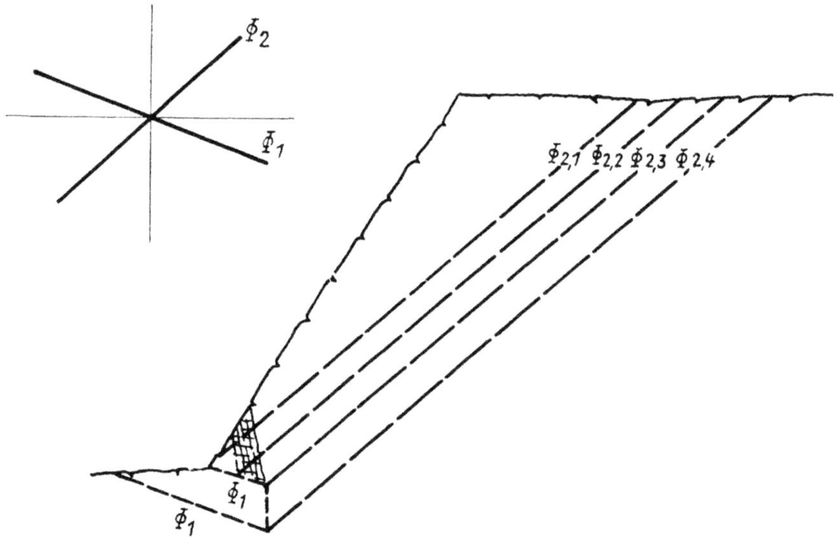

Abb. 10-13. Gefügebedingte Bruchnischen verschiedener Standfestigkeit in einer Felsböschung

Da die wv-Ziffern — auch ohne Kenntnis der absoluten Festigkeitswerte — das Verhältnis der Scherfestigkeiten in den Richtungen des schwächsten Verbandwiderstandes in grober Näherung angeben, kann durch rechnerischen Vergleich unter allen gefügemäßig denkbaren Bruchnischen nun diejenige ermittelt werden, für welche die Sicherheit gegen Abscheren des Böschungskeiles am geringsten ist. Nach dieser würde der Keil im Ernstfalle ausbrechen.

3) Zu dieser Ermittlung werden zunächst verschieden plausible Bruchnischenlagen (Abb. 10–13) gezeichnet. Für jede derselben werden gemäß Abb. 6-7 auf der Ablösungsfläche sowie auf der Schubfläche die Größen T und B (Abb. 10–3) ermittelt; aus dem Krafteck Q_1—N_1—T_1 wird dann jener Widerstand $(B_2—T_2)_{erf}$ erhalten, welcher gerade ausreichen würde, um ein Hinausschieben des Bruchkeiles auf 1—7 (Φ_2) zu verhindern.

4) Aus dem Krafteck G_2—$(B_2—T_2)_{erf}$—N_2—T_2 ergibt sich der maximale Widerstandsüberschuß $(B_{2\,max}—T_2)$. Sein Verhältnis zum erforderlichen

Widerstand ist die unter den getroffenen Annahmen vorhandene Sicherheit im Sinne von Borowicka

$$\nu = \frac{B_{2max} - T_2}{(B_2 - T_2)_{erf}}. \qquad [10—17]$$

Die Abgrenzung zwischen dem abschiebenden Körper mit dem Gewicht Q_1 und dem widerstehenden Gewicht Q_2 ist in der Abb. 10–3 lotrecht angenommen. Diese Annahme berücksichtigt nicht, daß im Falle des Bruches eine dritte Bruchfläche Φ_3 aufträte, entlang welcher Q_1 und Q_2 aufgeschoben würde, welche somit noch einen zusätzlichen Scherwiderstand leistete; dieser blieb unberücksichtigt und böte eine Reserve an Sicherheit, wenn der Zustand des eigentlichen Bruches betrachtet wird. Vor dem Bruche aber, zu dem es ja nicht kommen soll, wird diese Scherfläche nicht ausgebildet, so daß die Annahme wohl berechtigt erscheint. Will man genauer vorgehen, so kann nach Feststellung der Lage der gefährlichsten Gleitnische aus dem Vorigen die Rechnung für verschiedene Lagen dieser Grenzfläche 7—2 wiederholt werden.

Bei sehr steiler Stellung von Φ_1 sowie bei steilen Großklüften einer tafeligen Gebirgsfazies, tritt an Stelle von Q_1 und Q_2 das Gesamtgewicht Q des Bruchkeiles. Bei sehr hohen Böschungen (*10.45*) darf der Reibungswiderstand W_1 oder Scherwiderstand B_1 auf der Rückseite des Bruchkeiles nicht auf der vollen Höhe als wirksam angenommen werden. In der obersten Zone 3—4—6—8 der Zugbeanspruchungen und Zerrspalten ist dieser Widerstand völlig ausgeschaltet; diese Zone wirkt nur als Belastung gleich einer Auflast. In einer mittleren Übergangszone, in welcher bereits Abscherung stattgefunden hat, tritt an Stelle des Scherwiderstandes ein Reibungswiderstand, weil diese Massen sich, indem sie nachsackten, vom Hintergrunde gelöst haben oder in der Zukunft lösen können, ehe es zur Ausscherung des Böschungsfußes kommt. Dieser Reibungswiderstand ist zudem oft erheblich vermindert, weil sich diese Zone ausbaucht und somit ebenfalls von ihrem Hintergrunde abhebt. Bei sehr hohen Böschungen kann es vorkommen, daß der Bruchkeil nicht am Böschungsfuße, sondern höher oben ausschert.

5) Ist die Scherfestigkeit des Gebirgsverbandes aus Versuchen oder Rückrechnungen bereits bekannt, so ist die ermittelte Sicherheit, welche der ungünstigsten Bruchnische zukommt, auch die tatsächliche Sicherheit der Felsböschung. Diesfalls könnte mit Scherfestigkeiten β_{S1} und β_{S2} gerechnet werden, welche aus dem wγ-Diagramm auf Grund einer Scherfestigkeit β_{S0} in einer bestimmten Richtung ermittelt werden kann:

$$\beta_{S1} = \beta_{S_0} \cdot \frac{a_1}{a_0}\,; \beta_{S2} \ldots \qquad [10—18]$$

Ist die Scherfestigkeit nicht bekannt, so muß die Rechnung zunächst mit einem geschätzten β_{S0} für eine zur Rückrechnung verwendbare Vergleichsböschung durchgeführt werden, wobei die Anisotropiefaktoren $\frac{a_1}{a_0}$ und $\frac{a_2}{a_0}$ gültig bleiben. Daraus wird mit den geschätzten Festigkeitswerten die wahrscheinlichste Lage der Bruchnische gemäß 3) und 4) in der Vergleichsböschung ermittelt, wobei die erhaltenen Sicherheitswerte ν zunächst wieder nur relative Gültigkeit haben. Solche Vergleichsböschungen bieten sich uns, wenn wir z. B. eine Zeitlang in diesem Fels gebaggert oder versuchsweise durch Sprengung eine Böschung von kurzfristigem Bestand freigelegt haben, deren Sicherheit wir mit ungefähr 1,0 oder nur wenig darüber annehmen dürfen. Aus diesem der Naturbeobachtung entnommenen Sicherheitswert können für die wahrscheinlichste Bruchnische die tatsächlich zutreffenden Festigkeitswerte β_{S1} und β_{S2} rückgerechnet werden. Mit diesen Werten wird der Rechnungsgang nach 2), 3) und 4) dann wiederholt.

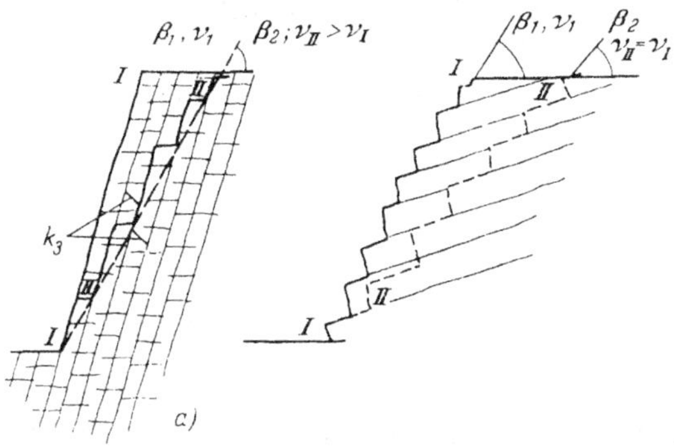

Abb. 10-14. Felsböschung in einem Gebirge mit annähernd lotrechten und waagrechten Klüften; a) mit steilstehenden, b) mit flachliegenden Schichtklüften

Schwierig zu beurteilen sind Böschungen in einem Flächengefüge, welches durch lauter lotrechte und (annähernd) waagrechte Klüfte von hohem Durchtrennungsgrad beschrieben ist. Daß die Minima seiner Scherfestigkeit von den zu erwartenden Bruchflächenstellungen erheblich abweichen, darf nicht zu der Ansicht verleiten, daß ein solches Gefüge lotrechte Wände zulasse. Ein derartiger Gesteinsverband (Abb. 10–14) besteht ja aus Säulen und Säulchen, welche sozusagen aus Trockenmauerwerk geschlichtet sind. Schon geringe Ausmittigkeiten der Form und der Belastung (z. B. Wärmestrahlung, Temperaturunterschiede zwischen innen und außen, Feuchtigkeitsrhythmen) bringen diese zum Knicken. Aber auch schon eine einzige Schrägkluft (etwa der Lage K_3 in der Abb. 10–14 a) erzeugt Keilwirkungen, welche ganze Wandteile allmählich zum Ausbeulen und damit zum Absturz bringen können. Diese Gefahren sind um so größer, je geringer die durchschnittliche Kluftkörpergröße und die Gesteinsfestigkeit sind. Das Schlankheitsverhältnis einer solchen Gesteinssäule

$$i = \frac{\Delta h}{\Delta e} \qquad [10-19]$$

sollte bei festen Gesteinen und straffgeregelter Klüftung nicht größer sein als 3 bis 5, bei wenig festem Gestein und streuenden Kluftstellungen 1,5 bis 2. Daraus ergeben sich die anzuwendenden Böschungsmaße.

Allgemein sollen Standuntersuchungen von Felsböschungen nicht in der Querschnittebene zur Böschungsfußlinie, sondern in der jeweiligen Richtung größter Fließbereitschaft (*6.2*) geführt werden.

10.26 Die Auflockerungszone

In (*10.23*) wurde angedeutet, daß Lockerungen des Gesteinsverbandes eine Abflachung der Felsböschungen erzeugen bzw. erfordern. Solche Lockerungen entstehen vornehmlich durch Frostschub, durch Spannungsumlagerungen und Erschütterungen. [Weiteres über Lockerungswirkungen in (*13.52*).]

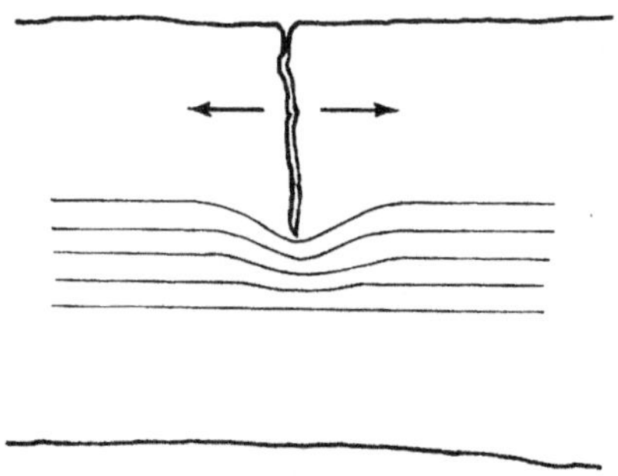

Abb. 10-15. Spannungskonzentration durch Kerbwirkung am „blinden" Ende von Klüften

Der Frostschub öffnet bis zu Tiefen von 1–3 m vorhandene und verlängert eingerissene, aber nicht durchgerissene Fugen vermöge der enormen Kerbwirkung (Abb. 10–15), an deren „blindem" Ende (*3.335* u. *3.336*). Er lockert den vorhandenen Gesteinsverband und setzt seine Innigkeit durch Erhöhung des Durchtrennungsgrades herab.

Ähnlich wirken Spannungsumlagerungen (*3.72*). Übersteilte Täler z. B., das sind solche, deren Tiefenschurf rascher vor sich ging als die formausgleichende Wirkung des Talzuschubes, zeigen in aller Regel innere Spannungen und demzufolge starke Gefügelockerungen in den Flanken. Beim Aushub der Talsperre Vajont (Abb. 10–16) führten diese Spannungen zu knallenden Ablösungen an der Ausbruchwand und in benachbarten Stollen sowie zu Sohlaufbeulungen. Das dolomitische Gestein war dort so „geladen" von inneren Spannungen, daß es beim Anklopfen wie Klingstein (Phonolit) einen hellen, gläsernen Klang gab oder sogar in Scherben zersprang. Die Flanken des Tales aber weisen eine starke und für den Bau unangenehme Auflockerung nach schluchtparallelen Spalten auf. Diese folgen bemerkenswerterweise nicht nur der vorhandenen

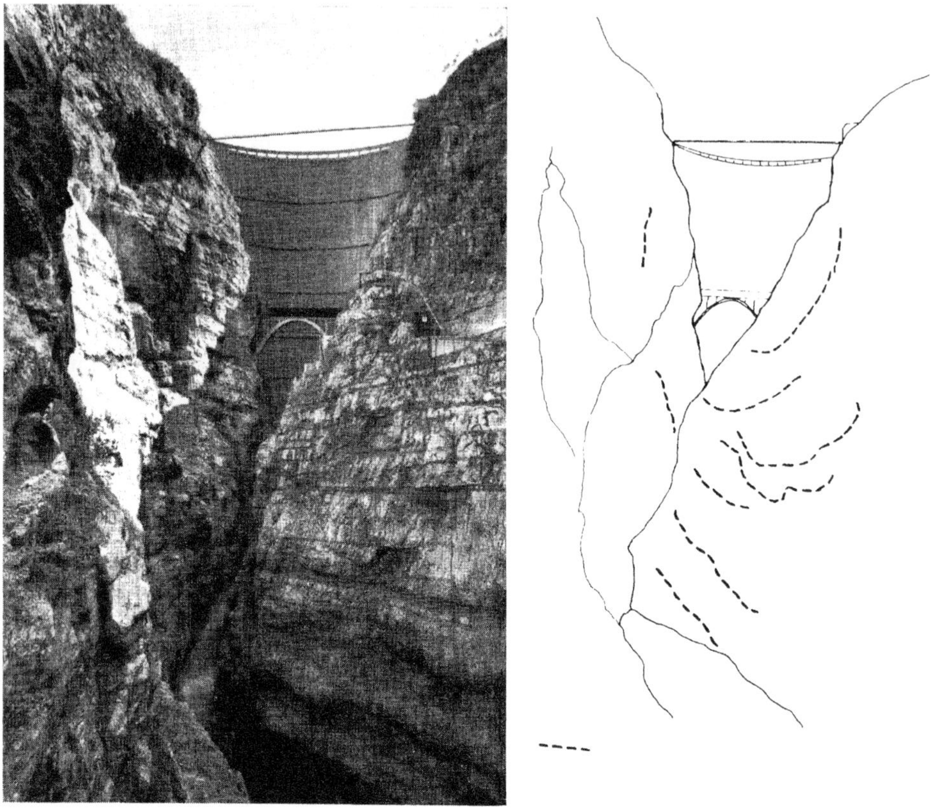

Abb. 10-16. Gefügelockerungen durch Spannungsumlagerung in den Wänden der Vajont-Schlucht

Hauptkluftstellung K parallel zur Schlucht, sondern die Spannungen haben auch wandparallele Risse K_1 und K_1' an beiden Talflanken erzeugt.

Spannungsumlagerungen dieser Art reichen schätzungsweise 50—150 m tief. Ihre Lockerungswirkungen sind mitunter noch 80 m unter der Oberfläche festzustellen (Müller 1951 a, 96), aber nur wenige Meter tief (2 bis 20 m in der Regel) ist die Auflockerung so stark, daß sie die Verbandfestigkeit des Gebirges entscheidend herabsetzt.

Gefügelockernd wirken selbstverständlich auch Gesteinssprengungen, welche den Verband nicht nur erschüttern und Reibungskräfte in ihm abbauen, sondern auch eine Welle intensiver örtlicher Beanspruchung („Schockwelle") aussenden. Überall dort, wo man an der Erhaltung steiler Böschungen von ausreichender Sicherheit und Standdauer interessiert ist, muß deshalb jede nur vermeidbare Auflockerung unterbleiben. Zumindest darf der „Auflockerungshof" der Sprengungen (*19.4*) das Gestein der endgültigen Böschung nicht mehr erreichen.

Die Lockerungen des Restverbandes durch Frostschub, Spannungsumlagerungen und Erschütterungen — zu welch letzteren auch heftige und wiederholte Erdbeben gezählt werden müssen — sind letztlich der Hauptgrund, weshalb die Standfestigkeit und die Böschungsneigung so hochgradig von der Standzeit abhängen. Zwar betreffen diese Wirkungen (auch die der Erdbeben) immer nur eine Zone von wenigen Metern, aber der Verband eben dieser äußersten Zonen und der Grad seiner Lockerung bestimmt und bedingt die mögliche Böschungsneigung. So sehen wir also in der Natur manchmal selbst Bergarten hoher Standfestigkeit recht flach geböscht, wenn ihr Verband gelockert ist. Z. B. sind im Weißjura gleich alte und ähnlich geartete Kalke und Dolomite einer Schichtfazies flacher geböscht als ihre massigen Ausbildungen. Im einen Fall genügte eben schon eine Erhöhung des Durchtrennungsgrades um vielleicht nur 20%, um ein Vielkörpersystem bzw. einen Trockenmauerverband zu schaffen, im anderen blieb trotz gleicher Erhöhung des Durchtrennungsgrades immer noch ein verschränkter Verband im „Mehrkörper"-System bestehen.

Mehrfach ist versucht worden (Stini 1928 u. 1930 b; Crickmay 1959 u. 1960; Davis 1924; Hack 1960; Penck 1924, 283; Scheidegger 1959, 31, 1961 a u. 1961 b), die Zurückverlegung von Felsböschungen unter dem Einfluß der Abwitterung, der fortschreitenden Gleichgewichtsänderungen und des Seitenschurfes von Flußläufen analytisch zu fassen. Die meisten dieser Ableitungen berücksichtigen die Zeitkoordinate, ohne deren Maßstab zu kennen. Scheidegger (1961 a) wertet diese Theorien zusammenfassend aus.

Bei allen solchen analytischen Ansätzen fehlt bisher die Berücksichtigung des Gefüges auf Grund statistisch geordneter Beobachtungen. So ist der Ingenieurgeologe zunächst darauf angewiesen, diesen wichtigsten Faktor nach Erfahrung und Naturbeobachtung zu beurteilen.

10.3 Die statische Wirkung des Bergwassers

In (*10.2*) wurde das Gleichgewicht von Felsböschungen stillschweigend unter der vereinfachenden Fiktion behandelt, daß das Gebirge ein Einphasensystem sei, bestehend aus zerbrochenem Gestein mit Kluftflächen verschiedener Eigenschaften. Diese Unterstellung ist nur so lange erlaubt, als eine zweite flüssige Phase (Bergwasser) nicht anwesend oder nur von unwesentlichem Einfluß ist. Im allgemeinen Fall aber ist das Gebirge ein Zweiphasensystem, in welchem das Wasser als Porenwasser der festen Substanz, als Porenwasser der Zwischenmittel und als Kluft- oder Spaltwasser eine mehrfache Rolle spielt, indem es die Materialeigenschaften des Gebirges verschiedentlich beeinflußt, zugleich aber zu statischer, gelegentlich sogar dynamischer Wirkung gelangt (*3.6*).

Während man in der Mechanik der Böden schon frühzeitig den Einfluß der flüssigen Phase auf das physikalische System würdigte (Terzaghi 1925), beachtete man bei Gleichgewichtsüberlegungen im Festgestein im allgemeinen nur die festigkeitsmindernden Einflüsse des Wassers (Schmierwirkung usw.), nur ganz vereinzelt jedoch (Terzaghi 1929 u. 1930, und Keil 1956) den hydrostatischen Druck auf große Kluftflächen. Daß es so etwas wie einen hydraulischen Grundbruch auch im Festgestein, sogar in einem „gesunden" Gebirge geben könne, konnten sich die meisten bis vor kurzem nicht vorstellen (und wird auch heute noch von manchen Felsmechanikern bestritten).

Abb. 10-17. Felsgrundbruch im bankigen Gneis unterhalb der Talsperre Dobra an der Mündung des Umlaufstollens

Solche hydraulische Grundbrüche ereigneten sich nun vor einiger Zeit innerhalb eines Jahres an 3 verschiedenen Orten im zum Teil recht frischen Gneis der Sperre Dobra und ihrer Triebwasserleitung. Es ist das Verdienst Petznys und Stinis (1956 a, 1956 b), die damaligen Felsgleitungen (Abb. 10-17), bei denen Felsmassen bis 4000 m^3 spontan aus dem Gehänge brachen und auseinanderflossen, als hydraulische Grundbrüche beschrieben und erklärt zu haben. Die statischen Zusammenhänge habe ich auf dem X. Geomechanik-Kolloquium 1959 (1960 b, 168, u. 1960 d, 203) umrissen, nachdem eine Standberechnung einer Felsböschung unter dem Einfluß des Kluftwasserschubes von Müller und Pacher (1957) bereits 1956 versucht worden war. Gelegentlich von Standuntersuchungen im Talsperrenbau wurde diese zunächst zweidimensional behandelte Aufgabe dreidimensional gefaßt (Müller und Pacher 1958 d).

Beim Ansatz des Gleichgewichts einer unter dem Einfluß von Bergwasser stehenden Felsböschung sind außer den in (*10.2*) behandelten Kräftegruppen 1) des Eigengewichtes bzw. der Teilgewichte, 2) der Reibungswiderstände und 3) der Festigkeitswiderstände sowie 4) der aus dem herrschenden Spannungszustand resultierenden Kräfte noch die folgenden anzusetzen: 5) der Auftrieb, 6) der hydrostatische Kluftwasserschub, 7) der Strömungsdruck (*3.63*). Außerdem ist zu berücksichtigen, daß die Reibungswiderstände (2) und Festigkeitswiderstände (3) durch die plastifizierende Wirkung des Wassers und den Kluftporenwasserdruck herabgesetzt werden können (*3.61* u. *3.62*).

10.31 Auftrieb

Der Auftrieb ist die vektorielle Summe der hydrostatischen Drücke, welche auf die Begrenzungsfläche der Kluftkörper wirken. Im Bausteinkastenverband, in welchem jeder Kluftkörper von seinen Nachbarn durch Klüfte vollständig getrennt ist, wirkt der Auftrieb vollkommen, d. h. auf allen Begrenzungsflächen, und kommt einer Verminderung des Gewichtes um das Volumen des vom Kluftkörper verdrängten Wassers gleich ($\gamma_W \doteq 1$). Der Kluftkörper ruht dann nur noch mit $G' = V\,(\gamma_G - 1)$ auf seiner Unterlage. Dabei macht es keinen Unterschied, ob die ihn begrenzenden Klüfte weit oder eng, leer oder mit (wasseraufnahmefähigem) Zwischenmittel, z. B. Kluftletten, erfüllt sind.

Auf einem Kluftkörper im verschränkten Verband, dessen Begrenzungsflächen nicht zur Gänze als Klüfte realisiert sind, sondern welcher mit seinen Nachbarn entlang Materialbrücken zusammenhängt, wirkt der hydrostatische Druck nur auf den vom Durchtrennungsgrad der einzelnen Kluftscharen bestimmten Teilflächen:

$$H = A \cdot \varkappa_e . \qquad [10\text{—}20]$$

Bei steilstehenden Kluftflächen macht es im statistischen Mittel vieler Kluftkörper, für welche gleicher Durchtrennungsgrad angenommen werden darf, hinsichtlich des Auftriebes keinen Unterschied, ob der Durchtrennungsgrad dieser Flächenscharen groß oder klein ist, da die vektorielle Summe auf diesen Flächen im statistischen Mittel 0 ist. An flach geneigten Klüften jedoch wirkt sich der Durchtrennungsgrad derselben voll aus, da der Auftrieb als Differenz der Kluftwasserdrücke auf obere und untere Begrenzungsfläche zunächst und unmittelbar nur auf Teilflächen $A \cdot \varkappa_{eh}$ [7])

[7]) $\varkappa_{eh}$ = ebener Kluftflächenanteil söhliger oder schwachgeneigter Kluftscharen.

wirkt:

$$U = V \cdot \varkappa_{eh} \cdot \gamma_w \qquad [10—21]$$

bzw.

$$G' = V(\gamma_G — \varkappa_{eh}) \quad \text{für } \gamma_w = 1\,. \qquad [10—22]$$

Bei allgemeiner Schräglage gelten die vorstehenden Überlegungen analog für die Horizontalprojektionen der Kluftkörperbegrenzungsflächen; bei einem von drei aufeinander normalen Flächenscharen begrenzten Kluftkörper, dessen Scharen mit der Horizontalen die Winkel β_a, β_b und β_c einschließen und die Durchtrennungsgrade $\varkappa_{ea}$, $\varkappa_{eb}$, $\varkappa_{ec}$ aufweisen, ist der Auftrieb theoretisch

$$U \doteq \frac{V}{3}(\varkappa_{ea} \cdot \cos\beta_a + \varkappa_{eb} \cdot \cos\beta_b + \varkappa_{ec} \cdot \cos\beta_c) \qquad [10—23]$$

anzuschreiben. Praktisch wird er sich um so mehr dem Grenzwert $V \cdot 1$ nähern, je mehr das Kluftnetz so geartet ist, daß sich trotz unvollkommener Durchtrennungsgrade der einzelnen Kluftscharen zusammenhängende Kluft-Linienzüge (Klufttreppen) finden.

Freilich wirkt auch in dem nicht als Kluft realisierten Teil einer Kluftkörperbegrenzungsfläche ein Wasserdruck, welcher im Ausmaß der vorhandenen Porenquerschnitte einen Anteil zur vektoriellen Auftriebssumme liefert. Da der Porenwasserdruck im Gesteinsinneren vom Kluftwasserdruck im allgemeinen verschieden sein wird, müßte man ihn theoretisch getrennt erfassen. Praktisch wird man sich mit Näherungen begnügen dürfen und die Ziffer des Durchtrennungsgrades um den Anteil der Porenquerschnittfläche vermehren, ohne verschiedene Druckhöhen anzunehmen. Dieser Anteil spielt bei künstlichen Bauwerken eine untergeordnete, bei tektonischen Großgebilden jedoch eine wesentliche Rolle.

Was vom einzelnen Kluftkörper bzw. vom Kluftkörperverband gesagt wurde, gilt vice versa für die durch Großklüfte oder Störungen getrennten G r o ß k l u f t k ö r p e r in gleicher Weise. Bei diesen ist der Durchtrennungsgrad 100% ($\varkappa_e \doteq 1$). Hier kommen gelegentlich Drehmomente zu statischer Wirkung, welche in den Kleinkluftkörpern zwar auch vorhanden sind, aber eine geringere Rolle spielen. Sobald nämlich solche Großkluftkörper nicht allseitig benetzt, sondern nur teilweise ins Grundwasser eingetaucht sind, fällt der Schwerpunkt des verdrängten Wasserkörpers nicht mehr mit dem Kluftkörperschwerpunkt zusammen, so daß der Auftrieb exzentrisch angreift und ein Drehmoment ergibt.

10.32 Hydrostatischer Kluftwasserschub

Bei geneigtem Grundwasserspiegel kommt ein hydrostatischer Kluftwasserschub zustande, welcher hangauswärts gerichtet ist. Seine Größe und Richtung ergibt sich für die einzelnen Gesteinstafeln oder Großkluftkörper als vektorielle Summe der auf die begrenzenden Kluftflächen des betrachteten Bereiches wirkenden hydrostatischen Flächendrücke; diese schließt auch den Auftrieb mit ein. Bei der Bildung dieser Summe sind wieder die den einzelnen Kluftscharen zukommenden Durchtrennungsgrade zu berücksichtigen. In dem häufig vorkommenden und statisch wichtigsten Fall parallel zum Böschungsfuß streichender steiler Großklüfte darf dieser Schub, vereinfacht in der Richtung normal auf diese Großklüfte oder auch horizontal wirkend, als Differenz der auf 2 benachbarte Großklüfte K_a und K_b (Abb. 10-18) wirkenden Wasserdruckdreiecke 1—2—3 und 4—5—3 angesetzt

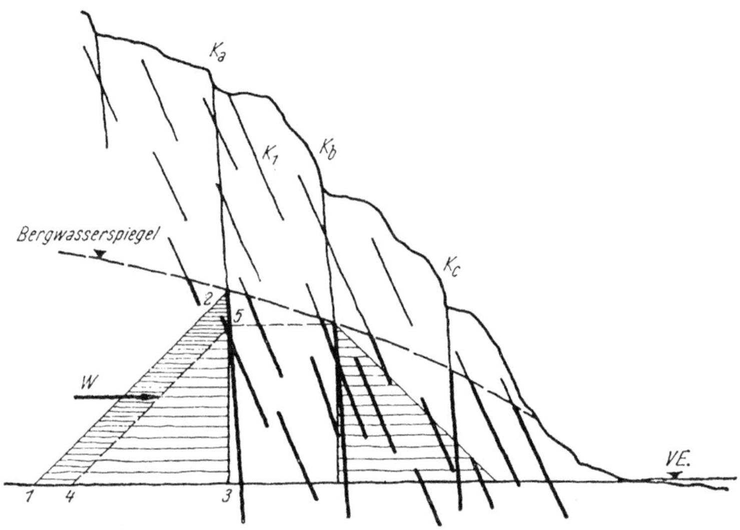

Abb. 10-18. Einfluß des Kluftwasserschubes auf das Gleichgewicht einer Böschung im Gebirge mit Großklüften

werden. Bei steilerer Wasserspiegellage und bei schrägen Kluftlagen, insbesondere auch bei flachliegenden Großklüften (Schichtklüften), welche größere Drehmomente ergeben, müssen alle Teilkräfte normal auf die Hauptkluftscharen bzw. Hauptklüfte in Rechnung gesetzt werden.

10.33 Abminderung der Reibungskräfte

Die Anwesenheit von Wasser in der Böschung bedeutet meist Abminderung der Reibungskräfte auf den Klüften, welche das Gleichgewicht beeinträchtigt. Die schmierende und plastifizierende Wirkung des Wassers auf die Zwischenmittel wurde in (*3.62*) besprochen, desgleichen die spontane Herabsetzung der Reibung im Fall von Porenwasserdruck und -stößen (Nullreibung). Die in (*3.63*) dargestellte Festigkeitsminderung durch den Kluftwasserdruck kommt gleichfalls durch eine Reibungsverminderung auf Kluftflächen zustande; von ihr werden aber auch die nicht geschmierten

Kluftflächen betroffen, da der Kluftwasserdruck den Reibungsverband dadurch herabsetzt, daß er die Flächennormaldrücke abmindert.

Die Reibungsminderung infolge der Schmierwirkung (Porenwasser) findet nicht nur in dem unterhalb des Bergwasserspiegels gelegenen ständig benetzten Böschungsteil, sondern auch in dem von Schmelz- und Tagwässern durchsickerten Bereich statt. Die reibungsmindernde Wirkung des freien Kluftwassers hingegen kommt nur unterhalb des Bergwasserspiegels zustande.

10.34 Abminderung der Materialfestigkeiten

Eine Abminderung der Materialfestigkeiten durch das Wasser spielt technisch nur bei Weichgesteinen (Mergeln, Tonen, Tonschiefern) eine Rolle. Bei der geomechanischen Erfassung tektonischer Vorgänge innerhalb großer Zeiträume oder in großer Teufe hingegen kommt der Festigkeitsbeeinflussung durch das Porenwasser (*3.61*) eine wichtige Rolle zu.

10.35 Gleichgewicht in einer Felsböschung mit Bergwassereinwirkung

In einer Felsböschung mit Bergwassereinwirkung ist das Gleichgewicht stets weniger stabil, als es bei sonst völlig gleicher geologischer und Gefügebeschaffenheit, jedoch ohne Bergwassereinwirkung, wäre. Auftrieb und Kluftwasserschub verflachen die Stützlinie; gleichzeitig werden die Gebirgsfestigkeiten und Verformungsmoduln herabgesetzt. Diese Wirkungen äußern sich in allen in (*10.2*) besprochenen Grundfällen in ähnlicher Weise, so daß es genügt, das Grundsätzliche herauszuheben, ohne auf die Grundfälle einzugehen.

Je höher der vom Bergwasser beeinflußte Böschungsbereich und je steiler das Spiegelgefälle oder die Spiegeltreppe des Bergwassers, desto f l a c h e r verläuft die S t ü t z l i n i e (Abb. 10–19 b u. c), ein desto größerer Bereich erleidet gleichzeitig Reibungs- und Festigkeitseinbußen. Dieser Umstand erklärt zwanglos und ausreichend die des öfteren mitgeteilte Tatsache, daß sich die Ufer (und Flanken) von Stauräumen bei Füllung des Beckens zur Talmitte, bei Leerung bergeinwärts bewegen. Wäre das Gebirge ein elastisches Kontinuum, so würden, wie Berechnungen gezeigt haben, die Bewegungen im umgekehrten Sinne verlaufen müssen. Das Gebirge ist aber ein Zweiphasen-Diskontinuum. Bei steigender Beckenfüllung wird zwar der Bergwasserspiegel gemäß Abb. 10–20 a zunächst verflacht, wodurch der zur Talmitte hin wirkende Kluftwasserschub gegenüber dem Zustand a in Abb. 10–20 a vermindert wird; aber durch den im Bereich 1—2—3—4 hinzukommenden Auftrieb wird die Summe der Vertikalkräfte gleichfalls, und zwar recht entscheidend, verkleinert, so daß die Resultierende flach gerichtet wird. Dadurch muß theoretisch eine kleine Uferhebung (um mm), jedenfalls aber eine Bewegung zur Talmitte hin

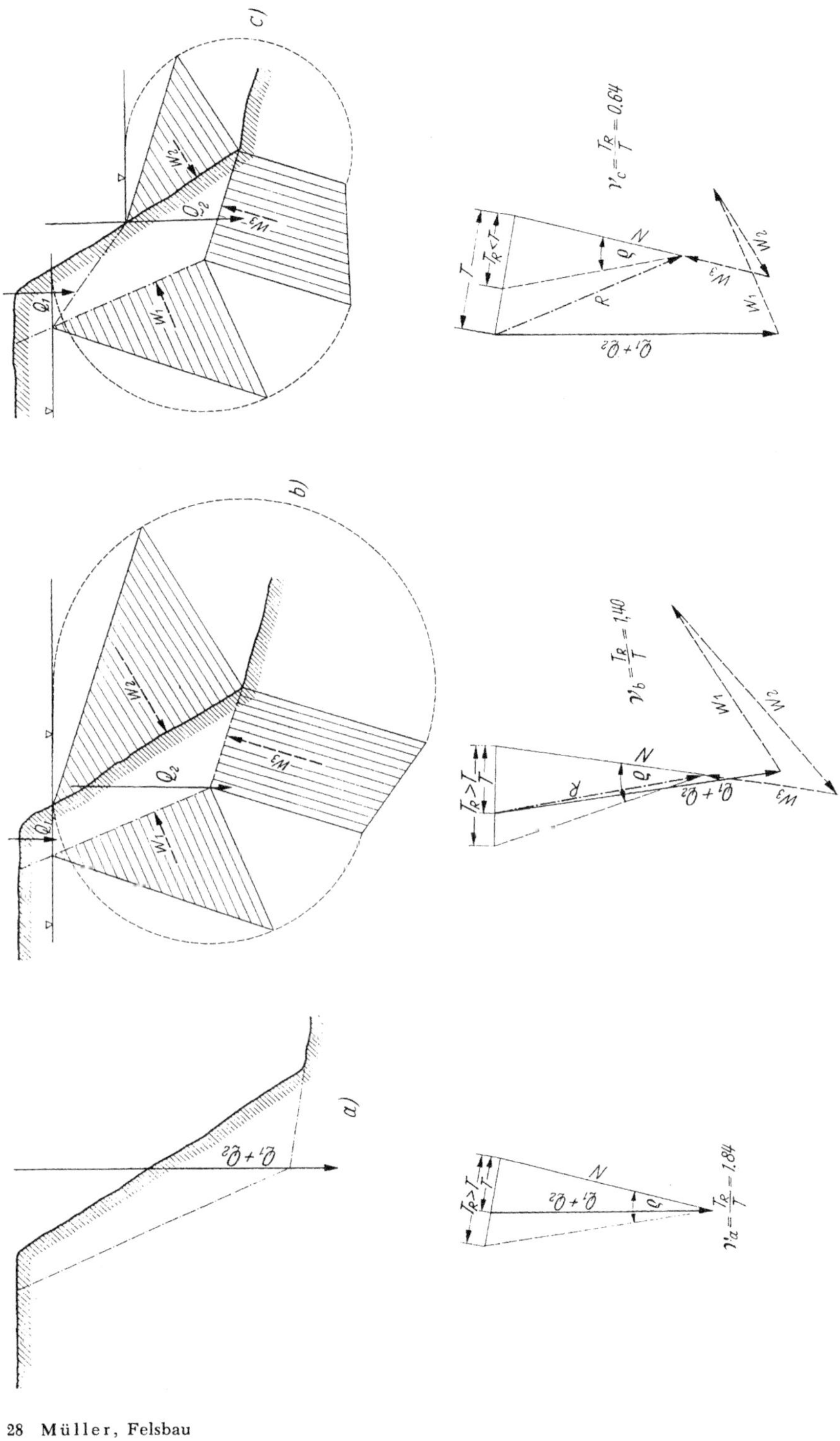

Abb. 10-19. Einfluß der Lage des Bergwasserspiegels auf das Gleichgewicht von Felsböschungen. Aus L. MÜLLER (1960, 172)

(um cm) auftreten, zumal gleichzeitig infolge der Durchfeuchtung die Formänderungsmoduln kleiner werden. Nach dem Eintritt von Niederschlägen wird der Bergwasserspiegel in eine Lage (4—6) parallel zu seiner früheren gehoben. Dadurch kommt ein weiterer Bereich 2—3—4—6—7 unter Auftriebwirkung, und überdies erreicht der Kluftwasserschub seine frühere Größe wieder. Neuerlich müssen sich also die Ufer nach der Talmitte zu bewegen (und theoretisch auch ein wenig heben).

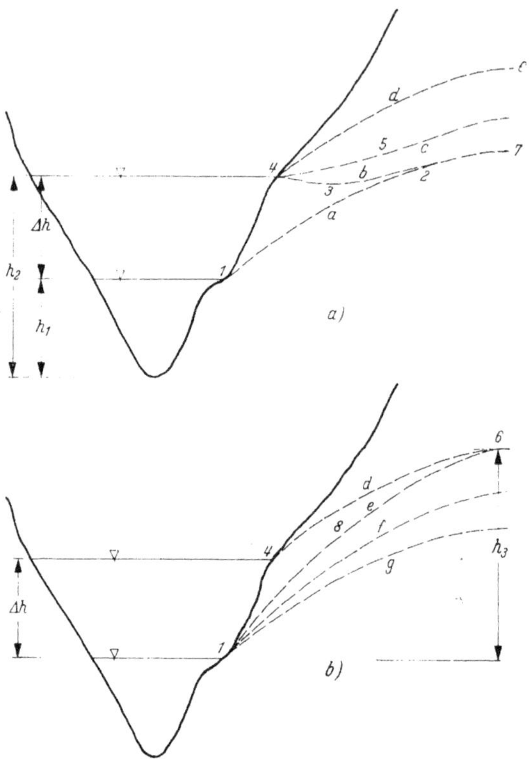

Abb. 10-20. Einfluß von Spiegelschwankungen und Oberflächenverschluß auf das Gleichgewicht von Felsböschungen a) bei Spiegelhebung, b) bei Spiegelsenkung

Bei S p i e g e l s e n k u n g hingegen (Abb. 10-20 b) wird der Bergwasserspiegel erheblich versteilt (Lage 6—8—1), aber in einer solchen Weise, daß der Auftrieb nur um ein weniges im Bereich 1—8—6—4—1 vermindert, der Kluftwasserschub hingegen erheblich erhöht wird. Er wächst nicht nur infolge der größer gewordenen Spiegeldifferenz Δh, sondern diese Spiegeldifferenz wirkt sich noch auf eine größere Höhe h_3 aus. Dies erklärt, weshalb sich U f e r r u t s c h u n g e n auch in Fels vorwiegend bei rascher Spiegelsenkung ereignen. Bei langsamer Spiegelsenkung wird die Versteilung des Bergwasserspiegels und damit ein zusätzlicher Kluftwasserschub vermieden.

Der Zustand rasch sinkenden Seespiegels und eines demgegenüber zeitlich zurückbleibenden Bergwasserspiegels wurde während eines Modellversuches für die Vajontsperre in Bergamo (ISMES) unfreiwillig erzeugt, als die zur Dichtung eines Modellbeckens eingelegte Plastikhülle unversehens zerriß. Da eine rasche Spiegelsenkung stattfand und die Talflanken in dem gefügetreuen Modell der Natur entsprechend aus zerklüfteten Massen aufgebaut waren, verursachte das Kluftwasser im Modell einen regelrechten hydraulischen Grundbruch.

Aus dem Vorstehenden erhellt, daß nach Spiegelsenkungen (sofern kein Grundbruch stattfindet), rückläufige Bewegungen der Beckenflanken eintreten müssen, wie es auch tatsächlich beobachtet wurde. Weil aber in einem zerklüfteten Felskörper auch kleine Formänderungen in der Regel einen nennenswerten unrückläufigen Anteil aufweisen, muß erwartet werden, daß die Uferbewegungen nach einer Beckenleerung nicht vollständig zurückgehen und daß bei neuerlicher Füllung eine über das Ausmaß nach der ersten Füllung hinausgehende Bewegung festzustellen sein wird. Es kommt bei oft wiederholten Spiegelschwankungen, wie so häufig bei oszillierenden Beanspruchungen, zu Kriecherscheinungen. Diese erklären, weshalb Seeufer häufig erst nach vielen Spiegelschwankungen einstürzen.

Ein Verschluß der Felsoberfläche durch Frost hebt gleichfalls den Bergwasserspiegel (bei reichlichem Nachschub von Bergwasser parallel, andernfalls verflachend). Auch diese Hebung verursacht eine Vergrößerung der Auftriebskräfte und des Kluftwasserschubes, wobei aber die Höhendifferenz Δh, welche das Ausmaß des Kluftwasserschubes bestimmt (im Gegensatz zur Spiegelhebung durch einen steigenden See), im vollen Maße der Spiegelhebung (Abb. 10–20 a) wächst. So war es kein Zufall, daß sich alle 3 an der Dobra beobachteten Felsgrundbrüche während der Frostperiode ereigneten, mit welcher sie also, wie Petzny und Stini (1956 b, 141) sofort erkannten, in einem ursächlichen Zusammenhang standen.

Die gleiche unliebsame Wirkung kann ein künstlicher Oberflächenverschluß durch Spritzbeton, liegende Oberflächendichtungen u. ä. entfalten, wenn gegen den Anstieg des Bergwasserspiegels nicht Vorkehrungen getroffen wurden. Selbst Verkleidungs- und Stützmauern können dann spiegelhebend wirken und unter ungünstigen Umständen mehr schaden als nützen.

10.36 Abhilfe gegen unerwünschte Bergwasserwirkungen

Solchen unerwünschten Wirkungen kann nur durch Niedrighalten des Bergwasserspiegels entgegengetreten werden. Neben der selteneren, aber wertvollen Möglichkeit, den Nachschub des Bergwassers von innen und oben her zu unterbinden oder einzudämmen, ist das einfachste und wirksamste Auskunftsmittel Felsdrainage. Diese senkt den Bergwasserspiegel ab, verflacht ihn und verringert so den Kluftwasserschub und den unter Auftrieb stehenden Bereich (Müller und Pacher 1958 d). In günstigen Fällen, z. B. im Innern von Talsperren-Felswiderlagern, wird man dem Drainsystem mitunter sogar eine solche Lage geben können, daß der Kluftwasserschub nach dem Berginnern zu, also stabilisierend wirkt.

Felsdrainagen können als Stollen und Schächte, am einfachsten als Bohrlöcher, bei größeren Anlagen als Kombination solcher Hohlformen angelegt werden. Durchmesser, Dichte und Ausdehnung eines Drainageschirmes richten sich nach der vom jeweiligen Gebirge abhängigen Reichweite, welche durch die Durchlässigkeit und Wasseraufnahmefähigkeit des Gebirges (*10.37*) bestimmt wird.

Gegen Felsdrainagen wird vielfach eingewendet, daß sie a) nur einen Teil des Bergwassers abzuziehen vermögen, welcher oft sogar sehr gering ist, b) daß sie die Durchlässigkeit des Gebirges mit der Zeit durch Ausfeinung der Kluftfüllungen und rückschreitende Erosion vermehren, was im Einzelfalle sehr unerwünscht sein kann, und daß sie c) im Laufe der Zeit durch Verschlammung und Überkrustung unwirksam werden können. Der Einwand a) ist damit zu entkräften, daß es nicht die Aufgabe solcher Drainagen ist, große Mengen von Bergwasser abzuziehen, sondern daß sie den Druck des Bergwassers zu entspannen haben. Eine solche Druckentlastung wird selbst bei geringer Spiegelsenkung in einem gewissen Bereich um die Drainageöffnung herum erreicht, da der Druck an der Wand der Öffnung 0 ist und sich von allen Seiten ein Druckgefälle mit dem Endwert 0 einstellen muß. Wenn der Einwand b) zu Recht besteht, so kann einer Ausfeinung und Erosion entweder durch Drainagefilter begegnet werden, oder aber ihr Bereich kann durch einen dahintergelegten Dichtungs-

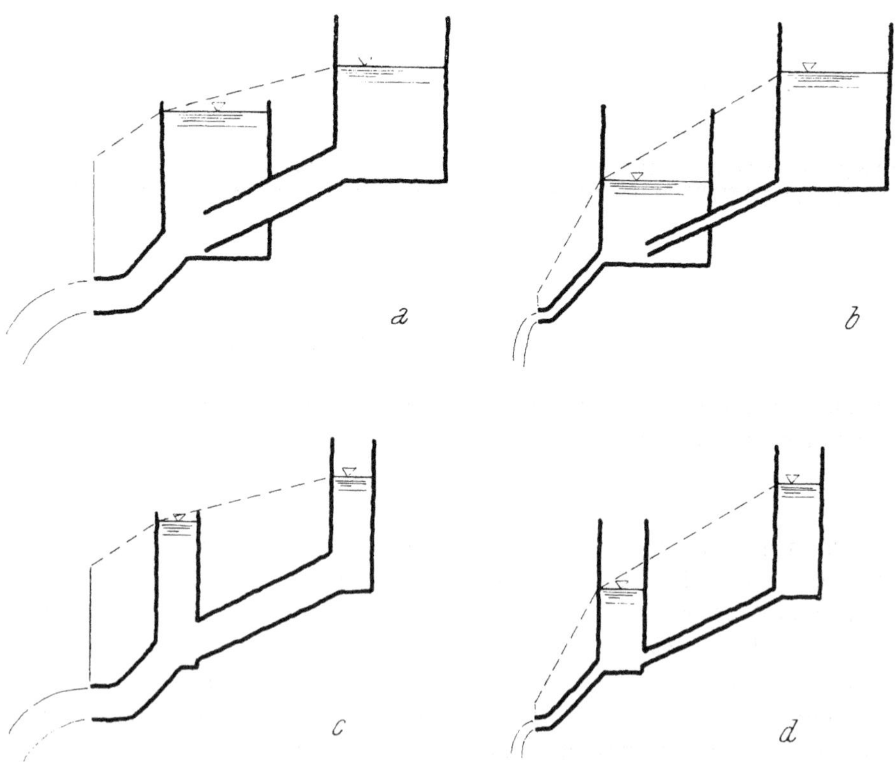

Abb. 10-21. Durchlässigkeit und Wasseraufnahmefähigkeit des Gebirges als Kriterien der Grundbruchgefahr. (Aus L. Müller 1960, S. 173)

schirm (Injektionen) begrenzt werden. Verschlammung und Überkrustung (c) können durch Steilheit der Drainagen und raschen Abfluß der Wässer in denselben eingedämmt, jedoch nicht ganz verhindert werden. Sie treten aber nur in gewissen Gesteinen (Schluffsteinen, wasserlöslichen Gesteinen) auf und müssen gegebenenfalls durch Reinigen oder Nachbohren der Bohrlochwände bekämpft werden. Felsdrainagen, welche im Dolomit des Festungsberges in Salzburg vor 10 Jahren angelegt wurden, haben sich gut bewährt und bis heute an Wirkung nichts eingebüßt. Sie haben auch gezeigt, daß die Gefahr der Verlegung von Drainagebohrlöchern durch Eis zu Unrecht befürchtet wird und daß es unnötig ist, dieser Gefahr durch Heizung oder Wärmeisolierung der Auslässe begegnen zu wollen. Die Eigenwärme des Gesteins und der Sickerwässer genügt, um ein Anfrieren der sich bildenden Eispfropfen zu verhindern; diese pflegen langsam, aber beharrlich, aus dem Bohrloch herauszufließen.

Bei Felsböschungen, in denen das Bergwasser eine entscheidende Rolle spielt, wird man die Wirkung der Drainagen durch Bohrlochstandrohre oder Druckmeßdosen überprüfen und sich bei der Erkundung der Grundwasserverhältnisse mit Vorteil des Hagermanschen Bergwasser-Druckprüfgerätes bedienen (Abb. 2–44).

10.37 Allgemeine Kriterien für die Grundbruchgefahr

Allgemeine Kriterien für die Grundbruchgefahr liefert die Beobachtung der Durchlässigkeit und Wasseraufnahmefähigkeit (bzw. tatsächlichen Wasseraufnahme) des Gebirges (Müller 1960 b, 172). Diese bedingen die Lage und Neigung des Bergwasserspiegels, wie das in Abb. 10–21 skizzierte Gedankenmodell veranschaulicht.

Darin ist die Wasseraufnahme durch verschieden große Gefäße, die Durchlässigkeit des Gebirges durch verschieden weite Abflußröhren symbolisiert. Sind Wasseraufnahme und Gebirgsdurchlässigkeit groß (Fall a), so wird sich meist ein flaches Drucklliniengefälle bzw. ein flacher und wenig schwankender Bergwasserspiegel ausbilden. Der Ruhedruck wird klein, der Fließdruck oft sehr groß sein können. Quellen werden in einem solchen Gebirge stärkere Schwankungen aufweisen. Stößt man bei einem Tunnelvortrieb auf einen solchen Bereich, der bisher abgeschlossen war, so erfolgt ein heftiger, aber (bei mittlerer Größe des Wasserträgers) bald ausblutender Wassereinbruch. Man spricht von „wasserlässigem" Gebirge.

Bei großer Wasseraufnahme und geringer Durchlässigkeit des Gebirges (Fall b) muß sich die Drucklinie (und der Bergwasserspiegel) steil einstellen, um die große Reibung in den engen Wasserwegen zu überwinden. Die Drucklinie wird weniger und langsamer schwanken, der Ruhedruck höher, der Ausfließdruck geringer als im Falle a sein. Das Gebirge wird „voll Druck“ sein, man nennt es „wasserhaltend“. Quellen rinnen spärlicher, aber stetig; Wassereinbrüche beim Tunnelvortrieb spenden lange, aber nicht so heftig. Die hydrostatischen Wirkungen auf das Gleichgewicht der Gebirgsmasse sind groß, und damit wird die Gefahr des Felsgrundbruches bedeutend. Bei Malpasset waren Hangquellen schon vor dem Bau bekannt und wurden auch nach der Katastrophe noch beobachtet, spendeten also gleichmäßig.

Treffen große Durchlässigkeit und geringer Wasservorrat zusammen (Fall c), dann wird die Drucklinie noch stärker schwanken als im Falle a, Quellen werden nach einer kurzen Zeit starker Wasserspende meist ganz aussetzen, Wassereinbrüche in Untertagräumen werden von geringer Heftigkeit und sehr kurzer Dauer sein; eine Grundbruchgefahr ist nicht zu fürchten.

Bei geringer Durchlässigkeit und kleinem Wasserspeichervermögen (Fall d) werden die Dinge ähnlich wie bei Fall b, nur nicht so gefährlich liegen. Die Quellen werden trotz geringer Wasserspende nicht gleichmäßig rinnen; Wassereinbrüche sind nicht zu erwarten, lediglich ein Rieseln oder Schwitzen von den Wandungen; Grundbruchgefahr besteht im allgemeinen nicht, wohl aber Gleitbereitschaft ungünstig gefügter steiler Böschungen.

Mit dieser Auffassung steht durchaus in Einklang, wenn der Vorbericht der Untersuchungskommission der Katastrophe Malpasset von einer „guten allgemeinen Undurchlässigkeit“ und von schlechter Zementaufnahme des dortigen Gebirges sprach. Beide Faktoren können den Geomechaniker nur mißtrauisch machen. So wie bei Erdschüttdämmen die Gefahr hydraulischen Grundbruchs dann am meisten gefürchtet wird, wenn der Stützkörper aus schwach-durchlässigen Böden aufgebaut ist, in welchen sich die Porenwasserdrücke in einer noch nicht ganz verstandenen Weise steigern, während man bei Stützkörpern aus durchlässigem Material völlig sorglos sein kann, so ähnlich hat man auch die Dinge in verschieden durchlässigen Bergarten zu betrachten.

10.38 Begriff der Sicherheit

Der Begriff der Sicherheit ist für Felsböschungen unter Bergwassereinfluß zweckmäßig etwas anders zu fassen als für Böschungen ohne diesen Einfluß. Während er für jene aus dem Quotienten der abschiebenden und der rückhaltenden Kräfte ermittelt wird, liegt die wahre Sicherheit bei diesen in der richtigen Annahme der ungünstigsten Lage und Stellung des Grundwasserspiegels. Eine ausreichende rechnerische Sicherheit scheint mir nur dann gegeben, wenn außer den geforderten Sicherheitskoeffizienten im Gleichgewicht der Kräfte dieses Gleichgewicht auf Grund einer Spiegellage des Bergwassers angesetzt wird, welche über langjährige Beobachtungen hinausgehend so ungünstig angenommen wird, wie sie sich im schlimmsten

Fall nach außergewöhnlichen Katastrophenniederschlägen, Frostabschluß der Oberfläche und Versagen eines Teiles der Drainageentlastungen einstellen könnte.

10.4 Einflüsse der Böschungsform

Ebene Felsböschungen — Ebenheit in groben Zügen verstanden — sind in der Natur in einheitlichem und überdies homogen gefügtem Gebirge anzutreffen (Abb. 10–22). Sie sind dann in ihrem gesamten Verlauf Böschungen gleicher Standsicherheit. Künstliche Felsböschungen, welche man

Abb. 10-22. Ebene Felsböschungen in homogenen Gefügeräumen (Schwarzwaldtal)

stets als Böschungen von überall gleicher Sicherheit („Böschungen sicherheitsgebundener Neigung") anlegen sollte, werden gleichfalls nur in homogenen Gefügeräumen eben auszubilden sein.

Nachfolgend werden in aller Kürze die Abweichungen von der ebenen Böschung im Schnitt und im horizontalen Verlauf erörtert.

10.41 Durchhängende Böschungen

Durchhängende Böschungen (Abb. 10–1 f), denen in Lockermassen eine besonders hohe Stabilität eigen ist, weisen diesen Vorteil im Fels im allgemeinen nicht auf, da Böschungsbrüche — an natürlichen Felsböschungen als „Felsschlipfe" bezeichnet — zum Unterschied von den Böden nicht an stetig gekrümmten Flächen, sondern an „Bruchnischen" stattfinden. Erst bei Böschungshöhen über 50 m, bei denen sich die Gesteinslast als Beanspruchung stärker auswirkt, haben durchhängende Böschungen eine gewisse Berechtigung.

10.42 Bauchige Böschungen

Aus dem gleichen Grunde müssen bauchige Böschungen nicht grundsätzlich von geringerer Standsicherheit sein als ebene. Bei kohäsionsbedingter Scherfestigkeit jedoch sind bauchige Böschungen nachteilig *(10.42)*.

10.43 Geologisch bedingte Böschungen

In der Natur sind unregelmäßige Felsböschungen die Regel, die wir besser ungleichmäßige nennen sollten, da sie geologisch bedingte Böschungen sind. Der natürliche Abtrag modelliert standfestere Homogenbereiche steiler, weniger standfeste flacher, so daß Treppenlandschaften (Abb. 10–1 i) entstehen. Diese ungleichmäßigen Böschungen der Natur sind Böschungen gebundener Neigung vom Sicherheitsgrad 1 oder nahe 1. Die Unterschiede ihrer einzelnen Teilneigungen spiegeln, entgegen häufiger Annahme, keineswegs immer unterschiedliche Gesteinsfestigkeiten wider, sondern in ihnen kommt die Auswirkung günstiger und ungünstiger Kluftstellungen, eng- oder weitschariger Zerklüftung, verschiedenartigen Druchtrennungsgrades usw. auf die Standsicherheit zum Ausdruck.

Künstliche Böschungen nach dem gleichen Grundsatz einer in allen Teilen gleichen Sicherheit, also als Böschungen gebundener Neigung anzulegen, wäre erstrebenswert; denn gleiche Sicherheit bedeutet beste Ausnützung des Materials, also Wirtschaftlichkeit. Auch sind sie ansehnlicher. Sind ν_{ni} die den einzelnen Homogenbereichen zukommenden Sicherheiten gleichen Grades und s_{ni} die Teilneigungen, welche diesen Sicherheiten entsprechen, dann können Böschungen von mäßiger Höhe aus diesen Teilneigungen zusammengesetzt werden. Praktisch wird man dabei berücksichtigen, daß die Böschungslinien immer auch Spannungshauptlinien sind. An einer vorspringenden Ecke ist daher ein nach außen gerichteter Schub aufzunehmen. Wenn dieser bei geringeren Böschungshöhen auch nicht groß sein wird, so kann er doch im Zusammenwirken mit Frostlockerung und Spannungsumlagerung bedenklich werden. In den tieferen Bereichen hoher Felsböschungen wird man deshalb an diesen Stellen Bermen einlegen. Am besten schaut man der Natur in der Nachbarschaft ab, wie sie es im Falle des gegebenen Gesteins gemacht hat; sie macht es immer richtig. Wir können uns freilich nicht so geringe Sicherheiten erlauben, wie die, welche sie anwendet, damit ihr Räderwerk in Gang bleibt.

10.44 Bermen

Mitunter begegnet man der Ansicht, die Standsicherheit von Felsböschungen könne ganz allgemein durch Bermen erhöht werden. Das Gegenteil ist richtig. In Bergarten sehr geringer Materialfestigkeiten, welche bei großer

Böschungshöhe ähnlich gekrümmte Bruchflächen ausbilden können wie Lockergesteine, erniedrigt eine Berme 4—5 (Abb. 10–23) die Standsicherseit des Teilbereiches F—4—5 gegenüber der Gesamtböschung F—K, da die Gleichgewichtsbedingungen für den Gleitkreis 3—5 ungünstiger sind als diejenigen für den Gleitkreis 1—2. Eine Erhöhung der Sicherheit der Gesamtböschung F—K würde hingegen durch Ausbildung nach dem Linienzuge F—5—K erreicht (durchhängende Böschung); insbesondere dann, wenn in dem Material eine vergleichsweise hohe Kohäsion herrscht. Aber auch im allgemeinen Falle von Gesteinen, welche Bruchnischen ausbilden (Abb. 10–13) oder vorgegebene Gleitflächen aufweisen, kann eine Berme A—B (Abb. 10–23 b), welche den Böschungskopf von K nach K_1 zurückverlegt, gegenüber einer geradlinig zurückgelegten Böschung F—K_1

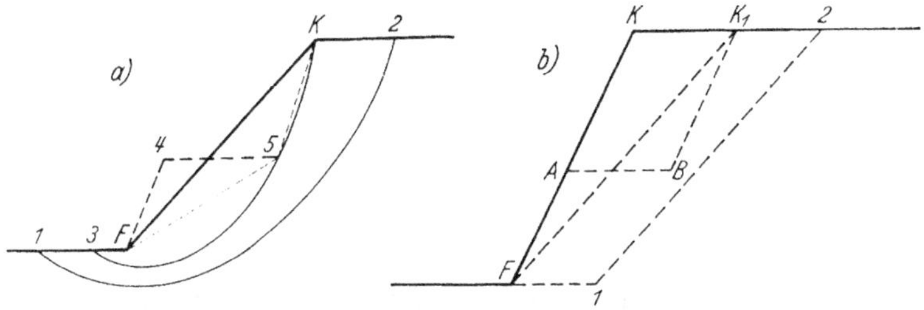

Abb. 10-23. Einfluß von Bermen auf die Standsicherheit von Böschungen; a) in Böden, b) in geklüftetem Fels

nur eine Einbuße an Sicherheit bringen; denn sie enthält steilere Teilstücke F—A und B—K_1, denen in den meisten Kluftkörperverbänden eine geringere Sicherheit eigen ist als der flacheren Böschungslinie F—K_1. Auf alle Fälle aber liegt der Punkt B näher an der maßgebenden Bruchnische oder Gleitfläche 1—2 als irgendein Punkt der verglichenen Böschung F—K_1 und schwächt dort den Fuß des oberhalb anstehenden Teiles. Überdies hängt der Scherwiderstand entlang der Bruchnische oder Gleitfläche 1—2 von der Normalspannung auf dieser Bruchfläche ab. Nur wenn dieser Scherwiderstand allein reibungsabhängig ist, ist die Form des darüber lastenden Gleitkeiles ohne Einfluß auf den Scherwiderstand. Je mehr der Scherwiderstand jedoch kohäsionsbedingt ist, desto mehr nimmt die Standsicherheit auskragender, bauchiger Böschungsteile gegenüber gestreckt verlaufenden ab.

Schließlich bringt die einspringende Ecke bei B immerhin eine gewisse Spannungskonzentration. Ist diese auch zahlenmäßig nicht erheblich, so mag sie doch ins Gewicht fallen, wenn sie mit besonders geringer Gebirgszugfestigkeit in flachgeneigter Richtung zusammenfällt. Zugrisse am Innenrand von Bermen, welche ich in Tagebauen großer Böschungshöhe des öfteren beobachtet habe (Abb. 10–24), lassen mich annehmen, daß diesem Umstande Bedeutung beizumessen sei.

Abb. 10-24. Zugrisse am Innenrand von Böschungsbermen (Kupfertagebau Rey, Arizona)

Abb. 10-25. Kupfertagebau Bingham, Utah (käufliche Postkarte)

Freilich kann die Anlage von Bermen aus betrieblichen und konstruktiven Gründen erwünscht sein (Abb. 10–25). Mitunter wird Begeh- oder Befahrbarkeit bzw. Aufstellungsmöglichkeit von Geräten gefordert. Bei leicht ausräumbaren Gesteinen, wie Phylliten, schwach gebundenen Sandsteinen, Tonen und Mergeln, stark zerklüfteten Hartgesteinen usw., ist man genötigt, etwa alle 5—15 Höhenmeter eine Berme zur Abbremsung des abschießenden Regen- und Schmelzwassers anzuordnen, um zu verhindern, daß dieses die Böschung angreife. Angesichts der geschilderten ungünstigen statischen Auswirkungen von Bermen wird man diese jedoch tunlichst sparsam und mit Bedacht anbringen, nicht schematisch austeilen, sondern so, wie es die geologischen Verhältnisse nahelegen.

10.45 Hohe und sehr hohe Böschungen

Während bis etwa 80 m Höhe Sicherheit und Neigung einer Böschung fast nur von den Gefügedaten abhängen, erzeugt bei größerer Höhe die Gesteinslast in einiger Tiefe hinter dem Böschungsfuß bereits so hohe Beanspruchungen, daß für die Standsicherheit die Gebirgsfestigkeit entscheidend sein kann.

Die Spannungszustände in hohen und steilen Felsböschungen sind noch wenig erforscht [8]). Sie geostatisch zu erfassen, ist eine vordringliche Aufgabe; hängt doch von ihrer Kenntnis die Sicherheit hoher Böschungen ab, welche bei zu geringer Sicherheit Menschen und Sachwerte gefährden. 115 Menschen tötete ein Felssturz vom Tschingelsberg (Schweiz), welcher 1881 durch den Abbau von Schieferplatten ausgelöst wurde und 83 Gebäude verschüttete. 250 Menschenleben forderte der Felssturz vom Mönchsberg in Salzburg, welcher 1669 eine ganze Häuserzeile unter sich begrub.

Nach unseren heutigen Vorstellungen müssen die Beanspruchungen am Fuße hoher Felsböschungen größer angenommen werden, als man sie sich nach allzu vereinfachten Rechnungsüberschlägen bisher dachte. Daß hohe Berge, auch wenn sie von vergleichsweise standfesten Bergarten aufgebaut sind, oft recht flach, selten über 45° geneigt sind, ist sicherlich nicht allein auf Abwitterung und Abtrag zurückzuführen, sondern auf die vielfach bis zur Grenze erschöpfte Belastbarkeit des Gesteins.

Für Steilwände hat Stini (1930 b, 2) die Formel

$$2\,\tau = \gamma h \sin 2\,\beta_0 \qquad [10\text{—}24]$$

und daraus die Näherungsformel

$$\tau = \gamma h \sin \beta_0 \qquad [10\text{—}25]$$

abgeleitet. Nach ihr kann die Standsicherheit von Steilwänden eingeschätzt werden, wenn man — was näherungsweise erlaubt ist — die Beanspruchungen an ihrem Fuße denen von senkrechten Wänden gleichsetzt (s. Diagramm 10—26). Für die bekannten Zugspannungen, welche hinter Steilwänden aufzutreten pflegen, gibt Stini (S. 7) die Gleichung

$$2\,h\,\sigma = b^2 \gamma \sin^2 \beta_0 + h\,\gamma\,b \sin 2\,\beta_0\,. \qquad [10\text{—}26]$$

Wendet man auf Steilwände die Formel [4—28] an, mit welcher Terzaghi einen Zusammenhang zwischen der maximalen, eben noch standfesten Böschung eines Felsmassivs und der Scherfestigkeit des Gesteins an ihrem Fuß beschreibt, so erhält man für sehr steile Böschungen nach Terzaghi einen 4mal größeren Wert für deren maximale Höhe als nach Stini. Es wird zu zeigen sein, daß man andererseits mit anderen Ansätzen Werte für die zulässige Böschungshöhe erreicht, welche selbst die Werte, die sich aus der Stini-Formel ergeben, noch weit unterschreiten. Diese Verhältnisse lassen deutlich erkennen, wie notwendig es ist, die wenigen vor-

[8]) Geschrieben 1960; inzwischen wurden diesbezügliche Studien begonnen, welche bereits gewisse quantitative Aussagen ermöglichen.

handenen Studien über die Spannungsverteilung in steilen Böschungen zu ergänzen.

Macht man von diesen oder ähnlichen Beziehungen Gebrauch, so ist allerdings noch die Gefügeanisotropie des Gebirgsverbandes zu beachten. Dieser Gebirgsverband ist ja in einem geologischen Formungsakt entstanden, in welchem Spannungszustände ganz anderer Art und Richtung auftraten, als sie dem Gebirge bei der Anlage von

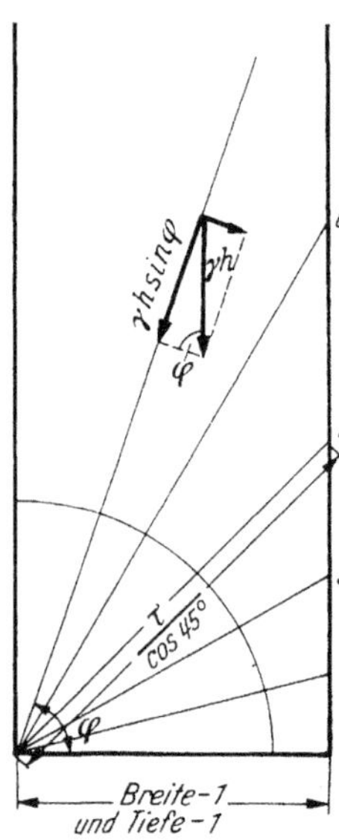

Abb. 10-26 a

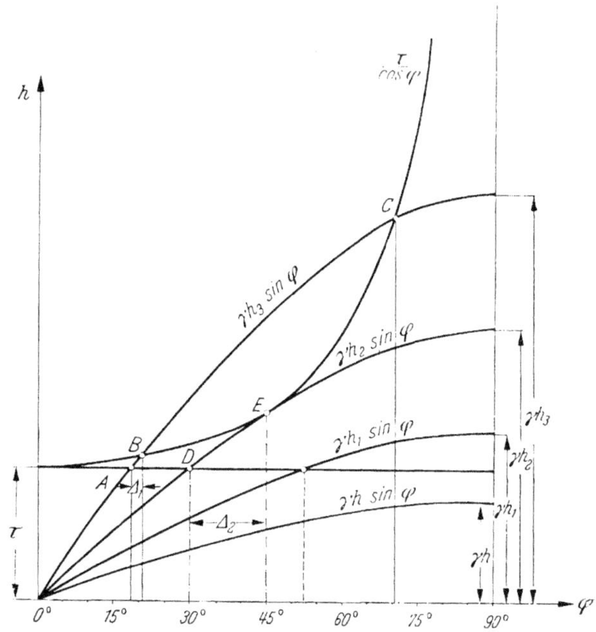

Abb. 10-26 b

Abb. 10-26. Scherbeanspruchung in Abhängigkeit von der Böschungshöhe h. (Nach Stini 1930/1)

(künstlichen oder natürlichen) Böschungen zugemutet werden. Oft waren es Beanspruchungen, deren größte Spannungsachse waagrecht oder flach geneigt war. In der Nähe einer Böschung hingegen steht die größte Spannungsachse meist steil. Die Schaffung einer freien Oberfläche gibt zu festigkeitsmindernden Spannungsumlagerungen Anlaß. Denken wir uns z. B. σ_V während des Anschneidens einer Böschung von 300 m Höhe in der Größe von $\gamma h \doteq 900$ t/m² gleichbleibend, während die Horizontalspannung im Gesteinsinneren $\sigma h \doteq \lambda \gamma h \doteq 150$ t/m² beträgt, aber wegen der neuen freien Oberfläche Null werden muß, so kann der Mohrsche Spannungskreis bei solcher Spannungsumlagerung leicht die Grenzkurve der Bruchbeanspruchung berühren, von der er vorher Abstand hatte (vgl. a. Abb. 3–27 und 3–28). Noch weit ungünstigere Beanspruchungen werden aktuell, wenn sich *tektonische Spannungen* oder deren Restspannungen im Gebirge finden. Bei der Projektierung und Ausführung solcher hoher Böschungen sollte man das Gebirge deshalb immer auf das Vorhandensein von latenten Spannungen untersuchen.

Die Auswirkung solcher Spannungen auf die Standsicherheit von Felsböschungen ist gegeben durch 1) eine heftigere Spannungsumlagerung bei der Anlage der neuen

Oberfläche; 2) eine dementsprechend größere freiwerdende Querdehnung; dadurch 3) eine zusätzliche Auflockerung, welche infolge des steileren Spannungsgefälles hinter der Böschung tiefer greift; 4) eine Richtungsänderung der Spannungstrajektorien und 5) eine stärkere Spannungskonzentration am Böschungsfuß (Müller 1960 c und 1962). Allein die während des Aushubes einer Böschung freiwerdende Querdehnung (2) am Fuße kann bei Böschungshöhen von 300—400 m schon 50—300 mm betragen, ein Maß, welches die Entstehung der bekannten Zugrisse am Böschungskopf — und auch hinter der Böschungsfläche selbst — schon sehr verständlich werden läßt.

Noch beachtlichere Querdehnungen entstehen, wenn sich die Böschung oberhalb ihres Fußes zufolge eines Nachdrängens der Gesteinsmassen in ihrem Inneren ausbaucht. Diese Ausbauchungen, welche sehr groß sein können, entsprechen wahrscheinlich sehr großen μ-Werten bzw. sehr kleinen m-Werten unter 2,0, wie wir sie nach den ersten Erfahrungen an Felsgroßversuchen für möglich halten müssen; sie verraten stets Gefügelockerungen. Pacher schlägt vor, deren Grad und Gefahr nach dem Kennwert $E \cdot \varepsilon_2$ zu beurteilen, welcher die Dimension einer Spannung hat, ohne wirklich eine Spannung bedeuten zu müssen.

Ich halte allerdings auch rechte Zugspannungen in hohen Böschungskörpern für möglich; wenn man die Vorgänge im Böschungskörper als Fließvorgänge auffaßt, dann hat man sich vorzustellen, daß dieses sekuläre Strömen in etlichen Bereichen Spannungszustände der (reinen oder einfachen) Schiebung erzeugt, welche stets mit echten Zugspannungen verknüpft sind. Aber selbst wenn reelle Zugspannungen nicht auftreten oder der Größe nach gering sein sollten, so vermögen die lotrechten oder steilstehenden Druckspannungen infolge des großen Querdehnungskoeffizienten ganz beträchtliche Querdehnungen zu erzeugen; diese sind es, welche das Gebirge schon bei vergleichsweise geringen Vertikalbelastungen in den Fließzustand überführen können, sobald sich lokal die Beanspruchungen dem einachsigen Spannungszustand nähern. Diesen Fließzustand gilt es durch Flacherlegen der Böschungen, durch kräftiges Ausrunden ihres Fußes oder durch künstliche Mittel *(13)* zu vermeiden.

Man versteht das mechanische System einer Steilböschung keineswegs, wenn man nur die über dem Böschungsfuß aufragenden Felsmassen betrachtet. Man hat sich vielmehr vorzustellen, daß durch den Abtrag einer Böschung bzw. ihres Vorgeländes ein sehr großer Gebirgsbereich sozusagen aus dem Gleichgewicht gekommen ist und zähfließend einem neuen Gleichgewicht zustrebt; ein Gebirgsbereich, welcher mit seinem wesentlichen Teile mindestens so tief in den Untergrund reicht als die Böschung hoch ist, und dessen horizontale Erstreckung noch weit größere Dimensionen aufweist. Denn der aufragende Teil des Böschungssystems ist ja zufolge der Mächtigkeit seiner Unterlage von vielen Kilometern sehr weich gebettet, so daß eine Entlastung um beispielsweise 300 m Gestein schon Vertikalbewegungen der Unterlage in der Größenordnung von etwa 1—10 m auszulösen vermag. Diese vertikalen Entlastungsbewegungen, welche das Vorgelände des Böschungsfußes auszuführen anstrebt, werden unter der Böschung durch das Gewicht der aufragenden Massen verhindert. Ähnlich wird im Böschungsvorgelände das „Abfließen" und Ausbauchen der Böschungsmassen verhindert. Dadurch entstehen in der Umgebung des Böschungsfußes nicht nur die erwähnten Spannungskonzentrationen, sondern mitunter auch beträchtliche Teilbewegungen, welchen, statisch betrachtet, of sehr ungünstige Spannungszustände mit vorhandenen Zugspannungskomponenten entsprechen.

Sicher ist, daß (auch ohne vorhandene tektonische Spannungen) am Fuß scharfkantig angesetzter hoher Böschungen eine heftige „Anweisungswirkung" — Spannungskonzentration — vorhanden ist und daß die meisten Gesteinsmaterialien sehr „anweisungsempfindlich" sind, d. h. unter solchen Umständen erhebliche Festigkeitseinbuße erleiden. Denn nicht immer sehen wir hohe Felsböschungen in der Natur durch die von oben nach unten fortschreitende Auflockerung der Spannungsumlagerungen und den ihr folgenden Talzuschub und Verwitterungsabbau zugrunde gehen, sondern oft genug sind Anzeichen vorhanden, daß die Zerstörung vom Fuß ihren Ausgang nimmt. Dies wird nur zu verständlich, wenn man sich vorstellt, daß Spannungskonzentrationen am Böschungsfuß vielerorts noch durch Schubkräfte aus dem Berginneren verstärkt werden. Der Fuß einer hohen Böschung ist deshalb unter allen Umständen auszurunden.

Sind die im Gebirge herrschenden Spannungen unbekannt, so kann man a) entweder bei der Standsicherheitsermittlung höhere rechnerische Sicherheiten vorschreiben oder b) sicherheitshalber ungünstige Spannungszustände voraussetzen. Verfeinerte Rechnungsgänge sind bei solchem Vorgehen nicht am Platze. Vorsichtige, plausible, aber noch rohe Ansätze erhält man, wenn man (b_1) an der Böschungsoberfläche eine wandparallele Spannungskomponente im Außmaß der vollen unter dem nächstliegenden Gipfel wirksamen Gesteinslast $\sigma_v \doteq \gamma \cdot h_2$ annimmt und am Böschungsfuß außerdem eine Schubspannung, welche von der Einspannung bei verhinderter Querdehnung stammt; unter vorsichtiger Annahme von m = 3 oder 4 ist dort

$$\sigma_h \doteq \frac{\gamma h_2}{m-1} = (0{,}33 \div 0{,}5)\, \gamma h_2 .$$

Wird der Böschungsfuß nicht ausgerundet, so muß ein Anweisungsfaktor α eingeführt werden.

$$\sigma_v \doteq \alpha \gamma h_2 \,;\; \sigma_h \doteq \frac{\alpha \gamma h_2}{m-1} \doteq (0{,}67 \div 1) \gamma h_2 \qquad [10—27]$$

Diese Schubspannung, welche gleich der größten Normalspannungsdifferenz ist, erhöht sich nach spannungsoptischen Versuchen in einer solchen Ecke etwa auf das Drei- bis Fünffache der im ungestörten Inneren vorhandenen Größe ($\alpha = 2 \div 5$). Ist dort (bei Annahme von $m = 3 \div 4$ oder nach Stinis Formel [10—25]) $\tau = (^1/_2 \div {}^2/_3)\, \gamma h_2$, so wächst es im Böschungsfuß, wo $m \doteq 4 \div 10$ sein kann, auf

$$\tau = \alpha \gamma h_2 \frac{m-2}{m-1}, \qquad [10—28]$$

also rund auf 1,5—3,5 γh_2!

Es ist sehr lehrreich, unter solchen Annahmen die Gebirgsfestigkeiten verschiedener Bergarten nach Stinis Vorschlag *(4.5)* aus dem Naturbefund offenkundig labiler Steilböschungen zurückzurechnen. So geben z. B. Felsgleitungen großen Ausmaßes im amerikanischen Erztagebau (Müller 1960 c) lehrreiche Einblicke in die Spannungsverteilung in hohen Böschungen (Abb. 10–27).

Zuerst pflegen an Felsgleitungen die bekannten Zugrisse hinter der Böschungskrone aufzutreten (Abb. 10–28 a), welche keineswegs immer steil stehen, sondern gefügebedingt orientiert sind und häufig auch bergeinwärts fallen. Erst etliche Zeit danach baucht (Abb. 10–28 b) sich die Böschung etwa in halber Höhe aus, wodurch in einem der untersuchten Fälle (Washington-Rutschung in Nevada) die Fahrbermen der Grube bis zu

Abb. 10-27. Felsgleitung im Liberty-Pitt, Nevada. Werkphoto der Kennecott-Copper Corp., mit deren freundlicher Genehmigung veröffentlicht

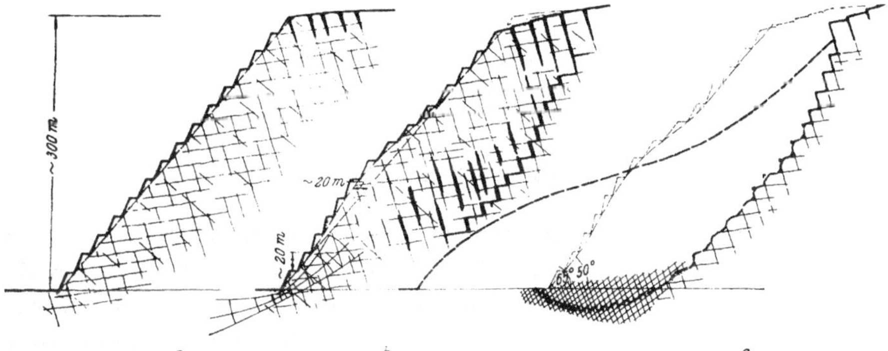

Abb. 10-28. Zeitliche Abfolge bei der Bildung hoher Felsgleitungen. a) Phase des Öffnens der Zugrisse am Böschungskopf; b) Phase des progressiven Bruches der Rückwand der Bruchnische und Aufwölbung der Böschungslinie; c) Bruch am Fuß des Gleitkörpers

20 m weit aus ihrer geraden Richtung ausgebogen wurden; in einer Kupfergrube in Arizona sah ich bei einer beginnenden Felsgleitung Randspalten in diesem Mittelbereich, welche sich wöchentlich um 50 mm erweiterten, ohne daß am Fuß der Rutschung schon Anzeichen eines Bruches zu erkennen gewesen wären. Dieser Bruch des Fußes bildet sich (Abb. 10–28 c)

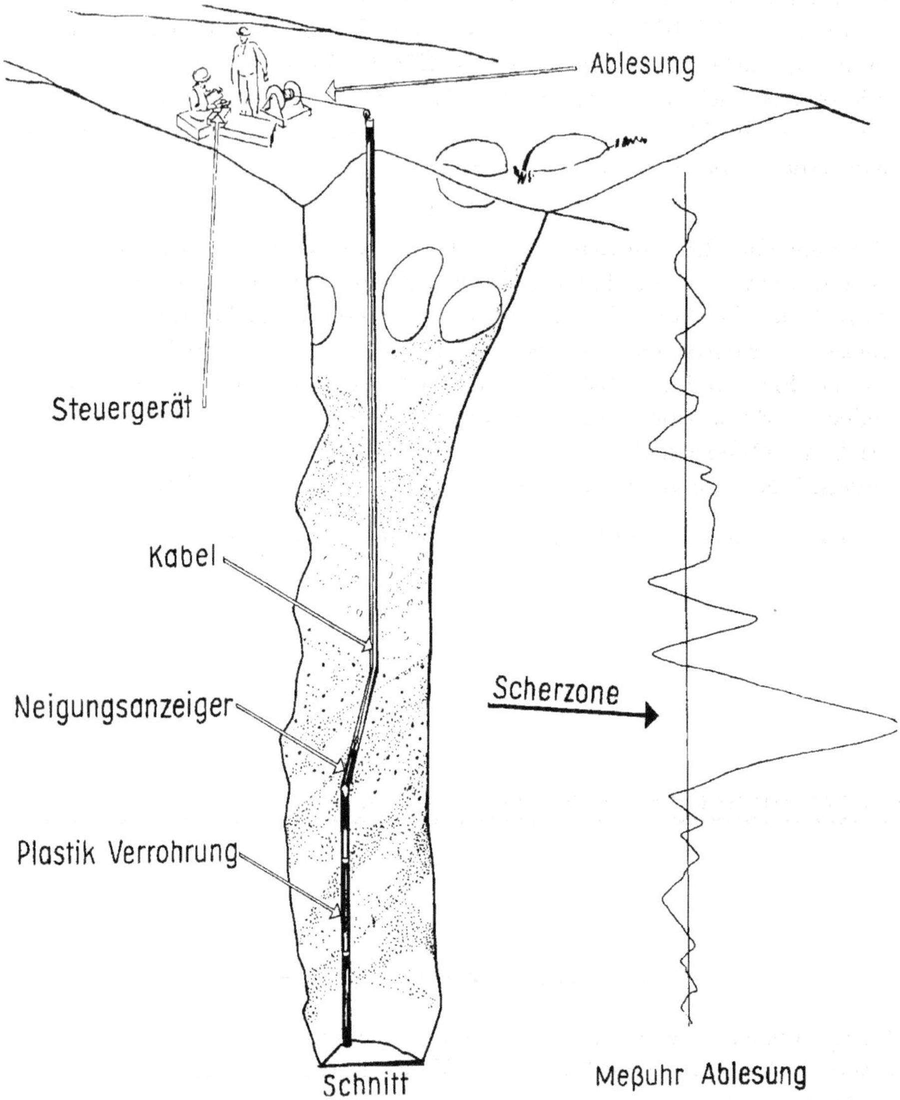

Abb. 10-29. Slope indicator zur Feststellung und Beobachtung der Gleitfläche von Rutschungen (nach WILSON 1959, 93)

erst im dritten und letzten Stadium aus und erfolgt meist rasch, während sich die anderen Stadien oft erst in Monaten oder Jahren entwickeln.

Solche Beobachtungen zwingen uns, den Begriff der Sicherheit von Felsböschungen anders zu fassen als bisher und auch die Scherspannungen in den Gleitflächen anders zu bewerten. Wir dürfen nicht einfach Bruchlast = Bruchfläche mal Scherfestigkeit annehmen und Sicherheit als = Bruchlast/tatsächliche Last definieren. Eine solche Denkweise würde eine gleichmäßig über die Bruchfläche verteilte Beanspruchung voraussetzen. Die Größenabmessungen der Gleitkörper sind derart, daß wir die Spannungsverteilung auf der Bruchfläche, welche sehr ungleichmäßig ist, berücksichtigen müssen [wie dies Fröhlich (1950) auch schon bei Erdgleitungen getan hat]; sie erfordern aber vor allem, daß unsere Ansätze der Tatsache eines progressiven Bruches gerecht werden. Macht der Unterschied der Spannungsverteilung im homogenen Isotrop nach Fröhlich etwa 20% aus, so wird der Unterschied in der unstetig verlaufenden Bruchnische natürlich ein Vielfaches davon betragen. Daß sich in Festgesteinen anstatt einer Bruchmuschel im Homogen eine Bruchnische ausbildet, deren Form durch die Gebirgsanisotropie bedingt ist, habe ich an anderer Stelle (Müller 1960 c, 209) ausgeführt. Wilson (1959, 93) ist es gelungen, mittels seines „Slope indicators“ (Abb. 10–29) die Form einer solchen theoretisch erwarteten Bruchnische zu bestimmen.

In Konsequenz solcher Beobachtungen haben Rinagl und Müller eine neue und einfache Methode der Sicherung gegen Gleitung von Bergmassen vorgeschlagen *(13.26)*.

Wesentlich für die Beurteilung der Bruchgefahr einer Felswand ist daher: 1. die Kenntnis des Verlaufes der Bruchnische; 2. die Einschätzung der Scherfestigkeit oder Reibung auf ihrer Rückenfläche (und allenfalls auf ihren Seitenflächen); 3. die dem Material des Böschungsfußes bei der zu erwartenden dreiachsigen Beanspruchung zukommende Festigkeit.

10.46 Konvexe Böschungen

Nach einer Mitteilung von Prof. Okamoto hat man in Japan wiederholt beobachtet, daß vorgeschobene und aus der Umgebung herausragende Felspfeiler durch Beben eine besonders starke Gefügelockerung erfahren; man fühlt sich daran erinnert, daß von Beben- oder Bombenerschütterungen Eckhäuser und Gebäudeecken am härtesten betroffen werden. Die Erscheinung erklärt sich leicht aus den Gesetzen der Stoßfortpflanzung, wenn man sich an das bekannte Experiment pendelförmig aufgehängter, einander berührender Kugeln erinnert, deren letzte in der Reihe abgestoßen wird, wenn die erste anstößt. Nach gleichen Gesetzen wird die unterste Schicht der Beton- oder Felsdecke eines unterirdischen Hohlraumes schalenförmig abgeworfen, wenn auf die Felsaußenfläche ein Stoß auftrifft.

Aber auch die stoßfrei durch Frost, Verwitterung und Spannungsumlagerungen hervorgerufene Lockerung schreitet an Böschungen konvexer Form rascher und tiefer fort als in gestreckten Böschungsflächen. Die Lockerungsbewegungen der Kluftkörper finden einen höheren Freiheitsgrad, und an Kanten dringt die Verwitterung sozusagen von zwei Richtungen vor. An Ecken und konvexen Krümmungen endet manche Schichttafel frei beweglich, die bei ebener Nachbarschaft noch im Gesteinsverband „stecken“ würde.

Nur scheinbar widerspricht die Existenz schroffer Felsnasen und Zinnen diesen Feststellungen. Bei näherem Zusehen wird man stets gewahr werden, daß es sog. „Härtlinge“, festere Gesteinsbereiche von besserem Zusammenhalt, sind, welche trotz der geschilderten Umstände stehenblieben. Daraus kann man lernen und konvexe Böschungen nicht stur geometrisch, sondern dem Wechsel der Homogenbereiche folgend anlegen und vorhandene Härtlinge als Eckpfeiler benützen. Sind solche natürlichen Festpunkte nicht vorhanden, so wird man konvex verlaufende Böschungen stets um etliches flacher anlegen, als man dies unter gleichen Umständen bei geraden Böschungen tun würde.

10.47 Konkave Böschungen

Für konkave Böschungen (Nischen) gilt alles, was sich an konvexen Böschungsformen nachteilig auswirkt, vice versa, und diesem Umstand verdankt z. B. manche steile Einbindungsschlucht einer großen Staumauer ihre befristete Standfestigkeit. An Hohlböschungen wird eine nicht zu unterschätzende gewölbeartige Verspannung der Kluftkörper nach flach bis steil geneigten Bögen wirksam. Im Erztagebau von Gey (Rheinland) z. B. blieb das Gestein (sandige Tonsteine und Sandsteine) trotz starker Vorlockerung durch Großlochsprengungen beim Baggerabtrag in Nischen von 10—12 m Durchmesser 10 m hoch mit senkrechten Wänden stehen, während dasselbe Gebirge im ebenflächigen Baggerschnitt nur in Neigungen von etwa 5 : 1 kurzfristig standfest war. Eine ähnliche Verspannung, welche den Freiheitsgrad der Kluftkörper herabsetzt, ist ja in der Firste von Stollen wirksam, und man weiß dort, um wieviel standfester sich unter sonst gleichen Gebirgsverhältnissen eine gewölbte Firste gegenüber einer ebenen zeigt; s. *(16)*.

Qualitativ lassen sich die Gefügebedingungen für solche Verspannungen nach dem Kugeldiagramm abschätzen. Solange die Bogennormalkräfte N auf die Hauptkluftscharen unter Winkeln ε_a und ε_b auftreffen, welche größer sind als die Reibungswinkel δ_a und δ_b, wird eine leidliche Verspannung vorhanden sein. In der Darstellung nach Talobre ist diese Bedingung rasch nachzuprüfen. In der Abb. 10-30 a und b ist sie z. B. für die Kluftschar K_b mit großer Sicherheit erfüllt. Die Winkel zwischen der Kluftschar K_a und den Normalrichtungen sind so klein, daß einerseits zwar von einer Reibung nicht die Rede sein kann, daß aber andererseits die Kluftkörper durch N nicht verdreht werden können. Dies gilt, solange ihr Kantenverhältnis $\frac{d_a}{d_b}$ (bei regelmäßigen Kluftabständen; $\frac{\min d_a}{\max d_b}$ bei unregelmäßigen Kluftabständen) klein genug ist, so daß die Normalkräfte N im Inneren der Kluftkörper bleiben, also $\operatorname{tg} \alpha < {}^1/_3 \frac{d_a}{d_b}$ ist. Völlig unmöglich ist die Ausbildung einer Gewölbewirkung, wenn Kluftkörper keilförmig aus der Nische ausbrechen können, wie in den Abb. 10-30 c und d. In diesem Falle bricht (bei zu steiler Böschung) ein Keil 1—2—3 aus, welcher nur durch künstliche Mittel gehalten werden könnte.

Man erkennt, daß ein und dasselbe Gebirge in gewissen Richtungen gewölbeartige Verspannungen ermöglicht, in anderen Richtungen vereitelt. Vom Radius des Verspannungsgewölbes und von seiner Spannweite scheint die Gewölbewirkung nach diesen Überlegungen zunächst unabhängig und abhängig nur von seinem Zentriwinkel. Daß dies nicht den Verhältnissen in der Natur entsprechen kann, leuchtet ohne weiteres ein. Denkt man sich zwei gleich große und gleich ausgerichtete Spannungsgewölbe in Gebirgen

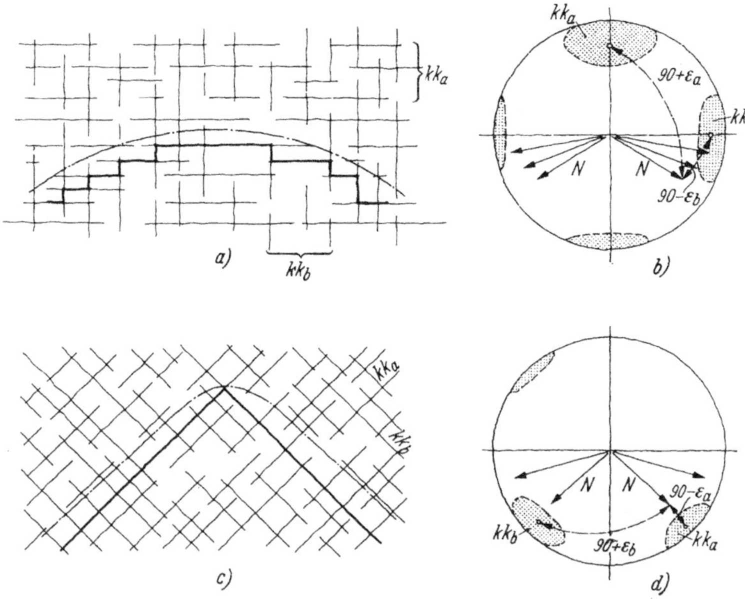

Abb. 10-30. Kriterium für die gewölbeartige Verspannung des Kluftkörperverbandes in Felsnischen; a) und c) Schemata, b) und d) Gefügediagramme

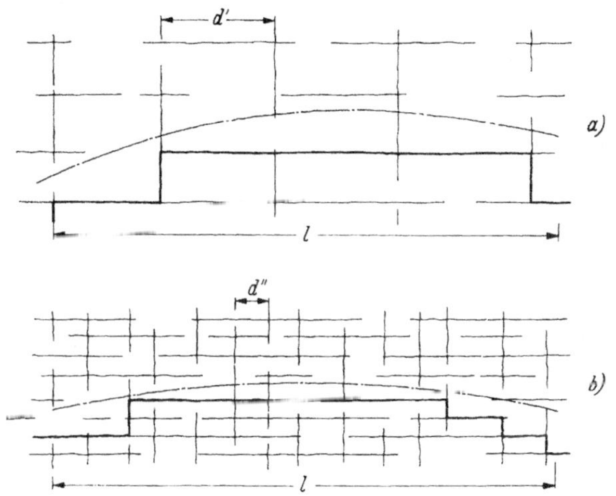

Abb. 10-31. Verspannungswirkung bei verschiedener Kluftkörpergröße

mit gleichen Kluftrichtungen, jedoch verschiedener Kluftkörpergröße (Abb. 10–31 a und b), so leuchtet ein, daß das Verhältnis der Kluftkörpergröße zur Spannweite des Gewölbes $\frac{d'}{l}$ bzw. $\frac{d''}{l}$ die Verspannungsbildung maßgeblich mitbestimmen muß. Bei größeren Kluftkörpern können sich Stützlinien innerhalb einer einzigen Kluftkörperreihe bilden, beim kleinklüftigen Gebirge müssen diese Stützlinien mehrmals von einer Reihe zur anderen überspringen. Ist der Durchtrennungsgrad nur wenig kleiner als 1, so wird die Gewölbebeanspruchung im Fall kleiner Kluftkörper nur kurze „Materialbrücken“ zu durchtrennen haben, um den Restverband zu überwinden, während es beim grobklüftigen Gebirge sehr große Strecken sein können, welche durchgerissen werden müßten. Hinzu kommt, daß die Wahrscheinlichkeit von „Ausreißern“ innerhalb der Gewölbestrecke, Klüften ungünstigerer Raumstellung, bei großen Kluftabständen sehr gering, bei kleinen Abständen beträchtlich ist. Es hängt also neben den Hauptkluftstellungen ganz erheblich von der „relativen Kluftkörpergröße“ — und natürlich ganz besonders vom Durchtrennungsgrad — ab, ob das Gebirge in der Lage ist, wirksame Verspannungsgewölbe auszubilden oder nicht.

10.5 Der Abbau von Felsböschungen

Ob ein Erdeinschnitt im Seitenbau, Lagen- oder Kopfbau (Abb. 10–32) durchgeführt wird, ist a) nach den topographischen Gegebenheiten und b) nach der zweckmäßigen Zahl der Förderbasen zu entscheiden. Diese Betriebsbedingungen spielen auch im Felsbau eine Rolle, es kommen aber zwei weitere Gesichtspunkte hinzu: c) das erhöhte Gefahrenmoment am Fuße der gegenüber Erdböschungen meist höheren und steileren Felsböschungen, und d) die gefügebedingte Materialanisotropie; diese kann durch ihren Einfluß auf die Stabilität der Felswand einerseits, auf die Schwierigkeiten der Lösung des Gebirges andererseits, je nach ihrer Orientierung zur Förderbasis, Erschwernisse oder Erleichterungen bringen.

Für leicht gewinnbaren weichen, entfestigten oder stark zerklüfteten Fels, welcher in zweiphasiger Abbauweise *(19.2)* gewonnen und gefördert werden kann, gelten die bekannten Regeln des Erdbaubetriebes. Bei festerem, „richtigen“ Fels, herrscht gegenüber dem Erdbau wegen des Nebeneinanders von Bohr- und Ladearbeit das Bestreben, das Schuttergut möglichst nur am untersten Fuß der abgesprengten und neu abzubohrenden Wand liegen zu haben, um in der Wand selbst gleich nach dem Abschlag mit der zeitraubenden Bohrarbeit einsetzen zu können. Dieses Bestreben führt dazu, an möglichst steilen und hohen Wänden zu arbeiten; dazu kommt, daß eine um so größere Gesteinsmenge je Abschlag anfällt, je höher die Wand ist, daß also bei zunehmender Wandhöhe die Zahl der Abschläge und damit der Arbeitsunterbrechungen verringert werden kann. Nur wenn man steinbruchartig größere, unversehrte Mauer- oder Wasserbausteine gewinnen möchte, wählt man gerne den Abbau auf wenig geneigter schräger Bank, von welcher die Werkstücke mit geringer Mühe abwärts bewegt und verladen werden können.

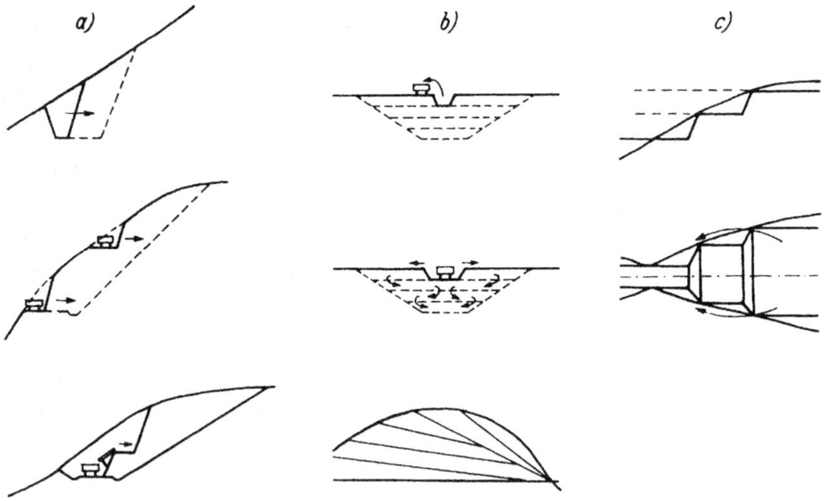

Abb. 10-32. Einschnittbetrieb; a) Seitenbau (Schnitte), b) Lagenbau (Schnitte und Grundriß), c) Kopfbau

Nach dem Abschlag nimmt die gesprengte Gesteinsmasse 1—2—3—4 (Abb. 10–33 a), welche unabhängig von β das Volumen $b_1 \cdot h_2$ hat, den Raum 4—5—6 $= \frac{b_2 \cdot h_2}{2}$ ein, der zufolge der Auflockerung um den Faktor a größer ist.

$$b_2 h_2/2 = ab_1 h_1 . \qquad [10\text{—}29]$$

Wegen $b_2 = h_2 (\operatorname{ctg} \beta - \operatorname{ctg} \beta_1)$ ist

$$h_2 = \sqrt{\frac{2a\, b_1 h_1}{\operatorname{ctg} \beta_2 - \operatorname{ctg} \beta_1}} = W \sqrt{b_1 h_1} \qquad [10\text{—}30]$$

Für $\beta_2 = 40°$, $a = 1{,}5$, $b_1 = 2{,}0$ m und $h_1 = 5$ m, 10 m, 15 m bzw. 20 m ergeben sich die Höhen h_2 des Haufwerkes gemäß Diagramm Abb. 10–33 b.

Man erkennt, daß schon bei einer kleinen Vorgabe von nur 2 m die Wand mindestens 10 m hoch sein muß, damit wenigstens bei lotrechter Stellung ihre obere Hälfte von Schuttergut frei bleibt; bei 15 m Höhe bleibt die Wandhälfte noch bis 68° Neigung frei, bei 20 m Höhe sogar noch bis 58°. Bei Wänden bis zu 5 m Höhe spielt die Schutterbedeckung keine Rolle, weil man sie mit Preßluftwerkzeugen 4—5 m tief von oben her abbohren kann. In höheren Wänden bewährt sich das Großlochbohren, bei welchem die Bohrungen jeder Wandneigung angepaßt und beliebig tief bis zur Bruchsohle abgestoßen werden können, ohne daß das Freiwerden der Wand von Haufwerk abgewartet wird.

Das Verhältnis von $\frac{h_2}{h_1}$ wird um so kleiner, je kleiner $\frac{b_1}{h_1}$ ist; bei konstantem b_1 (in der Praxis 2—4 m) nimmt $\frac{h_2}{h_1}$ mit $\sqrt{h_1}$ ab.

Aus dem Diagramm (Abb. 10–33 b) ist ersichtlich, daß die für die Bohrarbeit verfügbare freie Höhe der Wand h_1—h_2 um so größer wird, je größer h_1 und β_1, und daß mit abnehmendem β_1 wegen des gleichbleibenden β_2 sehr bald große Arbeitspausen in der Bohrarbeit entstehen müssen, wenn nicht von oben her (hinter der jeweiligen Böschungskrone) gebohrt wird, was eben nur mit Großlochbohranlagen oder bei $h_1 < 5$ m möglich ist. Für den Bohrbetrieb mit Preßlufthandhämmern hört aber der Abbau in

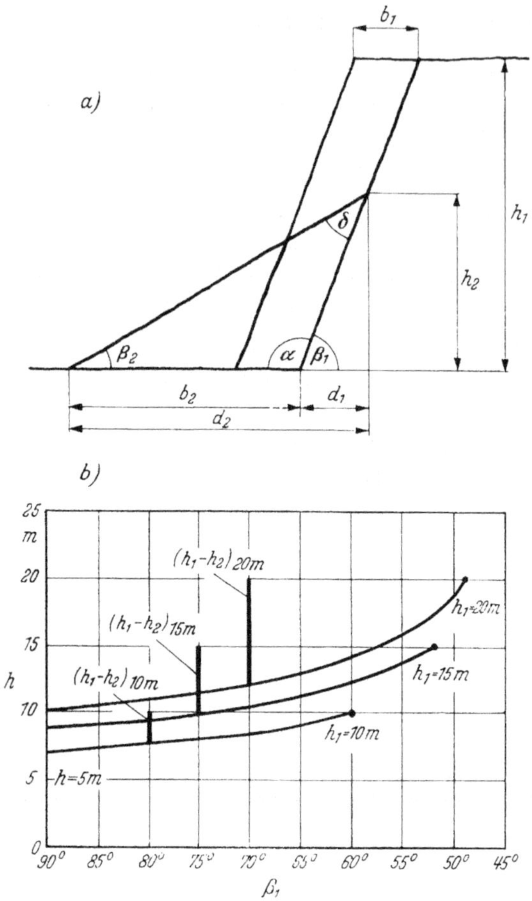

Abb. 10-33. Höhe der freien Arbeitswand nach dem Abschlag an einer steilen Felsböschung. a) Schema; Querschnitt, b) Diagramm; freie Wandhöhe h_1—h_2 für eine Abschlagtiefe $b_1 = 2$ m; $\beta_2 = 40°$ und Auflockerung $a = 1{,}5$; in Abhängigkeit vom Böschungswinkel β_1 der Abbauwand

schrägen Lagen (z. B. Schichttafeln) vielfach schon bei $\beta = 60°$ auf, wirtschaftlich zu sein, falls nicht Bohr- und Ladeort phasenweise gewechselt werden.

Die Anlage steiler Arbeitswände ist bei manchen Gebirgsgefügen nur in gewissen Richtungen möglich, wie in *(10.2)* gezeigt wurde. Deshalb ist es nötig, sich vor Angriff der Arbeit über diese bevorzugten Richtungen zu vergewissern.

Die Abhängigkeit der Arbeitsbedingungen von der Höhe h_1 der Arbeitsböschungen ist der Grund, weshalb im Felsbau der Lagenbau selten ist und nur in der Form des Etagenbaues vorkommt, bei welchem die Höhenunterschiede der einzelnen Lagen sehr groß (10 m bis 30 m) sind; er ist vorwiegend dem Abbau sehr hoher Felseinschnitte und Nischen vorbehalten, wird aber auch bei diesen keineswegs immer geübt; vielmehr zieht man es auch bei sehr hohen Einschnitten (Talsperren-Einbindungen) häufig vor, in der ganzen Höhe abzuarbeiten (Abb. 10–16), wobei man die Sprengungen nicht in jeder Arbeitspause, sondern manchmal in Abständen von Tagen oder Wochen durchführt, dann aber immer die Ladegeräte für Stunden oder Tage des Absicherns aus dem Felde ziehen muß. Ansonsten beherrscht den Felsbetrieb der Seitenbau, in Einschnitten der Kopfbau. Im Folgenden sollen die in Anschnitten, Nischen, Einschnitten und Baugruben üblichen und zweckmäßigen Betriebsweisen besprochen werden.

10.51 Anschnitte

Ob man Anschnitte im Seiten- oder Kopfbau abbaut, wird sehr oft nur dadurch entschieden, daß kein Abtrag auf vorhandene Verkehrswege oder Bebauungen fallen darf. Das zwingt nicht selten zum Kopfbau, auch wenn er geologisch ungünstig ist. In einem besonderen Fall eines Straßenanschnittes an einem hohen Steilhang (Abb. 10–34) wendete ich zur Verhinderung des Abgehens von Sprengstücken eine Modifizierung des sog. „Englischen Einschnittbetriebes" an, wobei sich die Verteuerung der Felsgewinnung mit der Verbilligung der Ladearbeit etwa die Waage hielt. Wenn man aber nicht durch ähnliche Einschränkungen gebunden ist, wählt man nach den Erkenntnissen des vorigen Abschnittes grundsätzlich den Seitenbau und jene Abbaurichtung, welche die steilsten Arbeitswände ermöglicht, weil alle (von der Natur vorgeschriebenen) flacheren Abbauböschungen in anderen Richtungen entweder die Gefahr von Felsgleitungen oder einen Rückgang der Arbeitsleistung mit sich bringen.

Abb. 10-34. Abbau eines Straßenabschnittes im englischen Einschnittbetrieb (Kehlsteinstraße bei Berchtesgaden)

Wie steil darf man während der Arbeit böschen? Manchmal erkennt der geübte Felsbauer die noch erlaubte steilste Abbauneigung nach dem bloßen Augenschein. In komplizierteren Gesteinsgefügen kann der Augenschein aber selbst den geübten Baugeologen täuschen, weil ja dem, der vor einer Felswand oder einem Probeschacht steht, alle Winkelbeziehungen verzerrt erscheinen. Es empfiehlt sich dann sehr, sich die günstigsten Richtungen an einem „Gleitkegel" oder „Böschungskegel gleicher Sicherheit" zu veranschaulichen. Darunter wollen wir einen Kegel von der Höhe 1 verstehen, dessen Erzeugende Neigungen gleicher Gleitsicherheit besitzen. Es gibt also Böschungskegel gleicher Sicherheit, z. B. für die Sicherheit $\nu = 1{,}0$, für $\nu = 1{,}2$ oder 1,5 usw. (Abb. 10–35); diese Böschungskegel müssen keineswegs notwendigerweise untereinander geometrisch ähnlich sein. Man wird für kurzfristige Böschungen einzelner Arbeitsphasen etwa den Sicherheitskegel für $\nu = 1{,}2$, bei Böschungen von Dauer einen Kegel höherer Sicherheit verwenden.

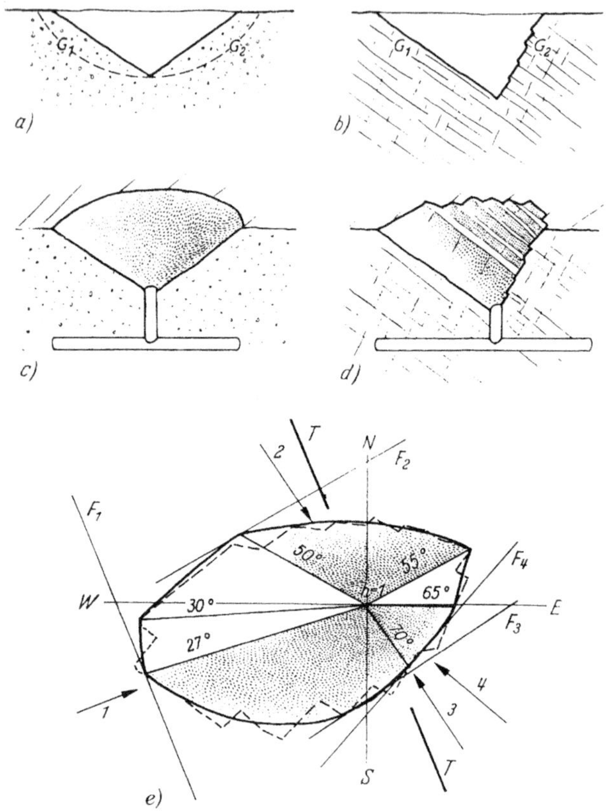

Abb. 10-35. „Böschungskegel gleicher Sicherheit"; a) und c) in Lockergestein; b), d) und e) in geklüftetem Festgestein; a), b) Schnitte; c) d) Ansichten; e) Grundriß; T Talrichtung; F_1—F_4 Fußlinien der Arbeitsböschung; 1, 2, 3, 4 Angriffsrichtung des Abtrages

Oft kommt man aber zurecht, indem man die am leichtesten zu ermittelnden Böschungswinkel für die Sicherheit $\nu = 1$, also für den labilen Zustand aufträgt, weil es ja zunächst nur darum geht, die Böschungswinkel verschiedener Abbaurichtungen miteinander zu vergleichen, ohne die Standsicherheit selbst genau anzugeben. Wo weniger die Verbandeigenschaften und mehr die Stellung mehrerer mechanisch gleichwertiger Kluftscharen die Böschungsneigungen bestimmen, kann man den Böschungskegel gleicher Gleitsicherheit sehr gut von den Talobreschen Reibungskegeln ausgehend gewinnen. Unter Umständen genügt es, die Leitstrahlen des Kegels in eine Lagenkugel einzutragen.

Ist bei gegebenem Gefüge im endgültigen Zustand eine Böschung mit Fußlinie in Richtung F_1 herzustellen, dann läßt die Figur e erkennen, daß im Falle des Seitenbaus nach sehr flachen Winkeln abgebaut werden müßte, was aus den schon erwähnten Gründen vermieden werden soll. Diese Situation liegt in der Natur sehr häufig vor, weil in zahlreichen Tälern entweder die Talrichtung nach den Hauptkluftscharen (Stini 1961) oder eine Hauptkluftschar parallel zum Talhang (Kieslinger 1958) angelegt wurde. Ein Kopfbau in Richtung 2, also mit Fußlinie F_2 der Arbeitsböschungen, würde diesfalls viel günstigere Bedingungen finden. Die umgekehrte Abbaurichtung 3 jedoch ermöglicht noch steilere Arbeitsböschungen. Man wird auf hoher Brust gut bohren und gleichzeitig laden können, und auch die Sprengstücke werden nicht so weit talwärts fliegen wie im Seitenbau. Noch günstiger kann ein Abbau F_4 sein, der nicht genau in der Querrichtung der Anschnittachse, sondern etwas schräg zu dieser vorgetragen wird, mit Fußlinie in F_4.

Alles dies schon im voraus zu bedenken, ist wichtig; denn je nachdem die Längsneigung der künftigen Trasse und die Förderrichtung mit den geologisch günstigen und ungünstigen Abbaurichtungen harmoniert oder nicht, werden Bauzeit und -kosten vermindert oder angemehrt werden.

Die Förderbasis wird bei solchen Hangeinschnitten fast immer mit der zukünftigen Einschnittsohle zusammenfallen.

10.52 Nischen

Felsnischen ist, wie bereits ausgeführt *(10.47)*, im allgemeinen eine gewisse Verspannung eigen, solange ihr Halbmesser nicht größer als 20—50 d ist. Andererseits liegt es in ihrer Natur, daß — besonders bei Nischen größeren Zentriwinkels — meist irgendeine Flanke in ihrer Standsicherheit von ungünstigen Lagebeziehungen des Gefüges beeinträchtigt wird. Untersucht man aber diese Besonderheiten rechtzeitig und läßt sich von ihnen nicht überraschen, so kann man manchen Vorteil nutzen.

Nischen werden in aller Regel zentral angegriffen und nur von ihrer Sohle her geschuttert. Arbeitsmäßig ergeben sich dabei Probleme meist nur bei sehr großer Höhe, wie sie die Einbindung von Staumauern fordert, wo oft regelrechte Schluchten *(15.7)* herzustellen sind.

10.53 Einschnitte

In schmalen Felseinschnitten ist praktisch nur Kopfbau möglich. Bagger müssen dabei hinter sich laden, was die Leistung herabsetzt, so daß sich manche Schaufellader, unter Umständen sogar Handladung, überlegen zeigen. Als nachteilig empfindet man die Beengtheit der beiden Angriffsflächen, welche bei langen Einschnitten in einem Mißverhältnis zu den Gesamtmengen steht. Man verdoppelt deshalb gerne die Zahl der Angriffsflächen unter Verzicht auf hohe Arbeitswände und geht im Lagenbau (Abb. 10–36 a) vor, was freilich eine zweite Förderbasis erfordert, welche geeignet sein muß, die Ladegeräte anzutransportieren und bei den Sprengungen zurückzuziehen. Vorteilhafter ist es, die beiden in gleicher Richtung arbeitenden Angriffsstellen zu einem Stufenbau zusammenzurücken, so daß das Sprenggut der oberen Stufe im wesentlichen auf die untere Basis herabgeworfen wird, wo man nötigenfalls hinreichenden Platz schaffen kann, indem man bei Sp (Abb. 10–36 b) eine geschützte Sprengladung anbringt, welche nach der Sprengung der unteren Stufe gezündet wird und das Haufwerk weiter nach vorn wirft, worauf dann erst die Zündungen der oberen Arbeitsstufe erfolgen. Damit entfällt die zweite Förderbasis und die Leistung der Ladegeräte wird besser ausgenützt. Ein reibungsloses Nebeneinander von Bohr- und Ladearbeit ist mühelos zu erreichen, wenn nur von der Mittelbank aus gebohrt wird. Diese Bauweise konnte ich erstmalig bei norwegischen Bahnbauten erproben, wobei sich eine Bohrhilfsvorrichtung nach Abb. 10–37 (s. Zanoskar 1950) wegen ihrer Leichtigkeit und der Möglichkeit, durch einen Mineur 3 Bohrhämmer zu bedienen, bewährt hat. Der Stufenbau vor Kopf ist eine Abwandlung des norwegischen Tunnelvollvortriebes mit voreilender Kalotte *(16.5)*, der sich ja auch, zumindest in standfesten Bergarten, allerbestens bewährt.

In breiten Einschnitten können Kopfbau und Stufenbau auch verschwenkt vorgetrieben werden, wenn dies gefügemäßig günstiger ist.

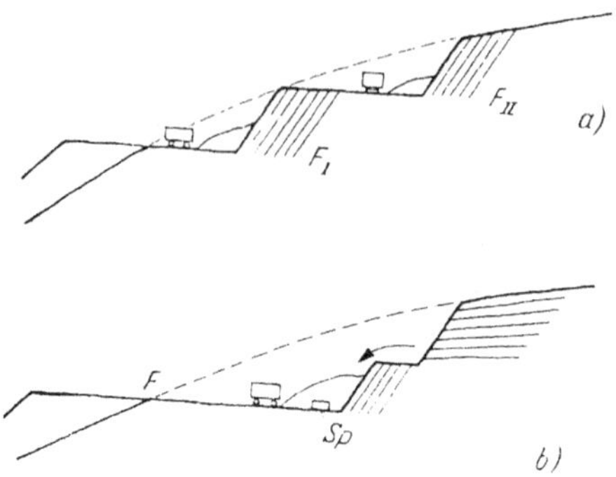

Abb. 10-36. Übergang vom Lagenbau a) zum Stufenbau b)

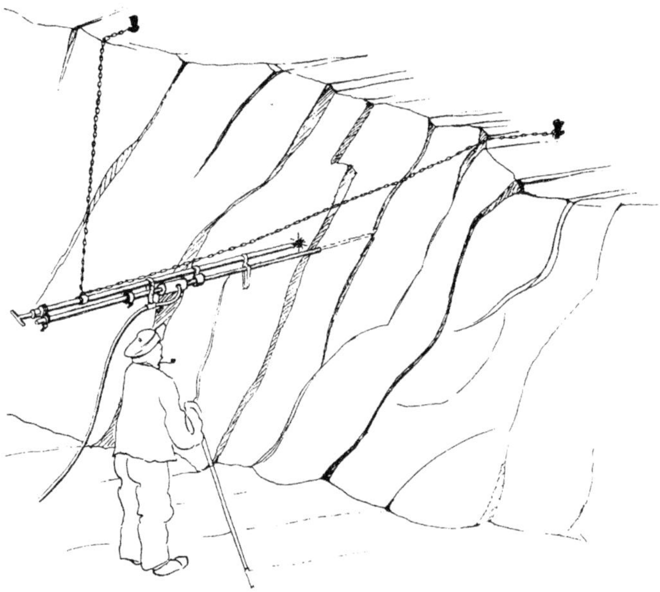

Abb. 10-37. Bohrhilfsvorrichtung „Bohrmeister“ (nach L. MÜLLER), Österr. Patent Nr. 164 638

Einschnitte, welche breit und zugleich tief sind, geben die Möglichkeit, das Gebirge durch Vorantreiben eines Schachtes von der günstigsten Seite her abzubauen, was sich freilich nur bei sehr großer Richtungsverschiedenheit der Arbeitsbedingungen lohnen wird.

Ist ein Einschnitt tiefer als breit (Abb. 10–38), dann wird der „Englische Einschnittbetrieb“, welcher völlig zu Unrecht etwas in Vergessenheit geraten ist, sehr wirtschaftlich. Seit große Schubraupen ein Beischieben des Haufwerkes aus größerem Umkreis ermöglichen, so daß die Abwurfschächte in größerer Entfernung und kleinerer Zahl gesetzt werden können, ist diese Bauweise besonders vorteilhaft geworden. Die Ladearbeit ist bei ihr denkbar billig, weil sie auf das Abfüllen aus Silos beschränkt ist, so daß die Fördermittel äußerst rasch beladen und bestens ausgenützt werden. Die Förderbasis bleibt während der ganzen Bauzeit unvermindert leistungsfähig und kann mit Gleisfahrzeugen, aber auch gleislos, befahren werden. Da die Ausbruchkubatur dieses Arbeitsstollens im Verhältnis zu den Gesamtmengen langer und großer Einschnitte verschwindend klein ist, könnte man ihn ohne wirtschaftliche Nachteile auch unter die künftige Sohle legen (Abb. 10–38 b); dem Mehraufwand von 1—4 % verlorenen Ausbruchs stünde dann der Vorteil gegenüber, auch noch die letzten Zwickel ohne Ladegerät und Änderung der Betriebsweise abbauen zu können.

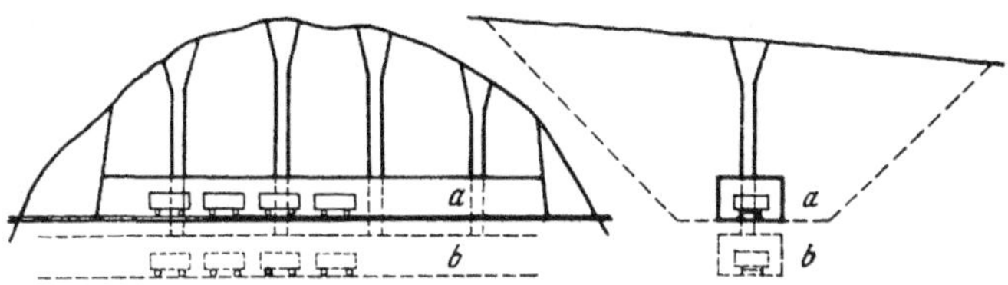

Abb. 10-38. Englischer Einschnittbetrieb; a) mit Förderbasis in der künftigen Sohle, b) unter derselben

10.54 Baugruben

Geschlossene Baugruben und Tagebaue werden im allgemeinen in flachen, schmächtigen Lagen ausgehoben. Beim Aushub in Schnitten großer Mächtigkeit hätte man zunächst in einem tiefen Schacht oder Schlitz zu arbeiten, was so lange Unbehagen verursachte, als man bezüglich der Standsicherheit und Steinschlaggefahr der Wand keine sicheren Aussagen machen konnte. Heute sollten Schnittmächtigkeiten von 10—20, höchstens 30 m, bei guter Vorbereitung und richtiger Wahl der Abbaurichtung weder Gefahren noch Schwierigkeiten bringen. Bei größeren Baugruben bietet sich bestens die Möglichkeit, die Abbaurichtung nach der Methode des „Böschungskegels gleicher Sicherheit" ebenso zu wählen wie diese Sicherheit selbst. Vorschriften engen meist unnötig ein, ohne andererseits wirkliche Sicherheit zu verbürgen. Eine überlegte und behördlich kontrollierte Planung bringt mehr Sicherheit als starre, dem Einzelfall meist doch nicht gerecht werdende Vorschriften.

In der Praxis findet man die Abbaulagen durchwegs horizontal angelegt (Abb. 10–39 a), a) weil man es vom Gleisbetrieb her so gewohnt ist, welcher geneigte Abbaubasen nur innerhalb ganz enger Grenzen zugelassen hätte; b) weil es dem schematischen Denken der meisten Menschen entspricht und so einfach auf dem Brett zu zeichnen ist; c) weil man die unterste Abbaulage nicht keilförmig abbauen möchte. Der gleisfreie Betrieb ermöglicht eine weit bessere Anpassung an die natürlichen Abbaubedingungen. Man sollte sie ausnützen, um z. B. Schichtbänken geringer Neigung zu folgen (Abb. 10–39 b) und würde dabei 1. natürliche Vorfluten für die Sickerwässer gewinnen, welche bei waagrechter Sohle erst in Form von Künetten künstlich geschaffen werden müssen; man würde 2. innerhalb der einzelnen Abbaulagen im allgemeinen mit gleichbleibender Neigung der Arbeits- (oder endgültigen) Böschung rechnen können und könnte, 3. diese Neigung von Lage zu Lage in Anpassung an die geologischen Bedingtheiten wechseln, so daß die Herstellung des wirtschaftlich günstigen „geologisch bedingten Böschungsverlaufes" ein leichtes wäre; man würde 4. wasserführende Horizonte besser erfassen und entwässern; schließlich würde 5. die manchmal erwünschte Ausscheidung ge-

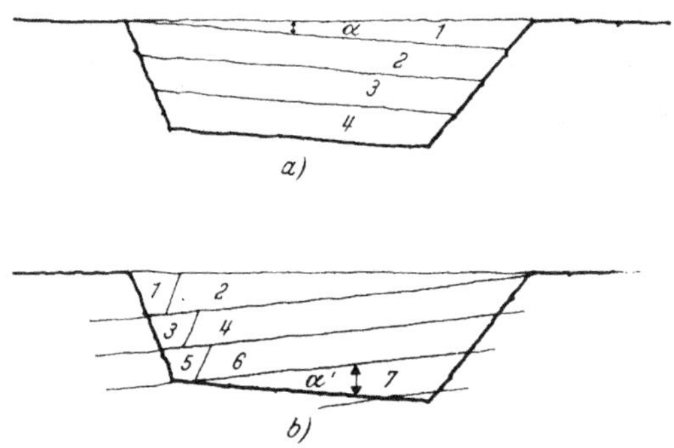

Abb. 10-39. Anordnung der Abbauschnitte in Baugruben; a) ohne, b) mit Rücksicht auf die Schichtlagerung

wisser Schichtbänder bei der Abförderung ermöglicht (z. B. verlehmter Bänder, welche die Standsicherheit der Kippen herabsetzen, oder besonders harter Bänke, deren Gestein verwertbar ist); nicht zuletzt 6. würde dadurch das Lösen des Gebirges erleichtert und verbilligt, weil entlang der jeweiligen Abbausohle das Gestein nicht abgebrochen, sondern nur abgehoben werden müßte, wodurch sich 7. ohne Nacharbeit meist eine angenehm ebene Bermenfläche ergäbe, von welcher 8. das Haufwerk bequemer und sauberer weggeschafft werden kann. Je größer und tiefer eine Felsgrube auszubrechen ist, desto mehr lohnt es sich, solche (im einzelnen vielleicht klein scheinende) Vorteile wahrzunehmen, desto leichter ist dies aber auch infolge der vielfältigen Entwicklungsmöglichkeiten der Verkehrsbermen; nichts steht der Absicht im Wege, diese Bermen anstatt gedankenlos horizontal, naturgemäß anzulegen, zumal eine gewisse Anzahl von Schrägbermen für den Transport ohnedies immer erforderlich ist.

Trotzdem ist nach vielen Erfahrungen mit Praktikern zu erwarten, daß alle diese Vorteile die nun einmal gewohnten und so bequem zu zeichnenden Parallelen der waagrechten Bermen nicht verdrängen werden. Besonderes Gewicht kommt diesen Dingen bei den oft viele Kilometer langen Böschungen der Tagebauten (s. Abb. 10–25) zu. Schaffen diese schon heute bis 300 m tiefe Gruben, so erwartet man in näherer Zukunft noch ein Vielfaches dieser Aushubtiefen. Bei solchen Abmessungen vervielfältigt sich ein jeder Vor- und Nachteil zu beträchtlicher Ersparnis oder Verschwendung. Dies gilt ganz besonders für die Böschungsneigungen. Macht doch 5° Neigungsunterschied

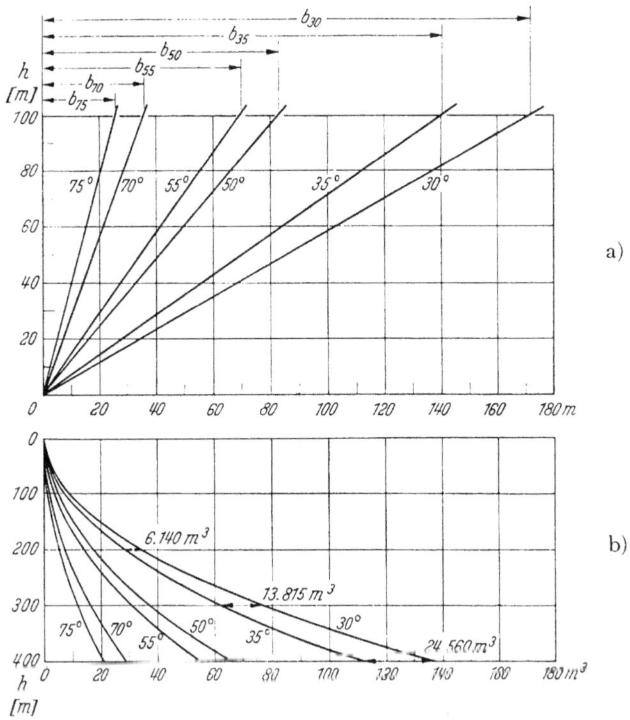

Abb. 10-40. Mehrkubatur beim Ausbruch von Felsböschungen großer Höhe in Abhängigkeit vom Böschungswinkel. a) Zunahme der Horizontalentfernung b zwischen Böschungskopf und -fuß mit zunehmender Abflachung der Böschung für Winkeldifferenzen von 5°; b) Mehrausbruch m für die gleichen Differenzen des Böschungswinkels in Abhängigkeit von der Böschungshöhe h

bei großen Tagebauen schon einen Kostenunterschied in der Größenordnung von 50 Millionen Dollar aus (Abb. 10–40)!

Die Förderbasen legt man bei kleinen Gruben möglichst hoch, um an Entwicklungslänge der Förderwege zu sparen. Bei mehreren Abbaulagen lege man diese so an, daß sie zum Teil als Förderwege für spätere Abbaustadien benutzt werden können (Transportbermen).

Bei engen Baugruben und kleineren Mengen, aber großen Förderhöhen (Hochgebirge) kommen als Förderbasis manchmal auch Kabelkräne, selten Drehkräne, in Betracht, sofern solche ohnedies für andere Zwecke vorhanden sind. Felsschrapper entheben in solchen Fällen bestens der häufigen und in engen Baugruben mühsamen, platz- und zeitraubenden mehrfachen Umlegung der Förderbasen; sie überwinden auch recht erhebliche Steigungen (bis 1 : 1).

10.55 Sicherheit und Sicherheitsbestimmungen

In manchen Ländern unterliegen offene Felsarbeiten den Sicherheitsvorschriften für Steinbrüche, in anderen beabsichtigt man eigene Vorschriften für bauindustrielle Betriebe, wieder in anderen ist die Arbeitsweise freigestellt. Steinbruch-Vorschriften sind meist aus der ortsgebundenen Erfahrung in bestimmten Bergarten hervorgegangen; ihre Anwendung auf Bauaufgaben führt meist zu unberechtigten Forderungen; wird ja ihre Verallgemeinerung auf verschiedene Bergarten schon innerhalb der Steinbruchpraxis als Schematismus empfunden. Wie steil Felsböschungen zu halten sind, damit Sicherheit besteht, ob Terrassen die Arbeitssicherheit erhöhen oder nicht, hängt ja oft schon in einem und demselben Steinbruch oder innerhalb einer einzigen Baugrube vom Gebirgsgefüge und der Böschungsrichtung ab, so daß die Bestimmungen, wenn sie Sinn haben sollen, eigentlich für jede Gebirgsfazies anders lauten müßten. Wertvoller als alle solche unelastischen Vorschriften sind geostatische Untersuchungen, welche zweckmäßig auch für Zwischenstadien des Abbaues zu führen sind. Erläßt man aber Vorschriften für Felsarbeiten, so sollte man grundsätzlich von Maßangaben absehen und in jedem Einzelfall baugeologische Gutachten und geomechanische Nachweise der Sicherheit für die gewählte Abbauweise fordern und Richtlinien für diese Nachweise geben.

Wenn größere Gesteinsmengen auf einmal niedergelegt werden, so darf dies nur durch Sprengungen, am besten Kammersprengungen, nicht durch Untergraben von Felsböschungen oder übersteile Anlage derselben geschehen.

Findet sich standfesteres und weniger standfestes Gebirge nebeneinander, so erhöht es die Sicherheit der Arbeit, zuerst die weniger standfesten Bereiche, dann erst die standfesteren abzubauen, welche oft eine gewisse Stützwirkung auf die Nachbarschaft ausüben.

10.6 Sicherung und Erhaltung von Böschungen

Eine Felsböschung weist keineswegs immer dann die größte Standsicherheit auf, wenn sie im Endzustand völlig eben ausgebildet ist. Im Gegenteil, durch Ausräumen von Kleinteilen, welche dem Angriff der Oberflächenkräfte auf die Dauer nicht standhalten würden, kann die Standsicherheit nur erhöht werden, auch wenn dadurch Hohlformen, kleine Nischen usw. in der Böschung entstehen. Solche sind nicht immer gleitgefährdet (wenngleich stets auf Gleitgefahr zu untersuchen). Sie verspannen sich häufig in sich oder können durch kleine Plomben aus Beton oder Mauerwerk (Abb. 10–41) gesichert werden, wobei nicht nötig ist, sie ganz auszufüllen.

Abb. 10-41. Mauerwerkplomben zur Sicherung ausbruchgefährdeter Böschungsbereiche (Kehlsteinstraße bei Berchtesgaden)

10.61 Gestaltung

Eine solche Behandlung fördert das natürliche Aussehen von Felsböschungen und kommt ihrer Einfügung ins Landschaftsbild entgegen. Vor allem bei bankigen Gesteinen soll eine Böschungsausbildung angestrebt werden, wie sie uns die Natur bietet: Bänke großer Standsicherheit treten aus der Böschung in der Regel hervor und geben dazwischenliegenden weniger festen Bänken Halt. Vielfach ist es nützlich, sich die Frage vorzulegen, wie die Natur selbst in diesem oder jenem Material die Böschung im Laufe der Zeit gestalten würde.

Die Anpassung der Böschung an ihre natürliche Umgebung soll organisch, aus dem Charakter des Gesteins, nicht verspielt und manieriert gestaltet werden. Wertvolle Empfehlungen findet man bei Seifert (1943).

Im Kalkgebirge stehen frisch gesprengte Felsböschungen oft jahrzehntelang unschön als grelle Flecken in der Landschaft. Nach einer Empfehlung von Prof. Stini habe ich beim Bau der Deutschen Alpenstraße versucht, die Kalkwände mit verdünnter Salzsäure zu bespritzen, wodurch ein Prozeß vorweggenommen wird, welchen säurebildende Algen als Schrittmacher späterer Flechten- und Moosbesiedlung in vielen Jahren fördern. Der Erfolg war verblüffend: schon nach einem Jahr zeigten die frischen Anbruchflächen ein Ansehen, das mit zehnjährigen Böschungsflächen vergleichbar war.

10.62 Begrünung

Für die Begrünung von Böschungen haben Seifert, Kruedener (1951) u. a. beachtenswerte Regeln aufgestellt. Sie gelten für Felsböschungen cum grano salis analog. Denn auch diesen ist eine gewisse Begrünung durchaus nicht schädlich, ja sie verhindert sogar das Abrieseln immer neuer Kleinteilchen. Man darf nur nicht die Ansiedlung solcher Bäume und Sträucher dulden, welche starke Wurzeln ausbilden. Diese sprengen — während sie auf Erdböschungen nach meinen mit Seifert übereinstimmenden Beobachtungen keineswegs schaden — mit ihren kräftigen und sich ausdehnenden Wurzeln den Fels; diese können Keilkräfte bis zu vielen Tonnen entfalten, welche die Kluftkörper nicht nur auseinanderdrücken, sondern oft sogar brechen.

Das Umhauen solcher Bäume und Sträucher hilft nicht, sondern verschlechtert die Lage nur, weil sich dann alle Wachstumskräfte auf die Wurzeln konzentrieren, so daß deren keilende Kraft nur noch verstärkt wird. Der Ingenieurbiologe Dr. Kielhauser (1955) erteilt dazu den Rat, bei gewissen Arten einen Teil der Rinde abzuringeln und das Gewächs selbst erst ein Jahr später umzuschneiden.

10.63 Schutz gegen Erosion und Frost

Begrünung gewährt zugleich Sicherheit gegen Erosion durch das über die Felsböschung rieselnde Sturzwasser, welches in kleinklüftigen Gesteinsarten viel Zerstörung anrichten kann, da es eine gewisse Sogwirkung ausübt. Ein wirksamer Schutz gegen Erosion wird auch durch Mörtelverschluß offener Fugen und Plombierung von Zerrüttungszonen geschaffen, wie sie in *(13)* eingehend beschrieben werden.

Auch bezüglich der Sicherung gegen Frostabtrag wird auf *(13)* verwiesen. Es ist zweckmäßig, solche Sicherungen nicht erst dann zu beginnen, wenn schon Schäden entstanden sind und größere sich ankündigen; mit weit geringeren Mitteln kommt man zum gleichen Ziel, wenn man bereits bei der Fertigstellung einer Felsböschung jene Stellen behandelt, welche einen ungenügenden Widerstand gegen den Frostangriff erwarten lassen. Vorbeugende Maßnahmen sind weit billiger als heilende.

Aber selbst begrünte und plombierte Böschungen sind häufig nicht frei von örtlichen Ablösungen und Steinfall. Sie erfordern ein regelmäßiges Abräumen und Abklopfen, „Absichern" genannt, das dem Unterhaltungspflichtigen nicht erspart werden kann, es sei denn, sie wurden so flach angelegt, daß gelöste Steine nicht kollern und springen, sondern nur abrollen und am Böschungsfuß liegen bleiben.

10.7 Entwurf und Ausbildung

Die Entwurfsbearbeiter von Felsbauten wünschen sich Tabellen, aus denen man die „natürlichen Böschungswinkel" und die ihnen zukommenden Sicherheiten abgreifen könnte. Aber alle Versuche, Felsböschungen zu normen, müssen fehlschlagen, da die Zahl der Einflußfaktoren und ihrer Kombinationen übergroß ist. Nur für ganz wenig geklüftete, durch keine

Störung durchzogene Bergarten mit gut verschränktem Restverband, welche aber selten sind, wäre eine Normung möglich. Gewiß gibt oft die Umgebung durch natürliche Felsböschungen oder erfolgte Abstürze, Felsgleitungen u. dgl. Beispiel und Maßstab dessen, was gewagt werden darf und was nicht. Überall dort aber, wo man sparen möchte, wo der Platz beengt ist, wo die Böschungen eine größere Höhe erreichen oder die Gesteinsverhältnisse schwierig zu beurteilen sind, empfehle ich eine gewissenhafte Gefügeaufnahme und eine Standsicherheitsberechnung auf Grund derselben. Diese Berechnung muß vor dem Aufschluß geschehen, wenn man unnötige Mehrausbrüche, Doppelarbeit und Gefahren vermeiden will.

10.71 Anlageverhältnisse

Die Wahl von Neigung und Richtung der Böschungen wird durch verschiedenartige Umstände und Gesichtspunkte bestimmt. Trotz gewissen Beschränkungen durch Linienführung, Gebäudelage usw. hat man öfter als man denkt die Wahl, Böschungen zu verschwenken. Schon geringe Verschwenkungen um 10—20° ändern ja oft die Standsicherheitsbedingungen und damit die zulässigen Böschungsneigungen beträchtlich.

Der Ingenieur kann sich beim Entwurf in vierfach verschiedener Lage befinden: er kann (1) bezüglich der Richtung (seltener der Lage) des Böschungsfußes freie Wahl haben oder (2) gebunden sein; zugleich kann ihm (a) die Böschungsneigung freigestellt oder (b) vorgegeben sein.

Steht beides in seinem Ermessen (1 a), so werden Ausbruchmengen und -kosten am geringsten sein, wenn die Böschung (nach der Methode des Sicherheitskegels) jene Richtung erhält, in welcher sie am steilsten angelegt werden kann und jene Neigung, die sich aus der geforderten Sicherheit ergibt. Der Fall kommt vor: ein Parkplatz an einer Felsnase z. B. gestattet solche Freiheit der Wahl. Für einen Einschnitt (welcher bei gleicher Sicherheit der Böschungen meist unsymmetrisch ausfällt), kann man mittels des Sicherheitskegels jene Richtung suchen, für welche die Summe beider einander gegenüberliegender Böschungsabträge ein Minimum wird. Dabei können die Böschungshöhen, welche die Topographie vorschreibt, als Gewicht in die Rechnung eingeführt werden.

Ist nur die Böschungsneigung frei wählbar, die Richtung aber festgelegt (2 a), so bestimmt die geforderte Sicherheit allein das Böschungsmaß. Im umgekehrten Fall (1 b), der im Bergbau häufig ist, wo man möglichst steil böschen möchte, aber richtungsungebunden ausschachten kann, hätte man die Richtung zu bestimmen, welche für die höchsten Böschungen die steilsten Neigungen zuläßt, also ein Minimum an Ausbruch ergibt. Sind Lage und Richtung ohne Rücksicht auf die natürlichen Gegebenheiten erst einmal festgelegt, so bleibt die Möglichkeit, zu variieren, auf künstliche Maßnahmen (Sicherungen, Fußmauern) beschränkt *(11, 12, 13)*. Solche Maßnahmen sind aber durchaus auch in den übrigen Fällen wert, erwogen zu werden. Denn bei manch einer Gelegenheit hat man festgestellt, daß es wirtschaftlicher wäre, künstliche Vorkehrungen zur Erhöhung der Sicherheit zu treffen, als ohne solche sehr flache Böschungen in Kauf zu nehmen.

Insbesondere wenn singuläre Gleitflächen vorhanden sind, kommt eine künstliche Sicherung oft bedeutend billiger als die Abtragung großer Felsmengen.

10.72 Böschungsfuß

Der Fuß der Felsböschung verdient besonderes Augenmerk. Die Standsicherheitsbetrachtungen in *(10.2)* setzen innerhalb und oberhalb des Böschungsfußes Fels gleicher Beschaffenheit voraus. Die geologischen Vorerhebungen müssen diese Voraussetzung überprüfen. Ist sie nicht gegeben, muß der Einzelfall besonders untersucht werden.

Abb. 10-42. Gestaltung des Böschungsfußes (Deutsche Alpenstraße auf den Kehlstein bei Berchtesgaden)

Daß der Böschungsfuß bei hohen Böschungen oder solchen in schiebendem Gebirge (Gebirgsdruck oder Talzuschub) kräftig ausgerundet werden muß, wurde *(10.45)* dargelegt. Ästhetisch ist an Straßen oder in der Nähe von Gebäuden zu berücksichtigen, daß die Verschneidung der Böschungsflächen mit der Sohle zackig verläuft und unbefriedigend wirkt. Hier schafft ein Bordstein mit dahintergelegter Grasböschung (Abb. 10–42), etwa in der Neigung 1 : 2, einen gefälligen Übergang.

Für E i n f a l l s c h ä c h t e werden oft hohe Felsnischen gesprengt; das ist weder schön noch nötig. Es schmälert die Standsicherheit einer Böschung keineswegs, wenn solche Nischen von geringer Höhe mit Überhang ausgesprengt und notfalls künstlich ausgemauert werden. Bei Einfallschächten an Bergstraßen wird stets gegen Architekturgesetze gesündigt, welche im Altertum bekannter waren als heute. Stellt man die Schächte völlig lotrecht an den ansteigenden Straßenrand, so ergibt eine bekannte optische Täuschung unausweichlich den visuellen Eindruck eines vornüberfallenden Schachtes. Mag auch den Techniker sein Senkel-Gewissen beruhigen und er eine architektonische Linienführung für „untechnisch“, weil nicht reißbrettgerecht, halten — den unvoreingenommenen Betrachter stört dieser Täuschungseffekt ästhetisch. Die Schächte normal zur Straßenebene anzuordnen, wäre natürlich ebenso verkehrt. Allein eine solche Lösung befriedigt den Beschauer, bei welcher die „lotrechten" Kanten um wenige Grade — je nach Straßenneigung — geneigt ausgeführt werden und dadurch den Anschein erwecken, als stünden sie wirklich lotrecht.

10.73 Böschungskopf

Am Böschungskopf muß dafür Sorge getragen werden, daß (a) eine vorhandene Überlagerung nicht zum Abgleiten kommt, daß (b) abrollende oder von Tieren abgetretene Steine nicht den ausgebrochenen Böschungsraum gefährden und daß (c) die Wasser- und Geschiebefracht von Runsen nicht Schaden anrichten kann.

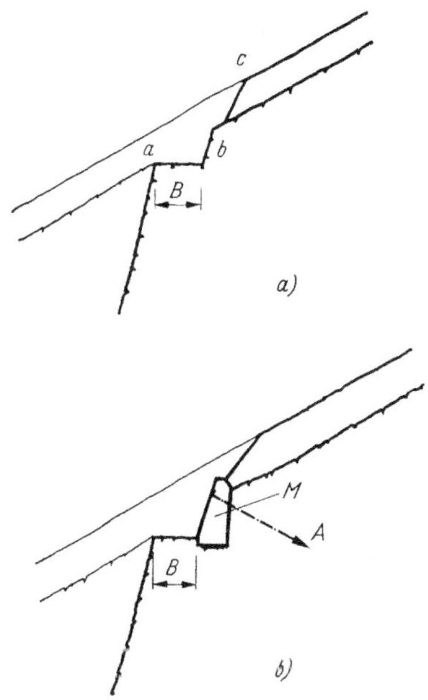

Abb. 10-43. Ausbildung von Kopfbermen B an hohen Böschungen a) ohne, b) mit Kopfmauer M, diese allenfalls durch einen Anker A gegen Kippung gesichert

Zu (a): Felsüberlagerung (Erde, Humus, Moräne, Bergschutt) findet auf der Felsoberfläche oft weit weniger Reibung als ihrer eigenen Inneren Reibung entspricht. Dieser Bodenschichte wird durch die Anlage eines Einschnittes der Fuß entzogen, so daß die Haftreibung ihre Gleitsicherheit bestimmt. Man wird sich deshalb stets von der Neigung dieser Felsoberflächen und ihrer Beschaffenheit (Gletscherschliffe usw.) zu überzeugen haben. Reicht die Reibung in durchnäßtem Zustand (dem ungünstigsten) nicht hin, die Überlagerung zu halten, so muß (1) abgeräumt, (2) ein kleines Mäuerchen oder (3) ein Zaun aus Stahlstangen (alten Schienen) und Schwellen oder Betonholmen (möglichst dem Auge verdeckt) gesetzt werden. Ist die Überlagerung mächtiger als 1 m, so werden auch die Gleichgewichtsverhältnisse im Erdkörper zu untersuchen und notfalls zu verbessern sein.

Zu (b): Eine solche Abstützung oder Zäunung vermag zugleich oberflächlich abkollerndes Gestein aufzuhalten. Oft wird in dieser Hinsicht nichts unternommen, sondern einfach vor Steinschlag gewarnt. Auf jeden Fall aber muß die Begrenzung der Überlagerung gegenüber dem Kopf der Felsböschung um mindestens 1 m (waagrecht gemessen) bis zum Punkt b zurückgesetzt und gemäß a—b flacher geböscht werden (Abb.

10–43), damit sich dort wieder eine geschlossene zugfeste Wurzeldecke bilden kann, welche das Herausbrechen von Steinen einigermaßen verhindert. Sicherer sind Faschinensicherungen.

Die Grenze zwischen Fels und Überlagerung führt häufig größere Wassermengen, als aus dem Fels selbst zusickern. Diese verursachen im Winter oft mächtige Eisbildungen, welche aber nur dann von Nachteil sind, wenn sie beim Ablösen (von sehr steilen oder hohen Wänden) Gefahr bringen. Will man solche Eisbildungen hintanhalten, so muß auf dem Böschungskopf ein Saumgerinne vorgekehrt werden.

10.8 Die baugeologische Feldaufnahme

Aus den vorstehenden Abschnitten geht hervor, welche geologischen und Gefügedaten auf die Berechnung der Standsicherheit, auf die praktische Ausführung, auf die Planung und die rechtlich-wirtschaftlichen Belange Einfluß haben. Als Überblick und Gedächtnisstütze für den aufnehmenden Geologen sei das Wichtigste zusammengefaßt:

Felsböschungen müssen so angelegt werden, (1) daß sie standsicher sind, (2) daß Steinschlaggefahr vermieden wird und (3) daß Erosion und Frostlockerung entweder ausgeschaltet sind oder keinen Schaden anrichten können.

Standsicherheit ist eine Funktion

- des Flächengefüges,
- des Restverbandes,
- der Reibungsverhältnisse usw.,
- vorhandener Großdiskontinuitäten (z. B. Gleitflächen),
- der Gesteinsfestigkeiten,
- des Wassers und der Wasserströmung,
- der Inhomogenitäten
- und (nicht geologisch bedingt) der Ausführungsform (Stufen, Terrassen, Abtreppungen usw).

Die Steinschlaggefahr, die Beständigkeit gegen Erosion, Frost und Verwitterung ist eine Funktion

- der Gesteinsfestigkeiten,
- der Ausräumbarkeit (somit auch des Flächengefüges),
- der Erweichbarkeit,
- des Bergwassers und der Tagwässer,
- der Gebirgsdurchlässigkeit,
- wasserstauender und wasserführender Horizonte und Störungen.

Den Planer und Statiker interessieren außerdem

die Abgrenzung der einzelnen Homogenbereiche (für deren jeden die vorgenannten Faktoren festzuhalten sind),

Härtlinge einerseits, Zerrüttungszonen usw. andererseits;

Naturbeobachtungen über kurz- und langfristige Standsicherheit (Wandhöhe, Böschungswinkel, vermutliches Alter), aus denen auf die Zeitabhängigkeit der Materialeigenschaften und auf diese selbst zurückgeschlossen werden kann.

Mit diesen Aufzählungen ist bereits gesagt, was die baugeologische Feldaufnahme enthalten muß. Können diese Daten aus dem natürlichen Oberflächenaufschluß oder der allgemeinen Kenntnis des Gebietes nicht oder nicht vollständig genug gewonnen werden, so müssen künstliche Aufschlüsse, Bohrungen, Röschen u. dgl. geschaffen und ausgewertet werden *(8)*.

11 Verkleidete Felsböschungen — Futtermauern

Wenn eine Felsböschung im Sinne von *(10)* im großen standsicher ist, bietet dies noch keine Sicherheit gegen einzelne Gesteinsablösungen (Absanden oder Steinschlag). Ihre Oberfläche ist ja der Verwitterung, insbesondere dem Spaltenfrost, ausgesetzt, von nachträglichen Spannungsumlagerungen betroffen und erleidet in deren Folge Teilauflockerungen, welche zur Ablösung einzelner Gesteinsteile führen. In geringem Umfang nimmt man sie als eine im Gebirge selbstverständliche Allgemeinerscheinung hin. Sind sie erheblich, aber auf gewisse Zonen beschränkt, so reichen die in *(10,6)* erwähnten Mittel hin, sie abzuwenden. Erstrecken sie sich aber über größere Böschungsbereiche, so greift man zu Schutzverkleidungen, deren gebräuchlichste und wirksamste die Futtermauern sind.

Futtermauern sind in der Regel schlanke, oft sehr schlanke Bauwerke, welche nicht zu stützen, sondern zu schützen haben. Dadurch unterscheiden sie sich von den Stützmauern *(12)*. Sie stehen häufig bergseitig von Verkehrswegen, Plattformen u. dgl., während talseitig meist echte Stützmauern erforderlich sind; deshalb werden sie auch häufig mit bergseitigen Stützmauern verwechselt. Von solchen sollte man nur sprechen, sobald sie eine wirkliche Abstützung bezwecken. Diese begriffliche Trennung ist notwendig, weil sich die Berechnung wie die konstruktive Auffassung der Stützmauern von denen der Verkleidungsmauern gänzlich unterscheiden.

11.1 Übersicht und Einteilung

Teilen wir, um einen Überblick zu gewinnen, die Felsverkleidungen (1) nach ihrer Funktion, (2) nach Bauart und System, (3) nach dem Baumaterial, (4) nach dem Zweck ihrer Errichtung und (5) nach ihrer Bestanddauer ein.

(1) Ihre Funktion ist entweder,

(1 a) den Fels gegen Abwitterung ohne Frostwirkung zu schützen — in Klimaten ohne Frost und in Böschungen ohne Bergfeuchtigkeit; oder

(1 b) Frostlockerungen, Frostschub (und natürlich auch Verwitterung) zu verhindern — angebracht bei gleichzeitiger Anwesenheit von Bergwasser, Frost und frostunbeständigen Gesteinen; oder

(1 c) oberflächliche Nachlockerungen und Nachbrüche — bedingt durch Erosion, Spannungsumlagerungen, Gebirgsdruckerscheinungen, Talzuschübe u. dgl. — hintanzuhalten. (Diese Gruppe leitet bereits zu den Stützmauern über.)

(2) Folgende Bauarten von Felsverkleidungen sind möglich, gebräuchlich oder zweckmäßig:

(2 a) ohne Verbundwirkungen vorgesetzte Futtermauern — vom Fels durch eine Steinauspackung („Hinterbeugung“ genannt) getrennt, sind sie die heute noch gebräuchlichste Standardausführung;

(2 b) Oberflächen-„Versiegelungen“ — aus Spritzmörtel (Torkret; Gunnite) oder Spritzbeton aufgebracht, im allgemeinen ohne Gewichtsstützwirkung (daher nicht als Futtermauern zu bezeichnen);

(2 c) satt angemauerte (oder betonierte) Futtermauern — einer gewissen Verbundwirkung von Fels und Mauer fähig;

(2 d) angeheftete Futtermauern — echte Verbundkonstruktionen von Mauer, Fels und Stahl.

Mit Ausnahme von (2 b) können alle diese Systeme auch in aufgelöster Form (Gewölbegurten oder flache Füllungen zwischen Pfeilern) aufgeführt werden; gebräuchlicher aber sind Vollwandformen.

(3) Nach dem Baumaterial sind zu unterscheiden: Felsverkleidungen aus

(3 a) Trockenmauerwerk — nur für 2 a geeignet;

(3 b) Mörtelmauerwerk — für 2 a und 2 c geeignet;

(3 c) Beton — für 2 a, 2 c und 2 d geeignet;

(3 d) monolithischem Stahlbeton — für 2 d vorzusehen;

(3 e) Stahlbetonfertigteilen — ebenfalls nur für 2 d;

(3 f) Spritzbeton — für 2 b und in Verbindung mit 2 c und 2 d;

(3 g) Spritzmörtel — bei 2 b und gleichfalls in Verbindung mit 2 c und 2 d bewährt.

(4) Nach Zweck und Zugehörigkeit zu baulichen Anlagen könnte unterschieden werden zwischen Böschungsverkleidungen

(4 a) an Verkehrswegen — in Ein- und Anschnitten,

(4 b) an Gebäuden — z. B. hinter Krafthäusern,

(4 c) von Baugrubenwänden,

(4 d) von Tagebauen und

(4 e) Behältern.

(5) Nach der Standdauer zu unterscheiden ist wesentlich, weil nicht nur die Standfestigkeit des Gebirges, sondern auch sein Verwitterungswiderstand sowie seine Neigung zum Aufblättern und Auflockern zeitabhängig sind; somit werden, je nach der Standdauer, nicht nur die Ausführungsart, sondern auch die Bemessung der Ver-

kleidungen verschieden sein. Wie bei den freien Felsböschungen ist es auch hier wieder zweckmäßig, zu unterscheiden:

(5 a) provisorische Verkleidungen,

(5 b) langfristige Verkleidungen,

(5 c) ständige Verkleidungen, mit einer Bestanddauer von etwa einem halben Jahr bzw. Jahrzehnt bzw. Jahrhundert.

11.2 Belastungsannahmen der Berechnung

Über die konstruktive Ausbildung und Stärke von Futtermauern gibt es bei manchen Bauverwaltungen, vor allem bei älteren Eisenbahnverwaltungen, Normalien, welche ohne Zweifel ein gewisses Erfahrungsgut darstellen. Obwohl aber in der Zeit der klassischen Bahnbauten mit einer bemerkenswerten Intuition bemessen wurde, haben sich im Laufe der Zeit die meisten Futtermauern als übermäßig stark, einige aber auch als zu schwach erwiesen. Dieser Umstand zeigt, daß man sich um einen Rechenansatz bemühen sollte, welcher bisher fehlte. Denn daß Erddrucktheorien hier keine Grundlagen abgeben, liegt auf der Hand. Pacher (1957, 41) hat meines Wissens als erster einen Weg zur Berechnung angehefteter Stütz- und Futtermauern gewiesen, auf welchen wir in *(11.33)* zurückkommen. Die dort eingeschlagenen Gedankengänge bringen Licht in die allgemeine Aufgabe der Futtermauern überhaupt, deren Problematik in den Belastungsannahmen liegt.

11.21 Belastung durch Abwitterung

Am klarsten liegen die Dinge noch bei der Abwitterung ohne Frost (1 a). Wenn Wärmeschwankungen, Feuchtigkeitsrhythmen, chemische Lösungsangriffe aus der Luft, aus dem Wasser oder dem Pflanzenflug vorgetragen, die Kornbindung des Gesteins lösen und den Kluftkörperverband des Gebirges lockern, dann sind innerhalb der Verwitterungsschwarte zwar beträchtliche Kräfte am Werk; aber sobald man eine Verkleidungsmauer vorsetzt, hat diese eigentlich keine wirkliche Last aufzunehmen, sondern nur zu verblenden, abzuhalten, abzuschließen. Dann hört der Zutritt der Luft weitgehend auf, das Wasser wird abgeleitet oder ferngehalten und der Lebewelt der Zugang abgeschnitten — zumindest den pflanzlichen Kleinlebewesen —; nur die Wurzeln von Bäumen können weiterarbeiten. Man sollte sie aber nicht dulden, denn sie können Wurzeldrücke bis zu 30 Tonnen entfalten. Eine jede der unter (2) angeführten Bauarten kann die Aufgabe des Abschließens erfüllen; es genügen die einfachsten. Auch an das Material wird nur ein einziger Anspruch gestellt: wetterbeständig zu sein.

11.22 Frostschub

Frostschub und Frostlockerung (1 b). Die Belastung, welche eine Mauer durch Eisbildung zwischen sich und dem Gebirge oder im Gebirge selbst erhalten kann, ist höchst schwierig einzuschätzen. Schon die Frage nach dem Kristallisationsdruck des Eises [9]) wirft eine Reihe von Problemen auf, die — soweit mir bekannt ist — ungelöst, ja kaum behandelt sind.

Eine erste Grundlage lieferten TAMMAN und BRIDGEMAN (1925) mit dem Phasen-Diagramm von Eis (Abb. 11–1). Aus diesem Diagramm läßt sich der Druck ablesen, den H_2O in abgeschlossenem Raum bei fallenden Temperaturen ausüben kann und welcher bis zu 2050 kg/cm² (bei —22° C) steigt. Dieser Druck ist ein hydrostatischer

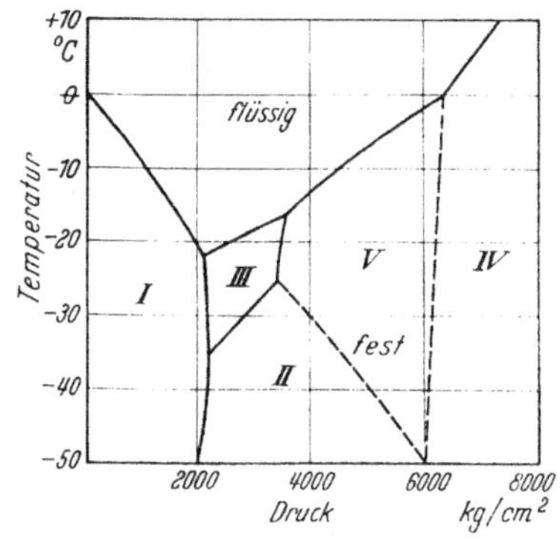

Abb. 11-1. Phasendiagramm für das Einstoffsystem Wasser (aus TAMMAN und BIGMAN 1925) *)
I—V: enantiotrope Modifikation der festen Phase

*) Siehe auch RODEBUSCH und BUSWELL 1958

Druck, allein dadurch verursacht, daß H_2O bei Kristallisation in die „Modifikation I", in den Zustand einer geringeren Dichte, übergeht. Bei weiter sinkenden Temperaturen oder steigenden Drücken verliert der Kristall seine Fähigkeit, Druck auszuüben, indem er nunmehr in die enantiotrope „Modifikation III" überwechselt, welche dichter als Wasser ist. Verunreinigungen verschieben die charakteristischen Grenzlinien des Phasen-Diagrammes.

Von dieser Druckentwicklung im abgeschlossenen Raum ist jene zu unterscheiden, die dem Wachstumswillen der Eiskristalle bei Zuführung weiterer Flüssigkeit entspricht, die also auch dann auftritt, wenn H_2O im kristallinen Zustand dichter ist als in seiner entsprechenden flüssigen Phase. Man darf annehmen, daß sich bei diesem Wachstum gerichtete Drücke ausbilden.

Einigermaßen bekannt sind die mechanischen Eigenschaften des Eises. Sein E-Modul ist $8{,}34 \cdot 10^{10}$ für singelkristallines Eis, während polykristallines Eis im E-Modul bis etwa $5{,}8 \cdot 10^{10}$ dyn/cm² abfällt. Seine

[9]) Ich folge hier auszugsweise einer brieflichen Mitteilung von Herrn Dr.-Ing. HELMUT KÖRNER, München.

Festigkeiten hängen dermaßen von der Temperatur ab, daß man sie kaum untersuchen kann (Druckfestigkeit bei $-10^\circ = 40\,kg/cm^2$, bei $0^\circ = 15\,kg$ pro cm^2, Zugfestigkeit etwa $16\,kg/cm^2$ bei allen Temperaturen). Beimengungen verändern, Salz im besonderen erhöht die Festigkeiten mehr, Ton und Schluff tun dies erst unter -10° C (nach BUTKOVICH 1959, 359).

Praktisch ist aus diesen Daten abzulesen, daß Eis, wenn es gänzlich abgeschlossen ist, Drücke erzeugen kann, denen keine Mauer und kein Fels standhalten könnte. Wenn trotzdem nicht bei jedem Frost alle Gefüge bersten, so liegt dies daran, daß Klufträume und Poren selten ganz von Wasser erfüllt sind, so daß sich das Eis in die freien Räume hinein ausdehnen kann. Diese Ausdehnung wird ihm durch seine bemerkenswerte Eigenschaft ermöglicht, schon bei minimalen Spannungen von wenigen Gramm pro cm^2 zu kriechen. Dabei kommt nur ein ganz geringer Teil der Kristallisationskraft zur Wirkung. Wie groß dieser ist, kann man zunächst nur auf Grund von Naturbeobachtungen abschätzen. Eine normale Futtermauer drückt gegen den Fels etwa mit einer mittleren Kraft von 5 bis $10\,t/m^2$, wie sich aus der Gewichtskomponente, ihrer Stärke und Neigung rasch überschlägig ermitteln läßt (Abb. 11–4; Gl. [11—1]).

Daß Futtermauern von Eis einfach umgeworfen worden wären, ist nicht bekannt; häufig aber brechen oder beulen sie aus. Manchmal fand sich Eis in Klüften hinter der Mauer. In Lettenklüften kommt es wohl sogar zur Bildung von Eislinsen. Im Augenblick aber, da das Eis die Mauer zu verbeulen beginnt — das geschieht nicht auf der ganzen Mauerfläche gleichzeitig —, erhalten die Nachbarlinsen und -klüfte „Luft", und das Eis kann sich in ihnen ohne wesentlichen Druck ausdehnen; außerdem sind seine Ausdehnungswege nur klein, so daß keine erheblichen Kippmomente entstehen können. An der Beulstelle aber, wo der Eisdruck unmittelbar wirkt, ist dieser so groß, daß ihm das Mauerwerk auf keinen Fall standhalten kann. Es wäre also überflüssig, die Mauer so bemessen oder verankern zu wollen, daß sie einem auf der ganzen Fläche wirkenden Frostschub widerstehen kann; dazu müßte sie übermäßig kräftig ausfallen. Man könnte daran denken, eine ausreichende Zahl künstlicher Hohlräume zu schaffen, in welche sich das Eis ausdehnen kann. Diese Hohlräume müßten aber auch im angrenzenden Fels angelegt werden, was technisch nicht leicht in ausreichendem Maße möglich ist. Deshalb ist es das einzig richtige, die Eisbildung zu verhindern.

11.23 Nachlockerung

Neigt das zu schützende (an sich aber standfeste) Gebirge zu Nachlockerung und Nachbrüchen, so erfährt die Verkleidungsmauer eine wirkliche Belastung. Die Erfahrung lehrt, daß Nachlockerungen in der Form wandparalleler Schalenablösungen vor sich gehen. Es ist etwa eine Gleichlast, welche von der davorgestellten Verkleidungswand aufzunehmen ist. Die waagrechte Tiefe t dieser Ablösungsschalen (Abb. 11–2) ist zunächst durch die Reichweite der Auflockerungszone bestimmt, welche die Sprengarbeit geschaffen hat und welche an freier Wand im allgemeinen etwa 1—2 m beträgt. In dieser Auflockerungszone ereignen sich nach und nach kleine Gleitungen im Flächengefüge, welche am Fuß der einzelnen Schalen schräg nach außen zielen. Ist in Abb. 11–2 a V—V eine Richtung großer Verformungswilligkeit *(6.2)*, so ist T—B (Abb. 11–2 b) der durch Reibung (oder Scherfestigkeit) nicht gedeckte Teil der Tangentialkomponente T. Zu sei-

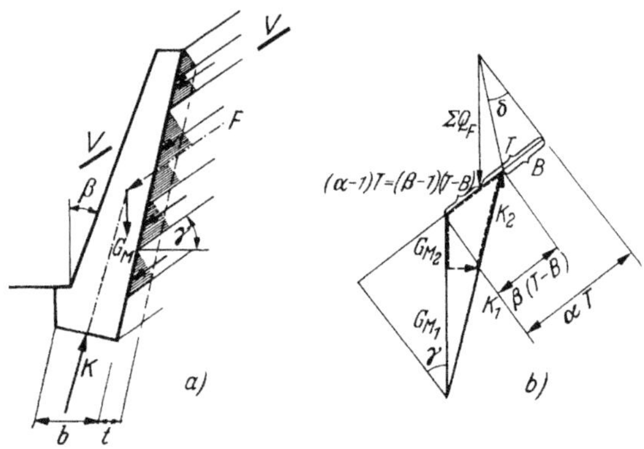

Abb. 11-2. Belastung einer Futtermauer durch Auflockerung und Ablösungen. a) Schema; b) Kräfteplan, der gestrichelte Linienzug gilt für eine angeheftete Futtermauer gemäß Abb. 11-3 c und d

ner Einschätzung wird man lediglich die Reibung auf den Flächen des Restverbandes einsetzen, weil im Auflockerungshof der Sprengungen der Restverband weitgehend ausgeschaltet sein kann. (Es genügt deshalb auch, zur Ermittlung der Gleitrichtung die Reibungskreise nach TALOBRE heranzuziehen.)

Der Wert $(T–B)_{max}$ ist der Größtwert der Mauerbelastung. Dieser Differenz wird von der Mauer β (T–B) = α (T–B) entgegengesetzt. Je nachdem, ob man die Sicherheit des Systems gemäß FELLENIUS oder gemäß BOROWICKA bzw. PACHER definiert, ist diese

$$\nu_{Fel} = \frac{\alpha\,T}{T} = \alpha = \frac{\beta(T - B) + B}{T};$$

$$\nu_{Bor,\,P} = \frac{\alpha\,(T - B)}{T - B} = \frac{\beta\,(T - B)}{T - B} = \beta \qquad [11—1]$$

Dieser Größtwert der Mauerbelastung gilt für nur vorgesetzte Mauern ohne Verbundwirkung mit dem Fels, aber für beliebige Dauer.

Nachlockerung ist ein V o r g a n g, ist eine Funktion der Zeit. Die aus ihr stammende Belastung ist am Beginn Null und wächst mit der Zeit, aber nur so lange, bis die Nachlockerung durch eine Gegenwirkung gestoppt wird. Hierzu genügen anfangs ganz geringe Kräfte; je länger man mit der Verkleidung aber zuwartet, desto größer müssen die Gegenkräfte sein. Setzt man die Verkleidungsmauer nur vor (Bauart 2 a), ohne Verbundwirkung, so erreichen die Kräfte das vorstehend eingeschätzte Maximum. Aus dieser Überlegung kann man zwei Vorteile ziehen:

1) schon ein leichter Gegendruck, auf die ganze Fläche rechtzeitig aufgebracht, ist imstande, größere Nachlockerungen zu unterbinden;
2) ein sofort aufgebrachter Widerstand wird selbst bei sehr geringem Ausmaß imstande sein, die Auflockerung weitgehend zu verhindern, zumindest abzubremsen.

Den Vorteil (1) nützt die Konstruktion der angehefteten *(11.33)* Futtermauern (2 d), den Vorteil (2) die Oberflächenversiegelung *(11.34)*.

11.3 Die Bauarten der Felsverkleidungen

11.31 Vorgesetzte Futtermauern

Als praktisch einzige Bauart waren bisher vorgesetzte Futtermauern in Gebrauch: Mauerkörper aus Stein oder Beton, eben dick genug, um den Durchgang häufiger Frostwechsel zu verhindern und einen kleinen Andruck auf das Gebirge auszuüben, wurden vor die zu schützende Felsböschung gesetzt, wobei ein Zwischenraum von 15—30 cm zur Erzielung einer Drainwirkung mit Steinen ausgepackt („ausgebeugt") wurde (Abb. 11-3 a).

Nach *(11.23)* bzw. *(11.22)* besteht die Aufgabe einer Futtermauer darin, (1) durch einen geringen Andruck den Beginn größerer Auflockerungen bzw. (2) Eisbildung hinter der Mauer zu verhindern. Da Eisbildung gleichzeitig Wasser und Frosttemperaturen voraussetzt, genügt es, einen dieser beiden Faktoren auszuschalten.

In durchlässigem Gestein vermag ein gutes Drainsystem *(11.45)* zwischen Mauer und Fels (gebräuchliche Ausführung) oder in Felsschlitzen (neue Bauweise) einen ausreichenden Teil des Bergwassers abzuleiten. Das den Fels durchsickernde Wasser besitzt stets genügend Wärme, um auf seinem Wege durch die Drainage nicht zu gefrieren. An seinem Austritt bilden sich zwar Eisstoppel; aber die Erfahrung, insbesondere der nordischen Länder, lehrt, daß diese Stoppel keinen Wasserrückstau verursachen.

Ist das Gestein aber selbst wasserhaltend (von hoher Kapillarität oder geringer Durchlässigkeit), so sind Drainagen nutzlos, weil das Haftwasser trotzdem zu Eisbildung führt. Dann muß die Kälte ferngehalten werden; dazu muß die Mauer entweder dick genug oder aus solchem Material gebaut sein, daß sie die Abkühlung des Gesteins unter den Gefrierpunkt verhindert. Die erforderliche Dicke hängt vom Kleinklima der Örtlichkeit

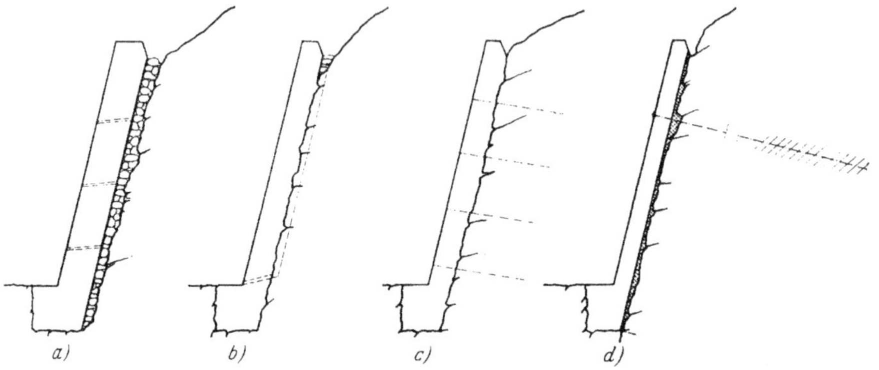

Abb. 11-3. Bauarten der Futtermauern in Fels; a) vorgesetzte, b) angemauerte, c) (mehrfach) angeheftete, d) (einfach) angeheftete bzw. „verankerte" Futtermauer

und von der Wärmeleitfähigkeit des Baustoffes ab. Wie unterschiedlich die Wärmeleitfähigkeit der Baumaterialien, sogar der Natursteine, ist, hat man im Tiefbau bisher weniger beachtet als im Hochbau. Auch fehlen leider ausreichende Temperaturbeobachtungen hinter Mauern, so daß man zum Teil auf Schätzungen angewiesen ist.

Von ganz besonderem Vorteil sind natürlich sehr grobporige Gesteine (Tuff) und Betone, z. B. Ein- und Zweikornbeton. Bei solchen Baustoffen wären Mauerstärken (einschließlich Verblendung) von 50 cm wohl schon ausreichend, während in massivem Stein meist 80—100 cm Wandstärke für erforderlich gehalten wird. Wenn mit solchen Mauerstärken auch nicht jegliche Frosteindringung in den Fels verhindert wird, so werden doch die häufigsten Frostwechsel und langdauernden Auffrierungen abgehalten, was im allgemeinen genügt.

Einen gewissen Wärmeschutz leistet infolge der vorhandenen Hohlräume auch die gebräuchliche Auspackung hinter der Mauer, allerdings nur, solange sie nicht von lehmigen Verwitterungsprodukten erfüllt ist, was erfahrungsgemäß leider bald eintritt. Solche Füllsel halten überdies Feuchtigkeit fest und fördern so den Frostdruck, dem sie entgegenwirken sollten. Außerdem haben sie, wie ich häufig beobachten konnte, die Eigenschaft, in sich zusammenzusacken und dann eine Art Gefäßdruck auf die Mauer auszuüben, welcher nicht gering ist und in vielen Fällen zu Mauerablösungen führt. Solche Sackungen werden durch die Bewegungsrhythmen der Mauer (z. B. infolge Sonnenbestrahlung und Abkühlung) im Laufe der Zeit gefördert. Führt man derartige Auspackungen aus, so müssen Sackungen durch Form und Verlegung der Steine ausgeschlossen werden. Auspackungen mit runden Bruchsteinen sind von Übel.

Soll eine Futtermauer lediglich Andruck *(11.23)* leisten, dann kann sie um so dünner ausgeführt werden, je schräger sie geneigt ist. Wählt man den gewünschten Andruck an den Fels mit $n = 5—10\,t/m^2$, so ergibt sich unter der vorsichtigen Annahme eines Kippens um die hintere Fundamentkante am Anfang der Setzungen aus der Abb. 11–4 a die Beziehung

$$n = \gamma\, b\, \frac{h \cos \beta - b \sin \beta}{h \sin \beta - b \cos \beta}, \qquad [11\text{-}2]$$

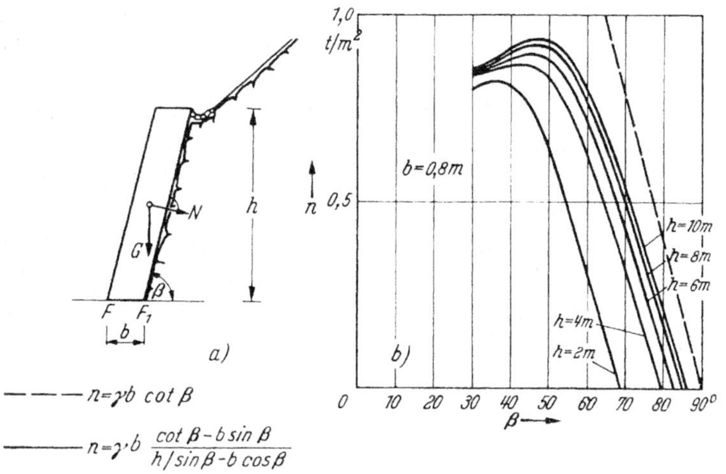

Abb. 11-4. Andruck n einer Futtermauer an den Fels bei verschiedener Höhe und Neigung derselben. a) Schema, b) Diagramm

bzw. für = 60—90°:

$$n \doteq \gamma b \, \frac{h \cos\beta - b}{h - b \cos\beta}\,, \qquad [11\text{—}2a]$$

deren Größen man dem Diagramm Abb. 11–4 b entnehmen kann.

Wegen der großen Vorteile und der größeren Wirtschaftlichkeit der anbetonierten Futtermauern *(11.32)* halte ich die vorgesetzten Futtermauern für überholt.

11.32 Angemauerte Futtermauern

Anbetonierte Futtermauern (Abb. 11–2 b) haben Dipl.-Ing. Pacher und ich zum erstenmal beim Bau der Umgehungsstraße Harburg vorgeschlagen. Die oft gemachte Erfahrung, daß Frostschäden an Futtermauern nur einzelne Bereiche betreffen, niemals ganze Mauern umwerfen, führt in letzter Konsequenz dazu, Mauerverkleidungen zu bauen, welche einerseits nur so dick sind, daß sie kurzfristige, häufige und Eislinsen bildende Frostwechsel nicht durchlassen, andererseits aber fest genug mit dem Fels verbunden und an diesem haftend, um von örtlichen Frostdrücken nicht mehr als einige mm abgehoben zu werden. Nimmt man die Haftfestigkeit zwischen Beton und dem (gereinigten) Fels je nach Gestein mit $\sigma_H \cong 2$ bis 10 kg/cm² auch nur auf einem (geologisch zu schätzenden) Teil der Fläche in Anspruch, so können schon sehr dünne Mauern Eisdrücken von 10 bis 40 t/m² auf der restlichen Teilfläche Widerstand leisten, wenn diese selbst z. B. 70 % ausmachen sollte.

Solche anbetonierte Mauern lassen freilich die Einlegung einer Drainschicht in der Form der einfachen Ausbeugung nicht mehr zu. Diese ist (wenn sie nicht eine große Wasserwegigkeit des Gebirges überflüssig

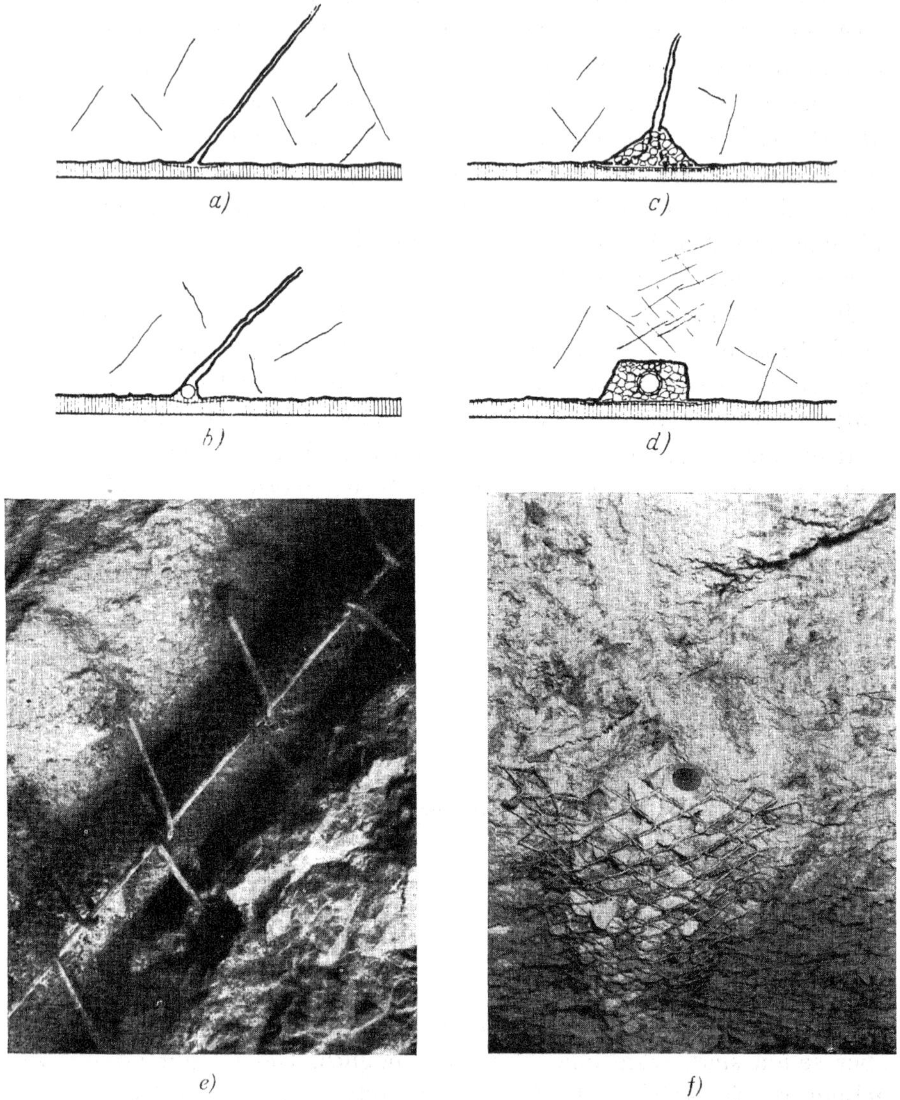

Abb. 11-5. Ausführungstypen von Felsdrainagen. a) Einfache Abdeckung einer wasserführenden Spalte; b) Drainrohre nach der „SIKA-Schlauch-Methode"; c) künstlich erweiterte und mit Schotter gefüllte Felsspalte; d) Kofferdrainage mit Filterkörper und Drainrohr am Ausbiß eines Zerrüttungsstreifens; e) Einlegung dünner Blechrohre vor der Spritzvermörtelung; f) Ansicht einer Kofferdrainage gemäß d) vor Mörtelverschluß; in der oberen Hälfte des Bildes die vorbereitete Koffernische. (Schraffiert: Spritzmörtel; gestrichelt: Drahtnetz; volle dünne Linie: Dachpappe oder dünnes Blech. Richtigstellung: bei a) ist statt Drahtnetz Abdeckung vorgesehen.) (Foto Ing. Temel)

macht) durch eine Abführung der Sickerwässer in Drainschlitzen gemäß Abb. 11-5 zu ersetzen. Diese ordnet man am besten nicht in sinnloser Regelmäßigkeit, sondern an Stellen erwartender Wasseraustritte an, über welche man schon während des Aushubes genaue Beobachtungen anstellt und Aufzeichnungen führt. Wer beobachtet hat, wie selten die Bergwässer an hinterseitig ausgepackten Mauern aus den vorgesehenen Drainageschlitzen rinnen und wie oft das Mauerwerk trotz dieser Schlitze in deren Nachbarschaft durchfeuchtet ist, der wird sich leicht zu einer solchen neuen Ausführungsart umstimmen lassen, die sich sowohl in Tunneln (z. B. Harburg) wie auf freier Felsstrecke schon mehrfach bewährt hat. Wichtig ist nur, an der Zahl der Drainageschlitze nicht zu sparen und dafür zu sorgen, daß ihre unteren Ausgänge nicht von Beton oder Mörtel verlegt werden.

Daß bei anbetonierten Mauern natürlich auch der von vielen für wichtig gehaltene, nach einigen Jahrzehnten aber doch wirkungslos gewordene Schwarzanstrich im Mauerrücken entfallen muß, scheint mir ein geringer Nachteil. Bei guter Funktion der Drainagen geht das Wasser den Weg des geringsten Widerstandes und fließt ab, ohne die Betonmauer wesentlich zu durchfeuchten. Damit diese nicht durch Frost geschädigt werde, muß freilich ihr Beton sehr dicht sein. Besonders vorteilhaft ist (auch für Mauern alter Bauart) Steinverkleidung.

Solche satt angemauerten Felsverkleidungen sind billiger als die frei vorgesetzten Mauern herkömmlicher Bauart und erfüllen ihren Zweck, Frostschub und Auflockerung zu verhindern, nach meiner Meinung besser. Man kann sie in Mauerwerk, Beton, verblendetem Beton oder (zwecks erhöhter Wärmeisolierung) verblendetem Großporenbeton herstellen. Im allgemeinen werden Stärken von 60—80 cm, im letzten Falle von 40—60 cm genügen. Ihren Anzug wird man 8 : 1—10 : 1 wählen.

11.33 Angeheftete Futtermauern

Die satt anbetonierten Mauern *(11.32)* können eigentlich schon als angeheftete Futtermauern angesprochen werden; denn der bezweckte Anpreßdruck wird teilweise schon durch die Haftfähigkeit des Mörtels bzw. Betons erreicht. Will man sich auf die Haft an der äußersten Felsschale nicht verlassen, weil diese stark oder vorwiegend lotrecht zerklüftet ist, so daß die Gefahr des Ablösens der äußersten Schale samt der Mauer naheliegt, so besteht die Möglichkeit, eine Heftung an tiefere Felsbereiche durch Stahlelemente zu erreichen.

In der einfachsten Form kann dies durch Steckeisen geschehen (Abb. 11–6). Diese steckt man in Abständen von 0,5—1,5 m in Bohrlöcher von etwa 60 cm Tiefe, welche mit Mörtel gefüllt werden. Sehr gut eignen sich dazu Abfälle von Torstahl o. ä. in Stärken von 10—16 mm. Dadurch wird eine Verbundmauer geschaffen, die zur Hälfte aus Beton, zur anderen aus Fels besteht.

Ganz erheblich verbessert wird aber die Wirkung einer solchen Anheftung, wenn man die Hafteisen als regelrechte Zugglieder einer Verbundkonstruktion aus Stahl, Fels und Beton (Abb. 11–7) ausbildet und vorspannt. Während eine normale Futtermauer nur einen Andruck

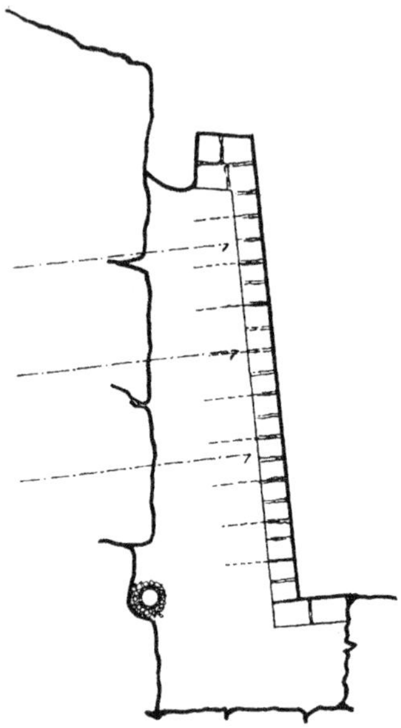

Abb. 11-6

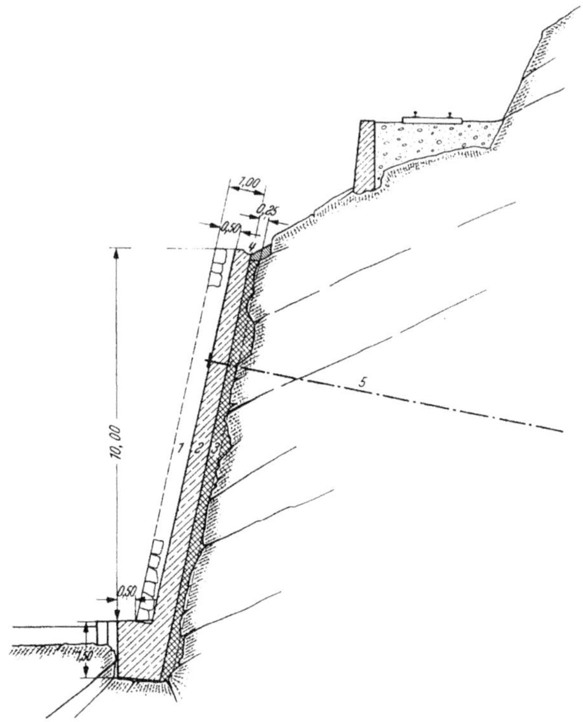

Abb. 11-7

Abb. 11-6. Durch Steckeisen angeheftete Futtermauer mit Kopfrinne zur Aufnahme von Tagwässern und Steinfall. Umgehungsstraße Harburg

Abb. 11-7. Angeheftete Futtermauer der Steyrtal-Bundesstraße im Plangraben. Regelquerschnitt. 1 Verblendmauerwerk (statisch nicht mitwirkend), 2 statischer Stahlbetonquerschnitt, 3 Entwässerungsschichte aus Zweikornbeton B-80; Innentoleranzmaß des Felsausbruches t_i = 0,10 m, 4 Ableitungsrinne für Tagwässer, gegen die Entwässerungsschichte abgedichtet; 5 Perfo-Anker ⌀ 40 mm Torstahl, 10—11 m lang

von etwa 0,25 t/m² und eine mit Steckeisen angeheftete einen solchen von etwa 0,50 t/m² auf den Fels ausübt, welcher selbst bei starker, aber unwirtschaftlicher Schrägstellung der Mauer bestenfalls die doppelte Höhe erreicht, kann schon mit ganz leichten Vorspannankern von nur 15 t Zugkraft, in Abständen von 2,5 m, ein bleibender Andruck von 2,5 t/m² erzeugt werden. Diese Bauart empfiehlt sich daher ganz besonders bei tiefreichender Nachlockerung und starkem Frost.

Bei der Bemessung ist in folgender Weise vorzugehen: Die Mauerstärke richtet sich nach dem gewünschten Wärmeschutz, wobei noch eher als bei den anbetonierten Mauern zugelassen werden darf, daß langdauernde Fröste durch die Mauer dringen. Nach der Formel

$$a^* = 1{,}27\,h\,\sqrt[3]{E_1/E_2} \qquad [11—3]$$

von FÖPPL (1957 c, 1958) hebt sich eine elastische, durch eine Einzelkraft gedrückte Platte auf elastischer Bettung (die Voraussetzung der Elastizität ist innerhalb der gegenständlichen Beanspruchung ideal erfüllt) außerhalb einer Länge 2 a (Abb. 7–5) von der Unterlage ab, wobei 2 a nur vom Verhältnis der E-Moduln der beiden Materialien und der Plattendicke h abhängt. Zwei Einzellasten müssen den Abstand $l_1 \leqq 2a^*$ haben, wenn keine Abhebung zwischen ihnen zustande kommen soll. Es genügt, den Ankerabstand 0,9 l_1 zu wählen. Der Flächendruck, den die Anker erzeugen, darf gegenüber der Ermittlung in *(11.23)* je nach Durchtrennungsgrad und der verstrichenen Auflockerungszeit in der Berechnung auf etwa 30—70 % vermindert werden, weil (bei rechtzeitiger Gegensetzung der Mauer) der Andruck das Aufkommen eines Nachlockerungsdruckes im Keim unterbindet. Als Frostdruck kann $p_f \cong 5$ bis 20 t/m² auf die der Durchfeuchtung unterliegenden Flächenanteile angesetzt werden. Daraus bestimmt sich die Zugkraft der Anker, welche je nach der Größe dieser Kraft verschieden ausgebildet werden *(13.3)*. Durch Einlage einer Stahlbewehrung wird die Steifigkeit der Mauer erhöht, wodurch die Ankerabstände vergrößert werden können. Ob man von dieser Möglichkeit Gebrauch macht, ist im Einzelfall durch einen Wirtschaftlichkeitsvergleich zu entscheiden. Als Bewehrung empfehlen sich Baustahlgewebe, welche, um steifigkeitserhöhend zu wirken, natürlich beiderseitig eingelegt werden müssen.

Meist ist eine Bewehrung schon zur Aufnahme der Biegemomente

$$M_O = \frac{\pi^2 - 4}{4\pi^2} Qa = 0{,}19\, Qh \sqrt[3]{E_1/E_2} \qquad [11-4]$$

in der Platte (FÖPPL 1957 c, 203) erforderlich, besonders bei starken Ankern. PACHER (1957) hat Berechnungsgrundlagen für angeheftete Mauern gegeben, welche in *(12.33)* mitgeteilt werden.

Die ersten beiden Ausführungen dieser Art (Abb. 11–7) stammen aus dem Jahre 1954 (Schweiz) und 1956 (Österreich) (MÜLLER 1956, 2).

Ein besonderer Vorteil dieser Bauart ist es, daß auf jeglichen Anzug verzichtet werden kann. Dadurch wird im Steilgelände erheblich an Aushub gespart. Bereits bei 10 m Höhe macht ein Unterschied im Anzug zwischen 8 : 1 und ∞ = 1 (Abb. 11–8) eine Aushubersparnis von 7 m³/m aus. Zudem bedeutet die Verringerung der Betonstärke (gegenüber nicht angehefteten Mauern) eine Verminderung der Felskubatur im gleichen Ausmaß.

Bei Steinschlag- und Lawinenschutzdächern wird durch den steileren Anzug der Futtermauern die Spannweite der Überdachung verringert, was angesichts der großen Belastungen sehr ins Gewicht fällt. Auf Grund dieser bedeutenden Vorteile geotechnischer und wirtschaftlicher Art dürfte dieser Mauertyp eine große Zukunft haben. Seine Wirtschaftlichkeit liegt darin begründet, daß die angehefteten Futtermauern echte Verbundkonstruktionen von Fels, Mauerwerk und Stahl sind. Noch deutlicher werden ihre Vorteile, auf welche ich erstmalig 1950 hingewiesen habe, bei den Stützmauern erkennbar werden.

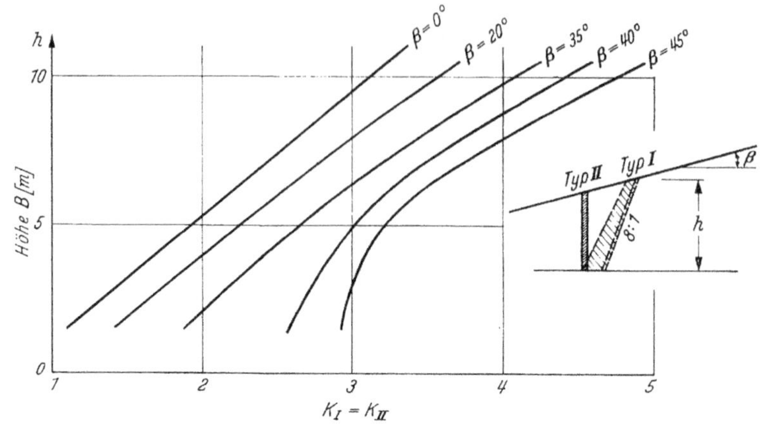

Abb. 11-8. Ersparnisse an Mauerwerk und Ausbruchsmassen durch Versteilung und dünnschalige Ausbildung von Futtermauern. Kostenverhältnisse $K_I : K_{II}$ für Höhe von 2 m bis 10 m bei Annahme eines Preisverhältnisses von Mauerwerk zu Felsausbruch von 3,5 : 1

11.34 Oberflächenversiegelung

Daß der Nachlockerungsdruck sehr klein gehalten werden kann, wenn man ihm rasch entgegentritt, wird durch Erfolge von Oberflächenversiegelungen bestätigt. Diese bestehen in einem Verschluß der Gesteinsoberfläche durch eine zusammenhängende „Haut“. Bei dem meines Wissens ersten Anwendungsversuch im offenen Fels, an den Voreinschnitten des Burgtunnels Harburg (Abb. 11-9), wurde mit einer nur 2 cm starken Torkrethaut nicht nur stark zerrütteter und aufgelockerter Weißjurakalk, sondern auch verlehmter Hangschutt mit viel Sandanteil, also Lockergestein, gesichert, dessen Standfestigkeit auf 10 : 1 geneigter, 5 m hoher Aushubböschung ohne Sicherung in spätestens 3—5 Tagen erschöpft gewesen wäre. Unter dem Torkretüberzug standen die Böschungen vom Herbst 1956 bis zum Frühjahr 1957; teilweise überstanden sie sogar die Bewegungen und Schübe, welche Tauwetter und Bodendurchnässung mit sich brachten.

Während früher Torkretierungen nur auf standfestem Fels zur Verhinderung von Frost und Verwitterungsablösungen vorgenommen worden waren, wurde hier in lockerem Fels und Boden eine Stützwirkung durch Oberflächenversiegelung des Gebirges beabsichtigt und erreicht.

Wie ist diese für den Praktiker und Theoretiker gleichermaßen verblüffende Stützwirkung zu erklären? Beobachtet man Bölzungen, welche zu gleichem Zweck, aber oft ohne Erfolg ausgeführt werden, weil man angesichts der geringen erwarteten Erddrücke nur „anlegt“, nicht „verzieht“, so wird man gewahr, daß zwischen den angelegten Dielen kleine Ablösungen stattfinden; diese greifen bald weiter und umgehen die angelegten Hölzer, bis eines Tages ganze Fels- oder Erdbereiche quasi „ausrinnen" und die Bölzung entweder umgeworfen wird oder frei steht. Wenn die ersten Ablösungen nicht verhindert wurden, greifen die Lockerungen weiter um sich. Die Berliner Kanalzimmerer wissen, wieviel darauf ankommt, im Märkischen Sand stets unter Keildruck zu steifen und keine Hohlräume hinter den Bohlen zu belassen; sie fürchten die schlagartig niederbrechenden Sandflüsse, unter welchen anderthalb Dezimeter dicke Bohlen in kleine Teile zersplittern. Es kommt also bei allen solchen Gefügen, welche bei Auflockerung spontan an Festigkeit verlieren, — das sind die Gefüge der nicht bindigen Bodenarten und alle Felsgefüge großen Durchtrennungsgrades —, darauf an, nicht nur die allerersten Ablösungen, sondern schon Auflockerungen zu verhindern, welche die Schrittmacher der nächsten, größeren Nachlockerungen sind. Ja, man könnte, wenn auch bewußt überspitzt, sagen: Wüßte man, welche Körner, welche Kluftkörper sich als erste ablösen werden, so genügte ein Fingerdruck, diese ersten und damit alle weiteren Ablösungen zu verhindern. Die Versiegelung durch Spritzmörtel oder -beton übt diesen Fingerdruck an der ganzen Oberfläche und verhindert so die Initialablösungen, indem sie die betreffenden Kluftkörper oder Körner mit der noch festen Nachbarschaft verbindet. Diese Nachbarschaft wird dabei wahrscheinlich gar nicht mitgelockert, sondern vielleicht sogar befestigt. Denn wie sich eine dünne, auf ein elastisches Medium gedrückte Platte (Abb. 11–10 a) in der Nähe der Druckstelle von der Oberfläche abhebt, so muß das Umgekehrte stattfinden, wenn P nach außen gerichtet ist (Abb. 11–10 b), z. B. als Druck eines Kluftkörpers K, der ausbrechen möchte. Dort müssen die Reaktionen

Abb. 11-9. Oberflächen-Versiegelung nachbrüchigen Gesteins durch Spritzmörtel am Nord-Portal des Straßentunnels Harburg. (Torkretiert wurde die obere Hälfte des Einschnittes.) (Werkfoto Kunz & Co.)

nur in der unmittelbaren Nachbarschaft kleine Zugkräfte, in der weiteren aber Druckkräfte sein.

Während nun die ersten Auflockerungskräfte eines solchen Initialausbruches sehr gering sind, wie wir wissen (so daß ihnen z. B. durch eingestopfte Holzwolle hinter der Bölzung entgegengewirkt werden kann), sind die verfügbaren Rückstellkräfte jedenfalls beträchtlich. Schon die Scherfestigkeit der Torkrethaut ist im Vergleich zu den Beanspruchungen groß (Abb. 11–10 b). Bei einem Kluftkörper von quadratischer Außen-

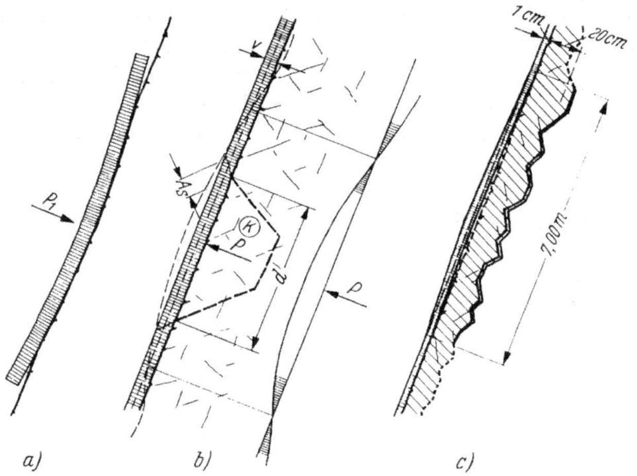

Abb. 11-10. Zur statischen Wirkung der Oberflächenversiegelung. a) Abheben eines in eine elastische Unterlage eingedrückten Biegestabes; b) entgegengesetzte Biegewirkung in einer Oberflächensiegelschicht bei Ablösung eines Kluftkörpers K. A_s Querschnitt der Bruchfläche in der Siegelschicht beim Ausbruch des Kluftkörpers; c) Ausbiegung einer Verbundschicht, bestehend aus Oberflächenversiegelung plus anhaftender Kluftkörperschar

fläche $A = d^2$ ist der Umfang $u = 4\,d = 4\sqrt{A}$ und die Scherfläche einer Versiegelungsschicht $A_s = 4\sqrt{A} \cdot v\sqrt{2}$, wenn man die Fläche größter Scherspannung etwa unter 45° zur Oberfläche geneigt ansetzt und v die Dicke der Versiegelung ist. Die Widerstandskraft dieser gedachten Bruchfläche ist dann bei einer Scherfestigkeit von

$$S = A_s \cdot \beta_s = 4\,v\,\beta_s \sqrt{2\,A}\ . \qquad [11—5]$$

Für $d = 100$ cm, $v = 2$ cm und $\beta_s = 50$ kg/cm² ist S bereits 56,400 kg!

Die horizontale Gewichtskomponente H, welche zur Ablösung des Kluftkörpers drängt, ist in der Größenordnung von $H = Q/2 - R\sqrt{2}$, also selbst bei sehr geringen Reibungswiderständen ($\varrho \doteq 20°$) $H \leqq \frac{Q}{4}$. Ein Block von 1 m² Fläche wiegt selbst bei 0,5 m Dicke erst etwa 1,3 t; er würde also mit einer Sicherheit von $\nu = \frac{5600}{1300} = 4{,}3$ am Ablösen gehindert! Das Diagramm Abb. 11–11 besagt, daß bei v = 1,5 eine Ablösung erst stattfände, wenn Bereiche von über 100 m² locker geworden sind. In der Tat waren die Ablösungen in Harburg, die sich nach einem halben Jahre einstellten, von dieser Größenordnung.

Einer solchen Ablösung geht zwar eine Ausbeulung in der Mitte des Bereiches voraus, aber diese führt noch nicht unmittelbar zum Bruch, weil die Biegespannungen in der Verbundschale, welche vom Spritzmörtel und der ersten Kluftkörperreihe gebildet wird, nicht groß sind

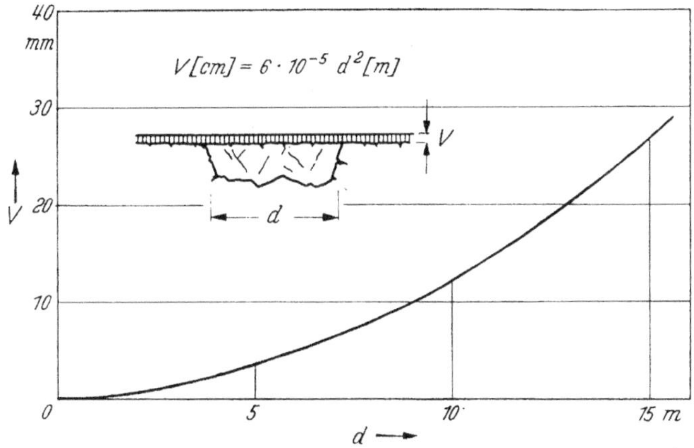

Abb. 11-11. Theoretisch erforderliche Dicke des Spritzmörtels von Oberflächenversiegelungen an Steilwänden (75°) für β_S = 50 kg (cm²) in Abhängigkeit von der Ausdehnung d des zusammenhängenden ablösungsgefährdeten Bereiches

(Abb. 11–10 c). Bei einer Kluftkörperdicke von 20 cm wären die Biegezug-Spannungen im Querschnitt 1—1 bei einer Ausbeulung von 2 cm und einem mittleren V = 50 000 kg/cm² erst etwa $\sigma_{BZ} \doteq 5 \div 15$ kg/cm². Man erkennt daraus, daß die schwache Siegelschicht der äußersten Felszone auch eine recht ansehnliche Biegesteifigkeit gegen Ausbauchung verleiht und daß es nur bei sehr kleinklüftigem Gestein, welches einen viel kleineren V-Modul hat und somit zu viel größeren Ausbuchtungen neigt, sinnvoll ist, die Spritzmörtelschicht zu verstärken oder sogar durch Spritzbeton zu ersetzen.

Diese ausgezeichnete Wirkung macht, in Verbindung mit der Raschheit der Herstellung, die Oberflächenversiegelung als Böschungsverkleidung ganz besonders wertvoll; sie wurde durch das kurz zuvor erfundene „BBS-Verfahren" des Österreichischen Tunnelbaues[10]) *(16.5)* inspiriert. Frostschutz gewährt sie allerdings nicht. Deshalb wird sie in Gegenden mit Frost nur für Provisorien bis 1 Jahr, bei stärkerer Ausführung vielleicht

[10]) Österreichisches Patent Nr. 197.851.

bis 2 Jahre Dauer geeignet sein. Ganz besonders gut ist ihre Wirkung dort, wo zwischen schwächerem Gebirge Rippen oder Bänke größerer Standfestigkeit anstehen, zwischen denen sich die versiegelte Oberfläche verspannen kann. Sehr große Flächenbereiche (bis zu 150 m²) wird man überspannen können, wenn man die Felder konkav ausrundet. Die schon bei der freien konkaven Böschung vorhandene Verspannung wird durch Versiegelung bedeutend verbessert, da einzelne Kluftkörper auch bei ungünstiger Lage von Schrägklüften nicht ausscheren können. Über diese Wirkung wird bei Erörterung des BBS-Verfahrens *(16.5)* mehr zu sagen sein.

Auch Futtermauern *(11.3)* gewinnen übrigens durch konkave Rundung ganz außerordentlich an Standfestigkeit, während konvexe Rundung nachteilig ist.

11.4 Entwurf und Ausführung von Felsverkleidungen

Felsböschungen sind zu verkleiden, wenn die unter *(10.6)* besprochenen Schutzmaßnahmen zur Verhinderung von Abwitterung und Nachlockerung nicht mehr ausreichen. Das Maß zu erwartender Ablösungen muß in jedem Einzelfall geologisch beurteilt werden. Als allgemeiner Anhalt kann (nach Stini) dienen, daß sonnige Lage, warmes Klima, rauhe, gegliederte Oberfläche, tektonische Zerlegung, Schieferung, Schichtung, schwache Kornbindung (Absandung erzeugend) und hangparallele Lage von Schicht-, Schieferungs- und Kluftflächen eine rasche Verwitterung und Nachlockerung begünstigen. Karbonat, Eisengehalt, Mannigfaltigkeit der Gemengteile, grobes Korn, Oligoklase und Dunkelglimmer sind gleichfalls häufig verwitterungsfördernd.

Schiefergneis verwittert leichter als anderer, Augengneis meist sehr wenig. Porphyre verwittern schwer, Basaltporphyre leicht; Syenit im allgemeinen rascher als Granit, Tonalit noch rascher, Trachyt sehr verschieden rasch; Diorit wie Granit, Diabas rascher als Basalt; Glimmerschiefer sehr rasch, Chlorit, Serizit, Tonschiefer und Talkschiefer noch rascher, besonders rasch Phyllite; vulkanische Tuffe rasch, Konglomerate verschieden rasch, oft aber sehr langsam; Sandsteine gleichfalls verschieden, oft aber sehr rasch; besonders rasch Mergel; Kalke rascher als unzerdrückte Dolomite (nach Stini 1929).

11.41 Wahl der Bauart

(s. Tafel 11–1)

Aufgelöste Bauformen sind vornehmlich beim Typ der frei vorgesetzten Futtermauer angebracht, welche durch Hinterpackung auch in den Feldern noch genügenden Wärmeschutz bietet, weniger dagegen bei der anbetonierten Futtermauer. Besonders erwünscht ist eine Auflösung in Rippen und Felder aus statischen Gründen — wegen der größeren Steifheit der Konstruktion und damit größerer zulässiger Ankerentfernung — bei der an-

Tafel 11-1. Bauarten von Futtermauern und deren Anwendungen

	Bezeichnung	Anwendung	Zweckmäßigkeit aufgelöster Bauformen	Notwendigkeit der Entwässerung	Entwässerung durch	Baumaterial	zu berechnen auf
1	2	3	4	5	6	7	8
a	Vorgesetzte Futtermauer	selten zweckmäßig	nur bei sehr starker Schräglage	bei jeglichem Wasserandrang	Steinpackung	Mörtel- und Trockenmauerwerk; Beton	Kippen durch Auflockerungsdruck
b	Oberflächenversiegelung	prov. Schutz gegen Erosion, Abwitterung und Auflockerung, jedoch nicht gegen Frost; besonders zweckmäßig bei rasch fortschreitender Auflockerung	nur in Verbindung mit steifen Rippen möglich; dann auch als Dauerschutz gegen Erosion, Abwitterung und Auflockerung, jedoch nicht gegen Frost	soweit durchführbar	Sika-Schlauchmethode	Spritzbeton, Spritzmörtel	Durchscheren oder Ausbeulen durch Auflockerungsdruck
c	Satt angemauerte Futtermauer	Dauerschutz gegen Erosion, Abwitterung, Frostlockerung und Nachbrüche	nur bei starker Schräglage oder bei sehr inhomogenem Gebirge	bei starkem Wasserandrang und gleichzeitiger Frostmöglichkeit, zweckmäßig jedoch auch bei nicht vorhandener Frostgefahr	Felsdrainagen, Abschlauchen, Betondrainschichte	Mörtelmauerwerk, Beton, auch in Verbindung mit Spritzbeton oder Spritzmörtel	Verhinderung von Auflockerungsdruck durch Kippmoment und Scherfestigkeit im Gestein
d	Angeheftete Futtermauer	Dauerschutz wie vor, ganz besonders gegen fortschreitende Nachlockerung, Spannungsumlagerungen und Kriechbewegungen	stets vorteilhaft	wie c)	wie c)	Beton, Stahlbeton auch in Fertigteilen; auch in Verbindung mit Spritzbeton und Spritzmörtel	Verhinderung von Auflockerungsdruck durch Vorspannkräfte und Scherfestigkeit im Gestein

a

b

Abb. 11-12. Schrägliegende Futtermauer in aufgelöster Bauweise über brüchigem Kalkgestein. a) Gesamtansicht; b) teilweise zerstörte Füllungen der Felder

gehefteten Futtermauer, doch muß diesfalls in den Feldern für ausreichenden Wärmeschutz gesorgt werden. Andernfalls wird das Mauerwerk der Felder rasch zerstört (Abb. 11–12).

Verkleidungsmauern können sehr wohl auch als Trockenmauerwerk ausgeführt werden, was besonders bei starkem Wasserandrang vorteilhaft ist. Da Trockenmauerwerk jedoch praktisch keine Steifheit besitzt, darf es nicht hinterpackt werden und muß einen genügend flachen Anzug (1 : 4, besser 1 : 3) erhalten, um einen entsprechenden Andruck zu erzeugen.

Nochmals sei darauf hingewiesen, daß die Versiegelung der Oberfläche offener Felsböschungen ein ganz ausgezeichnetes Mittel zur Felsverkleidung ist, daß jedoch Frosteinwirkungen ihre Lebensdauer sehr beschränken. Auch wenn der Fels an sich wasserdurchlässig ist und gut drainiert wird, hat sie meist nur wenige Jahre Bestand. Selbst in wenig durchnäßten Felsen haben Oberflächenversiegelungen, wie sie vor 20—30 Jahren öfter zum Schutz gegen Steinablösungen angewendet wurden, höchstens 2 bis 3 Jahrzehnte Bestand. Bei Anwendung an Verkehrswegen und eingesehenen Orten stört ihr häßliches Aussehen.

Dehnfugen sind eigentlich nur bei den frei vorgesetzten Mauern alten Stils erforderlich. Bei allen anderen Typen genügen Scheinfugen. Wo jedoch der Fels größere Unstetigkeiten aufweist (Störungen, wesentliche Gesteinswechsel, Bewegungsflächen), müssen auch die satt anbetonierten und angehefteten Mauern Bewegungsfugen erhalten, die sich möglichst dem Verlauf der geologischen Fugen anpassen.

11.42 Felsausbruch

Bezüglich der Felsarbeit selbst gilt alles in *(10.5)* Gesagte, da jede verkleidete Böschung ja stets zunächst als freie Böschung ohne Schutz oder Bölzung ausgeführt wird. Wichtig ist, wie bereits begründet, den Verkleidungsschutz rasch aufzubringen, was weitaus am leichtesten bei der Versiegelung zu erzielen ist. Eine technisch ideale Ausführung ist die folgende: Ausbruch in kurzen Arbeitsabschnitten, sofortige Sicherung durch Versiegelung (unter Inkaufnahme des Sprengens in unmittelbarer Nachbarschaft frischen Zementmörtels); nach Fertigstellung eines größeren Wandabschnittes Steinverkleidung mit dahintergesetztem wärmeisolierenden und wasserabführenden Ein- oder Zweikornbeton; Hafteisen, bei starker Nachlockerung oder großer Höhe vorgespannte Anker; reichliche Einlegung von Drainagen noch vor Aufbringung des ersten Torkretmörtels.

Die richtige Einschätzung des unvermeidlich anfallenden Mehrausbruches ist bei der Verkleidung von Felsböschungen (und ebenso bei Stützmauern *(12)*) von weit größerer Bedeutung als bei freien Böschungen. Denn hier muß der entstandene Mehrraum durch Beton — bei der frei vorgesetzten Mauer durch Steinpackungen — ausgefüllt werden, bedeutet also doppelten Mehraufwand.

Da man sich zur Ausführung von Felsverkleidungen oft erst während des Baues einer Felsböschung entschließen muß, ist es wichtig, von vornherein die zu erwartenden Ausbruchmaße und Abrechnungstoleranzen festzulegen. Dabei muß auch eine Innentoleranz genannt werden, welche angibt, wieviel einzelne Felsteile gelegentlich auch in den Sollraum des Betons hereinstehen dürfen (s. im einzelnen *(16.6)*).

11.43 Gründung

Verkleidungsmauern (wie auch Stützmauern) im Fels müssen (entgegen landläufiger Übung) nur dann in frostfreier Tiefe gegründet sein, wenn der Fels zu Frosthebungen neigt (Schiefer, stark klüftiger, lettenklüftiger, mergeliger und toniger Fels). Versiegelungsschichten können ohne Fundament aufgebracht werden.

11.44 Drainagen

Auch die Kofferdrainagen *(11.32)* müssen nicht unbedingt in frostfreier Tiefe verlegt werden, da das Wasser, wenn es stark genug rie-

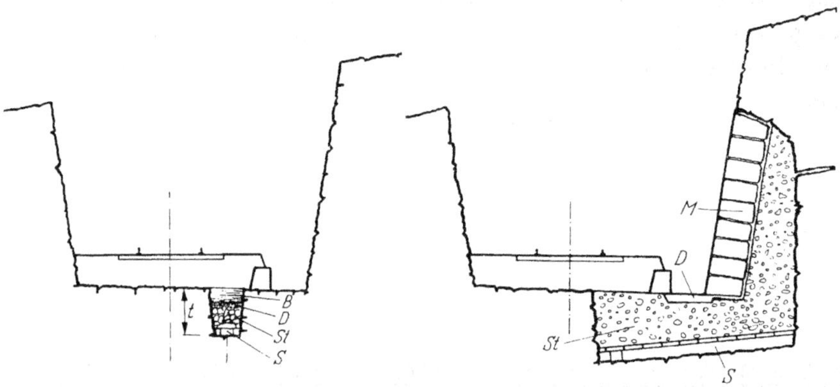

Abb. 11-13. In Norwegen übliche Felsdrainagen und Entwässerungsgerinne. t Ausbruchtiefe bis 3,0 m; S Sickerdohle; St Steinwurf; D Dichtungslage aus Torf oder Fichtenzweigen; B kapillaritätsfreie Beschüttung; M Trockenmauerwerk (aus Heje 1945)

selt, immer neue Wärme aus dem Bergleib zuführt. Schwachrinnende Adern allerdings sollen frostfrei liegen.

Drainagen bringen natürlich nur dann den gewünschten Erfolg, wenn sie nicht verschlammen. Deshalb ist es wichtig, sie in gewissen Gesteinen als Filter auszubilden.

In Norwegen verwendet man mit großem Erfolg Torfmullfüllungen (Abb. 11–13) als Wärmeschutz, was zur Nachahmung nur bestens empfohlen werden kann. Leider ist man in den meisten Ländern wenig geneigt, von anderen zu lernen.

Einige Ausbildungen von Sickerschlitzen zeigt die Abb. 11–5. Die weniger sorgfältig ausgearbeiteten Bauarten genügen für Gebirge, welches nicht in die Drainagefilter hereindrücken kann, und für Wässer, welche keine Einschlämmung oder Verkrustung erzeugen.

11.45 Anlageverhältnisse

Bei der Plangrabenmauer der Österreichischen Bundesbahnen (Abb. 11–7) wurde in konsequenter Durchführung der Erkenntnis, daß Stütz- und Futtermauern grundsätzlich an den Fels anbetoniert werden sollten *(11.32)*, die Wasserabführung hinter der Mauer durch einen durchlässigen Zweikornbeton besorgt. Dieser wirkt zugleich statisch, frostschützend und wasserabführend und erübrigt die zeitraubende Anlage von Kofferdrainagen. Diese Bauart halte ich für die beste.

Über die Anlageverhältnisse wurde alles Wichtige in *(11.2)* und *(11.3)* gesagt. Für die Ausbildung der Kopfbermen gilt das gleiche wie für offene Felsböschungen *(10.73)*. Oft wird man die Mauer über den eigentlichen Felsanschnitt um etwa 0,5 m überstehen lassen (Abb. 11–3 c), um einen Fang für oberhalb abkollernde Steine zu haben.

11.5 Ausbesserung schadhafter Futtermauern

Bauschäden sind an Futtermauern vergleichsweise häufiger als an Stützmauern. Selten aber findet man Totalschäden, umgeworfene oder völlig zerstörte und zerrissene Mauern. Meist sind nur Ausbauchungen, nicht selten solche von 20—40 cm Stich, festzustellen. Die Ursachen derselben sind nicht leicht aus der Form der Zerstörung zu erkennen; sie können sein:

a) Entfestigung des Mauerwerkes durch Verwitterung, — typischen Oberflächenerscheinungen kenntlich;

b) Entfestigung durch Mörtelauslaugung, — häufig bei älteren Heißkalk- und Romanzementmörteln, welche durch Auslaugung ihre Bindekraft völlig verlieren und sich mit kolloidalen Stoffen anreichern;

c) örtliche Frostschübe, — meist an gleichzeitiger Durchfeuchtung der fraglichen Stellen, an Überbeanspruchung des Mauerwerkes durch die Ausbeulung und an Schalenbrüchen zu erkennen;

d) größere örtliche Felsablösungen, — welche oft einen größeren Mauerteil aus seiner Lage schieben;

e) keilförmige Nachsackungen des Gebirges, — oft an Versteilungen des Anzuges und Neigung zum Kippen erkennbar; sehr häufig rieselt gelockertes Gestein beim alten, nicht anbetonierten Mauertyp zwischen Fels und Mauerwerk herab und übt dann Keildrücke auf die Mauer aus; dann ist die gesamte Futtermauer zu schwach und hätte von Anbeginn durch eine Stützmauer ersetzt werden sollen,

f) Alter; — auch Bauwerke haben ihre Lebenszeit. Nach 70—80 Jahren etwa beginnen sich sowohl in Tunneln wie an Stütz- und Futtermauern, aber auch an offenen Felsböschungen Schäden einzustellen. Fast alle Bahnbauten aus der zweiten Hälfte des vorigen Jahrhunderts erweisen dies (Brennerbahn, Arlbergbahn, Tunnel der Deutschen Bundesbahn)! Die Tatsache erklärt sich daraus, daß auf eine Dauer von mehr als 30—40 Jahren die meisten Materialien nicht mehr den statischen Gesetzen, sondern denen der Langzeitmechanik gehorchen. Fließ- und Kriechvorgänge machen sich bemerkbar, deren Gesetzmäßigkeiten dynamischer Natur sind.

Es ist sinnlos, irgendwelche Sanierungsmaßnahmen einzuleiten, ehe die Ursachen klar und vollzählig erkannt sind. Nicht an Symptomen soll kuriert, sondern die Ursachen müssen behoben werden! In der Regel stellt man das Zusammenwirken mehrerer Ursachen fest, während der Unerfahrene stets gerne nach „der“ Ursache sucht. Erst wenn die im Fels und der Wasserführung gelegenen Ursachen behoben sind, hat die Sanierung des eigentlichen Mauerwerkes Sinn.

Ist der Fels hinter einer gewissen Auflockerungszone gesund geblieben und nicht in Bewegung, dann kann mitunter eine vorsichtige Verkittung der Auflockerungszone unter geringen Drücken Entlastung bringen und die Mauer durch Steckeisen angeheftet werden. Solche Arbeiten setzen aber alle Drainagen zu, so daß vorher überlegt werden muß, ob und wie eine neue Drainierung möglich ist.

Gute Erfolge hat man mit Mörtelauswechslung durch mehrstufige Spülinjektionen gemacht, wenn die Beschaffenheit des Mörtels solche Arbeiten ratsam erscheinen ließ. Es ist aber unbedingt erforderlich, für derartige Arbeiten ausschließlich in Injektionsarbeiten erfahrene Spezialunternehmungen einzuschalten und der endgültigen Ausführung eine hinreichend große Zahl von Labor- und Bauwerksversuchen mit verschiedenen Materialien und Injektionsweisen vorangehen zu lassen.

Selten gelingt die Wiederverfestigung weichgewordenen Mörtels durch Silikat — nie durch Zementinjektionen. Dagegen bieten sich neuerdings Injektionen auf der Basis von Kunstharzen an.

Grundsätzliches über Injektionen s. *(20)*.

11.6 Die baugeologische Aufnahme

Für verkleidete Felsböschungen gilt alles, was bezüglich der geologischen Aufnahme für offene Felsböschungen in *(10.8)* gesagt wurde. Besonderes Gewicht ist a) auf die Voreinschätzung der Verwitterung und der Nachlockerungen, b) auf die Art und die Orte des Auftretens von Bergwasser zu legen. Angaben über das Kleinklima, oftmals aus Pflanzenwuchs, eigener Beobachtung und Umfrage zu gewinnen, sind höchst wertvoll.

12 Gestützte Felsböschungen — Stützmauern in Fels

Oft möchte man die Böschungen von Anschnitten, Einschnitten oder Baugruben steiler halten, als es dem Gefüge des Gebirges entspricht, um

a) an Felsausbruch zu sparen, oder
b) nicht allzu hohe Anschnittflächen zu bekommen. Diese stören das Landschaftsbild, beanspruchen oft wertvollen Grund oder unterschneiden gar bestehende Gebäude.

Ein steileres Böschungsmaß kann kurzfristig oft mit einfachen Mitteln — Bölzung, Kurzankerung oder Spritzbeton — erzielt werden; für längeren Bestand eignen sich nur Stützmauern und Felsbewehrungen. Die Letztgenannten werden in *(13)* behandelt.

Als Stützmauern sollen Mauerkörper verstanden werden, welche nicht nur oberflächlichen Ablösungen und Nachbrüchen einer Böschung, sondern größeren Abgleitungen entgegenzuwirken haben. Von Felsstützmauern wird man sprechen, wenn es sich um Felsböschungen handelt. Einen Grenzfall stellen jene Stützmauern dar, welche zwar in Fels gegründet sind, aber einen Erdkörper, nämlich die Überlagerungen des Felsens, abstützen. Sofern sie auf dem Kopf einer Felsböschung errichtet werden oder mit Verankerungen und Futtermauern zu kombinieren sind, seien sie den Felsbauaufgaben zugezählt.

12.1 Einteilung der Felsstützungen

Wir wählen dieselben Einteilungsgründe wie für die Felsverkleidungen.

(1) Ihre Funktion ist entweder

(1 a) eine Felsböschung vor Abgleitungen zu sichern oder ihre Standsicherheit zu erhöhen; — je nach Wirtschaftlichkeit und Geländeformung wird diese dabei auf ihre ganze Höhe (Vollstützmauer) oder einen Teil derselben (Halbstützmauer) oder nur am Fuß (Fußstützmauer) zu stützen sein (Abb. 12–1 a—c); oder

(1 b) die Felsüberlagerung (Hangschutt, Blockwerk, Moränenlehm, Terrassenschotter o. dgl.) zu stützen; — je nachdem der Abstand von der Sohle bis zur Felslinie wesentlich kleiner als die Überlagerungsmächtigkeit (Abb. 12–1 d), etwa gleich dieser (Abb. 12–1 e) oder wesentlich größer als sie ist (Abb. 12–1 f), wird sie verschieden auszubilden sein.

(2) Folgende Bauarten sind bekannt oder möglich:

(2 a) Absteifungen gegen das Vorgelände; — da sie den Nutzraum desselben sehr einengen, werden sie in der Regel — abgesehen von gewissen Lawinenschutzbauten und

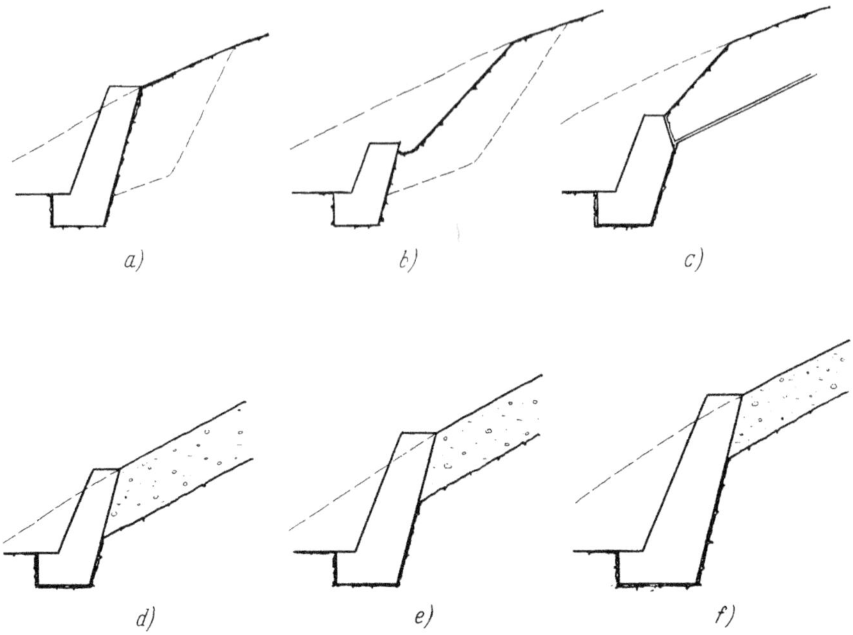

Abb. 12-1. Formen von Stützmauern im Fels. a) Vollstützmauer, b) Fußstützmauer, c) Fußstützmauer einer Gleittafel, d) e) und f) Überlagerung der Stützmauern bei tief, mittelhoch und hochliegender Überlagerungsschicht

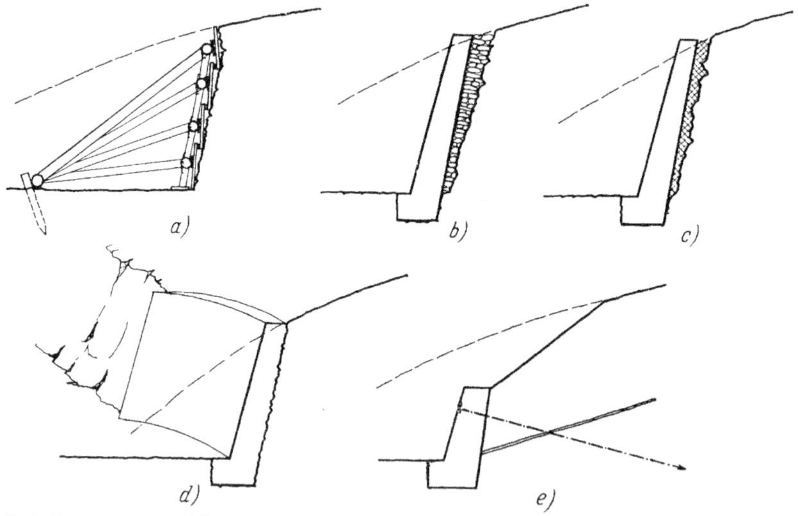

Abb. 12-2. Bauarten von Felsstützungen. a) Prov. Abstützung (Bölzung); b) vorgesetzte Stützmauer; c) anhaftende Stützmauer; d) horizontales Stützgewölbe; e) verankerte Stützmauer

Tunnelportalen — nur als Provisorien gebaut; die meisten Bölzungen gehören hierher (Abb. 12–2 a);

(2 b) ohne Verbundwirkung vor den Fels gesetzte Schwergewichtsmauern; meist vom Fels durch eine als Drainierung gedachte Steinpackung getrennt (Abb. 12–2 b);

(2 c) anhaftende Stützmauern, — eine gewisse Verbundwirkung von Fels und Mauerwerk bewirkend (Abb. 12–2 c);

(2 d) Stützgewölbe, — geeignet zur Aufnahme sehr großer Felsschübe, besonders in nischenförmigen Baugruben (Abb. 12–2 d);

(2 e) angeheftete Stützmauern, — Verbundkonstruktion von Stahl, Beton und Fels (Abb. 12–2 e).

(3) Nach dem Baumaterial können unterschieden werden: Konstruktionen in

(3 a) Trockenmauerwerk — nur für (2 b) geeignet;

(3 b) Mörtelmauerwerk — für (2 a), (2 b) und (2 c) geeignet;

(3 c) Beton — für (2 a), (2 b), (2 c), (2 d) und (2 e);

(3 d) monolithischem Stahlbeton — allenfalls für (2 a), vor allem aber für (2 e) vorzusehen;

(3 e) Stahlbetonfertigteilen — wie vor;

(3 f) Spritzbeton — für (2 c) und (2 d) bestens, mitunter auch für (2 e) geeignet;

(3 g) Holz — für Provisorien nach (2 a);

(3 h) Stahl — meist nur in der Form von Ankern verwendet; (solche Konstruktionen werden in der Regel den Felssicherungen *(13)* zugezählt).

(4) Nach dem Anlagezweck und ihrer Zugehörigkeit zu Bauten verschiedener Art wären zu unterscheiden: Felsstützungen an

(4 a) natürlichen Böschungen zum Schutz darunterliegender Verkehrsflächen (Verkehrswege, Gebäude, Baugruben und Tagebaue);

(4 b) künstlichen Böschungen zum Schutz von unterliegenden Objekten;

(4 c) meist natürlichen Böschungen zum Schutz von obenliegenden Objekten;

(4 d) Behälterwänden.

(5) Nach der Standdauer können unterschieden werden:

(5 a) provisorische Stützungen,

(5 b) langfristige Stützungen,

(5 c) ständige Stützungen analog den Futtermauern.

12.2 Ausbildung und Berechnung von Felsstützungen

Über die Berechnung des Felsschubes gegen Stützmauern ist im Schrifttum meines Wissens so gut wie nichts zu finden. So behalf man sich bisher meist mit mehr oder minder willkürlichen Lastannahmen in unangebrachter Analogie zu Erddruckberechnungen; noch häufiger bemaß man nach Gefühl. Auch heute können nur die ersten bescheidenen Versuche zu neuen Ansätzen mitgeteilt werden, aber schon diese scheinen geeignet, uns aus der völligen Unsicherheit zu befreien.

Auch auf Felsbölzungen, welche bisher nicht berechnet wurden, können solche Näherungsrechnungen angewendet werden. Dies ist um so wichtiger, als die felserfahrenen Bölzmineure immer seltener werden.

12.21 Felsschub in einer übersteilten Böschung

Als übersteilt wollen wir jene Böschungen ansprechen, welche steiler sind, als es dem Sicherheitsfaktor $\nu = 1$ entspricht; es sind Böschungen mit einer natürlichen Sicherheit $\nu < 1$, welche künstlich gestützt oder gesichert werden müssen, um standsicher zu sein. In quasi-homogenem Gebirge ohne bedeutende Anisotropie (Löß, schwachgebundene Konglomerate, Schluffstein, schwache Mergel) kann man den Felsschub aus STINIS Gleichungen [10—24] und [10—25] und [10—26] errechnen (Abb. 10-26). Man erhält eine hyperbelförmige Gleitfläche. Die Achsen der Hyperbel hat KUHN (bei STINI 1930 b, 10) berechnet:

$$b = \sqrt{\frac{-x^2 + y^2 - e^2}{2} \pm \sqrt{\left(\frac{x^2 + y^2 - e^2}{2}\right)^2 + e^2 y^2}}$$

$$a = \sqrt{e^2 - b^2} = \sqrt{e^2 + \frac{x^2 + y^2 - e^2}{2} \pm \sqrt{\left(\frac{x^2 + y^2 - e^2}{2}\right)^2 + e^2 y^2}}, \quad [12—1]$$

wobei $e^2 = 2K$, die lineare Exzentrizität der Hyperbel und

$$x = \gamma h, \; y = \sin \varrho, \; x \cdot y = K = \beta s.$$

Gelingt es, die Mauer vor den Fels zu setzen, bevor sich die Scherfläche bildet, so ist der Mauerkörper so stark zu bemessen, daß sein Widerstand gegen Abschieben oder Verkanten das ν-fache der Differenz zwischen den abschiebenden Kräften und dem Scherwiderstand in der Scherfläche beträgt. Gelingt dies nicht, sondern ist die Scherfläche bereits angerissen (was z. B. bei längerem „Stehen" auf einer Holzbölzung häufig eintritt), so darf entlang der Scherfläche nur mehr die (stets kleinere) Reibung an Stelle des Scherwiderstandes eingesetzt werden. Bei gleicher Sicherheit ν muß die Mauer dann schwerer werden oder geringeren Anzug erhalten.

Während die Sicherheit der Futtermauer durch die Sicherheit der dahinterliegenden Felsböschung gegeben ist und diese kaum nennenswert erhöht, kann man die Sicherheit einer Felsstützmauer beliebig wählen. Der Anzug ihrer Vorderfläche ist immer steiler, als eine offene Felsböschung gleicher Sicherheit wäre.

Für anisotropes Gebirge tritt an Stelle der errechneten Scherfläche eine gefügebedingte Gleitebene oder Bruchnische ähnlicher Lage. Ist β_0 in Abb. 12-3 jene Felsneigung, welche die Sicherheit $\nu = 1$ besitzt (labiler Grenzfall), so müßte man auf β_1 zurückböschen, um die Sicherheit ν auf ν_1 zu erhöhen. Setzt man statt dessen die Stützmauer vor und konstruiert sie so, daß die Sicherheit die gleiche ist, $\nu = \nu_1$, so wird der Felskeil 1—2—3 — wenn $\overline{b_0} = \overline{13} \,//\, b_0$ gezogen wird — auf die Mauer einen Felsschub F ausüben, welchem die Mauer eine ν-fache Reaktionskraft entgegenzusetzen in der Lage sein muß. Die Neigung β_0 wird nach *(10)*, insbesondere *(10.25)* aus den Ziffern der Fließbereitschaft *(6.2)* gefügemechanisch bestimmt, ebenso die Reibung oder Scherfestigkeit auf $\overline{b_0}$.

Im Kraftеck Q—N—T (Abb. 12-4 d bzw. g) bestimmt sich das Widerstandsmanko T—W bzw. T—B entweder (1) — im Falle mehr oder minder

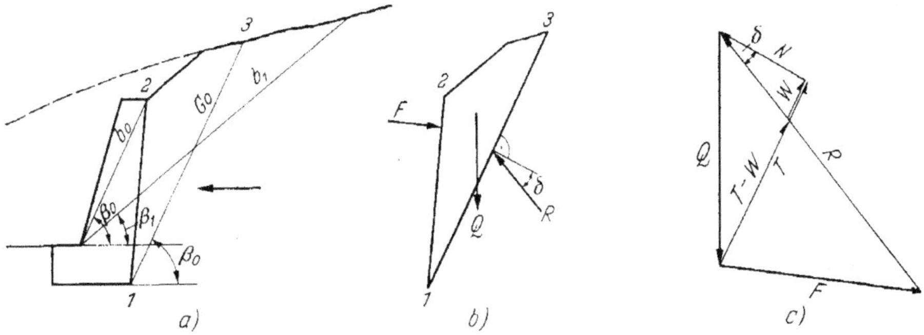

Abb. 12-3. Kräftespiel hinter einer vorgesetzten Stützmauer. a) Skizze; b) Kräfteansatz; c) Kräftedreieck

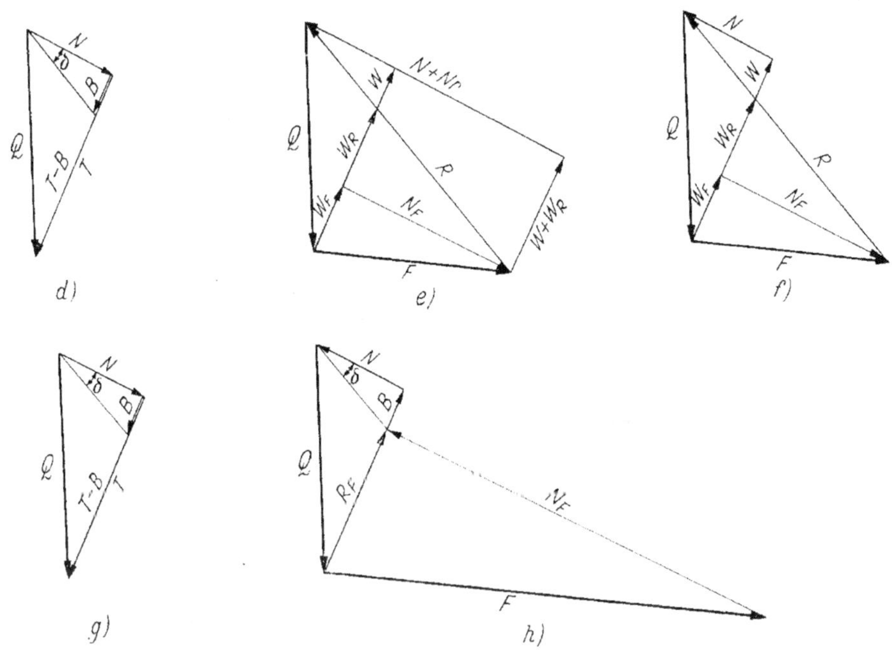

Abb. 12-4. Kraftdreiecke zur Erläuterung von 12-3. d) Kraftzerlegung; e) und f) Kräfteplan im Falle vorwiegend normalkraftabhängiger Reibungswiderstände auf G_0; h) im Falle vorwiegend normalunabhängiger Scherwiderstände auf G_0

kohäsionsloser Reibung — aus der Normalkraft N und dem Reibungswinkel δ, oder (2) — im Falle eines aus echten Scherfestigkeitsanteilen und Reibungsanteilen gemischten Scherwiderstandes — aus $B = b_0 \cdot \beta_B$, worin β_B der gemischte Scherwiderstand ist. Dieser ist freilich auch auf seine Weise normalkraftabhängig, doch kann der Normalkrafteinfluß für den Zweck der Rechnung als konstant angenommen werden.

Wird die Mauer als Gewichtsmauer ohne Andruck oder sogar mit einem kleinen Spielraum (lockere Auspackung) gegengesetzt *(12.31)*, so hat sie dieses Manko T—W bzw. T—B in voller Höhe aufzunehmen. Die Richtung von B ist parallel zu b_0. Da die Auspackung sich praktisch rollig verhält, ist fast jede Reibung an der Mauerrückseite ausgeschaltet, die Reaktionskraft der Mauer etwa normal auf die Mauerrückfläche gerichtet. Die um die Mauerkraft F vektoriell vermehrte Summenkraft R, parallel und normal zu b_0 zerlegt, liefert im Falle echten Reibungswiderstandes eine entgegengesetzt T gerichtete Tangentialkomponente W_R und vergrößert die Normalkraft auf b_0 um N_F, während die Normalkomponente N_F von F eine Reibungskraft W_F erzeugt, womit das Krafteck geschlossen ist (Abb. 12–4 e oder f).

Ist B aber nicht kohäsionslose Reibung, sondern Scherfestigkeit, so bleibt dieser Anteil (W_R) ungedeckt[11]) und muß durch eine gewaltige Vergrößerung von F (Abb. 12–4 h) gedeckt werden! Die drei Kräfte Q (durch den Keilschwerpunkt gehend), R und F halten sich ohne Drehmoment im Gleichgewicht, wenn sich ihre Kraftlinien in einem Punkt schneiden. Dadurch wird der Angriffspunkt von F mitunter sehr hoch gelegt, was der praktischen Erfahrung an verkippten Mauern durchaus entspricht.

Den Schub H des Bergwassers *(10.3)* wird man durch Drainagen eliminieren, soweit dies möglich ist. Vorsorglich sollte man aber mit einem Versagen der Drainagen rechnen und einen Teil von H in Rechnung stellen. Der verbleibende Auftrieb vermindert Gewicht und Reibungswiderstände, aber auch den Felsschub, und schafft einen Belastungsfall, welcher zusätzlich zu prüfen ist. Die Verringerung der Kluftreibung durch Wasser muß bei der Einschätzung des Reibungswiderstandes berücksichtigt werden *(10.33)*.

Sehr gefährlich kann der Porenwasserdruck schluffiger Kluftbestege *(3.62)* werden, wenn etwa der Felskeil zunächst hält, ohne sich gegen die nicht satt anbetonierte, sondern nur vorgestellte Mauer zu lehnen, dann aber eines Tages plötzlich nachsackt. Dann entsteht Null-Reibung, welcher Rechnung getragen werden muß.

12.22 Gleitkeile auf vorgegebener Gleitfläche

Bei vorgegebener Gleitfläche besteht eine solche Porenwasserdruckgefahr kaum. Denn solche Gleitkeile gehen selten plötzlich ab, sondern kriechen meist langsam talwärts, erzeugen somit auch keine Stöße. Bei ihnen entsteht vielmehr ein anderes Problem, das der richtigen Reibungseinschätzung.

Die Zwischenmittel auf Gleitklüften sind als viskose Medien zu werten und der Gleitwiderstand auf dieser Fläche ist verschieden, je nachdem sich dieses Zwischen-

---

[11]) Zwar wächst auch die Scherfestigkeit mit der Querstützung, aber diese wird erst nach eingetretener Bewegung, also nach Überwindung der Scherfestigkeit, aktuell.

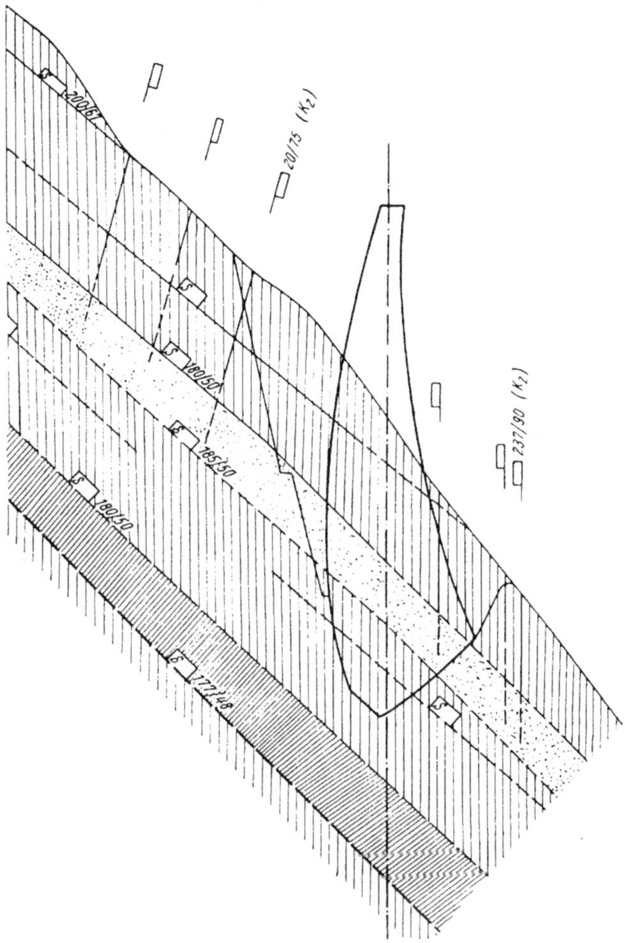

Abb. 12-5. Schichtfolge und Aushubgrenzen für die Gründung der projektierten Daberklamm-Sperre (Osttirol); lotrecht schraffiert: Kalkglimmerschiefer, schräg schraffiert: Glimmerschiefer teilweise bratschig, gepunktet: phyllitische Kalkglimmerschiefer

mittel rheologisch *(2.43)* verhält. Ein plastisches und auch ein thixotropes Zwischenmittel werden auch bei der Gleitgeschwindigkeit 0, also einem Schergeschwindigkeitsgefälle $\delta = 0$ noch einen Scherwiderstand β_s aufweisen; ein pseudoplastisches Mittel hingegen oder eines, das sich wie eine Newtonsche Flüssigkeit oder dilatant verhält, nicht. Bei solchen Zwischenmitteln muß man die Reibung bzw. Scherfestigkeit auf der Gleitfläche theoretisch mit Null, praktisch zumindest sehr niedrig, einsetzen, wodurch sich der Felsschub F gewaltig vergrößern kann.

Einige Verlegenheit bereiten die Lastannahmen, wenn die Gleitschichten parallel zur Geländeoberfläche liegen. Infolge der Häufigkeit hangparalleler Großklüfte ist dieser Belastungsfall oft aktuell. Die landläufige Meinung ist, daß dann die Mauer durch das ganze, bis zur oberen Geländeverschneidung reichende Gesteinspaket belastet würde. Da einer solchen Last kaum eine Mauer gewachsen wäre, rät man dann meist dazu, die ganze Gesteinsmasse oberhalb der Gleitkluft (Abb. 12–5) abzutragen, was nicht wenig kostet. Müller und Pacher (1957) haben diesen Fall an einer konkreten Aufgabe eingehend untersucht, bei welchem die Abräumung der Gleitschichten unter der Schichtneigung von 47° 350 000 m³ Felsbewegung erfordert hätte, oder unter obiger Voraussetzung eine Last von 1 000 000 t

Abb. 12-6. Gefügeaufnahmen in den Steilrunsen der Daberklamm, Osttirol; linke Bildhälfte S-Klüfte, rechte Hälfte K_1-Klüfte

künstlich zu sichern gewesen wäre. Die Schichten fielen gegen die künftige Baugrube einer Talsperre ein und sollten von dieser 80 m hoch angeschnitten werden. Als typisches Beispiel sei diese Untersuchung etwas ausführlicher wiedergegeben. Abb. 8–16 gibt einen Ausschnitt der Gefügeaufnahme wieder. Abb. 12–5 zeigt Aushubgrenzen und Schichtfolge.

Im gegenwärtigen Zustand der linken Flanke herrscht Gleichgewicht (Abb. 12–6). Die meisten der rhombisch begrenzten Großkluftkörper, welche entlang der 43—47° geneigten Ixe S/K_1 an sich gleitfähig lagern, besitzen noch ihren unversehrten Fuß im Klammbereich, der sie stützt. Der Wegfall dieser Unterstützung beim Anschnitt der einzelnen Gesteinspakete durch den Baugrubenaushub würde diesen Gleichgewichtszustand stören. Der Gewichtskomponente in Richtung der Verschneidung S/K_1, also in der vorgegebenen Gleitrichtung X, wirken nur die Reibungskräfte in den

Flächen S und K_1 entgegen (Abb. 12–7). Im gegenständlichen Falle sind die Reibungskräfte kleiner als G_x, so daß dieses Manko durch Sicherungen aufgebracht werden muß.

Für die Rechnung ist es von ausschlaggebender Bedeutung, wie hoch die Reibungswerte auf den Großklüften und Schichtfugen eingeschätzt werden. Vor der endgültigen Berechnung müssen diese zunächst geschätzten Werte, wenngleich sie aus vielen Analogien und Naturbeobachtungen gewonnen sind, durch Großversuche sichergestellt werden.

Naturbeobachtung und Modelldarstellung zeigen, daß die Natur nicht überall und nicht ganz entlang der Schichtklüfte S abgeböscht hat (Abb.

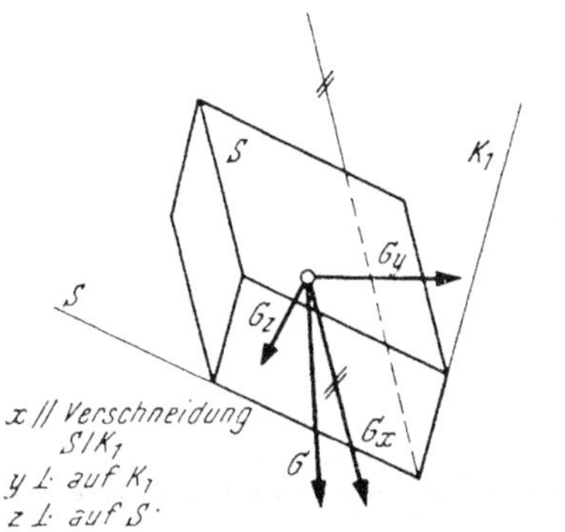

Abb. 12-7

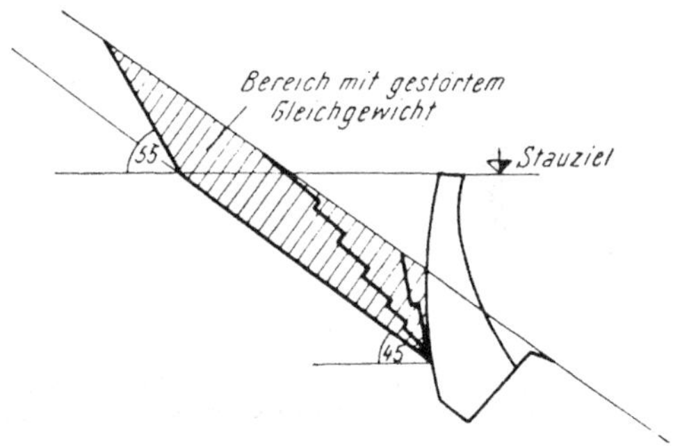

Abb. 12-8

Abb. 12-7. Kraftzerlegung in den Ixen der Großklüfte S und K_1, welche Abb. 12-6 im Lichtbild zeigt

Abb. 12-8. Aushubsicherungen Daberklammsperre, Bereich gestörten Gleichgewichts

12–6). Während die Schichtklüfte die Kraftebene unter Winkeln von 43 bis 47° schneiden, steigen die Schnitte des Geländes mit der Kraftebene unter etwa 50° an.

Alle Reibungskräfte sind zeitabhängig. Wird daher irgendeinem Schichtpaket örtlich der Fuß entzogen, so reagiert dieses Paket darauf nicht sofort durch Abgleiten, sondern erst im Verlaufe der Umstellung auf das neue Gleichgewicht, welche Tage, Wochen oder Monate und mehr erfordert. Zunächst kommen nur die untersten Bereiche der durch die K_2-Flächen zerteilten Tafeln ins Gleiten, und erst allmählich folgen in rückschreitender Auflockerung weitere Teile nach. Man darf annehmen, daß sich außerhalb des Staubereiches bei erschwerter und verhinderter Gleitung etwa eine gedachte natürliche Böschung von etwa 55° einstellen wird. Im Staubereich jedoch gelten solche Überlegungen nicht, weil dort das Manko der Haltekräfte durch die beträchtliche Verminderung der Reibung überwiegt und den Ausschlag gibt. Dort muß der Einflußwinkel der Belastung, also die gedachte natürliche Böschung, parallel der Schichtspur, d. h. etwa unter 45°, gezogen werden (Abb. 12–8).

Darüber hinaus ist die benetzte Böschung für den Fall einer raschen Spiegelsenkung gegen den A u f t r i e b des Bergwassers zu sichern, welches nicht mit gleicher Geschwindigkeit sinkt wie der Seespiegel, sondern diesem zeitlich nachhinkt. Aus verschiedenen Überlegungen wurde bei der Ermittlung der Auftriebskraft eine Druckhöhe von 20 % der vollen Absenkhöhe in Rechnung gesetzt. Durch genauere Beobachtungen im Staubereich wird man in der Lage sein, dieses Maß genauer zu bestimmen.

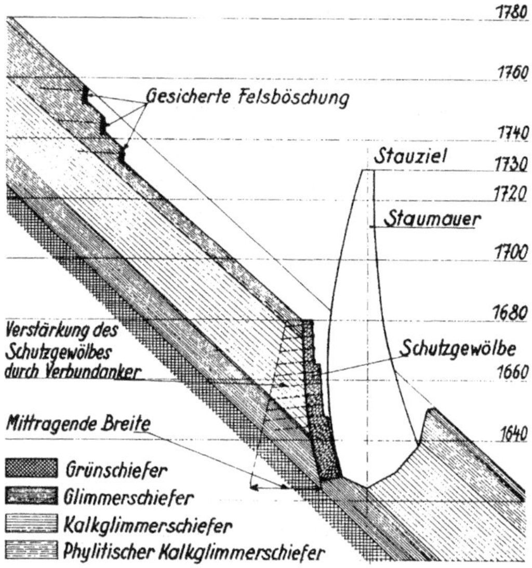

Abb. 12-9. Sicherung des Talsperrenaushubes für die projektierte Daberklammsperre durch ein horizontales Verbundgewölbe. Vertikalschnitt durch dasselbe. (Aus MÜLLER L., und PACHER, F.: Geologie und Bauwesen 23, H. 2, 1957)

Unter diesen Annahmen wurden nach Modell und Plan die E i n f l u ß b e r e i c h e ermittelt, deren Gleichgewicht durch die Einbindung der Staumauer gestört wird (Abb. 12–8). Je nachdem man innerhalb dieses Einflußbereiches die Felsmasse abräumen, teilweise oder ganz stehenlassen will, hat man zur Sicherung der Restkubatur entsprechende Gegenkräfte verschiedenen Ausmaßes anzubringen (Abb. 12–9).

(Über die statische Böschungssicherung, welche für die Bereiche oberhalb des Stauzieles konstruiert wurde, s. *(13.23)*.)

Nicht immer wird aber das Gelände steiler verlaufen als die Gleitschichten; dann hilft nur ein genaues Studium der Eigenschaften des Zwischenmittels. Auf Grund dessen wird man entweder

(1) die Reibung sehr genau abschätzen können, so daß vielleicht nur eine nicht allzu große Differenz aufzunehmen bleibt; oder

(2) durch Ermäßigung der Schichtmächtigkeit, also durch Abtragung einiger Tafeln, eine statische Verbesserung erreichen *(12.23)*; oder

(3) man wird versuchen, die Reibung durch Ankerkräfte zu vergrößern, um die Mauer zu entlasten.

Tritt gleichzeitig hydrostatischer Druck in steilstehenden Spalten, Großklüften oder Kleinklüften hohen Durchtrennungsgrades auf, so ist dieser voll in Rechnung zu stellen, dagegen die Schubkraft der Gleittafel um die Auftriebswirkung abzumindern.

12.23 Erddruck der Felsüberlagerung auf Stützmauern

Gemäß Abb. 12–10 sind vier Grundfälle möglich: $\delta > \beta_0$ (Fall 1 und 2) besagt, daß ein Abgleiten der Überlagerungsmasse auf der Grenzschichte G nicht stattfinden kann. Ist zugleich $\varepsilon > \beta_0$ (Fall 1), so wird sich ein Erdkeil nach G_0 abzulösen streben; dessen Einwirkung auf die Mauer ist nach der Erddrucktheorie zu ermitteln.

Ist jedoch $\varepsilon < \beta_0$ (Fall 2), so kann überhaupt nichts in Bewegung kommen, und eine Überlagerungsstützmauer wäre unnötig.

Wenn $\delta < \beta_0$ (Fall 3 und 4), strebt die Überlagerungsmasse auf G abzugleiten. Ist zugleich $\varepsilon > \beta_0$ (Fall 3), wird sich das Gleitpaket in hintereinanderliegende Bruchschollen auflösen.

Ist $\varepsilon < \beta_0$ (Fall 4), gleitet die Überlagerung als Ganzes ab. Als Laststreifen müßte diesfalls theoretisch die ganze Überdeckungslänge l bis zum obersten Geländeausbiß eingesetzt werden. Dann ist (Abb. 12–10)

$$W = l \cdot c + N \operatorname{tg} \delta\,;\ N = G \cos \beta_0 = l\, d\, \gamma \cos \beta_0\,. \qquad [12\text{—}2]$$

Gleichgewicht herrscht, wenn

$$W = T = G \sin \beta_0 = l\, d\, \gamma \cdot \sin \beta_0\,. \qquad [12\text{—}3]$$

Aus der Gleichsetzung T = W fällt die Länge l heraus, der Gleichgewichtszustand ist von l unabhängig. Praktisch rechnet man oft mit gewissen Abminderungen der Länge l (die ja in der Natur oft viele hundert Meter messen kann), ohne diese jedoch immer theoretisch begründen zu können. Sicherer wäre folgender Weg: Aus $W = l \cdot c + l \cdot d \cdot \gamma \cdot \cos \beta_0 \cdot \operatorname{tg} \delta = l\, d \cdot \gamma \cdot \sin \beta_0$ und

$$d = \frac{c}{\gamma (\sin \beta_0 - \cos \beta_0 \operatorname{tg} \delta)} \qquad [12\text{—}4]$$

folgt, daß das Grenzgleichgewicht der Überlagerung von deren Dicke d abhängig ist, was sich daraus erklärt, daß im Gegensatz zum Kohäsionsanteil des Scherwiderstandes der Reibungsanteil mit d wächst. Vermindert man die Dicke d etwas, so wird die (Fellenius)-Gleitsicherheit, wenn sie vorher $\nu_1 = 1$ war, auf

$$\nu = \frac{c + \gamma\, d \cos \beta_0 \operatorname{tg} \delta}{\gamma\, d \sin \beta_0} \qquad [12\text{—}5]$$

erhöht. Dazu ist meist kein großer Abtrag nötig, wenn sich Gleichgewicht nahe der Ruhelage eingespielt hat.

Die Naturbeobachtung widerspricht der Annahme einer von oben bis unten auf die Mauer drückenden Gleitschicht. Schneidet man eine solche Schicht an ihrem Fuße an, so rutscht auch im Fall d keineswegs sofort der ganze Schichtstreifen nach, sondern zunächst ereignen sich nur Abbrüche an

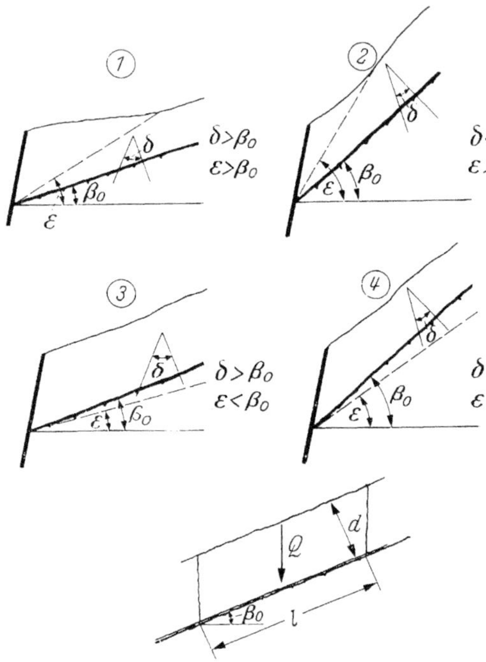

Abb. 12-10. Grundfälle der Stützmauerbelastung durch den Erddruck der Felsüberlagerung. 1 und 2 Felslinien flacher als Erddrucklinie, 1 relativ hohe, 2 relativ geringe Reibung auf der Felsoberfläche G; 3 und 4 Felslinie steiler als Erddrucklinie, 3 relativ hohe, 4 relativ geringe Reibung der Überlagerung auf der Unterlage (Schmierschicht); darunter: Laststreifen für Fall 3 und 4 zur Gl. [12-2]. β_0 Neigung der Felslinie, δ Reibungsinkel zwischen Überlagerung und Felsunterlage. ε Neigung der Erddrucklinie

der Stirn, erst nach und nach gleiten weitere Schalen nach; zuletzt allerdings fressen diese Abbrüche bis obenhin weiter. Die Erklärung hierfür liegt darin, daß die Gleitschicht eine gewisse, oft hohe Viskosität besitzt und daß ihr Scherwiderstand bei Bewegung sofort ansteigt. Denkt man sich bald nach dem Anschneiden der Schicht einige Zentimeter davor eine Mauer aufgerichtet, so wird die erste abreißende Scholle nur bis zu dieser gleiten und sich dabei ein wenig auflockern. Vielleicht werden noch ein oder zwei solcher Schollen nachgleiten können, dann aber wird sehr bald die Auflockerung für ein weiteres Nachbrechen keinen Raum mehr lassen und der passive Erdwiderstand der abgeglittenen Schollen groß genug sein, die Differenzkräfte zur Hintanhaltung der weiteren Gleitungen aufzubringen. Ist also e das Maß, um welches die erste Scholle gleiten kann, und schätzt man den linearen Auflockerungsfaktor mit ε ein, so ergibt sich eine auf die Mauer drückende (= nachgleitende) Länge von $1 = \frac{e}{\varepsilon}$; e wird bei geschicktem Vorgehen kleiner als 10 cm gehalten werden können. Ist $\varepsilon = 1\,\%$, so ergibt sich $1 = 100\,e = 10\,m$. Vorsichtshalber wird man ε zwischen 1 und $^1/_2\,\%$ annehmen und damit wohl sichergehen.

12.3 Bauarten der Felsstützungen

Die verschiedenen Arten der Felsstützungen unterscheiden sich nicht nur nach Ausführung und Material, sondern auch in ihrer statischen Funktion. Erst aus dieser versteht man ihre Konstruktion richtig und kann sie funktionsgemäß ausbilden.

12.31 Vorgesetzte Gewichtsstützmauern

Die Gleitfläche G (Abb. 12–11), nach welcher ein Felsabbruch zu erwarten wäre, kann aus der Annahme eines Spannungszustandes $\sigma_3 \,//\, 0$, $\sigma_1 = 0$ (wobei $\sigma_3 < \sigma_2 < \sigma_1$), auf Grund der Widerstandsziffern des Gebirgsverbandes *(6.1)* als bevorzugte Richtung des Bruchfließens erhalten werden, ohne daß die absolute Größe der Beanspruchung bekannt ist. Aus dieser Ermittlung geht auch eine gewisse, wenngleich nur ganz rohe Erkenntnis über Art und Größe des Scherwiderstandes in G hervor. Wird dieser vorwiegend durch Gesteinsscherfestigkeit geleistet, so ist die Größe W_Q im Krafteck fast unabhängig von den Größen Q und N (Abb. 12–11 d); beruht er vorwiegend auf Reibung, so wird B durch δ bestimmt (Abb. 12–11 b und c).

Im Falle echter Reibung (z. B. auf Schichtflächen) hat die Summenkraft R aus dem Gewicht Q und dem Stützmauerwiderstand F (= Felsschub auf die Mauer) die in Abb. 12–11 b gezeichnete Größe und Lage. Sie stellt die Reaktion der Unterlage des Gleitkeiles auf denselben dar und setzt sich aus folgenden Anteilen zusammen: R_Q ist der Reibungswiderstand, welcher durch die Normalkomponente N_a von Q erzeugt wird; die Kraft F, normal und parallel zur Gleitfläche zerlegt, trägt mit ihrer Komponente T_F selbst dazu bei, einen Teil des Reibungsmankos zu decken; der Rest $T_Q — R_Q — T_F = R_F$ wird durch die zusätzliche Reibung aus $N_F \operatorname{tg} \delta = R_F$ gedeckt. Man könnte das Krafteck daher auch gemäß Abb. 12–11 c zeichnen. Beruht der Scherwiderstand nicht auf Reibung, sondern auf echter Scherfestigkeit β_S ($B = G \cdot \beta_S$), so kann dieser Scherwiderstand durch Vergrößerung des N_a um N_F praktisch nicht erhöht werden[12]. Das Manko ist diesfalls durch

[12]) s. Fußnote S. 11 *(12.21)*.

die Tangentialkomponente T_F von F allein zu decken, so daß F groß ausfällt (Abb. 12–11 d).

Das Kräftedreieck Q + F = R gibt die Richtung und R an, läßt aber, solange man den Felskeil als starren Körper betrachtet, die Lage von R völlig offen (Abb. 12–11 a). Zwischen F_u und F_o bzw. R_u und R_o sind alle Lagen denkbar. Es ist müßig, R rechnungsmäßig lokalisieren zu wollen, denn wahrscheinlich sind alle diese Lagen wirklich möglich, je nachdem, bis zu welchem Grade die Abscherung entlang G gediehen ist; dies wird wiederum davon abhängen, ob die Mauer rasch oder langsam errichtet wurde und die Bölzung solide oder wenig wirksam war. Die sicherste Annahme trifft man, wenn man die höchstmögliche Lage von $F : F_o$ in Rech-

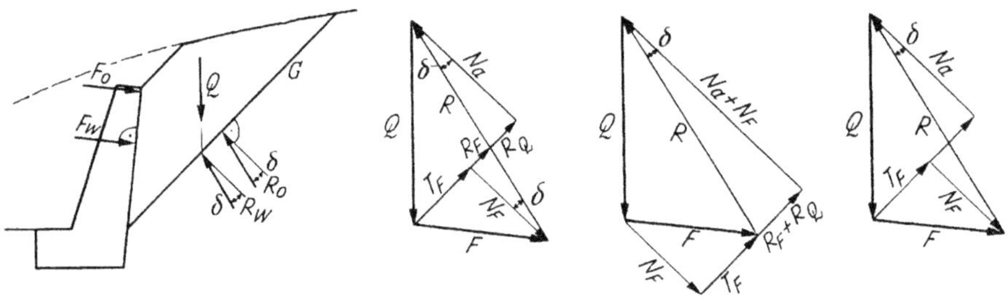

Abb. 12-11. Kräftespiel hinter einer vorgesetzten Stützmauer bei vorgegebener Gleitfläche G. a) Skizze, b und c) Kräftespiel im Falle eines Gleitwiderstandes auf G, welcher im wesentlichen aus Reibungswiderständen besteht, d) Kräftespiel in dem Falle, daß der Gleitwiderstand im wesentlichen aus normaldruckunabhängigen Scherwiderständen gebildet wird

nung setzt. Sie wird etwa 1 m unter Punkt 1 sein. Eine andere plausible Annahme wäre, sie in zwei Dritteln der Höhe zwischen Punkt 1 und 2 anzusetzen, was besagen würde, daß man eine Dreiecksverteilung von F annimmt.

Die Abb. 12–11 b bis d sind nur der größeren Deutlichkeit halber mit kleinen δ-Winkeln bezeichnet, so daß F sehr groß wird und die Ergebnisse äußerst ungünstig anmuten. In Wirklichkeit ist δ oft 50—80°, auch β_1 zwischen 60 und 75°, wodurch — zumindest im Reibungsfalle — F bedeutend kleiner wird.

F ist die Stützkraft, welche die Mauer im Falle des Gleitgewichtes abschiebender und rückhaltender Kraft zu übernehmen hat. ν-fache Sicherheit herrscht, wenn die Mauer tatsächlich eine Stützkraft $\nu \cdot F$ zu leisten imstande ist.

Da eine Felsstützmauer weit größere Fundamentpressungen ausüben darf als eine Stützmauer in Erde, kann ein leichtes Abheben der Fundamenthinterkante zugelassen werden. Die Resultierende fällt dann aus dem Kern, und es ist mit reduziertem Aufstandquerschnitt zu rechnen. Über die zulässige Kantenpressung s. *(14)*.

12.32 Anhaftende Stützmauern

Die Betrachtung der Futtermauern hat ergeben, daß eine dem Felsen anhaftende Mauer einer freistehend vorgesetzten statisch und damit wirtschaftlich überlegen ist. Noch bedeutendere Vorteile lassen sich bei Stützmauern erzielen, wenn man auch diese (unter Beobachtung aller Entwässerungsnotwendigkeiten — s. *(11.32* und *11.45))* durch Anbetonieren zu einer Verbundwirkung mit dem Fels bringt.

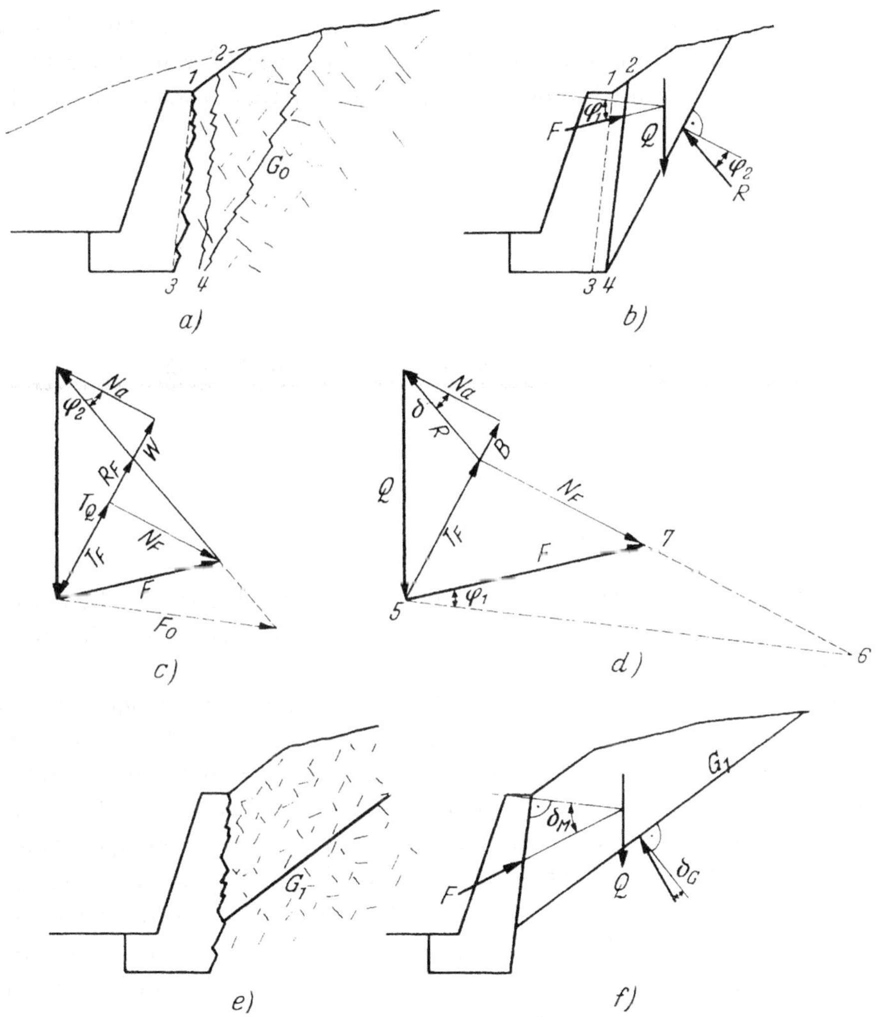

Abb. 12-12. Kräftespiel hinter einer anhaftenden Stützmauer. a) Skizze; G_0 Bruchfläche im Falle eines Gefügebruches, b) Kräfteansatz zu a), c) Kraftdreieck für den Fall, daß der Gleitwiderstand auf G_0 sich vornehmlich aus Reibungswiderständen W aufbaut; d) für den Fall normalkraftunabhängiger Scherwiderstände B auf G_0, e) Skizze; G_1 vorgegebene Gleitfläche, f) Kräfteansatz zu e)

Anbetoniertes Mauerwerk haftet an der vordersten Schar von Kluftkörpern in der Regel fester als diese am übrigen Gesteinsverband. Eine Ablösung bildet sich leichter an der Klufttreppe 2—4 (in Abb. 12-12 a) als an der Mauerhinterfläche 1—3. Wir dürfen deshalb (nach Prüfung der Voraussetzungen) die Felsschale 1—2—3—4 dem Mauerquerschnitt und -gewicht zuzählen. 2—4 ist die wirksame Hinterbegrenzung der Stützmauer. Entlang derselben ist die Reibung bzw. Scherfestigkeit etwa gleich groß wie entlang der Gleit- oder Scherfläche G_0. Daraus ergibt sich (Abb. 12-12 b und c) schon in dem Falle, daß der Gleitwiderstand W auf G_0 ein

Abb. 12-13. Stützpfeiler zur Sicherung einer untertunnelten Felsnase oberhalb einer Gleitkluft; die Gleitkluft streicht durch den Tunnel (Kehlsteinstraße bei Berchtesgaden)

reiner Reibungswiderstand (ohne wesentliche Kohäsion) wäre, eine bedeutende Verringerung der erforderlichen Stützkraft von F_0 (im Falle ausgepackter, reibungsloser Hinterfläche) auf F; eine Verringerung, welche in der Praxis noch mehr ausschlaggebend ist, als dies in der Figur zum Ausdruck kommt. Der Angriffspunkt von F an der Mauer wird infolge der geänderten Richtung tiefer angenommen werden dürfen.

Noch bedeutender ist der Vorteil der anhaftenden Mauer, wenn der Gleitwiderstand ein Scherwiderstand ist. Dann wird F infolge seiner steileren Richtung nicht mehr, wie bei der vorgesetzten Mauer, nach der Linie 5—6 in Abb. 12-12 d, sondern nur nach 5—7 abzugreifen sein. Auch in diesem Fall liegen die Verhältnisse in Wirklichkeit noch weit günstiger als in der Abbildung, weil diese zugunsten größerer Deutlichkeit mit kleinen Reibungswinkeln gezeichnet ist.

Besonders günstig fällt die Statik im Falle einer echten Gleitfuge im Fels aus; dann ist δ_G auf der Gleitfuge vergleichsweise klein, δ_M an der

Mauer aber groß (Abb. 12–12 e und f), d. h. Mauer- und Felskeil sind praktisch wie ein Block verbunden, welcher mit seinem Fuß auf festem Grund steht. Abb. 12–13 zeigt ein praktisches Beispiel dieser Art.

Man sollte also auch Stützmauern in Fels grundsätzlich anbetonieren und die Aufgabe der Entwässerung im Sinne von *(11.32)* und *(11.45)* lösen. Notfalls kann die Haftung zwischen Mauer und Fels noch durch kurze Steckeisen (von etwa 60 cm Länge) verbessert werden. Verhindert man überdies die Initialauflockerung des Felsens durch Verwendung von Spritzbeton anstatt einer Bölzung mit Bergmannspfählen, so erzielt man mit weit geringerem Aufwand als bisher eine optimale Wirkung.

12.33 Angeheftete Stützmauern

Durch regelrechtes Anheften von Stützmauern an das Gebirge werden die Vorteile der Verbundwirkung zwischen Fels und Beton unter Hinzunahme zugfester Stahlbauglieder noch gesteigert; der Gedanke einer echten Felsbewehrung (Müller 1952, 231; 1953, 81; Pacher 1957, 41) wurde an solchen Konstruktionen erstmals konsequent durchgeführt [13]).

Gewichtsstützmauern haben den flachgerichteten Erddruck- und Felsschubkräften (abgesehen von einer kleinen Reibungskomponente an der Rückwand) nichts entgegenzusetzen als das Kippmoment ihres Gewichtes. Heute, nachdem der Gedanke der Felsbewehrungen in die Welt gesetzt ist, welche Kräfte beliebiger Richtung in den Fels einzuleiten erlauben, scheint es viel logischer, den flachwirkenden Schubkräften nicht mehr durch vertikale Kräfte, sondern wiederum durch flachgerichtete entgegenzutreten.

Stützmauern durch Felsanker anzuheften, ist besonders dann vorteilhaft, wenn flachgerichtete Kräfte hoch angreifen, wie z. B. bei hoher Felsböschung mit hochliegender Gleitfläche G in Abb. 12–1 c oder im Falle der Überlagerungsstützmauer über freier oder nur verkleideter Felsböschung (Abb. 12–14 b bis d). Die Gegenüberstellung dieser Bauformen mit lediglich vorgesetzten Mauern läßt die Überlegenheit der verankerten Konstruktionen erkennen. Die Mauerquerschnitte werden ganz wesentlich kleiner, eine Fundamentverbreiterung entfällt; die Betonfestigkeiten und die Tragfähigkeit des Felsens unter dem Fundament werden ausgenützt. Dadurch wird höhere Wirtschaftlichkeit erzielt.

Erheblich fällt der Raumgewinn ins Gewicht, der dadurch entsteht, daß verankerte Stützmauern ohne Einbuße statischer Vorteile beliebig steil gestellt werden können. Die Statik der Angehefteten Stützmauern hat

[13]) Die erste Verankerung einer Stützmauer wurde wohl 1923 durch Prof. Hetzel am Kachlet-Werk mit Erfolg versucht. Die Anker dienten dort allerdings als nachträgliche Sicherung der Korrektur des Kräftespieles, noch nicht als primäres Konstruktionselement (s. den geschichtlichen Überblick in *(13.1)*).

Pacher (1957, 48) bearbeitet: „Während bisher Belastung und Lastaufnahme in fast flächenmäßigem Gleichgewicht standen, konzentriert sich durch den Ankerzug die Lastaufnahme in einzelnen Punkten. Es treten daher größere Beanspruchungen des Mauerquerschnittes auf.

Als äußere Belastung greifen an:

der Erddruck der Überlagerung,
analog der Felsdruck bei nicht standfestem Gestein,
das Mauergewicht und
die Ankerzugkraft.

Daraus ergeben sich Auflagerreaktionen am Fuß und an der Rückwand, welche von der Steifigkeit des Mauerquerschnittes und dem Einspanngrad

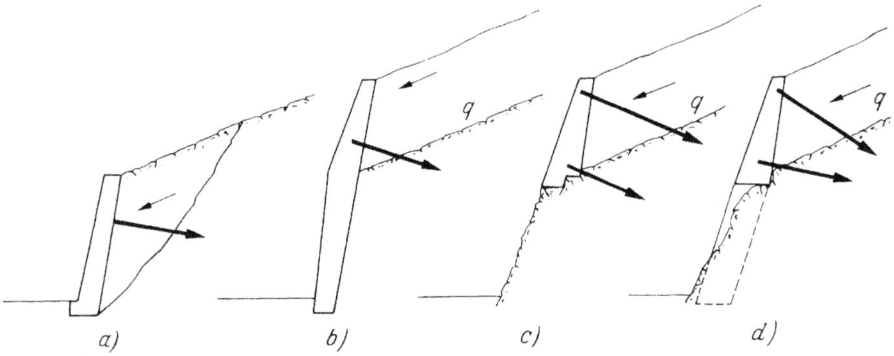

Abb. 12-14. Bauformen angehefteter Stützmauern; a) gewöhnliche Felsstützmauern, b) Überlagerungsstützmauer, c) aufgesetzte Überlagerungsstützmauer, d) Überlagerungsstützmauer auf Pfeilern in Felsschlitzen

am Mauerfuß, nicht zuletzt vom Verformungsmodul des Gesteins abhängen und daher schwer einzuschätzen sind. Die Ermittlung des Belastungs- und Verformungszustandes kann in erster Annäherung durch eine Grenzwertberechnung unter der Annahme sehr großer oder sehr kleiner Mauersteifigkeit erfolgen.

Um Aufschluß über die wahren Spannungszustände zu erhalten, wurde ein spezieller Fall spannungsoptisch untersucht. Über die Ergebnisse — die Spannungen im Mauerkörper

a) unter verschiedenen Belastungen,
b) bei verschiedenen Ankerhöhen und
c) bei verschiedener Schlankheit der Mauer — ...“

berichteten auch Föppl und Sonntag (1957 d, 12):

„Für die Lage des Ankers ist maßgebend:

1. die Kippsicherheit der Mauer; sie fordert eine möglichst hohe Ankerlage;

2. die Größe der Ankerspannung; diese legt ebenfalls eine hohe Ankerlage nahe;
3. die Kantenpressung an der Rückwand; der Kraftfluß muß noch gesundes und zur Druckübertragung fähiges Gestein treffen;
4. das Momentenbild bzw. die Spannungsverteilung in der Stützmauer; durch günstige Wahl der Ankerlager kann ein weitgehender Momentenausgleich herbeigeführt werden.

Die Größe des erforderlichen Ankerzuges ergibt sich aus der Momentengleichung aller inneren und äußeren Kräfte um den Drehpunkt. Der Angriffspunkt der resultierenden Felsreaktion P_{F1} an der Mauerrückwand liegt bei gedrungener Mauer etwa in $^2/_3\ h_u$, bei schlanker Mauer in $^3/_4\ h_u$.

Die Bemessung der Mauer erfolgt nach den maximalen Biegemomenten.

Im Bereich der Überlagerung richtet sich der Mauerquerschnitt nach dem vorhandenen Erddruck. Die Mauerstärke wird bis zur Ankerlage zunehmen und kann bei günstigen Verhältnissen von dort nach unten meist gleichbleibend belassen werden...

Die Notwendigkeit der Ankervorspannung wird auch von BIRKENMAIER betont, welcher sagt, ‚die Spannungen in einem vorgespannten Anker ändern sich so lange nicht, als die Beanspruchung des Ankers unter dem Wert der Vorspannkraft bleibt'. Das heißt, solange diese Forderung erfüllt ist, kann infolge einer Laständerung keine Längenänderung im Anker und damit auch keine unerwünschte Bewegung in der Mauer eintreten.

Die Auswirkungen der Felshöhe h_u auf die erforderliche Ankerkraft wird in den Bemessungsdiagrammen deutlich, welche für eine verankerte Stützmauer durchlaufender Höhe durchgerechnet wurden und in Abb. 12–15 wiedergegeben sind. In diesen sind alle Einflußwerte getrennt ermittelt und in Abhängigkeit von h_u aufgetragen...

Die Grenze der Wirtschaftlichkeit für eine Verankerung dürfte erreicht sein, sobald die Felshöhe an der Mauerrückseite $h_u \leqq \frac{H}{2}$ wird.

Den Vorteil einer möglichst hohen Ankerlage macht man sich bei der Form nach Fig. 5 der Abb. 12–16 zunutze, bei welcher ein Betonkeil den nicht vorhandenen, aber zur Kraftübertragung notwendigen Fels ersetzt.

Im Falle der Fels zwar eine geringe Anschnitthöhe besitzt, aber doch in nicht allzu großer Entfernung hinter der Stützmauer verbleibt, gestattet eine aufgelöste Bauweise mit einzelnen weitstehenden verankerten Pfeilern und dazwischengespannten Gewölben, welche die Hinterfüllung (oder Fahrbahn) tragen, bedeutend wirtschaftlichere Lösungen als eine Schwergewichtsstützmauer, deren standsichere Ausbildung bei großen Höhen gewaltige Querschnitte erfordert.

An Stelle der Pfeiler und Gewölbe kann auch eine durchgehende Mauer angeordnet werden, wobei, wie die Fig. 6 der Abb. 12–16 zeigt, die

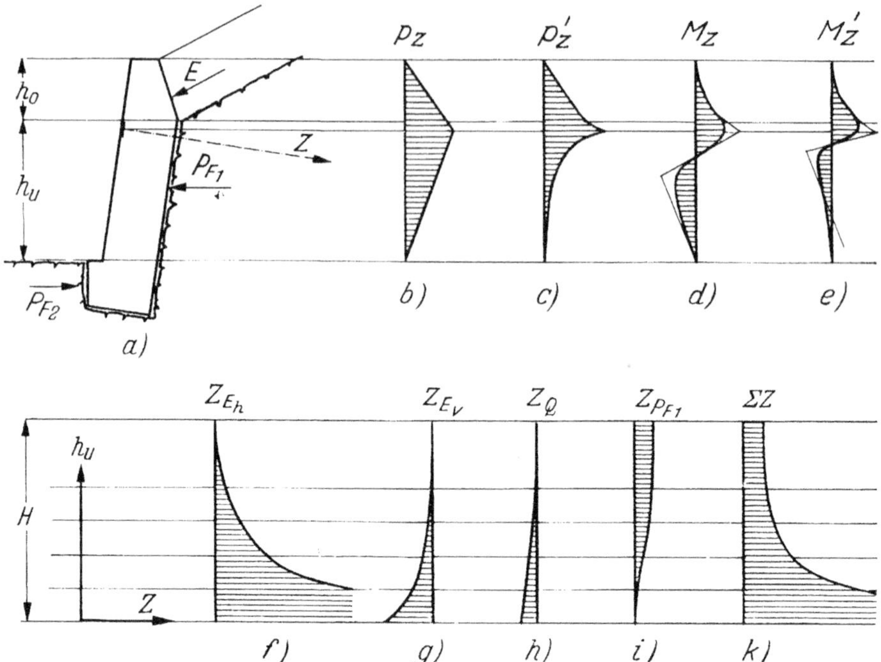

Abb. 12-15. Einfluß der Ankerhöhe auf die Bemessung verankerter Stützmauern. a) Schema, b) Anpreßdruck p_z an der Rückwand bei gedrungener Mauerform, c) detto, bei schlanker Form, d) Biegemomente zu b), e) detto zu c), f) Ankerzug aus horizontaler Erddruckkomponente, g) Abminderung zufolge vertikaler Erddruckkomponente, h) Abminderung zufolge Mauergewicht, i) Erhöhung bei unzureichender Standfestigkeit des Gesteins, k) erforderlicher Ankerzug = ΣZ (nach PACHER 1957, Abb. 10 und 11)

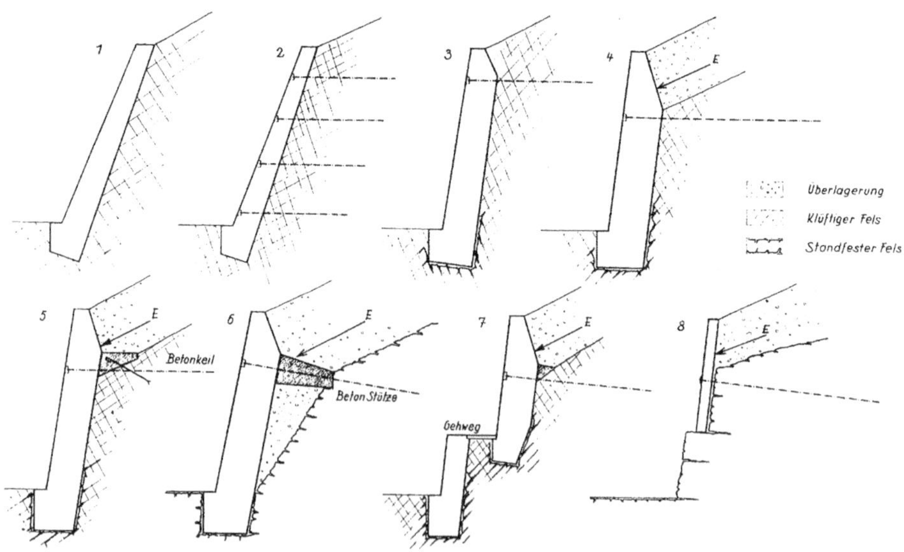

Abb. 12-16. Bauarten angehefteter Stütz- und Futtermauern. 1 Einfache vorgesetzte Mauer, 2 mehrfach angeheftete Mauer, 3 tief verankerte Mauer, 4 verankerte Stützmauer mit Überlagerungs-Erddruck (allgem. Fall), 5 Stützmauer mit hochliegendem Anker und Betonkeil, 6 verankerte Stützmauer mit hochliegendem Anker und Betonstütze bei großer Überlagerungsmächtigkeit, 7 gestaffelte verankerte Stützmauern, 8 Überlagerung Stützmauer aus Fertigteilen (nach PACHER 1957, Abb. 8)

Ankerkräfte über einzelnen Betonstützen auf den standfesten Fels übertragen werden...

Oft führt die Anordnung mehrerer versetzt übereinanderstehender Mauerquerschnitte nach Fig. 7 der Abb. 12–16 in konstruktiver wie architektonischer Hinsicht zu günstigeren Lösungen als eine Stützmauer durchgehender Höhe und Stärke.

In Verfolgung dieser Gedankengänge ergibt sich als weitere einfache Form die verankerte Wand, welche besonders in standfestem Fels mit darüberliegendem Lockergestein sehr gut angewendet werden kann. Fig. 8 der Abb. 12–16 zeigt schematisch das Abfangen einer Überlagerung in größerer Höhe, z. B. über einem Straßenniveau.

Die Berechnung erfolgt als Träger, welcher in Ankerhöhe eingespannt ist. Der Ankerzug entspricht bei einer Ausführungsform gleicher Stützmauerhöhe über und unter dem Anker dem zweifachen horizontalen Erddruckanteil, vermehrt um den Sicherheitszuschlag" (Pacher 1957).

12.34 Stützgewölbe

Zur Abstützung sehr großer Felsmassen kann bei entsprechenden Geländeverhältnissen eine gewölbte Mauerform äußerst vorteilhaft sein. Während normale Stützmauern nur durch ihr Gewicht wirken, können die Baumassen geschickt angelegter Traggewölbe auch hinsichtlich ihrer Festigkeit ausgenützt werden und bei verhältnismäßig kleinen Abmessungen ungemein große Lasten übertragen. Allgemeine Richtlinien können kaum gegeben werden, weil die Lösungen stets aus den örtlichen geologischen Gegebenheiten erwachsen müssen. Deshalb ein Beispiel: die geplante Baugrubensicherung der Daberklamm-Staumauer, deren Belastungsannahmen bereits in *(12.22)* angeführt wurden (Müller und Pacher 1957, 92). Die Haltekräfte, welche dort bei der Abfangung der riesigen talwärts fallenden Gleitschichten das Manko im Kräftespiel zu decken hatten, hätten grundsätzlich auf verschiedene Art aufgenommen werden können. Im Rahmen der Voruntersuchung wurden zunächst ins Auge gefaßt:

verteilte vorgespannte Einzelanker in Bohrlöchern;

gebündelte vorgespannte Stahlanker in Großbohrlöchern oder Schrägschächten; zwischen den Ankerköpfen druckverteilende Stahlbetonplatten;

Stützknaggen aus Beton in den Schichttreppen, gegen Verdrehung durch Haftanker gesichert;

Stützknaggen wie vor, in den Ixen S/K_1 (Abb. 12–7);

Stützknaggen wie vor, in den Ixen K_1/K_2.

Am idealsten wäre eine Verdübelung in den Schichtflächen, doch konnten die theoretisch möglichen Lösungen einer solchen praktisch bisher nicht erprobt werden.

Die Rechnung ergab, daß alle vorgenannten Hilfsmittel einen sehr großen Aufwand erfordern, wenn die vorhandenen Haltekräfte durch sie allein aufgebracht werden sollen. Gegen ein Durchleiten der Kraft durch die Staumauer aber wurde von den Statikern Einspruch erhoben.

Es war Dr. techn. LAUFFER, welcher auf Grund der Felsstatik die den Umständen am besten anzupassende technische Lösung fand: die Abstützung durch ein Betongewölbe zwischen Grünschieferfundament und einer benachbarten Felswand. Diese Lösung wurde in den darauffolgenden Untersuchungen zum Vorschlag eines Verbundgewölbes von Beton, Fels und Stahlankern erweitert.

Dieses Schutzgewölbe (Abb. 12–9) ist allseitig gekrümmt und in der Mitte leicht überhöht. Seine Spannweite beträgt etwa 80 m. Entsprechend der mit den Schichtgliederungen stufenmäßig von oben nach unten zunehmenden Belastung wird es in verschiedenen Stärken (3, 5 und 7 m) abgestuft.

Die Belastung des Schutzgewölbes wurde in Form einer Grenzwertberechnung ermittelt. Als obere Grenze wurde die Belastung aus dem vorher beschriebenen Einflußbereich gewählt, die untere Grenze unter der Annahme ermittelt, daß sich zwischen den Widerlagern infolge der Verspannung des Gesteins Ersatzgewölbe ausbilden. Für die Berechnung des Schutzgewölbes wurde ein Mittelwert eingesetzt und dieser in die beiden Komponenten p_h und p_v zerlegt. p_h belastet das Gewölbe; p_v wird in den Untergrund abgeleitet.

Von einer ausschließlichen Abstützung auf ein Schutzgewölbe aus Beton wurde in diesem Fall aus geomechanischen Erwägungen abgeraten, (1) weil die Belastung des Gewölbes nicht einheitlich ist und nicht stetig verläuft, sondern nach der Lage der K_1-Klüfte sprunghaft wechselt; (2) weil die sich ergebenden Druckspannungen zwar dem Beton im Rahmen einer Hilfskonstruktion zugemutet werden könnten, nicht jedoch den Felswiderlagern des Schutzgewölbes, ohne daß eine starke Nachgiebigkeit derselben befürchtet werden müßte.

Es wurde daher empfohlen (Abb. 12–9), durch vorgespannte Felsanker eine Verbundwirkung zwischen dem Beton und dem angrenzenden Fels zu suchen. Verbundanker haben unter anderem den großen Vorteil, daß sie, schon während des Aushubes eingebaut, die Wände sichern. Auf Grund von Beobachtungen an kleineren Ausführungen (Stollen und Kavernenausbauten) ist eine mittragende Breite im Gestein von mindestens zwei- bis dreifacher Stärke des Beton-Schutzgewölbes erreichbar. Damit würde die örtliche Beanspruchung des Gesteins in den Gewölbekämpfern $\sigma_{zul} = 40$ kg pro cm² nicht überschreiten.

12.35 Bölzungen

Abstrebungen von Felswänden werden fast nur als Provisorien, als Bölzungen, ausgeführt, so daß es genügt, diese zu besprechen. Als dauerhafte Bauwerke finden sich Abstrebungen allenfalls an Tunnelportalen und Galerien, und ihre statische Behandlung ist ähnlich der von Bölzungen.

Felsbölzungen werden in der Regel aus Rundhölzern gezimmert. Da diese nicht durch Gewicht wirken können, müssen sie möglichst schräg gesetzt werden und laden weit aus. Trotz der Einleitung flachgerichteter Kräfte ist das Kräftespiel in Bölzungen recht ungünstig.

Getriebezimmerung, d. h. unter Spannung eingetriebene Verpfählung, hat die Aufgabe, die Bölzung von Anbeginn unter Spannung zu setzen und so auf den Felskeil eine Kraft auszuüben, welche seine Auflockerung verhindert und jene Reibung zwischen Verpfählung und Fels sowie zwischen den Streben (Spreizen) und der Verpfählung garantiert, ohne welche

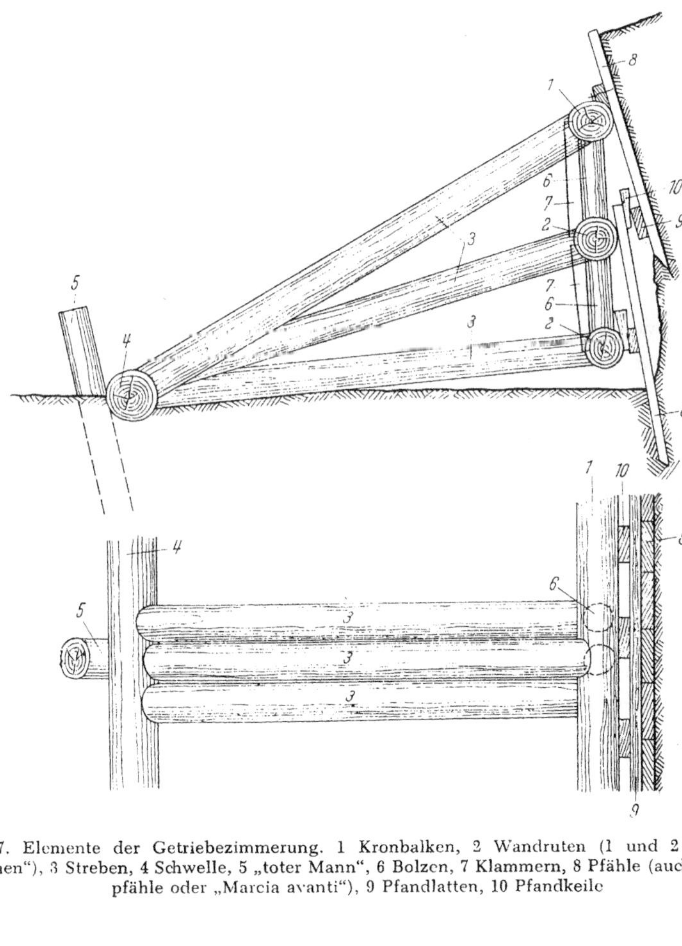

Abb. 12-17. Elemente der Getriebezimmerung. 1 Kronbalken, 2 Wandruten (1 und 2 heißen auch „Longarinen"), 3 Streben, 4 Schwelle, 5 „toter Mann", 6 Bolzen, 7 Klammern, 8 Pfähle (auch Bergmannspfähle oder „Marcia avanti"), 9 Pfandlatten, 10 Pfandkeile

eine Übertragung des Felsschubes auf die Ausbruchsohle nicht möglich ist. Der Reibungswinkel δ zwischen den „Wandruten" (2) (Abb. 12–17) und den „Bergmannspfählen" (8) *(„Marcia avanti")*, wird durch fest eingetriebene „Pfandkeile" (10), welche zugleich den Pfählen ihre „Pfändung" (= Vorspannung) zu geben haben, sowie durch eingeschlagene Eisenklammern möglichst groß gehalten. Er darf mit maximal 40° angesetzt werden, besser mit 30—35°. Aus der Abb. 12–18 b geht hervor, daß damit der Winkel α der obersten Spreize mit der Ausbruchsohle schon fest-

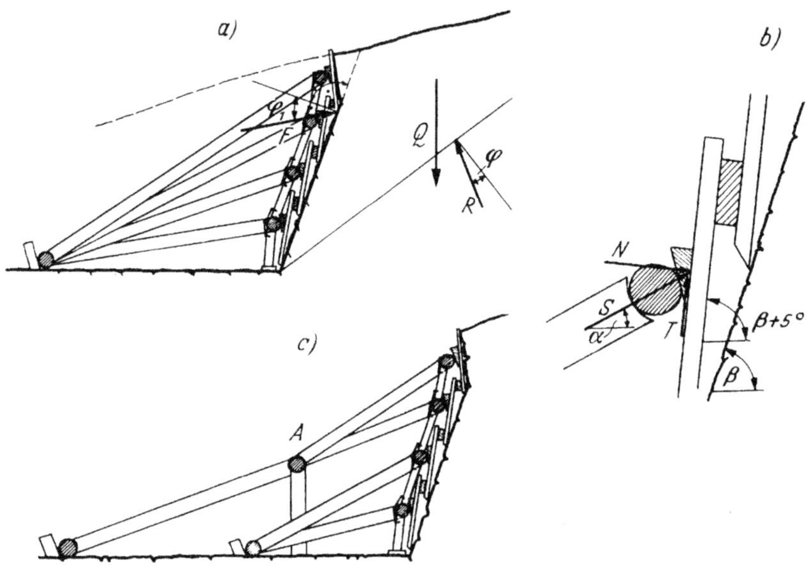

Abb. 12-18. Holzbölzungen. a) Schema einer einfachen, c) einer gestoßenen Bölzung, b) Reibungsverhältnisse und Winkelbeziehungen

gelegt ist ($\alpha + \beta + \delta = 180°$). Er darf bei einer Böschungsneigung von 80° ($\doteq 6:1$) maximal 35° betragen, so daß z. B. bei 10 m Böschungshöhe die Spreizen schon über 14 m lang würden. Wegen der hohen Knickgefahr werden sie meist an einem festen Zwischenpunkt gemäß (Abb. 12–18 c) gestoßen.

Durch Verkeilung und Verhängung muß dieser Punkt wirklich unverrückbar ausgebildet werden. Die unvermeidlichen Setzungen und die Formänderungen der Hölzer verlangen eine ständige Überwachung desselben. Die Streben (3) müssen in diesem Punkt so zusammengeführt werden, daß eine nach abwärts gerichtete Resultierende in ihm verbürgt ist, widrigenfalls die Bölzung hochgeht.

Ohne eine stramme Pfändung der Bergmannspfähle und strenge Keilung aller Hölzer ist eine Bölzung völlig wertlos. Denn ohne sie würde die vom

Felskeil auf die Bölzung übertragene Schubkraft F (Abb. 12–18) mangels Reibung unter einem sehr kleinen Winkel δ_1, also flacher als die oberste Strebe, gerichtet sein, so daß die Bölzung auch in diesem Falle hochginge, wie man es leider oft erlebt. Als Gegenmittel hat man häufig Plattformen geschaffen und eine Last P (Abb. 12–19) von vielen Kubikmetern Steinschlichtung aufgebracht, welche groß genug sein muß, um die Summenkraft aus F und P steiler als die Streben nach abwärts zu richten. Heute wird man eine solche Gegenkraft lieber durch einige Felsanker aufbringen, welche aber unter die gedachte Gleitfläche B_0 reichen müssen.

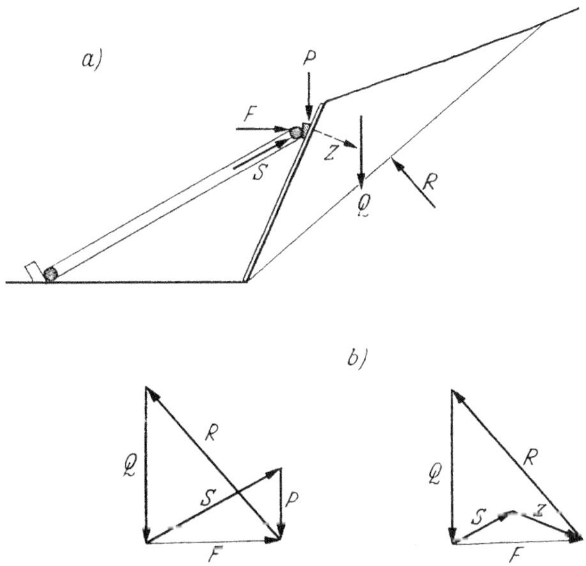

Abb. 12-19. Bölzung mit zusätzlicher Auflast P oder Ankerkraft Z. a) Schema, b) Kräftespiel

Der heikelste Punkt einer jeden Felsbölzung ist der oberste Ansatz, der sogenannte „Kronbalken" (1 in Abb. 12–17). Gute Mineure früherer Zeiten haben recht daran getan, wenn sie den Kopf der Böschung zunächst überhängend vortrieben, um die Kraft F mehr nach abwärts zu lenken; nur dann trägt die Bölzung auch in der obersten Zone. Ein anderer Gefahrenpunkt ist der Fußpunkt der Streben; obgleich man diesen bei größeren Ausführungen durch eingegrabene Schwellen (4) oder eingerammte Schienenstücke (5) sichert, ist eine gewisse Nachgiebigkeit dieses Punktes nicht ganz zu vermeiden. Auch das Verbeißen der Streben-Stirnflächen in die Schwellen und „Wandruten" (2; „Longarinen"), welche oft zusammengequetscht werden, daß das Wasser ausrinnt, verursacht eine Nachgiebigkeit der Bölzungen. Es lohnt sich deshalb, diese Schwellen in Stahl oder Stahlbeton auszuführen.

Die Berechnung der Bölzung kann in rohen Zügen von der Annahme ausgehen, daß das Gewicht Q des nach *(12.31)* bzw. *(6.1)* abgegrenzten Gesteinskeiles durch zwei Gegenkräfte im Gleichgewicht gehalten wird, welche die Reibung sowohl auf der Bruchfläche G als auch auf der Bölzungsfläche B mobilisieren. Man sieht aus Abb. 12–19, daß der Felsschub F größer wird, wenn die Reibung δ_G auf G nicht voll in Anspruch genommen wird. Man wird sichergehen, wenn man zur Bemessung der Streben δ_G mit der Hälfte bis zwei Dritteln des Maximalwertes annimmt. Damit dürfte auch der Entstehung eines Anrisses infolge unvermeidlichen Nachgebens der Bölzung Rechnung getragen sein.

Da die drei Kräfte Q, F und S sich nur dann das Gleichgewicht halten, wenn sie sich in einem Punkt schneiden, liegt die Kraft F immer sehr hoch. Daran ändert sich wenig, wenn man versucht, den Keil rechnerisch zu unterteilen und in jeder Strebenlage eine Teilkraft F_1, F_2 usw. anzusetzen. Denn auch dann ergibt sich, daß die obersten Streben weitaus den größten Teil der Last erhalten, was auch in der Praxis immer wieder zu beobachten ist. Diese „Kopflastigkeit" wird noch dadurch gesteigert, daß der Ausbruch der oberen Böschungsteile früher erfolgt, deren Auflockerung daher bereits weiter fortgeschritten ist als die der tieferen jüngeren Bereiche. Nur durch stets erneutes starkes Anziehen der unteren Streben kann man diese zur Übernahme eines nennenswerten Lastanteiles bringen.

Heute werden Bölzungen vielfach durch leichte Nagelungen, besser durch tiefreichende Ankerungen ersetzt. Diese gehören ihrer Natur nach zu den sogenannten Felssicherungen und werden dort *(13)* behandelt.

12.4 Bauliches

Der Bau der Stützkörper selbst wirft keine Probleme auf, um so mehr aber ihr Ausbruch. Läuft doch die Ausbrucharbeit darauf hinaus, den Fels zunächst viel steiler abzuböschen, als seine Stabilität zuläßt, und diesen Zustand durch eine provisorische Sicherung zu überbrücken. Ist großer Felsschub zu erwarten oder ist die Böschung hoch, dann muß (Abb. 12–20) in einzelnen Zonen, „Ringen" (engl. *bays*), von 4 bis 8 m Länge gearbeitet werden. Das zunächst möglichst unangetastete Nachbargebirge hilft dann auf wirksame Weise den Fels im jeweiligen Ausbruchring stützen. Gewölbeverspannung *(10.47)* wirkt sich in den Nischen aus.

In *(12.35)* wurde auf die Wichtigkeit strammer Vorspannung aller Bölzungen hingewiesen. Eine gewöhnliche Verdielung (Abb. 12–21), ein sogenannter „Verzug" der Ausbruchbrust, ist wirklichem Felsschub gegenüber völlig wirkungslos und führt meist noch während der Ausbrucharbeit

Abb. 12-20. Ausbruch für eine Stützmauer in einzelnen „Ringen"; Abstützung auf die bereits fertigen Nachbarringe

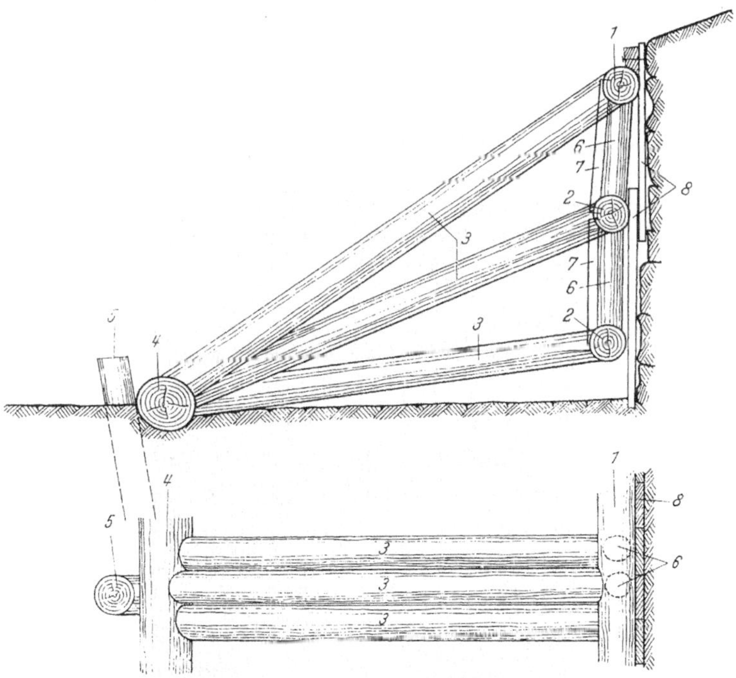

Abb. 12-21. Elemente der Anlegezimmerung. 1 Kronbalken, 2 Wandruten, 3 Streben, 4 Schwelle, 5 „Toter Mann", 6 Bolzen, 7 Klammern, 8 Dielen

zu Felsrutschungen (Abb. 12–22). Die Zimmerung des Stützmauerausbruches muß eine echte Getriebezimmerung sein (Abb. 12–17 und 12–18). Leider wird die Zahl der echten Bölzmineure, welche die Kunst des Pfähletreibens noch beherrschen, immer kleiner. Nur in Italien, Jugoslawien, zum Teil auch in der Schweiz und in Österreich, findet man noch Nachwuchs. Man sucht deshalb einerseits die Standsicherheit des Gebirges durch gewisse technische Hilfen zu erhöhen (z. B. Verkittung), andererseits die Bölzung sicherer und wirksamer zu gestalten, was durch Zuhilfenahme von Kurzankern geschehen kann. Da es in allererster Linie auf die Erzielung und Erhaltung einer wirksamen Reibung zwischen Wandruten und Fels ankommt, kann eine Verhängung der Wandruten in den Fels nur von Wert sein. Diese Anker müssen aber sofort kräftig gespannt und häufig nachgezogen werden.

Eine weitere wirksame Hilfe besteht darin, Schwächezonen des Gebirges mit einem (minderwertigen) Schutzbeton zu verschließen (plombieren), um sie nicht zu Herden der Auflockerung werden zu lassen. Vorzüglich ist die Wirkung einer Oberflächenversiegelung durch Spritzmörtel, welche zwar nicht den Felsschub, aber die ihn weckenden ersten Ablösungen und Nachbrüche verhindert *(11.34)*.

Ob man durch Kurzanker (Bergbauanker) in den üblichen Längen von 1,5 bis 2,5 m eine Bölzung ganz ersetzen kann, hängt von der Form und Größe des Gleitkeiles, vom Gesteinsverband und den Kluftrichtungen ab und muß in jedem Falle erst geprüft werden. Allgemeine Regeln lassen sich nicht geben, Normen oder Vorschriften wären von Übel. Wenn es statthaft ist, dann ergibt sich nicht nur eine gewisse Material- und Zeitersparnis, sondern auch eine ungehinderte Betonierung der Mauer in voller Höhe, weil das „Umsteifen", d. i. das Auswechseln der Streben gegen kurze Abstützungen auf den bereits aufgeführten Teil der Mauer, entfällt. Dieses Umsteifen macht es erforderlich, die Mauer in einzelnen Etagen hochzuführen, deren Höhe nicht größer sein kann als zwei Wandrutenabstände. Das fällt beim reinen Ankern („Nageln") fort.

Ist die Mauer als anbetonierte Mauer gerechnet, so müssen die Bergmannspfähle auf jeden Fall beim Betonieren entfernt werden, weil sonst die in Rechnung gesetzte Reibung und Haftung der Mauer am Fels fehlt. Über Felsanker, deren Bauarten, Ausbildung, Bemessung und Montage sowie die Notwendigkeit, sie vorzuspannen s. *(13.3)*.

Aus den theoretischen Erörterungen im ersten Teil dieses Buches und aus der Praxis kennen wir den Einfluß der Sprengerschütterungen und -zerrüttungen auf die Standfestigkeit des Gebirges. Leider verschließen sich viele Praktiker dieser Erkenntnis, um nicht eingestehen zu müssen, daß sie oft einseitig ökonomischen Gesichtspunkten den Primat gegenüber anderen zumindest gleichberechtigten einräumen. Die Gesteinsladearbeit mit leistungsfähigen Maschinen reizt dazu, deren Kapazität auszunützen und sie mit großen und gut zerkleinerten Abschlägen zu „füt-

a

b

Abb. 12-22. Infolge fehlender Vorspannung des Verzuges eingebrochene Baugrubenböschung in rolligem Hangschutt. a) Schrägstellung der Stahldielen des Verzuges und erste Keilausbrüche. b) Nach Einbruch der Baugrubenböschungen stehen die wirkungslos gebliebenen Dielen völlig frei tern". Kahler (1959, 64) hat auf die Gefahren der Maschinenarbeit an hohen Böschungen hingewiesen. Vielfach möchten sich allzu leistungsbeflissene Bauleiter oder Akkordarbeiter der Arbeit in einzelnen „Ringen" entziehen, weil diese den Maschineneinsatz behindert. Dies aber wäre wegen der Entfestigung des Felsens und der damit erhöhten Gefährdung der Arbeiter nicht zu verantworten.

Man wird nach Sicherungsmethoden suchen müssen, welche mit der beschleunigten Ladearbeit der Maschinen Schritt halten können. Da bietet sich vor allem das im Tunnelbau entwickelte neue Bergsicherungsverfahren mit rasch bindendem Spritzbeton (BBS-Verfahren) *(16.4)* an, das auch zur Sicherung offener Felsböschungen *(11.34)* geeignet ist. Zur bloßen Verkleidung von Fels, welche nur Ablösungen und Nachlockerungen hintan zu halten hat, genügt, wie nachgewiesen wurde, eine Mörtelschicht. Eine Felsstützung kann durch Oberflächenversiegelung jedoch nicht erreicht werden. Sie kann die Stabilität im ganzen nicht erhöhen, aber sie kann etwas anderes bewirken: den Wettlauf mit der Zeit erfolgreicher zu gestalten. Das Aufspritzen von Beton ist äußerst rasch getan, viel rascher als eine Bölzung; während des Aufspritzens kann schon wieder abgebohrt und zur nächsten Sprengung vorbereitet werden. Böschungsniederbrüche erfolgen ja in der Regel nicht sofort nach dem Freilegen der Böschung, sondern erst Tage oder Wochen später. Ist die Mauerhöhe nicht größer als etwa 8—10 m, so wird man durch diese rasche Arbeitsweise dem sich kriechend vorbereitenden Böschungsabbruch mitunter zuvorkommen können. Auch kann durch Verbindung einer bewehrten Spritzbetonschicht mit einigen kräftigen Tiefankern eine Sicherung geschaffen werden, welche der normalen Holzbölzung weit überlegen ist. In beiden Fällen — mit und ohne Anker — bietet die Spritzbetonsicherung drei große Vorteile: (1) daß der Beton bereits ein Teil des statischen Betons der künftigen Mauer ist; (2) daß der Fels vor dem Betonieren keine Auflockerung erfährt, wie sie der Zimmerung unvermeidlich folgt; und (3), daß zwischen Mauer und Fels eine Reibung gewährleistet wird, die auf keinem anderen Weg erreicht werden kann. Spritzbeton-Sicherung schafft eben nicht nur eine provisorische Abstrebung, sondern gleich einen Teil der künftigen Stützung. Natürlich wäre auch die Verbindung einer solchen Schutzwand mit Holzverstrebungen ähnlich einer Bölzung statt mit Ankern denkbar und ernster Überlegung wert.

12.5 Sanierung schadhafter Stützmauern

Die Behandlung — dieses Wort erinnert nicht zufällig an ärztliche Tätigkeit — alter schadhaft gewordener Mauerstützkörper, besonders wenn sie groß und historisch bedeutend sind, gehört zu den reizvollsten Aufgaben des Ingenieurgeologen; des Ingenieurgeologen und nicht allein des Ingenieurs deshalb, weil fast immer die Gründung, oft auch der Untergrund selbst, mit den entstandenen Schäden ursächlich zusammenhängen; dann aber auch deshalb, weil zerklüftetes Mauerwerk ähnliche Eigenschaften besitzt wie zerrütteter Fels — haben wir doch den Fels seinerseits oft mit Mauerwerk verglichen (STINI). Beide sind „Trümmerwerke".

12.51 Verformungsmessungen

Scharfe Beobachtungen sind die wichtigste Grundlage des Erfolges. Nicht an Symptomen darf man kurieren, sondern muß die Ursachen der Übel aufsuchen, um diese zu beseitigen. Unvoreingenommen gehe man an die Untersuchung; systematisches Forschen gehe mit Spürsinn und Intuition Hand in Hand, und immer sei man skeptisch gegen sich selbst und alle Schlußfolgerungen. Alle Spuren aufgreifend, aber keiner

Abb. 12-23. Kuenberg-Bastei auf dem Trias-Dolomit des Festungsberges Salzburg. Schnitt mit Ablösungsspalten und durch Zerrung geöffneten Gesteinsklüften. Doppellinien: Felsanker. (Foto: Ingenieurbüro für Geologie und Bauwesen, Salzburg)

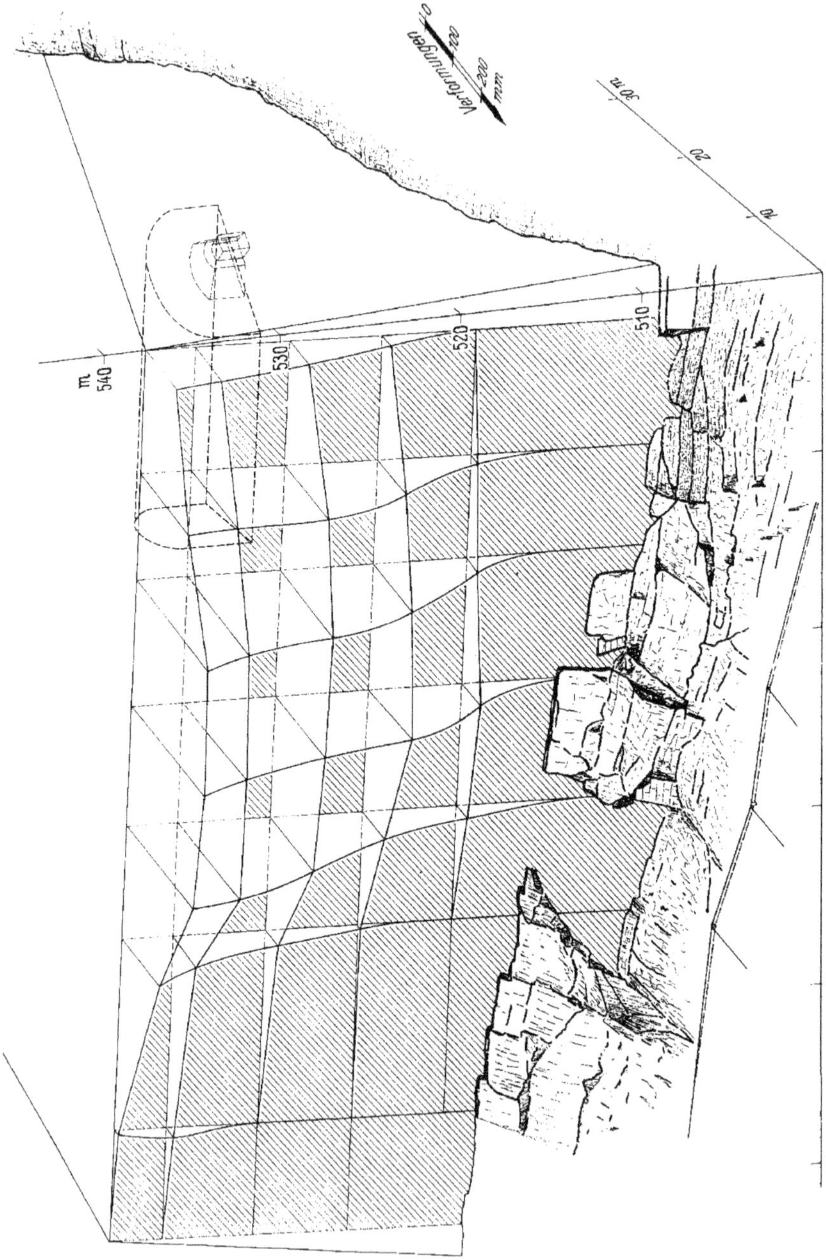

Abb. 12-24. Kuenburg-Bastei der Festung Hohensalzburg. Gemessene und durch Rückrechnung der ursprünglichen Mauerform korrigierte Verformungen der 30 m hohen nördlichen Basteimauer; größte Ausbauchung 260 mm

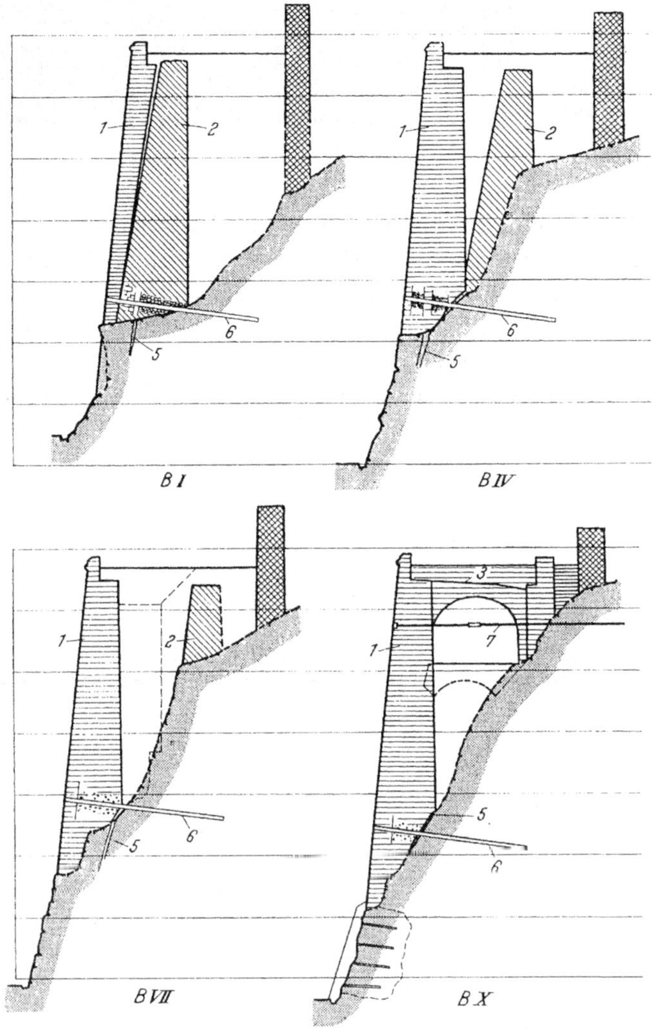

Abb. 12-25. Charakteristische Querschnitte zu Abb. 12-24. 1 Basteimauer von 1681, 2 alte Basteimauer aus gotischer Zeit, 3 Kasemattengewölbe, 4 Entlastungsgewölbe einer Quermauer, deren Existenz durch die geostatische Nachrechnung der Mauerdeformation aufgedeckt wurde, 5 Fels- und Mauerspalten, 6 und 7 Felsverankerungen und Gewölbeverschließung im Zuge der Sanierung. (Mit Genehmigung der Bundesgebäudeverwaltung II, Salzburg.) (Entlastungsgewölbe 4, irrtümlich nicht bezeichnet, befindet sich unter der Gewölbeschließe 7)

ganz vertrauend, übt man eine reizvolle Tätigkeit, nicht unähnlich derjenigen eines Detektivs, aus.

Meist wirken mehrere Ursachen zusammen, ehe es zu einem Schaden kommt, denn gegenüber einer einzigen Wirkung „weiß sich das Material zu helfen". So kann der Beweis für die „Krankheit", an welcher eine Mauer leidet, meist nur als Indizienbeweis geführt werden. Bei Bauchungen z. B. lohnt es sich stets, das Kräftespiel zurückzurechnen, das zu solchen

Verformungen geführt haben könnte, wenngleich derartige Symptome allein noch nichts beweisen, da sie auch von nachlässiger Arbeit herrühren könnten.

Zur Sanierung der 30 m hohen Kuenburgbastei (Feste Hohensalzburg, 17. Jh.) (Abb. 12–23) haben MÜLLER und PACHER aus zahlreichen waagrechten und senkrechten Profilen in mühsamen Annäherungsverfahren durch Ausgleichung der Verzerrungen (Abb. 12–24) die wahrscheinlichste ursprüngliche Mauerform ermittelt. Aus den Formabweichungen konnte auf den Schub eines mächtigen Gewölbegurtes zurückgeschlossen werden, der tatsächlich durch Freilegung entdeckt wurde. Eine Erddrucknachrechnung erlaubte Rückschlüsse auf den Verlauf der zugeschütteten Felsoberfläche und die Existenz einer bis dahin gleichfalls unbekannten eingekippten Basteimauer (Abb. 12–25) aus gotischer Zeit.

Eine minuziöse Aufnahme aller Risse, Klüfte und Anzeichen stattgefundener Verschiebungen im Mauerwerk und Untergrund läßt sich „tektonisch" auswerten und gibt Auskunft über stattgefundene Formänderungen, die ihrerseits wieder auf das Kräftespiel zurückschließen lassen. Frostablösungen sind durch ihre schalige bis schaufelige Ausbildung von Mauerwerksbrüchen infolge Überbeanspruchung deutlich zu unterscheiden. An solchen Detailaufnahmen, von Lichtbildern unterstützt, kann ein Fortschreiten der Schäden kontrolliert werden.

Wertvoll sind Bewegungsfeinmessungen *(13.6)*, während Gips-„Spione" bei kurzer Lebensdauer herzlich wenig sagen und die beliebten Glasspione viel öfter auslockern als brechen und damit die Mauer überleben.

Selbstverständlich wird man es an einer sorgfältigen baugeologischen Klärung der Untergrundverhältnisse nicht fehlen lassen, um aus den gewonnenen Daten die geomechanischen Eigenschaften und das Verhalten des Untergrundes zu erkennen.

12.52 Schadensursachen

Im individuellen Einzelfall setzt sich der Befund stets aus einer Reihe von Teilursachen zusammen: Entweder

(1) war die Mauer dem Felsschub bzw.

(2) hydrostatischem Wasserdruck nicht gewachsen, dann baucht sie aus oder beginnt zu kippen; oder sie steht

(3) auf nachgiebiger Unterlage (Störung, Mylonit, bei der Gründung nicht erkannter oder unbeachtet gebliebener Gesteinswechsel), dann setzt sie sich, und zwar ungleichmäßig; oder

(4) auf einer Unterlage ungenügender Scherfestigkeit (seifiger Fels, meist infolge Durchnässung erweicht), dann schiebt sie, „schmiert aus" (Abb. 12–26); oder aber

(5) die Mauer war dem Frostschub nicht gewachsen und wird daher entweder am Kopf (bei Trockenmauern) abgeschoben oder ausgebaucht.

(6) Bei alten Mauern ist eine Entfestigung durch Mörtelauslaugung und

Abb. 12-26. Stützmauer eines Straßendammes, im Fundament seitlich ausweichend

(7) Gesteinsverfall häufig; — das führt zu Verformungen, Verkantungen, Herausschieben einzelner Steine, Kantenabspaltungen.

(8) Quadermauerwerk der Renaissancezeit wurde häufig als Schalenmauerwerk mit Füllsel ausgeführt; man dachte damals mehr in Massen (ballistischer Widerstand) als in Spannungen.

(9) Schließlich kann auch der Untergrund selbst Bewegungen ausführen, welche das Bauwerk passiv mitmacht; Beispiel: Herkulesbauwerk bei Kassel, welches auf einem aufgelockerten Basaltstock über Tonlagen steht (Abb. 12–27).

(10) Daß ein hohes Alter selbst schon Ursache von Bauschäden sein kann (Kriechen und Fließen von Gestein und Mauerwerk), wurde in *(11.5)* auseinandergesetzt.

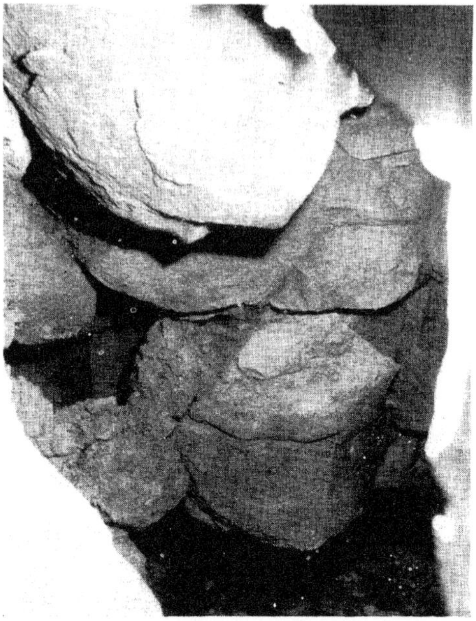

a

Abb. 12-27. Gesteinsauflockerung und Nachfall in Großklüften des Basaltstockes und Basalttuffes unter dem Herkules-Bauwerk (Kassel), welche durch Bodenbewegungen geöffnet wurden. Kluftöffnung 30 bis 50 cm. (Foto Dipl.-Ing. Sander, mit freundlicher Genehmigung des Staatsbauamtes Kassel Stadt)

12.53 Sanierungsmaßnahmen

Der Weg der Sanierung ergibt sich aus dem Zusammenspiel der erkannten Ursachen. Nicht in allen Fällen ist es nötig, sämtliche Teilursachen zu bekämpfen; meist würde dies auch gar nicht gelingen. Um so hartnäckiger trete man jenen entgegen, bei denen Aussicht auf Beseitigung besteht. Weder können allgemeine Rezepte verschrieben noch Allheilmittel empfoh-

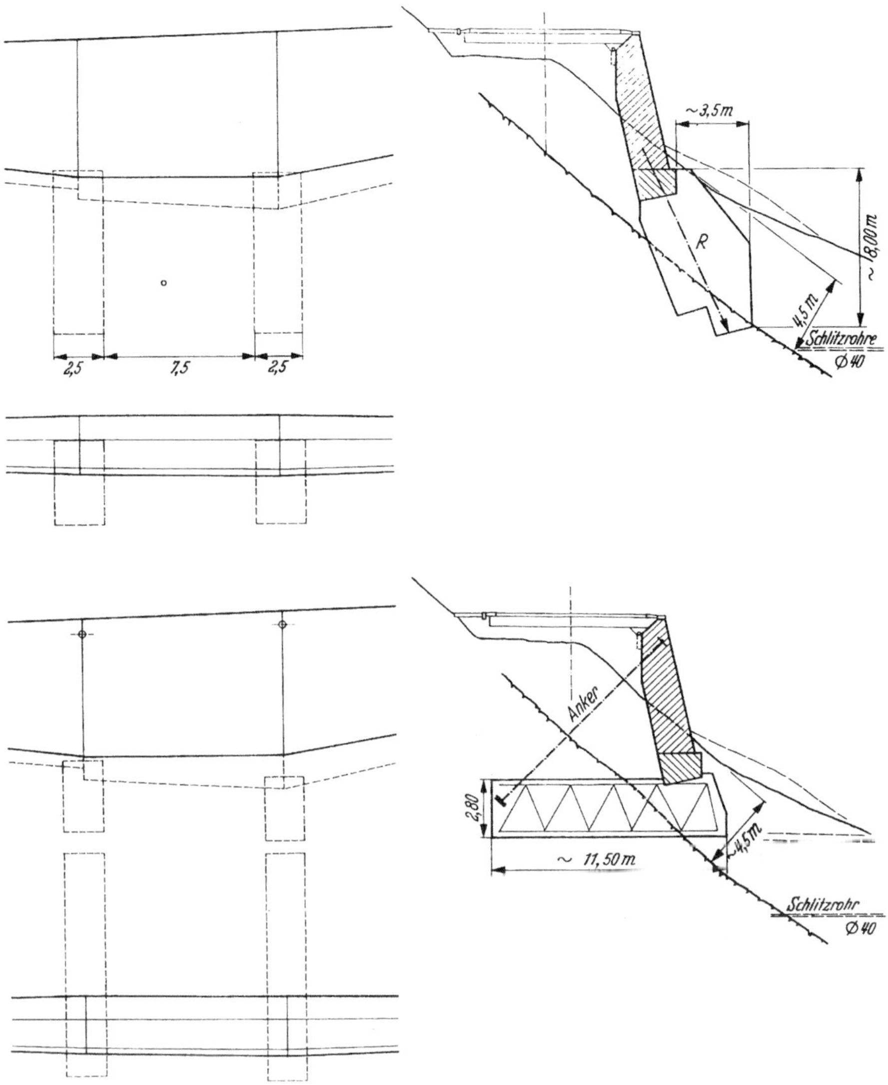

Abb. 12-28. Unterfangung gleitender Stützmauer-Fundamente; a) durch Stützpfeiler, b) durch eine im Fels eingespannte Stahlbeton-Konsole. Vorschläge für die Ennstal-Bundesstraße

len werden. Individuell wie die einzelnen Fälle, müssen die Lösungen beschaffen sein.

Zu großen Felsschub (1) wird man abmindern, indem man die Mauer samt dem schiebenden Felskeil durch genügend lange Anker festhält. Die erwähnte Kuenburgbastei (Abb. 12-23 und 12-25) wurde außerdem durch Aushub des Erdkeiles und Ersatz der Hinterfüllung durch eine Fertigbetondecke entlastet. Der schiebende Gewölbegurt wurde samt seiner Auflast abgetragen und der Gewölbeschub der Kasematten durch vorsichtig und allmählich angezogene Schließen abgefangen.

Kluftwasserschub (2) erniedrigt man durch gezielte Drainagen. Nachgiebigen Untergrund (3) wird man nur selten versteifen, oft aber durch Unterfangung ausschalten können. Schmierschichten (4) sind in erster Linie (z. B. durch flache Bohrlochdrainagen mit Filterrohren) zu entwässern, wodurch ihre Scherfestigkeit erhöht wird. Die Ausgleitbewegungen des Mauerfußes können durch Unterfangung (Abb. 12–28) oder Felsanker aufgehalten werden. Verankerungen, zur Zeit in Mode, sind keine Patentlösung für alle Fälle, aber man kann mit ihrer Hilfe Kräftespiele korrigieren, denen man früher nur durch gewaltige Stützpfeiler u. dgl. umständlich und unzulänglich beikommen konnte. Keinesfalls aber sollte man, wie es manchmal geschieht, einfach darauflosankern, ehe das Kräftespiel bekannt ist.

Frostschub (5) kann durch gründlichste Drainierung, durch Abschneiden der Wasserwege, Ableitung von Oberflächenwässern, manchmal auch durch Verdrängung des Wassers mittels Injektionen, gemildert werden. Vergütung entfestigten Mörtels (6) wurde in *(11.5)* erwähnt. Gesteinsverfall (7) ist im allgemeinen nur durch Auswechslung und Plomben zu begegnen. Schalenmauerwerk (8) muß verkittet, vor diesem Arbeitsgang aber in sich verhängt werden. Ist der Untergrund selbst in Bewegung (9), dann müssen nachträglich jene Mittel angewendet werden, welche in *(14)* als konstruktive Lösungen für das Bauen auf bewegtem Untergrund empfohlen werden. Wo das Mauerwerk infolge Alters Fließbewegungen ausführt (10), hilft nur das Anbringen statischer Zusatzkräfte in Form von vorgespannten Ankern, Stützen u. dgl., gelegentlich Entlastung.

12.6 Entwurf und Ausbildung

12.61 Anlageverhältnisse

Nicht immer wird leicht zu entscheiden sein, ob eine Vollstützmauer oder eine flache Böschung ohne künstliche Stützung die richtige Lösung ist; denn zwischen diesen beiden Extremen gibt es die Lösungen der Halbmauer und der Fußmauer. Da nach der vorgetragenen Auffassung *(12.3)* der Kraftangriff des Felskeiles auf die Mauer immer hoch angenommen werden muß, haben hohe Mauern ein unverhältnismäßig großes Kippmoment zu leisten. Alle Stützmauern sollten daher möglichst niedrig gehalten werden. Dies empfiehlt sich auch zum Schutz des Landschaftsbildes. Ist $\beta_{1,0}$ die Böschungsneigung, für welche (Abb. 12–29) die Standsicherheit

$\nu = 1{,}0$ ausgewiesen wurde, und β_n die Neigung mit der geforderten Standsicherheit ν, und liegen Fußpunkt und äußerster möglicher und zulässiger Anschnittpunkt der Böschung fest, so kann man den Böschungszug nach Abb. 12–29 a, b, c oder d ziehen. Im Falle a) ist die Mauer wahrscheinlich zu verankern, wenn sie sehr steil oder gar lotrecht stehen soll, während die Fälle b), c), und d) auch ohne Anker ausgeführt werden können (wobei jedesmal die Vergleichsrechnung entscheiden muß, ob eine

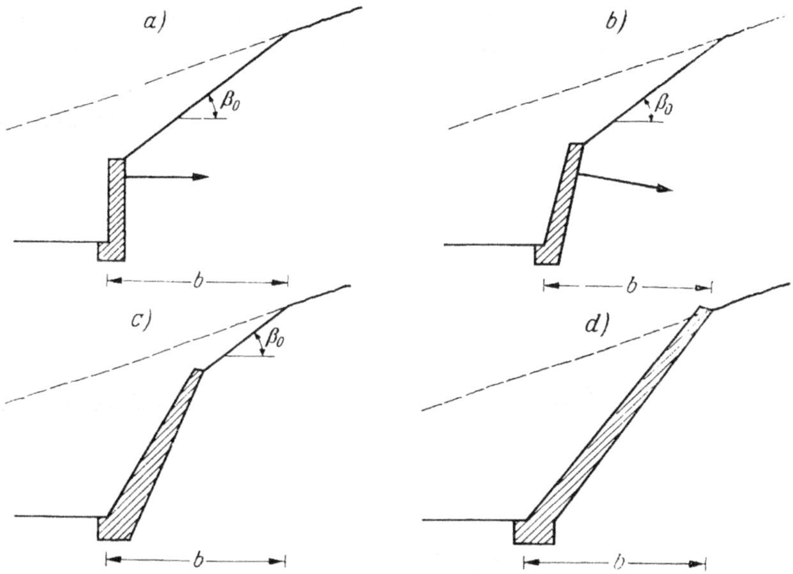

Abb. 12-29. Stutzmauern gleicher Sicherheit bei gleicher Böschungstiefe b; a) und b) verankerte Halbstützmauer, c) liegende Halbstützmauer, d) liegende Vollstützmauer

schwächere Mauer mit Ankern oder eine stärkere ohne Anker wirtschaftlicher ist).

Unverankerte Mauern, welche allein durch ihr Kippmoment stützen, sollte man nicht zu steil stellen, weil sie sonst unverhältnismäßig dick werden. Steiler als 5 : 1, besser 4 : 1, sollte man ihren Anzug nicht wählen. Trockenmauern, welche an sich bei guter Arbeit sehr standfest sind, kommen zur Stützung von Fels weniger in Betracht, so vorteilhaft sie auch zur Stützung von Erdkörpern sind. Man sollte sie nicht steiler als 3 : 1 böschen.

Die geschilderten Vorzüge konkav gekrümmter Böschungen *(10.47)* kommen in erhöhtem Maß konkaven Mauern zu. Umgekehrt aber wird man nach *(10.46)* konvex gekrümmte Stützmauern stärker ausführen als die Rechnung ausweist. Sie pflegen sich gleich einem Gefäß unter Innendruck auszuweiten und zu reißen.

12.62 Wahl der Bauart

Nach *(12.32)* müssen einfach vorgesetzte Stützmauern heute eigentlich als überholt gelten. Die Vorteile der anbetonierten Mauern sind groß.

Die Zweckmäßigkeit von Verankerungen liegt auf der Hand, doch müssen solche Ausführungen von Fall zu Fall überlegt werden. Auf jeden Fall sind verankerte Mauern angezeigt, (a) wenn steiler Anzug erwünscht ist; (b) bei großer Höhe; (c) wenn sie am Böschungskopf oder auf Futtermauern stehen und die Überlagerung zu stützen haben. Grundsätzliches über Felsanker in *(13)*.

Um die Möglichkeit einer Spannungskontrolle und des späteren Nachspannens *(13.6)* stets offenzuhalten, werden manchmal einzelne Platten einer Steinverkleidung nur dünn ausgeführt und leicht eingemörtelt, so daß sie eine Kammer verschließen, welche jederzeit wieder geöffnet werden kann.

Aufgelöste Bauformen empfehlen sich bei Schräglage der Resultierenden (Pfeilerwirkung), besonders aber bei verankerten Mauern; dort erleichtern sie die Druckverteilung über größere Flächen.

Für die Ausbildung der Mauerkrone gilt das in *(10.73)* Gesagte analog.

Ein ausreichender Frostschutz ist bei Stützmauern allein schon durch die Mauerstärke gegeben, so daß die Verwendung wärmedämmenden Betons entfällt. Die Mauer selbst aber schützt man gegen Frostwirkungen am besten durch Verkleidung mit frostfestem Naturstein. Es empfiehlt sich, die Verkleidungsschale immer durch Fugensteckeisen (Abb. 11–6) mit dem Beton des eigentlichen Mauerkörpers zu verbinden. Denn nicht nur die Wärmeschwankungen der Sonnenbestrahlung, sondern auch die Verschiedenheit der Elastizitätsmoduln, wirken im Laufe der Zeit auf eine Ablösung der Verblendung hin.

12.7 Baugeologische Aufnahme

Aus den vorigen Abschnitten geht eigentlich alles hervor, was der Aufnahmegeologe und der Baugeologe zu beachten haben. Nur zu deren besserem Überblick seien *(11.6)* noch ergänzt:

(1) Bei verankerten Stützmauern kommt hinzu: (a) Beurteilung der Ankerfähigkeit des Gebirges und (b) der Bohrbarkeit.

(2) Den Ausführenden interessieren außer den bereits genannten Dingen noch: (c) die kurzfristige Standfestigkeit des Gebirges, (d) die Notwendigkeit provisorischer Sicherung und (e) Mengenangaben über den zu erwartenden Mehrausbruch.

Wichtig ist es, bei größeren Mauern den Fels auch während des Ausbruches vom Baugeologen öfters kontrollieren und aufnehmen zu lassen, (a) weil sich daraus wertvolle Ergänzungen und Hinweise für die Arbeit ergeben können, die zur Zeit der Vorerhebungen noch nicht möglich waren; (b) damit nach Beendigung der Arbeiten festgehalten ist, was für geologische Verhältnisse hinter der Mauer angetroffen worden sind; dies kann später bei Schäden und deren Ausbesserungen sowie zur Klärung von Fragen der Verantwortung wertvoll sein.

13 Gesicherte Felsböschungen — Felssicherungen

Als übersteile Felsböschungen wollen wir solche bezeichnen, welche so steil sind, daß sie in sich selbst nicht dauernd stabil sind, sondern entweder, sich selbst überlassen, abkriechen bzw. in Absturzbewegungen geraten (Talzuschub, Bergzerreißung *(3.72)*), oder künstlicher Maßnahmen, Felssicherungen, bedürfen. Übersteile Felsböschungen kommen nicht nur unter den künstlichen An- und Einschnitten vor, sondern in großer Zahl auch in der Natur. Wenn z. B. der Abtrag auf Böschungen scharf eingeschnittener Täler mit deren rascher jugendlicher Hebung nicht Schritt halten kann, werden die Hänge übersteilt. Das gleiche geschieht, wenn der Abtrag in der Sohle so rasch fortschreitet, daß der Mechanismus des Talzuschubes (Spannungsumlagerung und Auflockerung) demgegenüber zurückbleibt.

Zu den Felssicherungen zählen, streng genommen, auch die Stütz- und Futtermauern in Fels; ihrer häufigen und weitgehend typisierten Anwendungen halber wurden ihnen gesonderte Abschnitte *(11* und *12)* gewidmet. Die modernsten Felssicherungs-Bauweisen, die eigentlichen Felsbewehrungen, werden heute weitgehend zur Stabilisierung von Staumauer-Widerlagern und Untertageräumen verwendet und deshalb in *(15.6)*, *(16.4)* und *(18.4)* ergänzend besprochen werden.

13.1 Einteilung der Felssicherungen und Fels-Verbundkonstruktionen

(1) Die Funktion von Felssicherungen kann sein:

(1 a) Steinschlag (einzeln sich aus dem Verband lösende Steine) oder

(1 b) drohende Abbrüche zu verhindern (Felsteile, welche vom Berg-

leib durch Klufttreppen und Großklüfte getrennt sind und nur noch geringen Zusammenhalt mit demselben haben) (Abb. 13–1, 13–11, 13–13),

(1 c) Felsgleitungen (auf vorgegebener Gleitbahn) — (Abb. 13–2) oder

Abb. 13-1. Beginnende Gesteinsablösung entlang einer bereits durchgerissenen Klufttreppe im Gneis der Böhmischen Masse (Klosterberg bei Passau). (Foto Straßen- und Wasserbauamt Passau, mit freundlicher Genehmigung desselben)

(1 d) Felsschlipfe[14]) (Gefügebrüche) — (Abb. 10-27, 13–3 und 13–29) hintanzuhalten; oder

(1 e) hydraulischen Grundbrüchen (Gefügebrüchen unter Mitwir-

[14]) Stini (1934, 1936, 1952 a) teilt die Felsbewegungen ohne scharfe Grenzen in Steinschläge, Abstürze (Bergstürze, Felsschlipfe), Rutschungen, Blockwandern, Bodenfließen, Talzuschub und Bergzerreißung sowie Gewälze (Felsgletscher) ein. Von dieser Einteilung wurde mit Rücksicht auf die verschiedenartige technische Behandlung im Rahmen der Felssicherung geringfügig abgewichen.

kung des Wassers (Abb 10–17) entgegenzutreten); oder schließlich

(1 f) die in Bewegung gekommenen Massen von Talschüben (Abb. 13–4) aufzuhalten.

(2) Nach S y s t e m und B a u a r t kann man einteilen in:

(2 a) Oberflächensicherungen — Versiegelungen *(11.34)* (Abb. 11–9), Verkittungen (Abb. 13–9 b), Vernetzungen;

Abb. 13-2. Felsgleitung auf vorgegebener Gleitbahn im Kalkglimmerschiefer der Trossensperre, Mooserboden (Werkfoto ARGE Kraftwerk Kaprun)

(2 b) Stützungen oder Abstrebungen — durch Beton- oder Mauerpfeiler (Abb. 12–13);

(2 c) Knaggen, welche sich auf die unmittelbare Nachbarschaft abstützen; — sie können zur besseren Kippsicherung auch mit Zuggliedern verhängt werden (Abb. 13–7 und 13–8);

(2 d) Dübel — zur Vergrößerung des Scherwiderstandes auf Gleitflächen (Abb. 13–9 a und 13–10);

(2 e) Verbolzungen (weniger glücklich meist als Vernagelungen bezeichnet) — Anheftung mittels schubbeanspruchter, seltener

zugbeanspruchter, Stahlstangen in Bohrlöchern (Abb. 13–11 rechts);

(2 f) Verhängungen — von der Oberfläche her durch Seile oder Bandeisen, meist mit nur geringer Vorspannung (Abb. 13–11 links und 13–12);

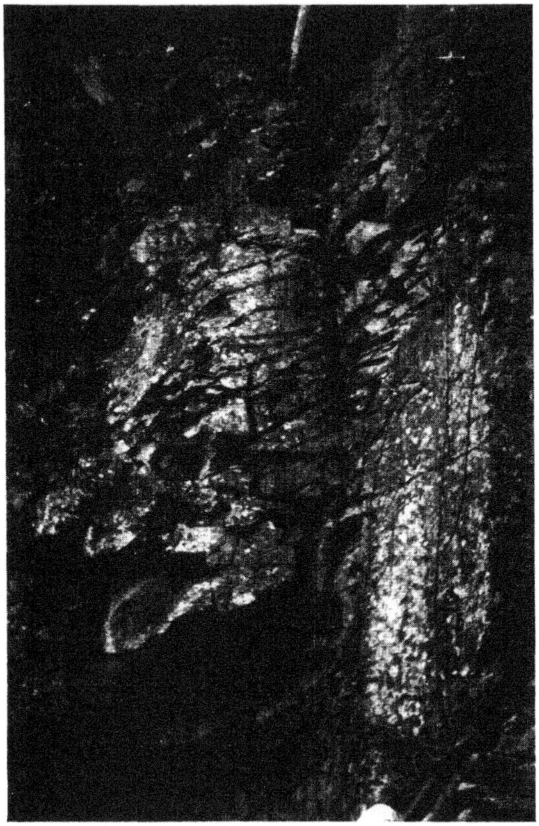

Abb. 13-3. Beginnender Gefügebruch in einer Granitwand (Japanische Alpen). (Foto Prof. Clar)

(2 g) Verspannungen — durch vorgespannte Zugglieder, oft in Verbindung mit Stützknaggen (Abb. 13–13);

(2 h) Felsbewehrungen — durch echte Verbundwirkung von Zuggliedern mit dem nur druck- und oft wenig schubfesten Fels zu einem geschlossenen System (Abb. 13–21 und 13–22); die meisten Felsbewehrungen werden im Kavernenbau *(18)* aktuell;

(2 i) Verankerungen [15]) von Bauteilen (Abb. 13–25).

[15]) Das Wort Verankerung sollte man seinem Sinne nach nur gebrauchen, wenn wirklich etwas im Fels verankert wird. Der Fels selbst wird gesichert, gehalten, bewehrt, verhängt oder verspannt, nicht eigentlich verankert.

(3) Nach den Baumaterialien unterscheidet man: Konstruktionen aus

(3 a) Mörtelmauerwerk,
(3 b) Beton,
(3 c) Stahlbeton,
(3 d) Spritzbeton,
(3 e) Spritzmörtel,
(3 f) Holz (Provisorien),
(3 g) Stahl und
(3 h) Verbundkonstruktionen aus Fels, Beton und Stahl.

(4) Nach der Zugehörigkeit zu baulichen Anlagen oder nach dem Zwecke der Errichtung kann unterschieden werden zwischen

(4 a) Sicherungen künstlicher Felsböschungen zum Schutz unterliegender Verkehrsflächen — (Verkehrswege, Gebäude, Baugruben, Tagebauten),
(4 b) Sicherung der künstlichen Felsoberfläche zum Schutze von Unterliegern,
(4 c) zum Schutz von Oberliegern.

(5) Nach ihrer Dauer können wiederum

(5 a) provisorische Felssicherungen,
(5 b) langfristige Sicherungen und
(5 c) ständige Sicherungen;

mit Standdauer bis zu 5 Monaten bzw. 5 Jahren bzw. 50 Jahren und darüber unterschieden werden.

Nicht ohne Interesse ist ein kurzer Überblick auf die geschichtliche Entwicklung der Ankerungen und Felssicherungen, welcher ohne Anspruch auf Vollständigkeit und genaue Prioritätsangaben etwa die folgenden Wegmarken aufzeigt:

Von alters her geübt und deshalb ohne zeitlich bekannte Erstanwendung: Stützung gleitgefährdeter Felspartien durch Mauern und Pfeiler.

1880: Arlbergtunnel, Verbolzung der Ulmen mit Stahlbolzen.

1912: Busch (Oberschlesien) und Beyl (Holland) schlagen die ersten Firstverankerungen im Bergbau vor (bei Rabcewicz 1955, 111 und 1955, 153).

1920: Felstorkretierungen an freier Wand und im Tunnel.

1925: Sicherung eines in Bewegung gekommenen Widerlagers einer Donau-Brücke durch Verankerungen (Kachletwerk; Hetzel).

1927: Verstärkung der Cheurfas-Staumauer (Algerien; Patent Coyne) durch Zugkabel von je 1000 t Tragkraft, 15 m in Sandstein verpreßt. Ähnliche Ausführung in Deutschland 1953: Höllenstein-Sperre (Tölke).

a

b

1937: Verbolzung gleitdrohender Schichtbänke und Sicherung durch Stützknaggen (Kehlsteinstraße, MÜLLER). Erste, mir bekannte Verbolzung in USA: 1941 (Pumpstation Grand Coulée-Sperre).

1937: Felsverdübelung durch eingegossene Spalten-Beton-Plomben (Reck-Tunnel der Kehlsteinstraße; MÜLLER).

1947: Firstverankerung (Kurzanker) im USA-Bergbau; — nach gründlicher

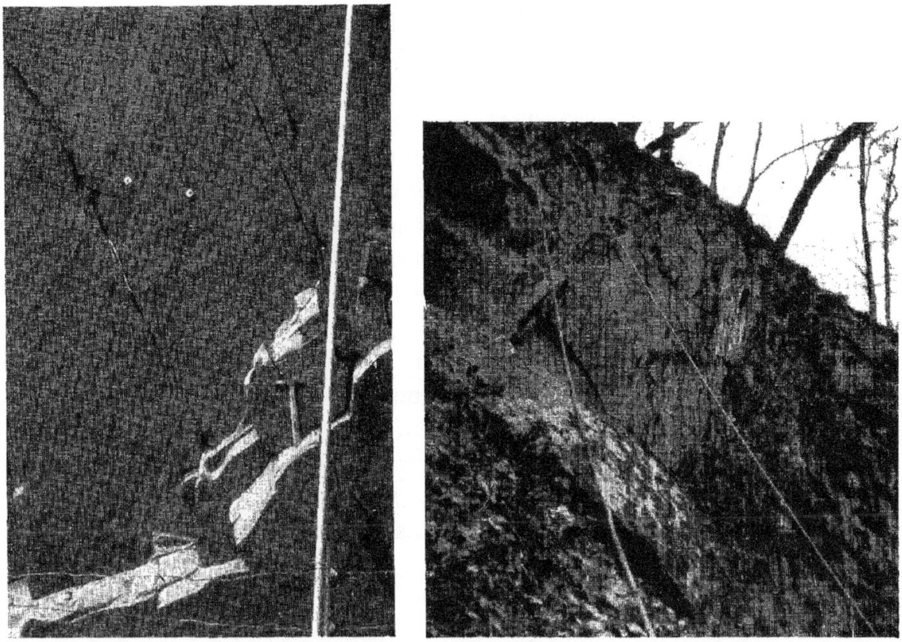

c d

Abb. 13-4. Anzeichen von Talzuschüben. a) Schichtbeugung am Übergang vom ruhenden Bereich zum Kriechbereich (im Hangenden), b) Scherrisse und Schichtbeugung unter Externrotation der einzelnen Schichtblätter (beides im Tonschiefer Südkastiliens), c) Öffnung bereits vorhandener Klüfte und Externrotation der Kluftkörper (Tonschiefer wie vor), d) Externrotation der Kluftkörper, Kippung einzelner Schollen (Grauwackenschiefer an der Lahn)

Erprobung werden heute monatlich Anker im Werte von 12 Mill. DM eingebaut. Die Unvoreingenommenheit der amerikanischen Techniker erklärt diesen in Mitteleuropa kaum denkbaren Siegeszug einer Methode. Im deutschen Bergbau 1951, im österreichischen Tunnelbau 1952 (Ritter 1952 und Fabricius 1957).

1950: erste Darstellung des Gedankens einer Felsbewehrung in Verbundkonstruktionen (Müller 1952).

1951: erste Anwendung der werkstoffmechanischen Gebirgsdrucktheorie und der hydrodynamischen Theorie fester Stoffe zur Berechnung einer Felsbewehrung (vorgespannt vorgeschlagen, ungespannt ausgeführt) (Kaverne Braz, Müller 1952 a und 1953 c, 92).

1951: vorgespannte Felsverankerung (Feste Hohensalzburg, Müller 1952 c; Brenner- und Arlbergbahn 1952, Brunner und Nahler 1954; Birkenmaier 1953). Vorspann-Anker in USA 1953 (Hoover-Dam).

1952: Sohlverankerung im plastischen Ton von Strecken (Grube Hausham). Bemerkenswerte Versuche und Ausführungen durch Langecker (1952).

1952: Sicherung von Kabelkranverankerungen und Schichtverbolzungen; Kaprun-Mooserboden; rechnerischer Nachweis der Sicherheit (MÜLLER 1952 c; PACHER 1957).

1953: Verbindung von Stollenankern mit bewehrtem Torkret; Forçacava-Kraftwerk, Schweden (RABCEWICZ 1953). Ca. 1954: Perfo-Methode schnellverpreßter Kurzanker (RABCEWICZ 1955).

1954: Theorie der angehefteten Stützmauer (PACHER 1957 und SONNTAG 1957 d, 12) und erster Ausführungsvorschlag (Straßenverbreiterung Zell am See); — im gleichen Jahr erste Ausführung in der Schweiz; 1956 erste Ausführung in Österreich.

1954: Betonspritzung als Sofort-Ausbau zur Verhinderung der ersten Gesteinslockerung; Verbundwirkung von Beton und Fels (Stollen des Innkraftwerkes Prutz-Imst; BBS-Verfahren; ROTTER 1958).

1955: vorgespannte kurze Felsanker zur Sicherung eines Großhohlraumes (Kaverne Imst, LAUFFER 1959).

1955: Fugen-Torkret zur Mauerwerkssicherung (Linzer Schloß; MÜLLER und PACHER).

1956: Fugentorkret zur Erhöhung der Verbandscherfestigkeit von Trümmerwerken; — Felssicherung Harburg, Schwaben (JOHN 1957 und MÜLLER 1956).

13.2 Ausbildung und Berechnung von Felssicherungen

Felssicherungen *(rock protection; protection du rocher; sostegno della roccia)* müssen in besonderem Maße dem Zweck und den geologischen, insbesondere den Gefügegegebenheiten angepaßt werden. Die nachfolgende Besprechung, welche der Einteilung nach (2) *(13.1)* folgt, befaßt sich mit den Grundformen der Felssicherungen, welche in der Praxis in Anpassung an die Naturgegebenheiten allerdings mannigfach miteinander verquickt werden.

Manchmal ist es das einfachste, absturzdrohende Felskörper abzuräumen. Oft bringt dies aber Gefahren und Unsicherheiten. Felsbereiche z. B., welche schon sehr labil geworden sind, müssen in einem Akt abgesprengt werden, weil bei Teilsprengungen die Labilität aufs äußerste getrieben wird und ein Weiterarbeiten im Fels dann nicht mehr möglich ist. Auch wäre es höchst schwierig, unterliegende Gebäude und Verkehrswege vor Sprengschäden zu schützen, so daß im Falle des Abräumens Straßen gesperrt und Häuser geräumt werden müßten.

Bei der Festung Hohensalzburg z. B. (Abb. 12–23) wären im Bereich der drohenden Absturzlawine so viele Häuser zu räumen gewesen, daß die Räumung mehr Zeit in Anspruch genommen hätte, als nach dem Zeitmaß der Fels- und Mauerbewegungen zur Verfügung stand. Bei einem Felsblock oberhalb der Brennerbahn hingegen war es möglich, nach vorzüglicher Vorbereitung das Absprengen und Wegräumen von mehreren hundert m³ Fels samt Wiederherstellung der Fahrleitung in einer Zugpause durchzuführen.

Wie labil in Bewegung geratener Fels sein kann, zeigte die Felssicherung Harburg; als dort versucht wurde, mit Preßluftbohrhämmern zu bohren, rieselten Steinchen von der ganzen Wand! (s. John 1957).

13.21 Oberflächensicherung

Als Oberflächenschutz (2 a) taugen

(1) Versiegelungen durch Spritzmörtel, gegebenenfalls durch Bewurf;

(2) Verfugungen (durch Fugen-Torkret);

(3) Sicherungsnetze und

(4) Fangzäune.

Injektionen spielen in der Felssicherung eine nur geringe Rolle.

(1) Die gute und weitreichende Wirkung von S p r i t z m ö r t e l und ihre Anwendungsgrenzen wurden in *(11.34)* besprochen und begründet. Er eignet sich gut für Provisorien.

(2) V e r f u g u n g von Hand aus ist nicht dauerhaft.

F u g e n - T o r k r e t wurde erstmals in verrottetem Mauerwerk (Linzer Schloß), im Felsbau bei den Felssicherungen in Harburg/Schwaben, in großem Umfange erprobt (Abb. 13–9 b). Mit besonders gebauten schmalen Spritzdüsen, welche sehr weit in Gesteinsklüfte eindringen, wird zuerst gespült, damit der Mörtel am Gestein haftet. Zur Spülung verwendet man ein Wasser-Luft-Gemisch; bei Tonbelägen sind wasserentspannende Zusätze förderlich. Danach wird Feinmörtel eingeblasen. Damit erreicht man eine Verkittung bis zur Tiefe von 1 m und darüber und einen hervorragenden innigen Verband der Gesteinsschollen untereinander, aber auch einen vorzüglichen Verschluß gegen eindringendes Wasser. Man achte darauf, Wasser a u s t r i t t e nicht zu verschließen. Diese neue und noch wenig bekannte Arbeitsweise kann — auch bei zerrüttetem Mauerwerk — nicht warm genug empfohlen werden.

(3) S i c h e r u n g s n e t z e vermögen herabkollerndes Gestein zu halten oder wenigstens am Springen zu hindern. Für Provisorien, z. B. Baugrubenwände, werden Drahtnetze verwendet; für Dauerkonstruktionen empfehle ich, an Bolzen Plastiknetze festzumachen, welche von Gestrüpp durchwachsen und der Sicht entzogen werden.

(4) F a n g z ä u n e der verschiedensten Ausführungen haben Sicherungsbaustellen, Hochgebirgsstraßen und Bahnbauten gegen Steinschlag zu schützen. Elastische Zäune vermögen größere Gesteinsstücke aufzuhalten als starre, welche leicht durchschlagen werden.

13.22 Felsstützungen und Abstrebungen

Im Zuge von Felssicherungen werden Stützkörper meist als Pfeiler ausgeführt (Abb. 12–13). Sie sind nur wirtschaftlich, wenn (a) vorwiegend steilgerichtete Kräfte aufzunehmen sind oder (b) Platz für stark geneigte Stützen vorhanden ist. Besonders vorteilhaft kann das Zusammenwirken von Pfeilern und Verankerungen (Abb. 13–5) gestaltet werden.

Um einen Fels von etwa 50 000 t Gewicht über einer Gleitfuge (Abb. 12–13) vor dem Abgehen infolge der Sprengerschütterungen eines Tunnelbaues zu bewahren, wurde dieser vor Beginn des Baues durch einen

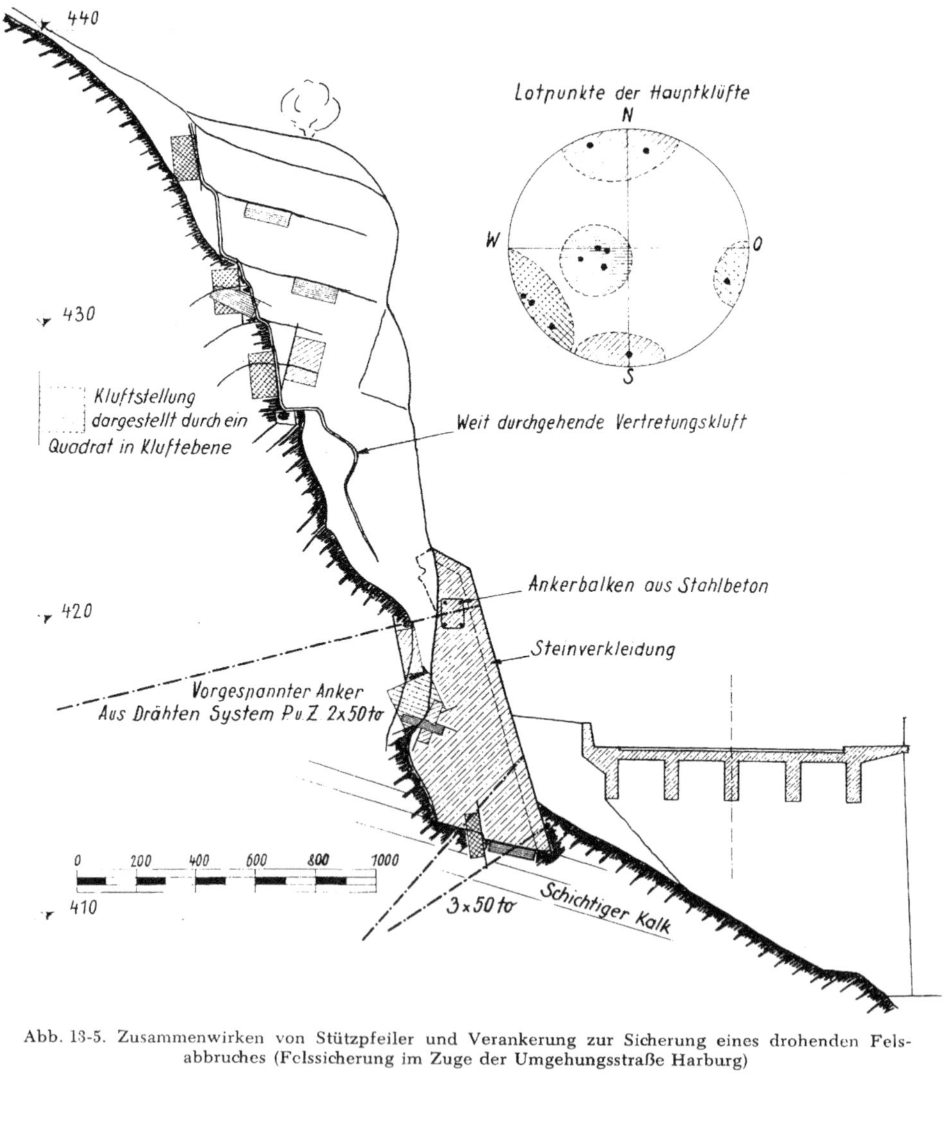

Abb. 13-5. Zusammenwirken von Stützpfeiler und Verankerung zur Sicherung eines drohenden Felsabbruches (Felssicherung im Zuge der Umgehungsstraße Harburg)

Pfeiler gestützt (1938). Während der Tunnelarbeiten zeigte sich nirgends die geringste Spur einer Bewegung.

Eine höchst interessante und wirksame Felsstützung durch eine Bogenstrebe teilte SEMENZA (1958, 70) mit (Abb. 13–6). Die Ausführung war von großer Einfachheit, welche meist das Kennzeichen genialer Lösung ist. Man verlegte auf vorbetonierte Widerlager Fertigbetonbögen, welche zugleich als Schalung für den darüber liegenden Beton dienten. Auf diese wurde schichtweise aufbetoniert.

a

b

Abb. 13-6. Druckstrebe in einer Schlucht zur Verhinderung der Querdehnung des Gebirges. a) Luftseitige Strebe der Grotta-Campanaro-Sperre; b) Verstrebung der Gründung der Domegge-Brücke, deren Pfeiler sehr nahe am Rande der Schlucht lagen. (Aus Carlo Semenza, 1958)

13.23 Stützknaggen

Um die Kräfte einer zu sichernden Schicht auf eine benachbarte, durch eine Gleitfläche getrennte Felspartie zu übertragen, sind Knaggen sehr geeignet. Sie setzen im Hangenden und Liegenden ein Gestein voraus, welches kräftige Stirndrücke aufnehmen kann.

Abb. 13–7 (MÜLLER und PACHER 1957) zeigt Entwurf und Berechnung solcher Stützknaggen für die beabsichtigte Sicherung des Felsaushubes einer Talsperre. In Abb. 13–7 b sind die Knaggen stehend angeordnet und haben die Kräfte auf seitlich benachbarte Felswände zu übertragen. Zur leichteren Aufnahme des Stützmomentes sind sie verhängt und so gegen Verdrehungen gesichert.

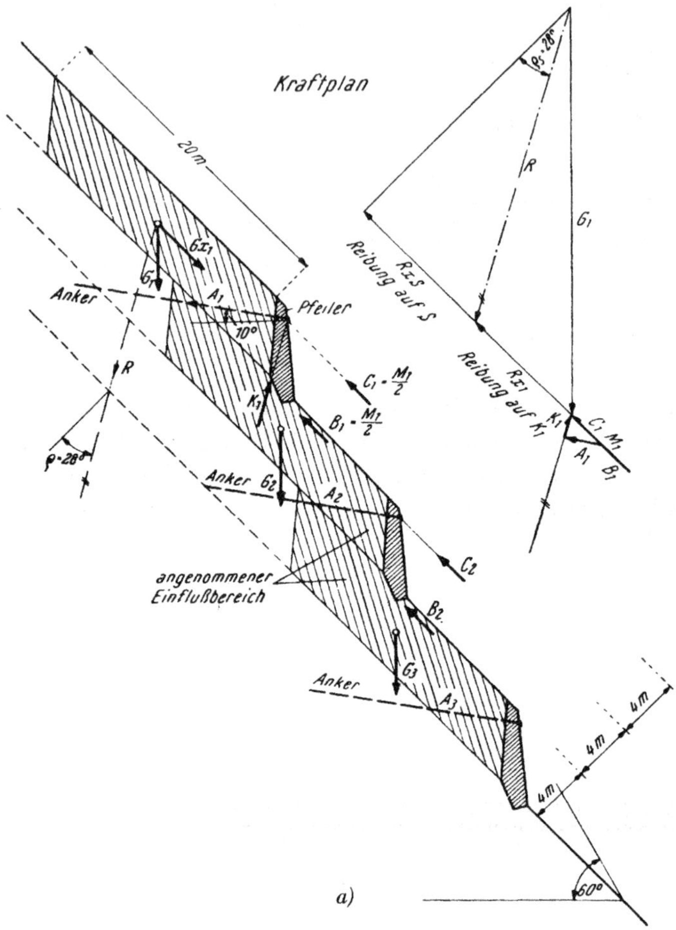

a)

Wohl eine der ersten Ausführungen dieser Art (1937) diente der Beruhigung eines Felssturzgebietes (Abb. 13–8), von welchem ein 7000 m³ großer Block zu Tal geglitten war, während eine weit größere Felsmasse nachzugleiten drohte. Um Sprengarbeiten zu vermeiden, zog ich es dort vor, die Knagge nicht zu tief in das Liegende einzulassen, sondern als horizontal bewehrten Balken an Schienenbündeln in gebohrten Schächten zu befestigen.

Diese Gleitung war in mancherlei Hinsicht bemerkenswert. Sie kam zustande, weil das Flächengefüge der im übrigen standfesten Felswand plötzlich entlang einer Störung unbemerkt wechselte. Dickbankiger Dachsteinkalk machte südlich derselben einer plattigen Fazies mit glatten, schichtparallelen Fugen Platz. Wenige Minuten vor dem Felssturz veranlaßte der Polier plötzlich, einer ihm nicht bewußt gewordenen Eingebung folgend,

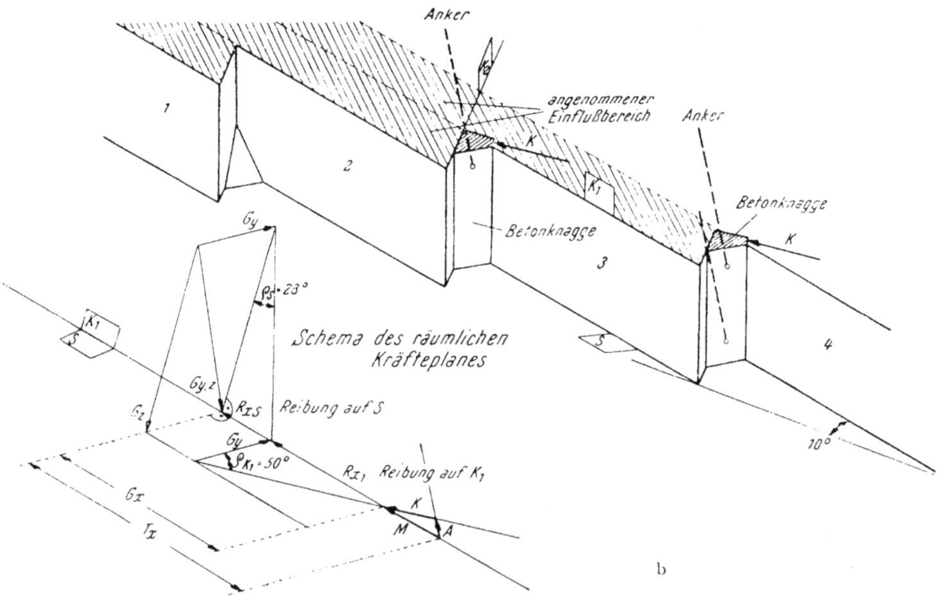

Abb. 13-7. Stützknaggen zur Kraftübertragung auf benachbarte Felsteile. Entwurf zur Felssicherung Daberklammsperre (Abb. 12-5 bis 12-9); a) zwischen steil geneigten Schichttafeln (Vertikalschnitt), b) entlang einer Staffel steil stehender Großklüfte 1, 2, 3, 4 der Schar K_1 (Axonemetrie)

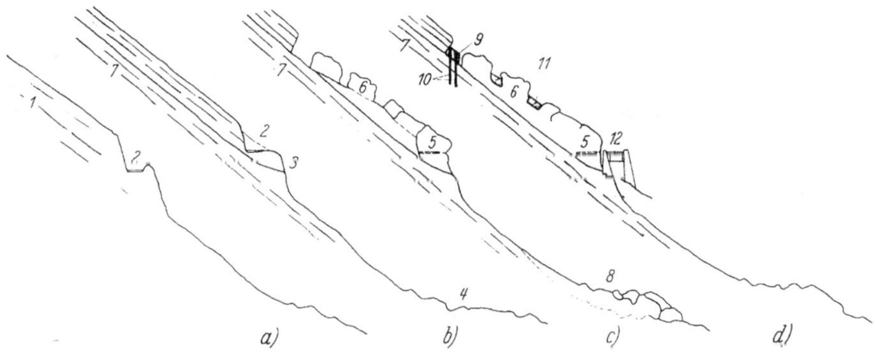

Abb. 13-8. Stützknaggen aus Schienenbündeln in Großbohrlöchern und Stahlbetonbalken zur Absicherung gleitsüchtiger Bänke vom Dachsteinkalk auf talfallenden Schichtfugen (Kehlsteinstraße bei Berchtesgaden). a) Querschnitt km 1,55, b) Fertiger Straßenanschnitt km 1,6 vor der Gleitung, c) Felsgleitung in km 1,6, d) Felssicherung und neue Straßenführung. 1 Dickbankiger Dachsteinkalk mit gutverzahnten Bankungsfugen; 2 Straßenanschnitt; 3 Steilwand; 4 Alte überwachsene Bergsturzreste; 5 Nach Fertigstellung abgeglittener Straßenkörper; 6 Abgeglittene Felsmasse; etwa 4000 m^3; 7 Mit Zerreibsel gefüllte Bankungsfugen im dünnbankigeren Bereich, vom Bereich a durch eine saigere Störung getrennt; 8 Neue Bergsturzmasse, etwa 3000 m^3; 9 Stahlbetonknagge; 10 Schienenbündel in Großbohrlöchern; 11 Betonrippen; 12 Neue Straßenführung auf Holzsprengwerk zwischen leichten Widerlagern

den raschen Wechsel der Mannschaft an einen anderen Ort, wodurch die Zahl der Opfer relativ gering blieb. (Es ist lehrreich, daß zwei Männer, welche auf dem Felsblock verblieben, nur verletzt wurden, während ein Dritter abspringend ums Leben kam.)

13.24 Dübel

Verdübelung bezweckt Schubsicherung oder verminderte Teilbeweglichkeit durch Erhöhung des Scherwiderstandes in den Fugen. In diesem Sinne sind auch Fugen-Torkret *(13.21)*, Betonplomben und ähnliche Verkittungen Dübel. In Gebirge mit offenen Spalten kann eine Verdübelung sehr wohl durch deren Verguß mit magerem Mörtel geschehen.

a b

Abb. 13-9. Felsverdübelung durch Stahlbetondübel (a) und Fugentorkret (b) im Zuge der Umgehungsstraße Harburg, Schwaben (Foto Ing. Temel)

Beim Kehlsteintunnel (Deutsche Alpenstraße) verliehen meterweit geöffnete Klüfte dem Gebirge eine so große Teilbeweglichkeit, daß man beim Sohlstollenvortrieb mit schweren Druckerscheinungen zu kämpfen hatte. Der Vollausbruch, welcher dementsprechend übermäßig schwere Drücke erwarten ließ, konnte jedoch ohne besondere Gebirgsdruckbelästigung vonstatten gehen, weil inzwischen das Geklüfte von Obertag mit großen Mengen mageren Mörtels vergossen worden war (übrigens eine durchaus wirtschaftliche Maßnahme).

Der Dachsteinkalk ruht dort auf plastischem Haselgebirge, wodurch sich, ähnlich wie zwischen geschmierten Druckplatten eines Probewürfels, vorwiegend lotrechte Reißklüfte (parallel σ_3) bildeten, nach denen sich das Gebirge im Talzuschub öffnete.

Durch eine Verdübelung großen Stiles wurden bei der Felssicherung Harburg (John 1957) eine Anzahl labiler Felsblöcke von 5—200 t Gewicht zu einer Einheit verbunden und so befestigt. Die Stahlbeton-Dübel

(Abb. 13–9) umfassen die Blöcke gleich Zangen und sind mit ihnen außerdem durch zahlreiche Steckeisen verbunden. Solche Steckeisen brauchen nicht tiefer als je 30 cm im Beton und im Fels zu stecken, wie sich durch Rechnung leicht nachweisen läßt, da bei größerer Länge ihre Biegesteifigkeit und der Lochleibungsdruck, nicht mehr aber die Haftung im Fels, maßgebend sind.

Zur Sicherung der Widerlager einer 200 m hohen Talsperre habe ich große Stahlbetondübel vorgeschlagen, welche in das feste Nachbargestein

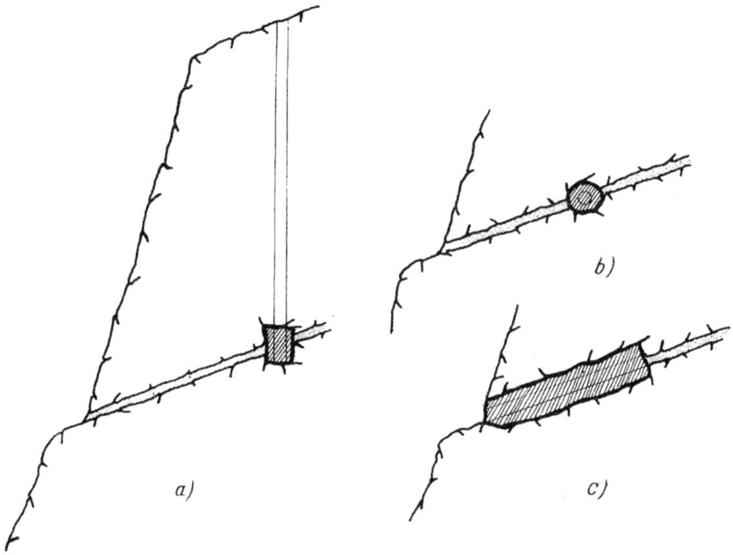

Abb. 13-10. Verdübelung von Bankungsfugen durch Erweiterung und Betonfüllung von Bohrlöchern; a) normal St, b) und c) parallel St

mächtiger Störungsstreifen eingreifen und durch Felsbewehrungen am Verdrehen gehindert werden. Sie sollen als Schubsicherung die jenseits der Störung liegenden Teile der Widerlagerpfeiler zum Mittragen bringen. In den Störungen ist der Biotitgranit in viele Meter mächtige Ultra-Mylonite umgewandelt.

Geringmächtige Gleitfugen, welche lettiger Füllungen wegen nicht verkittet werden können, möchte man womöglich in ähnlicher Weise verdübeln, wie dies bei Holzverbundbalken geschieht. Bei großen Ausführungen könnten zu diesem Zweck mit umlenkbaren Bohrern Bohrlocherweiterungen hergestellt und diese mit Beton ausgefüllt werden (Abb. 13–10). Die Methode wurde aber noch nicht angewendet.

13.25 Verbolzungen,

Verbolzungen, meist als Felsvernagelungen *(Rock bolting; boulonnage; chiodatura, staffatura)* bezeichnet, wirken entweder

(1) mehr oder weniger auf Zug, oder

(2) auf Schub, oder

(3) auf Zug- und Reibungsschluß, gleich Nieten.

Ursprünglich nur im Bergbau, später auch im Tunnelbau verwendet, sind sie rasch auch bei Obertagearbeiten beliebt und nahezu Mode geworden, da sie Zeit, Kosten und Arbeitsraum sparen. Ungeachtet ihrer unbestrittenen Vorteile darf man in ihnen kein Allheilmittel für alle Fälle sehen und muß sie mit Verstand anwenden. In Australien werden dem Vernehmen nach Kavernenbauten grundsätzlich mit Verbolzungen ausgeführt, nachdem sogar Experimente mit Kurzankern in Trümmerwerk mit völligem Bausteinkastenverband zufriedenstellend ausgefallen sind. Dem gegenüber muß auf kritische Überprüfungen einer großen Zahl von Kurzankern durch Wright (1956) und Wuerker (1953 b) verwiesen werden, welche auf den häufigen Spannungsabfall in Ankern durch Kriechen aufmerksam machen. In diesem Belang sind jedoch festgeklemmte und eingegossene Kurzanker verschieden zu beurteilen (Rabcewicz 1955).

Eine Fülle elementarer Betrachtungen und Berechnungen über die Wirkungsweise und Ausbildung von Kurzankern enthält das Büchlein von Hugon und Costes (1959). Leider geht es auf den Einfluß der Flächengefüge nicht ein.

Auf Zug gesetzte Spannbolzen (1) haben entweder

(a) einzelne Felsteile an ihrem Hintergrunde zu befestigen, oder

(b) eine nicht tragfähige Stollenfirste an tragfähiges Hangendes anzuheften, oder

(c) dem Gesteinsverband eine Vorspannung normal zur freien Oberfläche zu geben, um den Reibungsschluß in ihm zu erhöhen und das Verhältnis der Hauptspannungen zueinander günstiger zu gestalten.

Auf Schub gesetzte Bolzen (2) sind nach Pacher (1957) nur zur Dekkung eines geringen Reibungsmankos, also zur Sicherung flachgeneigter Gleitflächen, geeignet. (Berechnung in *(13.27)*.) Sie wirken nur dann verläßlich, wenn sie (a) fest eingegossen und (b) in sehr festem Gestein versetzt werden. Andernfalls sprengt der Lochleibungsdruck sehr rasch den Fels, welcher dann die stehenbleibenden Bolzen sozusagen umfließt (Abb. 13–11 Mitte).

Auf Reibungsschluß gesetzte Spannbolzen (3) lassen die beste Wirkung erzielen. Da die Erhöhung der Kluftreibung gemäß Abb. 13–15 dem Cosinus des Winkels zwischen Anker und Kluftfläche und dem Reibungskoeffizienten proportional ist, arbeiten Reibungsbolzen jedoch nur dann zufriedenstellend, wenn (a) der Reibungswert hinreichend groß ist; wenn (b) der Winkel nicht zu klein, keinesfalls $\alpha < 55^\circ$, und wenn (c) die Ankerspannung voll ausgenützt ist und erhalten bleibt. Nach der Methode der Reibungskreise von Talobre (Abb. 5–11) kann man sich im Einzelfalle davon überzeugen, für welche Kluftscharen die Bedingung (b) erfüllt ist.

Manche (z. B. Jacobi 1952) haben die Auffassung vertreten, daß mit Kurzankern richtige Verbundkonstruktionen von Stahl und Fels erreicht

Abb. 13-11. Verhängung eines Gleitblockes steil aufgestellter Schichttafeln durch gespannte Stahlseile. Die vor der Verhängung angewendeten, im Bild noch sichtbaren Scherbolzen sind unwirksam gewesen und wurden von den sich zerteilenden Gesteinstafeln umflossen

werden können, und daraus die Wahl der günstigsten Ankerrichtungen abgeleitet. Ich glaube aber, daß die bergmännischen Anker zu kurz und ihre gegenseitigen Abstände zu groß sind, um eine richtige Verbundkonstruktion abzugeben. Will man Kurzanker im Stollen- und Kavernenbau nach statischen Gesichtspunkten setzen, so muß man sie wohl in diejenigen Richtungen legen, in welchen der Effekt der Reibungserhöhung am größten ist. Dazu ist aber mindestens in zwei verschiedenen Richtungen zu ankern.

Wegen der Unsicherheit der Spannungserhaltung auf lange Zeit scheinen mir Kurzanker im wesentlichen nur für provisorische Felssicherungen geeignet. Nur mit Vorsicht sollten sie (a) in stark zerklüftetem Gebirge, (b) bei vorhandenen plastischen Zwischenlagen und (c) in Gebirgen, welche zum Kriechen neigen, angewendet werden.

13.26 Verhängungen

Wenn die Absturzgefahr von Felsteilen noch nicht akut ist, aber doch eine gewisse Vorsorge heischt, genügt ein oberflächiges Zusammenhängen. Der Umschlingungswinkel der Zugbänder, Seile usw. darf nicht zu klein sein (Abb. 13–11), sonst ist die statische Wirkung unbefriedigend.

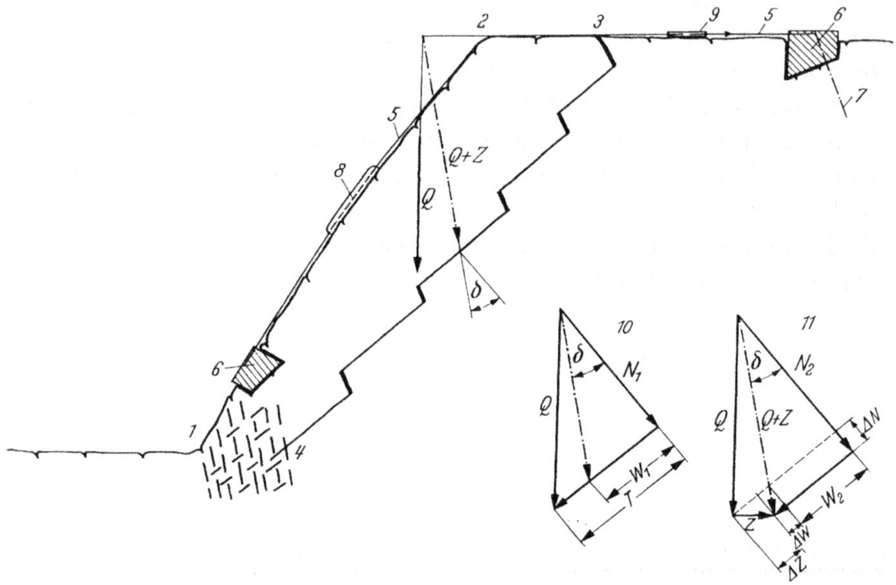

Abb. 13-12. Felsverhängung nach System Rinagl-Müller. 1-2-3-4 ablösungsgefährdete Zone, 5 Sicherungsseile, 6 Verankerung der Seilenden durch Betonholme, 7 Hilfsanker, 8 Seilverankerung in Spritzbetonpolstern, 9 Spannvorrichtung, 10 Krafteck vor der Seilsicherung, 11 Krafteck mit Sicherungskräften; ΔN Vergrößerung des Normaldruckes N_1; ΔW Vergrößerung des Reibungswiderstandes W; ΔZ tangential wirkender Seilzug, welcher das überlastete Gebirge unmittelbar am Böschungsfuß entlastet

Die Spannglieder müssen außerdem eine Vorspannung erhalten, welche groß genug ist, das Temperaturspiel im Stahl wie im Fels zu überlagern. Richtig ausgeführt, verfolgen die Zugbänder einen doppelten Zweck:

(1) sie kündigen bei Beobachtung ihrer Spannung Bewegungen an;

(2) sie halten in Bewegung geratene Teile zumindest eine Zeitlang fest, verzögern deren Niederbruch unter deutlichen Warnzeichen, so daß rechtzeitig Vorsorge getroffen werden kann.

Bei allen Verhängungen ist der Rostschutz schwierig. Man wird sie daher als Halbprovisorien verwenden, weil sie gegenüber den exakteren Lösungen immerhin den Vorzug geringer Kosten haben.

Eine neue Konstruktion schlägt Rinagl (bei Müller 1960 c, 209) vor: Verhängungen in der Fallrichtung (Abb. 13–12), welche weniger den

Andruck N gleitbereiter Fels- (Schnee-, Eis- und Erd-) Massen an die zu erwartende Bruchfläche erhöhen, als vielmehr die abschiebenden Kräfte ΣT in tangentialer Richtung abmindern sollen. Dies hat Aussicht auf Erfolg, da oft schon eine geringe Erhöhung des Quotienten $\frac{W}{T}$ genügt, um die Sicherheit ausreichend zu erhöhen.

Auch diese Konstruktion ist für Provisorien und Halbprovisorien gedacht, wobei als Zugglieder gelegentlich auch gebrauchte Seile verwendet werden können. Ihr großer Vorteil dürfte in der Billigkeit und kurzen Montagezeit (keine Bohrungen!) liegen. Die Befestigung der Seile an den Rutschmassen kann durch Holme, besser noch durch Verteilernetze, geschehen, welche durch Spritzbeton angeheftet werden.

13.27 Verspannungen

Verspannungen (häufig unzutreffend Verankerungen genannt) möchte ich solche Konstruktionen nennen, bei denen die Befestigung von Felsmassen im wesentlichen durch Zugglieder geschieht. Diese erhöhen die Reibung auf der Unterlage, nehmen auch meist einen Teil der abschiebenden Kräfte selbst auf oder lenken die Resultierende in eine günstigere Richtung, ohne daß eine eigentliche Verbundwirkung zwischen Fels, Stahl und Beton wie bei den Felsbewehrungen *(13.28)* zustande käme.

Die Hauptanwendungsgebiete der Verspannungen sind (1) Gleitsicherungen, (2) Sicherungen gegen Felsschlipfe (Abbrüche), (3) gegen Felsgrundbruch und (4) Sicherung von Kavernenwänden *(18)*.

(1) Die Gleitsicherung[16]) des Mannerfelsens bei Passau kann als Schulbeispiel für solche Sanierungsarbeiten gelten. Auf hangauswärts fallenden Schieferungsfugen (Abb. 13–13) drohten dort Felsmassen im Gewicht von etwa 1350 t talwärts zu gleiten, deren Fuß durch Abwitterung und frühere Abbrüche verlorengegangen war. Er wurde zum Teil durch Knaggen ersetzt (welche infolge der tiefliegenden Aufstandfläche teilweise Pfeilerform erhielten); im übrigen erfolgte die Korrektur des Gleichgewichtes durch vorgespannte Felsanker und Verteilerholme.

Schwierig war die Anschätzung der Kräfte. Hätte man in der üblichen Weise alle auf der Gleitfläche ruhenden Lasten in die Rechnung gesetzt, so wäre diese zwar auf der sicheren Seite geblieben, die Sanierung aber höchst unwirtschaftlich geworden.

Am Mannerfelsen gelang es, auf Grund von Naturbeobachtungen drei Zonen im zerklüfteten Gneis zu unterscheiden, denen verschiedene Sicherheitsgrade zukamen. Zone A (Abb. 13–14) stand unmittelbar vor dem Abgleiten, Zone B war im Begriff, sich stärker aufzulockern und ihre vorher

[16]) Felsgleitungen *(rock sliding; glissement de terrains; frane rocciose)*.

vorhandene größere Sicherheit mit der Zeit abzubauen; eine dritte Zone C konnte als ausreichend sicher gelten, sofern ihre noch vorhandene Stützung durch die Zone B nicht verlorenging. Ebenso wie Auflockerung und Abgleitung einer Felsgruppe nicht nur als Zustand, sondern auch als Vorgang betrachtet werden dürfen, so auch die Wiederberuhigung des Sy-

Abb. 13-13. Felssicherung im Zuge der Bundesstraße 388, Passau-Wegscheid (Foto David)

stems, welche Schritt für Schritt erfolgt. Ein solches Abgehen von der nur statischen Betrachtung erfordert allerdings ein großes Maß von Erfahrung.

Zur Standberechnung der Gleitsicherungen hat Pacher (1957) Ansätze und Bemessungsdiagramme gegeben. Wir folgen seiner Darstellung:

„Ganz allgemein ergeben sich die Lastgrößen aus dem einfachen Kräfteansatz für die Schiefe Ebene

$$T = G \cdot \sin\beta\,;\; N = G \cdot \cos\beta\,;\; W_{max} = N \cdot \mathrm{tg}\,\delta\,. \qquad [13\text{—}1]$$

$$T_R = T \qquad W_{max} = G \cdot \frac{\sin(\beta\text{-}\delta)}{\cos\beta}\;{}^{17)} \qquad [13\text{—}2]$$

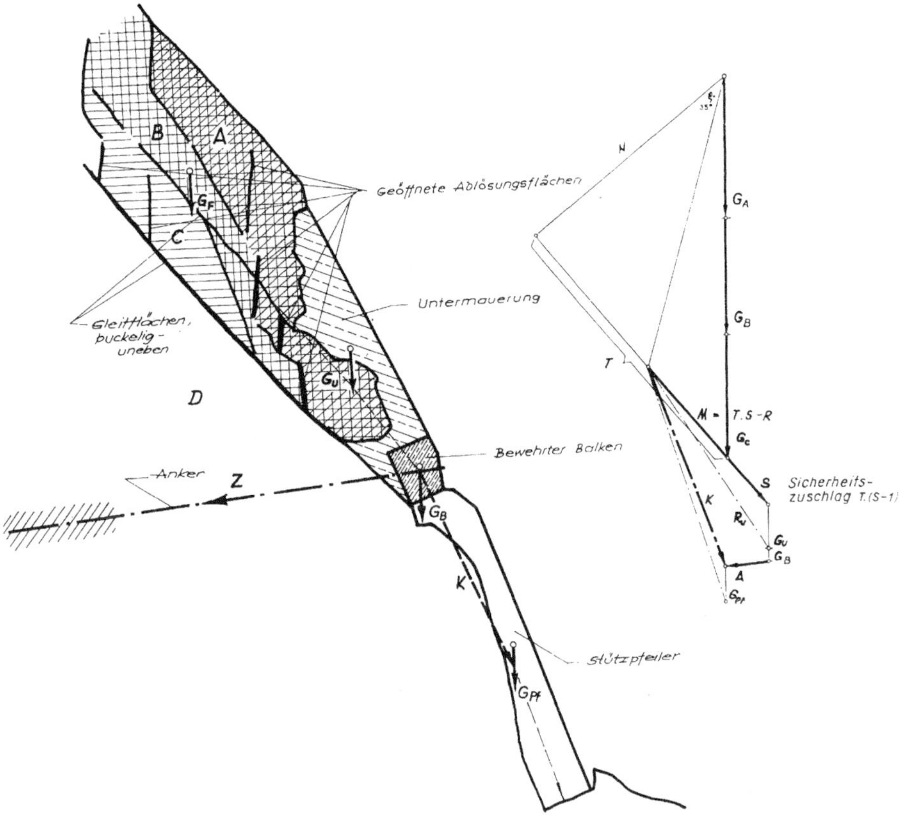

Abb. 13-14. Typischer Querschnitt zur Felssicherung Abb. 13-13. a) Gefügeschema, Stützung und Verankerung, b) Kräftespiel

(G Gewicht; N Normalkomponente; T Tangentialkomponente; W Reibung; T_R tangentiale Restkraft; β Neigungswinkel; δ Reibungswinkel.)

In Wirklichkeit wird die Gleitfuge nicht immer durchgehend ausgebildet sein, so daß häufig außer der Reibung in der Gleitfuge noch Scherwiderstände B im intakten Felsverband wirksam sind. Diese werden jedoch der Einfachheit halber in den Mischwert des Reibungswiderstandes (W) einbezogen.

Im abgebildeten Beispiel (Abb. 13–15) ist der sichergestellte Reibungswiderstand (W) [17] kleiner als die abschiebende Kraft (T), so daß noch ein ungedeckter Rest (T_R) übrigbleibt.

Nach den Sicherungsmöglichkeiten unterscheiden sich die grundsätzlichen Fälle (Abb. 13–15 c—e):

[17]) Symbole entsprechend der Tafel „Formelzeichen" geändert.

a) der Grenzwinkel für die Tafelneigung, bei deren Überschreiten Gleiten eintritt, ist noch nicht erreicht (c);

b) die Gleitung kann mit Hilfe einer Verankerung [18]) verhindert werden (d);

c) außer der Verankerung ist eine zusätzliche Unterstützung notwendig (e)."

Zu a) „Bis zu welcher Neigung besteht keine Gefahr?

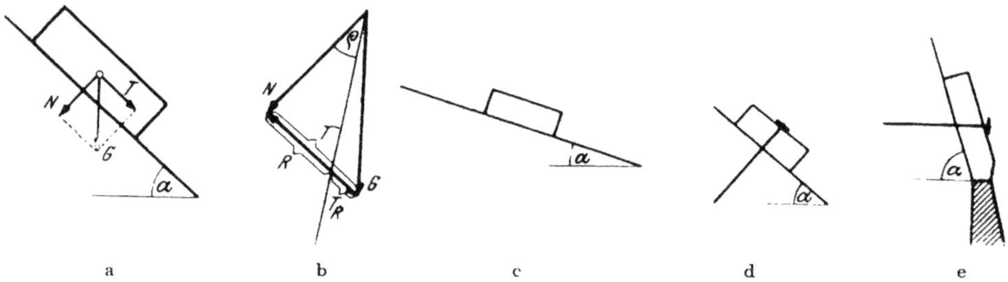

Abb. 13-15. Elemente der Felssicherung. a) Gleitblock auf schräger Unterlage, b) Krafteck, c) Halt durch Reibung auf der Unterlage, d) zusätzlicher Halt durch Scherbolzen, e) durch Zuganker

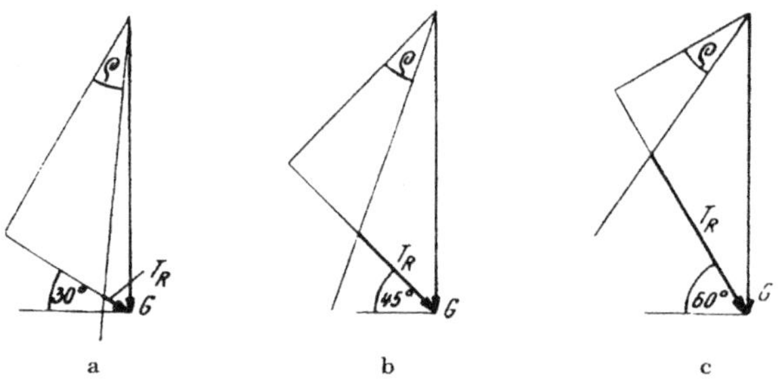

Abb. 13-16. Ungedecktes Reibungsmanko eines Gleitblockes in Abhängigkeit von der Neigung der Gleitfuge (aus Pacher 1957)

Setzt man die Sicherheit als Verhältnis von W und T ein, so folgt daraus

$$\nu = \frac{W}{T} = \frac{\operatorname{tg} \delta}{\operatorname{tg} \beta} \qquad [13\text{—}3]$$

oder anders geschrieben:

$$\operatorname{tg} \delta = \nu \cdot \operatorname{tg} \beta . \qquad [13\text{—}4]$$

Dieser Ausdruck gibt das Kriterium, von welcher Tafelneigung an Verankerung oder Vernagelung erforderlich ist."

Zu b) „Im zweiten Falle geht es nur darum, ein M a n k o an Sicherheit bzw. an Widerstandskraft gegen Abgleiten aufzubringen.

Die Abb. 13–16 zeigt . . ., daß die Übernahme eines Reibungsmankos durch den reinen Scherwiderstand von ‚Nägeln' oder Bolzen nur bei g e r i n g e r Neigung der Schichttafeln wirtschaftlich sein kann."

[18]) Verspannung im Sinne der hier verwendeten Einteilung.

Bei größerer Neigung werden die erforderlichen Haltekräfte sehr groß, die Bolzen auf Biegung und das Gestein auf Lochleibung beansprucht. Diese Beanspruchungen, nicht die Scherfestigkeit der Bolzen, werden maßgebend. Die meisten Gesteine sind gegen Lochleibungsdruck sehr empfindlich (Abb. 13–11).

„Die notwendige Haltekraft Z_S beträgt im Falle der Verwendung von Steckeisen oder Bolzen und mit Berücksichtigung der Sicherheit

$$Z_S = (\nu \cdot \sin\beta - \cos\beta \cdot \mathrm{tg}\,\delta) \cdot G = K_S \cdot G. \qquad [13\text{--}5]$$

Der statisch und wirtschaftlich günstige Abstand dieser Verankerung von Schichttafeln wird im allgemeinen das Zweifache der Tafeldicke betragen.

Der große Vorteil der Z u g a n k e r gegenüber ... Steckbolzen beruht darauf, daß nicht nur die aufgebrachten Ankerzugkräfte in Rechnung zu stellen sind, sondern außerdem jener R e i b u n g s z u w a c h s, welcher durch die Anker geweckt wird.

Alle Anker . . . müssen . . . v o r g e s p a n n t werden. Ohne Vorspannung würden sie ihre Zugkraft erst dann entfalten können, wenn die Gesteinstafeln bereits zu gleiten begonnen haben. Auf der Schichtfläche würde dann nur die Reibung der Bewegung wirksam sein, welche wesentlich geringer ist als die Reibung der Ruhe, da die schmierenden Zwischenmittel in der Regel thixotrop sind.

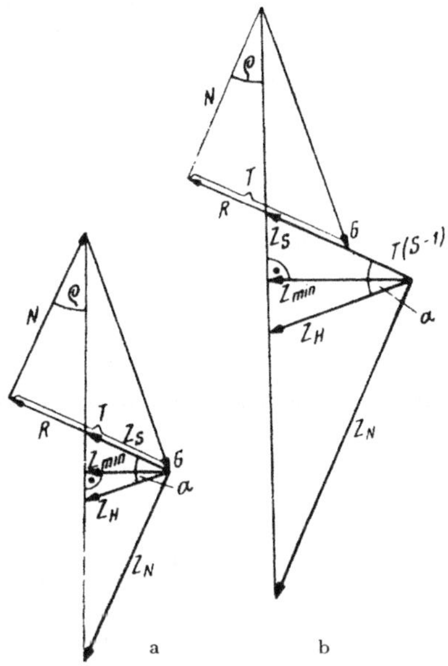

Abb. 13-17. Kräftespiel in Felssicherungen (a) für den Fall reiner Kraftdeckung, b) bei Sicherheitsüberschuß der Haltekräfte (S = Sicherheitskoeffizient) (aus PACHER 1957)

Die Lösung der Aufgabe liegt in der Beantwortung folgender Fragen:

Wie liegt die günstigste Ankerrichtung?

Wie groß ist die erforderliche Ankerkraft?

Wie hoch wählt man zweckmäßig die Vorspannung?

Allgemein kann gesagt werden, daß die Anker am günstigsten in die Richtung der Zugspannungstrajektorien gelegt werden sollten.

Das Krafteck der Abb. 13–17 zeigt deutlich, daß bei einem nicht zu geringen Reibungswinkel die fehlende Größe durch eine Zugkraft ersetzt werden kann. Es herrscht Gleichgewicht, wenn die in Richtung von T fallende Komponente von Z und die aus Gewicht und Ankerung stammende Reibung gleich bzw. größer als T sind.

Aus dem Kraftеck ergeben sich die erforderlichen Zugkräfte für jede Ankerrichtung. Die kleinste Zugkraft Z_{min} steht senkrecht auf den durch Normalkraft und Reibung gebildeten Vektor.

Durch Forderung nach Sicherheit ergibt sich naturgemäß eine Vergrößerung der erforderlichen Kräfte. In Abb. 13–17 b ist diese Vergrößerung der Tangentialkomponente T auf $\nu \cdot T$ berücksichtigt. Bei Felsbewehrungen dürfte eine Sicherheit von $\nu = 1{,}25$ bis $1{,}50$ für die meisten Fälle ausreichen.

Für horizontale Ankerlage ergibt die Berechnung nach Abb. 13–17

$$Z_H = (\nu \cdot \sin\beta - \cos\beta \cdot \operatorname{tg}\delta) \cdot \frac{\cos\delta}{\cos(\beta-\delta)} \cdot G = K_H \cdot G. \qquad [13\text{—}6]$$

Für eine Ankerlage senkrecht zur Schichtfläche würde sinngemäß

$$Z_N = \frac{\nu \cdot \sin\beta - \cos\beta \cdot \operatorname{tg}\delta}{\operatorname{tg}\delta} \cdot G = K_N \cdot G \qquad [13\text{—}7]$$

folgen, was zu um so größeren — unnötig großen — Ankerkräften führen würde, je größer die Schichtneigung ist."

Im vorigen ist die von FELLENIUS festgelegte Definition der Sicherheit verwendet. Nach ihr ist

$$\nu_{H,\,FEL} = \frac{\operatorname{tg}\delta}{\operatorname{tg}\beta} + \frac{Z_H}{G} \cdot \frac{\cos(\beta-\delta)}{\cos\delta \cdot \sin\beta}. \qquad [13\text{—}8]$$

Gemäß BOROWICKAS Sicherheitsdefinition ist die rechnerische Sicherheit größer, nämlich

$$\nu_{H,\,BOR} = \frac{Z_H \cdot \cos(\beta-\delta)}{G\cos\delta\,(\sin\beta - \cos\beta \cdot \operatorname{tg}\delta)}. \qquad [13\text{—}9]$$

Die Werte ν_S interessieren praktisch nicht, weil Anker $\perp$ S unwirtschaftlich wären.

„Nach der Bestimmung der Ankerkraft bleibt noch die dritte Frage nach der Vorspannung zu beantworten. Nicht immer verträgt das Gestein sofort die volle Ankerlast. Doch wird man womöglich trachten, die Anker möglichst bald schrittweise auf die volle Last vorzuspannen, um jede, auch nur die kleinste Bewegung von vornherein auszuschalten. ‚Principiis obsta . . .', das allererste Gleiten muß verhindert werden."

Zu c) „Bei größerwerdendem Neigungswinkel wird der lotrechte Anteil der Tangentialkomponente bzw. der aufzubringenden Reaktionskraft so groß, daß die Sicherung durch eine Verankerung allein nicht mehr wirtschaftlich wird (Abb. 13–15 e). Wenn es nur irgend möglich ist, wird man eine Unterstützung des Fußes der gleitdrohenden Platten oder Felspartien vorsehen. Diese meist ebenfalls verankerte Stützung kann in Form eines Betonbalkens oder einer Stützmauer ausgeführt werden (Abb. 13–5). Die

Standuntersuchung muß dann nicht nur auf Abgleiten, sondern auch auf Kippen um den Auflagerpunkt geführt werden.

Durch die Ausbildung der Unterstützung bzw. der darunterliegenden Felspartien ist auch die Richtung der Stützkraft gegeben. Wie in Abb. 13–17 dargestellt, kann damit die kleinste Zugkraft Z und der dazugehörige Stützdruck ermittelt werden.

Die Aufgabe hat mehrere Lösungen. Man erhält verschiedene Werte von Z und K, je nachdem, wo der Endpunkt des Vektors K den Strahl, welcher um den Reibungswinkel von N abweicht, trifft. Immer muß die Forderung erfüllt sein, daß die Horizontalkomponente von Z und K zusammen nicht kleiner ist als jene der tangential abschiebenden Kraft.

Während die untere Ankerreihe (Abb. 13–19) den Fuß mit der notwendigen Kraft zu halten hat, wird die obere Ankerreihe aus der Untersuchung gegen Kippen ermittelt und den örtlichen Verhältnissen, der Gesteinsfestigkeit usw. angepaßt.

Für die ... Sicherung einzelner Schichttafeln durch Steckanker oder durch vorgespannte Anker“, welche horizontal oder senkrecht zur Schichtneigung angeordnet sind, „wurden für verschiedene Gleitneigungen β und die Reibungswinkel δ = 25, 35 und 45° bei einer angenommenen Sicherheit von ν = 1,25 vom Ingenieurbüro für Geologie und Bauwesen, Salzburg, G e b r a u c h s t a f e l n entwickelt, aus denen die Beiwerte K_S, K_H und K_N für die vorbesprochenen Fälle bzw. für die Gleichungen [13—5, —6 und —7] entnommen werden können“.

Das Diagramm Abb. 13–18 stellt „die Ergebnisse einer Verankerung mit reinen Scherbolzen denen mit schichtnormal oder horizontal gestellten Zugankern gegenüber. Sie zeigt deutlich die fast in allen Fällen vorhandene Überlegenheit der horizontal vorgespannten Zuganker“ (Pacher 1957).

Bei Felsgleitungen (und Abbrüchen), deren Gleichgewicht durch den hydrostatischen Schub des Kluftwassers beeinflußt wird, sind die vorstehenden Ansätze mit den Standsicherheitsbetrachtungen von *(10.3)* zu kombinieren. Erdbebenkräfte werden ähnlich wie Wasserschubkomponenten in Rechnung gesetzt. Siehe auch *(15)*.

(2) S i c h e r u n g e n gegen F e l s s c h l i p f unterscheiden sich von den Gleitsicherungen darin, daß nicht eine vorgegebene Gleitfläche erkennbar, sondern ein Gefügebruch zu erwarten ist, dessen Lage man zunächst nicht kennt. Sie muß aus Überlegungen nach *(10.2)* bestimmt werden.

Nach Stini (1930 b) herrschen im Abbruchgebiet eines Bergsturzes Zugwirkungen, in den unteren Bereichen Druckwirkungen vor. In *(10.45)* wurde mitgeteilt, daß sich bei Felsabbrüchen, welche als Gefügebrüche stattfinden, zuerst der Rutschkörper nach dem Öffnen der Zugrisse hinter der Böschungskrone in halber Höhe ausbaucht (Abb. 10–28 a und b) und daß erst im dritten und letzten Stadium der eigentliche Bruch am Fuße

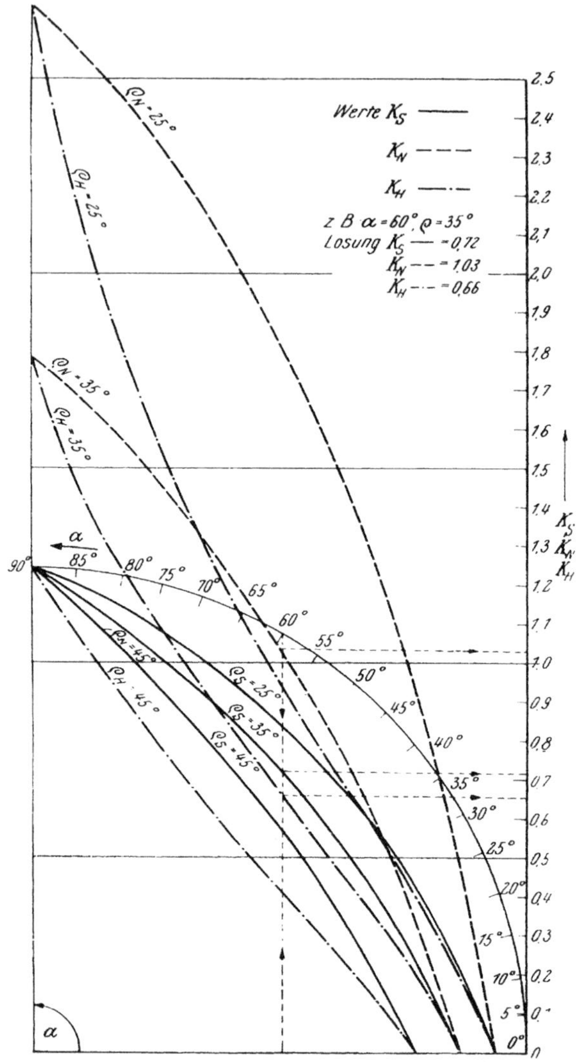

Abb. 13-18. Diagramm zur Bemessung der Zugglieder bzw. Scherbolzen von Felsbewehrungen. α Neigungswinkel der Gleitfläche; ρ Winkel der Reibung auf derselben; K_S, K_H, K_N, Beiwerte der Gleichungen [13—6] und [13—7]. (Aus PACHER 1957)

(Abb. 10–28 c) der Rutschung erfolgt. Auf die Scherfestigkeit im Fuße, welcher also offensichtlich zuletzt bricht, kommt es bei fortgeschrittenen Stadien wesentlich an. Befindet sich jedoch der Vorgang noch im ersten Stadium, dann kann dem Weiterschreiten des Gefügebruches in der mittleren Höhe des Rutschkörpers, wo nach neueren Untersuchungen (MÜLLER 1963; SCHEIBLAUER 1963) Zerrungen stattfinden, entgegengewirkt werden, so daß es zur Annäherung an das dritte Stadium gar nicht kommt. In diesem Falle werden sich die Sicherungsmaßnahmen auf den Mittelbereich konzentrieren, während sie bei vorgeschrittenem Stadium vornehmlich den Fuß zu stärken haben.

Zwei typische Beispiele drohender Abbrüche wurden an der Umgehungsstraße und am Stadtfelsen Harburg/Schwaben gesichert (Fickert und Müller 1956; John 1957; Müller 1956). Im ersten Falle (Abb. 13-5) war eine Felskanzel von Riffkalk (Weißjura) längs klaffender Kluftstaffeln (Vertretungsklüfte *(6.11)*) vom Bergleib abgetrennt. Ihr Fuß am Übergang zu dem weniger festen Kalk der schichtigen, gleichalten Fazies war offensichtlich durch Überbeanspruchung bereits geschwächt. Außerdem leisteten die hangauswärtsfallenden Schichtklüfte einem Ausgleiten des Fußes Vorschub. Dort genügte es, den Fuß durch einen Stützpfeiler zu sichern; die Gefahr eines Vornüberkippens bestand nicht. Der Pfeiler wurde gegen Abgleiten auf Schichtfugen am Fuße und zur Vergrößerung seiner Kippsicherung am Kopfe bergeinwärts verspannt.

Abb. 13-19. Felssicherung am „Stadtfelsen" in Harburg durch verankerte Stahlbetonholme

Am Stadtfelsen (Abb. 13–19) war die Sicherung des Fußes schwieriger. Pfeiler hätten erst etwa 15 m unterhalb der Zone des durch Überbeanspruchung und Frost zerstörten Gesteins einen Aufstand gefunden. So war es wirtschaftlicher, eine gegen das Berginnere verspannte und mit Reibungshaftung aufgesetzte Fußknagge vorzukehren. Bewegungsmessungen und Naturbeobachtung zeigten aber deutlich, daß hier eine Fußsicherung allein nicht ausgereicht hätte. Die Kippbewegung der Felstafeln war bereits so weit in Gang gekommen, daß ihr durch Verspannungen im oberen Bereich entgegengewirkt werden mußte.

Bei den weniger steilen Ablösungsflächen der Abbrüche entlang der Brennerbahn (Brunner und Nahler 1954) konnte auf eine Fußsicherung teilweise verzichtet und mit Verspannung ins Felsinnere allein eine ausreichende Wirkung erzielt werden. Ein Grenzfall war an der Felssicherung Hintergasse der Arlbergbahn gegeben, wo der Fuß des Abbruchkeiles noch einigermaßen intakt und mächtiger war. Die damals von mir empfohlenen Verspannungen würde man heute besser in der Art des Stadtfelsens Harburg durchführen.

(3) Sicherungen gegen Grundbruch unterscheiden sich von Felsschlipfsicherungen nicht konstruktiv, sondern nur in Lastannahme und Standberechnung, bei welchen oft die Belastung durch das Kluftwasser und der Auftrieb eine noch größere Rolle spielen als bei Felsschlipfen. Drainagemaßnahmen, welche diese Wirkungen abmindern, wird man in der Berechnung nicht voll berücksichtigen, weil sie mit der Zeit teilweise versagen könnten.

13.28 Felsbewehrungen

Der Grundgedanke der Felsbewehrungen *(rock reinforcement; armature du rocher; armatura della roccia)* ist, durch zugfeste Konstruktionsglieder und schubaufnehmende Dübel den nur druckfesten Felskörpern Zug- und Schubfestigkeit zu verleihen und damit echte Verbundkonstruktionen zwischen Fels, Stahl und Beton zu schaffen (Müller 1952 c). Es hieße auf halbem Wege stehenbleiben, wenn man in Felsverspannungen lediglich ein Mittel sähe, Lockeres an Festem festzumachen. Erst wenn man in den miteinander verspannten Felsteilen nicht nur Belastung und Unterlage sieht, sondern die Stahlglieder, Betonholme usw. mit dem Gebirge im ganzen mittragenden Bereich zu einem physikalischen System von ganzheitlicher Wirkung verbunden denkt, nutzt man die in den Baustoffen liegenden Möglichkeiten ganz.

Ich unterschreibe ohne Vorbehalt, was Semenza (1958, 71) gegen solche künstliche — oder gar gekünstelte — Konstruktionen sagt: daß sie Fremdkörper in den Fels einführen, die man vermeiden sollte, wo immer sich eine Lösung ermöglichen läßt, welche die Widerstandsfähigkeit des Felsens gegen Druckbeanspruchungen ausnützt, und daß sie im wesentlichen auf nachträgliche Korrekturen des Kräftespieles beschränkt bleiben sollten.

Wo es materialgerechte Lösungen gleicher Wirtschaftlichkeit gibt, sind sie vorzuziehen. Doch vielfach finden sich solche Lösungen nicht; dann erreicht man durch Verbundkonstruktionen häufig Erfolge, welche ohne diese Technik nicht möglich sind.

Das Konstruktionsziel der Felsbewehrungen ist, Stahl, Beton und Fels zu einer solchen Verbundwirkung zu bringen, daß das Ganze quasi monolithisch wirkt. Dazu bedarf es der Kenntnis der Spannungsverteilung in dem zu schaffenden Verbundkörper und der Kenntnis (oder Schätzung) der Reibungs- und Scherfestigkeitswerte entlang der vorgegebenen Kluftschnitte. Manchmal ist es zweckmäßig, zwei Systeme von Bewehrungen vorzusehen: eine Hauptbewehrung, welche die Zugbeanspruchungen des

Gesamtsystems (Balken, Bogen, Gleitkeil oder Scheibe) auf sich nimmt, und eine sekundäre, welche die im Verbundsystem vorwiegend mittragenden Felsbereiche durch Bewehrungen, ähnlich einer Bügelbewehrung, stärkt.

Felsbewehrungen werden in ihrer charakteristischen und konsequentesten Ausbildung wohl unter Tage angewandt *(16.5* und *18.2)*. Als Beispiel obertägiger Ausführungen seien die Sicherung des linken Landpfeilers am Wehr des Kraftwerkes Sarobi (Afghanistan) und die geplante bergseitige Sicherung der linken Einbindungsschlucht an der Daberklammsperre (Osttirol) angeführt.

Abb. 13-20. Der Talzuschub an der Wehrstelle Sarobi, Afghanistan, im spannungsoptischen Versuch (Prof. FÖPPLS). Hell: Hartgestein. Dunkel: Weichgestein (Schnitt durch beide Umlaufstollen; Einbruch einer Hartgesteinsbank in den rechten Stollen)

Talzuschübe galten früher als unaufhaltbar. Auch heute noch wird man, wenn man irgend kann, ihren Gewalten ausweichen. Denn keine noch so schwere Stützmauer ist solchen Kräften gewachsen. Wenn überhaupt, dann kann eine Verbundkonstruktion widerstehen, weil sie allein in der Lage ist, den ganzen Bergfuß zu einem Klotz zusammenzufügen, dessen Masse die größte Stützmauer übertrifft. Die Massen dieses Stützkörpers liegen schon an Ort und Stelle, der Widerstand in ihnen muß sozusagen nur organisiert werden. Der linke Landpfeiler des Kraftwerkes Sarobi war gegen einen solchen Talzuschub zu sichern. Aus Feinmessungen der Kriechbewegung, die sich allerdings über den ganzen Hang und über Jahre hätten erstrecken müssen, wäre eine Kenntnis der Spannungen in der Kriechmasse und ihrer Verteilung zu erhalten und damit eine exakte Bemessung der Felsbewehrung möglich gewesen. Zu solchen Beobachtungen war aber, da der Talzuschub erst spät erkannt wurde, nicht mehr Zeit. So wurde versucht, auf Grund von spannungsoptischen Modellstudien Prof. FÖPPLS (Abb. 13–20) die Größe sowie die günstigste Lage und Richtung der Zugbewehrung (Abb. 13–22) zu ermitteln. Daraus ergab sich eine Konstruktion (Abb. 12–21), welche dem System nach als richtig gelten durfte, während die Größe der Zugkräfte in diesem System nur mit be-

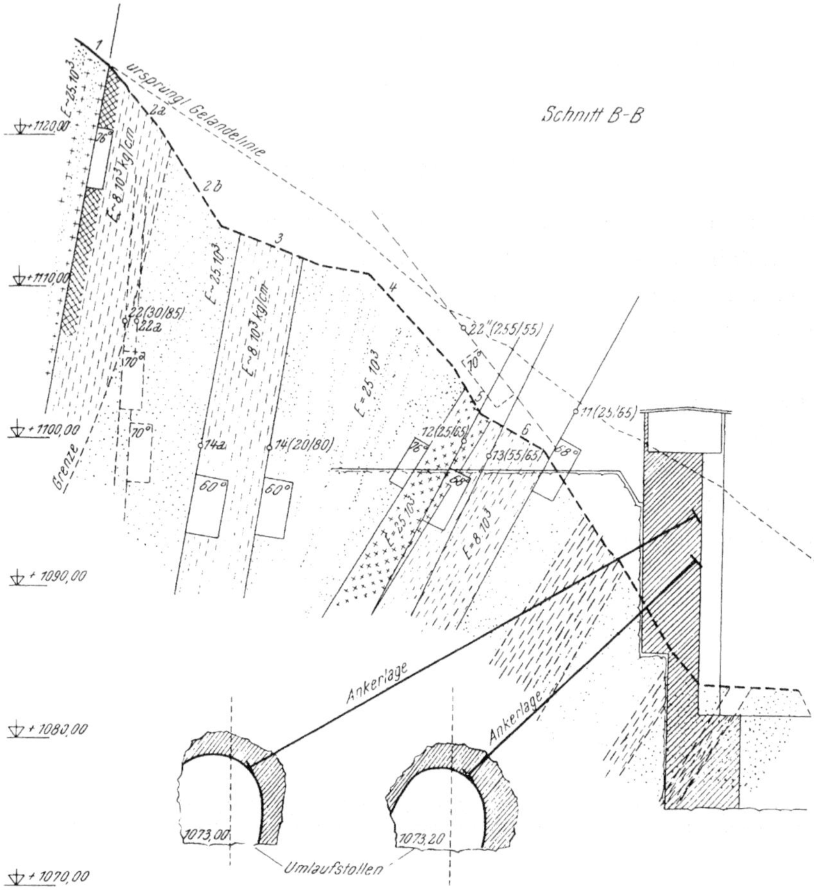

Abb. 13-21. Talzuschub Sarobi, Afghanistan. Geologischer Schnitt; linke Wehrwange und Zugbewehrung

dingter Gültigkeit angegeben werden konnte. Die Vorspannkräfte ergaben sich rechnerisch zu rund 3300 t. Sie wurden zunächst nur zu 50 % wirklich aufgebracht, und es blieb zukünftigen Messungen überlassen, ob spätere Verstärkungen notwendig würden; für diese wurden gleichzeitig Ankerlöcher im Beton der Wehrwange ausgespart.

Die unzweifelhaften Vorteile von Felskonstruktionen mit Stahlgliedern bestehen ja darin,

(1) daß man durch Messungen der Kräfte (im Stahl) und Formänderungen (im Fels) feststellen kann, ob die Wirkung der vorgekehrten Konstruktion ausreicht, und

(2) daß man jederzeit Verstärkungen einziehen, aber auch die Kräfte im vorhandenen System regulieren kann.

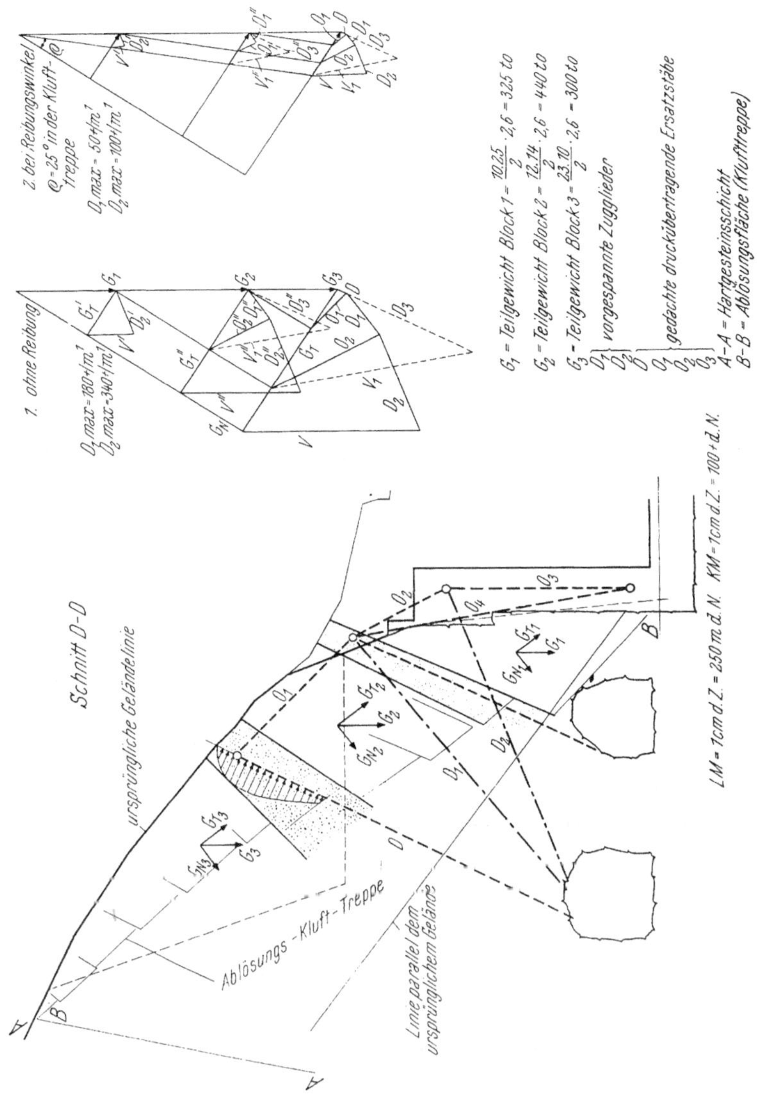

Abb. 13-22. Kräfteansatz zu Abb. 13-21

N a c h t e i l i g dagegen ist,

(1) daß solche Kontrollen notwendig sind und

(2) daß die meisten der verwendeten Stahlglieder *(13.3)* eines sehr guten Schutzes gegen Korrosion bedürfen und auch in dieser Hinsicht dauernd kontrolliert werden müssen.

Als B e l a s t u n g s a n n a h m e für die spannungsoptischen Versuche wurde im Fall Sarobi ein hangparalleler Schub im äußersten Hangbereich vorausgesetzt, dessen Vorhandensein auf Grund von Kluftkörperrotationen erkannt wurde. Naturbeobachtung und Erfahrung lehren, daß solche

Kriechbewegungen am Fuße rascher vor sich gehen als im sogenannten „Nährgebiet" des „Gesteinsgletschers"; dennoch wurde ein Gesteinskeil von den in Abb. 13–22 wiedergegebenen Abmessungen als Belastung angenommen [19]). Einem solchen Schub — auch dem Bruchteil eines solchen — hätte die Wehrwange allein niemals standhalten können.

Das statische System zur Errechnung der Zugglieder wurde möglichst einfach gewählt (da feinere Rechnungen nicht berechtigt wären), und zwar eine der Fachwerktheorie des Stahlbetons nachgeahmte Verbindung von Druck- und Zuggliedern (gemäß Abb. 13–22) angenommen. Dabei mußte berücksichtigt werden, daß die Druckkräfte die vorhandenen Gleitspalten (Mürbstreifen und Lettenklüfte) nur unter stumpfen Winkeln kreuzen, was auch aus den spannungsoptischen Bildern hervorging.

Das zweite der genannten Beispiele (Daberklamm-Sperre) wird in *(15.7)* erläutert werden (s. auch Müller und Pacher 1957).

13.29 Felsverankerungen

Von Verankerungen sollte dann (und nur dann) gesprochen werden, wenn Zugkräfte als äußere Kräfte in den Fels einzuleiten sind. Diese können gewöhnlich erst in einiger Tiefe aufgenommen werden, welche sich daraus errechnet, daß eine ausreichende Sicherheit gegen Ausreißen des Ankers unter Abhebung oder Ausscherung eines Felskeiles bestehen muß. Die Begrenzung eines solchen Felskeiles folgt den Richtungen Φ des geringsten Scherwiderstandes im Kluftkörperverband, welche nach *(6.11)* gefunden werden. Bei einer Ankerreihe, deren Einflußzonen einander überschneiden, darf man für den Einzelanker nur den auf ihn entfallenden Anteil am Gewicht und Scherwiderstand in Anspruch nehmen.

Verankerungen können in zweierlei Form ausgeführt werden: Konzentriert in Stollen (Abb. 13–25) oder aufgelöst (Abb. 13–23 und 24) in Bohrlöchern. Die aufgelösten Verankerungen bieten gegenüber den konzentrierten folgende Vorteile:

(a) Auflockerung des Gesteins durch Sprengung wird vermieden;
(b) die Verankerung ist unabhängiger von örtlichen geologischen Zufälligkeiten;
(c) beim Verpressen der Anker wird durch Injektion des Nebengesteins zugleich eine Felsvergütung erzielt;
(d) zahlreiche aufgelöste Anker wirken als Felsbewehrung Zusammenhalt gebend;

[19]) Daß ein Kriechschub tatsächlich vorhanden war, erwies sich übrigens zufällig einige Wochen nach der durchgeführten Untersuchung dadurch, daß eine Gneisbank just an derselben Stelle in einen der beiden Umlaufstollen hereingequetscht wurde, an welcher dies auch im spannungsoptischen Modellversuch (Abb. 13–20) geschah.

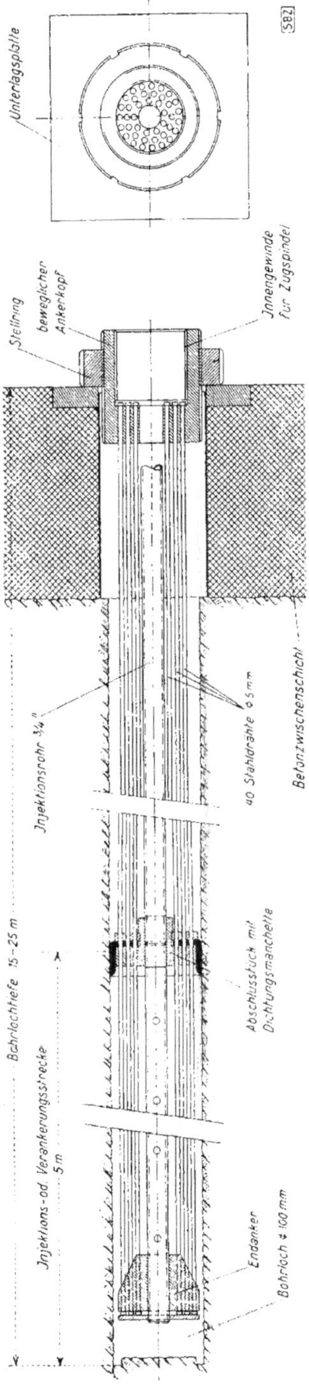

Abb. 13-23. 85-t-Felsanker aus Vorspanndrähten, nach dem System BBRV (aus BIRKENMAIER 1953)

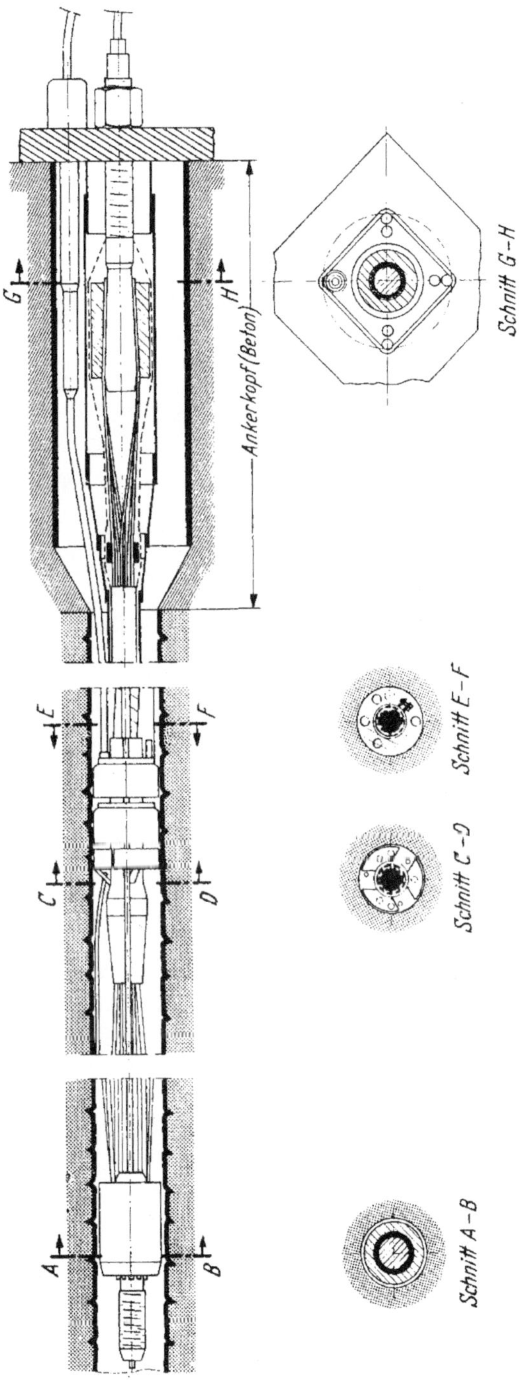

Abb. 13-24. 100-t-Felsanker aus Vorspanndrähten nach dem System PZ (Werkzeichnung)

(e) die Lastverteilung auf das Gebirge ist günstiger, dessen Beanspruchung geringer;
(f) der mittragende Bereich ist größer; die Anker brauchen infolgedessen nicht so tief geführt zu werden;
(g) die Ausführung ist in der Regel wirtschaftlicher;
(h) die durch aufgelöste Verankerungen geschaffenen Festpunkte an der Felsoberfläche erleiden praktisch so gut wie keine Verschiebungen, weil aufgelöste Anker stets vorgespannt ausgeführt werden.

Abb. 13-25. Verankerung der Kabelkranbahn für die Moosersperre, Kaprun, aus Profilstählen in einem Schrägschacht. (Werkfoto ARGE Kraftwerk Kaprun)

Birkenmaier (1953) hat dies Letzte (h) ausführlich begründet: Ist Z_0 [20]) die Ankerspannkraft und F_e der Stahlquerschnitt und $\sigma_e = Z_0/F_e$ die Spannung im Stahl, so dehnt sich der Anker beim Spannen um

$$\delta_e = \frac{Z_0 \cdot l}{E_e \cdot F_e} \qquad [13\text{—}10]$$

(meist um einen Betrag von 100—200 mm). Der Ankerkopf wird durch Z_0 gegen die Felsfläche gedrückt und erzeugt dort einen Andruck von $q_0 = Z_0/A_A$ (A_A = Fläche des Ankerkopfes). Die Einsenkung δ_F der Felsfläche unter diesem Druck ist angenähert

$$\delta_F = q_0 \cdot a/E_F \qquad [13\text{—}11]$$

(im praktischen Fall meist 0,1—0,5 mm). Greift am Ankerkopf eine Zug-

[20]) Formelzeichen gegenüber Original geändert.

kraft Z in der Ankerrichtung an, so wird q_0 um Δq verringert. Z_0 wird um ΔZ erhöht.

$$Z = \Delta Z + \Delta q \, A_A \text{ ; daher } \Delta Z = Z - \Delta q A_A. \qquad [13\text{—}12]$$

Weil $\Delta\delta_e = \Delta\delta_F$ ist, folgt

$$\Delta q = \Delta Z \frac{1}{F_e} \cdot \frac{l \, E_F}{a \, E_e} \qquad [13\text{—}13]$$

$$\Delta Z = Z \frac{1}{1 + \frac{F_A}{F_e} \frac{l}{a} \frac{E_F}{E_e}} = Z \cdot k \qquad [13\text{—}14]$$

(in der Praxis etwa $^1/_{1000}$ bis $^1/_{100}$ von Z).

Dementsprechend gering ist auch der Zuwachs der Stahlspannung. Erst wenn die Last Z etwa die Größe Z_0 erreicht [$R = Z_0/(1—a)$], öffnet sich die Fuge zwischen Ankerkopf und Fels, und die ganze Kraft Z muß von den nunmehr stärker gedehnten Drähten übernommen werden. Vor dem Bruch würde diese Fuge um mehrere cm klaffen. Der Bruch würde also durch größere Verschiebungen des Ankerkopfes angezeigt (Birkenmaier 1953, 689).

13.3 Die Ausbildung der Zugglieder

Nach der Art ihrer Verwendung, zugleich nach ihrer Länge, sind zwei Gruppen von Zuggliedern, meist „Felsanker" genannt, zu unterscheiden:

(1) Kurzanker, wie sie im Berg- und Tunnelbau, aber auch im offenen Fels vornehmlich als Sicherungsprovisorien verwendet werden (handelsübliche Längen 1,5, 2,0 und 2,5 m, selten darüber); und

(2) Tiefanker, meist Bestandteile definitiver Konstruktionen (Einbaulängen zwischen 8 und 50 m).

Während Kurzanker stets aus Rundstählen hergestellt werden, kommen für Tiefanker verschiedene Materialien in Betracht. In Schächten und Stollen können konzentrierte Anker (a) als Drahtseile oder (b) Bündel von solchen, (c) als Bündel von Stahlstangen und (d) als Stahlprofile konstruiert werden; aufgelöste Anker in Bohrlöchern werden entweder (e) aus Rundstählen oder (f) aus Spanndrahtbündeln hergestellt.

13.31 Ankervorspannung

Grundsätzlich erhalten alle Felsanker und -bewehrungen Vorspannung (nur Scherbolzen sind hiervon ausgenommen). Je nach Länge und Material werden sie bei Vollast um 1—5 ‰ gedehnt. Ohne Vorspannung würden sie ihre volle Kraft erst nach einem Dehnweg von dieser Größenordnung entfalten; diesen müßte das Gebirge mitmachen und würde dabei infolge unzulässig großer Auflockerung seine Verbandfestigkeit nahezu einbüßen. Vorgespannte Bewehrung erhöht im Gegensatz dazu die Verbandfestigkeit des Gebirges durch Vergrößerung der Kluftreibung.

Besonders Kurzanker versagen bei ungenügender Anspannung. Man verwendet deshalb zu ihrer Montage Momentenschlüssel, welche eine Mindestspannung garantieren sollen. Dabei kann das Vorspannen (a) durch Anziehen einer Kopfschraube oder (b) durch Eindrehen des Schaftes in das Fußende erfolgen. Tiefanker werden in der Regel (c) durch eine hydraulische Spannpresse, seltener (d) durch mechanische Spannvorrichtungen vorgespannt. Stets strebt man, den aufgebrachten Ankerzug zu messen.

Wegen der Zeitabhängigkeit der Verbandeigenschaften sollen die Ankerkräfte nie auf einmal, sondern in 2—4 Laststufen aufgebracht werden; zwischen je 2 Laststufen soll im Durchschnitt 1—2 Wochen gewartet und beobachtet werden. Ein Spannungsabfall in dieser Zwischenpause erlaubt oft wertvolle Schlüsse auf das mechanische Verhalten von Gestein und Ankerung.

13.32 Korrosionsschutz

Die Zugglieder sind ganz besonders sorgfältig gegen Korrosion zu schützen. Ein solcher Schutz ist mitunter weit schwieriger zu erreichen als bei Stahlbauteilen anderer Konstruktionen. Die Zufuhr von Sauerstoff und das Vorhandensein aggressiver Säuren in den Sickerwässern schaffen in Bohrlöchern und Gesteinsspalten im Verein mit örtlichen Faktoren, die wir noch nicht kennen, deren Wirkung wir aber beobachten, Bedingungen, unter denen der Stahl besonders korrosionsanfällig ist. Dabei scheinen die im Fels fast immer vorhandenen elektrischen Erdströme sowie Strahlungen eine wichtige Rolle zu spielen. Sulfide und Sulfate sind von geringem, Chloride und Chlorate dagegen von entscheidendem Einfluß; diese lösen, insbesondere bei hochgezüchteten kaltgereckten Stählen, schon in kleinsten Spuren die gefürchtete S p a n n u n g s k o r r o s i o n aus, welche nicht erst durch Rostfraß und allmähliche Verminderung der Stahlquerschnitte zum Bruch führt, sondern durch rasch entstehende feinste Korrosionsspalten zwischen den Stahlkristalliten und deren Kerbwirkung. An den Korrosionskerben finden sich oft deutliche Anreicherungen von Chlorverbindungen.

Als Rostschutz von Felsankern werden (a) Zementverpressung der Bohrlöcher, (b) Bitumenfüllung derselben, (c) bituminöse Jute-Umwicklungen, (d) Umwicklungen mit Kunststoffbinden und Pasten, (e) Plastik- und Gummiüberzüge sowie (f) galvanische Ströme verwendet; gelegentlich wurde auch (g) zusätzliche Feuerverzinkung vorgeschlagen.

Welcher Art von Rostschutz der Vorzug zu geben sei, hängt davon ab, ob

(1) angenommen werden darf, daß die Felsmasse in Ruhe verharren werde; oder ob

(2) Relativverschiebungen (Teilbewegungen) im Fels zu erwarten sind.
Ein zweites Kriterium ist durch die Intensität des Korrosionsangriffes
(A) normal oder
(B) erhöht
gegeben.

Der Fall (1) ist gegeben, wenn z. B. bei echten Verankerungen äußere Kräfte von vergleichsweise geringem Gesamtausmaß in den Fels eingeleitet werden *(16.8)*. Dann leistet, einerlei, ob normale (A) oder erhöhte Korrosionsbedingungen (B) erwartet werden, eine Verpressung der gesamten Ankerspannstrecke nach dem Anspannen der Anker den einfachsten, besten und billigsten Rostschutz (Ankertyp I, Abb. 13–23). Da keine Teilbewegungen im Fels zu erwarten sind, ist dieser „blockierte Anker" auch dauerhaft.

Der Fall (2) ist z. B. bei den meisten echten Felsbewehrungen gegeben, deren Kräftespiel sich, wie Messungen beweisen, erst in Monaten und Jahren nach Einziehung der Anker umlagert, wobei diese Umlagerung unter Teilbewegungen der Kluftkörper vor sich geht; auch bei geologisch bedingten Felsbewegungen (Talzuschub usw.), welche erst Jahre nach dem Aufbringen von Gegenkräften ganz zur Ruhe kommen; desgleichen auch, wenn große, zeitlich veränderliche Kräfte (z. B. Staumauerschübe) in den Fels eingeleitet werden. Gelegentlich wird durch Felsanker auch die Rückholung in Bewegung gekommener Felsteile bezweckt; dann ist eo ipso ein freies Spiel der Ankerschäfte erwünscht.

In allen solchen Fällen (2) halte ich das in einigen Ländern geübte Auspressen der Ankerlöcher für einen ungenügenden und unsicheren Korrosionsschutz, weil (a) sich die Deformationen — im Gegensatz zum monolythischen Beton — nach der „Geschwindigkeitsregel[21]) der Teilbewegung" (SANDER 1930) im Fels-Mehrkörper auf die Klüfte konzentrieren, dort oft mehrere Millimeter betragen und dabei den Zementstoppel durchscheren oder aufreißen; und weil (b) gerade an diesen Reißstellen dann das korrosionsfördernde Wasser zusickert. Überdies entstehen (c) durch die unstetigen Felsdeformationen in blockierten Ankern unkontrollierbare Spannungsspitzen, weil sich auch die Stahldeformation auf die Nachbarschaft der Klüfte konzentrieren muß. So würde z. B. eine Dehnung eines 10 m langen Stahlbetonblockes um 2‰ der Länge im Beton zahlreiche, über die ganze Länge verteilte Haarrisse hervorrufen und die im Stahl vorhandenen Zugspannungen nur um 240 kg/cm² anwachsen lassen;

[21]) „Je kleiner die sich relativ gegeneinander bewegenden Teile, verglichen mit dem zu deformierenden Körper, den sie zusammensetzen, sind, desto geringer wird im allgemeinen ihre Verschiebung gegeneinander, der Weg der unmittelbaren Teilbewegung und damit auch, bei gleichbleibender Deformationszeit des Ganzen, die Geschwindigkeit der Teilbewegung."

ein gleich hoher Spannungszuwachs ergäbe sich bei einem Felsverbundkörper gleicher Deformation mit unverpreßten Spanngliedern. In einem Felsverbundkörper mit verpreßter Bewehrung hingegen würde sich die gleiche Gesamtdehnung von 20 mm auf wenige Zentimeter in der Nachbarschaft der Klüfte konzentrieren und demgemäß würde der Spannungszuwachs im Stahl etwa in der Größenordnung von (rechnerisch) 8000 kg pro cm^2, also weit über der Fließgrenze, oft sogar über der Bruchgrenze, liegen [22]). Vor allem aber entstehen an Schrägklüften unerwünschte Scherbeanspruchungen im Stahl. Reißt ein durch Einpressung blockierter Anker, so wird man dies nicht einmal gewahr! Darin sehe ich eine große Gefahr. Deshalb sollen Felsanker in teilbeweglichem Gebirge ihrer ganzen Länge nach (abgesehen von der Haftstrecke) längsbeweglich bleiben und im Bohrloch keinen Lochlaibungsdruck erzeugen [23]).

Für den häufigen Fall (2) von Teilbewegungen im Fels ist deshalb meines Erachtens einzig und allein der Freispielanker (Ankertyp II, Abb. 13–24) am Platz, welcher in Konsequenz dieser Erkenntnisse konstruiert wurde. Liegt zugleich erhöhte Korrosionsgefahr vor (2 B), so ist ein längsbeweglicher und gegen Korrosion gesicherter Ankertyp zu verwenden (Beispiel: Talsperre Vajont). Bei mäßiger Korrosionsgefahr (2 A) genügt unter Umständen ein zeitlich begrenzt wirksamer Rostschutz (z. B. gründliche Spülung des Bohrloches mit Zementmilch oder ähnlichem; elektrostatische Aufladung) bis zur späteren Verpressung nach Aufhören der Felskörper-Teilbewegungen (Beispiel: Kaverne Altenmarkt).

Bei den Felsankern am Kraftwerk Sarobi (Müller 1955 a; Abb. 13–21) habe ich, da es den Ankertyp II damals noch nicht gab, Rostschutz durch Bitumenfüllung der Bohrlöcher empfohlen. Bei den Felssicherungen Hohensalzburg und Harburg wurden mehrfache Jute-Umwicklungen mit Bitumenanstrichen ausgeführt. Die Schmidstahlwerke A.G. schlagen eine neue Art der Feuerverzinkung vor, Prof. Rinagl zusätzlich einen Plastiküberzug. Heute wird der Rostschutz beim Ankertyp II meist durch Umhüllung von Einzeldrähten (und) oder ganzer Drahtbündel mit besonderen Dichtungs-

[22]) Schon die Haarrisse im Stahl-Beton-Verbundkörper bedingen kleine Mehrspannungen im Stahl an den Rißstellen. Roš und Eichinger wiesen nach, daß viele dünne Stahlstäbe in einem Biegebalken eine größere Festigkeit ergeben als wenige dickere vom gleichen Gesamtquerschnitt. Bei diesen stellen sich nämlich die Risse der Zugzone in größeren Abständen ein, so daß auf jeden von ihnen eine größere Stahldehnung entfällt; da sich der Stahl in den Rissen ungehinderter und stärker als in den dazwischenliegenden Betonstrecken dehnt, konzentrieren sich die gleichen Dehnungsbeträge auf diese wenigen Rißstrecken. Beim Stahl-Fels-Verbundkörper sind die Rißabstände noch um ein Vielfaches größer, die Spannungsspitzen deshalb weit beträchtlicher.

[23]) Aus den gleichen Gründen rate ich davon ab, die Haftlängen der eigentlichen Ankerungsstrecken länger zu halten als rechnerisch erforderlich ist; eine Verlängerung würde nur die freie Spannlänge der Anker vermindern und eine Tieferführung der Bohrungen erfordern.

binden oder -schläuchen, gelegentlich auch Einzelisolierung in Nylon oder aufvulkanisiertem Gummi gewährleistet. Ist diese Bandage weich genug, so daß sie Bewegungsspielraum läßt, kann der restliche Bohrlochraum überdies vermörtelt werden.

13.33 Bauarten der Tiefanker

Die gebräuchlichen Tiefanker *(tie-rods; tirants; tiranti)* entsprechen den vorstehend erhobenen Forderungen des Rostschutzes und des freien Spieles im Bohrloch (oder Schacht) in verschiedenem Grade und auf verschiedene Weise. Sie eignen sich infolgedessen nicht alle für die gleichen Zwecke und müssen nach den jeweiligen Anforderungen ausgewählt und konstruiert werden.

Drahtseile in Bohrlöchern verwendete bereits Coyne zur Erhöhung der Cheurfas-Staumauer. Für Provisorien sind sie auch heute noch geeignet. Einer langdauernden Verwendung von Seilen steht aber ihr beträchtliches Kriechen und die Notwendigkeit beständigen Nachspannens entgegen. Die bergseitige Verankerung von Drahtseilen ist vermöge der großen Drahtoberflächen einfach und erfolgte oft in der Weise, daß das Seilende durch eine eingelegte Sprengpatrone nach der Einführung ins Bohrloch aufgespleißt und dann durch Injektionen verpreßt wurde. Das äußere Seilende wird in vergossenen Kupplungen gefaßt. Selbstverständlich können auch mehrere Seile in einem Stollen oder Schacht vereinigt werden. Mit gängigen Einzelseilen können Zugkräfte bis zu 250 t eingeleitet werden.

Rundstahlanker in Bohrlöchern erlauben bei Bohrlochdurchmessern bis zu 100 mm die Einleitung von Kräften bis zu 80 t. Ihr Nachteil ist, daß solche starken Querschnitte von Gerüsten aus nur in Längen von 5—6 m eingebaut werden können und häufig gestoßen werden müssen. Da an den starken Verbindungsmuffen noch Einpreß- und Entlüftungsröhrchen vorbeizuführen sind und die einzuschneidenden Gewinde einen Querschnittverlust bedeuten, ist in einem Bohrloch von 100 mm Durchmesser praktisch nur ein nutzbarer Stahlquerschnitt von 50—60 mm unterzubringen.

Als Nachteil wird empfunden, daß ein Ablängen nach Naturmaß bzw. Bohrlochbeobachtung nicht möglich ist, da die Schraubengewinde auf der Drehbank vorgefertigt werden müssen. Ferner sind die Bohrlochquerschnitte der Muffen wegen nur schlecht auszunützen, so daß in verhältnismäßig große Bohrlöcher nur beschränkte Kräfte eingeleitet werden können. Dieser Nachteil läßt sich zwar durch Verwendung sehr hochwertiger Stähle mindern, jedoch sind diese besonders kerbempfindlich. Deshalb ist auf einen genauen, zur Ankerachse normalstehenden Sitz der Ankerkopfplatten zu achten, da sonst große Biegemomente entstehen, welche nicht selten zu Gewindebrüchen führen. Bei den ersten Felssicherungen in Harburg verwendete die ausführende Firma Polensky & Zöllner mit Erfolg eine Kugelpfanne, während die Arbeitsgemeinschaft Veder-Rieser an der Festung Hohensalzburg keilförmig angearbeitete Stahlplatten unterlegte. Die Gewindeanschlüsse der Muffenstöße sind nur sehr schwer gegen Rost zu schützen. Diese Erfahrung führte zur Entwicklung eines neuen Ankertyps aus Spanndrähten.

Seit die großen Vollquerschnitte durch Drahtbündelanker verdrängt wurden, sind nur mehr kleinere Ausführungen von Rundstahlankern in Torstahl oder ähnlichen, durch Kaltreckung vergüteten Stählen gebräuchlich. Diese dürfen bei Querschnitten bis 36 mm noch über einen Radius von etwa 10 m gebogen und können somit in Längen bis zu 14 m ohne Stoß eingebaut werden. Zudem verbürgt ihre Oberflächenformung auch bei kurzer Verpreßlänge von nur 1—1,5 m eine ausgezeichnete Haftung im Zementpfropfen.

Die Nachteile der Kerbempfindlichkeit sowie des Querschnittverlustes durch Anschneiden am Gewinde (26—30 %) haften auch diesen Ankern an. Zur Vermeidung dieses Übelstandes empfiehlt PACHER nach Untersuchungen von Dr. SCHAUTA, Linz, eine besondere Art der Stoßschweißung mit Anschweißenden. Damit kann der volle Stahlquerschnitt ausgenützt und z. B. bei einem Durchmesser von 36 mm eine Nutz-Tragkraft von 34 t erzielt werden. (Über Schweißung von Torstahlankern s. SORETZ 1955 a, 34).

An der Plangraben-Stützmauer der Österreichischen Bundesbahnen im Steyrtal gelang, angeregt von PACHER, in Zusammenarbeit mit der Sika-Plastiment A.G., erstmalig die Kombination der im österreichischen Raum beliebt gewordenen Torstahlanker mit den Perfoankern *(13.36)* (MARTIN und RIBITSCH 1962) bis zu 8 m Länge; Ausführungen bis zu 15 m erscheinen möglich.

Durch diese Kombination wird der Ankereinbau wesentlich beschleunigt und verbilligt und sehr rasch eine hohe Tragfähigkeit erreicht.

Die Sika-Plastiment-A.G. ist gegenwärtig bestrebt, diese Versuche dahin auszudehnen, daß die gesamte Ankerstrecke mit Perfo-Rohren eingemörtelt wird, wobei in der Ankerfußstrecke ein Raschbindemörtel, in der übrigen Arbeits- oder Spannstrecke hingegen ein verzögert abbindender Mörtel eingebracht wird, welcher erst nach dem Spannen der Anker allmählich Festigkeit erlangt.

S t a h l s t a n g e n b ü n d e l in Schächten oder Stollen sind zur Einleitung sehr großer Kräfte bis zu mehreren tausend Tonnen geeignet. Für die Stangen steht Stahl in Festigkeiten bis zu 5000 kg/cm^2 zur Verfügung.

Die heute sehr beliebten D r a h t b ü n d e l a n k e r verdanken ihre häufige Anwendung zum Teil den genannten Nachteilen der Vollstahlanker. Die hochvergüteten Stahldrähte, wie sie im Vorspannbrückenbau verwendet werden, erlauben die Konstruktion von Felsankern, welche gegenüber anderen Ankerungssystemen folgende V o r t e i l e bieten:

(a) Konzentration großer Kräfte bis zu 100 bzw. 200 t in Bohrlöchern von 100 bzw. 140 mm⌀, sogar bis zu 300 t;

(b) Herstellung in beinahe beliebiger Länge ohne Stoßverbindung;
(c) Biegsamkeit und dadurch erleichterte Montage;
(d) Möglichkeit hochwertigen Rostschutzes unter Wahrung der Längsverschieblichkeit im Bohrloch;
(e) Möglichkeit von Kontrollmessungen von Ankerkraft und Felsbewegungen.

Zwei der gebräuchlichsten Ankersysteme zeigen die Abb. 13–23 und 13–24. Der Blockierte Anker (Type I) wird in seiner Gesamtlänge im Bohrloch verpreßt und bleibt starr mit dem Gebirge verbunden. Der Freispielanker (Type II) bleibt — mit oder ohne Verpressung — im Bohrloch frei beweglich; bei Bedarf kann auch er ohne Änderung der Konstruktion blockiert eingebaut werden.

Einfache und zusammengesetzte Stahlprofile in Stollen und Schächten (Abb. 13–25) haben gegenüber Drahtseilen und Stahlstangen den Nachteil, daß sie nicht leicht vorgespannt werden können, daß somit ihr äußerer Kopf bei jedem Lastwechsel Bewegungen vollführt, welche wegen der meist großen Ankerlängen nicht gering sind (10—30 mm). Tiefanker, welche unter dem Einfluß beweglicher Lasten gelegentlich auch auf Druck beansprucht werden können, lassen sich dieser großen Dehnbeträge wegen nicht leicht gegen Knickung absteifen; sie im Ankerschacht einzubetonieren wäre aber unrichtig, weil Ankerzugkräfte dann nicht an das Ende der Ankerstrecke geleitet, sondern gleich am Schachtbeginn übertragen würden, wo das Gebirge sie noch nicht aufzunehmen vermag. Diese Bauart wird deshalb heute mehr und mehr durch vorgespannte Konstruktionen ersetzt.

13.34 Die Haftstrecke

Der Fuß von Tiefankern, wie wir das meist mit Zement verpreßte, bergseitige Ankerende (im Gegensatz zum außen liegenden Ankerkopf) bezeichnen wollen, kann verschiedenartige Ausbildungen erfahren. Nach Versuchen, welche Soretz (1955 b) angestellt hat, besteht die einfachste und beste Konstruktion bei Rundstahlankern in einem aufgestauchten Knauf (Abb. 13–26). „Für dünnere Stäbe aus Torstahl hat sich die Endverankerung mit aufgestauchten Köpfen besonders zweckmäßig erwiesen. Nach der Kaltverbindung werden die Stirnflächen der Stäbe erwärmt und zu einem Kopf gestaucht. Die zu einwandfreiem Sitz und Abstützung der Köpfe erforderlichen Paßringe dienen zugleich als Gesenk für das Stauchen der Köpfe. ... Durch zahlreiche Zugversuche wurde bewiesen, daß die Tragfähigkeit dieser aufgestauchten Köpfe mindestens gleich ist jener des laufenden Stabes.“ Auch das Kriechmaß der Köpfe „war stets etwas kleiner als das ... des laufenden Stabes“. Diese Endverankerung kann auf der Baustelle ohne Spezialgeräte hergestellt werden (Soretz 1955 a, 35).

Auch Versuche von Müller (1952 c) und Pacher haben ergeben, daß es meist überflüssig ist, an Rundstahlankern besondere Endausbildungen anzuarbeiten, da selbst völlig glatt abgedrehter Wellenstahl bei Verwendung richtigen Einpreßmörtels und einem Einpreßdruck von mindestens 7 atü eine rechnerische Haftfestigkeit von mehr als 28 kg/cm² aufweist. Unabhängig davon hat VEDER bei Versuchen in Mailand ähnliche Werte nachgewiesen.

Bei Torstählen ohne Endausbildung findet nach SORETZ (1955 a, 32) der Gleitbruch erst bei einer Haftspannung von 63 kg/cm², der Gleitbeginn bei 34 kg/cm² statt; für Torstähle mit niedriger Ganghöhe liegen beide Grenzen über 97 bzw. 150 kg/cm². Diese außerordentlichen Haftfestigkeiten, welche ohne besondere Verpreßdrücke erzielt werden, machen, in Verbindung mit den hohen Festigkeiten und der hohen Kriechgrenze, den Torstahl (und ähnliche Stähle) für Felsbewehrungen besonders wertvoll. Abb. 13–27 zeigt die Verteilung der Zug- und Haftspannungen über die Einbettungslänge nach den Versuchen von KUUSKOSKI (1950) für Profilstahl (z. B. aufgerauhten Stahl) und prismatischen (glatten) Stahl. Der erste zeigt nach SORETZ (1955 b, 164) Scherverbund, der andere Haftverbund, welcher 2—5mal kleiner ist. „Die Haftfestigkeit ist, unter

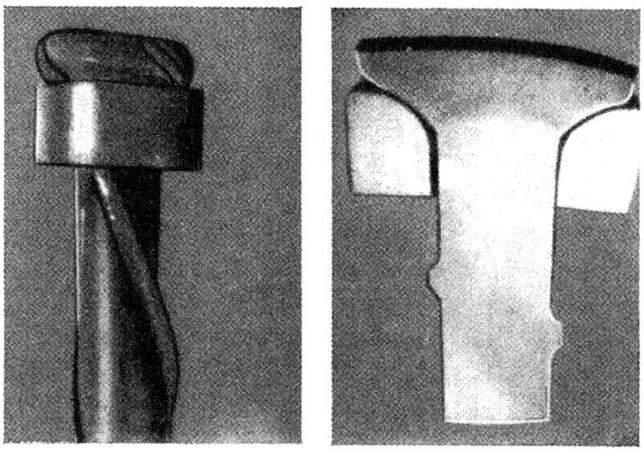

Abb. 13-26. Endknauf für Torstahlanker (aus SORETZ 1955 a)

sonst gleichen Bedingungen, vom Durchmesser des Stabes und von der Einbettungslänge abhängig, so wie dies Abb. 13–28 an dem Beispiel von Ausziehversuchen mit Torstahlstäben und Beton zeigt. Die Haftfestigkeit ist um so größer, je kleiner der Stabdurchmesser und/oder je kürzer die Einbettungslänge.

Ein ganz ähnliches Verhalten zeigt der Verbund zwischen Einpreßmörtel und Bohrlochwandung ... Der prismatische Stahl wird mit Erreichen der Haftfestigkeit über die ganze Einbettungslänge herausgezogen, ohne vorherige Bruchwarnung oder größere Gleitungen. Diese Verbindung zeigt daher den unerwünschten, warnungslosen Bruch. Formstähle entwickeln nach den ersten Gleitungen, unter denen die Haftwiderstände überwunden werden und die Scherelemente in Tätigkeit treten, mit steigender Belastung zunehmende Gleitungen. Der Größtwert der Beanspruchungen und Gleitungen wird bei der Haftfestigkeit erreicht, unter welcher der Stab mit dem umschriebenen Mörtelzylinder herausgeschert wird. Diese Verbindung zeigt einen außerordentlich zähen Charakter mit sehr großen Deformationen bis zum Bruch. Die üblichen Formstähle unter 16 mm Dicke werden in der Regel auch bei den hochwertigsten Stählen vor dem Gleiten abgerissen, wenn die Einbettungslänge mehr als 20 cm beträgt" (S. 165/166).

Beim Anker mit Endknauf (Abb. 13–26) „werden mit der Belastung des Ankers steigende Pressungen auf die bergseitige Stirnfläche des Einpreß-

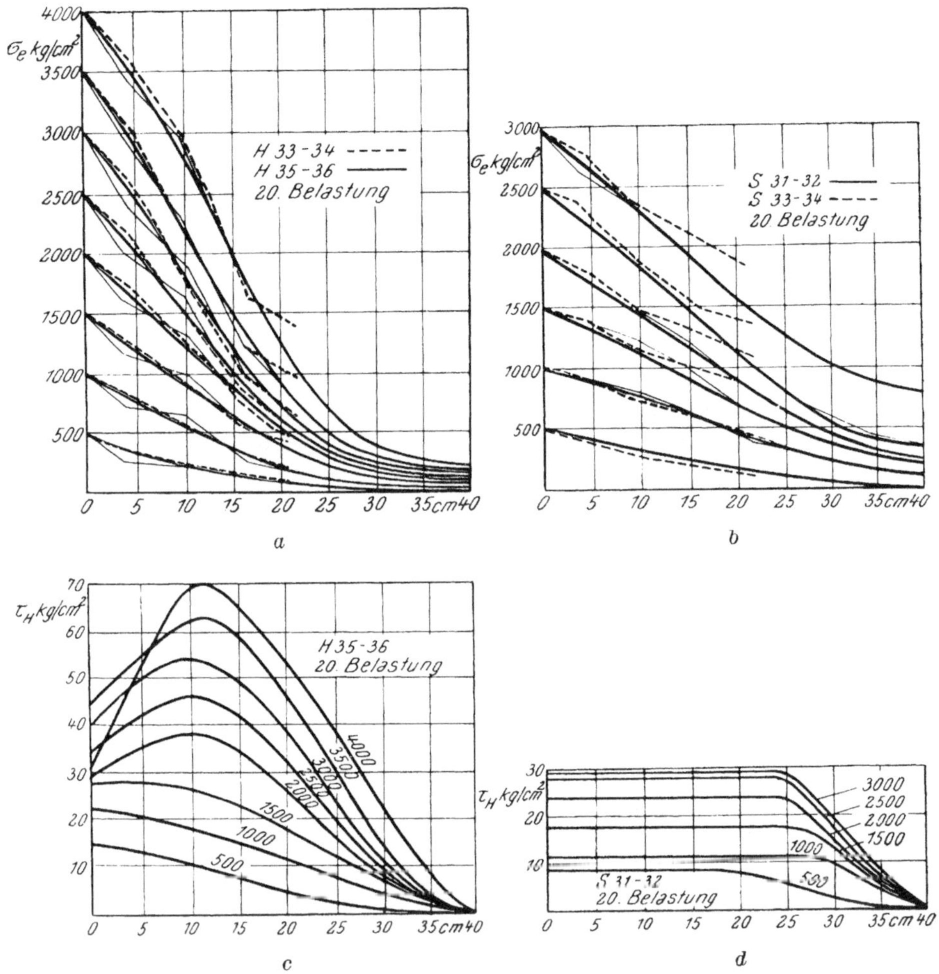

Abb. 13-27. Verteilung der Zug- und Haftspannungen über die Einbettungslänge von Ankerstählen. a) Spannung im Formstahl; b) Spannung im prismatischen Stahl; c) Haftspannung am Formstahl; d) Haftspannung am prismatischen Stahl

mörtels ausgeübt. Die Behinderung der Querdehnung des in der Längsrichtung gedrückten Einpreßmörtels durch die Bohrlochwandungen ruft radiale Druckspannungen hervor, welche die Verbundfestigkeit zwischen Einpreßmörtel und Bohrlochwandung bedeutend erhöhen. Eine weitere Steigerung der Verbundfestigkeit wird durch eine schwach konische Ausbildung des Kopfes . . . erreicht, indem in der Konusfläche hohe Radialdrücke und damit eine sichere Klemmung entstehen.

Die Krafteintragungsstelle ist damit in der nächsten Umgebung des Kopfes fixiert, wenn der Stahl über die Länge der Umhüllung mit Einpreßmörtel von diesem isoliert ist. Im anderen Fall, also bei Verbund zwischen

Stahl und Einpreßmörtel, wird der Kopf nur dann zum Tragen kommen, wenn der Stahl über die ganze Einbettungslänge gleitet, d. h. die Übertragungslänge zu kurz oder die Verbundfestigkeit ungenügend ist" (SORETZ 1955 b, 166/167).

Für gewöhnlich wird jedoch die ungleiche Verteilung der Haftspannungen nicht berücksichtigt, sondern mit Mittelwerten und entsprechend abgeminderten zugelassenen Haftspannungen gerechnet.

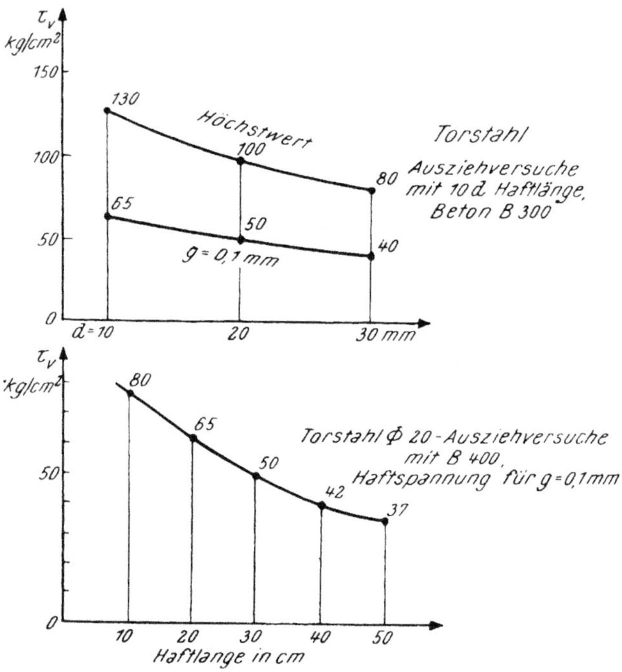

Abb. 13-28. Einfluß des Stabdurchmessers d und der Haftlänge auf die Haftfestigkeit bei Formstahl (aus SORETZ 1955 b)

Dreierlei ist nachzuweisen:

(1) Die Haftsicherheit zwischen Stahl und Mörtel oder Verpreßzement;

$$\nu_1 = \frac{a \pi d_1 l}{Z \beta_{S_1}} \qquad [13\text{—}15]$$

(2) die Haftsicherheit zwischen Mörtelpfropfen und Fels

$$\nu_2 = \frac{b \pi d_2 l}{Z \beta_{S_2}} \qquad [13\text{—}16]$$

(3) die Haftfähigkeit des Ankerkegels im Fels.

In Gesteinen, in welchen die Bohrlochwandungen sehr glatt oder „seifig" ausfallen, werden verschiedene Bohrtechniken und Hilfsmittel zur Erhöhung der Wandreibung oder zur Verbreiterung des Ankerfußes angewendet. Bei kleinklüftigem Gebirge kann Vorverfestigung durch Einpressungen erfolgreich sein (Untersberg-Seilbahn). In solchen Bergarten empfiehlt sich allemal die Ausführung vorbereitender Ankerzugversuche, welche als Dauerversuche die Kriechbewegungen erfassen müssen.

Die Einmörtelung des Ankerfußes erfolgt entweder mit Zementmörtel oder mit Zementschlämme unter verschiedenen Zusätzen. Der Verpreßdruck muß nach erzielter Drucksteigerung einige Zeit gehalten und kontrolliert werden, ehe die Verpreßvorrichtung abgenommen wird. Die Abbindezeiten des Verpreßzementes hängen von mancherlei Umständen ab und dürfen nicht jenen des gleichen Zementes im Beton gleichgesetzt werden.

Die Tiefenlage der Verankerungszone ist zu entscheiden

(1) nach der Ankerfähigkeit des Gebirges;
(2) nach der Lage vorhandener Gleitflächen oder fiktiver Bruchflächen;
(3) nach dem Ausbreitungswinkel, welcher für die Kräfte im Fels anzunehmen ist.

Die Prüfung des Gebirges auf Ankerfähigkeit (1) kann nicht nach Schema erfolgen, wohl aber können Richtlinien gegeben werden. Der Zerlegungsgrad des Gebirges darf im allgemeinen in diesen Strecken nicht größer als $\varkappa_e = 0{,}6$ sein. Die Kluftscharen dürfen mit den Ankerkräften nicht solche Winkel einschließen, welche das Herausziehen keilförmiger Kluftkörper aus dem Gesteinsverband begünstigen würden. Genauer: der Ankerzug soll nicht mit den Richtungen größter Verformungswilligkeit bzw. geringer Widerständigkeit des Gebirges *(6.2)* zusammenfallen. Da diese Voraussetzungen an den Bohrkernen der Ankerlöcher nicht immer nachzuprüfen sind, empfiehlt es sich stets, die Ankerfähigkeit durch optische Sondierung *(8.64)* nachzuweisen.

Welcher Abstand zwischen den Ankerstrecken und der Gleit- oder Bruchfläche, auf der der Gebirgskörper im Ernstfall abgehen würde, einzuhalten sei (2), hängt wiederum von den Festigkeitseigenschaften des Gebirges ab. Je größer die Ankerfähigkeit (1) des Gebirges, desto kleiner darf dieser Abstand gewählt werden, wobei auch im gesündesten Gebirge ein Minimalabstand von 2 m niemals unterschritten werden darf, weil sonst das Herausbrechen eines Gesteinskegels gegen die Gleit- oder Bruchfläche zu befürchten wäre. Bei der Betrachtung der Ankerkegel ist die sich im Ernstfalle bildende Bruchfläche oder eine mit plastischem Material gefüllte Gleitkluft einer freien Felsfläche gleichzuwerten.

Größe, Form und Haftfähigkeit dieser Ankerkegel werden durch den Ausbreitungswinkel (3) des Kraftflusses bestimmt. Er ist gefügebedingt und in verschiedenen durch den Ankerschaft gelegten Schnittebenen von ungleicher Größe und wird nach *(6.11)* bestimmt. Da diese Bestimmung nur roh erfolgen kann, ist für die Berechnung der Haftfähigkeit ein größerer Sicherheitsgrad zu fordern als für die der übrigen Ankerteile.

Die einander überschneidenden Bereiche benachbarter Ankerkegel dürfen jeweils nur einem Anker zugezählt werden. Solange die Ankerkegel einander nicht überschneiden, nimmt ihre Haftfähigkeit im allgemeinen mit der Ankerungstiefe quadratisch, im Falle der Überschneidung nur mehr linear zu. Im Grundriß müssen die Anker so ausgeteilt werden, daß ihre hinteren Enden verschieden tief hinter die Abbruchfläche reichen.

Die Zahl und Größe der Anker richte man danach ein, ob das Gebirge die Einleitung einzelner konzentrierter Kräfte zuläßt oder ob es ratsamer erscheint, die Last wegen seiner Ungleichmäßigkeit oder des Vorhandenseins von Großklüften in ungünstiger Lage u. dgl. auf möglichst viele Bewehrungsglieder zu verteilen, damit im Falle des Versagens eines Ankers in einer schwächeren Zone der Ausfall im Verhältnis zur Gesamtkraft möglichst klein sei. Die Vorteile verteilter, aufgelöster Verankerungen gegenüber konzentrierter Krafteinleitungen wurden bereits genannt *(13.29)*.

13.35 Kopfausbildung

Der Ankerkopf hat die Ankerkraft auf Felsoberfläche oder Betonkonstruktion zu übertragen, bei eigentlichen Felsverankerungen überdies die äußere Kraft auf den Anker weiterzuleiten.

Nur selten ist für seine Ausbildung und Größe der dem Fels zumutbare spezifische Flächendruck maßgebend, bei dessen Einschätzung man zu berücksichtigen hat, daß die Gebirgsfestigkeit an der Oberfläche oft recht gering sein kann. Viel häufiger ist der Ankerkopf nach dem Gesichtspunkt einer besseren Verteilung der Ankerkräfte auszubilden, so daß die zwischen den Ankerköpfen liegenden Bereiche an der Bewehrungswirkung teilhaben; sie erfahren sonst leicht eine zusätzliche Auflockerung. Wann die eine und wann die andere Ausbildung zweckmäßig ist, hängt von der Fazies des Gebirges und davon ab, ob eine in sich ausreichend zusammenhängende Felsmasse als Ganzes vor Gleichgewichtsverlagerungen geschützt oder ob gleichzeitig einigen in sich weniger zusammenhängenden Felsbereichen Zusammenhalt gegeben werden soll. Im ersten Falle werden meist einzelne Betonknaufe, im zweiten Falle Rippen oder Holme, etwa wie in Abb. 13–13 u. –19, seltener Platten, ausgeführt. Für Provisorien genügt schon eine Torkrethaut oder Spritzbeton-Schale *(11.34)*.

Als Baustoff eignet sich am besten Stahlbeton, für Provisorien auch Profilstahl. Die Stahleinlagen des Betons tragen der konzentrierten Krafteinleitung (meist durch Umschnürung) und der elastischen Bettung langgestreckter Kopfglieder Rechnung. Bei größeren Ankerabständen haben diese recht beträchtliche Biegemomente aufzunehmen, weshalb oft hohe statische Querschnitte (Abb. 13–14) verwendet werden. Die Biegemomente errechnen sich nach Gl. [11–4] *(11.33)*.

Der maximale Ankerabstand ist durch die Bedingung der Gl. [11–3] gegeben.

Da beim Ausfallen eines Ankers, womit manchmal gerechnet werden muß, die negativen Stützmomente plötzlich in positive Feldmomente verwandelt werden, empfiehlt es sich, eine doppelte Bewehrung einzulegen. Das wirtschaftliche Optimum zwischen Ankerdimension, Ankerentfernung und Holmquerschnitt hängt von den verwendeten Materialien ab und liegt in vielen Fällen zwischen Z = 50 t und 100 t und e = 2,5 und 3,5 m, womit sich Holmquerschnitte von 70—120 cm Höhe ergeben.

Bei der Kopfausbildung ist an die aufzusetzenden Vorrichtungen zum Spannen und Nachspannen der Anker sowie an die Führung der Einpreß- und Entlüftungsröhrchen zu denken. Mitunter ist die Anordnung einer Kugelpfanne oder einer Justierplatte zur Vermeidung von Biegemomenten im Ankerschaft von Wert.

Die Ankerköpfe in den Fels einzulassen, ist meist weder nötig noch möglich; es genügt, die Oberfläche aufzurauhen und lockere Teile zu entfernen. Nur wenn Ankerkräfte schräg zur Felsoberfläche eingeleitet werden sollen, wird man versuchen, sie in Nuten einzulegen. Wenn dies wegen der Orientierung des Flächengefüges nicht gelingt, so müssen die Köpfe gegen seitliches Abgleiten durch Sekundäranker gehalten werden.

13.36 Kurzanker

Mehr und mehr finden im offenen Felsbau auch die Bergmännischen Anker (Kurzanker) *(bolts; boulonnes; tiranti carti)* Anwendung, deren eigentliches Feld bis vor kurzem fast ausschließlich der Bergbau, Stollen- und Tunnelbau war. Vor allem eignen sie sich für Provisorien und Halbprovisorien.

Über Ausbildung und Anwendung der Bergmännischen Anker unterrichten die Studien von Rabcewicz (1953; 1955; 1957 a; 1957 b; 1962), Soretz (1955 b), Hugon und Costes (1959) und Wuerker (1953 b) eingehend, so daß hier eine Kurzdarstellung des Gegenstandes genügt.

Zwei Ausführungsarten können unterschieden werden:

(1) Kurzanker mit mechanisch festgemachtem Ankerfuß (Expansionsanker) und

(2) Kurzanker mit eingegossenem Fuß.

Die erste Art ist in zahlreichen Ausführungsformen (Abb. 13–29), die zweite ist in der Form der Perfo-Anker (Abb. 13–30 a) weltweit verbreitet. Eine neue Form von Haftankern, der sogenannte Klebeanker (Abb. 13–30 b, c, d), wurde durch die Entwicklung der Kunstharztechnik ermöglicht. Die Anker nach (1) halten, nach Rabcewicz (1957 b, 5), im wesentlichen nicht durch Reibung, sondern indem sie sich ins Gestein verbeißen, wozu ein erheblicher Anpreßdruck, durch konisches Gewinde oder Keilwirkung aufgebracht, nötig ist. „Bei dem zweiten System, der ‚Perfo'-Methode, werden zwei der Länge nach auseinandergeschnittene, gelochte Blechrohrhälften mit Mörtel gefüllt, sodann aufeinander gelegt, mit Draht verbunden und in das Loch eingeführt. Der Stahl wird dann mit einem Aufbruchhammer eingeschlagen. Der Mörtel tritt durch die Öffnungen aus und füllt den Hohlraum einwandfrei" (Rabcewicz 1957 b, 8).

Die Anwendungsgrenzen beider Arten hat Rabcewicz untersucht. Versuche mit Stahlspreizankern in Schweden und im Ruhrgebiet (Mildendorf und Janssen, 1953) lieferten bei harten Gesteinen sehr ungünstige Ergebnisse. „Die beste Verankerungsmöglichkeit gibt . . . ein mittelhartes Gestein. Bei zu harten und zu weichen Gesteinen wird die Zugfestigkeit des Stahles nicht ausgenützt. Im ersteren Falle beginnt der Ankerkörper, im letzteren das Gestein zu fließen, und der Anker gleitet. Ein geringes Gleiten ist stets

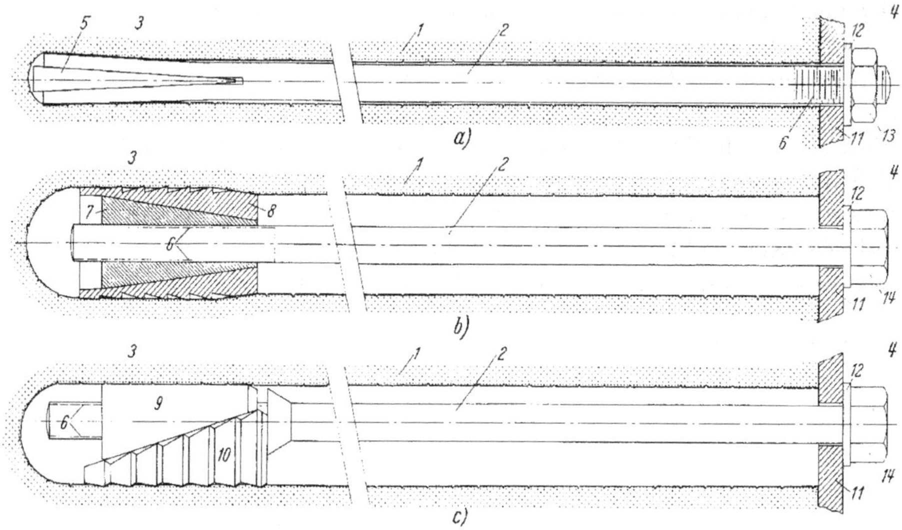

Abb. 13-29. Ausführungsformen bergmännischer Kurzanker mit mechanisch befestigtem Fuß.
a) Schlitzkeilanker, b) Spreizhülsenanker, c) Spreizkeilanker.

1 Bohrloch	6 Schraubengewinde	11 Fußplatte
2 Ankerschaft	7 Konus	12 Beilagscheibe
3 Ankerkopf	8 Spreizhülse	13 Spannmutter
4 Ankerfuß	9 Keil	14 Spannschraubenkopf
5 Schlitzkeil	10 Spreizkeil	

vorhanden, es wird verursacht durch ein gegenseitiges Festbeißen des Ankerkörpers im Gestein, verbunden mit entsprechender Deformation. An der Ruhr hat man ferner festgestellt, daß Naßbohren die Ankerfähigkeit von Sandsteinen herabsetzt . . .

Die Ankerkörper der Expansionsanker kann man aus Spezialstahl fertigen, der dank seiner größeren Härte leichter in das Gestein einbeißt. Dieses Einbeißen ist stets notwendig zur Erzielung des geforderten Verankerungseffektes; die Reibung allein genügt nicht.

Für die härtesten Gesteine sowie für das Gebiet der weichen Steine, in welchen auch die Expansionsanker keine genügende Verankerung gewähren, ist der E i s e n b e t o n a n k e r das Gegebene" (Rabcewicz 1957 b, 6).

Tafel 13–1 (nach Rabcewicz) gibt eine Übersicht über die Eignung der Gesteine zur Verankerung und die Wahl der Ankertypen.

Als Vorteile der eingegossenen Anker werden genannt: Höhere Tragkraft, Rostsicherheit, daher langdauernder Halt; Anwendbarkeit in fast allen Gesteinen; Raschheit und Billigkeit; große Wirtschaftlichkeit. „Als Nachteil der Eisenbeton-Ankerung wird angeführt, daß während der Erhärtungszeit das Gebirge sich weiter auflockern

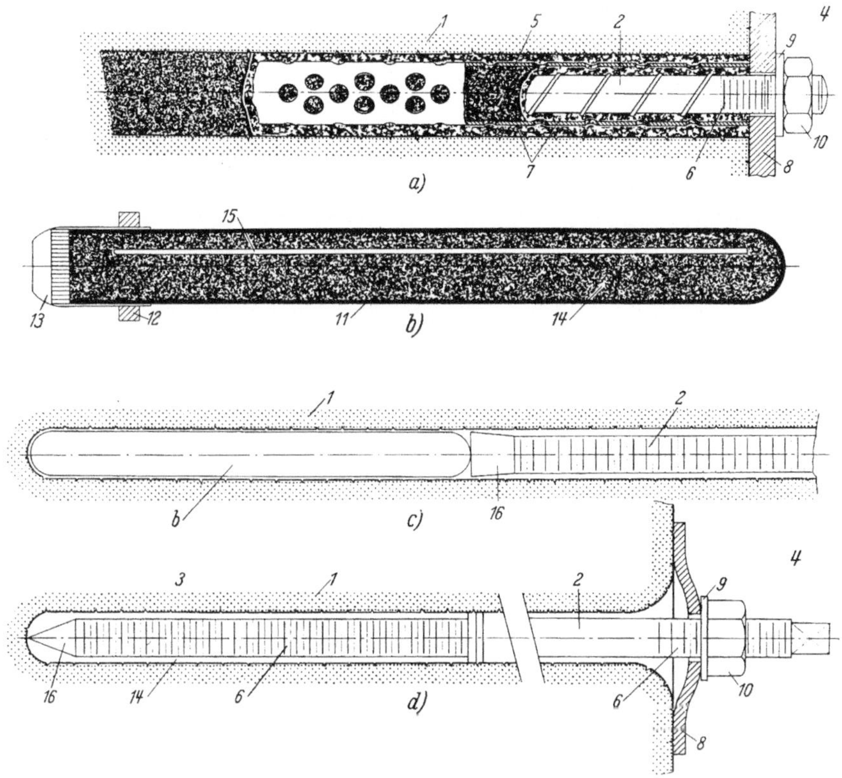

Abb. 13-30. Haftanker-Formen; a) eingemörtelter Anker nach der PERFO-Methode, b), c), d) Klebanker des Steinkohlenbergbauvereins; b Patrone

1 Bohrloch
2 Ankerschaft
3 Ankerfuß
4 Ankerkopf
5 Perforohr
6 Schraubengewinde
7 schnellbindender Mörtel
8 Fußplatte
9 Beilagscheibe
10 Spannmutter
11 Glashülle
12 Schaumstoffring
13 luftdichter Doppelverschluß
14 Harz, Quarzsand und Beschleuniger
15 Glasröhrchen mit Härter
16 Schneide

kann und daß keine Vorspannung möglich ist. Beide Nachteile werden behoben, wenn man ein kurzes Stück des Perfo-Rohres im Bohrlochtiefsten mit rasch erhärtendem Mörtel füllt. Damit wird erreicht, daß man die Muttern schon nach weniger als 1 Stunde nach dem Setzen der Anker anziehen kann. Natürlich darf der rasch erhärtende Mörtel nicht das ganze Loch ausfüllen, sonst erhält man keine Vorspannung. Man kann auf diese Weise das Setzen und Vorspannen in einem Arbeitsgang vornehmen.

Hinsichtlich der Stahlsorte für Eisenbetonanker zeigten die Versuchsergebnisse, daß Nockenstahl gewöhnlichem glatten Stahl weit überlegen ist. Ferner werden zweifellos,

Tafel 13–1. Eignung einiger Kurzankersysteme für verschieden beschaffenes Gebirge (aus Rabcewicz, Schweizer Bauzeitung 75. Jg., Nr. 9, vom 2. März 1957)

Beschaffenheit des Gebirges		T [1])	Art des Einbaues: provisorisch – durch Ankerung in Stahl od. Eisenbeton	Art des Einbaues: provisorisch – Stützung durch Stahlbogen od. Holz	Art des Einbaues: definitiv
1. Fester, gesunder Fels		∞	Standfest ohne jeden Einbau		
2. Gesunder, geschichteter oder geschieferter Fels	chemisch unverändert gesund	∞ ÷ 24	Stahlankerung		EB-Anker + Torkret
3. Fels, sehr stark von Klüften und Sprüngen durchsetzt		24 ÷ 1			
4. Fels, völlig mechanisch zerstört		0		Getriebezimrg. + Stahlbg. oder Holz	
5. Pseudofestes Gebirge					
6. Gebirge mit mäßigen echten Gebirgsdruckäußerungen, geringe Überlagerung					
7. Gebirge mit vehementen Äußerungen echten Gebirgsdruckes, große Überlagerung	chemisch verändert	mehrere Tage bis einige Std.[2])	EB-Ankerung + Torkret od. Netz als alleinig. prov. Einbau od. EB-Anker als zusätzl. Einbau bei Getriebezimrg. Keine Erfahrungen	wenn Getriebezimmerung nötig Stahlbg. oder Holz	Beton
8. Blähendes Gebirge					
9. Lehm, Ton					
10. Sand, Schotter, kohäsionsloses Gebirge	chemisch intakt	0		Getriebezimrg. + Stahlbg. oder Holz	

[1]) T = Zeit in Stunden, welche das Tunnelgewölbe nach dem Vortrieb einer Attacke ohne Stützung steht.

[2]) Abhängig von Wasserandrang und geologischen Verhältnissen.

gerade beim Eisenbetonanker, hochwertige Stähle wirtschaftlich sein" (RABCEWICZ 1957 b, 10).

Die zulässige Inanspruchnahme mechanisch festgemachter Anker (1) ist mit etwa 17 t [24]), jene der eingegossenen Anker (2) mit etwa 40 t begrenzt.

13.4 Entwurf und Ausschreibung von Felssicherungen

13.41 Anpassung an die Gegebenheiten

Berücksichtigung der gefügekundlichen Bedingungen ist die wesentlichste Voraussetzung für den Erfolg der Sicherungsarbeiten. Erfordert der Felsbau in allen seinen Sparten ein ganz besonderes Maß von Spezialwissen, Können und Erfahrung, so gilt dies noch mehr von seinem jüngsten Zweig, der Technik der Felsbewehrungen.

Deshalb sollen sowohl Planung wie Ausführung und Überwachung solcher Spezialarbeiten nur Personen und Unternehmungen anvertraut werden, welche über reiche Erfahrung auf diesem Gebiete verfügen. Viel unnötiges Lehrgeld würde gespart, wenn nicht immer wieder (meist aus sachfremden Erwägungen) neue, ungeübte Unternehmungen zu derlei heiklen und verantwortungsvollen Aufgaben herangezogen würden, während die Spezialisten der Möglichkeit beraubt werden, ihre reichen Erfahrungen weiter auszubauen.

Innerhalb der unabdingbaren geologischen Gegebenheiten entscheidet die Wahl des Systems und der Bauarten über Aufwand, Wirtschaftlichkeit und Erfolg.

Der Aufwand für Felssicherungen kann sehr unterschiedlich sein. Bei der Hoover-Talsperre wurde 1934 versucht, 4600 m³ Schichtgestein durch 50 Anker zu halten, was sich auf die Dauer als unzureichend erwies. 1953 wurde eine Ergänzung der Sicherung durch 350 Anker von je rund 30 t Tragkraft mit etwa 2500 m Länge (= 0,54 m/m³) vorgenommen. Der Entwurf zur Sicherung des Talsperrenaushubes der Trossen-Sperre (Kaprun) sah 2000 m Anker von je 60 t Tragkraft für 40 000 m³ schichtigen Kalkglimmerschiefer und Grünschiefer vor (= 0,05 m/m³); an anderer Stelle sah ein Entwurf (Daberklamm) zur Sicherung von 166 000 m³ Kalkglimmerschiefer im Staubereich 54 000 m Stahlanker vor (= 0,33 m/m³), oberhalb des Staubereiches 600 m für 14 000 m³ (= 0,04 m/m³).

Die Vielfalt der Natur stellt den Projektanten praktisch in jedem Falle vor neue Probleme, für welche aus der Erfahrung mit technischer Phantasie neue Lösungen gefunden werden müssen. Deshalb können nur wenige Erfahrungshinweise vermittelt werden.

---

[24]) Nach Versuchen an der Ruhr (RABCEWICZ 1957 b) in Sandstein 12—17 t, in gering sandhaltigem Tonschiefer 3—8 t.

13.42 Entwurf

Der Gang der Projektierung weicht von dem anderer Arbeiten ab. Selten können Felssicherungen in einem Zug und noch seltener vor Beginn der Bauarbeiten durchprojektiert werden. Meist ist das betreffende Gebiet nur teilweise zugänglich, denn die zu einer genauen topographischen und geologischen Aufnahme erforderlichen Gerüste sind in jenem Vorstadium noch nicht vorhanden. Es wäre auch unzweckmäßig, diese schon vorzeitig aufzustellen, da sie den späteren Bohr- und Schalungsarbeiten angepaßt und deshalb erst im Zuge der Projektierung entworfen werden sollen. So ist also der übliche und zweckmäßige Weg der, daß auf Grund genereller Aufnahmen ein Vorentwurf gemacht und nach diesem abschnittsweise eingerüstet wird. Von den Gerüsten erst können dann genaue Aufnahmen gemacht und zu Detailprojekten der einzelnen Bauabschnitte verwertet werden. Schalungs- und Bewehrungspläne müssen aber auch in diesen Detailprojekten noch Spielraum für Anpassungen an die Naturmaße und unvermeidliche Abänderungen lassen; denn die komplizierten Kleinformen des Gebirges lassen sich niemals so genau darstellen, daß man Bewehrung und Schalung anders als nach Naturmaßen herstellen könnte.

Dieser Weg ist mühsam und zeitraubend. Er kann durch eine vorgängige photogrammetrische Aufnahme im Auswertungsmaßstab 1 : 100 abgekürzt werden, welche auch die geologischen Erhebungen sehr erleichtert und auf Grund gemachter Erfahrungen (Daberklamm, Felssicherungen Passau) nur empfohlen werden kann.

13.43 Nachträgliche Verstärkungen

Charakteristisch und spezifisch für Felssicherungen ist die Möglichkeit späterer Verstärkungen und der Ausbau in Etappen. Davon Gebrauch zu machen, ist aus zwei Gründen äußerst vorteilhaft: (1) weil die geostatische Berechnung auf Grund der ersten Aufschlüsse zunächst oft nur angenähert erfolgen kann und weil erst die während der Ausführung gewonnenen Einblicke eine schärfere Berechnung ermöglichen oder sogar Modifikationen erheischen; (2) es ist vor allem deshalb vorteilhaft, weil man sich auf diesem Wege mit einem relativ bescheidenen Sicherheitsgrad begnügen und damit höhere Aufwendungen vermeiden kann, die bei solchen Bauwerken ohne Amortisation untragbar wären. Da ist es ein glücklicher Umstand, daß die Natur uns in den meisten Fällen Zeit läßt, unsere Sicherheitsmaßnahmen in Etappen auszubauen und auf Grund von Bewegungsmessungen *(13.6)* die Wirksamkeit der ersten Einbaustufen zu beurteilen und die Notwendigkeit oder Entbehrlichkeit weiterer zu entscheiden. Auf diese Weise darf beim Ausbau der ersten Sicherungen oft ein vergleichsweise ungewöhnlich niedriger Sicherheitsgrad zugelassen werden.

Ein solches Vorgehen ist natürlich nur möglich, solange die zu sichernden Felsmassen noch keine akute Gefahr bilden. Wer mit Sicherungsarbeiten so lange zuwartet, bis die Gefahr erst akut geworden ist, begibt sich dieses Vorteiles und muß einen aufwendigeren Ausbau höheren Sicherheitsgrades hinnehmen.

Der Vorteil stufenweiser Ausbaumöglichkeit setzt eine elastische Planung, aber auch Anpassungsfähigkeit bei der Arbeit voraus. Deshalb ist es wichtig, den Ausführenden schon in der Ausschreibung auf mögliche Entwurfänderungen im Zuge der Arbeit hinzuweisen und tunlichst viele Ausführungsvarianten vorzusehen. Eine solche zeitliche Anpassung an das Verhalten des Gebirges ist nur möglich, wenn bei Felssicherungen vorgespannte Zugglieder verwendet werden. Diese ermöglichen eine genaue Dosierung und laufende Kontrolle der eingeleiteten Kräfte. In Verbindung mit systematischen Bewegungskontrollen an der Felsmasse setzen sie den Ingenieur in die Lage, sozusagen mit der Hand am Puls, die „Therapie" dem jeweiligen Zustand elastisch anzupassen. Besonders wertvoll ist da der sogenannte Meßanker, welcher ohne zusätzliche Instrumente eine gleichzeitige Kraft- und Bewegungskontrolle ermöglicht. Diese Kontrolle kann auch mit elektrischer Fernmeldung ausgestattet werden (Abb. 13-31).

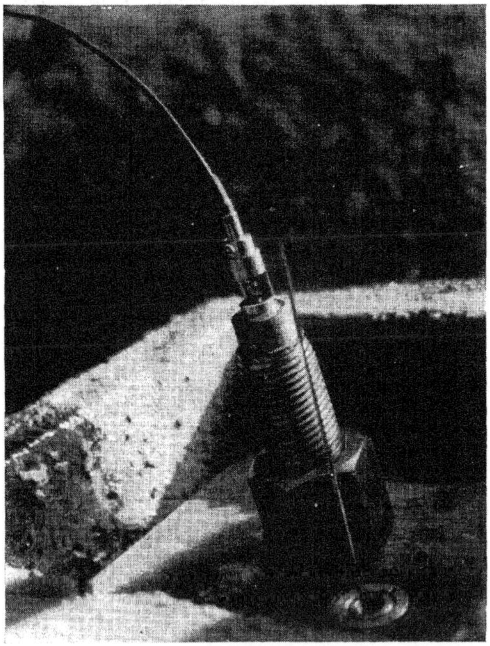

Abb. 13-31. Kontrollanker mit eingebautem Extensometer und Dynamometer (Werkfoto Polensky & Zöllner, Salzburg)

Spätere Verstärkungen werden erleichtert, wenn man ihre Erfordernisse gleich zu Beginn mit einplant, z. B. in den Betonholmen Aussparungen für zusätzliche Anker vorsieht und die Bewehrung auf die Aufnahme weiterer Ankerkräfte abstimmt.

Ohne Vorspannung gesetzte Felsbewehrungen bieten den Vorteil späterer Verstärkungsmöglichkeiten nicht. Stellt sich heraus, daß eine Anzahl solcher Zugglieder nach einer Zeit t_1 die Felsbewegungen nicht wesentlich abzubremsen vermochten, so muß man annehmen, daß diese etwa nach der

Linie A (Abb. 13–32 a) weitergehen. Ohne zusätzliche Anker würde sich dann die Stahlspannung im Zeitpunkt t_2 von σ_1 etwa auf (theoretisch) σ_2 erhöht haben, wenn sie nicht gar die Fließgrenze $\overline{\sigma}$ oder die Bruchfestigkeit erreicht hätte. Setzt man zur Zeit t_1 weitere ungespannte Zugglieder, so wird eine Verlangsamung der Felsbewegung etwa nach der Kurve B erzielt werden. Dabei kommen die neuen Zugglieder II nur allmählich auf Spannung und sind zum Zeitpunkt t_2 erst mit der Spannung σ_2'' ausgenützt. Die Spannung der Anker I aber wird inzwischen bis zu einem Werte σ_2' angewachsen sein, welcher zwar unter dem Wert σ_2, wahrscheinlich aber auch schon im Bereich der Fließgrenze liegen wird. Zur Zeit t_3, in welcher die neuen Zugglieder II die Spannung σ_3'', also noch lange nicht ihren besten Ausnützungsgrad erreicht haben, würden die Glieder I bereits gerissen sein. Hat man hingegen (Abb. 13–32 b) den Bewehrungsgliedern von vornherein eine hohe Vorspannung σ_0 gegeben, welche das Material von Anfang an ausnützt, so beginnt diese Vorspannung die Gebirgsbewegungen sofort nach dem Einbau abzubremsen und etwa nach der Kurve C zu verlangsamen. Sind die Bewehrungskräfte dennoch zu gering, um die Bewegung ganz zum Stehen zu bringen, und werden zusätzliche Verstärkungsglieder II auf dieselbe Spannung σ_0 vorgespannt, dann wird bei weiterer Bewegung bzw. im Zeitpunkt der erreichten Ruhe die Spannung der Anker I nur vergleichsweise unbedeutend erhöht worden sein. Erscheint deren Spannung dennoch unzulässig hoch, dann ist man bei geeigneter Konstruktion der Anker als „Freispielanker“ in der Lage, ihre Span-

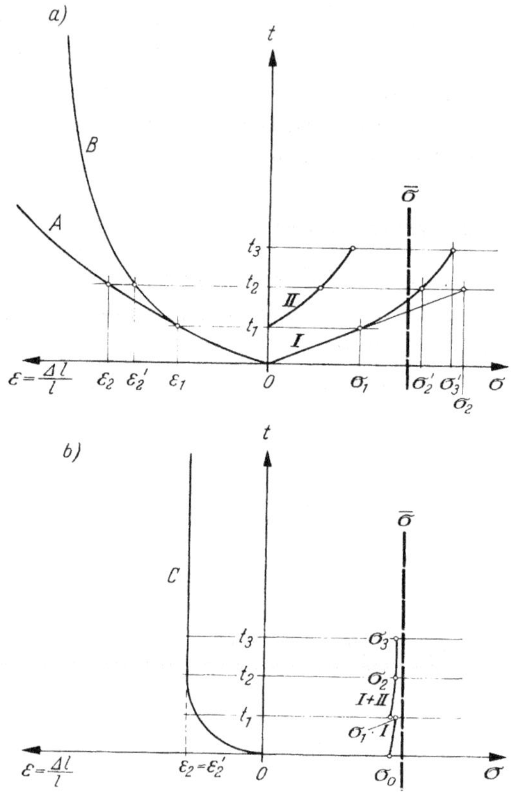

Abb. 13-32. Verhalten vorgespannter (b) und nicht vorgespannter (a) Felsanker bei späterer Vermehrung der Ankerzahl. t Zeit; σ Spannung; ε Felsverformung. (In der Zeichnung ist die Eintragung σ_2'' und σ_3'' unterblieben. σ_2'' ist diejenige Spannung, welche der Kurvenast II zur Zeit t_2 anzeigt. σ_3'' ist die Spannung, die der gleiche Kurvenast zur Zeit t_3 anzeigt)

nung auf das gewünschte Maß nachzulassen. Auf diese Weise bleiben stets alle Bewehrungsteile voll ausgenützt, ohne jemals überbeansprucht zu werden, und es steht zur Beruhigung der Felsbewegung stets die ganze Bewehrungszugkraft zur Verfügung.

Bewehrungsglieder, welche nicht als Freispielanker, sondern als blokkierte Anker gesetzt sind, leisten zwar auch von Anfang an die gesamte Vorspannkraft; die zusätzlichen Dehnungen aber, welche bei länger andauernden Felsbewegungen der absoluten Beruhigung oft vorangehen, konzentrieren sich bei blockierten Ankern auf ganz kurze Teilstrecken und führen zu unkontrollierbaren Spannungsspitzen, zum Fließen oder zum Bruch *(13.33)*.

Die Kernfrage der Beurteilung eines Sicherungsgebietes und die Voraussetzung einer wirtschaftlichen und sicheren Projektierung ist die Erkennung des stattfindenden oder drohenden Bewegungsvorganges und die Einschätzung der Gefahr. Aus diesen beiden Faktoren allein können zutreffende Belastungsannahmen abgeleitet werden. Die Grundlagen für diese Beurteilung werden (1) durch eine gründliche baugeologische Aufnahme erhalten und (2) durch Bewegungsmessungen vertieft.

13.5 Die baugeologische Aufnahme

Der wichtigste und schwierigste Teil der Projektierung ist die geologische Erkundung. Mit einer noch so genauen stratigraphisch-petrographisch-tektonischen Beschreibung ist erst die Hälfte getan. Der wesentlichste und heikelste Teil der Begutachtung ist die technische Bewertung der geologischen Faktoren. Aufnahme und Entwurf sollen deshalb tunlichst in einer Hand liegen.

Sechserlei ist zu erheben:

1. Die Art der (eingetretenen oder zu befürchtenden) Felsbewegungen;
2. die Ursachen derselben;
3. die örtlichen Bewegungstendenzen und das Ausmaß der in Bewegung gekommenen Massen;
4. der Grad der Gefahr;
5. die Beschaffenheit des Gebirges und
6. die Bergwasserverhältnisse.

13.51 Arten der Felsbewegungen

In *(13.1)* wurden unterschieden: (1 a) Steinschlag, (1 b) Abbrüche, (1 c) Felsgleitungen, (1 d) Felsschlipfe, (1 e) Grundbrüche und (1 f) Talzuschübe.

Nachstehend seien einige Hinweise zur Erkennung dieser Bewegungen (weitere unter *(13.52)*) gegeben:

(1 a) Steinschlag bedarf keiner Erläuterungen. Man sieht ihn und seine Spuren.

(1 b) Verdacht auf Gefahr von Abbrüchen besteht bei steilen geöffneten Spalten, abgesackten keilenden Steinen in diesen, bei überbeanspruchtem Gestein am Fuß der Felskörper und gelegentlichen Abwürfen.

(1 c) Felsgleitungen auf vorgegebenen Gleitebenen sind mitunter leicht zu erkennen. Oft zeigt die Gleitebene eine Verseifung oder abgerollte Gesteinsteile, auch lassen sich manchmal Verschiebungen an ihr ablesen. Kluftöffnungen ⊥ Gleitbahn geben einen deutlichen Hinweis. Stini betont die Rolle der schwach oxydierten Eisenverbindungen, die sich in oxydreiche und Ferrohydroxyd umwandeln.

(1 d und 1 e) Schwierig ist dagegen die Erkennung drohender Felsschlipfe und Grundbrüche. Schon mancher ist trotz Ortskenntnis und Geübtheit von solchen Erscheinungen völlig überrascht worden. Hingegen wird zuverlässig berichtet, daß Waldtiere derlei Ereignisse oft tagelang vorher wittern, unruhig werden und die Örtlichkeit verlassen. Der Ingenieur aber sollte Monate vorausplanen. Er muß sich auf Beobachtungen und Indizien stützen, welche freilich im einzelnen wenig überzeugen und erst in der Zusammenschau einige Beweiskraft haben: örtliche Abrisse; Zerrungslockerungen, oft nur an Rissen in der Wurzeldecke erkennbar; offene Spalten im obersten Abrißgebiet, welche sich mitunter im Überlagerungsboden als mehr oder minder geradlinige Einsenkungstrichter zu erkennen geben; Ausbauchungen der Felsoberfläche, welche seltener als solche erkannt werden, da sie nur langsam fortschreiten. Im Zweifelsfalle sind Meßbeobachtungen *(13.6)* des zeitlichen Verlaufes dieser Erscheinungen geeignet, die gezogenen Schlüsse zu überprüfen und quantitative Aussagen zu liefern.

(1 f) Talzuschübe schaffen das bekannte Hakenwerfen der Schichten, welches aber auch von oberflächlichem Gekrieche stammen kann. Das gleiche gilt für Säbelwuchs von Bäumen. Eher schon verrät Schrägwuchs eine solche ständige Bewegung. Verläßliche Anzeichen sind geöffnete Spalten, etwa parallel zu einem Hang. Welche Auflockerung in Talzuschüben stattfindet, zeigt z. B. die Abb. 12–27 von Klüften des ehemaligen Basaltschlotes unter dem Herkules-Denkmal bei Kassel. Weitere Charakteristika des Talzuschubes (s. Müller 1955 a, 151) sind: Unterschiedliche Öffnungsweiten der einzelnen Kluftscharen, insbesondere solcher mit genetisch gemeinsamer b-Achse; keilförmiges Aufmachen von Klüften; Versetzungen ursprünglich durchgehender Bänder, Klüfte usw. (sofern diese nicht höheren Alters sind); nachweislich junge Schleppungen als Zeugen stattgefundener Differenzialbewegungen; Rotationen von Kluftkörpern und Gesteinsteilen.

13.52 Ursachen der Felsbewegungen

Die Bewegungsursachen (2) sind in der Regel vielfältig und zahlreich. Erfahrungsgemäß führt erst das Zusammenwirken mehrerer Ursachen zu Felsbewegungen größeren Ausmaßes. Denn das Gleichgewicht natürlicher Felsböschungen weist — ausgenommen Gebiete jugendlicher oder rasch erfolgter Krustenbewegungen — zwar in der Regel keine sehr hohe Stabilität auf, es liegt aber andererseits auch nicht hart an der Labilitätsgrenze. Es ist deshalb falsch, nach d e r Ursache von Felsbewegungen zu fragen und diese beheben zu wollen. Was oft als Einzelursache angesehen wird, ist meist nichts anderes als das letzte a u s l ö s e n d e M o m e n t.

Folgende Ursachen kommen in Betracht:

(2a) S p a l t e n f r o s t. Seine heftige Sprengwirkung ist bekannt; weniger dagegen, daß er im Winter das Bergwasser zurückstaut, so daß es einen höheren Spiegel erreicht. Stini (1956a, 231) wies nach, daß diese Ursache bei den Grundbrüchen an der Dobra maßgeblich beteiligt war. Da Spaltenfrost nur dann wirksam wird, wenn Feuchtigkeit und Frost zusammenwirken, genügt Beseitigung eines dieser beiden Faktoren. So wurden z. B. bei umfangreichen Felssicherungen an der Umgehungsstraße Harburg die meisten Spalten nur auf Frosttiefe ausgeräumt und plombiert.

(2b) W u r z e l d r u c k. Er übt eine zwar bekannte *(10.62)*, aber dennoch vielfach unterschätzte Wirkung.

(2c) D u r c h f e u c h t u n g. Sie verändert die physikalischen Eigenschaften der Gesteinssubstanz und setzt deren Festigkeiten herab; noch mehr beeinflußt sie die Eigenschaften des Gebirgsverbandes durch Erweichung der Kluftfüllungen und Abminderung der Kluftreibung. Die Erhöhung des Einheitsgewichtes infolge Durchfeuchtung spielt im Fels nicht eine gleichgroße Rolle wie in Lockermassen.

(2d) F e u c h t i g k e i t s s c h w a n k u n g e n. Diese schaffen unstationäre Zustände, welche im Zusammenwirken mit anderen Faktoren zu Kriecherscheinungen Anlaß geben. Auf die große Bedeutung kleiner oszillierender Kräfte, welche sich latent vorhandenen Kräften bald additiv, bald subtraktiv überlagern, habe ich an anderer Stelle hingewiesen (1955a, 154). Sie verursachen ein Atmen im Gesteinsverband, wobei nachsackende Gesteinsteile oft verriegelnd und verkeilend wirken, so daß oszillierende Kräfte sehr häufig einseitig gerichtete intermittierende Bewegungen verursachen. Auch Spiegelschwankungen in Wasserbecken schaffen ähnliche Vorbedingungen.

(2e) W ä r m e s c h w a n k u n g e n. Für sie gilt ähnliches wie für (2d); ihr Einfluß ist am größten, wo Wärmeeinwirkungen tief reichen und trotzdem häufig wechseln, vor allem in Gebirgswüsten mit tropischem Klima.

(2f) H y d r o s t a t i s c h e r D r u c k. Heftige Regenfälle und Schneeschmelze führen dem Fels in kurzer Zeit weit größere Wassermengen zu, als er in den Klüften abführen kann. Dann steigt der Bergwasserspiegel rapid an und ändert die Gleichgewichtsbedingungen und Eigenschaften zerklüfteten Gesteins völlig *(10.35)*. Diese Wirkung ist um so bedeutungsvoller, je größer die Klüftung und der Klufthohlraum und je geringer seine Wasserwegigkeit ist *(10.37)*.

(2g) Strömungsdruck. Dieser ist nur bei großer Gesteinsdurchlässigkeit, großer Klüftigkeit und kleinem Klufthohlraum von Bedeutung.

(2h) Abwitterung. Sie entsteht aus einem Zusammenwirken von Frost, Lösungsangriffen aus der Luft und dem Bewuchs, Wurzeldruck, Durchfeuchtung und Wärmeschwankungen. Sie arbeitet der Gesteinszerlegung durch Klüfte und Haarrisse wesentlich vor, besonders dann, wenn die Raumstellung der Klüfte den Abbau und Abtransport der Kluftkörper (Steinschlag) begünstigt.

Im Trias-Dolomit des Festungsberges in Salzburg (Abb. 2–38, *(2.59)*) wurden dadurch gesündere Gesteinsbänke unterschnitten und alte Basteimauern verloren just im Bereich der größten Kantenpressung ihre Unterstützung. Durch Zement-Betonit-Alaun-Injektionen wurde dort erstmalig der Fels bis zur Oberfläche undurchlässig gemacht (Spezialverfahren der Arbeitsgemeinschaft Dr. Veder — Dipl.-Ing. Rieser) und durch erfolgreiche Drainagebohrungen entwässert.

(2i) Auswaschungen. Diese erweitern in wasserlöslichem Gestein die vorhandenen Klüfte und vermindern so die Verbandfestigkeit des Gesteins. Sie gehen dort am raschesten vor sich, wo die an aggressiver Kohlensäure reichen Schneeschmelzwässer versickern oder Regenwässer sich mit Humussäure anreichern.

(2j) Unterschneidungen. Von der Natur hervorgerufen durch den Seiten- oder Tiefenschurf von Wasserläufen oder durch Auswitterung leicht ausräumbarer Schichten, seltener durch Wind oder Auswaschungen, verändern sie das Gleichgewicht der Gesteinsmassen und führen zu Überhängen und Abbrüchen oder Abkippungen oder (bei mangelnder Zugfestigkeit) zum Zurückverlegen der Böschung in Etappen; oder schließlich (bei Vorhandensein von Flächen geringerer Scherfestigkeit oder Reibung) zu Schicht- und Tafelgleitungen bzw. zur Gleitung entlang neugebildeter Kluft- und Bruchstaffeln.

Technische Eingriffe schaffen vielfach die gleichen oder ähnliche Voraussetzungen. Talauswärts fallende Schichtung, von Stini (1934) oft besprochen, wird heute von den Ingenieuren bereits ziemlich allgemein, aber zu einseitig, beachtet, während oft gleich bedeutungsvolle Großklüfte oder Kluftstaffeln in ungünstiger Lage auch von Geologen vielfach noch unterbewertet werden.

(2k) Spannungsumlagerung. Durch Abwitterung und Unterschneidungen, künstlichen Ausbruch, generell durch jede Schaffung neuer freier Oberflächen (Müller 1953d) entstehend, führt sie häufig zu Überbeanspruchungen im Gesteinsverband, insbesondere am Fuß von Steilwänden. Neu angelegte schalenförmige Brüche, ähnlich wie in Tunnelmauerwerk und Stollenulmen bekannt, sowie völlige Gesteinszermürbung sind charakteristisch für diese Erscheinung und führten z. B. am Stadtfelsen in Harburg an die Grenze der Stabilität.

(2 l) Kriecherscheinungen. Meist durch Unterschneidungen und oszillierende Kraftrhythmen ausgelöst, seltener durch Abwitterung, manchmal auch durch technisch bedingte Spannungsumlagerung oder zusätzliche Belastung, führen sie von den statischen zu den dynamischen bzw. hydrodynamisch zu betrachtenden Problemen. Ihre Kräfte sind häufig zu groß, als daß sie mit menschlichen Mitteln zu beherrschen wären. Oftmals aber gelingt dies noch (Kraftwerk Sarobi, Afghanistan; Müller 1955 a).

Auf der Südseite der Festung Hohensalzburg konnte das stark überlastete Felswiderlager weitgespannter Gewölbe durch vorgespannte Stahlanker auf seiner Schichtfugengleitbahn wieder um 4 mm zurückgeholt und zum Stehen gebracht werden (Müller 1956, 6).

(2 m) Erschütterungen. Sie vermindern die Reibung auf den Klüften, weshalb sie Kriechbewegungen fördern, aber auch große Felsrutsche auslösen können (Dobratsch 1348, Gerlosspitze, verschiedene Erdbeben in der Tatra in der Zeit von 1870 bis 1873, Bocca di Brenta, Mai 1882; nach Stini 1922).

(2 n) Alterung. Erfahrung lehrt, daß für künstliche Felsanschnitte (wie auch für Tunnel) ein Alter von 60—80 Jahren häufig als bestandkritisch anzusehen ist. Erhöhte Gesteinszermürbung, Kriecherscheinungen und Abbrüche pflegen sich einzustellen. Die Zeitabhängigkeit der meisten Gesteinseigenschaften ist bedeutend. Sie wirkt sich selbst innerhalb kurzer Spannen, z. B. während des Offenstehens von Baugruben, aus. Die Standsicherheit von Felsböschungen (wie Tunnelwänden) ist eine Funktion der Zeit.

13.53 Räumliche Erstreckung

Für die Abgrenzung der Bewegungszonen und Erhebung der Bewegungstendenzen (3) wurde in *(13.27)* ein Beispiel mitgeteilt, welches zeigt, wie durch sorgfältige Beobachtungen von Bewegungsgrößen, Kluftöffnungen, Kluftzerreibsel usw. Anhaltspunkte zur Unterteilung eines Gleitbereiches in verschiedene Zonen ungleicher Sicherheit gewonnen und in der Standberechnung verwertet werden konnten. Wurzelrisse, Erdspalten, geöffnete Klüfte, neue Gesteinsanrisse und ähnliches verhelfen zu solchen Feststellungen.

Allgemeingültige Richtlinien lassen sich kaum geben. Man muß versuchen, späte Relativbewegungen im Gefüge von älteren zu trennen und gesondert auszuwerten, indem man sie zum Mosaik eines Bewegungsbildes zusammensetzt.

13.54 Einschätzung der Gefahr

Zur Beurteilung des Gefahrengrades (4) kann man sich auf geologische und Gefüge-Daten stützen, indem man diese zu einer überschlägigen Sicherheitsberechnung verwertet. Dabei muß man die Reibungs- und Festigkeitswerte schätzen. Deshalb wird der Aufnahmegeologe versuchen müssen, das Alter frischer Abbrüche und Kluftanrisse anzugeben und aus eingedrungenen Wurzeln, herabgefallenen und überwachsenen Gesteinsteilen Zeitdaten zu gewinnen.

Den Grad der Gefahr aus solchen Beobachtungen richtig einzuschätzen, ist und bleibt freilich der Intuition vorbehalten. Will man sich auf diese nicht verlassen, so werden sichere Aussagen über Zeitmaß und Beschleunigung der Bewegungen aus Messungen *(13.6)* erhalten.

Wenn Teilbewegungen, welche in das allgemeine Bild eines Bewegungsvorganges passen, schon ein größeres Ausmaß angenommen haben, dann muß daraus im allgemeinen auf ein Stadium geschlossen werden, in welchem die Bewegungen eine Beschleunigung erfahren. Dies aber ist stets ein Anzeichen für akute Gefahr.

13.55 Gebirgsbeschreibung

Hinsichtlich der Beschreibung der Gebirgsbeschaffenheit (5) und der Bergwasserverhältnisse (6) darf auf die Abschnitte *(10.8; 11.6* und *12.7)* verwiesen werden.

Im besonderen wird man von geologischen Gutachten Angaben über die Ankerfähigkeit des Gebirges im allgemeinen und über den Wechsel ankerfähiger und weniger geeigneter Zonen oder Schichten erwarten.

13.6 Beobachtung und Kontrolle von Felsbewegungen

Das Bestreben der letzten Jahrzehnte, die Felsbautechnik und den Bergbau auf exaktere Grundlagen zu stellen, hat das Bedürfnis nach schärferen Beobachtungen, d. h. nach Messungen geweckt (s. Gebirgsdrucktagung Lüttich 1951) und die Entwicklung zahlreicher Systeme von Meßvorrichtungen gefördert.

Auf die Notwendigkeit von Bewegungsmessungen zur Erfassung des Sicherheits- und Gefahrengrades von Felsbewegungen wurde im Vorigen hingewiesen, desgleichen auf die Möglichkeit, aus Messungen physikalische Größen (Reibungswerte, kinematische Zähigkeit u. dgl.) rückzurechnen *(4.5)*. Auch über Spannungsmessungen und deren notwendige Berücksichtigung im Ansatz der Gleichgewichtsbedingungen steiler Felsböschungen wurde gesprochen. Die hydrodynamische Theorie fester Stoffe (Torre

1952 a) *(2.437)* und andere Theorien *(2.435)* geben die Möglichkeit, auch im Untertagbau Verformungsmessungen statisch auszuwerten, was meines Wissens bisher nur bei der Krafthauskaverne Braz (MÜLLER 1953 c) versucht wurde. Viel darf man sich von vergleichenden Spannungs- und Bewegungsmessungen in Fließ- und Kriechmassen sowie in Talzuschüben versprechen.

Mit Beschreibungen und Erfahrungen der Bewegungsmessungen ließe sich ein Buch füllen. In diesem Rahmen kann nur ein Überblick über die Grundsätze und Möglichkeiten gegeben werden. Sie gelten für Fels und Bauwerke.

Auf die Ergebnisse solcher Messungen werden oft Entschlüsse von großer Tragweite gegründet. Es ist deshalb grundsätzlich falsch, in diesem Punkt zu sparen. Schon die Größe und der uneinheitliche Aufbau der zu beobachtenden Felsbereiche machen es notwendig, an einer beträchtlichen Anzahl von Aufschlußpunkten zu messen. Diese Meßorte dürfen nicht schematisch über den Meßbereich verteilt, sondern müssen an kinematisch aufschlußreichen Stellen angesetzt werden. Messungen an einer zu geringen Zahl von Beobachtungspunkten führen erfahrungsgemäß zu falschen Schlüssen, denn es ist geradezu ein Charakteristikum der Felsbewegungen, daß sie weder im Raum kontinuierlich noch in der Zeit stetig verlaufen, sondern, wie es das Diskontinuum nicht anders erwarten läßt, Stetigkeit nur im statistischen Mittel zeigen. Man muß sich deshalb damit abfinden, daß der Aufwand für solche Messungen nicht immer gering sein kann. Lohnend ist er allemal.

Bei der Anordnung der Meßpunkte sollte man nicht nur in Querschnittebenen denken; die Kraft- und Bewegungsebenen fallen keineswegs immer mit den Querschnitten unserer Kunstkörper und Pläne zusammen. Deshalb sollen wenigstens einige, besser alle Meßvorrichtungen mehrdimensional, mindestens zweidimensional, anzeigen. Einer der häufigsten Fehler der Meßpraxis ist es, vorwiegend zu nivellieren, während doch meist horizontale Bewegungen vorherrschen oder doch charakteristischer und aufschlußreicher sind.

Folgende Fragen sollte man sich stets vorlegen:

a) Welche Bewegungen und Teilbewegungen sind möglich und zu erwarten?
b) Welche davon sind aufschlußreich?
c) Welche reichen zu Rückschlüssen über die Natur des beobachteten Vorganges hin?
d) Von welcher Größenordnung können die Bewegungen sein?
e) Mit welcher Genauigkeit müssen sie erfaßt werden?
f) Wie wird ihr zeitlicher Ablauf sein?

Tafel 13-2. Einige Gruppen von Instrumenten zur Beobachtung

Nr.	Geräteart	Geeignet zum wr weiträumigen er engräumigen	Vergleich von De kontinuierlichen Deformationen Di Dilatationen Tr Translationen Ro Rotationen	für h horizontale v vertikale x allgemein gerichtete Bewegungen	Zahl der Meß-punkte	Entfernung der Endpunkte (m)	Meßbereich	Genauigkeit (praktisch)
a	b	c	d	e	f	g	h	i
1	Dehnmeß-streifen	er	De	x	(∞)	bis 0,30	0,3—1 % der Länge	± 3 %
2	Dilatometer	er	Di	x	2	0,02—0,25, auch bis 2[1])	0,2—4 mm	0,01 mm
3	Extensometer	wr	Di	x	2	bis 80	10—100 mm	0,01—0,5 mm
4	Mehrfach-Extensometer	wr	Di	x	bis 7	bis 80	10—100 mm	0,01—0,5 mm
5	Bohrloch-versetzungs-Meßgerät	er	Tr	x	2—8	0,1—2	bis 30 mm	0,01 mm
6	Elektrische Meßkette	wr	Tr	x	bis 10	bis 40	bis 25 mm	1 mm
7	Eingelenk-Versetzungs-Meßgerät	wr	Tr, Ro	x	(∞)	bis 80	bis 50 mm	2—40 mm
8	Elektrischer Neigungs-messer	er	Ro	v, h	1	—	1′—40′	1″—20″
9	Optischer Neigungsmesser	wr	Ro (Tr)	x	(∞)	bis 200	0°—12° bzw. 90°	6′—30′
10	Slope-indikator	wr	Ro (Tr)	v	(∞)	bis 200	?	12 mm Tr
11	Meßpendel	wr	Tr, Ro	v	bis 5	bis 300	bis 200 mm	0,1 mm bzw. 1″—20″

*) Angaben ohne Gewähr.

von Verformungen und Bewegungen in Fels und Mauerwerk *)

Wirkungsweise m mechanisch o optisch e elektrisch	Zum Einbau R in Rohren B in Bohrlöchern St in Stollen S in Schächten V an Versuchsblöcken K an Klüften	Verwendungsart f fest eingebaut a ausfahrbar bzw. nur angelegt	Fernablesung und selbsttätige Aufschreibung lm leicht möglich m möglich um unmöglich	Verwendungsdauer (Jahre)	E Entwurf H Hersteller **)
j	k	l	m	n	o
e	V	f	lm	< 1/4	H: Galileo Hottinger Huggenberger Philips
m (e)[2]	K, V	a	um (m)[2]	> 5	H: Galileo [1]) Huggenberger Mahr [2]) Maihak Staeger
m e	R, B, St, S	f	lm	> 20	H: Consonda Galileo Interfels (E: IGB) Maihak
m e	R, B, St, S	f	lm	> 20	H: Bittner (E: Interfels)
e	R, B, V	f, a	lm	< 1/2	H: Bittner (E: Interfels)
e	R, B, St, S	f	lm	> 10	H: Eastman International (E: Interfels)
o, e	R, B	a	m	> 20	H: Estman International (E: Interfels)
e	St, S	f	lm	?	H: Maihak Taylor-Hobson
o	R, B	a	m	> 20	H: Eastman International
e	R, B	a	m	> 20	H: The Slope Indicator-Company
o, e	B, S	f	m	> 20	H: Fennel Galileo E: Huber H: Huggenberger Norma

**) Beispiele ohne Anspruch auf Vollständigkeit und Qualifikation.

Tafel 13-3. Einige Instrumente zur Beob

Nr.	Geräteart	Zur Beobachtung bzw. Kontrolle von	Meßbereich	Empfindlichkeit
a	b	c	d	e
1	Druckkraft-Anzeiger	Ankerspannungen, Stempeldrücken, konzentrierten Krafteinleitungen	20 ~50,000 kp	ca. 2%
2	Zug- und Druckkraft-Anzeiger	Felsbewehrungen	0,00005 bis 10,000 kp	ca. 2%
3	Boden- und Wanddruck-Anzeiger	Drücken hinter Stützmauern, Tunnelauskleidungen, unter Fundamentkörpern, in geol. Störungen, unter dem Versatz	bis 400 kg/cm^2 (meist bis 5 kg/cm^2)	ca. 2%
4	Flüssigkeitsdruck-Anzeiger	Grund-, (Berg-) und Sickerwasser	0 bis 10 atü (auch bis 400 atü)	
5	Porenwasserdruckmesser	Porendruck in Störungen und Kluftfüllungen	0 bis 16 atü	2 bis 10%
6	Wasserstandsanzeiger	Grund- (Berg-) Wasser	bis 300 m	1 bis 10 mm
7	Geophone	Gefügebrüchen (Vorwarnung)		
8	Schwingungs- u. Erschütterungsanzeiger	Spreng- und Erdbeben-Wirkungen	bis 4 mm 0 bis 1000 Hz	$2{,}10^{-4}$ mm $5{,}10^{-5}$ ~ 2%—10%
9	Schwingwegaufnehmer	Spreng- und Erdbeben-Wirkungen	± 1 mm bis ± 25 mm [1])	$25{,}10^{-3}$ mm
10	Fernthermometer	Temperaturen an Meßinstrumenten, Ablese-Kompensationen, Grundwassertemperaturen	—20 bis +70°	0,1—0,2°

*) Instrumente zur Spannungsmessung im Gebirge s. Tafel 3-2.
**) Beispiele ohne Anspruch auf Vollständigkeit und Qualifikation.

g) Wo sind die Meßvorrichtungen am besten geschützt (auch während der Bauarbeiten!)?

h) Wo sind die Meßvorrichtungen am besten zugänglich?

13.61 Gegenstand der Beobachtungen

Über die wichtigsten Arten von Geräten zur Kontrolle von Felsbewegungen und deren Anwendungsgebiete gibt Taf. 13-2 einen Überblick.

Wirkungsweise m mechanisch h hydraulisch e elektrisch	Zum Einbau B in Bohrlöchern S in Schächten St in Stollen K in Klüften F hinter Wänden und unter Fundamenten A an Ankern	Verwendungsart f fest eingebaut a ausnehmbar bzw. nur angelegt	Fernablesung und selbsttätige Aufschreibung lm leicht möglich m möglich um unmöglich	Verwendungsdauer (Jahre)	Hersteller **)
f	g	h	i	j	k
h	F, A	f	um	>10	Maihak Philips Polensky und Zöllner Wöhlbier-Ambatiello
e m	A, F	f	lm	>10	Hottinger Interfels Maihak
h e	K, F	f	m	>2 bis 5	Galileo Glötzl Maihak Wöhlbier-Ambatiello
h e	B, K, F	f	m	>10	Glötzl Hottinger Maihak Philips
e	K	f	m	>5	Galileo Maihak
m	B	f, a	m	>20	Bovensiepen Galileo
e	B	f, a	lm	>10	Galileo Philips
e	S, St	a	m	—	Galileo Hottinger Philips
e	S, St	a	lm	—	[1])Hottinger Philips
e	B, K	f	lm	>5	Galileo Maihak

Die Messung kontinuierlicher Verformungen spielt im Fels-Diskontinuum, dessen Verformungen hauptsächlich auf Kluftkörper-Teilbewegungen und nur zu einem geringen Anteil auf Verformungen der Kluftkörper selbst zurückgehen, eine geringe Rolle.

Größere Bedeutung besitzen Messungen von Kluftkörper-Teilbewegungen an Klüften; sie sagen zwar nichts über die Verformung des Gebirgskörpers im größeren Bereich aus — nicht einmal durch Integration solcher Teilbewegungen gelangt man zu solchen Aussagen —, können aber Aufschlüsse über den zeitlichen Ablauf und das jeweilige Stadium eines

Bewegungsvorganges geben, wenn sie an kinematisch besonders charakteristischen Klüften angesetzt werden. Die Messung von Teilbewegungen gewährt insbesondere Auskünfte über Störungen und Beschleunigungen des Bewegungsablaufes, wie sie z. B. durch Bauvorgänge, aber auch durch Wetterereignisse, ausgelöst werden können. So hilft sie mitunter auch Fragen der Verantwortung klären. Nochmals sei darauf verwiesen, daß solche nur örtlich gültige Messungen wegen der räumlich-zeitlichen Unstetigkeit des Diskontinuums nur bedingten Anzeigewert besitzen.

Erst großräumige Bewegungsvergleiche zweier oder mehrerer entfernt liegender Massenpunkte geben die Formänderungen und Bewegungstendenzen des Großkörpers mit statistischer Gültigkeit wieder. Aus diesem Grunde sind sie den beiden vorgenannten Arten vorzuziehen. Aber auch noch aus einem anderen Grunde: Wenn ihre Meßstrecken lang genug sind, erlauben sie den Bewegungsvergleich mit Punkten, welche praktisch als ruhend angenommen werden dürfen. Sie geben somit Absolutmessungen, während die beiden anderen Gruppen nur Relativmessungen ermöglichen.

Das Vorurteil vieler, daß nur Absolutmessungen von wirklichem Wert wären, ist zwar unzutreffend, denn auch Relativmessungen vermögen, richtig angesetzt, charakteristische Aufschlüsse über einen Bewegungsvorgang zu geben. Aber auch hier ist das Bessere der Feind des Guten.

Anhangsweise werden in der Taf. 13–3 noch Beobachtungen anderer Größen aufgeführt, insofern sie zur Kontrolle von Felsbewegungen verwendet werden:

Spannungsmessungen *(3.73)* künden Änderungen von Spannungszuständen und damit Bewegungen an; Knistermikrophone vermögen die Annäherung an Bruchvorgänge vorauszusagen, ehe unsere Sinne sie erfassen. Wasserspiegelbeobachtungen in Bohrlöchern zeigen die Druckhöhe des Kluftwasserschubes an. Weitere Beobachtungen s. Taf. 13–3.

13.62 Messung von Relativbewegungen

Die Messung von Teilbewegungen an Klüften kann sich (a) auf den Öffnungsbetrag, (b) auf die Versetzung (tangentielle Verschiebung) oder (c) am besten auf beides beziehen.

Nur bei sehr großen Bewegungen, wie z. B. an der Arlbergbahn beobachtet, liefern die üblichen Stahlmarken und „Spione" brauchbare Diagramme des Bewegungsablaufes. Meist sind sie viel zu grob und leicht Beschädigungen ausgesetzt. Von Gipsspionen ist nicht viel, von den allzu festen, aber merkwürdig beliebten Glasspionen gar nichts zu halten. Diese werden häufig, ohne zu brechen, aus ihrer Bettung herausgezogen. Gut bewährt haben sich dagegen neben Schublehren- und Keilmeßstrecken vor allem Photomeßstrecken (Abb. 13–33) mit einer Genauigkeit von $^1/_{20}$ mm sowie Deformeter- und Mikrometermeßstrecken mit einer praktischen Genauigkeit von $^1/_{100}$ mm.

Photomeßstrecken zeigen Rißöffnung und Versetzung unmittelbar an; Deformeterstrecken dann, wenn die Meßbolzen im Dreieck gesetzt werden. Mikrometermeßstrecken ermöglichen sogar dreidimensionale Beobachtung (Abb. 13–34 a) .

Abb. 13-33. Fotomeßstrecke zur Beobachtung von Kluftverschiebungen

13.63 Großräumiger Bewegungsvergleich

Unter den Geräten zum Vergleich weit entfernter Meßpunkte sind seit etlichen Jahren Langstrecken-Extensometer in Verwendung. In den Felswiderlagern der Vajontsperre wurden Mehrfach-Extensometer einer neuen Bauart mit Fernablesung eingebaut; einfachere, nivellitisch abzulesende Mehrfach-Extensometer verwendete die Forschungsgemeinschaft Neumühl bereits 1953 (Jacobi und Brändle 1956 b; Niemczyk und Hoffmann 1956).

Schachtpendel und Klinometer, wie sie seit zwei Jahrzehnten in Talsperrenkörpern und deren Gründungsfelsen verwendet werden, wurden gleichfalls in Vajont erstmalig zur Beobachtung von Felswiderlagern angesetzt.

Eine Neuentwicklung stellt die ebenfalls in Vajont erprobte elektrische Meßkette (Deformationsindikator) der Interfels G.m.b.H., Salzburg (Abb. 7–19) dar (Pancini 1961; Huggenberger 1961). Sie ist ein Meßgerät, welches Querversetzungen eines Bohrloches an beliebig vielen

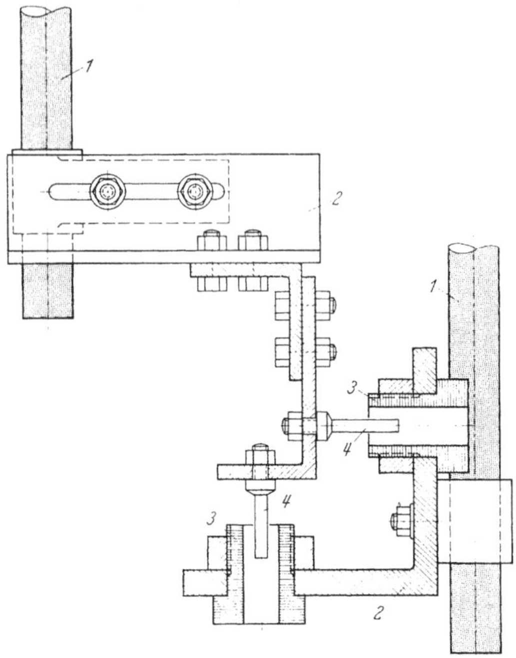

a

b

Abb. 13-34. Mechanische Vorrichtungen zur Beobachtung an Klüften. a) Zweidimensional ablesbare Mikrometer-Meßstrecke nach System IGB; 1 Haltebolzen; 2 dreidimensional verstellbare Halterung; 3 Sitz für das Mikrometer-Meßgerät; 4 Taststifte. b) Extensometerstrecke über einer Felsspalte

Stellen mit einer Genauigkeit von etwa 0,3 mm in zwei Beobachtungsebenen registriert und fernmeldet. Je nachdem, ob mehr oder minder kontinuierliche oder betont diskontinuierliche Querversetzungen (diese vornehmlich an Großklüften) erwartet werden, wählt man zur Messung dieser Querversetzungen verschiedene Arten elektrischer Geber. Eine besondere Bauart dieses Instrumentes findet bei der Messung der Formänderungen bei Großversuchen *(7.4)* Anwendung (Steinbichler 1961).

Eingebaute Felsanker lassen sich in vorteilhafter Weise mit Langstrekken-Extensometern verbinden, wie dies erstmalig bei der Sicherung des Talzuschubes am Kraftwerk Sarobi, Afghanistan (Müller 1955 a), getan wurde. Eine solche Kombination ermöglicht eine wirksame Kontrolle des durch die Zugglieder korrigierten Kräftespieles im Felskörper. Sie gibt insbesondere wertvolle Aussagen darüber, ob die angebrachten Kräftekorrekturen wirksam und ausreichend sind. Auf diese Art wird die wirtschaftlich außerordentlich wertvolle Möglichkeit geschaffen, derartige Sicherungsmaßnahmen zunächst auf ein Minimum zu beschränken, um sie später bei Bedarf zu verstärken.

Erstmalig bei den Felssicherungen in Harburg (Fickert und Müller 1956, 376) wurden in die Ankerköpfe einfache Dynamometer (vgl. auch Abb. 13–31) eingebaut, abzulesen mit einer Mikrometerschraubenlehre. Der Wert einer dauernden Beobachtung der Ankerspannung ergibt sich

(a) aus der Möglichkeit einer Korrosion, welche die Anker eines Tages außer Funktion setzen könnte, falls der Korrosionsschutz nicht ausreichend war;

(b) aus den Spannungsumlagerungen und Teilbewegungen im Fels, auf welche die Anker reagieren;

(c) aus den Unsicherheiten, welche die Berechnung von Felsankern stets enthält und welche der Nachprüfung der erzielten Wirkung bedürfen;

(d) aus der meist geübten Gepflogenheit, zunächst nur ein Minimum an Ankerkräften aufzuwenden und diese zu verstärken, sobald Beobachtungen es nahelegen.

Eine solche Dynamometer-Beobachtung bewährt sich schon während des Ankerspannens, da bereits die Spannprotokolle ausweisen, ob der Spannvorgang regelmäßig vor sich geht oder ob im Drahtbündel Unregelmäßigkeiten auftreten.

Der modernste zur Zeit verfügbare Anker (PZ-Felsanker, Abb. 13–31) enthält beides: ein Meßorgan zur Beobachtung der Distanz zwischen Ankerkopf und Fußende und ein zweites zur Messung der Ankerkraft. Aus einem Vergleich beider Messungen kann z. B. bei Nachlassen der Ankerkraft erkannt werden, ob die Ursache in einer Felsbewegung oder in einem Nachgeben (z. B. Kriechen) der Konstruktion selbst oder in ihrer Verpressung zu suchen ist. Beide Beobachtungen können elektrisch ferngemeldet werden, was besonders bei schwer zugänglichen Ankerstellen eine bessere Gewähr für häufige Ablesungen bietet.

Zur Kontrolle von Kurzankern verwendete Wright (1956) Dehnungsmesser, welche sich bei trockenen Bohrlöchern brauchbar erwiesen, während sich hydraulische Meßgeräte weniger bewährt haben sollen. Etliche Anker der Sicherung Hohensalzburg werden mit Druckmeßdosen des Systems Wöhlbier-Ambatiello kontrolliert.

13.64 Verwertung der Meßergebnisse

Bei richtiger Disposition und Durchführung der Beobachtungen sind deren Ergebnisse stets so aufschlußreich, daß sie den nicht unbeträchtlichen Aufwand der Messungen allemal lohnen.

Vor der Inangriffnahme von Felsarbeiten unterrichten Bewegungs- und Verformungsmessungen im Fels (1) über die Art, (2) über das Stadium einer Felsbewegung, (3) über die noch vorhandene Sicherheit oder (4) den Grad der Gefahr, (5) gegebenenfalls auch über physikalische Kennwerte, wie kinematische Zähigkeit, Reibungsziffern u. dgl.

Während der Arbeit im Fels, welche ja das Gleichgewicht der Massen stört, warnen (6) die Bewegungsbeobachtungen bei akut werdender Gefahr und erlauben (7) sie im Vergleich mit Wetter-, Arbeitsaufzeichnungen usw. eine Analyse der Bewegungen nach Teilursachen, insbesondere eine Unterscheidung natürlich und arbeitsmäßig bedingter Abläufe.

Nach der Arbeit lassen sie erkennen, ob (8) die getroffenen Maßnahmen erfolgreich und (9) ausreichend waren.

Wegen der unvermeidlichen Störungen der Bewegungsabläufe durch die Bauarbeiten ist es notwendig, mindestens ein besser zwei Jahre vor Arbeitsbeginn mit den natürlichen Beobachtungen einzusetzen, wenn man den natürlichen Ablauf kennenlernen will. Weil andererseits die technischen Störungseinflüsse noch lange Zeit nachwirken, müssen auch die Nachbeobachtungen einige Jahre, mitunter noch länger, ausgedehnt werden. Um ein Optimum an Ergiebigkeit zu erzielen, muß so häufig gelesen werden, daß die Schwankungen infolge der Jahresrhythmen des Wetters, der Temperatur, Feuchtigkeit u. a. erfaßt sind. Auch die kürzeren Rhythmen der Regen- und Trockenzeiten, der Tagesrhythmus, der Temperatur, müssen beobachtet werden, wobei es jedoch genügt, jeweils einen Zyklus zu erfassen.

Nachdem viele Ablesungen mit subjektiven und daher systematischen Fehlern behaftet sind, ist es vorteilhaft, immer den gleichen Mann ablesen zu lassen. Noch besser sind schreibende Meßvorrichtungen; sie zeigen ganz besonders gut die kurzen Rhythmen an. Oft genügt es, parallel mit vielen anderen Meßvorrichtungen, nur eine einzige oder einige selbstschreibend (oder fernbeobachtend) anzuordnen. Ein unschätzbarer Vorteil der selbstschreibenden Geräte ist es, daß sie jederzeit einen unmittelbaren Überblick des Ablaufes gewähren. Die graphische Auftragung persönlicher Ablesungen geschieht in der Praxis leider häufig so spät, daß das Ergebnis erst post festum vorliegt und der Zweck der ganzen mühevollen Aufwendungen nicht erreicht wird. Mitunter ist es nicht leicht, auf Anhieb Zahl und Anordnung der Meßstellen richtig zu disponieren. Oft zeigt sich nach den ersten Ablesungen, daß Änderungen zweckmäßig sind; diese Änderungen werden versäumt, wenn man die Beobachtungen nicht regelmäßig aufzeichnet und kontrolliert.

Beschleunigung von Teilbewegungen an einzelnen Orten bedeutet noch nicht Gefahr, Verzögerung nicht immer Beruhigung. Erst ihr gleichzeitiges Auftreten an verschiedenen Orten des Systems läßt auf zu- oder abnehmende Gefahr schließen. Auch aus einer Ruhe von einigen Wochen oder Monaten darf man noch nicht auf endgültig eingetretene Beruhigung schließen. Der charakteristische Verlauf von Felsbewegungen ist treppenförmig; dies hängt damit zusammen, daß nach einem eingetretenen Bewegungsdruck (verbunden mit Entspannung) wieder von neuem Spannungen angesammelt werden, welche erst nach einer Zeit des Anwachsens Bewegung auslösen.

Die Genauigkeit der Messungen sollen abhängen

(a) von der Größenordnung der zu erwartenden Bewegungen,
(b) von der Geschwindigkeit derselben und
(c) von dem Zeitpunkt, in welchem Schlüsse gezogen werden sollen. Je größer die Meßgenauigkeit, desto früher wird die Bewegungstendenz erkennbar sein.

Zu große Genauigkeit bringt die Nebeneinflüsse über Gebühr zur Geltung und verwirrt.

Die größte Bedeutung haben solche Beobachtungen in den Widerlagern von Bogenstaumauern (*15*) erlangt; aber auch bei anderen Gründungen in Fels (*14*) beobachtet man mit Vorteil durch Meßstrecken das Verhalten des Gründungsfelsens. Bei der Anlage von Stollen, Tunneln und Untertageräumen (*16*), (*17*), (*18*), ermöglichen Meßbeobachtungen nicht nur Angaben über die Sicherheit der Konstruktion, sondern auch eine rechnerische Bemessung der Auskleidungen.

Im zweiten Band wird daher mehrfach Gelegenheit sein, auf die Notwendigkeit und Vorteile von Bewegungskontrollen hinzuweisen.

Verzeichnis der im Text erwähnten Autoren und verwendeten Schriftwerke *)

ADLER, R.: Über Klüfte und Kleinstörungen in ihrer Bedeutung für die Morphologie. Neues Jb. Geol. Paläont. Mh. 11, S. 498, **1957**.

Ders.: Die Bedeutung der Schlechtentektonik für den praktischen Bergbau. Bergvermessgs.techn. Bl. Ztsch. bergm. Vermessgswesens, Jg. 8, H. 3, S. 62, **1959** *(227, 228)*.

AMPFERER, O.: Beiträge zur Morphologie und Tektonik der Kalkalpen zwischen Inn und Salzach. Jb. d. geol. Bundesanst. Wien **1925** *(171)*.

ARSENTEV, A. J.: Über die Standfestigkeit der Schweben beim Kammerbau. Fragen der Zerstörung der Gesteine und des Gebirgsdrucks. Ugletechisdat, S. 243, Moskau **1955** *(203)*.

ASCHER, H.: Weitere Beiträge zur Geologie des Stubachtales. Jb. d. Geol. Bundesanst. S. 103, Wien **1932** *(137)*.

Ders.: Die geologischen Gründe für die Wahl der Gewölbemauer bei der Limbergsperre, Kaprun. Österr. Wasserwirtschaft, Jg. 2, H. 10, **1950** *(175)*.

Ders.: Über Gefügemessungen in Lockergesteinen. Geol. u. Bauw., Jg. 19, H. 2, S. 69, **1952** *(337)*.

AWERSCHIN, S. G.: Erfahrungen aus der Gebirgsdruckforschung. Intern. Gebirgsdrucktagung Leipzig. Akademie-Verlag Berlin **1958** *(26, 47, 67, 190, 395, 396)*.

BÄRTLING, R.: Gebirgsdruckwirkungen beim Abbau von Steinkohlenflözen. Glückauf 65, S. 735, **1929** *(228)*.

BALDIN *(187)*.

BALK, K.: Elastizitätsmessungen am gewachsenen Felsen. Der Bauing., Jg. 30, H. 6, S. 208, **1955**.

BARANOWSKI, W. I.: siehe SUDOPLATOW und BARANOWSKI.

BECKE, F.: Über Mineralbestand und Struktur der kristallinischen Schiefer. Denkschr. Akad. Wiss., Bd. 75, Wien **1913** *(214)*.

Ders.: Struktur und Klüftung. Z. Min., Krist. u. Petrogr., **1924** *(137)*.

BELLIER, J., et CHERVIER, L.: Mesures extensométriques dans un barrage-voûte et dans son rocher de fondation. IVe Coup. G. B. N. Delhi **1951** *(183)*.

BENDEL, L.: Ingenieurgeologie II, Springer, Wien **1948** *(57, 337)*.

BERTHIER *(182, 184)*.

BEYL, Z. S.: Rock Pressure and Roof Support. Colliery Engineering, Sept. **1945** bis Oct. **1946** *(537)*.

Ders.: Heat and Rock Pressure. Colliery Engineering, S. 62, Feb. **1954** *(92, 191)*.

BILLINGS, M. P.: Structural Geology. Prentice-Hall **1942** *(136, 178)*.

BINGHAM *(74, 82)*.

BIRKENMAIER, M.: Vorgespannte Felsanker. Schweiz. Bauztg., Jg. 71, Nr. 47, S. 688, **1953** *(539, 566, 567)*.

BJERRUM, L.: Studies Carried out at the Norwegian Geotechnical Institute on Expansive Materials in Rock Seams. Geol. u. Bauw., Jg. 28, H. 2, **1963**.

BLAAS, J.: Über die Lage der Schnittlinien und geologischen Ebenen. Jb. k.k. geol. Reichsanst., Bd. 46, S. 269, **1896 a** *(214)*.

Ders.: Über eine neue Methode der Bezeichnung und Darstellung geologischer Ebenen. Zschr. prakt. Geol., S. 364, **1896 b** *(214)*.

Ders.: Der Klinokompaß. Jb. k.k. geol. Reichsanst., Bd. 53, S. 453, **1903** *(214)*.

BÖHMER, H.: Über den derzeitigen Stand der Bauarbeiten am Tauernkraftwerk Kaprun. Springer, Wien **1948** *(337)*.

BÖRGER, H.: Untersuchungen der tektonischen Verhältnisse in der Umgegend von Ibbenbühren unter besonderer Berücksichtigung der Gesteinsklüfte. Jb. preuß. geol. Landesanst. Berlin, Bd. 49, II, S. 801, **1928** *(345)*.

BOLLO, M. F.: Investigación sobre el estado elástico de macizos montañosos. Las Ciencias, núm. 1, 24, Madrid **1958** *(65)*.

*) Die in ( ) hinter die Jahreszahl gesetzten Ziffern weisen auf die Seiten des 1. Bandes hin, auf denen das betreffende Schriftwerk bzw. der Autor erwähnt oder zitiert ist.

© Springer-Verlag GmbH Deutschland, ein Teil von Springer Nature 1963
L. Müller-Salzburg, *Der Felsbau, Band 1, Theoretischer Teil*,
https://doi.org/10.1007/978-3-662-58196-4

Ders.: Application de la microsismique à la construction de galeries. Geol. u. Bauw., Jg. 26, H. 2, S. 79, **1961** *(53, 65)*.

Ders.: Zones décomprimées et alterées des falaises et versants de montagne. Geol. u. Bauw., Jg. 26, H. 4, **1961** *(65)*.

Borowicka, H.: Die Spannungsverteilung im elastisch-isotropen Halbraum unter einer tiefliegenden Streifenlast. Mitt. Inst. f. Grundb. u. Bodenmech. T.H. Wien, H. 1, Dez. **1958** *(304)*.

Ders.: Über die Sicherheit im Grundbau. Mitt. Inst. f. Grundb. u. Bodenmech. T.H. Wien, H. 2, S. 40, Juli **1959** *(163, 405, 413, 423, 474, 556)*.

Ders.: Setzung und Tragfähigkeit von Flachfundamenten auf bindigen Böden. Mitt. Inst. f. Grundb. u. Bodenmech. T.H. Wien, H. 3, **1961** *(304)*.

Boussinesq: Application des Potentiels à l'Étude de l'Équilibre et du Mouvement des Solides Élastiques. Gauthier-Villard Paris **1885** *(304)*.

Brändle, E.: siehe Jacobi und Brändle.

Brandaus *(201)*.

Breth, H.: Beitrag zur Ermittlung der Gebirgsverformung. Österr. Wasserwirtsch., Jg. 4, H. 12, S. 251, **1952** *(304, 307, 308, 321, 324)*.

Ders.: Bestimmung der Gebirgsverformung aus Druckkissenversuchen. Unveröff. Gutachten **1958** *(55, 63, 309)*.

Ders.: Die Festigkeit vorbelasteter Böden. Geol. u. Bauw., Jg. 25, H. 2/3, S. 177, **1960** *(29, 32, 315, 317)*.

Bricyna, M. P.: siehe Meschtscherjakov und Bricyna.

Bridgeman: siehe Tamann und Bridgeman.

Brunner, R., und Nahler, K.: Neue Methoden zur Sicherung absturzgefährlicher Felsen. Österr. Bauzeitschr., Jg. 9, H. 10, S. 163, **1954** *(539, 559)*.

Bucher, W. H. *(141)*.

Buchheim, W.: Zum Problem der Drucksondierung im Gestein auf akustischer Basis. Mitt. Inst. f. theor. Physik. u. Geophysik, Bergakad. Freiberg, Nr. 2, **1953** *(53, 183, 187)*.

Ders.: Geophysikalische Methoden zur Erforschung des Spannungszustandes des Gebirges im Steinkohlen- und Kalisalzbergbau. Intern. Gebirgsdrucktagung Leipzig, Akademie-Verlag, Berlin **1958** *(26, 49, 54, 96, 183, 187, 188)*.

Budryk, W.: Gebirgsschläge im Lichte der Untersuchungen über die Erdbeben in Oberschlesien. Intern. Gebirgsdrucktagung Leipzig, Akademie-Verlag Berlin **1958** *(170, 198)*.

Buisman *(283)*.

Buisson, R.: siehe Schwartz, Buisson, Dubois.

Burger, J. M. and others: First report on Viscosity and Plasticity. Acad. of Sc., Amsterdam **1935** *(74, 79, 179)*.

Burmister, D.: General Theory of Stresses and Displacements in layered Soil Systems. Jour. App. Phys., Feb., March, May **1945** *(283)*.

Burwell, E. B. jr.: *(168)*.

Ders. und Nesbitt, R. H.: The „NX" Bore-Hole Camera. U.S. Dep. of the Army, Corps of Eng. Jan. **1954** *(371)*.

Ders. und Roberts, G. D.: The Geologist in the Engineering Organization. Berkey Volume, **1950**.

Busch *(537)*.

Buswell: siehe Rodebusch und Buswell.

Busemann, A., und Föppl, L.: Kristallphysik *(284)*.

Butkovich, T. R.: Mechanical Properties of Ice. Quart. of the Colorado School of Mines, Vol. 54, Nr. 3, July **1959** *(473)*.

Caloi, P. *(47, 67)*.

Ders.: Sulla dispersione delle onde sismiche nell àmbito delle altissime frequenze. Annali di Geofisica, Vol. X, N. 3—4, **1957** *(67)*.

Ders.: Rendiconti dell Accademia Nationale dei Lincei. Geofisica, serie VIII, Vol. XXIV, **1958** *(67)*.

Ders. und Spadea, M. C.: Decadimento del modulo elastico in roccia a contatto con bacini idrici artificiali. Annali di Geofisica, Vol. VII, N. 4, **1954** *(67)*.

Capdecomme, L., Farran, J., Orliac, M.: Sur l'emploi des techniques minéralogiques dans l'essai des materiaux de barrages. IVe Cong. G. B. **1951** *(182)*.

Caquot, A., et Kerisel, J.: Traité de Mécanique des sols. Gauthier-Villard, Paris **1949** *(304)*.

Carlson *(183)*.

Casagrande *(328)*.

Casagrande, L.: Electro-osmotic Stabilization of Soils. Boston Soc. of Civ. Eng., Prof. Serv. and Adv. 39, N. 1, **1952** *(290)*.

Chervier, L.: siehe Bellier et Chervier.

Cholet, J., and Richard, H.: A Test of Elastic Anisotropy Measurement at Berriane (N.-Sahara). Geophys. Prosp. Vol. 2, N. 2, S. 232 **1954** *(375)*.

Clar, E. *(VIII, 8, 67, 210, 290)*.

Ders.: Zur Darstellung der Klüftigkeit von Felsaufschlüssen. Geol. u. Bauw., H. 1, S. 1, **1939** *(230, 232, 249, 251)*.

Ders.: Über die Anisotropie von Gestein und Fels. Gebirgsdrucktagung Leoben, Urban Wien, S. 165, **1950** *(6, 42, 267, 284, 399)*.

Ders.: Über die geologische Auswertung von Falten der Gesteine. Radex-Rundsch., H. 2, **1951** *(399)*.

Ders.: Ein zweikreisiger Geologen- und Bergmannskompaß zur Messung von Flächen und Linearen. Verh. Geol. Bundesanst., H. 4, S. 201, **1954** *(208, 340, 341, 343)*.

Ders.: Gebirgsbau und Geomechanik. Geol. u. Bauw., Jg. 25, H. 2/3, S. 186, **1960** *(162, 169, 278, 378)*.

Ders.: Gefüge und Verhalten von Felskörpern in geologischer Sicht. Geol. u. Bauw., Jg. 28, H. 2, **1963**.

Clausing, D. P.: Comparison of Griffith's Theory with Mohr's Failure Criteria. 3rd Symp. Rock Mech., Quarterly of Colorado School of Mines, Vol. 54, N. 3, S. 285, **1959** *(330)*.

Cloos, H. *(4, 24, 40, 89, 144, 189, 400)*.

Ders.: Experimente zur Inneren Tektonik I. Centr.-Bl. f. Min., Abt. B, S. 609, **1928 a** *(92, 192, 399)*.

Ders.: Über antithetische Bewegungen. Geol. Rundsch., Bd. 19, S. 246, **1928 b** *(294)*.

Ders.: Künstliche Gebirge (I). Natur und Museum, S. 225, Frankfurt/Main **1929** *(92, 399)*.

Ders.: Künstliche Gebirge (II). Natur und Museum, H. 5, Frankfurt/Main **1930 a** *(92, 399)*.

Ders.: Zur experimentellen Tektonik (V). Vergleichende Analyse dreier Verschiebungen. Geol. Rundsch., Bd. 21, S. 353, **1930 b** *(92, 192, 399)*.

Ders.: Zur experimentellen Tektonik (IV). Methodik und Beispiele. Die Naturwissenschaften, Bd. 18, S. 741, **1930 c** *(399)*.

Ders.: Fließen und Brechen in der Erdkruste und im geologischen Experiment. Plastische Massen in Wissenschaft und Technik, H. 1, Physik G.m.b.H., Troisdorf b. Köln **1931 a** *(92, 399)*.

Ders.: Zur experimentellen Tektonik. Brüche und Falten. Die Naturwiss., Jg. 19, H. 11, S. 242, Springer, Berlin **1931 b** *(92, 93, 399)*.

Ders.: Einführung in die Geologie. Bornträger, Berlin **1936** *(92, 93, 94, 95, 129, 141, 142, 143, 144, 148, 168, 169, 265, 293)*.

Cooling, L., and Ward, W.: Measurements of Loads and Strains in Earth Supporting Structures. III Cont. Soils Mechn., Zürich **1953** *(184)*.

Costes, A.: siehe Hugon et Costes.

Coyne *(537, 571)*.

Crickmay, C. H.: A Preliminary Inquiry into the Formulation of the Geological Principle of Uniformity. E. de Mille Books, Calgary **1959** *(427)*.

Ders.: Lateral Activity in a River of Northwestern Canada. Jour. Geol., Vol. 68, p. 377, **1960** *(427)*.

Czuber, E.: Die statistischen Forschungsmethoden. Seidl & Sohn Wien **1921** *(220, 222)*.

Dantu, M.: Recherches directes d'extensométrie et de détermination de contraintes. Bull. G.A.M.A.C., **1954** *(184)*.

Darcy *(XX, 109)*.

Daubree, A.: Synthetische Studien zur Experimentalgeologie. Braunschweig **1880** *(136, 139, 192, 346, 399)*.

Davis, W. N.: Die erklärende Beschreibung der Landformen. 2nd ed., Teubner Leipzig **1924** *(427)*.

Dawance, G., et Tincelin, E.: Application de l'auscultation dynamique à l'étude du développement et de la répartition des contraintes autour des galeries. Ann. I. T. B. T. P., S. 363, März—April **1955**.

Deere, D. U.: Technical Description of Rock Cores. Geol. u. Bauw., Jg. 28, H. 2, **1963**.

Delarue, M. J., et Dervieux, F.: Quelques aspects de la recherche sur les matériaux et les constructions aux États-Unis. La Mécanique des sols. Ann. I. T. B. T. P., Juli—Aug. **1953** *(183)*.

Delarue, M. J., et Mariotti, M.: Quelques problèmes de mécanique des sols au Maroc. Ann. I. T. B. T. P., Sept. **1950** *(183)*.

Denkhaus, H. G.: The significance of some properties of rock in relation to the problem of rockbursts in deep mining *(287)*.

Ders.: Gebirgsschläge im Goldbergbau großer Teufe. 22. Sitzg. Aussch. f. Gebirgsdruckforschg., Pretoria **1956** *(287)*.

Ders.: The Application of the Mathematical Theory of Elasticity to Problems of Stress in Hard Rock at Great Depth. Papers and Disc. of the Ass. of Mine Managers of South Africa, **1958** *(287)*.

Ders.: Über die Bedeutung einiger Eigenschaften des Gesteins für das Problem der Gebirgsschläge in Gruben großer Teufe. Intern. Gebirgsdrucktagung, Leipzig. Akademie-Verlag Berlin **1958** *(13, 78, 80, 87, 96, 118, 148, 198, 200, 241, 242, 266, 278, 300)*.

Ders. und HILL, F. G.: Der Zustand der Wandungen von Grubenbauen in hartem Gestein bei großer Teufe. Int. Kongr. f. Gebirgsdruckforsch. Paris **1960** *(287)*.

DERVIEUX, F.: siehe DELARUE et DERVIEUX.

DIETZE, W.: Stand der weiteren Erforschung der Gebirgsmechanik im Mansfelder Kupferschieferbergbau. Intern. Gebirgsdrucktagung Leipzig. Akademie-Verlag, S. 85, Berlin **1958** *(49, 50)*.

DORSTEWITZ, G.: Spannungsoptische Untersuchungen als Beitrag zur Klärung von Gebirgsspannungen um bergmännische Hohlräume. Diss. T.H. Aachen. Arch. f. Bergbauliche Forschung, Jg. 1, H. 1, **1940** *(66, 171, 259, 394, 395)*.

DREYER, W.: Über das Festigkeitsverhalten sehr verschiedenartiger Gesteine. Bergbauwiss., Bd. 2, S. 183, **1955**.

Ders. und BORCHERT, H.: Die meßtechnische Erfassung des Gebirgsdruckes. Kali- und Steinsalz, Bd. 1, Nr. 10, S. 3, **1955**

DUBOIS, R.: siehe SCHWARTZ, BUISSON, DUBOIS.

DUPUIT *(207)*.

EASTMAN INTERNATIONAL: Mitt. d. Eastman Int. Comp. Hannover **1957** *(363)*.

Dies.: Multiple Shot Directional Survey Instrument Type DT, Instr.-Booklet, Hannover **1961** *(365)*.

EDELMANN *(111)*.

EGNER, K.: Ermittlung der Festigkeitseigenschaften der Hölzer. In Siebel „Handbuch der Werkstoffprüfung", S. 41, Springer, Berlin **1957**.

EICHINGER, A.: Anstrengung und Ermüdung. G.E.P. Akad. Fortb. Kurs ETH, **1935**.

Ders.: Die Grundlagen der bildsamen Verformung. Stahl und Eisen, H. 38, S. 829, **1940**.

Ders.: Theorie der Anstrengung und Bruchgefahr fester Körper mit besonderer Berücksichtigung der Verformungsvorgänge im Eisen. Arch. f. Eisenhüttenw., 18, S. 73, **1944/1945**.

Ders.: Festigkeitstheoretische Untersuchungen. Handb. d. Werkstoffprüf., Bd. 2, S. 706, Springer, Berlin **1955** *(81, 298)*.

Ders.: siehe a. Roš und EICHINGER.

ELKINS, TH. A.: Test of a Quantitative Mountain Building Theory by Appachian Structural Dimensions.

ENDELL, K.: Bautechnik 19, S. 201, **1941** *(152)*.

EVERLING, G.: Untersuchungen an Karbongesteinen unter dreiaxialem Druck zwecks Berechnung von Gebirgsspannungen. Intern. Gebirgsdrucktagung Leipzig, Akademie-Verlag Berlin **1958** *(57)*.

Ders.: Gesteinsmechanische Untersuchungen und Grundlagen zur Ermittlung des Gebirgsdruckes aus Bohrlochverformungen. Glückauf, Jg. 96, H. 7, S. 390, **1960** *(39, 197)*.

Ders.: Das Endflächenproblem beim Druckversuch. 2. Ländertr. des Int. Büros f. Gebirgsmechanik. Akademie-Verlag, Berlin **1961**.

Ders.: Ein Vorschlag zur Definition der Schubfestigkeit und damit zusammenhängender Begriffe. Glückauf 98, H. 18, S. 1110, **1962**.

FABRICIUS, O.: Betriebsversuche mit Ankerausbau im Braunkohlentiefbau. Geol. u. Bauw., Jg. 23, H. 1, S. 20, **1957** *(539)*.

FARRAN, J.: siehe CAPDECOMME, FARRAN, ORLIAC.

FELLENIUS, W.: Erdstatische Berechnungen. Ernst & Sohn Berlin **1939** *(404, 405, 409, 413, 474, 503, 556)*.

FERRAND, M.: *(321, 329)*.

FICKERT, E., und MÜLLER, L.: Sicherung einer absturzdrohenden Felswand. Der Bauingenieur, Jg. 31, H. 10, S. 374, **1956** *559, 601)*.

FILL, R.: Kluftmessung und Talsperrenanlage. Geol. u. Bauw., Jg. 17, H. 4, S. 114, **1950** *(248)*.

FISCHER, G.: Gefügeregelung und Granittektonik. N. Jahrb. f. Min., Abt. B., Beil.-Bd. 54, S. 95, **1926** *(345)*.

Ders.: Statistische Darstellungsmethoden in der tektonischen Forschung. Sitz. Preuß. Geol. Landesanst. Berlin, H. 5, S. 4, **1930** *(217, 219)*.

FREUDENTHAL, A. M.: Inelastisches Verhalten von Werkstoffen. VEB Verlag Technik Berlin **1955** *(72)*.

FÖPPL, L. *(VIII, 39, 122, 329, 396, 561)*.

Ders.: Benennungen und Bezeichnungen in der Festigkeitslehre, Elastizitäts- und Plastizitätstheorie. Tekniska Nomenklaturcentralen. Stockholm **1949** *(XX, 14, 104).*

Ders.: Beispiele zur Anwendung der Spannungsoptik. Zschr. d. Ver. Deut. Ing., Bd. 93, Nr. 51, S. 105, **1951** *(180, 394, 395).*

Ders.: Beitrag zur Elastizitätstheorie bei großen Formänderungen. Sitz.-Ber. d. Bayr. Akad. Wiss., Math.-naturw. Kl. Nr. 4, S. 57, **1953** *(395).*

Ders.: Bericht über den Vortrag beim fünften Kolloquium für Geomechanik „Ergebnisse spannungsoptischer Versuche an geschichtetem Material". Geol. u. Bauw., Jg. 21, H. 3, S. 129, **1955 a** *(395, 412).*

Ders.: Der Übergang von der Haftreibung zur Gleitreibung. Geol. u. Bauw., Jg. 21, H. 4, S. 145, **1955 b** *(282, 293).*

Ders.: Elastische Spannungszustände in Körpern mit ebenen Schnitten. Forschung, Bd. 22, H. 2, S. 63, **1956** *(242, 293, 301).*

Ders.: Störungen des Spannungszustandes in der Umgebung eines Druckstollens durch Spalten. Geol. u. Bauw., Jg. 23, H. 1, S. 4, **1957 a** *(242, 395).*

Ders.: Elastische Spannungszustände in Körpern mit ebenen Schnitten. Geol. u. Bauw., Jg. 23, H. 1, S. 9, **1957 b** *(242, 291, 292, 293, 412).*

Ders.: Fundamentbalken auf elastisch nachgiebigem Boden. Forschung, Bd. 23, Nr. 6, S. 201, Düsseldorf **1957 c** (53, 296, 305, 481).

Ders.: Der Bodendruck unter einem belasteten Fundamentbalken. Geol. u. Bauw., Jg. 24, H. 1, S. 2, **1958** (53, 295, 305, 306, 481).

Ders.: Elementare Mechanik vom höheren Standpunkt. Oldenbourg, München **1959**.

Ders. und Sonntag, G. *(510).*

Ders. und Sonntag, G.: Tafeln und Tabellen zur Festigkeitslehre. Oldenbourg, München **1951**.

Föppl, L.: siehe Busemann und Föppl.

Fröhlich, O. K. (57, 243).

Ders.: Sicherheit gegen Rutschungen einer Erdmasse auf kreiszylindrischer Gleitfläche mit Berücksichtigung der Spannungsverteilung in dieser Fläche. Federhofer-Girkmann-Festschr., S. 181, **1950** *(499).*

Fuchs, A.: Über die Anwendung eines neuartigen räumlichen Modells in der praktischen Geologie. Geol. u. Bauw., Jg. 24, H. 2, S. 118, **1958** *(377).*

Fumagalli, E.: siehe Oberti und Fumagalli.

Gabin *(187).*

Gallwitz, H.: Vermessung von Krustenbewegungen an den Rändern des Elbtalgrabens durch Feinstnivellements. Geologie, Bd. 3, Nr. 6/7, Berlin **1954**.

Gauss, K. F. *(388).*

Gheyselinck, R.: Die ruhelose Erde. Ullstein Wien **1951** *(168).*

Gimm, W.: Ankerausbau im Tiefbau. Bergbautechnik, Jg. 8, S. 452, VEB Verlag Technik Berlin **1958** *(123).*

Giudici, F. *(351).*

Glötzl, F.: Ein neues hydraulisches Fernmeßverfahren für mechanische Spannungen und Drücke. Arch. f. Techn. Messen, Lief. 265, Oldenbourg, München **1958** *(597).*

Goichmann *(187).*

Graupner, A.: Ingenieurgeologische Kartierung von Felsböden. Die Bautechnik, Jg. 35, H. 6, S. 245, **1958** *(350).*

Green, H.: Industrial Rheology and Rheological Structures. New York **1949** *(85).*

Griffith, A. A.: Phil. Trans. Royal Society A 221, 163, London **1920** *(291, 330).*

Ders.: The Theory of Rupture. Proc. 1st Int. Congr. Appl. Mechn., p. 55, Delft **1924** *(94, 95, 165, 170, 291, 330).*

Griggs, C. D.: Deformation of Rocks Under High Confining Pressures. Journ. Geol. 44, p. 541, **1936** *(81).*

Ders.: Creep of Rocks. Journ. Geol. 47, p. 225, **1939** *(81).*

Ders.: Experimental Flow of Rocks under Conditions Favouring Recrystallization. Geol. Soc. Am. Bull. 51, p. 1001, **1940** *(81).*

Ders.: Handbook of Physical Constants. Geol. Soc. Am., Spec. Paper **1954** *(81).*

Grimm, H. *(167).*

Gschwind, H.: siehe Quervain und Gschwind.

Gümbel, C. W. *(96).*

Ders.: Das Verhalten der Schichtgesteine in gebogenen Lagen. Sitz.-Ber. Bayr. Akad. Wiss., Math.-phys. Kl. IV, 596, **1880** *(92).*

Gutenberg, B.: Gerl. Beitr. 16, 18, 239, **1927** *(83).*

Ders.: Verschiebung der Kontinente, eine kritische Betrachtung. Geotekt. Symp. „Hans Stille“, Stuttgart **1956**.

Ders.: Bull. Geol. Soc. Am. 47, 1587, **1936**.

Haarmann, E.: Die Oscillationstheorie. Enke Stuttgart **1930** *(162, 198)*.

Habel *(304)*.

Habib, P. *(187)*.

Ders. und Marchand, R.: Mesure des pressions de terrain par l'essai de vérin plat. Ann. I. T. B. T. P., oct. **1952** *(189)*.

Hack, J. T.: Interpretation of Erosional Topography in Humid Temperate Regions. Amer. Jour. Sci., Vol. 258 A, p. 80, **1960** *(427)*.

Hagen, W.: Gebirgsschläge im Erzbergbau. Glückauf, Jg. 88, H. 25/26, Essen **1952** *(175)*.

Hagerman, T. H. *(117, 369)*.

Ders.: On svensky bergarter och deras provning för konstruktionsändamål. Statens Provningsanstalt, Stockholm **1943**.

Ders.: Saltvandring I bergarter, salt movement in rocks. Teknisk Tidskrift **1956**.

Ders.: Byggen, Berggrund och Grundvatten. Constructions, Bedrock, Groundwater. Teknisk Tidskrift **1956** *(116, 437)*.

Haigh, B. P.: Engineering, 109, S. 150, **1920** *(35, 38)*.

Ders.: Engineering, 109, S. 158, **1920** *(35, 37)*.

Hanisch, A.: Prüfungsergebnisse mit natürlichen Bausteinen. S. 20, Wien **1912** *(120)*.

Hardy, H. R.: Time Dependent Deformation and Failure of Geologic Materials. 3rd Symp. Rock Mechn., Vol. 54, N. 3, S. 135, **1959** *(74, 79)*.

Hast, N.: The Measurement of Rock Pressure in Mines. Sveriges Geologiska Undersökning, Assbok 52, N. 3, **1958** *(181, 183)*.

Heim, A.: Mechanismus der Gebirgsbildung. Bâle, **1878** *(171, 190)*.

Ders.: Zur Frage der Gebirgs- und Gesteinsfestigkeit. Rev. Polytech. Suisse 24, II, **1912** *(137)*.

Heine, F.: siehe Oberste-Brink und Heine.

Heitfeld, K. H.: Kleinlochbohrungen zur Klärung geologischer Verhältnisse und für die Untergrunddichtung im Talsperrenbau. Erdöl-Zschr., H. 11, S. 311, Urban Wien **1957** *(363)*.

Ders.: Über Abweichungen von Kleinlochbohrungen im Talsperrenbau des rechtsrheinischen Schiefergebirges und ihre Abhängigkeit von den geologischen Verhältnissen. Erdöl-Zschr., H. 6, **1960** *(364)*.

Ders.: Die Bedeutung der historischen Denkweise in der Geologie für die Geomechanik. Geol. u. Bauw., Jg. 25, H. 2/3, S. 192, **1960** *(136)*.

Heje, K.: Vei og Jernbane-Bygging. Aschehong Oslo **1945**.

Hencky, H.: Zur angewandten Mathematik und Mechanik. S. 323, **1924** *(330)*.

Hetzel *(509, 537)*.

Ders.: Tunnel- und Stollenbau — Wandlungen und Erfolge. Bauingenieur 32, H. 9, **1957** *(303)*.

Hiessleitner *(210)*.

Higgins, G. H.: Private Communication. Lawrence Radiation Lab., Univ. Calif. **1958** *(84)*.

Hill, F. G.: An Investigation into the Problem of Rock Bursts. An Operational Research Project. Journ. Chem., Metall. and Min. Soc. South Africa, S. 69, **1954** *(170)*.

Ders.: siehe Denkhaus und Hill.

Hiramatsu, Y., und Oka, Y.: The Fracture of Rock around Underground Openings. Kyoto Univ., Japan **1958** *(123, 185, 189, 190, 198, 330, 396)*.

Hiramatsu, Y., Niwa, Y., and Oka, Y.: Measurement of Stress in Field by Application of Photo-elasticity. Kyoto Univ., Japan **1957** *(181, 188)*.

Höfer, K. H.: Die Gesetzmäßigkeiten des Kriechens der Salzgesteine und deren allgemeine Bedeutung für den Bergbau. Intern. Gebirgsdrucktagung Leipzig, Akademie-Verlag, Berlin **1958 a** *(26, 72, 79, 80, 81, 95, 96, 123, 199, 200, 203, 242, 299)*.

Ders.: Beitrag zur Frage der Standfestigkeit von Bergfesten im Kalibergbau. Freib. Forschungshefte A 100, Akademie-Verlag Berlin **1958 b**.

Hoeppener, R.: Zum Problem der Bruchbildung, Schieferung und Faltung. Geol. Rundsch. 45, 2, S. 247, **1956** *(131)*.

Ders.: Beziehungen zwischen Struktur und Bewegung des Untergrundes und der Tektonik des Deckgebirges im Gebiet der Eifel und der Moselmulde. Geol. Rundsch., Bd. 46, H. 1, **1957** *(131)*.

Ders.: Vorläufige Mitteilung über ein genetisches System tektonischer Gefügetypen. N. Jahrb. f. Geol. u. Paläont., H. 8, **1959** *(131)*.

Hörnlimann *(308)*.

HOFFMANN, H.: Entspannungsbewegungen des Flözes und seines Nebengesteins in der Nähe des Strebstoßes. Intern. Gebirgsdrucktagung Steinkohlenbergbauverein, Essen **1956** *(66, 96)*.

Ders.: Untersuchungen an Karbongesteinen unter dreiaxialem Druck zwecks Berechnung von Gebirgsspannungen. Intern. Gebirgsdrucktagung Leipzig, Akademie-Verlag, Berlin **1958** *(47, 124)*.

Ders.: siehe NIEMCZYK und HOFFMANN.

HOLLAND, C. T.: Rock Bursts or Bumps in Coal Mines. Coll. Eng. S. 145, **1955**.

HOOKE *(74, 79)*.

HOUGHTON, S.: **1858** *(137)*.

HRABAN: Solide semi-indéfini à module d'élasticité variable. Bull. Acad. Tchèque **1944** *(283)*.

HUBBERT, M. K., and RUBEY, W. W.: Role of Fluid Pressure in Mechanics of Overthrust Faulting. Bull. Geol. Soc. Am. 70/2, 115, **1959** *(162)*.

HUBER, M. T.: Die spezifische Formänderungsarbeit als Maß der Anstrengung eines Materials. Lemberg **1904** *(74, 145, 330)*.

HUGGENBERGER, A.: Das Verhalten und die Sicherheit der Talsperren. Neue Zürcher Zeitung 12. 4. **1961** *(599)*.

HUGON, A., et COSTES, A.: Le boulonnage des roches en souterrain. Eyrolles, Paris **1959** *(548, 579)*.

HUTTER: siehe SULSER und HUTTER.

IMHOF, K. *(47)*.

INGLIS, C. E.: Trans. Inst. Naval Architects 55, Part 1, 219, **1913** *(291)*.

JACOBI, O. *(111, 185)*.

Ders.: Zur Statik des Ankerausbaues. Bergfreiheit, Jg. 17, H. 1, **1952** *(549)*.

Ders.: Druck auf Flöz und Versatz. Int. Tagung üb. Gebirgsdruckforsch., Steinkohlenbergbauverein Essen **1956 a** *(96)*.

Ders. und BRÄNDLE, E.: Vorrichtung zum Messen von Längenänderungen in Bohrlöchern (Bohrlängungs-Meßgerät). Glückauf 92, H. 13/14, **1956 b** *(599)*.

Ders.: Die Bewegungen zerbrochener Gesteinsschichten um bergmännische Hohlräume. Glückauf, Jg. 93, H. 45/46, **1957** *(26, 44, 90, 97, 141, 144, 149, 171, 271, 282, 398)*.

Ders.: Bruchbewegungen des Strebhangenden und ihre Bekämpfung. Bergfreiheit, Jg. 24, Nr. 12, S. 413, **1959** *(141)*.

JANOD, A., und MERMIN, P.: La mesure des caractéristiques du rocher en place à l'aide du dilatomètre à vérin cylindrique. Travaux, Juli **1954** *(324)*.

JANSSEN, K.: Abbauführung und Entwicklung der Untersuchungsarbeiten auf Neumühl. Intern. Tagung üb. Gebirgsdruckforsch., Steinkohlenbergbauverein, Essen **1956**.

Ders.: siehe MILDENDORF und JANSSEN.

JAQUEMIN, R.: Nouvelle contribution à la mesure des pressions de terrain en taille. Ann. des Mines, Sept. **1953** *(184)*.

JEFFREYS, H.: The Earth, 2. Aufl., Cambridge **1929** *(82)*.

JELINEK, R.: Elastizitätsmessungen am gewachsenen Felsen. Der Bauingenieur, Jg. 30, H. 6, S. 208, **1955** *(46, 304)*.

Ders.: siehe TERZAGHI und JELINEK.

Ders. und JESSBERGER, H. L.: Über die Stabilität von Tonschlämmen. Geol. u. Bauw., Jg. 25, H. 1, S. 81, **1959** *(77, 153, 162)*.

Ders., JESSBERGER und KÖRNER, H.: Die bautechnische Bedeutung von Tonschlämmen. Die Bautechnik, Jg. 35, H. 6 u. 9, **1958** *(77, 83, 97, 152, 162)*.

JENKINS, J. P.: siehe POTTS und JENKINS.

JESSBERGER, H. L.: siehe JELINEK und JESSBERGER.

Ders.: siehe JELINEK, JESSBERGER, KÖRNER.

JOHN, K. W.: Die Planung u. Ausführung v. Felssicherungen. Die Bautechnik Jg. 34, H. 4, S. 135, **1957** *(540, 541, 546, 559)*.

Ders.: Tunnelportale im Widerstreit der Meinungen. Brücke und Straße, Jg. 9 (25), H. 4, **1957**.

Ders.: Die Praxis der Felsgroßversuche, beschrieben am Beispiel der Arbeiten an der Kurobe-IV-Staumauer in Japan. Geol. u. Bauw., Jg. 27, H. 1, **1961** *(314)*.

Ders.: An Approach to Rock Mechanics. Journ. Soil Mechn. and Found. Div., ASCE, Aug. **1962**.

JOHNSON, G. W.: The Underground Nuclear Detonation of Sept. 19, 1957. **1958**.

Ders. und VIOLET, C. E.: Phenomenology of Containes Nuclear Explosions. Univ. Calif. Radiation Lab., 5124, Rev. I, **1958** *(84)*.

JOLLINS *(136)*.

JONES, R. *(182)*.

Ders.: Testing Concrete by an Ultrasonic pulse Technique. D. S. I. R. Road Res. Techn. Pap. N. 34.

JUDD, W. R.: Exploration Principles for Major Engineering Works. Proc. ASCE Se. 435, **1954**.

Ders.: siehe KRYNINE and JUDD.

KAHLER, F.: Forschungen über jugendliche tektonische Vorgänge in Kärnten und deren praktische Auswirkung. Ber. Leobn. Bergmannstag, S. 303, Urban-Verlag Wien **1937**.

Ders.: Die Rückprall-„Härte" als Maß für die Abschätzung der reinen Bohrgeschwindigkeit und der Bohrkronenabnützung. D. Karinth., F. 18, S. 137, **1952** *(105)*.

Ders.: Spuren auffallend junger Gebirgsbewegungen in den Karawanken. Geol. Rundschau, Bd. 49, **1955**.

Ders.: Gefahren des Maschineneinsatzes in steilen Halden. Geol. u. Bauw., Jg. 25, H. 1, S. 64, **1959** *(522)*.

Ders.: Fels und Geomechanik. Geol. u. Bauw., Jg. 25, H. 2/3, **1960** (VIII).

KALWEIT, H.: Das May-Carsamba-Projekt in der Türkei. Die Wasserwirtsch., S. 175, Stuttgart **1958** *(113)*.

KARL, F.: Ein Beispiel für Anwendung gefügeanalytischer Arbeitsmethoden in der Baugeologie. Geol. u. Bauw., Jg. 21, H. 1/2, S. 68, **1954** *(253)*.

KASTLER: siehe SANDER, KASTLER, LADURNER.

KASTNER, H.: Über den echten Gebirgsdruck beim Bau tiefliegender Tunnel. Österr. Bauzschr. 10—11, **1949** *(175)*.

Ders.: Die Deutung echten Gebirgsdruckes mit Hilfe der Theorie der plastischen Zonen. Schweiz. Bauztg. H. 7, S. 83, **1951** *(87, 280)*.

Ders.: Zur Theorie des echten Gebirgsdruckes im Felshohlraumbau. Öst. Bauzschr., Jg. 7, H. 6, S. 94, Wien **1952** *(97, 175, 280)*.

Ders.: Über die Anwendung der technischen Mechanik in der tektonischen Geologie. Geol. u. Bauw., Jg. 20, H. 2, S. 68, **1953** *(39, 175)*.

KEGEL, K.: Die Gebirgsschlaggefahr im Kalisalzbergbau. Bergakademie, H. 9, **1957** *(175)*.

KEIL, K.: Die Baugrundsicherung von Stauanlagen (Talsperren). Geol. u. Bauw., Jg. 22, H. 2, S. 114, **1956** *(428)*.

Ders.: Geotechnik. Wilhelm Knapp Halle **1959** *(1, 12, 337)*.

Ders.: Grundlegende Eigenschaften der Fels- und Festgesteine. Geol. u. Bauw., Jg. 28, H. 4, **1963**.

KELVIN *(74, 77)*

KERISEL, J.: siehe CAQUOT und KERISEL.

KIELHAUSER, G.: Die Vernichtung von Strauchwerk samt unterirdischen Organen. Unveröff. Gutachten, **1955** *(464)*.

KIENOW, S.: Grundzüge einer Theorie der Faltungs- und Schieferungsvorgänge. Fortschr. d. Geol. u. Paläont., Berlin **1942**.

Ders.: Über Faltungsschieferung. Neues Jahrb. f. Min., Abh. Bd. 90, Abt. B, S. 338, **1949** *(97)*.

Ders.: Experimentelle Untersuchungen über das Festigkeitsverhalten und den Deformationsmechanismus von trockenem Ton unter verschiedenen Drucken von allen Seiten. Jb. f. Geol. u. Pal. Mon.-Hefte, H. 2, S. 39, **1951** *(144, 400)*.

KIERSCH, G. A.: Engineering Geology Principles of Subterranean Installations. Econ. Geol. vol. 46, Nr. 2, **1951**.

KIESLINGER, A. *(180)*

Ders.: Zerstörungen an Steinbauten, ihre Ursachen und ihre Abwehr. Deuticke Leipzig u. Wien **1932** *(4)*.

Ders.: Gesteinskunde für Hochbau und Plastik. Österr. Gewerbeverlag, Wien **1951** *(4, 105)*.

Ders.: Reststannung und Entspannung im Gestein. Geol. u. Bauw., Jg. 24, H. 2, **1958** *(78, 124, 175, 456)*.

Ders.: Residual Stress and Relaxation in Rocks. Int. Geol. Congr., XXI Sess., Nord. **1960** *(124)*.

Ders.: Gesteinsspannungen und ihre technischen Auswirkungen. Zschr. d. Deutsch. Geol. Ges., Bd. 112, S. 164, **1960** *(124)*.

Ders.: Spanning en ontspanning van natursteen. Natursteen 181, S. 80, Amsterdam **1962** *(124)*.

Ders.: Verspannung und Entspannung im Stein. Der Naturstein Nr. 1, Ebner, Wien **1962** *(124)*.

KILIAN, W. *(183, 184)*

Ders.: La géologie et l'aménagement hydroélectrique des chutes d'eau. 2e Conf. Fac. Sc. de Grenoble, **1921** *(162)*.

KLEYN, A. H.: On Seismic Wave Propagation in Anisotropic Media with Application in the Betun Area, South Sumatra. Geophys. Prosp. Bd. 4, H. 1, S. 56, **1956** *(375)*.

KNETSCH, G.: Lebendige Tektonik im Irak. Geol. Rundschau, Bd. 43, **1955**.

KNOPF, E. B.: Petrofabrics in Structural Geology. Quart. Colorado School of Mines, Vol. 52, No. 3, **1957**.

Knothe, St.: Abbaugeschwindigkeit und Bodendeformation. Bergakademie Nr. 12, **1953**.

Kobayashi, T.: Up and Down Movements now in Action in Japan. Geol. Rundsch., Bd. 43, **1955** *(169)*.

Körner, H. *(472)*

Ders.: Das thixotrope Verhalten von Tonschlämmen. Bautechnik, Jg. 35, H. 6 u. 9, **1958** *(84, 85, 223)*.

Ders.: siehe Jelinek, Jessberger, Körner.

Kollbrunner: Fundation und Konsolidation. Bd. 1 bis 3, Schweiz. Druck- u. Verlagshaus, Zürich **1946, 1948, 1952** *(30)*.

Korn, L.: Tektonische und gefügeanalytische Untersuchungen im kristallinen Vorspessart. Min. u. petrogr. Mittl., Bd. 43, H. 1/2, S. 10, **1933** *(223)*.

Kraus, E.: Vergleichende Baugeschichte der Gebirge. Berlin **1951**.

Kraus, G. *(339, 351)*

Ders.: Das Gesteinsgefüge im Luftbild und in der terrestrischen Photographie. Geol. u. Bauw., Jg. 28, H. 3, **1963**.

Krebš, E. *(187)*

Kruedener, A. v.: Ingenieur-Biologie. Reinhardt, München—Basel, **1951** *(463)*.

Krynine, D. P., and Judd, W. R.: Principles of Engineering Geology and Geotechnics. McGraw-Hill Book Comp. **1957.**

Kuhn, K. *(496)*

Kuhn, O.: Die internationale Tagung über Gebirgsdruckforschung in Essen 1956. Glückauf, Jg. 93, H. 15/16, S. 425, **1957** *(184)*.

Kujundzic, B.: Méthodes de détermination experimentale du module d'élasticité des roches. RILEM-Bericht C 17, Okt. **1955**.

Ders.: Mesure des caractéristiques des roches en place. Ann. I. T. B. T. P. 125, Mai **1958**.

Ders.: siehe Lazarewic und Kujundzic.

Kukuk, P.: Geologie des Niederrheinisch-Westfälischen Steinkohlengebietes. Springer, Berlin **1938** *(228)*.

Kusnezow, G. N.: Erforschung der Gebirgserscheinungen an Modellen. Verlag für Kohlenindustrie Ugletechisdat. **1958** *(394, 396, 397, 398)*.

Kuuskoski, V.: Über die Haftung zwischen Beton u. Stahl. 19. Veröff. d. staatl. Inst. f. techn. Forsch. i. Finnland **1950** *(574)*.

Kvapil, R.: Zur Theorie der Gesteinszerstörung. Intern. Gebirgsdrucktagung Leipzig, Akademie-Verlag, Berlin **1958 a** *(175)*.

Ders.: Gebirgsschlagtheorie. Verl. Techn. Lit. SNTL, Prag, **1958 b** *(175)*.

Ders.: Zur Frage der Häufigkeit der Gebirgsschläge in Abhängigkeit von den physikalischen Größen. Geol. u. Bauw., Jg. 26, H. 1, **1961** *(175)*.

Ders.: Tektonische Experimente an natürlichen Gesteinen. Geol. u. Bauw., Jg. 28, H. 2, **1963**.

Ders. und Pforr, H.: Über statische Bedingungen zur Entstehung des Gebirgsschlages Merkers vom 8. Juli 1958. Freiberger Forschungsheft A 173, **1960** *(175)*.

Ladurner: siehe Sander, Kastler, Ladurner.

Lang, T. A.: Theory and Practice of Rock Bolting. St. Louis Meet. 1961, AIME Transact. (Min.) **1962**.

Langecker, F.: Versuche zur Verankerung der Gebirgsschichten besonders im Liegenden. Glückauf, Jg. 88, H. 45/46, S. 1086, **1952** *(539)*.

Lauffer, H. *(514)*

Ders.: Gebirgsklassifizierung für den Stollenbau. Geol. u. Bauw., Jg. 24, H. 1, S. 46, **1958** *(99, 201, 203, 205)*.

Ders.: Ein Gerät zur Ermittlung der Felsnachgiebigkeit für die Bemessung von Druckstollen- und Druckschachtauskleidungen. Geol. u. Bauw., Jg. 25, H. 2/3, S. 114, **1960 a** *(52, 56, 321, 323, 324)*.

Ders.: Die neuere Entwicklung der Stollenbautechnik. Öst. Ing.-Ztg., H. 1, **1960 b**.

Ders.: Das Innkraftwerk Prutz-Imst. Schriftenr. Öst. Kraftw., Domann Wien. Bundesmin. f. Verk. u. Elektr.-wirtsch., F. 31, **1961**.

Lazarevic und Kujundzic, B.: Mechanical Characteristics of Mountain Masses. Proc. Youg. Soc. Soil Mech. 1—9, **1954** *(296, 324)*.

Ledersteger, K.: Österr. Z. Vermessungswesen, 9, **1950** *(83)*.

Leeman, E. R.: Messungen des Gebirgsdruckes vor dem Abbaustoß in großen Teufen. Intern. Kongr. f. Gebirgsdruckforsch., Paris 1960, Charbonnages de France, Paris **1960** *(181, 185)*.

Leon, A.: Ingenieur-Archiv, H. 4, S. 421, **1933** *(35, 36, 37, 39, 96)*.

Ders.: Beton und Eisen. Jg. 34, S. 130, **1935** *(37)*.

Ders. und Willheim, F.: Über die Zerstörung in tunnelartig gelochten Gesteinen. Öst. Wochenschr. f. d. öff. Baudienst, H. 44, Wien **1910** *(95)*.

Dies.: Über die Zerstörung in tunnelartig gelochten Gesteinen, Öst. Wochenschr. f. d. öff. Baudienst, H. 16, **1912** *(95)*.

Leslie *(56)*.

Leussink, H. *(47, 296)*.

Ders.: Dreiaxiale Scherversuche mit grobkörnigen Erdstoffen. D. Ges. f. Erd- u. Grundbau, **1959** *(47)*.

Ders.: Der Neubau des Instituts für Bodenmechanik und Grundbau. Bau eines großen dreiaxialen Schergerätes zur Untersuchung grobkörniger Erdstoffe. Inst. f. Bodenmech. u. Grundbau, Karlsruhe, H. 1, **1960**.

Leutert *(363)*.

Link, H.: Unveröff. Studie *(56, 59)*.

Ders.: Der V. Internationale Talsperrenkongreß Paris 1955. Wasser- u. Energiewirtsch. 7/8/9, S. 290, **1956** *(65)*.

Ders.: Über die Querdehnungszahl des Gebirges. Geol. u. Bauw., Jg. 26, H. 4, **1961 a** *(71)*.

Ders.: Zur Querdehnungszahl von Gestein und Gebirge. Geol. u. Bauw., Jg. 27, H. 2, S. 248, **1961 b** *(71)*.

Ders.: Über die Unterschiede statisch, dynamisch und seismisch ermittelter Elastizitätsmoduln von Gesteinen und Gebirge. Geol. u. Bauw., Jg. 27, H. 3/4, **1962** *(71)*.

Linkwitz, K.: Terrestrisch-photogrammetrische Kluftmessung. Geol. u. Bauw., Jg. 28, H. 3, **1963**.

Litwiniszyn, J.: Statistische Methoden in der Gebirgsmechanik. Int. Gebirgsdrucktagung Leipzig, Akademie-Verlag, Berlin **1958** *(9, 25, 283, 287, 289)*.

Ders.: Die Mechanik diskontinuierlicher Medien und ihre Anwendung in der Felsmechanik. Geol. u. Bauw., Jg. 28, H. 4, **1963**.

Ljungner, E.: Spaltentektonik und Morphologie der schwedischen Skagerrakküste. Bull. Geol. Inst. Univ. Upsala **1930** *(149, 158, 160, 161, 294)*.

Locker, F.: Untersuchungen über die Zerkleinerungsarbeit beim Gesteinsbohren. Unveröff., **1961** *(105)*.

Lohmeier *(241)*.

Lucas, M.: Ann. des Ponts Chauss. Bd. 107 A, S. 223, **1937** *(162)*.

Ludwik, P.: Über den Einfluß der Deformationsgeschwindigkeit bei bleibenden Deformationen mit besonderer Berücksichtigung der Nachwirkungserscheinungen. Phys. Zeitschr., Bd. 10, S. 411, **1909**.

Maczyński, J.: Niektóre problemy przestrzenne przemieszczeń ośrodka stochstaycznego. Archiwum Górnictwa, Warszawa, T. I, N. 3, **1956** *(289)*.

Magnusson, N. H.: Geologisk Belysning av svaghetsfenomen i berggrunden i mellansvenska gruvor. Särtryck ur jernkontorets annaler, Vol. 141, S. 600, Upsala **1957** *(119)*.

Makovec, F. *(351)*.

Marchand, R.: siehe Habib et Marchand.

Mariotti, M.: siehe Delarue et Mariotti.

Martin, H., und Ribitsch, H.: Die Ausführung einer Stützmauer als dünne Stahlbetonplatte mit vorgespannten Verbundankern. Montan-Rundsch., Jg. 10, H. 7, S. 143, **1962** *(572)*.

Maxwell, J. C. *(74, 82, 416)*.

Mayer, A.: Essais en place de terrains rocheux et mise en compression de revêtements de galeries. III Conf. Soil Mech. Zürich **1953** *(181)*.

McHenry *(296)*.

Ders. und Olsan: Measurements of stresses in rock by the strain relief method. U.S. Bureau of Recl. *(182, 185)*.

Meissner, O.: Wahrscheinlichkeitsrechnung. Teubners Mathem. Bibl. I, Nr. 4; II, Nr. 33, Leipzig und Berlin **1919** *(222)*.

Melle, F.: siehe Uhrig und Melle.

Mencl, V.: siehe Zaruba und Mencl.

Mermin, P.: siehe Janot und Mermin.

Meschtscherjakov, J. A., und Bricyna, M. P.: Geomorphologische Daten über jüngste Krustenbewegung in der Kaspischen Niederung. Akad. Nauk SSSR, **1954**.

Metz, K.: Lehrbuch der tektonischen Geologie. Enke, Stuttgart **1957**.

Mildendorf, H., und Janssen, K.: Erfahrungen mit dem Ankerausbau. Glückauf, H. 33/34, **1953** *(580)*.

Miroschnitschenko: siehe Winogradov und Miroschnitschenko.

Mises, R. v.: Nachr. Ges. Wiss., Göttingen, H. 4, 582, **1913** *(35, 145, 330)*.

Ders.: Mechanik der plastischen Formänderung. Z. angew. Math. Mech., Bd. 8, S. 161, **1928** *(35, 145, 330)*.

Mohr, O.: Welche Umstände bedingen die Elastizitätsgrenze und den Bruch eines Materials? Zschr. VDI, Jg. 44, S. 1524, **1900** *(34, 35, 145, 330)*.

Ders.: Abhandlungen aus dem Gebiete der Technischen Mechanik. 3. Aufl., S. 192,

Ernst & Sohn Berlin **1928** *(34, 35, 145, 330).*

Moos, A. v.: Quellerscheinungen an schweizerischen Molassenmergeln. Eclogae Geol. helv., vol. 42, p. 442—446, **1949**.

Ders.: Ingenieurgeologie in Nordamerika. Verh. Schweiz. Petrol-Geologen und Ingenieure, Vol. 22, Nr. 62, S. 43—51, **1949**.

Ders.: Aus dem Alltag eines Baugeologen. Geol. u. Bauw., Jg. 24, H. 3—4, S. 162, **1952**.

Ders. und de Quervain, F.: Technische Gesteinskunde. Birkhäuser Basel **1948** *(4, 14, 119).*

Müller, L.: *(73, 99, 109, 114, 139, 149, 178, 210, 211, 309, 344, 351, 458).*

Ders.: Untersuchungen über statistische Kluftmessung. Geol. u. Bauw., Jg. 5, H. 4, S. 185, **1933** *(93, 136, 144, 147, 158, 192, 197, 208, 210, 213, 214, 220, 221, 224, 225, 267, 344, 346, 347, 399).*

Ders.: Wo steht die Ingenieurgeologie? Geol. u. Bauw., Jg. 15, H. 3, S. 96, **1943** *(7).*

Ders.: Von den Unterschieden geologischer und technischer Beanspruchungen. Geomechanik I. Geol. u. Bauw., Jg. 16, H. 3/4, S. 106, **1948** *(VIII, 33, 40, 45, 94, 198, 265, 385).*

Ders.: Technologie der Erdkruste. Geol. u. Bauw., Jg. 17, H. 4, S. 98, **1950 a** *(47, 168, 241).*

Ders.: Der Kluftkörper. Geol. u. Bauw., Jg. 18, H. 1, S. 57, **1950 b** *(147, 232, 247, 259, 263).*

Ders.: Erlebte Geologie. Bauen in der Tiefe. Schr. d. Ver. z. Verbr. naturw. Kenntn. Wien **1950 c** *(141, 167, 538).*

Ders.: Über das Maß der Auflockerung von Gesteinen. Geol. u. Bauw., Jg. 18, H. 2, **1951 a** (50, 151, 174, 238, 426).

Ders.: Eine Arbeitsgemeinschaft für Geomechanik. Geol. u. Bauw., Jg. 18, H. 4, S. 247, **1951 b** *(VIII, 267, 298, 301).*

Ders.: Eine neue Theorie des tektonischen Gebirgsdruckes auf werkstoffmechanischer Grundlage. Geol. Rundsch., Bd. 40, H. 2, S. 283, **1952 a** *(191, 194, 198, 245, 539).*

Ders.: Nachweis der Spannungsverteilung in Lockermassen. Geol. u. Bauw., Jg. 19, H. 4, S. 245, **1952 b** *(139, 168, 194).*

Ders.: Beispiele ausgeführter Felsverankerungen. Fachtagung Leoben 1952. Urban Wien **1952 c** *(509, 530, 540, 560, 573).*

Ders.: Das Experiment in der Technischen Geologie. Berg- u. Hüttenmänn. Monatshefte, Jg. 97, H. 8, S. 145, **1952 d** *(183, 296, 318, 319, 324, 329).*

Ders.: Lawinenschnee ist thixotrop. Geol. u. Bauw., Jg. 20, H. 3, S. 167, **1953 a**

Ders.: Darstellung geologischer Flächen in Bauplänen. Geol. u. Bauw., Jg. 20, H. 1, S. 6, **1953 b** *(215).*

Ders.: Setzungen von Bauwerken auf Felsuntergrund. Vortr. d. Baugrundtagung Hannover, S. 81, Deutsche Ges. f. Erd- u. Grundbau, **1953 c** *(318, 329, 394, 395, 509, 539, 593).*

Ders.: Bergzerreißung. Öst. Bauzschr., Jg. 8, H. 2, S. 25, **1953 d** *(590).*

Ders.: Die Sicherung des linken Landpfeilers am Kraftwerk Sarobi (Afghanistan) gegen den Talzuschub des Gebirges. Geol. u. Bauw., Jg. 21, H. 4, S. 149, **1955 a** *(135, 570, 588, 591, 601).*

Ders.: Ein Bohrlochsehrohr. Glückauf, Jg. 91, H. 43/44, S. 1188, **1955 b** *(369).*

Ders.: Felssicherung und verankerte Stützmauern. Der Bau u. d. Bauindustrie, H. 10, **1956** *(481, 540, 559, 591).*

Ders.: Geologische Erkundungsmethoden beim Bau des Pumpspeicherwerkes Tanzmühle. In „Das Pumpspeicherwerk Reisach-Rabenleite“.. Energievers. Ostbayern AG., Regensburg **1957** *(368, 370, 372).*

Ders.: Geomechanische Auswertung gefügekundlicher Details. Geol. u. Bauw., Jg. 24, H. 1, S. 4, **1958 a** *(8, 265, 267, 373).*

Ders.: Beispiele für den Einfluß der Gebirgs-Anisotropie auf Talsperrengründungen. Geol. u. Bauw., Jg. 24, H. 2, S. 82, **1958 b** *(267, 275, 398).*

Ders.: Eine TV-Gefügesonde. Montan-Rundsch., H. 4, S. 71, **1958 c** *(370, 371, 372).*

Ders.: Optische Sondierung im Felsgestein und ihre Auswertung. Baugrundtagung Hamburg 1958. Deutsche Ges. f. Erd- u. Grundbau, S. 239, Hamburg **1959** *(268, 370, 372).*

Ders.: Brechen und Fließen in der geologischen und mechanischen Terminologie. Geol. u. Bauw., Jg. 25, H. 2/3, S. 218, **1960 a** *(81, 136).*

Ders.: Der Einfluß des Bergwassers auf die Standfestigkeit der Felswiderlager von Talsperren. Öst. Wasserw., Jg. 12, H. 8/9, S. 168, **1960 b** *(152, 163, 437).*

Ders.: Die Geomechanik in der Praxis des Ingenieur- und Bergbaues. Geol. u. Bauw., Jg. 25, H. 2/3, S. 203, **1960 c** *(199, 245, 339, 395, 433, 445, 446, 449).*

Ders.: Das Kräftespiel im Untergrund von Talsperren. Geol. u. Bauw., Jg. 26, H. 3, S. 142, **1961** *(175, 398).*

Ders.: Über die Entstehung oberflächenparalleler Klüfte. Versuch einer geomechanischen Erklärung. Geol. u. Bauw., Jg. 27, H. 3/4, **1962** *(179, 445, 558).*

Ders. und Pacher, F. *(205, 227, 234, 258, 326, 352, 526, 540).*

Dies.: Geomechanische Auswertung geologischer Aufnahmen auf der Schachtanlage Neumühl. Unveröff. Ber. **1956** *(27, 268).*

Dies.: Die Sicherung des Talsperrenaushubes mit talwärts fallenden Gleitschichten. Geol. u. Bauw., Jg. 23, H. 2, S. 582, **1957** *(152, 243, 275, 296, 359, 428, 500, 502, 513, 543, 564).*

Dies.: Standuntersuchung der Felswiderlager für die Talsperre Kurobe IV in den Japanischen Alpen. Unveröff. Gutachten, **1958 d** *(429, 435).*

Ders.: siehe Fickert und Müller.

Müllerried, F.: Klüfte, Harnische und Tektonik der Dinkelberge und des Basler Tafeljuras. Verh. Naturh. med. Ver. Heidelberg, N. F. Bd. 15, **1922** *(137).*

Nadai, A. *(VIII).*

Ders.: Der bildsame Zustand der Werkstoffe. Springer Wien **1927** *(37).*

Ders.: Plastizität und Erddruck. Handb. d. Physik, Bd. VI, S. 428, Springer Wien **1928** *(75).*

Ders.: Österr. Ing.-Archiv 3, 261, 421, **1949** *(75).*

Ders.: Theory of Flow and Fracture of Solids. New York **1950** *(75).*

Ders.: Österr. Ing.-Archiv 5, 182, **1951** *(75).*

Ders.: Über den Spannungszustand und die von ihm hervorgerufenen Verformungen der äußeren Kugelschale der Erde. Transactions Am. geophys. Union, Vol. 33, N. 2, **1952** *(75).*

Nahler, K.: siehe Brunner und Nahler.

Nakamura, S. T.: On visco-elastic Medium. Sc. rep. Tohoko Univ., 5 ser. Geophysics, Vol. 1, N. 2, p. 91, **1949** *(57).*

Nesbitt, R. H.: siehe Burwell und Nesbitt.

Neuhauser, E. *(262).*

Ders.: Beispiel einer Felsnagelung. Geol. u. Bauw., Jg. 25, H. 1, **1959**.

Neumaier, F.: Über die chemischen und radiologischen Beziehungen zwischen den Quellwassern und ihren Ursprungsgesteinen in der Umgebung von Passau. N. Jahrb. f. Min., Beil.-Bd. 68, Abt. B, **1932** *(166, 373).*

Ders.: Die Bestimmung der Sickerwasserströmung unter dem Staudamm Roßhaupten mittels radioaktiver Isotope. Wasserwirtschaft, Jg. 48, H. 11, Stuttgart **1958** *(113, 373).*

Ders.: Über eine Anwendung radioaktiver Isotope in der Hydrologie. Das Gas- und Wasserfach, 100, **1959** *(373).*

Newton, I. *(74, 416).*

Niemczyk, O., und Hoffmann, H.: Die Weiterentwicklung der Gebirgsdruckforschung durch die Forschungsgemeinschaft Neumühl. Glückauf, Jg. 92, H. 13/14, S. 358, **1956** *(599).*

Niggli, P.: Lehrbuch der Mineralogie, 1. Aufl., Berlin **1920** *(131).*

Ders.: Zusammensetzung und Klassifikation der Lockergesteine. Schweiz. Arch. angew. Wiss. Techn., Bd. 4, **1938** *(8).*

Niwa, Y.: siehe Hiramatsu, Niwa und Oka.

Noble, L. F.: The San Andreas Rift and some other active faults in the desert region of south-eastern California. Carnegie Inst. Washington Yearbook, Bd. 25, **1926**.

Oberste-Brink, K., und Heine, F.: Klüfte und Schlechten in ihren Beziehungen zum geologischen Aufbau des Ruhrkohlenbeckens. Glückauf 70, S. 1021, **1934**.

Obert, L. *(187).*

Ders.: Measurement of Rock Pressures in Underground Mines. Part 1, Rep. Invest. U.S. Dep. Interior — Bur. of Mines Nr. 3444, **1939** *(182, 296).*

Ders.: Measurement of Rock Pressures in Underground Mines. Part 2, Rep. Invest. U.S. Dep. Interior — Bur. of Mines Nr. 3531, **1940** *(182, 296).*

Ders.: Comparaison des propriétés physiques des roches déterminées au laboratoire et in situ. Journées d'Etudes de la Méchanique des Roches Paris **1957** *(47).*

Oberti, G.: Risultati di studi sperimentale eseguiti sopra un modello di diga. L'Energia Elettrica **1940** *(149, 189).*

Ders.: Ricerche sperimentali sulla deformabilità della roccia di fondazione della diga del Piave. Giorn. Gen. Civ., Nov. **1948** *(181, 189, 306, 321).*

Ders.: Die Modellversuche für die Bogenstaumauer Lumiei. Bauing., Jg. 28, H. 11, **1953** *(394)*.

Ders.: Experimentelle Untersuchungen über die Charakteristika der Verformbarkeit der Felsen. Geol. u. Bauw., Jg. 25, H. 2/3, S. 95, **1960** *(395)*.

Ders. und FUMAGALLI, E.: Geomechanical Models for Testing the Statical Behavior of Dams Resting on Highly Deformable Rock Foundations. Geol. u. Bauw., Jg. 28, H. 3, **1963**.

Ders. und VERDUCCI, E.: La galleria forzata dell'impianto di Lovero. L'Energia Elettrica, S. 95, Feb. **1949** *(295, 307,*

ODÉ, H.: A vote concerning the Mechanism of Artificial and Natural Hydraulic Fracture Systems. Quart. Col. School of Mines, Vol. 51, N. 3, **1956** *(97)*.

OELSNER, C.: Seismische Untertagemessungen. Bergbautechnik, H. 3, S. 131, **1958** *(175, 374)*.

OKA, Y.: siehe HIRAMATSU und OKA.

Ders.: siehe HIRAMATSU, NIWA und OKA.

OKAMOTO, S.: Vibration at the Surface of the Ground Due to a Moving Subway Tram. Geito Rapid Transit Auth., Tokyo, March **1957** *(449)*.

OLSAN, O. S.: siehe MCHENRY und OLSAN.

OLSEN, O. J.: Measurement of Residual Stress by the Strain Relief Method. Quart. Colorado School of Mines. Vol. 52, No. 3, **1957**.

ORLIAC, M.: siehe CAPDECOMME, FARRAN, ORLIAC.

PACHER, F. *(IX, XX, 28, 189, 339, 357, 405, 445, 474, 477, 572, 573)*.

Ders.: Die Konstruktion des Kluftkörpers. Geol. u. Bauw., Jg. 21, H. 1/2, S. 87, **1954** *(248, 250)*.

Ders.: Über die Berechnung von Felssicherungen, verankerten Stützmauern und Futtermauern. Geol. u. Bauw., Jg. 23, H. 1, S. 41, **1957** *(243, 409, 471, 509, 510, 512, 513, 540, 548, 552, 554, 555, 557)*.

Ders.: Kennziffern des Flächengefüges. Geol. u. Bauw., Jg. 24, H. 3/4, S. 223, **1959** *(208, 232, 236, 248)*.

Ders.: Die Lage des Dichtungsschirmes von Bogenstaumauern und ihr Einfluß auf die Sicherheit der Felswiderlager. Geol. u. Bauw., Jg. 28, H. 3, **1963**.

Ders.: siehe MÜLLER und PACHER.

PANCINI, M.: Observation and Surveys on the Abutments of the Vaiont Dam. Geol. u. Bauw., Jg. 26, H. 3, **1961** *(320, 599)*.

PANNEKOEK, A. J.: Einige Beispiele quartärer Tektonik in den Niederlanden. Geol. Rundschau, Bd. 43, **1955**.

PANOW, A. D., und RUPPENEIT, K. W.: Fragen der Gebirgsdruckforschung. Intern. Gebirgsdrucktagung Leipzig. Akademie-Verlag, Berlin **1958** (87, 199, 267, 330, 394, 396).

PARACELSUS *(1, 381)*.

PAULKE, W.: Das Experiment in der Geologie. Festschr. z. Geb. Sr. Hoh. d. Großherz., T.H. Karlsruhe **1912** *(399)*.

PENCK, W.: Geomorphologische Analyse, ein Kapitel der physikalischen Geologie. Engelhorns Nachf., Stuttgart **1924** *(427)*.

PETERMANN, H.: Druckmessungen im Gestein. Der Bauingenieur, Jg. 28, H. 11, S. 410, **1953** *(67, 81, 186, 241, 242, 301, 331)*.

PETRASCHEK, W. E.: Ein Versuch zur quantitativen Bestimmung der Faltungskraft. Geol. Rundsch., Bd. 38, H. 2, S. 132, **1950** *(197)*.

Ders.: Die absolute Größe des Faltungsdruckes. Congr. geolog. intern. Alger, sect. III, Fasc. III, **1952** *(168)*.

PETRI, W. *(369)*.

PETZNY, H.: siehe STINI und PETZNY.

PFEIFER, E.: Unveröffentl. Bericht, Wien **1948** *(57)*.

PFORR, H.: siehe KVAPIL und PFORR.

PHILIPPS, D. W. *(79)*.

Ders.: Tectonics of Mining. Colliery Engineering 25, **1948** *(71)*.

PHILLIPS, J. *(139)*.

PILGER, A.: Klüfte und Schlechten im Ruhrkarbon und ihre Darstellung im Kleinriß. Geol. Rundschau 39, H. 1, S. 136, **1951** *(228)*.

PINTZ *(183)*.

POMEROY, C. D.: The Observation of Creep in Coal at Room-Temperature. M. R. E. Rep. N. 2031, Dec. **1955** *(80)*.

POTTS, E. L. J. *(187)*.

Ders.: Ankerausbau, Schichtenverschiebung und Gesteinseigenschaften.

Ders.: Gerätetechnische Lösungen für Gebirgsdruck- und Verformungsmessungen. Bericht ü. d. 1. Ländertreffen d. Int. Büros f. Gebirgsmechnk., Leipzig **1959**, Akad. Verlag Berlin 1961 *(49, 181, 184, 185)*.

Ders. und JENKINS, J. D.: Untersuchungen über Gebirgsdrücke um Grubenräume. Int. Tagung über Gebirgsdruckforsch., Steinkohlenbergbauverein Essen **1956** *(49, 181, 184, 185, 186)*.

Ders. und Tomlin, N.: Untersuchung über die Messung des Gebirgsdrucks untertage und im Laboratorium. Int. Kongr. f. Gebirgsdruckforsch., Charbonnages de France Centre d'Etudes et Recherches Paris, Mai **1960** *(49, 181, 184, 185)*.

Prandtl, L.: Z. angewandter Mathematik Mechan. 8, 85, **1928** *(82, 304)*.

Prey, A.: Gerl. Beitr. 48, 349, **1936** *(83)*.

Ders.: Über die Möglichkeit der Gebirgsbildung durch den hydrostatischen Druck in der Erdkruste. Sitz.-Ber. Akad. Wiss. Abt. II a, 151, H. 9 u. 10, Wien **1942** *(83)*.

Protodjakonow, M. M.: Neue Verfahren zur Bestimmung der mechanischen Eigenschaften der Gesteine im Bergbau. Int. Kongr. f. Gebirgsdruckforsch., H. C 2, Charbonnage de France Centre d'Etudes et Recherches, Paris, Mai **1960** *(125)*.

Ders.: In der Sowjetunion angewandte Methoden zur Festigkeitsuntersuchung von Steinen. Ber. über d. 2. Ländertreffen d. Int. Büros f. Gebirgsmechanik, Akademie-Verlag Berlin **1961** *(126)*.

Ders. und Woblikoff, W. S.: Bestimmung der Festigkeit im Bergbau vorkommender Gesteine mit Hilfe von Probekörpern unregelmäßiger Form, H. 4, Ugol **1957**.

Quervain, F. de: Die Gesteinsprüfung mit petrographischen Verfahren. In Siebel, „Handbuch der Werkstoffprüfung", S. 146, Springer, Berlin **1957** *(13)*.

Ders. und Gschwind, H.: Die nutzbaren Gesteine der Schweiz. H. Huber, Bern **1934** *(1)*.

Ders.: siehe v. Moos und Quervain.

Rabcewicz, L. v.: Gebirgsdruck und Tunnelbau. S. 34, Springer Wien **1944** *(27, 45, 78, 82, 96, 99, 135, 168, 175, 201)*.

Ders.: The Forçacava Hydro-Electric Scheme. Water Power, Sept., Okt., Nov. **1953** *(540, 579)*.

Ders.: Bolted Support for Tunnels. Mine and Engineering, T. 1, S. 111, März 1955; T. 2, S. 153, April **1955** *(537, 540, 548, 579)*.

Ders.: Modellversuche mit Ankerung in kohäsionslosem Material. Bautechnik, Jg. 34, H. 5, S. 171, **1957 a** *(579)*.

Ders.: Die Ankerung im Tunnelbau ersetzt bisher gebräuchliche Einbaumethoden. Schweiz. Bauztg., Jg. 75, Nr. 9, S. 3, **1957 b** *(201, 579, 580, 582, 583)*.

Ders.: Aus der Praxis des Tunnelbaues. Einige Erfahrungen über echten Gebirgsdruck. Geol. u. Bauw., Jg. 27, H. 3/4, **1962** *(579)*.

Rainer, H.: Der Bau des neuen Semmeringtunnels. Öst. Bauzschr., Jg. 7, H. 11, S. 177, **1952** *(175)*.

Reich, H. *(49)*.

Ders.: Ergebnisse seismischer Untersuchungen im Kohlenbergwerk Peißenberg. Erdöl und Kohle, Jg. 4, S. 538, **1951** *(67)*.

Ders.: Erdmagnetische Untersuchungen in Rheinhessen und ihre geologische Deutung. Notizbl. d. hess. Landesamtes f. Bodenforsch., VI. F., H. 3, Wiesbaden **1952** *(67)*.

Reiner, M.: 12 Lectures on Rheology. Amsterdam **1949 a** *(77, 79)*.

Ders.: Deformation and Flow. H. K. Lewis & Co., Ltd., p. 233, London **1949 b** *(77, 79)*.

Reithofer, O.: Neuere Untersuchungen über das Gebiet von Köfels im Ötztal. Jahrb. d. Geol. Bundesanst., H. 3 u. 4, S. 275, **1932** *(223)*.

Reyer *(399)*.

Ribitsch, H.: siehe Martin und Ribitsch.

Richard, H.: siehe Cholet und Richard.

Richter, W. G.: Über den Charakter der heutigen Krustenbewegungen der Halbinsel Krasnowodsk. Isv. Akad. Nauk. SSSR, Ser. Geogr., Nr. 3, **1956**.

Rieser *(590)*.

Rinagl, F. *(296, 329, 449, 550, 570)*.

Rinne, F.: Beitrag zur Kenntnis der Umformung von Kalkspatkristallen und Marmor unter allseitigem Druck. N. Jahrb. f. Min., Bd. I, S. 160, Stuttgart **1903** *(192)*.

Ders.: Vergleichende Untersuchungen über die Methoden zur Bestimmung der Druckfestigkeit von Gesteinen. N. Jahrb. f. Min., Abt. B, I, S. 45, Stuttgart **1907** *(192)*.

Ders.: Referat über von L. Prandtl und F. Rinne ausgeführte vergleichende Untersuchungen über die Methoden zur Bestimmung der Druckfestigkeit in Gesteinen. Kali, Jg. 3, H. 16, S. 1, **1909** *(192)*.

Ders.: Bemerkungen über künstliche Bruchsysteme und ihre geologischen Analogien. Centr.bl. f. Min. Abt. B, S. 553, **1928** *(192)*.

Ritter, H. U.: Grundzüge und Ziele der Entwicklung des neuzeitlichen Abbaustreckenausbaues, erläutert an Beispielen aus dem Grubenbetrieb. Glückauf, Jg. 88, Nr. 25/26, S. 603, **1952** *(539)*.

ROBINSON, L. H.: The Effect of Pore and Confining Pressure on the Failure Process in Sedimentary Rock. 3rd Symp. on Rock Mech., Vol. 54, Nr. 3, S. 177, July **1959** *(123, 162, 330)*.

RODEBUSCH and BUSWELL: Properties of Watersubstance. Highway Research Board, Spec. Rep. 40, Washington **1958** *(472)*.

RÖHRER, F.: Geologische Untersuchungen der Beziehungen zwischen den Gesteinsspalten und der Tektonik und dem hydrographischen Netz im nördlichen Schwarzwald. 1. T. Jahresber. u. Mitt. d. Oberrh. Geol. Ver., N. F., Bd. 69, H. 1, S. 8, Stuttgart **1916** *(192)*.

Ders.: Geologische Untersuchungen der Beziehungen zwischen den Gesteinsspalten und der Tektonik und dem hydrographischen Netz im nördlichen Schwarzwald. 2. T., Geol. Ver. F. Bd. 11, S. 62, **1922**.

Roš, M. *(VIII, 302, 314)*.

Ders. und EICHINGER, A. *(194, 570)*.

Dies.: Versuche zur Klärung der Frage der Bruchgefahr. I Flußstahl. Disk.-Ber. Nr. 14 der EMPA, Zürich **1926** *(33, 37)*.

Dies.: Versuche zur Klärung der Frage der Bruchgefahr. II Nichtmetallische Stoffe. Disk.-Ber. Nr. 28 der EMPA, Zürich **1928** *(33, 37)*.

Dies.: Versuche zur Klärung der Frage der Bruchgefahr. III Metalle. Disk.-Ber. Nr. 34 der EMPA, Zürich **1929**.

Dies.: Die statische Bruchgefahr fester Bau- und Werkstoffe. Denkschr. 50jähr. Best. d. Materialprüfanst. T.H., Zürich **1930**.

Dies.: Die Bruchgefahr fester Körper. Eidg. Mat.-prüfgs.- u. Vers.-anst., Ber. Nr. 172, Zürich **1949** *(33, 85, 87, 93, 96, 141, 271, 273)*.

RÖSLER, R.: Experimentelle Untersuchungen zur Abhängigkeit der Schallgeschwindigkeit von der Druckbeanspruchung bei Gesteinen. Freib. Forsch.-Hefte, C 12, Akademie-Verlag Berlin **1955** *(53, 187)*.

ROSENBUSCH, H. *(92)*.

ROSIWAL, A.: Über geometrische Gesteinsanalysen. Verh. k.k. Geol. Reichsanst., H. 5/6, **1898** *(123)*.

Ders.: Über einige neue Ergebnisse der technischen Untersuchung von Steinbaumaterialien. Verh. k.k. Geol. Reichsanst., H. 6/7, **1899** *(123)*.

ROTPLETZ, A.: Geotektonische Probleme. S. 160, Stuttgart **1894** *(92)*.

ROTTER, E. *(174)*.

Ders.: Anwendung von Spritzbeton. Springer Wien **1958** *(540)*.

RUBEY, W. W.: siehe HUBBERT und RUBEY.

RUDZKI, M. P.: Physik der Erde. Leipzig **1911** *(92)*.

RÜGER, L.: Einige Bemerkungen zur Darstellung tektonischer Elemente, insbesondere von Klüften und Harnischen. Sitz.-Ber. Heidelb. Akad. Wiss. **1928** *(214, 217, 220, 223)*.

RUPPENEIT, K. W.: siehe PANOW und RUPPENEIT.

SALOMON, W.: Über Gesteinsklüftung und Klüftbarkeit. Der Steinbruch, Jg. 4, H. 20, S. 227, **1911** *(137)*.

Ders.: Beobachtungen über Harnische. Sitz.-Ber. Heidelb. Akad. Wiss., math.-naturw. Kl., Abt. 4, **1925** *(192)*.

SALUSTOWICZ, A.: Neue Anschauungen über den Spannungs- und Formänderungszustand im Gebirge in der Nachbarschaft bergmännischer Hohlräume. Int. Gebirgsdr.-Tagung Leipzig, Akademie-Verlag Berlin **1958 a** *(72, 74, 75, 77, 78, 79, 82, 178, 179)*.

Ders.: Horizontale Verschiebungen und Deformation des Gebirges als Funktion der Zeit. Freib. Forsch.-Hefte, A 86, S. 56, Akademie-Verlag Berlin **1958 b** *(72, 80)*.

SANDER, B. *VII, VIII, XXIV, 23, 139, 153, 368)*.

Ders.: Zur petrographisch-tektonischen Analyse III. Jahrb. d. geol. Bundesanst., Wien **1926** *(214, 223)*.

Ders.: Gefügekunde der Gesteine. Mit besonderer Berücksichtigung der Tektonite. Springer Wien **1930** *(23, 42, 43, 72, 73, 124, 129, 132, 139, 145, 151, 155, 156, 161, 208, 217, 219, 223, 226, 227, 263, 279, 569)*.

Ders.: Über Beziehungen der Gefügekunde der Gesteine zu G. Becker und zur Materialphysik. Zentr.bl. f. Min. etc., Abt. A, Nr. 5, **1931** *(144)*.

Ders.: Einführung in die Gefügekunde. Springer Wien **1948** *(1, 9, 23, 42, 43, 72, 73, 88, 89, 90, 94, 127, 129, 131, 132, 138, 139, 145, 151, 153, 154, 155, 156, 161, 195, 198, 199, 208, 211, 213, 217, 226, 227, 247, 258, 263, 275, 279, 290, 346)*.

Ders.: Unveröffentlichtes Gutachten, **1950** *(258)*.

Ders.: Applicazioni e problemi piu recenti della petrografia strutturale. Acta Geol. Alp., Contr. di Min., Petr. e Geol., Nr. 4, **1952** *(194)*.

Ders., Kastler, Ladurner: Zur Korrektur des Schnitteffektes in Gefügediagrammen heterometrischer Körner. Sitz.-Ber. Öst. Akad. Wiss., 163 d, H. 6 u. 7, **1954** *(348)*.

Schauta *(572)*.

Scheiblauer, J.: Modellversuche zur Klärung des Spannungszustandes in steilen Böschungen. Geol. u. Bauw., Jg. 28, H. 2, **1963** *(558)*.

Scheidegger, A. E.: Principles of Geodynamics. Springer Berlin **1958 a** *(27, 66, 71, 76, 77, 78, 81, 88, 92, 139, 168, 170, 191, 199, 291)*.

Ders.: On the Possible Causes of Continental Drift. July Journ. of the Alberta Soc. Petr. Geol. **1958 b** *(83, 168)*.

Ders.: Physics of Marine Orogenesis. J. Alberta Soc. Petr. Geol., Vol. 6, S. 266, **1958 c** *(139)*.

Ders.: Hydraulic Effects in Geodynamics. Geol. u. Bauw., Jg. 25, H. 1, **1959** *(427)*.

Ders.: The Orogenetic Significance of a Soft Layer at 140 km Depth. Journ. of Geol., Vol. 68, Nr. 2, **1960 a** *(144)*.

Ders.: On the Connection between Tectonic Stresses and well Fracturing Data. Geofis. pura e appl., Vol. 46, S. 66, Milano **1960 b**.

Ders.: Mathematical Models of Slope Development. Geol. Soc. of Am., Bull. S. 37, **1961 a** *(427)*.

Ders.: Evaluation of Slope Development Theories. Jour. Alb. Soc. Petr. Geol., Vol. 9, N. 1, **1961 b** *(427)*.

Schleicher, F.: Taschenbuch für Bauingenieure. 1. Aufl., Springer Berlin **1943** *(37, 38)*.

Schleier, O.: Gesteinsklüfte und Schlechten im westlichen Teil der Essener Mulde und des Gelsenkirchener Sattels, ihre Beziehungen zur Faltung und zu den Verwerfungen. Mitt. Markscheidewesen 32, 42/43, S. 54, Stuttgart **1931/32** *(228)*.

Schmid, H.: Statische Probleme des Tunnel- und Druckstollenbaues und ihre gegenseitigen Beziehungen. Springer Berlin **1926** *(96)*.

Schmidt, E. R.: Tektonische Studien aus dem ungarischen Zwischengebirge als Beispiel zur theoretischen und praktischen Anwendung der Geomechanik. Geot. Symp. „Hans Stille“, Stuttgart **1956**.

Schmidt, W.: Statistische Methoden beim Gefügestudium kristalliner Schiefer. Sitz.-Ber. Akad. Wiss., math.-nat. Kl. Abt. 1, Bd. 126, S. 515, Wien **1917** *(208, 214, 215, 217)*.

Ders.: Gefügestatistik. Tschermaks min. u. petr. Mitt., Bd. 38, S. 392, **1925** *(145, 208, 214, 215, 216, 217, 219)*.

Ders.: Gefügesymmetrie und Tektonik. Jahrb. d. geol. Bundesanst., Bd. 76, S. 409, Wien **1926** *(145, 214, 217)*.

Ders.: Tektonik und Verformungslehre. Berlin **1932** *(145)*.

Schmidt, W. J.: Geologie des neuen Semmeringtunnels. Öst. Akad. Wiss., Springer Wien **1952** *(157)*.

Schmidt-Thomé, P. *(339)*.

Ders.: Klufttektonische Beobachtungen in den Bayrischen Alpen. Geologica Bavarica Nr. 17, München **1953**.

Ders.: Klufttektonik und Großstrukturen in den nördlichen Kalkalpen. Geolog. Rundschau, Bd. 42, H. 2, **1954**.

Ders.: Die subalpine Molasse zwischen Bodensee und Salzach. Geologica Bavarica Nr. 23, München **1955**.

Schneider, H.: Das Grundwasser als Bodenschatz. D. Ver. v. Gas- u. Wasserfachm., Tagung II, Hannover **1948** *(337)*.

Schönhuber *(360)*.

Schrafl, A.: Rapport abrégé sur les essais de galerie en charge des chemins de fer fédéraux suisse. Schweizer Bauztg., Jan. **1924** *(296)*.

Schuck, F.: Tektonisch-petrologische Studien am Mittweidaer Granitkörper. Abh. d. Math.-phys. Kl. Sächs. Akad. Wiss., Bd. 39, Nr. 7, S. 3, **1927** *(217)*.

Schulze, G.: Neue Wege bei der Bekämpfung gefährlicher Gasausbrüche und Gebirgsspannungen im Steinkohlenrevier von Pécs (Ungarn). Glückauf, H. 6, **1961** *(175)*.

Schuppe, F.: Zur Standfestigkeit von Bergfesten im Salzbergbau. Bergakad., H. 2, **1961** *(175)*.

Schwartz, B.: Resultats de cinq campagnes de mesures sur le soutènement et les mouvements du toit, dans les houillères de Lorraine. Rev. de l'ind. Min., Dec. **1953** *(184)*.

Ders., Buisson, R., Dubois, R.: Anwendung statistischer Methoden zur Charakterisierung der Wirksamkeit des Ausbaues und der Festigkeit der Sohle. Int. Gebirgsdrucktagung Leipzig, S. 74, Akademie-Verlag Berlin **1958** *(245)*.

Seeber, G.: Auswertung von statischen Felsdehnungsmessungen. Geol. u. Bauw., Jg. 26, H. 3, S. 152, **1961** *(53, 290, 321, 322, 324, 325, 326)*.

Seelmeier, H.: Über die Baugrunduntersuchung an Flußkraftwerken. Geol. u. Bauw., Jg. 18, H. 1, S. 9, **1950** *(336)*.

Seidel, G.: Vorausbestimmung und Darstellung von Schlechten und Klüften im rheinisch-westfälischen Steinkohlengebirge. Glückauf 87, S. 497, **1951** *(228)*.

Seifert, A. *(464)*.

Ders.: Im Zeitalter des Lebendigen. 1. Bd., Müllersche Verlagsh., Planegg v. München **1943** *(463)*.

Seitz, O.: Über die Tektonik der Luganer Alpen. Verh. naturh. med. Ver., N. F., Bd. 13, Heidelberg **1914—1917** *(214, 217, 218, 345)*.

Semenza, C.: Einige praktische Überlegungen zum Problem der Gründung von Staumauern und Staudämmen. Geol. u. Bauw., Jg. 24, H. 2, S. 63, **1958** *(207, 395, 398, 543, 560)*.

Shrock, R. R.: Sequence in Layered Rocks. McGraw-Hill Book Comp. **1948** *(128)*.

Siebel, E.: Handbuch der Werkstoffprüfung. Springer Berlin **1957** *(43)*.

Slibar, A.: siehe Vitovec und Slibar.

Sommerfeld, A.: Theoretische Physik. Bd. II (Mechanik), Wiesbaden **1947** *(284)*.

Sonntag, G. *(396)*.

Ders.: Aufnahme von Fundamentkräften in talwärts fallenden Gleitschichten. Geol. u. Bauw., Jg. 23, H. 2, S. 99, **1957 a** *(395)*.

Ders.: Biegebeanspruchungen in Tunnelröhren auf Grund spannungsoptischer Untersuchungen. Geol. u. Bauw., Jg. 23, H. 2, S. 79, **1957 b** *(395)*.

Ders.: Die Beanspruchung des Gebirges in der Umgebung eines Schlitzes in Abhängigkeit seiner Richtung zur Erdoberfläche. Geol. u. Bauw., Jg. 23, H. 1, S. 19, **1957 c** *(290, 291, 395)*.

Ders.: Spannungsoptische Untersuchungen an angehefteten Stützmauern mit vorgespanntem Stützanker. Geol. u. Bauw., Jg. 23, H. 1, S. 12, **1957 d** *(396, 540)*.

Ders.: Einfluß der Anisotropie auf die Beanspruchung des Gebirges in der Umgebung von Stollen. Der Bauingenieur, Jg. 33, S. 287 u. 344, **1958** *(395)*.

Ders.: Spannungsoptische und theoretische Untersuchungen der Beanspruchung geschichteter Gebirgskörper in der Umgebung einer Strecke. Forsch.-Ber. d. Landes Nordrh.-Westf. Nr. 861, Westd. Verl. Köln **1960** *(242)*.

Ders.: siehe Föppl und Sonntag.

Soretz, St.: Versuche und Entwicklungsarbeiten mit Tor-Stahl. Reihe Betonstahl in Entwicklung, H. 4, Wien **1955 a** *(572, 573, 574)*.

Ders.: Einige Bemerkungen zur Berechnung und Ausführung von Stahlverankerungen im Fels. Geol. u. Bauw., Jg. 21, H. 4, S. 162, **1955 b** *(573, 574, 576, 579)*.

Spackeler, G.: Beobachtungen über die Spannungsverteilung um Steinkohlen- und Salzabbaue. Int. Gebirgsdrucktagung Leipzig, S. 162, Akademie-Verlag Berlin **1958** *(47, 67)*.

Spadea, M. C.: siehe Caloi und Spadea.

Späth, W.: Das Fließen und Kriechen der Metalle. S. 107. Metall-Verl., Berlin **1955** *(80)*.

Stephen *(185)*.

Steinbichler, H. *(109)*.

Ders.: Instrumentarium für Großversuche in Fels. Geol. u. Bauw., Jg. 27, H. 1, **1961** *(601)*.

Steinegger, H.: Die geologischen Ursachen der Sohlenhebungen und Bauwerksschäden in württembergischen Tunneln. Unveröff. Geol. Diplomarb., T.H. Stuttgart **1955** *(76, 111)*.

Stini, J. *(VII, VIII, 3, 7, 8, 9, 12, 13, 66, 99, 103, 113, 129, 132, 135, 136, 204, 247, 271, 378, 463, 523)*.

Ders.: Technische Geologie. Enke Stuttgart **1922** *(119, 123, 127, 339, 591)*.

Ders.: Gesteinsklüftung im Teigitschgebiet. Tschermaks Min. u. Petr. Mitt., Bd. 38, S. 464, **1925 a** *(4, 138, 144, 208)*.

Ders.: Die Ausführung der Kluftmessung. Der Geologe, Nr. 38, S. 873, **1925 b** *(192, 208, 213, 339, 343)*.

Ders.: Gesteinsklüftung und alpine Aufnahmsgeologie. Jahrb. d. Geol. Bundesanst. Wien **1925 c** *(4, 208, 213, 339)*.

Ders.: Kluftmessung und Quellenkunde. Int. Z. f. Bohrtechn. usw., H. 13, S. 97, **1926 a** *(136, 339)*.

Ders.: Kluftmessung und Erdölgeologie. Int. Z. f. Bohrtechn. usw., Jg. 34, S. 137, **1926 b** *(339)*.

Ders.: Rutschungen, Gebirgsdruck, Bergbauschäden, Baugrundbelastung. Int. Z. f. Bohrtechnik usw., H. 8, S. 66, **1928** *(427)*.

Ders.: Technische Gesteinskunde. Springer Wien **1929** *(4, 14, 42, 105, 107, 120, 129, 130, 131, 132, 136, 137, 138, 147, 156, 230, 231, 338, 486)*.

Ders.: Die Anlage von Steinbrüchen und Baustoffgruben. Geol. u. Bauw., Jg. 2, H. 1, **1930 a** *(217, 247, 444)*.

Ders.: Zur Kenntnis und Abwehr der Rutschungen. Geol. u. Bauw., Jg. 2, H. 4, **1930 b** *(427, 443, 446, 557)*.

Ders.: Geologie und Bauen im Hochgebirge. Geol. u. Bauw., Jg. 6, H. 1, **1934** *(247, 534, 590)*.

Ders.: Zur Kenntnis der Rutschflächen. Geol. u. Bauw., Jg. 7, H. 4, **1935** *(115)*.

Ders.: Die Geschwindigkeit des Rasenwanderns im Hochgebirge. Geol. u. Bauw., Jg. 8, H. 3, **1936** *(534)*.

Ders.: Anwendung der Kluftmessung auf Heilquellen. Mitt. Wiener Min. Ges. Nr. 104, **1938 a** *(136)*.

Ders.: Gesteinsklüftung und Heilquellen. Bohrtechn.-Ztg., H. 1, **1938 b** *(136)*.

Ders.: Über einen Durchlässigkeitsversuch. Geol. u. Bauw., Jg. 11, **1939** *(108)*.

Ders.: Geologische Grundlagen des Baues von Druckschächten. Geol. u. Bauw., Jg. 12, H. 1, S. 7, **1940** *(242)*.

Ders.: Unsere Täler wachsen zu. Geol. u. Bauw., Jg. 13, H. 3, **1941** *(174, 237)*.

Ders.: Talzuschub und Bauwesen. Die Bautechnik, **1942 a** *(174, 237)*.

Ders.: Nochmals der Talzuschub. Geol. u. Bauw., Jg. 14, H. 1, **1942 b** *(174, 237)*.

Ders.: Faltungen und Überschiebungen durch Gleitung. Zbl. Geol. Pal. A. B. 4, **1949 a.**

Ders.: Einige Gedanken über den neuzeitlichen Talsperrenbau in kleineren Staaten. Geol. u. Bauw., Jg. 17, H. 4, S. 143, **1949 b** *(267)*.

Ders.: Neuere und ältere Vorschläge zur Anschätzung des Gebirgsdruckes im Tunnelbau. Öst. Bauzschr., Jg. 5, H. 9/10, **1950 a.**

Ders.: Haben Kluftmessungen in Lockermassen Sinn? Geol. u. Bauw., Jg. 18, H. 1, **1950 b** *(136, 139, 168)*.

Ders.: Tunnelbaugeologie. Springer Wien **1951 a** *(135)*.

Ders.: Baugeologische Fallwinkelmessungen und ihre Auswertung. Geol. u. Bauw., Jg. 18, H. 2, S. 65, **1951 b** *(136, 209, 210, 211, 217)*.

Ders.: Neuere Ansichten über „Bodenbewegungen" und über ihre Beherrschung durch den Ingenieur. Geol. u. Bauw., Jg. 19, H. 1, S. 31, **1952 a** *(84, 89, 411, 534)*.

Ders.: Der Gebirgsdruck und seine Berechnung. Geol. u. Bauw., Jg. 19, H. 3, S. 165, **1952 b** *(47, 93, 175, 197, 241)*.

Ders.: Bemerkungen zur neuesten Veröffentlichung Kastners über den echten Gebirgsdruck. Geol. u. Bauw., Jg. 19, H. 3, **1952 c** *(175)*.

Ders.: Talzuschub und Wildbachverbauung. Geol. u. Bauw., Jg. 19, H. 2, S. 135, **1952 d** *(174, 237)*.

Ders.: Kolloquium der Internationalen Arbeitsgemeinschaft für Geomechanik. Geol. u. Bauw., Jg. 19, H. 3, **1952 e** *(VIII)*.

Ders.: Verwerfungen und Talsperrenbau. Geol. u. Bauw., Jg. 20, H. 3, S. 152, **1953 a** *(168, 170, 206)*.

Ders.: Behelfsmäßige Untersuchungen der Gebirgsfestigkeit. Geol. u. Bauw., Jg. 20, H. 1, S. 34, **1953 b** *(242, 245, 386)*.

Ders.: Felsgrundbrüche im Baugelände von Wasserkraftanlagen. Geol. u. Bauw., Jg. 22, H. 3/4, **1956 a** *(107, 165, 166, 428, 589)*.

Ders.: Soll die Baugeologische Geländeaufnahme auch eine eingehende Untersuchung der Kluftwasserverhältnisse im Felsgebirge einschließen? Geol. u. Bauw., Jg. 24, H. 1, S. 31, **1958** *(107, 152, 163, 336, 380)*.

Ders.: Hydrologisches Gutachten über die Natur der Heilquellen von Bad Gastein (nachgelassen, unveröffentlicht), **1961** *(456)*.

Ders. und Petzny, H.: Wassersprengung und Sprengwasser. Geol. u. Bauw., Jg. 22, H. 2, S. 141, **1956 b** *(107, 166, 428, 435)*.

St. Venant *(74)*.

Sudoplatow, A. P., und Baranowski, W. I.: Einwirkung des Gebirgsdruckes auf die Standfestigkeit von Vorrichtungsbauen beim Abbau von Flözen flacher Lagerung im Donez-Becken. Int. Gebirgsdrucktagung Leipzig, S. 143, Akademie-Verlag Berlin **1958** *(78, 395)*.

Sulser und Hutter *(290)*.

SUZUKI, K.: Untersuchungen über die Veränderungen des Gebirgsdrucks um Strebräume. Int. Kongr. f. Gebirgsdruckforsch., Paris **1960** *(181)*.

TAKANO, M.: Brief Considerations on Rupture of Arch Dam Abutment. Geol. u. Bauw., Jg. 25, H. 2/3, S. 130, **1960** *(398)*.

Ders.: Rupture Studies on Arch Dam Foundation by Means of Models. Geol. u. Bauw., Jg. 26, H. 3, S. 99, **1961** *(398)*.

TALOBRE, M. J.: La mécanique des roches. Dunod, Paris **1957** *(XX, 6, 7, 27, 36, 46, 57, 66, 67, 80, 95, 110, 136, 138, 139, 143, 168, 171, 181, 182, 183, 186, 189, 190, 199, 263, 264, 278, 304, 305, 307, 318, 321, 450, 474, 549)*.

Ders.: Dix ans de mesures de compression interne des roches; progrès et résultats pratiques. Geol. u. Bauw., Jg. 25, H. 2/3, **1960** *(171, 186, 189)*.

TAMANN, G., und BRIDGEMAN: The State of Aggregation. Norstrand & Co., New York **1925** *(472)*.

TEICHERT, G.: Die Klufttektonik der cambro-silurischen Schichtentafel Estlands. Geol. Rundsch. 18, S. 241, **1927** *(346)*.

TERZAGHI, K. v.: Erdbaumechanik. Deuticke Wien **1925** *(427)*.

Ders.: Effect of minor geological Details on the Safety of Dams. Bull. AIME, tech. Pub. 215, class I, Min. Geol. N. 29, p. 31, **1929** *(428)*.

Ders.: Über den Einfluß untergeordneter, geologischer Einzelheiten auf die Sicherung von Dammbauten. Die Wasserwirtschaft, H. 10, S. 159, **1930** *(428)*.

Ders.: Theoretical Soil Mechanics. Chapman & Hall, London **1943** *(243, 245, 303, 408, 443)*.

Ders.: Rock Defects and Loads on Tunnel Supports. Sect. 1, aus „Rock Tunneling with Steel Support". The Comm. Shearing and Stamping Co., Ohio **1946** *(139, 332)*.

Ders. und JELINEK, R.: Theoretische Bodenmechanik. S. 11, Springer Berlin **1954** *(XX, 36)*.

THOMEER, J. H. M. A.: Ursachen und bohrtechnische Auswirkung von abnorm hohen Lagerstättendrucken. Erdöl und Kohle, 14 (5), S. 335, **1961** *(162)*.

TINCELIN, M. E.: Mesures des pressions de terrains dans les mines de fer de l'est. Ann. de l'Inst. Techn. du Bâtiment et des Trav. Publ., Nr. 58, **1952** *(183, 184)*.

Ders.: siehe DAWANCE et TINCELIN.

TÖLKE, F. *(369, 537)*.

TOMLIN, N.: siehe POTTS and TOMLIN.

TORRE, C. *(VIII)*.

Ders.: Einfluß der mittleren Hauptnormalspannung auf die Fließ- und Bruchgrenze. Öst. Ing.-Arch., Bd. I, H. 4/5, S. 339, **1946 a** *(30, 34, 35, 37, 38, 96, 193)*.

Ders.: Über den plastischen Körper von Prandtl. Zur Theorie der Mohrschen Grenzkurve. Öst. Ing.-Arch., Bd. I, H. 1/2, S. 36, **1946 b** *(194)*.

Ders.: Der Spannungszustand in einem schweren Erdkörper. Sitz.-Ber. Akad. Wiss. Wien **1947** *(34)*.

Ders.: Die Grenzzustände statisch beanspruchter Stoffe. Schweiz. Arch. f. ang. Wiss. u. Techn., Jg. 15, H. 4/5, S. 11, **1949** *(33, 35, 37, 38, 96, 145, 330)*.

Ders.: Die Anstrengung des Materials. Öst. Ing.- u. Arch.Ver., Jg. 95, H. 5/6, S. 41, **1950** *(33, 39)*.

Ders.: Berechnung des Gebirgsdruckes in Fels. Geol. u. Bauw., Jg. 18, H. 2, **1951** *(36, 39, 144, 174, 191, 193, 194, 198, 245)*.

Ders.: Hydrodynamische Theorie fester Stoffe. Öst. Ing.-Arch., Bd. VI, H. 5, **1952 a** *(82, 592)*.

Ders.: Über die Abplattung im Stollenbau. Grubensicherheit und Grubenausbau. Bergmänn. Fachtagung Leoben. Montan-Ztg., S. 246, **1952 b** *(175, 176)*.

TREMMEL, E. *(267)*.

Ders.: Die Beanspruchung von Druckschachtpanzerungen im anisotropen Gebirge. Geol. u. Bauw., Jg. 23, H. 2, S. 66, **1957** *(283, 284, 285, 287)*.

Ders.: Zur Klarstellung der geomechanischen Terminologie. Geol. u. Bauw., Jg. 25, H. 2/3, S. 215, **1960 a** *(283)*.

Ders.: Zur Abschätzung des Einflusses der unvollkommenen Zugspannungsübertragung im zerklüfteten Gebirge auf die Beanspruchung von Druckschachtpanzerungen. Geol. u. Bauw., Jg. 25, H. 2/3, **1960 b** *(289, 290)*.

TRIKKALINOS, I.: Die Auswirkung junger, sehr starker dilluvialer und rezenter orogener und epirogener Bewegungen im Gebiete Griechenlands. Geotekt. Symp. „Hans Stille", Stuttgart **1956** *(169)*.

TSCHERNIG, E.: Bergschläge im Bleiberg und ihre Beziehung zur jugendlichen Tektonik. Berg- u. Hüttenmänn. Jahrb., Bd. 85, Leoben **1937**.

Ders.: Über Gebirgsschläge in den alpinen Blei-Zink-Erzlagerstätten, unter besonderer Berücksichtigung der Verhältnisse in Kreuth bei Bleiberg. Unveröffentlichte Studie, Bleiberg **1950** *(175)*.

Ders.: Gebirgsschläge im ostalpinen Blei-Zink-Bergbau. Int. Gebirgsdrucktagung Leipzig, Akademie-Verlag Berlin **1958** *(168, 170, 175)*.

Uhlmann, M.: Über die Erkundung der Spannungsverhältnisse in Stützpfeilern des Kali- und Steinsalzbergbaues auf akustischer Basis. Freiberger Forsch.-Hefte, C 36, Akademie-Verlag, Berlin **1957** *(49, 53, 187)*.

Uhrig, L., und Melle, F.: Velocity Anisotropy in Stratified Media. Geophysics, Bd. 20, H. 4, S. 774, **1955** *(375)*.

Utter *(185)*.

Veder, Chr. *(574, 590)*.

Ders.: Frane, Considerazioni sulla possibilità che fenomeni elettro-osmotici siano all'origine della formazione di particolari tipi di frane. Associazione geotec. ital. **1957**.

Verducci, E.: siehe Oberti und Verducci.

Vidal: Mesures de pression de terrain. Rev. de l'Ind. Min., **1952**.

Ders.: Connaissance actuelle en matière de mouvements et de pression de terrain. Rev. de l'Ind. Min., **1952** *(183)*.

Vielmo, I. *(52, 65)*.

Ders.: Unveröffentlichter Bericht, Milano **1961** *(53, 374)*.

Violet, C. E.: siehe Johnson und Violet.

Vitovec, F. und Slibar, A.: Bestimmung der Form der beim Zugversuch sich ausbildenden Einschnürung. Öst. Ing.-Arch., Bd. IV, H. 1, S. 75, **1950** *(91, 96)*.

Voelker, I.: Vergleichende Untersuchungen der Grund- und Deckgebirgsklüfte im südlichen Odenwald. II. Das Gebiet zwischen Neckar und Schriesheimertal. Diss. Heidelb., Jahr.-Ber. u. Mitt. d. Oberrh. Geol. Ver., **1928** *(137)*.

Wagner, G.: Junge Krustenbewegungen im Landschaftsbild Süddeutschlands. Oehringen **1929** *(168)*.

Walker, A.: Das Verhalten des unterbauten Gebirges. Bergmannstagung Leoben **1952** *(175)*.

Ward, W.: siehe Cooling und Ward.

Watznauer, A.: Über die Möglichkeit des Auftretens einer tekton. Komponente im Gebirgsdruck. Int. Gebirgsdrucktagung Leipzig, S. 126, Akademie-Verlag, Berlin **1958** *(168, 169, 170, 198)*.

Ders.: Tagung der Internationalen Arbeitsgemeinschaft für Geomechanik in Salzburg. Bergakademie, H. 1, S. 38—39, **1961 a**.

Ders.: Gebirgsmechanische Probleme bei der Bildung magmatogener Lagerstätten. Geol. u. Bauw., Jg. 26, H. 4, **1961 b**.

Wegmann, E.: Lebendige Tektonik. Geol. Rundschau, Bd. 43, **1955**.

Wellmann, H. W.: New Zealand quarternery tectonics. Geol. Rundschau, Bd. 43, **1955**.

Westergaard *(283)*.

Whitten, C. A.: Horizontal earth movement, vicinity of San Francisco, California. Americ. Geophys. Union, Vol. 29, **1948**.

Wiesmann, E.: Ein Beitrag zur Frage der Gebirgs- und Gesteinsfestigkeit. Schweiz. Bauztg., S. 163, **1909** *(82, 201)*.

Ders.: Der Bau des Hauensteinbasistunnels. Ernst & Sohn, Berlin **1917** *(82, 201)*.

Willheim, F.: siehe Leon und Willheim.

Wilson, G.: Ptygmatic Structures and their Formation. Geol. Mag., Vol. 89, **1952 a**.

Ders.: The Influence of Rock Structures on Coast-Line and Cliff Development Around Tintagel, North Cornwall. Proc. Geol. Ass., Vol. 63, P. I, **1952 b**.

Wilson, St. D. *(318)*.

Ders.: Application of the Principals of Soil Mechanics to Open Pit Mining. Quart. Col. School of Mines, 54/3, S. 93, **1959** *(448, 449)*.

Winogradov, B. W., u. Miroschnitschenko: Ausdrucksformen jüngster Krustenbewegungen auf tonigen Ebenen. Doklady Akad. NAUK SSSR, Bd. 109, **1956**.

Woblikow, W. S.: siehe Protodjakonow und Woblikow.

Wöhlbier, H.: Neuere Erkenntnisse aus Messungen am Streb-, Strecken- und Schachtbau. Bergmannstagung Leoben 1952. Urban-Verlag, Wien **1952**.

Wolf, K.: Ausbreitung der Kraft in der Halbebene und im Halbraum bei anisotropem Material. Zschr. ang. Math., 9,9 1 XV, 24—35254, **1935** *(283)*.

Wright, A.: Untersuchung über Ankerausbau in Großbritannien. Int. Tagung üb. Gebirgsdruckfr., Steinkohlenbergbauverein, Essen **1956** *(548, 602)*.

WÜNSCH, J.: Anwendung von Stahlbetonkeilen bei einem Gleitversuch auf der Baustelle einer Talsperre. Bauplanung-Bautechnik, T. I, Jg. 10, H. 5, S. 181, **1956**. T. II, Jg. 10, H. 6, S. 234, **1956** *(29, 31, 51, 53, 63, 296, 309, 310, 311, 315, 337, 394).*

WUERKER, R. G.: The Status of Testing Strenght of Rock. Min. Eng. p. 1110, **1953 a** *(71, 105, 119).*

Ders.: Testing of Roof-Bolting Systems Installed in Concrete Beams. Min. Eng., p. 606, **1953 b** *(548, 579).*

Ders.: Annotated Tables of Strength and Elastic Properties of Rocks. Petr. Branch, AIME, p. 8, **1956** *(36, 66, 68, 69, 105, 119).*

Ders.: Influence of Stress Rate and other Factors on the Strength and Elastic Properties of Rocks. 3rd Symp. Rock Mech., V. 54, N. 3, p. 3, Golden **1959** *(36, 38, 49, 67, 119, 123, 330).*

Ders.: Gesteinsmechanik und Gebirgsdruck. Ein Überblick über einige Entwicklungen in den USA. Bergbauwiss. Jg. 7, Nr. 9/10, S. 233, Hübner, Goslar **1960** *(38, 66, 119).*

WURMB, K. *(382).*

ZANOSKAR, W.: Stollen- und Tunnelbau. S. 13, 23, Springer Wien **1950** *(105, 457).*

Ders.: Moderne Tunnelbaumethoden. Österr. Bauztschr., Jg. 6, H. 9/10, **1951**.

Ders.: Sicherung der Lehne im Paß Lueg auf der Bahnstrecke Salzburg—Wörgl. Österr. Bauztschr., Jg. 8, H. 9, **1953**.

ZARUBA, G., und MENCL, V.: Ingenieurgeologie. Akademie-Verlag, Berlin **1961**.

ZEINDER, H.: Sondierungen zur Untersuchung der Baumaterialien und des Untergrundes für den Staudamm Göschenenalp. Bautechnik, H. 6, **1958** *(337).*

ZISMAN, W. A. *(296).*

ZNANSKI, J.: Gebirgsschläge, die gleichzeitig mit Erdbeben auftreten. Przeglad Görn 15, Nr. 10/11, S. 501, **1959** *(175).*

Druckfehlerberichtigungen

Seite	Absatz	Zeile	Falscher Text	Richtiger Text
7	3	12	Geologie	Baugeologie
43	2	1	... kann der Bruchwinkel 2α ...	... können die Bruchflächen ...
105	3	7	Überprüfung	Überprägung
143	1	5	Niemals	Oftmals
153	4	3	geomechanischen	geometrischen
157	3	12	... Grob- oder Ultramyloniten ...	... Grobmyloniten ...
157	3	15	... und endlich von eigentlichen Myloniten ...	... und endlich von Ultramyloniten ...
158	Abb. 3—20	5 b	Ultramylonit (Tektonischer Grus)	Mylonit (Tektonischer Grus)
158	Abb. 3—20	5 c	Mylonit	Ultramylonit
159	Abb. 3—22		Ultramylonit	Grobmylonit
238	3	3	Salbändern	Schnitträndern
271	Abb. 6—3		Die Abbildungsunterschrift soll lauten:	Vertretungsklüfte K_c (in der Abbildung irrtümlich K_2), vertreten durch $K_a = 210/85 + K_b = 260/52$
296	Spalte b	2	Stollendruckversuch ...	Schwellendruckversuch ...
339	1	9	entsetzter	zersetzter
343	6	6	Gefügemessungen	Korngefügemessungen
346	1	12	Gefügekunde	Korngefügekunde
392	4	3	Sicherungen	Sicherheiten
494	Abb. 12—1		Überlagerung der Stützmauern ...	Überlagerungsstützmauern ...

Springer

springer.com

Willkommen zu den Springer Alerts

Jetzt anmelden!

- Unser Neuerscheinungs-Service für Sie:
  aktuell *** kostenlos *** passgenau *** flexibel

Springer veröffentlicht mehr als 5.500 wissenschaftliche Bücher jährlich in gedruckter Form. Mehr als 2.200 englischsprachige Zeitschriften und mehr als 120.000 eBooks und Referenzwerke sind auf unserer Online Plattform SpringerLink verfügbar. Seit seiner Gründung 1842 arbeitet Springer weltweit mit den hervorragendsten und anerkanntesten Wissenschaftlern zusammen, eine Partnerschaft, die auf Offenheit und gegenseitigem Vertrauen beruht.

Die SpringerAlerts sind der beste Weg, um über Neuentwicklungen im eigenen Fachgebiet auf dem Laufenden zu sein. Sie sind der/die Erste, der/die über neu erschienene Bücher informiert ist oder das Inhaltsverzeichnis des neuesten Zeitschriftenheftes erhält. Unser Service ist kostenlos, schnell und vor allem flexibel. Passen Sie die SpringerAlerts genau an Ihre Interessen und Ihren Bedarf an, um nur diejenigen Information zu erhalten, die Sie wirklich benötigen.

Mehr Infos unter: springer.com/alert

A14445 | Image: Tashatuvango/iStock

GPSR Compliance

The European Union's (EU) General Product Safety Regulation (GPSR) is a set of rules that requires consumer products to be safe and our obligations to ensure this.

If you have any concerns about our products, you can contact us on ProductSafety@springernature.com

In case Publisher is established outside the EU, the EU authorized representative is:

Springer Nature Customer Service Center GmbH
Europaplatz 3
69115 Heidelberg, Germany

Batch number: 10682574

Printed by Printforce, the Netherlands